《电气工程师手册（供配电）》编委会

The Handbook for Electrical Engineer

电气工程师手册

（供配电）

杨贵恒　常思浩　主　编
贺明智　张海呈　高　凯　冯　雪　副主编

化学工业出版社
·北　京·

图书在版编目（CIP）数据

电气工程师手册（供配电）/杨贵恒，常思浩主编.
北京：化学工业出版社，2014.1（2023.7重印）
ISBN 978-7-122-19148-9

Ⅰ.①电… Ⅱ.①杨… ②常… Ⅲ.①电气工程-技术手册②供电-技术手册③配电系统-技术手册 Ⅳ.①TM-62

中国版本图书馆 CIP 数据核字（2013）第 283684 号

责任编辑：高墨荣　　文字编辑：徐卿华
责任校对：宋　夏　　装帧设计：尹琳琳

出版发行：化学工业出版社（北京市东城区青年湖南街 13 号　邮政编码 100011）
印　　装：天津盛通数码科技有限公司
787mm×1092mm　1/16　印张 58¼　字数 1574 千字　2023 年 7 月北京第 1 版第 11 次印刷

购书咨询：010-64518888　　售后服务：010-64518899
网　　址：http://www.cip.com.cn
凡购买本书，如有缺损质量问题，本社销售中心负责调换。

定　　价：198.00 元

前　言

为了适应社会主义市场经济体制，加强对勘察设计行业的管理，保证工程质量，维护社会公共利益和人民生命财产安全，规范设计市场，2001 年 1 月，人事部、建设部以人发［2001］5 号文正式出台了《勘察设计行业注册工程师制度》总体框架及实施规划，全面启动了我国注册工程师制度，电气工程师也列入其中。随着职业资格考试制度的健康发展、不断规范与完善，注册电气工程师执业资格考试已成为社会关注、行业重视、个人迫切需求的人才选拔制度之一。为了帮助广大电气工程技术人员提高专业理论水平和解决实际技术问题的能力，同时也为了帮助广大电气设计工作者全面、系统掌握全国注册电气工程师执业资格考试专业考试大纲，提高复习效率，编者在参考相关文献的基础上编写了《电气工程师手册（供配电）》。

本书依据电气工程师（供配电）应掌握的工程管理、电气设计、质量控制等方面的业务知识，并参照全国勘察设计注册工程师管理委员会颁布的《注册电气工程师（供配电）执业资格考试专业考试大纲》编写而成，内容涵盖了注册电气工程师（供配电专业）执业资格考试专业考试要求的全部内容。全书共分为 15 章，其主要内容包括：安全，环境保护与节能，负荷分级与负荷计算，110kV 及以下供配电系统，110kV 及以下变配电所所址选择及电气设备布置，短路电流计算，110kV 及以下电气设备选择，35kV 及以下导体、电缆与架空线路的设计，110kV 及以下变配电所控制、测量、继电保护及自动装置，变配电所操作电源，防雷及过电压保护，接地，照明，电气传动以及建筑智能化。

本书由北京京仪椿树整流器有限责任公司贺明智，78188 部队杨极，重庆市供电局余江，重庆通信学院杨贵恒、常思浩、张海呈、高凯、冯雪、何泽、龙江涛、卢明伦、叶奇睿、强生泽、向成宣、任开春、刘扬、张建新、张颖超、曹均灿、刘凡、田永书、龚伟、何俊强、张瑞伟、蒲红梅、金丽萍、文武松、聂金铜、朱真兵、杨波、詹天文和赵英等共同编写，由杨贵恒、常思浩主编，贺明智、张海呈、高凯、冯雪副主编。另外，在本书出版过程中得到了重庆通信学院电力工程系全体同仁的大力支持与帮助，在此一并致谢！

本书内容翔实，叙述条理分明，概念清晰，是电气工程技术人员提高专业理论水平和解决实际技术问题的常备工具书，是（供配电）注册电气工程师考生参加考试复习的必备参考书，是工业与民用供配电设计人员的案头工具书，也可作为大专院校相关专业师生的教学参考书。

本书在编写过程中参考了国内同行的多部著作，部分经验丰富的电气工程师也给我们提供了很多宝贵意见，在此，对他们表示衷心感谢！由于编者水平有限，书中难免存在疏漏和不妥之处，真诚地希望读者提出宝贵意见。

编　者

目录

第1章 安　全

1.1 工程建设标准电气专业强制性条文

“安全第一，预防为主”是电力工业的一贯方针，电力安全是一项复杂的系统工程，既要遵循国家的法律、条例、管理制度等政策文件，又要执行行业标准、规范和规程等技术规定。《工程建设标准电气专业强制性条文》是这一部分内容的汇总，其中所有条款均为强制性的，是工程建设强制性标准实施监督的依据。

1.1.1 相关国家标准和行业标准

我国注册电气工程师（供配电）执业资格考试专业考试大纲规定注册电气工程师（供配电）应熟悉的相关国家标准和行业标准（规程、规范）共56个。

☆1.《建筑设计防火规范》GB 50016—2006（高层民用建筑防火设计规范GB 50045—1995）；

★2.《建筑照明设计标准》GB 50034—2004；

☆3.《人民防空地下室设计规范》GB 50038—2005；

★4.《供配电系统设计规范》GB 50052—2009；

★5.《10kV及以下变电所设计规范》GB 50053—1994；

★6.《低压配电设计规范》GB 50054—2011；

○7.《通用用电设备配电设计规范》GB 50055—2011；

★8.《建筑物防雷设计规范》GB 50057—2010；

★9.《爆炸和火灾危险环境电力装置设计规范》GB 50058—1992；

★10.《35～110kV变电所设计规范》GB 50059—2011；

★11.《3kV～110kV高压配电装置设计规范》GB 50060—2008；

★12.《电力装置的继电保护和自动装置设计规范》GB 50062—2008；

☆13.《电力装置的电气测量仪表装置设计规范》GB 50063—2008；

☆14.《住宅设计规范》GB 50096—2011；

★15.《火灾自动报警系统设计规范》GB 50116—2013；

☆16.《石油化工企业设计防火规范》GB 50160—2008；

○17.《电子计算机机房设计规范》GB 50174—2008；

☆18.《有线电视系统工程技术规范》GB 50200—1994；

★19.《电力工程电缆设计规范》GB 50217—2007；

★20.《并联电容器装置设计规范》GB 50227—2008；

☆21.《火力发电厂与变电站设计防火规范》GB 50229—2006；

○22.《电力设施抗震设计规范》GB 50260—1996；

☆23.《城市电力规划规范》GB 50293—1999；

☆24.《综合布线系统工程设计规范》GB/T 50311—2007；

○25.《智能建筑设计标准》GB/T 50314—2006；

★26.《民用建筑电气设计规范》JGJ/T 16—2008；

○27.《高压输变电设备的绝缘配合》GB 311.1—1997；

☆28.《交流电气装置的过电压保护和绝缘配合》DL/T 620—1997；

★29.《交流电气装置的接地》DL/T 621—1997；

★30.《导体和电器选择设计技术规定》DL 5222—2005；

○31.《户外严酷条件下的电气设施 第1部分：范围和定义》GB 9089.1—2008；

○32.《户外严酷条件下的电气设施 第2部分：一般防护要求》GB 9089.2—2008；

○33.《电能质量 供电电压允许偏差》GB 12325—2008；

○34.《电能质量 电压波动和闪变》GB 12326—2008；

○35.《电能质量 公用电网谐波》GB/T 14549—1993；

○36.《电能质量 三相电压允许不平衡度》GB/T 15543—2008；

☆37.《电击防护 装置和设备的通用部分》GB/T 17045—2008

☆38.《用电安全导则》GB/T 13869—2008；

☆39.《电流对人和家畜的效应》（第1部分：通用部分）GB/T 13870.1—2008；

☆40.《电流通过人体的效应》（第2部分：特殊情况）GB/T 13870.2—1997；

☆41.《系统接地的型式及安全技术要求》GB 14050—2008；

☆42.《防止静电事故通用导则》GB 12158—2006；

★43.《建筑物电气装置》（第4-41部分：安全防护 电击防护）GB 16895.21—2004；

☆44.《建筑物电气装置》（第4-42部分：安全防护 热效应保护）GB 16895.2—2005；

★45.《建筑物电气装置》（第5部分：电气设备的选择和安装 第54章：接地配置、保护导体和保护连接导体）GB 16895.3—2004；

○46.《建筑物电气装置》（第5部分：电气设备的选择和安装 第53章：开关设备和控制设备）GB 16895.4—1997；

○47.《建筑物的电气装置》（第4部分：安全防护第43章：过电流保护）GB 16895.5—2000；

○48.《建筑物电气装置》（第5部分：电气设备的选择和安装 第52章：布线系统）GB 16895.6—2000；

○49.《低压电气装置》（第7～706部分：特殊装置或场所的要求 活动受限制的可导电场所）GB 16895.8—2010；

○50.《建筑物电气装置》（第7部分：特殊装置或场所的要求 第707节：数据处理设备用电气装置的接地要求）GB/T 16895.9—2000；

○51.《低压电气装置 第4～44部分：安全防护 电压骚扰和电磁骚扰防护》GB/T 16895.10—2010；

○52.《建筑物电气装置的电压区段》GB/T 18379—2001；

★53.《安全防范工程技术规范》GB 50348—2004；

★54.《电力工程直流系统设计技术规程》DL/T 5044—2004；

★55.《66kV及以下架空电力线路设计规范》GB 50061—2010；

○56.《工业电视系统工程设计规范》GB 50115—2009。

1.1.2 重点掌握的设计规范条款

前述的56个规程、规范，注册电气工程师（供配电）执业资格考试均以当年1月1日以前实施的最新版本为准。从历届注册电气工程师（供配电）专业考试情况看，序号前带“★”的规程、规范为注册电气工程师（供配电）执业资格考试重点考试内容（共20个，几乎每年必考）；序号前带“☆”的规程、规范为注册电气工程师（供配电）执业资格考试一般考试内容（共17个，有时候考）；序号前带“○”的规程、规范为注册电气工程师（供配电）执业资格考试次要考试内容（共19个，较少考）。在这一节里，我们仅简述在后续章节中没有述及到的需重点掌握的相关设计规范的有关条款。

(1)《低压配电设计规范》GB 50054—2011[6]

《低压配电设计规范》GB 50054—2011应重点掌握的条款如表1-1所示。

表1-1 《低压配电设计规范》GB 50054—2011应重点掌握的条款

条款号	条款内容
3.1.4	在TN-C系统中不应将保护接地中性导体隔离，严禁将保护接地中性导体接入开关电器
3.1.7	半导体开关电器，严禁作为隔离电器
3.1.10	隔离器、熔断器和连接片，严禁作为功能性开关电器
3.1.12	采用剩余电流动作保护电器作为间接接触防护电器的回路时，必须装设保护导体
3.2.13	装置外可导电部分严禁作为保护接地中性导体的一部分
4.1.3	配电室内除本室需用的管道外，不应有其他的管道通过。室内水、汽管道上不应设置阀门和中间接头；水、汽管道与散热器的连接应采用焊接，并应做等电位连接。配电屏的上、下方及电缆沟内不应敷设水、汽管道
4.2.3	高压及低压配电设备设在同一室内，且两者有一侧柜顶有裸露的母线时，两者之间的净距不应小于2m
4.2.4	成排布置的配电屏，其长度超过6m时，屏后的通道应设2个出口，并宜布置在通道的两端，当两出口之间的距离超过15m时，其间尚应增加出口
4.2.5	当防护等级不低于现行国家标准《外壳防护等级（IP代码）》GB 4208规定的IP2X级时，成排布置的配电屏通道最小宽度应符合表1-2（原表4.2.5）的规定。
4.2.6	配电室通道上方裸带电体距地面的高度不应低于2.5m；当低于2.5m时，应设置不低于现行国家标准《外壳防护等级（IP代码）》GB 4208的规定的IPXXB级或IP2X级的遮栏或外护物，遮栏或外护物底部距地面的高度不应低于2.2m
4.3.2	配电室长度超过7m时，应设2个出口，并宜布置在配电室两端。当配电室双层布置时，楼上配电室的出口应至少设一个通向该层走廊或室外的安全出口。配电室的门均应向外开启，但通向高压配电室的门应为双向开启门
5.1.2	标称电压超过交流方均根值25V容易被触及的裸带电体，应设置遮栏或外护物。其防护等级不应低于现行国家标准《外壳防护等级（IP代码）》GB 4208规定的IPXXB级或IP2X级。为更换灯头、插座或熔断器之类部件，或为实现设备的正常功能所需的开孔，在采取了下列两项措施后除外： (1) 设置防止人、畜意外触及带电部分的防护措施； (2) 在可能触及带电部分的开孔处，设置“禁止触及”的标志
5.1.10	在电气专用房间或区域，不采用防护等级等于高于现行国家标准《外壳防护等级（IP代码）》GB 4208规定的IPXXB级或IP2X级的遮栏、外护物或阻挡物时，应将人可能无意识同时触及的不同电位的可导电部分置于伸臂范围之外
5.1.11	伸臂范围［图1-1，原图（5.1.11）］应符合下列规定： (1) 裸带电体布置在有人活动的区域上方时，其与平台或地面的垂直净距不应小于2.5m； (2) 裸带电体布置在有人活动的平台侧面时，其与平台边缘的水平净距不应小于1.25m；

续表

条款号	条款内容
5.1.11	（3）裸带电体布置在有人活动的平台下方时，其与平台下方的垂直净距不应小于1.25m，且与平台边缘的水平净距不应小于0.75m； （4）裸带电体的水平方向的阻挡物、遮栏或外护物，其防护等级低于现行国家标准《外壳防护等级（IP代码）》GB 4208规定的IPXXB级或IP2X级时，伸臂范围应从阻挡物、遮栏或外护物算起； （5）在有人活动区域上方的裸带电体的阻挡物、遮栏或外护物，其防护等级低于现行国家标准《外壳防护等级（IP代码）》GB 4208规定的IPXXB级或IP2X级时，伸臂范围2.5m应从人所在地面算起； （6）人手持大的或长的导电物体时，伸臂范围应计及该物体的尺寸
5.2.4	建筑物内的总等电位连接，应符合下列规定： （1）每个建筑物中的下列可导电部分，应做总等电位连接： ① 总保护导体（保护导体、保护接地中性导体）； ② 电气装置总接地导体或总接地端子排； ③ 建筑物内的水管、燃气管、采暖和空调管道等各种金属干管； ④ 可接用的建筑物金属结构部分。 （2）来自外部的本条第1款规定的可导电部分，应在建筑物内距离引入点最近的地方做总等电位连接。 （3）总等电位连接导体，应符合本规范第3.2.15条～第3.2.17条的有关规定。 （4）通信电缆的金属外护层在做等电位连接时，应征得相关部门的同意
5.2.9	TN系统中配电线路的间接接触防护电器切断故障回路的时间，应符合下列规定： （1）配电线路或仅供给固定式电气设备用电的末端线路，不宜大于5s； （2）供给手持式电气设备和移动式电气设备用电的末端线路或插座回路，TN系统的最长切断时间不应大于表1-3（原表5.2.9）的规定
6.2.1	配电线路的短路保护电器，应在短路电流对导体和连接处产生的热作用和机械作用造成危害之前切断电源
6.3.6	过负荷断电将引起严重后果的线路，其过负荷保护不应切断线路，可作用于信号
6.4.3	为减少接地故障引起的电气火灾危险而装设的剩余电流监测或保护电器，其动作电流不应小于300mA；当动作于切断电源时，应断开回路的所有带电导体
7.4.1	除配电室外，无遮护的裸导体至地面的距离，不应小于3.5m；采用防护等级不低于现行国家标准《外壳防护等级（IP代码）》GB 4208规定的IP2X的网孔遮栏时，不应小于2.5m。网状遮栏与裸导体的间距，不应小于100mm；板状遮栏与裸导体的间距，不应小于50mm

表1-2（原表4.2.5）　**成排布置的配电屏通道最小宽度**　　单位：m

<table>
<tr><th colspan="2" rowspan="3">配电屏种类</th><th colspan="3">单配布置</th><th colspan="3">双排面对面布置</th><th colspan="3">双排背对背布置</th><th colspan="3">多排同向布置</th><th rowspan="3">屏侧通道</th></tr>
<tr><th rowspan="2">屏前</th><th colspan="2">屏后</th><th rowspan="2">屏前</th><th colspan="2">屏后</th><th rowspan="2">屏前</th><th colspan="2">屏后</th><th rowspan="2">屏间</th><th colspan="2">前、后排屏距墙</th></tr>
<tr><th>维护</th><th>操作</th><th>维护</th><th>操作</th><th>维护</th><th>操作</th><th>前排屏前</th><th>后排屏后</th></tr>
<tr><td rowspan="2">固定式</td><td>不受限制时</td><td>1.5</td><td>1.0</td><td>1.2</td><td>2.0</td><td>1.0</td><td>1.2</td><td>1.5</td><td>1.5</td><td>2.0</td><td>2.0</td><td>1.5</td><td>1.0</td><td>1.0</td></tr>
<tr><td>受限制时</td><td>1.3</td><td>0.8</td><td>1.2</td><td>1.8</td><td>0.8</td><td>1.2</td><td>1.3</td><td>1.3</td><td>2.0</td><td>1.8</td><td>1.3</td><td>0.8</td><td>0.8</td></tr>
<tr><td rowspan="2">抽屉式</td><td>不受限制时</td><td>1.8</td><td>1.0</td><td>1.2</td><td>2.3</td><td>1.0</td><td>1.2</td><td>1.8</td><td>1.0</td><td>2.0</td><td>2.3</td><td>1.8</td><td>1.0</td><td>1.0</td></tr>
<tr><td>受限制时</td><td>1.6</td><td>0.8</td><td>1.2</td><td>2.1</td><td>0.8</td><td>1.2</td><td>1.6</td><td>0.8</td><td>2.0</td><td>2.1</td><td>1.6</td><td>0.8</td><td>0.8</td></tr>
</table>

注：1.受限制时是指受到建筑平面的限制、通道内有柱等局部突出物的限制。
2.屏后操作通道是指需在屏后操作运行中的开关设备的通道。
3.背靠背布置时屏前通道宽度可按本表中双排背对背布置的屏前尺寸确定。
4.控制屏、控制柜、落地式动力配电箱前后的通道最小宽度可按本表确定。
5.挂墙式配电箱的箱前操作通道宽度，不宜小于1m。

表1-3（原表5.2.9）　**TN系统的最长切断时间**

相导体对地标称电压/V	切断时间/s
220	0.4
380	0.2
＞380	0.1

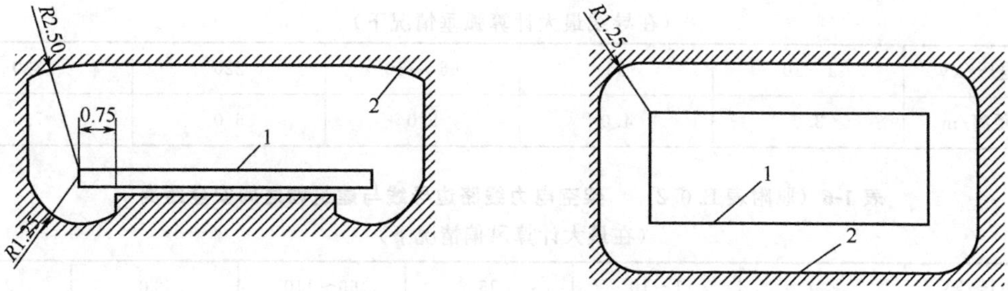

图 1-1［原图（5.1.11）］ 伸臂范围（单位：m）

1—平台；2—手臂可达到的界限

（2）《城市电力规划规范》GB 50293—1999[23]

《城市电力规划规范》GB 50293—1999 应重点掌握的条款如表 1-4 所示。

表 1-4 《城市电力规划规范》GB 50293—1999 应重点掌握的条款

条款号	条款内容
7.5.1	城市电力线路分为架空线路和地下电缆线路两类
7.5.2	城市架空电力线路的路径选择，应符合下列规定： 7.5.2.1 应根据城市地形、地貌特点和城市道路网规划，沿道路、河渠、绿化带架设电力线路。路径做到短捷、顺直，减少同道路、河流、铁路等的交叉，避免跨越建筑物；对架空电力线路跨越或接近建筑物的安全距离，应符合表 1-5 和表 1-6（本规范附表 B.0.1 和附表 B.0.2）的规定； 7.5.2.2 35kV 及以上高压架空电力线路应规划专用通道，并应加以保护； 7.5.2.3 规划新建的 66kV 及以上高压架空电力线路，不应穿越市中心地区或重要风景旅游区； 7.5.2.4 宜避开空气严重污秽区或有爆炸危险品的建筑物、堆场、仓库，否则应采取防护措施； 7.5.2.5 应满足防洪、抗震要求
7.5.3	市区内 35kV 及以上高压架空电力线路的新建、改造、应符合下列规定： 7.5.3.1 市区高压架空电力线路宜采用占地较少的窄基杆塔和多回路同杆架设的紧凑型线路结构。为满足线路导线对地面和树木间的垂直距离，杆塔应适当增加高度、适当缩小档距，在计算导线最大弧垂的情况下，架空电力线路导线与地面、街道行道树之间最小垂直距离，应符合表 1-7 和表 1-8（本规范附表 C.0.1 和附表 C.0.2）的规定； 7.5.3.2 按国家现行有关标准、规范的规定，应注意高压架空电力线路对邻近通信设施的干扰和影响，并满足与电台、领（导）航台之间的安全距离
7.5.6	市区内规划新建的 35kV 以上电力线路，在下列情况下，应采用地下电缆： 7.5.6.1 在市中心地区、高层建筑群区、市区主干道、繁华街道等； 7.5.6.2 重要风景旅游景区和对架空裸导线有严重腐蚀性的地区
7.5.9	城市地下电缆敷设方式的选择，应遵循下列原则： 7.5.9.1 应根据地下电缆线路电压等级，最终敷设电缆的根数、施工条件、一次投资、资金来源等因素，经技术经济比较后确定敷设方案； 7.5.9.2 当同一路径电缆根数不多，且不宜超过 6 根时，在城市人行道下、公园绿地、建筑物的边沿地带或城市郊区等不易经常开挖的地段，宜采用直埋敷设方式。直埋电力电缆之间及直埋电力电缆与控制电缆、通信电缆、地下管沟、道路、建筑物、构筑物、树木等之间的安全距离，不应小于表 1-9（本规范附表 D）的规定； 7.5.9.3 在地下水位较高的地方和不宜直埋且无机动荷载的人行道等处，当同路径敷设电缆根数不多时，可采用浅槽敷设方式；当电缆根数较多或需要分期敷设而开挖不便时，宜采用电缆沟敷设方式； 7.5.9.4 地下电缆与公路、铁路、城市道路交叉处，或地下电缆需通过小型建筑物及广场区段，当电缆根数较多，且为 6～20 根时，宜采用排管敷设方式； 7.5.9.5 同一路径地下电缆数量在 30 根以上，经技术经济比较合理时，可采用电缆隧道敷设方式

表 1-5（原附表 B.0.1）　1～330kV 架空电力线路导线与建筑物之间的垂直距离

（在导线最大计算弧垂情况下）

线路电压/kV	1～10	35	66～110	220	330
垂直距离/m	3.0	4.0	5.0	6.0	7.0

表 1-6（原附表 B.0.2）　架空电力线路边导线与建筑物之间安全距离

（在最大计算风偏情况下）

线路电压/kV	<1	1～10	35	66～110	220	330
安全距离/m	1.0	1.5	3.0	4.0	5.0	6.0

表 1-7（原附表 C.0.1）　架空电力线路导线与地面间最小垂直距离

（在最大计算导线弧垂情况下）

单位：m

线路经过地区	线路电压/kV				
	<1	1～10	35～110	220	330
居民区	6.0	6.5	7.5	8.5	14.0
非居民区	5.0	5.5	6.0	6.5	7.5
交通困难地区	4.0	4.5	5.0	5.5	6.5

注：1. 居民区：指工业企业地区、港口、码头、火车站、城镇、集镇等人口密集地区。
2. 非居民区：指居民区以外的地区，虽然时常有人、车辆或农业机械到达，但房屋稀少的地区。
3. 交通困难地区：指车辆、农业机械不能到达的地区。

表 1-8（原附表 C.0.2）　架空电力线路导线与街道行道树之间最小垂直距离

（考虑树木自然生长高度）

线路电压/kV	<1	1～10	35～110	220	330
最小垂直距离/m	1.0	1.5	3.0	3.5	4.5

表 1-9（原附表 D）　直埋电力电缆之间及直埋电力电缆与控制电缆、通信电缆、地下管沟、道路、建筑物、构筑物、树木之间安全距离

项目	安全距离/m	
	平行	交叉
建筑物、构筑物基础	0.50	—
电杆基础	0.60	—
乔木树主干	1.50	—
灌木丛	0.50	—
10kV 以上电力电缆之间，以及 10kV 及以下电力电缆与控制电缆之间	0.25（0.10）	0.50（0.25）
通信电缆	0.50（0.10）	0.50（0.25）
热力管沟	2.00	（0.50）
水管、压缩空气管	1.00（0.25）	0.50（0.25）
可燃气体及易燃液体管道	1.00	0.50（0.25）
铁路（平行时与轨道，交叉时与轨底，电气化铁路除外）	3.00	1.00

续表

项目	安全距离/m	
	平行	交叉
道路（平行时与侧石，交叉时与路面）	1.50	1.00
排水明沟（平行时与沟边，交叉时与沟底）	1.00	0.50

注：1.表中所列安全距离，应自各种设施（包括防护外层）的外缘算起。
2.路灯电缆与道路灌木丛平行距离不限。
3.表中括号内数字，是指局部地段电缆穿管，加隔板保护或加隔热层保护后允许的最小安全距离。
4.电缆与水管，压缩空气管平行，电缆与管道标高差不大于0.5m时，平行安全距离可减小至0.5m。

(3)《建筑设计防火规范》GB 50016—2012（报批稿）[1]

《建筑设计防火规范》GB 50016—2012应重点掌握的条款如表1-10所示。

表1-10 《建筑设计防火规范》GB 50016—2012应重点掌握的条款

条款号	条款内容
5.4.11	燃油或燃气锅炉、油浸变压器、充有可燃油的高压电容器和多油开关等，宜设置在建筑外的专用房间内。 上述设备受条件限制而必须贴邻民用建筑布置时，应设置在一、二级耐火等级的建筑物内，并应采用防火墙与所贴邻的建筑分隔，不应贴邻人员密集场所；必须布置在民用建筑内时，不应布置在人员密集场所的上一层、下一层或贴邻，并应符合下列规定： (1) 燃油和燃气锅炉房、变压器室应设置在首层或地下一层靠外墙部位，但常（负）压燃油、燃气锅炉可设置在地下二层或屋顶上。设置在屋顶上的常（负）压燃气锅炉，距离通向屋面的安全出口不应小于6m。采用相对密度（与空气密度的比值）不小于0.75的可燃气体为燃料的锅炉，不得设置在地下或半地下； (2) 锅炉房、变压器室的疏散门均应直通室外或直通安全出口；外墙开口部位的上方应设置宽度不小于1.0m的不燃烧体防火挑檐或高度不小于1.2m的窗槛墙； (3) 锅炉房、变压器室等与其他部位之间应采用耐火极限不低于2.00h的不燃烧体隔墙和不低于1.50h的不燃烧体楼板分隔。在隔墙和楼板上不应开设洞口，必须在隔墙上开设门窗时，应设置甲级防火门、窗； (4) 锅炉房内设置储油间时，其总储存量不应大于$1m^3$，且储油间应采用防火墙与锅炉间分隔；必须在防火墙上开门时，应设置甲级防火门； (5) 变压器室之间、变压器室与配电室之间，应采用耐火极限不低于2.00h的不燃烧体墙分隔； (6) 油浸变压器、多油开关室、高压电容器室，应设置防止油品流散的设施。油浸变压器下面应设置储存变压器全部油量的事故储油设施； (7) 锅炉的容量应符合现行国家标准《锅炉房设计规范》GB 50041的有关规定。油浸变压器的总容量不应大于1260kV·A，单台容量不应大于630kV·A (8) 应设置火灾报警装置； (9) 应设置与锅炉、油浸变压器容量和建筑规模相适应的灭火设施； (10) 燃气锅炉房应设置防爆泄压设施，燃油、燃气锅炉房应设置独立的通风系统，并应符合本规范第11章的有关规定
6.2.6	附设在建筑内的消防控制室、固定灭火系统的设备室、消防水泵房和通风空气调节机房以及变配电室等，应采用耐火极限不低于2.00h的隔墙和不低于1.50h的楼板与其他部位分隔。 设置在丁、戊类厂房中的通风机房应采用耐火极限不低于1.00h的隔墙和不低于0.50h的楼板与其他部位分隔。 通风空气调节机房和变配电室在建筑内的门应采用甲级防火门，其他房间的门应采用乙级防火门
8.1.5	设置火灾自动报警系统和自动灭火系统或设置火灾自动报警系统和机械防（排）烟设施的建筑（群）应设置消防控制室。消防控制室的设置应符合下列规定： (1) 单独建造的消防控制室，其耐火等级不应低于二级； (2) 附设在建筑内的消防控制室，宜设置在建筑内首层的靠外墙部位，亦可设置在建筑的地下一层； (3) 附设在建筑内的消防控制室应按本规范第6.2.6条的规定与其他部位分隔，并应设置直通室外的安全出口； (4) 不应设置在电磁场干扰较强及其他可能影响消防控制设备工作的设备用房附近

续表

条款号	条款内容
8.4.1	下列建筑或场所应设置火灾自动报警系统： （1）任一层建筑面积大于1500m^{2}或总建筑面积大于3000m^{2}的制鞋、制衣、玩具、电子等厂房； （2）每座占地面积大于1000m^{2}的棉、毛、丝、麻、化纤及其织物的库房，占地面积大于500m^{2}或总建筑面积大于1000m^{2}的卷烟库房； （3）任一层建筑面积大于1500m^{2}或总建筑面积大于3000m^{2}的商店、展览建筑、财贸金融建筑、客运和货运建筑等；建筑面积大于500m^{2}的地下、半地下商店； （4）图书、文物珍藏库，每座藏书超过50万册的图书馆，重要的档案馆； （5）地市级及以上广播电视建筑、邮政建筑、电信建筑，城市或区域性电力、交通和防灾救灾等指挥调度建筑； （6）特等、甲等剧场或座位数超过1500个的其他等级的剧场、电影院，座位数超过2000个的会堂或礼堂，座位数超过3000个的体育馆； （7）大、中型幼儿园，老年人建筑，任一楼层建筑面积1500m^{2}或总建筑面积大于3000m^{2}的疗养院的病房楼、旅馆建筑、其他儿童活动场所，不少于200床位的医院门诊楼、病房楼和手术部等； （8）一类高层公共建筑；二类高层公共建筑中建筑面积大于50m^{2}的可燃物品库房、建筑面积大于500m^{2}的营业厅； （9）歌舞娱乐放映游艺场所； （10）净高大于2.6m且可燃物较多的技术夹层，净高大于0.8m且有可燃物的闷顶或吊顶内； （11）大中型电子计算机房及其控制室、记录介质库，特殊贵重或火灾危险性大的机器、仪表、仪器设备室、贵重物品库房，设置气体灭火系统的房间； （12）设置机械排烟系统、预作用自动喷水灭火系统或固定消防水炮灭火系统等需与火灾自动报警系统联锁动作的场所
8.4.2	建筑高度大于100m的住宅建筑，其他高层住宅建筑的公共部位应设置火灾自动报警系统
8.4.3	建筑内可能散发可燃气体、可燃蒸气的场所应设置可燃气体报警装置
12.1.1	下列建筑物、储罐（区）和堆场的消防用电应按一级负荷供电： （1）建筑高度大于50m的乙、丙类厂房和丙类仓库； （2）一类高层民用建筑
12.1.2	下列建筑物、储罐（区）和堆场的消防用电应按二级负荷供电： （1）室外消防用水量大于30L/s的厂房、仓库； （2）室外消防用水量大于35L/s的可燃材料堆场、可燃气体储罐（区）和甲、乙类液体储罐（区）； （3）粮食仓库及粮食筒仓； （4）二类高层民用建筑； （5）座位数超过1500个的电影院、剧场，座位数超过3000个的体育馆、任一层建筑面积大于3000m^{2}的商店、展览建筑、省（市）级及以上的广播电视、电信和财贸金融建筑，室外消防用水量大于25L/s的其他公共建筑
12.1.4	消防用电按一、二级负荷供电的建筑，当采用自备发电设备作备用电源时，自备发电设备应设置自动和手动启动装置，且自动启动方式应能在30s内供电。不同级别负荷的供电电源应符合现行国家标准《供配电系统设计规范》GB 50052的有关规定
12.1.5	建筑高度大于100m的民用建筑，其消防应急照明和疏散指示标志的备用电源的连续供电时间不应小于90min；医疗建筑、老年人建筑、总建筑面积大于100000m^{2}的公共建筑，不应少于60min；其他建筑，不应少于30min
12.1.6	消防用电设备应采用专用的供电回路。消防配电线路的支线和控制回路宜按防火分区划分。当建筑内生产、生活用电被切断时，消防用电设备的电源应采取在变压器的低压出线端设置单独主断路器等方式确保消防用电。备用消防电源的供电时间和容量，应满足各消防用电设备设计火灾延续时间最长者的要求
12.1.7	消防控制室、消防水泵房、防烟和排烟风机房的消防用电设备及消防电梯等的供电，应在其配电线路的最末一级配电箱处设置自动切换装置
12.1.8	消防用电设备的配电箱和控制箱应设置在控制室或设备间内；受条件限制必须就地设置时，其耐火性能应满足该场所设计时间内正常运行的要求，其外壳防护等级不应低于现行国家标准《外壳防护等级（IP代码）》GB 4208规定的IP54。按一、二级负荷供电的消防设备，其配电箱应独立设置；按三级负荷供电的消防设备，其配电箱宜独立设置。消防配电设备应有明显标志

续表

条款号	条款内容
12.1.9	消防配电线路应满足火灾时连续供电的需要，其敷设应符合下列规定： (1) 明敷时（包括敷设在吊顶内），应穿金属管或封闭式金属线槽，并应采取防火保护措施。暗敷时，应穿管并应敷设在不燃烧体结构内且保护层厚度不应小于 30mm； (2) 当采用阻燃或耐火电缆时，敷设在电缆井、电缆沟内可不采取防火保护措施； (3) 当采用矿物绝缘类不燃性电缆时，可直接明敷； (4) 应与其他配电线路分开敷设；当敷设在同一井沟内时，应分别布置在井沟的两侧
12.2.1	甲、乙类厂房，甲、乙类仓库，可燃材料堆垛，甲、乙类液体储罐，液化石油气的储罐，可燃、助燃气体储罐与架空电力线的最近水平距离不应小于电杆（塔）高度的 1.5 倍，丙类液体储罐与架空电力线的最近水平距离不应小于电杆（塔）高度的 1.2 倍。单罐容积大于 $200m^3$ 或总容积大于 $1000m^3$ 的液化石油气储罐（区）与 35kV 以上的架空电力线的最近水平距离不应小于 40m。直埋地下的甲、乙、丙类液体储罐和可燃气体储罐与架空电力线的最近水平距离可按上述要求减小 50%
12.2.4	开关、插座和照明灯具靠近可燃物时，应采取隔热、散热等防火保护措施。 卤钨灯和额定功率不小于 100W 的白炽灯泡的吸顶灯、槽灯、嵌入式灯，其引入线应采用瓷管、矿棉等不燃材料作隔热保护。 超过 60W 的白炽灯、卤钨灯、高压钠灯、金属卤灯光源、荧光高压汞灯（包括电感镇流器）等不应直接安装在可燃装修材料或可燃构件上
12.3.1	除单、多层住宅建筑外，民用建筑、厂房和丙类仓库的下列部位应设置疏散照明： (1) 封闭楼梯间、防烟楼梯间、消防电梯间的前室或合用前室和避难层（间）； (2) 观众厅、展览厅、多功能厅和建筑面积大于 $200m^2$ 的营业厅、餐厅、演播室； (3) 建筑面积大于 $100m^2$ 的地下、半地下建筑或地下、半地下室中的公共活动房间； (4) 公共建筑中的疏散走道
12.3.2	建筑内疏散照明的照度应符合下列规定： (1) 疏散走道的地面最低水平照度不应低于 1.0 lx； (2) 人员密集场所内的地面最低水平照度不应低于 2.0 lx； (3) 楼梯间内的地面最低水平照度不应低于 5.0lx
12.3.3	消防控制室、消防水泵房、自备发电机房、配电室、防排烟机房以及发生火灾时仍需正常工作的房间，应设置备用照明并应保证正常照明的照度
12.3.4	疏散照明灯具应设置在出口的顶部、顶棚上或墙面的上部；备用照明灯具应设置在顶棚上或墙面的上部
12.3.5	公共建筑及其他一类高层民用建筑，高层厂（库）房，甲、乙、丙类厂房应沿疏散走道和在安全出口、人员密集场所的疏散门正上方设置灯光疏散指示标志，并应符合下列规定： (1) 安全出口和疏散门的正上方应采用“安全出口”作为指示标识； (2) 沿疏散走道设置的灯光疏散指示标志，应设置在疏散走道及其转角处距地面高度 1.0m 以下的墙面上，且灯光疏散指示标志间距不应大于 20m；对于袋形走道，不应大于 10m；在走道转角区，不应大于 1.0m
12.3.6	下列建筑或场所应在其疏散走道和主要疏散路径的地面上增设能保持视觉连续的灯光疏散指示标志或蓄光疏散指示标志： (1) 总建筑面积大于 $8000m^2$ 的展览建筑； (2) 总建筑面积大于 $5000m^2$ 的地上商店； (3) 总建筑面积大于 $500m^2$ 的地下、半地下商店； (4) 歌舞娱乐放映游艺场所； (5) 座位数超过 1500 个的电影院、剧场，座位数超过 3000 个的体育馆、会堂或礼堂
12.3.7	建筑内设置的消防疏散指示标志和消防应急照明灯具，除应符合本规范的规定外，还应符合现行国家标准《消防安全标志》GB 13495 和《消防应急照明和疏散指示系统》GB 17945 的有关规定

1.2 电流对人体的效应[39]

1.2.1 常用术语

(1) 一般定义

① 纵向电流（longitudinal current）：纵向流过人体躯干的电流（如从手到脚）。

② 横向电流（transverse current）：横向流过人体躯干的电流（如从手到手）。

③ 人体内阻抗 Z_i（internal impedance of the human body）：与人体两个部位相接触的两电极间的阻抗，不计皮肤阻抗。

④ 皮肤阻抗 Z_S（impedance of the skin）：皮肤上的电极与皮下可导电组织之间的阻抗。

⑤ 人体总阻抗 Z_T（total impedance of the humanbody）：人体内阻抗与皮肤阻抗的矢量和（见图 1-2）。

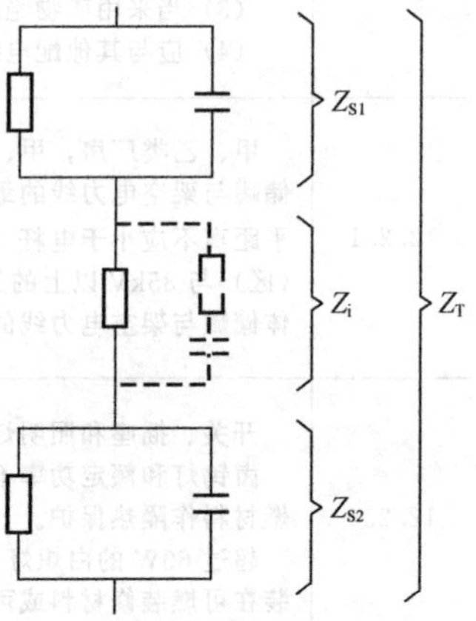

图 1-2　人体阻抗

Z_i—内阻抗；Z_{S1}，Z_{S2}—皮肤阻抗；Z_T—总阻抗

⑥ 人体初始电阻 R_0（initial resistance of the human body）：在接触电压出现瞬间，限制电流峰值的电阻。

⑦ 干燥条件（dry condition）：人在正常室内环境条件下休息时，皮肤接触表面积的湿度的条件。

⑧ 水湿润条件（water-wet condition）：浸入于市政供水（平均电阻率 $\rho=3500\Omega\cdot cm$，pH＝7～9）的水中 1min，皮肤接触表面积的条件。

⑨ 盐水湿润条件（saltwater-wet condition）：浸入于 3%NaCl（氯化钠）的水溶液（平均电阻率 $\rho=30\Omega\cdot cm$，pH＝7～9）中 1min，接触表面积皮肤的条件。

【注】假设盐水湿润条件模拟在海水中游泳或浸没后的人的皮肤条件，还有进一步调查研究的必要。

⑩ 偏差系数 F_D（deviation factor）：在给定的接触电压，人口某百分数的人体总阻抗 Z_T 除以人口 50%百分数的人体总阻抗 Z_T。

$$F_D(X\%, U_T) = Z_T(X\%, U_T) / Z_T(50\%, U_T) \tag{1-1}$$

(2) 在 15～100Hz 范围内的正弦交流电流的效应

① 感知阈（threshold of perception）：通过人体能引起任何感觉的接触电流的最小值。

② 反应阈（threshold of reaction）：能引起肌肉不自觉收缩的接触电流的最小值。

③ 摆脱阈（threshold of let-go）：人手握电极能自行摆脱电极时接触电流的最大值。

④ 心室纤维性颤动阈（threshold of ventricular fibrillation）：通过人体能引起心室纤维性颤动的接触电流最小值。

⑤ 心脏-电流因数 F（heart-current factor）：电流通过某一路径在心脏中所产生的电场强度（电流密度）与该等量接触电流通过左手到双脚时在心脏内产生的电场强度（电流密度）之比。

【注】在心脏内，电流密度与电场强度成正比。

⑥ 易损期（vulnerable period）

心搏周期中较短的一段时间，在此期间心脏纤维处于不协调的兴奋状态，如果受到足够大的电流激发，就会发生心室纤维性颤动。

【注】易损期对应于心电图中 T 波的前段，约为心搏周期的 10%（见图 1-3 和图 1-4）。

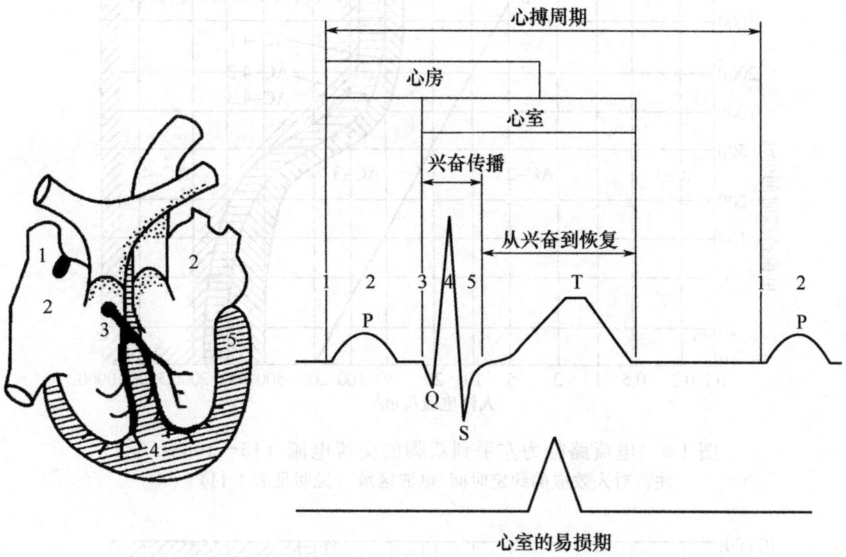

图 1-3 心搏期间心室易损期的出现

注：数字表示兴奋传导的后续阶段。

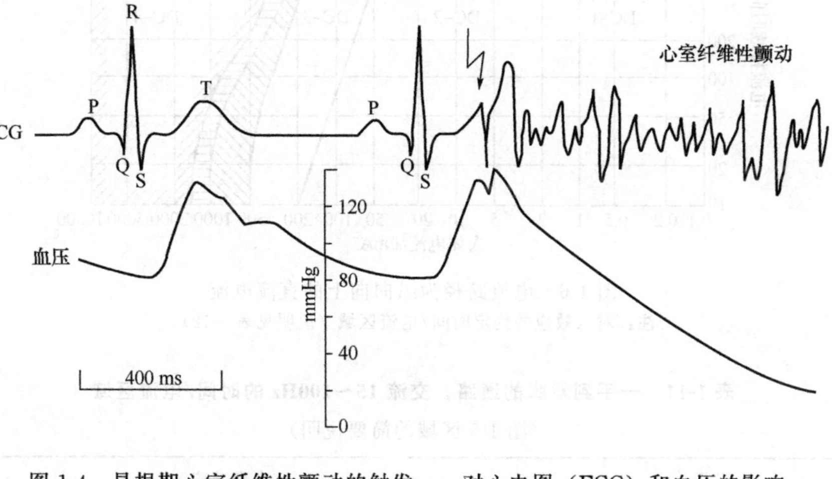

图 1-4 易损期心室纤维性颤动的触发——对心电图（ECG）和血压的影响

（3）直流电流的效应

① 人体的总电阻 R_T（total body resistance）：人体内部电阻与皮肤电阻之和。

② 直流/交流的等效因数 k（d. C/a. C. equivalence factor）：直流电流与其能诱发相同心室纤维性颤动概率的等效的交流电流的方均根（r. m. s）值之比。

【注】 以电击持续时间超过一个心搏周期，并且心室纤维性颤动概率为 50%为例，对 10s 的等效因数约为（见图 1-5 和图 1-6）：

$$k=\frac{I_{\text{d. c. -纤维性颤动}}}{I_{\text{a. c. -纤维性颤动(r. m. s)}}}=\frac{300\text{mA}}{80\text{mA}}=3.75 \tag{1-2}$$

③ 向上电流（upward current）：通过人体使脚处于正极性的直流接触电流。

④ 向下电流（downwar dcurrent）：通过人体使脚处于负极性的直流接触电流。

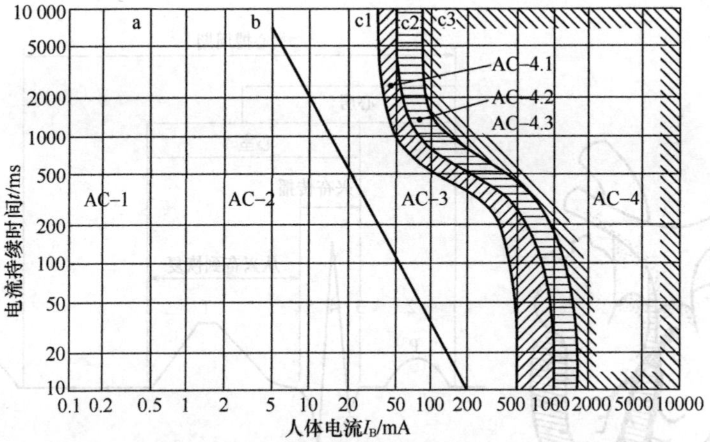

图 1-5 电流路径为左手到双脚的交流电流（15～100Hz）

注：对人效应的约定时间/电流区域（说明见表 1-11）。

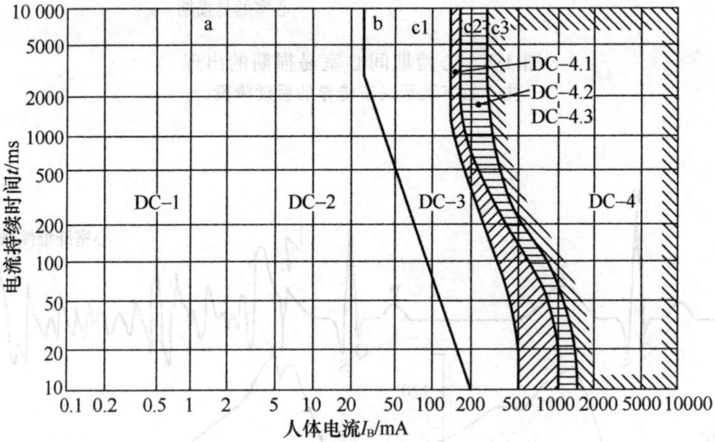

图 1-6 电流路径为纵向向上的直流电流

注：对人效应的约定时间/电流区域（说明见表 1-12）。

表 1-11 一手到双脚的通路，交流 15～100Hz 的时间/电流区域

（图 1-5 区域的简要说明）

区域	范围	生理效应
AC-1	0.5mA 的曲线 a 的左侧	有感知的可能性，但通常没有被“吓一跳”的反应
AC-2	曲线 a 至曲线 b	可能有感知和不自主地肌肉收缩但通常没有有害的电生理学效应
AC-3	曲线 b 至曲线 c	可强烈地不自主的肌肉收缩；呼吸困难；可逆性的心脏功能障碍；活动抑制可能出现；随着电流幅度而加剧的效应；通常没有预期的器官破坏
AC-4①	曲线 c1 以上	可能发生病理-生理学效应，如心搏停止、呼吸停止以及烧伤或其他细胞的破坏。心室纤维性颤动的概率随着电流的幅度和时间增加
	c1～c2	AC-4.1 心室纤维性颤动的概率增到约 5%
	c2～c3	AC-4.2 心室纤维性颤动的概率增到大约 50%
	曲线 c3 的右侧	AC-4.3 心室纤维性颤动的概率超过 50%以上

① 电流的持续时间在 200ms 以下，如果相关的阈被超过，心室纤维性颤动只有在易损期内才能被激发。关于心室纤维性颤动，本图与在从左手到双脚的路径中流通的电流效应相关。对其他电流路径，应考虑心脏电流系数。

表 1-12 直流——手到双脚通路的时间/电流区域（图 1-6 区域的简要说明）

区域	范围	生理效应
DC-1	2mA 曲线 a 的左侧	当接通、断开或快速变化的电流流通时，可能有轻微的刺痛感
DC-2	曲线 a 至曲线 b	实质上，当接通、断开或快速变化的电流流通时，很可能发生无意识地肌肉收缩，但通常没有有害的电气生理效应
DC-3	曲线 b 的右侧	随着电流的幅度和时间的增加，在心脏中很可能发生剧烈的无意识地肌肉反应和可逆的脉冲成形传导的紊乱。通常没有所预期的器官损坏
DC-4①	曲线 c1 以上	有可能发生病理-生理学效应，如心搏停止、呼吸停止以及烧伤或其他细胞的破坏。心室纤维性颤动的概率也随着电流的幅度和时间而增加
	c1～c2	DC-4.1 心室纤维性颤动的概率增加到约 5%
	c2～c3	DC-4.2 心室纤维性颤动的概率增加到约 50%
	曲线 c3 的右侧	DC-4.3 心室纤维性颤动的概率大于 50%

① 电流的持续时间在 200ms 以下，如果相关的阈被超过，则心室纤维性颤动只有在易损期内才能被激发。在这个图中的心室纤维性颤动，与路径为左手到双脚而且是向上流动的电流效应相关。至于其他的电流路径，已由心脏电流系数予以考虑。

1.2.2 人体的阻抗

人体的阻抗值取决于许多因素，如电流的路径、接触电压、电流的持续时间、频率、皮肤的潮湿程度、接触的表面积、施加的压力和温度等。人体阻抗示意图如图 1-2 所示。

（1）人体的内阻抗（Z_i）

人体的内阻抗大部分可认为是阻性的。其数值主要由电流路径决定，与接触表面积的关系较小。测定表明，人体内阻抗存在很少的电容分量（见图 1-2 中的虚线）。

图 1-7 所示为人体不同部位的内阻抗，是以一手到一脚为路径的阻抗百分数表示。对于电流路径为手到手或手到脚时，阻抗主要是四肢（手臂和腿）。若忽略人体躯干的阻抗，可得出如图 1-8 所示的简化的电路（假设手臂和腿的阻抗值相同）。

（2）皮肤阻抗（Z_S）

皮肤阻抗可视为由半绝缘层和许多小的导电体（毛孔）组成的电阻和电容性网络。当电流增加时皮肤阻抗下降。有时可见到电流的痕迹。

皮肤的阻抗值取决于电压、频率、通电时间，接触的表面积、接触的压力、皮肤的潮湿程度、皮肤的温度和种类等。

对较低的接触电压，即使是同一个人，其皮肤阻抗值也会随着条件的不同而具有很大的变化，如接触的表面积和条件（干燥、潮湿、出汗）、温度、快速呼吸等。对于较高的接触电压，则皮肤阻抗显著下降，而当皮肤击穿时，其阻抗可忽略不计。

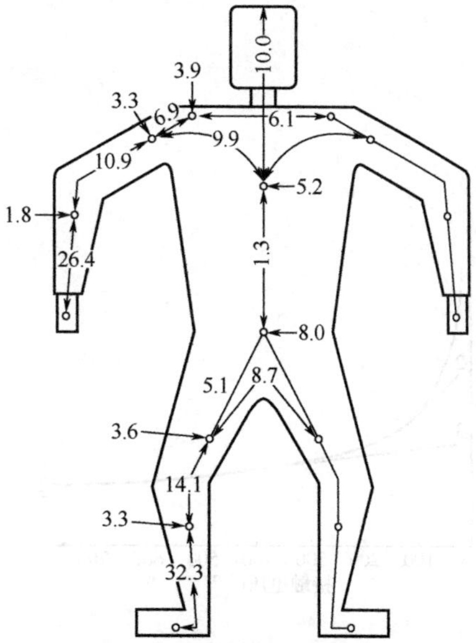

图 1-7 人体内部的部分阻抗 Z_{ip}

注：数字表示相对于路径为一手到一脚的相关的人体部分内阻抗的百分数。为了计算关于所给出的电流路径的人体总电阻 Z_T，对电流流通的人体所有部分的部分内阻抗 Z_{ip} 以及接触表面积的皮肤阻抗都必须相加。人体外面的数字表示，当电流进入那点时，才要加到总数中的部分内阻抗。

至于频率的影响，则是频率增加时皮肤阻抗减少。

（3）人体总阻抗（Z_T）

人体的总阻抗是由电阻性和电容性分量组成。对比较低的接触电压，皮肤阻抗 Zs 具有显著的变化，而人体总阻抗 Z_T 也随之变化。对于比较高的接触电压，则皮肤阻抗对总阻抗的影响越来越小，其数值接近于内阻抗 Z_I 的值。见图 1-9～图 1-14。

关于频率的影响，计及频率与皮肤阻抗的依从关系，人体总阻抗在直流时较高，且随着频率增加而减少。

（4）影响人体初始电阻（R_0）的因素

在接触电压出现的瞬间，人体电容尚未充电，所以皮肤阻抗 Z_{S1} 和 Z_{S2} 可忽略不计，故初始电阻 R_0 大约等于人体内阻抗 Z_I（见图 1-2），初始电阻 R_0 主要取决于电流通路，与接触表面关系较少。初始电阻 R_0 限制了短脉冲电流的峰值（例如来自电栅栏控制器的电击）。

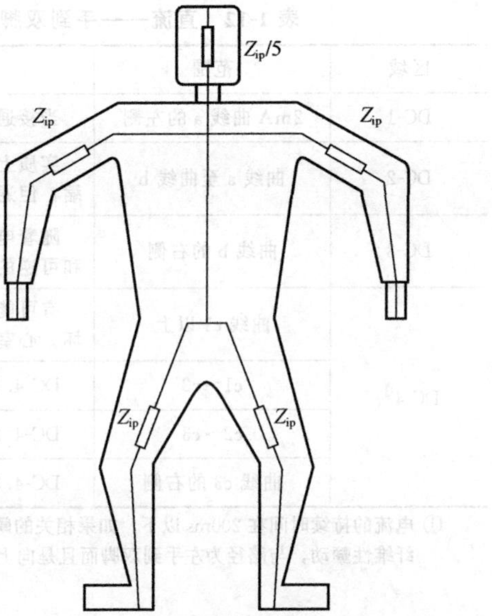

图 1-8　人体内部阻抗的简化示意图

Z_{ip}——一个肢体（手臂或腿）部分的内阻抗

注：从一手到双脚人体内部阻抗大约是 75%从双手到双脚为 50%，而从双手到人体躯干的阻抗为手到手或一手到一脚阻抗的 25%。

（5）人体总阻抗值（Z_T）

在干燥、水湿润和盐水湿润条件下的大的、中等的和小的接触表面积（数量级分别为

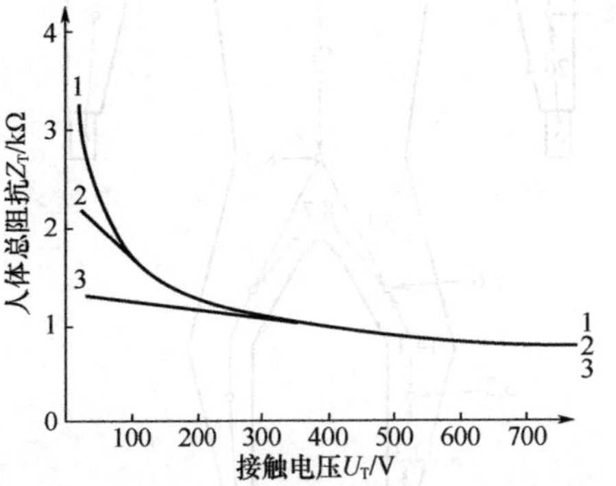

图 1-9　干燥、水湿润和盐水湿润条件，大的接触表面积，电流路径为手到手，50Hz/60Hz 交流接触电压 U_T 为 25V 至 700V，50%被测对象的人体总阻抗 Z_T（50%）

1—干燥条件（表 1-19）；2—水湿条件（表 1-20）；3—盐水湿润条件（表 1-21）

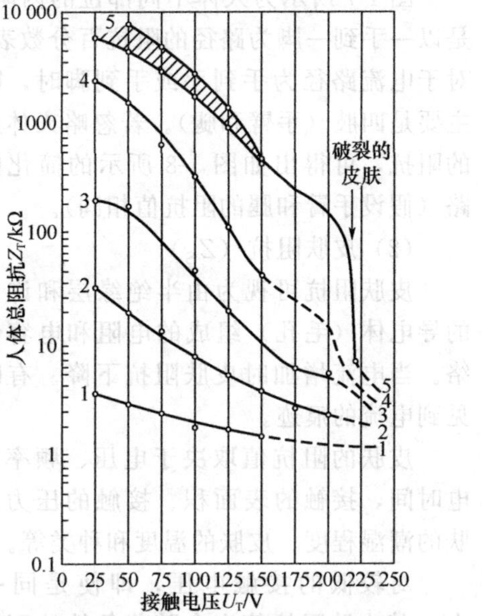

图 1-10　干燥条件，50Hz 交流接触电压时，一个活人的总阻抗 Z_T 与接触表面积之间的关系曲线

1—接触表面积 8200mm²；2—接触表面积 1250mm²；3—接触表面积 100mm²；4—接触表面积 10mm²；5—接触表面积 1mm²（在 220V 时皮肤击穿）

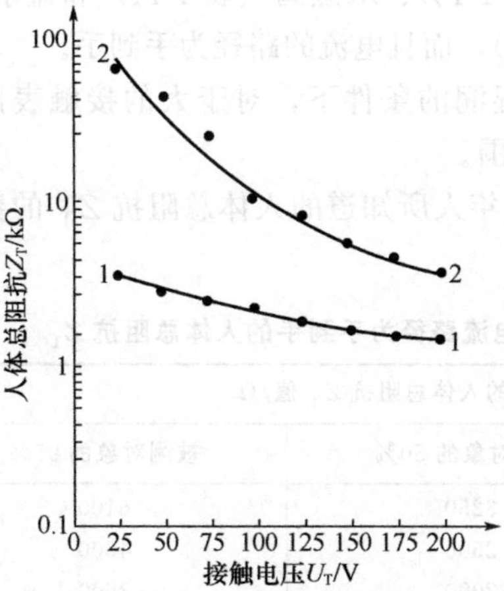

图 1-11 干燥条件，50Hz 交流接触电压 U_T 为 25V 至 200V，电流最大持续时间为 25ms，从右手到左手的两食指尖的电流路径与右手到左手的大的接触面积的路径相比较，一个活人的人体测定总阻抗 Z_T 与接触电压 U_T 之间的关系曲线

1—大的接触表面积（约 8000mm^2），电流路径为手到手；2—两指夹的表面积（约 250mm^2），路径为从右手食指尖到左手食指尖

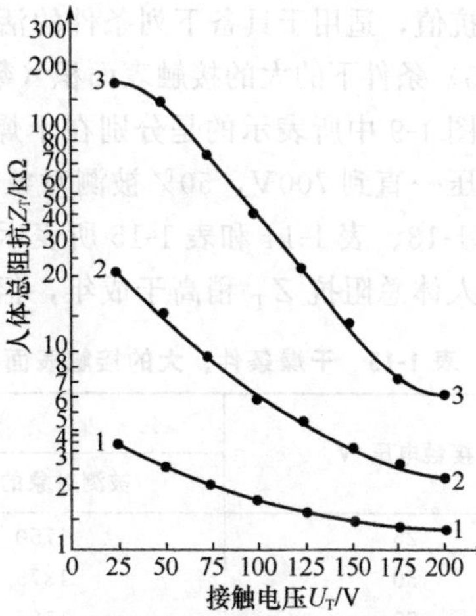

图 1-12 干燥条件，大的、中等的和小的接触表面积（数量级分别为 10000mm^2、1000mm^2 和 100mm^2），活人的 50％被测对象的人体总阻抗 Z_T 与 50Hz/60Hz 交流接触电压 U_T 为 25V 至 200V 的关系曲线

1—大的接触表面积，A 型电极（数量级为 10000mm^2）据表 1-19 数据；2—中等尺寸的接触表面积，B 型电极（数量级为 1000mm^2）根据表 1-23 数据；3—小的接触表面积，C 型电极（数量级为 100mm^2），根据表 1-26 数据

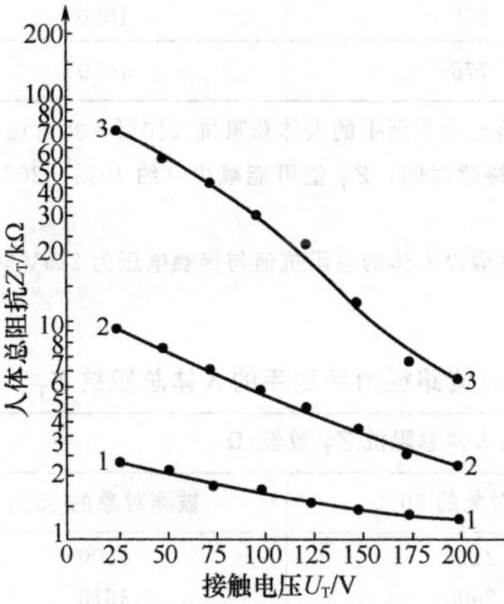

图 1-13 水湿润条件，大的、中等的和小的接触表面积（数量级分别为 10000mm^2、1000mm^2 和 100 mm^2），活人 50％被测对象的人体总阻抗 Z_T 与 50Hz/60Hz 交流接触电压 U_T 为 25V 至 200V 的关系曲线

1—大的接触表面积，A 型电极（数量级为 100000mm^2），根据表 1-20 数据；2—中等尺寸的接触表面积，B 型电极（数量级为 1000mm^2），根据表 1-24 数据；3—小的接触表面积，C 型电极（数量级为 100mm^2），根据表 1-27 数据

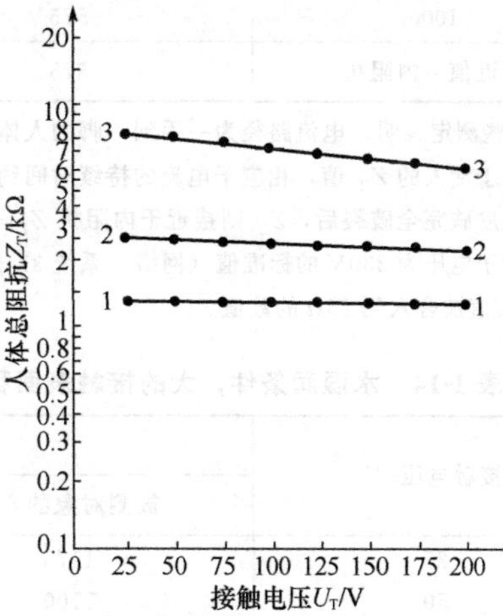

图 1-14 盐水湿润条件，大的、中等的和小的接触表面积（数量级分别为 10000mm^2、1000mm^2 和 100mm^2），活人 50％被测对象的人体总阻抗 Z_T 与 50Hz/60Hz 交流接触电压 U_T 为 25V 至 200V 的关系曲线

1—大的接触表面积，A 型电极（数量级为 10000mm^2），根据表 1-21 数据；2—中等尺寸的接触表面积，B 型电极（数量级为 1000mm^2），根据表 1-25 数据；3—小的接触表面积，C 型电极（数量级为 100mm^2），根据表 1-28 数据

10000mm^2、1000mm^2 和 100mm^2），活人 50％被测对象的人体总阻抗，在交流接触电压 U_T 从 25V 至 200V 时的关系曲线，如图 1-12、图 1-13 和图 1-14 中所示。

① 关于大的接触表面积的 50Hz/60Hz 的正弦交流电流 在表 1-13、表 1-14 和表 1-15 中的人

体总阻抗值，适用于具备下列条件的活人，即在干燥（表 1-13）、水湿润（表 1-14）和盐水湿润（表 1-15）条件下的大的接触表面积（数量级为 10000mm^2），而且电流的路径为手到手。

在图 1-9 中所表示的是分别在干燥、水湿润和盐水湿润的条件下，对于大的接触表面积，接触电压一直到 700V，50%被测对象的人体总阻抗的范围。

表 1-13、表 1-14 和表 1-15 所表示的是关于活着的成年人所知道的人体总阻抗 Z_T 的数值。儿童的人体总阻抗 Z_T 稍高于成年，但数量级相同。

表 1-13　干燥条件，大的接触表面积，50Hz/60Hz 交流电流路径为手到手的人体总阻抗 Z_T

接触电压/V	不超过下列三项的人体总阻抗 Z_T 值/Ω		
	被测对象的 5%	被测对象的 50%	被测对象的 95%
25	1750	3250	6100
50	1375	2500	4600
75	1125	2000	3600
100	990	1725	3125
125	900	1550	2675
150	850	1400	2350
175	825	1325	2175
200	800	1275	2050
225	775	1225	1900
400	700	950	1275
500	625	850	1150
700	575	775	1050
1000	575	775	1050
渐近值＝内阻抗	575	775	1050

注：1. 有些测定表明，电流路径为一手到一脚的人体总阻抗，稍低于电流路径为手到手的人体总阻抗（10%～30%）。

2. 对于活人的 Z_T 值，相应于电流的持续时间约为 0.1s。对于更长的持续时间，Z_T 值可能减少（约 10%～20%），而当皮肤完全破裂后，Z_T 则接近于内阻抗 Z_I。

3. 对于电压为 230V 的标准值（网络—系统 3L＋N-230V/400V），可以假设人体的总阻抗值与接触电压为 225V 时相同。

4. Z_T 值被舍入到 25Ω 的数值。

表 1-14　水湿润条件，大的接触表面积，50Hz/60Hz 交流电流路径为手到手的人体总阻抗 Z_T

接触电压/V	不超过下列三项的人体总阻抗 Z_T 数值/Ω		
	被测对象的 5%	被测对象的 50%	被测对象的 95%
25	1175	2175	4100
50	1100	2000	3675
75	1025	1825	3275
100	975	1675	2950
125	900	1550	2675
150	850	1400	2350
175	825	1325	2175
200	800	1275	2050
225	775	1225	1900
400	700	950	1275
500	625	850	1150
700	575	775	1050
1000	575	775	1050
渐近值＝内阻抗	575	775	1050

注：同表 1-13 注。

在表 1-13 至表 1-15 中所给予的数值是从对尸体和活人（成年人、男人和女人）进行测定的结果推算出来的。

表 1-15 盐水润湿条件，大的接触表面积，50Hz/60Hz 交流电流路径为手到手的人体总阻抗 Z_T

接触电压/V	不超过下列三项的人体总阻抗 Z_T 数值/Ω		
	被测对象的 5%	被测对象的 50%	被测对象的 95%
25	960	1300	1755
50	940	1275	1720
75	920	1250	1685
100	880	1225	1655
125	850	1200	1620
150	830	1180	1590
175	810	1155	1560
200	790	1135	1530
225	770	1115	1505
400	700	950	1275
500	625	850	1150
700	575	775	1050
1000	575	775	1050
渐近值＝内阻抗	575	775	1050

注：同表 1-13 注。

在电压高于 125V 的水湿润条件和电压高于 400V 盐水湿润条件下的人体总阻抗与干燥条件的数值相同（见图 1-9）。

② 关于中等的和小的接触表面积的 50Hz/60Hz 的交流电流 人体内阻抗 Z_i 和人体初始电阻 R_0 的数值，仅是在很小程度上取决于接触表面积。然而，当接触的表面积非常小，小到几平方毫米时，其数值是增加的。

皮肤被击穿（对接触电压超过大约为 100V 和电流比较长的持续时间）以后，人体总阻抗 Z_T 接近于内阻抗 Z_i 的数值，而且仅在很小程度上取决于接触表面积及其潮湿的条件。

对 50Hz 的交流接触电压在 25V 至 200V 的范围内，在干燥的条件下，对一个人关于电流路径为手到手的人体总阻抗 Z_T 与接触表面积（从 $1mm^2$ 直至最大约达 $8000mm^2$）之间所测定的关系曲线，如图 1-10 所示。对于接触电压在 100V 以下，而且是只有几平方毫米数量级的小的接触表面积，所测定的偏差可能很容易达到平均值的约＋50%，它取决于温度、压力、手掌中的部位等。对接触电压在 200V 以上，关于人或尸体的表面积处于水湿润和盐水湿润条件的 Z_T 还没有有用的数据。

在左右两手的食指尖之间（接触表面积约 $250mm^2$）的人体总阻抗 Z_T，与 50Hz/60Hz 的交流接触电压从 25V 至 200V 范围之间的关系曲线，如图 1-11 所示。从图 1-11 中的 1 号曲线可推算出，对 200V 的接触电压，一根食指的部分阻抗为 1000Ω 的数量级。

在图 1-10 和图 1-11 中所表示的是仅对一个活人进行的人体总阻抗 Z_T 测定的结果。

关于活人的 5%、50%和 95%被测对象的人体总阻抗 Z_T，根据目前所获得的资料，是在干燥、水湿润和盐水湿润条件下，对于大的、中等的和小的接触表面积（其数量级分别为 $10000mm^2$、$1000mm^2$ 和 $100mm^2$）给出的：

对于大的接触表面积，在表 1-13、表 1-14 和表 1-15 中的数据，是在干燥、水湿润和盐水湿润条件下，关于 50Hz/60Hz 的交流接触电压 U_T 从 25V 至 1000V 的范围给出的；

对于中等和小的接触表面积，在表1-16、表1-17与表1-18以及表1-19、表1-20和表1-21中所列的数据，是在干燥、水湿润和盐水湿润条件下，关于50Hz/60Hz的交流接触电压U_T从25V至200V范围给出的。

表1-16　干燥条件，中等接触表面积，电流路径为手到手，50Hz/60Hz交流接触电压U_T为25V至200V的人体总阻抗Z_T（舍入到25Ω的数值）

接触电压/V	不超过下列三项的人体总阻抗Z_T数值/Ω		
	被测对象的5%	被测对象的50%	被测对象的95%
25	11125	20600	38725
50	7150	13000	23925
75	4625	8200	14750
100	3000	5200	9150
125	2350	4000	6875
150	1800	3000	5050
175	1550	2500	4125
200	1375	2200	3525

表1-17　水湿润条件，中等接触表面积，电流路径为手到手，50Hz/60Hz交流接触电压U_T为25V至200V的人体总阻抗Z_T（舍入到25Ω的数值）

接触电压/V	不超过下列三项的人体总阻抗Z_T数值/Ω		
	被测对象的5%	被测对象的50%	被测对象的95%
25	5050	9350	17575
50	4100	7450	13700
75	3400	6000	10800
100	2800	4850	8525
125	2350	4000	6875
150	1800	3000	5050
175	1550	2500	4125
200	1375	2200	3525

表1-18　盐水湿润条件，中等接触表面积，电流路径为手到手，50Hz/60Hz交流接触电压U_T为25V至200V的人体总阻抗Z_T（舍入到25Ω的数值）

接触电压/V	不超过下列三项的人体总阻抗Z_T数值/Ω		
	被测对象的5%	被测对象的50%	被测对象的95%
25	1795	2425	3275
50	1765	2390	3225
75	1740	2350	3175
100	1715	2315	3125
125	1685	2280	3075
150	1660	2245	3030
175	1525	2210	2985
200	1350	2175	2935

表 1-19 干燥条件，小的接触表面积，电流路径为手到手，
50Hz/60Hz 交流接触电压 U_T 为 25V 至 200V 的人体总阻抗 Z_T（舍入到 25Ω 的数值）

接触电压/V	不超过下列三项的人体总阻抗 Z_T 数值/Ω		
	被测对象的 5%	被测对象的 50%	被测对象的 95%
25	91250	169000	317725
50	74800	136000	250250
75	42550	74000	133200
100	23000	40000	70400
125	12875	22000	37850
150	7200	12000	20225
175	4000	6500	10725
200	3500	5400	8650

表 1-20 水湿润条件，小的接触表面积，电流路径为手到手，
50Hz/60Hz 交流接触电压 U_T 为 25V 至 200V 的人体总阻抗 Z_T（舍入到 25Ω 的数值）

接触电压/V	不超过下列三项的人体总阻抗 Z_T 数值/Ω		
	被测对象的 5%	被测对象的 50%	被测对象的 95%
25	39700	73500	138175
50	29800	54200	99725
75	22600	40000	72000
100	17250	30000	52800
125	12875	22000	37850
150	7200	12000	20225
175	4000	6500	10725
200	3500	5400	8650

表 1-21 盐水湿润条件，小的接触表面积，电流路径为手到手，
50Hz/60Hz 交流接触电压 U_T 为 25V 至 200V 的人体总阻抗 Z_T（舍入到 25Ω 的数值）

接触电压/V	不超过下列三项的人体总阻抗 Z_T 数值/Ω		
	被测对象的 5%	被测对象的 50%	被测对象的 95%
25	5400	7300	9855
50	5105	6900	9315
75	4845	6550	8840
100	4590	6200	8370
125	4330	5850	7900
150	4000	5550	7490
175	3700	5250	7085
200	3400	5000	6750

③ 频率 20kHz 及以下的正弦交流电流 50Hz/60Hz 的人体总阻抗值在更高频率时由于皮肤电容的影响下降，当频率高于 5kHz 时，则接近于人体内阻抗 Z_i。图 1-15 所示为频率与人体总阻抗 Z_T 的关系，其电流路径为手至手、大的接触表面积、接触电压 10V 和频率 25Hz 至 20kHz。图 1-16 所示为频率与人体总阻抗 Z_T 的关系，其电流路径为手到手、大的接触表面积、接触电压为 25V。由此结果推导出图 1-17 的一组曲线，它给出人群中 50% 被测对象的人体总阻抗 Z_T 与频率的依赖关系，其接触电压 10V 至 1000V、频率范围 50Hz 至 2kHz、大的接触表面积和干燥条件下的电流路径为手到手或一手到一脚。

【注】没有在水湿润和盐水湿润条件下进行过测量。

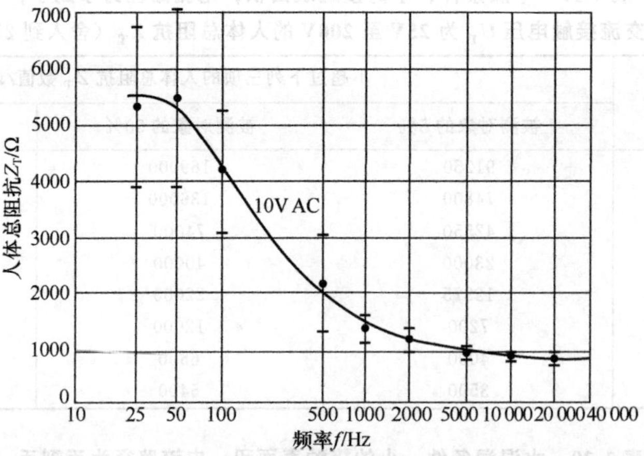

图 1-15 干燥条件，手到手的电流路径，大的接触表面积，接触电压为 10V 时，10 个活人测定的人体总阻抗 Z_T 与频率从 25Hz 至 20kHz 的关系曲线

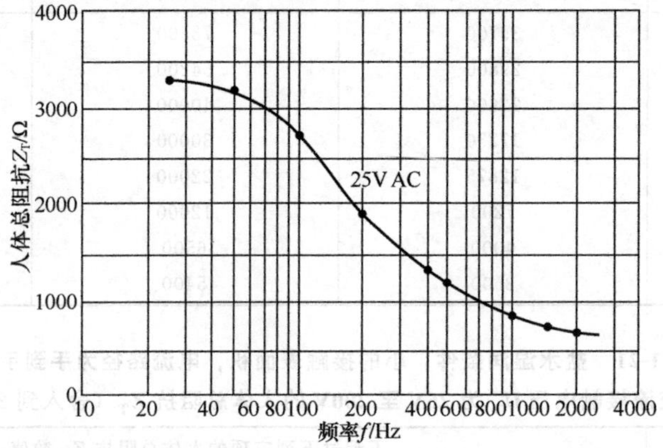

图 1-16 干燥条件，手到手的电流路径，大的接触表面接触电压为 25V 时，一个活人测定的人体总阻抗 Z_T 与频率从 25Hz 至 2kHz 的关系曲线

④ 直流电流 人体直流总电阻 R_T 在接触电压约在 200V 及以下时，由于人的皮肤电容的阻塞作用，比交流人体总阻抗 Z_T 高。

在干燥的条件下，用直流电流和大的接触表面积所测量的直流人体总阻抗 R_T 值位于表 1-22（见图 1-18 中的实线）。

【注】没有在水湿润和盐水湿润条件下进行过测定。

当忽略电压范围在 100V 以下，交流和直流的 Z_T 之间可能存在的微小差别时，对于水湿润和盐水湿润条件下的大的接触表面积的人体总电阻 R_T，可以足够精确地根据表 1-14 和表 1-15 来确定。对于所有其他情况，交流的数据表可被用作保守的估计。

（6）人体初始电阻（R_0）值

电流路径为手到手或一手到脚和大的接触表面积，对交流和直流的 5%、50%和 95%的人体初始电阻 R_0 的数值，可分别取作 500Ω、750Ω 和 1000Ω（类似于表 1-13）。这些数值几乎与接触表面积和皮肤的状况没什么关系。

【注】因为在刚一接触时，皮肤的电容和人体内部的电容都还未被充电，所以初始电阻 R_0 数值，与 50Hz/60Hz 的交流人体总阻抗 Z_T 的渐近值和关于直流人体总电阻 R_0 的数值相比，都显稍低。

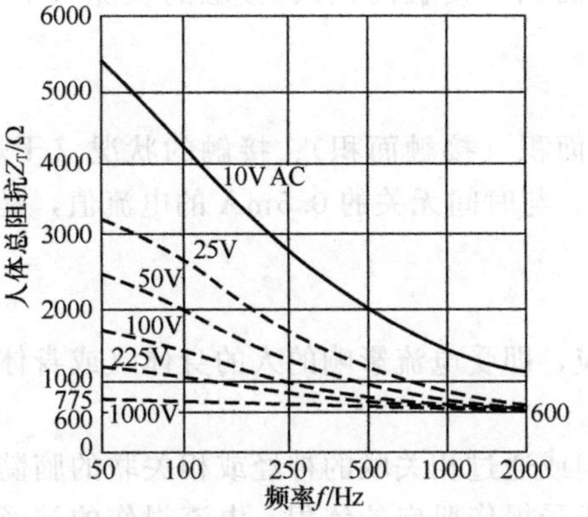

图 1-17 干燥条件，大的接触表面积，电流路径为手到手或一手到一脚，接触电压从 10V 至 1000V、频率范围从 50Hz 至 2kHz，50%被测对象人体总阻抗 Z_T 与频率的关系曲线

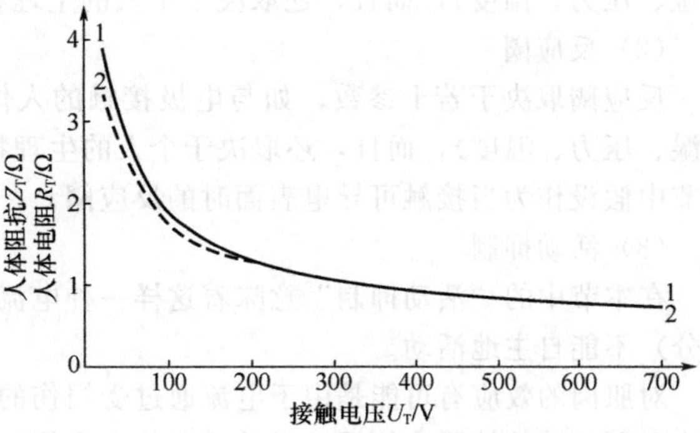

图 1-18 干燥条件，电流路径为手到手，大的接触表面积，50Hz/60Hz 交流和直流接触电压至 700V 时，活人 50%被测对象的人体总阻抗 Z_T 和总电阻 R_T 测定的统计值

1—直流的人体电阻 R_T；2—交流 50Hz 的人体阻抗 Z_T

表 1-22 干燥条件，大的接触表面积，直流电流路径为手到手的人体总电阻 R_T

接触电压/V	不超过下列三项的人体总电阻 R_T 数值/Ω		
	被测对象的 5%	被测对象的 50%	被测对象的 95%
25	2100	3875	7275
50	1600	2900	5325
75	1275	2275	4100
100	1100	1900	3350
125	975	1675	2875
150	875	1475	2475
175	825	1350	2225
200	800	1275	2050
225	775	1225	1900
400	700	950	1275
500	625	850	1150
700	575	775	1050
1000	575	775	1050
渐近值	575	775	1050

注：1. 有些测定表明，电流路径为一手到一脚的人体总阻抗 R_T，稍低于电流路径为手到手的人体总阻抗（10%～30%）。

2. 对于活人的 R_T 值，相应于电流的持续时间约为 0.1s。对于更长的持续时间，R_T 值可能减少（约 10%～20%），而当皮肤完全破裂后，R_T 则接近于初始人体电阻 R_0。

3. R_T 的数值被舍入到 25Ω 的数值。

1.2.3 15～100Hz 范围内正弦交流电流的效应

本节说明频率范围为 15Hz 至 100Hz 的正弦交流电流通过人体时的效应。除非另有说明，以后所说的电流值均为方均根值。接触电流及其效应的实例如图 1-5 所示。

（1）感知阈

感知阈取决于若干参数，如与电极接触的人体的面积（接触面积）、接触的状况（干燥、潮湿、压力、温度），而且，还取决于个人的生理特性。

（2）反应阈

反应阈取决于若干参数，如与电极接触的人体的面积（接触面积）、接触的状况（干燥、潮湿、压力、温度），而且，还取决于个人的生理特性。与时间无关的 0.5mA 的电流值，是在本节中假设作为当接触可导电表面时的反应阈。

（3）活动抑制

在本节中的“活动抑制”意味着这样一种电流效应，即受电流影响的人的身体（或身体的部分）不能自主地活动。

对肌肉的效应有可能是由于电流通过受损伤的肌肉或通过相关联的神经或相关联的脑髓部分流通所导致的结果。能导致活动抑制的电流值取决于受损伤肌肉的体积、电流损伤的神经类型和脑髓的部位。

（4）摆脱阈

摆脱阈取决于若干参数，如接触面积、电极的形状和尺寸以及个人的生理特性等。在本节中，约 10mA 的值是针对成年男人而假设的，约 5mA 的数值适用于所有人。

（5）心室纤维性颤动阈

心室纤维性颤动阈取决于生理参数（人体结构、心脏功能状态等）以及电气参数（电流的持续时间和路径、电流的特性等）。心脏活动的说明见图 1-3 和图 1-4。

对于正弦交流电（50Hz 或 60Hz），如果电流的流通被延长到超过一个心搏周期，则纤维性颤动阈具有显著的下降。这种效应是由于诱发期外收缩的电流，使心脏不协调的兴奋状态加剧所导致的结果。

当电击的持续时间小于 0.1s，电流大于 500mA 时，纤维性颤动就有可能发生，只要电击发生在易损期内，而数安培的电流幅度，则很可能引起纤维性颤动。对于这样的强度而持续的时间又超过一个心搏周期的电击，有可能导致可逆性的心跳停止。

对电流的持续时间超过一个心搏周期，图 1-19 表示的是来自动物的实验与人的来自对电气事故的统计计算的心室纤维颤动阈之间的比较。

在将动物的实验结果施用于人体时，以左手到双脚的电流路径，很方便地建立了一条经验曲线 c1（见图 1-5），在曲线 c1 以下，纤维性颤动是不大可能发生的。对处于 10mA 和 100mA 之间的短持续时间的高电平区间，被选作从 500mA 到 400mA 的递降的曲线。在电气事故资料的基础上，对持续时间长 1s 的较低的电平区间，被选作在 1s 时的 50mA 至持续时间长于 3s 的 40mA 的递减的曲线。两电平区间用平滑的曲线连接。

根据对动物实验结果的统计计算，建立了分别为 5% 和 50% 的纤维性颤动概率的曲线 c2 和 c3（见图 1-5）。曲线 c1、c2 和 c3 适用于关于左手到双脚的电流路径。

（6）与电击相关的其他效应

其他的电气效应，如肌肉收缩、血压上升、心跳脉冲的形成和传导的紊乱（包括心房纤维性颤动和瞬时的心律紊乱）都可能发生。这样一些效应通常并非是致命的。

如果有数安培电流持续的时间超过数秒，则深度烧伤和其他的内部伤害都可能产生。也可能见到外表烧伤。

高压事故不可能导致心室纤维性颤动的后果，而是产生其他的心搏停止的形式。这在事故统计方面被证明，并由动物的实验得到确认。然而，目前还没有足够的资料来鉴别这些情况的可能性。

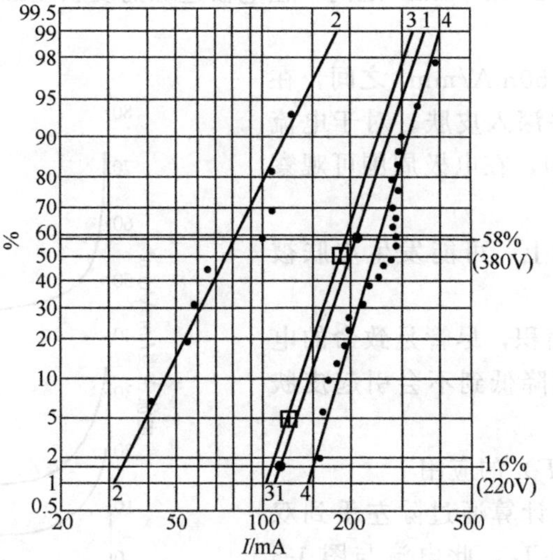

图 1-19 取自于实验的狗、猪和羊的心室纤维性颤动的数据；交流接触电压为 220V 和 380V，人体总阻抗 Z_T（5%），电流路径为手到手横向流动方向的电气事故统计的人的心室纤维性颤动数据

注：1—由对事故统计计算的关于人的纤维性颤动的资料（U_T=220V，1.6%。U_T=380V，58%）；
2—电流的持续时间为 5s 时，关于狗的心室纤维性颤动的资料；
3—电流的持续时间大于 1.5 倍心搏周期时，关于猪的纤维性颤动的资料；
4—电流的持续时间为 3s 时，关于羊的纤维性颤动的资料
“•”表示是事故统计的计算数据（U_T=220V，1.6%和 U_T=380V，58%，I_T 分别为 110mA 和 220mA）；“田”表示对猪测定的统计数据[I(5%)=120mA，I(50%)=180mA]；
图中实线表示用心脏-电流系数 F=0.4 校正的数据。

心室纤维性颤动是致命的，因为它拒绝能输送所需要氧的血液的流动。不涉及心室纤维性颤动的电气事故也可能致命。其他的效应有可能影响呼吸，而或许妨碍人大声呼救。这些相关机理包括呼吸调节的功能紊乱、呼吸肌肉的麻痹、肌肉的神经中枢活动通路的破坏和头脑内部呼吸调节机理的破坏。这些效应如若持久，则不可避免地会导致死亡。如果人要从可逆性呼吸效应中恢复原状，则必须强制性地实施果断的人工呼吸。尽管如此，其人仍有可能死亡。如果电流通过如脊髓或呼吸调节中枢这种关键部分，则很可能发生死亡。这些效应都在考虑中，而且，相应的阈也还没有被定义。

强的横跨膜电场可能破坏细胞，尤其是细长的细胞，如骨骼肌肉的细胞。这并不是热的效应。这些情况可见于高强度、短持续时间的人体电流（如由于瞬间的与高压配电线接触），它们作为例子已被观察到。强电场跨越细胞膜可能在膜中诱发毛孔的形成，这种效应被称为电制孔。这些毛孔可能是稳定的，而且基本上是全密闭的，或可能增大而变成不稳定的，并继而引起细胞膜破裂。于是，组织不可逆地被破坏了。这时，可能发生组织坏死，常常需要将受伤的肢体截肢。电制孔不限于任何特殊的电流幅度或任何特殊的电流通路或流通的持续时间。

相关的非电伤害，如外伤性的伤害应予以考虑。

(7) 电流对皮肤的效应

图 1-20 所示为人皮肤的变化与电流密度 I_T(mA/mm^2)和电流的持续时间之间的关系曲线。

作为指导，可给出下列数据：

① 在 10mA/mm^2 以下，一般对皮肤观察不到变化，当电流的持续时间较长（若干秒）时，在电极下的皮肤可能是灰白色的粗糙表面（0 区）；

② 在 $10mA/mm^2$ 和 $20mA/mm^2$ 之间，在电极边缘的皮肤变红出现带有类似的略带白色的隆起的波纹（1 区）；

③ 在 $20mA/mm^2$ 和 $50mA/mm^2$ 之间，在电极下的皮肤呈现褐色并深入皮肤。对于电流持续更长的时间（几十秒），在电极周围可观察到充满电流痕迹（2 区）；

④ 在 $50mA/mm^2$ 以上，可能发生皮肤被炭化（3 区）；

⑤ 采用大的接触表面积，尽管是致命的电流幅度，而电流密度仍可降低到不会引起皮肤的任何的变化。

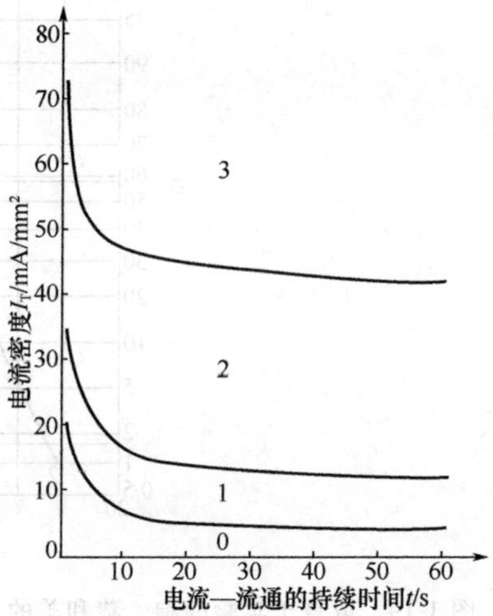

图 1-20 人的皮肤状况与电流密度 I_T（mA/mm^2）和电流的持续时间之间的关系曲线

注：区域 3 呈现皮肤炭化；区域 2 呈现电流伤痕；区域 1 呈现皮肤变红；区域 0 没有效应

（8）心脏电流系数（F）的应用

心脏电流系数可用以计算通过除左手到双脚的电流通路以外的电流 I_h，此电流与图 1-5 中的左手到双脚的 I_{ref} 的具有同样心室纤维性颤动的危险。

$$I_h = I_{ref}/F \tag{1-3}$$

I_{ref}——图 1-5 中的路径为左手到双脚的人体电流；

F——表 1-23 中的心脏电流系数；

I_h——表 1-23 中各路径的人体电流。

【注】心脏电流系数被认为只是作为各种电流路径心室纤维性颤动相对危险的大致估算。

对于不同电流路径的心脏电流系数列于表 1-23。

表 1-23 不同电流路径的心脏电流系数 F

电流路径	心脏电流系数
左手到左脚、右脚或双脚	1.0
双手到双脚	1.0
左手到右手	0.4
右手到左手、右脚或双脚	0.8
背脊到右手	0.3
背脊到左手	0.7
胸膛到右手	1.3
胸膛到左手	1.5
臀部到左手、右手或到双手	0.7
左脚到右脚	0.04

例如：从手到手 225mA 的电流与从左手到双脚的 90mA 电流，具有产生心室纤维性颤动的相同可能性。

1.2.4 直流电流的效应

本节说明通过人体的直流电流的效应。基本术语“直流电流”是指无纹波直流电流，然而，关于纤维性颤动效应，对于含有不大于 10％方均根值的正弦纹波电流的直流，本节给出的数据是保守的。接触电流及其效应的实例如图 1-21 所示。

(1) 感知阈和反应阈

这两个阈取决于若干参数，如接触面积、接触状况（干燥度、湿度、压力、温度）、通电时间和个人的生理特点等。与交流不同，在感知阈水平时直流只有在通、断时才有感觉，而在电流流过期间不会有其他感觉。在与交流类似的研究条件下测得的反应阈约为 2mA。

(2) 活动抑制阈和摆脱阈

与交流不同，直流没有确切的活动抑制阈或摆脱阈。只有在电流接通和断开时，才会引起肌肉疼痛和痉挛状收缩。

(3) 心室纤维性颤动阈

如同在交流纤维颤动阈中所说明的，直流纤维性颤动阈也取决于生理和电气参数。

由电气事故资料得知，通常纵向电流才会有心室纤维性颤动的危险。至于横向电流，由动物实验得知在更高的电流强度时也可能发生。

从动物实验及电气事故资料得知，向下电流的纤维性颤动阈，约为向上电流的两倍。

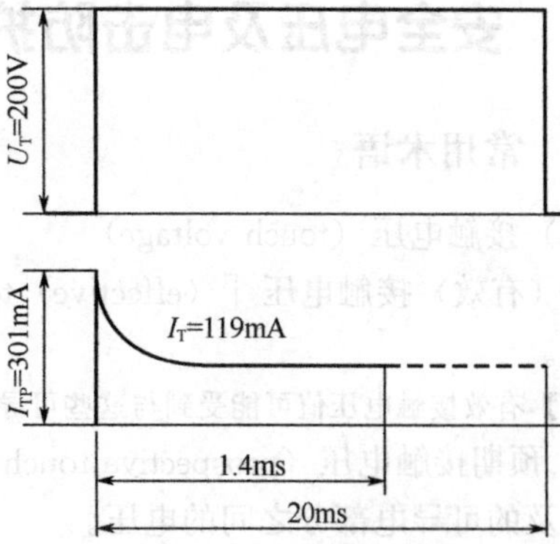

图 1-21 干燥条件，电流路径为手到手，大的接触表面积，关于直流的接触电压 U_T 和接触电流 I_T 的示波图

注：$U_T=220V$，直流，电流的持续时间为 20ms，接触电流 $I_T=119mA$，峰值 $I_{TP}=301mA$，人体总电阻 $R_T=168\Omega$，人体初始电阻 $R_0=664\Omega$。双手臂和双肩有强烈的、烧灼的感觉和无意识的肌肉痉挛。

电击时间长于一个心搏周期时，直流的纤维性颤动阈比交流要高好几倍。当电击时间短于 200ms 时，其纤维性颤动阈和交流以方均根的阈值大致相同。

由动物的实验数据绘制的曲线，适用于纵向向上的（脚为正极性的）电流。在图 1-6 中的曲线 c2 和 c3 表示计算的电流强度和持续时间的组合，在这种情况下，当电流路径为纵向通过躯体（即从左前肢到双后脚）时，则动物的心室纤维性颤动的概率分别约为 5% 和 50%。曲线 c1 表示电流和持续时间的组合，低于曲线 c1，根据对动物的研究，对电流通过人体的同样的纵向通路，则心室纤维性颤动的可能比预计低很多。新近的研究表明，对于人的心室纤维性颤动阈，对每一个持续时间而言，都高于与动物相比的电流幅度。例如，对于健康的人，其左手到双脚的阈电流，对于长的电流持续时间，可能是 200mA 的数量级。然而，并不是所有人的心脏都是健康的，而且有些疾病可能会影响心室纤维性的颤动阈。具有不健康心脏状况的某些人，其心室纤维性颤动阈低于正常标准，但对减少的量并无准确的了解。因此，在图中所表示的以研究动物为依据的 c1 曲线，用于说明关于人的心室纤维性颤动阈是保守的估计。还没有在 c1 曲线以下电击死亡的电气事故，这表明，对于所有人而言，c1 曲线或许是保守的。对于纵向向下的电流（双脚为负极性），以近似于 2 的系数，必须将曲线都变换到比较高的电流幅度。

(4) 电流的其他效应

电流接近 100mA 时，通电期间，四肢有发热感。在接触面的皮肤内感到疼痛。

300mA 以下横向电流通过人体几分钟时，随着时间和电流量的增加，可引起可逆的心律失常、电流伤痕、烧伤、头昏以及有时失去知觉。超过 300mA 时，往往会失去知觉。

电流达数安培延续超过几秒，则可能发生深度烧伤或其他损伤，甚至死亡。

像电制孔这样的效应，有可能因同直流电路和交流电路的接触而引起。

有关非电气伤害，如外伤的伤害考虑。

(5) 心脏电流系数

与交流电流一样，心脏电流系数也适用于直流电流。

1.3 安全电压及电击防护[37]

1.3.1 常用术语

（1）接触电压（touch voltage）

① （有效）接触电压［（effective）touch voltage］：人或动物同时触及到两个可导电部分之间的电压。

【注】有效接触电压值可能受到与这些可导电部分发生电接触的人或动物的阻抗明显的影响。

② 预期接触电压（prospective touch voltage）：人或动物尚未接触到可导电部分时，这些可能同时触及的可导电部分之间的电压。

（2）绝缘（insulation）

【注】绝缘有可能是固体、液体或气体（比如空气）或它们之间的任一组合。

① 基本绝缘（basic insulation）：能够提供基本防护的危险带电部分上的绝缘。

【注】本概念不适用于仅用作功能性目的的绝缘。

② 附加绝缘（supplementary insulation）：除了基本绝缘外，用于故障防护附加的单独绝缘。

③ 双重绝缘（double insulation）：既有基本绝缘又有附加绝缘构成的绝缘。

④ 加强绝缘（reinforced insulation）：危险带电部分具有相当于双重绝缘的电击防护等级的绝缘。

【注】加强绝缘可以由几个不能像基本绝缘或附加绝缘那样单独测试的绝缘层组成。

（3）地（earth）

【注】“地”这一概念的意思指地球及其所有自然物质。

① 参考地［reference earth；reference ground（US）］：不受任何接地配置影响的、视为导电的大地的部分，其电位约定为零。

② （局部）地［（local）earth；（local）ground（US）］：大地与接地极有电接触的部分，其电位不一定等于零。

③ 接地极［earth electrode；ground electrode（US）］：埋入土壤或特定的导电介质（如混凝土或焦炭）中，与大地有电气接触的可导电部分。

④ 接地导体［earthing conductor；grounding conductor（US）］：在系统、装置或设备中的给定点与接地极之间提供导电通路或部分导电通路的导体。

⑤ 接地配置［earthing arrangement；grounding arrangement（US）］：系统、装置和设备的接地所包含的所有电气连接和器件。

【注】在高压侧，它可能是局部有限配置的相互连接的接地极。

⑥ 保护接地［protective earthing；protective grounding（US）］：为了电气安全目的，将一系统、装置或设备的一点或多点接地。

⑦ 功能接地［functional earthing；functional grounding（US）］：出于电气安全之外的目的，将系统、装置或设备中的一点或多点接地。

（4）特低电压（extra-low-voltage；ELV）

不超过 IEC 61201 规定的相关电压限值的任一电压。

1）SELV 系统（safety extra-low-voltage system—SELV system）

在下列情况下，电压不超过特低电压的电气系统：

① 在正常的情况下；

② 包括其他电气回路接地故障在内的单一故障情况下。

2）PELV系统（protective extra-low voltage system——PELV system）

在下列情况下，电压不超过特低电压的电气系统：

① 在正常情况下；

② 在单一故障情况下，但其他电气回路发生接地故障时除外。

（5）跨步电压（step voltage）

大地表面相距1 m（人的步距）的两点之间的电压。

【注】在我国有关跨步电压规范中，人的步距取0.8m。

1.3.2 安全电压选择的有关规定

安全电压是不致危及人身安全的电压。安全电压值取决于人体的电阻和人体允许通过的电流。我国的安全电压等级，不仅规定了为防止因触电造成人身直接伤害事故而采用的由特定电源供电的电压等级；还规定了在正常和故障情况下，此电压等级的上限值为任何两导体间或任一导体与地之间均不得超过交流（50～800Hz）有效值50V或直流（非脉动值）120V的电压。安全电压应根据使用环境、人员状况和使用方式等因素选用。安全电压等级及选用举例见表1-24。

表1-24 安全电压等级及选用举例

安全电压（交流有效值）		选用举例
额定值/V	空载上限值/V	
42	50	在有危险的场所使用的手持式电动工具等
36	43	在矿井、多导电粉尘等场所使用的行灯等
24	29	
12	15	供某些人体可能偶然触及的带电设备选用
6	8	

为确保人身安全，供给安全电压的特定电源，除采用独立电源外，供电电源的输入电路与输出电路必须实行电气上的隔离。工作在安全电压下的电路必须与其他电气系统和与之无关的可导电部分实行电气上的隔离。当电气设备采用24V以上的安全电压时，必须采取防止直接接触带电体的保护措施，其电路必须与大地绝缘。

1.3.3 电击防护的基本原则

在下列情况下危险的带电部分不应是可触及的，而可触及的可导电部分不应是危险的带电部分：在正常条件下（工作在预定条件下，见ISO/IEC导则51：1999的3.13，并且没有故障），或在单一故障条件下（见IEC导则104：1997的2.8）。

【注】1.对一般人员规定的可触及性规则，可与那些熟练技术人员或受过培训的人员不同，而且还可随着产品和位置的不同而有所变化。

2.对高压装置、系统和设备，进入危险区域就被认为是相当于触及到了危险的带电部分。

正常条件下的防护是由基本防护提供的，而在单一故障条件下的防护是由故障防护提供的。加强的防护措施提供上述两种情况的防护。

1.3.3.1 正常条件

要满足基本规则中有关在正常条件下的电击防护要求，则采用本节中所述的基本防护是必不可少的。

【注】对低压装置、系统和设备而言，其基本防护通常与GB 16895.21—2004中有关直接接触防护相对应。

1.3.3.2 单一故障条件

发生下列情况之一时，均认为是单一故障：①可触及的非危险带电部分变成危险的带电部分（例如，由于限制稳态接触电流和电荷措施的失效）；②可触及的在正常条件下不带电的可导电部分变成危险的带电部分（例如，由于外露可导电部分基本绝缘的损坏）；③危险的带电部分变成可触及的（例如，由于外壳的机械损坏）。

要满足基本规则中有关在单一故障条件下电击防护的要求，采用本节中所述的故障防护是必不可少的。这种防护可采用以下方法来实现：①采用不依赖于基本防护的进一步的防护措施（采用两个独立的防护措施）；②采用兼有基本防护和故障防护的两种功能的加强型防护措施，这时需考虑到所有相关影响。

【注】低压装置、系统和设备的故障防护，尤其在基本绝缘损坏条件下的防护，与在 GB 16895.21—2004 中采用的间接接触防护相对应。

（1）采用两个独立的防护措施

在相关技术委员会规定的条件下，两个独立的防护措施的设计，应当使每一个防护措施都不太可能失效。两个独立的防护措施之间不应互有影响，以做到一个防护措施的失效不致损害另一个防护措施。两个独立的防护措施同时出现失效是不太可能的，因而通常不需要予以考虑。对此的信赖建立在其中一个防护措施仍然有效上。

（2）采用加强的防护措施

采用加强的防护措施的性能应达到与采用两个独立的防护措施具有同样长期有效的防护效果。

1.3.3.3 特殊情况

如果在预期的应用中具有增大的内在危险性，例如一个人与地电位具有低阻抗接触的区域内，则技术委员会应考虑可能需规定附加防护。这种附加防护可以设置在装置、系统或设备内。特殊情况下，须由技术委员会考虑并判定发生双重甚至多种故障的后果。

【注】对低压装置和设备而言，采用额定剩余动作电流不超过 30mA 的剩余电流电器被认为是在故障防护失效或设备使用不当的情况下的一种附加的电击防护。

1.3.4 电击防护的措施

在按预期的使用和正确维护条件下，所有防护措施的设计和建造都应使装置、系统或设备在预期寿命期间内有效。

宜根据 IEC 60721 有关外界影响来考虑环境分类问题。尤其要注意的是周围的温度、气候条件、水的存在、机械应力、人的能力以及人或动物与地电位接触的区域。

技术委员会应考虑绝缘配合的要求。对低压装置、系统和设置的这些要求，可在 IEC 60664-1 中找到，其中对空气间隙和爬电距离以及固体绝缘也给出了定量的标准。关于高压装置、系统和设备，这些要求可在 IEC 60071-1：1993 和 IEC 60071-2：1996 中查到。

1.3.4.1 基本防护措施

基本防护应由在正常条件能防止与危险带电部分接触的一个或多个措施组成。

【注】通常情况下，单独的油漆、清漆、喷漆及类似物，不能认为对电击防护提供了适当的绝缘。下面（1）～（8）规定了一些独立的用作基本防护的措施。

（1）基本绝缘

① 在采用固体基本绝缘的场合，该措施应能防止与危险的带电部分的接触。

【注】对高压装置和设备而言，在固体绝缘的表面可能存在电压，因而可能要采取进一步的预防措施。

② 如果是靠空气作为基本绝缘，则应按（2）和（3）的规定，应利用阻挡物、遮栏或外壳，防止人触及危险的带电部分或进入危险区域；或按在（4）中的规定，将危险的带电部分置于伸臂范围之外。

(2) 遮栏或外壳

① 遮栏或外壳的作用

a. 对于低压装置和设置，采用 GB 4208—1993 规定的最低为 IPXXB（也可按 IP2X）的电击防护等级，以防止触及危险的带电部分；

b. 对于高压装置和设备，采用 GB 4208—1993 规定的最低为 IPXXB（也可按 IP2X）的防护等级，以防止进入危险区域。

② 考虑到来自环境和外壳内的所有的相关影响，遮栏或外壳应具有足够的机械强度、稳定性和耐久性，以保持所规定的防护等级。它们应被牢固而安全地固定在其位置上。

③ 如果在设计或结构方面允许拆除遮栏、打开外壳或拆卸外壳的部件，从而导致触及危险的带电部分或进入危险区域，那么拆除、打开或拆卸应在具备下列条件时进行：

a. 使用钥匙或工具；

b. 当危险的带电部分与电源隔离后，外壳不再起防护作用时，则只应在遮栏或外壳的部件复位或门关闭以后才能恢复供电；

c. 插在中间的遮栏仍保持所要求的防护等级，而这样的遮栏是只有用钥匙或工具才能拆除的。

(3) 阻挡物

① 阻挡物用于保护熟练技术人员或受过培训练的人员，但不用于保护一般人员。

② 装置、系统或设备运行时，在特殊的操作和维护条件下，其阻挡物的作用：

a. 对于低压装置和设备，应能防止同危险带电部分的无意接触；

b. 对于高压装置和设备，应能防止无意地进入危险区域。

③ 阻挡物可以是不用钥匙或工具就能挪动的，但应保证不太可能被无意识地挪动。

④ 在可导电的阻挡物仅靠基本绝缘与危险的带电部分隔离的情况下，应视其为一个外露可导电部分，并应对它采取故障防护措施。

(4) 置于伸臂范围之外

① 在 1.3.4.1 (1)、1.3.4.1 (2)、1.3.4.1 (3)、1.3.4.1 (5) 和 1.3.4.1 (6) 所规定的措施都不能采用时，可采用置于伸臂范围之外的措施，其作用为：

a. 对低压装置和设备，用以防止无意识地同时触及可能存在危险电压的可导电部分；

b. 对高压装置和设备，用以防止无意识地进入危险区域。

具体的要求应由技术委员会规定。

【注】对低压装置，相距大于 2.5m 的部分，通常不认为会同时可触及的部分，如果仅限于对熟练技术人员或受过培训的人员而言，则规定的接近距离可减小。

② 如果由于人预期会使用或手持物件（例如工具或梯子），从而使距离减小，则技术委员会应规定相关的限制条件，或在可能存在危险电压的部件之间，规定相应的距离。

(5) 电压限制

在可同时触及部分之间的电压应限制到不超过 GB/T 3805—1993 规定的有关特低电压的限值（注：这种基本防护，不属故障防护所需的措施）。

(6) 稳态接触电流和电荷的限制

稳态接触电流和电荷的限制应能使人或动物避免遭受易于发生危险的或可感觉到的稳态接触电流和电荷值。

【注】对于人而言，给出以下指导值（频率不大于 100Hz 的交流值）：

① 在同时可触及的可导电部分之间，流过 2000Ω 纯电阻的不超过感觉阈值的稳态电流，推荐值是交流 0.5mA 或直流 2mA；

② 不超过痛苦阈值的可规定为交流 3.5mA 或直流 10mA；

③ 在同时可触及的可导电部分之间有效存储电荷的推荐值是不超过 0.5μC（感觉阈值），并可规定为不超

过 50μC（痛苦阈值）；

④ 对于有刺激反应的特殊要求部分（例如电警戒栅栏），技术委员会可规定较高的存储电荷和稳态电流值。应注意勿超过心室纤颤阈值，见 IEC 60479-1。

⑤ 交流稳态电流的限值，是指频率为 15～100Hz 之间的正弦电流值。其他频率、波形以及叠加在直流上的交流值，在考虑中；

⑥ 在 GB 9706 范围内的医用电气设备，需采用其他指标。

（7）电位均衡

对于高压装置和设备，在正常条件下应设置均衡电位的接地极以防止人或动物免受危险的跨步电压和接触电压的伤害。

【注】电位均衡的典型应用是在电气铁路系统中，这种场合出现的接地电流大。

（8）其他措施

用于基本防护的任何其他措施都应遵守电击防护的基本准则。

1.3.4.2 故障防护措施

故障防护应由附加于基本防护中的独立的一项或多项措施组成。

下面（1）～（8）规定了用作故障防护的各种措施。

（1）附加绝缘

附加绝缘应同样能承受所规定的基本绝缘的电气强度。

（2）保护等电位连接

保护等电位连接系统应由以下部分中的一个、两个或多个适当组合构成：

1）用于在设备中保护等电位连接的方式，见 1.3.6；

2）装置中的接地的或不接地的保护等电位连接；

【注】在低压装置中，接地的保护等电位连接通常包括：

① 将下述部分连接在一起的总等电位连接

a. 保护干线导体；

b. 接地干线导体或总接地端子；

c. 建筑物内，用作诸如供燃气、水的金属管道；

d. 金属结构件、集中供暖和空调系统，如果可用的话；

e. 电缆的任何金属护套（对通信电缆而言，需取得其所有者或操作者的允许）；

② 与可触及的可导电部分连接在一起的辅助等电位连接；

③ 在具有特殊环境的局部范围内，将可触及的可导电部分连接在一起的局部等电位连接。

3）保护（PE）导体；

4）PEN 导体；

5）防护屏蔽；

6）电源的接地点或人工中性点；

7）接地极（包括用作均衡电位的接地极）；

8）接地导体。

对于高压装置和系统，因为有可能存在特殊的危险，如高的接触电压和跨步电压和由于放电而使外露的可导电部分变成带电体，故其等电位连接系统应与地连接。接地配置的对地阻抗值应规定为以不能出现危险的接触电压为准。故障情况下可能变成带电的外露可导电部分，应接到接地配置上。

① 基本防护一旦损坏可能带有危险接触电压的可触及的可导电部分，即外露可导电部分和任何的保护屏蔽体，都应与保护等电位连接系统连接。

【注】电气设备的可导电部分只有通过与已变成带电体的外露可导电部分接触才能变成带电的，这种可导电部分不认为是外露可导电部分。

② 保护等电位连接系统的阻抗值应足够低，以避免在绝缘失效的情况下，部件之间出现危险的电位差，必要时，需与故障电流动作的保护器件配合使用［见 1.3.4.2（4）］。电位的最大差值及其持续时间，应以 IEC 60479-1：1994 为基准。

【注】1.这里可能需要考虑保护等电位连接系统的不同组成部分的相应阻抗值。

2.在单一故障情况下，由于回路阻抗限制了稳态接触电流，因而在按 IEC 60990：1999 的规定计量时，当频率≤100Hz 时的交流有效值≤3.5mA，或直流≤10mA 时，则这种情况的电位差不需考虑。

3.在某些环境或状态下，例如医疗场所（见 GB9706.1—1995 中规定的极限值）、高导电性场所、潮湿的区域以及类似区域，这种限值需取较低值。

③ 对保护等电位连接的所有部分的截面尺寸的选定应做到，在因基本绝缘失效或短路而产生的故障电流，从而可能出现热效应和动应力时，仍不能损害保护等电位连接的特性。

【注】有些并不影响安全的局部损伤，例如，在由产品技术委员会给予特殊说明的地方，出现外壳的金属皮部分的这种损伤，是可以接受的。

④ 保护等电位连接的所有部分都应能承受预期的内部和外部所有影响（包括机械的、热的和腐蚀性的）。

⑤ 可活动的导电连接，例如铰接和滑块，不应视为是保护等电位连接的一部分，但符合②、③和④要求者除外。

⑥ 如果装置、系统或设备的部件是预期要拆卸的，则在拆卸这些部件时，不应分断用于装置、系统或设备的任何其他部分的保护等电位连接，除非首先切断其他部分的电源。

⑦ 除已在⑧中说明者外，保护等电位连接的所有组成部分都不应包含有预期会中断电气连续性或引进有明显阻抗的任何器件。

【注】由于检验保护导体的连续性或测试保护导体电流，技术委员会可不执行这项要求。

⑧ 如果保护等电位连接的组成部分有可能被与相关的同一供电导体用的连接器或插头插座器件分断，则保护等电位连接不应在供电导体断开之前被分断。保护等电位连接应在供电导体重新接通之前先恢复连接。设备仅在断电状态下才有可能分断和重新接通时，则上述要求是不适用的。

在高压装置、系统和设备中，在主触头到达能承受设备额定冲击耐受电压的分断距离之前，保护等电位连接不应被断开。

⑨ 保护等电位连接导体，不管是有绝缘或是裸露的，其外形、位置、标志或颜色都应易于辨别，但不破坏就不能断开的导体除外，例如，绕线连接的和在电子设备中的类似布线以及在印刷电路板上的印制线。如果用颜色来识别，则应符合 IEC 60446：1999 的规定。

（3）保护屏蔽

保护屏蔽应由插在装置、系统或设备中的危险带电部分和被保护的部分之间的导电屏蔽体构成。这种保护屏蔽体：

① 应接到装置、系统或设备的保护等电位连接系统上，并且相互之间的连接应符合 1.3.4.2（2）的要求；

② 其本身应符合有关保护等电位连接系统的组成部分的要求，详见本节1.3.4.2(2)②、1.3.4.2(2)③和1.3.4.2(2)④。

（4）高压装置和系统中的指示和分断

应设置指示故障的器件。依据中性点的接地方式，故障电流应当是用手动分断或自动分断［见 1.3.4.2（5）］的。由故障持续时间决定的允许的接触电压值，应由技术委员会按 IEC 60479-1：1994 确定。

（5）电源的自动切断

对于电源的自动切断：

a. 应设置保护等电位连接系统；

b. 当基本绝缘损坏时，故障电流动作保护器应能断开设备、系统或装置供电的一根或多根线导体。

① 保护电器应由技术委员会依据 IEC 60479-1 规定的时间内切断故障电流。低压装置内规定的时间，取决于在保护等电位连接导体上产生的预期接触电压。

【注】对于电击防护而言，对于不必切断的稳态故障电流，可以规定一个约定接触电压限值。

② 保护电器可设在装置、系统或设备的任一适当的位置，而且其选用应考虑故障电流回路的特性。

(6) 简单分隔（回路之间）

一个回路与其他回路或地之间的简单分隔，其全部基本绝缘按出现的最高电压来选定而实现。

如果一个部件接在分隔回路之间，则该部件应能承受其两端绝缘所规定的电气强度，而且其阻抗应能将通过该部件的预期电流限制到 1.3.4.1（6）中给出的稳态接触电流值。

(7) 非导电环境

这种环境应有一个对地阻抗，其值至少为：

a. 50 kΩ，如果标称系统电压不超过交流或直流 500V；

b. 100kΩ，如果标称系统电压高于交流或直流 500V，但不超过交流 1000V（频率不大于 100Hz 的交流值）或直流 1500V。

【注】1. 绝缘地板和墙壁的电阻测试方法，见 GB/T 16895.23—2005 的附录 A。

2. 更高电压的阻抗值，在考虑中。

(8) 电位均衡

电位均衡可通过设置附加接地极，用以减小在故障情况下出现的接触电压和跨步电压。

【注】接地极通常埋在设备或任一可导电部分前 1m，距地平面 0.5m 深的地下，而且接到接地配置上。

(9) 其他措施

作为故障防护的任何其他的措施都应符合电击防护的基本规则。

1.3.4.3 加强的防护措施

加强的防护措施应具有基本防护和故障防护两者的功能。加强的防护措施的设置应使其防护功能不太可能变弱，从而不太可能出现单一故障。

(1) 加强绝缘

加强绝缘的设计应使其在承受电的、热的、机械的以及环境的作用时，具有与由双重绝缘（基本绝缘和附加绝缘）同样的防护可靠性。

【注】1. 这里所要求的设计和试验参数，比对基本绝缘规定的更严格。

2. 作为低压应用的一个例子，这里需引用一个过电压类别（见 GB 16895.12—2001）的概念。加强绝缘的耐冲击电压的数值要符合这一过电压类别的要求，比基本绝缘的过电压类别高一级。

3. 加强绝缘主要用于低压装置和设备，但也不排除在高压装置和设备中应用。

(2) 回路之间的保护分隔

一个回路与其他回路之间的保护分隔应采用以下方法来实现：

a. 基本绝缘和附加绝缘，各自都按出现的最高电压值确定，即相当于双重绝缘；

b. 按出现的最高电压的额定值确定的加强绝缘［见 1.3.4.3（1）］；

c. 以按相邻回路额定耐压确定的回路基本绝缘，将每个相邻回路用保护屏蔽体隔开的保护屏蔽［见 1.3.4.2（3）］；

d. 以上措施的组合。

如果被分隔回路的导体是与其他回路的导体在一起，例如包含在多芯电缆或其他导体束中，它们应按出现的最高电压，单独的或整体的进行分隔，以便实现双重绝缘分隔。连接在被分隔的回路之间的任一部件，应符合有关保护阻抗器的要求［见1.3.4.3（4）］。

（3）限流源

限流源的设计，其接触电流不应超过1.3.4.1（6）中规定的限值。

1.3.4.1（6）的要求也适用于限流源单个部件任何可能的损坏。

【注】该限值要由相关的技术委员会确定。

（4）保护阻抗器

保护阻抗器应能可靠地将接触电流限制到不超过1.3.4.1（6）中规定的限值。

保护阻抗器应能承受跨接其两端的绝缘所规定的电气强度。

这些要求同样适用于保护阻抗器单个部件任何可能的损坏。

（5）其他措施

任何同时适用于基本防护和故障防护的其他加强防护都应符合电击防护的基本规则。

1.3.5 典型电击防护措施的结构

本节对典型防护措施的结构给予说明，指出了哪些防护措施用于基本防护，哪些防护措施用于故障防护。在同一装置、系统或设备内，可采用以下的一种以上的防护措施。

1.3.5.1 采用自动切断电源的防护

在这种防护措施中：

a.基本防护是由在危险带电部分与外露可导电部分之间的基本绝缘提供的；

b.故障防护是由自动切断电源提供的。

【注】根据1.3.4.2（5），自动切断电源需要根据1.3.4.2（2）中规定的保护等电位连接系统。

1.3.5.2 采用双重的或加强绝缘的防护

在这种防护措施中：

a.基本防护是由对危险带电部分的基本绝缘提供的；

b.故障防护是由附加绝缘提供的；

c.基本防护和故障防护都是由在危险的带电部分和可触及部分（可触及的可导电部分和绝缘材料的可触及表面）之间的加强绝缘提供的。

1.3.5.3 采用等电位连接的防护

在这种防护措施中：

a.基本防护是由在危险的带电部分与外露可导电部分之间的基本绝缘提供的；

b.故障防护是由在同时可触及的外露的和外界的可导电部分之间的用于防止危险电压的保护等电位连接系统提供的。

1.3.5.4 采用电气分隔的防护

在这种防护措施中：

a.基本防护是由被分隔回路的危险的带电部分与外露可导电部分之间的基本绝缘提供的；

b.故障防护是被分隔的回路与其他回路及地之间采用简单的分隔；以及如果一台以上的设备由被分隔的不同回路供电，则被分隔的不同回路的外露可导电部分之间采用不接地的等电位连接互相连通。

这里，不允许有意地将外露可导电部分与保护导体或接地导体连接。

【注】1.电气分隔主要是用在低压装置和设备中，但也不排除用于高压装置和设备。

2.在GB 16895.21—2004的413.5中规定的关于低压装置的电气分隔，含有更严格的要求。

1.3.5.5 采用非导电环境的防护（低压）

在这种防护措施中：

a. 基本防护是由在危险的带电部分与外露可导电部分之间的基本绝缘提供的；

b. 故障防护是由非导电环境提供的。

1.3.5.6 采用 SELV 防护

在这种防护措施中采用下述方式提供防护：

a. 对（SELV 系统）回路中电压的限制；

b. 对 SELV 系统与除 SELV 和 PELV 外的所有回路进行保护分隔；

c. 对 SELV 系统与其他的 SELV 系统、PELV 系统和与地之间采用的简单的分隔。

这里，不允许将外露的可导电部分与保护导体或接地导体有意地连接。

在需采用 SELV 并按 1.3.4.3（2）规定采用保护屏蔽的特殊场所，保护屏蔽体应采用具有耐受预期出现的最高电压的基本绝缘，以与每个相邻回路分隔。

1.3.5.7 采用 PELV 防护

在这种防护措施中采用下述方式提供防护：

a. 限制可能接地的回路的电压和/或限制外露可导电部分可能接地（PELV 系统）的回路的电压；

b. 对 PELV 系统与除 SELV 和 PELV 外的所有回路之间进行保护分隔。

如果 PELV 回路是接地的，并按 1.3.4.3（2）规定采用了保护屏蔽的，则在保护屏蔽体与 PELV 系统之间，没有必要再设置基本绝缘。

【注】1. 如果 PELV 系统的带电部分与在故障情况下可能呈现一次侧回路电位的可导电部分之间是同时可触及的，则电击防护有赖于所有这些的可导电部分之间的保护等电位连接。

2. 除按 1.3.5.6 和 1.3.5.7 规定之外所采用的特低电压，都不能作为一种保护措施。

1.3.5.8 采用限制稳态接触电流和电荷的防护

在这种防护措施中采用下述方式提供防护：

a. 回路的供电采用限流源；或通过保护阻抗器；

b. 回路与危险带电部分之间采用保护分隔。

1.3.5.9 采用其他措施的防护

其他的任何防护措施都应遵守电击防护的基本规则，并能提供基本防护和故障防护。

1.3.6 电气装置内的电气设备及其防护措施的配合

防护是由有关设备和器件的结构配置及安装方法综合实现的。技术委员会推荐采用 1.3.5 的防护措施。设备可以分类，不同类别的设备中采用的防护措施，将在 1.3.6.1～1.3.6.4（也可见表 1-25）中加以说明。如果用这种分类方式对设备和器件不适用，则技术委员会应对该产品规定相应的安装方法。对于某些设备，只有在安装以后才能划为属于某一类设备，例如安装后才能防止触及带电部分。在此情况下，应由制造厂或销售商提供适当的说明书。

1.3.6.1 0 类设备

这类设备采用基本绝缘作为基本防护措施，而没有故障防护措施。

凡没有用最低限度的基本绝缘与危险的带电部分隔开的所有可导电部分，都应按危险的带电部分来对待。

1.3.6.2 Ⅰ类设备

这种设备采用基本绝缘作为基本防护措施，采用保护连接作为故障防护措施。

表 1-25 低压装置中设备的应用

设备类别	设备标志或说明	设备与装置的连接条件
0类	仅用于非导电环境	非导电环境
	采用电气分隔防护	对每一项设备单独地提供电气分隔
Ⅰ类	保护连接端子的标志采用 GB/T 5465.2 的 5019 号符号，或字母 PE，或黄绿双色组合	将这个端子连接到装置的保护等电位连接上
Ⅱ类	采用 GB/T 5465.2 的 51725 号符号（双正方形）作标志	不依赖于装置的防护措施
Ⅲ类	采用 GB/T 5465.2 的 5180 号符号（在菱形内的罗马数字Ⅲ）作标志	仅接到 SELV 或 PELV 系统

(1) 绝缘

凡没有用最低限度的基本绝缘与危险的带电部分隔开的所有可导电部分，都应按危险的带电部分来对待。这一规定也适用于这样的可导电部分：该部分虽已用基本绝缘隔开，但通过一个未达到与基本绝缘相同的电气强度的部件又将其连接到危险的带电部分上。

(2) 保护等电位连接

设备的外露可导电部分应接到保护连接端子上。

【注】1. 外露可导电部分包括仅涂有涂料、清漆、喷漆及类似物的那些部分。

2. 能被触及的那些可导电部分，如果它们是用保护分隔与危险的带电部分隔开的，则它们不是外露可导电部分。

(3) 绝缘材料可触及的表面部分

如果设备没有完全用可导电部分覆盖，则下列要求适用于绝缘材料可触及的表面部分：

如果绝缘材料可触及的表面部分是：

a. 设计采用手抓握的；

b. 易接触具有危险电位的可导电表面；

c. 易与人体部分有相当大接触面的（面积大于 50mm×50mm）；

d. 该部分是用于高导电性污染的场所。

则上述部分与危险的带电部分的分隔应采用：

a. 双重或加强绝缘；

b. 基本绝缘和保护屏蔽；

c. 这些措施的组合。

绝缘材料的所有其他的可触及表面部分，至少都应用基本绝缘与危险的带电部分进行分隔。预期作为固定装置的一部分的设备，其基本绝缘或是由厂家提供的，或应在安装期间按厂家或负责的销售商提供的说明书的规定处理。

如果绝缘材料的可触及部分具备了符合规定的绝缘，则认为符合了上述要求。

【注】对绝缘材料的某些可触及部分（例如，需要频繁接触的部分，像操作件）技术委员会可根据与人体的接触面积强行规定比基本绝缘更严格的要求。

(4) 保护导体的连接

① 除插头插座连接外，其余连接件应采用 GB/T 5465.2 的 5019 号符号，或用字母 PE，或采用绿黄双色组合标志加以清晰识别。该标志不应是放置或固定在螺钉、垫片或在连接导体时可能被拆掉的其他零件上的。

② 对于用软线连接的设备，应采取预防措施使在张力释放机构出现损坏时，软线中的保

护导体是最后被拉断的导体。

1.3.6.3 Ⅱ类设备

该设备采用：基本绝缘作为基本防护措施；和附加绝缘作为故障防护措施；或能提供基本防护和故障防护功能的加强绝缘。

（1）绝缘

① 可触及的可导电部分和绝缘材料的可触及表面部分应是：采用双重或加强绝缘与危险的带电部分隔离的；或其结构配置设计是具有等效防护功能的，例如，用保护阻抗器。

对预期作为固定装置一部分的设备，这种要求应在设备正确安装时予以满足。这就意味着如果适用，其绝缘（基本的、附加的或加强的）和保护阻抗，都应由制造厂提供，或应在安装期间按厂家或负责的销售商在其提供的说明书中加以规定。

【注】等效的故障防护配置，可由技术委员会根据适宜该设备的性能及其使用要求加以规定。

② 与危险带电部分只靠基本绝缘分隔或由结构配置实现等效防护的所有可导电部分，都应采用附加绝缘或结构配置设计实现等效防护，以与可触及表面进行分隔。

没有按基本绝缘与危险的带电部分分隔的所有可导电部分，都应视为危险的带电部分加以处理，即它们都应按①的规定与可触及的表面进行分隔。

③ 当绝缘螺钉或其他固定件在安装、维修时需要移开或可能移开，且当它们由金属螺钉或其他固定件取代而可能破坏所要求的绝缘时，则外壳中不应包含有这样的绝缘螺钉或其他绝缘固定件。

（2）保护连接

可触及的可导电部分和中间部分都不应有意地连接到保护导体上。

① 如果设备具备保持保护等电位连接连续性的措施，但在所有其他方面都是按Ⅱ类设备构成的，则这样的措施应是：采用基本绝缘将设备的带电部分及可触及的可导电部分分隔；和按对Ⅰ类设备要求的那样作标志。

该设备不应采用1.3.6.3（3）中引用的符号作标志。

② Ⅱ类设备可具备功能（区别于保护）目的的对地连接措施，但这只是在这种要求被相应的IEC标准认可的情况下才允许。这样的措施应利用双重或加强绝缘与带电部分分隔。

（3）标志

Ⅱ类设备应采用GB/T 5465.2的5172号图形符号作标志。该标志应设置在电源数据牌附近，例如设置在额定值铭牌上。显然，该符号是技术数据的一部分，而且无论如何不能与厂家名称或其他的标识相混淆。

1.3.6.4 Ⅲ类设备

该设备将电压限制到特低电压值作为基本防护措施，而它不具有故障防护的措施。

（1）电压

① 设备应按最高标称电压不超过交流50 V或直流（无纹波）120 V设计。

【注】1. 无纹波一词习惯上被定义为纹波电压含量中的方均根值不大于直流分量的10%，有关非正弦波交流电压的最大值，在考虑中。

2. 根据GB 16895.2 1—2004的411条，Ⅲ类设备只允许用于与SELV和PELV系统连接。

3. 技术委员会宜根据GB/T 3805—1993确定其产品所允许的最高额定电压和其使用条件。

② 内部电路可在不超过①规定限值的任一标称电压下工作。

③ 在设备内部出现单一故障的情况下，可能出现或产生的稳态接触电压，不应超过①中规定的限值。

(2) 保护连接

Ⅲ类设备不应提供连接保护导体的措施。然而，如果相关的国家标准认可，这类设备可以提供用于功能（作为区别于保护）目的的接地连接措施。在任何情况下，在这类设备中都不应为带电部分提供接地连接的措施。

(3) 标志

设备应采用 GB/T 5465.2 的 5180 号图形符号作标志。当这类设备专门与特殊设计的 SELV 和 PELV 的电源相连接时，则上述要求不适用。

1.3.6.5 接触电流、保护导体电流、泄漏电流

【注】1. 1.3.6.5 只适用于低压装置、系统和设备。

2. 目前没有考虑泄漏电流的影响。

(1) 接触电流

应采取措施，使得在触及到可触及部分时，不致产生 IEC 60479 系列中指出的那种危险。接触电流应按 IEC 60990：1999 的规定测量。故障情况下如果允许额外的接触电流，则产品委员会应在标准中明确其允许条件和允许的额外电流。

【注】IEC 60990：1999 的 6.2.2 所解决的是在保护导体失效情况下，Ⅰ类设备接触电流的测量方法。

(2) 保护导体电流

在装置和设备中，应采取措施，以防止因过量的保护导体电流而损害装置的安全或正常使用。应确保向该设备供电的和由该设备产生的所有频率的电流的兼容性。

① 防止用电设备保护导体电流过量的要求。对于在正常运行条件下产生流入保护导体电流的电气设备，应不影响其正常使用，且与其防护措施兼容。1.3.6.5 的要求已计及设备预期由插头插座系统供电的、或者是采用固定连接的设备或者是固定设备的情况。

② 用电设备保护导体电流的最大交流限值。测量应在设备交付使用时进行。下列限值适用于额定频率为 50 Hz 或 60 Hz 供电的设备：

a. 接自额定值不大于 32A 的单相或多相插头插座系统的用电设备。其限值见表 1-26。

b. 对于没有为保护导体设置专门措施的固定连接和不易移动的用电设备，或接自额定值大于 32 A 的单相或多相插头插座系统的用电设备。其限值见表 1-27。

c. 对于预期要与按④规定与加强型保护导体做固定连接的用电设备，产品委员会宜规定保护导体电流的最大值。该值在任何情况下都不应超过每相额定输入电流的 5%。

表 1-26 额定值不大于 32A 的单相或多相插头插座系统的用电设备保护导体电流的最大交流限值

设备的额定电流	最大保护导体电流
≤4A	2mA
>4A 但≤10A	0.5mA/A
>10A	5mA

表 1-27 额定值大于 32 A 的单相或多相插头插座系统的用电设备保护导体电流的最大交流限值

设备的额定电流	最大保护导体电流
≤7A	3.5mA
>7A 但≤20A	0.5mA/A
>20A	10mA

然而，产品技术委员会应考虑到，出于保护的原因，在装置中可能设置剩余电流保护器，在这种情况下，保护导体电流值应与所提供的防护措施相适应。另一种替代方法是采用至少有简单分隔的带分隔绕组的变压器。

③ 直流保护导体电流。在正常使用中，交流设备不应在保护导体中产生影响剩余电流保护器或其他设备正常功能的带直流分量的电流。

【注】 对于带直流分量的故障电流的要求，在考虑中。

④ 装置中保护导体电流超过 10 mA 的加强型保护导体回路。用电设备中应提供：设计成至少能连接 $10mm^2$ 铜材或 $16mm^2$ 铝材保护导体的连接端子；或为其连接面积与正常的保护导体截面积相同的保护导体的第二个端子，以便将第二个保护导体连接到用电设备上。

⑤ 资料。对于预期与加强型保护导体作为固定连接的设备，其保护导体的电流值应由生产厂家在其文件资料中给出，而且还要提供符合 1.3.6.5（3）②的安装说明。

（3）其他要求

① 信号系统。在建筑物电气装置中不允许用使用任何带电流的导体与保护导体一起作为信号的返回通路。

② 装置中保护导体电流超过 10 mA 的加强型保护导体回路。对于预期固定连接而保护导体电流又大于 10mA 的用电设备，应像 GB 16895.3—2004 的规定一样，提供安全而可靠地对地连接。

1.3.6.6　高压装置的安全和最小间距以及警示标牌

高压装置的设计应能限制对危险区域的接近。应考虑到关于熟练技术人员和受过培训的人员为操作和维护而必需的安全间距。对于安全距离无法满足的场合，应安装永久性的防护设施。

应由相应的技术委员会规定以下值：

a. 遮栏的间距；

b. 阻挡物的间距；

c. 外栅栏和进出门的尺寸；

d. 最低高度和与接近危险区域的距离；

e. 与建筑物的间距。

警示牌应明显地显示在所有的出入口的门、围墙、遮栏、架空线电杆以及铁塔等上面。

1.4　低压系统接地故障的保护设计与等电位连接[6,59]

1.4.1　低压系统接地故障保护的一般规定

① 接地故障保护的设置应能防止人身间接电击以及电气火灾、线路损坏等事故。接地故障保护电器的选择应根据配电系统的接地形式，移动式、手握式或固定式电气设备的区别以及导体截面等因素经技术经济比较确定。

② 防止人身间接电击的保护采用下列措施之一时，可不采用上述规定的接地故障保护。

a. 采用双重绝缘或加强绝缘的电气设备（Ⅱ类设备）；

b. 采取电气隔离措施；

c. 采用安全超低压；

d. 将电气设备安装在非导电场所内；

e. 设置不接地的等电位连接。

③ 本节接地故障保护措施所保护的电气设备，只适用于防电击保护分类为Ⅰ类的电气设备。设备所在的环境为正常环境，人身电击安全电压限值为50V。

④ 采用接地故障保护时，在建筑物内应将下列导电体作总等电位连接：

a. PE、PEN干线；

b. 电气装置接地极的接地干线；

c. 建筑物内的水管、煤气管、采暖和空调管道等金属管道；

d. 条件许可的建筑物金属构件等导电体。

上述导电体宜在进入建筑物处接向总等电位连接端子。等电位连接中金属管道连接处应可靠地连通导电。

⑤ 当电气装置或电气装置某一部分的接地故障保护不能满足切断故障回路的时间要求时，尚应在局部范围内作辅助等电位连接。

当难以确定辅助等电位连接的有效性时，可采用下列公式进行校验：

$$R \leqslant 50/I_a \tag{1-4}$$

式中 R——可同时触及的外露可导电部分和装置外可导电部分之间，故障电流产生的电压降引起接触电压的一段线段的电阻，Ω；

I_a——切断故障回路时间不超过5s的保护电器动作电流，A。

当保护电器为瞬时或短延时动作的低压断路器时，I_a值应取低压断路器瞬时或短延时过电流脱扣器整定电流的1.3倍。

1.4.2 各种接地系统的故障保护

(1) TN系统的接地故障保护

① TN系统配电线路接地故障保护的动作特性应符合下式要求：

$$Z_a I_a \leqslant U_0 \tag{1-5}$$

式中 I_a——接地故障回路的阻抗，Ω；

Z_a——保证保护电器在规定的时间内自动切断故障回路的电流，A；

U_0——相线对地标称电压，V。

在TN系统内，电源有一点与地直接连接，负荷侧电气装置的外露可导电部分则通过PE线与该点连接。其定义应符合《交流电气装置的接地》的规定。

② 相线对地标称电压为220V的TN系统配电线路的接地故障保护，其切断故障回路的时间应符合下列规定：

a. 配电线路或仅供给固定式电气设备用电的末端线路，不宜大于5s；

b. 供电给手握式电气设备和移动式电气设备的末端线路或插座回路，不应大于0.4s。

③ 当采用熔断器作接地故障保护，且符合下列条件时，可认为满足第②条的要求。

a. 当要求切断故障回路的时间不大于5s时，短路电流（I_d）与熔断器熔体额定电流（I_n）的比值不应小于表1-28的规定。

表1-28 切断故障回路的时间不大于5s的 I_d/I_n 的最小比值

熔体额定电流/A	4～10	12～63	80～200	250～500
I_d/I_n	4.5	5	6	7

b. 当要求切断故障回路的时间不大于0.4s时，短路电流（I_d）与熔断器熔体额定电流（I_n）的比值不应小于表1-29的规定。

表 1-29　切断故障回路的时间不大于 0.4s 的 I_d/I_n 的最小比值

熔体额定电流/A	4～10	12～32	40～63	80～200
I_d/I_n	8	9	10	11

④ 当配电箱同时有第②条所述的两种末端线路引出时，应满足下列条件之一：

a. 自配电箱引出的第②条第 a 款所述的线路，其切断故障回路的时间不应大于 0.4s；

b. 使配电箱至总等电位连接回路之间的一段 PE 线的阻抗不大于 $U_L Z_S/U_0$，或作辅助等电位连接。安全电压 U_L 限值为 50V。

⑤ TN 系统配电线路应采用以下接地故障保护：

a. 当过电流保护能满足第②条要求时，宜采用过电流保护兼作接地故障保护；

b. 在三相四线制配电线路中，当过电流保护不能满足第②条的要求且零序电流保护能满足时，宜采用零序电流保护，此时保护整定值应大于配电线路最大不平衡电流；

c. 当上述 a、b 款的保护不能满足要求时，应采用漏电电流动作保护。

(2) TT 系统的接地故障保护

① TT 系统配电线路接地故障保护的动作特性应符合下式要求

$$R_A I_a \leqslant 50V \tag{1-6}$$

式中　R_A——外露可导电部分的接地电阻和 PE 线电阻，Ω；

I_a——保证保护电器切断故障回路的动作电流，A。

当采用过电流保护电器时，反时限特性过电流保护电器的 I_a 为保证在 5s 内切断的电流；采用瞬时动作特性过电流保护电器的 I_a 为保证瞬时动作的最小电流。当采用漏电电流动作保护器时，I_a 为其额定动作电流 $I_{\Delta n}$。

在 TT 系统内，电源有一点与地直接连接，负荷侧电气装置外露可导电部分连接的接地极和电源的接地极无电气联系。其定义应符合《交流电气装置的接地》的规定。

② TT 系统配电线路内由同一接地故障保护电器保护的外露可导电部分，应用 PE 线连接至共用的接地极上。当有多级保护时，各级宜有各自的接地极。

(3) IT 系统的接地故障保护

① 在 IT 系统的配电线路中，当发生第一次接地故障时，应由绝缘监视电器发出音响或灯光信号，其动作电流应符合下式要求

$$R_A I_d \leqslant 50V \tag{1-7}$$

式中　R_A——外露可导电部分的接地极电阻，Ω；

I_d——相线和外露可导电部分间第一次短路故障的故障电流，A。它计及泄漏电流和电气装置全部接地阻抗值的影响。

在 IT 系统内，电源与地绝缘或一点经阻抗接地，电气装置外露可导电部分则接地。其定义应符合《交流电气装置接地》的规定。

② IT 系统的外露可导电部分可用共同的接地极接地，亦可个别地或成组地用单独的接地极接地。

当外露可导电部分为单独接地，发生第二次异相接地故障时，故障回路的切断应符合 TT 系统接地故障保护的要求。

当外露可导电部分为共同接地，则发生第二次异相接地故障时，故障回路的切断应符合 TN 系统接地故障保护的要求。

③ IT 系统的配电线路，当发生第二次异相接地故障时，应由过流保护电器或漏电电流动作保护器切断故障电路，并应符合下列要求：

a. 当IT系统不引出N线，线路标称电压为220/380V时，保护电器应在0.4s内切断故障回路，并符合下式要求

$$Z_a I_a \leqslant \sqrt{3} U_0 / 2 \tag{1-8}$$

式中 Z_a——包括相线和PE线在内的故障回路阻抗，Ω；

I_a——保护电器切断故障回路的动作电流，A。

b. 当IT系统引出N线，线路标称电压为220/380V时，保护电器应在0.8s内切断故障回路，并应符合下式要求

$$Z_a I_a \leqslant U_0 / 2 \tag{1-9}$$

式中 Z_a——包括相线、N线和PE线在内的故障回路阻抗，Ω。

④ IT系统不宜引出N线。

(4) 接地故障采用漏电电流动作保护

① PE或PEN线严禁穿过漏电电流动作保护器中电流互感器的磁回路。

② 漏电电流动作保护器所保护的线路及设备外露可导电部分应接地。

③ TN系统配电线路采用漏电电流动作保护时，可选用下列接线方式之一：

a. 将被保护的外露可导电部分与漏电电流动作保护器电源侧的PE线连接，并应符合1.4.2第（1）条第①款的要求。

b. 将被保护的外露可导电部分接至专用的接地极上，并应符合1.4.2第（2）条第②款的要求。

④ IT系统中采用漏电电流动作保护器切断第二次异相接地故障时，保护器额定不动作电流，应大于第一次接地故障时的相线内流过的接地故障电流。

⑤ 为减少接地故障引起的电气火灾危险而装设的漏电电流动作保护器，其额定动作电流不应超过0.5A。

⑥ 多级装设的漏电电流动作保护器，应在时限上有选择性配合。

1.4.3 等电位连接的种类

(1) 等电位连接的作用

建筑物的低压电气装置应采用等电位连接，以降低建筑物内间接接触电压和不同金属物体间的电位差；避免自建筑物外经电气线路和金属管道引入的故障电压的危害；减少保护电器动作不可靠带来的危险和有利于避免外界电磁场引起的干扰、改善装置的电磁兼容性。

(2) 等电位连接的分类

① 总等电位连接　总等电位连接是将建筑物电气装置外露导电部分与装置外导电部分电位基本相等的连接。通过进线配电箱近旁的总等电位连接端子板（接地母排）将下列导电部分互相连通：

a. 进线配电箱的PE（PEN）母排；

b. 金属管道如给排水、热力、煤气等干管；

c. 建筑物金属结构；

d. 建筑物接地装置。

建筑物每一电源进线都应做总等电位连接，各个总等电位连接端子板间应互相连通。

② 辅助等电位连接　将导电部分间用导体直接连通，使其电位相等或接近，称为辅助等电位连接。

③ 局部等电位连接　在一局部场所范围内将各可导电部分连通，称为局部等电位连接。可通过局部等电位连接端子板将PE母线（或干线）、金属管道、建筑物金属体等相

互连通。

下列情况需作局部等电位连接：

a. 当电源网络阻抗过大，使自动切断电源时间过长，不能满足防电击要求时；

b. 由 TN 系统同一配电箱供电给固定式和手持式、移动式两种电气设备，而固定式设备保护电器切断电源时间不能满足手持式、移动式设备防电击要求时；

c. 为满足浴室、游泳池、医院手术室等场所对防电击的特殊要求时；

d. 为避免爆炸危险场所因电位差产生电火花时；

e. 为满足防雷和信息系统抗干扰的要求时，参见防雷及过电压保护的有关规定。

④ 等电位连接与接地的关系　接地可视为以大地作为参考电位的等电位连接，为防电击而设的等电位连接一般均作接地，与地电位相一致，有利于人身安全。

（3）等电位连接线的截面积

等电位连接线的截面积见表 1-30。

表 1-30　等电位连接线的截面积

<table>
<tr><th>类别
取值</th><th>总等电位连接线</th><th colspan="2">局部等电位联络线</th><th colspan="2">辅助等电位连接线</th></tr>
<tr><td rowspan="2">一般值</td><td rowspan="2">不小于 0.5×进线 PE(PEN)线截面积</td><td colspan="2" rowspan="2">不小于 0.5 PE×线截面积①</td><td>两电气设备外露导电部分间</td><td>较小 PE 线截面积</td></tr>
<tr><td>电气设备与装置外可导电部分间</td><td>0.5×PE 线截面积</td></tr>
<tr><td rowspan="4">最小值</td><td rowspan="2">6mm² 铜线</td><td>有机械保护时</td><td>2.5mm² 铜线或 4mm² 铝线</td><td>有机械保护时</td><td>2.5mm² 铜线 4mm² 铝线</td></tr>
<tr><td>无机械保护时</td><td>4mm² 铜线</td><td>无机械保护时</td><td>4mm² 铜钱</td></tr>
<tr><td>16mm² 铝②</td><td colspan="4" rowspan="2">16mm² 钢</td></tr>
<tr><td>50mm² 钢</td></tr>
<tr><td>最大值</td><td colspan="3">25mm² 钢线或相同电导值导线①</td><td colspan="2">—</td></tr>
</table>

① 局部场所内最大 PE 线截面积。

② 不允许采用无机械保护的铝线。采用铝线时，应保证铝线连接处的持续导通性。

（4）等电位连接线的安装

① 金属管道上的阀门、仪表等装置需加跨接线连成电气通路。

② 煤气管入户处应插入一绝缘段（如在法兰盘间插入绝缘板），并在此绝缘段两端跨接火花放电间隙，由煤气公司实施。

③ 导体间的连接可根据实际情况采用焊接或螺栓连接，要求做到连接可靠。

④ 等电位连接线应有黄绿相间的色标，在总等电位连接端子板上刷黄色底漆并作黑色“⏚”标记。

1.4.4　等电位连接的应用

（1）等电位连接示意图（见图 1-22）

（2）总等电位连接示意图（见图 1-23）

（3）局部等电位连接和辅助等电位连接的应用

① 当配电线路较长，故障电流较小，过电流保护动作时间超过规定值时，可不放大线路截面来缩短动作时间，而以作局部等电位连接或辅助等电位连接来降低接触电压，从而更可靠

地防止电击事故的发生，如图 1-23 或图 1-24 所示（图中未表示相线）。

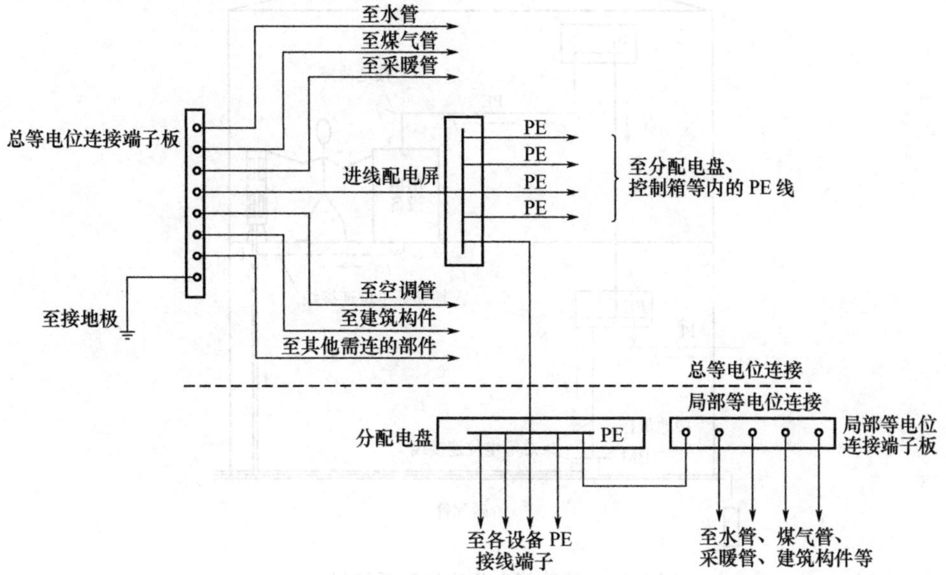

图 1-22 等电位连接示意图

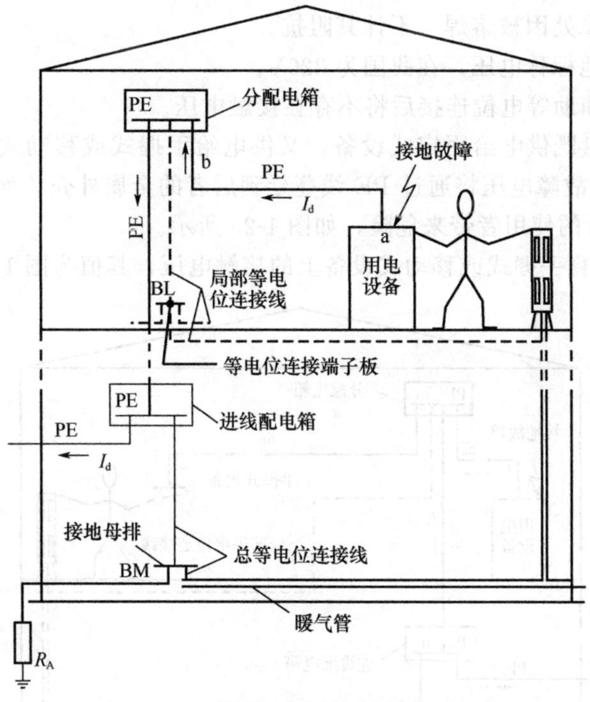

图 1-23 局部等电位连接降低接触电压

如图 1-23 作局部等电位连接后，各导电部分间故障时的接触电压大大降低，满足了防电击要求。为验证其安全有效性，可用下式进行校验

$$Z_{ab}U_0/Z_S \leqslant 50\text{V} \tag{1-10}$$

式中 Z_{ab}——a、b 两点间 PE 线的阻抗，Ω；

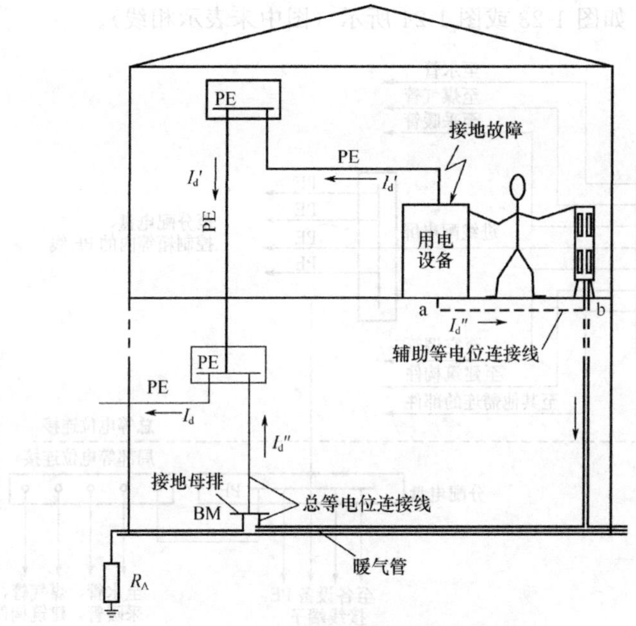

图 1-24　辅助等电位连接降低接触电压

Z_S——接地故障回路阻抗（Ω），它包括故障电流所流经的相线、PE 线和变压器的阻抗，故障处因被熔焊，不计其阻抗。

U_0——相线对地标称电压，在我国为 220V。

如图 1-24 所示和辅助等电位连接后将不存在接触电压。

② 如果同一配电盘既供电给固定式设备，又供电给手握式或移动式设备。当前者发生接地故障时，引起的危险故障电压将通过 PE 线蔓延到后者的金属外壳，而前者的切断故障时间可达 5s，这可能给后者的使用者带来危险，如图 1-25 所示。

可用式（1-11）验算手握式或移动式设备上的接触电压，其值为图 1-25 中 m—n 段保护线

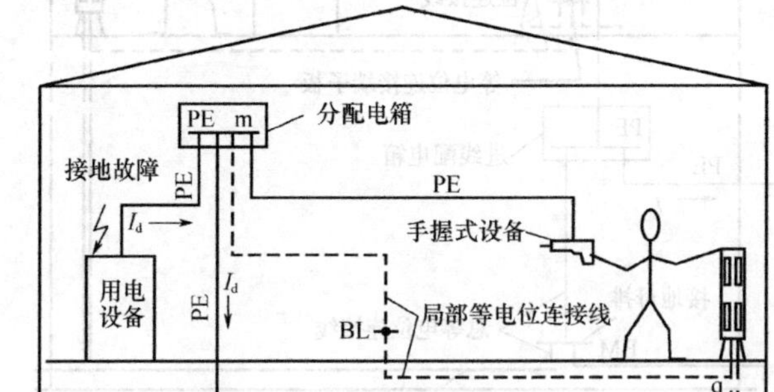

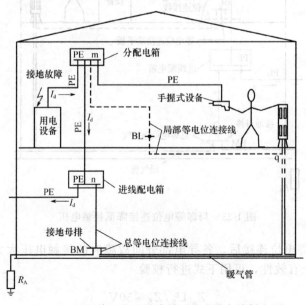

图 1-25　局部等电位连接降低手持式设备接触电压

的电压降

$$\Delta U_{mn}=Z_{mn}U_0/Z_S\leqslant 50V \tag{1-11}$$

式中 Z_{mn}——m—n 段 PE 线的阻抗，Ω；

Z_S——接地故障回路阻抗（Ω），它包括故障电流所流经的相线、PE 线和变压器的阻抗，故障处因被熔焊，不计其阻抗；

U_0——相线对地标称电压，在我国为 220V。

如果 ΔU_{mn} 超过 50V，可放大导线截面使 ΔU_{mn} 小于 50V，但更好的防电击措施是设置局部等电位连接，如图 1-25 所示。这时接触电压只是故障电流分流在一小段局部等电位连接线 m—BL—q 段上的电压降，将大大小于 50V。

1.5 危险环境电力装置的特殊设计

1.5.1 爆炸性气体环境的电气装置设计要求[9]

1）对于生产、加工、处理、转运或贮存过程中出现或可能出现下列爆炸性气体混合物环境之一时，应进行爆炸性气体环境的电力设计

① 在大气条件下，易燃气体、易燃液体的蒸气或薄雾等易燃物质与空气混合形成爆炸性气体混合物；

② 闪点低于或等于环境温度的可燃液体的蒸气或薄雾与空气混合形成爆炸性气体混合物；

③ 在物料操作温度高于可燃液体闪点的情况下，可燃液体有可能泄漏时，其蒸气与空气混合形成爆炸性气体混合物。

2）爆炸性气体环境应根据爆炸性气体混合物出现的频繁程度和持续时间，按下列规定进行分区

① 0 区：连续出现或长期出现爆炸性气体混合物的环境；

② 1 区：在正常运行时不可能出现爆炸性气体混合物的环境；

③ 2 区：在正常运行时不可能出现爆炸性气体混合物的环境，或即使出现也仅是短时存在的爆炸性气体混合物的环境。

【注】正常运行是指正常的开车、运转、停车、易燃物质产品的装卸，密闭容器盖的开闭，安全阀、排放阀以及所有工厂设备都在其设计参数范围内工作的状态。

3）符合下列条件之一时，可划为非爆炸危险区域

① 没有释放源并不可能有易燃物质侵入的区域；

② 易燃物质可能出现的最高浓度不超过爆炸下限值的 10%；

③ 在生产过程中使用明火的设备附近，或炽热部件的表面温度不超过区域内易燃物质引燃温度的设备附近；

④ 在生产装置区外，露天或开敞设置的输送易燃物质的架空管道地带，但其阀门处按具体情况定。

4）爆炸性气体混合物，应按其最大试验安全间隙（maximum experimental safe gap，MESG）或最小点燃电流（minimum igniting current，MIC）分级，并应符合表 1-31 的规定。

5）爆炸性气体混合物应按引燃温度分组，并应符合表 1-32 的规定。

6）爆炸性气体环境的电力设计应符合下列规定

① 爆炸性气体环境的电力设计宜将正常运行时发生火花的电气设备，布置在爆炸危险性较小或没有爆炸危险的环境内。

表 1-31　最大试验安全间隙（MESG）或最小点燃电流（MIC）分级

级别	最大试验安全间隙(MESG)/mm	最小点燃电流比(MICR)
ⅡA	≥0.9	>0.8
ⅡB	0.5<MESG<0.9	0.45≤MICR≤0.8
ⅡC	≤0.5	<0.45

注：1. 分级的级别应符合现行国家标准《爆炸性环境用防爆电气设备通用要求》。

2. 最小点燃电流比（minimum ignition current ratio，MICR）为各种易燃物质按照它们最小点燃电流值与实验室的甲烷的最小电流值之比。

表 1-32　引燃温度分组

组别	引燃温度 t/℃	组别	引燃温度 t/℃
T1	$450<t$	T4	$135<t\leqslant200$
T2	$300<t\leqslant450$	T5	$100<t\leqslant135$
T3	$200<t\leqslant300$	T6	$85<t\leqslant100$

② 在满足工艺生产及安全的前提下，应减少防爆电气设备的数量。

③ 爆炸性气体环境内设置的防爆电气设备，必须是符合现行国家标准的产品。

④ 不宜采用携带式电气设备。

7）爆炸性气体环境电气设备的选择应符合下列规定

① 根据爆炸危险区域的分区、电气设备的种类和防爆结构的要求，应选择相应的电气设备。

② 选用的防爆电气设备的级别和组别，不应低于该爆炸性气体环境内爆炸性气体混合物的级别和组别。当存在有两种以上易燃物质形成的爆炸性气体混合物时，应按危险程度较高的级别和组别选用防爆电气设备。

③ 爆炸危险区域内的电气设备，应符合周围环境内化学的、机械的、热的、霉菌以及风沙等不同环境条件对电气设备的要求。电气设备结构应满足电气设备在规定的运行条件下不降低防爆性能的要求。

8）各种电气设备防爆结构的选型应符合下列规定

① 旋转电机防爆结构的选型应符合表 1-33 的规定；

表 1-33　旋转电机防爆结构的选型

电气设备 \ 防爆结构 \ 爆炸危险区域	1区			2区			
	防爆型d	正压型p	增安型e	防爆型d	正压型p	增安型e	无火花型n
笼型感应电动机	○	○	△	○	○	○	○
绕线型感应电动机	△	△		○	○	○	×
同步电动机	○	○	×	○	○	○	
直流电动机	△	△		○	○		
电磁滑差离合器（无电刷）	○	△	×	○	○	○	△

注：1. 表中符号：○为适用；△为慎用；×为不适用（下同）。

2. 绕线型感应电动机及同步电动机采用增安型时，其主体是增安型防爆结构，发生电火花的部分是隔爆或正压型防爆结构。

3. 无火花型电动机在通风不良及户内具有比空气重的易燃物质区域内慎用。

② 低压变压器防爆结构的选型应符合表 1-34 的规定；

表 1-34 低压变压器类防爆结构的选型

电气设备 \ 防爆结构 \ 爆炸危险区域	1 区			2 区			
	防爆型 d	正压型 p	增安型 e	防爆型 d	正压型 p	增安型 e	充油型 o
变压器（包括启动用）	△	△	×	○	○	○	○
电抗线圈（包括启动用）	△	△	×	○	○	○	○
仪表用互感器	△		×	○		○	○

③ 低压开关和控制器类防爆结构的选型应符合表 1-35 的规定；

表 1-35 低压开关和控制器类防爆结构的选型

电气设备 \ 防爆结构 \ 爆炸危险区域	0 区	1 区					2 区				
	本质安全型 ia	本质安全型 ia，ib	防爆型 d	正压型 p	充油型 o	增安型 e	本质安全型 ia，ib	防爆型 d	正压型 p	充油型 o	增安型 e
刀开关、断路器			○					○			
熔断器			△					○			
控制开关及按钮	○	○	○		○		○	○		○	
电抗启动器和启动补偿器			△				○				○
启动用金属电阻器			△	△		×		○	○		○
电磁阀用电磁铁			○			×		○			○
电磁摩擦制动器			△			×		○			△
操作箱、柱			○	○				○	○		
控制盘			△	△				○	○		
配电盘			△					○			

注：1. 电抗启动器和启动补偿器采用增安型时，是指将隔爆结构的启动运转开关操作部件与增安型防爆结构的电抗线圈或单绕组变压器组成一体的结构。
2. 电磁摩擦制动器采用隔爆型时，是指将制动片、滚筒等机械部分也装入隔爆壳体内者。
3. 在 2 区内电气设备采用隔爆型时，是指除隔爆型外，也包括主要有火花部分为隔爆结构而其外壳为增安型的混合结构。

④ 灯具类防爆结构的选型应符合表 1-36 的规定；

表 1-36 灯具类防爆结构的选型

电气设备 \ 防爆结构 \ 爆炸危险区域	1 区		2 区	
	防爆型 d	增安型 e	防爆型 d	增安型 e
固定式灯	○	×	○	○
移动式灯	△		○	

续表

电气设备＼防爆结构＼爆炸危险区域	1区		2区	
	防爆型 d	增安型 e	防爆型 d	增安型 e
携带式电池灯	○		○	
指示灯类	○	×	○	○
镇流器	○	△	○	○

⑤ 信号、报警装置等电气设备防爆结构的选型应符合表 1-37 的规定。

表 1-37　信号、报警装置等电气设备防爆结构的选型

电气设备＼防爆结构＼爆炸危险区域	0 区	1 区				2 区			
	本质安全型 ia	本质安全型 ia，ib	防爆型 d	正压型 p	增安型 e	本质安全型 ia，ib	防爆型 d	正压型 p	增安型 e
信号、报警装置	○	○	○	○	×	○	○	○	○
插接装置			○				○		
接线箱（盒）			○		△		○		○
电气测量表计			○	○	×		○	○	○

9）当选用正压型电气设备及通风系统时，应符合下列要求

① 通风系统必须用非燃性材料制成，其结构应坚固，连接应严密，并不得有产生气体滞留的死角；

② 电气设备应与通风系统联锁。运行前必须先通风，并应在通风量大于电气设备及其通风系统容积的 5 倍时，才能接通电气设备的主电源；

③ 在运行过程中，进入电所设备及其通风系统内的气体，不应含有易燃物质或其他有害物质；

④ 在电气设备及其通风系统运行中，其风压不应低于 50Pa。当风压低于 50Pa 时，应自动断开电气设备的主电源或发出信号；

⑤ 通风过程排出的气体，不宜排入爆炸危险环境；当采取有效地防止火花和炽热颗粒从电气设备及其通风系统吹出的措施时，可排入 2 区空间；

⑥ 对于闭路通风的正压型电气设备及其通风系统，应供给清洁气体；

⑦ 电气设备外壳及通风系统的小门或盖子应采取联锁装置或加警告标志等安全措施；

⑧ 电气设备必须有一个或几个与通风系统相连的进、排气口。排气口在换气后须妥善密封。

10）充油型电气设备，应在没有振动、不会倾斜和固定安装的条件下采用。

11）在采用非防爆型电气设备作隔墙机械传动时，应符合下列要求

① 安装电气设备的房间，应用非燃烧体的实体墙与爆炸危险区域隔开；

② 传动轴传动通过隔墙处应采用填料函密封或有同等效果的密封措施；

③ 安装电气设备房间的出口，应通向非爆炸危险区域和无火灾危险的环境；当安装电气设备的房间必须与爆炸性气体环境相通时，应对爆炸性气体和环境保持相对的正压。

12）变、配电所和控制室的设计应符合下列要求

① 变电所、配电所（包括配电室，下同）和控制室应布置在爆炸危险区域范围以外，当为正压室时，可布置在1区、2区内。

② 对于易燃物质比空气重的爆炸性气体环境，位于1区、2区附近的变电所、配电所和控制室的室内地面，应高出室外地面0.6m。

13）爆炸性气体环境电气线路的设计和安装应符合下列要求

① 电气线路应在爆炸危险性较小的环境或远离释放源的地方敷设。

a.当易燃物质比空气重时，电气线路应在较高处敷设或直接埋地；架空敷设时宜采用电缆桥架；电缆沟敷设时沟内应充砂，并宜设置排水措施。

b.当易燃物质比空气轻时，电气线路宜在较低处敷设或电缆沟敷设。

c.电气线路宜在有爆炸危险的建、构筑物的墙外敷设。

② 敷设电气线路的沟道、电缆和钢管，所穿过的不同区域之间墙或楼板处的孔洞，应采用非燃性材料严密堵塞。

③ 当电气线路沿输送易燃气体或液体的管道栈桥敷设时，应符合下列要求

a.沿危险程度较低的管道一侧；

b.当易燃物质比空气重时，在管道上方；比空气轻时，在管道的下方。

④ 敷设电气线路时宜避开可能受到机械损伤、振动、腐蚀以及可能受热的地方，不能避开时，应采取预防措施。

⑤ 在爆炸性气体环境内，低压电力、照明线路用绝缘导线和电缆的额定电压，必须不低于工作电压，且不应低于500V。工作中性线的绝缘额定电压应与相线电压相等，并应在同一护套或管子内敷设。

⑥ 在1区内单相网络中的相线及中性线均应装设短路保护，并使用双极开关同时切断相线及中性线。

⑦ 在1区内应采用铜芯电缆；在2区内宜采用铜芯电缆，当采用铝芯电缆时，与电气设备的连接应有可靠的铜-铝过渡接头等措施。

⑧ 选用电缆时应考虑环境腐蚀、鼠类和白蚁危害以及周围环境温度及用电设备进线盒方式等因素。在架空桥架敷设时宜采用阻燃电缆。

⑨ 对3～10kV电缆线路，宜装设零序电流保护；在1区内保护装置宜动作于跳闸；在2区内宜作用于信号。

14）本质安全系统的电路应符合下列要求

① 当本质安全系统电路的导体与其他非本质安全系统电路的导体接触时，应采取适当预防措施。不应使接触点处产生电弧或电流增大、产生静电或电磁感应。

② 连接导线当采用铜导线时，引燃温度为T1～T4组时，其导线截面积与最大允许电流应符合表1-38的规定。

③ 导线绝缘的耐压强度应为2倍额定电压，最低为500V。

表1-38　铜导线截面积与最大允许电流（适用于T1～T4组）

导线截面积/mm^2	0.017	0.03	0.09	0.19	0.28	0.44
最大允许电流/A	1.0	1.65	3.3	5.0	6.6	8.3

15）除本质安全系统的电路外，在爆炸性气体环境1区、2区内电缆配线的技术要求，应符合表1-39的规定。

表 1-39　爆炸性气体环境电缆配线技术要求

技术要求 项目 / 爆炸危险区域	电缆明设或在沟内敷设时的最小截面积			接线盒	移动电缆
	电力	照明	控制		
1区	铜芯 $2.5mm^2$ 及以上	铜芯 $2.5mm^2$ 及以上	铜芯 $2.5mm^2$ 及以上	防爆型	重型
2区	铜芯 $1.5mm^2$ 及以上，或铝芯 $4mm^2$ 及以上	铜芯 $1.5mm^2$ 及以上，或铝芯 $2.5mm^2$ 及以上	铜芯 $1.5mm^2$ 及以上	隔爆增安型	中型

明设塑料护套电缆，当其敷设方式采用能防止机械损伤的电缆槽板、托盘或桥架方式时，可采用非铠装电缆。

在易燃物质比空气轻且不存在会受鼠、虫等损害情形时，在2区电缆沟内敷设的电缆可采用非铠装电缆。

铝芯绝缘导线或电缆的连接与封端应采用压接、熔焊或钎焊，当与电气设备（照明灯具除外）连接时，应采用适当的过渡接头。

在1区内电缆线路严禁有中间接头，在2区内不应有中间接头。

16）除本质安全系统的电路外，在爆炸性气体环境1区、2区内电压为1000V以下的钢管配线的技术要求，应符合表1-40的规定。

① 钢管应采用低压液体输送用镀锌焊接钢管。

② 为了防腐蚀，钢管连接的螺纹部分应涂以铅油或磷化膏。

③ 在可能凝结冷凝水的地方，管线上应装设排除冷凝水的密封接头。

④ 与电气设备的连接处宜采用挠性连接管。

表 1-40　爆炸危险环境钢管配线技术要求

技术要求 项目 / 爆炸危险区域	钢管明配线路用绝缘导线的最小截面积			接线盒分支盒挠性连接管	管子连接要求
	电力	照明	控制		
1区	铜芯 $2.5mm^2$ 及以上	铜芯 $2.5mm^2$ 及以上	铜芯 $2.5mm^2$ 及以上	隔爆型	对D25mm及以下的钢管螺纹旋合不应小于5扣，对D32mm及以上的钢管螺纹旋合不应小于6扣并应有锁紧螺母
2区	铜芯 $1.5mm^2$ 及以上或铝芯 $4mm^2$ 及以上	铜芯 $1.5mm^2$ 及以上，或铝芯 $2.5mm^2$ 及以上	铜芯 $1.5mm^2$ 及以上	隔爆增安型	对D25mm及以下的螺纹旋合不应小于5扣，对D32mm及以上的不应小于6扣

17）在爆炸性气体环境1区、2区内钢管配线的电气线路必须作好隔离密封，且应符合下列要求

① 爆炸性气体环境1区、2区内，下列各处必须作隔离密封：

a. 当电气设备本身接头部件中无隔离密封时，导体引向电气设备接头部件前的管段处；

b. 直径50mm以上钢管距引入的接线箱450mm以内处，以及直径50mm以上钢管每距15m处；

c. 相邻的爆炸性气体环境1区、2区之间；爆炸性气体环境1区、2区与相邻的其他危险

环境或正常环境之间。

进行密封时，密封内部应用纤维作填充层的底层和隔层，以防止密封混合物流出，填充层的有效厚度必须大于钢管的内径。

② 供隔离密封用的连接部件，不应作为导线的连接或分线用。

18）在爆炸性气体环境1区、2区内，绝缘导线和电缆截面的选择，应符合下列要求

① 导体允许载流量，不应小于熔断器熔体额定电流的1.25倍，和自动开关长延时过电流脱扣器整定电流的1.25倍（本条第②项情况除外）。

② 引向电压为1000V以下笼型感应电动机支线的长期允许载流量，不应小于电动机额定电流的1.25倍。

19）10kV及以下架空线路严禁跨越爆炸性气体环境，架空线路与爆炸性气体环境的水平距离，不应小于杆塔高度的1.5倍。在特殊情况下，采取有效措施后，可适当减少距离。

20）爆炸性气体环境接地设计应符合下列要求

① 按有关电力设备接地设计技术规程规定不需要接地的下列部分，在爆炸性气体环境内仍应进行接地：

a.在不良导电地面处，交流额定电压为380V及以下和直流额定电压为440V及以下的电气设备正常不带电的金属外壳；

b.在干燥环境，交流额定电压为127V及以下，直流电压为110V及以下电气设备正常不带电的金属外壳；

c.安装在已接地的金属结构上的电气设备。

② 在爆炸危险环境内，电气设备的金属外壳应可靠接地。爆炸性气体环境1区所有电气设备及爆炸性气体环境2区内除照明灯具以外的其他电气设备，应采用专门的接地线。该接地线若与相线敷设在同一保护管内时，应具有与相线相等的绝缘。此时爆炸性气体环境的金属管线，电缆和金属包皮等，只能作为辅助接地线。

爆炸性气体环境2区内的照明灯具，可利用有可靠电气连接的金属管线系统作为接地线，但不得利用输送易燃物质的管道。

③ 接地干线应在爆炸危险区域不同方向不少于两处与接地体连接。

④ 电气设备的接地装置与防止直接雷击的独立避雷针的接地装置应分开设置，与装设在建筑物上防止直接雷击的避雷针的接地装置可合并设置；与防雷电感应的接地装置亦可合并设置。接地电阻值应取其中最低值。

1.5.2 爆炸性粉尘环境的设计要求[9]

1）对用于生产、加工、处理、转运或贮存过程中出现或可能出现爆炸性粉尘、可燃性导电粉尘、可燃性非导电粉尘和可燃纤维与空气形成的爆炸性粉尘混合物环境时，应进行爆炸性粉尘环境的电力设计。

2）在爆炸性粉尘环境中出现粉尘应按引燃温度分组，并应符合表1-41的规定。

表1-41 引燃温度分组

温度组别	引燃温度 t/℃
T11	$t>270$
T12	$200<t\leqslant270$
T13	$150<t\leqslant200$

注：确定粉尘温度组别时，应取粉尘云的引燃温度和粉尘层的引燃温度两者中的低值。

3）在爆炸性粉尘环境中应采取下列防止爆炸的措施

① 防止产生爆炸的基本措施，应是使产生爆炸的条件同时出现的可能性减小到最低程度。

② 防止爆炸危险，应按照爆炸性粉尘混合物的特征，采取相应的措施。爆炸性粉尘混合物的爆炸下限随粉尘的分散度、湿度、挥发性物质的含量、灰分的含量、火源的性质和温度等而变化。

③ 在工程设计中应先取下列消除或减少爆炸性粉尘混合物产生和积聚的措施：

a. 工艺设备宜将危险物料密封在防止粉尘泄漏的容器内；

b. 宜采用露天或开敞式布置，或采用机械除尘或通风措施；

c. 宜限制和缩小爆炸危险区域的范围，并将可能释放爆炸性粉尘的设备单独集中布置；

d. 提高自动化水平，可采用必要的安全联锁；

e. 爆炸危险区域应设有两个以上出入口，其中至少有一个通向非爆炸危险区域，其出入口的门应向爆炸危险性较小的区域侧开启；

f. 应定期清除沉积的粉尘；

g. 应限制产生危险温度及火花，特别是由电气设备或线路产生的过热及火花。应选用防爆或其他防护类型的电气设备及线路；

h. 可增加废料的湿度，降低空气中粉尘的悬浮量。

4）爆炸性粉尘环境应根据爆炸性粉尘混合物出现的频繁程度和持续时间，按下列规定进行分区

① 10 区：连续出现或长期出现爆炸性粉尘环境；

② 11 区：有时会将积留下的粉尘扬起而偶然出现爆炸性粉尘混合物的环境。

5）爆炸危险区域的划分应按爆炸性粉尘的量、爆炸极限和通风条件确定。

6）符合下列条件之一时，可划为非爆炸危险区域

① 装有良好除尘效果的除尘装置，当该除尘装置停车时，工艺机组能联锁停车；

② 设有为爆炸性粉尘环境服务，并用墙隔绝的送风机室，其通向爆炸性粉尘环境的风道设有防止爆炸性粉尘混合物侵入的安全装置，如单向流通风道及能阻火的安全装置；

③ 区域内使用爆炸性粉尘的量不大，且在排风柜内或风罩下进行操作。

7）为爆炸性粉尘环境服务的排风机室，应与被排风区域的爆炸危险区域等级相同。

8）爆炸性粉尘环境的电力设计应符合下列规定

① 爆炸性粉尘环境的电力设计，宜将电气设备和线路，特别是正常运行时能发生火花的电气设备，布置在爆炸性粉尘环境以外。当需设在爆炸性粉尘环境内时，应布置在爆炸危险性较小的地点。在爆炸性粉尘环境内，不宜采用携带式电气设备。

② 爆炸性粉尘环境内的电气设备和线路，应符合周围环境内化学的、机械的、热的、霉菌以及风沙等不同环境条件对电气设备的要求。

③ 在爆炸性粉尘环境内，电气设备最高允许表面温度应符合表 1-42 的规定。

表 1-42　电气设备最高允许表面温度

引燃温度组别	无过负荷的设备	有过负荷的设备
T11	215℃	195℃
T12	160℃	145℃
T13	120℃	110℃

④ 在爆炸性粉尘环境采用非防爆型电气设备进行隔墙机械传动时，应符合下列要求：

a. 安装电气设备的房间，应采用非燃烧体的实体墙与爆炸性粉尘环境隔开；

b. 应采用通过隔墙由填料函密封或同等效果密封措施的传动轴传动；

c. 安装电气设备房间的出口，应通向非爆炸和无火灾危险的环境；当安装电气设备的房间必须与爆炸性粉尘环境相通时，应对爆炸性粉尘环境保持相对的正压。

⑤ 爆炸性粉尘环境内，有可能过负荷的电气设备，应装设可靠的过负荷保护。

⑥ 爆炸性粉尘环境内的事故排风用电动机，应在生产发生事故情况下便于操作的地方设置事故启动按钮等控制设备。

⑦ 在爆炸性粉尘环境内，应少装插座和局部照明灯具。如必须采用时，插座宜布置在爆炸性粉尘不易积聚的地点，局部照明灯宜布置在事故时气流不易冲击的位置。

9）防爆电气设备选型

除可燃性非导电粉尘和可燃纤维的11区环境采用防尘结构（标志为DP）的粉尘防爆电气设备外，爆炸性粉尘环境10区及其他爆炸性粉尘环境11区均采用尘密结构（标志为DT）的粉尘防爆电气设备，并按照粉尘的不同引燃温度选择不同引燃温度组别的电气设备。

10）爆炸性粉尘环境电气线路的设计和安装应符合下列要求

① 电气线路应在爆炸危险性较小的环境处敷设。

② 敷设电气线路的沟道、电缆或钢管，在穿过不同区域之间墙或楼板处的孔洞，应采用非燃性材料严密堵塞。

③ 敷设电气线路时宜避开可能受到机械损伤、振动、腐蚀以及可能受热的地方，如不能避开时，应采取预防措施。

④ 爆炸性粉尘环境10区内高压配线应采用铜芯电缆；爆炸性粉尘环境11区内高压配线除用电设备和线路有剧烈振动者外，可采用铝芯电缆。

爆炸性粉尘环境10区内全部的和爆炸性粉尘环境11区内有剧烈振动，电压为1000V以下用电设备的线路，均应采用铜芯绝缘导线或电缆。

⑤ 爆炸性粉尘环境10区内绝缘导线和电缆的选择应符合下列要求

a. 绝缘导线和电缆的导体允许载流量不应小于熔断器熔体额定电流的1.25倍，和自动开关长延时过电流脱扣器整定电流的1.25倍（本条第b种情况除外）；

b. 引向电压为1000V以下笼型感应电动机的支线的长期允许载流量，不应小于电动机额定电流的1.25倍；

c. 电压为1000V以下的导线和电缆，应按短路电流进行热稳定校验。

⑥ 在爆炸性粉尘环境内，低压电力、照明线路用的绝缘导线和电缆的额定电压，必须不低于网络的额定电压，且不应低于500V。工作中性线绝缘的额定电压应与相线的额定电压相等，并应在同一护套或管子内敷设。

⑦ 在爆炸性粉尘环境10区内，单相网络中的相线及中性线均应装设短路保护，并使用双极开关同时切断相线和中性线。

⑧ 爆炸性粉尘环境10区、11区内电缆线路不应有中间接头。

⑨ 选用电缆时应考虑环境腐蚀、鼠类和白蚁危害以及周围环境温度及用电设备进线盒方式等因素。在架空桥架敷设时宜采用阻燃电缆。

⑩ 对3～10kV电缆线路应装设零序电流保护；保护装置在爆炸性粉尘环境10区内宜动作于跳闸，在爆炸性粉尘环境11区内宜作用于信号。

11）电压为1000V以下的电缆配线技术要求，应符合表1-43规定。

表 1-43　爆炸性粉尘环境电缆配线技术要求

项目 / 技术要求 / 爆炸危险区域	电缆的最小截面积	移动电缆
10 区	铜芯 2.5mm² 及以上	重型
11 区	铜芯 1.5mm² 及以上 铝芯 2.5mm² 及以上	中型

注：铝芯绝缘导线或电缆的连接与封端应采用压接。

12）在爆炸性粉尘环境内，严禁采用绝缘导线或塑料管明设。当采用钢管配线时，电压为 1000V 以下的钢管配线的技术要求，应符合表 1-44 规定。钢管应采用低压流体输送用镀锌焊接钢管。为了防腐蚀，钢管连接的螺纹部分应涂以铅油或磷化膏。在可能凝结冷凝水的地方，管线上应装设排除冷凝水的密封接头。

表 1-44　爆炸性粉尘环境钢管配线技术要求

技术要求 / 项目 / 爆炸危险区域	绝缘导线的最小截面积	接线盒、分支盒	管子连接要求
10 区	铜芯 2.5mm² 及以上	尘密型	螺纹旋合应不少于 5 扣
11 区	铜芯 1.5mm² 及以上 铝芯 2.5mm² 及以上	尘密型，也可采用防尘型	螺纹旋合应不少于 5 扣

注：尘密型是规定标志为 DT 的粉尘防爆类型；防尘型是规定标志为 DP 的粉尘防爆类型。

13）在 10 区内敷设绝缘导线时，必须在导线引向电气设备接头部件，以及与相邻其他区域间作隔离密封。供隔离密封用的连接部件，不应作为导线的连接或分线用。

14）爆炸性粉尘环境接地设计应符合下列要求

① 按有关电力设备接地设计技术规程，不需要接地的下列部分，在爆炸性粉尘环境内，仍应进行接地；

a. 在不良导电地，交流额定电压为 380V 及以下和直流额定电压 440V 及以下的电气设备正常不带电的金属外壳；

b. 在干燥环境，交流额定电压为 127V 及以下，直流额定电压为 110V 以及下的电气设备正常不带电的金属外壳；

c. 安装在已接地的金属结构上的电气设备。

② 爆炸性粉尘环境内电气设备的金属外壳应可靠接地。爆炸性粉尘环境 10 区内的所有电气设备，应采用专门的接地线，该接地线若与相线敷设在同一保护管内时，应具有与相线相等的绝缘。电缆的金属外皮及金属管线等只作为辅助接地线。爆炸性粉尘环境 11 区内的所有电气设备，可利用有可靠电气连接的金属管线或金属构件作为接地线，但不得利用输送爆炸危险物质的管道。

③ 为了提高接地的可靠性，接地干线宜在爆炸危险区域不同方向且不少于两处与接地体连接。

④ 电气设备的接地装置与防止直接雷击的独立避雷针的接地装置应分开设置，与装设在建筑物上防止直接雷击的避雷针的接地装置可合并设置；与防雷电感应的接地装置亦可合并设置。接地电阻值应取其中最低值。

1.5.3　火灾危险环境的设计要求[9]

1）对于生产、加工、处理、转运和贮存过程中出现或可能出现下列火灾危险物质之一时，应进行火灾危险环境的电力设计。

① 闪点高于环境温度的可燃液体；在物料操作温度高于可燃液体闪点的情况下，有可能泄漏但不能形成爆炸性气体混合物的可燃液体。

② 不可能形成爆炸性粉尘混合物的悬浮状、堆积状可燃粉尘或可燃纤维以及其他固体状可燃物质。

2）火灾危险环境应根据火灾事故发生的可能性和后果，以及危险程度与物质状态的不同，按下列规定进行分区。

① 21 区：具有闪点高于环境温度的可燃液体，在数量和配置上能引起火灾的环境。

② 22 区：具有悬浮状、堆积状的可燃粉尘或可燃纤维，虽不可能形成爆炸混合物，但在数量和配置上能引起火灾危险的环境。

③ 23 区：具有固定状可燃物质，在数量和配置上能引起火灾危险的环境。

3）火灾危险环境的电气设备和线路，应符合周围环境化学的、机械的、热的、霉菌及风沙等环境条件对电气设备的要求。

4）在火灾危险环境内，正常运行时有火花和和外壳表面温度较高的电气设备，应远离可燃物质。

5）在火灾危险环境内，不宜使用电热器。当生产要求必须使用电热器时，应将其安装在非燃材料的底板上。

6）在火灾危险环境内，应根据区域等级和使用条件，按表 1-45 选择相应类型的电气设备。

7）电压为 10kV 及以下的变电所、配电所，不宜设在有火灾区域的正上面或正下面。若与火灾危险区域的建筑物毗连时，应符合下列要求。

① 电压为 1～10kV 配电所可通过走廊或套间与火灾危险环境的建筑物相通，通向走廊或套间的门应为难燃烧体的。

表 1-45　电气设备防护结构的选型

电气设备	防护结构 \ 爆炸危险区域	21 区	22 区	23 区
电机	固定安装	IP44	IP54	IP21
	移动式、携带式	IP54		IP54
电器和仪表	固定安装	充油型、IP44、IP44	IP54	IP44
	移动式、携带式	IP54		IP44
照明灯具	固定安装	IP2X	IP5X	IP2X
	移动式、携带式	IP5X		
配电装置				
接线盒				

注：1. 在火灾危险环境 21 区内固定安装的正常运行时有滑环等火花部件的电机，不宜采用 IP44 结构。
2. 在火灾危险环境 23 区内固定安装的正常运行有滑环等火花部件的电机，不应采用 IP21 型结构，而应采用 IP44 型。
3. 在火灾危险环境 21 区内固定安装的正常运行时有火花部件的电器和仪表，不宜采用 IP44 型。
4. 移动式和携带式照明灯具的玻璃罩，应有金属网保护。
5. 表中防护等级的标志应符合现行国家标准《外壳防护等级的分类》规定。

② 变电所与火灾危险环境建筑物共用的隔墙应是密实的非燃烧体。管道和沟道穿过墙和楼板处，应采用非燃烧性材料严密堵塞。

③ 变压器室的门窗应通向非火灾危险环境。

8）在易沉积可燃粉尘或可燃纤维的露天环境，设置变压器或配电装置时应采用密闭型。

9）露天安装的变压器或配电装置的外廓距火灾危险环境建筑物的外墙在10m以内时，应符合下列要求

① 火灾危险环境靠变压器或配电装置一侧的墙应为非燃烧体；

② 在变压器或配电装置高度加3m的水平线上，其宽度为变压器或配电装置外廓两侧各加3m的墙上，可安装非燃烧体的装有铁丝玻璃的固定窗。

10）火灾危险环境电气线路的设计和安装应符合下列要求

① 在火灾危险环境内，可采用非铠装电缆或钢管配线明敷设。在火灾危险环境21区或23区内，可采用硬塑料管配线。在火灾危险环境23区内，当远离可燃物质时，可采用绝缘导线在针式或鼓形瓷绝缘子上敷设。沿未抹灰的木质吊顶和木质墙壁敷设的以及木质闷顶内的电气线路应穿钢管明设。

② 在火灾危险环境内，电力、照明线路的绝缘导线和电缆的额定电压，不应低于线路的额定电压，且不低于500V。

③ 在火灾危险环境内，当采用铝芯绝缘导线和电缆时，应有可靠的连接和封端。

④ 在火灾危险环境21区或22区内，电动起重机不应采用滑触线供电；在火灾危险环境23区内，电动起重机可采用滑触线供电，但在滑触线下方不应堆置可燃物质。

⑤ 移动式和携带式电气设备的线路，应采用移动电缆或橡套软线。

⑥ 在火灾危险环境内，当需采用裸铝、裸铜母线时，应符合下列要求：

a. 不需拆卸检修的母线连接处，应采用熔焊或钎焊；

b. 母线与电气设备的螺栓连接应可靠，并应防止自动松脱；

c. 在火灾危险21区和23区内，母线宜装设保护罩，当采用金属网保护罩时，应采用IP2X结构；在火灾危险环境22区内母线应有IP5X结构的外罩；

d. 当露天安装时，应有防雨、雪措施。

⑦ 10kV及以下架空线路严禁跨越火灾危险区域。

11）火灾危险环境接地设计应符合下列要求

① 在火灾危险环境内的电气设备的金属外壳应可靠接地。

② 接地干线应不少于两处与接地体连接。

1.5.4 活动受限制的可导电场所的设计要求[49]

所谓活动受限制的可导电场所是一种主要由金属或其他可导电体包围而构成的，在这种场所内的人员很可能通过其身体大面积与金属或其他的可导电体包围的部分相接触，而阻止这种接触的可能性是很小的。

1）电击防护

当采用安全特低电压时，无论标称电压数值如何，应采用以下直接接触防护方式：

① 采用遮栏或外护物防护，其外壳防护等级不应低于IP2X。

② 或者加以绝缘，其耐受试验电压为500V、历时1min。

2）直接接触防护

不允许采用阻挡物及置于伸臂范围以外的保护措施。

3）间接接触防护

只允许下列供电方式用作保护措施：

① 对手持式工具及携带式计量设备的供电：a. 采用安全特低电压。b. 或者采用电气隔离，隔离变压器的一个二次绕组只应接一台设备，且应优先采用Ⅱ类设备。当采用Ⅰ类设备时，该设备应至少有一个把手，此把手用绝缘材料制成或具有绝缘衬层。

② 对手提灯的供电：a. 采用安全特低电压。b. 用安全特低电压电源供电的内装双绕组变压器的荧光灯，同样是允许的。

③ 对固定安装设备的供电。

4）安全电源和隔离电源应设置于活动受限制的可导电场所之外，但符合上述第（3）条第②项规定的荧光灯内装双绕组变压器可设置在活动受限制的可导电场所内。

5）当某一固定安装的设备，要求功能性接地时，则在所有设备的外露可导电部分、活动受限制的可导电场所内的所有装置外可导电部分和功能性接地之间应进行等电位连接。

1.5.5 数据处理设备用电气装置的设计要求[50]

为抑制电源线路导入的干扰，数据处理设备常在其内的电源线路上配置有大电容量的滤波器，因此正常工作时就存在较大的对地泄漏电流。当此电流大于人体摆脱电流阈值 10mA 时，如果设备的 PE 线（保护导体）中断，接地失效，即使没有发生接地故障，人体如触及设备外露导电部分也将承受危险的接触电压。由于这类设备的接地具有特殊的要求，因此应注意采取相应的有效防电击的措施。

1）正常泄漏电流超过 10mA 时防止 PE 线中断导致电击危险的措施

① 提高 PE 线的机械强度。

a. 当采用独立的保护导体时，应是一根截面积不小于 $10mm^2$ 的导体或是两根有独立端头的，每根截面积不小于 $4mm^2$ 的导体。

【注】$10mm^2$ 或更大截面积的导体可以是铝质的。

b. 当保护导体与供电导体合在一根多芯电缆中时，电缆中所有导体截面积的总和应不小于 $10mm^2$。

c. 当保护导体装在刚性或柔性金属导管［其导电连续性应符合 GB/T 14823.1（cqv IEC 60364-4-41，1992）］内并与导管并接时，应采用不小于 $2.5mm^2$ 的导体。

d. 符合 GB 16895.3—1997 的 453.2.1 要求的刚性或柔性金属导管、金属母线槽和槽盒以及金属屏蔽层和铠装。

② 装设 PE 线导电连续性的监测器，当 PE 线中断时自动切断电源。

③ 利用双绕组变压器限制电容泄漏电流的流经范围和路径中断的概率。双绕组变压器的二次回路宜采用 TN 系统（如图 1-26 所示），如有特殊需要时也可采用 IT 系统。

2）对 TT 系统的补充要求

① 采用 TT 系统时在供电回路上如设置剩余电流动作保护器（RCD），其额定动作电流应符合下式要求

$$I_1 \leqslant \frac{I_{\Delta n}}{2} \leqslant \frac{U_L}{2R_A} \tag{1-12}$$

式中 I_1——总泄漏电流，A；

R_A——接地极电阻，Ω；

$I_{\Delta n}$——RCD 额定动作电流，A；

U_L——接触电压限值（V），通常取为 50V。

如不能满足上述要求，应采取前述利用双绕组变压器的措施。

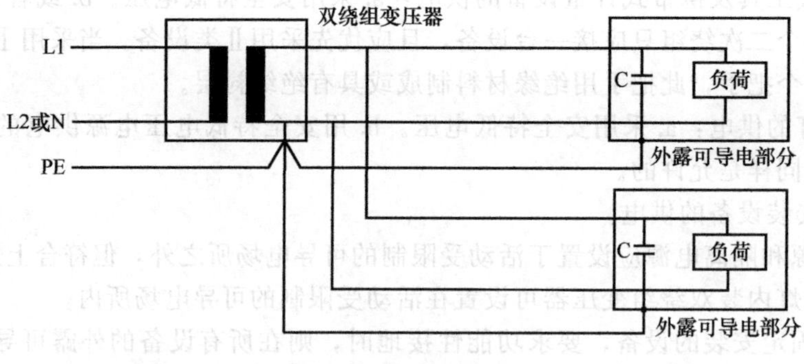

图 1-26　双绕组变压器的连接方法

注：1. C 为滤波电容。

2. L 和 N 接至电源；PE 接至总接地端子，即用作保护接地线也用作功能接地线。

② 对 IT 系统的补充要求

a. 当因过大的泄漏电流，不能满足式 $R_A I_d \leqslant 50V$ 要求时，不宜将大泄漏电流的设备直接接入 IT 系统中。如果可能，可经一双绕组变压器在二次转换为 TN 系统给设备供电，以便在发生接地故障时迅速切断故障电路。

b. 采用 IT 系统时，当满足式 $R_A I_d \leqslant 50V$ 要求，且设备制造厂明确该设备可直接接于 IT 系统内时，设备可直接由 IT 系统供电。当此 IT 系统的电源经阻抗接地时，设备的外露导电部分应通过 PE 线直接接至电源的接地极来实现接地。

3）低干扰水平接地装置的防电击措施

① 数据处理设备的外露导电部分应用绝缘导体直接接至建筑物进线处的总接地母排作一点接地。

② 低干扰水平的安全接地应注意满足下述一般安全接地的要求：

a. 保证用作接地故障保护的过电流保护器对过电流保护的有效性；

b. 防止设备的外露导电部分出现过高的接触电压，并保证设备和邻近金属物体和其他设备之间在正常情况和故障情况下的等电位连接的有效性；

c. 防止过大对地泄漏电流带来的危险。

1.6　电气设备防误操作的要求及措施[64]

为了加强防止电气误操作装置（以下简称防误装置）的专业管理，做好防误装置的设计、安装、运行维护和检修管理工作，使其更好地发挥作用，根据《电业安全工作规定》和有关文件的规定，国家安全生产监督管理总局和国家煤炭安全监察局特制订了能源安保（1990）1110 号文件——《防止电气误操作装置管理规定》（试行）。

1.6.1　电气设备防误装置的要求

① 凡有可能引起误操作的高压电气设备，均应装设防误装置，装置的性能和质量应符合产品标准和有关文件的规定。

② 新订购的高压开关设备，必须具有性能和质量符合要求的防误装置，对不符合要求的不得订货。

③ 新设计的发、变电工程中采用防误装置和操作程序，应经运行部门审查。

④ 新设计的发、变电工程中采用的防误装置，应做到与主设备同时投运。

⑤ 经两部和网、省（市）电力局鉴定的防误装置，必须经运行考核，取得运行经验，报两部审查同意后方可在全网推广使用。

1.6.2 电气设备防误装置的功能

防误装置应实现以下功能（简称“五防”）：

① 防止误分、误合断路器；

② 防止带负荷拉、合隔离开关；

③ 防止带电（挂）合接地线（开关）；

④ 防止带接地线（开关）合断路器（隔离开关）；

⑤ 防止误入带电间隔。

高压开关柜及间隔式的配电装置（间隔）有网门时，应满足“五防”功能的要求。

1.6.3 设计、制造及选用电气设备防误装置的原则

① 防误装置的结构应简单、可靠，操作维护方便，尽可能不增加正常操作和事故处理的复杂性。

② 电磁锁应采用间隙式原理，锁栓能自动复位。

③ 成套的高压开关设备用防误装置，应优先选用机械联锁。

④ 防误装置应有专用工具（钥匙）进行解锁。

⑤ 防误装置应满足所配设备的操作要求，并与所配用设备的操作位置相对应。

⑥ 防误装置应不影响开关设备的主要技术性能（如分合闸时间、速度等）。

⑦ 防误装置所用的电源应与继电保护、控制回路的电源分开。

⑧ 防误装置应做到防尘、防异物、防锈、不卡涩。户外防误装置还应有防水、防潮、防霉的措施。

⑨“五防”中除防止误分、误合断路器可采用提示性的装置外，其他“四防”应采用强制性装置。

⑩ 新设计的户外110kV及以上复杂接线，应优先采用电气联锁或电磁锁方案。

⑪ 户内配电装置改造加装防误装置，应优先采用机械程序锁或电磁锁。

⑫ 应选用符合产品标准，功能齐全并经两部和网、省（市）电力局鉴定的产品。对不符合要求的应予以退换，并在订货合同中加以说明。

1.7 电气工程设计的防火要求及措施[21]

1.7.1 变电站内建（构）筑物的火灾危险性分类及耐火等级

变电站建（构）筑物的火灾危险性分类及其耐火等级应符合表1-46的规定。

表1-46 建（构）筑物的火灾危险性分类及其耐火等级

建（构）筑物名称	火灾危险性分类	耐火等级
主控通信楼	戊	二级
继电器室	戊	二级
电缆夹层	丙	二级

续表

建（构）筑物名称		火灾危险性分类	耐火等级
配电装置楼（室）	单台设备油量 60kg 以上	丙	二级
	单台设备油量 60kg 及以下	丁	二级
	无含油电气设备	戊	二级
屋外配电装置	单台设备油量 60kg 以上	丙	二级
	单台设备油量 60kg 及以下	丁	二级
	无含油电气设备	戊	二级
油浸变压器室		丙	一级
气体或干式变压器室		丁	二级
电容器室（有可燃介质）		丙	二级
干式电容器室		丁	二级
油浸电抗器室		丙	二级
干式铁芯电抗器室		丁	二级
总事故储油池		丙	一级
生活、消防水泵房		戊	二级
雨淋阀室、泡沫设备室		戊	二级
污水、雨水泵房		戊	二级

注：1. 主控通信楼当未采取防止电缆着火后延燃的措施时，火灾危险性应为丙类。

2. 当地下变电站、城市户内变电站将不同使用用途的变配电部分布置在一幢建筑物或联合建筑物内时，则其建筑物的火灾危险性分类及其耐火等级除另有防火隔离措施外，需按火灾危险性类别高者选用。

3. 当电缆夹层采用 A 类阻燃电缆时，其火灾危险性可为丁类。

1.7.2 变电站内各个建（构）筑物及设备的防火净距

变电站内各个建（构）筑物及设备的防火间距不应小于表 1-47 的规定。

表 1-47 变电站内各建（构）筑物及设备的防火间距 单位：m

建（构）筑物名称			丙、丁、戊类生产建筑 耐火等级		屋外配电装置 每组断路器油量/t		可燃介质电容器（室、棚）	总事故储油池	生活建筑 耐火等级	
			一、二级	三级	<1	≥1			一、二级	三级
丙、丁、戊类生产建筑	耐火等级	一、二级	10	12	—	10	10	5	10	12
		三级	12	14					12	14
屋外配电装置	每组断路器油量/t	<1			—		10	5	10	12
		≥1	10							
油浸变压器	单台设备油量/t	5～10	10		见第 11.1.6 条		10	5	15	20
		>10～50							20	25
		>50							25	30

续表

建（构）筑物名称			丙、丁、戊类生产建筑		屋外配电装置		可燃介质电容器（室、棚）	总事故储油池	生活建筑	
			耐火等级		每组断路器油量/t				耐火等级	
			一、二级	三级	<1	≥1			一、二级	三级
可燃介质电容器（室、棚）			10		10		—	5	15	20
总事故储油池			5		5		5	—	10	12
生活建筑	耐火等级	一、二级	10	12	10	15		10	6	7
		三级	12	14	12	20		12	7	8

注：1. 建（构）筑物防火间距应按相邻两建（构）筑物外墙的最近距离计算，如外墙有凸出的燃烧构件时，则应从其凸出部分外缘算起。

2. 相邻两座建筑两面的外墙为非燃烧体且无门窗洞口、无外露的燃烧屋檐，其防火间距可按本表减少25%。

3. 相邻两座建筑较高一面的外墙如为防火墙时，其防火间距可不限，但两座建筑物门窗之间的净距不应小于5m。

4. 生产建（构）筑物侧墙外5m以内布置油浸变压器或可燃介质电容器等电气设备时，该墙在设备总高度加3m的水平线以下及设备外廓两侧各3m的范围内，不应设有门窗、洞口；建筑物外墙距设备外廓5～10m时，在上述范围内的外墙可设甲级防火门，设备高度以上可设防火窗，其耐火极限不应小于0.90h。

1.7.3 一般防火要求

《火力发电厂与变电站设计防火规范》GB 50229—2006对防火的主要要求如下：

① 变电站内的建（构）筑物与变电站外的民用建（构）筑物及各类厂房、库房、堆场、贮罐之间的防火间距应符合现行国家标准《建筑设计防火规范》GB 50016的有关规定。

② 设置带油电气设备的建（构）筑物与贴邻或靠近该建（构）筑物的其他建（构）筑物之间应设置防火墙。

③ 地下变电站的变压器应设置能贮存最大一台变压器油量的事故储油池。

④ 地下变电站安全出口数量不应小于2个。地下室与地上层不应共用楼梯间，当必须共用楼梯间时，应在地上首层采用耐火极限不低于2h的不燃烧体隔墙和乙级防火门将地下或半地下部分与地上部分的连通部分完全隔开，并应有明显标志。

⑤ 变电站的规划和设计，应同时设计消防给水系统。消防水源应有可靠的保证。

【注】 变电站内建筑物满足耐火等级不低于二级，体积不超过3000m^2，且火灾危险性为戊类时，可不设消防给水。

⑥ 变电站建筑室外消防用水量不应小于表1-48的规定。

表1-48 室外消防用水量 单位：L/s

建筑物耐火等级	建筑物火灾危险性类别	建筑物体积/m^3				
		≤1500	1501～3000	3001～5000	5001～20000	20001～50000
一、二级	丙类	10	15	20	25	30
	丁、戊类	10	10	10	15	15

注：当变压器采用水喷雾灭火系统时，变压器室外消火栓用水量不应小于10L/s。

⑦ 当室内消防用水总量大于10L/s时，地下变电站外应设置水泵接合器及室外消火栓。水泵接合器和室外消火栓应有永久性的明显标志。

⑧ 变电站消防给水量应按火灾时一次最大室内和室外消防用水量之和计算。

⑨ 一组消防水泵的吸水管不应少于 2 条；当其中 1 条损坏时，其余的吸水管应能满足全部用水量。吸水管上应装设检修用阀门。

⑩ 消防水泵应设置备用泵，备用泵的流量和扬程不应小于最大 1 台消防泵的流量和扬程。

⑪ 变电站应按表 1-49 的要求设置灭火器。

表 1-49　建筑物火灾危险类别及危险等级

建筑物名称	火灾危险类别	危险等级
主控制通信楼（室）	E（A）	严重
屋内配电装置楼（室）	E（A）	中
继电器室	E（A）	中
油浸变压器（室）	混合	中
电抗器（室）	混合	中
电容器（室）	混合	中
蓄电池室	C	中
电缆夹层	E	中
生活、消防水泵房	A	轻

⑫ 下列场所和设备应采用火灾自动报警系统

a. 主控通信室、配电装置室、可燃介质电容器室、继电器室。

b. 地下变电站、无人值班的变电站，其主控通信室、配电装置室、可燃介质电容器室、继电器室应设置火灾自动报警系统，无人值班变电站应将火警信号传至上级有关单位。

c. 采用固定灭火系统的油浸变压器。

d. 地下变电站的油浸变压器。

e. 220kV 及以上变电站的电缆夹层及电缆竖井。

f. 地下变电站、户内无人值班的变电站的电缆夹层及电缆竖井。

⑬ 变电站主要设备用房和设备火灾自动报警系统应符合表 1-50 的规定。

表 1-50　主要建（构）筑物和设备火灾探测报警系统

建筑物和设备	火灾探测器类型	备注
主控通信室	感烟或吸气式感烟	
电缆层和电缆竖井	线型感温、感烟或吸气式感烟	
继电器室	感烟或吸气式感烟	
电抗器室	感烟或吸气式感烟	如选用含油设备时，采用感温
可燃介质电容器室	感烟或吸气式感烟	
配电装置室	感烟、线型感烟或吸气式感烟	
主变压器	线型感温或吸气式感烟（室内变压器）	

⑭ 地下变电站采暖、通风和空气调节设计应符合下列规定

a. 所有采暖区域严禁采用明火取暖。

b. 电气配电装置室应设置机械排烟装置，其他房间的排烟设计应符合现行国家标准《建筑设计防火规范》GB 50016 的规定。

c. 当火灾发生时，送、排风系统、空调系统等应能自动停止运行。当采用气体灭火系统时，穿过防护区的通风或空调风道上的防火阀应能立即自动关闭。

⑮ 变电站的消防供电应符合下列规定

a. 消防水泵、电动阀门、火灾探测报警与灭火系统、火灾应急照明应按Ⅱ类负荷供电。

b. 消防用电设备采用双电源或双回路供电时，应在最末一级配电箱处自动切换。

c. 应急照明可采用蓄电池作备用电源，其连续供电时间不应少于 20min。

d. 消防用电设备应采用单独的供电回路，当发生火灾切断生产、生活用电时，仍应保证消防用电，其配电设备应设置明显标志。

e. 消防用电设备的配电线路应能满足火灾时连续供电的需要，当暗敷时，应穿管并敷设在不燃烧体的结构内，其保护层厚度不应小于 30mm；当明敷时（包括附设在吊顶内），应穿金属管或封闭式金属线槽，并采取防火保护措施。当采用阻燃或耐火电缆时，敷设在电缆井、电缆沟内可不采取相应防火保护措施；当采用矿物绝缘类等具有耐火、抗过载和抗机械破坏性能的不燃性电缆时，可直接明敷。宜与其他配电线路分开敷设，当敷设在同一井、沟内时，宜分别布置在井、沟的两侧。

1.8 电气设施抗震设计和措施[22]

1.8.1 电气设施抗震设计的一般规定

1）本节适用于抗震设防烈度 6 度至 9 度地区的新建和扩建的下列电力设施的抗震设计

① 单机容量为 12MW 至 600MW 火力发电厂的电力设施。

② 单机容量为 10MW 及以上水力发电厂的有关电气设施。

③ 电压为 110kV 至 500kV 变电所的电力设施。

④ 电压为 110kV 至 500kV 送电线路杆塔及其基础。

⑤ 电力通信微波塔及其基础。

【注】1. 本节所称电力设施，包括火力发电厂、变电所、送电线路的建、构筑物和电气设施，以及水力发电厂的有关电气设施；但不包括烟囱、冷却塔、一般管道及其支架。

2. 本节所称电气设施，包括电气设备、电力系统的通信设备，电气装置和连接导体等；水力发电厂的有关电气设施、指安装在大坝内和大坝上的电气设施。

2）电力设施应根据其抗震重要性和特点分为重要电力设施和一般电力设施，并应符合下列规定

① 符合下列条款之一者为重要电力设施

a. 单机容量为 300MW 及以上或规划容量为 800MW 及以上的火力发电厂；

b. 停电会造成重要设备严重破坏或危及人身安全的工矿企业的自备电厂；

c. 设计容量为 750MW 及以上的水力发电厂；

d. 330kV、500kV 变电所，500kV 线路大跨越塔；

e. 不得中断的电力系统的通信设施；

f. 经主管部（委）批准的，在地震时必须保障正常供电的其他重要电力设施。

② 除重要电力设施以外的其他电力设施为一般电力设施。

3）电力设施中的建筑物根据其重要性可分为三类，并应符合下列规定

① 重要电力设施中的主要建筑物以及国家生命线工程中的供电建筑物为一类建筑物。

② 一般电力设施中的主要建筑物和有连续生产运行设备的建筑物以及公用建筑物、重要材料库为二类建筑物。

③ 一类、二类以外的建筑物的次要建筑物等为三类建筑物。

4）电力设施抗震设防烈度可采用现行《中国地震烈度区划图》规定的地震基本烈度。重要电力设施中的电气设施可按设防烈度提高 1 度，但设防烈度为 8 度及以上时不再提高。

【注】“抗震设防烈度为 6 度、7 度、8 度、9 度”，简称为“6 度、7 度、8 度、9 度”。

5）电气设施的抗震设计应符合下列规定

① 电压为 330kV 及以上的电气设施，7 度及以上时，应进行抗震设计。

② 电压为 220kV 及以下的电气设施，8 度及以上时，应进行抗震设计。

③ 安装在屋内二层及以上和屋外高架平台上的电气设施、7 度及以上时，应进行抗震设计。

6）电气设备、通信设备应根据设防烈度进行选择，当不能满足抗震要求时，可采取装设减震阻尼装置或其他措施。

1.8.2 电气设施的抗震设计方法

1）电气设施的抗震设计方法分为动力设计法和静力设计法，并应符合下列规定

① 对高压电器、高压电瓷、管形母线、封闭母线及串联补偿装置等构成的电气设施，应采用动力设计法。

② 对变压器、电抗器、旋转电机、开关柜（屏）、控制保护屏、通信设备、蓄电池等构成的电气设施，可采用静力设计法。

2）电气设施采用静力设计法进行抗震设计时，地震作用产生的弯矩或剪力可按下列公式计算：

$$M a_o G_{eq}(H_0-h)/g \tag{1-13}$$

$$V=a_o G_{eq}/g \tag{1-14}$$

式中 M——地震作用产生的弯矩，kN·m；

G_{eq}——结构等效总重力荷载代表值，kN；

H_0——电气设施体系重心高度，m；

h——计算断面处距底部高度，m；

V——地震作用产生的剪力，kN·m；

a_o——设计基本地震加速度值按表 1-51 采用；

g——重力加速度。

表 1-51 设计基本地震加速度

烈度/度	7	8	9
设计基本地震加速度值 a_o/g	0.10	0.20	0.40

3）电气设施采用底部剪力法和振型分解反应谱法进行抗震设计时，应符合规范第三章（地震作用）的有关规定。

4）电气设备和电气装置部件采用动力设计法进行抗震设计时，可采用由 5 个正弦共振调幅 5 波组成的调幅波串进行时程动力分析（如图 1-27 所示）。

取一串调幅波进行计算分析时，作用在体系上地面运动最大水平加速度可按下列规定确定：

当 $t\geqslant 5T$ 时，$a=0$

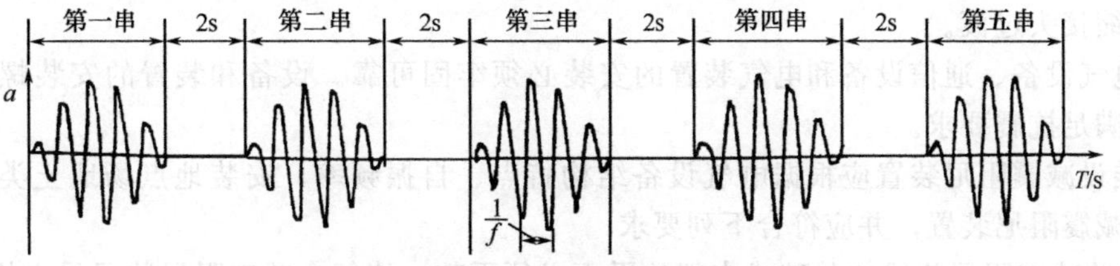

图 1-27 正弦共振调幅波串

当 $0 \leqslant t < 5T$ 时，各时程的 a 值可按下列公式确定：

$$a = a_s \sin\omega t \sin\frac{\omega t}{10} \tag{1-15}$$

$$a_s = 0.75a \tag{1-16}$$

式中 a——各时程的水平加速度，g；

t——时程，s；

T——体系自振周期，s；

a_s——时程分析地面运动最大水平加速度，g；

ω——体系自振圆频率，Hz。

5）当需进行竖向地震作用的时程分析时，地面运动最大竖向加速度 a_v 可取最大水平加速度 a_s 的 65%。

6）当仅对电气设备和电气装置本体进行抗震设计，按本节第（2）条计算弯矩和剪力以及按本节第（4）条计算各时程的水平加速度时，均应乘以支承结构动力反应放大系数，并应符合下列规定：

① 安装在室外、室内底层、地下洞内、地下变电所底层的电气设备和电气装置，其设备支架的动力放大系数取 1.0～1.2。

② 安装在室内二、三层楼板上的电气设备（装置），建筑物的动力反应放大系数取 2.0。

③ 变压器、电抗器的本体结构和基础的动力反应放大系数取 2.0。

7）电气设施抗震设计地震作用计算应包括体系的总重力，可不计算地震作用与短路电动力的组合。

1.8.3 电气设施布置

1）电气设施布置应根据设防烈度、场地条件和其他环境条件，并结合电气总布置及运行、检修条件，通过技术经济分析确定。

2）当为 9 度时，电气设施布置应符合下列原则要求

① 电压为 110kV 及以上的配电装置形式不宜采用高型、半高型和双层屋内配电装置。

② 电压为 110kV 及以上的管形母线配电装置的管形母线，宜采用悬挂式结构。

③ 主要设备之间以及主要设备与其他设备及设施间的距离宜适当加大。

3）当为 8 度或 9 度时，110kV 及以上电压等级的电容补偿装置的电容器平台宜采用悬挂式结构。

4）当为 8 度或 9 度时，限流电抗器不宜采用三相垂直布置。

1.8.4 电气设施安装设计的抗震要求

1）本节适用于 7 度及以上的电气设施的安装设计。

2）设备引线和设备间连线宜采用软导线，其长度应留有余量。当采用硬母线时，应有软

导线或伸缩接头过渡。

3）电气设备、通信设备和电气装置的安装必须牢固可靠。设备和装置的安装螺栓或焊接强度必须满足抗震要求。

4）装设减震阻尼装置应根据电气设备结构特点、自振频率、安装地点场地土类别，选择相适应的减震阻尼装置，并应符合下列要求

① 安装减震阻尼装置的基础或支架的平面必须平整，使每个减震阻尼装置受力均衡。

② 根据减震阻尼装置的水平刚度及转动刚度验算电气设备体系的稳定性。

5）变压器类安装设计应符合下列要求

① 变压器类宜取消滚轮及其轨道，并应固定在基础上。

② 变压器类本体上的油枕、潜油泵、冷却器及其连接管道等附件以及集中布置的冷却器与本体间连接管道，应符合抗震要求。

③ 变压器类的基础台面宜适当加宽。

6）旋转电机安装设计应符合下列要求

① 安装螺栓和预埋铁件的强度，应符合抗震要求。

② 在调相机、空气压缩机和柴油发电机组附近应设置补偿装置。

7）断路器、隔离开关的操作电源或气源的安装设计应符合抗震要求。

8）蓄电池、电力电容器的安装设计应符合下列要求

① 蓄电池安装应装设抗震架。

② 蓄电池间连线宜采用软导线或电缆连接，端电池宜采用电缆作为引出线。

③ 电容器应牢固地固定在支架上，电容器引线宜采用软导线。当采用硬母线时，应装设伸缩接头装置。

9）开关柜（屏）、控制保护屏、通信设备等，应采用螺栓或焊接的固定方式。当为 8 度或 9 度时，可将几个柜（屏）在重心位置以上连成整体。柜（屏）上的表计应组装牢固。

10）电缆、空气压缩机管道、接地线等，应采取防止地震时被切断的措施。

第2章 环境保护与节能

2.1 电气设备对环境的影响及防治措施

我国工程建设中电气设备对环境影响的主要内容包括以下几个方面：电磁污染、电压高次谐波、电流高次谐波、噪声污染、空气污染、水污染、无线电干扰、事故和检修对环境的污染以及腐蚀污染等。

电气设备可能产生的噪声污染、空气污染、水污染和腐蚀污染等方面的预防与防治要严格执行《中华人民共和国环境法》、《中华人民共和国噪声污染防治法》、《中华人民共和国大气污染防治法》、《中华人民共和国水污染防治法》、《中华人民共和国海洋环境保护法》和《中华人民共和国固定废物污染防治法》；高次谐波对环境的影响及防治措施详见 2.3 节：电能质量；本节着重讲述电磁污染对环境的影响及防治措施。

2.1.1 电磁污染对环境的影响及防治措施

(1) 电磁污染源

影响人类生活的电磁污染源可分为天然污染源与人为污染源两种。

天然的电磁污染是由大气中的某些自然现象引起的。最常见的是大气中由于电荷的积累而产生的雷电现象；也可以是来自太阳和宇宙的电磁场源，如太阳的黑子活动、新星爆发和宇宙射线等。这种电磁污染除对人体、财产等产生直接的破坏外，还会在广大范围内产生严重的电磁干扰，尤其是对短波通信的干扰最为严重。

人为污染源是指人工制造的各种系统、电气和电子设备产生的电磁辐射，可能对环境造成影响。人为源包括某些类型的放电、工频场源与射频场源。工频场源主要指大功率输电线路产生的电磁污染，如大功率电机、变压器、输电线路等产生的电磁场，它不是以电磁波形式向外辐射，而主要是对近场区产生电磁干扰。射频场源主要是指无线电、电视和各种射频设备在工作过程中所产生的电磁辐射和电磁感应，这些都造成了射频辐射污染。这种辐射源频率范围宽，影响区域大，对近场工作人员危害也较大，因此已成为电磁污染环境的主要因素。人为电磁污染源的分类见表 2-1。

(2) 电磁污染的传播途径

从污染源到受体，电磁污染主要通过两个途径进行传播。

① 空间辐射　各种电气装置和电子设备在工作过程中，不断地向其周围空间辐射电磁能量，每个装置或设备本身都相当于一个多向的发射天线。它们发射出来的电磁能，在距场源不同距离的范围内，是以不同的方式传播并作用于受体的。一种是在以场源为中心、半径为一个波长的范围内，传播的电磁能是以电磁感应的方式作用于受体；另一种是在以场源为中心、半径为一个波长的范围之外，电磁能是以空间放射方式传播并作用于受体。

② 线路传导　线路传导指借助电磁耦合由线路传导。当射频设备与其他设备共用同一电

表 2-1 人为电磁污染源的分类

分类		设备名称	污染来源与部件
放电所致场源	电晕放电	电力线（配送电线）	由于高电压、大电流而引起静电感应、电磁感应、大地泄漏电流所造成
	辉光放电	放电管	白光灯、高压水银灯及其他放电管
	弧光放电	开关、电气铁道、放电管	点火系统、发电机、整流装置等
	火花放电	电气设备、发动机、冷藏车、汽车等	发电机、整流器、放电管、点火系统等
工频交变电磁场源		大功率输电线、电气设备、电气铁道	高电压、大电流的电力线场电气设备
射频辐射场源		无线电发射机、雷达	广播、电视与通信设备的振荡与发射系统
		高频加热设备、热合机、微波干燥机等	工业用射频利用设备的工作电路与振荡系统
		理疗机、治疗机	医学用射频利用设备的工作电路与振荡系统
家用电器		微波炉、电脑、电磁灶、电热毯	功率源为主
移动通信设备		手机、对讲机	天线为主
建筑物反射		高层楼群以及大的金属构件	墙壁、钢筋、吊车

源时，或它们之间有电气连接关系，那么电磁能即可通过导线传播。此外，信号的输入、输出电路和控制电路等，也能在强磁场中拾取信号，并将所拾取的信号进行再传播。

通过空间辐射和线路传导均可使电磁波能量传播到受体，造成电磁辐射污染。有时通过空间传播与线路传导所造成的电磁污染同时存在，这种情况被称为复合传播污染。

(3) 电磁污染的危害

① 引燃引爆 如可使金属器件之间互相碰撞而打火，从而引起火药、可燃油类或气体燃烧或爆炸；

② 工业干扰 特别是信号干扰与破坏，这种干扰可直接影响电子设备、仪器仪表的正常工作，使信息失误，控制失灵，对通信联络造成意外；

③ 对人体健康带来危害 生物机体在射频电磁场的作用下，可吸收一定的辐射能量，并因此产生生物效应。这种效应主要表现为热效应。因为，在生物机体中一般均含有极性分子与非极性分子，在电磁场作用下，极性分子重新排列，非极性分子可被磁化。由于射频电磁场方向变化极快，使这种分子重新排列的方向与极化的方向变化速度也很快。变化方向的分子与其周围分子发生剧烈碰撞而产生大量的热能。当射频电磁场的辐射强度被控制在一定范围时，可对人体产生良好的作用，如用理疗机治病；但当它超过一定范围时，则会破坏人体的热平衡，产生危害，会出现乏力，记忆力减退为主的神经衰弱症候群和心悸、心前区疼痛、胸闷、易激动和女性月经紊乱等症状。

电磁辐射对人体危害的程度与电磁波波长有关。按对人体危害程度由大到小排列，依次为微波、超短波、短波、中波、长波，即波长愈短，危害愈大。微波对人体作用最强的原因，一方面是由于其频率高，使机体内分子振荡激烈，摩擦作用强，热效应大；另一方面是微波对机体的危害具有积累性，使伤害不易恢复。

(4) 电磁污染的防护

控制电磁污染也同控制其他类型的污染一样，必须采取综合防治的方法，才能取得较好效果。要合理设计使用各种电气、电子设备，减少设备的电磁漏场及电磁漏能；从根本上减少放射性污染物的排量，通过合理工业布局，使电磁污染源远离居民稠密区，以加强损害防护；应制定设备的辐射标准并进行严格控制；对已经进入到环境中的电磁辐射，要采取一定的技术防护手段，以减少对人及环境的危害。下面介绍常用的防护电磁场辐射的方法。

① 区域控制及绿化　对工业集中城市，特别是电子工业集中城市或电气、电子设备密集使用地区，可将电磁辐射源相对集中在某一区域，使其远离一般工作区或居民区，并对这样的区域设置安全隔离带，从而在较大的区域范围内控制电磁辐射的危害。

区域控制可分为四类。a. 自然干净区：在此区域内要求基本上不设置任何电磁设备；b. 轻度污染区：只允许某些小功率设备存在；c. 广播辐射区：指电台、电视台附近区域，因其辐射较强，一般应设在郊区；d. 工业干扰区：属于不严格控制辐射强度的区域，对此区域要设置安全隔离带并实施绿化。由于绿色植物对电磁辐射能具有较好的吸收作用，因此加强绿化是防治电磁污染的有效措施之一。依据上述区域的划分标准，合理进行城市、工业等的布局，可以减少电磁辐射对环境的污染。

② 屏蔽防护　使用某种能抑制电磁辐射扩散的材料，将电磁场源与其环境隔离开来，使辐射能被限制在某一范围内，达到防止电磁污染的目的，这种技术手段称为屏蔽防护。从防护技术角度来说，屏蔽防护是目前应用最多的一种手段。具体方法是在电磁场传递的路径中，安设用屏蔽材料制成的屏蔽装置。屏蔽防护主要是利用屏蔽材料对电磁能进行反射与吸收。传递到屏蔽上的电磁场，一部分被反射，且由于反射作用使进入屏蔽体内部的电磁能减少。进入屏蔽体内的电磁能又有一部分被吸收，因此透过屏蔽的电磁场强度会大幅度衰减，从而避免了对人体和环境造成危害。

a. 屏蔽的分类　根据场源与屏蔽体的相对位置，屏蔽方式分为以下两类：

一类是主动场屏蔽（有源场屏蔽），将电磁场的作用限定在某一范围内，使其不对此范围以外的生物机体或仪器设备产生影响的方法称为主动场屏蔽。具体做法是用屏蔽壳体将电磁污染源包围起来，并对壳体进行良好接地。主动场屏蔽的主要特点是场源与屏蔽体的间距较小，结构严密，可以屏蔽电磁辐射强度很大的辐射源。

另一类是被动场屏蔽（无源场屏蔽），将场源放置于屏蔽体之外，使场源对限定范围内的生物机体及仪器设备不产生影响，称为被动场屏蔽。具体做法是用屏蔽壳体将需保护的区域包围起来。被动场屏蔽的主要特点是屏蔽体与场源间距大，屏蔽体可以不接地。

b. 屏蔽材料与结构　屏蔽材料可用钢、铁、铝等金属，或用涂有导电涂料或金属镀层的绝缘材料。一般来说，电场屏蔽选用铜材为好，磁场屏蔽则选用铁材为佳。

屏蔽体的结构形式有板结构与网结构两种，可根据具体情况将屏蔽壳体做成六面封闭体或五面半封闭体，对于要求高者，还可作成双层屏蔽结构。为保证屏蔽效果，需保持整个屏蔽体的整体性，因此，对壳体上的孔洞、缝隙等要进行屏蔽处理，可采用焊接、弹簧片接触、蒙金属网等方法实现。

c. 屏蔽装置形式　根据不同的屏蔽对象与要求，应采用不同的屏蔽装置与形式。屏蔽罩适用于小型仪器或设备的屏蔽；屏蔽室适用于大型机组或控制室；屏蔽衣、屏蔽头盔、屏蔽眼罩，适用于个人的屏蔽防护。

③ 吸收防护　采用对某种辐射能量具有强烈吸收作用的材料，敷设于场源的外围，以防止污染范围的扩大。吸收防护是减少微波辐射危害的一项积极有效的措施，可在场源附近将辐

射能大幅度降低，多用于近场区的防护上。常用的吸收材料有以下两类：

a. 谐振型吸收材料，利用某些材料的谐振特性制成的吸收材料，特点是材料厚度小，只对频率范围很窄的微波辐射具有良好的吸收率。

b. 匹配型吸收材料，利用某些材料和自由空间的阻抗匹配，吸收微波辐射能。特点是适于吸收频率范围很宽的微波辐射。

实际应用的吸收材料种类很多，可在塑料、橡胶、胶木、陶瓷等材料中加入铁粉、石墨、木材和水等制成，如泡沫吸收材料、涂层吸收材料和塑料板吸收材料等。

④ 个人防护　个人防护的对象是个体的微波作业人员，当因工作需要操作人员必须进入微波辐射源的近场区作业时，或因某种原因不能对辐射源采取有效屏蔽、吸收等措施时，必须采取个人防护措施，以保护作业人员的人身安全。个人防护措施主要有穿防护服、戴防护头盔和防护眼镜等。这些个人防护装备同样也是应用了屏蔽、吸收等原理，用相应材料制成。

2.1.2　环境质量标准和排放标准

(1) 环境空气质量标准

标准环境空气功能区质量要求见表 2-2 和表 2-3。

表 2-2　环境空气污染物基本项目浓度限值

序号	污染物项目	平均时间	浓度限值		单位
			一级	二级	
1	二氧化硫 (SO_2)	年平均	20	60	$\mu g/m^3$
		24 小时平均	50	150	
		1 小时平均	150	500	
2	二氧化氮 (NO_2)	年平均	40	40	
		24 小时平均	80	80	
		1 小时平均	200	200	
3	一氧化碳 (CO)	24 小时平均	4	4	mg/m^3
		1 小时平均	10	10	
4	臭氧 (O_3)	日最大 8 小时平均	100	160	$\mu g/m^3$
		1 小时平均	160	200	
5	颗粒物(粒径小于等于 10μm)	年平均	40	70	
		24 小时平均	50	150	
6	颗粒物(粒径小于等于 2.5μm)	年平均	15	35	
		24 小时平均	35	75	

表 2-3　环境空气污染物其他项目浓度限值

序号	污染物项目	平均时间	浓度限值		单位
			一级	二级	
1	总悬浮颗粒物(TSP)	年平均	80	200	$\mu g/m^3$
		24 小时平均	120	300	
2	氮氧化物(NO_x)	年平均	50	50	
		24 小时平均	100	100	
		1 小时平均	250	250	
3	铅(Pb)	年平均	0.5	0.5	
		季平均	1	1	
4	苯并[a]芘(BaP)	年平均	0.001	0.001	
		24 小时平均	0.0025	0.0025	

注：1. 表 2-2 和表 2-3 摘自 GB 3095—2012《环境空气质量标准》；
2. 环境空气功能区分为二类：一类区为自然保护区、风景名胜区和其他需要特殊保护的区域；二类区为居住区、商业交通居民混合区、文化区、工业区和农村地区。一类区适用一级浓度限值，二类区适用二级浓度限值。

(2) 水质量标准

① 地面水环境质量标准（见表 2-4）

表 2-4　地表水环境质量标准基本项目标准限值　单位：mg/L

序号	项　目		分类及其标准值				
			Ⅰ类	Ⅱ类	Ⅲ类	Ⅳ类	Ⅴ类
1	水温		人为造成的环境水温变化应限制在：周平均最大温升≤1℃ 周平均最大温降≤2℃				
2	pH 值(无量纲)		6～9				
3	溶解氧	≥	饱和率 90%(或 7.5)	6	5	3	2
4	高锰酸盐指数	≤	2	4	6	10	15
5	化学需氧量(COD)	≤	15	15	20	30	40
6	五日生化需氧量(BOD_5)	≤	3	3	4	6	10
7	氨氮(NH_3-N)	≤	0.15	0.5	1.0	1.5	2.0
8	总磷(以 P 计)	≤	0.02(湖、库 0.01)	0.1(湖、库 0.025)	0.2(湖、库 0.05)	0.3(湖、库 0.1)	0.4(湖、库 0.2)
9	总氮(湖、库、以 N 计)	≤	0.2	0.5	1.0	1.5	2.0
10	铜	≤	0.01	1.0	1.0	1.0	1.0
11	锌	≤	0.05	1.0	1.0	2.0	2.0
12	氟化物(以 F^- 计)	≤	1.0	1.0	1.0	1.5	1.5
13	硒	≤	0.01	0.01	0.01	0.02	0.02
14	砷	≤	0.05	0.05	0.05	0.1	0.1

续表

序号	项　目		分类及其标准值				
			Ⅰ类	Ⅱ类	Ⅲ类	Ⅳ类	Ⅴ类
15	汞	≤	0.00005	0.00005	0.0001	0.001	0.001
16	镉	≤	0.001	0.005	0.005	0.005	0.01
17	铬(六价)	≤	0.01	0.05	0.05	0.05	0.1
18	铅	≤	0.01	0.01	0.05	0.05	0.1
19	氰化物	≤	0.005	0.05	0.2	0.2	0.2
20	挥发酚	≤	0.002	0.002	0.005	0.01	0.1
21	石油类	≤	0.05	0.05	0.05	0.5	1.0
22	阴离子表面活性剂	≤	0.2	0.2	0.2	0.3	0.3
23	硫化物	≤	0.05	0.1	0.2	0.5	1.0
24	粪大肠菌群/(个/L)	≤	200	2000	10000	20000	40000

注：1. 本表摘自 GB 3838—2002《地表水环境质量标准》；

2. 依据地表水水域环境功能和保护目标，按功能高低依次划分为五类：Ⅰ类——主要适用于源头水、国家自然保护区；Ⅱ类——主要适用于集中式生活饮用水地表水源地一级保护区、珍稀水生生物栖息地、鱼虾类产卵场、仔稚幼鱼的索饵汤等；Ⅲ类——主要适用于集中式生活饮用水地表水源地二级保护区、鱼虾类越冬场、洄游通道、水产养殖区等渔业水域及游泳区；Ⅳ类——主要适用于一般工业用水区及人体非直接接触的娱乐用水区；Ⅴ类——主要适用于农业用水区及一般景观要求水域。

② 地下水质量标准（见表 2-5）

表 2-5　地下水环境质量标准

序号	项　目	分类及其标准值				
		Ⅰ类	Ⅱ类	Ⅲ类	Ⅳ类	Ⅴ类
1	色（度）	≤5	≤5	≤15	≤25	>25
2	嗅和味	无	无	无	无	有
3	浑浊度（度）	≤3	≤3	≤3	≤10	>10
4	肉眼可见物	无	无	无	无	有
5	pH	6.5～8.5			5.5～6.5，8.5～9	<5.5，>9
6	总硬度(以 $CaCO_3$ 计)/(mg/L)	≤150	≤300	≤450	≤550	>550
7	溶解性总固体/(mg/L)	≤300	≤500	≤1000	≤2000	>2000
8	硫酸盐/(mg/L)	≤50	≤150	≤250	≤350	>350
9	氯化物/(mg/L)	≤50	≤150	≤250	≤350	>350
10	铁(Fe)/(mg/L)	≤0.1	≤0.2	≤0.3	≤1.5	>1.5
11	锰(Mn)/(mg/L)	≤0.05	≤0.05	≤0.1	≤1.0	>1.0
12	铜(Cu)/(mg/L)	≤0.01	≤0.05	≤1.0	≤1.5	>1.5
13	锌(Zn)/(mg/L)	≤0.05	≤0.5	≤1.0	≤5.0	>5.0

续表

序号	项　目	分类及其标准值				
		Ⅰ类	Ⅱ类	Ⅲ类	Ⅳ类	Ⅴ类
14	钼(Mo)/(mg/L)	≤0.001	≤0.01	≤0.1	≤0.5	>0.5
15	钴(Co)/(mg/L)	≤0.005	≤0.05	≤0.05	≤1.0	>1.0
16	挥发性酚类(以苯酚)/(mg/L)	≤0.001	≤0.001	≤0.002	≤0.01	0.01
17	阴离子合成洗涤剂/(mg/L)	不得检出	≤0.1	≤0.3	≤0.3	>0.3
18	高锰酸盐指数/(mg/L)	≤1.0	≤2.0	≤3.0	≤10	>10
19	硝酸盐(以N计)/(mg/L)	≤2.0	≤5.0	≤20	≤30	>30
20	亚硝酸盐(以N计)/(mg/L)	≤0.001	≤0.01	≤0.02	≤0.1	0.1
21	氨氮(NH_4)/(mg/L)	≤0.02	≤0.02	≤0.2	≤0.5	>0.5
22	氟化物/(mg/L)	≤1.0	≤1.0	≤1.0	≤2.0	>2.0
23	碘化物/(mg/L)	≤0.1	≤0.1	≤0.2	≤1.0	>1.0
24	氰化物/(mg/L)	≤0.001	≤0.01	≤0.05	≤0.1	>0.1
25	汞(Hg)/(mg/L)	≤0.00005	≤0.0005	≤0.001	≤0.001	>0.001
26	砷(As)/(mg/L)	≤0.005	≤0.01	≤0.05	≤0.05	>0.05
27	硒(Se)/(mg/L)	≤0.01	≤0.01	≤0.01	≤0.1	>0.1
28	镉(Cd)/(mg/L)	≤0.0001	≤0.001	≤0.01	≤0.01	>0.01
29	铬(六价)(Cr^{6+})/(mg/L)	≤0.005	≤0.01	≤0.05	≤0.1	>0.1
30	铅(Pb)/(mg/L)	≤0.005	≤0.01	≤0.05	≤0.1	>0.1
31	铍(Be)/(mg/L)	≤0.00002	≤0.0001	≤0.0002	≤0.001	>0.001
32	钡(Ba)/(mg/L)	≤0.01	≤0.1	≤1.0	≤4.0	>4.0
33	镍(Ni)/(mg/L)	≤0.005	≤0.05	≤0.05	≤0.1	>0.1
34	滴滴涕/(μg/L)	不得检出	≤0.005	≤1.0	≤1.0	>1.0
35	六六六/(μg/L)	≤0.005	≤0.05	≤5.0	≤5.0	>5.0
36	总大肠菌群/(个/L)	≤3.0	≤3.0	≤3.0	≤100	>100
37	细菌总数/(个/mL)	≤100	≤100	≤100	≤1000	>1000
38	总α放射性/(Bq/L)	≤0.1	≤0.1	≤0.1	>0.1	>0.1
39	总β放射性/(Bq/L)	≤0.1	≤1.0	≤1.0	>1.0	>1.0

注：1. 本表摘自GB 14848—1993《地表水环境质量标准》；

2. 依据我国地下水水质现状、人体健康基准值及地下水质量保护目标，并参照了生活饮用水、工业、农业用水水质最低要求，将地下水质量划分为五类。Ⅰ类主要反映地下水化学组分的天然低背景含量，适用于各种用途；Ⅱ类主要反映地下水化学组分的天然背景含量，适用于各种用途；Ⅲ类以人体健康基准值为依据，主要适用于集中式生活饮用水水源及工、农业用水；Ⅳ类以农业和工业用水要求为依据，除适用于农业和部分工业用水外，适当处理后可作生活饮用水；Ⅴ类不宜饮用，其他用水可根据使用目的选用。

③ 海水质量标准（见表 2-6）

表 2-6 海水水质标准 单位：mg/L

序号	项目	第一类	第二类	第三类	第四类
1	漂浮物质	海面不得出现油膜、浮沫和其他漂浮物质			海面无明显油膜、浮沫和其他漂浮物质
2	色、臭、味	海水不得有异色、异臭、异味			海水不得有令人厌恶和感到不快的色、臭、味
3	悬浮物质	人为增加的量≤10		人为增加的量≤100	人为增加的量≤150
4	大肠菌群≤/(个/L)	10000 供人生食的贝类增养殖水质≤700			—
5	粪大肠菌群≤/(个/L)	2000 供人生食的贝类增养殖水质≤140			—
6	病原体	供人生食的贝类养殖水质不得含有病原体			
7	水温/℃	人为造成的海水温升夏季不超过当时当地 1℃，其他季节不超过 2℃		人为造成的海水温升不超过当时当地 4℃	
8	pH	7.8～8.5，同时不超出该海域正常变动范围的 0.2pH 单位		6.8～8.8 同时不超出该海域正常变动范围的 0.5pH 单位	
9	溶解氧＞	6	5	4	3
10	化学需氧量≤(COD)	2	3	4	5
11	生化需氧量≤(BOD_5)	1	3	4	5
12	无机氮≤(以 N 计)	0.20	0.30	0.40	0.50
13	非离子氨≤(以 N 计)	0.020			
14	活性磷酸盐≤(以 P 计)	0.015	0.030		0.045
15	汞≤	0.00005	0.0002		0.0005
16	镉≤	0.001	0.005	0.010	
17	铅≤	0.001	0.005	0.010	0.050
18	六价铬≤	0.005	0.010	0.020	0.050
19	总铬≤	0.05	0.10	0.20	0.50
20	砷≤	0.020	0.030	0.050	
21	铜≤	0.005	0.010	0.050	
22	锌≤	0.020	0.050	0.10	0.50
23	硒≤	0.010	0.020		0.050
24	镍≤	0.005	0.010	0.020	0.050
25	氰化物≤	0.005		0.10	0.20
26	硫化物≤(以 S 计)	0.02	0.05	0.10	0.25

续表

序号	项目	第一类	第二类	第三类	第四类
27	挥发性酚≤	0.005		0.010	0.050
28	石油类≤	0.05		0.30	0.50
29	六六六≤	0.001	0.002	0.003	0.005
30	滴滴涕≤	0.00005	0.0001		
31	马拉硫磷≤	0.0005	0.001		
32	甲基对硫磷≤	0.0005	0.001		
33	苯并(a)芘≤ (μg/L)	0.0025			
34	阴离子表面活性剂(以LAS计)	0.03	0.10		
35	放射性核素(Bq/L) ^{60}Co	0.03			
	^{90}Sr	4			
	^{106}Rn	0.2			
	^{134}Cs	0.6			
	^{137}Cs	0.7			

注：1. 本表摘自 GB 3097—1997《海水质量标准》；
2. 按照海域的不同使用功能和保护目标，海水水质分为四类：第一类适用于海洋渔业水域，海上自然保护区和珍稀濒危海洋生物保护区；第二类适用于水产养殖区，海水浴场，人体直接接触海水的海上运动或娱乐区，以及与人类食用直接有关的工业用水区；第三类适用于一般工业用水区，滨海风景旅游区；第四类适用于海洋港口水域，海洋开发作业区。

④ 污水综合排放标准（见表 2-7～表 2-9）

表 2-7 第一类污染物最高允许排放浓度 单位：mg/L

序号	污染物	最高允许排放浓度	序号	污染物	最高允许排放浓度
1	总汞	0.05	8	总镍	1.0
2	烷基汞	不得检出	9	苯并(a)芘	0.00003
3	总镉	0.1	10	总铍	0.005
4	总铬	1.5	11	总银	0.5
5	六价铬	0.5	12	总α放射性	1Bq/L
6	总砷	0.5	13	总β放射性	10Bq/L
7	总铅	1.0			

注：1. 本表摘自 GB 8978—1996《污水综合排放标准》；
2. 第一类污染物，不分行业和污水排放方式，也不分受纳水体的功能类别，一律在车间或车间处理设施排放口采样，其最高允许排放浓度必须达到本标准要求（采矿行业的尾矿坝出水口不得视为车间排放口）。

表 2-8 第二类污染物最高允许排放浓度（1997 年 12 月 31 日之前建设的单位）

单位：mg/L

序号	污染物	适用范围	一级标准	二级标准	三级标准
1	pH	一切排污单位	6～9	6～9	6～9
2	色度(稀释倍数)	染料工业	50	180	—
		其他排污单位	50	80	—

续表

序号	污染物	适用范围	一级标准	二级标准	三级标准
3	悬浮物(SS)	采矿、选矿、选煤工业	100	300	—
		脉金选矿	100	500	—
		边远地区砂金选矿	100	800	—
		城镇二级污水处理厂	20	30	—
		其他排污单位	70	200	400
4	五日生化需氧量(BOD_5)	甘蔗制糖、苎麻脱胶、湿法纤维板工业	30	100	600
		甜菜制糖、酒精、味精、皮革、化纤浆粕工业	30	150	600
		城镇二级污水处理厂	20	30	—
		其他排污单位	30	60	300
5	化学需氧量(COD)	甜菜制糖、焦化、合成脂肪酸、湿法纤维板、染料、洗毛、有机磷农药工业	100	200	1000
		味精、酒精、医药原料药、生物制药、苎麻脱胶、皮革、化纤浆粕工业	100	300	1000
		石油化工工业(包括石油炼制)	100	150	500
		城镇二级污水处理厂	60	120	—
		其他排污单位	100	150	500
6	石油类	一切排污单位	10	10	30
7	动植物油	一切排污单位	20	20	100
8	挥发酚	一切排污单位	0.5	0.5	2.0
9	总氰化合物	电影洗片(铁氰化合物)	0.5	5.0	5.0
		其他排污单位	0.5	0.5	1.0
10	硫化物	一切排污单位	1.0	1.0	2.0
11	氨氮	医药原料药、染料、石油化工工业	15	50	—
		其他排污单位	15	25	—
12	氟化物	黄磷工业	10	20	20
		低氟地区(水体含氟量<0.5mg/L)	10	20	30
		其他排污单位	10	10	20
13	磷酸盐(以P计)	一切排污单位	0.5	1.0	—
14	甲醛	一切排污单位	1.0	2.0	5.0
15	苯胺类	一切排污单位	1.0	2.0	5.0
16	硝基苯类	一切排污单位	2.0	3.0	5.0
17	阴离子表面活性剂(LAS)	合成洗涤剂工业	5.0	15	20
		其他排污单位	5.0	10	20
18	总铜	一切排污单位	0.5	1.0	2.0

续表

序号	污染物	适用范围	一级标准	二级标准	三级标准
19	总锌	一切排污单位	2.0	5.0	5.0
20	总锰	合成脂肪酸工业	2.0	5.0	5.0
		其他排污单位	2.0	2.0	5.0
21	彩色显影剂	电影洗片	2.0	3.0	5.0
22	显影剂及氧化物总量	电影洗片	3.0	6.0	6.0
23	元素磷	一切排污单位	0.1	0.3	0.3
24	有机磷农药（以P计）	一切排污单位	不得检出	0.5	0.5
25	粪大肠菌群数	医院*、兽医院及医疗机构含病原体污水	500个/L	1000个/L	5000个/L
		传染病、结核病医院污水	100个/L	500个/L	1000个/L
26	总余氯（采用氯化消毒的医院污水）	医院*、兽医院及医疗机构含病原体污水	＜0.5**	＞3（接触时间≥1h）	＞2（接触时间≥1h）
		传染病、结核病医院污水	＜0.5**	＞6.5（接触时间≥1.5h）	＞5（接触时间≥1.5h）

注：1. 本表摘自GB 8978—1996《污水综合排放标准》；
2. * 指50个床位以上的医院；** 加氯消毒后须进行脱氯处理，达到本标准；
3. 第二类污染物，在排污单位排放口采样，其最高允许排放浓度必须达到本标准要求；
4. 标准分级：
a. 排入GB 3838Ⅲ类水域（划定的保护区和游泳区除外）和排入GB 3097中二类海域的污水，执行一级标准；
b. 排入GB 3838中Ⅳ、Ⅴ类水域和排入GB 3097中三类海域的污水，执行二级标准；
c. 排入设置二级污水处理厂的城镇排水系统的污水，执行三级标准；
d. 排入未设置二级污水处理厂的城镇排水系统的污水，必须根据排水系统出水受纳水域的功能要求，分别执行a、b的规定；
e. GB 3838中Ⅰ、Ⅱ类水域和Ⅲ类水域中划定的保护区，GB 3097中一类海域，禁止新建排污口，现有排污口应按水体功能要求，实行污染物总量控制，以保证受纳水体水质符合规定用途的水质标准。

表2-9　第二类污染物最高允许排放浓度（1998年1月1日之前建设的单位）

单位：mg/L

序号	污染物	适用范围	一级标准	二级标准	三级标准
1	pH	一切排污单位	6～9	6～9	6～9
2	色度（稀释倍数）	一切排污单位	50	80	—
3	悬浮物(SS)	采矿、选矿、选煤工业	70	300	—
		脉金选矿	70	400	—
		边远地区砂金选矿	70	800	—
		城镇二级污水处理厂	20	30	—
		其他排污单位	70	150	400

续表

序号	污染物	适用范围	一级标准	二级标准	三级标准
4	五日生化需氧量(BOD_5)	甘蔗制糖、苎麻脱胶、湿法纤维板、染料、洗毛工业	20	60	600
		甜菜制糖、酒精、味精、皮革、化纤浆粕工业	20	100	600
		城镇二级污水处理厂	20	30	—
		其他排污单位	20	30	300
5	化学需氧量(COD)	甜菜制糖、焦化、合成脂肪酸、湿法纤维板、染料、洗毛、有机磷农药工业	100	200	1000
		味精、酒精、医药原料药、生物制药、苎麻脱胶、皮革、化纤浆粕工业	100	300	1000
		石油化工工业(包括石油炼制)	60	120	500
		城镇二级污水处理厂	60	120	—
		其他排污单位	100	150	500
6	石油类	一切排污单位	5	10	20
7	动植物油	一切排污单位	10	15	100
8	挥发酚	一切排污单位	0.5	0.5	2.0
9	总氰化合物	一切排污单位	0.5	0.5	1.0
10	硫化物	一切排污单位	1.0	1.0	1.0
11	氨氮	医药原料药、染料、石油化工工业	15	50	—
		其他排污单位	15	25	—
12	氟化物	黄磷工业	10	15	20
		低氟地区(水体含氟量＜0.5mg/L)	10	20	30
		其他排污单位	10	10	20
13	磷酸盐(以P计)	一切排污单位	0.5	1.0	—
14	甲醛	一切排污单位	1.0	2.0	5.0
15	苯胺类	一切排污单位	1.0	2.0	5.0
16	硝基苯类	一切排污单位	2.0	3.0	5.0
17	阴离子表面活性剂(LAS)	一切排污单位	5.0	10	20
18	总铜	一切排污单位	0.5	1.0	2.0
19	总锌	一切排污单位	2.0	5.0	5.0
20	总锰	合成脂肪酸工业	2.0	5.0	5.0
		其他排污单位	2.0	2.0	5.0
21	彩色显影剂	电影洗片	1.0	2.0	3.0
22	显影剂及氧化物总量	电影洗片	3.0	3.0	6.0

续表

序号	污染物	适用范围	一级标准	二级标准	三级标准
23	元素磷	一切排污单位	0.1	0.3	0.3
24	有机磷农药（以P计）	一切排污单位	不得检出	0.5	0.5
25	乐果	一切排污单位	不得检出	1.0	2.0
26	对硫磷	一切排污单位	不得检出	1.0	2.0
27	甲基对硫磷	一切排污单位	不得检出	1.0	2.0
28	马拉硫磷	一切排污单位	不得检出	1.0	2.0
29	五氯酚及五氯酚钠(以五氯酚计)	一切排污单位	5.0	8.0	10
30	可吸附有机卤化物(AOX)(以Cl计)	一切排污单位	1.0	5.0	8.0
31	三氯甲烷	一切排污单位	0.3	0.6	1.0
32	四氯化碳	一切排污单位	0.03	0.06	0.5
33	三氯乙烯	一切排污单位	0.3	0.6	1.0
34	四氯乙烯	一切排污单位	0.1	0.2	0.5
35	苯	一切排污单位	0.1	0.2	0.5
36	甲苯	一切排污单位	0.1	0.2	0.5
37	乙苯	一切排污单位	0.4	0.6	1.0
38	邻-二甲苯	一切排污单位	0.4	0.6	1.0
39	对-二甲苯	一切排污单位	0.4	0.6	1.0
40	间-二甲苯	一切排污单位	0.4	0.6	1.0
41	氯苯	一切排污单位	0.2	0.4	1.0
42	邻-二氯苯	一切排污单位	0.4	0.6	1.0
43	对-二氯苯	一切排污单位	0.4	0.6	1.0
44	对-硝基氯苯	一切排污单位	0.5	1.0	5.0
45	2,4-二硝基氯苯	一切排污单位	0.5	1.0	5.0
46	苯酚	一切排污单位	0.3	0.4	1.0
47	间-甲酚	一切排污单位	0.1	0.2	0.5
48	2,4-二氯酚	一切排污单位	0.6	0.8	1.0
49	2,4,6-三氯酚	一切排污单位	0.6	0.8	1.0
50	邻苯二甲酸二丁酯	一切排污单位	0.2	0.4	2.0
51	邻甲苯二丁酸二辛酯	一切排污单位	0.3	0.6	2.0
52	丙烯腈	一切排污单位	2.0	5.0	5.0

续表

序号	污染物	适用范围	一级标准	二级标准	三级标准
53	总硒	一切排污单位	0.1	0.2	0.5
54	粪大肠菌群数	医院*、兽医院及医疗机构含病原体污水	500个/L	1000个/L	5000个/L
		传染病、结核病医院污水	100个/L	500个/L	1000个/L
55	总余氯（采用氯化消毒的医院污水）	医院*、兽医院及医疗机构含病原体污水	<0.5**	>3（接触时间≥1h）	>2（接触时间≥1h）
		传染病、结核病医院污水	<0.5**	>6.5（接触时间≥1.5h	>5（接触时间≥1.5h）
56	总有机碳（TOC）	合成脂肪酸工业	20	40	—
		苎麻脱胶工业	20	60	—
		其他污染企业	20	30	—

注：1. 本表摘自 GB 8978—1996《污水综合排放标准》；

2. * 指 50 个床位以上的医院；** 加氯消毒后须进行脱氯处理，达到本标准。

（3）噪声标准

① 城市各类区域环境噪声标准（见表 2-10）

表 2-10　各类声环境功能区使用的环境噪声等效声级限值　　单位：dB（A）

声环境功能区类别＼时段		昼间	夜间
0		50	40
1		55	45
2		60	50
3		65	55
4类	4a类	70	55
	4b类	70	60

注：1. 本表摘自 GB 3096—2008《声量标准》；

2. 声环境功能区分类　按区域的使用功能特点和环境质量要求，声环境功能区分为以下五种类型：

0 类声环境功能区：指康复疗养区等特别需要安静的区域。

1 类声环境功能区：指以居民住宅、医疗卫生、文化教育、科研设计、行政办公为主要功能，需要保持安静的区域。

2 类声环境功能区：指以商业金融、集市贸易为主要功能，或者居住、商业、工业混杂，需要维护住宅安静的区域。

3 类声环境功能区：指以工业生产、仓储物流为主要功能，需要防止工业噪声对周围环境产生严重影响的区域。

4 类声环境功能区：指交通干线两侧一定距离之内，需要防止交通噪声对周围环境产生严重影响的区域，包括 4a 类和 4b 类两种类型。4a 类为高速公路、一级公路、二级公路、城市快速路、城市主干路、城市次干路、城市轨道交通（地面段）、内河航道两侧区域；4b 类为铁路干线两侧区域。

② 厂界环境噪声排放限值（见表 2-11）

表 2-11 工业企业厂界环境噪声排放限值 单位：dB（A）

厂界外声环境功能类别＼时段	昼间	夜间
0	50	40
1	55	45
2	60	50
3	65	55
4	70	55

注：1. 本表摘自 GB 12348—2008《工业企业厂界环境噪声排放标准》；
2. 夜间频发噪声的最大声级超过限值的幅度不得高于 10dB（A）；
3. 夜间偶发噪声的最大声级超过限值的幅度不得高于 15dB（A）；
4. 当厂界与噪声敏感建筑物距离小于 1m 时，厂界环境噪声应在噪声敏感建筑物的室内测量，并将此表中相应的限值减 10dB（A）作为评价依据。

2.1.3 工程项目环境影响评价

（1）环境影响评价的基本概念

环境影响评价是指对拟议中的建设项目、区域开发计划和国家政策实施后可能对环境产生的影响（后果）进行的系统性识别、预测和评估，并提出减少这些影响的对策措施。其根本目的是鼓励在规划和决策中考虑环境因素，最终达到更具环境相容性的人类活动。环境影响评价可明确开发建设者的环境责任及规定应采取的行动，可为建设项目的工程设计提出环保要求和建议，可为环境管理者提供对建设项目实施有效管理的科学依据。

建设项目环评编制依据的有关法律：

① 中华人民共和国主席令［1989］第 22 号《中华人民共和国环境保护法》。
② 中华人民共和国主席令［2002］第 77 号《中华人民共和国环境影响评价法》。
③ 中华人民共和国主席令［2000］第 32 号《中华人民共和国大气污染防治法》。
④ 中华人民共和国主席令［2008］第 87 号《中华人民共和国水污染防治法》。
⑤ 中华人民共和国主席令［1999］第 26 号《中华人民共和国海洋环境保护法》。
⑥ 中华人民共和国主席令［1996］第 77 号《中华人民共和国环境噪声污染防治法》。
⑦ 中华人民共和国主席令［2004］第 31 号《中华人民共和国固体废物污染环境防治法》。
⑧ 中华人民共和国主席令［2002］第 72 号《中华人民共和国清洁生产促进法》。
⑨ 中华人民共和国国务院令［1998］第 253 号《建设项目环境保护管理条例》。
⑩ 国家环保总局［2005］第 26 号令《建设项目环境影响评价资质管理办法》。

建设项目环评编制依据的有关技术规范与技术文件

① 国家环保总局《环境影响评价技术导则 总纲》（HJ 2.1—2011）。
② 国家环保总局《环境影响评价技术导则 大气环境》（HJ 2.2—2008）。
③ 国家环保总局《环境影响评价技术导则 地面水环境》（HJ/T 2.3—1993）。
④ 国家环保总局《环境影响评价技术导则 声环境》（HJ 2.4—2009）。
⑤ 国家环保总局《环境影响评价技术导则 非污染生态影响》HJ/T 19—1997）。

① 环境影响评价的分类 环境影响评价可分为环境质量评价（主要是环境现状质量评价）、环境影响预测与评价以及环境影响后评估三类。

环境质量评价是指根据国家和地方制定的环境质量标准，用调查、监测和分析方法，对区域环境质量进行定量判断，并说明其与人体健康、生态系统的相关关系。

环境质量评价根据不同时间域，可分为环境质量回顾评价、环境质量现状评价和环境质量预测评价。在空间域上，可分为局地环境质量评价、区域环境质量评价和全球环境质量评价等。建设项目环境质量评价主要为环境质量现状评价。

环境影响后评估是指开发建设活动实施后，对环境的实际影响程度进行系统调查和评估，检查对减少环境影响的落实程度和实施效果，验证环境影响评价结论的正确可靠性，判断提出的环保措施的有效性，对一些评价时尚未认识到的影响进行分析研究，以达到改进环境影响评价技术方法和管理水平，并采取补救措施，达到消除不利影响的作用。

② 理想环境影响评价的条件　理想的环境影响评价应满足下列条件：

a. 基本上适用于所有可能对环境造成显著影响的项目，并能够对所有可能的显著影响作出识别和评估；b. 对各种替代方案（包括项目不建设或地区不开发的情况）、管理技术、减缓措施进行比较；c. 生成清楚的环境影响报告书（EIS），以使专家和非专家都能了解可能的影响的特征及其重要性；d. 包括广泛的公众参与和严格的行政审查程序；e. 及时、清晰的结论，以便为决策提供信息。

③ 环境影响评价的基本功能　环境影响评价的基本功能包括以下 4 点：

a. 判断功能：以人的需求为尺度，对已有的客体作出价值判断。通过这一判断，可了解客体的当前状态，并揭示客体与主体间的满足关系是否存在以及在多大程度上存在。

b. 预测功能：以人的需求为尺度，对将形成的客体作出价值判断。即在思维中构建未来的客体，并对这一客体与人的需要的关系作出判断，从而预测未来客体的价值。人类通过这种预测而确定自己的实践目标，哪些是应当争取的，哪些是应当避免的。

c. 选择功能：将同样都具有价值的课题进行比较，从而确定其中哪一个更具有价值，更值得争取，这是对价值序列（价值程度）的判断。

d. 导向功能：人类活动的理想是目的性与规律性的统一，其中目的的确立要以评价所判定的价值为基础和前提，而对价值的判断是通过对价值的认识、预测和选择这些评价形式才得以实现的。所以说人类活动的目的的确立应基于评价，只有通过评价，才能确立合理的合乎规律的目的，才能对实践活动进行导向和调控。

环境影响评价可以保证建设项目选址和布局的合理性、指导环境保护措施的设计，强化环境管理、为区域的社会经济发展提供导向、促进相关环境科学技术的发展。

(2) 环境影响评价的工作程序和主要内容

建设项目的环境影响评价工作，应由取得相应资格证书的单位承担。环境影响评价的工作程序分为三个阶段。

第一阶段为准备阶段，主要工作为研究有关文件，进行初步的工程分析和环境现状调查，筛选重点评价项目，确定各单项环境影响评价的工作等级，编制评价大纲；

第二阶段为正式工作阶段，其主要工作为详细的工程分析和环境现状调查，并进行环境影响预测和评价环境影响；

第三阶段为环境影响评价报告书编制阶段，其主要工作为汇总，分析第二阶段工作所得各种资料、数据，给出结论，完成环境影响报告书的编制。

环境影响评价程序表如图 2-1 所示。

① 工作等级的确定　建设项目各环境要素专项评价原则上应划分工作等级，一般可划分为三级。一级评价对环境影响进行全面、详细、深入评价，二级评价对环境影响进行较为详细、深入评价，三级评价可只进行环境影响分析。建设项目其他专题评价可根据评价工作需要

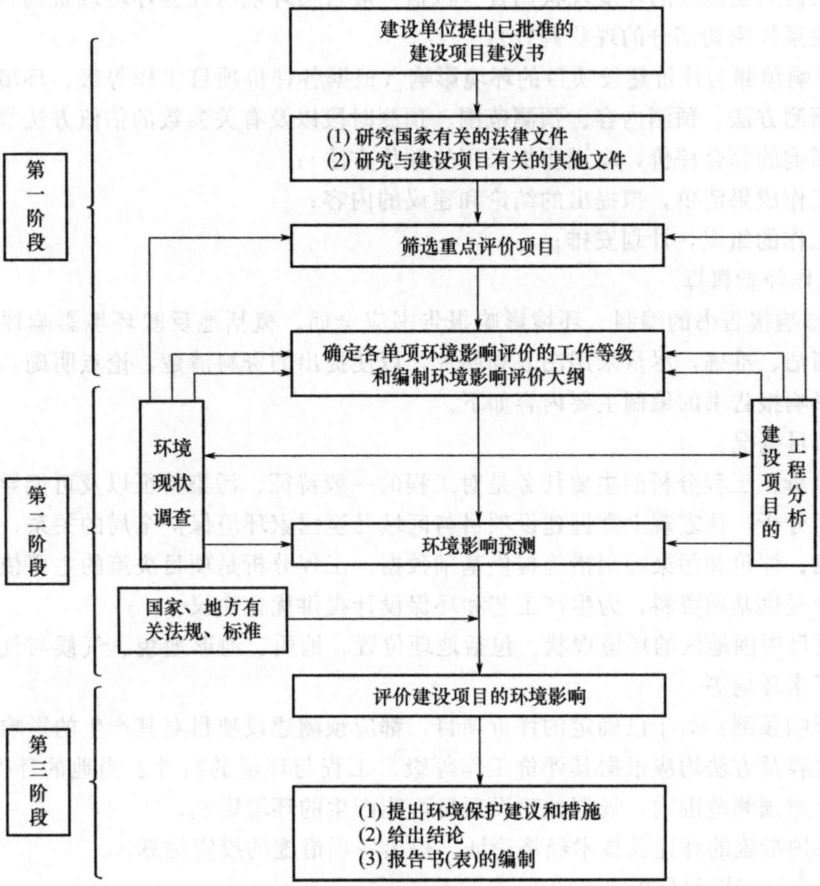

图 2-1 环境影响评价程序表

划分评价等级。具体的评价工作等级内容要求或工作深度参阅专项环境影响评价技术导则、行业建设项目环境影响评价技术导则的相关规定。

工作等级的划分依据如下：

a. 建设项目的工程特点（工程性质、工程规模、能源及资源的使用量及类型、源项等）。

b. 项目的所在地区的环境特征（自然环境特点、环境敏感程度、环境质量现状及社会经济状况等）。

c. 建设项目的建设规模。

d. 国家或地方政府所颁布的有关法规（包括环境质量标准和污染物排放标准）。对于某一具体建设项目，在划分各评价项目的工作等级时，根据建设项目对环境的影响、所在地区的环境特征或当地对环境的特殊要求情况可作适当调整。

② 评价大纲编写

a. 总则（包括评价任务的由来、编制依据、控制污染与保护环境的目标、采用的评价标准、评价项目及其工作等级和重点等）；

b. 建设项目概况（如为扩建项目应同时介绍现有工程概况）；

c. 拟建地区的环境简况（附位置图）；

d. 建设项目工程分析的内容与方法（根据当地环境特点、评价项目的环境影响评价工作与重点等因素，说明工程分析的内容、方法和重点）；

e. 建设项目周围地区的环境现状调查（包括一般自然环境与社会环境现状调查以及环境中与评价项目关系较密切部分的现状调查）；

f. 环境影响预测与评价建设项目的环境影响（根据各评价项目工作等级、环境特点，尽量详细地说明预测方法、预测内容、预测范围、预测时段以及有关参数的估值方法等，如进行建设项目环境影响的综合评价，应说明拟采用的评价方法）；

g. 评价工作成果清单，拟提出的结论和建议的内容；

h. 评价工作的组织，计划安排；

i. 评价工作经费概算。

③ 环境影响报告书的编制　环境影响报告书应全面、概括地反映环境影响评价的全部工作，文字应简洁、准确，尽量采用图表和照片，以使提出的资料清楚，论点明确，利于阅读和审查。环境影响报告书的编制主要内容如下。

a. 建设项目概况。

b. 工程分析：工程分析的主要任务是对工程的一般特征、污染特征以及可能导致生态破坏的因素做全面分析。从宏观上掌握建设项目与区域乃至国家环境保护全局的关系，从微观上为环境影响预测、评价和污染控制措施提供基础数据。工程分析是项目决策的主要依据之一，为环境影响评价提供基础资料，为生产工艺和环保设计提供优化建议。

c. 建设项目周围地区的环境现状：包括地理位置、地质、地形地貌、气候与气象、地面水环境以及地下水环境等。

d. 环境影响预测：对于已确定的评价项目，都应预测建设项目对其产生的影响，预测的范围、时段、内容及方法均应根据其评价工作等级、工程与环境的特性、当地的环保要求而定。同时应尽量考虑预测范围内，规划的建设项目可能产生的环境影响。

e. 环境保护措施的评述及技术经济论证，提出各项措施的投资估算。

f. 环境影响经济损益分析。

g. 环境监测制度及环境管理、环境规划的建议。

h. 环境影响评价结论。

④ 环境影响报告书的审批程序　环境影响评价报告书一律由建设单位负责提出，报主管部门预审，主管部门提出预审批意见后转报负责审批的环境保护部门审批。审批的主要内容包括：

a. 是否符合环境保护相关法律法规。涉及依法划定的自然保护区、风景名胜区、生活饮用水保护区及其他需要特别保护的区域的，是否征得相应一级人民政府部门或主管部门的同意；b. 项目选址、选线、布局是否符合区域、流域和城市总体规划，是否符合环境和生态区划；c. 是否符合国家产业政策和清洁生产要求；d. 项目所在区域环境质量能否满足相应环境功能区划标准；e. 拟采用的污染防治措施能否确保污染物排放达到国家和地方规定的排放标准，满足控制要求；f. 拟采用的生态保护措施能否有效预防和控制生态破坏。

2.2 供配电系统设计的节能措施[60]

我国是能源短缺的国家，但能源浪费却比较严重。无论是供配电系统还是用电设备，都存在着较大的节能潜力。要做好节能工作并取得良好效果必须做到以下几点：建立和健全节能管理机制，正确设计供配电系统，改进高电耗工艺，更换改造低效电气设备，选用节能产品。通过科学管理和合理组织生产，实现供配电系统及用电设备的经济运行。

2.2.1 变压器节能

(1) 变压器损耗及效率

变压器的损耗主要包括有功功率损耗和无功功率损耗两大部分。

① 变压器的有功功率损耗　变压器的有功功率损耗有铁损和铜损，铁损又称空载损失，其值与铁芯材质等有关，而与负荷大小无关，是基本不变的；而铜损与负荷电流平方成正比，负载电流为额定值时的铜损又称短路损失，变压器有功损耗可用下式计算

$$\Delta P = P_0 + \beta^2 P_k \tag{2-1}$$

式中 ΔP——有功功率损耗，kW；

P_0——变压器空载损耗，kW；

P_k——变压器短路损耗，kW；

β——变压器负载率（负荷系数），%。

② 变压器的无功功率损耗　变压器的无功功率损耗由两部分组成，一部分由励磁电流即空载电流造成的损耗 Q_0，它与铁芯有关而与负荷无关；另一部分无功损耗指一、二次绕组的漏磁电抗损耗，其大小与负载电流平方成正比，此损耗又称变压器无功漏磁损耗 Q_k。

Q_0 可用下式求得：

$$Q_0 = I_0 S_N \times 10^{-2} \tag{2-2}$$

式中 Q_0——变压器空载时的无功功率，kvar；

I_0——空载电流百分率，%；

S_N—变压器额定容量，kV·A。

Q_k 可用下式求得：

$$Q_k = U_k S_N \times 10^{-2} \tag{2-3}$$

式中 Q_k—变压器额定负载时的无功功率，kvar；

U_k——短路电压百分比，%。

变压器总的无功损耗按下式计算

$$\Delta Q = Q_0 + \beta^2 Q_k \tag{2-4}$$

式中 ΔQ—变压器无功功率损耗，kvar。

③ 变压器的综合功率损耗　变压器的综合功率损耗，是指变压器的有功功率损耗、无功功率损耗折算成有功损耗两者之和，可按下式计算

$$\Delta P_Z = \Delta P + K_Q \Delta Q \tag{2-5}$$

式中 ΔP_Z—变压器综合功率损耗，kW；

K_Q——无功经济当量，指变压器每减少 1kvar 无功功率损耗，引起连接系统有功损耗下降的千瓦值，其值见表 2-12。

④ 变压器效率（η）　变压器效率（η）是变压器二次侧（负载侧）输出功率 P_2 与电源侧输入功率 P_1 之比的百分数，可按下式计算

$$\eta = \frac{P_2}{P_1} \times 100\% = \frac{\beta S_N \cos\varphi_2}{\beta S_N \cos\varphi_2 + P_0 + \beta^2 P_k} \times 100\% \tag{2-6}$$

式中 P_1——电源侧输入功率，kW；

P_2—变压器二次侧输出功率，kW；

β——变压器负载率（负荷系数），%；

S_N——变压器额定容量，kV·A；
$\cos\varphi_2$——二次侧功率因数；
P_0——变压器空载损耗，kW；
P_k——变压器短路损耗，kW。

表 2-12　无功经济当量值

序号	变压器在连接系统的位置	值(kW/kvar)	
		系统负载最大时	系统负载最小时
1	直接由发电厂母线以发电机电压供电的变压器	0.02	0.02
2	由发电厂以发电机电压供电的线路变压器(例如:由厂用和市内发电厂供电的工企变压器)	0.07	0.04
3	由区域线路供电的110～35kV降压变压器	0.1	0.06
4	由区域线路供电的6～10kV降压变压器	0.15	0.1
5	由区域线路供电的降压变压器,但其无功负荷由同步调相机担负	0.05	0.03

变压器的效率与其负荷和损耗有关，也与负荷的功率因数有关。当变压器负载率为0.3～1时，其效率均较高；当变压器负载率为0.5～0.6时，其效率最高；当负载一定时，功率因数越高，则变压器的效率亦越高。

(2) 变压器节能措施

随着经济的发展，我国用电量逐年增加，作为电力系统实现电能输送与分配的重要设备之一，变压器的用量也势必不断增长，变压器的节能措施涵盖在变压器生产、使用、运行等各个方面。据统计，目前我国变压器总量约为3.0×10^9kV·A。虽然变压器本身效率较高，但因其数量多、容量大，每年总电能损耗高达4.5×10^{10}kW·h。据估计，我国变压器的总损耗占系统总发电量的3.0%左右，降低变压器损耗是势在必行的节能措施。

根据变压器产生损耗的原理以及影响损耗的因素，降低变压器损耗的主要方法有：a.在设计阶段根据经济合理性，选用低损耗变压器；b.设计阶段要合理配置变压器容量，防止容量过度富余，使变压器以较高的效率运行；c.在电力系统运行中，根据负荷情况合理调配变压器，提高变压器运行功率因数，减少损耗。

① 选用低损耗变压器　变压器损耗中的空载损耗即铁损，发生在变压器铁芯叠片内，主要是因交变的磁力线通过铁芯产生磁滞及涡流而带来的损耗。

最早用于变压器铁芯的材料是易于磁化和退磁的软熟铁，后经科技人员研究发现在铁中加入少量的硅或铝可大大降低磁路损耗，增大磁导率，且使电阻率增大，涡流损耗降低。经多次改进，用0.35mm厚的硅钢片来代替铁线制作变压器铁芯。

近年来，变压器的铁芯材料已发展到现在最新的节能材料——非晶态磁性材料，使非晶合金铁芯变压器应运而生。这种变压器的铁损仅为硅钢变压器的1/5，铁损大幅度降低。

我国S7系列变压器是20世纪80年代初推出的变压器，其效率较SJ、SJL、SL、SL1系列的高，其负载损耗仍较高。20世纪80年代中期又设计生产出S9系列变压器，其价格较S7系列平均高出20%左右，空载损耗较S7系列平均降低8%，负载损耗平均降低24%。国家已明令淘汰S7、SL7系列变压器，大量使用S9系列变压器。

目前推广应用的是S11系列低损耗变压器。S11型变压器卷铁芯改变了传统的叠片式铁芯结构。硅钢片连续卷制，铁芯无接缝，大大减少了磁阻，空载电流减少了60%～80%，提高了功率因数，降低了电网线损，改善了电网的供电品质。

② 合理选择变压器容量和台数　选择变压器容量和台数时，应根据负荷情况，综合考虑投资和年运行费用，对负荷进行合理分配，选取容量与电力负荷相适应的变压器，使其工作在高效区内。当负荷率低于 30%时，应予调整或更换。当负荷率超过 80%并通过计算不利于经济运行时，可放大一级容量选择变压器。对车间内停产后仍不能停电的负荷，宜设置专用变压器。大型厂房及非三班制车间宜设置照明专用变压器。

③ 变压器经济运行　变压器经济运行是指在变压器运行过程中降低有功功率损耗并提高其运行效率（即降低变压器损耗），以及降低变压器的无功功率消耗并提高变压器电源侧的功率因数。

在电力系统中，变压器经常成组配置，因此可根据负荷变化情况，利用成组变压器的合理调配达到降低损耗的目的：a. 当成组变压器的运行方式为分列运行方式时，可按用户的不同用电时间分别配置变压器，能将当前不使用的变压器切除，使其处于经济运行状态，从而减少无负载损耗；b. 当成组变压器的运行方式为并列运行方式时，可根据负荷情况，通过变压器损耗校验，合理安排调整变压器投入容量及数量，以达到运行的变压器均处于经济运行状态，从而减少变压损耗。

在电力负荷中，电动机、感应电炉、电焊机等设备除消耗有功功率外，还要消耗相当数量的无功功率，如果这些设备接在电气回路上，回路的功率因数就会发生改变。在这种系统中，加装电力电容器进行无功补偿可提高功率因数。随着功率因数的提高，线路中的电流会相对减少，而变压器的铜损是其一、二次线圈电阻损耗之和，与负载电流的平方成正比，因此改善功率因数即可降低变压器的损耗。

（3）高能耗变压器的更换与改造

更新变压器必然会带来有功电量和无功电量的节约，但要增加投资，这里就存在着一个回收年限问题。变压器不是损坏后才更新，而是老化到一定程度，还有一定剩值时即可更新。特别是当变压器需要大修时更应考虑更新，这在技术经济上是合理的。变压器厂家对各种不同形式、不同容量的变压器的使用寿命都有规定（一般为 20～30 年）。随着变压器运行年限的增长，其剩值也越来越小。变压器的回收年限计算公式如下。

① 旧变压器使用年限已到期，即折旧费已完，没有剩值，其回收年限计算公式为

$$T_B=(Z_n-G_J-Z_c)/G_d \tag{2-7}$$

式中　T_B——变压器回收年限，年；

Z_n——新变压器的购价，元；

G_J——旧变压器残存价值，可取原购价的 10%；

Z_c——变压器更换后减少电容器的总投资，元；

G_d——每年节约电费，元。

② 在①的情况下，如变压器需大修时，其回收年限公式为

$$T_B=(Z_n-G_{JD}-G_J-Z_c)/G_d \tag{2-8}$$

式中　G_{JD}——旧变压器大修费，元。

③ 旧变压器还未到使用年限，即还有剩值，其回收年限的计算公式为

$$T_B=(Z_n+W_J-G_J-Z_c)/G_d \tag{2-9}$$

式中　W_J——旧变压器的剩值，元。

$$W_J=Z_J-Z_JC_nT_y\times10^{-2} \tag{2-10}$$

式中　Z_J——旧变压器的投资，元；

C_n——折旧率，%；

T_y——运行年限，年。

④ 在③的情况下，如旧变压器需大修时，其回收年限的计算公式为

$$T_B=(Z_n+W_J-G_{JD}-G_J-Z_c)/G_d \tag{2-11}$$

关于更换变压器的回收年限，一般考虑，当计算的回收年限小于5年时，变压器应立即更新为宜；当计算的回收年限大于10年时，不应当考虑更新，当计算的回收年限为5～10年时，应酌情考虑，并以大修时更新为宜。

2.2.2 供配电系统节能

从电网送到企业的电能，经一次或二次降压和高、低压线路送到各车间、各部门的用电设备，构成企业供配电系统。电能在变压输送过程中造成损耗称为“线损”，在GB/T 3485《评价企业合理用电技术导则》中规定线损率要求：一次变压不得超过3.5%；二次变压不得超过5.5%；三次变压不得超过7%。

供配电线损主要由以下几部分构成：

① 企业各级降压变压器损耗；

② 企业内高压架空线损耗；

③ 企业内低压架空线损耗；

④ 电缆线路损耗；

⑤ 车间配电线路损耗；

⑥ 汇流排、高、低压开关柜、隔离开关、电力电容器及各种仪表元件等损耗。

供配电系统节能的主要环节包括如下。

(1) 合理设计供配电系统及其电压等级

① 根据负荷容量、供电距离及分布、用电设备特点等因素，合理设计供配电系统和选择供电电压，供配电系统应尽量简单可靠，同一电压供电系统变配电级数不宜多于两级。

② 变电所应尽量靠近负荷中心，以缩短配电半径，减少线路损失，企业内部变电所之间宜敷设联络线，根据负荷情况，可切除部分变压器，从而减少损耗。

③ 根据负荷情况合理选择变压器的容量和台数，其接线应能适应负荷变化时，按经济运行原则灵活投切变压器。对分期投产的企业，宜采用多台变压器方案，以避免轻载运行时增大变压器的损耗。

④ 按经济电流密度合理选择导线截面，一般按年综合运行费用最小原则确定单位面积经济电流密度。

(2) 提高功率因数，减少电能损耗

1) 提高功率因素的意义

① 提高功率因素可减少线路损耗。如果输电线路导线每相电阻为R（Ω），则三相输电线路的功率损耗为

$$\Delta P=3I^2R\times10^{-3}=\frac{P^2R}{U^2\cos^2\varphi}\times10^3 \tag{2-12}$$

式中　ΔP——三相输电线路的功率损耗，kW；

P——电力线路输送的有功功率，kW；

U——线电压，V；

I——线电流，A；

$\cos\varphi$——电力线路输送负荷的功率因数。

由上式看出，在全厂有功功率一定的情况下，$\cos\varphi$ 越低，功率损耗 ΔP 也将越大。设法将 $\cos\varphi$ 提高，就可使 ΔP 减小。

在线路的电压 U 和有功功率 P 不变的情况下，改善前的功率因数为 $\cos\varphi_1$，改善后的功率因数为 $\cos\varphi_2$，则三相回路实际减少的功率损耗可按下式计算：

$$\Delta P=\left(\frac{P}{U}\right)^2 R\left(\frac{1}{\cos^2\varphi_1}-\frac{1}{\cos^2\varphi_2}\right)\times 10^3 \tag{2-13}$$

② 减少变压器的铜损。变压器的损耗主要有铁损和铜损。如果提高变压器二次侧的功率因数，可使总的负荷电流减少，从而减少铜损。提高功率因数后，变压器节约的有功功率 ΔP 和节约的无功功率 ΔQ 的计算公式为

$$\Delta P=\left(\frac{P_2}{S_N}\right)^2\left(\frac{1}{\cos^2\varphi_1}-\frac{1}{\cos^2\varphi_2}\right)P_k \tag{2-14}$$

$$\Delta Q=\left(\frac{P_2}{S_N}\right)^2\left(\frac{1}{\cos^2\varphi_1}-\frac{1}{\cos^2\varphi_2}\right)Q_k \tag{2-15}$$

式中　ΔP，ΔQ——变压器的有功功率节约值和无功功率节约值，kW、kvar；

P_2——变压器负荷侧输出功率，kW；

S_N——变压器额定容量，kV·A；

$\cos\varphi_1$——变压器原负载功率因数；

$\cos\varphi_2$——提高后的变压器负载功率因数；

P_k——变压器的短路损失，kW；

Q_k——变压器额定负载时的无功功率，kvar。

③ 减少线路及变压器的电压损失。由于提高了功率因数，减少了无功电流，因而减少了线路及变压器的电流，从而减小了电压降。

④ 提高功率因数可以增加发配电设备的供电能力。由于提高了功率因数，供给同一负载功率 P_2 所需的视在功率及负荷电流均将减少，所以，对现有设备而言，变压器的容量和电缆的截面就有了富余，这可用来增加部分负荷。即使再增加用电设备，现有配电设备的容量也可能够用。另外，由于提高了负荷的功率因数，在基建时可减少电源线路的截面及变压器的容量，节约设备的投资。

2）提高功率因数的措施

① 减少供用电设备无功消耗，提高企业自然功率因数，其主要措施有：

a. 合理安排和调整工艺流程，改善电气设备运行状态，使电能得到充分利用。

b. 合理使用异步电动机及变压器，使变压器经济运行。

c. 正确设计和选用变流装置，对直流设备的供电和励磁，应采用电力二极管整流、晶闸管整流和 PWM 整流装置，取代变流机组、汞弧整流器等直流电源设备。

d. 限制电动机和电焊机的空载运转。设计中对空载率大于 50%的电动机和电焊机可安装空载断电装置。对大、中型连续运行的胶带运输系统，可采用空载自停控制装置。

e. 条件允许时，用同等容量的同步电动机代替异步电动机，在经济合算的前提下，也可采用异步电机同步化运行。

对于负荷率小于 0.7 及最大负荷小于 90%的绕组式异步电动机必要时可使其同步化。即当绕线式异步电动机在启动完毕后，向转子三相绕组中送入直流励磁，即产生转矩把异步电机牵入同步运行，其运转状态与同步电动机相似。在过励磁的情况下，电动机可向电网送出无功功率，从而达到改善功率因数的目的。

② 功率因数的人工补偿：按照全国供用电规则规定，高压供电的工业企业用户和高压供电装有带负荷调整电压装置的其他电力用户，在当地供电局规定的电网高峰负荷时，其功率因数应不低于 0.9。

当自然功率因数达不到上述要求时，可采取人工补偿的办法，以满足规定的功率因数要求。其补偿原则为：

a. 高、低压电容器补偿相结合，即变压器和高压用电设备的无功功率由高压电容器来补偿，其余的无功功率则需按经济合理的原则对高、低压电容器容量进行分配；

b. 分散与集中补偿相结合，对距供电点较远且无功功率较大的采用就地补偿，对用电设备集中的地方采用成组补偿，其他的无功功率则在变电所内集中补偿；

c. 固定与自动补偿相结合，即最小运行方式下的无功功率采用固定补偿，经常变动的负荷采用自动补偿。

2.2.3 电动机节能

（1）各种电动机的特性

1）效率

① 三相异步电动机。电动机的效率为

$$\eta=\frac{P_2}{P_1}=\frac{P_2}{P_2+\Delta P}\times 100\% \qquad (2\text{-}16)$$

式中 P_2——电动机的输出功率，kW；

P_1——电动机的输入功率，kW；

ΔP——电动机的功率损耗。电动机的损耗分为负载损耗（主要是铜损）和空载损耗（主要是铁损），在小型异步电动机的各种损耗中，铜损约占 56%（定子铜损 40%，转子铜损 16%）；铁损约占 20%；杂散损耗约占 12%；机械损耗约占 2%。各种损耗和总损耗与负荷系数 β（即电动机实际负荷与额定负荷之比）的关系如图 2-2 所示。

当输出功率 P_2 减少后，虽然总的损耗也在减少，但减少的速度较慢。因此，电动机的效率随负荷的减少而降低。特别是当负荷系数低于 50% 以后，电机效率下降得更快。当空载运行时，$P_2=0$，而总的损耗等于恒定损耗。因此，空载时电动机的效率为零。电动机效率 η 和功率因数 $\cos\varphi$ 与负荷系数 β 的关系如图 2-3 所示。

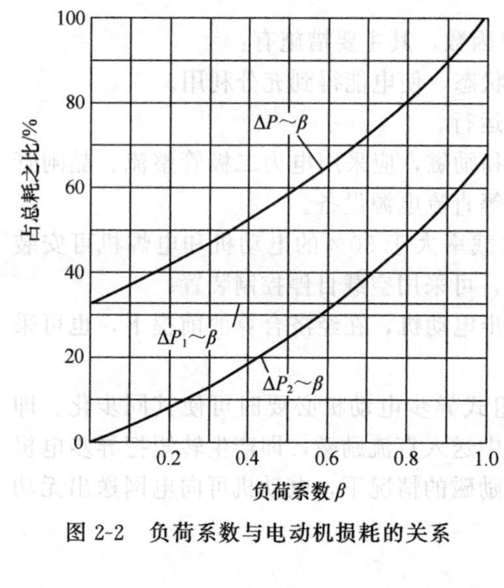

图 2-2　负荷系数与电动机损耗的关系

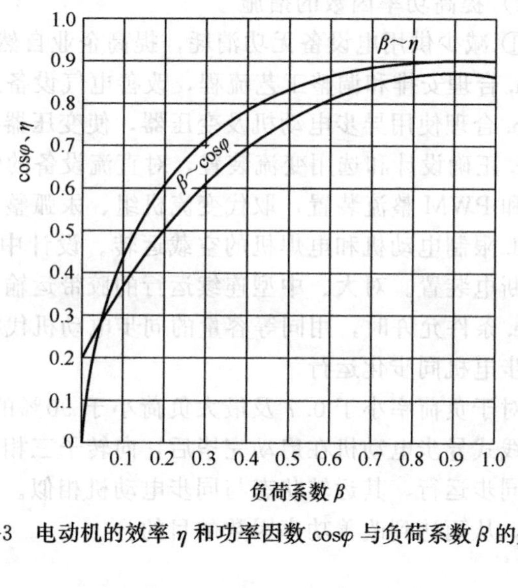

图 2-3　电动机的效率 η 和功率因数 $\cos\varphi$ 与负荷系数 β 的关系

② 直流电动机。直流电动机的效率通常比交流电动机差，主要是由于直流电动机的励磁损耗和铜损大的缘故。与同一容量的三相异步电动机相比，效率要低2%～3%，这是近年来交流调速装置被引起重视的原因之一。而且，直流电机需要励磁，为了连续使用，必须进行强迫冷却，在直流电动机较多时，风机的耗电也不可忽视。因此，在有条件且经济合理时宜用交流调速系统代替直流调速系统。

2）电动机的功率因数　电动机功率因数 $\cos\varphi$ 的降低，不仅会增加电动机输电线路及变压器的电能损耗，而且会增加发电、输配电系统中的附加损耗，从而增加投资。

① 异步电动机的功率因数。异步电动机的等值电路如图2-4所示。对电源来说，相当于一个电阻和一个电感串联负荷，因而功率因数 $\cos\varphi$ 总是小于1。为了建立磁场，异步电动机从电网吸取很大的无功电流 I_0，它在正常工作范围内几乎不变，在空载时定子电流 $I_1=I_0$，此时功率因数很低，一般 $\cos\varphi=0.2$ 左右。当负载增加时，定子电流中的有功分量增加，使 $\cos\varphi$ 很快上升，当接近额定负载时，$\cos\varphi$ 达最大值。但负荷增大到一定程度后，由于转差率的增加，转子漏抗增大，转子电路的无功电流将增加，相应定子的无功电流也增加，因此，功率因数反而下降。异步电动机的 $\cos\varphi$ 与负荷系数的关系如图2-3所示。

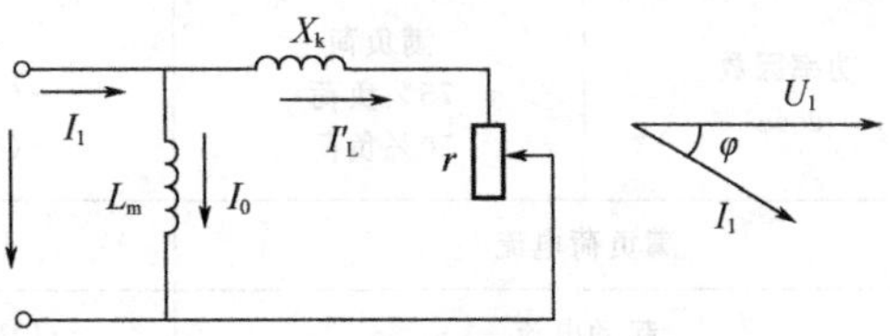

图2-4　异步电动机的等值电路

② 同步电动机的功率因数。同步电动机的功率因数 $\cos\varphi$ 与异步电动机的不同。它可滞后，也可超前。当励磁电流改变时，对同步电动机的定子电流和功率因数有影响，但并不改变电动机的输出功率和转速。三相同步电动机的输出功率 P_2 可用下式表示

$$P_2=\sqrt{3}UI\cos\varphi\eta_M \tag{2-17}$$

当电压 U 不变时，在同一负荷下，电动机的效率 η_M 也是不变的。这时定子电流 I 与 $\cos\varphi$ 的乘积应该在励磁电流变化后仍然保持不变。在同步电动机中，控制励磁电流比较简单。在任何负荷下，只要把功率因数 $\cos\varphi$ 调整到1，就可以使网络电流最小，于是电动机吸收网络中的无功功率（指感性无功）。与此相反，如果增大励磁电流，输入电流也增加，则同步电动机给网络输送无功功率。图2-5为各种负荷系数的同步电动机V形曲线，表2-13表示同步电动机的功率因数与有功功率和无功功率的关系。

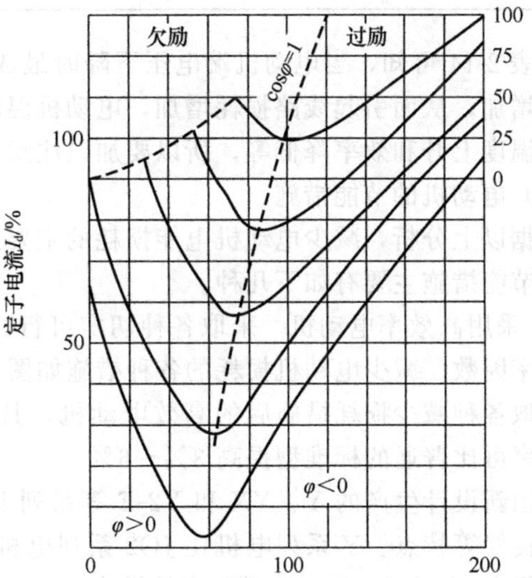

图2-5　同步电动机的V形曲线

表2-13　同步电动机的功率因数与有功功率和无功功率的关系

$\cos\varphi$	1	0.975	0.95	0.9	0.85	0.8	0.7	0.6
有功负荷/kW	100	100	100	100	100	100	100	100
无功负荷/kvar	0	23	33	49	62	75	100	133

3）电压变动引起的电动机特性变化　电动机端电压降低时，异步电动机的特性变化如表 2-14 所示。

表 2-14　电压偏差对异步电动机的影响

项目		电压波动		
		90%电压	比例关系	110%电压
启动转矩和最大转矩		－19%	U^2	＋21%
同步转速		不变	恒定	不变
转差率百分数		＋23%	$1/U^2$	＋17%
满负荷转速		－1.5%		＋1%
效率	满负荷	－2%		稍有增加
	75%负荷	实际不变		实际不变
	50%负荷	＋(1～2)%		－(1～2)%
功率因数 cosφ	满负荷	＋1%		－3%
	75%负荷	＋(2～3)%		－4%
	50%负荷	＋(4～5)%		－(5～6)%
满负荷电流		＋11%		－7%
起动电流		－(10～12)%	U	＋(10～12)%
满负荷温度上升		6～7℃		－(1～2)℃
电磁噪声		稍有减少		稍有增加

由表 2-14 可知，当电动机端电压下降时最成问题的是启动转矩与最大转矩的减少，使负荷电流增加，从而引起线路损耗增加，电动机温度上升等。而电压升高也要引起励磁流的显著增加，温度上升和效率降低等，所以要加以注意。

（2）电动机的节能措施

根据以上分析，减少电动机电能损耗的主要途径是提高电动机的效率和功率因数。因此电动机的节能措施主要有如下几种。

1）采用高效率电动机　采取各种切实可行的措施，减少电动机的各部分损耗、提高其效率和功率因数。减少电动机损耗的各种措施如图 2-6 所示。

采取各种减少损耗措施后的高效电动机，其总损耗比普通电动机减少 20%～30%，电动机的效率可比普通的标准型提高 3%～6%。

我国新设计生产的 Y、YX 和 Y2-E 等系列电动机具有效率高、启动转矩大、噪声小、防护性能良好等特点。Y 系列电机比 JO2 系列电机效率提高 1%～3%，YX 系列电机又比 Y 系列电机提高 3%左右，Y2-E 系列高效异步电动机在 50%～100%负载下，较 Y 系列电机效率高 0.58%～1.27%，现将 Y 系列电动机的技术数据列入表 2-15 中。

YZ 系列高效三相异步电动机，其容量等级与 Y 系列电动机相同，但 YZ 系列电机的加权平均效率较 Y 系列电动机也高 3%左右。另外 YZR 系列新型电机与 JZR 或 JZR2 系列电机相比，平均功率因数高 9%，也具有较好的节能效果。

采用高效电动机每年节约的电费可按下式计算：

$$G_d=\frac{J_d P t}{\eta_M}\left(\frac{1}{\eta_{M1}}-\frac{1}{\eta_{M2}}\right) \qquad (2\text{-}18)$$

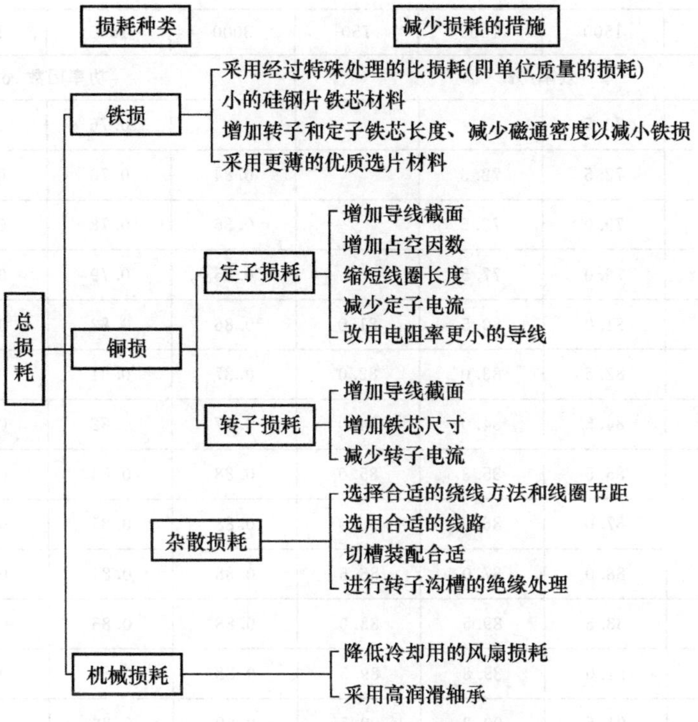

图 2-6 减少电动机损耗的各种措施

式中 G_d——高效电动机每年节约的电费，元；

J_d——电价，元/kW·h；

P——机械的轴功率，kW；

t——年运行时间，h；

η_M——机械传动装置的效率；

η_{M1}——低效电动机的效率；

η_{M2}——高效电动机的效率。

因此，在设计和技术改造中，应选用 Y、YX 和 Y2-E 等系列电动机，以节省电能。

普通高效电机价格比一般电机高 20%～30%，采用时要考虑资金回收期，即在短期内靠节电费用收回多花的费用。一般符合下列条件时可选用普通高效电机：

① 负载率在 0.6 以上；

② 每年连接运行时间在 3000h 以上；

③ 电机运行时无频繁启、制动（最好是轻载启动，如风机、水泵类负载）；

④ 单机容量较大。

2）根据负荷特性合理选择电动机 为了合理选择电动机，首先应了解电动机的负荷特性。通常选择电机时要考虑表 2-16 所示的几个项目。

对旧有设备使用的电机，要进行必要的测试与计算，结合电机工作环境及负载特点，选用适当的电机取代“大马拉小车”的电机，以提高电机运行的效率和功率因数。

通常当电机的负载率 K 大于 0.65 时，可不必更换；K 小于 0.3 时，不经计算便可更换；K 在 0.3～0.65 之间时，则需经过计算后再确定。

表 2-15　Y 系列电动机技术数据

功率/kW	同步转速/(r/min)							
	3000	1500	1000	750	3000	1500	1000	750
	效率/%				功率因数 cosφ			
0.55		70.5				0.76		
0.75	73.0	72.5	72.5		0.84	0.76	0.70	
1.1	76.0	79.0	73.5		0.86	0.78	0.72	
1.5	79.0	79.0	77.5		0.85	0.79	0.74	
2.2	82.0	81.0	80.5	81.0	0.86	0.82	0.71	0.71
3	82.0	82.5	83.0	82.0	0.87	0.81	0.76	0.72
4	85.5	84.5	84.0	84.0	0.87	0.82	0.77	0.73
5.5	85.2	85.5	85.3	85.0	0.88	0.84	0.78	0.74
7.5	86.2	87.0	86.0	86.0	0.88	0.85	0.78	0.75
11	87.2	88.0	87.0	86.5	0.88	0.84	0.78	0.77
15	88.2	88.5	89.5	88.0	0.88	0.85	0.81	0.76
18.5	89.0	91.0	89.8	89.5	0.88	0.86	0.83	0.76
22	89.0	91.5	90.2	90.5	0.89	0.86	0.83	0.78
30	90.0	92.2	90.2	90.5	0.89	0.87	0.85	0.80
37	90.5	91.8	90.8	91.0	0.89	0.87	0.86	0.79
45	91.5	92.3	92.0	91.7	0.89	0.88	0.87	0.80
55	91.4	92.6	91.6		0.89	0.88	0.87	
75	91.4	92.7			0.89	0.88		
90	92.0	93.5			0.89	0.89		

表 2-16　选择电动机时考虑的项目

负荷种类	泵，风扇，传送带
转矩特性	转矩特性曲线（降低特性、恒转矩特性、恒功率特性），启动转矩，最大转矩，容许转矩
负荷的 GD^2	
运行特性	使用种类（连续、短时、断续、反复），启动次数，有无过负荷，有无制动
性能	加速时间，减速时间，停止精度
控制	恒速，定位，调速，卷绕
使用场合	户内，户外，海拔高度，防护等级

3）改变电动机绕组接法　对经常处于轻负荷运行的电动机，应采用三角-星形切换装置，将三角形接法的电动机改为星形接法，可以达到良好的节电效果。

电动机的星形接法和三角形接法的效率比 η_Y/η_D，功率因数比 $\cos\varphi_Y/\cos\varphi_D$ 与负荷系数 β 的关系见表 2-17 和表 2-18。

表 2-17　负荷系数与不同接法时的电动机效率比

负荷系数 β	0.10	0.15	0.20	0.25	0.30	0.40	0.45	0.50
效率比 η_Y/η_D	1.27	1.14	1.10	1.06	1.04	1.01	1.005	1.00

表 2-18　负荷系数与不同接法时的电动机功率因数比

$\cos\varphi_D$	$\cos\varphi_Y/\cos\varphi_D$			
	负荷系数			
	0.1	0.2	0.3	0.4
0.78	1.94	1.80	1.64	1.49
0.79	1.90	1.76	1.60	1.46
0.80	1.96	1.73	1.58	1.43
0.81	1.82	1.70	1.55	1.40
0.82	1.78	1.67	1.53	1.37
0.83	1.79	1.64	1.49	1.33
0.84	1.72	1.61	1.46	1.32
0.85	1.69	1.58	1.44	1.30
0.86	1.66	1.55	1.41	1.24
0.87	1.63	1.52	1.38	1.24
0.88	1.60	1.49	1.35	1.22
0.89	1.59	1.46	1.32	1.19
0.90	1.57	1.43	1.29	1.17
0.91	1.54	1.40	1.26	1.14
0.92	1.50	1.36	1.23	1.11

由表 2-17 和表 2-18 可知，只有在负荷系数低于 0.3 后，将电动机的三角形接法改为星形接法才能使电动机的效率有明显提高。当负载系数为 0.5 时，星形接法和三角形接法的效率基本相等，无节能效果。当负荷系数大于 0.5 后，电动机星形接法的效率反而低于三角形接法。另外，电动机的功率因数 $\cos\varphi$ 在负载系数低于 0.4 后，将三角形接法改为星形接法后都有比较明显的提高，这对于变压器和输电线路的节能都有好处。

但电动机由三角形接法改为星形接法后，其极限容许负载大致为铭牌容量的 38%～45%。因此，在采用三角形改星形接法作为节能方法时，一定要考虑到改接后的电动机容量是否能满足负载的要求。

一般认为，由三角形改星形接法的转换点在 $\beta=0.2\sim0.4$ 之间。对于不同型号的电动机，其转换点并不一定完全相同，应进行具体分析计算后才能确定。根据经验，当 $\beta<0.3$ 时，将三角形连接的绕组改为星形连接往往可以节能。

4）电动机无功功率的就地补偿　对距供电点较远的大、中容量连续运行工作制的电动机，应采用电动机的无功功率就地补偿装置。

电动机无功功率就地补偿，对改变远距离送电的电动机低功率因数运行状态，减少线路损失，提高变压器负载率有着明显的效果。实践证明，每千乏补偿电容每年可节电 150～200 kW·h，是一项值得推广的节能技术。特别是对于下列运行条件的电动机要首先应用：

① 远离电源的水源泵站电动机；

② 距离供电点 200m 以上的连续运行电动机；

③ 轻载或空载运行时间较长的电动机；

④ YZR、YZ 系列电动机；

⑤ 高负载率变压器供电的电动机。

为了防止产生自励磁过电压，单机补偿容量不宜过大，应保证电动机在额定电压下断电时电容器的放电电流不大于 I_0。

单台电动机的补偿容量由下式计算

$$Q_b \leqslant \sqrt{3} U_N I_0 \tag{2-19}$$

式中　Q_b——补偿电容器容量，kvar；

U_N——电动机的额定电压，kV；

I_0——电动机的空载电流，A。

一般，I_0 应由电动机制造厂提供。若无空载电流 I_0 这个参数时，空载电流 I_0 可按以下方法估算

$$I_0 = 2I_N(1-\cos\varphi_N) \tag{2-20}$$

式中　I_N——电动机额定电流，A；

$\cos\varphi_N$——电动机的额定功率因数。

I_0 也可根据以下经验数据计算：一般大容量的电机，空载电流 I_0 占额定电流的 20%～35%，小容量电机占 35%～50%。

5）电动机的其他节能方法

① 对于经常轻载（负载率小于 40%）的生产机械，也可采用具有启动功能的轻载节电器，以达到“轻载降压运行节能”的目的。

② 对大、中型电动机，宜更换为磁性槽楔，以便减少磁路损耗，提高效率。这是因为磁性槽楔能使气隙磁密分布趋于均匀，减少齿谐波的影响，降低脉振损耗和表面损耗，并使有效气隙长度缩短，所以能够改善电机气隙磁势波形，减少空载电流，改善功率因数，降低电机损耗，降低温升，提高电机效率，并减少电磁噪声、振动，延长电机使用寿命等。

③ 根据技术经济比较，大型恒速电动机应尽量选用同步电动机，并能进相运行，以提高自然功率因数。

2.2.4　风机水泵的节能

风机、水泵是企业内量大面广，耗电多的通用机械，其用电量约占企业总用电量的 40%，认真做好其节能工作具有重要意义。风机、水泵的节能方法如下。

（1）调节电动机转速

企业内许多风机、水泵的流量不要求恒定。根据风机、水泵的压力-流量特性曲线，按照工艺要求的流量，实现变速变流量控制，是节能的有效方法之一。从理论上讲，风机、泵类具有以下特点：

$$\frac{Q_2}{Q_1}=\frac{N_2}{N_1},\frac{H_2}{H_1}=\left(\frac{N_2}{N_1}\right)^2,\frac{P_2}{P_1}=\left(\frac{N_2}{N_1}\right)^3 \tag{2-21}$$

式中　Q_1，Q_2——流量，m^3/s；

N_1，N_2——转速，r/min；

P_1，P_2——功率，kW；

H_1，H_2——扬程，m。

即流量与转速成比例，而功率与流量的3次方成比例。由于风机、水泵一般用不调速的笼型电动机传动，当流量需要改变时，用改变风门或阀门的开度进行控制，效率很低。若采用转速控制，当流量减小时，所需功率近似按流量的3次方大幅度下降。

图2-7和图2-8分别为风门控制和转速控制流量的特性曲线。由图2-7可知，当流量降到80%时，功耗为原来的96%，即

$$P_B=H_BQ_B=1.2H_A\times0.8Q_A=0.96P_A \tag{2-22}$$

由图2-8可见，当流量下降到80%时，功率为原来的56%（即降低了44%），即

$$P_C=H_CQ_C=0.7H_A\times0.8Q_A=0.56P_A \tag{2-23}$$

所以，调速比调风门增大的节能率为

$$\frac{0.96P_A-0.56P_A}{0.96P_A}\times100\%=41\% \tag{2-24}$$

可见，流量的转速控制节能效果显著。

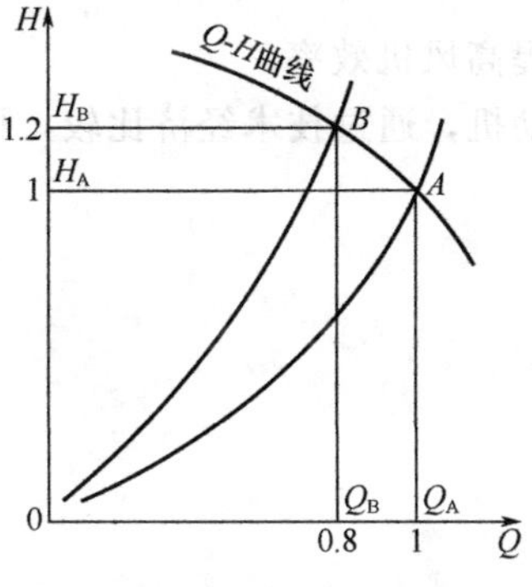

图2-7　风机流量的风门控制

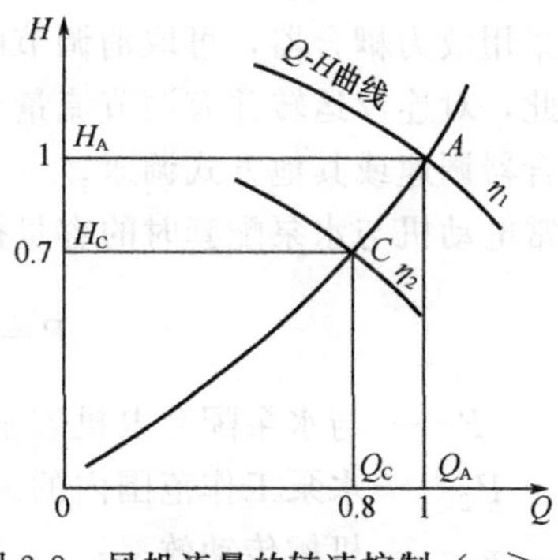

图2-8　风机流量的转速控制（$\eta_1\geqslant\eta_2$）

风机、水泵的调速方法有以下几种：

a. 对于小容量的笼型电动机，当流量只需几级调节时，可选用变极调速电机；

b. 对于要求连续无级变流量控制，当为笼型电动机时，可采用变频调速或液力耦合器调速；当为绕线型电动机时，可采用晶闸管串级调速。

国内已生产的JTJ（Y）R系列三相异步电动机，是根据内反馈晶闸管串级调速原理而设计制造的特种调速电机。这种电机构成的内反馈晶闸管串级调整系统，既有优良的无级调速特性，又可取得比普通晶闸管串级调速更高的节能效果。同时，取消了逆变变压器，并通过内补偿大大提高了电机的功率因数，同时有效地抑制了谐波对电网的影响。

必须指出，上述的变极调速、变频调速以及串级调速，均属高效率控制方式调速。而液力耦合器调速，如同转子串电阻或定子变电压调速以及电磁滑差离合器控制一样，属于转差功率不能回收利用的低效率调速。液力耦合器的调速范围为（20%～97%）n_N（n_N为电机额定转速），有速度损失，因其装于电机与负载之间，无法达到额定速度运转。因其转差功率损耗变为油的热能而使温升升高，必须采取适当冷却措施。由于低速小功率液力耦合器造价高，因而

仅适用于高速大功率风机、泵类负载。

（2）合理选型

无论是风机或泵类，设计选型要求合理，使风机与水泵的额定流量和压力尽量接近于工艺要求的流量与压力，从而使设备运行时的工况，经常保持在高效区。

如图 2-9 中所示，图中 A 点是运行的高效点。如果选择不当，余量太大，如图中 B 点偏离高效区，则造成风机、水泵效率下降，浪费能源。如某厂水泵站应选用 4 级排水泵，运行效率可达 75%，但选配了较大容量的 6 级泵，运等效率仅 60%，一台这样的泵每年要多浪费电能 18×10^4kWh。

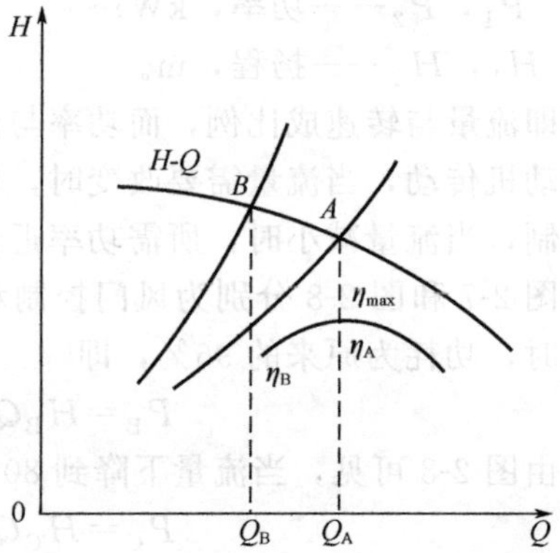

图 2-9　风机和水泵的 H-Q、η-Q 曲线

（3）采用高效率设备

新设计的风机装置应选用高效率的新产品（包括控制装置、电动机、传动装置和风机），它们中任一设备效率的提高，对节能均有好处。

在传动装置中，如上所述，液力耦合器在企业中得到应用具有下述优点。

a. 可节省电能；

b. 采用液力耦合器启动风机时，属于空载启动，对变压器和其他用电设备无冲击，安全可靠；

c. 改善了运行状况，延长了机组及其部件寿命；

d. 采用液力耦合器，可取消调节阀门，减少进风阻力，提高风机效率。

因此，对连续运转并有调节流量要求的大、中型笼型电动机，通过技术经济比较，可采用液力耦合器调速或其他方式调速。

通常电动机与水泵配套时的容量按下式确定

$$P=K_c\frac{P_2}{\eta_m}=K_c\frac{\gamma QH}{102\eta_{pum}\eta_m} \tag{2-25}$$

式中　P——与水泵配套电机容量，kW；

P_2——水泵工作范围内的最大轴功率，kW；

η_m——机械传动效率；

Q，H，η_{pum}——水泵工作范围内的最大轴功率对应的流量，m^3/s；扬程，m；效率，%；

γ——水的密度，kg/m^3；

102——换算系数，（1kW＝102kg·m/s）；

K_c——电动机的备用系数，见表 2-19。

表 2-19　电动机的备用系数 K_c

水泵轴功率/kW	＞5	5～10	10～50	50～100	＞100
K_c	2.0～1.3	1.3～1.15	1.15～1.10	1.10～1.05	1.05

离心式水泵的效率通常有下列值：

低压头泵为 0.4～0.7；

中等压头泵为 0.5～0.7；

高压头泵为 0.6～0.8；

活塞式水泵为 0.6～0.9；

新式结构的水泵为 0.9。

各种传动类型的机械效率如表 2-20 所示。

然而，在选择电动机时还要考虑发热、电网电压波动、电动机容量级差等因素，有时所选择的电动机很难和水泵的要求完全一致。一般认为，所选电动机的容量比水泵要求的适当的大些是容许的。在设计电动机时，常常把最高效率点设在额定功率的 70%～100%之间。因此，从节能的角度看，80%满载时电动机的运行效果最佳。当电动机的平均负载在 70%以上时，可以认为电动机的容量是合适的。但是，如果由于种种原因，电动机容量过大，负载太低，如离心泵、轴流泵低于 60%的，应予以更换或改造。

表 2-20　传动方式与传动效率

类型	传动名称	效率
圆柱齿轮传动	6、7 级精度闭式传动（油液润滑）	0.98～0.99
	8 级精度闭式传动（油液润滑）	0.97
	9 级精度闭式传动（油液润滑）	0.96
	切制齿开式传动（油脂润滑）	0.94～0.96
	铸造齿开式传动（油脂润滑）	0.90～0.93
圆锥齿轮传动	6、7 级精度闭式传动（油液润滑）	0.97～0.98
	8 级精度闭式传动（油液润滑）	0.94～0.97
	切制齿开式传动（油脂润滑）	0.92～0.95
	铸造齿开式传动（油脂润滑）	0.88～0.92
减速器	单级圆柱齿轮减速器	0.97～0.98
	双级圆柱齿轮减速器	0.95～0.96
	单级行星内外啮合圆柱齿轮减速器	0.95～0.98
	单级行星摆线针轮减速器	0.90～0.96
	单级圆锥齿轮减速器	0.95～0.96
	双级圆锥-圆柱齿轮减速器	0.94～0.95
皮带传动	平皮带无压紧轮开式传动	0.98
	平皮带有压紧轮开式传动	0.97
	平皮带交叉传动	0.90
	平皮带半交叉传动	0.92～0.94
	三角皮带开口传动	0.95～0.96
	同步齿形带	0.96～0.98
联轴器	弹性联轴器	0.99～0.995
	液力联轴器	0.95～0.97
	齿轮联轴器	0.99
直接传动		1.00

(4) 风机、水泵其他节能的方法

① 减少空载运动时间　企业内有些风机、泵类不是连续运行的，应严格控制该类设备的空载运转，力争做到间歇停开电动机。如炼铁厂的铁扬风机、铁渣冲渣水泵等设备。设计时应注意下述问题：a. 启动时电源电压降应在允许范围内；b. 启动装置热容量能够满足要求；c. 要考虑开关设备的寿命，当技术条件允许时，可装设真空开关开、停电动机；d. 电动机寿命能满足要求。

另外，对大型非连续运转的异步笼型电动机，宜采用电动控制进风的控制方式，以调节流量节省电能。

② 更换或改造低效设备　在改造设计中，当通风机、鼓风机效率低于70%时，应予以更换和改造。

2.2.5　低压电器的节能

低压电器是量大面广的基础元件，就每只低压电器而言，所消耗的电能并不大，一般仅数瓦或数十瓦，但由于用量大（如热继电器、熔断器和信号灯等），所以，总的耗电量也很可观。因此，采用成熟、有效、可靠的节能型低压电器是节能工作中不可忽视的部分。

① 采用具有节能效果的低压电器更新老产品。

② 应用交流接触器的节能技术。交流接触器的节能原理是将交流接触器的电磁操作线圈的电流由原来的交流改为直流，目前我国生产60A以上大、中容量的交流接触器，其交流操作电磁系统消耗的有功功率在数十瓦至一百瓦之间。功率的分配为：铁芯消耗功率占65%～75%，短路环占25%～30%，线圈占3%～5%，大中容量的交流接触器加装节电器后，将操作电源系统由原设计的交流操作改为直流吸持，则可省去铁芯和短路环中绝大部分的损耗功率，从而取得较高的节电效益，一般节电率高达85%以上，交流接触器采用节能技术还可降低线圈的温升及噪声，大中型交流接触器采用节能技术后，每台平均节电约50W。

2.3　电能质量

电能质量（power quality）描述的是通过公用电网供给用户端的交流电能的品质。理想状态的公用电网应以恒定的频率、正弦波形和标准电压对用户供电。在三相交流系统中，还要求各相电压和电流的幅值应大小相等、相位对称且互差120°。但由于系统中的发电机、变压器、输电线路和各种设备的非线性或不对称性，以及运行操作、外来干扰和各种故障等原因，这种理想状态并不存在，因此产生了电网运行、电力设备和供用电环节中的各种问题，也就产生了电能质量的概念。围绕电能质量的含义，从不同角度理解通常包括：电压质量、电流质量、供电质量和用电质量等方面。国内外对电能质量确切的定义至今尚没有形成统一的共识。但大多数专家认为，导致用户电力设备不能正常工作的电压、电流或频率偏差，造成用电设备故障或误动作的任何电力问题都是电能质量问题。所以，电能质量可定义为：电压或电流的幅值、频率、波形等参量距规定值的偏差。

近年来，国家相关部门相继颁布了涉及电能质量的7个国家标准：GB/T 12325—2008《电能质量 供电电压偏差》、GB/T 12326—2008《电能质量 电压波动和闪变》、GB/T 14549—1993《电能质量 公用电网谐波》、GB/T 15543—2008《电能质量 三相电压不平衡》、GB/T 15945—2008《电能质量 电力系统频率偏差》、GB/T 18481—2001《电能质量 暂时过电压和瞬态过电压》以及GB/T 24337—2009《电能质量 公用电网间谐波》，这些标准分别规定了电压波动和闪变、供电电压偏差、公用电网谐波、三相电压不平衡、电力系统频率偏差、暂时过电压和瞬态过电压以及公用电网间谐波的监测标准、监测方法和监测设备的要求。这些标准的实施，使我国的供电电能质量能得到基本保证。

例如：电力系统若长期处于低频下运行，电动机转速将会下降，生产率降低，有些工厂可能出次品。频率下降也会使交流电钟计时不准。

根据GB/T 15945—2008《电能质量 电力系统频率偏差》规定，以50Hz作为我国电力系统的标准频率（工频），电力系统正常频率偏差的允许值为±0.2Hz，当系统容量较小时，可放宽到±0.5Hz；用户冲击负荷引起的系统频率变动一般不得超过±0.2Hz，根据冲击负荷性质和大小以及系统的条件，也可适当变动限值，但应保证近区电力网、发电机组和用户的安全、稳定运行以及正常供电。但该标准中并没有说明系统容量大小的界限，全国供用电规则中规定了供电局供电频率的允许偏差：电网容量在 3000MW 及以上者为±0.2Hz；电网容量在 3000MW 以下者为±0.5Hz。实际运行中，我国各跨省电力系统频率的允许偏差都保持在±0.1H 的范围内。因此，电网频率目前在电能质量中最有保障。

2.3.1 电压偏差及其调节[4,33,59,63]

(1) 电压偏差的含义及其限值

电压偏差（voltage deviation）是指实际运行电压对系统电压的偏差相对值，通常以百分数表示。

① GB/T 12325—2008《电能质量 供电电压偏差》中规定如下：a. 35kV 及以上供电电压正、负偏差绝对值之和不超过额定电压的 10%［注：如供电电压上下偏差同号（均为正或负）时，按较大的偏差绝对值作为衡量依据］；b. 20kV 及以下三相供电电压偏差为额定电压的±7%；c. 220V 单相供电电压偏差为额定电压的+7%、−10%；d. 对供电点短路容量比较小、供电距离较长以及对供电电压偏差有特殊要求的用户，由供、用电双方协商确定。

② GB 50052—2009《供配电系统设计规范》规定，正常运行情况下，用电设备端子处电压偏差宜符合下列要求：

a. 电动机为±5%额定电压。b. 照明：在一般工作场所为±5%额定电压；对于远离变电所的小面积一般工作场所，难以满足上述要求时，可为+5%，−10%；应急照明、道路照明和警卫照明等为+5%，−10%额定电压。c. 其他用电设备当无特殊规定时为±5%额定电压。

(2) 引起电压偏差的原因

电压下降以及电压波动和闪变的根本原因，都是由网络中电流通过阻抗元件而造成的电压损失的变化——主要是线路和变压器的电压损失的变化。在串联电路中，阻抗元件两端电压相量的几何差称为电压降。图 2-10 所示为阻抗串联电路，AD 间的电压降为

$$\Delta\dot{U}=\dot{U}_{A}-\dot{U}_{D}=\overrightarrow{DA} \tag{2-26}$$

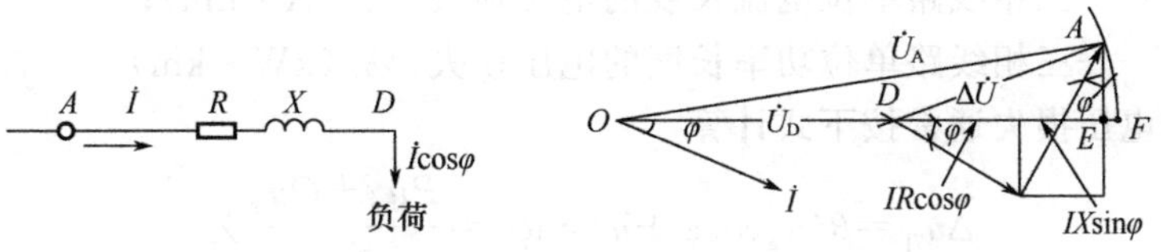

(a) 阻抗串联电路 (b) 相量图

图 2-10 阻抗串联电路及电压损失

电压损失是指串联电路中阻抗元件两端电压的代数差，如图 2-10 (b) 中 AD 间的电压损失为

$$\Delta U=U_{A}-U_{D}=DF \tag{2-27}$$

在工程计算中，电压损失取为电压降的横向分量 DE，而误差 EF 忽略不计，即

$$\Delta U=DE=\frac{I(R\cos\varphi+X\sin\varphi)}{1000}(\text{kV}) \tag{2-28}$$

通常用相对于系统标称电压的百分数表示，即

$$\Delta U=\frac{\sqrt{3}\,I(R\cos\varphi+X\sin\varphi)}{1000U_{n}}\times100\%=\frac{\sqrt{3}\,I(R\cos\varphi+X\sin\varphi)}{10U_{n}}\% \tag{2-29}$$

式中 U_{n}——AD 段所在系统的标称电压，kV；

I——负荷电流，A；

$\cos\varphi$——负荷的功率因数；

R，X——阻抗元件的电阻和电抗（感抗），Ω。

① 线路电压损失通常按下式计算

a. 三相平衡负荷线路

$$\left.\begin{aligned}\Delta u&=\frac{\sqrt{3}Il}{10U_n}(R'\cos\varphi+X'\sin\varphi)=Il\Delta u_a\\ \Delta u&=\frac{Pl}{10U_n^2}(R'+X'\tan\varphi)=Pl\Delta u_p\end{aligned}\right\}\tag{2-30}$$

b. 线电压的单相负荷线路

$$\left.\begin{aligned}\Delta u&=\frac{2Il}{10U_n}(R'\cos\varphi+X'\sin\varphi)\approx1.15Il\Delta u_a\\ \Delta u&=\frac{2Pl}{10U_n^2}(R'+X'\tan\varphi)=2Pl\Delta u_p\end{aligned}\right\}\tag{2-31}$$

c. 相电压的单相负荷线路

$$\left.\begin{aligned}\Delta u&=\frac{2\sqrt{3}Il}{10U_n}(R'\cos\varphi+X'\sin\varphi)\approx2Il\Delta u_a\\ \Delta u&=6Pl\Delta u_p\end{aligned}\right\}\tag{2-32}$$

以上各式中 Δu——线路电压损失，%；

U_n——系统标称电压，kV；

I——负荷电流，A；

$\cos\varphi$——负荷功率因数；

P——负荷的有功功率，kW；

l——线路长度，km；

R'，X'——三相线路单位长度的电阻和电抗，Ω/km；

Δu_a——三相线路单位电流长度的电压损失，%/(A·km)；

Δu_p——三相线路单位功率长度的电压损失，%/(kW·km)。

② 变压器的电压损失通常按下式计算

$$\Delta u_T=\beta(u_a\cos\varphi+u_r\sin\varphi)=\frac{Pu_a+Qu_r}{S_{rT}}\%\tag{2-33}$$

式中 S_{rT}——变压器的额定容量，kV·A；

P——三相负荷的有功功率，kW；

u_a——变压器阻抗电压的有功分量，$u_a=100\Delta P_T/S_{rT}$，%；

ΔP_T——变压器的短路损耗，kW；

Q——三相负荷的无功功率，kvar；

u_r——变压器阻抗电压的无功分量，$u_r=\sqrt{u_T^2-u_a^2}$，%；

u_T——变压器的阻抗电压，%；

β——变压器的负荷率，即实际负荷与额定容量 S_{rT} 的比值；

$\cos\varphi$——负荷的功率因数。

(3) 电压偏差的计算

如果在某段时间内线路或其他供电元件首段电压偏差为 δu_1，线路电压损失为 Δu_1，则线

路末端电压偏差为

$$\delta u_x = \delta u_1 - \Delta u_1 \tag{2-34}$$

当有变压器或其他调压设备时，还应计入该类设备内的电压提升，即

$$\delta u_x = \delta u_1 + e - \sum \Delta u \tag{2-35}$$

在图 2-11 的电路中，其末端的电压偏差为

$$\delta u_x = \delta u_1 + e - \sum \Delta u = \delta u_1 + e - (\Delta u_{l1} + \Delta u_T + \Delta u_{l2}) \tag{2-36}$$

上式中　δu_1——线路首端的电压偏差，%；

$\sum \Delta u$——回路中电压损失总和，%；

Δu_{l1}，Δu_{l2}——高压线路和低压线路的电压损失，%；

Δu_T——变压器电压损失，%；

e——变压器分接头设备的电压提升，%。常用配电变压器分接头与二次空载电压和电压提升的关系见表 2-21。

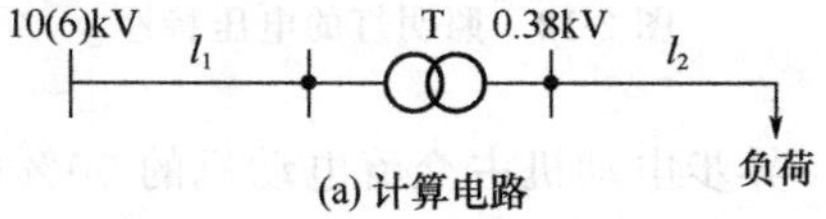

(a) 计算电路

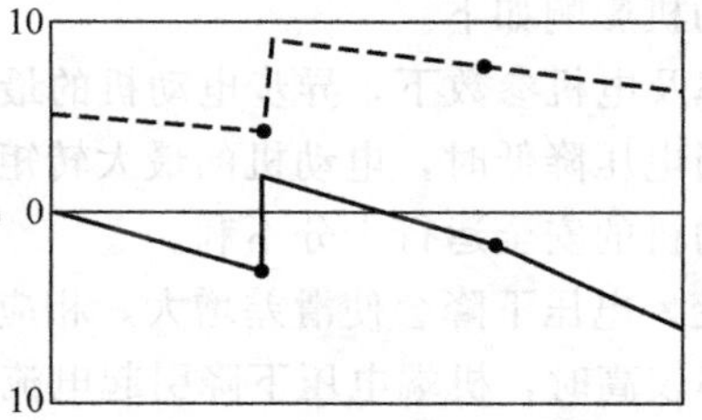

(b) 电路沿线的电压偏差曲线

图 2-11　网络电压偏差的计算

（注：实线表示最大负荷；虚线表示最小负荷）

表 2-21　变压器分接头与二次侧空载电压和电压提升的关系

10(6)±5%/0.4kV 变压器分接头	+5%	0	−5%
变压器二次空载电压①/V	380	400	420
低压提升①/%	0	+5	+10

① 对应于变压器一次端子电压为网络标称电压 10（6）kV 时的电压。

如企业负荷不变，地区变电所供电母线电压也不变，则电路沿线各点的电压偏差也是固定不变的。但实际上用户和地区变电所的负荷是在最大负荷和最小负荷之间变动，电路沿线电压偏差曲线也相应地在图 2-11 所示的实线和虚线之间变动。电路某点电压偏差最大值与最小值的差额成为电压偏差范围。由图 2-11 可见，用户负荷变化引起网络电压损失的变化，从而引起各级线路电压偏差范围逐级加大，形成喇叭状。

(4) 电压偏差超标的危害

① 对照明设备的影响　用电设备是按照额定电压进行设计、制造的。照明常用的白炽灯和荧光灯等，其发光效率、光通量和使用寿命均与电压有关。图 2-12 的曲线表示白炽灯和荧光灯端电压变化时其光通量、发光效率和寿命的变化。从图中可看到，白炽灯对电压变动很敏感，当电压较额定电压降低 5%时，其光通量减少 18%；当电压降低 10%时，其光通量减少 30%，使照度显著降低。当电压较额定电压升高 5%时，白炽灯的寿命减少 30%；当电压升高 10%时，其寿命减少接近一半，这将使白炽灯的损坏率显著增加。

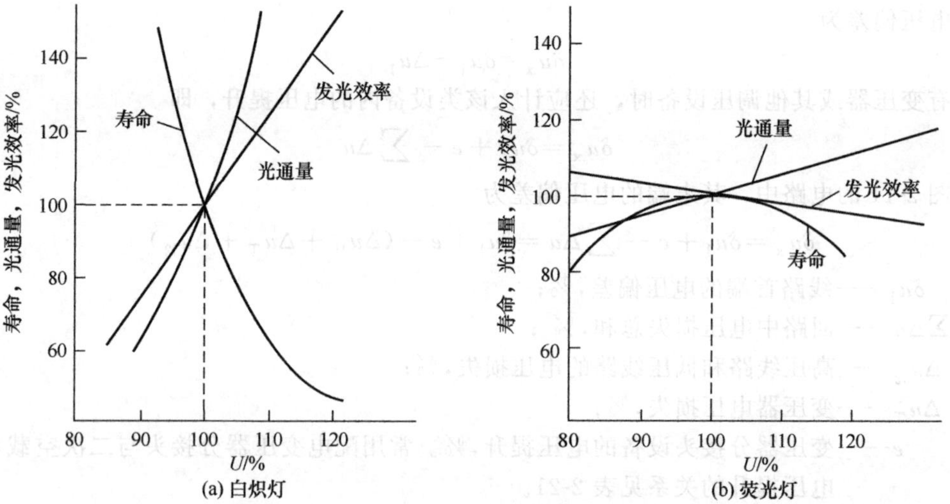

图 2-12　照明灯的电压特性

② 对交流电动机的影响　异步电动机占交流电动机的 90%以上，在电网总负荷中占 60%以上。电压偏差对交流异步电动机影响如下。

a. 转矩　在给定的电源频率及电机参数下，异步电动机的最大转矩和启动转矩与定子绕组端电压的平方成正比。因此，当电压降低时，电动机的最大转矩和启动转矩均下降，这对于需要在重负荷下启动和运行的电动机的安全运行十分不利。

b. 滑差和转速　若转矩不变，电压下降会使滑差增大，相应的转速和功率减小。

c. 有功功率损耗　当负荷率较高时，机端电压下降引起电流增大，在定子绕组和转子中的损耗加大，电机总的损耗增加；但当负荷率较低时，电压降低引起的励磁损耗下降的因素超过了电流增大造成定子绕组和转子损耗加大的因素，电机总的损耗会有所降低。

d. 无功功率　异步电动机的无功功率电压特性在机端电压大于某一临界值时，无功功率将随电压的升高而增大，电压越高，负荷率越低，其变化率 dQ/dU 越大。但电压低于临界值时，电压降低反而会使无功功率增加。其原因是电机漏抗上的无功功率损耗占了主要部分。电压临界值的大小与电机的负荷率和负荷性质有关，负荷率越高，电压临界值也越高。

e. 电流　一般来说，异步电动机的端电压降低时，其定子和转子电流增大，励磁电流减少，定子电流增大的程度不如转子电流，应按转子电流确定电动机的允许负荷。如果异步电动机端电压超过额定电压很多，则由于磁路饱和，励磁电流增加很快，也会使定子电流增大。异步电动机如果长期处于更大的电压偏差下运行，特别是低电压运行，还是会发生损坏，例如烧坏电动机绕组、绕组绝缘老化而降低电机使用寿命等。

③ 对电力变压器的影响

a. 对空载损耗的影响　变压器空载损耗包括铁芯损耗和附加损耗。铁芯损耗又称空载损耗，主要包括变压器运行时铁芯中磁通产生的磁滞损耗及涡流损耗，其大小与铁芯中的磁感应强度 B 有关，变压器电压升高，B 增大，铁芯损耗也增大。附加损耗是变压器中的杂散磁场在变压器箱体和其他一些金属零件中产生的损耗。额定电压下，变压器空载损耗一般占其额定容量的千分之几。

b. 对绕组损耗的影响　在传输同样功率的条件下，变压器电压降低，会使电流增大，变压器绕组的损耗增大。其损耗大小与通过变压器的电流的平方成正比。额定负荷时变压器绕组电阻中的功率损耗是变压器空载损耗的几倍，甚至十几倍。当传输功率比较大时，低电压运行会使变压器过电流。

c. 对绝缘的影响 变压器的内绝缘主要是变压器油和绝缘纸。

变压器油在运行中会逐渐老化变质，通常可分为热老化及电老化两大类。热老化在所有变压器油中都存在，温度升高时，残留在油箱中的氧和纤维分解产生氧与油发生化学反应的速度加快，使油黏度增高，颜色变深，击穿电压下降。电老化指高场强处产生局部放电，促使油分子缩合成更高分子量的蜡状物质，它们积聚在附近绕组的绝缘上，堵塞油道，影响绕组散热，同时逸出低分子量的气体，使放电更加容易，变压器在高电压运行时，会使电场增强，加快其电老化速度。

绝缘纸等固体绝缘的老化是指绝缘受到热、强电场或其他物理化学作用逐渐失去机械强度和电气强度。绝缘老化程度主要由机械强度来决定，当绝缘变得干燥发脆时，即使电气强度很好，在振动或电动力作用下也会损坏。绝缘老化是由于温度、湿度、局部放电、氧化和油中分解的劣化物质的影响所致。老化速度主要由温度决定。绝缘的环境温度越高，绕组中的电流和温升越大，绝缘老化速度也就越快，使用年限就越短。高电压运行会增强电场强度，加剧局部放电，特别在绝缘已受损伤或已有一定程度老化后，会加快老化的速度。

④ 对电力电容器的影响 并联电容器为系统提供的无功功率为 $Q_C=U^2/X_C$（式中 U 为电容器电压；X_C 为并联电容器容抗）。由上式可知，电容器向电网提供的无功功率与其两端的电压平方成正比，所以当电压 U 下降时，电容器向电网提供的无功功率会下降更多。但电容器上的电压太高，会严重影响电容器的使用寿命。

⑤ 对家用电器的影响 许多家用电器内装有动力装置，如洗衣机、电风扇、空调机、电冰箱、抽油烟机等动力装置是各种类型电动机。电动机分为直流电动机、交流异步电动机及交流同步电动机等，但其中约 85%是单相异步电动机。单相异步电动机类似三相异步电动机，电压过低会影响电动机的启动，使转速降低、电流增大，甚至造成绕组烧毁的后果。电压过高有可能损坏绝缘或由于励磁过大而过电流。例如，彩色电视机的显像管，在电源电压过低时运行不正常，造成图像模糊，甚至无法收看；电压过高，显像管的使用寿命会大大缩短。

⑥ 对电网经济运行的影响 输电线路和变压器在输送功率不变的条件下，其电流大小与运行电压成反比。电网低电压运行，会使线路和变压器电流增大，线路和变压器绕组的有功损耗与电流平方成正比，因此低电压运行会使电网有功功率损耗和无功功率损耗大大增加，增大供电成本。

(5) 供电电压偏差的测量

① 测量仪器性能的分类 测量仪器性能分两类，分别定义如下：

A 级性能——用来进行需要精确测量的地方，例如合同的仲裁、解决争议等。

B 级性能——用来进行调查统计、排除故障及其他不需要较高精确度的应用场合。

应该根据每个具体应用场合来选择测量仪器性能的级别。

② 测量方法 获得电压有效值的基本测量时间窗口应为 10 周波，并且每个测量时间窗口应该与紧邻的测量时间窗口接近而不重叠，连续测量并计算电压有效值的平均值，最终计算获得供电电压偏差值，其计算公式如下：

$$电压偏差(\%)=\frac{电压测量值-系统标称电压}{系统标称电压}\times100\% \tag{2-37}$$

对 A 级性能电压监测仪，可根据具体情况选择四个不同类型的时间长度计算供电电压偏差：3s、1min、10min、2h。对 B 级性能电压监测仪制造商应该标明测量时间窗口、计算供电电压偏差的时间长度。时间长度推荐采用 1min 或 10min。

③ 仪器准确度 A 级性能电压监测仪的测量误差不应超过±0.2%；B 级性能仪器的测量误差不应超过±0.5%。

（6）供电电压的监测

① 电压合格率统计　被监测的供电点称为监测点，通过供电电压偏差的统计计算获得电压合格率。供电电压偏差监测统计的时间单位为 min，通常每次以月（或周、季、年）的时间为电压监测的总时间，供电电压偏差超限的时间累计之和为电压超限时间，监测点电压合格率计算公式为：

$$电压合格率(\%)=(1-\frac{电压超限时间}{总运行统计时间})\times100\% \tag{2-38}$$

② 电网电压监测点的分类　电网电压监测分为 A、B、C、D 四类监测点：

a. A 类为带地区供电负荷的变电站和发电厂的 20kV、10（6）kV 母线电压。

b. B 类为 20kV、35kV、66kV 专线供电的和 110kV 及以上供电电压。

c. C 类为 20kV、35kV、66kV 非专线供电的和 10（6）kV 供电电压。每 10MW 负荷至少应设一个电压监测点。

d. D 类为 380/220V 低压网络供电电压。每百台配电变压器至少设 2 个电压监测点。监测点应设在有代表性的低压配电网首末两端和部分重要用户处。

各类监测点每年应随供电网络变化进行调整。

③ 地区电网电压年（季、月）度合格率统计

a. 各类监测点电压合格率为其对应监测点个数的平均值：

$$月度电压合格率(\%)=\sum_{1}^{n}\frac{电压合格率}{n} \tag{2-39}$$

式中　n——各类监测点电压监测数。

$$年(季)度电压合格率(\%)=\sum_{1}^{m}\frac{月度电压合格率}{m} \tag{2-40}$$

式中　m——年（季）度电压合格率统计月数。

b. 电网年（季、月）度综合电压合格率 γ

$$\gamma(\%)=0.5\gamma_A+0.5(\frac{\gamma_B+\gamma_C+\gamma_D}{3}) \tag{2-41}$$

式中　γ_A，γ_B，γ_C，γ_D——A、B、C、D 类的年（季、月）度电压合格率。

（7）改善电压偏差的主要措施

① 利用变压器分接头调压。双绕组电力降压变压器的高压绕组上，除主分接头外，还有几个附加分接头，供不同电压需要时使用。容量在 6300kV · A 及以下无载调压的电力变压器一般有 2 个附加分接头，主分接头对应变压器的额定电压 U_n，2 个附加分接头分别对应 $1.05U_n$ 和 $0.95U_n$。容量在 8000kV · A 及以上无载调压的电力变压器，一般有 4 个附加分接头，它们依次分别对应 $1.05U_n$、$1.025U_n$、$0.975U_n$ 和 $0.955U_n$。

对于不具有带负荷切换分接头装置的变压器，改变分接头时需要停电，因此必须在事前选好一个合适的分接头，兼顾运行中出现的最大负荷及最小负荷，使电压偏差不超出允许范围。这种分接头不适合频繁操作，往往只是做季节性调整。

② 合理减少配电系统阻抗。例如尽量缩短线路长度，采用电缆代替架空线，加大电缆或导线的截面等。

③ 合理补偿无功功率。a. 调整并联补偿电容器组的接入容量。投入电容器后线路及变压器电压损失减少的数据可按以下两式估算或查表 2-22。

线路
$$\Delta u_1'\approx\Delta Q_C\frac{X_1}{1000U_n^2}\times100\% \tag{2-42}$$

变压器
$$\Delta u'_{T} \approx \Delta Q_{C} \frac{u_{T}}{S_{rT}}\% \tag{2-43}$$

式中　ΔQ_C——并联电容器的投入容量，kvar；

X_1——线路的电抗，Ω；

U_n——系统标称电压，kV；

S_{rT}——变压器的额定容量，kV·A；

u_T——变压器的阻抗电压，%。

表 2-22　投入电容器后电压损失减少的数据

供电元件	配电变压器						每千米架空线路			每千米电缆线路		
	容量/kV·A						电压/kV			电压/kV		
	315	500	630	800	1000	1250	0.38	6	10	0.38	6	10
投入 100kvar 电容器后电压提高值/%	1.27	0.8	0.71	0.56	0.45	0.36	28	0.11	0.04	5.5	0.022	0.008
电压提高 1%需投入电容器容量/kvar	79	125	140	178	222	278	3.6	900	2500	18	4500	12500

注：表中架空线、电缆电压损失的计算参数、架空线的截面积采用 10mm²，电缆的截面积采用 50mm² 时的线路电抗值作为依据。

电网电压过高时往往也是电力用户负荷较低、功率因数偏高的时候，适时减少电容器组的投入容量，能同时起到合理补偿无功功率和调整电压偏差水平的作用。如果采用的是低压电容器，调压效果将更显著，应尽量采用按功率因数或电压调整的自动装置。

b. 调整同步电动机的励磁电流。在铭牌规定值的范围内适当调整同步电动机的励磁电流，使其超前或滞后运行，就能产生或消耗无功功率，从而达到改变网络负荷的功率因数和调整电压偏差的目的。

④ 尽量使三相负荷平衡。

⑤ 改变配电系统运行方式。如切、合联络线或将变压器分、并列运行，借助改变配电系统的阻抗，调整电压偏差。

⑥ 利用有载调压变压器调压。有载调压变压器又称带负荷调压变压器，其调压范围大一些，且可以随时调整，容易满足电力用户对电压偏差的要求，因此在电力系统中得到广泛使用。在经济发达国家中，得到普遍采用作为保证用户电压质量的主要手段，但它对电压稳定有一定反作用。有载调压变压器高压侧除主绕组外，还有一个可调分接头的调压绕组，调压范围通常是 1.25%、2.5%和 2%的倍数，由于带负荷调压变压器分接头开头的可靠性原因，其调节次数不能太频繁。

符合在下列情况之一的变电所中的变压器，应采用有载调压变压器：大于等于 35kV 电压的变电所中的降压变压器，直接向 35kV、10kV、6kV 电网送电时；35kV 降压变电所的主变压器，在电压偏差不能满足要求时。

10kV、6kV 配电变压器不宜采用有载调压变压器；但在当地 10kV、6kV 电源电压偏差不能满足要求，且用户有对电压要求严格的设备，单独设置调压装置技术经济不合理时，亦可采用 10kV、6kV 有载调压变压器。

2.3.2　电压波动/闪变及其抑制[34,63]

(1) 电压波动和闪变的基本概念

① 电压波动　电压波动（voltage fluctuation）：是指电压方均根值（有效值）一系列的变

动或连续的改变。电压波动值为电压均方根值的两个极值 U_{max} 和 U_{min} 之差 ΔU，常以系统标称电压 U_N 的百分数表示其相对百分值，即

$$d=\frac{\Delta U}{U_N}\times 100\%=\frac{U_{max}-U_{min}}{U_N}\times 100\% \tag{2-44}$$

若电压波动变化率低于每秒 0.2%时，应视为电压偏差，它不属于电压波动的范围。

② 闪变　闪变（flicker）的定义：是灯光照度不稳定造成的视感。电弧炉、轧钢机等大功率装置的运行会引起电网电压波动，而电压波动常会导致许多电气设备不能正常工作。通常，白炽灯对电压波动的敏感程度要远大于日光灯、电视机等电气设备，若电压波动的大小不足以使白炽灯闪烁，则肯定不会使日光灯、电视机等设备工作异常。因此，通常选用白炽灯的工况来判断电压波动值是否能够被接受。闪变一词是闪烁的广义描述，它可理解为人对白炽灯明暗变化的感觉，包括电压波动对电工设备的影响及危害。但不能以电压波动来代替闪变，因为闪变是人对照度波动的主观视感。

闪变的主要决定因素如下：

a. 供电电压波动的幅值、频度和波形。

b. 照明装置。以对白炽灯的照度波形影响最大，且与白炽灯的瓦数和额定电压等有关。

c. 人对闪变的主观视感。由于人们视感的差异，须对观察者的闪变视感作抽样调查。

（2）电压波动和闪变的产生

① 电压波动的产生　电压波动是由用户负荷的剧烈变化所引起的。

a. 大型电动机启动时引起的电压波动　工厂供电系统中广泛采用笼型感应电动机和异步启动的同步电动机，其启动电流可达到额定电流的 4～6 倍（3000r/min 的感应电动机可达到其额定电流的 9～11 倍）。一方面，启动和电网恢复电压时的自启动电流流经网络及变压器，在各个元件上引起附加的电压损失，使该供电系统和母线都产生快速、短时的电压波动；另一方面，启动电流不仅数值很大，且有很低的滞后功率因数，将造成更大的电压波动。波动必然要波及该系统其他用户的正常工作，特别是对要启动的电动机，当电压降得比额定电压低得较多时，其转矩急剧减小，长时间达不到额定转速，从而使绕组过热。这种情况对有较多自启动电动机的车间更为不利，譬如使化工、石油、轻工业等行业生产车间中连续生产的电机减速，甚至强迫其停止运行，直至全厂停工。这种影响对于容量较小的电力系统尤为严重。

工业企业中，当重型设备的容量增大和某些生产过程功率变化非常剧烈时，电压波动值大，波及面广。例如作为轧钢机的同步电动机，单台容量国外已达到 20000kW 以上，工作时有功功率的冲击值达到额定容量的 120%～300%，启动电流是额定电流的 7 倍，而且 1min 之内功率变化范围为 10～20 倍。

b. 带冲击负载的电动机引起的电压波动　有些机械由于生产工艺的需要，其电动机负载是冲击性的，如冲床、压力机和轧钢机等机械设备。其特点是，负荷在工作过程中作剧增和剧减变化，并周期性地交替变更。这些机械一般采用了带飞轮的电力拖动系统，飞轮的储能和释能拉平了电动机轴上的负载，降低了电动机的能量损耗。但由于机械惯性较大，冲击电流依然存在，故伴随负荷周期性变化不可避免地会产生电压波动。

与此同时，利用大型可控整流装置供给剧烈变化的冲击性负荷也是产生电压波动或闪变的一个重要因素。不像具有较大惯量的机械变流机组，也不像具有快速调节励磁装置的同步电动机，它毫无阻尼和惯性，在极短的驱动和制动工作循环内，从电网吸收和向电网送出大量的无功功率，引起剧烈的电压波动或闪变。

c. 反复短时工作制负载引起的电压波动　这类负载的特点是，负载作周期性交替增减变化，但其交替的周期和交替的幅值均不为定值。如吊运工件的吊车、手工焊接用的交直流电焊

机等。大型电焊设备也会造成电压波动或闪变，但较之电弧炉，其影响面较小。一般来说，它只对 1000V 以下的低压配电网有较明显影响，例如接触焊机的冲击负荷电流约为额定值的 2 倍，在电极接触时能达到额定值的 3 倍以上。目前，企业为了节约用电，交直流电焊机均装设了自动断电装置。因此，在节约用电的同时，电动机的启动电流和焊接变压器的涌流却加剧了电网的电压波动。

d. 大型电弧炼钢炉运行时造成大的电压波动或闪变 电弧炉在熔炼期间频繁切断，甚至在一次熔炼过程可能达到 10 次以上。熔炼期间升降电极、调整炉体、检查炉况等工艺环节需要的电流很小，而炉料崩落则可在电极尖端形成短路，不同工艺环节所需电流的变化，导致了电压波动或闪变。

e. 供电系统短路电流引起的电压波动 当厂矿企业中高、低压配电线路及电气设备发生短路故障时，若继电保护装置或断路器失灵，可能使故障持续存在，也可能造成越级跳闸。这样可能会损坏配电装置，造成大面积停电，延长整个电网的电压波动时间并扩大波动范围。

② 电压闪变的产生 引起电压闪变的原因大致可以分为三类：一是电源引起电力系统电压闪变；二是负载的切换、电动机的启动引起电压闪变；三是冲击性负荷投入电网运行引起的电压闪变。下面就各种闪变源进行阐述。

a. 电源引起的电压闪变 电源引起电压闪变主要是指风力发电机发电时产生的闪变。这是因为风力发电机组的出力（输出功率）随风速变化而改变，随机性很大，造成功率的连续波动和暂态扰动，从而使电网产生电压波动和闪变。研究表明，闪变的大小与风电场及网络连接点的阻抗 X/R 值有很大的关系，配电网络 X/R 值一般在 0.5～10 之间，当 $X/R=1.75$ 时，闪变最小。对于定速定桨距风机，在高风速状态下比低风速状态下产生的闪变大得多。定速变桨距风机在接近额定风速时产生的闪变最大，若风速更高，则闪变会明显减弱，而且比定桨距风机产生的闪变要弱得多。变速风机产生的闪变要比定速风机弱，变速定桨距风机产生的闪变较小。

b. 电动机启动引起的电压闪变 在实际工作中，许多用户的电动机根据工序要求需要不断启停。在电动机启动时，高浪涌电流和低功率因数共同作用引起闪变。电扇、泵、压缩机、空调、冰箱、电梯等属于这种负载。另外，功率因数校正电容器的投切也会引起电压闪变。根据电动机引起的闪变干扰限制，电动机启动引起的电压变动越大，就要求其单位时间内启动的次数越少。

c. 冲击性负荷的投入引起的电压闪变 冲击性负荷的种类很多，如电弧炉、轧钢机、矿山绞车、电力机车等。这类负荷的功率都很大，达几万千瓦甚至几十万千瓦，它们具有以下共同特点：有功功率和无功功率随机地或周期地大幅度波动；有较大的无功功率，运行时的功率因数通常较低；负荷三相严重不对称；产生大量的谐波反馈入电网中，污染供电系统。

因此，当这些负荷运行时，电网电压不稳定，产生快速或缓慢的波动。而且，由于这些冲击性负荷的特性又各有差异，它们产生的闪变情况也各不相同。

电弧炉冶炼的原理是：将废钢装入炉内，封闭炉盖，插入三相电极，接通三相工频电源，则在电极和废钢之间产生工频大电流电弧，利用电弧热量熔化废钢。由于废钢和电极之间存在直接电弧，随着废钢的熔化必然引起电弧长度的变化，进而导致燃弧点的移动，电弧极不稳定，电弧快速变动导致周期闪变。

电弧炉的冶炼过程可分为熔化期和冶炼期。在初始熔化期，由于炉内温度较低，电弧维持困难，电弧频繁的时燃时灭，电流是断续的。随着熔化的进行，电极逐渐下降，废钢从电极附近开始熔化，进入熔化中期。在熔化中期，废钢的熔化先从下部开始，下部废钢熔化后，上部的钢块不稳定，于是纷纷落下，引起电极端突发的短路，电弧电流出现了急剧的大幅度变化，电弧电流的变动引起了电压闪变。这种由于电极短路引起的急剧变动导致非周期闪变。熔化中期过后，炉底有了相当的钢液，电弧相对稳定，闪变程度大大减轻。熔化完成后，进入冶炼期边升温边加入铁矿石和氧，以便进行氧化精炼。之后，对钢渣进行还原性精炼，加石灰进行脱氧脱硫。这一时期，电弧较稳定，电流变化较小，闪变基本消失。

电弧炉负荷所产生的电压闪变的频谱范围集中在1～14Hz，且其频率分量的幅值基本上与其频率成正比，此频谱正处于人类视觉敏感区域，引起的闪变最严重。

由晶闸管整流供电的大型轧机，其负荷虽然很大，但与电弧炉负荷相比，其变化要慢得多，因此其视感度系数较小，引起的闪变效应也不是很严重。电力机车运行引起电压波动的频率较低，所以由它引起的电压闪变效应也不是很明显。电焊机分电弧焊机和电阻焊机等类型。交流电弧焊机的功率小，通电时间长，虽然工况变化较大，但功率不大，不会引起闪变干扰；电阻焊机通电时间短，仅几个周波，但它的使用率低，功率因数低，容量大，多为单相负荷，对电网的闪变干扰较大。然而，电焊机的容量远小于电弧炉，因此由其引起的电力扰动范围远小于电弧炉。

综上所述，电弧炉引起的电网电压波动和闪变是比较严重的。因此国内外有关规定主要是针对电弧炉而言的，只要能满足电弧炉的标准，一般就能满足对其他类型负荷的波动要求。有关研究表明，电弧炉运行引起的电网电压波动大小与调幅波的调制频率有关，其关系为 $V_f \propto 1/f^n$，一般情况下，$n=0.5$。

由各种电压闪变源的特点可知，电压闪变现象可分为两类，即周期性闪变和非周期性闪变。前者主要是由周期性电压波动引起的，如往复式压缩机、点焊机、电弧炉等；后者往往与随机性电压波动有关，如风力发电机的运行、大型电动机的启动；有些负荷既可以引起周期性的闪变，也可以引起非周期性的闪变，如电弧炉、电焊机等。因此，电压波动和闪变信号是一种随机的、动态的信号，也就是说它是一种非平稳信号。

（3）电压波动和闪变的危害

供电系统中的电压波动问题主要是由大容量的、具有冲击性功率的负荷引起的，如变频调速装置、炼钢电弧炉、电气化铁路和大型轧钢机等。当系统的短路容量较小时，若这些非线性、不平衡冲击性负荷在生产过程中有功和无功功率随机地或周期性地大幅度变动，其波动电流流过供电线路阻抗会产生变动的压降，导致同一电网上其他用户电压以相同的频率波动，危害其他馈电线路上用户的电气设备，严重时会使其他用户无法正常工作。由于一般用电设备对电压波动敏感度远低于白炽灯，通常选择人对白炽灯照度波动的主观视感，即闪变作为衡量电压波动危害程度的评价指标，电压波动的危害主要表现在以下方面。

① 照明灯光闪烁引起人的视觉不适和疲劳，进而影响视力。试验测得，当电源电压变化1%时，稳态时白炽灯可见光变化为3.2%～3.8%，因灯泡种类不同而有所变化，各种荧光灯可见光输出的变化范围为0.8%～1.8%。

② 电视机画面亮度变化，图像垂直和水平摆动，从而刺激人的眼睛和大脑。

③ 电动机转速不均匀，不仅危害电机、电器正常运行及寿命，而且影响产品质量。

④ 电子仪器、电子计算机、自动控制设备等工作不正常。

⑤ 影响对电压波动较敏感的工艺或实验结果，如实验时示波器波形跳动，大功率稳流管的电流不稳定，导致实验无法进行。

（4）电压波动和闪变的限值

1）电压波动的限值　任何一个波动负荷用户在电力系统公共连接点产生的电压变动，其限值和变动频度、电压等级有关。对于电压变动频度（例如 $r \leqslant 1000$ 次/h）或规则周期性电压波动，可通过测量电压方均根值曲线 $U(t)$ 确定其电压变动频度和电压变动值。电压波动限值见表2-23。

表 2-23　电压波动限值

r/(次/h)	d/%	
	LV、MV	HV
$r\leqslant 1$	4	3
$1<r\leqslant 10$	3 *	2.5 *
$10<r\leqslant 100$	2	1.5
$100<r\leqslant 1000$	1.25	1

注：1. 很少的变动频度 r（每日少于 1 次），电压变动限值 d 还可以放宽，但不在本标准中规定。
2. 对于随机性不规则的电压波动，如电弧炉负荷引起的电压波动，表中标有“ * ”的值为其限值。
3. 参照 GB/T 156—2007，本标准中系统标称电压 U_N 等级按以下划分：
低压（LV）　$U_N\leqslant 1kV$
中压（MV）　$1kV<U_N\leqslant 35kV$
高压（HV）　$35kV<U_N\leqslant 220kV$
对于 220kV 以上超高压（EHV）系统的电压波动限值可参照高压（HV）系统执行。

2）闪变的限值　电力系统公共连接点，在系统正常运行的较小方式下，以一周（168h）为测量周期，所有长时间闪变值 P_{lt} 都应满足表 2-24 闪变限值的要求。

表 2-24　闪变限值

P_{lt}	
≤110kV	>110kV
1	0.8

任何一个波动负荷用户在电力系统公共连接点单独引起的电压变动和闪变值一般应满足下列要求。

① 电力系统正常运行的较小方式下，波动负荷处于正常、连续工作状态，以一天（24h）为测量周期，并保证波动负荷的最大工作周期包含在内，测量获得的最大长时间闪变值和波动负荷退出时的背景闪变值，通过下列计算获得波动负荷单独引起的长时间闪变值：

$$P_{lt2}=\sqrt[3]{P_{lt1}^{3}-P_{lt0}^{3}} \tag{2-45}$$

式中　P_{lt1}——波动负荷投入时的长时间闪变测量值；
P_{lt0}——背景闪变值，是波动负荷退出时一段时期内的长时间闪变测量值；
P_{lt2}——波动负荷单独引起的长时间闪变值。

波动负荷单独引起的闪变值根据用户负荷大小、其协议用电量占总供电容量的比例以及电力系统公共连接点的状况，分别按三级作不同的规定和处理。

② 第一级规定。满足本级规定，可以不经闪变核算，允许接入电网。

a. 对于 LV 和 MV 用户，第一级限值见表 2-25。

表 2-25　LV 和 MV 用户第一级限值

r/(次/min)	$k=(\Delta S/S_{sc})_{max}$/%
$r<10$	0.4
$10\leqslant r\leqslant 200$	0.2
$200<r$	0.1

注：表中 ΔS 为波动负荷视在功率的变动；S_{sc} 为公共连接点 PCC（point of common coupling——电力系统中一个以上用户的连接处）短路容量。

b. 对于 HV 用户，满足（$\Delta S/S_{sc}$）$_{max}$＜0.1%。

c. 满足 P_{lt}＜0.25 的单个波动负荷用户。

d. 符合 GB 17625.2 和 GB/Z 17625.3 的低压用电设备。

③ 第二级规定。波动负荷单独引起的长时间闪变值须小于该负荷用户的闪变限值。

每个用户按其协议用电容量 S_i（$S_i=P_i/\cos\varphi_i$）和总供电容量 S_t 之比，考虑上一级对下一级闪变传递的影响（下一级对上一级的传递一般忽略）等因素后确定该用户的闪变限值。单个用户闪变限值的计算如下。

首先求出接于 PCC 点的全部负荷产生闪变的总限值 G：

$$G=\sqrt[3]{L_P^3-T^3L_H^3} \tag{2-46}$$

式中　L_P——PCC 点对应电压等级的长时间闪变限值 P_{lt} 限值；

L_H——上一电压等级的长时间闪变值 P_{lt} 限值；

T——上一电压等级对下一电压等级的闪变传递系数，其推荐为 0.8。不考虑超高压（EHV）系统对下一级电压系统的闪变传递。各电压等级的闪变限值见表 2-24。

单个用户闪变限值 E_i 为：

$$E_i=G\sqrt[3]{\frac{S_i}{S_t}}\times\frac{1}{F} \tag{2-47}$$

式中　F——波动负荷的同时系数，其典型值 $F_{MV}=0.2\sim0.3$（但必须满足 $S/F\leqslant S_t$）。

④ 第三级规定。对不满足第二级规定的单个波动负荷用户，经过治理后仍超过其闪变限值，可根据 PCC 点的实际闪变情况和电网的发展预测适当放宽其限值，但 PCC 点的闪变值必须符合表 2-24 的规定。

（5）电压波动和闪变的测量和计算

① 电压波动的测量和计算　电压波动可以通过电压方均根值曲线 $U(t)$ 来描述，电压变动 d 和电压变动频度 r 则是衡量电压波动大小和快慢的指标。

当电压变动频度较低且具有周期性时，可通过电压方均根值 $U(t)$ 的测量，对电压波动进行评估。单次电压变动可通过系统和负荷参数进行估算。

当已知三相负荷的有功功率和无功功率的变化量分别为 ΔP_i 和 ΔQ_i 时，则用下式计算：

$$d=\frac{R_L\Delta P_i+X_L\Delta Q_i}{U_N^2}\times100\% \tag{2-48}$$

式中　R_L，X_L——分别为电网阻抗的电阻和电抗分量。

在高压电网中，一般 $X_L>>R_L$

$$d\approx\frac{\Delta Q_i}{S_{sc}}\times100\% \tag{2-49}$$

式中　S_{sc}——考察点（一般为 PCC）在正常较小方式下的短路容量。

对于平衡的三相负荷：

$$d\approx\frac{\Delta S_i}{\Delta S_{sc}}\times100\% \tag{2-50}$$

式中　ΔS_i——负荷容量的变化量；

对于相间单相负荷：

$$d\approx\frac{\sqrt{3}\,\Delta S_i}{S_{sc}}\times100\% \tag{2-51}$$

【注】 当缺少正常较小方式下的短路容量时，设计所取的系统短路容量可以用投产时系统最大短路容量乘

以系数 0.7 进行计算。

② 闪变的测量和计算　闪变是电压波动在一段时间内的累计效果，通过灯光照度不稳定造成的视感来反映，主要由短时间闪变 P_{st} 和长时间闪变值 P_{lt} 来衡量。

a. 短时间闪变 P_{st} 的计算方法：根据 IEC 61000-4-15：1996 制造的 IEC 闪变仪是目前国际上通用的测量闪变的仪器，有模拟式的也有部分或全部是数字式两种结构，其简化原理框图如图 2-13 所示。

图 2-13　IEC 闪变仪模型的简化框图

框 1 为输入级，它除了用来实现把不同等级的电源电压（从电压互感器或输入变压器二次侧取得）降到适用于仪器内部电路电压值的功能外，还产生标准的调制波，用于仪器的自检。框 2、3、4 综合模拟了灯-眼-脑环节对电压波动的反应。其中框 2 对电压波动分量进行解调，获得与电压变动呈线性关系的电压；框 3 的带通加权滤波器反映了人对 60W、230V 钨丝灯在不同频率的电压波动下照度变化的敏感程度，通频带为 0.05～35Hz；框 4 包含一个平方器和时间常数为 300ms 的低通滤波器，用来模拟灯-眼-脑环节对灯光照度变化的暂态非线性响应和记忆效应。框 4 的输出 $S(t)$ 反映了人的视觉对电压波动的瞬时闪变感觉水平，如图 2-14（a）所示，可对 $S(t)$ 作不同的处理来反映电网电压引起的闪变情况。进入框 5 的 $S(t)$ 值是用积累概率函数 CPF（cumulative probability function，其横坐标表示被测量值，纵坐标表示超过对应横坐标值的时间占整个测量时间的百分数）的方法进行分析。在观察期内（10min），对上述信号进行统计。

图中为了简明起见，分为 10 级。以第 7 级为例，由图 2-14（a）可得：

$$T_7 = \sum_{i=1}^{5} t_i \tag{2-52}$$

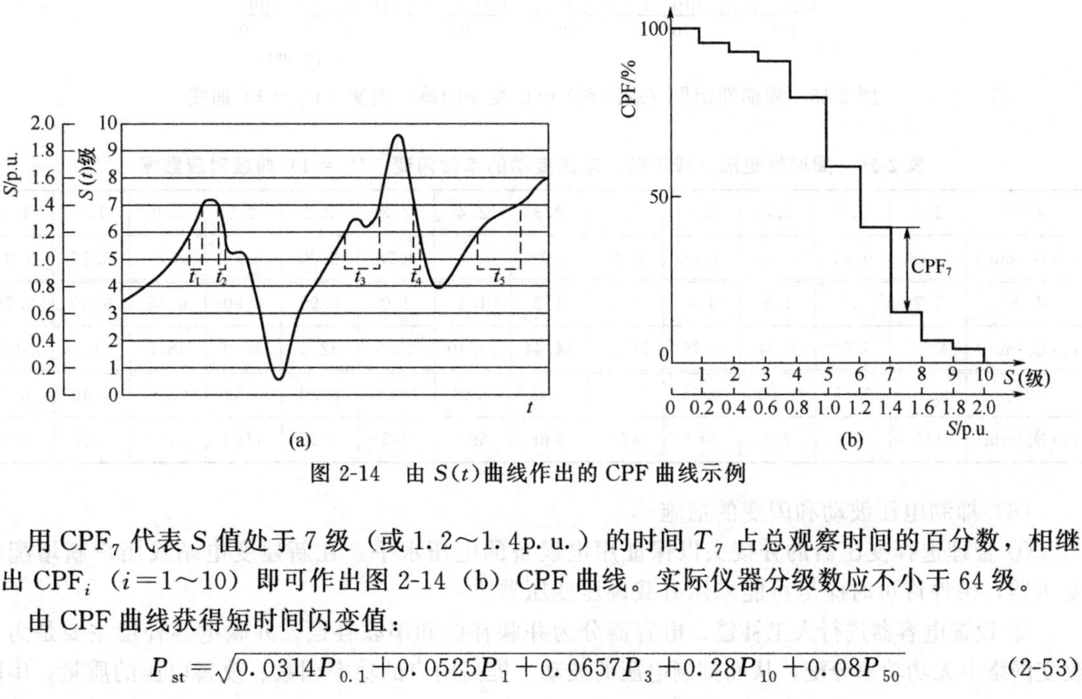

图 2-14　由 $S(t)$ 曲线作出的 CPF 曲线示例

用 CPF_7 代表 S 值处于 7 级（或 1.2～1.4p.u.）的时间 T_7 占总观察时间的百分数，相继求出 CPF_i（i=1～10）即可作出图 2-14（b）CPF 曲线。实际仪器分级数应不小于 64 级。

由 CPF 曲线获得短时间闪变值：

$$P_{st} = \sqrt{0.0314P_{0.1} + 0.0525P_1 + 0.0657P_3 + 0.28P_{10} + 0.08P_{50}} \tag{2-53}$$

式中　$P_{0.1}$，P_1，P_3，P_{10}，P_{50}——分别为 CPF 曲线上等于 0.1%、1%、3%、10%和 50%时间的 $S(t)$值。

b. 长时间闪变值 P_{lt} 由测量时间段内包含的短时间闪变值计算获得：

$$P_{lt}=\sqrt[3]{\frac{1}{n}\sum_{j=1}^{n}(P_{stj})^3} \tag{2-54}$$

式中　n——长时间闪变值测量时间内所包含的短时间闪变值个数。

P_{st} 和 P_{lt} 由图 2-13 框 5 输出。

每计算获得一个 P_{st} 可依据上式进行递推计算，获得一个 P_{lt}。

各种类型电压波动引起的电压闪变均可采用符合 IEC 61000-4-15：1996 制造的 IEC 闪变仪进行直接测量，这是闪变量值判定的基准方法。对于三相等概率的波动负荷，可以任意选取一相测量。

当负荷为周期性等间隔矩形波（或阶跃波）时，闪变可通过其电压变动 d 和频度 r 进行估算。已知电压变动 d 和频度 r 时，可以利用图 2-15（或表 2-26）用 $P_{st}=1$ 曲线由 r 查处对应于 $P_{st}=1$ 的电压变动 d_{Lim}，计算出其短时间闪变值：

$$P_{st}=d/d_{Lim} \tag{2-55}$$

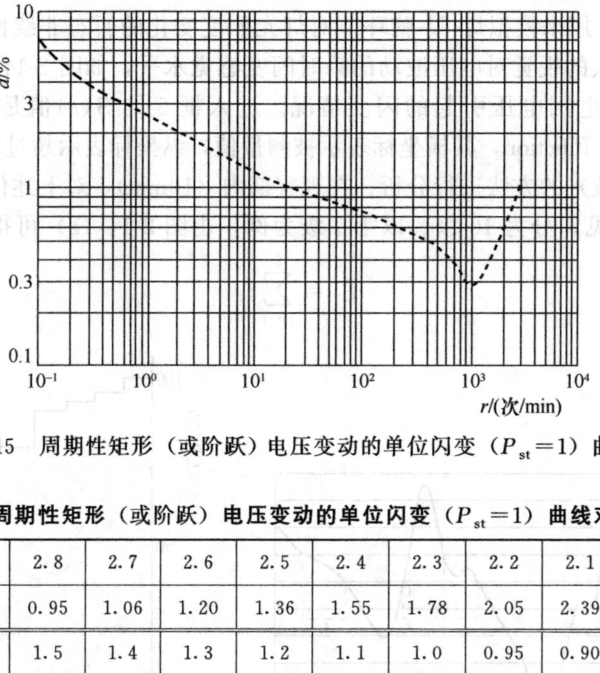

图 2-15　周期性矩形（或阶跃）电压变动的单位闪变（$P_{st}=1$）曲线

表 2-26　周期性矩形（或阶跃）电压变动的单位闪变（$P_{st}=1$）曲线对应数据

d/%	3.0	2.9	2.8	2.7	2.6	2.5	2.4	2.3	2.2	2.1	2.0	1.9	1.8
r/(次/min)	0.76	0.84	0.95	1.06	1.20	1.36	1.55	1.78	2.05	2.39	2.79	3.29	3.92
d/%	1.7	1.6	1.5	1.4	1.3	1.2	1.1	1.0	0.95	0.90	0.85	0.80	0.75
r/(次/min)	4.71	5.72	7.04	8.79	11.16	14.44	19.10	26.6	32.0	39.0	48.7	61.8	80.5
d/%	0.70	0.65	0.60	0.55	0.50	0.45	0.40	0.35	0.29	0.30	0.35	0.40	0.45
r/(次/min)	110	175	275	380	475	580	690	795	1052	1180	1400	1620	1800

（6）抑制电压波动和闪变的措施

① 合理选择变压器的分接头以保证用电设备的电压水平。在新建变电站或用户新增配电变压器，条件许可时应尽可能采用有载调压变压器。

② 设置电容器进行人工补偿。电容器分为并联补偿和串联补偿。并联电容补偿主要是为了改变网络中无功功率分配，从而抑制电压的波动、提高用户的功率因数、改善电压的质量；串联

补偿主要是为了改变线路参数，从而减少线路电压损失，提高线路末端电压并减少电能损耗。

③ 线路出口加装限流电抗器。在发电厂 10kV 电缆出线和大容量变电所线路出口加装限流电抗器，以增加线路的短路阻抗，限制线路故障时的短路电流，减小电压变化的波及范围，提高变电所的 35kV 母线遭短路时的电压。

④ 采用电抗值最小的高低压配电线路方案。通常，架空线路的电抗约为 0.4Ω/km，电缆线路的电抗约为 0.08Ω/km。可见，在同样长度的架空线路和电缆线路上因负载波动引起的电压波动是相差悬殊的。因此，条件许可时，应尽量优先采用电缆线路供电。

⑤ 配电变压器并列运行。变压器并列运行是减少变压器阻抗的唯一方法。

⑥ 大型感应电动机带电容器补偿。其目的主要为了对大型感应电动机进行个别补偿。在线结构上使电动机和电容器同时投入运行，电动机较大的滞后启动电流和电容器较大的超前冲击电流的抵消作用，使其从一开始启动就有良好的功率因数，并且在整个负荷范围内都保持良好的功率因数，对电力系统电压波动起到了很好的稳定作用。

⑦ 采用电力稳压器稳压。随着电力电子技术的进一步发展，目前国产的各类电力稳器质量都较可靠，这种电力稳压器主要用于低压供配电系统，能在配电网络的供电电压波动或负载发生变化时自动保持输出电压的稳定，确保用电设备的正常运行。

2.3.3 谐波及其抑制[35,59,63]

(1) 谐波（分量）harmonic (component)的基本概念

交流电网中，由于许多非线性电气设备的投入运行，其电压、电流波形实际上不是完全的正弦波形，而是不同程度畸变的非正弦波。非正弦波通常是周期性电气分量，根据傅里叶级数分析，可分解成基波分量和具有基波分量整数倍的谐波分量。非正弦波的电压或电流有效值等于基波和各次谐波电压或电流有效值的方均根（平方和的平方根）值。基波频率为电网频率（工频 50Hz）。谐波次数（h）是谐波频率与基波频率的整数比。

谐波含有率是周期性电气量中含有的第 h 次谐波分量有效值与基波分量有效值之比，用百分数表示。第 h 次谐波电压含有率为

$$HRU_{\mathrm{h}}=\frac{U_{\mathrm{h}}}{U_1}\times 100\% \tag{2-56}$$

式中 U_{h}——第 h 次谐波电压（有效值），kV；

U_1——基波电压（有效值），kV。

第 h 次谐波电流含有率为

$$HRI_{\mathrm{h}}=\frac{I_{\mathrm{h}}}{I_1}\times 100\% \tag{2-57}$$

式中 I_{h}——第 h 次谐波电流（有效值），A；

I_1——基波电流（有效值），A。

谐波含量（电压或电流）是周期性电气量中含有的各次谐波分量有效值的方均根值。谐波电压和谐波电流含量分别为

$$U_{\mathrm{H}}=\sqrt{\sum_{h=2}^{\infty}U_{\mathrm{h}}^2} \tag{2-58}$$

$$I_{\mathrm{H}}=\sqrt{\sum_{h=2}^{\infty}I_{\mathrm{h}}^2} \tag{2-59}$$

表征波形畸变程度的总谐波畸变率，是用周期性电气量中的谐波含量与其基波分量有效值

之比，用百分数表示。电压、电流总谐波畸变率分别为

$$THD_{\mathrm{U}}=\frac{U_{\mathrm{H}}}{U_1}\times100\% \tag{2-60}$$

$$THD_{\mathrm{I}}=\frac{I_{\mathrm{H}}}{I_1}\times100\% \tag{2-61}$$

谐波按照相序，分为正序谐波（第 4、7、10…$3n+1$ 次）、负序谐波（第 2、5、8…$3n-1$ 次）和零序谐波（第 3、6、9…$3n$ 次）。按照谐波次数，分为偶次谐波、奇次谐波和分次谐波（非整数次谐波）。

（2）谐波的产生原因

电力系统本身包含的能产生谐波电流的非线性元件主要是变压器的空载电流，交直流换流站的可控硅控制元件，可控硅控制的电容器、电抗器组等。但是，电力系统谐波更主要的来源是各种非线性负荷用户，如各种整流设备、调节设备、电弧炉、轧钢机以及电气拖动设备。各种低压电气设备和家用电器所产生的谐波电流也能从低压侧馈入高压侧，对于这些设备，即使供给它理想的正弦波电压，其电流也是非正弦的，即有谐波电流存在。其谐波含量决定于它本身的特性和工况，基本上与电力系统参数无关，因而可看作谐波恒流源。这些用电设备产生的谐波电流注入电力系统，使系统各处电压含有谐波分量变压器的励磁回路也是非线性电路，也会产生谐波电流。荧光灯和家用电器单个容量不大，但数量很大且散布于各处，电力部门又难以管理，如果这些设备的电流谐波含量过大，则会对电力系统造成严重影响，因此对该类设备的电流谐波含量，在制造时即应限制在一定的数量范围内。

（3）谐波的影响与危害

① 对旋转电动机的影响与危害　旋转电动机定子中的正序和负序谐波电流，分别形成正向和反向旋转磁场，使旋转电动机产生固定数的振动力矩和转速的周期变化，从而使电动机效率降低，发热增加。对于同步电动机的转子，又分别感应出正序和负序谐波电流。由于集肤效应，其主要部分并不是在转子绕组中流动，而是在转子表面形成环流，造成明显局部发热，缩短其使用寿命。

② 对变压器的影响与危害　变压器等电气设备由于过大的谐波电流而产生附加损耗，从而引起过热，使绝缘介质老化加速，导致绝缘损坏。正序和负序谐波电流同样使变压器铁芯产生磁滞伸缩和噪声，电抗器产生振动和噪声。

③ 对并联电容器的影响与危害　并联电容器的容性阻抗特性，以及阻抗和频率成反比的特性，使得电容器容易吸收谐波电流而引起过载发热；当其容性阻抗与系统中感性阻抗相匹配时，容易构成谐波谐振，使电容器发热导致绝缘击穿的故障增多。谐波电压与基波电压峰值发生叠加，使得电容器介质更容易发生局部放电；此外，谐波电压与基波电压叠加时使电压波形增多了起伏，倾向于增多每个周期中局部放电的次数，相应地增加了每个周期中局部放电的功率，而绝缘寿命则与局部放电功率成反比。

④ 对断路器的影响与危害　谐波电流的发热作用大于有效值相等的工频电流，能降低热元件的发热动作电流。高次谐波含量较高的电流能使断路器的开断能力降低。当电流的有效值相同时，波形畸变严重的电流与工频正弦波形的电流相比，在电流过零时的 $\mathrm{d}i/\mathrm{d}t$ 可能较大。当存在严重的谐波电流时，某些断路器的磁吹线圈不能正常工作。

⑤ 对电子设备的影响与危害　使相位控制设备的正常工作因控制信号紊乱而受到干扰，如电子计算机误动作、电子设备误触发、电子元件测试无法进行等。

⑥ 对继电保护的影响与危害　使某些类型的继电保护，如晶体管整流型距离保护、变压器及母线复合电压保护由于相位变化而误动或拒动。

⑦ 对通信线路的影响与危害　使通信线路、信息线路产生噪声，甚至造成故障。

⑧ 其他影响与危害　消弧线圈是按照所接的局部电网的工频参数来调谐的，对于谐波实际上不起作用。谐波电压使电缆绝缘局部放电增加，对电缆使用寿命有较大影响。大容量高压变压器由谐波造成的涌磁过程能延续数秒或更长时间，有可能引起谐波过电压，并使有关避雷器的放电时间过长，放电能量过大而受到损坏。三相或单相电压互感器往往由于谐波引起的谐振而导致损坏。谐波电流引起的电气设备及配电线路过载导致短路，甚至引发火灾的事件屡有发生。

（4）谐波电压限值和谐波电流允许值

根据国家标准 GB/T 14549—1993《电能质量 公用电网谐波》的规定，公共电网谐波电压（相电压）限值见表 2-27。

公共连接点的全部用户向该点注入的谐波电流分量（方均根值）不应超过表 2-28 中规定的允许值。当电网公共连接点的最小短路容量不同于表 2-28 基准短路容量时，按下式修正表 2-28 中的谐波电流允许值：

$$I_h=(S_{k1}/S_{k2})/I_{hp} \tag{2-62}$$

式中　S_{k1}——公共连接点的最小短路容量，MV·A；

S_{k2}——基准短路容量，MV·A；

I_{hp}——表 2-28 中的第 h 次谐波电流允许值，A；

I_h——短路容量为 S_{k1} 时的第 h 次谐波电流允许值。

表 2-27　公共电网谐波电压（相电压）

电网标称电压/kV	电压总谐波畸变率/%	各次谐波电压含有率/%	
		奇次	偶次
0.38	5.0	4.0	2.0
6	4.0	3.2	1.6
10			
35	3.0	2.4	1.2
66			
110	2.0	1.6	0.8

表 2-28　注入公共连接点的谐波电流允许值

标称电压/kV	基准短路容量/MV·A	谐波次数及谐波电流允许值/A											
		2	3	4	5	6	7	8	9	10	11	12	13
0.38	10	78	62	39	62	26	44	19	21	16	28	13	24
6	100	43	34	21	34	14	24	11	11	8.5	16	7.1	13
10	100	26	20	13	20	8.5	15	6.4	6.8	5.1	9.3	4.3	7.9
35	250	15	12	7.7	12	5.1	8.8	3.8	4.1	3.1	5.6	2.6	4.7
66	500	16	13	8.1	13	5.4	9.3	4.1	4.3	3.3	5.9	2.7	5.0
110	750	12	9.6	6.0	9.6	4.0	6.8	3.0	3.2	2.4	4.3	2.0	3.7

续表

标称电压/kV	基准短路容量/MV·A	谐波次数及谐波电流允许值/A											
		14	15	16	17	18	19	20	21	22	23	24	25
0.38	10	11	12	9.7	18	8.6	16	7.8	8.9	7.1	14	6.5	12
6	100	6.1	6.8	5.3	10	4.7	9.0	4.3	4.9	3.9	7.4	3.6	6.8
10	100	3.7	4.1	3.2	6.0	2.8	5.4	2.6	2.9	2.3	4.5	2.1	4.1
35	250	2.2	2.5	1.9	3.6	1.7	3.2	1.5	1.8	1.4	2.7	1.3	2.5
66	500	2.3	2.6	2.0	3.8	1.8	3.4	1.6	1.9	1.5	2.8	1.4	2.6
110	750	1.7	1.9	1.5	2.8	1.3	2.5	1.2	1.4	1.1	2.1	1.0	1.9

注：220kV 基准短路容量取 2000MV·A。

同一公共连接点的每个用户向电网注入的谐波电流允许值按此用户在该点的协议容量与其公共连接点的供电设备容量之比进行分配。

（5）谐波的计算

① 第 h 次谐波电压含有率 HRU_h 与第 h 次谐波电流分量 I_h 的关系：

$$HRU_h=\frac{\sqrt{3}Z_hI_h}{10U_N}(\%) \tag{2-63}$$

近似的工程估算按下面两个公式计算：

$$HRU_h=\frac{\sqrt{3}U_NI_hh}{10S_k}(\%) \tag{2-64}$$

或

$$I_h=\frac{10S_kHRU_h}{\sqrt{3}U_Nh}(\%) \tag{2-65}$$

式中 U_N——电网的标称电压，kV；

S_k——公共连接点的三相短路容量，MV·A；

I_h——第 h 次谐波电流，A；

Z_h——系统的第 h 次谐波阻抗，Ω。

② 两个谐波源的同次谐波电流在一条线路的同一相上叠加，当相位角已知时按下式计算：

$$I_h=\sqrt{I_{h1}^2+I_{h2}^2+2I_{h1}I_{h2}\cos\theta_h} \tag{2-66}$$

式中 I_{h1}——谐波源 1 的第 h 次谐波电流，A；

I_{h2}——谐波源 2 的第 h 次谐波电流，A；

θ_h——谐波源 1 和谐波源 2 的第 h 次谐波电流之间的相位角。

当相位角不确定时，可按下式进行计算：

$$I_H=\sqrt{I_{h1}^2+I_{h2}^2+K_hI_{h1}I_{h2}} \tag{2-67}$$

式中 K_h 系数按表 2-29 选取。

表 2-29 式（2-31）中系数 K_h 的值

h	3	5	7	11	13	9 | >13 | 偶次
K_h	1.62	1.28	0.72	0.18	0.08	0

两个以上同次谐波电流叠加时，首先将两个谐波电流叠加，然后再与第三个谐波电流相叠加，依此类推。两个及以上谐波源在同一节点同一相上引起的同次谐波电压叠加的计算式与式（2-66）或式（2-67）类同。

③ 在公共连接点处第 i 个用户的第 h 次谐波电流允许值（I_{hi}）按下式计算：

$$I_{hi}=I_h(S_i/S_t)^{1/a} \tag{2-68}$$

式中 I_h——按式（2-62）换算的第 h 次谐波电流允许值，A；

S_i——第 i 个用户的用电协议容量，MV·A；

S_t——公共连接点的供电设备容量，MV·A；

a——相位叠加系数，按表 2-30 取值。

表 2-30 谐波的相位叠加系数

h	3	5	7	11	13	9 | >13 | 偶次
a	1.1	1.2	1.4	1.8	1.9	2

（6）谐波的测量

① 谐波电压（或电流）测量应选择在电网正常供电时可能出现的最小运行方式，且应在谐波源工作周期中产生的谐波量大的时段内进行（例如：电弧炼钢炉应在熔化期测量）。当测量点附近安装有电容器组时，应在电容器组的各种运行方式下进行测量。

② 测量的谐波次数一般为第 2 到第 19 次，根据谐波源的特点或测试分析结果，可以适当变动谐波次数测量的范围。

③ 对于负荷变化快的谐波源（例如：炼钢电弧炉、晶闸管变流设备供电的轧机、电力机车等），测量的间隔时间不大于 2min，测量次数应满足数理统计的要求，一般不少于 30 次。对于负荷变化慢的谐波源（例如：化工整流器、直流输电换流站等），测量间隔和持续时间不作规定。

④ 谐波测量的数据应取测量时段内各相实测量值的 95% 概率值中最大的一相值，作为判断谐波是否超过允许值的依据。但对负荷变化慢的谐波源，可选五个接近的实测值，取其算术平均值。

【注】为了实用方便，实测值的 95% 概率值可按下述方法近似选取：将实测值按由大到小次序排列，舍弃前面 5% 的大值，取剩余实测值中的最大值。

⑤ 谐波的测量仪器

a. 仪器的功能应满足 GB/T 14549—1993《电能质量 公用电网谐波》的测量要求。

b. 为了区别暂态现象和谐波，对负荷变化快的谐波，每次测量结果可为 3s 内所测值的平均值。推荐采用下式计算：

$$U_h=\sqrt{\frac{1}{m}\sum_{k=1}^{m}(U_{hk})^2} \tag{2-69}$$

式中 U_{hk}——3s 内第 k 次测得的 h 次谐波的方均根值；

m——3s 内取均匀间隔的测量次数，$m \geqslant 6$。

c. 仪器准确度。谐波测量仪的允许误差见表 2-31。

d. 仪器有一定的抗电磁干扰能力，便于现场使用。仪器应保证其电源在标称电压±15%，频率在 49～51Hz 范围内电压总谐波畸变率不超过 8%条件下能正常工作。

表 2-31　谐波测量仪的允许误差

等级	被测量	条件	允许误差
A	电压	$U_h \geqslant 1\% U_N$	$5\% U_h$
		$U_h < 1\% U_N$	$0.05\% U_N$
	电流	$I_h \geqslant 3\% I_N$	$5\% I_h$
		$I_h < 3\% I_N$	$0.15\% I_N$
B	电压	$U_h \geqslant 3\% U_N$	$5\% U_h$
		$U_h < 3\% U_N$	$0.15\% U_N$
	电流	$I_h \geqslant 10\% I_N$	$5\% I_h$
		$I_h < 10\% I_N$	$0.50\% I_N$

注：1. U_N 为标准电压，U_h 为谐波电压；I_N 为额定电流，I_h 为谐波电流。
2. A 级仪器频率测量范围为 0～2500Hz，用于较精确的测量，仪器的相角测量误差不大于±5°或±1°；B 级仪器用于一般测量。

⑥ 对不符合式（2-69）规定的仪器，可用于负荷变化慢的谐波源的测量。如用于负荷变化快的谐波源的测量，测量条件和次数应分别符合①条和③条的规定。

⑦ 在测量的频率范围内，仪用互感器、电容式分压器等谐波传感设备应有良好的频率特性，其引入的幅值误差不应大于 5%，相角误差不大于 5。在没有确切的频率响应误差特性时，电流互感器和低压电压互感器用于 2500Hz 及以下频率的谐波测量；6～110kV 电磁式电压互感器可用于 1000Hz 及以下频率测量；电容式电压互感器不能用于谐波测量。在谐波电压测量中，对谐波次数或测量精度有较高需要时，应采用电阻分压器（$U_N < 1\text{kV}$）或电容式分压器（$U_N \geqslant 1\text{kV}$）。

（7）抑制谐波的措施

为保证供电质量，防止谐波对电网及各种电力设备的危害，除对发、供、用电系统加强管理外，还须采取必要措施抑制谐波。这应该从两方面来考虑，一是产生谐波的非线性负荷，二是受危害的电力设备和装置。这些应该相互配合，统一协调，作为一个整体来研究，减小谐波的主要措施如表 2-32 所列。实际措施的选择要根据谐波达标的水平、效果、经济性和技术成熟度等综合比较后确定。

2.3.4　三相电压不平衡度及其补偿[28,36,59,63]

（1）基本概念

① 电压不平衡（voltage unbalance）：三相电压在幅值上不同或相位差不是 120°，或兼而有之。

② 电压不平衡度（unbalance factor）：指三相电力系统中三相不平衡的程度，用电压、电流负序基波分量或零序基波分量与正序基波分量的方均根值百分比表示。电压、电流的负序不平衡度和零序不平衡度分别用 ε_{U2}、ε_{U0} 和 ε_{I2}、ε_{I0} 表示。

③ 正序分量（positive-sequence component）：将不平衡的三相系统的电量按对称分量法分解后其正序对称系统中的分量。

④ 负序分量（negative-sequence component）：将不平衡的三相系统的电量按对称分量法分解后其负序对称系统中的分量。

表 2-32 减小谐波的主要措施

序号	名称	内容	评价
1	增加换流装置的脉动数	改造换流装置或利用相互间有一定移相角的换流变压器	(1) 可有效地减少谐波含量 (2) 换流装置容量应相等 (3) 使装置复杂化
2	加装交流滤波装置	在谐波源附近安装若干单调谐或高通滤波支路，以吸收谐波电流	(1) 可有效地减少谐波含量 (2) 应同时考虑无功补偿和电压调整效应 (3) 运行维护简单，但须专门设计
3	改变谐波源的配置或工作方式	具有谐波互补性的设备应集中布置，否则应分散或交错使用，适当限制谐波量大的工作方式	(1) 可以减小谐波的影响 (2) 对装置的配置或工作方式有一定的要求
4	加装串联电抗器	在用户进线处加装串联电抗器，以增大与系统的电气距离，减小谐波对地区电网的影响	(1) 可减小与系统的谐波相互影响 (2) 同时考虑功率因数补偿和电压调整效应 (3) 装置运行维护简单，但须专门设计
5	改善三相不平衡度	从电源电压、线路阻抗、负荷特性等找出三相不平衡的原因，加以消除	(1) 可有效地减少3次谐波的产生 (2) 有利于设备的正常用电，减小损耗 (3) 有时需要用平衡装置
6	加装静止无功补偿装置（或称动态无功补偿装置）	采用 TCR 、TCT 或 SR 型静补装置时，其容性部分设计成滤波器	(1) 可有效地减少波动谐波源的谐波含量 (2) 有抑制电压波动、闪变、三相不对称和无功补偿的功能 (3) 一次性投资较大，须专门设计
7	增加系统承受谐波能力	将谐波源改由较大容量的供电点或由高一级电压的电网供电	(1) 可以减小谐波源的影响 (2) 在规划和设计阶段考虑
8	避免电力电容器组对谐波的放大	改变电容器组串联电抗器的参数，或将电容器组的某些支路改为滤波器，或限制电容器组的投入容量	(1) 可有效减小电容器组对谐波的放大并保证电容器组安全运行 (2) 须专门设计
9	提高设备或装置抗谐波干扰能力，改善抗谐波保护的性能	改进设备或装置性能，对谐波敏感设备或装置采用灵敏的保护装置	(1) 适用于对谐波（特别是暂态过程中的谐波）较敏感的设备或装置 (2) 须专门研究
10	采用有源滤波器、无源滤波器等新型抑制谐波的措施	逐步推广应用	目前还仅用于较小容量谐波源的补偿，造价较高

⑤ 零序分量（zero-sequence component）：将不平衡的三相系统的电量按对称分量法分解后其零序对称系统中的分量。

⑥ 公共连接点（point of common coupling）：电力系统中一个以上用户的连接处。

⑦ 瞬时（instantaneous）：用于量化短时间变化持续时间的修饰词，其时间范围为工频 0.5 周波～30 周波。

⑧ 暂时（monentary）：用于量化短时间变化持续时间的修饰词，指时间范围为工频 30 周波～3s。

⑨ 短时（temporary）：用于量化短时间变化持续时间的修饰词，指时间范围为工频 3s～1min。

（2）引起电压不平衡的原因

电力系统中三相电压不平衡主要是由负荷不平衡、系统三相阻抗不对称以及消弧线圈的不正确调谐所引起的。由于系统阻抗不对称而引起的三相电压不平衡度，一般很少超过 0.5%，但在高峰负荷时，或高压线停电时，不平衡有时超过 1%。一般架空线路的不平衡电压不超出 1.5%，其中超出 1% 以上的情况往往是分段的架空线路，其换位是在变电所母线上实现的。电缆线路的不平衡度等于零，因为无论是三芯电缆或单芯电缆，各相芯线对接地的铠装外皮来说都处于对称的位置。

在中性点不接地系统（6kV、10kV、35kV）中，当消弧线圈调谐不当和系统对地电容处于串联谐振状态时，会引起中性点电压过高，从而引起三相对地电压的严重不平衡。电力行业标准 DL/T 620—1997《交流电气装置的过电压保护和绝缘配合》中规定，中性点电压位移率应小于 15%相电压。需要指出，这种由零序电压引起的三相电压不平衡并不影响三相线电压的平衡性，因此不影响用户的正常供电，但对输电线、变压器、互感器、避雷器等设备的安全是有威胁的，也必须加以控制。关于消弧线圈补偿电网的不平衡问题已有大量文献论述，本书仅涉及负序分量引起的不平衡问题，这种不平衡主要是由不对称负荷引起的。

（3）三相不平衡的危害

三相电压或电流不平衡会对电力系统和用户造成一系列的危害：

① 引起旋转电机的附加发热和振动，危及其安全运行和正常出力。

② 引起以负序分量为启动元件的多种保护发生误动作（特别是电网中存在谐波时）会严重威胁电网安全运行。

③ 电压不平衡使发电机容量利用率下降。由于不平衡时最大相电流不能超过额定值，在极端情况下，只带单相负荷时，则设备利用率仅为 $UI/\sqrt{3}UI=0.577$。

④ 变压器的三相负荷不平衡，不仅使负荷较大的一相绕组过热导致其寿命缩短，而且还会由于磁路不平衡，大量漏磁通经箱壁、夹件等使其严重发热，造成附加损耗。

⑤ 对于通信系统，电力三相不平衡时，会增大对其干扰，影响正常通信质量。

（4）电压不平衡度限值及其换算

1）电压不平衡度限值

① 电力系统公共连接点电压不平衡度允许值为：电网正常运行时，负序电压不平衡度不超过 2%，短时不得超过 4%；低压系统零序电压限值暂不作规定，但各相电压必须满足 GB/T 12325 的要求。

【注】 1. 不平衡度为在电力系统正常运行的最小方式（或较小方式）下、最大的生产（运行）周期中负荷所引起的电压不平衡度的实测值。

2. 低压系统是指标称电压不大于 1kV 的供电系统。

② 接于公共连接点的每个用户引起该点负序电压不平衡度允许值一般为 1.3%，短时不超过 2.6%。根据连接点负荷状况以及邻近发电机、继电保护和自动装置安全运行要求，该允许值可作适当变动、但必须满足①条的规定。

2）用户引起的电压不平衡度允许值换算　负序电压不平衡度允许值一般可根据连接点的正常最小短路容量换算为相应的负序电流值作为分析或测算依据；邻近大型旋转电机的用户其负序电流值换算时应考虑旋转电机的负序阻抗。有关不平衡度的计算如下。

① 不平衡度的计算表达式

$$\varepsilon_{U2}=\frac{U_2}{U_1}\times 100\% \tag{2-70}$$

$$\varepsilon_{U0}=\frac{U_0}{U_1}\times 100\% \tag{2-71}$$

式中　U_1——三相电压正序分量方均根值，V；

U_2——三相电压负序分量方均根值，V；

U_0——三相电压零序分量方均根值，V。

如将上两式中的U_1、U_2、U_0分别更换为I_1、I_2、I_0，则为相应的电流不平衡度ε_{I2}和ε_{I0}的表达式。

② 不平衡度的准确计算式

a. 在三相系统中，通过测量获得三相电量的幅值和相位后应用对称分量法分别求出正序分量、负序分量和零序分量，由式（2-70）和式（2-71）求出不平衡度。

b. 在没有零序分量的三相系统中，当已知三相量a、b、c时，也可以用下式求负序不平衡度：

$$\varepsilon_2=\sqrt{\frac{1-\sqrt{3-6L}}{1+\sqrt{3-6L}}}\times 100\% \tag{2-72}$$

式中　$L=(a^4+b^4+c^4)(a^2+b^2+c^2)$

③ 不平衡度的近似计算式

a. 设公共连接点的正序阻抗与负序阻抗相等，则负序电压不平衡度为：

$$\varepsilon_{U2}=\frac{\sqrt{3}I_2U_L}{S_k}\times 100\% \tag{2-73}$$

式中　I_2——负序电流值，A；

S_k——公共连接点的三相短路容量，V·A；

U_L——线电压，V。

b. 相间单相负荷引起的电压不平衡度可近似为：

$$\varepsilon_{U2}\approx\frac{S_L}{S_k}\times 100\% \tag{2-74}$$

式中　S_L——单相负荷容量，V·A。

（5）不平衡度的测量与取值

① 测量条件　测量应在电力系统正常的最小方式（或较小方式）下，不平衡负荷处在正常、连续工作状态下进行，并保证不平衡负荷的最大工作周期包含在内。

② 测量时间　对于电力系统的公共连接点，测量持续时间取一周（168h），每个不平衡度的测量间隔可为1min的整数倍；对于波动负荷，按①的规定，可取正常工作日24h持续测量，每个不平衡度的测量间隔为1min。

③ 测量取值　对于电力系统的公共连接点，供电电压负序不平衡度测量值的10min方均根值的95%概率大值应不大于2%，所有测量中的最大值不大于4%。对日波动不平衡的负荷，供电电压负序不平衡度测量值的1 min方均根值的95%概率大值应不大于2%，所有测量中的最大值不大于4%。对于日波动不平衡的负荷也可以时间取值：日累计大于2%的时间不超过

72min，且每 30min 中大于 2％的时间不超过 5min。

【注】1. 为了实用方便，实测值的 95％概率值可将实测值按由大到小次序排列，舍弃前面 5％的大值，取剩余实测值中的最大值。

2. 以时间取值时，如果 1min 方均根值大于 2％，按超标 1min 进行累计。

3. 所有测量值是指以④要求得到的所有测量结果。

④ 不平衡度测量仪器的测量要求　仪器记录周期为 3s，按方均根取值。电压输入信号基波分量的每次测量取 10 个周波的间隔。对于离散采样的测量仪器推荐按下式计算：

$$\varepsilon=\sqrt{\frac{1}{m}\sum_{k=1}^{m}\varepsilon_k^2} \tag{2-75}$$

式中　ε_k——在 3s 内第 k 次的不平衡度；

m——在 3s 内均匀间隔取值次数（$m\geqslant 6$）。

对于特殊情况由供用电双方另行商定。

【注】以上③中 10min 或 1min 方均根值系由所记录周期的方均根值的算术平均求取。

⑤ 仪器的不平衡度测量误差　电压不平衡度的测量误差应满足下式规定：

$$|\varepsilon_U-\varepsilon_{UN}|\leqslant 0.2\% \tag{2-76}$$

式中　ε_{UN}——电压不平衡度实际值；

ε_U——电压不平衡度的仪器测量值实际值。

电流不平衡度的测量误差应满足下式规定：

$$|\varepsilon_I-\varepsilon_{IN}|\leqslant 1\% \tag{2-77}$$

式中　ε_{IN}——电流不平衡度实际值；

ε_I——电流不平衡度的仪器测量值实际值。

（6）降低不平衡度的措施

由不对称负荷引起的电网三相电压不平衡可以采用下列措施：

① 将不对称负荷分散接到不同的供电点，以减小集中连接造成的不平衡度超标问题。

② 使不对称负荷合理分配到各相，尽量使其平衡化。

③ 由地区公共低压电网供电的 220V 负荷，线路电流小于等于 60A 时，可采用 220V 单相供电；大于 60A 时，宜采用 220/380V 三相四线制供电。

④ 将不对称负荷接到更高电压级上供电，以使连接点的短路容量足够大。

⑤ 采用平衡装置。

第3章 负荷分级与负荷计算

3.1 负荷分级的原则及供电要求

3.1.1 用户供电系统的组成[68]

电力用户供电系统（electric power supply system）由外部电源进线、用户变配电所、高低压配电线路和用电设备组成，有些用户还具有自备电源。按供电容量的不同，电力用户可分为大型、中型和小型三种类型。

(1) 大型电力用户供电系统（容量通常在 10000kV·A 以上）

大型电力用户的用户供电系统采用的外部电源进线供电电压等级为 35～110kV，特大型企业可采用 220kV，需要经用户总降压变电所（main step-down substation）和车间变电所（distribution transformer substation）两级变压。总降压变电所将进线电压降为 6～10kV 的内部高压配电电压，然后经高压配电线路引进至各车间变电所，车间变电所再将电压变为 220/380V 的低电压供用电设备使用。其结构示意图如图 3-1 所示。

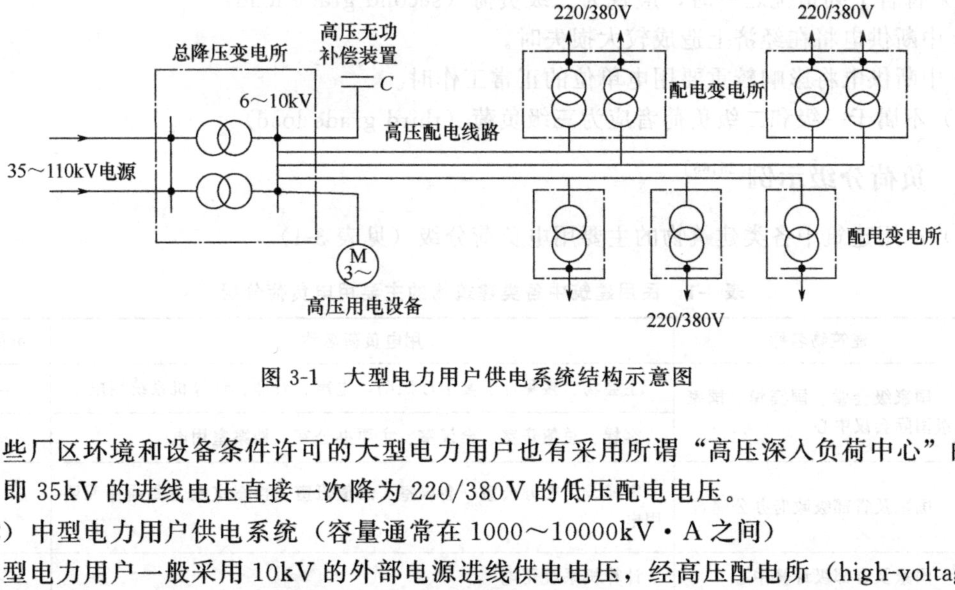

图 3-1 大型电力用户供电系统结构示意图

某些厂区环境和设备条件许可的大型电力用户也有采用所谓“高压深入负荷中心”的供电方式，即 35kV 的进线电压直接一次降为 220/380V 的低压配电电压。

(2) 中型电力用户供电系统（容量通常在 1000～10000kV·A 之间）

中型电力用户一般采用 10kV 的外部电源进线供电电压，经高压配电所（high-voltage distribution station）和 10kV 用户内部高压配电线路馈电给各车间变电所，车间变电所再将电压变换成 220/380V 的低电压供用电设备使用。高压配电所通常与某个车间变电所合建，其结构示意图如图 3-2 所示。

(3) 小型电力用户供电系统（容量通常在 1000kV·A 及以下）

一般的小型电力用户也用 10kV 外部电源进线电压，通常只设有一个相当于车间变电所的

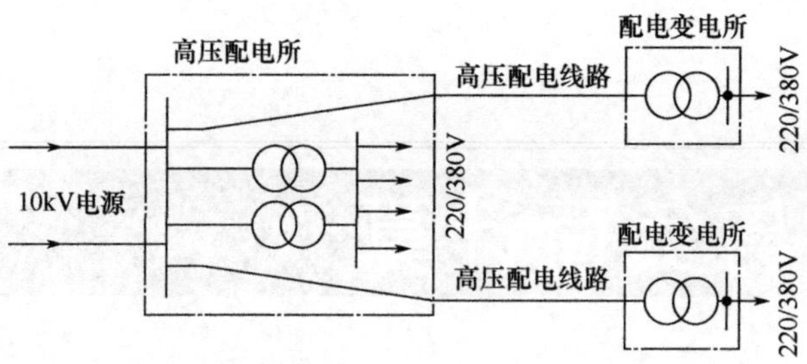

图 3-2 中型电力用户供电系统结构示意图

降压变电所，容量特别小的小型电力用户可不设变电所，由公共变电所采用 220/380V 的低电压直接进线。

3.1.2 用电负荷的分级[4]

电力负荷应根据对供电可靠性的要求及中断供电在对人身安全、经济损失上所造成的影响程度进行分级，并应符合下列规定。

（1）符合下列情况之一时，应视为一级负荷（first grade load）

① 中断供电将造成人身伤亡时。

② 中断供电将在经济上造成重大损失时。

③ 中断供电将影响重要用电单位的正常工作时。

在一级负荷中，当中断供电将造成重大设备损坏或发生中毒、爆炸和火灾等情况的负荷，以及特别重要场所的不允许中断供电的负荷，应视为一级负荷中特别重要的负荷。

（2）符合下列情况之一时，应视为二级负荷（second grade load）

① 中断供电将在经济上造成较大损失时。

② 中断供电将影响较重要用电单位的正常工作时。

（3）不属于一级和二级负荷者应为三级负荷（third grade load）

3.1.3 负荷分级示例[26,66]

（1）民用建筑中各类建筑物的主要用电负荷分级（见表 3-1）

表 3-1 民用建筑中各类建筑物的主要用电负荷分级

序号	建筑物名称	用电负荷名称	负荷级别
1	国家级会堂、国宾馆、国家级国际会议中心	主会场、接见厅、宴会厅照明，电声、录像、计算机系统用电	一级★
		客梯、总值班室、会议室、主要办公室、档案室用电	一级
2	国家及省部级政府办公建筑	客梯、主要办公室、会议室、总值班室、档案室及主要通道照明用电	一级
3	国家及省部级计算中心	计算机系统用电	一级★
4	国家及省部级防灾中心、电力调度中心、交通指挥中心	防灾、电力调度及交通指挥计算机系统用电	一级★
5	地、市级办公建筑	主要办公室、会议室、总值班室、档案室及主要通道照明用电	二级

续表

序号	建筑物名称	用电负荷名称	负荷级别
6	地、市级及以上气象台	气象业务用计算机系统用电	一级★
		气象雷达、电报及传真收发设备、卫星云图接收机及语言广播设备、气象绘图及预报照明用电	一级
7	电信枢纽、卫星地面站	保证通信不中断的主要设备用电	一级★
8	电视台、广播电台	国家及省、市、自治区电视台、广播电台的计算机系统用电，直接播出的电视演播厅、中心机房、录像室、微波设备及发射机房用电	一级★
		语音播音室、控制室的电力和照明用电	一级
		洗印室、电视电影室、审听室、楼梯照明用电	二级
9	剧场	特、甲等剧场的调光用计算机系统用电	一级★
		特、甲等剧场的舞台照明、贵宾室、演员化妆室、舞台机械设备、电声设备、电视转播用电	一级
		甲等剧场的观众厅照明、空调机房及锅炉房电力和照明用电	二级
10	电影院	甲等电影院的照明与放映用电	二级
11	博物馆、展览馆	大型博物馆及展览馆安防系统用电；珍贵展品展室照明用电	一级★
		展览用电	二级
12	图书馆	藏书量超过100万册及重要图书馆的安防系统、图书检索用计算机用电	一级★
		其他用电	二级
13	体育建筑	特级体育场（馆）及游泳馆的比赛场（厅）、主席台、贵宾室、接待室、新闻发布厅、广场及主要通道照明、计时记分装置、计算机房、电话机房、广播机房、电台和电视转播及新闻摄影用电	一级★
		甲级体育场（馆）及游泳馆的比赛场（厅）、主席台、贵宾室、接待室、新闻发布厅、广场及主要通道照明、计时记分装置、计算机房、电话机房、广播机房，电台和电视转播及新闻摄影用电	一级
		特级及甲级体育场（馆）及游泳馆中非比赛用电、乙级及以下体育建筑比赛用电	二级
14	商场、超市	大型商场及超市的经营管理用计算机系统用电	一级★
		大型商场及超市营业厅的备用照明用电	一级
		大型商场及超市的自动扶梯、空调用电	二级
		中型商场及超市营业厅的备用照明用电	二级
15	银行、金融中心、证交中心	重要的计算机系统和安防系统用电	一级★
		大型银行营业厅及门厅照明、安全照明用电	一级
		小型银行营业厅及门厅照明用电	二级

续表

序号	建筑物名称	用电负荷名称	负荷级别
16	民用航空港	航空管制、导航、通信、气象、助航灯光系统设施和台站用电，边防、海关的安全检查设备用电，航班预报设备用电，三级以上油库用电	一级★
		候机楼、外航驻机场办事处、机场宾馆及旅客过夜用房、站坪照明、站坪机务用电	一级
		其他用电	二级
17	铁路旅客站	大型站和国境站的旅客站房、站台、天桥、地道用电	一级
18	水运客运站	通信、导航设施用电	一级
		港口重要作业区、一级客运站用电	二级
19	汽车客运站	一、二级客运站用电	二级
20	汽车库（修车库），停车场	Ⅰ类汽车库、机械停车设备及采用升降梯作车辆疏散出口的升降梯用电	一级
		Ⅰ类修车库、Ⅱ、Ⅲ类汽车库、机械停车设备及采用升降作车辆疏散出口的升降梯用电	二级
21	旅游饭店	四星级及以上旅游饭店的经营及设备管理用计算机系统用电	一级★
		四星级及以上旅游饭店的宴会厅、餐厅、厨房、康乐设施、门厅及高级客房、主要通道等场所的照明用电，厨房、排污泵、生活水泵、主要客梯用电。计算机、电话、电声和录像设备、新闻摄影用电	一级
		三星级旅游饭店的宴会厅、餐厅、厨房、康乐设施、门厅及高级客房、主要通道等场所的照明用电，厨房、排污泵、生活水泵、主要客梯用电，计算机、电话、电声和录像设备、新闻摄影用电，除上栏所述之外的四星级及以上旅游饭店的其他用电	二级
22	科研院所、高等院校	四级生物安全实验室等对供电连续性要求极高的国家重点实验室用电	一级★
		除上栏所述之外的其他重要实验室用电	一级
		主要通道照明用电	二级
23	二级以上医院	重要手术室、重症监护等涉及患者生命安全的设备（如呼吸机等）及照明用电	一级★
		急诊部、监护病房、手术部、分娩室、婴儿室、血液病房的净化室、血液透析室、病理切片分析、核磁共振、介入治疗用CT及X光机扫描室、血库、高压氧舱、加速器机房、治疗室及配血室的电力照明用电，培养箱、冰箱、恒温箱用电，走道照明用电，百级洁净度手术室空调系统用电、重症呼吸道感染区的通风系统用电	一级
		除上栏所述之外的其他手术室空调系统用电，电子显微镜，一般诊断用CT及X光机用电，客梯用电，高级病房、肢体伤残康复病房照明用电	二级

续表

序号	建筑物名称	用电负荷名称	负荷级别
24	一类高层建筑	走道照明、值班照明、警卫照明、障碍照明用电，主要业务和计算机系统用电，安防系统用电，电子信息设备机房用电，客梯用电，排污泵、生活水泵用电	一级
25	二类高层建筑	主要通道及楼梯间照明用电，客梯用电，排污泵、生活水泵用电	二级

注：1. 负荷分级表中的“一级★”为一级负荷中特别重要负荷。
2. 各类建筑物的分级见现行的有关设计规范。
3. 本表中未包含消防负荷分级，消防负荷分级见 JGJ/T 16—2008《民用建筑电气设计规范》3.2.3 及相关的国家标准、规范。
4. 当序号 1～23 各类建筑与一类或二类高层建筑的用电负荷级别不同时，负荷级别应按其中高者确定。

(2) 机械工厂的负荷分级（见表 3-2）

表 3-2 机械工厂的负荷分级

序号	建筑物名称	用电负荷名称	负荷级别
1	炼钢车间	总安装容量为 30MV·A 以上，停电会造成重大经济损失的多台大型电热装置（包括电弧炉、矿热炉、感应炉等）	一级
		容量为 100t 及以上的平炉加料起重机、浇铸起重机、倾动装置及冷却水系统的用电设备	一级
		容量为 100t 及以下的平炉加料起重机、浇铸起重机、倾动装置及冷却水系统的用电设备	二级
		平炉鼓风机、平炉用其他用电设备。5t 以上电弧炼钢炉的电极升降机构、倾炉机构及浇铸起重机	二级
2	铸铁车间	30t 及以上的浇铸起重机、重点企业冲天炉鼓风机	二级
3	热处理车间	井式炉专用淬火起重机、井式炉油槽抽油泵	二级
4	锻压车间	锻造专用起重机、水压机、高压水泵、抽油机	二级
5	金属加工车间	价格昂贵、作用重大、稀有的大型数控机床、停电会造成设备损坏，如自动跟踪数控仿形铣床、强力磨床等设备	一级
		价格贵、作用大、数量多的数控机床工部	二级
6	电镀车间	大型电镀工部的整流设备、自动流水作业生产线	二级
7	试验站	单机容量为 200MW 以上的大型电机试验、主机及辅机系统、动平衡试验的润滑油系统	一级
		单机容量为 200MW 及以下的大型电机试验、主机及辅机系统，动平衡试验的润滑油系统	二级
		采用高位油箱的动平衡试验润滑油系统	二级
8	层压制品车间	压机及供热锅炉	二级
9	线缆车间	熔炼炉的冷却水泵、鼓风机、连铸机的冷却水泵、连轧机的水泵及润滑泵 压铅机、压铝机的熔化炉、高压水泵、水压机	二级

续表

序号	建筑物名称	用电负荷名称	负荷级别
9	线缆车间	交联聚乙烯加工设备的挤压交联冷却、收线用电设备。漆包机的传动机构、鼓风机、漆泵 干燥浸油缸的连续电加热、真空泵、液压泵	二级
10	磨具成型车间	隧道窑鼓风机、卷扬机构	二级
11	油漆树脂车间	2500L 及以上的反应釜及其供热锅炉	二级
12	熔烧车间	隧道窑鼓风机、排风机、窑车推进机、窑门关闭机构 油加热器、油泵及其供热锅炉	二级
13	热煤气站	煤气加压机、加压油泵及煤气发生炉鼓风机	一级
		有煤气缶的煤气加压机、有高位油箱的加压油泵	二级
		煤气发生炉加煤机及传动机构	二级
14	冷煤气站	鼓风机、排送机、冷却通风机、发生炉传动机构、高压整流器等	二级
15	锅炉房	中压及以上锅炉的给水泵	一级
		有汽动水泵时，中压及以上锅炉的给水泵	二级
		单台容量为 20t/h 及以上锅炉的鼓风机、引风机、二次风机及炉排电机	二级
16	水泵房	供一级负荷用电设备的水泵	一级
		供二级负荷用电设备的水泵	二级
17	空压站	离心式压缩机润滑油泵	一级
		有高位油箱的离心式压缩机润滑油泵	二级
		部重点企业单台容量为 $60m^3/min$ 及以上空压站的空气压缩机、独立励磁机	二级
18	制氧站	部重点企业中的氧压机、空压机冷却水泵、润滑油泵（带高位油箱）	二级
19	计算中心	大中型计算机系统电源（自带 UPS 电源）	二级
20	理化计量楼	主要实验室、要求高精度恒温的计量室的恒温装置电源	二级
21	刚玉、碳化冶炼车间	冶炼炉及其配套的低压用电设备	二级
22	涂装车间	电泳涂装的循环搅拌、超滤系统的用电设备	二级

3.1.4 各级负荷的供电要求[4]

① 一级负荷应由双重电源（duplicate power supply）供电，当一电源发生故障时，另一电源不应同时受到损坏。

② 一级负荷中特别重要的负荷供电，应符合下列要求。

a. 除应由双重电源供电外，尚应增设应急电源（electric source for safety services），并不得将其他负荷接入应急供电系统。

b. 设备的供电电源的切换时间，应满足设备允许中断供电的要求。

③ 二级负荷的供电系统，宜由两回线路供电。在负荷较小或地区供电条件困难时，二级负荷可由一回 6kV 及以上专用的架空线路供电。

3.2　负荷计算方法

3.2.1　负荷计算概述[59,68]

3.2.1.1　计算负荷的概念

供电系统要能可靠地正常运行，就必须使其元件包括电力变压器、电器、电线电缆等满足负荷电流要求。因此有必要对供电系统各环节的电力负荷进行统计计算。

通过对已知用电设备组的设备容量进行统计计算求出的，用来按发热条件选择供电系统中各元件的最大负荷值，称为计算负荷。按计算负荷选择电力变压器、电器、电线电缆，如以最大负荷持续运行，其发热温度不致超出允许值，因而也不会影响其使用寿命。

计算负荷是供电设计计算的基本依据。如果计算负荷确定过大，将使设备和导线相关性能参数值选择得偏大，造成投资和有色金属的浪费；如果计算负荷确定过小，又将使设备和导线相关性能参数值选择得偏小，造成运行时过热，增加电能损耗和电压损失，甚至有可能使设备和导线烧毁，造成事故。可见，正确计算电力负荷具有重要意义。但是由于负荷情况复杂，影响计算负荷的因素很多，虽然各类负荷的变化有一定规律可循，但准确确定计算负荷却十分困难。实际上，负荷也不可能是一成不变的，它与设备的性能、生产的组织及能源供应的状况等多种因素有关，因此负荷计算也只能力求接近实际。

3.2.1.2　用电设备的工作制

电器载流导体的发热与用电设备的工作制关系较大，因为在不同的工作制下，导体发热的条件是不同的。

(1) 连续工作制 (continuous running duty)

这类设备长期连续运行，负荷较稳定，如通风机、水泵、空气压缩机、电动扶梯、电炉和照明灯等。机床电动机的负荷虽然变动较大，但大多也是长期连续工作的。由于导体通过额定电流达到稳定温升的时间大约为 $3\sim4\tau$ (τ 为发热时间常数)，而截面在 16mm^2 以上的导体的 τ 值均在 10min 以上，也就是载流导体大约经 30min 后可达到稳定的温升值。因此，长期连续工作制的用电设备在工作时间内，电器载流导体能达到稳定的温升。

(2) 短时工作制 (short-time duty)

这类设备的工作时间较短，而停歇时间相对较长，如机床上的某些辅助电动机（如进给电动机、升降电动机等）。短时工作制的用电设备在工作时间内，电器载流导体不会达到稳定的温升，断电后却能完全冷却。

(3) 周期工作制 (intermittent periodic duty)

这类设备周期性地工作—停歇—工作，如此反复运行，而工作周期一般不超过 10min，如电焊机和起重机械。周期工作制的用电设备在工作时间内，电器载流导体也不会达到稳定的温升，停歇时间内也不会完全冷却，在工作循环期间内温升会逐渐升高并最终达到稳定值。

周期工作制的设备，可用负荷持续率 ε (cyclic duration factor，又称暂载率) 来表征其工作特征。ε 为一个工作周期内工作时间与工作周期的百分比值，即

$$\varepsilon=\frac{t}{T}\times100\%=\frac{t}{t+t_0}\times100\% \tag{3-1}$$

式中　T——工作周期；

t——工作周期内的工作时间；

t_0——工作周期内的停歇时间。

3.2.1.3　设备功率的计算

（1）连续工作制的设备功率

这两类设备组的设备功率 P_e，一般取所有设备（不含备用设备）的铭牌额定功率 P_r 之和。当用电设备的额定值为视在功率 S_r 时，应换算为有功功率 P_r，即 $P_r = S_r\cos\varphi$。

（2）短时工作制和周期工作制的设备功率

短时工作制和周期工作制设备，在不同的负荷持续率下工作时，其输出功率不同。在进行负荷计算时，要求将所有设备在不同负荷持续率下的铭牌额定功率换算为连续工作制的设备功率（有功功率），才能与其他负荷相加。例如，某设备在铭牌 ε_r 下的额定功率为 P_r，那么该设备在连续工作制的设备功率 P_e 是多少呢？这就需要进行"等效"换算，即按同一周期内相同发热条件来进行换算。

假设设备的内阻为R，则电流 I 通过设备在 t 时间内产生的热量为 I^2Rt，因此，在 R 不变而产生的热量又相等的条件下，$I \propto 1/\sqrt{t}$；当电压相同时，设备功率 $P \propto I$，因此 $P \propto 1/\sqrt{t}$；而同一周期的负荷持续率 $\varepsilon \propto t$。由此可得 $P \propto 1/\sqrt{\varepsilon}$，即设备功率与负荷持续率的平方根值成反比，因此

$$P_e = P_r\sqrt{\frac{\varepsilon_r}{\varepsilon}} \tag{3-2}$$

① 当设备要求统一换算到 $\varepsilon = 100\%$ 时的功率（如电焊设备），则

$$P_e = P_r\sqrt{\frac{\varepsilon_r}{\varepsilon_{100}}} = P_r\sqrt{\varepsilon_r} \tag{3-3}$$

式中　P_r——额定负荷持续率下的额定功率（铭牌上标定的额定有功功率）；

ε_r——与铭牌额定功率对应的负荷持续率（计算中用小数）；

ε_{100}——其值是100%的负荷持续率（计算中用1）。

② 采用需要系数法计算负荷时，要求设备功率统一换算到 $\varepsilon = 25\%$ 时的额定功率（起重机/吊车电动机），即

$$P_e = P_r\sqrt{\frac{\varepsilon_r}{\varepsilon_{25}}} = 2P_r\sqrt{\varepsilon_r} \tag{3-4}$$

式中　ε_{25}——其值是25%的负荷持续率（用0.25计算）。

3.2.1.4　负荷曲线

调查研究表明，相同性质的用电设备，其用电规律也大致相同。设计中的供电系统用电设备组计算负荷的确定，就可以利用现有的负荷曲线及其有关系数。

负荷曲线（load curve）是表征电力负荷随时间变动情况的图形。它绘在直角坐标上，纵坐标表示负荷功率，横坐标表示负荷变动所对应的时间。负荷曲线按负荷对象分，有工厂的、车间的或某台设备的负荷曲线；按负荷的功率性质分，有有功和无功负荷曲线；按所表示的负荷变动时间分，有年的、月的、日的或最大负荷工作班的负荷曲线。如图3-3所示是一班制工厂的日有功负荷曲线。

为了便于求计算负荷，绘制负荷曲线采用的时间间隔 Δt 为30min。这是考虑到对于较小截面（$3\times16\text{mm}^2$ 左右）的载流导体而言，30min的时间已能使之达到稳定温升，对于较大截面的导体发热，显然有足够的余量。另外，求确定计算负荷的有关系数，一般是依据用电设备组最大负荷工作班的负荷曲线，所谓最大负荷工作班并不是指偶然出现的，而是每月应出现2～3次。

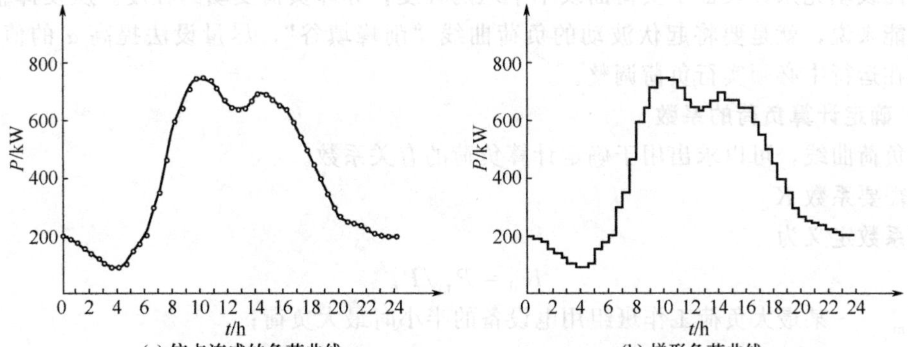

(a) 依点连成的负荷曲线　(b) 梯形负荷曲线

图 3-3　一班制工厂的日有功负荷曲线

年负荷曲线，通常是根据典型的冬日和夏日负荷曲线来绘制。这种曲线的负荷从大到小依次排列，反映了全年负荷变动与对应的负荷持续时间（全年按 365×24＝8760h 计）的关系。这种年负荷曲线全称为年负荷持续时间曲线，如图 3-4（a）所示。另一种年负荷曲线，是按全年每日的最大半小时平均负荷来绘制的，又称为年每日最大负荷曲线，如图 3-4（b）所示。这种年负荷曲线，主要用来确定经济运行方式，即用来确定何段时间宜多投入变压器台数而另一段时间又宜少投入变压器台数，以使供电系统的能耗最小，获得最佳经济效益。

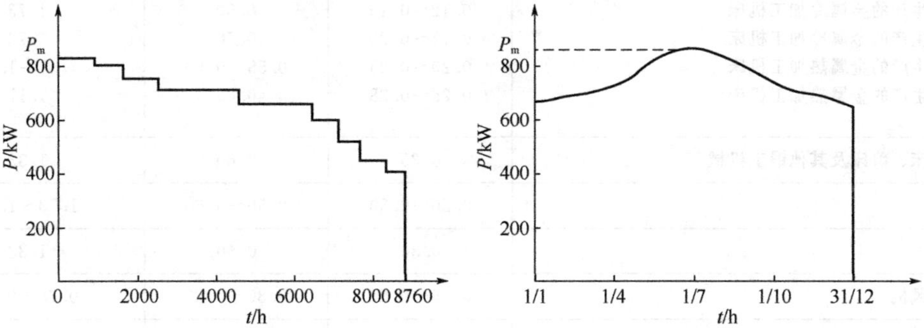

(a) 年负荷持续时间曲线　(b) 年每日最大负荷曲线

图 3-4　年负荷曲线

根据年负荷曲线可以查得年最大负荷 P_m，即为全年中有代表性的最大负荷班的半小时最大负荷，因此也可用 P_{30} 表示。从发热等效的观点来看，计算负荷实际上与年最大负荷是基本相当的。所以计算负荷也可以认为就是年最大负荷，即 $P_e = P_m = P_{30}$。

年平均负荷 P_{av} 如图 3-5 所示，就是电力负荷在全年时间内平均耗用的功率，即

$$P_{av} = W_a / 8760 \tag{3-5}$$

式中　W_a ——全年时间内耗用的电能。

通常将平均负荷 P_{av} 与最大负荷 P_m 的比值，定义为负荷曲线填充系数，亦称负荷率或负荷系数，用 α 表示（亦可表示为 K_L），即

$$\alpha = P_{av} / P_m \tag{3-6}$$

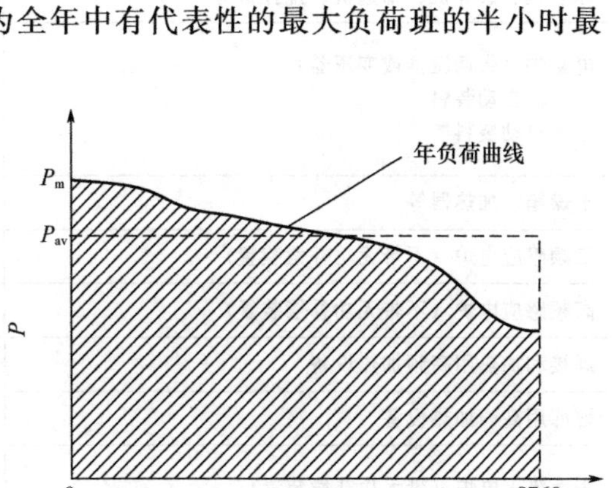

图 3-5　年平均负荷

负荷曲线填充系数表征了负荷曲线不平坦的程度，亦即负荷变动的程度。从发挥整个电力系统的效能来说，就是要将起伏波动的负荷曲线“削峰填谷”，尽量设法提高 α 的值。因此，电力系统在运行中必须实行负荷调整。

3.2.1.5　确定计算负荷的系数

根据负荷曲线，可以求出用于确定计算负荷的有关系数。

（1）需要系数 K_d

需要系数定义为

$$K_d = P_m / P_e \tag{3-7}$$

式中　P_m——某最大负荷工作班组用电设备的半小时最大负荷；

P_e——某最大负荷工作班组用电设备的设备功率。

需要系数的大小取决于用电设备组中设备的负荷率、平均效率、同时利用系数以及电源线路的效率等因素。实际上，人工操作的熟练程度、材料的供应、工具的质量等随机因素都对 K_d 有影响，所以 K_d 只能靠测量统计确定。表 3-3～表 3-8 中列出了部分用电设备组的需要系数 K_d 及相应的 $\cos\varphi$、$\tan\varphi$ 值以及 $\cos\varphi$ 与 $\tan\varphi$、$\sin\varphi$ 的对应值，供参考。

表 3-3　工业用电设备的 K_d、$\cos\varphi$ 及 $\tan\varphi$

用电设备组名称	K_d	$\cos\varphi$	$\tan\varphi$
单独传动的金属加工机床			
小批生产的金属冷加工机床	0.12～0.16	0.50	1.73
大批生产的金属冷加工机床	0.17～0.20	0.50	1.73
小批生产的金属热加工机床	0.20～0.25	0.55～0.60	1.51～1.33
大批生产的金属热加工机床	0.25～0.28	0.65	1.17
锻锤、压床、剪床及其他锻工机械	0.25	0.60	1.33
木工机械	0.20～0.30	0.50～0.60	1.73～1.33
液压机	0.30	0.60	1.33
生产用通风机	0.75～0.85	0.80～0.85	0.75～0.62
卫生用通风机	0.65～0.70	0.80	0.75
泵、活塞型压缩机、电动发电机组	0.75～0.85	0.80	0.75
球磨机、破碎机、筛选机、搅拌机等	0.75～0.85	0.80～0.85	0.75～0.62
电阻炉（带调压器或变压器）			
非自动装料	0.60～0.70	0.95～0.98	0.33～0.20
自动装料	0.70～0.80	0.95～0.98	0.33～0.20
干燥箱、加热器等	0.40～0.60	1.00	0
工频感应电炉（不带无功补偿装置）	0.80	0.35	2.68
高频感应电炉（不带无功补偿装置）	0.80	0.60	1.33
焊接和加热用高频加热设备	0.50～0.65	0.70	1.02
熔炼用高频加热设备	0.80～0.85	0.80～0.85	0.75～0.62
表面淬火电炉（带无功补偿装置）			
配电动发电机	0.65	0.70	1.02
配真空管振荡器	0.80	0.85	0.62

续表

用电设备组名称	K_d	cosφ	tanφ
中频电炉（中频机组）	0.65～0.75	0.80	0.75
氢气炉（带调压器或变压器）	0.40～0.50	0.85～0.90	0.62～0.48
真空炉（带调压器或变压器）	0.55～0.65	0.85～0.90	0.62～0.48
电弧炼钢炉变压器	0.90	0.85	0.62
电弧炼钢炉的辅助设备	0.15	0.50	1.73
点焊机、缝焊机	0.35	0.60	1.33
对焊机	0.35	0.70	1.02
自动弧焊变压器	0.50	0.50	1.73
单头手动弧焊变压器	0.35	0.35	2.68
多头手动弧焊变压器	0.40	0.35	2.68
单头直流弧焊机	0.35	0.60	1.33
多头直流弧焊机	0.70	0.70	1.02
金属、机修、装配车间、锅炉房用起重机（ε=25%）	0.10～0.15	0.50	1.73
铸造车间起重机（ε=25%）	0.15～0.30	0.50	1.73
联锁的连续运输机械	0.65	0.75	0.88
非联锁的连续运输机械	0.50～0.60	0.75	0.88
一般工业用硅整流装置	0.50	0.70	1.02
电镀用硅整流装置	0.50	0.75	0.88
电解用硅整流装置	0.70	0.80	0.75
红外线干燥设备	0.85～0.90	1.00	0
电火花加工装置	0.50	0.60	1.33
超声波装置	0.70	0.70	1.02
X 光设备	0.30	0.55	1.52
电子计算机主机	0.60～0.70	0.80	0.75
电子计算机外部设备	0.40～0.50	0.50	1.73
试验设备（电热为主）	0.20～0.40	0.80	0.75
试验设备（仪表为主）	0.15～0.20	0.70	1.02
磁粉探伤机	0.20	0.40	2.29
铁屑加工机械	0.40	0.75	0.88
排气台	0.50～0.60	0.90	0.48
老炼台	0.60～0.70	0.70	1.02
陶瓷隧道窑	0.80～0.90	0.95	0.33
拉单晶炉	0.70～0.75	0.90	0.48
赋能腐蚀设备	0.60	0.93	0.40
真空浸渍设备	0.70	0.95	0.33

表 3-4 民用建筑用电设备的 K_d、cosφ 及 tanφ

序 号	用电设备分类	K_d	cosφ	tanφ
1	通风和采暖用电			
	各种风机、空调器	0.7～0.8	0.8	0.75
	恒温空调箱	0.6～0.7	0.95	0.33
	冷冻机	0.85～0.9	0.8	0.75
	集中式电热器	1.0	1.0	0
	分散式电热器	0.75～0.95	1.0	0
	小型电热设备	0.3～0.5	0.95	0.33
2	主机房设备			
	各种水泵	0.6～0.8	0.8	0.75
	锅炉设备	0.75～0.8	0.8	0.75
	冷冻机（组）	0.85～0.9	0.8～0.9	0.75～0.48
3	起重运输用电			
	电梯	0.18～0.5	0.5～0.6	1.73～1.33
	传送带	0.6～0.65	0.75	0.88
	起重机械	0.1～0.2	0.5	1.73
4	厨房及卫生用电			
	食品加工机械	0.5～0.7	0.8	0.75
	电饭锅、电烤箱	0.85	1.0	0
	电砂锅	0.7	1.0	0
	电冰箱	0.6～0.7	0.7	1.02
	热水器（淋浴用）	0.65	1.0	0
	除尘器	0.3	0.85	0.62
5	机修及辅助用电			
	修理间机械设备	0.15～0.2	0.5	1.73
	电焊机	0.35	0.35	2.68
	移动式电动工具	0.2	0.5	1.73
	打包机	0.2	0.60	1.33
	洗衣房动力	0.3～0.5	0.7～0.9	1.02～0.48
	天窗开闭机	0.1	0.5	1.73
6	通信及信号设备			
	载波机	0.85～0.95	0.8	0.75
	收信机	0.8～0.9	0.8	0.75
	发信机	0.7～0.8	0.8	0.75
	电话交换台	0.75～0.85	0.8	0.75
7	消防用电	0.4～0.6	0.8	0.75
8	客房床头电气控制箱	0.15～0.25	0.7～0.85	1.02～0.62

表 3-5 旅游旅馆用电设备的 K_d、cosφ 及 tanφ

用电设备组名称		K_d	cosφ	tanφ
照明	客房	0.35～0.45	0.90	0.48
	其他场所	0.50～0.70	0.60～0.90	1.33～0.48
冷水机组、泵		0.65～0.75	0.80	0.75
通风机		0.60～0.70	0.80	0.75
电梯		0.18～0.50	0.50	1.73
洗衣机		0.30～0.35	0.70	1.02
厨房设备		0.35～0.45	0.75	0.88
窗式空调器		0.35～0.45	0.80	0.75

表 3-6 照明用电设备需要系数

建筑类别	K_d	建筑类别	K_d
生产厂房（有天然采光）	0.80～0.90	体育馆	0.70～0.80
生产厂房（无天然采光）	0.90～1.00	集体宿舍	0.60～0.80
办公楼	0.70～0.80	医院	0.50
设计室	0.90～0.95	食堂、餐厅	0.80～0.90
科研楼	0.80～0.90	商店	0.85～0.90
仓库	0.50～0.70	学校	0.60～0.70
锅炉房	0.90	展览馆	0.70～0.80
托儿所、幼儿园	0.80～0.90	旅馆	0.60～0.70
综合商业服务楼	0.75～0.85		

表 3-7 照明用电设备的 cosφ 及 tanφ

光源类别	cosφ	tanφ	光源类别	cosφ	tanφ
白炽灯、卤钨灯	1.00	0	高压汞灯	0.40～0.55	2.29～1.52
荧光灯 荧光灯（电感整流器，无补偿） 荧光灯（电感整流器，有补偿） 荧光灯（电子整流器）	 0.50 0.90 0.95～0.98	 1.73 0.48 0.33～0.20	高压钠灯	0.40～0.50	2.29～1.73
			金属卤化物灯	0.40～0.55	2.29～1.52
			氙灯	0.90	0.48
			霓虹灯	0.40～0.50	2.29～1.73

表 3-8 cosφ 与 tanφ、sinφ 的对应值

cosφ	tanφ	sinφ	cosφ	tanφ	sinφ	cosφ	tanφ	sinφ
1.000	0.000	0.000	0.950	0.329	0.312	0.900	0.484	0.436
0.990	0.142	0.141	0.940	0.363	0.341	0.890	0.512	0.456
0.980	0.203	0.199	0.930	0.395	0.367	0.880	0.540	0.475
0.970	0.251	0.243	0.920	0.426	0.392	0.870	0.567	0.493
0.960	0.292	0.280	0.910	0.456	0.415	0.860	0.593	0.510

续表

cosφ	tanφ	sinφ	cosφ	tanφ	sinφ	cosφ	tanφ	sinφ
0.850	0.620	0.527	0.720	0.964	0.694	0.400	2.291	0.916
0.840	0.646	0.543	0.700	1.020	0.714	0.350	2.676	0.937
0.830	0.672	0.558	0.680	1.087	0.733	0.300	3.180	0.954
0.820	0.698	0.572	0.650	1.169	0.760	0.250	3.873	0.968
0.810	0.724	0.586	0.600	1.333	0.800	0.200	4.899	0.980
0.800	0.750	0.600	0.550	1.518	0.835	0.150	6.591	0.989
0.780	0.802	0.626	0.500	1.732	0.866	0.100	9.950	0.995
0.750	0.882	0.661	0.450	1.985	0.893			

（2）利用系数 K_u

利用系数定义为：

$$K_u = P_{av}/P_e \tag{3-8}$$

式中 P_{av}——用电设备组在最大负荷工作班消耗的平均功率；

P_e——该用电设备组的设备功率。

表 3-9 列出了部分用电设备组的利用系数 K_u 值。

表 3-9 部分用电设备的利用系数 K_u、cosφ 及 tanφ

用电设备组名称	K_u	cosφ	tanφ
一般工作制小批生产用金属切削机床（小型车、刨、插、铣、钻床、砂轮机等）	0.1～0.12	0.50	1.73
一般工作制大批生产用金属切削机床	0.12～0.14	0.50	1.73
重工作制金属切削机床（冲床、自动车床、六角车床、粗磨、铣齿、大型车床、刨、铣、立车、镗床）	0.16	0.55	1.51
小批生产金属热加工机床（锻锤传动装置、锻造机、拉丝机、清理转磨筒、碾磨机等）	0.17	0.60	1.33
大批生产金属热加工机床	0.20	0.65	1.17
生产用通风机	0.55	0.80	0.75
卫生用通风机	0.50	0.80	0.75
泵、空气压缩机、电动发电机组	0.55	0.80	0.75
移动式电动工具	0.05	0.50	1.73
不联锁的连续运输机械（提升机、皮带运输机、螺旋运输机等）	0.35	0.75	0.88
联锁的连续运输机械	0.50	0.75	0.88
起重机及电动葫芦（ε=100%）	0.15～0.20	0.50	1.73
电阻炉、干燥箱、加热设备	0.55～0.65	0.95	0.33
实验室用小型电热设备	0.35	1.00	0.00

续表

用电设备组名称	K_u	$\cos\varphi$	$\tan\varphi$
10t 以下电弧炼钢炉	0.65	0.80	0.75
单头直流弧焊机	0.25	0.60	1.33
多头直流弧焊机	0.50	0.70	1.02
单头弧焊变压器	0.25	0.35	2.67
多头弧焊变压器	0.30	0.35	2.67
自动弧焊机	0.30	0.50	1.73
点焊机、缝焊机	0.25	0.60	1.33
对焊机、铆钉加热器	0.25	0.70	1.02
工频感应电炉	0.75	0.35	2.67
高频感应电炉（用电动发电机组）	0.70	0.80	0.75
高频感应电炉（用真空管振荡器）	0.65	0.65	1.17

(3) 年最大负荷利用小时数 T_{max}

年最大负荷利用小时数 T_{max} 是假设电力负荷按年最大负荷 P_m 持续运行时，在此时间内电力负荷所耗用的电能恰与电力负荷全年实际耗用的电能相同，如图 3-6 所示。因此年最大负荷利用小时数是一个假想时间，按下式计算：

$$T_{max}=W_a/P_m \tag{3-9}$$

式中 W_a——全年实际耗用的电能。

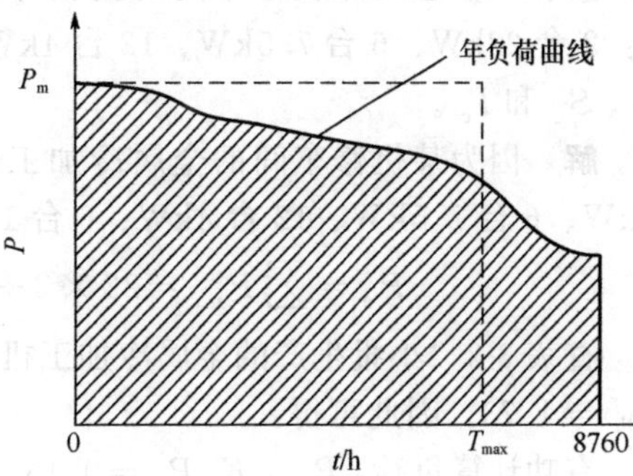

图 3-6 年最大负荷利用小时数

年最大负荷利用小时数是反映电力负荷时间特征的重要参数之一。它与企业的生产班制有关，例如一班制企业，T_{max} =1800～3000h；两班制企业，T_{max} =3500～4500h；三班制企业，T_{max} =5000～7500h。表 3-10 列出了不同行业的年最大负荷利用小时数参考值。

表 3-10 不同行业的年最大负荷利用小时数 T_{max} 与最大负荷损耗小时数 τ

行业名称	T_{max} /h	τ /h	行业名称	T_{max} /h	τ /h
有色电解	7500	6550	制造企业	5000	3400
化　工	7300	6375	食品企业	4500	2900
石　油	7000	5800	农村企业	3500	2000
有色冶炼	6800	5500	农村灌溉	2800	1600
黑色冶炼	6500	5100	城市生活	2500	1250
纺　织	6000	4500	农村照明	1500	750
有色采选	5800	4350			

3.2.2 三相用电设备组计算负荷的确定[68]

3.2.2.1 需要系数法

（1）一组用电设备的计算负荷

按需要系数法确定三相用电设备组计算负荷的基本公式为

有功计算负荷（kW）　$P_c = P_m = K_d P_e$　(3-10)

无功计算负荷（kvar）　$Q_c = P_c \tan\varphi$　(3-11)

视在计算负荷（kV·A）　$S_c = P_c / \cos\varphi$　(3-12)

计算电流（A）　$I_c = \frac{S_c}{\sqrt{3} U_n}$　(3-13)

式中　U_n——用电设备所在电网的标称电压，kV。

必须指出：前述表格中所列需要系数值，适用于设备台数多，容量差别不大的负荷。若设备台数较少时，则需要系数值宜适当取大。当只有 1～2 台用电设备，需要系数 K_d 可取为 1；当只有 4 台用电设备，K_d 可取为 0.9；当只有 1 台电动机时，则此电动机的计算电流就取其额定电流。另外，当用电设备带有辅助装置时，如气体放电灯带有电感型镇流器，其辅助装置的功率损耗也应计入设备容量。

【例 3-1】 已知某机修车间的金属冷加工机床组，其拥有三相电动机的具体数量和规格如下：2 台 22kW、6 台 7.5kW、12 台 4kW、6 台 1.5kW。试用需要系数法确定其计算负荷 P_c、Q_c、S_c 和 I_c。

解　因为某机修车间的金属冷加工机床组，拥有三相电动机的具体数量和规格为：2 台 22kW、6 台 7.5kW、12 台 4kW、6 台 1.5kW，所以此机床组电动机的总功率为

$$P_e = \sum P_{r.i} = 22 \times 2 + 7.5 \times 6 + 4 \times 12 + 1.5 \times 6 = 146\text{kW}$$

查表 3-3“小批生产的金属冷加工机床”项，得 $K_d = 0.12 \sim 0.16$（取 0.16），$\cos\varphi = 0.5$，$\tan\varphi = 1.73$。因此可得：

有功计算负荷：$P_c = K_d P_e = 0.16 \times 146 = 23.36\text{kW}$

无功计算负荷：$Q_c = P_c \tan\varphi = 23.36 \times 1.73 = 40.41\text{kvar}$

视在计算负荷：$S_c = P_c / \cos\varphi = 23.36 / 0.5 = 46.72\text{kV} \cdot \text{A}$

计算电流：$I_c = \frac{S_c}{\sqrt{3} U_n} = \frac{46.72}{\sqrt{3} \times 0.38} = 70.98\text{A}$

（2）多组用电设备的计算负荷

在确定拥有多组用电设备的干线上或变电所低压母线上的计算负荷时，应考虑各组用电设备的最大负荷不同时出现的因素。因此在确定低压干线上或低压母线上的计算负荷时，可结合具体情况对其有功和无功计算负荷计入一个同时系数（又称参差系数）K_Σ。

对于配电干线，可取 $K_{\Sigma p} = 0.80 \sim 1.0$；$K_{\Sigma q} = 0.85 \sim 1.0$。对于低压母线，由用电设备组的计算负荷直接相加来计算时，可取 $K_{\Sigma p} = 0.75 \sim 0.90$，$K_{\Sigma q} = 0.80 \sim 0.95$；由干线负荷直接相加来计算时，可取 $K_{\Sigma p} = 0.90 \sim 1.0$，$K_{\Sigma q} = 0.93 \sim 1.0$。

总的有功计算负荷　$P_c = K_{\Sigma p} \sum P_{c.i}$　(3-14)

总的无功计算负荷　$Q_c = K_{\Sigma q} \sum Q_{c.i}$　(3-15)

总的视在计算负荷　$S_c = \sqrt{P_c^2 + Q_c^2}$　(3-16)

总的计算电流按式（3-13）计算。

由于各组设备的 $\cos\varphi$ 不一定相同，因此总的视在计算负荷和计算电流不能用各组的视在计算负荷或计算电流相加来计算。

【例 3-2】 某生产厂房内（380V 线路），接有水泵电动机 30 台共 205kW，另有生产用通风机 25 台共 45kW，电焊机（单头手动弧焊变压器）3 台共 10.5 kW（$\varepsilon=65\%$）。试确定线路上总的计算负荷。

解　先求各组用电设备的计算负荷。

① 水泵电动机组 查表 3-3 可知，$K_d = 0.75 \sim 0.85$（取 $K_d = 0.8$），$\cos\varphi = 0.8$，$\tan\varphi = 0.75$，因此

$$P_{c.1} = K_{d.1} P_{e.1} = 0.8 \times 205 = 164\text{kW}$$
$$Q_{c.1} = P_{c.1} \tan\varphi_1 = 164 \times 0.75 = 123\text{kvar}$$

② 通风机组 查表 3-3 可知，$K_d = 0.75 \sim 0.85$（取 $K_d = 0.8$），$\cos\varphi = 0.8 \sim 0.85$（取 $\cos\varphi = 0.8$），$\tan\varphi = 0.75 \sim 0.62$（取 $\tan\varphi = 0.75$），因此

$$P_{c.2} = K_{d.2} P_{e.2} = 0.8 \times 45 = 36\text{kW}$$
$$Q_{c.2} = P_{c.2} \tan\varphi_2 = 36 \times 0.75 = 27\text{kvar}$$

③ 电焊机组　查表 3-3 可知，$K_d = 0.35$，$\cos\varphi = 0.35$，$\tan\varphi = 2.68$。先求出在统一负荷持续率 $\varepsilon = 100\%$下的设备功率，即

$$P_e = P_r \sqrt{\frac{\varepsilon_r}{\varepsilon_{100}}} = P_r \sqrt{\varepsilon_r} = 10.5 \times \sqrt{0.65} = 8.46\text{kW}$$

则

$$P_{c.3} = K_{d.3} P_{e.3} = 0.35 \times 8.46 = 2.96\text{kW}$$
$$Q_{c.3} = P_{c.3} \tan\varphi_3 = 2.96 \times 2.68 = 7.94\text{kvar}$$

因此，总计算负荷（取 $K_{\Sigma p} = 0.95$，$K_{\Sigma q} = 0.97$）为

$$P_c = K_{\Sigma p} \sum P_{c.i} = 0.95 \times (164 + 36 + 2.96) = 192.81\text{kW}$$
$$Q_c = K_{\Sigma q} \sum Q_{c.i} = 0.97 \times (123 + 27 + 7.94) = 153.20\text{kvar}$$
$$S_c = \sqrt{P_c^2 + Q_c^2} = \sqrt{192.81^2 + 153.20^2} = 246.26\text{kV}\cdot\text{A}$$
$$I_c = S_c / (\sqrt{3} U_n) = 246.26 / (\sqrt{3} \times 0.38) = 374.2\text{A}$$

在供电工程设计说明书中，为便于审核，常采用计算表格形式，例 3-2 的电力负荷计算表见表 3-11。

表 3-11　例 3-2 的电力负荷计算表

序号	用电设备名称	台数	设备功率 P_e/kW	K_d	$\cos\varphi$	$\tan\varphi$	计算负荷			
							P_c/kW	Q_c/kvar	S_c/kV·A	I_c/A
1	水　泵	30	205	0.8	0.8	0.75	164	123	205	311.47
2	通风机	25	45	0.8	0.8	0.75	36	27	45	68.37
3	电焊机	3	10.5（65%） 8.46（100%）	0.35	0.35	2.68	2.96	7.94	8.46	12.85
总计		—	—	—	—	—	202.96	157.94	—	—
		取 $K_{\Sigma p} = 0.95$，$K_{\Sigma q} = 0.97$			0.78	—	192.81	153.20	246.26	374.2

3.2.2.2　利用系数法

利用系数法是以概率论和数率统计为基础，把最大负荷 P_m（计算负荷）分成平均负荷和

附加差值两部分。后者取决于负荷与其平均值的方均根的差，用最大系数中大于1的部分来体现。

最大系数 K_m 定义为：

$$K_m = P_m / P_{av} \tag{3-17}$$

在通用的利用系数法中，最大系数 K_m 是平均利用系数和用电设备有效台数的函数。前者反映了设备的接通率，后者反映了设备台数和各台设备间的功率差异。采用利用系数法确定计算负荷的具体步骤如下。

（1）求各用电设备组在最大负荷班内的平均负荷

有功功率 $$P_{av} = K_{u.i} P_{e.i} \tag{3-18}$$

无功功率 $$Q_{av.i} = P_{av.i} \tan\varphi_i \tag{3-19}$$

（2）求平均利用系数 $K_{u.av}$

$$K_{u.av} = \sum P_{av.i} / \sum P_{e.i} \tag{3-20}$$

（3）求用电设备的有效台数 n_{eq}

为便于分析比较，从导体发热角度出发，不同功率的用电设备需归算为同一功率的用电设备，于是可得到用电设备的有效台数 n_{eq} 为

$$n_{eq} = (\sum P_{e.i})^2 / \sum P_{e.i}^2 \tag{3-21}$$

式中　$P_{e.i}$ ——用电设备组中，各台用电设备的功率。

然后根据用电设备的有效台数 n_{eq} 和平均利用系数 $K_{u.av}$，查表3-12求出最大系数 K_m。

$$K_{m(t)} \leqslant 1 + \frac{K_m - 1}{\sqrt{2t}} \tag{3-22}$$

（4）求计算负荷及计算电流

有功计算负荷 $$P_c = K_m \sum P_{av.i} \tag{3-23}$$

无功计算负荷 $$Q_c = K_m \sum Q_{av.i} \tag{3-24}$$

视在计算负荷按式（3-16）计算，计算电流按式（3-13）计算。

在实际工程应用中，若用电设备在3台及以下，则其有功计算负荷取设备功率总和；若用电设备在3台以上，而有效台数小于4时，其有功计算负荷取设备功率的总和，再乘以0.9的系数。

【例3-3】 试运用利用系数法来确定例3-1中机床组的计算负荷。

解　（1）用电设备组在最大负荷班的平均负荷

对机床电动机，查表3-9得 $K_u = 0.1 \sim 0.12$（取 $K_u = 0.12$），$\tan\varphi = 1.73$，因此

有功功率 $$P_{av} = K_{u.i} P_{e.i} = 0.12 \times 146 = 17.52\text{kW}$$

无功功率 $$Q_{av.i} = P_{av.i} \tan\varphi_i = 17.52 \times 1.73 = 30.34\text{kvar}$$

（2）平均利用系数

因只有1组用电设备，故 $K_{u.av} = K_u = 0.12$

（3）用电设备的有效台数

$$n_{eq} = \frac{(\sum P_{e.i})^2}{\sum P_{e.i}^2} = \frac{146^2}{22^2 \times 2 + 7.5^2 \times 6 + 4^2 \times 12 + 1.5^2 \times 6} = 14.11\ (\text{取}\ 14)$$

（4）计算负荷及计算电流

利用 $K_{u.av} = 0.12$，$n_{eq} = 14$ 查表3-12，通过插值求得最大系数 $K_m = 2$，则

表 3-12　用电设备的最大系数 K_m

$K_{u.av}$ / n_{eq}	0.1	0.15	0.2	0.3	0.4	0.5	0.6	0.7	0.8	0.9
4	3.43	3.11	2.64	2.14	1.87	1.65	1.46	1.29	1.14	1.05
5	3.23	2.87	2.42	2.00	1.76	1.57	1.41	1.26	1.12	1.04
6	3.04	2.64	2.24	1.88	1.66	1.51	1.37	1.23	1.10	1.04
7	2.88	2.48	2.10	1.08	1.58	1.45	1.33	1.21	1.09	1.04
8	2.72	2.31	1.99	1.72	1.52	1.40	1.30	1.20	1.08	1.04
9	2.56	2.20	1.90	1.65	1.47	1.37	1.28	1.18	1.08	1.03
10	2.42	2.10	1.84	1.60	1.43	1.34	1.26	1.16	1.07	1.03
12	2.24	1.96	1.75	1.52	1.36	1.28	1.23	1.15	1.07	1.03
14	2.10	1.85	1.67	1.45	1.32	1.25	1.20	1.13	1.07	1.03
16	1.99	1.77	1.61	1.41	1.28	1.23	1.18	1.12	1.07	1.03
18	1.91	1.70	1.55	1.37	1.26	1.21	1.16	1.11	1.06	1.03
20	1.84	1.65	1.50	1.34	1.24	1.20	1.15	1.11	1.06	1.03
25	1.71	1.55	1.40	1.28	1.21	1.17	1.14	1.10	1.06	1.03
30	1.62	1.46	1.34	1.24	1.19	1.16	1.13	1.10	1.05	1.03
35	1.56	1.41	1.30	1.21	1.17	1.15	1.12	1.09	1.05	1.02
40	1.50	1.37	1.27	1.19	1.15	1.13	1.12	1.09	1.05	1.02
45	1.45	1.33	1.25	1.17	1.14	1.12	1.11	1.08	1.04	1.02
50	1.40	1.30	1.23	1.16	1.14	1.11	1.10	1.08	1.04	1.02
60	1.32	1.25	1.19	1.14	1.12	1.11	1.09	1.07	1.03	1.02
70	1.27	1.22	1.17	1.12	1.10	1.10	1.09	1.06	1.03	1.02
80	1.25	1.20	1.15	1.11	1.10	1.10	1.08	1.06	1.03	1.02
90	1.23	1.18	1.13	1.10	1.09	1.09	1.08	1.05	1.02	1.02
100	1.21	1.17	1.12	1.10	1.08	1.08	1.07	1.05	1.02	1.02
120	1.19	1.16	1.12	1.09	1.07	1.07	1.07	1.05	1.05	1.02
160	1.16	1.13	1.10	1.08	1.05	1.05	1.05	1.04	1.02	1.02
200	1.15	1.12	1.09	1.07	1.05	1.05	1.05	1.04	1.01	1.01
240	1.14	1.11	1.08	1.07	1.05	1.05	1.05	1.03	1.01	1.01

注：表中的 K_m 数据是按 0.5h 最大负荷计算的。计算以中小截面导线为基准，其发热时间常数 τ 为 10min，负荷热效应达到稳态的持续时间 t，按指数曲线约为 3τ，即 0.5h。对于变电所低压母线或低压干线来说，$\tau \geqslant 20$min，$t \geqslant 1$h。当 $t >$ 0.5h，最大系数按下式换算：

有功计算负荷 $P_c = K_m \sum P_{av.i} = 2 \times 17.52 = 35.04\text{kW}$

无功计算负荷 $Q_c = K_m \sum Q_{av.i} = 2 \times 30.34 = 60.68\text{kvar}$

视在计算负荷 $S_c = \sqrt{P_c^2 + Q_c^2} = \sqrt{35.04^2 + 60.68^2} = 70.07\text{kV} \cdot \text{A}$

计算电流 $I_c = S_c / (\sqrt{3} U_n) = 70.07 / (\sqrt{3} \times 0.38) = 106.46\text{A}$

比较例 3-1 和例 3-3 的计算结果可以看出，按利用系数法计算的结果比按需要系数法计算的结果稍大，特别是在设备台数较少的情况下。供电设计的经验证明，选择低压分支干线或支线时，特别是用电设备台数少而各台设备功率相差悬殊时，宜采用利用系数法。随着计算机的普及，利用系数法将得到广泛应用。

3.2.2.3 单位指标法

对设备功率不明确的各类项目，可采用单位指标法确定计算负荷。

（1）单位产品耗电量法

单位产品耗电量法用于工业企业工程。有功计算负荷的计算公式为

$$P_c = \omega N / T_{max} \tag{3-25}$$

式中 P_c——有功计算负荷，kW；

ω——每一单位产品电能消耗量，可查有关设计手册；

N——企业的年生产量；

T_{max}——年最大负荷利用小时数。

（2）单位面积功率法和综合单位指标法

单位面积功率法和综合单位指标法主要用于民用建筑工程。有功计算负荷的计算公式为

$$P_c = P_e S / 1000 \text{ 或 } P_c = P'_e N / 1000 \tag{3-26}$$

式中 P_e——单位面积功率，W/m^2；

S——建筑面积，m^2；

P'_e——单位指标功率，W/户、W/人或 W/床；

N——单位数量，如户数、人数、床位数。

各类建筑物的用电指标见表 3-13，住宅每户的用电指标见表 3-14。采用单位指标法确定计算负荷时，通常不再乘以需要系数。但对于住宅，应根据住宅的户数，乘以一个需要系数（参见表 3-15）。

表 3-13 各类建筑物的用电指标

建筑类别	用电指标/（W/m^2）	建筑类别	用电指标/（W/m^2）
公寓	30～50	医院	40～70
旅馆	40～70	高等学校	20～40
办公	30～70	中小学	12～20
商业	一般：40～80 大中型：60～120	展览馆	50～80
体育	40～70	演播室	250～500
剧场	50～80	汽车库	8～15

注：1. 此表摘自《全国民用建筑工程设计技术措施·电气》（2009 年版）。

2. 此表所列用电指标的上限值是按空调采用电动压缩机制冷时的数据。当空调冷水机采用直燃机时，用电指标一般比采用电动压缩机制冷时的指标降低 25～35 W/m^2。

表 3-14 全国普通住宅每户的用电指标

套型	建筑面积 S/m^2	用电指标最低值/（kW/户）	单相电能表规格/A
A	$S\leqslant 60$	3	5（20）
B	$60<S\leqslant 90$	4	10（40）
C	$90<S\leqslant 150$	6	10（40）
D	$S>150$	≥8	≥10（40）

注：此表摘自 JGJ 242—2011《住宅建筑电气设计规范》。

表 3-15 住宅用电负荷需要系数（同时系数）

按三相配电计算时所连接的基本户数	K_d 通用值	K_d 推荐值	按三相配电计算时所连接的基本户数	K_d 通用值	K_d 推荐值	按三相配电计算时所连接的基本户数	K_d 通用值	K_d 推荐值
9	1	1	36	0.50	0.60	72	0.41	0.45
12	0.95	0.95	42	0.48	0.55	75～300	0.40	0.45
18	0.75	0.80	48	0.47	0.55	375～600	0.33	0.35
24	0.66	0.70	54	0.45	0.50	780～900	0.26	0.30
30	0.58	0.65	63	0.43	0.50			

注：1. 表中通用值系目前采用的住宅需要系数值，推荐值是为了计算方便而提出，仅供参考。
2. 住宅的公用照明及公用电力负荷需要系数，一般按 0.8 选取。

3.2.3 单相用电设备组计算负荷的确定[68]

在用户供电系统中，除了广泛应用三相电气设备外，还应用各种单相电气设备，特别是民用建筑物，大量应用的是各种单相电气设备。单相设备接在三相线路中应尽可能地均衡分配，使三相负荷尽可能平衡。如果三相线路中单相设备的总功率不超过三相设备总功率的15%，则不论单相设备如何分配，单相设备可与三相设备综合起来按三相负荷平衡计算。如果单相设备功率超过三相设备功率15%时，则应将单相设备功率换算为等效三相设备功率，再与三相设备功率相加。

由于确定计算负荷的目的，主要是为了选择供配电系统中的设备和导线电缆，使设备和导线在最大负荷电流通过时不致过热或烧毁。因此，在接有较多单相设备的三相线路中，不论单相设备接于相电压还是接于线电压，只要三相负荷不平衡，就应以最大负荷相有功负荷的三倍作为等效三相有功负荷，以满足线路安全运行的要求。

（1）接于相电压的单相设备功率换算

按最大负荷相所接的单相设备功率 $P_{e.mph}$ 乘以 3 来计算，其等效三相设备功率为

$$P_e=3P_{e.mph} \tag{3-27}$$

（2）接于线电压的单相设备功率换算

由于功率为 $P_{e.ph}$ 的单相设备接在线电压上产生的电流 $I=P_{e.ph}/(U_n\cos\varphi)$，这一电流应与等效的三相设备功率 P_e 产生的电流 $I'=P_e/(\sqrt{3}U_n\cos\varphi)$ 相等，因此其等效的三相设备功率为

$$P_e=\sqrt{3}P_{e.ph} \tag{3-28}$$

（3）单相设备接于不同线电压时的计算

如图 3-7 所示，设 $P_1>P_2>P_3$，且 $\cos\varphi_1\neq\cos\varphi_2\neq\cos\varphi_3$，$P_1$ 接于 U_{AB}，P_2 接于

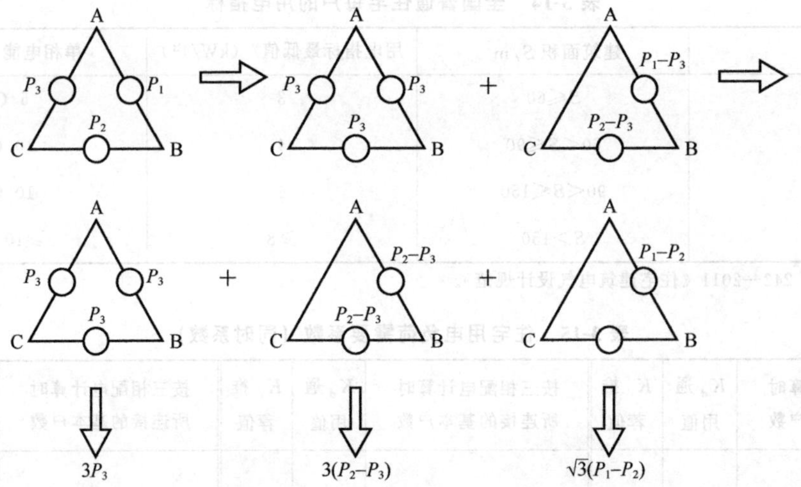

图 3-7　接于各线电压的单相负荷等效变换程序

U_{BC}，P_3 接于 U_{CA}。按照等效发热原理，可等效为图 3-7 所示三种接线的叠加：

① U_{AB}、U_{BC}、U_{CA} 间各接 P_3，其等效三相功率为 $3P_3$；

② U_{AB} 和 U_{BC} 间各接 P_2-P_3，其等效三相功率为 $3\ (P_2-P_3)$；

③ U_{AB} 间接 P_1-P_2，其等效三相功率为 $\sqrt{3}(P_1-P_2)$。

因此，P_1、P_2、P_3 接于不同线电压时的等效三相设备功率为

$$P_e=\sqrt{3}P_1+(3-\sqrt{3})P_2 \tag{3-29}$$

$$Q_e=\sqrt{3}P_1\tan\varphi_1+(3-\sqrt{3})P_2\tan\varphi_2 \tag{3-30}$$

此时的等效三相计算负荷同样按需要系数法计算。

(4) 单相设备分别接于线电压和相电压时的负荷计算

首先应将接于线电压的单相设备功率换算为接于相电压的设备功率，然后分相计算各相的设备功率，并按需要系数法计算其计算负荷。而总的等效三相有功计算负荷为其最大有功负荷相的有功计算负荷的 3 倍，总的等效三相无功计算负荷为其最大有功负荷相的无功计算负荷的 3 倍。关于将接于线电压的单相设备功率换算为接于相电压的设备功率问题，可按下列换算公式进行换算：

A 相

$$P_A=P_{AB}p_{AB-A}+P_{CA}p_{CA-A} \tag{3-31}$$

$$Q_A=P_{AB}q_{AB-A}+P_{CA}q_{CA-A} \tag{3-32}$$

B 相

$$P_B=P_{AB}p_{AB-B}+P_{BC}p_{BC-B} \tag{3-33}$$

$$Q_B=P_{AB}q_{AB-B}+P_{BC}q_{BC-B} \tag{3-34}$$

C 相

$$P_C=P_{BC}p_{BC-C}+P_{CA}p_{CA-C} \tag{3-35}$$

$$Q_C=P_{BC}q_{BC-C}+P_{CA}q_{CA-C} \tag{3-36}$$

以上式中

P_{AB}，P_{BC}，P_{CA}——接于 AB、BC、CA 相间的有功设备功率，kW；

P_A，P_B，P_C——换算为接于 A 相、B 相、C 相的有功设备功率，kW；

Q_A，Q_B，Q_C——换算为接于 A 相、B 相、C 相的无功设备功率，kvar；

p_{AB-A}，q_{AB-A}、…——为接于 AB、…相间设备功率换算为接于 A、…相设备功率的有功及无功换算系数，见表 3-16。

表 3-16 线间负荷换算为相负荷的有功、无功换算系数

换算系数	负荷功率因数								
	0.35	0.40	0.50	0.60	0.65	0.70	0.80	0.90	1.00
p_{AB-A}、p_{BC-B}、p_{CA-C}	1.27	1.17	1.00	0.89	0.84	0.80	0.72	0.64	0.50
p_{AB-B}、p_{BC-C}、p_{CA-A}	−0.27	−1.07	0	0.11	0.16	0.20	0.28	0.36	0.50
q_{AB-A}、q_{BC-B}、q_{CA-C}	1.05	0.86	0.58	0.38	0.30	0.22	0.09	−0.05	−0.29
q_{AB-B}、q_{BC-C}、q_{CA-A}	1.63	1.44	1.16	0.96	0.88	0.80	0.67	0.53	0.29

3.2.4 尖峰电流及其计算[65]

(1) 尖峰电流的有关概念

尖峰电流（peak current）是指持续时间 1～2s 的短时最大负荷电流。尖峰电流主要用来选择熔断器和低压断路器、整定继电保护装置和检验电动机自启动条件等。

(2) 单台用电设备尖峰电流 I_{pk} 的计算

单台用电设备（如电动机）的尖峰电流就是其启动电流（starting current），因此尖峰电流 I_{pk} 为

$$I_{pk}=I_{st}=k_{st}I_{r.M} \tag{3-37}$$

式中 I_{st}——用电设备的启动电流；

k_{st}——用电设备的启动电流倍数，对笼型电动机 $k_{st}=5\sim7$，绕线转子电动机 $k_{st}=2\sim3$，直流电动机 $k_{st}=1.7$，电焊变压器 $k_{st}\geqslant3$；

$I_{r.M}$——用电设备的额定电流。

(3) 多台用电设备尖峰电流的计算

引至多台用电设备的线路上的尖峰电流按下式计算：

$$I_{pk}=K_{\Sigma}\sum_{i=1}^{n-1}I_{r.M.i}+I_{st.max} \tag{3-38}$$

或

$$I_{pk}=I_c+(I_{st}-I_{r.M})_{max} \tag{3-39}$$

式中 $I_{st.max}$——用电设备中启动电流与额定电流之差为最大的那台设备的启动电流；

$(I_{st}-I_{r.M})_{max}$——用电设备中启动电流与额定电流之差为最大的那台设备的启动电流与额定电流之差；

$\sum_{i=1}^{n-1}I_{r.M.i}$——将启动电流与额定电流之差为最大的那台设备除外的其他 $n-1$ 台设备的额定电流之和；

K_{Σ}——上述 $n-1$ 台设备的同时系数，按台数多少选取，一般为 0.75～1；

I_c——全部设备投入运行时线路的计算电流。

【例 3-4】有一 380V 的三相线路，供电给表 3-17 所示的 4 台电动机。试计算该线路的尖峰电流。

表 3-17 例 3-4 的负荷资料

参数	电动机			
	M1	M2	M3	M4
额定电流 $I_{r.M}$ /A	5.8	5	35.8	27.6
启动电流 I_{st} /A	40.6	35	197	193.2

解 由表 3-17 可知，电动机 M4 的 $I_{st}-I_{r.M}=193.2-27.6=165.6A$ 为最大。因此按式(3-38) 计算（取 $K_{\Sigma}=0.9$）可得该线路的尖峰电流为

$$I_{pk}=K_{\Sigma}\sum_{i=1}^{n-1}I_{r.M.i}+I_{st.max}=0.9\times(5.8+5+35.8)+193.2=235A$$

3.2.5 供电系统的功率损耗[69,70]

供配电系统的功率损耗主要包括线路功率损耗和变压器的功率损耗两部分。下面分别介绍这两部分功率损耗及计算方法。

3.2.5.1 线路功率损耗的计算

由于供配电线路存在电阻和电抗，所以线路上会产生有功功率损耗和无功功率损耗。其值分别按下式计算。

有功功率损耗 $$\Delta P_{W}=3I_c^2R\times10^{-3} \tag{3-40}$$

无功功率损耗 $$\Delta Q_{W}=3I_c^2X\times10^{-3} \tag{3-41}$$

式中 I_c——线路的计算电流，A；

R——线路每相的电阻（Ω），$R=rl$；

r——线路单位长度的电阻值，Ω/km；

l——线路长度，km；

X——为线路每相的电抗（Ω），$X=xl$；

x——线路单位长度的电抗值，Ω/km。

在工程设计中，通常将电力线路每相单位长度的电阻、电抗预先计算出来制成表格（见表 3-18），以方便查用。

3.2.5.2 双绕组电力变压器功率损耗的计算

双绕组电力变压器功率损耗包括有功和无功两大部分。

(1) 变压器的有功功率损耗

变压器的有功功率损耗由两部分组成。

① 铁芯中的有功功率损耗，即铁损 ΔP_{Fe}。铁损在变压器一次绕组的外施电压和频率不变的条件下是固定不变的，与负荷的大小无关。铁损可由变压器空载试验测定。变压器的空载损耗 ΔP_0 可认为就是铁损，因为变压器的空载电流 I_0 很小，在一次绕组中产生的有功损耗可忽略不计。

② 有负荷时一、二次绕组中的有功功率损耗，即铜损 ΔP_{Cu}。铜损与负荷电流（或功率）的平方成正比。铜损可通过变压器短路试验测定。变压器的短路损耗 ΔP_K 可认为就是铜损，因为变压器短路时一次侧短路电压 U_K 很小，在铁芯中产生的有功功率损耗可忽略不计。

因此，变压器的有功功率损耗的计算为

$$\Delta P_T=\Delta P_{Fe}+\Delta P_{Cu}\beta_c^2\approx\Delta P_0+\Delta P_K\beta_c^2 \tag{3-42}$$

式中 ΔP_0——变压器的空载损耗，kW；

ΔP_K——变压器的短路损耗，kW；

β_c——变压器的计算负荷系数，$\beta_c=S_c/S_{r.T}$；

S_c——变压器的计算负荷，kV · A；

$S_{r.T}$——变压器的额定容量，kV · A。

(2) 变压器的无功功率损耗

变压器的无功功率损耗也由两部分组成。

表 3-18 三相线路电线电缆单位长度每相阻抗值

类别		导线截面积/mm^2											
		6	10	16	25	35	50	70	95	120	150	185	240
导线类型	导线温度/℃	每相电阻 $r/(\Omega/km)$											
铝	20	—	—	1.798	1.151	0.822	0.575	0.411	0.303	0.240	0.192	0.156	0.121
LJ 绞线	55	—	—	2.054	1.285	0.950	0.660	0.458	0.343	0.271	0.222	0.179	0.137
LGJ 绞线	55	—	—	—	—	0.938	0.678	0.481	0.349	0.285	0.221	0.181	0.138
铜	20	2.867	1.754	1.097	0.702	0.501	0.351	0.251	0.185	0.146	0.117	0.095	0.077
BV 导线	60	3.467	2.040	1.248	0.805	0.579	0.398	0.291	0.217	0.171	0.137	0.112	0.086
VV 电缆	60	3.325	2.035	1.272	0.814	0.581	0.407	0.291	0.214	0.169	0.136	0.110	0.085
YJV 电缆	80	3.554	2.175	1.359	0.870	0.622	0.435	0.310	0.229	0.181	0.145	0.118	0.091
导线类型	线距/mm	每相电抗 $x/(\Omega/km)$											
LJ 裸铝绞线	800	—	—	0.381	0.367	0.357	0.345	0.335	0.322	0.315	0.307	0.301	0.293
	1000	—	—	0.390	0.376	0.366	0.355	0.344	0.335	0.327	0.319	0.313	0.305
	1250	—	—	0.408	0.395	0.385	0.373	0.363	0.350	0.343	0.335	0.329	0.321
LGJ 钢芯铝绞线	1500	—	—	—	—	0.39	0.38	0.37	0.35	0.35	0.34	0.33	0.33
	2000	—	—	—	—	0.403	0.394	0.383	0.372	0.365	0.358	0.35	0.34
	3000	—	—	—	—	0.434	0.424	0.413	0.399	0.392	0.384	0.378	0.369
BV 导线 明敷	100	0.300	0.280	0.265	0.251	0.241	0.229	0.219	0.206	0.199	0.191	0.184	0.178
	150	0.325	0.306	0.290	0.277	0.266	0.251	0.242	0.231	0.223	0.216	0.209	0.200
BV 导线 穿管敷设		0.112	0.108	0.102	0.099	0.095	0.091	0.087	0.085	0.083	0.082	0.081	0.080
VV 电缆（1kV）		0.093	0.087	0.082	0.075	0.072	0.071	0.070	0.070	0.070	0.070	0.070	0.070
YJV 电缆	1kV	0.092	0.085	0.082	0.082	0.080	0.079	0.078	0.077	0.077	0.077	0.077	0.077
	10kV	—	—	0.133	0.120	0.113	0.107	0.101	0.096	0.095	0.093	0.090	0.087

注：计算线路功率损耗与电压损失时取导线实际工作温度推荐值下的电阻值，计算线路三相最大短路电流时取导线在 20℃ 时的电阻值。

① 用来产生主磁通即产生励磁电流的一部分无功功率，用 ΔQ_0 表示。它只与绕组电压有关，与负荷无关。它与励磁电流（或近似地与空载电流）成正比。即

$$\Delta Q_0 \approx \frac{I_0\%}{100} S_{r.T} \tag{3-43}$$

式中 $I_0\%$——变压器空载电流占额定一次电流的百分值。

② 消耗在变压器一、二次绕组电抗上的无功功率。额定负荷下的这部分无功损耗用 ΔQ_K 表示。由于变压器绕组的电抗远大于电阻，因此 ΔQ_K 近似地与短路电压（即阻抗电压）成正比，即

$$\Delta Q_{\mathrm{K}} \approx \frac{U_{\mathrm{K}}\%}{100} S_{\mathrm{r.T}} \tag{3-44}$$

式中　$U_{\mathrm{K}}\%$——变压器短路电压占额定一次电压的百分值。

因此，变压器的无功功率损耗的计算为

$$\Delta Q_{\mathrm{T}} = \Delta Q_0 + \Delta Q_{\mathrm{K}}\beta_{\mathrm{c}}^2 \approx \frac{I_0\%}{100} S_{\mathrm{r.T}} + \frac{U_{\mathrm{K}}\%}{100} S_{\mathrm{r.T}}\beta_{\mathrm{c}}^2 = \left(\frac{I_0\%}{100} + \frac{U_{\mathrm{K}}\%}{100}\beta_{\mathrm{c}}^2\right) S_{\mathrm{r.T}} \tag{3-45}$$

式（3-42）中的 ΔP_0 和 ΔP_{K} 以及式（3-45）中的 $I_0\%$和 $U_{\mathrm{K}}\%$等均可从有关手册或产品样本中查得。S9 系列低损耗油浸式铜绕组电力变压器的主要技术数据见表 3-19。

表 3-19　S9 系列低损耗油浸式铜绕组电力变压器的主要技术数据

额定容量/kV·A	额定电压/kV 一次	额定电压/kV 二次	连接组别	损耗/W 空载 ΔP_0	损耗/W 负载 ΔP_{K}	空载电流 $I_0\%$	阻抗电压 $U_{\mathrm{K}}\%$
30	11，10.5，10，6.3，6	0.4	Yyn0	130	600	2.1	4
50	11，10.5，10，6.3，6	0.4	Yyn0	170	870	2.0	4
			Dyn11	175	870	4.5	4
63	11，10.5，10，6.3，6	0.4	Yyn0	200	1040	1.9	4
			Dyn11	210	1030	4.5	4
80	11，10.5，10，6.3，6	0.4	Yyn0	240	1250	1.8	4
			Dyn11	250	1240	4.5	4
100	11，10.5，10，6.3，6	0.4	Yyn0	290	1500	1.6	4
			Dyn11	300	1470	4.0	4
125	11，10.5，10，6.3，6	0.4	Yyn0	240	1800	1.5	4
			Dyn11	360	1720	4.0	4
160	11，10.5，10，6.3，6	0.4	Yyn0	400	2200	1.4	4
			Dyn11	430	2100	3.5	4
200	11，10.5，10，6.3，6	0.4	Yyn0	480	2600	1.3	4
			Dyn11	500	2500	3.5	4
250	11，10.5，10，6.3，6	0.4	Yyn0	560	3050	1.2	4
			Dyn11	600	2900	3.0	4
315	11，10.5，10，6.3，6	0.4	Yyn0	670	3650	1.1	4
			Dyn11	720	3450	3.0	4
400	11，10.5，10，6.3，6	0.4	Yyn0	800	4300	1.0	4
			Dyn11	870	4200	3.0	4
500	11，10.5，10，6.3，6	0.4	Yyn0	960	5100	1.0	4
			Dyn11	1030	4950	3.0	4
	11，10.5，10	6.3	Yd11	1030	4950	1.5	4.5
630	11，10.5，10，6.3，6	0.4	Yyn0	1200	6200	0.9	4.5
			Dyn11	1300	5800	1.0	5
	11，10.5，10	6.3	Yd11	1200	6200	1.5	4.5

续表

额定容量/kV·A	额定电压/kV		连接组别	损耗/W		空载电流 I_0%	阻抗电压 U_K%
	一次	二次		空载 ΔP_0	负载 ΔP_K		
800	11，10，5，10，6.3，6	0.4	Yyn0	1400	7500	0.8	4.5
			Dyn11	1400	7500	2.5	5
	11，10.5，10	6.3	Yd11	1400	7500	1.4	5.5
1000	11，10.5，10，6.3，6	0.4	Yyn0	1700	10300	0.7	4.5
			Dyn11	1700	9200	1.7	5
	11，10.5，10	6.3	Yd11	1700	9200	1.4	5.5
1250	11，10.5，10，6.3，6	0.4	Yyn0	1950	12000	0.6	4.5
			Dyn11	2000	11000	2.5	5
	11，10.5，10	6.3	Yd11	1950	12000	1.3	5.5
1600	11，10.5，10，6.3，6	0.4	Yyn0	2400	14500	0.6	4.5
			Dyn11	2400	14000	2.5	6
	11，10.5，10	6.3	Yd11	2400	14500	1.3	5.5
2000	11，10.5，10，6.3，6	0.4	Yyn0	3000	18000	0.8	6
			Dyn11	3000	18000	0.8	6
	11，10.5，10	6.3	Yd11	3000	18000	1.2	6
2500	11，10.5，10，6.3，6	0.4	Yyn0	3500	25000	0.8	6
			Dyn11	3500	25000	0.8	6
	11，10.5，10	6.3	Yd11	3500	19000	1.2	5.5
3150	11，10.5，10	6.3	Yd11	4100	23000	1.0	5.5
4000	11，10.5，10	6.3	Yd11	5000	26000	1.0	5.5
5000	11，10.5，10	6.3	Yd11	6000	30000	0.9	5.5
6300	11，10.5，10	6.3	Yd11	7000	35000	0.9	5.5
50	35	0.4	Yyn0	250	1180	2.0	6.5
100	35	0.4	Yyn0	350	2100	1.9	6.5
125	35	0.4	Yyn0	400	1950	2.0	6.5
160	35	0.4	Yyn0	450	2800	1.8	6.5
200	35	0.4	Yyn0	530	3300	1.7	6.5
250	35	0.4	Yyn0	610	3900	1.6	6.5
315	35	0.4	Yyn0	720	4700	1.5	6.5
400	35	0.4	Yyn0	880	5700	1.3	6.5
500	35	0.4	Yyn0	1030	6900	1.2	6.5
630	35	0.4	Yyn0	1250	8200	1.1	6.5

续表

额定容量/kV·A	额定电压/kV		连接组别	损耗/W		空载电流 I_0%	阻抗电压 U_K%
	一次	二次		空载 ΔP_0	负载 ΔP_K		
800	35	0.4	Yyn0	1480	9500	1.1	6.5
		10.5 6.3 3.15	Yd11	1480	8800	1.1	6.5
1000	30	0.4	Yyn0	1750	12000	1.0	6.5
		10.5 6.3 3.15	Yd11	1750	11000	1.0	6.5
1250	35	0.4	Yyn0	2100	14500	0.9	6.5
		10.5 6.3 3.15	Yd11	2100	14500	0.9	6.5
1600	35	0.4	Yyn0	2500	17500	0.8	6.5
		10.5 6.3 3.15	Yd11	2500	16500	0.8	6.5
2000	35	10.5 6.3 3.15	Yd11	3200	16800	0.8	6.5
2500				3800	19500	0.8	6.5
3150	38.5，35	10.5 6.3 3.15	Yd11	4500	22500	0.8	7
4000				5400	27000	0.8	7
5000				6500	31000	0.7	7
6300				7900	34500	0.7	7.5

在负荷计算中，当变压器技术数据不详时，低损耗电力变压器的功率损耗可按下列简化公式近似计算。

有功损耗 $$\Delta P_T \approx 0.01 S_c \tag{3-46}$$

无功损耗 $$\Delta Q_T \approx 0.05 S_c \tag{3-47}$$

3.2.5.3 三绕组电力变压器的功率损耗

三绕组降压变压器的功率损耗，应将三个绕组分开计算。简化计算公式为

$$\Delta P_T = \Delta P_0 + \Delta P_K \beta_c^2 = \Delta P_0 + \Delta P_{K\mathrm{I}} \beta_{c\mathrm{I}}^2 + \Delta P_{K\mathrm{II}} \beta_{c\mathrm{II}}^2 + \Delta P_{K\mathrm{III}} \beta_{c\mathrm{III}}^2 \tag{3-48}$$

$$\Delta Q_T = \Delta Q_0 + \Delta Q_K \beta_c^2 = \Delta Q_0 + \Delta Q_{K\mathrm{I}} \beta_{c\mathrm{I}}^2 + \Delta Q_{K\mathrm{II}} \beta_{c\mathrm{II}}^2 + \Delta Q_{K\mathrm{III}} \beta_{c\mathrm{III}}^2 \tag{3-49}$$

式中 $\beta_{c\mathrm{I}}$，$\beta_{c\mathrm{II}}$，$\beta_{c\mathrm{III}}$ ——变压器高压、中压、低压绕组的计算负荷系数，$\beta_c = S_c / S_{r.T}$；

$\Delta P_{K\mathrm{I}}$，$\Delta P_{K\mathrm{II}}$，$\Delta P_{K\mathrm{III}}$ ——变压器高压、中压、低压绕组的满载有功损耗，kW；

$\Delta Q_{K\mathrm{I}}$，$\Delta Q_{K\mathrm{II}}$，$\Delta Q_{K\mathrm{III}}$ ——变压器高压、中压、低压绕组的满载无功损耗，kvar。

3.2.5.4 电容器的功率损耗

三相（或单相）交流电容器的有功损耗 ΔP_C 为

$$\Delta P_C = Q_C \tan\delta \tag{3-50}$$

式中 Q_C——三相（或单相）电容器容量，kvar；

$\tan\delta$——交流电容器介质损失角正切值，与电容器的介质性能和温度有关。

对于用电容器组装的并联补偿装置，要计及内部所接放电电阻、电抗器、保护和计量元件的损耗，一般取补偿电容器容量的 0.25%～0.5%。

3.2.5.5 电抗器的功率损耗

三相电抗器有功损耗 ΔP_R 及无功损耗 ΔQ_R，分别按下式计算：

$$\Delta P_R = 3\Delta P_K \left(\frac{I_c}{I_{r.T}}\right)^2 \tag{3-51}$$

$$\Delta Q_R = 3\Delta Q_K \left(\frac{I_c}{I_{r.T}}\right)^2 \tag{3-52}$$

式中 ΔP_K——额定电流时电抗器一相中的有功损耗，kW；

ΔQ_K——额定电流时电抗器一相中的无功损耗，kvar；

I_c——流过电抗器的实际负荷电流，即计算电流，A；

$I_{r.T}$——电抗器额定电流，A。

3.2.6 企业年电能需要量的计算[65]

（1）年平均负荷法

企业年电能需要量又称年电能消耗量，可用年平均负荷和年实际工作小时数计算。当已知有功计算负荷 P_c 及无功计算负荷 Q_c 后，年有功电能消耗量（kW·h）及无功电能消耗量（kvar·h）可按下式确定：

$$W_p = \alpha P_c T_a \tag{3-53}$$

$$W_q = \beta Q_c T_a \tag{3-54}$$

式中 α，β——年平均有功、无功负荷系数，应根据同类企业多年积累的统计数据，当缺乏数据时，α 值一般取 0.7～0.75，β 值取 0.76～0.82；

T_a——年实际工作小时数，当采用一班工作制时可取 T_a 为 1860h，当采用二班制时可取 T_a 为 3720h，当采用三班制时可取 T_a 为 5580h。

（2）单位产品耗能法

当已知企业年产量的定额（M）及单位产品耗电量（ω）后，年有功电能消耗量（kW·h）及无功电能消耗量（kvar·h）可按下式确定：

$$W_p = \omega M \tag{3-55}$$

$$W_q = W_p \tan\varphi \tag{3-56}$$

式中，$\tan\varphi$ 为企业年平均功率因数角的正切值，若考虑补偿后的年平均功率因数 $\cos\varphi = 0.85 \sim 0.95$，则相应的 $\tan\varphi = 0.62 \sim 0.33$。

3.2.7 供电系统的电能损耗

（1）电力线路的电能损耗

线路上全年的电能损耗是由于电流通过线路电阻产生的，可按下式计算：

$$\Delta W_a = 3 I_c^2 R_W \tau \tag{3-57}$$

式中 I_c——通过线路的计算电流；

R_W——线路每相的电阻；

τ——年最大负荷损耗小时。

年最大负荷损耗小时 τ，是假设供配电系统元件（含线路）持续通过计算电流（即最大负荷电流）I_c 时，在此时间 τ 内所产生的电能损耗恰与实际负荷电流全年在此元件（含线路）上产生的电能损耗相等。年最大负荷损耗小时 τ 与年最大负荷利用小时 T_{max} 有一定关系，如图 3-8 所示。已知 T_{max} 和 $\cos\varphi$，可由相应的曲线查得 τ。

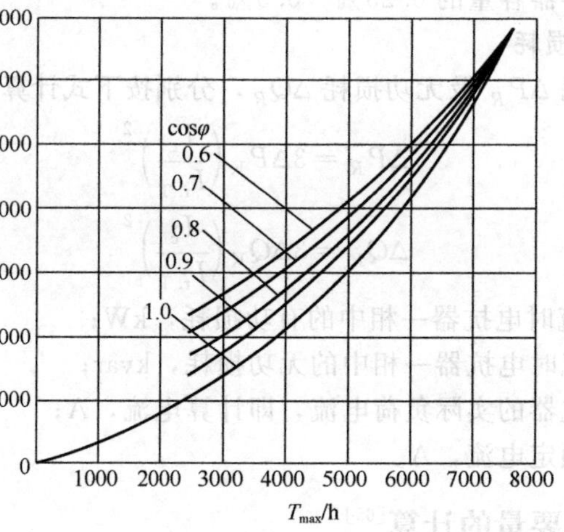

图 3-8 年最大负荷损耗小时 τ 与年最大负荷利用小时 T_{max} 的关系

（2）电力变压器的电能损耗

变压器的电能损耗包括铁损和铜损两部分。

① 全年的铁损 ΔP_{Fe} 产生的电能损耗　只要电源电压和频率不变，铁损 ΔP_{Fe} 产生的电能损耗就是固定不变的，可按下式计算：

$$\Delta W_{a1} = 8760 \times \Delta P_{Fe} \approx 8760 \times \Delta P_0 \tag{3-58}$$

② 全年的铜损 ΔP_{Cu} 产生的电能损耗　它与负荷电流平方成正比，即与变压器负荷率 β_c 的平方成正比，可按下式计算：

$$\Delta W_{a2} = 8760 \times \Delta P_{Cu}\beta_c^2\tau \approx \Delta P_K\beta_c^2\tau \tag{3-59}$$

由此可得变压器全年的电能损耗为

$$\Delta W_a = \Delta W_{a1} + \Delta W_{a2} \approx 8760 \times \Delta P_0 + \Delta P_K\beta_c^2\tau \tag{3-60}$$

式中　β_c——变压器的计算负荷系数，$\beta_c = S_c/S_{r.T}$；

S_c——变压器的计算负荷，kV·A；

$S_{r.T}$——变压器的额定容量，kV·A；

τ——变压器的年最大负荷损耗小时，可查图 3-8 曲线得到。

第4章 110kV及以下供配电系统

4.1 供配电系统电压等级选择

4.1.1 电源及供电系统的一般规定[4]

① 符合下列条件之一时，用户宜设置自备电源：

a. 需要设置自备电源作为一级负荷中的特别重要负荷的应急电源时或第二电源不能满足一级负荷的条件时。

b. 设置自备电源较从电力系统取得第二电源经济合理时。

c. 有常年稳定余热、压差、废弃物可供发电，技术可靠、经济合理时。

d. 所在地区偏僻，远离电力系统，设置自备电源经济合理时。

e. 有设置分布式电源的条件，能源利用效率高、经济合理时。

② 应急电源与正常电源之间，应采取防止并列运行的措施。当有特殊要求，应急电源向正常电源转换需短暂并列运行时，应采取安全运行的措施。

③ 供配电系统的设计，除一级负荷中的特别重要负荷外，不应按一个电源系统检修或故障的同时另一电源又发生故障进行设计。

④ 需要两回电源线路的用户，宜采用同级电压供电。但根据各级负荷的不同需要及地区供电条件，亦可采用不同电压供电。

⑤ 同时供电的两回及以上供配电线路中，当有一回路中断供电时，其余线路应能满足全部一级负荷及二级负荷。

⑥ 供配电系统应简单可靠，同一电压等级的配电级数高压不宜多于两级；低压不宜多于三级。

⑦ 高压配电系统宜采用放射式。根据变压器的容量、分布及地理环境等情况，亦可采用树干式或环式。

⑧ 根据负荷的容量和分布，配变电所应靠近负荷中心。当配电电压为35kV时，亦可采用直降至低压配电电压。

⑨ 在用户内部邻近的变电所之间，宜设置低压联络线。

⑩ 小负荷的用户，宜接入地区低压电网。

4.1.2 低压配电系统设计原则[4]

① 带电导体系统的形式宜采用单相二线制、两相三线制、三相三线制和三相四线制。低压配电系统接地形式，可采用TN系统、TT系统和IT系统。

② 在正常环境的建筑物内，当大部分用电设备为中小容量，且无特殊要求时，宜采用树干式配电。

③ 当用电设备为大容量或负荷性质重要，或在有特殊要求（例如潮湿、腐蚀性环境或有

爆炸和火灾危险场所等）的车间、建筑物内，宜采用放射式配电。

④ 当部分用电设备距供电点较远，而彼此相距很近、容量很小的次要用电设备，可采用链式配电，但每一回路环链设备不宜超过5台，其总容量不宜超过10kW。容量较小用电设备的插座，采用链式配电时，每一条环链回路的设备数量可适当增加。

⑤ 在多层建筑物内，由总配电箱至楼层配电箱宜采用树干式配电或分区树干式配电。对于容量较大的集中负荷或重要用电设备，应从配电室以放射式配电；楼层配电箱至用户配电箱应采用放射式配电。

在高层建筑物内，向楼层各配电点供电时，宜采用分区树干式配电；由楼层配电间或竖井内配电箱至用户配电箱的配电，宜采取放射式配电；对部分容量较大的集中负荷或重要用电设备，应从变电所低压配电室以放射式配电。

⑥ 平行的生产流水线或互为备用的生产机组，应根据其生产要求，宜由不同的回路配电；同一生产流水线的各用电设备，宜由同一回路配电。

⑦ 在低压电网中，宜选用Dyn11接线组别的三相变压器作为配电变压器。

⑧ 在系统接地形式为TN及TT的低压电网系统中，当选用Yyn0接线组别的三相变压器时，其由单相不平衡负荷引起的中性线电流不得超过低压绕组额定电流的25%，且其一相的电流在满载时不得超过额定电流值。

⑨ 当采用220/380V的TN及TT系统接地形式的低压电网时，照明和电力设备宜由同一台变压器供电。必要时亦可单独设置照明变压器供电。

⑩ 由建筑物外引入的配电线路，应在室内分界点便于操作维护之地装设隔离电器。

4.1.3 供配电电压选择原则[4]

① 用户的供电电压应根据用电容量、用电设备特性、供电距离、供电线路的回路数、当地公共电网现状及其发展规划等因素，经技术经济比较确定。

② 供电电压大于等于35kV时，用户的一级配电电压宜采用10kV；当6kV用电设备的总容量较大，选用6kV经济合理时，宜采用6kV；低压配电电压宜采用220/380V，工矿企业亦可采用660V；当安全需要时，应采用小于50V电压。

③ 供电电压大于等于35kV，当能减少变配电级数、简化接线及技术经济合理时，配电电压宜采用35kV或相应等级电压。

各级电压输送能力见表4-1。

表4-1 各级电压线路输送能力

额定电压/kV	线路结构	送电功率/kW	输送距离/km
0.22	架空线	<50	0.15
	电缆	<100	0.2
0.38	架空线	100	0.25
	电缆	175	0.35
0.66	架空线	170	0.4
	电缆	300	0.6
3	架空线	100～1000	3～1
6	架空线	2000	≤10
	电缆	3000	≤8

续表

额定电压/kV	线路结构	送电功率/kW	输送距离/km
10	架空线	3000	20～5
	电　缆	5000	≤10
35	架空线	2000～10000	50～20
66	架空线	3500～30000	100～30
110	架空线	10000～50000	150～50
220	架空线	100000～500000	300～200

4.2　供配电系统的接线方式及特点

4.2.1　高压供配电系统的接线方式及特点[59]

① 根据对供电可靠性的要求、变压器的容量及分布、地理环境等情况，高压配电系统宜采用放射式，也可采用树干式、环式及其组合方式。

a. 放射式。供电可靠性高，故障发生后影响范围较小，切换操作方便，保护简单，便于自动化，但配电线路和高压开关柜的数量多而造价较高。

b. 树干式。配电线路和高压开关柜数量少且投资少，但故障影响范围较大，供电可靠性较差。

c. 环式。有闭路环式和开路环式两种，为简化保护，一般采用开路环式，其供电可靠性较高，运行比较灵活，但切换操作较繁。

② 10（6）kV 配电系统接线方式见表 4-2，35kV 配电系统接线方式与此类似。

4.2.2　高压供配电系统中性点接地方式[68]

电力系统中，作为供电电源的三相发电机或变压器绕组为星形连接时的中性点称为电力系统的中性点（neutral point）。电力系统中性点与（局部）地之间的连接方式称为电力系统中性点的接地方式（neutral point treatment）。电力系统的中性点接地方式是一个综合性的技术问题，它与系统的供电可靠性、人身安全、过电压保护、继电保护、通信干扰及接地装置等问题有密切的关系。

表 4-2　10（6）kV 配电系统接线方式

接线方式	接线图	简要说明
单回路放射式	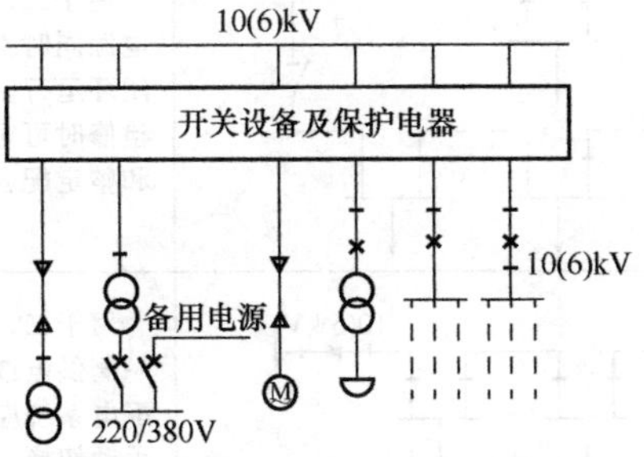	一般用于配电给二、三级负荷或专用设备，但对二级负荷供电时，尽量要有备用电源。如另有独立备用电源时，则可供电给一级负荷

续表

接线方式	接线图	简要说明
双回路放射式	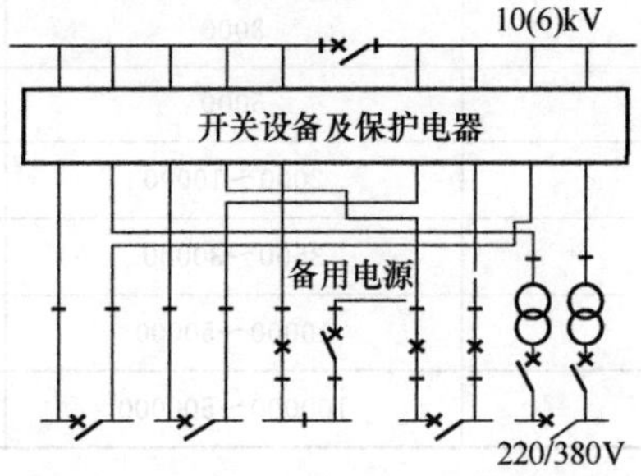	线路互为备用，用于配电给二级负荷。电源可靠时，可供电给一级负荷
有公共备用干线的放射式	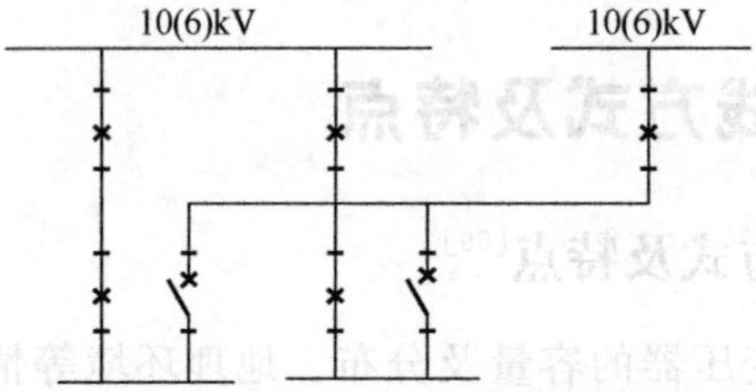	一般用于配电给二级负荷。如公共（热）备用干线电源可靠时，亦可用于一级负荷
单回路树干式	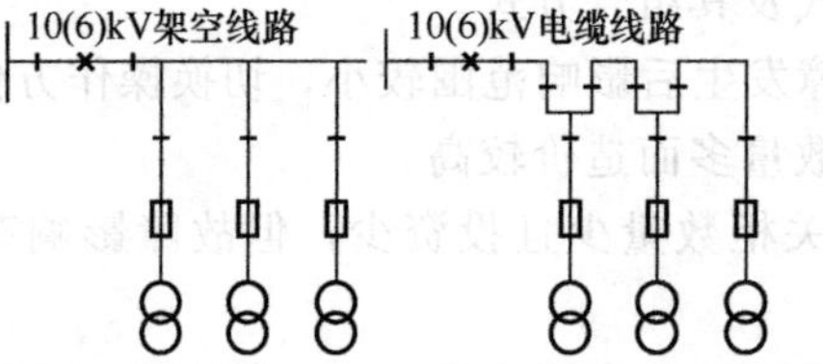	一般用于对三级负荷配电。每条线路装接的变压器不超过 5 台，一般不超过 2000kV·A
单侧供电双回路树干式	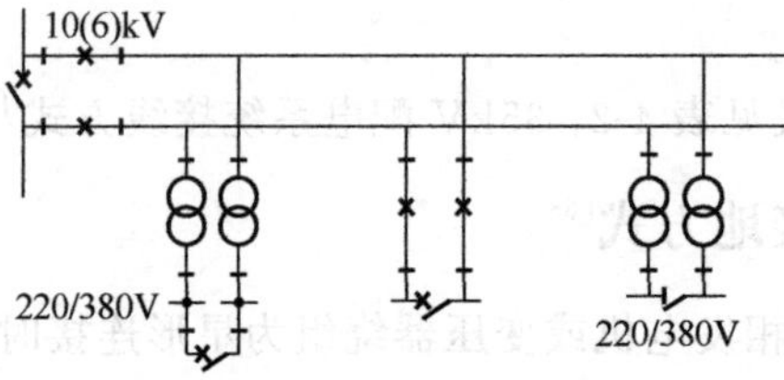	供电可靠性稍低于双回路放射式，但投资较省，一般用于二、三级负荷。当供电电源可靠时，也可供电给一级负荷
双侧供电双回路树干式	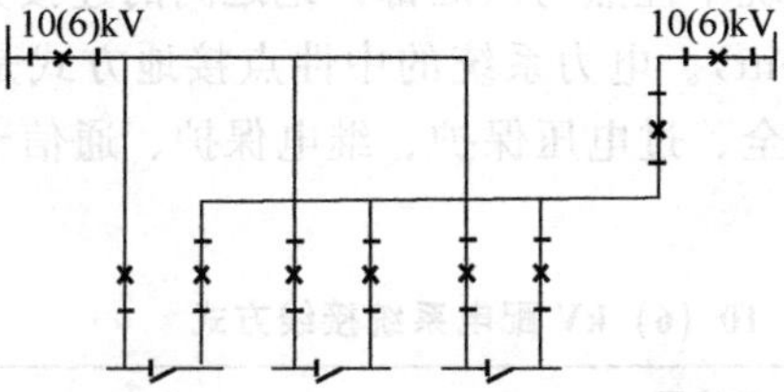	分别由两个电源供电，与单侧供电双回路树干式相比，供电可靠性略有提高，主要用于二级负荷。当供电电源可靠时，也可供电给一级负荷
单侧供电环式	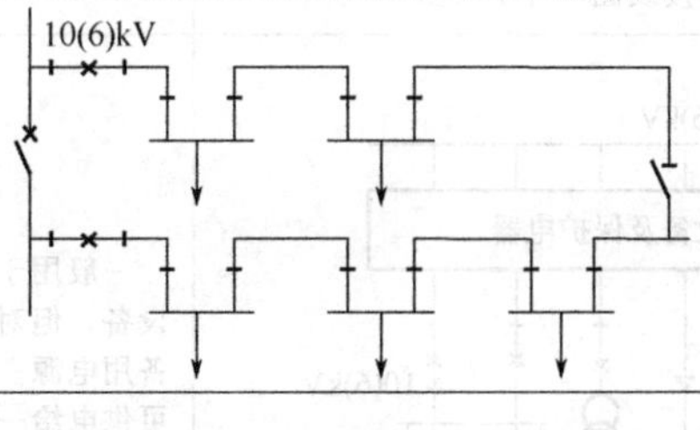	用于二、三级负荷配电，一般两回路电源同时工作开环运行，也可一用一备闭环运行。供电可靠性较高。电力线路检修时可对二级负荷配电，但保护装置和整定配合都较复杂
双侧供电环式	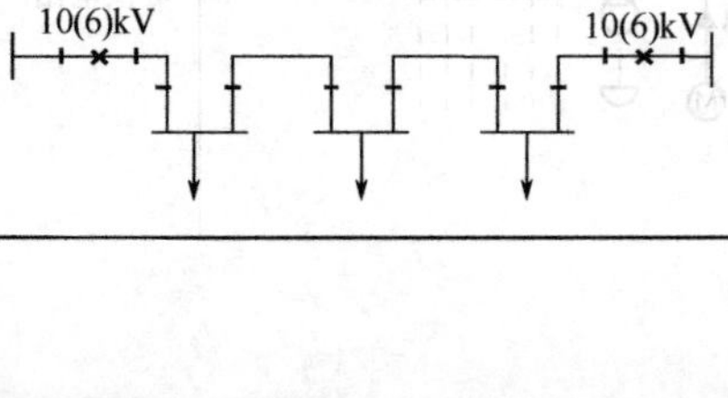	用于二、三级负荷配电，正常运行时一侧供电或在线路的负荷分界处断开。配电系统应加闭锁，避免并联，故障后手动切换，寻找故障时要中断供电

我国电力系统中性点的接地方式有：中性点不接地、中性点经消弧线圈接地、中性点经低电阻（阻抗）接地和中性点直接接地等。中性点不接地和中性点经消弧线圈接地方式也称为中性点非有效接地方式；中性点经低电阻（阻抗）接地和中性点直接接地也可称为中性点的有效接地方式。

在我国，110kV 电网一般都采用直接接地的方式，6～35kV 配电系统的中性点常用的接地方式有中性点不接地、中性点经消弧线圈接地或经低电阻接地三种。

4.2.2.1　中性点不接地系统

中性点不接地系统（isolated neutral system）是指除保护或测量用途的高阻抗接地以外中性点不接地的系统，又称中性点绝缘系统。

在电力系统中，三相输电导线之间以及各相输电导线与大地之间都存在电容分布，这种电容值是沿导线全长的分布参数。为方便研究，假设三相系统是对称的，各相输电导线间的分布电容数值较小，可以忽略不计，则各相对均匀分布的电容可由一个集中电容参数 C 来表示，如图 4-1 所示。

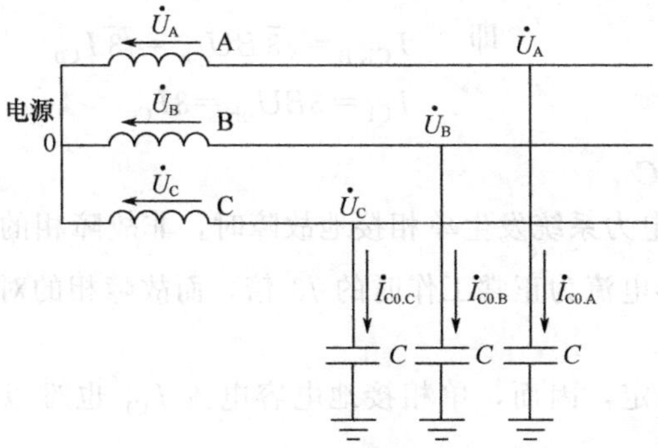

(a) 电路原理结构图

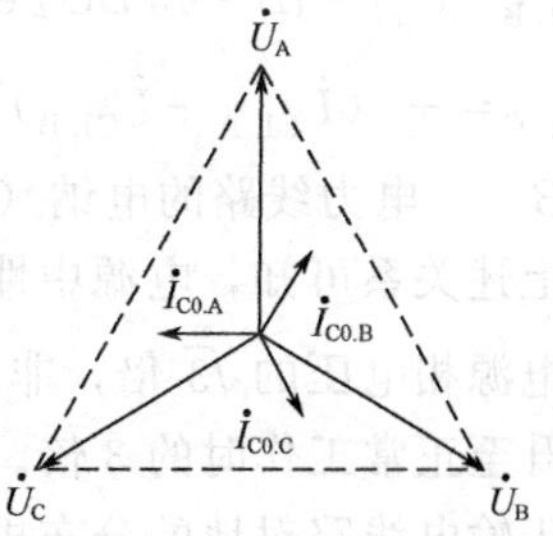

(b) 电压电流相量关系图

图 4-1　正常运行时的中性点不接地系统

系统正常运行时，各相电源电压 $\dot{U}_A$、$\dot{U}_B$、$\dot{U}_C$ 以及对地电容都是对称的，各相对地电压即为相电压。各相对地电容电流 $\dot{I}_{C0.A}$、$\dot{I}_{C0.B}$、$\dot{I}_{C0.C}$ 也是三相对称的，其有效值为 $I_{C0}=\omega CU_{ph}$（U_{ph} 为各相相电压有效值），其相量和为零，也即（局部）地中没有电容电流通过，此时电源中性点与（局部）地等电位。

当任何一相（下面以 C 相为例）因绝缘损坏而导致接地短路故障时，该相的对地电容被短接，如图 4-2（a）所示，各相电源对中性点的电压 $\dot{U}_A$、$\dot{U}_B$、$\dot{U}_C$ 以及输电导线的线电压 $\dot{U}_{AB}$、$\dot{U}_{BC}$、$\dot{U}_{CA}$ 仍保持不变，但各相对地电压 $\dot{U}_{A1}$、$\dot{U}_{B1}$、$\dot{U}_{C1}$，各相对地电容电流 $\dot{I}_{C1.A}$、$\dot{I}_{C1.B}$、$\dot{I}_{C1.C}$（在本例中为 $\dot{I}_{C1}$）以及中性点对地电压 $\dot{U}_0$ 均发生了改变，其相关相量图如图 4-2（b）所示。

各相及中性点对地电压满足下列关系：

$$\dot{U}_{C1}=0$$

$$\dot{U}_0=-\dot{U}_{C1}=\dot{U}_A e^{-j60°}$$

$$\dot{U}_{A1}=\dot{U}_A+\dot{U}_0=\sqrt{3}\dot{U}_A e^{-j30°}$$

$$\dot{U}_{B1}=\dot{U}_B+\dot{U}_0=\sqrt{3}\dot{U}_A e^{-j90°}$$

即

$$U_{C1}=0$$

$$U_0=U_{ph}$$

$$U_{A1}=\sqrt{3}U_{ph}$$

$$U_{B1}=\sqrt{3}U_{ph}$$

各相电容电流满足下列关系：

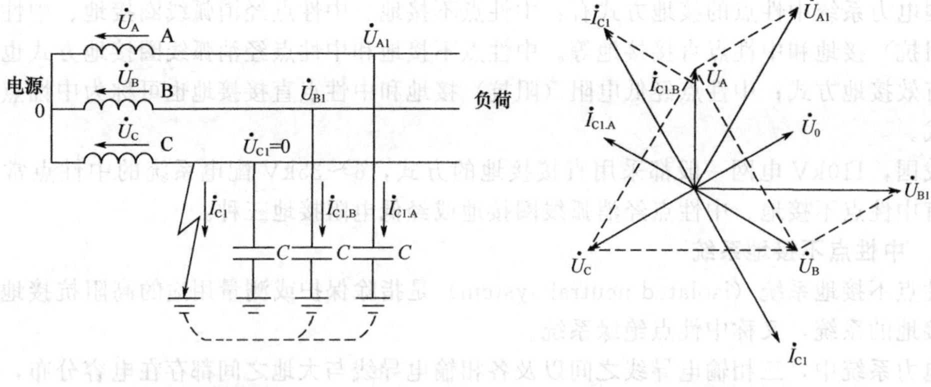

(a) 电路图　　　　(b) 相量图

图 4-2　单相接地时的中性点不接地系统

$$\dot{I}_{C1.A}=\dot{U}_{A1}\cdot jB=\sqrt{3}B\dot{U}_A e^{j60^\circ}$$

$$\dot{I}_{C1.B}=\dot{U}_{B1}\cdot jB=\sqrt{3}B\dot{U}_A e^{j0^\circ}$$

$$\dot{I}_{C1.C}=-(\dot{I}_{C1.A}+\dot{I}_{C1.B})=3B\dot{U}_A e^{-j150^\circ}$$

即

$$I_{C1.A}=\sqrt{3}BU_{ph}=\sqrt{3}I_{C0}$$

$$I_{C1.B}=\sqrt{3}BU_{ph}=\sqrt{3}I_{C0}$$

$$I_{C1}=3BU_{ph}=3I_{C0}$$

式中　B——电力线路的电纳（Ω）；$B=2\pi fC$ 。

从上述关系可知，电源中性点不接地的电力系统发生单相接地故障时，非故障相的对地电压升至电源相电压的$\sqrt{3}$倍，非故障相的电容电流为正常工作时的$\sqrt{3}$倍，而故障相的对地电容电流将升至正常工作时的 3 倍。

由于输电线路对地的分布电容 C 难以确定，因而，单相接地电容电流 I_{C1} 也难以精确计算。工程上，一般采用下列经验公式来估算：

$$I_{C1}=\frac{U_n(l_{oh}+35l_{cab})}{350}$$

式中　I_{C1}——系统的单相接地电容电流，A；

U_n——系统的额定电压，kV；

l_{oh}——同一电压 U_n 具有电路联系的架空线路总长度，km；

l_{cab}——同一电压 U_n 具有电路联系的电缆线路总长度，km。

从图 4-2 中可以看到，对于电源中性点不接地的电力系统，发生单相接地故障时，由于供电系统线电压未发生变化，所以三相负载仍能正常工作，因而该接地形式在我国被广泛用于 3～66kV 系统，特别是 3～10kV 系统中。但该系统不允许在单相接地故障情况下长期运行，否则有可能造成另一相又发生接地故障，将形成两相接地故障，故障范围扩大，产生较大的短路电流，造成电气设备的损坏。所以，中性点不接地系统应装设绝缘监测装置或单相接地保护，在发生单相接地故障后及时通知运行人员。在 2h 内应设法排除单相接地故障，若 2h 后仍不能排除故障，则应切除该供电电源。

4.2.2.2　中性点经消弧线圈接地系统

在上述中性点不接地的电力系统中，发生单相接地故障后，若接地电流较大，则有可能在接地点引起不能自行熄灭的断续电弧。因在回路中有电阻、电感和电容的存在，有可能会发生 *R-L-C* 串联谐振，从而在线路上出现为相电压峰值 2.5～3 倍的过电压，造成线路和电气设备的绝缘击穿。为有效防止这一现象的出现，需要减小接地电流，一般规定对于 3～10kV 电力系统中单相接地电流大于 30A，20kV 及以上电网中单相接地电流大于 10A 时，电源中性点必须采用经消弧线圈的接地方式。

消弧线圈是一个具有较小电阻和较大感抗的铁芯线圈。消弧线圈的外形与小型电力变压器相似，所不同的是为了防止铁芯磁饱和，消弧线圈的铁芯柱中有许多间隙，间隙中填充着绝缘材料，从而可得到较稳定的感抗值，使得消弧线圈的补偿电流 I_L 与电源中性点的对地电压 U_0 成正比，保持有效的消弧作用。电力系统正常工作时，由于三相系统是对称的，电源中性点对地电压 U_0 为零，流过消弧线圈的电流 I_L 也为零。发生单相接地故障时，如图 4-3（a）所示，加在消弧线圈上的电压 $\dot{U}_{L1}$ 为电源相电压 $\dot{U}_C$，在消弧线圈上产生电感电流为 $\dot{I}_{L1}$，$\dot{I}_{L1}$ 应滞后 $\dot{U}_{L1}$ 即 $\dot{U}_C$ 90°，接地点流过的总电流应是故障相的接地电容电流 $\dot{I}_{C1}$ 和流过消弧线圈的电流 $\dot{I}_{L1}$ 之和。而从图 4-3（b）可知，$\dot{I}_{C1}$ 超前 $\dot{U}_C$ 90°，因而 $\dot{I}_{L1}$ 与 $\dot{I}_{C1}$ 正好相位相反，在接地点处得到互相补偿，使总的接地电流减小，可以有效避免电弧的产生。有关的相量分析如图 4-3（b）所示。

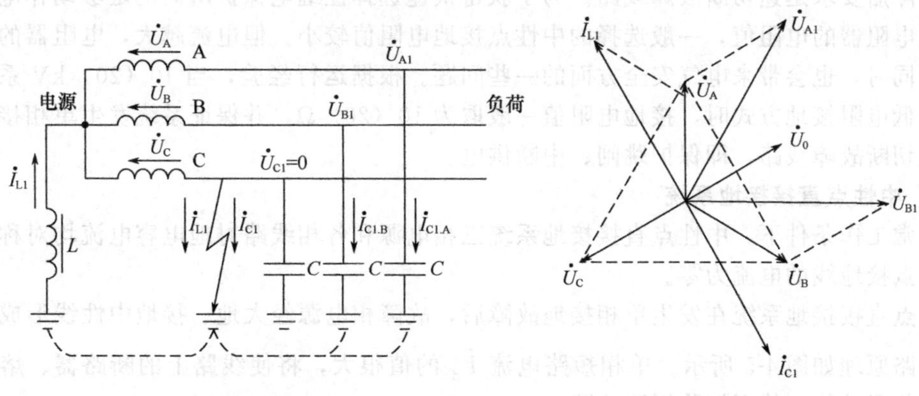

(a) 电路原理图　　(b) 相量分析图

图 4-3　单相接地时的中性点经消弧线圈接地系统

在中性点与地之间接入可调节电感电流的消弧线圈，由于电感电流与电容电流在相位上差 180°，因此发生单相接地故障时，如电感电流等于电容电流，称为全补偿；电感电流大于电容电流，称为过补偿；电感电流小于电容电流，称为欠补偿。

不能将消弧线圈调节在全补偿或欠补偿运行。这是因为在正常运行时，全补偿会使消弧线圈电感和对地电容组成 L-$3C$ 的串联回路，将会产生串联谐振过电压，而欠补偿则在中性点位移电压较高时，会使消弧线圈铁芯趋于饱和并使电感值降低，产生铁磁谐振。因此，消弧线圈必须在稍过补偿状态下运行。使经消弧线圈补偿后的故障点接地残余电流（感性电流）不超过 10A。现代的电力系统已应用微机作为控制器来实现自动跟踪补偿。

需要指出的是，与电源中性点不接地的电力系统类似，电源中性点经消弧线圈接地的电力系统，在发生单相接地故障后，非故障相的对地电压也将升至正常工作时对地电压的$\sqrt{3}$倍，即为线电压。同时，为避免发生两相以上的短路，也只允许暂时继续运行 2h，需在此时间内排除故障，否则需要切除此供电电源。

4.2.2.3　中性点经低电阻接地系统

中性点经低电阻接地是世界上以美国为代表的一些国家中 6～35kV 中压电网采用的运行方式。我国过去一直采用电源中性点经消弧线圈接地的运行方式，但近年来电源中性点经低电阻接地的运行方式在我国的某些城市电网和工业企业的配电网中开始得到应用。

中性点经低电阻接地系统发生单相接地故障时的分析如图 4-4 所示。其中 R_0 为连接中性点与大地之间的低电阻。以 C 相发生接地故障为例，$\dot{I}_R$ 为流经接地低电阻的接地电流，也是电网接地电流的有功分量；$\dot{I}_{C1}$ 为故障点的电容电流之和，也称全网电容电流。由于 R_0 的存在，使得中性点对地电位 $\dot{U}_0$ 较小，未发生故障的 A、B 两相对中性点的电位上升幅度不大，基本维持在原有的相电压水平，从而抑制了电网过电压，使变压器绝缘水平要求降低。中性点经低电阻接地可消除中性点不接地系统的缺点，即能减少电弧接地过电压的危险性。这对具有大量高压电动机的企业来说非常有利。因为电动机的绝缘最薄弱，由于接地故障电流较大，继电保护可采用简单的零序电流保护，在电网参数发生变化时不必调节电阻值，电缆也可采用相对地绝缘较低的一种以节省投资。另一方面，由于中性点接地电阻 R_0 的作用，这种系统的接地电流比电源中性点直接接地系统小，故对邻近通信线路的干扰较小。

中性点经低电阻接地系统，当发生单相接地时，由于人为地增加了一个较电容电流大而相位相差 90°的有功电流，使流过故障点的电流比不接地电网增加$\sqrt{3}$倍以上。因此，当其发生单相接地故障后要求迅速切断故障线路。为了获得快速选择性继电保护所需的足够动作电流，就必须降低电阻器的电阻值，一般选择的中性点接地电阻值较小。但电流越大，电阻器的功率要求越大，同时，也会带来电气安全方面的一些问题。根据运行经验，当 10（20）kV 系统中性点采用经低电阻接地方式时，接地电阻值一般取为 10（20）Ω，并保证系统发生单相接地故障后能迅速切断故障线路，即保护跳闸、中断供电。

4.2.2.4 中性点直接接地系统

在正常工作条件下，中性点直接接地系统三相电源和各相线路对地电容电流均对称，因而流经中性点接地线的电流为零。

中性点直接接地系统在发生单相接地故障后，故障相电源经大地、接地中性线形成短路回路，其电路原理如图 4-5 所示。单相短路电流 $\dot{I}_d$ 的值很大，将使线路上的断路器、熔断器或继电保护装置动作，从而切除短路故障。

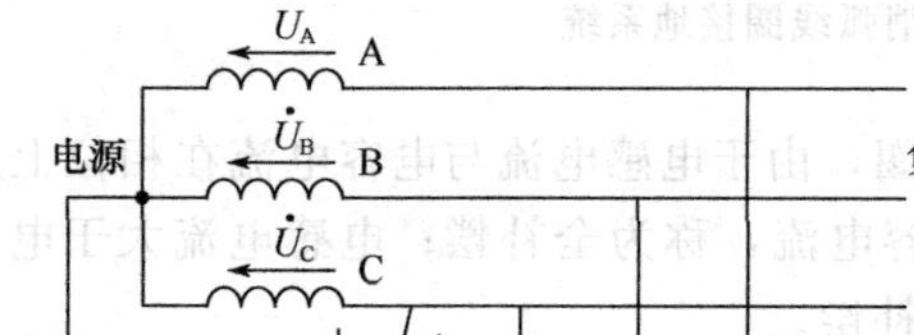

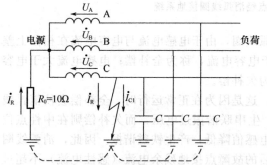

图 4-4 单相接地时的中性点经低电阻接地系统

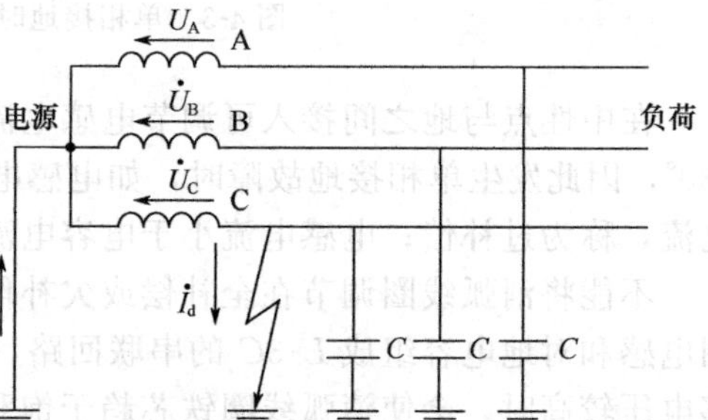

图 4-5 单相接地时的中性点直接接地系统

中性点直接接地系统由于在发生单相接地故障时，非故障相的对地电压保持不变，仍为相电压，因而系统中各线路和电气设备的绝缘等级只需按相电压设计。绝缘等级的降低，可以降低电网和电气设备的造价。我国 110kV 及以上的超高压系统一般采用中性点直接接地的运行方式，其目的在于降低超高压系统电气设备的绝缘水平和造价，防止超高压系统发生接地故障后引起的过电压。1kV 以下的低压配电系统一般也采用中性点直接接地运行方式，则是为了满足低压电网中 220V 单相设备的工作电压，便于低压电气设备的保护接地。

4.2.3 低压配电系统的接线方式及特点[59]

（1）低压配电系统的接线方式

常用低压电力配电系统接线及有关说明见表 4-3。

表 4-3 常用低压配电系统接线方式

接线方式	接线图	简要说明
放射式	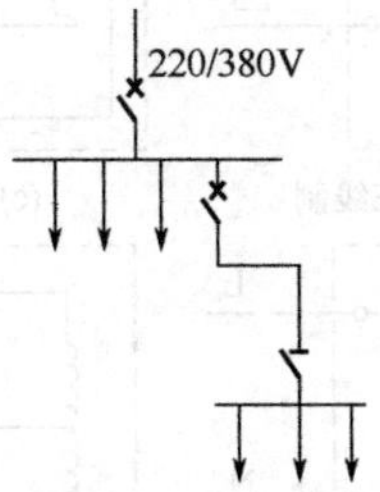	配电线故障互不影响，供电可靠性较高，配电设备集中，检修比较方便，但系统灵活性较差，有色金属消耗较多，一般在下列情况下采用： ① 容量大、负荷集中或重要的用电设备； ② 需要集中联锁启动、停车的设备； ③ 有腐蚀性介质或爆炸危险等环境，不宜将用电及保护启动设备放在现场者
树干式	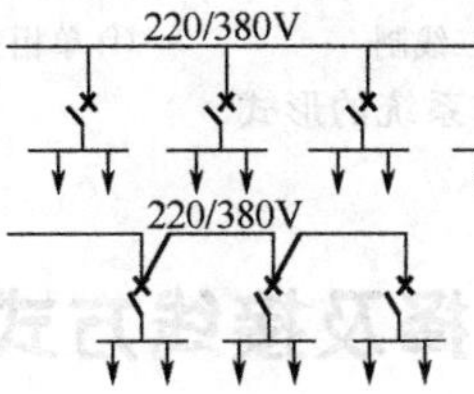	配电设备及有色金属消耗较少，系统灵活性好，但干线故障时影响范围大。 一般用于用电设备的布置比较均匀、容量不大，又无特殊要求的场合
变压器干线式	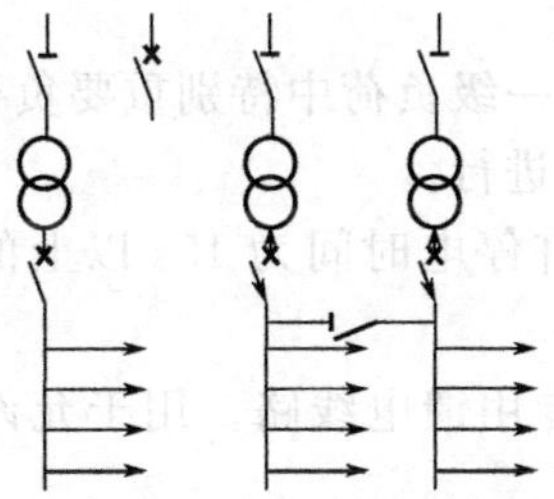	除了具有树干式系统的优点外，接线更简单，能大量减少低压配电设备。 为了提高母干线的供电可靠性，应适当减少接出的分支回路数，一般不超过 10 个。 频繁启动、容量较大的冲击负荷以及对电压质量要求严格的用电设备，不宜用此方式供电
链　式	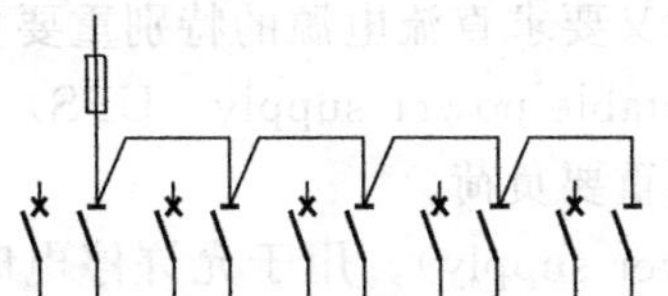	特点与树干式相似，适用于距配电屏较远而彼此相距又较近的不重要的小容量用电设备。 链接的设备一般不超过 5 台、总容量不超过 10kW。 供电给容量较小用电设备的插座，采用链式配电时，每一条环链回路的数量可适当增加

(2) 带电导体系统的分类

带电导体是指正常通过工作电流的导体，包括相线和中性线（N 线及 PEN 线），但不包括 PE 线。带电导体系统根据相数和带电导体根数来分类，如图 4-6 所示。我国常用的带电导体系统的形式有三相四线制、三相三线制和单相两线制，有时也用两相三线制；此外，在 IEC 标准中还有单相三线、两相五线制等。

(3) 接地系统的分类

接地系统分类的根据是电源点的对地关系和负荷侧电气装置的外露导电部分的对地关系。电气装置是指所有的电气设备及其间相互连接的线路的组合。外露导电部分是指电气设备的金属外壳、线路的金属支架、套管及电缆的金属铠装等。低压配电系统的接地形式有 TN、TT 和 IT 三种。TN 系统按 N 线（中性线）与 PE 线（保护线）的组合情况还分 TN-S、TN-C-S 和 T-C 三种。详见第 12 章。

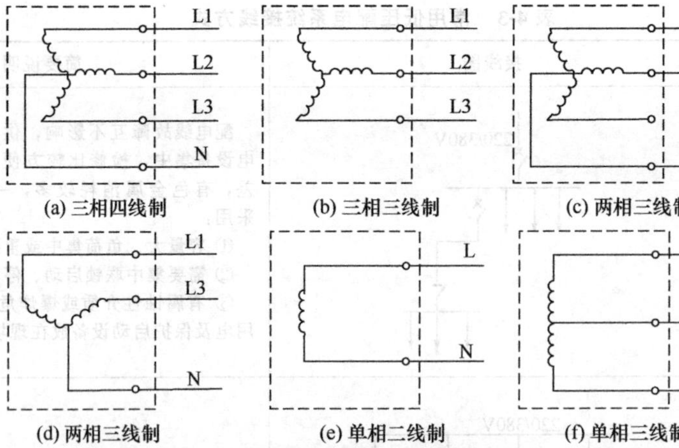

图 4-6　带电导体系统的形式

4.3　应急电源和备用电源的选择及接线方式

4.3.1　应急电源和备用电源的种类[4]

应急电源和备用电源种类的选择，应根据一级负荷中特别重要负荷的容量、允许中断供电的时间、要求的电源是交流还是直流等条件来进行。

① 快速自启动的柴油发电机组。用于允许停电时间为 15s 以上的，需要驱动电动机且启动电流冲击负荷较大的特别重要负荷。

② 带有自动投入装置独立于正常电源的专用馈电线路。用于允许停电时间大于自投装置的特别重要负荷。

③ 蓄电池装置用于允许停电时间为毫秒级，且容量不大又要求直流电源的特别重要负荷。干电池用于不允许有中断时间，且容量不大又要求直流电源的特别重要负荷。

④ 静止型不间断供电装置（uninterruptable power supply，UPS）。用于允许停电时间为毫秒级，且容量不大又要求交流电源的特别重要负荷。

⑤ 应急电源装置 EPS（emergency power supply）。用于允许停电时间为 0.25s 以上要求交流电源的特别重要负荷。

⑥ 机械储能电机型不间断供电装置。用于允许停电时间为毫秒级，需要驱动电动机且启动电流冲击负荷较大的特别重要负荷。

4.3.2　应急电源系统[4,59]

① 工程设计中，对于其他专业提出的特别重要负荷，应仔细研究，并尽可能减少特别重要负荷的负荷量，但需要双重保安措施者除外。

② 应急电源的供电时间，应按生产技术上要求的允许停车过程时间确定。

③ 各级负荷的备用电源设置可根据用电需要确定，备用电源必须与应急电源隔离。

④ 备用电源的负荷严禁接入应急供电系统。

⑤ 防灾或类似的重要用电设备的两回电源线路应在最末一级配电箱处自动切换。

大型企业及重要的民用建筑中往往同时使用几种应急电源，应使各种应急电源设备密切配合，充分发挥作用。应急电源系统接线示例（以蓄电池、不间断供电装置、柴油发电机同时使用为例）如图 4-7 和图 4-8 所示。

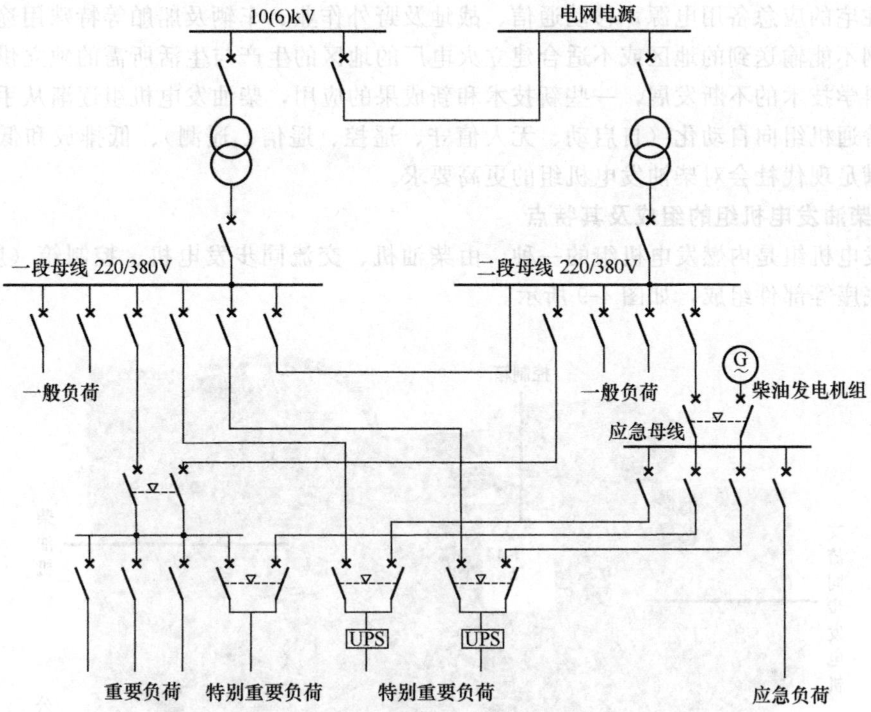

图 4-7 应急电源系统接线示例（1）

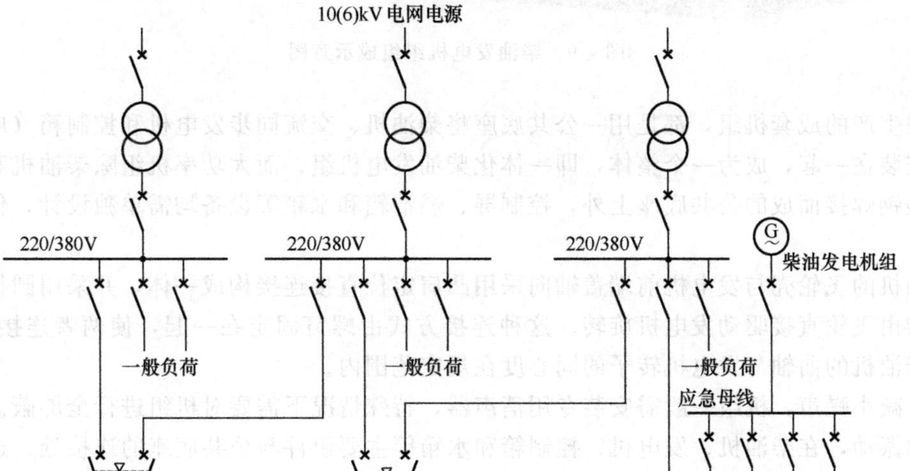

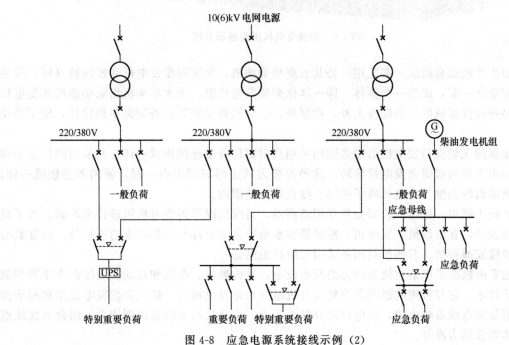

图 4-8 应急电源系统接线示例（2）

4.3.3 柴油发电机组[71～75]

柴油发电机组是以柴油机作动力，驱动交流同步发电机而发电的电源设备。柴油发电机组是目前世界上应用非常广泛的发电设备，主要用作电信、金融、国防、医院、学校、商业、工矿企业及住宅的应急备用电源；移动通信、战地及野外作业、车辆及船舶等特殊用途的独立电源；大电网不能输送到的地区或不适合建立火电厂的地区的生产与生活所需的独立供电主电源等。随着科学技术的不断发展，一些新技术和新成果的应用，柴油发电机组逐渐从手启动和有人值守的普通机组向自动化（自启动、无人值守、遥控、遥信、遥测）、低排放和低噪声方向发展，以满足现代社会对柴油发电机组的更高要求。

4.3.3.1 柴油发电机组的组成及其特点

柴油发电机组是内燃发电机组的一种，由柴油机、交流同步发电机、控制箱（屏）、联轴器和公共底座等部件组成，如图 4-9 所示。

图 4-9 柴油发电机组组成示意图

一般生产的成套机组，都是用一公共底座将柴油机、交流同步发电机和控制箱（屏）等主要部件安装在一起，成为一个整体，即一体化柴油发电机组。而大功率机组除柴油机和发电机装置在型钢焊接而成的公共底座上外，控制屏、燃油箱和水箱等设备均需单独设计，便于移动和安装。

柴油机的飞轮壳与发电机前端盖轴向采用凸肩定位直接连接构成一体，并采用圆柱形的弹性联轴器由飞轮直接驱动发电机旋转。这种连接方式由螺钉固定在一起，使两者连接成一体，保证了柴油机的曲轴与发电机转子的同心度在规定范围内。

为了减小噪声，机组一般需安装专用消声器，特殊情况下需要对机组进行全屏蔽。为了减小机组的振动，在柴油机、发电机、控制箱和水箱等主要组件与公共底座的连接处，通常装有减振器或橡胶减振垫。有的控制箱还采用二级减振措施。

柴油发电机组是以柴油机为动力的发电设备，是内燃机、电机和自动控制等多个学科领域相交叉的技术。它与常用的燃煤蒸汽轮发电机组、水轮发电机组、燃气涡轮发电机组和原子能发电机组等发电设备相比较，发电机部分基本相同，主要是动力装置区别较大，因此其优缺点也主要体现在动力部分。

柴油发电机组具有：单机容量等级多、单位功率重量轻、热效率高、启动迅速、操作简单、维护便利等优点。与此同时柴油发电机组具有：电能成本高、过载能力差、环境污染严重、单机容量小以及直接启动电动机的能力低等缺点。

4.3.3.2 柴油发电机组的性能等级

国家标准 GB/T 2820.1—2009《往复式内燃机驱动的交流发电机组》第 1 部分：用途、定额和性能中的第 7 条对柴油发电机组规定了四级性能。

① G1 级性能：要求适用于只需规定其基本的电压和频率参数的连接负载。主要作为一般用途，如照明和其他简单的电气负载。

② G2 级性能：要求适用于对电压特性与公用电力系统有相同要求的负载。当其负载变化时，可有暂时的然而是允许的电压和频率偏差。如照明系统、风机和水泵等。

③ G3 级性能：要求适用于对频率、电压和波形特性有严格要求的连接设备。如电信负载和晶闸管控制的负载。

④ G4 级性能：要求适用于对频率、电压和波形特性有特别严格要求的负载。如数据处理设备或计算机系统。

4.3.3.3 选购柴油发电机组的依据

市面上发电机组的品牌繁多，在选购时应注意所选机组的性能和质量必须符合有关标准的要求。目前，国内外对各个应用领域的发电机组都有较详细的标准法规，生产商应能示出国内或国际认证机构的鉴定或认证证书。

我国对各种内燃发电机组的标准是：GB/T 2820—2009《往复式内燃机驱动的交流发电机组》(相当于国际标准 ISO 8528 系列，共有 12 部分)、JB/T 10303—2001《工频柴油发电机组技术条件》、GB/T 2819—1995《移动电站通用技术条件》和 GB/T 12786—2006《自动化柴油发电机组通用技术条件》等。

对于各个具体行业的标准是：军事部门的 GJB 4491—2002《固定通信电源站柴油发电机组通用规范》、邮电部门的 YD/T 502—2007《通信用柴油发电机组》以及船用部门的 GB/T 13032—2010《船用柴油发电机组》等。

另外，在日益重视环境保护的今天，机组本身应具有或者经过其他特殊处理后，其尾气排放物和噪声应符合 GB 16297—1996《大气污染物综合排放标准》和 GB 12348—2008《工厂企业厂界噪声排放标准》的规定。

对于符合有关标准的产品，可以获得国家相关部门颁发的检验证书。如国家内燃机发电机组质量监督检验中心颁发的《鉴定证书》、工信部颁发的《机械产品全国质量统一监督检验合格证书》和指定的第三方论证——泰尔论证等。

4.3.3.4 应急柴油发电机组的选择

应急发电机组主要用于重要场所，在事故停电或紧急情况发生时，通过应急发电机组迅速恢复并延长一段供电时间。这类用电负荷称为一级负荷。对断电时间有严格要求的通信设备、仪表及计算机系统等，除配备发电机组外还应有蓄电池或 UPS 供电。

应急发电机组的工作有两个特点：首先是作应急用，连续工作的时间不长，一般只需要持续运行几小时（≤12h）；第二个特点是作备用，应急发电机组平时处于停机等待状态，只有当主用电源发生故障断电后，应急发电机组才启动运行供给紧急用电负荷。当主用电源恢复正常后，随即切换停机。

(1) 应急柴油发电机组容量的确定

应急柴油发电机组的标定容量为经环境（海拔高度、环境温度和空气湿度等）修正后的 12h 标定容量，其容量应能满足紧急用电总计算负荷，并按发电机容量能满足一级负荷中单台最大容量电动机启动的要求进行校验。应急发电机一般选用三相交流同步发电机，其标定输出电压为 400V。

在方案或初步设计阶段，按下述方法估算并选择其中容量最大者。

① 按建筑面积估算。建筑面积在 $10000m^2$ 以上的大型建筑按 $15\sim20W/m^2$，建筑面积在 $10000m^2$ 及以下的中小型建筑按 $10\sim15W/m^2$。

② 按配电变压器容量估算。占配电变压器容量的10%～20%。

③ 按电动机启动容量估算。当允许发电机端电压瞬时压降为20%时，发电机组直接启动异步电动机的能力为每1kW电动机功率需要5kW柴油发电机组功率。若电动机降压启动或软启动，由于启动电流减小，柴油发电机容量也按相应比例减小。按电动机功率估算后，然后进行归整，即按柴油发电机组的标定系列估算容量。

（2）应急柴油发电机组台数的确定

有多台发电机组备用时，一般只设置1台应急柴油发电机组，从可靠性考虑也可选用2台机组并联运行供电。供应急用的发电机组台数一般不宜超过3台。当选用多台柴油发电机时，机组应尽量选用型号、容量相同，调压、调速特性相近的成套设备，所用燃油性质应一致，以便运行维修保养及共用备件。当供应急用的发电机组有2台时，自启动装置应使2台机组能互为备用，即市电电源故障停电经过延时确认以后，发出自启动指令，如果第一台机组连续3次自启动失败，应发出报警信号并自动启动第二台机组。

（3）应急柴油发电机组特性的选择

应急机组宜选用高速、增压、低油耗、高可靠性、同容量的柴油发电机组。高速增压柴油机单机容量较大，占据空间小；柴油机选配带有电子或液压调速装置的较好，其调速性能佳；发电机宜选配无刷励磁的交流同步发电机或永磁交流发电机，运行可靠，故障率低，维护检修较方便；机组装在附有减振器的公用底盘上；排烟管出口宜装设消声器，以减小噪声对周围环境的影响。

（4）应急柴油发电机组的控制

应急柴油发电机组的控制应具有快速自启动及自动投入装置。当发生主用电源故障断电后，应急机组应能快速自启动并恢复供电，一级负荷的允许断电时间从十几秒至几十秒，应根据具体情况确定。当重要工程的主用电源断电后，首先要有3～5s的确认时间，以避开瞬时电压降低及市电网合闸或备用电源自动投入的时间，然后再发出启动应急机组的指令。从指令发出、机组开始启动、升速到能带负荷需要一段时间。一般大中型柴油发电机组还需要预润滑及暖机过程，使紧急加载时的全损耗系统用油（机油）压力、全损耗系统用油（机油）温度、冷却水温度符合产品技术条件的规定；机组的预润滑及暖机过程可以根据不同情况预先进行。例如邮电及军事通信、大型宾馆的重要外事活动、公共建筑夜间进行大型群众活动、医院进行重要外科手术等的应急机组平时就应处于预润滑及暖机状态，以便随时快速启动，尽量缩短故障断电时间。

应急机组投入运行后，为了减少突加负荷时的机械及电流冲击，在满足供电要求的情况下，紧急负荷最好按时间间隔分级增加。根据国家标准和国家军用标准规定，自动化柴油发电机组自启动成功后的首次允许加载量：对于标定功率不大于250kW者，不小于50%标定负载；对于标定功率大于250kW者，按产品技术条件规定。如果对瞬时电压降及过渡过程要求不严格时，一般机组突加或突卸的负荷量不宜超过机组标定容量的70%。

4.3.4 不间断电源系统UPS[59,76～82]

随着信息技术的不断发展和计算机的日益普及，一般的高新技术产品和设备对供电质量提出了越来越严格的要求。如计算机、工业自动化过程控制系统、医用控制系统、数据通信处理系统、航空管理系统和精密测量系统等均要求交流电网对其提供稳压、稳频、无浪涌和无尖锋干扰的优质交流电。这是因为供电的突然中断或供电质量严重超出设备（系统）的标准要求之外，轻者造成数据丢失、系统运行异常和生产不合格产品，严重时会造成系统瘫痪或造成难以估量的损失。然而普通电网供电时，因受自然界的风、雨、雷、电等自然灾害的影响以及受某些用户负载、人为因素或其他意外事故的影响，势必造成所提供的交流电不能完全满足负载要求。为了保证负载供电的连续性，为负载提供符合要求的优质电源，满足一些重要负载对供电电源提出的严格要求，从 20 世纪 60 年代开始出现了一种新型的交流不间断电源系统（Uninterruptible Power System—UPS)，同那些昂贵的设备相比，配置 UPS 的费用相对较低，为保护关键设备配置 UPS 是非常值得的。近年来，UPS 得到了迅速发展，在电力、军工、航空、航天和现代化办公等领域已成为必不可少的电源设备。

4.3.4.1 UPS 的定义与作用

所谓不间断电源（系统）是指当交流电网输入发生异常时，可继续向负载供电，并能保证供电质量，使负载供电不受影响的供电装置。不间断电源依据其向负载提供的是交流还是直流可分成两大类型，即交流不间断电源系统和直流不间断电源系统，但人们习惯上总是将交流不间断供电系统简称为UPS。

理想的交流电源输出电压是纯粹的正弦波，即在正弦波上没有叠加任何谐波，且无任何瞬时的扰动。但实际电网因为许多内部原因和外部干扰，其波形并非标准的正弦波，而且因电路阻抗所限，其电压也并非稳定不变。造成干扰的原因很多，发电厂本身输出的交流电不是纯正的正弦波、电网中大电机的启动、开关电源的运用、各类开关的操作以及雷电、风雨等都可能对电网产生不良影响。

UPS 作为一种交流不间断供电设备，其作用有二：一是在市电供电中断时能继续为负载提供合乎要求的交流电能，其次是在市电供电没有中断但供电质量不能满足负载要求时，应具有稳压、稳频等交流电的净化作用。

所谓净化作用是指：当市电电网提供给用户的交流电不是理想的正弦波，而是存在着频率、电压、波形等方面异常时，UPS 可将市电电网不符合负载要求的电能处理成完全符合负载要求的交流电。市电供电异常主要体现在以下几个方面（如图 4-10 所示）。

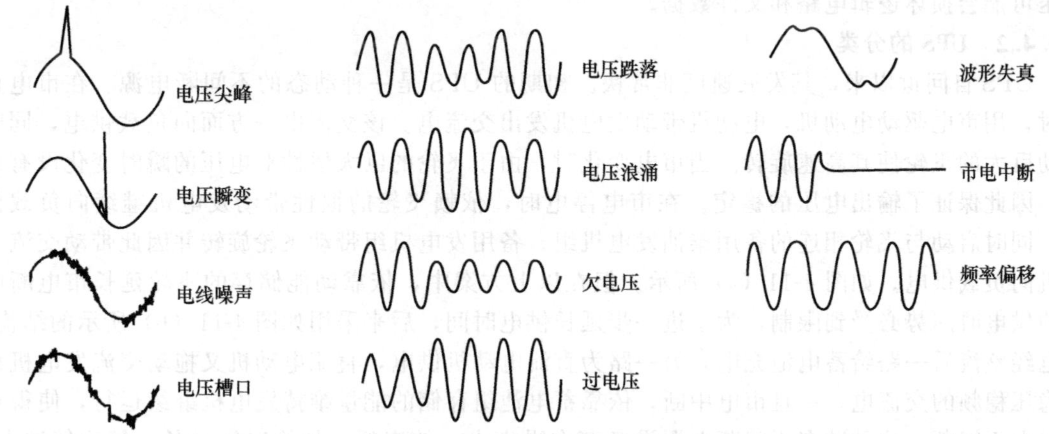

图 4-10 各种电网干扰示意图

① 电压尖峰（Spike)：指峰值达到 6000V、持续时间为 0.01～10ms 的尖峰电压。它主要由于雷击、电弧放电、静电放电以及大型电气设备的开关操作而产生。

② 电压瞬变（Transient)：指峰值电压高达 20kV、持续时间为 1～100μs 的脉冲电压。其产生的主要原因及可能造成的破坏类似于电压尖峰，只是在量上有所区别。

③ 电线噪声（Electrical Line Noise)：指射频干扰（RFI）和电磁干扰（EMI）以及其他各种高频干扰。当电动机运行、继电器动作、广播发射以及微波辐射等都会引起电线噪声干扰。电网电线噪声会对负载控制线路产生影响。

④ 电压槽口（Notch）：指正常电压波形上的开关干扰（或其他干扰），持续时间小于半个周期，与正常极性相反，也包括半周期内的完全失电压。

⑤ 电压跌落（Sag or Brownout）：指市电电压有效值介于额定值的 80%～85%之间，并且持续时间超过一个至数个周期。大型设备开机、大型电动机启动以及大型电力变压器接入电网都会造成电压跌落。

⑥ 电压浪涌（Surge）：指市电电压有效值超过额定值 110%，且持续时间超过一个至数个周期。电压浪涌主要是因电网上多个大型电气设备关机，电网突然卸载等产生的。

⑦ 欠电压（Under Voltage）：指低于额定电压一定百分比的稳定低电压。其产生原因包括大型设备启动及应用、主电力线切换、大型电动机启动以及线路过载等。

⑧ 过电压（Over Voltage）：指超过额定电压一定百分比的稳定高电压。一般是由接线错误、电厂或电站误调整以及附近重型设备关机引起。对单相电而言，可能是由于三相负载不平衡或中线接地不良等原因造成。

⑨ 波形失真（Harmonic Distortion）：指市电电压相对于线性正弦波电压的偏差，一般用总谐波畸变（Total Harmonic Distortion——THD）来表示。产生的原因一方面是发电设备输出电能本身不是纯正的正弦波，另一方面是电网中的非线性负载对电网的影响。

⑩ 市电中断（Power Fail）：指电网停止电能供应且至少持续两个周期到数小时。产生的原因主要有线路上的断路器跳闸、市电供应中断以及电网故障等。

⑪ 频率偏移（Frequency Variation）：指市电频率的变化超过 3Hz 以上。这主要由于应急发电机的不稳定运行或由频率不稳定的电源供电所致。

以上污染或干扰对计算机及其他敏感先进仪器设备所造成的危害不尽相同。电源中断可能造成硬件损坏；电压跌落可能造成硬件提前老化、文件数据丢失；过电压、欠电压以及电压浪涌可能会损坏驱动器、存储器、逻辑电路，还可能产生不可预料的软件故障；电线噪声和瞬变电压可能会损坏逻辑电路和文件数据。

4.3.4.2 UPS 的分类

UPS 自问世以来，其发展速度非常快。初期的 UPS 是一种动态的不间断电源。在市电正常时，用市电驱动电动机，电动机带动发电机发出交流电。该交流电一方面向负载供电，同时带动巨大的飞轮使其高速旋转。当市电变化时，由于飞轮的巨大惯性对电压的瞬时变化没有反应，因此保证了输出电压的稳定。在市电停电时，依赖飞轮的惯性带动发电机继续向负载供电，同时启动与飞轮相连的备用柴油发电机组。备用发电机组带动飞轮旋转并因此带动交流发电机向负载供电。如图 4-11（a）所示。但在以上方案中，依靠动能储存的飞轮延长市电断电时的供电时间势必受到限制，为了进一步延长供电时间，后来采用如图 4-11（b）所示的结构。市电经整流后一路给蓄电池充电，另一路为直流电动机供电，直流电动机又拖动交流发电机输出稳压稳频的交流电，一旦市电中断，依靠蓄电池组存储的能量维持发电机继续运行，使得负载供电不间断。这种动态不间断电源设备存在噪声大、效率低、切换时间过长、笨重等缺点，未被广泛采用。随着半导体技术的迅速发展，利用各种电力电子器件制作的静态 UPS 很快取代了早期的动态 UPS，静态 UPS 依靠蓄电池存储能量，通过静止逆变器变换电能维持负载电能供应的连续性。相对于动态 UPS，静态 UPS 体积小、重量轻、噪声低、操控方便、效率高、后备时间长。平时所谈及的 UPS 均指静态 UPS。

UPS 的分类方法很多，按输出容量可分为：小容量（10kV · A 以下）、中容量（10～100kV · A）和大容量（100kV · A 以上）UPS；按输入、输出电压相数可分为单进单出、三进三出和三进单出型 UPS；但人们习惯上按 UPS 的电路结构形式进行分类，可分为后备式、双变换在线式、在线互动式和 Delta 变换式 UPS 等。

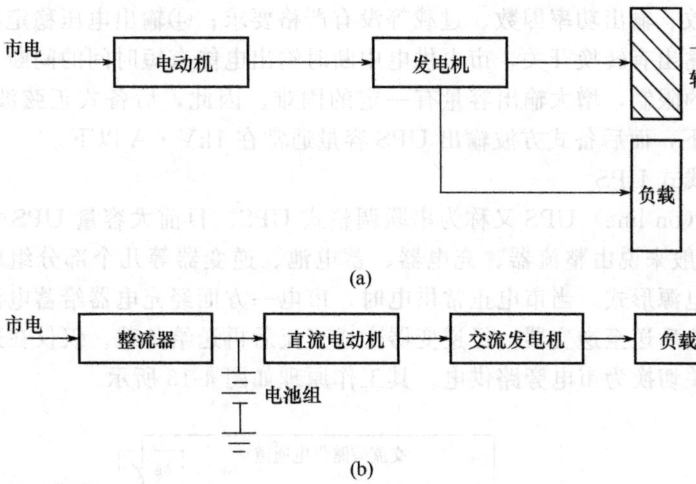

图 4-11 动态 UPS 结构框图

(1) 后备式 UPS

后备式（off line）UPS 是静态 UPS 的最初形式，它是一种以市电供电为主的电源形式，主要由充电器、蓄电池、逆变器以及变压器抽头调压式稳压电源四部分组成。当电网电压正常时，UPS 把市电经简单稳压处理后或者直接供给负载；当电网故障或供电中断时，系统才通过转换开关切换为逆变器供电。其工作原理如图 4-12 所示。

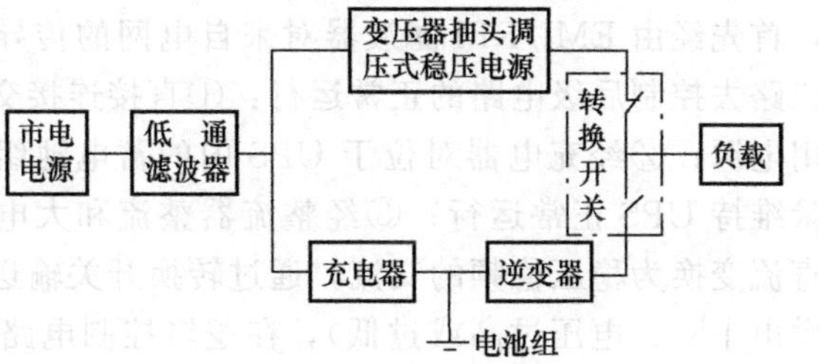

图 4-12 后备式 UPS 原理框图

当市电供电正常（市电电压处于 175～264V 之间）时，首先经由低通滤波器对来自电网的高频干扰进行适当的衰减抑制后分两路去控制后级电路的正常运行：①经充电器对位于 UPS 内部的蓄电池组进行充电，以备市电中断时有能量继续支持 UPS 的正常运行；②经位于交流旁路通道上的“变压器抽头调压式稳压电源”对起伏变动较大的市电电压进行稳压处理，使电压稳定度达到 220 ［1±（4～10)%］ V。然后，在 UPS 逻辑控制电路的作用下，经稳压处理的市电电源经转换开关向负载供电（转换开关一般由小型快速继电器或接触器构成，转换时间为 2～4ms)。逆变器处于启动空载运行状态，不向外输出能量。

当市电供电不正常（市电电压低于 175V 或高于 264V）时，在 UPS 逻辑控制电路的作用下，UPS 将按下述方式运行：①充电器停止工作；②转换开关在切断交流旁路供电通道的同时，将负载与逆变器输出端连接起来，从而实现由市电供电向逆变器供电的转换；③逆变器吸收蓄电池中存储的备用直流电，变换为 50Hz/220V 电压维持对负载的电能供应。根据负载的不同，逆变器输出电压可以是正弦波，也可以是方波或三角波。

根据后备式 UPS 的工作原理，可知其性能特点：①电路简单，成本低；②当市电正常时，逆变器仅处于空载运行状态；③因大多数时间为市电供电，UPS 输出能力强，对负载电流的波峰系数、浪涌系数、输出功率因数、过载等没有严格要求；④输出电压稳定精度较差，但能满足负载要求；⑤输出有转换开关，市电供电中断时输出电能有短时间的间断，并且受切换电流能力和动作时间的限制，增大输出容量有一定的困难。因此，后备式正弦波输出 UPS 容量通常在 2kV・A 以下，而后备式方波输出 UPS 容量通常在 1kV・A 以下。

（2）双变换在线式 UPS

双变换在线式（on line）UPS 又称为串联调整式 UPS。目前大容量 UPS 大多采用这种结构形式。该 UPS 一般来说由整流器、充电器、蓄电池、逆变器等几个部分组成，它是一种以逆变器供电为主的电源形式。当市电正常供电时，市电一方面经充电器给蓄电池充电，另一方面经整流器变成直流后送至逆变器，经逆变器变成交流后再送给负载。仅仅在逆变器出现故障时，才通过转换开关切换为市电旁路供电。其工作原理如图 4-13 所示。

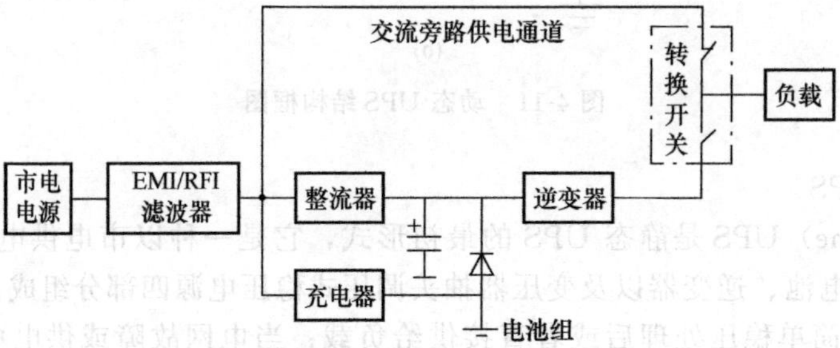

图 4-13　双变换在线式 UPS 原理框图

当市电供电正常时，首先经由 EMI/RFI 滤波器对来自电网的传导型电磁干扰和射频干扰进行适当衰减抑制后分三路去控制后级电路的正常运行：①直接连接交流旁路供电通道，作为逆变器通道故障时的备用电源；②经充电器对位于 UPS 内的蓄电池组进行浮充，以便市电中断时，蓄电池有足够能量维持 UPS 正常运行；③经整流器整流和大电容滤波变为较为稳定的直流电，再由逆变器将直流变换为稳压稳频的交流，通过转换开关输送给负载。

当市电出现故障（供电中断、电压过高或过低），在逻辑控制电路的作用下，UPS 将按下述方式运行：①关充电器，停止对蓄电池充电；②逆变器改为由蓄电池供电，将蓄电池中存储的直流电转化为负载所需的交流电，用来维持负载电能供应的连续性。

市电供电正常情况下，如果系统出现下列情况之一：①在 UPS 输出端出现输出过载或短路故障；②由于环境温度过高和冷却风扇故障造成位于逆变器或整流器中的功率开关管温度超过安全界限；③UPS 中的逆变器本身故障。那么，UPS 将在逻辑控制电路调控下转为市电旁路直接给负载供电。

根据以上双变换在线式 UPS 的工作原理，可知其性能特点如下。

① 不论市电正常与否，负载的全部功率均由逆变器给出。所以，在市电产生故障的瞬间，UPS 的输出不会产生任何间断。

② 输出电能质量高。UPS 逆变器采用高频正弦脉宽调制和输出波形反馈控制，可向负载提供电压稳定度高、波形畸变率小、频率稳定以及动态响应速度快的高质量电能。

③ 全部负载功率都由逆变器提供，UPS 的容量裕量有限，输出能力不够理想。所以对负载的输出电流峰值系数（一般为 3∶1）、过载能力、输出功率因数（一般为 0.7）等提出限制条件，输出有功功率小于标定的千伏安数，应付冲击负载的能力较差。

④ 整流器和逆变器都承担全部负载功率，整机效率低。10kV・A 以下的 UPS 为 80%左右，50kV・A 的可达 85%～90%，100kV・A 以上可达 90%～92%。

（3）在线互动式UPS

在线互动式（interactive）UPS又称为并联补偿式UPS。与双变换在线式UPS相比，该UPS省去了整流器和充电器，而由一个可运行于整流状态和逆变状态的双向变换器配以蓄电池构成。当市电输入正常时，双向变换器处于反向工作（即整流工作状态），给电池组充电；当市电异常时，双向变换器立即转换为逆变工作状态，将电池组的直流电能转换为交流电输出。其工作原理如图4-14所示。

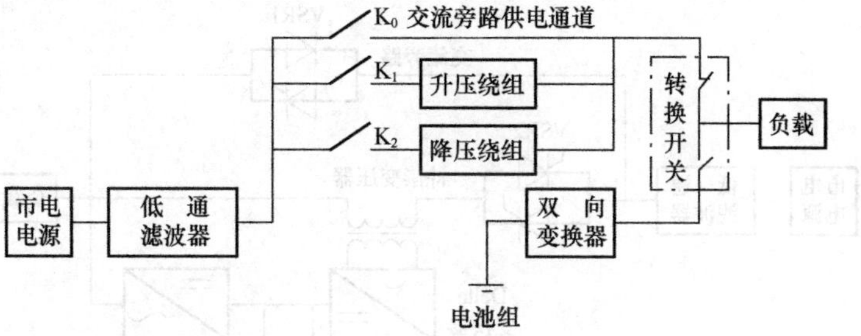

图4-14　在线互动式UPS原理框图

当市电正常（市电电压在150～276V之间）时，市电电源经低通滤波器对从市电电网窜入的射频干扰及传导型电磁干扰进行适当衰减抑制后，将按如下调控通道去控制UPS的正常运行。

① 当市电电压处于175～264V之间时，在逻辑控制电路作用下，将开关K_0置于闭合状态的同时，闭合位于UPS市电输出通道上的转换开关。这样，把一个不稳压的市电电源直接送到负载上。

② 当市电电压处在150～175V之间时，鉴于市电输入电压偏低，在逻辑控制电路作用下，将开关K_0置于分断状态的同时，闭合升压绕组输入端的开关K_1。使幅值偏低的市电电源经升压处理后，将一个幅值较高的电压经转换开关送到负载。

③ 当市电电压处在264～276V之间时，为防止输出电压过高而损坏负载，在逻辑控制电路作用下，将开关K_0置于分断状态的同时，闭合降压绕组输入端的开关K_2。使幅值偏高的市电电源经降压处理后再经转换开关送到负载，从而达到用户负载安全运行的目的。

④ 经过处理后的市电电源除了供给负载电能以外，同时作为双向逆变器的交流输入电源。双向逆变器运行于整流状态，从电网吸收能量存储于蓄电池组中，以便在市电不正常时提供足够的直流电能。

当市电输入电压低于150V或高于276V时，在机内逻辑控制电路作用下，UPS的各关键部件将完成如下操作：①切断连接负载和市电旁路通道的转换开关；②双向变换器由原来的整流工作模式转化为逆变工作模式。也就是说，此时系统不再对蓄电池进行充电，而是吸收蓄电池存储的直流电能，经正弦波逆变转化为稳压、稳频的交流电能输出给负载。

根据在线互动式UPS的工作原理，可知其性能特点：①效率高，可达98%以上；②电路结构简单，成本低，可靠性高；③输入功率因数和输出电流谐波成分取决于负载电流，UPS本身不产生附加的输入功率因数和谐波电流失真；④输出能力强，对负载电流峰值系数、浪涌系数、过载等无严格限制；⑤变换器直接接在输出端，并且处于热备份状态，对输出电压尖峰干扰有滤波作用；⑥大部分时间为市电供电，仅对电网电压稍加稳压处理，输出电能质量差；⑦市电供电中断时，因为交流旁路开关存在转换时间，导致UPS输出存在一定时间的电能中断，但比后备式UPS的转换时间短。

(4) Delta 变换式 UPS

Delta 变换式 UPS 又称为串并联补偿式 UPS，它是一种较新的 UPS 结构形式，由美国 APC Silicon 公司首先提出并在三相大容量 UPS 中形成产品。Delta 变换式 UPS 成功地把交流稳压技术中的电压补偿原理应用到 UPS 主电路中，引入了一个四象限变换器（Delta 变换器）。当市电正常时，Delta 变换器既起到了给蓄电池充电的作用，同时也起到了补偿电网波动和干扰的作用，在市电输出时，也能保证供给负载的电能质量。其电路结构如图 4-15 所示。

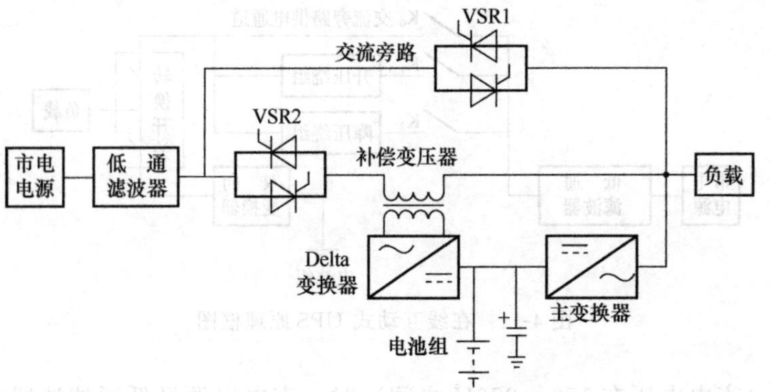

图 4-15　Delta 变换式 UPS 原理框图

1）各单元功能

① 主变换器：是四象限 PWM 变换器，通过正弦脉宽调制向外输出恒压恒频、波形畸变率小、与电网输入电压同步的高质量正弦电压，相当于一个恒压源。其主要功能是控制输出电压。当市电正常时，提供负载所需的全部无功功率及维持功率平衡所需的有功功率，吸收负载的谐波电流；当市电故障时，提供负载所需的全部功率，保证输出电压连续不间断；在 Delta 变换器的调控下，完成对蓄电池的充电。其容量等同于整个 UPS 的容量。

② Delta 变换器与补偿变压器：与主变换器一样，Delta 变换器同样是四象限 PWM 变换器。当市电正常时，通过正弦脉宽调制向外提供恒压恒频、波形畸变率小、与电网电压同步的高质量正弦电流，相当于一个可变电流源。其功能是：控制输入电流的幅度和正弦度，提高输入功率因数；补偿市电输入电压与主变换器输出电压的差值；控制蓄电池的充放电，维持蓄电池输出电压恒定。其容量远小于整个 UPS 的容量。

③ 输入低通滤波器：滤除市电电网窜入的射频干扰及传导型电磁干扰。

④ 直流电容：跨接在电池组两端，起到滤除高频纹波的作用。

2）工作原理

当市电正常时（电压波动范围小于±15%，频率波动范围小于 3Hz），Delta 变换式 UPS 是根据能量平衡原则进行调控的，可分为如下几种情况。

① 当市电输入电压等于主变换器输出电压时，Delta 变换器控制市电输入电流的幅值，以保证市电输入的有功功率等于负载所需的有功功率。此时，Delta 变换器和主变换器都不进行有功能量的转换。

② 当市电输入电压低于主变换器输出电压时，Delta 变换器使市电输入电流幅值增大，以保证市电输入有功功率等于负载所需有功功率。此时，Delta 变换器输出正向电压以补偿市电电压与主变换器输出电压的差值，因此它从直流母线吸收一定有功功率连同市电有功功率一起送向负载端。负载吸收相应有功功率，多余有功功率经主变换器返回给直流母线。主变换器吸收的有功功率正好等于 Delta 变换器发出的有功功率，以维持直流母线能量平衡。

③ 当市电输入电压高于主变换器输出电压时，Delta 变换器控制市电输入电流的幅值使其减小，以保证市电输入有功功率等于负载所需有功功率。此时，Delta 变换器输出负向电压以补偿市电电压与主变换器输出电压的差值，因此它从市电吸收一定的有功功率传送到直流母线。这部分有功功率再由主变换器发出，连同剩余的市电有功功率一起送向负载。这样，既维持了负载端有功功率的平衡，同时维持了直流母线有功功率的平衡。

④ 当蓄电池电压偏低需要充电时，Delta 变换器控制市电输入电流幅值增大，使得市电输入有功功率大于负载所需有功功率。此时，除了供给负载有功功率外，剩余有功功率通过主变换器被传送到直流的母线上，完成对蓄电池的充电。

⑤ 蓄电池电压过高需要放电时，Delta 变换器控制市电输入电流幅值减小，使得市电输入有功功率小于负载所需有功功率。负载除了吸收市电输入有功功率外，还通过主变换器从直流母线吸收一定的有功功率，从而完成对蓄电池的放电。

⑥ 在各种情况下，负载所需的无功功率和谐波电流都由主变换器提供，市电输入功率因数高，谐波电流小。

当市电出现故障（电压波动范围大于±15%，频率波动范围超过 3Hz）时，静态开关 VSR1 和 VSR2 都处于关闭状态，停止 Delta 变换器工作。此时，主变换器在蓄电池提供的直流能量的支持下，以逆变器的形式向负载提供电能，负载所需全部有功和无功功率以及谐波电流都由主变换器提供。

不管市电供电正常与否，在运行过程中，只要遇到下述情况之一：①在 UPS 输出端出现过载或短路故障；②主变换器或 Delta 变换器出现故障；③系统温升过高。那么，位于主供电通道上的静态开关 VSR2 和位于主供电通道的闭环控制电路中的 Delta 变换器、主变换器都应立即进入自动关断状态。与此同时，位于交流旁路供电通道上的静态开关 VSR1 立即进入导通状态。在此条件下，市电电源将被直接送到用户的负载端。

3）性能特点

通过以上分析，可知 Delta 变换式 UPS 的性能特点如下。

① 负载端电压由主变换器输出电压决定，不论有无市电都可向负载提供高质量电能，但主电路和控制电路相对复杂。

② 当市电存在时，主变换器和 Delta 变换器只对输出电压的差值进行调整和补偿，主变换器承担的最大功率仅为输出功率的 20%左右（相当于输入电压变化范围），所以功率裕量大，系统抗过载能力强，不再对负载电流峰值系数予以限制。

③ Delta 变换器完成输入端的功率因数校正功能，使得输入功率因数可达 0.99，输入谐波电流下降到 3%以下，整机效率在很大功率范围内可以达到 96%。

（5）典型 UPS 性能对比

综上所述，当市电故障时，各种 UPS 输出电能质量都取决于逆变器输出电压质量，当市电正常时，由于各种 UPS 的电路结构和工作状态不同，其性能差别较大。各种典型 UPS 在市电正常时的主要性能归纳如表 4-4 所示。

在线式 UPS（双变换在线式 UPS）与后备式 UPS 的主要区别是：在线式 UPS 首先经过整流和大电容滤波将普通的市电交流电源变成直流稳压电源，然后再将直流电源经脉宽调制处理，由逆变器重新转化为稳压稳频的交流电源。正因为经过了一级 AC/DC 变换，原来存在于市电电网上的电压幅度不稳、频率漂移、波形畸变及噪声干扰等不利因素都随着市电交流电整流成直流电而被全部解决。因此，它是属于将市电电源进行彻底改造的“再生型”电源。而后备式 UPS 是仅对市电电源的电压波动进行不同程度稳压处理的“改良型”电源，它对除电压之外的其他电源问题的改善程度相当有限，当市电供电正常时，它们的市电输入端与 UPS 输出端处于非电气隔离状态。

表 4-4 典型 UPS 性能对比

UPS 类型	容量范围/kV·A	输出电压质量	输入功率因数	切换时间	效率和过载能力
后备式	<2	稳压精度：±4%～±7% 有波形畸变和干扰	低	长	高
双变换在线式	0.7～1500	稳压精度：±1%波形畸变率小完全不受电网干扰	根据有无功率因数校正措施而不同	无	较低
在线互动式	0.7～20	稳压精度：±20% 有波形畸变和干扰	由负载决定	短	高
Delta 变换式	10～480	稳压精度：±1% 波形畸变率小 受电网干扰小	高	无	较高

4.3.4.3 UPS 的功能要求与选择

(1) UPS 的功能要求

① 静态旁路开关的切换时间一般为 2～10ms，并应具有如下功能：当逆变装置故障或需要检修时，应及时切换到电网（市电备用）电源供电；当分支回路突然故障短路，电流超过预定值时，应切换到电网（市电备用）电源，以增加短路电流，使保护装置迅速动作，待切除故障后，再启动返回逆变器供电；带有频率跟踪环节的不间断电源装置，当电网频率波动或电压波动超过额定值时，应自动与电网解列，当频率与电压恢复正常时再自动并网。

② 用市电旁路时，逆变器的频率和相位应与市电锁相同步。

③ 对于三相输出的负荷不平衡度，最大一相和最小一相负载的基波方均根电流之差，不应超过不间断电源额定电流的 25%，而且最大线电流不超过其额定值。

④ 三相输出系统输出电压的不平衡系数（负序分量对正序分量之比）应不超过 5%。输出电压的总波形失真度不应超过 5%（单相输出允许 10%）。

(2) 不间断电源设备的选择

① 不间断电源设备输出功率，应按下列条件选择：不间断电源设备给电子计算机供电时，单台 UPS 的输出功率应大于电子计算机各设备额定功率总和的 1.5 倍。当不间断电源设备对其他用电设备供电时，其额定功率为最大计算负荷的 1.3 倍。负荷的最大冲击电流不应大于不间断电源设备额定电流的 150%。

② UPS 应急供电时间，应按下列条件选择：为保证用电设备按照操作顺序进行停机，其蓄电池的额定放电时间可按停机所需最大时间来确定，一般可取 8～15min。当有备用电源时，为保证用电设备供电的连续性，其蓄电池额定放电时间按等待备用电源投入考虑，一般可取 10～30min。如有特殊要求，其蓄电池额定放电时间应根据负荷特性来确定。

(3) UPS 系统的选择

根据用电设备对供电可靠性、连续性、稳定性和电源诸参数质量的要求，UPS 系统宜采用以下几种类型，见表 4-5。

表 4-5 不同种类 UPS 系统的应用

序号	系统方式	系统图	简要说明
1	单一式不间断电源系统		因只有一个不间断电源设备，一般用于系统容量较小，可靠性要求不高的场所
2	冗余式不间断电源系统		因不间断电源设备中增设一个或几个不间断电源模块作为备用，当某一模块出现故障时，可进行热插拔，取出维修故障，待修好故障后又可继续投入使用，确保供电不间断。一般用于系统容量较小的系统中
3	并联式不间断电源系统	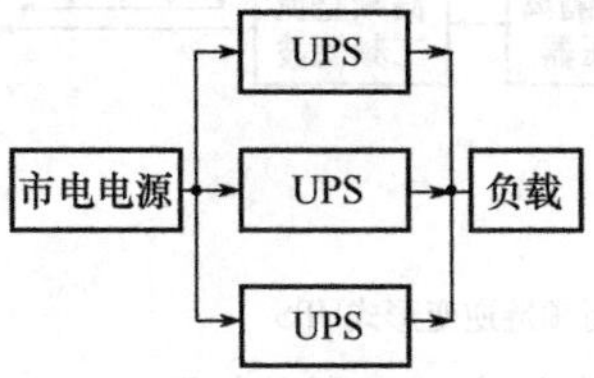	可组成大型 UPS 供电系统，供电可靠性较高，运行较灵活
4	并联冗余式不间断电源系统	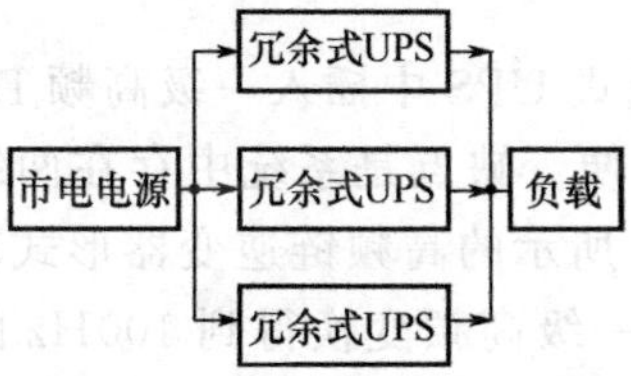	可组成大型 UPS 供电系统，供电可靠性高，运行灵活方便，便于检修，可用于互联网数据中心、银行清算中心等特别重要的负荷

4.3.4.4 UPS 的发展趋势

UPS 自问世以来，已从最初的动态发电式，经采用 SCR 的静止型 UPS，发展到现在采用全控型功率器件的具有智能化的 UPS 产品。UPS 之所以发展得如此迅速，主要得益于电子技术、器件制造技术、控制技术的飞速发展；得益于电源技术人员对电能变换方式和方法的不断深入研究；得益于信息产业的迅猛发展为 UPS 产品提供了广阔的应用领域。随着现代通信、电子仪器、计算机、工业自动化、电子工程、国防和其他高新技术的发展，对供电的质量及可靠性要求越来越高，尤其是要求供电的连续性必须有保障。因而 UPS 作为交流不间断供电系统，今后必将得到持续发展。目前，电源技术人员对 UPS 的拓扑结构、使用的器件和材料、采用的控制方法和手段等方面的研究仍在不断深入，旨在提高 UPS 产品的性能、拓宽其应用领域、提高其可靠程度、增强其适应能力。根据现在的研究结果，可以预期 UPS 今后的发展主要围绕以下几个方面进行。

（1）高频化

UPS 的高频化一方面是指逆变器开关频率的提高，这样可以有效地减小装置的体积和重量，并可消除变压器和电感的音频噪声，同时可改善输出电压的动态响应能力。由于新型开关器件 IGBT 的广泛使用，中小容量 UPS 逆变器的开关频率已经可做到 20kHz 左右，大容量 UPS 逆变器由于受开关损耗的限制，为了保证系统的整体效率，其开关频率只有 10kHz 左右。总之，提高逆变器开关频率，采用高频 SPWM 逆变现在已经是非常成熟的技术。

在中小容量 UPS 中，为了进一步减小装置的体积和重量，必须去掉笨重的工频隔离变压器，采用高频隔离是 UPS 高频化的真正意义所在。高频隔离可采用两种方式实现：一是在整流器与逆变器之间加一级高频隔离的DC/DC变换器；另一种是采用高频链逆变技术，分别如图4-16（a）和（b）所示。当然，在大容量UPS中，由于工频变压器引起的矛盾相对不如小容量UPS突出，而且大容量的高频逆变器、整流器和高频变压器的制作分别受到高频开关器件容量和高频磁性材料的限制而难以实现，因此不适合于采用高频隔离。

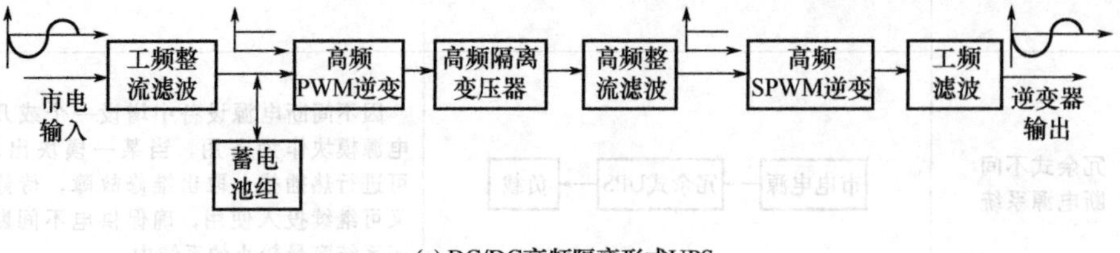

(a) DC/DC高频隔离形式UPS

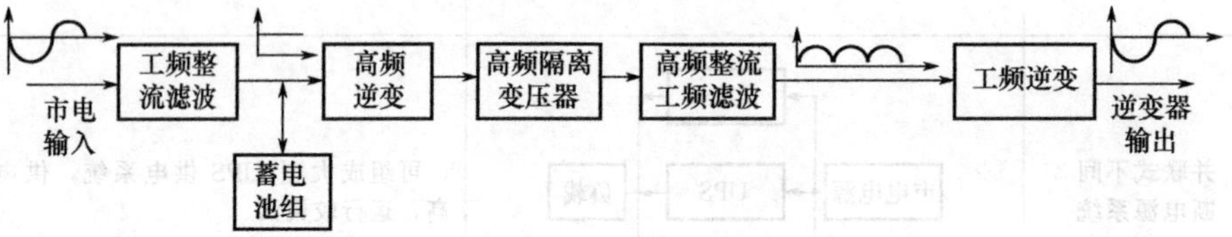

(b) 高频链逆变形式UPS

图 4-16　高频隔离 UPS 结构框图

图4-16（a）所示为在通用双变换在线式UPS中插入一级高频DC/DC隔离变换构成的高频隔离UPS，其特点是结构简单，控制方便。缺点是系统中存在两级高频变换，导致整个装置损耗增加，效率明显降低。图4-16（b）所示的高频链逆变器形式就解决了这个问题，它将高频隔离和正弦波逆变结合在一起，经过一级高频变换得到100Hz的脉动直流电，再经一级工频逆变而得到所需的正弦波电压。相对于高频直流隔离来说，高频链逆变器形式只采用了一级高频变换，提高了系统效率。但是，这种形式控制相对复杂，目前多处于研究阶段，只在小容量UPS中有部分应用。

(2) 绿色化

随着现代电力电子制造技术的发展，许多高性能、低污染和高效利用电能的现代电力电子装置不断涌现，例如网侧电流非常接近正弦的程控开关电源、具有高功率因数的系列化UPS、系列化的IGBT变频调速器、高频逆变式整流焊机以及兆赫级DC/DC变换器、电子镇流器等。这些基于高频变换技术的现代电源装置和系统具有一个突出的特点：高效节能和无污染。这正是电源产品“绿色化”的目标。

要实现UPS产品的绿色化，最主要的工作是提高网侧功率因数以减少电力污染，其次是利用先进的变换技术改善功率开关器件的工作状态，以降低功率开关器件的损耗和开关器件在开与关过程中所产生的干扰。对小型UPS而言，要提高其网侧功率因数可采用有源功率因数校正（APFC）方法，最成熟的就是采用升压型（Boost）有源功率因数校正，其基本结构如图4-17所示。要改善功率开关器件的工作状态、提高变换效率、减少干扰，可以利用软开关技术使功率开关器件工作在软开关状态。

(3) 智能化

大多数UPS，特别是大容量UPS的工作是长期连续的。对运行中UPS状态的检测、UPS出现故障时的及时发现和及时处理，减少UPS因故障或检修而造成的间断时间，使其真正成为不间断电源，是UPS研制和生产的目标之一，也是广大UPS用户最关注的。为了实现这些功能，采用普通的硬件电路是难以实现的，只有借助于计算机技术，充分发挥硬件和软件的各

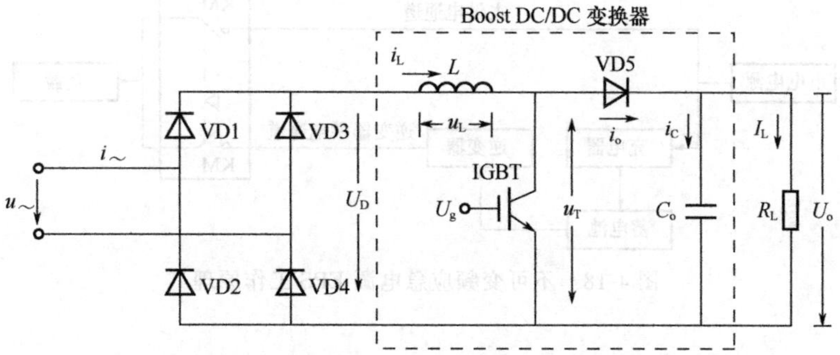

图 4-17 升压式（Boost）APFC 主电路原理图

自特点，使 UPS 智能化，才能实现上述要求。

智能化 UPS 的硬件部分基本上是由普通 UPS 加上微机系统组成。微机系统通过对各类信息的分析综合，除完成 UPS 相应部分正常运行的控制功能外，还应完成以下功能。

① 对运行中的 UPS 进行监测，随时将采样点的信息送入计算机进行处理。一方面获取电源工作时的有关参数，另一方面监视电路中各部分的工作状态，从中分析出电路各部分是否工作正常。

② 在 UPS 发生故障时，根据检测的结果，进行故障诊断，指出故障的部位，给出处理故障的方法与途径。

③ 完成部分控制工作，在 UPS 发生故障时，根据现场需要及时采取必要的自身应急保护控制动作，以防故障影响面的扩大。此外，通过对整流部分的控制，按照对不同蓄电池的不同要求，自动完成对蓄电池的分阶段恒流充电。

④ 自动显示所检测的数据信息，在设备运行异常或发生故障时，能够实时自动记录有关信息，并形成档案，供工程技术人员查阅。

⑤ 按照技术说明书给出的指标，自动定期地进行自检，并形成自检记录文件。

⑥ 能够用程序控制 UPS 的启动或停止，实现无人值守。

⑦ 具有交换信息功能，可随时向计算机输入信息或从计算机获取信息。

4.3.5 应急电源 EPS[59]

EPS（Emergency Power Supply）是利用 IGBT 大功率模块及相关的逆变技术而开发的一种把直流电能逆变成交流电能的应急电源，其容量一般为 0.5～500kW，是一种新颖的、静态无公害的免维护无人值守的安全可靠的集中供电式应急电源装置。

（1）应急电源 EPS 的工作原理

应急电源 EPS 主要由充电器、逆变器、蓄电池、隔离变压器，切换开关、监控器和显示、保护装置以及机箱等组成。

应急电源 EPS 一般分为不可变频应急电源和可变频应急电源。不可变频应急电源 EPS 工作原理如图 4-18 所示。其工作原理与 UPS 相似，不再详述。

可变频应急电源 EPS 工作原理如图 4-19 所示。当电网有电时，QF 吸合经整流给逆变器提供直流电，同时充电器对电池组充电。当电网断电时或者低于 380V 的 15%时，KM 吸合由电池组给逆变器提供直流电。当需要电机负载工作时，给予启动信号（如运行信号、远程控制、消防联动信号），逆变器立即输出，从 0～50Hz，电动机进行变频启动，其频率达到 50Hz 后保持正常运行。手动/自动选择转换开关，在自动位置可进行远程控制和消防联动（DC24V）操作，在手动位置可进行本机操作，此时远程控制和消防联动不能进行操作，运行信号和手动

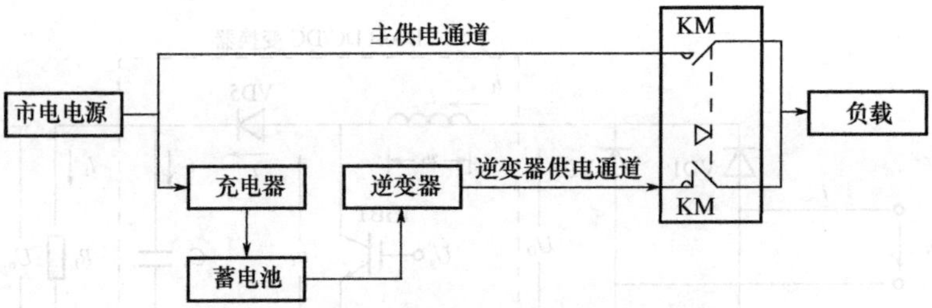

图 4-18　不可变频应急电源 EPS 工作原理

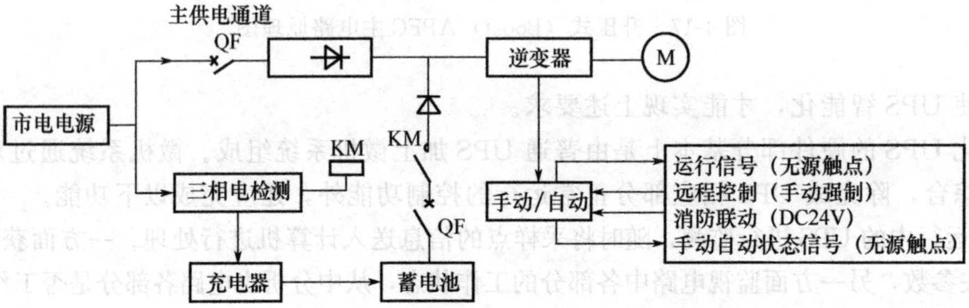

图 4-19　可变频应急电源 EPS 工作原理

或者自动位置消防中心可监控。

(2) 应急电源 EPS 的切换时间和供电时间

应急电源 EPS 的应急供电切换时间为 0.1～0.25s，应急供电时间一般为 60min、90min、120min 三种规格，还可根据用户需要特别制造。

(3) 应急电源 EPS 的容量选择

选用 EPS 的容量必须同时满足以下条件。

① 负载中最大的单台直接启动的电机容量，只占 EPS 容量的 1/7 以下。

② EPS 容量应是所供负载中同时工作容量总和的 1.1 倍以上。

③ 直接启动风机、水泵时，EPS 的容量应为同时工作的风机、水泵容量的 5 倍以上；若风机、水泵为变频启动，则 EPS 的容量可为同时工作的电机总容量的 1.1 倍；若风机、水泵采用星-三角降压启动，则 EPS 的容量应为同时工作的电机总容量的 3 倍以上。

4.4　无功补偿装置——并联电容器

供电部门一般要求用户的月平均功率因数达到 0.9 以上。当用户的自然总平均功率因数较低，单靠提高用电设备的自然功率因数达不到要求时，应装设无功功率补偿设备，以进一步提高其功率因数。并联电容器具有投资省、有功功率损耗小、运行维护方便、故障范围小等优点，故在供配电系统中作为无功功率的补偿设备，得到了广泛应用。

4.4.1　接入电网基本要求[20]

① 并联电容器装置接入电网的设计，应按全面规划、合理布局、分层分区补偿、就地平衡的原则确定最优补偿容量和分布方式。

② 变电站的电容器安装容量，应根据本地区电网无功规划和国家现行标准中有关规定经计算后确定，也可根据有关规定按变压器容量进行估算。用户的并联电容器安装容量，应满足

就地平衡的要求。

③ 并联电容器分组容量的确定应符合下列规定。

a. 在电容器分组投切时，母线电压波动应满足国家现行有关标准的要求，并应满足系统无功功率和电压调控要求。

b. 当分组电容器按各种容量组合运行时，应避开谐振容量，不得发生谐波的严重放大和谐振，电容器支路接入所引起的各侧母线的任何一次谐波量均不应超过现行国家标准《电能质量——公用电网谐波》GB/T 14549 的有关规定。

c. 发生谐振的电容器容量，可按下式计算：

$$Q_{cx}=S_d(\frac{1}{n^2}-K)$$

式中 Q_{cx}——发生 n 次谐波谐振的电容器容量，Mvar；

S_d——并联电容器装置安装处的母线短路容量，MV·A；

n——谐波次数，即谐波频率与电网基波频率之比；

K——电抗率。

④ 并联电容器装置宜装设在变压器的主要负荷侧。当不具备条件时，可装设在三绕组变压器的低压侧。

⑤ 当配电站中无高压负荷时，不宜在高压侧装设并联电容器装置。

⑥ 低压并联电容器装置的安装地点和装设容量，应根据分散补偿和就地平衡的原则设置，并不得向电网倒送无功。

4.4.2 补偿容量的计算[59]

(1) 功率因数计算

补偿前平均功率因数为

$$\cos\varphi=\sqrt{\frac{1}{1+\left(\frac{\beta_{av}Q_c}{\alpha_{av}P_c}\right)^2}}$$

式中 P_c——企业的计算有功功率，kW；

Q_c——企业的计算无功功率，kvar；

α_{av}，β_{av}——年平均有功、无功负荷系数，α_{av} 值一般取 0.7～0.8，β_{av} 值一般取 0.76～0.82。

已经进行生产的用户，其平均功率因数为

$$\cos\varphi=\frac{W_m}{\sqrt{W_m^2+W_{rm}^2}}=\sqrt{\frac{1}{1+\left(\frac{W_{rm}}{W_m}\right)^2}}$$

式中 W_m——月有功电能消耗量，即有功电能表的读数，kW·h；

W_{rm}——月无功电能消耗量，即无功电能表的读数，kvar·h。

(2) 补偿容量的计算

补偿容量按无功负荷曲线或下式确定：

$$Q=\alpha_{av}P_c(\tan\varphi_1-\tan\varphi_2)(\text{kvar})$$

或

$$Q=\alpha_{av}P_c q_c(\text{kvar})$$

式中 $\tan\varphi_1$——补偿前计算负荷功率因数角的正切值；

$\tan\varphi_2$——补偿后功率因数角的正切值；

q_c——无功功率补偿率，kvar/kW（见表 4-6）。

表 4-6　无功功率补偿率 q_c　　单位：kvar/kW

补偿前 $\cos\varphi_1$	补偿后 $\cos\varphi_2$								
	0.85	0.86	0.88	0.90	0.92	0.94	0.96	0.98	1.0
0.60	0.71	0.74	0.79	0.85	0.91	0.97	1.04	1.13	1.33
0.62	0.65	0.67	0.73	0.78	0.84	0.90	0.98	1.06	1.27
0.64	0.58	0.61	0.66	0.72	0.77	0.84	0.91	1.00	1.20
0.66	0.52	0.55	0.60	0.65	0.71	0.78	0.85	0.94	1.14
0.68	0.46	0.48	0.54	0.59	0.65	0.71	0.79	0.88	1.08
0.70	0.40	0.43	0.48	0.54	0.59	0.66	0.73	0.82	1.02
0.72	0.34	0.37	0.42	0.48	0.54	0.60	0.67	0.76	0.96
0.74	0.29	0.31	0.37	0.42	0.48	0.54	0.62	0.71	0.91
0.76	0.23	0.26	0.31	0.37	0.43	0.49	0.56	0.65	0.85
0.78	0.18	0.21	0.26	0.32	0.38	0.44	0.51	0.60	0.80
0.80	0.13	0.16	0.21	0.27	0.32	0.39	0.46	0.55	0.75
0.82	0.08	0.10	0.16	0.21	0.27	0.33	0.40	0.49	0.70
0.84	0.03	0.05	0.11	0.16	0.22	0.28	0.35	0.44	0.65
0.85	0.00	0.03	0.08	0.14	0.19	0.26	0.33	0.42	0.62
0.86		0.00	0.05	0.11	0.17	0.23	0.30	0.39	0.59
0.88			0.00	0.06	0.11	0.18	0.25	0.34	0.54
0.90				0.00	0.06	0.12	0.19	0.28	0.48

根据负荷计算得到的有功计算负荷 P_c 和无功计算负荷 Q_c。则补偿容量可按下列步骤计算，如图 4-20 所示（图中，Q_{c2} 为补偿后的无功功率）。

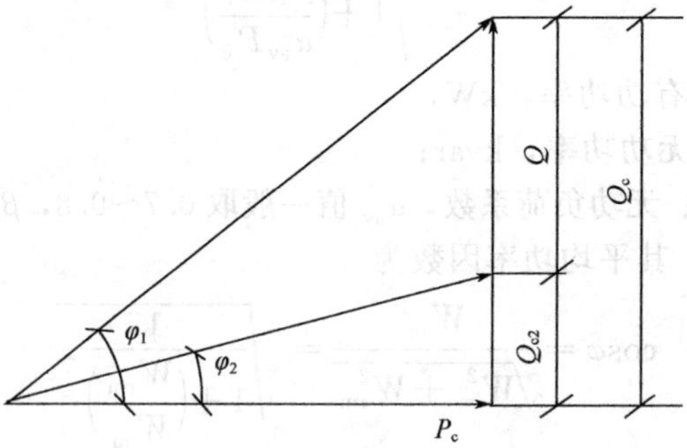

图 4-20　无功补偿矢量图

$$\tan\varphi_1 = Q_c / P_c \qquad \tan\varphi_2 = Q_{c2} / P_c$$

因此

$$Q = Q_c - Q_{c2} = P_c(\tan\varphi_1 - \tan\varphi_2)$$

补偿后的功率因数为

$$\cos\varphi_2 = \frac{P_c}{\sqrt{P_c^2 + (Q_c - Q)^2}} = \sqrt{\frac{P_c^2}{P_c^2 + (Q_c - Q)^2}} = \sqrt{\frac{1}{1 + \left(\frac{Q_c - Q}{P_c}\right)^2}}$$

4.4.3 电气接线[20]

(1) 接线方式

① 并联电容器装置各分组回路可采用直接接入母线，并经总回路接入变压器的接线方式（如图 4-21 和图 4-22 所示）。当同级电压母线上有供电线路，经技术经济比较合理时，也可采用设置电容器专用母线的接线方式（如图 4-23 所示）。

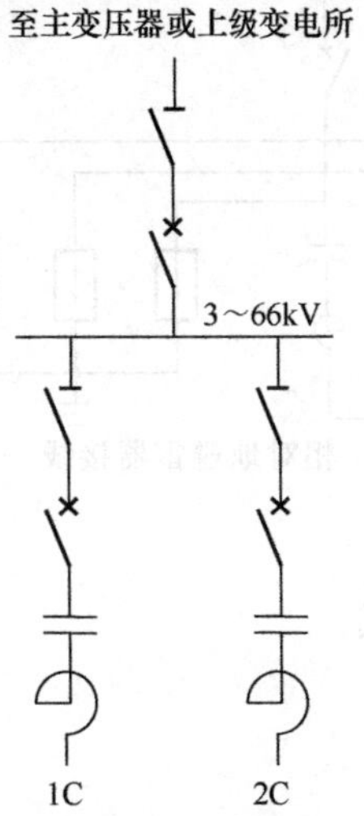

图 4-21 同级电压母线上无供电线路时的接线方式

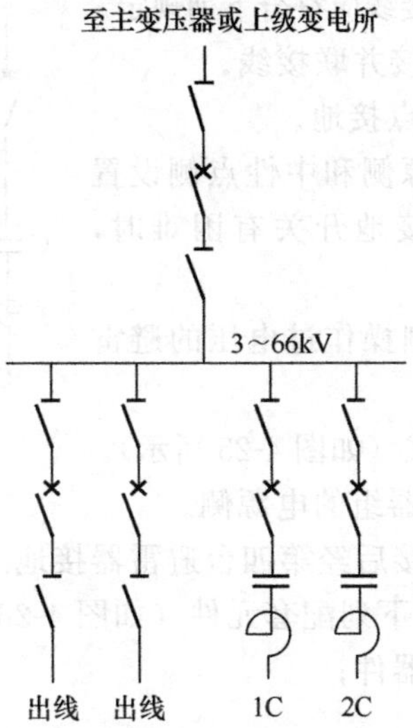

图 4-22 同级电压母线上有供电线路的接线方式

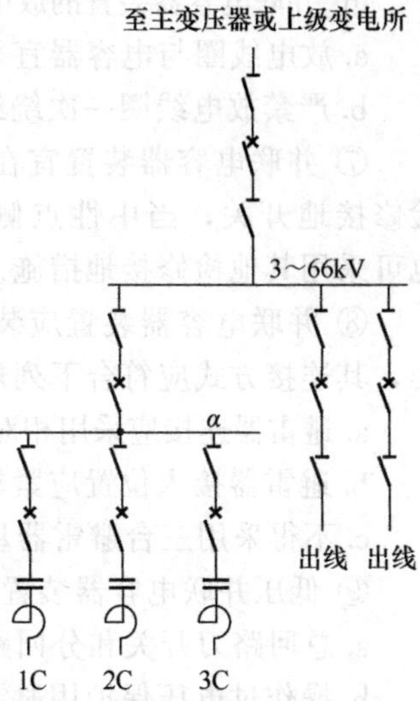

图 4-23 设置电容器专用母线的接线方式

α——电容器专用母线

② 并联电容器组的接线方式应符合下列规定。

a. 并联电容器组应采用星形接线。在中性点非直接接地的电网中，星形接线电容器组的中性点不应接地。

b. 并联电容器组的每相或每个桥臂，由多台电容器串并联组合连接时，宜采用先并联后串联的连接方式。

c. 每个串联段的电容器并联总容量不应超过 3900kvar。

③ 低压并联电容器装置可与低压供电柜同接一条母线。低压电容器或电容器组可采用三角形接线或星形接线方式。

(2) 配套设备及其连接

① 并联电容器装置应装设下列配套设备（如图 4-24 所示）

a. 隔离开关、断路器：

b. 串联电抗器（含阻尼式限流器）；

c. 操作过电压保护用避雷器；

d. 接地开关；

e. 放电器件；

f. 继电保护、控制、信号和电测量用一次及二次设备；

g. 单台电容器保护用外熔断器，应根据保护需要和单台电容器容量配置。

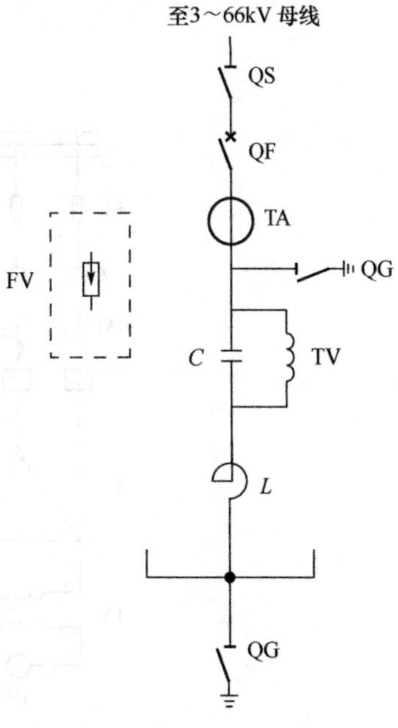

图 4-24 并联电容器装置与配套设备连接方式

② 并联电容器装置分组回路的断路器应装设于电容器组的电源侧。

③ 并联电容器装置的串联电抗器宜装设于电容器的电源侧，并应校验其耐受短路电流的能力。当油浸式铁芯电抗器和干式铁芯电抗器的耐受短路电流的能力不能满足装设电源侧时，应装设于中性点侧。

④ 电容器配置外熔断器时，每台电容器应配置一个专用熔断器。

⑤ 电容器的外壳直接接地时，外熔断器应串接在电容器的电源侧。电容器装设于绝缘框（台）架上且串联段数为 2 段及以上时，至少应有一个串联段的外熔断器串接于电容器的电源侧。

⑥ 并联电容器装置的放电线圈接线应符合下列规定。

a. 放电线圈与电容器宜采用直接并联接线。

b. 严禁放电线圈一次绕组中性点接地。

⑦ 并联电容器装置宜在其电源侧和中性点侧设置检修接地开关，当中性点侧装设接地开关有困难时，也可采用其他检修接地措施。

⑧ 并联电容器装置应装设抑制操作过电压的避雷器，其连接方式应符合下列规定。

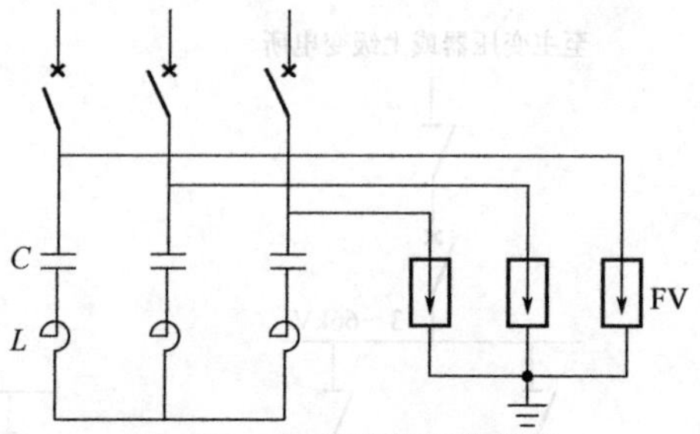

图 4-25 相对地避雷器接线

a. 避雷器连接应采用相对地方式（如图 4-25 所示）。

b. 避雷器接入位置应紧靠电容器组的电源侧。

c. 不得采用三台避雷器星形连接后经第四台避雷器接地的接线方式。

⑨ 低压并联电容器装置宜装设下列配套元件（如图 4-26 所示）：

a. 总回路刀开关和分回路投切器件；

b. 操作过电压保护用避雷器；

c. 短路保护用熔断器；

d. 过载保护器件；

e. 限流线圈；

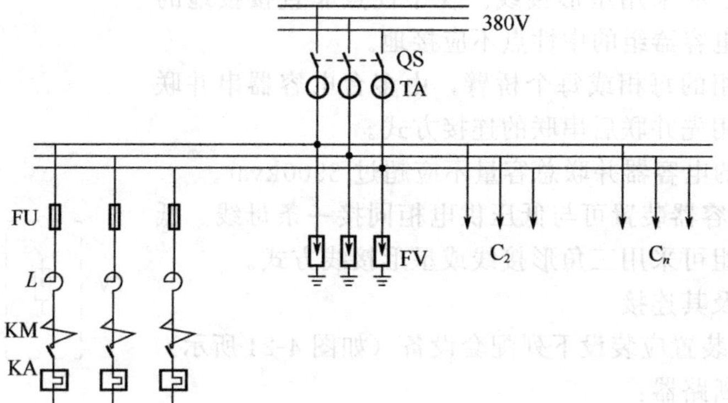

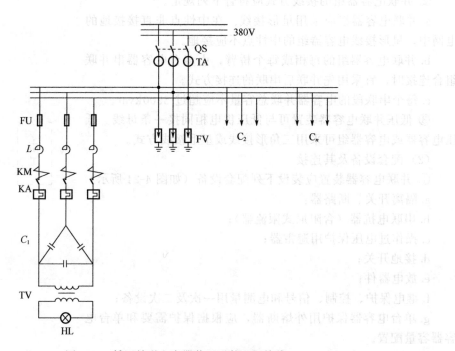

图 4-26 低压并联电容器装置元件配置接线
（注：回路元件配置同图左侧）

f. 放电器件；

g. 谐波含量超限保护、自动投切控制器、保护元件、信号和测量表计等配套器件。

当采用的电容器投切器件具有限制涌流功能和电容器柜有谐波超值保护时，可不装设限流线圈和过载保护器件。

⑩ 低压电容器装设的外部放电器件可采用三角形接线或星形接线，并应直接与电容器（组）并联连接。

4.4.4 电器和导体的选择[20]

（1）一般规定

① 并联电容器装置的设备选型，应根据下列条件确定。

a. 电网电压、电容器运行工况。

b. 电网谐波水平。

c. 母线短路电流。

d. 电容器对短路电流的助增效应。

e. 补偿容量和扩建规划、接线、保护及电容器组投切方式。

f. 海拔高度、气温、湿度、污秽和地震烈度等环境条件。

g. 布置与安装方式。

h. 产品技术条件和产品标准。

② 并联电容器装置的电器和导体选择，应满足在当地环境条件下正常运行、过电压状态和短路故障的要求。

③ 并联电容器装置总回路和分组回路的电器导体选择时，回路工作电流应按稳态过电流最大值确定，过电流倍数应为回路额定电流的1.3倍。

④ 并联电容器装置的电气设备绝缘水平，不应低于变电站、配电站（室）中同级电压的其他电气设备。

⑤ 制造厂生产的并联电容器成套装置，其组合结构应便于运输、现场安装、运行检修和试验，并应使组装后的整体技术性能满足使用要求。

（2）电容器

① 电容器选型应符合下列规定。

a. 组成并联电容器装置的电容器可选用单台电容器、集合式电容器、自愈式电容器。单组容量较大时，宜选用单台容量为500kvar及以上的电容器。

b. 电容器的温度类别应根据安装地点的环境空气温度或屋内冷却空气温度选择。

c. 安装在严寒、高海拔、湿热带等地区和污秽、易燃、易爆等环境中的电容器，应满足环境条件的特殊要求。

② 电容器额定电压选择，应符合下列要求。

a. 宜按电容器接入电网处的运行电压进行计算。

b. 电容器应能承受1.1倍长期工频过电压。

c. 应计入串联电抗器引起的电容器运行电压升高。接入串联电抗器后，电容器运行电压应按下式计算：

$$U_c=\frac{U_s}{\sqrt{3}S}\times\frac{1}{1-K}$$

式中 U_c——电容器的运行电压，kV；

U_s——并联电容器装置的母线运行电压，kV；

S——电容器组每相的串联段数；

K——电抗率。

③ 电容器的绝缘水平，应按电容器接入电网处的电压等级、由电容器组接线方式确定的串并联组合、安装方式要求等，根据电容器产品标准选取。

④ 单台电容器额定容量选择，应根据电容器组容量和每相电容器的串联段数和并联台数确定，并宜在电容器产品额定容量系列的优先值中选取。

⑤ 低压电容器设备选择，应根据环境条件和使用技术要求选择。

（3）断路器

① 用于并联电容器装置的断路器选型，应采用真空断路器 SF_6 断路器等适合于电容器组投切的设备，其技术性能应符合断路器共用技术要求，还应满足下列特殊要求。

a. 应具备频繁操作的性能。

b. 合、分时触头弹跳不应大于限定值，开断时不应出现重击穿。

c. 应能承受电容器组的关合涌流和工频短路电流以及电容器高频涌流的联合作用。

② 并联电容器装置总回路中的断路器，应具有切除所连接的全部电容器组和开断总回路短路电流的性能。分组回路断路器可采用不承担开断短路电流的开关设备。

③ 低压并联电容器装置中的投切开关宜采用具有选项功能和功耗较小的开关器件。当采用普通开关时，其接通、分断能力和短路强度等技术性能，应符合设备装设点的电网条件；切除电容器时，开关不应发生重击穿；投切开关应具有频繁操作的性能。

（4）熔断器

① 用于单台电容器保护的外熔断器选型时，应采用电容器专用熔断器。

② 用于单台电容器保护的外熔断器的熔丝额定电流，应按电容器额定电流的 1.37～1.50 倍选择。

③ 用于单台电容器保护的外熔断器的额定电压、耐受电压、开断性能、熔断性能、耐爆能量、抗涌流能力、机械强度和电气寿命等，应符合国家现行有关标准的规定。

（5）串联电抗器

① 串联电抗器选型时，选用干式电抗器还是油浸式电抗器，应根据工程条件经技术经济比较后确定。安装在屋内的串联电抗器，宜采用设备外漏磁场比较弱的干式铁芯电抗器或者其类似产品。

② 串联电抗器电抗率选择，应根据电网条件与电容器参数经相关计算分析确定，电抗率取值范围应符合下列规定。

a. 仅用于限制涌流时，电抗率宜取 0.1%～1.0%。

b. 用于抑制谐波时，电抗率应根据并联电容器装置接入电网处的背景谐波含量的测量值选择。当谐波为 5 次及以上时，电抗率宜取 4.5%～5.0%；当谐波为 3 次及以上时，电抗率宜取 12.0%，亦可采用 4.5%～5.0%与 12.0%两种电抗率混装方式。

③ 并联电容器装置的合闸涌流限值，宜取电容器组额定电流的 20 倍；当超过时，应采用装设串联电抗器予以限制。电容器组投入电网时的涌流计算，应符合下列规定。

a. 同一电抗率的电容器组投入或追加投入时，涌流应按下列公式计算：

$$I_{*\mathrm{ym}}=\frac{1}{\sqrt{K}}\left(1-\beta\frac{Q_0}{Q}\right)+1$$

$$\beta=1-\frac{1}{\sqrt{1+\frac{Q}{KS_\mathrm{d}}}}$$

$$Q=Q'+Q_0$$

式中 $I_{*\mathrm{ym}}$——涌流峰值的标幺值（已投入的电容器组额定电流峰值为基准值）；

Q——同一母线上装设的电容器组总容量，Mvar；

Q_0——正在投入的电容器组总容量，Mvar；

Q'——所有正在运行的电容器组总容量，Mvar；

β——电源影响系数；

S_d——并联电容器装置安装处的母线短路容量，MV·A；

K——电抗率。

b. 当有两种电抗率的多组电容器追加投入时，涌流计算应符合下列规定。

• 设正在投入的电容器组电抗率为 K_1，当满足 $Q/(K_1S_d)<2/3$ 时，涌流应按下式计算：

$$I_{*\mathrm{ym}}=\frac{1}{\sqrt{K_1}}+1$$

• 仍设正在投入的电容器组电抗率为 K_1，两种电抗率中的另一种电抗率为 K_2，当满足 $Q/(K_1S_d)\geqslant 2/3$ 时，且 $Q/(K_2S_d)<2/3$ 时，涌流应按下式计算：

$$I_{*\mathrm{ym}}=\frac{1}{\sqrt{K_1}}\left(1-\beta\frac{Q_0}{Q}\right)+1$$

$$\beta=1-\frac{1}{\sqrt{1+\dfrac{Q}{K_1S_d}}}$$

$$Q=Q'+Q_0$$

式中 $I_{*\mathrm{ym}}$——涌流峰值的标幺值（已投入的电容器组额定电流峰值为基准值）；

Q——同一母线上装设的电容器组总容量，Mvar；

Q_0——正在投入的电容器组总容量，Mvar；

Q'——所有正在运行的电容器组总容量，Mvar；

β——电源影响系数；

S_d——并联电容器装置安装处的母线短路容量，MV·A；

K_1——正在投入的电容器组电抗率。

④ 串联电抗器的额定电压和绝缘水平，应符合接入处的电网电压要求。

⑤ 串联电抗器的额定电流应等于所连接的并联电容器组的额定电流，其允许过电流不应小于并联电容器组的最大过电流值。

⑥ 并联电容器装置总回路装设有限流电抗器时，应计入其对电容器分组回路电抗率和母线电压的影响。

（6）放电器件

① 放电线圈选型时，应采用电容器组专用的油浸式或干式放电线圈产品。油浸式放电线圈应为全密封结构，产品内部压力应满足使用环境温度变化的要求，在最低环境温度下运行时不得出现负压。

② 放电线圈的额定一次电压应与所并联的电容器组的额定电压一致。

③ 放电线圈的额定绝缘水平应符合下列要求。

a. 安装在地面上的放电线圈，额定绝缘水平不应低于同电压等级电气设备的额定绝缘水平。

b. 安装在绝缘框（台）架上的放电线圈，其额定绝缘水平应与安装在同一绝缘框（台）上的电容器的额定绝缘水平一致。

④ 放电线圈的最大配套电容器容量（放电容量）不应小于与其并联的电容器组容量；其

放电时间应能满足电容器组脱开电源后，5s 内将电容器组的剩余电压降至 50V 及以下。

⑤ 放电线圈带有二次线圈时，其额定输出、准确级，应满足保护和测量的要求。

⑥ 低压并联电容器装置的放电器件应满足电容器断电后 3min 内将剩余电压降至 50V 及以下；当电容器再次投入时，端子上的剩余电压不应超过额定电压的 0.1 倍。

(7) 避雷器

① 用于并联电容器装置操作过电压保护的避雷器应采用无间隙金属氧化物避雷器。

② 用于并联电容器操作过电压保护的避雷器的参数选择，应根据电容器组参数和避雷器接线方式确定。

(8) 导体及其他

① 单台电容器至母线或熔断器的连接线应采用软导线，其长期允许电流不宜小于单台电容器额定电流的 1.5 倍。

② 并联电容器装置的分组回路，回路导体截面应按并联电容器组额定电流的 1.3 倍选择，并联电容器组的汇流母线和均压线导线截面应与分组回路的导体截面相同。

③ 双星形电容器组的中性点连接线和桥形接线电容器组的桥连接线，其长期允许电流不应小于电容器组的额定电流。

④ 并联电容器装置的所有连接导体应满足长期允许电流的要求，并应满足动稳定和热稳定要求。

⑤ 用于并联电容器装置的支柱绝缘子，应按电压等级、泄漏距离、机械荷载等技术条件以及运行中可能承受的最高电压选择和校验。

⑥ 用于并联电容器组不平衡保护的电流互感器或放电线圈，应符合下列要求。

a. 额定电压应按接入处的电网电压选择。

b. 额定电流不应小于最大稳态不平衡电流。

c. 电流互感器应能耐受电容器极间短路故障状态下的短路电流和高频涌放电流，不得损坏，宜加装保护措施。

d. 二次线圈准确等级应满足继电保护要求。

4.4.5 保护装置和投切装置[20]

(1) 保护装置

① 单台电容器内部故障保护方式（内熔丝、外熔断器和继电保护），应在满足并联电容器组安全运行的条件下，根据各地的实践经验配置。

② 并联电容器组（内熔丝、外熔断器和无熔丝）均应设置不平衡保护。不平衡保护应满足可靠性和灵敏度要求，保护方式可根据电容器组接线在下列方式中选取。

a. 单星形电容器组，可采用开口三角电压保护（如图 4-27 所示）。

b. 单星形电容器组，串联段数为两段及以上时，可采用相电压差动保护（如图 4-28 所示）。

c. 单星形电容器组，每相能接成四个桥臂时，可采用桥式差电流保护（如图 4-29 所示）。

d. 双星形电容器组，可采用中性点不平衡电流保护（如图 4-30 所示）。

e. 不平衡保护的整定值应按电容器组运行的安全性、保护动作的可靠性和灵敏性，并根据不同保护方式进行计算确定。

③ 并联电容器装置应设置速断保护，保护应动作于跳闸。速断保护的动作电流值，按最小运行方式下，在电容器组端部引线发生两相短路时，保护的灵敏系数应符合继电保护要求；速断保护的动作时限应大于电容器组的合闸涌流时间。

④ 并联电容器装置应装设过电流保护，保护应动作于跳闸。过流保护的动作电流值应按大

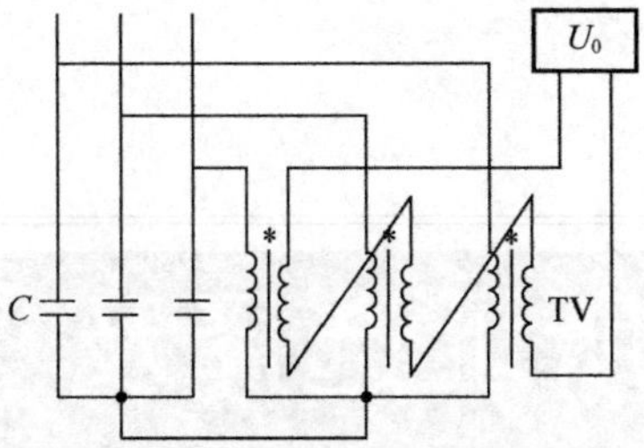

图4-27 单星形电容器组开口三角电压保护接线原理图

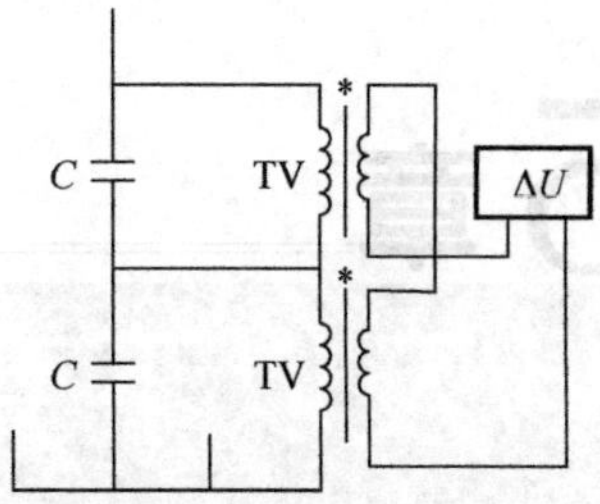

图4-28 单星形电容器组相电压差动保护接线原理图

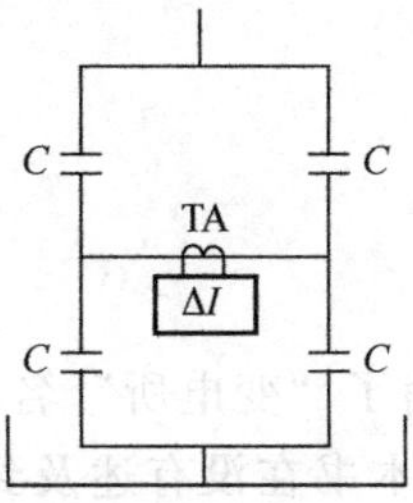

图4-29 单星形电容器组桥式差电流保护接线原理图

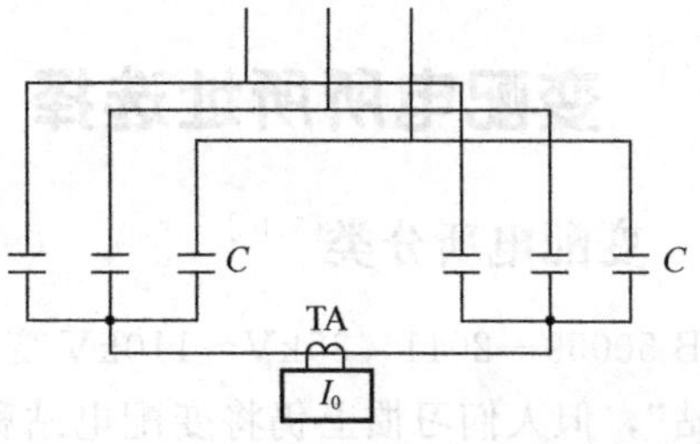

图4-30 双星形电容器组，中性点不平衡电流保护接线原理图

于电容器组的长期允许最大过电流整定。

⑤ 并联电容器装置应装设母线过电压保护，保护应带时限动作于信号或跳闸。

⑥ 并联电容器装置应装设母线失压保护，保护应带时限动作于跳闸。

⑦ 并联电容器装置的油浸式串联电抗器，其容量为0.18MV·A及以上时，宜装设气体保护。当油箱内故障产生轻微瓦斯或油面下降时，应瞬时动作于信号；当油箱内故障产生大量瓦斯时，应瞬时动作于断路器跳闸。干式串联电抗器，宜根据具体条件设置保护。

⑧ 电容器组的电容器外壳直接接地时，宜装设电容器组接地保护。

⑨ 集合式电容器应装设压力释放和温控保护，压力释放动作于跳闸，温控动作于信号。

⑩ 低压并联电容器装置应有短路保护、过电流保护、过电压保护和失压保护，并宜装设谐波超值保护。

(2) 投切装置

① 并联电容器装置宜采用自动投切方式，并应符合下列规定。

a. 变电站的并联电容器装置，可采用按电压、无功功率和时间等组合条件的自动投切方式。

b. 变电站的主变压器具有有载调压装置时，自动投切方式的电容器装置可与变压器分接头进行联合调节，但应对变压器分接头调节方式进行系统电压闭锁或与系统交换无功功率优化闭锁。

c. 对于不需要按综合条件投切的并联电容器装置，可分别采用电压、无功功率（电流）、功率因数或时间进行自动投切控制。

② 自动投切装置应具有防止保护跳闸时误合电容器组的闭锁功能，并应根据运行需要具有控制、调节、闭锁、联络和保护功能；同时应设置改变投切方式的选择开关。

③ 变电站中有两种电抗率的并联电容器装置时，其中12%的装置应具有先投后切的功能。

④ 并联电容器的投切装置严禁设置自动重合闸。

⑤ 低压并联电容器装置应采用自动投切。自动投切的控制量可选用无功功率、电压、时间等参数。

第5章 110kV及以下变配电所所址选择及电气设备布置

5.1 变配电所所址选择

5.1.1 变配电所分类[5,10]

GB 50059—2011《35kV～110kV变电站设计规范》中取消了“变电所”名称，统一改为“变电站”，但人们习惯上仍将变配电站称为变配电所，所以，本书在没有述及到GB 50059—2011《35kV～110kV变电站设计规范》时，仍将变配电站称为变配电所。变配电所是各级电压的变电所和配电所的总称。变配电所的名称及其含义见表5-1。

表5-1 变配电所的名称及其含义

序号	变配电所名称	含义
1	变电站（所）	110kV及以下交流电源经电力变压器变压后对用电设备供电
2	配电所	所内只有起开闭和分配电能作用的高压配电装置，母线上无主变压器
3	露天变电所	变压器位于露天地面上的变电所
4	半露天变电所	变压器位于露天地面上的变电所，但变压器的上方有顶棚或挑檐
5	附设变电所	变电所的一面或数面墙与建筑物的墙共用，且变压器室的门和通风窗向建筑物外开
6	车间内变电所	位于车间内部的变电所，且变压器室的门向车间内开
7	独立变电所	变电所为一独立建筑物
8	室内变电所	附设变电所、独立变电所和车间内变电所的总称
9	组合式成套变电所	由高低压开关柜和变压器柜组合而成的变电站
10	户外箱式变电站	由高压室、变压器室和低压室三部分组合成箱式结构的变电站
11	杆上式变电站	变压器安装在一根或几根电杆上的屋外变电站
12	高台式变电站	变压器安装在高台上，电源由架室线引接的屋外变电站

5.1.2 10kV及以下变配电所所址选择[5]

① 变电所位置的选择，应根据下列要求经技术、经济比较确定：

a. 接近负荷中心；

b. 进出线方便；

c. 接近电源侧；

d. 设备运输方便；

e. 不应设在有剧烈振动或高温的场所；

f. 不宜设在多尘或有腐蚀性气体的场所，当无法远离时，不应设在污染源盛行风向的下风侧；

g. 不应设在厕所、浴室或其他经常积水场所的正下方，且不宜与上述场所相贴邻；

h. 不应设在有爆炸危险环境的正上方或正下方，且不宜设在有火灾危险环境的正上方或正下方，当与有爆炸或火灾危险环境的建筑物毗连时，应符合现行国家标准GB 50058《爆炸和火灾危险环境电力装置设计规范》的规定；

i. 不应设在地势低洼和可能积水的场所。

② 装有可燃性油浸电力变压器的车间内变电所，不应设在三、四级耐火等级的建筑物内；当设在二级耐火等级的建筑物内时，建筑物应采取局部防火措施。

③ 多层建筑中，装有可燃性油的电气设备的配电所、变电所应设置在底层靠外墙部位，且不应设在人员密集场所的正上方、正下方、贴邻和疏散出口的两旁。

④ 高层主体建筑内不宜设置装有可燃性油的电气设备的配电所和变电所，当受条件限制必须设置时，应设在底层靠外墙部位，且不应设在人员密集场所的正上方、正下方、贴邻和疏散出口的两旁，并应按现行国家标准GB 50016《建筑设计防火规范》有关规定，采取相应的防火措施。

⑤ 露天或半露天的变电所，不应设置在下列场所：

a. 有腐蚀性气体的场所；

b. 挑檐为燃烧体或难燃体和耐火等级为四级的建筑物旁；

c. 附近有棉、粮及其他易燃、易爆物品集中的露天堆场；

d. 容易沉积可燃粉尘、可燃纤维、灰尘或导电尘埃且严重影响变压器安全运行的场所。

5.1.3 35～110kV变配站站址选择[10]

变电站站址的选择，应符合现行国家标准《工业企业总平面设计规范》GB 50187的有关规定，并应符合下列要求。

① 应靠近负荷中心。

② 变电站布置应兼顾规划、建设、运行、施工等方面的要求，宜节约用地。

③ 应与城乡或工矿企业规划相协调，并应便于架空和电缆线路的引入和引出。

④ 交通运输应方便。

⑤ 周围环境宜无明显污秽，空气污秽时，站址宜设在受污染源影响最小处。

⑥ 变电站应避免与邻近设施之间的相互影响，应避开火灾、爆炸及其他敏感设施，与爆炸危险性气体区域邻近的变电站站址选择及其设计应符合现行国家标准《爆炸和火灾危险环境电力装置设计规范》GB 50058的有关规定。

⑦ 应具有适宜的地质、地形和地貌条件（例如，应避开断层、滑坡、塌陷区、溶洞地带、山区风口和有危岩或易发生滚石的场所），站址宜避免选在有重要文物或开采后对变电站有影响的矿藏地点，无法避免时，应征得有关部门的同意。

⑧ 站址标高宜在50年一遇高水位上，无法避免时，站区应有可靠的防洪措施或与地区（工业企业）的防洪标准相一致，并应高于内涝水位。

⑨ 变电站主体建筑应与周边环境相协调。

5.2 变配电所布置设计

5.2.1 10kV及以下变配电所布置设计要求[5]

（1）变配电所形式

变电所的形式应根据用电负荷的状况和周围环境情况确定，并应符合下列规定：

① 负荷较大的车间和站房，宜设附设变电所或半露天变电所；

② 负荷较大的多跨厂房，负荷中心在厂房的中部且环境许可时，宜设车间内变电所或组台式成套变电站；

③ 高层或大型民用建筑内，宜设室内变电所或组合式成套变电站；

④ 负荷小而分散的工业企业和大中城市的居民区，宜设独立变电所，有条件时也可设附设变电所或户外箱式变电站；

⑤ 环境允许的中小城镇居民区和工厂生活区，当变压器容量在315kV·A及以下时，宜设杆上式或高台式变电所。

（2）变配电所布置要求

① 带可燃性油的高压配电装置，宜装设在单独的高压配电室内。当高压开关柜的数量为6台及以下时，可与低压配电屏设置在同一房间内。

② 不带可燃性油的高、低压配电装置和非油浸电力变压器，可设置在同一房间内。具有符合IP3X防护等级外壳的不带可燃性油的高、低压配电装置和非油浸的电力变压器，当环境允许时，可相互靠近布置在车间内。

【注】IP3X防护要求应符合现行国家标准《低压电器外壳防护等级》的规定，能防止直径大于2.5mm的固体异物进入壳内。

③ 室内变电所每台油量为100kg及以上的三相变压器，应设在单独的变压器室内。

④ 在同一配电室内单列布置高、低压配电装置时，当高压开关柜或低压配电屏顶面有裸露带电导体时，两者之间的净距不应小于2m；当高压开关柜和低压配电屏的顶面封闭外壳防护等级符合IP2X级时，两者可靠近布置。

【注】IP2X防护要求应符合现行国家标准《低压电器外壳防护等级》的规定，能防止直径大于12mm的固体异物进入壳内。

⑤ 有人值班的配电所，应设单独的值班室。当低压配电室兼作值班室时，低压配电室面积应适当增大。高压配电室与值班室应直通或经过通道相通，值班室应有直接通向户外或通向走道的门。

⑥ 变电所宜单层布置。当采用双层布置时，变压器应设在底层。设于二层的配电室应设搬运设备的通道、平台或孔洞。

⑦ 高（低）压配电室内，宜留有适当数量配电装置的备用位置。

⑧ 高压配电装置的柜顶为裸母线分段时，两段母线分段处宜装设绝缘隔板，其高度不应小于0.3m。

⑨ 由同一配电所供给一级负荷用电时，母线分段处应设防火隔板或有门洞的隔墙。供给一级负荷用电的两路电缆不应通过同一电缆沟，当无法分开时，该电缆沟内的两路电缆应采用阻燃性电缆，且应分别敷设在电缆沟两侧的支架上。

⑩ 户外箱式变电站和组合式成套变电站的进出线宜采用电缆。

⑪ 配电所宜设辅助生产用房。

5.2.2　35～110kV 变电站布置设计要求[10]

（1）变电站形式

① 一般为独立式变电站，但 35～110kV 企业总变电站为了高压深入负荷中心，也可采用附设式变电站。

② 按配电装置的形式，变电站可分为屋内式和屋外式。主变压器一般布置在室外，在特别污秽的地区，其绝缘应加强，或将主变压器也设在屋内，成为全屋内的变电站。

（2）变电站布置要求

① 变电站应根据所在区域特点，选择合适的配电装置形式，抗震设计应符合现行国家标准《电力设施抗震设计规范》GB 50260 的有关规定。

② 城市中心变电站宜选用小型化紧凑型电气设备。

③ 变电站主变压器布置除应运输方便外，并应布置在运行噪声对周边环境影响较小的位置。

④ 屋外变电站实体围墙不应低于 2.2m。城区变电站、企业变电站围墙形式应与周围环境相协调。

⑤ 变电站内为满足消防要求的主要道路宽度应为 4.0m 以上。主要设备运输道路的宽度可根据运输要求确定，并应具备回车条件。

⑥ 变电站的场地设计坡度，应根据设备布置、土质条件、排水方式确定，坡度宜为 0.5%～2%，且不应小于 0.3%；平行于母线方向的坡度，应满足电气及结构布置的要求。道路最大坡度不宜大于 6%。当利用路边明沟排水时，沟的纵向坡度不宜小于 0.5%，局部困难地段不应小于 0.3%。电缆沟及其他类似沟道的沟底纵坡，不宜小于 0.5%。

⑦ 变电站内的建筑物标高、基础埋深、路基和管线埋深，应相互配合；建筑物内地面标高，宜高出屋外地面 0.3m，屋外电缆沟壁，宜高出地面 0.1m。

⑧ 各种地下管线之间和地下管线与建筑物、构筑物、道路之间的最小净距，应满足安全、检修安装及工艺的要求。

⑨ 变电站站区绿化规划应与周围环境相适应，并应防止绿化物影响安全运行。

5.3　配电装置的布置设计

5.3.1　配电装置内安全净距[5,11]

（1）3～110kV 配电装置内安全净距

① 屋外配电装置的安全净距应不小于表 5-2 所列数值。电气设备外绝缘体最低部位距地面小于 2.5m 时，应装设固定遮栏。

② 屋外配电装置的安全净距应按图 5-1、图 5-2 和图 5-3 校验。

③ 屋外配电装置使用软导线时，在不同条件下，带电部分至接地部分和不同相带电部分之间的最小安全净距，应根据表 5-3 进行校验，并应采用最大数值。

④ 屋内配电装置的安全净距应不小于表 5-4 所列数值。电气设备外绝缘体最低部位距地面小于 2.3m 时，应装设固定遮栏。

⑤ 屋内配电装置的安全净距应按图 5-4 和图 5-5 校验。

⑥ 配电装置中，相邻带电部分的系统标称电压不同时，相邻带电部分的安全净距应按较高的系统标称电压确定。

表 5-2　屋外配电装置的安全净距　　单位：mm

符号	适应范围	系统标称电压/kV					
		3～10	15～20	35	66	110J	110
A_1	① 带电部分至接地部分之间 ② 网状遮栏向上延伸线距地 2.5m 处与遮栏上方带电部分之间	200	300	400	650	900	1000
A_2	① 不同相的带电部分之间 ② 断路器和隔离开关的断口两侧引线带电部分之间	200	300	400	650	1000	1100
B_1	① 设备运输时，其外廓至无遮栏带电部分之间 ② 交叉的不同时停电检修的无遮栏带电部分 ③ 栅状遮栏至绝缘体和带电部分之间 ④ 带电作业时，带电部分至接地部分之间	950	1050	1150	1400	1650	1750
B_2	网状遮栏至带电部分之间	300	400	500	750	1000	1100
C	① 无遮栏裸导体至带电部分之间 ② 无遮栏裸导体至建筑物、构筑物顶部之间	2700	2800	2900	3100	3400	3500
D	① 平行的不同时停电检修的无遮栏带电部分之间 ② 带电部分与建筑物、构筑物的边沿部分之间	2200	2300	2400	2600	2900	3000

注：1. 110J 系指中性点有效接地系统。
2. 海拔超过 1000m 时，A 值应进行修正。
3. 本表所列各值不适用于制造厂的成套配电装置。
4. 带电作业时，不同相或交叉的不同回路带电部分之间，其 B_1 值可在 A_2 值上加 750mm。

⑦ 屋外配电装置裸露的带电部分的上面或下面，不应有照明、通信和信号线路架空跨越或穿过；屋内配电装置裸露带电部分的上面不应有明敷的照明、动力线路或管线跨越。

(2) 低压配电装置内安全净距

低压室内、外配电装置的安全净距应符合表 5-5 的规定。

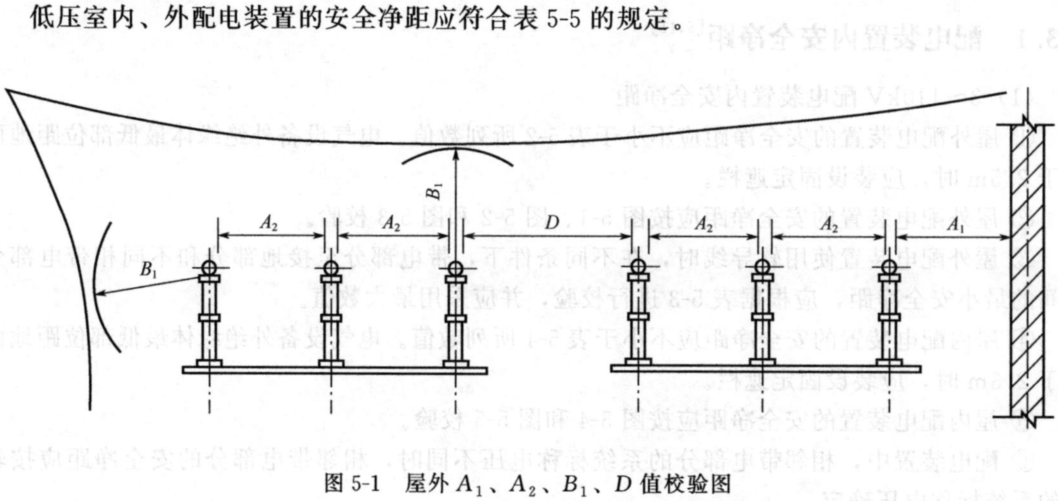

图 5-1　屋外 A_1、A_2、B_1、D 值校验图

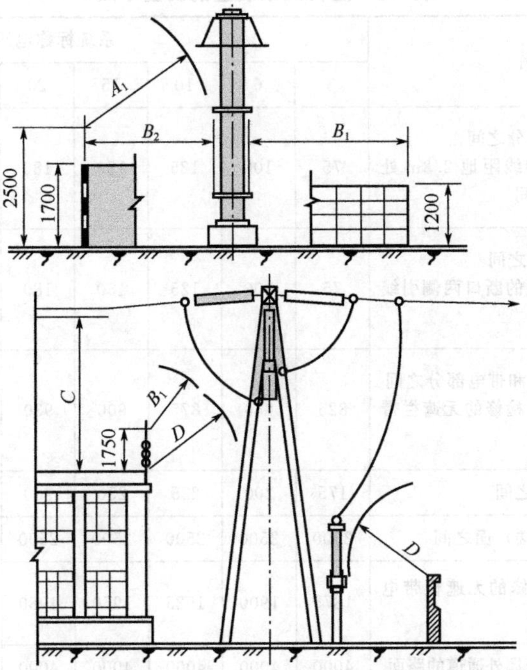

图 5-2　屋外 A_1、B_1、B_2、C、D 值校验图

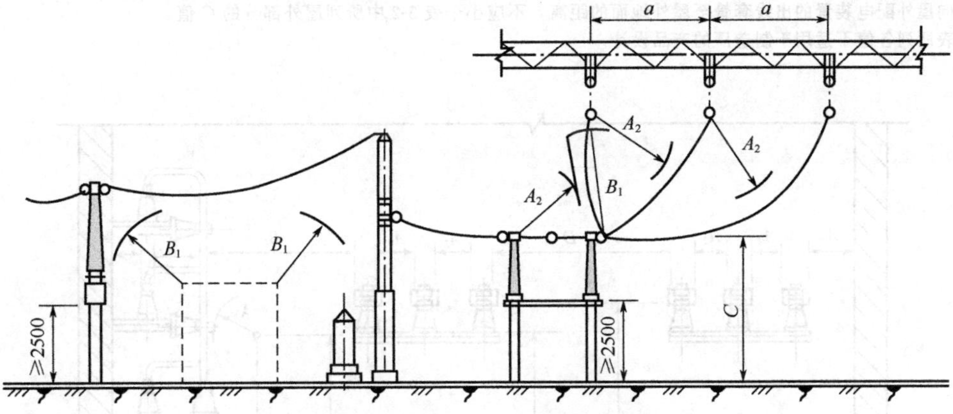

图 5-3　屋外 A_2、B_1、C 值校验图

表 5-3　带电部分至接地部分和不同相带电部分之间的最小安全净距　单位：mm

条　件	校验条件	设计风速/(m/s)	A 值	系统标称电压/kV			
				35	66	110J	110
雷电过电压	雷电过电压和风偏	10①	A_1	400	650	900	1000
			A_2	400	650	1000	1100
工作过电压	① 最大工作电压、短路和风偏（取 10m/s 风速） ② 最大工作电压和风偏（取最大设计风速）	10 或最大设计风速	A_1	150	300	300	450
			A_2	150	300	500	500

① 在最大设计风速为 35m/s 及以上，以及雷暴时风速较大等气象条件恶劣的地区应采用 15m/s。

表 5-4 屋内配电装置的安全净距 单位：mm

符号	适应范围	系统标称电压/kV								
		3	6	10	15	20	35	66	110J	110
A_1	① 带电部分至接地部分之间 ② 网状遮栏向上延伸线距地 2.3m 处与遮栏上方带电部分之间	75	100	125	150	180	300	550	850	950
A_2	① 不同相的带电部分之间 ② 断路器和隔离开关的断口两侧引线带电部分之间	75	100	125	150	180	300	550	900	1000
B_1	① 栅状遮栏至绝缘体和带电部分之间 ② 交叉的不同时停电检修的无遮栏带电部分	825	850	875	900	930	1050	1300	1600	1700
B_2	网状遮栏至带电部分之间	175	200	225	250	280	400	650	950	1050
C	无遮栏裸导体至地（楼）面之间	2500	2500	2500	2500	2500	2600	2850	3150	3250
D	平行的不同时停电检修的无遮栏带电部分之间	1875	1900	1925	1950	1980	2100	2350	2650	2750
E	通向屋外的出现套管至屋外通道的路面	4000	4000	4000	4000	4000	4000	4500	5000	5000

注：1. 110J 系指中性点有效接地系统。
2. 海拔超过 1000m 时，A 值应进行修正。
3. 当为板状遮栏时，B_2 值可取 A_1 值加上 30mm。
4. 通向屋外配电装置的出线套管至屋外地面的距离，不应小于表 5-2 中所列屋外部分的 C 值。
5. 本表所列各值不适用于制造厂的产品设计。

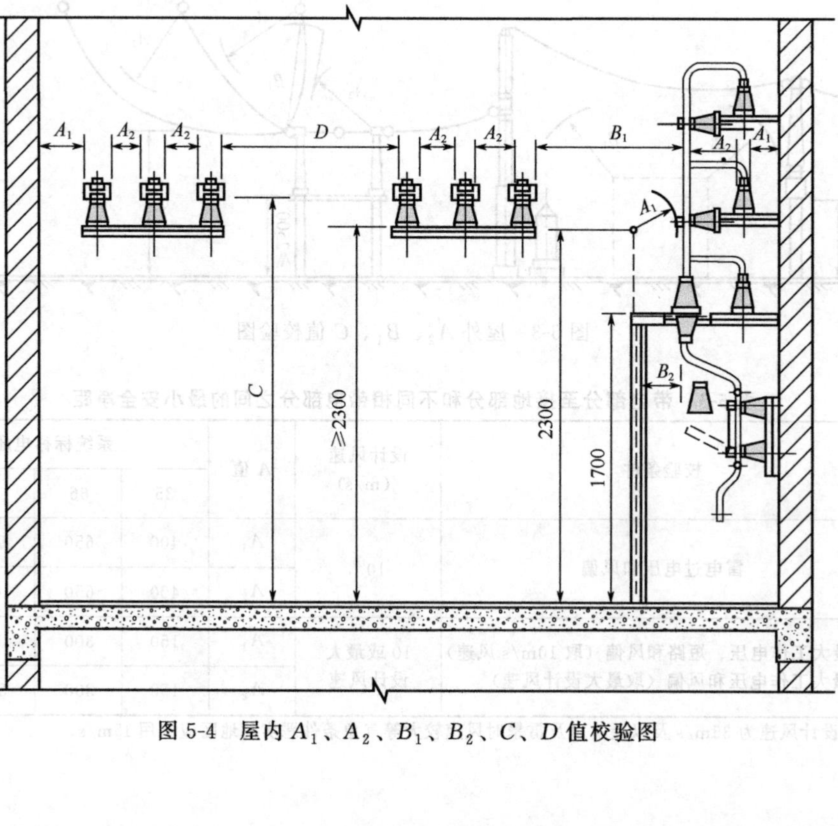

图 5-4 屋内 A_1、A_2、B_1、B_2、C、D 值校验图

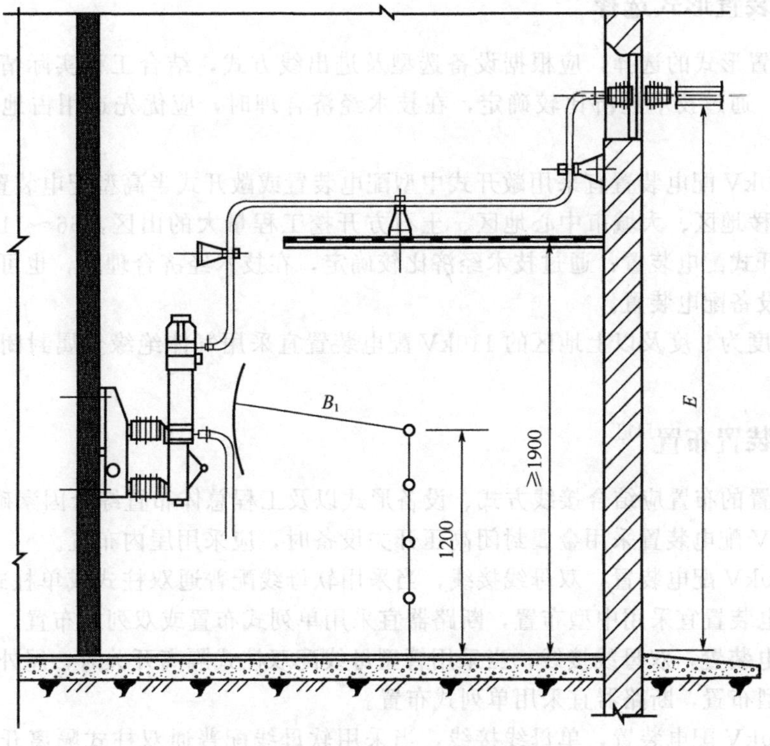

图 5-5　屋内 B_1、E 值校验图

表 5-5　室内、外配电装置安全净距　　单位：mm

符号	适用范围	场所	额定电压/kV <0.5
A	无遮栏裸带电部分至地（楼）面之间	室内	屏前 2500；屏后 2300
		室外	2500
	有 IP2X 防护等级遮栏的通道净高	室内	1900
	裸带电部分至接地部分和不同相的裸带电部分之间	室内	20
		室外	75
B	距地（楼）面 2500mm 以下裸带电部分的遮栏防护等级为 IP2X 时，裸带电部分与遮护物间水平净距	室内	100
		室外	175
	不同时停电检修的无遮栏裸导体之间的水平距离	室内	1875
		室外	2000
	裸带电部分至无孔固定遮栏	室内	50
C	裸带电部分至用钥匙或工具才能打开或拆卸的栅栏	室内	800
		室外	825
	低压母排引出线或高压引出线的套管至屋外人行通道地面	室内	3650

注：海拔高度超过 1000m 时，表中符号 *A* 项数值应按每升高 100m 增大 1%进行修正；*B*、*C* 两项数值应相应加上 *A* 项的修正值。

5.3.2 配电装置形式选择[11]

① 配电装置形式的选择，应根据设备选型及进出线方式，结合工程实际情况，并与工程总体布置协调，通过技术经济比较确定，在技术经济合理时，应优先选用占地少的配电装置形式。

② 66～110kV 配电装置宜采用敞开式中型配电装置或敞开式半高型配电装置。

③ Ⅳ级污秽地区、大城市中心地区、土石方开挖工程量大的山区，66～110kV 配电装置宜采用屋内敞开式配电装置；通过技术经济比较确定，在技术经济合理时，也可采用气体绝缘金属封闭开关设备配电装置。

④ 地震烈度为 9 度及以上地区的 110kV 配电装置宜采用气体绝缘金属封闭开关设备配电装置。

5.3.3 配电装置布置[11]

① 配电装置的布置应结合接线方式、设备形式以及工程总体布置综合因素确定。

② 3～35kV 配电装置采用金属封闭高压开关设备时，应采用屋内布置。

③ 35～110kV 配电装置，双母线接线，当采用软母线配普通双柱式或单柱式隔离开关时，屋外敞开式配电装置宜采用中型布置，断路器宜采用单列式布置或双列式布置。

110kV 配电装置，双母线接线，当采用管型母线配双柱式隔离开关时，屋外敞开式配电装置宜采用半高型布置，断路器宜采用单列式布置。

④ 35～110kV 配电装置，单母线接线，当采用软母线配普通双柱式隔离开关时，屋外敞开式配电装置宜采用中型布置，断路器宜采用单列式布置或双列式布置。

110kV 配电装置，双母线接线，当采用管型母线配双柱式隔离开关时，屋外敞开式配电装置宜采用双层布置，断路器宜采用双列式布置。

⑤ 110kV 配电装置，气体绝缘金属封闭开关设备配电装置可采用户内或户外布置。

⑥ 110kV 配电装置，当采用管型母线时，管型母线宜采用单管结构。管型母线固定方式可采用支持式。当地震烈度为 8 度及以上时，管型母线固定方式宜采用悬吊式。

支持式管型母线在无冰无风状态下的跨中挠度大于管型母线外直径的 0.5～1.0 倍，悬吊式管型母线的挠度可适当放宽。

采用支持式管型母线时，应采用加装动力双环阻尼消振器、管内加装阻尼线，以及改变支持方式等措施消除母线对端部效应、微风振动及热胀冷缩对支持绝缘子产生的内应力。

5.3.4 配电装置内的通道与围栏[11]

① 配电装置的布置，应便于设备的操作、搬运、检修和试验。

② 中型布置的屋外配电装置内的检修、维护用环形道路宽度不宜小于 3m。当成环有困难时，应具备回车条件。

③ 屋外配电装置应设置巡视和操作道路。可利用地面电缆沟的布置作为巡视路线。

④ 屋内配电装置采用金属封闭开关设备时，屋内各种通道的最小宽度（净距）宜符合表 5-6 的规定。

⑤ 屋内油浸变压器外廓与变压器室四周墙壁的最小净距应符合表 5-7 的规定。对于就地检修的屋内油浸变压器，室内高度可按吊芯所需的最小高度再加 700mm，宽度可按变压器两侧各加 800mm 确定。

表 5-6 配电装置屋内各种通道的最小宽度（净距） 单位：mm

布置方式	维护通道	操作通道	
		固定式	移开式
单排布置	800	1500	单车长度＋1200
设备双排布置	1000	2000	双车长度＋900

注：1. 通道宽度在建筑物的墙柱突出处，可减少200mm。
2. 移开式开关柜不需要进行就地检修时，其通道宽度可适当减小。
3. 固定式开关柜为靠墙布置时，柜后与墙净距宜取50mm。
4. 当采用35kV开关柜时，柜后通道不宜小于1m。

表 5-7 屋内油浸变压器外廓与变压器室四壁的最小净距 单位：mm

变压器容量	1000kV·A及以下	1250kV·A及以上
变压器外廓与后壁、侧壁之间	600	800
变压器外廓与门之间	800	1000

⑥ 设置于屋内的无外壳干式变压器，其外廓与四周墙壁的净距不应小于0.6m，干式变压器之间的距离不应小于1m，并应满足巡视维修的要求。全封闭型的干式变压器可不受上述距离的限制。

⑦ 66～110kV屋外配电装置，其周围宜设置高度不低于1.5m的围栏，并应在围栏醒目地方设置警示牌。

⑧ 配电装置中电气设备的栅状遮栏高度，不应小于1.2m，栅状遮栏最低栏杆至地面的净距，不应大于200mm。

⑨ 配电装置中电气设备的网状遮栏高度，不应小于1.7m，网状遮栏网孔不应大于40mm×40mm。围栏门应装锁。

⑩ 在安装有油断路器的屋内间隔内应设置遮栏，就地操作的油断路器及隔离开关，应在其操作机构处设置防护隔板，其宽度应满足人员操作的范围，高度不应小于1.9m。

⑪ 屋外的母线桥，当外物有可能落在母线上时，应根据具体情况采取防护措施。

5.3.5 防火与蓄油设施[11]

① 35kV屋内敞开式配电装置的充油设备应在两侧有隔墙（板）的间隔内；66～110kV屋内敞开式配电装置的充油设备应装在有防爆隔墙的间隔内。总油量超过100kg的屋内油浸电力变压器，宜装设在单独的防爆间内，并应设置消防设施。

② 屋内单台电气设备总油量在100kg以上时，应设置储油设施或挡油设施。挡油设施的容积宜按容纳20%油量设计，并应有将事故油排至安全处的设施，且不应引起环境污染。当无法满足上述要求时，应设置能容纳100%油量的储油或挡油设施。储油和挡油设施应大于设备外廓每边各1m，四周应高出地面100mm。储油设施内应铺设卵石层，其厚度不应小于250mm，直径为50～80mm。当设置有油水分离措施的总事故储油池时，储油池容量宜按最大一个油箱容量的60%确定。

③ 油量为2500kg及以上的屋外油浸变压器之间的最小净距应符合表5-8的规定。

④ 油量为2500kg及以上的屋外油浸变压器之间的最小防火净距不能满足表5-8的要求时，应设置防火墙。防火墙的耐火等级不宜小于4h。防火墙的高度不宜低于变压器油枕的顶端高度，其长度应大于变压器储油池两侧各1m。

⑤ 油量为2500kg及以上的屋外油浸变压器或电抗器与本回路油量为600～2500kg的充油

电气设备之间的防火净距，不应小于 5 m。

⑥ 在防火要求较高的场所，有条件时宜选用非油绝缘的电气设备。

表 5-8 屋外油浸变压器之间的最小净距 单位：m

电压等级	最小净距
35kV 及以下	5
66kV	6
110kV	8

5.4 变配电所对有关专业的要求

5.4.1 10kV 及以下变配电所对有关专业的要求[5]

（1）防火

① 可燃油油浸电力变压器室的耐火等级应为一级。高压配电室、高压电容器室和非燃（或难燃）介质的电力变压器室的耐火等级不应低于二级。低压配电室和低压电容器室的耐火等级不应低于三级，屋顶承重构件应为二级。

② 有下列情况之一时，可燃油油浸变压器室的门应为甲级防火门：变压器室位于车间内；变压器室位于容易沉积可燃粉尘、可燃纤维的场所；变压器室附近有粮、棉及其他易燃物大量集中的露天堆场；变压器室位于建筑物内；变压器室下面有地下室。

③ 变压器室的通风窗，应采用非燃烧材料。

④ 当露天或半露天变电所采用可燃油油浸变压器时，其变压器外廓与建筑物外墙的距离应大于或等于 5m。当小于 5m 时，建筑物外墙在下列范围内不应有门、窗或通风孔：油量大于 1000kg 时，变压器总高度加 3m 及外廓两侧各加 3m；油量在 1000kg 及以下时，变压器总高度加 3m 及外廓两侧各加 1.5m。

⑤ 民用主体建筑内的附设变电所和车间内变电所的可燃油油浸变压器室，应设置容量为 100％变压器油量的储油池。

⑥ 当有下列情况之一时，可燃油油浸变压器室应设置容量为 100％变压器油量的挡油设施，或设置容量为 20％变压器油量挡油池并能将油排到安全处所的设施：变压器室位于容易沉积可燃粉尘、可燃纤维的场所；变压器室附近有粮、棉及其他易燃物大量集中的露天场所；变压器室下面有地下室。

⑦ 附设变电所、露天或半露天变电所中，油量为 1000kg 及以上的变压器，应设置容量为 100％油量的挡油设施。

⑧ 在多层和高层主体建筑物的底层布置装有可燃性油的电气设备时，其底层外墙开口部位的上方应设置宽度不小于 1.0m 的防火挑檐。多油开关室和高压电容器室均应设有防止油品流散的设施。

（2）对建筑的要求

① 高压配电室宜设不能开启的自然采光窗，窗台距室外地坪不宜低于 1.8m；低压配电室可设能开启的自然采光窗。配电室临街的一面不宜开窗。

② 变压器室、配电室、电容器室的门应向外开启。相邻配电室之间有门时，此门应能双向开启。

③ 配电所各房间经常开启的门、窗，不宜直通相邻的酸、碱、蒸汽、粉尘和噪声严重的场所。

④ 变压器室、配电室、电容器室等应设置防止雨、雪和蛇、鼠类小动物从采光窗、通风窗、门、电缆沟等进入室内的设施。

⑤ 配电室、电容器室和各辅助房间的内墙表面应抹灰刷白。地（楼）面宜采用高标号水泥抹面压光。配电室、变压器室、电容器室的顶棚以及变压器室的内墙面应刷白。

⑥ 长度大于 7m 的配电室应设两个出口，并宜布置于配电室两端。长度大于 60m 时，宜增加一个出口。当变电所采用双层布置时，位于楼上的配电室应至少设一个通向室外的平台或通道的出口。

⑦ 配电所、变电所的电缆夹层、电缆沟和电缆室，应采取防水、排水措施。

(3) 采暖及通风

① 变压器室宜采用自然通风。夏季的排风温度不宜高于 45℃，进风和排风的温差不宜大于 15℃。

② 电容器室应有良好的自然通风，通风量应根据电容器允许温度，按夏季排风温度不超过电容器所允许的最高环境空气温度计算。当自然通风不能满足排热要求时，可增设机械排风。电容器室应设温度指示装置。

③ 变压器室、电容器室当采用机械通风时，其通风管道应采用非燃烧材料制作。当周围环境污秽时，宜加空气过滤器。

④ 配电室宜采用自然通风。高压配电室装有较多油断路器时，应装设事故排烟装置。

⑤ 在采暖地区，控制室和值班室应设采暖装置。在严寒地区，当配电室内温度影响电气设备元件和仪表正常运行时，应设采暖装置。控制室和配电室内的采暖装置，宜采用钢管焊接，且不应有法兰、螺纹接头和阀门等。

(4) 其他

① 高、低压配电室、变压器室、电容器室、控制室内，不应有与其无关的管道和线路通过。

② 有人值班的独立变电所，宜设有厕所和给排水设施。

③ 在配电室内裸导体正上方，不应布置灯具和明敷线路。当在配电室内裸导体上方布置灯具时，灯具与裸导体的水平净距不应小于 1.0m，灯具不得采用吊链和软线吊装。

5.4.2　35～110kV 变电站对有关专业的要求[10]

5.4.2.1　土建部分

(1) 一般规定

① 土建设计应符合现行国家标准《混凝土结构设计规范》GB 50010 和《钢结构设计规范》GB 50017 的有关规定。

② 建筑物、构筑物及有关设施的设计，应统一规划、造型协调、整体性好，并应便于生产及生活，所选择的结构类型及材料品种应合理并简化。

③ 建筑物、构筑物的设计应符合下列要求。

a. 承载能力极限状态，应按荷载效应的基本组合或偶然组合进行荷载（效应）组合，并应采用下式进行设计：

$$\gamma_0 S \leqslant R$$

式中　γ_0——结构重要性系数；

S——荷载效应组合的设计值；

R——结构构件抗力的设计值，应按现行国家标准《混凝土结构设计规范》GB 50010 和《钢结构设计规范》GB 50017 的有关规定确定。

b. 正常使用极限状态，应根据不同的设计要求，采用荷载的标准组合、频遇组合或准永久组合，并应按下式进行设计：

$$S \leqslant C$$

式中，C 为结构或结构构件达到正常使用要求的规定限值，应按现行国家标准《混凝土结构设计规范》GB 50010 和《钢结构设计规范》GB 50017 的有关规定采用。钢筋混凝土结构最大裂缝宽度限值为 0.2mm，其挠度限值不宜超过表 5-9 之规定。

④ 建筑物、构筑物的安全等级均不应低于二级，相应的结构重要性系数不应小于 1.0。

⑤ 架构、支架及其他构筑物的基础，当验算上拔或倾覆稳定时，荷载效应应按承载能力极限状态下荷载效应的基本组合，分项系数均应为 1.0，设计荷载所引起的基础上拔或倾覆弯矩应小于或等于基础的抗拔力或抗倾覆弯矩除以稳定系数（注：稳定系数 K_S 为 1.8，用于按极限土抗力来计算基础的抗倾覆力矩及按锥形土体计算抗拔力；稳定系数 K_G 为 1.3，用于按基础自重加阶梯以上土重计算抗倾覆力矩或抗拔力）。当基础处于稳定的地下水位以下时，应计入浮力的影响。

（2）荷载

① 结构上的荷载可按下列分类。

a. 结构自重、导线及避雷线的自重和水平张力，固定的设备重、土重、土压力、水压力等永久荷载。

表 5-9 挠度限值

序号	构件类别		挠度限值
1	架构横梁	220kV 及以下	$L/200$（跨中），$L/100$（悬臂）
2	架构单柱（无拉线）		$H/100$
3	人字柱	平面内	$H/200$
		平面外（带端撑）	$H/200$
		平面外（无端撑）	$H/100$
4	设备支架	隔离开关的横梁	$H/300$
		隔离开关的支柱	$H/300$
		其他设备支架柱	$H/200$
5	独立避雷针		$H/100$

注：1. L 及 H 分别为梁的计算跨度及柱的高度，架构的 H 一般不包含避雷针、地线柱。
2. 计算悬构件的挠度限值时，其计算跨度 L 按实际悬臂长度的 2 倍取用。
3. 各类设备支架的挠度，尚应满足设备对支架提出的专门要求。

b. 风荷载、冰荷载、雪荷载、活荷载、安装及检修时临时性荷载、地震作用、温度变化等可变荷载。

c. 短路电动力、验算（稀有）风荷载及验算（稀有）冰荷载等偶然荷载。

② 荷载分项系数的采用应符合下列要求。

a. 永久荷载和可变荷载的分项系数，应按现行国家标准《建筑结构荷载规范》GB 50009 和《建筑抗震设计规范》GB 50011 的有关规定选取。

b. 对结构的倾覆、滑移或漂浮验算有利时，永久荷载的分项系数应取 0.9。

c. 偶然荷载的分项系数宜取 1.0。

d. 导线荷载的分项系数应按表 5-10 中数值取用。

表 5-10　导线荷载的分项系数

序号	荷载名称	最大风工况	覆冰工况	检修安装工况
1	水平张力	1.3	1.3	1.2
2	垂直载荷	1.3	1.3	1.2
3	侧向风压	1.4	1.4	1.4

注：垂直荷重当其效应对结构抗力有利时，其荷重分量系数可取 1.0。

③ 可变荷载的荷载组合值系数应按下列要求采用。

a. 房屋建筑的基本组合情况：风荷载组合值系数应取 0.6。

b. 构筑物的大风情况：连续架构的温度变化作用组合值系数应取 0.85。

c. 构筑物最严重覆冰情况：风荷载组合值系数应取 0.15（冰厚≤10mm）或 0.25（冰厚＞10mm）。

d. 构筑物的安装或检修情况：风荷载组合值系数应取 0.15。

e. 地震作用情况：建筑物的活荷载组合值系数应取 0.5，构筑物的风荷载组合值系数应取 0.2，构筑物的冰荷载组合值系数应取 0.5。

④ 房屋建筑的楼面、屋面活荷载及有关系数的取值，不应低于表 5-11 所列的数值。当设备及运输工具的荷载标准值大于表 5-11 的数值时，应按实际荷载进行设计。

⑤ 构架及其基础宜根据实际受力条件，包括远景可能发生的不利情况，分别按终端或中间构架设计，下列荷载情况应作为承载能力极限状态的四种基本组合，并应按正常使用极限状态的条件对变形及裂缝进行校验。

a. 运行情况，取 50 年一遇的设计最大风荷载（无冰、相应气温）、最低气温（无冰、无风）及最严重覆冰（相应气温、风荷载）三种情况及其相应导线及避雷线张力、自重等。

b. 安装情况，指导线及避雷线的架设，应计入梁上作用的人和工具重 2kN，以及相应的风荷载（风速按 10m/s 计取）、导线及避雷线张力、自重等。

c. 检修情况，取三相同时上人停电检修及单相跨中上人带电检修两种情况以及相应风荷载（风速按 10m/s 取）、导线张力、自重等。当档距内无引下线时可不加入跨中上人荷载。

d. 地震情况，应计及水平地震作用及相应的风荷载或相应的冰荷载、导线及避雷线张力、自重等，地震情况下的结构抗力或承载力调整系数应按现行国家标准《构筑物抗震设计规范》GB 50191 的有关规定选取。

⑥ 设备支架及其基础应按下列荷载情况作为承载能力极限状态的三种基本组合，并应按正常使用极限状态条件对变形及裂缝进行校验。

a. 取 50 年一遇的设计最大风荷载及相应的引线张力、自重等最大风荷载情况。

b. 取最大操作荷载及相应的风荷载、相应的引线张力、自重等操作情况。

c. 计及水平地震作用及相应的风荷载、相应的引线张力、自重等地震情况，地震情况下的结构抗力或承载力调整系数应按现行国家标准《构筑物抗震设计规范》GB 50191 的有关规定选取。

⑦ 高型及半高型配电装置的平台、走道及天桥的活荷载标准值宜采用 1.5kN/m^2，装配式板应取 1.5kN 集中荷载验算。在计算梁、柱及基础，活荷载标准值应乘以折减系数，当荷重面积为 10～20m^2 时，折减系数宜取 0.7，当荷重面积超过 20m^2 时，折减系数宜取 0.6。

表 5-11　建筑物均布活荷载及有关系数

序号	类　别	标准值 /(kN/m²)	组合系数 ψ_c	频遇值系数 ψ_f	准永久值系数 ψ_q	计算主梁、柱及基础的折减系数	备　注
1	不上人屋面	0.5	0.7	0.5	0	1.0	
2	上人屋面	2.0	0.7	0.5	0.4	1.0	
3	主控制室、继电器室及通信室的楼面	4.0	1.0	0.9	0.8	0.7	如电缆层的电缆系吊在主控制室或继电器室的楼板上时，则应按实际荷载计算
4	主控制楼电缆层的楼面	3.0	1.0	0.9	0.8	0.7	
5	电容器室楼面	4.0～9.0	1.0	0.9	0.8	0.7	
6	屋内 6kV、10kV 配电装置开关层楼面	4.0～7.0	1.0	0.9	0.8	0.7	用于每组开关重力≤8kN，无法满足时，应按实际荷载计算
7	屋内 35kV 配电装置开关层楼面	4.0～8.0	1.0	0.9	0.8	0.7	用于每组开关重力≤12kN，无法满足时，应按实际荷载计算
8	屋内 110kV 配电装置开关层楼面	4.0～8.0	1.0	0.9	0.8	0.7	用于每组开关重力≤36kN，无法满足时，应按实际荷载计算
9	屋内 110kV GIS 组合电器楼面	10.0	1.0	0.9	0.8	0.7	
10	办公室及宿舍楼面	2.5	0.7	0.6	0.5	0.85	
11	楼梯	2.5	0.7	0.6	0.5	—	
12	室内沟盖板	4.0	0.7	0.6	0.5	1.0	

注：1. 序号 6、7、8 也适用于成套柜情况，对 3kV、6kV、10kV、35kV、110kV 配电装置区以外的楼面活荷载标准值可采用 4.0kN/m²。
2. 运输通道按运输的最重设备计算。
3. 准永久值系数仅在计算正常使用极限状态的长期效应组合时使用。

⑧ 室外场地电缆沟荷载应取 4.0kN/m²。

(3) 建筑物

① 控制楼（室）可根据规模和需要布置成单层或多层建筑。控制室（含继电器室）的净高宜采用 3.0m。电缆夹层的净高宜采用 2.0～2.4m；辅助生产房屋的净高宜采用 2.7～3.0m。

② 控制室宜具备良好的朝向，宜天然采光，屏位布置及照明设计应避免表盘的眩光。

③ 屋面防水应根据建筑物的性质、重要程度、使用功能要求采取相应的防水等级。主控制楼及屋内配电装置楼等设有重要电气设备的建筑，屋面防水应采用Ⅱ级，其余宜采用Ⅲ级。屋面排水宜采用有组织排水，结构找坡，坡度不应小于 3%。

④ 控制室等对防尘有较高要求的房间，地坪应采用不起尘的材料并应由工艺专业根据工程的具体情况确定是否设置屏蔽措施。

（4）构筑物

① 屋外架构、设备支架等构筑物应根据变电站的电压等级、规模、施工及运行条件、制作水平、运输条件，以及当地的气候条件选择合适的结构类型，其外形应做到相互协调。

② 钢结构构件的长细比：受压弦杆及支座处受压腹杆、一般受压腹杆、辅助杆和受拉杆的容许长细比分别为 150、220、250 和 400，预应力拉条的容许长细比不限。各种架构的受压柱的整体长细比不宜超过 150。计算长度系数应按表 5-12 和表 5-13 的规定采用。

表 5-12 人字柱平面内、外压杆的计算长度系数 μ

侧面	正面	人字平面内 μ		人字平面外 μ	
		$N_1/N_2 \geq 0.6$	$0 \leq N_1/N_2 < 0.6$	单跨	双跨及以上
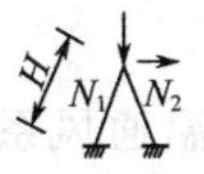	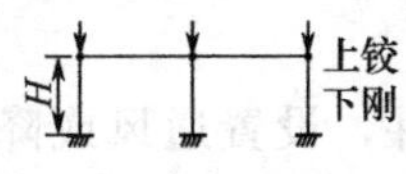	0.8	0.85	$\mu=0.8+0.6\ (1+N_1/N_2)$ （无端撑）0.7（有端撑）	0.8（无端撑） 0.7（有端撑）
	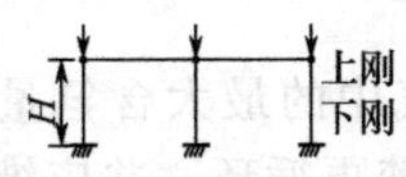	0.7	0.8	$\mu=0.66+0.17\ (1+N_1/N_2)$ $+0.1\ (N_1/N_2)^2$	0.75

注：1. 人字柱钢管（或钢管混凝土）柱，当水平腹杆与弦杆刚性连接时，允许在计算中计入受拉弦杆对受压弦杆的帮助作用。若人字柱全部节点均为刚接，同时水平腹杆的直径不小于弦杆直径的 3/4，且布置于离地 $H/2 \sim 2H/3$ 范围内，则受拉杆在人字柱平面外的计算长度可取 $H_0=0.6H$。

2. 计算长度 $H_0=\mu H$（H 计算至基础面）。

表 5-13 打拉线（条）柱平面内、外压杆的计算长度系数 μ

侧面	正面	拉条平面内 μ	拉条平面外 μ		
			单跨	双跨	三跨以上
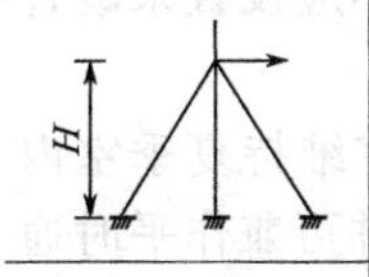	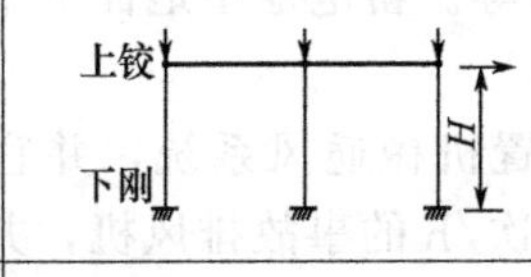	1.0	2.0（无端撑） 0.7（有端撑）	1.6（无端撑） 0.7（有端撑）	1.6（无端撑） 0.7（有端撑）
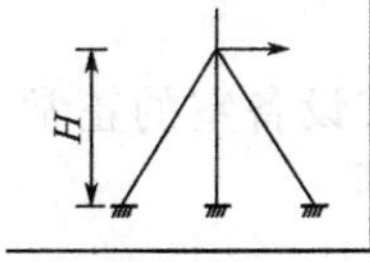	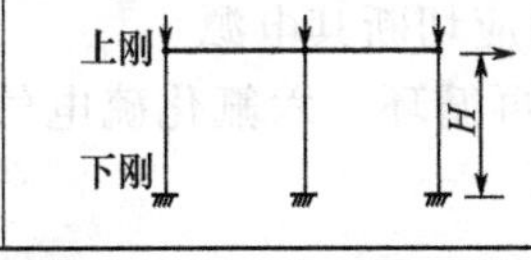	1.0	1.2	1.0	0.95

注：1. 表中画的为双侧打拉线（条），单侧拉线（条）也适用。

2. 计算长度 $H_0=\mu H$。

③ 构筑物应采用有效的防腐措施。钢结构应采用热镀锌、喷锌或其他可靠措施；不宜因防腐要求加大材料规格。

④ 屋外钢结构构件及其连接件，当采用热镀锌防腐时，用材最小规格宜符合表 5-14 的规定。

表 5-14 屋外镀锌钢构件最小规格 单位：mm

角钢	钢管厚度	钢板厚度	圆钢	螺栓	地脚螺栓	架构拉条	基础地脚板厚度
50×5（弦杆） 40×4（腹杆）	3	4	ϕ12	M12	M16	ϕ14	16

⑤ 人字柱及打拉线（条）柱，其根开与柱高（基础面到柱的交点）之比，分别不宜小于1/7和1/5。

⑥ 格构式钢梁梁高与跨度之比不宜小于1/25。

⑦ 架构及设备支架的柱插入基础杯口的深度，除应满足计算要求外，不应小于1.5D（架构）或1.0D（支架）（注：D为柱的直径。柱插入杯口的深度还不应小于杆身长度的0.05倍，当施工采取打临时拉线等措施时可不受限制）。

（5）采暖、通风和空气调节

① 变电站的采暖通风和空气调节系统的设计，应符合现行国家标准《建筑设计防火规范》GB 50016、《采暖通风与空气调节设计规范》GB 50019和《火力发电厂与变电站设计防火规范》GB 50229的有关规定。

② 变电站的控制室、计算机室、继电保护室、远动通信室、值班室等有空调要求的工艺设备房间，宜设置空调设施。

③ 变压器室宜采用自然通风，当自然通风不能满足排热要求时，可增设机械排风。当变压器为油浸式时，各变压器室的通风系统不应合并。

④ 蓄电池室应根据设备对环境温、湿度要求和当地的气象条件，设置通风或降温通风系统，并应符合下列要求。

a. 防酸隔爆蓄电池室的通风应采用机械通风，通风量应按空气中的最大含氢量（按体积计）不超过0.7%计算；但换气次数不应少于6次/h，室内空气严禁再循环，并应维持室内负压。吸风口应在靠近顶棚的位置设置。

b. 免维护式蓄电池的通风空调设计应符合：夏季室内温度应小于或等于30℃；设置换气次数不应少于3次/h的事故排风装置，事故排风装置可兼作通风用。

c. 防酸隔爆蓄电池室和免维护式蓄电池室的排风机及其电动机应为防爆型。防酸隔爆蓄电池室通风设施及其管道宜采取防腐措施。

d. 蓄电池室不应采用明火采暖。采用电采暖时，应采用防爆型。采用散热器采暖时，应采用焊接的光管散热器，室内不应有法兰、螺纹接头和阀门等。蓄电池室地面下不应设置采暖管道，采暖通风管道不宜穿过蓄电池室的楼板。

⑤ 配电装置室及电抗器室等其他电气设备房间宜设置机械通风系统，并宜维持夏季室内温度不高于40℃。配电装置室应设置换气次数不少于10次/h的事故排风机，并可兼作平时通风用。通风机和降温设备应与火灾探测系统联锁，火灾时应切断其电源。

⑥ 六氟化硫开关室应采用机械通风，室内空气不应再循环。六氟化硫电气设备室的正常通风量不应少于2次/h，事故时通风量不应少于4次/h。

（6）给水与排水

① 变电站生活用水水源应根据供水条件综合比较后确定，宜选用已建供水管网供水方式，不宜选用地表水作为水源的方案。

② 生活用水水质应符合现行国家标准《生活饮用水卫生标准》GB 5749的有关规定。

③ 变电站生活污水、生产废水和雨水宜采用分流制。

④ 变电站生活污水、生产废水应达到排放标准后排放。

5.4.2.2 消防

① 变电站内建筑物、构筑物的耐火等级，应符合现行国家标准《火力发电厂与变电站设计防火规范》GB 50229的有关规定。

② 变电站内建筑物、构筑物与站外的民用建筑物、构筑物及各类厂房、库房、堆场以及储罐间的防火净距，应符合现行国家标准《建筑设计防火规范》GB 50016的有关规定；变电

站内部的设备间、建筑物与构筑物间及设备与建筑物及构筑物间的最小防火净距，应符合现行国家标准《火力发电厂与变电站设计防火规范》GB 50229 的有关规定。

③ 变电站应对主变压器等各种带油电气设备及其建筑物配备适当数量的移动式灭火器，主控制室等设有精密仪器、仪表设备的房间，应在房间内或附近走廊内配置灭火后不会引起污损的灭火器。移动式灭火器设计应符合现行国家标准《建筑灭火器配置设计规范》GB 50140 的有关规定。

④ 屋外油浸变压器之间，当防火净距小于现行国家标准《火力发电厂与变电站设计防火规范》GB 50229 的规定值时，应设置防火隔墙，墙应高出油枕顶，墙长应大于储油坑两侧各 1.0m，屋外油浸变压器与油量在 600kg 以上的本回路充油电气设备之间的防火净距，不应小于 5m。

⑤ 变压器室、电容器室、蓄电池室、电缆夹层、配电装置室以及其他有充油电气设备房间的门，应向疏散方向开启，当门外为公共走道或其他房间时，应采用乙级防火门。

⑥ 电缆从室外进入室内的入口处与电缆竖井的出、入口处，以及控制室与电缆层之间应采取防止电缆火灾蔓延的阻燃及分隔的措施。

⑦ 变电站火灾探测及报警装置的设置应符合现行国家标准《火力发电厂与变电站设计防火规范》GB 50229 的有关规定。

⑧ 火灾探测及报警系统的设计和消防控制设备及其功能，应符合现行国家标准《火灾自动报警系统设计规范》GB 50116 的有关规定。

⑨ 消防控制室应与变电站控制室合并设置。

5.4.2.3　环境保护

① 变电站及进出线的电磁场对环境的影响，应符合现行国家标准《电磁辐射防护规定》GB 8702、《环境电磁波卫生标准》GB 9175 和《高压交流架空送电线无线电干扰限值》GB 15707 等的有关规定。

② 变电站噪声对周围环境的影响，应符合现行国家标准《工厂企业厂界环境噪声排放标准》GB 12348 和《声环境质量标准》GB 3096 的有关规定。

③ 变电站噪声应首先从声源上进行控制，宜采用低噪声设备。

④ 变电站对外排放的水质应符合现行国家标准《污水综合排放标准》GB 8978 的有关规定。

⑤ 变电站的生活污水，应处理达标后复用或排放。位于城市的变电站，生活污水应排入城市污水系统，并应满足相应排放水质要求。

⑥ 变电站的选址、设计和建设等各阶段，应符合水土保持的要求，可能产生水土流失时，应采取防止人为水土流失的措施。

5.4.2.4　劳动安全和职业卫生

① 变电站的生产场所、附属建筑和易燃、易爆的危险场所，以及地下建筑物的防火分区、防火隔断、防火间距、安全疏散和消防通道的设计，应符合现行国家标准《建筑设计防火规范》GB 50016 和《火力发电厂与变电站设计防火规范》GB 50229 的有关规定。

② 安全疏散处应设置照明和明显的疏散指示标志。

③ 变电站的电气设备的布置应满足带电设备的安全防护距离要求，还应采取隔离防护措施和防止误操作措施；应采取防雷击和安全接地等措施。

④ 变电站的防机械伤害和防坠落伤害的设计，应符合现行国家标准《机械设备防护罩安全要求》GB 8196 的有关规定。

⑤ 外露部分的机械转动部件应设置防护罩，机械设备应设置必要的闭锁装置。

⑥ 平台、走道、吊装孔和坑池边等有坠落危险处，应设置栏杆或盖板。

⑦ 变电站的六氟化硫开关室应设置机械排风设施。

⑧ 在建筑物内部配置防毒及防化学伤害的灭火器时，应设置安全防护设施。

⑨ 变电站噪声控制，应符合现行国家标准《工业企业噪声控制设计规范》GBJ 87 和有关工业企业设计卫生标准的规定。

⑩ 防振动的设计应符合现行国家标准《作业场所局部振动卫生标准》GB 10434 和有关工业企业设计卫生标准的规定。

⑪ 变电站的防暑、防寒及防潮设计应符合现行国家标准《采暖通风与空气调节设计规范》GB 50019 和有关工业企业设计卫生标准的规定。

⑫ 变电站的电磁影响防护设计，应符合现行国家标准《作业场所微波辐射卫生标准》GB 10436 和《电磁辐射防护规定》GB 8702 的有关规定。

5.4.2.5 节能

① 变压器应采用高效节能型产品，宜采用自冷冷却方式。

② 站用电耗能指标应采取下列措施降低：

a. 应根据室内环境温度变化和相对湿度变化对设备的影响，合理配置空气调节设备；

b. 户内安装电气设备，常规运行条件下宜采用自然通风散热，宜减少机械通风；

c. 设备操作机构中的防露干燥加热，应采用温、湿自动控制；

d. 应采用高光效光源和高效率节能灯具；

e. 应合理选取站用变压器的容量。

③ 墙体应采用节能、环保的建筑材料，并应合理设置门窗洞口和尺寸。

5.5 特殊环境的变配电装置设计

5.5.1 污秽地区变配电装置设计[11,57]

为了保证处于工业污秽、盐雾等污秽地区电气设备的安全运行，在进行配电装置设计时，必须采取有效措施，防止发生污闪事故。

（1）污染源

导致配电装置内电气设备污染的污染源主要有以下几项。

① 火力发电厂：火力发电厂燃煤锅炉的烟囱，每天排放出大量的煤烟灰尘，特别是设有冷水塔的发电厂，其水雾使粉尘浸湿，更易造成污闪事故。

② 化工厂：化工厂的污秽影响一般比较严重，因其排出的多种气体（例如 SO_2、NH_3、NO_3、Cl_2 等）遇雾形成酸碱溶液，附着在绝缘子和瓷套管表面，形成导电薄膜，使绝缘子和瓷套管的绝缘强度下降。

③ 水泥厂：水泥厂排出的水泥粉尘吸水性比较强，当其遇水结垢后不易清除，对瓷绝缘有很大危害。

④ 冶炼厂：冶炼厂包括钢铁厂，铜、锌、铅、镍冶炼厂及电解铝厂、铝氧厂等。这些厂排出的污物对电气设备外绝缘危害大，如铝氧厂排出的氧化钠、氧化钙，不仅量大且具有较大的黏附性，呈碱性，遇水便凝结成水泥状物质；电解铝厂排出的氟化氢和金属粉尘具有较高的导电性，且对瓷绝缘子和瓷套管的釉具有强烈的腐蚀作用；钢铁厂及铜、锌、铅、镍冶炼厂排出 SO_2 气体，在潮湿气候下也会造成污闪事故。

⑤ 盐雾地区：在距海岸 10km 以内地区，随着海风吹来的盐雾，沉积在电气设备瓷绝缘

表面。盐污吸水性强，在有雾或细雨情况下，使盐污受潮，极易造成污闪事故。

(2) 污秽等级

污秽等级主要由污染源特征和对应的盐密来划分。线路和发电厂、变电所污秽分级标准见表 5-15。

表 5-15　线路和发电厂、变电所污秽分级标准

污秽等级	污秽特征	盐密/ (mg/cm^2)	
		线路	发电厂、变电所
0	大气清洁地区及离海岸盐场 50km 以上无明显污秽地区	≤0.03	
Ⅰ	大气轻度污秽地区，工业区和人口低密集区，离海岸盐场 10～50km 地区，在污闪季节中干燥少雾（含毛毛细雨）但雨量较多时	＞0.03～0.06	≤0.06
Ⅱ	大气中度污秽地区，轻盐碱和炉烟污秽地区，离海岸盐场 3～10km 地区，在污闪季节中潮湿多雾（含毛毛细雨）但雨量较少时	＞0.06～0.10	＞0.06～0.10
Ⅲ	大气污染较严重地区，重雾和重盐碱地区，离海岸盐场 1～3km 地区，工业和人口密集较大地区，离化学污染源和炉烟污秽 300～1500m 的较严重污秽地区	＞0.10～0.25	＞0.10～0.25
Ⅳ	大气污染特别严重地区，离海岸盐场 1km 以内，离化学污染源和炉烟污秽 300m 以内的地区	＞0.25～0.35	＞0.25～0.35

(3) 污秽地区配电装置的要求及防污闪措施

① 尽量远离污染源：变电所配电装置的位置，在条件许可的情况下，应尽量远离污染源。并且应使配电装置在潮湿季节处于污染源的上风向。表 5-16 为屋外配电装置与各类污染源之间的最小距离。

表 5-16　屋外配电装置与各类污染源之间的最小距离

污染源类别	与各类污染源之间的最小距离/km	污染源类别	与各类污染源之间的最小距离/km
制铝厂	2	冶金厂和钢厂	0.6～1.0
化肥厂	1～2	一般厂（如水泥厂）	0.5
化工厂和冶金厂	1.5	冶金厂	0.6
化工厂和一般厂	0.8		

② 合理选择配电装置形式：6～35kV 配电装置一般都采用屋内配电装置；66～110kV 配电装置处于Ⅱ级及以上污秽区时，宜采用屋内配电装置。在重污秽地区，经过技术经济分析，也可采用 SF_6 全封闭电器。

③ 增大电瓷外绝缘的有效爬电距离或选用防污型产品：污秽地区电瓷外绝缘的有效爬电距离应不小于表 5-17 的规定值。

电瓷尽量选用防污型产品。防污型产品除爬电比距较大外，其表面材料或造型也有利于防污。如采用半导体釉、大小伞、大倾角、钟罩式等特制瓷套和绝缘子。

污秽地区配电装置的悬垂绝缘子串的绝缘子片数应与耐张绝缘子串相同。

④ 采用防污涂料：对于污秽严重地区，在绝缘瓷件表面敷防污油脂涂料也是有效的防污措施之一。

表 5-17 各污秽等级下的爬电比距分级数值

污秽等级	爬电比距/(cm/kV)			
	线路		发电厂、变电所	
	220kV 及以下	330kV 及以上	220kV 及以下	330kV 及以上
0	1.39 (1.60)	1.45 (1.60)	—	—
Ⅰ	1.39～1.74 (1.60～2.00)	1.45～1.82 (1.60～2.00)	1.60 (1.84)	1.60 (1.76)
Ⅱ	1.74～2.17 (2.00～2.50)	1.82～2.27 (2.00～2.50)	2.00 (2.30)	2.00 (2.20)
Ⅲ	2.17～2.78 (2.50～3.20)	2.27～2.91 (2.50～3.20)	2.50 (2.88)	2.50 (2.75)
Ⅳ	2.78～3.30 (3.20～3.80)	2.91～3.45 (3.20～3.80)	3.10 (3.57)	3.10 (3.41)

注：1. 线路和发电厂、变电所爬电比距计算时取系统最高工作电压。表中（ ）内数字为按额定电压计算值。

2. 对电站设备 0 级（220kV 及以下爬电比距为 1.48cm/kV、330kV 及以上爬电比距为 1.55cm/kV），目前保留作为过渡时期的污级。

⑤ 加强运行维护：加强运行维护是防止污闪事故的重要环节。除运行单位定期进行停电清扫外，在进行重污秽地区配电装置设计时，应考虑带电水冲洗。

目前采用的带电水冲洗装置多为移动式。采用固定式带电水冲洗装置的效果更好，但需在设备瓷套管或绝缘子四周设置固定的管道系统和必要的喷头，投资较大。

5.5.2 高海拔地区变配电装置设计[11,57]

当海拔高度超过 1000m 时，由于空气稀薄、气压低，使电气设备外绝缘和空气间隙的放电电压降低。因此，在进行高海拔地区配电装置设计时，应加强电气设备的外绝缘和放大空气间隙。

(1) 外绝缘补偿

① 对于安装在海拔高度超过 1000m 地区的电气设备外绝缘一般应予以加强。当海拔高度在 3500m 以下时，其工频和冲击试验电压应乘以系数 K。系数 K 的计算公式如下：

$$K=\frac{1}{1.1-(H/10000)}$$

式中 H——安装地点的海拔高度，m。

② 当海拔高度超过 1000m 时，配电装置的 A 值应按图 5-6 进行修正。A 值按图 5-6 进行修正后，其 B、C、D 值应分别增加 A 值的修正差值。

(2) 高海拔地区配电装置设计所采用的措施

① 海拔高度超过 1000m 的地区，电气设备应采用高原型产品或选用外绝缘提高一级的产品。

② 由于现有 110kV 及以下电压等级的大多数电气设备如变压器、断路器、隔离开关、互感器等的外绝缘有一定的裕度，故可使用在海拔高度不超过 2000m 的地区。

③ 采用 SF_6 全绝缘封闭电器，可避免高海拔对外绝缘的影响。

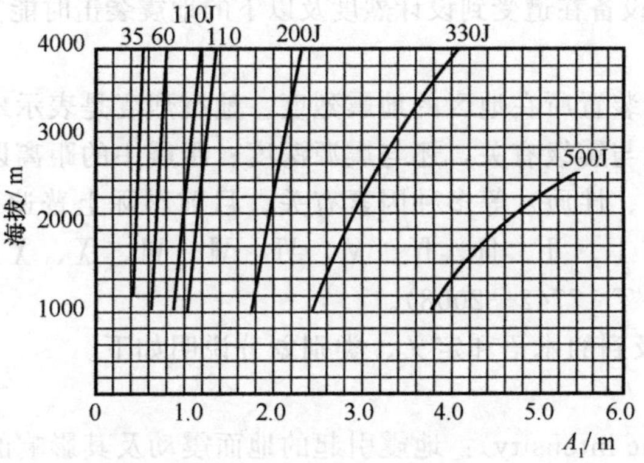

图5-6　海拔高度超过1000m时，配电装置的A值修正图

（A_2 值和屋内的 A_1、A_2 值可按本图比例递增）

④ 海拔高度为1000～3000m地区的屋外配电装置，当需要通过增加绝缘子数量来加强绝缘时，耐张绝缘子串的片数应按下式进行修正：

$$N_H = N[1 + 0.1(H - 1)]$$

式中　N_H——修正后的绝缘子片数；

N——海拔高度为1000m及以下地区的绝缘子片数；

H——海拔高度，km。

⑤ 随着海拔高度升高，裸导体的载流量降低，裸导体的载流量在不同海拔高度及环境下，应采以综合修正系数，其综合修正系数见表5-18。

表5-18　裸导体载流量在不同海拔高度及环境温度下的综合校正系数

导体最高允许温度/℃	适应范围	海拔高度/m	实际环境温度/℃						
			+20	+25	+30	+35	+40	+45	+50
+70	屋内矩形、槽形、管形导体和不计日照的屋外软导线		1.05	1.0	0.94	0.88	0.81	0.74	0.67
+80	计及日照户外软导线	1000及以下	1.05	1.00	0.95	0.89	0.83	0.76	0.69
		2000	1.01	0.96	0.91	0.85	0.79		
		3000	0.97	0.92	0.87	0.81	0.75		
		4000	0.93	0.89	0.84	0.77	0.71		
	计及日照户外管形导线	1000及以下	1.05	1.00	0.94	0.87	0.80	0.72	0.63
		2000	1.00	0.94	0.88	0.81	0.74		
		3000	0.95	0.90	0.84	0.76	0.69		
		4000	0.91	0.86	0.80	0.72	0.65		

5.5.3　高烈度地震区变配电装置设计[91,92]

我国地震区分布较广泛、震源浅、烈度高。大地震必将导致配电装置和电气设备遭受严重破坏，造成大面积、长时间停电，不仅给国民经济造成巨大损失，而且直接影响抗震救灾工作及恢复生产。因此，在进行高烈度地震区的配电装置设计时，必须进行抗震计算和采取有效的抗震措施，保证配电装置及电气设备在遭受到设计烈度及以下的地震袭击时能安全可靠地向用户供电。

5.5.3.1 设防烈度

设防烈度取决于配电装置所在地区的地震烈度。地震烈度是表示地震时地面受到的影响和破坏程度。地震烈度不仅与震级有关，还与震源深度、距震中的距离以及地震波通过的介质条件（如岩石或土层的结构、性质）等多种因素有关。目前国际上普遍采用的是划分为12度的烈度表（分别用罗马数字Ⅰ、Ⅱ、Ⅲ、Ⅳ、Ⅴ、Ⅵ、Ⅶ、Ⅷ、Ⅸ、Ⅹ、Ⅺ和Ⅻ表示）。地震烈度表见表5-19（摘自GB/T 17742—2008）。

现将表5-19中所涉及到的术语和定义、类别划分说明如下。

（1）术语和定义

① 地震烈度（seismic intensity）：地震引起的地面震动及其影响的强弱程度。

② 震害指数（damage index）：房屋震害程度的定量指标，以0.00～1.00之间的数字表示由轻到重的震害程度。

③ 平均震害指数（mean damage index）：同类房屋震害指数的加权平均值，即各级震害的房屋所占的比率与其相应的震害指数的乘积之和。

（2）类别划分

① 数量词的界定：数量词采用个别、少数、多数、大多数和绝大多数，其范围界定如下：

a.“个别”为10%以下；

b.“少数”为10%～45%；

c.“多数”为40%～70%；

d.“大多数”为60%～90%；

e.“绝大多数”为80%以上。

② 评定烈度的房屋类型：用于评定烈度的房屋，包括以下三种类型。

a. A类：木构架和土、石、砖墙建造的旧式房屋。

b. B类：未经抗震设防的单层或多层砖砌体房屋。

c. C类：按照Ⅶ度抗震设防的单层或多层砖砌体房屋。

③ 房屋破坏等级及其对应的震害指数

房屋破坏等级分为基本完好、轻微破坏、中等破坏、严重破坏和毁坏五类，其定义和对应的震害指数 d 如下。

a. 基本完好：承重和非承重构件完好，或个别非承重构件轻微损坏，不加修理可继续使用。对应的震害指数范围为 $0.00 \leqslant d < 0.10$。

b. 轻微破坏：个别承重构件出现可见裂缝，非承重构件有明显裂缝，不需要修理或稍加修理即可继续使用。对应的震害指数范围为 $0.10 \leqslant d < 0.30$。

c. 中等破坏：多数承重构件出现轻微裂缝，部分有明显裂缝，个别非承重构件破坏严重，需要一般修理后可使用。对应的震害指数范围为 $0.30 \leqslant d < 0.55$。

d. 严重破坏：多数承重构件破坏较严重，非承重构件局部倒塌，房屋修复困难。对应的震害指数范围为 $0.55 \leqslant d < 0.85$。

e. 毁坏：多数承重构件严重破坏，房屋结构濒于崩溃或已倒毁，已无修复可能。对应的震害指数范围为 $0.85 \leqslant d < 1.00$。

评定地震烈度时，Ⅰ～Ⅴ度应以地面上以及底层房屋中的人的感觉和其他震害现象为主；Ⅵ～Ⅹ度以房屋震害为主，参照其他震害现象，当用房屋震害程度与平均震害指数评定结果不同时，应以震害程度评定结果为主，并综合考虑不同类型房屋的平均震害指数；Ⅺ度和Ⅻ度应综合房屋震害和地表震害现象。

表 5-19　地震烈度表

地震烈度	人的感觉	房屋震害			其他震害现象	水平向地震动参数	
		类型	震害程度	平均震害指数		峰值加速度 / (m/s²)	峰值速度 / (m/s)
Ⅰ	无感	—	—	—	—	—	—
Ⅱ	室内个别静止中的人有感觉	—	—	—	—	—	—
Ⅲ	室内少数静止中的人有感觉	—	门、窗轻微作响	—	悬挂物微动	—	—
Ⅳ	室内多数人、室外少数人有感觉，少数人梦中惊醒	—	门、窗作响	—	悬挂物明显摆动，器皿作响	—	—
Ⅴ	室内绝大多数、室外多数人有感觉，多数人梦中惊醒		门窗、屋顶、屋架颤动作响，灰土掉落，个别房屋墙体抹灰出现细微裂缝，个别屋顶烟囱掉砖	—	悬挂物大幅度晃动，不稳定器物摇动或翻倒	0.31 (0.22～0.44)	0.03 (0.02～0.04)
Ⅵ	多数人站立不稳，少数人惊逃户外	A	少数中等破坏，多数轻微破坏和/或基本完好	0.00～0.11	家具和物品移动；河岸和松软土出现裂缝，饱和砂层出现喷砂冒水；个别独立砖烟囱轻度裂缝	0.63 (0.45～0.89)	0.06 (0.05～0.09)
		B	个别中等破坏，少数轻微破坏，多数基本完好				
		C	个别轻微破坏，大多数基本完好	0.00～0.08			
Ⅶ	大多数人惊逃户外，骑自行车的人有感觉，行驶中的汽车驾乘人员有感觉	A	少数毁坏和/或严重破坏，多数中等破坏和/或轻微破坏	0.09～0.31	物体从架子上掉落；河岸出现塌方，饱和砂层常见喷水冒砂，松软土地上地裂缝较多；大多数独立砖烟囱中等破坏	1.25 (0.90～1.77)	0.13 (0.10～0.18)
		B	少数中等破坏，多数轻微破坏和/或基本完好				
		C	少数中等和/或轻微破坏，多数基本完好	0.07～0.22			
Ⅷ	多数人摇晃颠簸，行走困难	A	少数毁坏，多数严重和/或中等破坏	0.29～0.51	干硬土上亦出现裂缝，饱和砂层绝大多数喷砂冒水；大多数独立砖烟囱严重破坏	2.50 (1.78～3.53)	0.25 (0.19～0.35)
		B	个别毁坏，少数严重破坏，多数中等和/或轻微破坏				
		C	少数严重和/或中等破坏，多数轻微破坏	0.20～0.40			

续表

地震烈度	人的感觉	房屋震害			其他震害现象	水平向地震动参数	
		类型	震害程度	平均震害指数		峰值加速度/（m/s²）	峰值速度/（m/s）
Ⅸ	行动的人摔倒	A	多数严重破坏或/和毁坏	0.49～0.71	干硬土上多处出现裂缝，可见基岩裂缝、错动，滑坡、塌方常见；独立砖烟囱多数倒塌	5.00 （3.54～7.07）	0.50 （0.36～0.71）
		B	少数毁坏，多数严重和/或中等破坏				
		C	少数毁坏和/或严重破坏，多数中等和/或轻微破坏	0.38～0.60			
Ⅹ	骑自行车的人会摔倒，处不稳状态的人会摔离原地，有抛起感	A	绝大多数毁坏	0.69～0.91	山崩和地震断裂出现，基岩上拱桥破坏；大多数独立砖烟囱从根部破坏或倒毁	10.00 （7.08～14.14）	1.00 （0.72～1.41）
		B	大多数毁坏				
		C	多数毁坏和/或严重破坏	0.58～0.80			
Ⅺ	—	A	绝大多数毁坏	0.89～1.00	地震断裂延续很长；大量山崩滑坡	—	—
		B					
		C		0.78～1.00			
Ⅻ		A	几乎全部毁坏	1.00	地面剧烈变化，山河改观	—	—
		B					
		C					

注：表中给出的“峰值加速度”和“峰值速度”是参考值，括弧内给出的是变动范围。

以下三种情况的地震烈度评定结果，应作适当调整：①当采用高楼上人的感觉和器物反应评定地震烈度时，适当降低评定值；②当采用低于或高于Ⅶ度抗震设计房屋的震害程度和平均震害指数评定地震烈度时，适当降低或提高评定值；③当采用建筑质量特别差或特别好房屋的震害程度和平均震害指数评定地震烈度时，适当降低或提高评定值。

当计算的平均震害指数值位于表5-19中地震烈度对应的平均震害指数重叠搭接区间时，可参照其他判别指标和震害现象综合判定地震烈度。

各类房屋平均震害指数D可按下式计算：

$$D=\sum_{i=1}^{5} d_i \lambda_i$$

式中 d_i——房屋破坏等级为i的震害指数；

λ_i——破坏等级为i的房屋破坏比，用破坏面积与总面积之比或破坏栋数与总栋数之比表示。

农村可按自然村，城镇可按街区为单位进行地震烈度评定，面积以1 km²为宜。

当有自由场地强震动记录时，水平向地震动峰值加速度和峰值速度可作为综合评定地震烈度的参考指标。

5.5.3.2 地震震级

地震震级（earthquake magnitude）：按地震时所释放出的能量大小确定的等级标准。地震震级是根据地震仪记录的地震波振幅来测定的，一般采用里氏震级标准。震级（M）是据震中

100km 处的标准地震仪（周期 0.8s，衰减常数约等于 1，放大倍率 2800 倍）所记录的地震波最大振幅值的对数来表示的。地震震级分为九级，一般小于 2.5 级的地震人无感觉；2.5 级以上人有感觉；5 级以上的地震会造成破坏。

地震震级与地震烈度的比较：震级代表地震本身的大小强弱，它由震源发出的地震波能量来决定。而烈度在同一次地震中是因地而异的，它受当地各种自然和人为条件的影响。对震级相同的地震来说，震源越浅，震中距越短，则烈度一般就越高。同样，当地的地质构造是否稳定，土壤结构是否坚实，对于当地的地震烈度高或低有着直接的关系。对于同一次地震只有一个地震等级，而地震影响范围内的各地却有不同的地震烈度。例如：在距地表下 15km 发生的 5 级浅源地震，对建筑的破坏程度可能比发生在地表下 650km 的 7 级深源地震对建筑的破坏程度更大！在不同地方发生同样等级震源相同的地震，因地质构造、土壤类型的不同，对当地建筑的破坏程度也不尽相同。所以，在设计时是无法用地震等级作为设计基准的。所以，建筑抗震是以国家规定的当地抗震设防依据的地震烈度作为抗震设防烈度，并考虑建筑使用功能的重要性进行设计的。

5.5.3.3 电气设施抗震设计和措施

为了便于工业与民用建（构）筑物设计，我国制订了全国地震烈度区划图。区划图中给出的地震烈度为该地区的基本烈度。在进行电气抗震设计时，一般情况下取基本烈度作为设防烈度；对于特别重要的大型发电厂和枢纽变电所，设防烈度可比基本烈度提高一度。提高设防烈度必须经上级主管部门批准。电气设施抗震设计和措施详见本书第 1.8 节。

5.6 柴油电站设计[71~75]

柴油电站通常是将柴油机和交流同步发电机用联轴器直接连在一起，共同安装在钢制的整体式底座上，以组成柴油发电机组。任何一种高品质的柴油电站，其性能、寿命和可靠性能否达到理想水平，在很大程度上取决于电站设计是否科学合理。本节着重讲述其建设原则与设计程序、布置形式与基础设计、通风降噪与消防系统设计等。

5.6.1 建设原则与设计程序

5.6.1.1 柴油电站的建设原则

柴油电站的建设原则与电站的性质、柴油发电机组的特点有关。目前建设的电站多数是备用电站和应急电站，平时不经常运行。这类电站主要应考虑以下原则。

① 电站的位置应设置在负荷中心附近，一般靠近外电源的变配电室，尽量缩短与负载之间的供电距离，以减少功率损耗、便于管理，而且电源布线也比较节省，但不宜与通信机房相距太近，以免机组运行时，振动、噪声和电磁辐射影响通信设备的正常运行。

② 电站的容量应满足工程用电要求，备用电站应能保证工程一、二级负荷的供电；应急电站应能保证工程一级负荷的供电。电站的频率和电压应满足工程对供电质量的要求，应急供电时间应满足工程使用要求。

③ 柴油发电机组运行时将产生较大的噪声和振动，因此电站最好远离要求安静的工作区和生活区，对于安装在办公区和生活区的柴油发电机组，其机房内必须作必要的降噪减振处理，以达到噪声限值的国家和行业标准。

④ 柴油电站运行时需要一定量的冷却水并排出废水，因此应具有完善的给排水系统。柴油机运行排出的废气和冷却废水应进行必要的处理，防止环境污染。

⑤ 柴油电站设备质量大、体积大，要妥善考虑电站主要设备（机组）在安装或检修时的

运输问题。在设备运输需要通过的通道、门孔等地方应留有足够的空间，为柴油电站的安装和检修尽量提供方便的运输条件。

⑥ 由于机组比较笨重，在民用建筑中的应急柴油电站一般作为建筑物的附属建筑单独建设，如果设在建筑物内，宜设置在最低层，尽量避免设在建筑物的楼板上。

5.6.1.2 柴油电站的设计程序

柴油电站设计一般分为初步设计和施工图设计两阶段。设计前应有齐全的设计资料，包括设计任务书、当地的海拔高度、气象资料和水质资料等。设计任务书中还应明确规定电站的性质、供电负荷量、供电要求及设置地点等。

(1) 初步设计的主要内容

① 设计说明书：设计说明书的主要内容一般包括设计依据、装机容量的确定、机组型号的选择、机组台数、运行方式、机房布置形式、供电方式、机房排除余热方式、柴油机冷却水系统、储油箱储油时间及储油量、储水库储水时间及储水量等。

② 设计图纸：主要有电站设备布置图、供电主接线系统图和主管线系统图等。

③ 附表：一般包括设计组成、主要设备材料表、燃油规格和水质资料等。

(2) 施工图设计的主要内容

初步设计经主管部门批准后，进行施工图设计。施工图设计应能满足电站施工、安装、运行和检修的要求。图纸数量应根据电站的性质和规模适当合并或补充。

① 设计组成、设计说明和施工说明：列出设计文件和图纸目录，说明初步设计的审批意见和设计中的变更内容，施工安装中应注意的事项。

② 设备材料表：列出电站的各项设备和主要材料，便于经费预算。

③ 设计图纸：电站的设计图纸应包括电站的建筑、结构、暖通、给排水和电气等各专业的设计图。电气设计图主要包括以下几个方面：电站总平面布置图和必要的剖面图；电站各种辅助设备布置图和系统原理图；电站供电系统图和各种管线布置图；柴油发电机组控制系统图（包括控制屏、配电屏等电气设备布置图）；电站动力、照明和接地系统图；其他图纸，包括设备标准图、安装大样图等。

5.6.2 布置形式与基础设计

5.6.2.1 柴油电站的安装要求

柴油电站的设备主要有柴油发电机组、控制屏和一些电站辅助系统，有的电站还有机组操作台，动力配电盘和维护检修设备等。这些设备在电站内布置要使电站安装、运行和维修方便，并符合有关规程的要求。对于大型电站还需要考虑必要的附属房间，以便放置一些必要的零配件和满足值勤人员的工作生活以及检修设备的需要。

安装柴油电站需要考虑的因素主要有：柴油发电机组的布置形式，地基的负重，通道及维护保养的位置，机组的振动、降噪和通风散热，排气管的连接、隔热和降噪，燃油箱的大小和位置以及与之有关的国家和地方建筑、环保条例与标准等。

(1) 电站设备的布置要求

固定式机组和移动式机组的安装布置分别有不同要求，企业大多安装固定式机组，对于固定式柴油发电机组而言，一般设置有专用机房，其安装布置要求如下。

① 柴油发电机组及其辅助设备的布置首先应满足设备安装、运行和维修的需要，要有足够的操作间距、检修场地和运输通道。

② 在电站设备布置时应认真考虑通风、给排水、供油、排烟以及电缆等各类管线的布置，要尽量减少管线的长度，避免交叉，减少弯曲。

③ 柴油电站的布置应符合工艺流程要求，注意消音、隔振、通风和散热，并应设置保证照明和消防的设施，做到整齐、美观，力争创造良好的使用条件和操作环境。

④ 机房的面积应根据机组的数量、功率的大小和今后扩容等因素考虑。在满足要求的前提下，尽量减少电站的建筑面积，做到经济合理。

⑤ 为保证机组安全、可靠地工作，机房应有保温措施，室内温度最好在 5℃（冬季）到 30℃（夏季）之间。机房的取暖和降温，最好采用暖气或空调。

⑥ 在进行机房规划设计和安装前，应通过选购柴油发电机组与控制屏，详细了解生产厂商所给使用说明书的安装工程要求。如果现场条件不能满足机组安装要求的全部条件或有困难和疑问时，应及时联系厂商解决技术方面的具体问题。

(2) 柴油电站的建筑设计要求

① 机组机房内应设置地沟，以便敷设电缆、水、油等管道。地沟应有一定坡度便于排除积水，地沟盖板宜采用钢板、钢筋混凝土盖板或经防火处理的木盖板。

② 设置控制室的机房，在控制室与机房之间的隔墙上应增设观察窗。在设计安装观察窗时要特别注意其隔声和吸声效果的处理。

③ 柴油电站的机房地面一般采用压光水泥地面，有条件时可采用水磨石或缸砖地面。柴油发电机组周围的地面应防止油渗入。

④ 机组的地基应有足够体积，以减小振动。带有公共底盘的地基表面应高出地面 50～100mm，并采取防油浸措施。地基表面应设置排污沟槽和地漏，以排除表面积存的油污。地基应尽量水平，地基与机组间、地基与周围地面间应采取一定的减振措施。

⑤ 安装容量较大的柴油发电机组的地脚螺栓应牢固地安装在混凝土地基上。地基和地脚螺栓的埋设应平坦、牢固和耐久，便于操作和维护机组。地基深度和长宽尺寸应根据机组的功率、重量以及机房的土质情况决定，在一般情况下，其深度取 500～1000mm，长宽尺寸至少不小于机组的底座尺寸。

⑥ 在柴油发电机组纵向中心线上方应预留 2～3 个起重吊钩，其高度应能吊起电机和控制箱等，吊出活塞和连杆组件，为机组的安装和检修提供方便。

⑦ 在总体布置方面，可根据机房的建设条件，参照图 5-7 考虑机组的基础位置及进、排风通道。机组在机房内的位置，周边除散热水箱一端外，与机房墙体的距离应不小于 1.5m，以利操作和维修。机房房顶的高度距机组顶端的距离，应不小于 1.5m，通常要求房高不低于 3.5m，这是机组通风、散热及检修起吊机件所必须持有的最小间距。对于大、中型机组应考

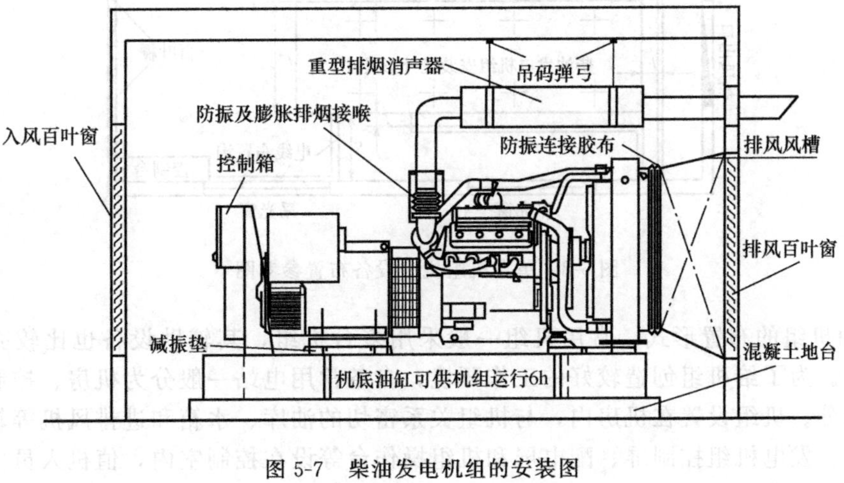

图 5-7 柴油发电机组的安装图

虑安装或日后检修时，悬挂起重葫芦，起吊整台机组或各种部件。机房房梁的结构强度，应能承受最大一台发电机组重量三倍以上的承压。有条件时，可在机组安装的纵长轴中心线上方，贴机房屋顶搁架悬挂一条16＃～20＃工字钢，以便起吊机组用。

5.6.2.2　柴油电站的布置形式与要求

（1）柴油发电机组在机房内的布置形式

柴油电站机组的布置形式，应根据其性质、数量、功率和用户自身需要，选择合适的布置方式，应急机组一般只设一台机组，可把柴油发电机组和发电机控制屏设在同一间机房内。小容量机组一般把控制屏设置在机组上，形成机电一体化，也可设置在同一间机房内。对于装机容量较大、台数较多的机组，或者为了改善工作条件可把机组分为装设机组的机房和装设控制屏和配电屏的控制室，并设置必要的辅助房间。这种形式设置的机组，如果靠近市电电源的变配电室附近，可把机组的电气控制设备统一设在变配电室内。

① 应急机组的布置形式　应急机组和某些备用机组的连续运行时间较短，一般一次只要求运行几个小时，所以辅助系统可以简化，可把机组设备设在同一间机房内。图5-8所示是单台机组应急电站设计示意图。发电机的控制箱设置在机组的操作侧，冷却系统采用闭式循环，机头冷却水箱和排风扇经排风罩与室外相通，直接将风冷后的热空气排至室外，通过机房开启的门窗进风，常见国产柴油发电机组在机房布置的推荐尺寸见表5-20。

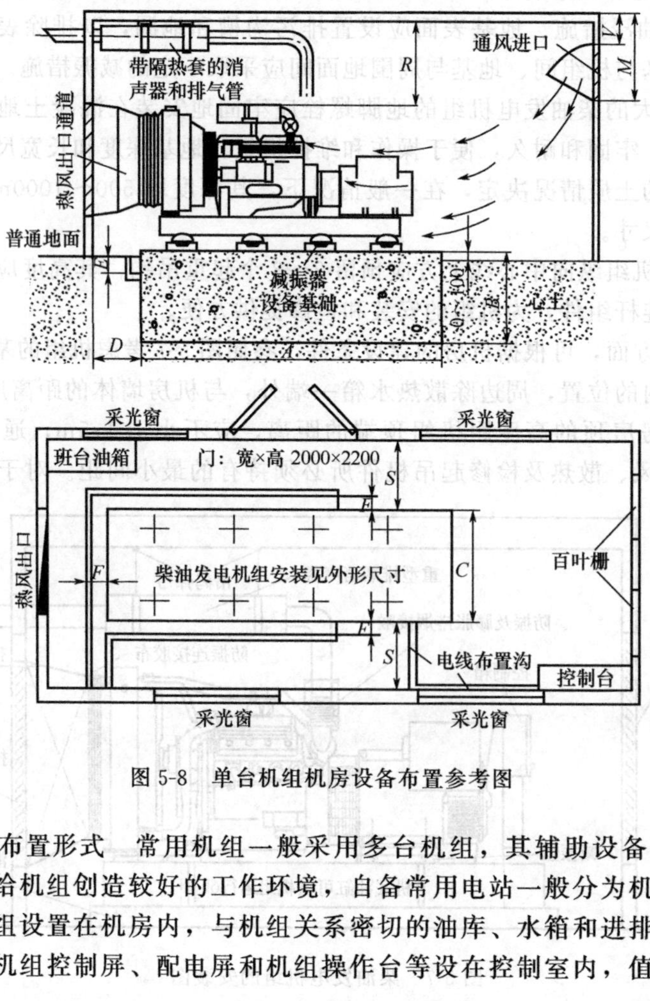

图5-8　单台机组机房设备布置参考图

② 常用机组的布置形式　常用机组一般采用多台机组，其辅助设备也比较齐全，并长期运行供电。为了给机组创造较好的工作环境，自备常用电站一般分为机房、控制室和辅助房间三大部分。机组设置在机房内，与机组关系密切的油库、水箱和进排风机等辅助设备设在机房附近。发电机组控制屏、配电屏和机组操作台等设在控制室内，值机人员主要在控制

室操作和监视机组运行，控制室也可与市电变配电室设在一起，机组的值班休息室设在控制室附近。

表 5-20　常见国产柴油发电机组在机房布置的推荐尺寸

机组型号	4105/4120	4135/6135	8V135/12V135	6160（A）	6250（Z）/ 8V190/12V190
机组容量/kW	50 以下	50～120	120～150	75～120	200～300
机组操作面尺寸 a/m	1.3～1.5	1.5～1.7	1.7～1.9	1.7～1.9	1.8～2.0
机组背面尺寸 b/m	1.1～1.3	1.2～1.5	1.3～1.6	1.4～1.7	1.5～1.8
柴油机端尺寸 c/m	1.3～1.5	1.5～1.8	1.5～1.8	1.5～1.8	2.0～2.2
机组间距尺寸 d/m	1.5～1.7	1.7～1.9	1.9～2.1	2.2～2.4	2.2～2.4
发电机端尺寸 e/m	1.4～1.5	1.5～1.7	1.7～2.0	1.5～1.8	1.7～2.0
机房净高（平顶）H/m	3.3～3.4	3.4～3.7	3.5～3.8	3.7～3.9	3.9～4.2
机房净高（拱形）H_1/m	3.5～3.7	3.7～4.0	3.9～4.2	3.9～4.2	4.2～4.5
底沟深度 h/m	0.5～0.6	0.5～0.6	0.6～0.7	0.7～0.8	0.7～0.8

通常自备电站都要配备两台或三台机组，以确保供电的可靠性，配备两台机组机房设备常见的布置形式有两种，如图 5-9（a）和图 5-10（a）所示。如果自备电站需要配备三台柴油发电机组，可参考图 5-9（b）和图 5-10（b）进行设计布置。若柴油电站建在地下室，机房设备可参考图 5-11 进行布置。图中常见尺寸见表 5-20。

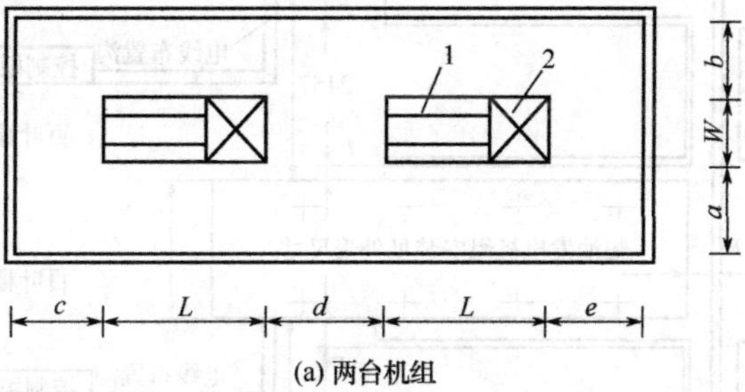

(a) 两台机组

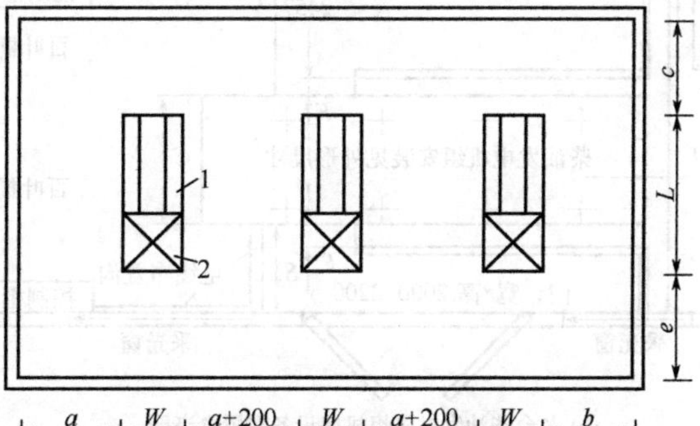

(b) 三台机组

图 5-9　柴油发电机组在机房布置的推荐尺寸示意图

1—柴油机；2—交流同步发电机

a—机组操作面尺寸；b—机组背面尺寸；c—柴油机端尺寸；d—机组间距尺寸；

e—发电机端尺寸；L—机组长度；W—机组宽度

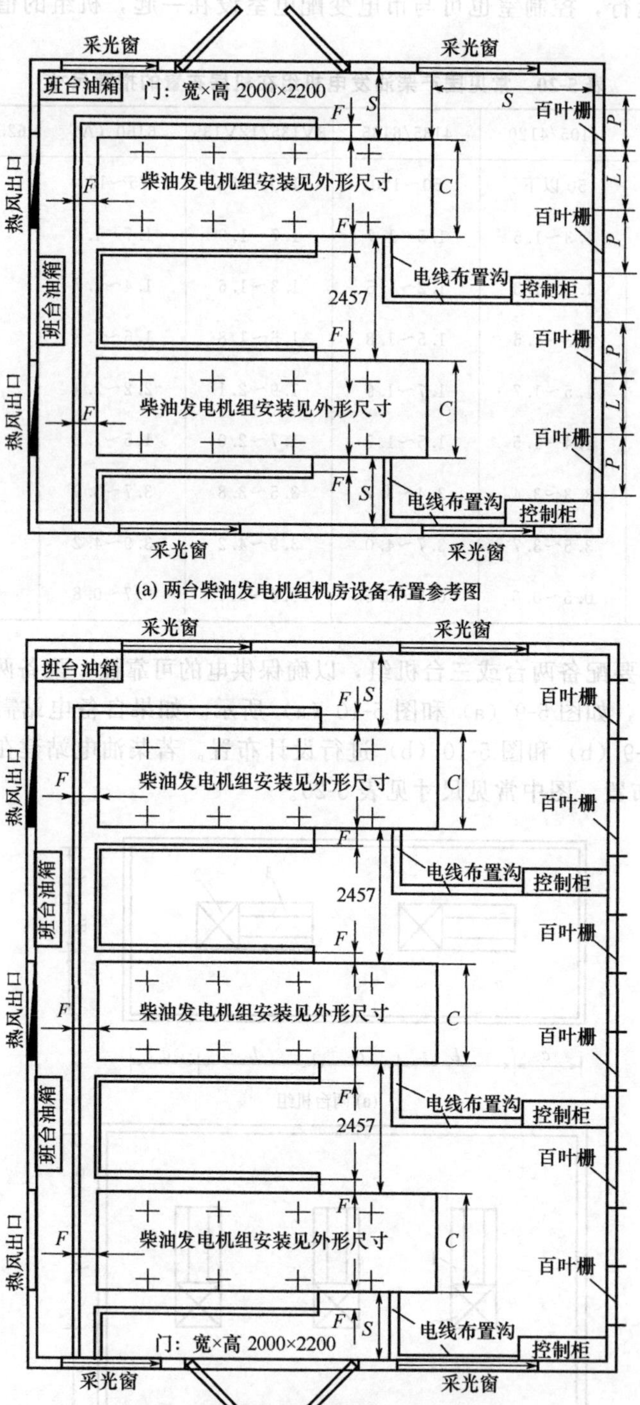

(a) 两台柴油发电机组机房设备布置参考图

(b) 多台柴油发电机组机房设备布置参考图

图 5-10　机房设备布置参考图

（2）机组在机房内布置尺寸的一般原则

① 发电机组的进、排风管道和排烟管道架空敷设在机组两侧靠墙 2.2m 以上空间内。排烟管道一般敷设在机组的背面。

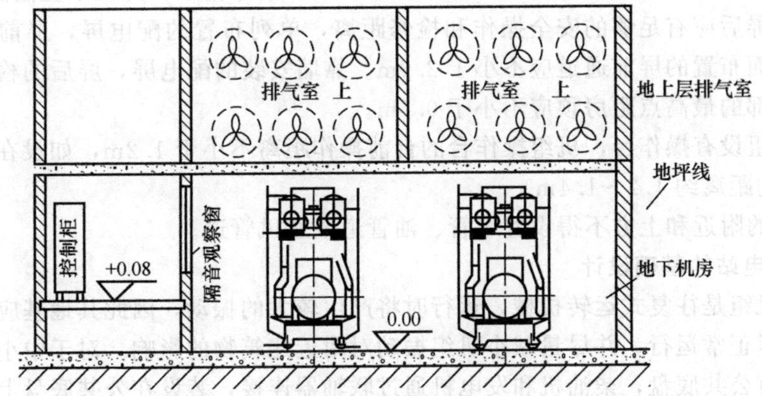

(a) 机房设备A—A′向剖面图

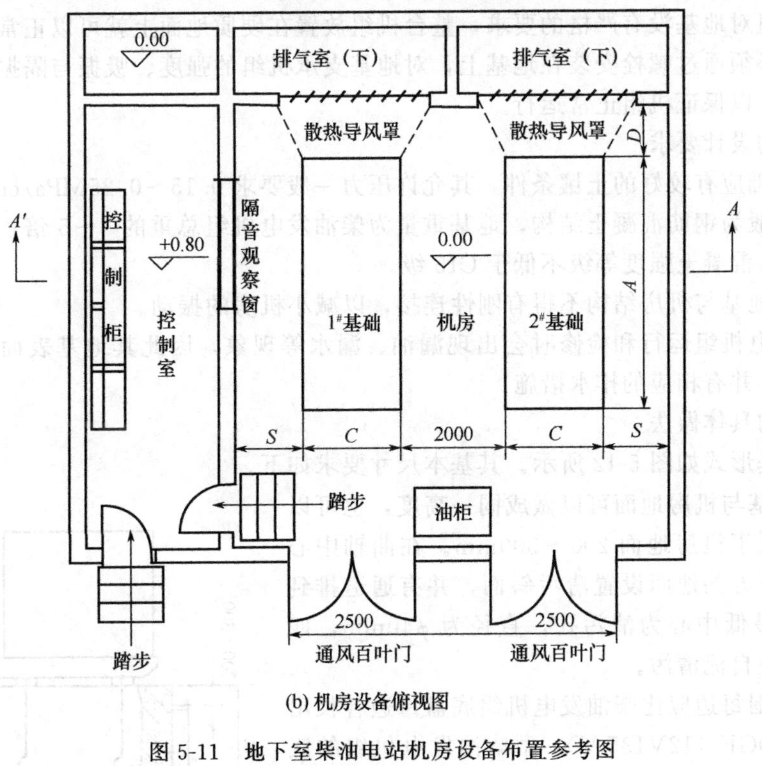

(b) 机房设备俯视图

图5-11 地下室柴油电站机房设备布置参考图

② 机组的安装、检修、搬运通道，在平行布置的机房中安排在机组的操作面；在垂直布置的机房中，安排在发电机端；对于双列平行布置的机房，则安排在两排机组之间。

③ 柴油电站机房的高度，主要考虑机组安装或检修时，利用预留吊钩用手动葫芦起吊活塞连杆组和曲轴等零部件所需的高度。

④ 与柴油发电机组引接的电缆、水、油等管道应分别设置在机组两侧的地沟内，地沟净深一般为0.5～0.8m，并设置必要的支架，以防电缆漏电。

⑤ 布置尺寸不包括启动机组的启动设备和其他辅助设备所需的面积。

(3) 机组控制屏等控制设备的布置要求

发电机控制屏、低压配电屏等设备的布置与一般低压配电要求相同，应符合有关的国家标准和有关部门的电气设计规范，其基本要求如下。

① 操作人员能清晰地观察控制屏和操作台的仪表和信号指示，并便于控制操作。

② 屏前、屏后应有足够的安全操作和检修距离，单列布置的配电屏，屏前通道应不小于1.5m，双列对面布置的屏前通道应不小于2.0m。靠墙安装的配电屏，屏后的检修距离不小于1m。配电屏顶部的最高点距房顶应不小于0.5m。

③ 如果机组设有操作台，机组操作台的台前操作距离不小于1.2m，如设在配电屏前，控制台与屏之间的距离约1.2～1.4m。

④ 配电屏的附近和上方不得设置水管、油管道或通风管道。

5.6.2.3 柴油电站的基础设计

柴油发电机组是往复式运转机械，运行时将产生较大的振动，因此其地基应能牢固地固定机组，保证机组正常运行，并尽量减小机组振动对附近建筑物的影响。对于中小型滑行式柴油发电机组都设有公共底盘，柴油机和发电机通过联轴器连接，装设在公共底盘上，机组在制造厂已进行精确调整，同时，机组与底盘间一般均装有减振器。因此，在噪声不是要求很严格的区域，这类机组对地基没有严格的要求，整台机组放置在硬质地面上就可以正常运行。对于固定的柴油机组必须通过螺栓安装在地基上，对地基支承机组的强度、吸振与隔振能力、承载质量等均有要求，以保证机组正常运行。

（1）地基的设计要求

① 地基基础应有较好的土壤条件，其允许压力一般要求0.15～0.25MPa/cm^2。

② 地基一般为钢筋混凝土结构，地基重量为柴油发电机组总重的2～5倍，对于高速机组可取较小数值。混凝土强度等级不低于C15级。

③ 机组的地基与机房结构不得有刚性连接，以减小机房的振动。

④ 柴油发电机组运行和检修时会出现漏油、漏水等现象，因此其地基表面应进行防渗油和渗水的处理，并有相应的排水措施。

（2）地基的具体做法

典型的地基形式如图5-12所示。其基本尺寸要求如下。

① 机组地基与机房地面可以做成同一高度，也可以使地基高于或低于机房地面200～300mm。在曲轴中心线上油底壳正下方的地面设置清污斜面，并有通道排到主排污沟内。最低中心为清污孔，直径为ϕ40mm，四周呈凹形，以便自流清污。

② 地基周围每边应比柴油发电机组底盘每边各长出200mm，如200GF（12V135AD）型柴油发电机组的底盘长度为3400mm，底盘宽度为1150mm，则柴油发电机组的地基长度应为3800mm，地基的宽度应为1550mm。

③ 地基深度H由下式算确定：

$$H=\frac{KG}{dBL}$$

式中 H——地基深度，m；

K——重量倍数，一般为2～5；

G——机组总重，kg；

d——混凝土密度，约为2400kg/m^3；

B——地基宽度，m；

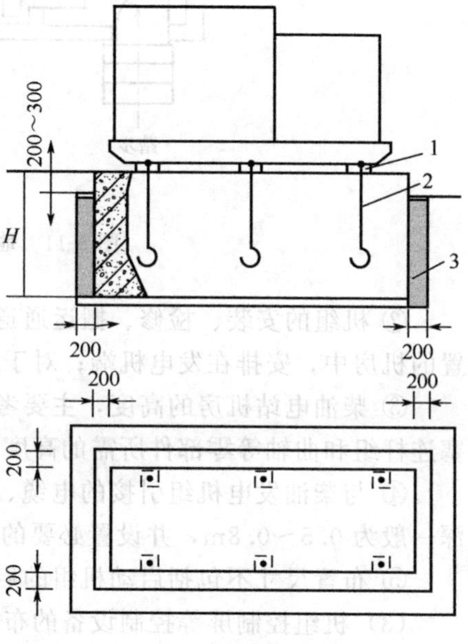

图5-12 柴油发电机组地基示意图
1—减振垫；2—地脚螺钉；3—砂

L——地基长度，m。

另外，考虑到地脚螺钉的深度，至少取 $H=0.5$m。

例　某型号柴油发电机组，机组的长、宽分别为 3925mm、1512mm，机组总重为 5670kg，求地基深度 H。

解　该机组的地基长度 $L=3925+400=4325\text{mm}=4.325$m

地基宽度 $B=1512+400=1912\text{mm}=1.912$m

取 $K=2.0$，则

$$H=\frac{KG}{dBL}=\frac{2.0\times5670}{2400\times4.325\times1.912}=0.571\text{m}$$

因此，地基深度 H 可取 0.6m。

④ 对于地质及环境有特殊防振要求时，在机组的地基与机房地面间应设 200mm 左右的隔振槽（沟），槽内可用细砂充填，槽的顶部以沥青水泥密封，如图 5-12 所示。地基的底部还应设置减振层，基坑底部夯实之后，用水泥、煤渣、沥青和水敷设，其厚度约 200mm，混凝土浇注在此减振层上。设有隔振槽和减振层的地基结构，如图 5-13 所示。

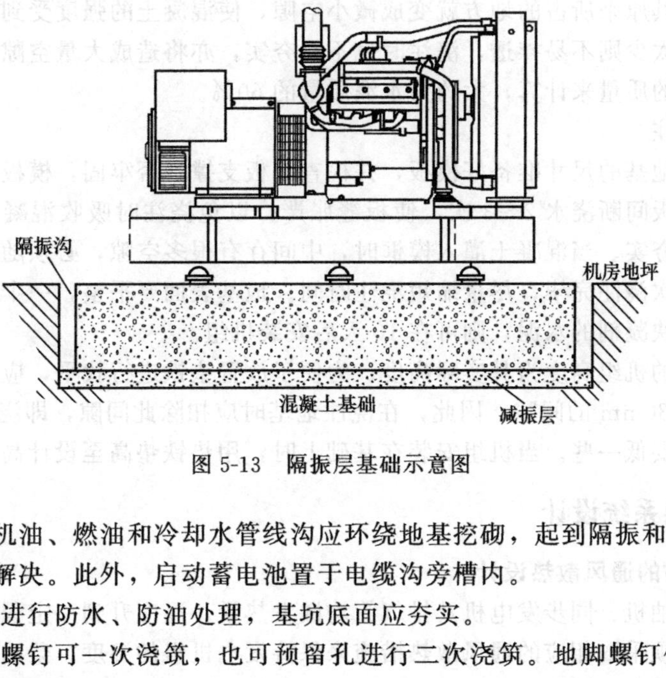

图 5-13　隔振层基础示意图

机组的电缆、机油、燃油和冷却水管线沟应环绕地基挖砌，起到隔振和防振的作用，排污问题也可得到方便解决。此外，启动蓄电池置于电缆沟旁槽内。

⑤ 地基表面应进行防水、防油处理，基坑底面应夯实。

⑥ 机组的地脚螺钉可一次浇筑，也可预留孔进行二次浇筑。地脚螺钉位置尺寸应根据生产厂提供的准确尺寸确定。

⑦ 地基与机组底盘间最好设减振器。减振器在每个地脚螺钉处设一个，按机组总重量平均分配在各地脚螺钉上的压力选择，并留有一定裕量。机组与外部连接的油管、水管和排烟管路应采用橡胶管或金属波纹管软连接，以防止机组振动或受热膨胀时拉坏管路。

⑧ 柴油电站一般作为建筑物的附属建筑单独建设，如果设在建筑物内，最好设置在最低层，应尽量避免设在建筑物的楼板上。如某些个别的应急机组不得已设置在楼板上，这种机组就不可能做较深的地基，但楼板应能承受机组的静荷载和运行时的动荷载，并留有 1.5 倍的安全系数。机组底盘与楼板间的防振措施也要增强。

(3) 地基材料与混凝土的配合比例

① 地基材料　地基应采用标号不低于 450 号的混凝土并夯筑平实。混凝土由水泥、砂、

碎石和水拌和后凝固而成。所用的砂子要坚硬、无土（所含的泥土不超过总质量的5%），最好的砂子为石英砂。石子大小最好在5～50mm之间，石子的大小应与砂子的粗细搭配使用。

② 混凝土的配合比例　混凝土通常采用容积配合比例，水泥：砂：石子的容积配合比例通常为1∶2∶4、1∶3∶5或1∶3∶6。以容积比例配合的混凝土的材料用量如表5-21所示。

表5-21　混凝土的容积配合比例

容积比	水泥		砂/m^3	碎石/m^3
	质量/kg	袋（50kg/袋）		
1∶2∶4	236	6.72	0.44	0.88
1∶3∶5	253	5.04	0.50	0.83
1∶3∶6	229	4.57	0.45	0.90

拌和混凝土时要拌得彻底，使水均匀地分布于水泥、砂子及石子颗粒表面。拌和时所加入的水量要适当。因为加入的水量仅一小部分（20%）与水泥发生水化作用，其余的水游离而蒸发。游离蒸发后，其原来所占的地方就变成微小空隙，使混凝土的强度受到影响，所以水量不能太多。但是水量太少则不易拌透，浇注时也不易夯实，亦将造成大量空隙。混凝土拌和时用水量可按所用水泥的质量来计算，大约为水泥质量的60%。

（4）地基的浇注

浇注前应根据地基的尺寸准备好模板，并检查模板支撑是否牢固，模板是否干净，基坑有无积水，然后向模板间断浇水2～3次，使板缝胀严，以免浇注时吸收混凝土的水分。施工时地基的基层要分层夯实。当混凝土灌入模框时，中间存有很多空隙，必须随时夯实，排除其中的空气。地基要一次浇注完毕，尽量缩短浇注时间。地基表面要平整，一个月后可进行验收安装。若选用了添加快凝剂的水泥，则可在10天后安装机组。

说明书所标注的机组高度为其实际高度。为便于放置垫铁进行找平，应在机组的底面与地基之间留出约20～30mm的间隙。因此，在浇注地基时应扣除此间隙，即浇注地基的高度要比图纸所标注的高度要低一些。当机组安装在基础上时，用垫铁垫高至设计高度。

5.6.3　通风降噪系统设计

5.6.3.1　柴油电站的通风散热设计

柴油电站的柴油机、同步发电机及排气管均散发热量，温度升到一定程度将会影响发电机的效率。因此，必须采取相应的通风散热措施来保持发电机组的温度。柴油电站的通风散热应按排除机房的余热和有害气体，并满足柴油机所需的燃烧空气量设计。

对于设在地面，其降噪要求不高的一般电站，机房的门、窗直接与室外大气相通，一般尽量采用自然通风或在机房墙上装设排气扇以满足通风散热要求。如图5-8所示的空气流动路线是比较好的方式，冷空气从机组尾部经过控制屏、发电机、柴油机、散热器，由冷却风扇将热空气用一个可装拆的排风管排到室外，以形成良好的循环。

如果柴油电站设在地下室或其降噪要求较高，柴油机吸入的燃烧空气及排烟均得经过一段相当长的距离才能与室外大气相通，这种柴油电站应进行专门的通风散热设计，需单独设置进、排风系统及机房散热设备。下面分别讲述封闭式柴油电站有关方面的设计计算。

（1）柴油电站通风换气量的确定

柴油电站机房内有害气体的产生量随着柴油机型号、安装运行状态、排烟管敷设形式（架空或地沟内敷设)、操作维护保养技术水平等情况的不同而各异，从理论上很难精确计算，所以确定机房的通风换气量也比较困难。通常是以一系列电站工程实测试验资料为依据，经分析整理、归纳确定：消除电站机房有害气体的排风量，对于国产 105、135、160、190 和 250 系列柴油发电机组，可按 14～20m^3/（kW·h）或 10～15m^3/（hp·h）确定。

（2）柴油机燃烧空气量的计算

柴油机燃烧空气量 L 通常可按下式计算：

$$L = 60nitk_1V_n$$

式中　L——柴油机燃烧空气量，m^3/h；

n——柴油机转速，r/min；

i——柴油机汽缸数；

t——柴油机冲程系数，四冲程柴油机 $t=0.5$；

k_1——计及柴油机结构特点的空气流量系数，四冲程非增压柴油机 $k_1=\eta_i$，四冲程增压柴油机 $k_1=\varphi\eta_i$；

η_i——汽缸吸气效率，四冲程非增压柴油机 $\eta_i=0.75\sim0.9$（一般取 0.85），四冲程增压柴油机 $\eta_i\approx1.0$；

φ——柴油机的扫气系数，四冲程柴油机 $\varphi=1.1\sim1.2$；

V_n——柴油机每个汽缸的工作容积，m^3。

估算柴油机的燃烧空气量时，可按其额定功率 6.7m^3/(kW·h) 或 5.0m^3/(hp·h) 计算。

（3）电站热负荷的计算

柴油电站机房的热负荷主要应包括柴油机、发电机和排烟管道的散热量，至于照明灯具等其他辅助设备的散热量可忽略不计。

① 柴油机的散热量　柴油机的散热量通常按下式计算：

$$Q_1 = P_nBq\eta_1$$

式中　Q_1——柴油机的散热量，kJ/h；

P_n——柴油机的额定功率，kW；

B——柴油机的耗油率，kg/(kW·h)；

q——柴油机燃料的发热值，通常取 $q=41800$kJ/kg；

η_1——柴油机散至周围空气的热量系数（见表 5-22），%。

表 5-22　柴油机散至周围空气的热量系数

柴油机的额定功率 P_n/kW（hp）	η_1/%	柴油机的额定功率 P_n/kW（hp）	η_1/%
＜37（50）	6	74～220（100～300）	4.0～4.5
37～74（50～100）	5～5.5	＞220（300）	3.5～4.0

② 发电机的散热量　发电机散至周围空气中的热量主要是发电机运行时的铜损和铁损产生的热量，具体体现为发电机的效率。发电机的散热量可按下式计算：

$$Q_2 = 860\times4.18N_n(1-\eta_2)/\eta_2$$

式中　Q_2——发电机散至周围空气中的热量，kJ/h；

N_n——发电机额定输出功率，kW；

η_2——发电机效率，%。

③ 排烟管的散热量　柴油电站散热设计所计算的排烟管散热量是指柴油电站内架空敷设的排烟管段的散热量。柴油电站内架空敷设的排烟管段必须保温，排烟管保温层外表面的温度

不应该超过 60℃。柴油电站排烟管散热量的计算是在确定了排烟管的保温材料、结构形式和厚度的条件下，计算其散发至空气中的热量。当排气温度与机房内的空气温度相差 1℃时，1m长的排烟管每小时的散热量可近似按下式计算：

$$q_3=\frac{\pi}{\frac{1}{2\lambda}\ln\frac{d_2}{d_1}+\frac{1}{\alpha_2 d_2}}$$

式中 q_3——当排气温度与机房内的空气温度相差 1℃时，每米长的排烟管每小时的散热量，kJ/(m·h·℃)；

λ——保温材料的热导率，kJ/(m·h·℃)；

d_1——保温层内径，即排烟管外径，m；

d_2——保温层外径，m；

α_2——保温层外表面的散热系数，对于在机房内架空敷设的排烟管，可取 $\alpha_2=41.8$kJ/(m^2·h·℃)；

π——圆周率。

不同保温材料和排烟温度，按上式计算的柴油机排烟管散发至机房空气（通常设柴油电站机房的温度为 35℃）中的热量各不相同，可查阅相关专业书籍。

排烟管的散热量按下式计算：

$$Q_3=q_3L(t_n-t_1)$$

式中 Q_3——排烟管的散热量，kJ/h；

q_3——当排气温度与机房内的空气温度相差 1℃时，每米长的排烟管每小时的散热量，kJ/(m·h·℃)；

L——机房内排烟管的长度，m；

t_n——机房内空气的实际温度，一般设定为 35℃；

t_1——排气温度，通常按 400℃计算。

④ 柴油电站需散热的总热量　由以上分析可知，柴油电站内需散热的总热量为

$$Q=Q_1+Q_2+Q_3$$

式中 Q——柴油电站内需散热的总热量，kJ/h；

Q_1——柴油机的散热量，kJ/h；

Q_2——发电机散至周围空气中的热量，kJ/h；

Q_3——排烟管的散热量，kJ/h。

（4）柴油电站的散热方法

消除柴油电站的余热，使机房降温散热的方式应根据电站工程所在地的水源、气象等情况确定，一般按下列原则设计。

① 当水源充足、水温比较低时，电站降温散热宜采用水冷方式，即以水为冷媒，对机房内的空气进行冷却处理。设计水冷电站的条件是：要有充足的天然水源，如井水、泉水、河水、湖水等或其他可利用的水源；水质要好，无毒、无味、无致病细菌、对金属不腐蚀；水中泥、沙等无机物和有机物的含量应符合标准要求；水温要低，机房温度与冷却水给水温度之差宜大于 15℃，最低不小于 10℃。如果水温过高，则送回风温差小，送风系统大，必然要增大建设投资及运行费用。

水冷电站与其他冷却方式相比的优点是：进、排风量较小，因而进、排风管道较小。水冷电站受工程外部大气温度影响小，不论任何季节都能保证机房的空气降温。缺点是用水量大，受水源条件限制，当工程无充足的低温水源时，便不能采用这种冷却方式。

水冷电站的冷却方式可以采用淋水式冷却方式，即水洗空气。由于机房热空气直接与淋水水滴接触，冷却降温热交换效果较好，同时机房空气中的有害颗粒物还能部分地被淋水洗涤，使其净化。这种冷却方式，冷却效率高，空气清洁，但空气湿度大。

水冷电站也可采用表面式冷却方式，即机房热空气在金属冷却器表面与冷却水进行热交换。其优点是可以灵活组织冷却系统，按需要进行配置，不占或少占机房面积，但冷却效果稍差。例如某些闭式循环冷却的柴油发电机组配套带有机头散热器，在封闭的电站机房内一般不能使用，可将柴油机冷却水改为开式系统，而在机头散热器中通入冷水，以达到降低机房温度、消除电站余热的效果。

② 当水源较困难、夏季由工程外进风的温度能满足机房降温要求时，宜采用风冷或风冷与蒸发冷却相结合的方式。风冷电站是利用工程外部的低温空气（一般应低于机房设计要求温度 5℃），增大进、排风量，利用进、排风来排除机房的余热。

风冷柴油电站不需要大量的低温水源，无冷却送风系统，机房内通风系统较简单，操作方便，进风量和排风量大，电站机房每小时的换气次数多，空气清新、舒适。但是其进风管道、排风管道和风机容量都较大。

蒸发冷却是在风冷电站的基础上，用少量补充水对机房的热空气以等焓（绝热）加湿方式进行冷却。蒸发冷却电站只需要少量用水，按柴油机每千瓦功率计算不超过 2.0kg/h，对水温无严格要求，比风冷电站可减少近一半以上的风量，特别适用于水源困难、水温较高的地区。随着对蒸发冷却研究工作的不断深入，蒸发冷却设备在不断完善。

③ 当无充足水源、进风温度不能满足风冷电站的要求时，可设计采用人工制冷、自带冷源的冷风机以消除机房余热。人工制冷系统的建设投资和运行费用都较高。在冬季或过渡季节，电站应充分利用工程外的冷空气进行通风降温，因此风冷一般应是消除电站余热的主要方式。若柴油电站采用自动化机组，实现隔室操作后，值班人员一般可以不进入机房，机房降温设计的最高允许温度可以按 40℃设计。

采用风冷降温方式，其冷却通风量按下式计算：

$$L=\frac{Q}{\gamma c(t_2-t_1)}$$

式中　L——机房冷却通风量，m^3/h；

Q——散至机房内的总热量，kJ/h；

γ——进、排风空气密度，kg/m^3；

c——进、排风空气比热容，kJ/(kg·℃)；

t_1——进风空气温度,℃；

t_2——排风空气温度,℃。

风冷电站的进风量应按消除电站机房的余热设计，即按上式计算出的通风量，排风量可按进风量与柴油机的燃烧空气量之差确定。

水冷方式的冷却水量按冷却器给出的公式计算。水冷及人工制冷电站的排风量应按排出电站有害气体所需的风量确定；进风量可按排风量与柴油机的燃烧空气量之和设计。

5.6.3.2　柴油电站的排烟系统设计与安装

机组运行时，柴油机排出的废气温度高达 400～500℃，有的排气管接在废气涡轮增压器上，增压器内部的轴承和风叶加工精度很高。安装排气系统时，应注意排气系统急剧的温度变化，减小高温、振动和强烈的排气噪声问题。

(1) 柴油电站排烟系统的设计

① 柴油机排烟量的计算　一台柴油机的排烟量可按下式计算：

$$G = N_e g_e + 30 n_n \gamma V_n i \eta_i$$

式中 G——一台柴油机的排烟量，kg/h；

N_e——柴油机的标定功率，kW；

g_e——柴油机的燃油消耗率，kg/(kW·h)；

n_n——柴油机的额定转速，r/min；

γ——空气密度，一般按20℃时的密度为1.2kg/m^3；

V_n——柴油机一个汽缸的排气量，m^3；

i——柴油机的汽缸数；

η_i——柴油机的吸气效率，一般为0.82～0.90。

若以体积Q计，则

$$Q = G/\gamma_t$$

式中 γ_t——排气温度为t℃时的烟气密度（kg/m^3），其值100℃时为0.965，200℃时为0.761，300℃时为0.628，400℃时为0.535，500℃时为0.466。

② 排烟管管径的计算

$$d_e = \sqrt{\frac{4G}{3600\pi W \gamma_t}}$$

式中 d_e——排烟管内径，m；

G——柴油机的排烟量，kg/h；

W——排烟管烟气流速，m/s；

γ_t——排气温度为t℃时的烟气密度，kg/m^3。

上式中单独排出室外的排烟管，烟气温度取300℃，烟气流速为15～20m/s；设置排烟支管和母管的排烟系统，排烟支管的烟气温度取400℃，烟气流速为20～25m/s，母管的平均烟气温度取300℃，烟气流速为8～15m/s。

排烟管一般选用标准焊接钢管，其壁厚主要考虑腐蚀和强度，一般在3mm左右。排烟系统一般采用扩散消声方法，通常消声器比排烟管大1～2级的焊接钢管。

③ 排烟管的热膨胀计算 当机组工作时，排烟管由常温状态至高温状态将产生热膨胀，需要进行补偿处理，当膨胀量较小时，可由弯头或来回弯补偿；当膨胀量较大时，应在烟管的适当位置设置制式的三波补偿器、套筒伸缩节或金属波纹管进行补偿。排烟管的支吊架应保证其能自由膨胀。排烟管的热膨胀量可按下式进行计算：

$$\Delta L = \alpha L (t_2 - t_1)$$

式中 ΔL——排烟管的热膨胀量，mm；

α——线胀系数，mm/(m·℃)，钢的线胀系数为12×10^{-3}mm/(m·℃)；

L——排烟管长度，m；

t_1——机组工作时的室内温度，可取15～20℃；

t_2——排烟管的工作温度，支管为400℃，若母管长度大于300m取300℃，若母管长度小于300m则取350℃。

(2) 柴油电站排烟系统的安装

排气管一般安装有消声器以减小排气噪声，它可以装在室内，也可以安装在室外。装在室内的发电机组必须用不泄漏的排气管把废气排出户外，排气系统的部件应包上隔热材料以减少热量的散发，排气管安装必须符合相关的规范、标准及其他要求。如果建筑物装有烟雾探测系统，排气出口应安在不会启动烟雾热能报警器的地方。

在设计安装排气系统时，阻力不得超过允许范围，因为过度的阻力将会大大降低柴油机的效率和耐久性，并大大增加燃料消耗。为减少阻力，排气管应设计得越短越直越好，如必须弯曲，曲径至少应是管内径的1.5倍。造成高阻力的主要因素有：

① 排气管直径太小；

② 排气管过长；

③ 排气系统过多急弯；

④ 排气消声器阻力太高；

⑤ 排气管处于某种临界长度，产生压力波而导致高阻力。

假定排气管采用工业用钢或铸铁制造，其阻力取决于管子内部表面的光滑程度，如粗糙则会增加阻力，可参考柴油机技术文件以选取适当的排气温度及空气流量。

其他设计安装排放系统的注意事项如下。

① 确保在安装消声器和管子时，不要因拉紧而造成断裂或泄漏。

② 安装在室内的排放系统的部件应安装隔热套管以减少散热、降低噪声。消声器和排气管无论装在室内或室外，均应远离可燃性物质。

③ 任何较长的水平或垂直的排气管应倾斜向下安装，并装设排水阀（应在最低点），以防止水流倒流进入发动机和消声器。

④ 发动机的位置应设在使排气管尽可能短、曲弯和堵塞都尽可能小的地方，通常排气管伸出建筑物外墙后会继续沿着外墙向上直到屋顶。在墙孔外有一个套子去吸振，并在管子上有一个伸缩接头来补偿因热胀冷缩而产生的长度差异，如图5-14所示。

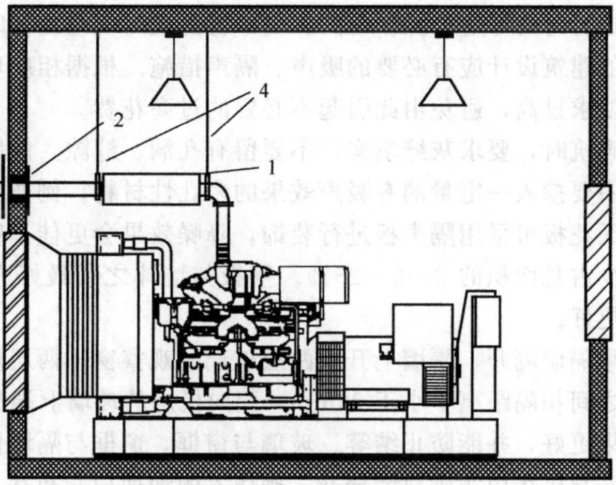

图5-14　标准排气系统的安装

1—排气消声器；2—入墙套管及伸缩接缝；3—防雨帽；4—消声器/管支撑物

⑤ 排气管的伸出室外的一端，其切口应切成与水平成60°角，如垂直安装则应装上防雨帽，以防止雨雪进入排气系统。

⑥ 安装多台柴油发电机组的电站，各台机组的排烟管最好单独引至室外，当多台机组不同时使用时，也可在机房内将排烟管汇至成一根母管后引出室外。排气管和消声器均要可靠固定，不允许在机组运行时有摇晃和振动现象。机组的排气消声器通常都标有气流方向，在安装时应注意其气流方向，不允许倒向安装。

消声器按照消声的程度分为以下几个等级。

① 低级或工业用级——适用于工业环境，其反响噪声程度相对较高。

② 中级或居住环境级——把排气噪声降低到可接受程度。

③ 高级或严格级——提供最大程度的消声，如医院、学校、酒店等地方。消声器应装在靠近发电机组的地方，这样可提供最佳的消声效果，使排气通过消声器通往户外，消声器也可以安装在户外的墙或屋顶上。如图 5-15 所示。

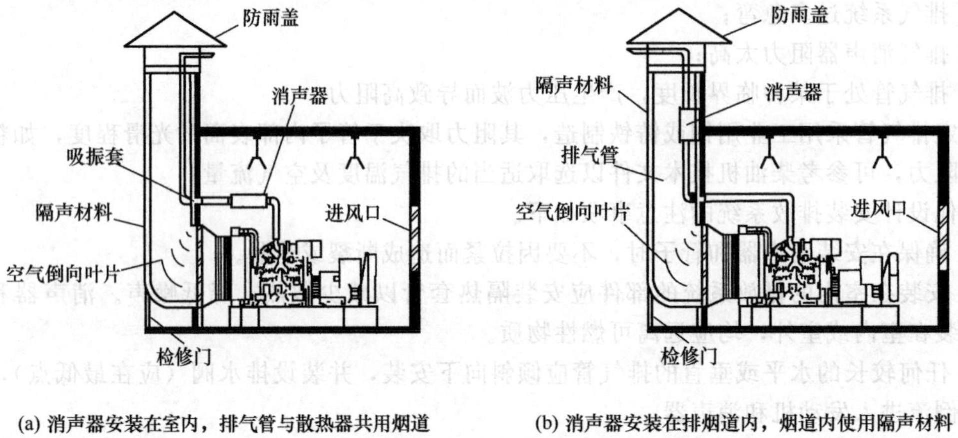

图 5-15 消声器的安装方式

5.6.3.3 柴油电站的隔声降噪设计

为了降低机组运行时对环境和操作者的影响，首先应对机组运行时的排气噪声源采取降噪措施，同时对机房的建筑设计应有必要的吸声、隔声措施。根据相应环境噪声标准来降低柴油电站的噪声，无须要求过高，避免由此引起不必要的过高花费。

柴油电站墙体砌筑时，要求灰缝填实，不要留有孔洞、缝隙。内墙面的粉刷，表面不宜致密光滑，粉刷材料中要掺入一定量的有吸声效果的多孔性材料。例如水泥、石灰膏和木屑组成的吸声层。内壁及天花板可采用隔声板进行装饰，降噪效果会更佳。壁板如果采用多孔性材料装饰，孔眼面积至少占总面积的 20%～25%。壁板与墙体之间最好充填一层多孔性的吸声材料，其吸声效果会更好。

机房与控制室用隔墙隔开，隔墙上开挖两层玻璃的观察窗。两层玻璃选用 5～6mm 厚的浮法玻璃，两层玻璃之间相隔距离不小于 80mm，面向机房的玻璃上端最好向机房地平面略为倾斜，使噪声反射效果更好，并能防止结雾。玻璃与窗框，窗框与隔墙做得越密封，其隔声效果就越好，隔音操作室与机房用实砌双墙分开。操作室的地面应与机房地面高 0.8m 左右，而且应尽量使柴油发电机组的操作面朝向隔音室，以方便操作人员观察柴油发电机组的工作情况。控制室与机房之间的门采用双层夹板制成，夹板之间充填弹性多孔吸声材料，例如玻璃纤维棉等。若做成一个门洞，两扇隔音门，其隔音效果会更佳。当然，门与门框，门框与隔墙体之间越密封越好。经过这样处理，控制室内的噪声可控制在 75dB（A）以下，从而减少了噪声和烟气对人体的伤害，改善了机房操作人员的工作条件。

如果采用地下管式排气，地下埋设管采用水泥下水管或将排气管引入砖砌烟囱内，其机组排气噪声可基本消除（如图 5-16 所示）。

对用弹力固定架固定的柴油发电机组，其正常的控制排烟、进气及散热器风扇是可将机组的噪声降至可接受的水平的，如果按上述方法处理后，机组的噪声仍然很高，则可在房间和机组周围安装隔声板、在机房的墙壁上安装吸声板或把机组安放在一个经特殊设计的隔声屏蔽体（隔声罩）中以减少发电机组的噪声。

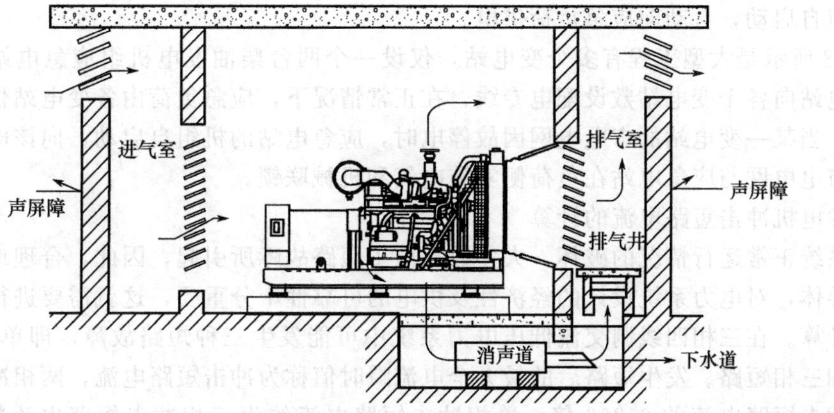

图 5-16　柴油电站进排风和排气降噪处理示意图

5.6.4　电气系统设计

（1）应急电站的电气主接线

柴油发电机组主要作为应急（备用）电站。应急电站供电系统一般不允许与市电网并联运行，因此，应急机组的主断路器与市电供电断路器间应设置电气及机械互锁装置，防止应急电站与市电网发生误并联。应急机组只有在市电停电时自动向应急负荷（即工程一级负荷）供电，当市电网故障断电，应急机组自启动运行以后，投入用电的紧急负荷量不应大于机组的额定输出容量，首批自动投入的紧急负荷一般不宜超过机组额定容量的 70%，原由市电网供电的次要负荷，当市电断电后应自动切除，另一部分紧急负荷应采用手动接通，以免应急机组自启动运行后出现过负荷现象。发电机配电系统宜设置紧急负荷专用配电母线，一般采用放射式配电系统。应急电源与市电在电源端宜设置自动切换开关，对某些必须保证供电的重要负荷还应考虑当线路故障时，采用双电源双回路在负荷侧（最末一级负荷配电箱处）自动切换。负荷侧切换的供电系统如图 5-17 和图 5-18 所示。

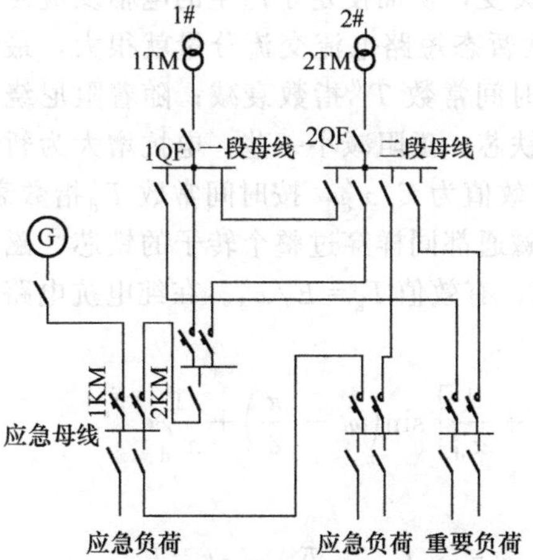

图 5-17　负荷侧切换的供电系统图（1）

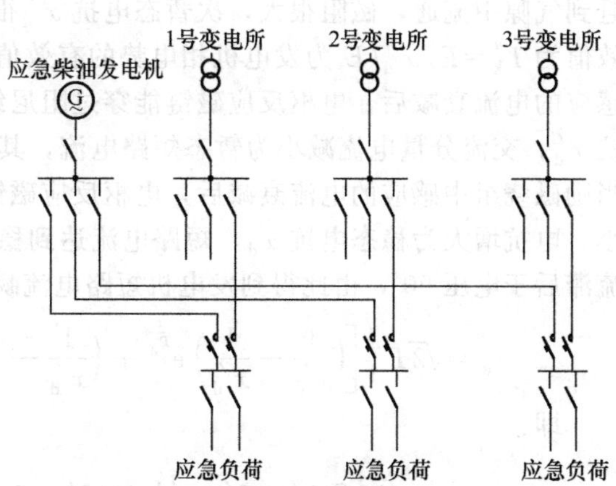

图 5-18　负荷侧切换的供电系统图（2）

图 5-17 所示是常用两台市电供电变压器和一台应急柴油发电机组的供电系统。供电系统分三段母线，第三段母线为应急母线。接触器 1KM 和 2KM 设有电气及机械联锁装置。在正常情况时，应急负荷由一段或二段母线供电，应急母线为备用。当两路市电都停电时，应急柴

油发电机组自启动，自动向应急负荷供电。

图 5-18 所示是大型工程有多个变电站，仅设一个两台柴油发电机组应急电站的供电系统图。应急电站向各个变电站敷设配电专线，在正常情况下，应急负荷由各变电站供电，应急电站不工作。当某一变电站的市电电网因故停电时，应急电站的机组自启动，向该电站的应急负荷供电，市电电网与应急电站在负荷侧实施电气和机械联锁。

(2) 发电机冲击短路电流的计算

电力系统正常运行情况的破坏，大多数是由于短路故障所引起，因此，合理地选择保护电器和载流导体，对电力系统设计的经济性及供电的可靠性十分重要，这就需要进行电力系统的短路电流计算。在三相四线制交流低压电力系统中可能发生三种短路故障，即单相接地短路、两相短路和三相短路。发生短路后的最大全电流瞬时值称为冲击短路电流，两相冲击短路电流约为三相冲击短路电流的 0.866 倍，单相冲击短路电流约为三相冲击短路电流的 1.2～1.35 倍。工程设计中一般只考虑三相对称短路这一最严重的故障情况，在需要计算两相或单相短路电流时，可乘以上述系数得到。

三相对称次暂态短路电流及冲击短路电流值是校验断路器的分断能力、母线承受电动力的稳定性以及电力系统继电保护整定等的依据。在实际短路电流计算中，由于发电机励磁和调速系统的影响，电磁和机电暂态过程、短路电网的结构、发电机和电动机的分布情况等都十分复杂，不容易得到精确的数据，通常是采用一定的简化和近似地进行计算。下面仅简要介绍同步发电机发生三相对称短路故障的暂态过程、冲击短路电流的近似计算公式和柴油发电机组次暂态短路电流的估算。

发电机供电网络发生短路故障时，在一、二个周期时间内可认为励磁调节器还未起调节作用，即作为恒压励磁系统来考虑，发电机电势不变。根据电机学分析，同步发电机三相突然短路最严重的情况是发电机空载，并且电压的起始相角 $\alpha=0°$时。刚发生短路时，定子电流不能突变，短路电流是由交流分量和直流分量相加而成，短路电流的直流分量初始值与交流分量最大值相等但方向相反，直流分量按定子回路的时间常数 T_a 指数衰减，交流分量在短路初期很大，以后逐渐减小，这是因为电枢反应磁链所经过的磁路在改变。发电机突然短路初期，由于转子的阻尼绕组和励磁绕组感应电流和磁通阻止磁链突变，从而使定子产生的电枢反应磁链被赶到气隙中流通，磁阻很大，次暂态电抗 x''_d很小，次暂态短路电流交流分量就很大，最大有效值为 $I''_k=E/x''_d$(E 为发电机相电势的有效值)，按时间常数 T''_d指数衰减；随着阻尼绕组中感应的电流衰减后，电枢反应磁链能穿过阻尼绕组的铁芯，磁阻减小一些，电抗增大为暂态电抗 x'_d，交流分量电流减小为暂态短路电流，其最大有效值为 E/x'_d，按时间常数 T'_d指数衰减；当励磁绕组中感应的电流衰减后，电枢反应磁链与主磁通都同样穿过整个转子的铁芯，磁阻减小，电抗增大为稳态电抗 x_d，短路电流达到稳态电流，有效值 $I_k=E/x_d$。在纯电抗电路中电流滞后于电压 90°，由此得到发电机短路电流瞬时值：

$$i_k=\sqrt{2}E\left\{\left[\left(\frac{1}{x''_d}-\frac{1}{x'_d}\right)e^{\frac{t}{T''_d}}+\left(\frac{1}{x'_d}-\frac{1}{x_d}\right)e^{\frac{t}{T'_d}}+\frac{1}{x_d}\right]\sin\left(\omega t-\frac{\pi}{2}\right)+\frac{1}{x'_d}e^{-\frac{t}{T_a}}\right\}$$

即：

$$i_k=\sqrt{2}\left\{\left[(I''_k-I'_k)e^{\frac{t}{T''_d}}+(I'_k-I_k)e^{\frac{t}{T'_d}}+I_k\right]\sin\left(\omega t-\frac{\pi}{2}\right)+I''_k e^{-\frac{t}{T_a}}\right\}$$

式中　ω——角频率；

I''_k，I'_k，I_k——次暂态、暂态和稳态短路电流交流分量的有效值；

T''_d，T'_d，T_a——次暂态、暂态和稳态短路电流直流分量的衰减时间常数。

短路电流的最大瞬时值大约在短路后半个周期出现，当发电机输出电压频率 $f=50$Hz 时，这个时间约为短路后的0.01s。在计算短路后二、三个周期内的短路电流时，次暂态短路电流还没有（或刚开始）衰减，可忽略暂态短路电流的衰减时间常数，则短路后的最大冲击电流近似计算公式为

$$i_{km}=\sqrt{2}\{[(I''_k-I'_k)e^{-\frac{0.01}{T''_d}}+I'_k]+I''_k e^{-\frac{0.01}{T_a}}\}$$

上式中前项为短路电流的交流分量，后项为短路电流的直流分量。如果在0.01s时忽略交流分量的衰减，则由上式简化得到冲击短路电流的瞬时值为

$$i_{kc}=\sqrt{2}(I''_k+I''_k e^{-\frac{0.01}{T_a}})=\sqrt{2}I''_k(1+e^{-\frac{0.01}{T_a}})$$

上式可简写为

$$i_{kc}=\sqrt{2}K_c I''_k$$

其中，$K_c=1+e^{-\frac{0.01}{T_a}}$，称为短路电流冲击系数。

在暂态过程中的任何时刻，短路电流有效值可由交流分量有效值与直流分量有效值的均方根（交流分量有效值的平方与直流分量有效值的平方之和再开平方根）求得。校验断路器、母线等的断流容量及动稳定还需要计算短路电流的最大全电流有效值 I_{kc}，如前所述，发生短路后第一个周期内短路电流的有效值最大，次暂态交流分量的有效值可认为不衰减，直流分量的有效值可认为是0.01s时直流分量的瞬时值，故最大全电流有效值为

$$I_{kc}=\sqrt{I''^2_k+(\sqrt{2}I''_k e^{-\frac{0.01}{T_a}})^2}$$

即

$$I_{kc}=\sqrt{1+2(k_c-1)^2}\,I''_k$$

短路电流冲击系数 k_c 与定子计算电路的时间常数 T_a 有关，其计算式为

$$T_a=x_{\Sigma}/\omega R_{\Sigma}$$

式中 x_{Σ}——计算电路的总电抗；
R_{Σ}——计算电路的总电阻；
ω——角频率。

当定子电路中只有电阻时，$x_{\Sigma}=0$，$T_a=0$，$k_c=1$；当定子电路中只有阻抗时，$R_{\Sigma}=0$，$T_a=\infty$，$k_c=2$。由此可知：$1<k_c<2$。

当短路发生在单机容量为12000kW及以上的发电机电压母线上时，取 $k_c=1.9$，则 $i_{kc}=2.69I''_k$，$I_{kc}=1.62I''_k$。

当短路发生在单机发电机容量较小，定子电路总电阻较小的其他各点时，一般取 $k_c=1.8$，则 $i_{kc}=2.55I''_k$，$I_{kc}=1.51I''_k$。

校验断路器、负荷开关及隔离开关等的动稳定要求为

$$i_{max}>i_{kc},\ I_{max}>I_{kc}$$

上式中，i_{max}，I_{max} 分别为设备的极限通过电流幅值及有效值（kA），由产品样本上查出。

选择柴油发电机组主断路器时，相关规范要求主断路器的额定断流容量（或额定开断电流）不应小于装设处的次暂态短路电流。一般交流同步发电机出口的次暂态短路电流为发电机额定电流的5.7～14.7倍，在不知道发电机某些参数的情况下，发电机出口的次暂态短路电流可按10～15倍额定电流进行估算。

第6章 短路电流分析

即使是设计最完善的电力系统也会发生短路而产生异常大的电流。过电流保护装置，如断路器和熔断器，必须在线路和设备受损最小、断电时间最短的条件下在指定地点将事故切除。系统的电气元件如电缆、封闭式母线槽以及隔离开关等都必须能承受通过最大故障电流时所产生的机械应力与热应力。故障电流的大小由计算确定。根据计算结果选择设备。

系统中任何一点的故障电流受电源至故障点间的线路阻抗及设备阻抗所限制，而与系统的负载无直接关系。但是为应付负荷的增长而增大系统容量，虽对系统现有部分的负荷不会有什么影响，但将使故障电流急剧增大。不论是扩建原有的系统还是建立新的系统，应确定实际的故障电流以选用合适的过电流保护装置。

本章主要介绍以下几个方面的内容：短路的基本概念、供电系统短路过程分析、高压电网短路电流计算、低压电网短路电流计算、短路电流计算结果的应用、影响短路电流的因素以及限制短路电流的措施。

6.1 短路电流的计算[30,59,68,84]

现代电力系统的规模和复杂性使故障电流的计算用普通手算法花费很多时间，所以人们常用计算机以研究复杂事故。不论是否使用计算机，了解故障电流的特征和计算程序对短路电流分析研究必不可少。短路电流计算的国家和行业标准有：GBT 15544—1995《三相交流系统短路电流计算》和 DL 5222—2005《导体和电器选择设计技术规定》。其中，DL 5222—2005《导体和电器选择设计技术规定》附录 F 详细介绍了短路电流的计算方法。

6.1.1 概述

(1) 什么是“短路”

短路（short-circuit）是指电网中有电位差的任意两点，被阻抗接近于零的金属连通。短路有单相短路、两相短路和三相短路之分，其中三相短路的后果最严重。运行经验表明，在中性点直接接地的系统中，最常见的是单相短路，大约占短路故障的 65%～70%，两相短路故障占 10%～15%，三相短路故障占 5%。

当供电网络中发生短路时，短路电流很大，会使电气设备过热或受电动力作用而遭到损坏，同时会使网络电压大大降低，导致网络内用电设备不能正常工作。为了预防或减轻短路的不良后果，需要计算短路电流，以便正确地选用电气设备、设计继电保护和选用限制短路电流的元件。例如，断路器的极限通断能力可通过计算短路电流得到验证。

(2) 短路的原因

① 电气设备的绝缘因陈旧而老化，或电气设备受到机械力破坏而损伤绝缘保护层。电气

设备本身质量不好或绝缘强度不够而被正常电压击穿。

② 雷电过电压而使电气设备的绝缘击穿。

③ 没有遵守安全操作规程，例如带负荷拉闸、检修后没有拆除接地线就送电等。

④ 因动物啃咬使线路绝缘损坏而连电，或者是动物在夜间于母线上跳蹿而造成短路。

⑤ 因风暴等自然灾害或其他原因造成供电线路断线、搭接、碰撞或电杆倒伏。

⑥ 接线错误。例如低压设备误接入高压电源，仪用互感器的一、二次线圈接反等。

(3) 短路的后果

供电系统发生短路后将产生以下的后果。

① 短路电流的热效应：因为热量 $Q=0.24I^2RT$，由热量 Q 的公式可知，热量和电流的平方成正比。短路电流通常要超过正常工作电流的十几倍到几十倍，产生电弧，使电气设备过热，绝缘受到损伤，甚至毁坏电气设备。

② 短路电流的电动力效应：巨大的短路电流将在电路中产生很大的电动力，可能引起电气设备变形、扭曲甚至完全损坏。

③ 短路电流的磁场效应：当交流电通过线路时，将在线路周围的空间建立起交变电磁场。交变的电磁场在临近的导体中产生会感应电动势。当系统正常运行时，三相电流是对称的，其在线路周围产生的交变磁场可互相抵消，不产生感应电动势。当系统发生不对称短路时，不对称的短路电流将产生不平衡的交变磁场，对附近的通信线路、铁路信号集中闭塞系统及其他自动控制系统可能造成干扰。

④ 短路电流产生的电压降，影响用电设备的正常工作：当很大的短路电流通过供电线路时，将在线路上产生很大的电压降，使用户处的电压突然下降，影响用电设备的正常工作。例如，使电机转速降低，甚至停转；使照明负荷不能正常工作（白炽灯变暗，电压下降 5%则其光通量下降 18%，气体放电灯容易熄灭，日光灯闪烁等）。

⑤ 造成停电事故。越靠近电源短路，断电造成的影响范围越大。

⑥ 短路现象严重还会影响电力系统运行的稳定性。例如会使并列运行的发电机组失去同步而供电系统解列。

⑦ 单相对地短路电流会产生较强的不平衡磁场，能干扰附近的通信线路、信号系统及电子设备产生误动作。

做变压器的短路试验或在设定的安全限度之内做局部网络短路试验，使短路电流在可控范围之内，就不会出现不良后果。

(4) 短路的类型

① 单相短路　在三相供电系统中，任何一个相线对地或对电网的中性点直接被导体连通称为单相短路。电气上的“地”是指电位为零的地方，在中性点接地的系统中，中性点的电位不一定是零。因为中性点处的接地电阻不可能是零，而且当三相负载不平衡或网络有高次谐波时，中性点对地是有小电流的。若相线与中性点短路，就会产生很大的短路电流。低压系统短路时电压一般是 220V。单相短路的形式如图 6-1 (a)、(b)、(c) 所示。

② 两相短路　两相短路是指在三相供电系统中，任意两根相线之间发生金属性连接。这种短路是不对称故障。在低压系统中，一般是 380V。两相短路比单相短路电压高，危险性也比较大。两相短路的形式如图 6-1 (d)、(e) 所示。

③ 三相短路　三相短路是指在三相供电系统中，三根相线同时短接。这种短路属于对称性故障，短路电流一般很大。三相短路的形式如图 6-1 (f) 所示。

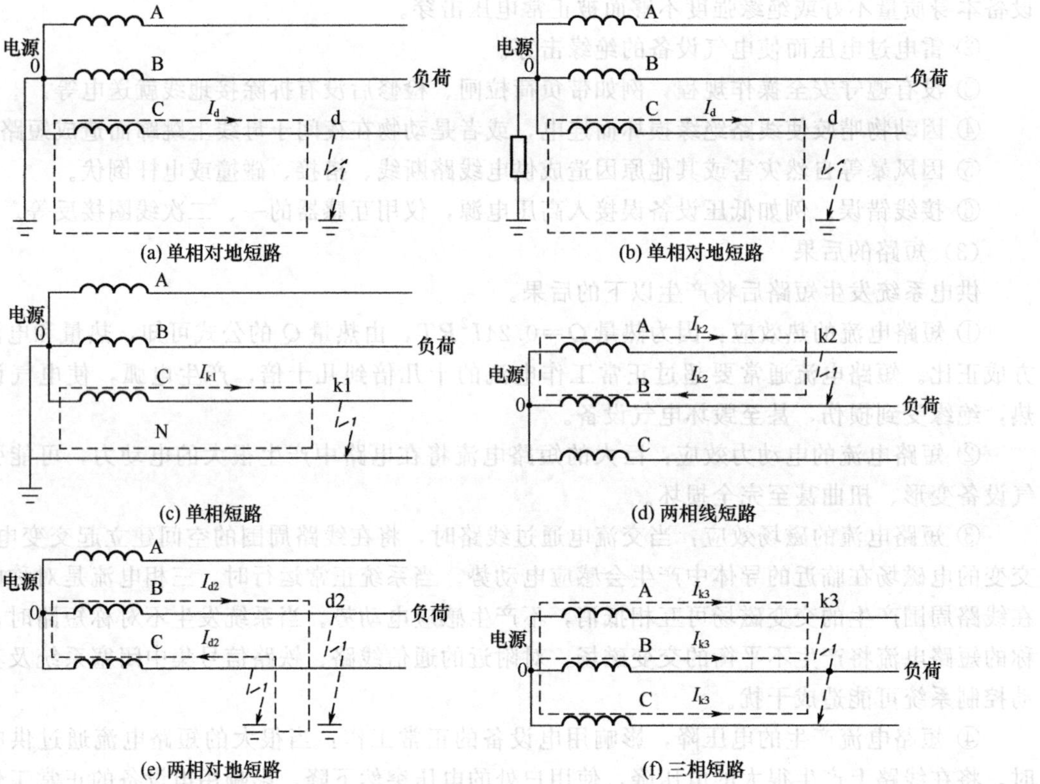

(a) 单相对地短路　(b) 单相对地短路

(c) 单相短路　(d) 两相线短路

(e) 两相对地短路　(f) 三相短路

图 6-1　短路的类型

6.1.2 电力系统短路过程分析

（1）无限大容量电力系统

所谓无限大容量电力系统（electric power system within finitely great capacity），这是指当系统中的某个小容量负荷的电流发生变化甚至短路时，系统变电站馈电母线上的电压仍维持不变的系统。当电力系统的电源距离短路故障点很远时，短路所引起的电源输出功率变化量 ΔS 远小于电源所具有的输出功率 S，称这样的电源为无限大容量电源。

① 无限大容量的主要特点

a. 短路过程中电源的频率几乎不变。这是因为有功功率的变化量远小于电网输出的有功功率，即 $\Delta P \ll P$。

b. 认为短路过程中电压的幅度值不变，即母线电压 U_{xt} 为常数。

c. 无穷大电源内部阻抗为零，即 $X=0$，所以发生短路故障时，电网波形不变。

短路电流计算中，一般将高压电网区分为“无限大容量”和“有限容量”两种。前者适用于电源功率很大，或者短路点距离电源很远（远端短路）的情况下。当工业企业内部或其他普通用户用电设备发生短路时，由于其装置的元件容量远比供电系统容量小得多，而阻抗比供电系统阻抗大得多，所以这些元件、线路甚至是变压器等发生短路时，大电网系统母线上的电压变化很小，可以视为不变，即系统容量为无限大。

② 无限大容量的判断

a. 供电电源内的阻抗远小于回路中的总阻抗，一般小于 10%，如图 6-2（a）所示。

$$X_{xt} < 10\% \ (X_1 + X_2) \tag{6-1}$$

b. 总变压器（降压变压器）容量小于电源容量的 3%，如图 6-2（b）所示。

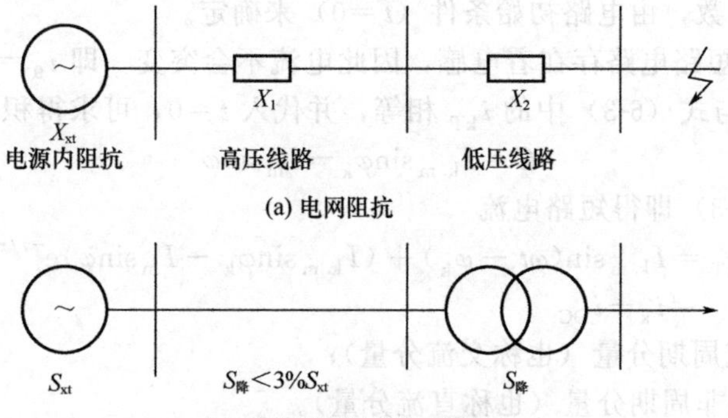

(a) 电网阻抗

(b) 变压器容量小于电源容量

图 6-2 无限大电源系统判断

（2）远端短路过程的简单分析

一般的供电系统内某处发生三相短路时，经过简化，可用图 6-3（a）所示的典型电路来等效。假设电源和负荷都三相对称，可取一相来分析，如图 6-3（b）所示。

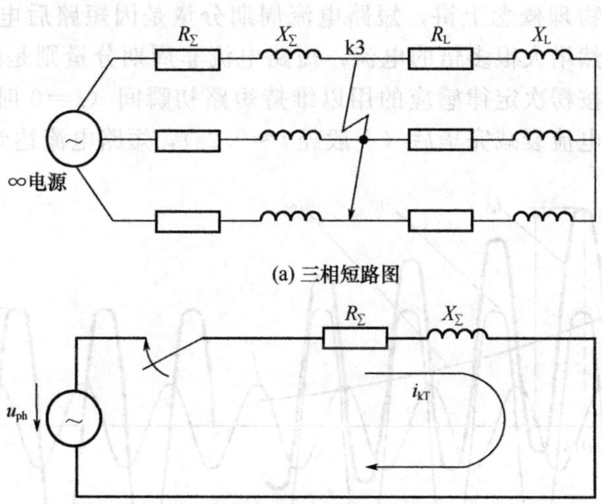

(a) 三相短路图

(b) 等效单相电路图

图 6-3 远离发电机端发生的三相短路

设电源相电压 $u_{ph}=u_{ph.m}\sin\omega t$，正常负荷电流 $i=I_m\sin(\omega t-\varphi)$。

现设 $t=0$ 时短路（等效为开关突然闭合），等效电路的电压方程为

$$R_\Sigma i_{kT}+L_\Sigma\frac{di_{kT}}{dt}=u_{ph.m}\sin\omega t \tag{6-2}$$

式中 R_Σ，L_Σ——短路电路的总电阻和总电感；

i_{kT}——短路电流瞬时值。

解式（6-2）的微分方程得

$$i_{kT}=I_{k.m}\sin(\omega t-\varphi_k)+Ce^{-t/\tau} \tag{6-3}$$

式中 $I_{k.m}$——短路电流周期分量幅值，$I_{k.m}=U_{ph.m}/|Z_\Sigma|$，其中 $|Z_\Sigma|=\sqrt{R_\Sigma^2+X_\Sigma^2}$，为短路电路的总阻抗［模］；

φ_k——短路电路的阻抗角，$\varphi_k=\arctan(X_\Sigma/R_\Sigma)$；

τ——短路电路的时间常数，$\tau=L_{\Sigma}/R_{\Sigma}$；

C——积分常数，由电路初始条件（$t=0$）来确定。

当 $t=0$ 时，由于短路电路存在着电感，因此电流不会突变，即 $i_0=i_{k0}$，故由正常负荷电流 $i=I_m\sin(\omega t-\varphi)$ 与式（6-3）中的 i_{kT} 相等，并代入 $t=0$，可求得积分常数

$$C=I_{k.m}\sin\varphi_k-I_m\sin\varphi \tag{6-4}$$

将上式代入式（6-3）即得短路电流

$$\begin{aligned}i_{kT}&=I_{k.m}\sin(\omega t-\varphi_k)+(I_{k.m}\sin\varphi_k-I_m\sin\varphi)e^{-t/\tau}\\&=i_k+i_{DC}\end{aligned} \tag{6-5}$$

式中　i_k——短路电流周期分量（也称交流分量）；

i_{DC}——短路电流非周期分量（也称直流分量）。

由上式可以看出：当 $t\to\infty$ 时（实际只经 10 个周期左右时间），$i_{DC}\to 0$，这时

$$i_{kT}=i_k=\sqrt{2}I_k\sin(\omega t-\varphi_k) \tag{6-6}$$

式中　I_k——短路稳态电流。

图 6-4 为远离发电机端发生三相短路前后电流、电压曲线。由图可以看出，短路电流在到达稳定值前，要经过一个暂态过程（或称短路瞬变过程）。这一暂态过程是短路电流非周期分量存在的那段时间。从物理概念上讲，短路电流周期分量是因短路后电路阻抗突然减小很多倍，而按欧姆定律应突然增大很多倍的电流；短路电流非周期分量则是因短路电路含有感抗，电路电流不能突变，而按楞次定律感应的用以维持短路初瞬间（$t=0$ 时）电流不致突变的一个反向衰减性电流。此电流衰减完毕后（一般经 $t\approx0.2s$），短路电流达到稳态。

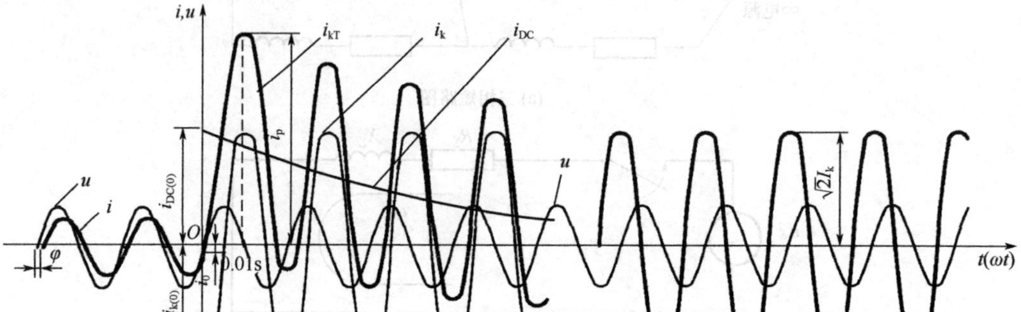

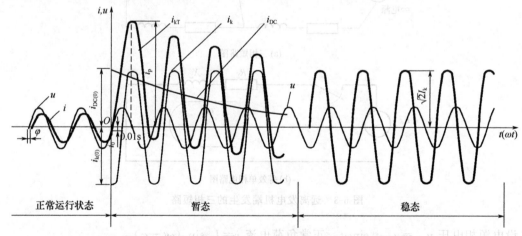

图 6-4　远离发电机端发生三相短路前后电流、电压曲线

（3）有关短路的物理量

① 短路电流周期分量　假设在电压 $u_{ph}=0$ 时发生三相短路，如图 6-4 所示。由式（6-5）可知，短路电流周期分量

$$i_k=I_{k.m}\sin(\omega t-\varphi_k) \tag{6-7}$$

由于短路电路的电抗一般远大于电阻，即 $X_{\Sigma}\gg R_{\Sigma}$，$\varphi_k=\arctan(X_{\Sigma}/R_{\Sigma})\approx90°$，因此短路初瞬间（$t=0$ 时）的短路电流周期分量

$$i_{k(0)}=-I_{k.m}=\sqrt{2}I''_k \tag{6-8}$$

其中，I''_k 为对称短路电流初始值（initial symmetrical short-circuit current），它是系统非故障元件的阻抗保持短路前瞬时值的预期（可达到的）短路电流的对称交流（周期）分量有效

值，也成为超瞬态短路电流。

短路发生后，开关电器将开断电路。开关电器的第一对触头分断瞬间，短路电流对称周期分量的有效值，称为对称开断电流（有效值）I_b。当在无限大容量系统中或远离发电机端短路时，短路电流周期分量不衰减，即 $I_b=I''_k$。

② 短路电流非周期分量　短路电流非周期分量是由于短路电路存在电感，用以维持短路瞬间的电流不致突变，而由电感上引起的自感电动势所产生的一个反向电流，如图 6-4 所示。由式（6-5）可知，短路电流非周期分量为

$$i_{DC}=(I_{k.m}\sin\varphi_k-I_m\sin\varphi)e^{-t/\tau} \tag{6-9}$$

由于 $\varphi_k=\arctan(X_\Sigma/R_\Sigma)\approx90°$，而 $I_m\sin\varphi\ll I_{k.m}$，故

$$i_{DC}\approx I_{k.m}e^{-t/\tau}=\sqrt{2}I''_k e^{-t/\tau} \tag{6-10}$$

其中，τ 为短路电路的时间常数，实际上就是使 i_{DC} 由最大值按指数函数衰减到最大值的 $1/e=0.3679$ 时所需的时间。

由于 $\tau=L_\Sigma/R_\Sigma=X_\Sigma/(314R_\Sigma)$，因此短路电路 $R_\Sigma=0$ 时，短路电流非周期分量 i_{DC} 将成为不衰减的直流电流。非周期分量 i_{DC} 与周期分量 i_k 叠加而得的短路全电流 i_{kT} 的曲线，将为一偏轴的等幅电流曲线。当然，这是不存在的，因为电路总有 R_Σ，所以非周期分量总要衰减，而且 R_Σ 越大，τ 越小，衰减越快。

③ 短路全电流　短路全电流为短路电流周期分量与非周期分量之和，即

$$i_{kT}=i_k+i_{DC} \tag{6-11}$$

某一瞬时 t 的短路全电流有效值 I_{kT}，是以时间 t 为中点的一个周期内的 i_k 有效值 I_k 与 i_{DC} 在 t 的瞬时值 $i_{DC(t)}$ 的方均根值，即

$$I_{kT}=\sqrt{I_k^2+i_{DC(t)}^2} \tag{6-12}$$

④ 短路冲击电流　短路冲击电流（peak short-circuit current）为预期（可达到的）短路电流的最大可能瞬时值。由图 6-4 所示短路全电流 i_{kT} 的曲线可以看出，短路后经半个周期（即 0.01s）达到最大值，此时的电流即为短路冲击电流。

短路电流峰值为

$$i_p=i_{k(0.01)}+i_{DC(0.01)}\approx\sqrt{2}I''_k(1+e^{-0.01/\tau}) \tag{6-13}$$

或

$$i_p\approx K_p\sqrt{2}I''_k \tag{6-14}$$

其中，K_p 为短路电流峰值（冲击）系数。

短路全电流 i_{kT} 的最大有效值是短路后第一个周期的短路电流有效值，用 I_p 表示，也可称为短路冲击电流有效值，用下式计算：

$$I_p=\sqrt{I_k^2+i_{DC(0.01)}^2}\approx\sqrt{I''^2_k+(\sqrt{2}I''_k e^{-0.01/\tau})^2} \tag{6-15}$$

或

$$I_p\approx I''_k\sqrt{1+2\ (K_p-1)^2} \tag{6-16}$$

由式（6-13）和式（6-14）可知

$$K_p=1+e^{-0.01/\tau}=1+e^{-\pi R_\Sigma/X_\Sigma} \tag{6-17}$$

当 $R_\Sigma\to0$ 时，则 $K_p\to2$，当 $X_\Sigma\to0$ 时，则 $K_p\to1$，因此 $1<K_p<2$。K_p 与 X_Σ/R_Σ 的关系曲线如图 6-5 所示。

在供配电工程设计中，K_p 的取值以及 i_p 和 I_p 的计算值如下。

在高压电路中发生三相短路时，一般总电抗较大（$R_\Sigma\ll X_\Sigma/3$），可取 $K_p=1.8$，因此 $i_p=2.55I''_k$，$I_p=1.51I''_k$。

在低压电路中发生三相短路时，一般总电阻较大（$R_\Sigma>X_\Sigma/3$），可取 $K_p=1.3$，因此

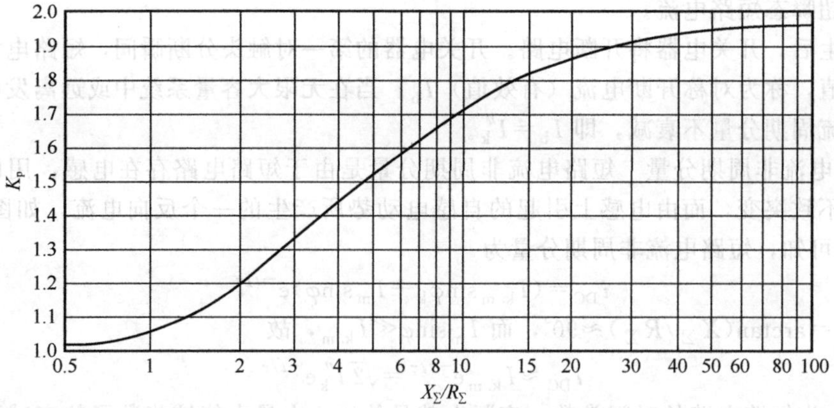

图 6-5 K_p 与 X_Σ/R_Σ 的关系曲线

$i_p = 1.84I''_k$，$I_p = 1.09I''_k$。

⑤ 稳态短路电流　稳态短路电流（steady-state short-circuit current）是指暂态过程结束以后的短路电流有效值，通常用 I_k 表示。当在无限大容量电力系统中或在远离发电机端短路时，短路电流周期分量不衰减，$I_k = I''_k$；当在有限容量电力系统中或在发电机近端短路时，电源母线电压在短路发生后的整个过程中不能维持恒定，短路电流交流分量随之发生变化。通常，稳态短路电流小于短路电流初始值，即 $I_k < I''_k$。

6.1.3 高压系统短路电流计算

为了计算短路电流，应先求出短路点以前的短路回路的总阻抗。在计算高压电网中的短路电流时，一般只计算各主要元件（发电机、变压器、架空线路、电抗器等）的电抗而忽略其电阻，只有当架空线路或电缆线较长时，并且使短路回路的总电阻大于总电抗的1/3时，才需要计算电阻。

计算短路电流时，短路回路中各元件的物理量可以用有名单位制表示，也可以用标幺制表示。在高压供电系统中，因为有很多高压等级，存在电抗的换算问题，所以在计算短路电流时，常常采用标幺制，可以简化计算。而在 1kV 以下的低压供电系统中，计算短路电流往往采用有名单位制。本节重点介绍标幺制。

6.1.3.1 标幺制

任意一个物理量对其基准值的比值称为标幺值，使用标幺值进行短路计算的方法称为标幺制，或称为“相对单位制”。标幺值通常是用小数或百分数的形式表示。因为它是同一单位的两个物理量的比值，所以没有单位。

当采用有名单位表示的容量 S、电压 U、电流 I、电抗 X 等物理量与相应的有名单位表示的“基准”容量 S_j、“基准”电压 U_j、“基准”电流 I_j、“基准”电抗 X_j 的比值，就是上述物理量的标幺值。各个字母标 * 号表示标幺值。下标 j 表示基准值。

容量标幺值　$S_* = S/S_j$　(6-18)

电压标幺值　$U_* = U/U_j$　(6-19)

电流标幺值　$I_* = I/I_j$　(6-20)

电抗标幺值　$X_* = X/X_j$　(6-21)

在工程计算中，通常首先选定基准容量 S_j 和基准电压 U_j，与其相应的基准电流 I_j 和基准电抗 X_j，在三相电力系统中可由下式导出：

$$I_j = S_j / (\sqrt{3}U_j) \tag{6-22}$$

$$X_j=U_j/\ (\sqrt{3}I_j)\ =U_j^2/S_j \tag{6-23}$$

在三相电力系统中，电路元件电抗的标幺值 X_* 可表示为

$$X_*=X/X_j=\sqrt{3}I_jX/U_j=S_jX/U_j^2 \tag{6-24}$$

基准容量可以任意选定。但为了计算方便，基准容量 S_j 一般取 100MV·A；如为有限电源容量系统，则可选取向短路点馈送短路电流的发电机额定总容量 $S_{r\Sigma}$ 作为基准容量。基准电压 U_j 应取各电压级平均电压（线电压）U_{av}，即 $U_j=U_{av}=1.05U_n$（U_n 为系统标称电压），对于标称电压为 220/380V 的电压级，则计入电压系数 c（1.05），即 $1.05U_n=$ 400V 或 0.4kV，常用基准值如表 6-1 所示。

表 6-1　常用基准值（S_j 取 100MV·A）

系统标称电压 U_n/kV	0.38	3	6	10	35	110
基准电压 $U_j=U_{av}$/kV	0.4	3.15	6.3	10.5	37	115
基准电流 I_j/kA	144.30	18.30	9.16	5.50	1.56	0.50

注：$U_j=U_{av}=1.05U_n$，但对于 0.38kV，则 $U_j=cU_n=1.05\times0.38=0.4$kV。

采用标幺值计算短路电路的总阻抗时，必须先将元件阻抗的有名值和相对值按同一基准容量换算为标幺值，而基准电压采用各元件所在级的平均电压。电路元件阻抗标幺值和有名值的换算公式见表 6-2。

6.1.3.2　有名单位制

用有名单位制（欧姆制）计算短路电路的总阻抗时，必须把各电压级所在元件阻抗的相对值和欧姆值，都归算到短路点所在级平均电压下的欧姆值，其换算公式见表 6-2。

表 6-2　电路元件阻抗标幺值和有名值的换算公式

<table>
<tr><th>序号</th><th>元件名称</th><th>标幺值</th><th>有名值</th><th>符号说明</th></tr>
<tr><td>1</td><td>同步电机（同步发电机或电动机）</td><td>$x''_{*d}=\frac{x''_d\%}{100}\times\frac{S_j}{S_r}=x''_d\frac{S_j}{S_r}$</td><td>$x''_d=\frac{x''_d\%}{100}\times\frac{U_r^2}{S_r}=x''_d\frac{U_r^2}{S_r}$</td><td rowspan="5">$S_r$——同步电机的额定容量，MV·A；
S_{rT}——变压器的额定容量，MV·A（对于三相绕组变压器，是指最大容量绕组的额定容量）；
x''_d——同步电动机的超瞬态电抗相对值；
$x''_d\%$——同步电动机的超瞬态电抗百分值；
$u_k\%$——变压器阻抗电压百分值；
$x_k\%$——电抗器的电抗百分值；
U_r——额定电压（指线电压），kV；
I_r——额定电流，kA；
X,R——线路每相电抗值、电阻值，Ω
S''_s——系统短路容量，MV·A；
S_j——基准容量，MV·A；</td></tr>
<tr><td>2</td><td>变压器</td><td>$R_{*T}=\Delta P\frac{S_j}{S_{rT}^2}\times10^{-3}$
$X_{*T}=\sqrt{Z_{*T}^2-R_{*T}^2}$
$Z_{*T}=\frac{u_k\%}{100}\times\frac{S_j}{S_{rT}}$
当电阻值允许忽略不计时
$X_{*T}=\frac{u_k\%}{100}\times\frac{S_j}{S_r}$</td><td>$R_T=\frac{\Delta P}{3I_r^2}\times10^{-3}$
$=\frac{\Delta PU_r^2}{S_{rT}^2}\times10^{-3}$
$X_T=\sqrt{Z_T^2-R_T^2}$
$Z_T=\frac{u_k\%}{100}\times\frac{U_r^2}{S_{rT}}$
当电阻值允许忽略不计时
$X_T=\frac{u_k\%}{100}\times\frac{U_r^2}{S_r}$</td></tr>
<tr><td>3</td><td>电抗器</td><td>$X_{*k}=\frac{x_k\%}{100}\times\frac{U_r}{\sqrt{3}I_r}\times\frac{S_j}{U_j^2}$
$=\frac{x_k\%}{100}\times\frac{U_r}{I_r}\times\frac{I_j}{U_j}$</td><td>$X_k=\frac{x_k\%}{100}\times\frac{U_r}{\sqrt{3}I_r}$</td></tr>
<tr><td>4</td><td>线路</td><td>$X_*=X\frac{S_j}{U_j^2}$
$R_*=R\frac{S_j}{U_j^2}$</td><td></td></tr>
<tr><td>5</td><td>电力系统（已知短路容量 S''_s）</td><td>$X_{*s}=\frac{S_j}{S''_s}$</td><td>$X_s=\frac{U_j^2}{S''_s}$</td></tr>
</table>

续表

序号	元件名称	标幺值	有名值	符号说明
6	基准电压相同，从某一基准容量 S_{j1} 下的标幺值 X_{*1} 换算到另一基准容量 S_j 下的标幺值 X_*	$X_*=X_{*1}\dfrac{S_j}{S_{j1}}$		I_j——基准电流，kA；ΔP——变压器短路损耗，kW；U_j——基准电压，kV（对于发电机实际是设备电压）
7	将电压 U_{j1} 下的电抗值 X_1 换算到另一电压 U_{j2} 下的电抗值 X_2		$X_2=X_1\dfrac{U_{j2}^2}{U_{j1}^2}$	

6.1.3.3 网络变换

网络变换的目的是简化短路电路，以求得电源至短路点间的等值总阻抗。标幺制和有名单位制的常用电抗网络变换公式完全相同，详见表 6-3。在简化短路电路过程中，如果各电路元件的电抗和电阻均需计入，则简化过程比较复杂。

表 6-3 常用电抗网络变换公式

<table>
<tr><th>原网络</th><th>变换后的网络</th><th>换算公式</th></tr>
<tr><td>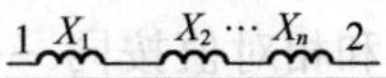
</td><td>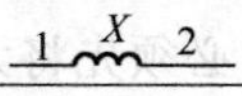
</td><td>$X=X_1+X_2+\cdots+X_n$</td></tr>
<tr><td>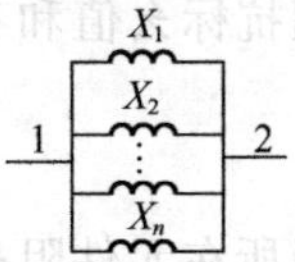
</td><td>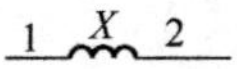
</td><td>$X=\dfrac{1}{\dfrac{1}{X_1}+\dfrac{1}{X_2}+\cdots+\dfrac{1}{X_n}}$
当只有两个支路时
$X=\dfrac{X_1X_2}{X_1+X_2}$</td></tr>
<tr><td>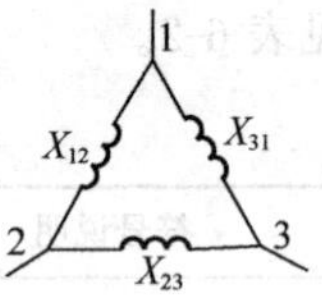
</td><td>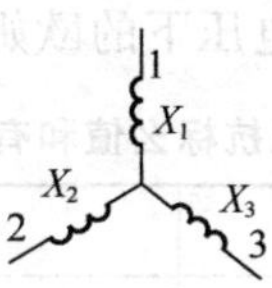
</td><td>$X_1=\dfrac{X_{12}X_{31}}{X_{12}+X_{23}+X_{31}}$
$X_2=\dfrac{X_{12}X_{23}}{X_{12}+X_{23}+X_{31}}$
$X_3=\dfrac{X_{23}X_{31}}{X_{12}+X_{23}+X_{31}}$</td></tr>
<tr><td>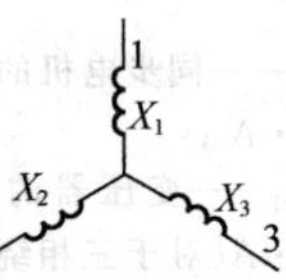
</td><td>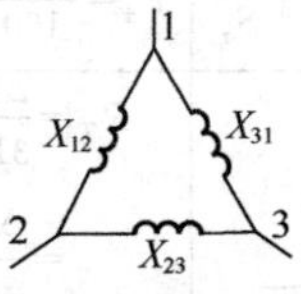
</td><td>$X_{12}=X_1+X_2+\dfrac{X_1X_2}{X_3}$
$X_{23}=X_2+X_3+\dfrac{X_2X_3}{X_1}$
$X_{31}=X_3+X_1+\dfrac{X_3X_1}{X_2}$</td></tr>
<tr><td>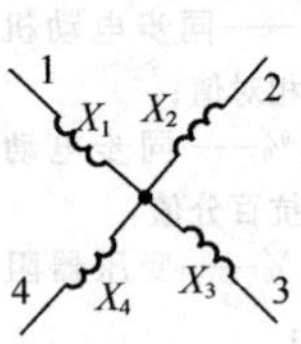
</td><td>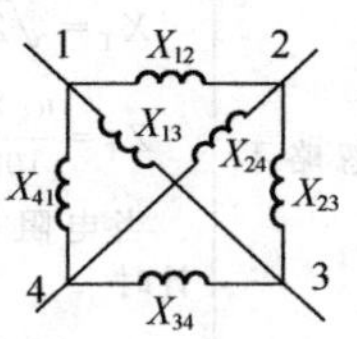
</td><td>$X_{12}=X_1X_2\Sigma Y$
$X_{23}=X_2X_3\Sigma Y$
$X_{24}=X_2X_4\Sigma Y$
·
·
·
式中 $\Sigma Y=\dfrac{1}{X_1}+\dfrac{1}{X_2}+\dfrac{1}{X_3}+\dfrac{1}{X_4}$</td></tr>
<tr><td>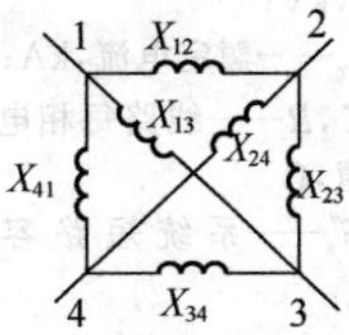
</td><td>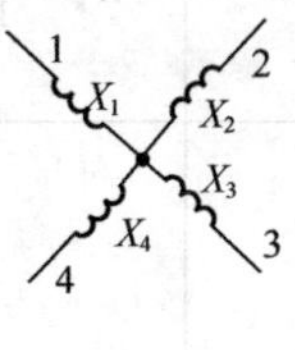
</td><td>$X_1=\dfrac{1}{\dfrac{1}{X_{12}}+\dfrac{1}{X_{13}}+\dfrac{1}{X_{41}}+\dfrac{X_{24}}{X_{12}X_{41}}}$
$X_2=\dfrac{1}{\dfrac{1}{X_{12}}+\dfrac{1}{X_{23}}+\dfrac{1}{X_{24}}+\dfrac{X_{13}}{X_{12}X_{23}}}$
$X_3=\dfrac{1}{1+\dfrac{X_{12}}{X_{23}}+\dfrac{X_{12}}{X_{24}}+\dfrac{X_{13}}{X_{23}}}$
$X_4=\dfrac{1}{1+\dfrac{X_{12}}{X_{13}}+\dfrac{X_{12}}{X_{41}}+\dfrac{X_{24}}{X_{41}}}$</td></tr>
</table>

当电路元件为串联时，则总电抗和总电阻分别计算如下：

$$X_{\Sigma}=X_1+X_2+\cdots+X_n\ (\Omega) \tag{6-25}$$

$$R_{\Sigma}=R_1+R_2+\cdots+R_n\ (\Omega) \tag{6-26}$$

当两个电路元件为并联时，若两个并联元件的电阻与电抗的比值比较接近时，则并联电路的总电阻和总电抗可按并联公式分别计算。

当$R_1/X_1 \approx R_2/X_2$时，则

$$X_{\Sigma}=X_1X_2/(X_1+X_2) \tag{6-27}$$

$$R_{\Sigma}=R_1R_2/(R_1+R_2) \tag{6-28}$$

6.1.3.4 高压系统电路元件的阻抗

（1）同步电机

同步电机的阻抗参数由电机制造厂提供。若数据缺少时，在近似计算中，亦可采用表6-4中所列的各类同步电机的电抗平均值。

表6-4 各类同步电机的电抗平均值

序号	同步发电机类型	x''_d或$x_{(1)}$/%	$x_{(2)}$/%	$x_{(0)}$/%
1	汽轮发电机：≤50MW	14.5	17.5	7.5
	汽轮发电机：100～125MW	17.5	21.0	8.0
	汽轮发电机：200MW	14.5	17.5	8.5
	汽轮发电机：300MW	17.2	19.8	8.4
2	水轮发电机：无阻尼绕组时	29.0	45.0	11.0
	水轮发电机：有阻尼绕组时	21.0	21.5	9.5
3	同步调相机	16.0	16.5	8.5
4	同步电动机	15.0	16.0	8.0

注：$x_{(1)}$、$x_{(2)}$和$x_{(0)}$分别表示正序电抗相对值、负序电抗相对值和零序电抗相对值。

（2）异步电动机

高、低压异步电动机的超瞬态电抗相对值x''_d可按下式计算：

$$x''_d=1/K_{qM} \tag{6-29}$$

式中 K_{qM}——异步电动机的启动电流倍数，由产品样本查得。

（3）电力变压器

三相双绕组电力变压器的电抗标幺值可按表6-2中有关公式计算。表6-5列出了常用规格三相双绕组变压器的电抗标幺值（S_j=100MV·A）。

三相三绕组电力变压器每个绕组的电抗百分值按下列公式计算：

$$x_1\%=(u_{k12}\%+u_{k13}\%-u_{k23}\%)/2 \tag{6-30}$$

$$x_2\%=(u_{k12}\%+u_{k23}\%-u_{k13}\%)/2 \tag{6-31}$$

$$x_3\%=(u_{k13}\%+u_{k23}\%-u_{k12}\%)/2 \tag{6-32}$$

式中 $u_{k12}\%$，$u_{k13}\%$，$u_{k23}\%$——每对绕组的阻抗电压百分值，其间相互关系见图6-6。

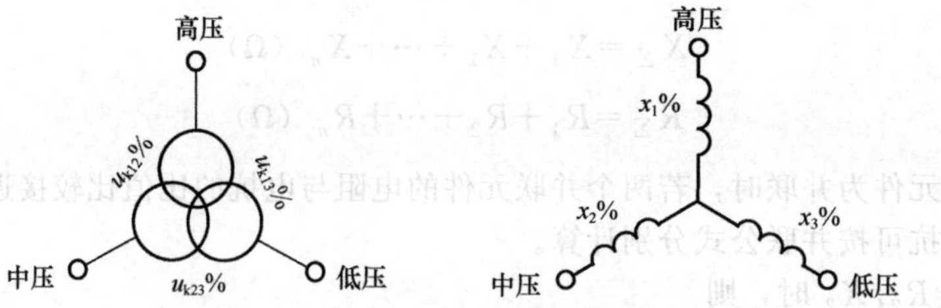

图 6-6　三相三绕组变压器等值变换

表 6-5　三相双绕组电力变压器的电抗标幺值

变压器容量 /kV·A	阻抗电压/%	电抗标幺值 (S_j=100MV·A)	变压器容量 /kV·A	阻抗电压/%	电抗标幺值 (S_j=100MV·A)
35kV /10.5(6.3)kV			16000		0.66
1000		6.50	20000	10.5	0.53
1250		5.20	25000		0.42
1600	6.5	4.06	10kV/6.3(3.15)kV		
2000		3.25	200		20.00
2500		2.60	250		16.00
3150		2.22	315	4	12.70
4000	7	1.75	400		10.00
5000		1.40	500		8.00
6300		1.19	630	4.5	8.73
8000	7.5	0.94	800		6.88
10000		0.75	1000		5.50
12500		0.64	1250		4.40
16000	8	0.50	1600		3.44
20000		0.40	2000		2.75
110kV/10.5(6.3)kV			2500	5	2.20
6300		1.67	3150		1.75
8000	10.5	1.31	4000		1.38
10000		1.05	5000		1.10
12500		0.84	3600		0.87

110kV 级 6300～25000kV·A、三相三绕组电力变压器每个绕组的电抗标幺值见表 6-6。

（4）电抗器

电抗器的电抗标幺值及有名值的计算见表 6-2。

（5）高压线路

对计算要求不十分精确时，可采用表 6-7 所列各种线路电抗的近似值。如果要求比较精确，则可查阅相关专业资料或产品资料。

表 6-6 110kV三相三绕组电力变压器的电抗标幺值

变压器容量/kV·A			6300	8000	10000	12500	16000	20000	25000	变压器容量/kV·A	
按阻抗电压 u_k%的第一种组合方式	阻抗电压 u_k%	高中	17	17.5	17	18	18	18	18	高中	按阻抗电压 u_k%的第二种组合方式
		高低	10.5	10.5	10.5	10.5	10.5	10.5	10.5	高低	
		中低	6	6	6	6.5	6.5	6.5	6.5	中低	
	绕组电抗 x(%)	高压	10.75	10.75	10.75	11	11	11	11	高压	
		中压	6.25	6.25	6.25	7	7	7	7	中压	
		低压	−0.25	−0.25	−0.25	−0.50	−0.50	−0.50	−0.50	低压	
	S_j = 100 MV·A时绕组电抗标幺值 X_*	高压	1.706	1.334	1.075	0.880	0.688	0.550	0.440	高压	
		中压	0.992	0.884	0.625	0.560	0.438	0.350	0.280	中压	
		低压	−0.040	−0.031	−0.025	−0.04	−0.031	−0.025	−0.02	低压	

表 6-7 高压线路每千米电抗近似值

线路种类	标称电压 U_n/kV	电抗 X/(Ω/km)	电抗标幺值 X_* (S_j=100MV·A)
电缆线路	6	0.07	0.176
	10	0.08	0.073
	35	0.12	0.009
架空线路	6	0.35	0.882
	10	0.35	0.317
	35	0.40	0.029
	110	0.40	0.003

注：计算电抗标幺值时，所采用的基准电压 U_j 分别为 6.3kV、10.5kV、37kV 和 115kV。

6.1.3.5 高压系统短路电流计算方法

高压系统短路电流计算包括：远端短路和近端短路的三相短路电流初始值 I''_k 的计算。在一般情况下，高压系统短路属于远端短路，所以本书着重讲述远端短路的三相短路电流初始值 I''_k 的计算条件及其计算方法。

(1) 计算条件

① 短路前三相系统是正常运行情况下的接线方式，不考虑仅在切换过程中短时出现的接线方式。

② 设定短路回路各元件的磁路系统为不饱和状态，即认为各元件的感抗为一常数。若电网电压在 6kV 以上时，除电缆线路应考虑电阻外，网络阻抗一般可视为纯电抗（略去电阻）；若短路电路中总电阻 R_Σ 大于总电抗 X_Σ 的 1/3，则应计入其有效电阻。

③ 电路电容和变压器的励磁电流略去不计。

④ 在短路持续时间内，短路相数不变，如三相短路保持三相短路，单相接地短路保持单相接地短路。

⑤ 电力系统中所有发电机电势相角都认为相同（大多数情况下相角很接近）。

⑥ 对于同类型的发电机，当它们对短路点的电气距离比较接近时，则假定它们的超瞬态电势的大小和变化规律相同。因此，可以用超瞬态网络（发电机用超瞬态电抗 x''_d 来代表）进行网络化简，并将这些发电机合并成一台等值发电机。

⑦ 具有分接开关的变压器，其开关位置视为在主分接位置。

⑧ 电力系统为对称的三相系统。负荷只作近似的估计，并用恒定阻抗来代表。

(2) 远端短路的单电源馈电的三相短路电流初始值 I''_k 的计算

远离发电机端的网络发生短路时，即以电源容量为基准的计算电抗 $X_c^* \geqslant 3$ 时，短路电流交流分量在整个短路过程不发生衰减，即 $I''_k = I_{0.2} = I_k$，其计算方法有以下两种。

① 用标幺制计算　用标幺制计算时，三相短路电流初始值 I''_k 按下式计算：

$$I_{*k} = S_{*k} = I''_* = 1/X_{*c} \tag{6-33}$$

$$I''_k = I_{*k} I_j = I''_* I_j = I_j / X_{*c} \tag{6-34}$$

$$S_k = S_{*k} S_j = I_{*k} S_j = I''_* S_j = S_j / X_{*c} \tag{6-35}$$

式中　I_{*k}——短路电流交流分量有效值的标幺值；

S_{*k}——短路容量标幺值；

X_{*c}——短路电路总电抗（计算电抗）标幺值；

I''_k——短路电流初始值，kA；

S_k——短路容量，MV·A；

I_j——基准电流，kA；

S_j——基准容量，MV·A。

② 用有名单位制计算　用有名单位制计算时，三相短路电流初始值 I''_k 按下式计算：

$$I_k = I''_k = \frac{U_{av}}{\sqrt{3} X_c} \ (\text{kA}) \tag{6-36}$$

如果 $R_c > X_c/3$，则应计入有效电阻 R_c，I''_k 按下式计算：

$$I_k = I''_k = \frac{U_{av}}{\sqrt{3} Z_c} = \frac{U_{av}}{\sqrt{3}\sqrt{R_c^2 + X_c^2}} \ (\text{kA}) \tag{6-37}$$

式中　U_{av}——短路点所在级的网络平均电压（见表 6-1），kV；

Z_c——短路电路总阻抗，Ω；

R_c——短路电路总电阻，Ω；

X_c——短路电路总电抗，Ω。

(3) 远端短路的多电源馈电的三相短路电流初始值 I''_k 的计算

当一个网络是由参数条件悬殊的多个电源供电，则在绘制短路电流计算网络时，应将参数条件相近的电源合并，分成几个等效电源组。然后分别算出各等效电源组向短路点提供的短路电流，最后将各组提供的短路电流相加，即得到通过短路点的全部短路电流。电源参数条件是指发电机形式、电源容量以及电源至短路点的阻抗大小等。

6.1.4 低压系统短路电流计算

6.1.4.1 低压网络电路元件阻抗的计算

在计算三相短路电流时，元件阻抗指的是元件的相阻抗，即相正序阻抗。因为已经假定系统是对称的，发生三相短路时只有正序分量，所以不需特别提出序阻抗的概念。

在计算单相短路（同时包括单相接地故障）电流时，则必须提出序阻抗和相保阻抗的概念。在低压网络中发生不对称短路时，由于短路点离发电机较远，因此可以认为所有组件的负序阻抗等于正序阻抗，即等于相阻抗。

TN 接地系统低压网络的零序阻抗等于相线的零序阻抗与 3 倍保护线（即 PE、PEN 线）的零序阻抗之和，即

$$\left.\begin{aligned}\dot{Z}_{(0)}&=\dot{Z}_{(0)\cdot \mathrm{ph}}+3\dot{Z}_{(0)\cdot \mathrm{p}}\\ R_{(0)}&=R_{(0)\cdot \mathrm{ph}}+3R_{(0)\cdot \mathrm{p}}\\ X_{(0)}&=X_{(0)\cdot \mathrm{ph}}+3X_{(0)\cdot \mathrm{p}}\end{aligned}\right\} \tag{6-38}$$

TN 接地系统低压网络的相保阻抗与各序阻抗的关系可从下式求得

$$\left.\begin{aligned}Z_{\mathrm{ph}\cdot \mathrm{p}}&=\frac{\dot{Z}_{(1)}+\dot{Z}_{(2)}+\dot{Z}_{(0)}}{3}\\ R_{\mathrm{ph}\cdot \mathrm{p}}&=\frac{R_{(1)}+R_{(2)}+R_{(0)}}{3}=\frac{2R_{(1)}+R_{(0)}}{3}\\ X_{\mathrm{ph}\cdot \mathrm{p}}&=\frac{X_{(1)}+X_{(2)}+X_{0}}{3}=\frac{2X_{(1)}+X_{(0)}}{3}\end{aligned}\right\} \tag{6-39}$$

(1) 高压侧系统阻抗

在计算 220/380V 网络短路电流时，变压器高压侧系统阻抗需要计入。若已知高压侧系统短路容量为 S''_{s}，则归算到变压器低压侧的高压系统阻抗可按下式计算：

$$Z_{\mathrm{s}}=\frac{(cU_{\mathrm{n}})^2}{S''_{\mathrm{s}}}\times 10^3\ (\mathrm{m}\Omega) \tag{6-40}$$

如果不知道其电阻 R_{s} 和电抗 X_{s} 的确切数值，可以认为

$$R_{\mathrm{s}}=0.1X_{\mathrm{s}} \tag{6-41}$$

$$X_{\mathrm{s}}=0.995Z_{\mathrm{s}} \tag{6-42}$$

式中 U_{n}——变压器低压侧标称电压，0.38kV；

c——电压系数，计算三相短路电流时取 1.05；

S''_{s}——变压器高压侧系统短路容量，MV·A；

R_{s}，X_{s}，Z_{s}——归算到变压器低压侧的高压系统电阻、电抗、阻抗，mΩ。

至于零序阻抗，Dyn11 和 Yyn0 连接的配电变压器，当低压侧发生单相短路时，由于低压侧绕组零序电流不能在高压侧流通，高压侧对于零序电流相当于开路状态，故在计算单相接地短路时视若无此阻抗。表 6-8 列出了 10（6）kV/0.4kV 配电变压器高压侧系统短路容量与高压侧阻抗、相保阻抗（归算到 400V）的数值关系。

(2) 10（6）kV/0.4kV 三相双绕组配电变压器的阻抗

配电变压器正序阻抗可按式（6-43）～式（6-46）有关公式计算，变压器的负序阻抗等于正序阻抗。Yyn0 连接的变压器的零序阻抗比正序阻抗大得多，其值由制造厂提供；Dyn11 连接变压器的零序阻抗没有测试数据时，可取其值等于正序阻抗值，即相阻抗。

$$R_{\mathrm{T}}=\frac{\Delta P}{3I_{\mathrm{r}}^2}\times 10^{-3}=\frac{\Delta PU_{\mathrm{r}}^2}{S_{\mathrm{rT}}^2}\times 10^{-3} \tag{6-43}$$

表 6-8　10（6）kV/0.4kV 变压器高压侧系统短路容量与高压侧阻抗、相保阻抗（归算到 400V）的数值关系　单位：mΩ

高压侧短路容量 S''_s/MV·A	10	20	30	50	75	100	200	300	∞
Z_s①	16.0	8.00	5.33	3.20	2.13	1.60	0.80	0.53	0
X_s②	15.92	7.96	5.30	3.18	2.12	1.59	0.80	0.53	0
R_s②	1.59	0.80	0.53	0.32	0.21	0.16	0.08	0.05	0
$R_{php \cdot s}$③	1.06	0.53	0.35	0.21	0.14	0.11	0.05	0.03	0
$X_{php \cdot s}$③	10.61	5.31	3.53	2.12	1.14	1.06	0.53	0.35	0

① 系统阻抗 $Z_s=\frac{U_{av}^2}{S''_s}\times10^3=\frac{160}{S''_s}$（mΩ），$U_{av}$——系统平均电压。

② 系统电抗 $X_s=0.995Z_s$，系统电阻 $R_s=0.1X_s$。

③ 对于 Dyn11 或 Yyn0 连接变压器，零序电流不能在高压侧流通，故不计入高压侧的零序阻抗 $R_{(0)\cdot s}$、$X_{(0)\cdot s}$，即：

相保电阻　$R_{php \cdot s}=\frac{1}{3}[R_{(1)\cdot s}+R_{(2)\cdot s}+R_{(0)\cdot s}]=\frac{2R_{(1)\cdot s}}{3}=\frac{2R_s}{3}$（mΩ）

相保电抗　$X_{php \cdot s}=\frac{1}{3}[X_{(1)\cdot s}+X_{(2)\cdot s}+X_{(0)\cdot s}]=\frac{2X_{(1)\cdot s}}{3}=\frac{2X_s}{3}$（mΩ）

$$X_T=\sqrt{Z_T^2-R_T^2} \tag{6-44}$$

$$Z_T=\frac{u_k\%}{100}\times\frac{U_r^2}{S_r} \tag{6-45}$$

当电阻值允许忽略不计时

$$X_T=\frac{u_k\%}{100}\times\frac{U_r^2}{S_r} \tag{6-46}$$

式中　S_{rT}——变压器的额定容量，MV·A（对于三绕组变压器，是指最大容量绕组的额定容量）；

ΔP——变压器短路损耗，kW；

$u_k\%$——变压器阻抗电压百分值；

U_r——额定电压（指线电压），kV；

I_r——额定电流，kA。

（3）低压配电线路的阻抗

① 导线电阻计算

a. 导线直流电阻 R_θ

$$R_\theta=\rho_\theta C_j\frac{L}{A}\ (\Omega) \tag{6-47}$$

$$\rho_\theta=\rho_{20}[1+\alpha(\theta-20)]\ (\Omega\cdot cm) \tag{6-48}$$

式中　L——线路长度，m；

A——导线截面积，mm^2；

C_j——绞入系数，单股导线为 1，多股导线为 1.02；

ρ_{20}——导线温度为 20℃时的电阻率［铝线芯（包括铝电线、铝电缆、硬铝母线）为 0.0282Ω·μm（或 $0.0282\times10^{-4}\Omega\cdot cm$），铜线芯（包括铜电线、铜电缆、硬铜母线）为 0.0172Ω·μm（即 $0.0172\times10^{-4}\Omega\cdot cm$）］；

ρ_θ——导线温度为θ℃时的电阻率，Ω·μm（或$\times10^{-4}\Omega\cdot cm$）；

α——电阻温度系数，铝和铜都取 0.004；

θ——导线实际工作温度，℃。

b. 导线交流电阻

$$R_j = K_{jf} K_{lj} R_\theta \ (\Omega) \tag{6-49}$$

$$K_{jf} = \frac{r^2}{\delta \ (2r - \delta)} \tag{6-50}$$

$$\delta = 5030 \sqrt{\frac{\rho_\theta}{\mu f}} \ (\text{cm}) \tag{6-51}$$

式中 R_θ——导线温度为θ℃时的直流电阻值，Ω；

K_{jf}——集肤效应系数，电线的 K_{jf} 可用式（6-50）计算（当频率为 50Hz、芯线截面积不超过 240mm² 时，K_{jf} 均为 1)，当 $\delta \geqslant r$ 时，$K_{jf}=1$，母线的 K_{jf} 见表 6-9；

K_{lj}——邻近效应系数，电线 K_{lj} 可从图 6-7 曲线求取，母线的 K_{lj} 取 1.03；

ρ_θ——导线温度为 θ℃时的电阻率（见表 6-10)，Ω · cm；

r——线芯半径，cm；

δ——电流透入深度，cm，因集肤效应使电流密度沿导线横截面的径向按指数函数规律分布，工程上把电流可等效地看作仅在导线表面 δ 厚度中均匀分布，不同频率时的电流渗入深度 δ 值见表 6-11；

μ——相对磁导率，对于有色金属导线为 1；

f——频率，Hz。

表 6-9 母线的集肤效应系数 K_{jf}（50Hz）

母线尺寸(宽×厚)/mm×mm	铝	铜	母线尺寸(宽×厚)/mm×mm	铝	铜
31.5×4	1.00	1.005	63×8	1.03	1.09
40×4	1.005	1.011	80×8	1.07	1.12
40×5	1.005	1.018	100×8	1.08	1.16
50×5	1.008	1.028	125×8	1.112	1.22
50×6.3	1.01	1.04	63×10	1.08	1.14
63×6.3	1.02	1.055	80×10	1.09	1.18
80×6.3	1.03	1.09	100×10	1.13	1.23
100×6.3	1.06	1.14	125×10	1.18	1.25

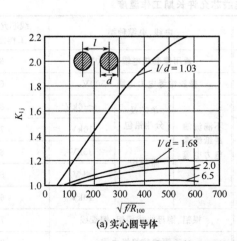

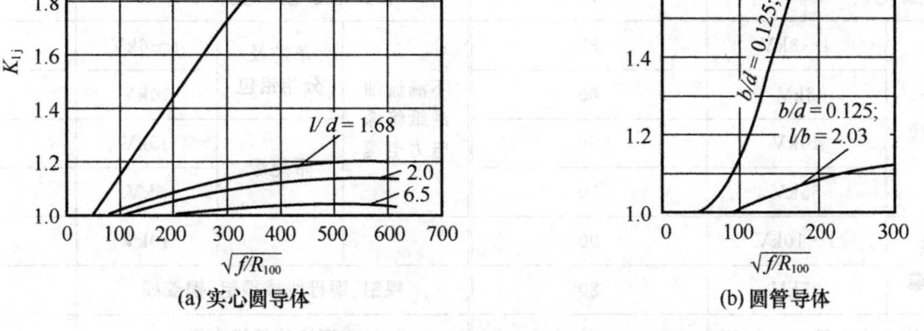

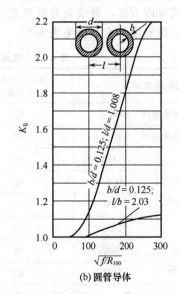

图 6-7 实心圆导体和圆管导体的邻近效应系数曲线

f—频率，Hz；R_{100}—长 100m 的电线、电缆在运行温度时的电阻，Ω

(b) 圆管导体

表 6-10　导线温度为 θ℃时的电阻率 ρ_θ 值　　单位：$\Omega \cdot cm$

导线类型	绝缘电线、聚氯乙烯绝缘电缆	裸母线、裸绞线	1kV 油浸纸绝缘电力电缆
线芯工作温度/℃	60	65	75
铝	3.271×10^{-6}	3.328×10^{-6}	3.440×10^{-6}
铜	1.995×10^{-6}	2.030×10^{-6}	2.098×10^{-6}

表 6-11　不同频率时的电流透入深度 δ 值　　单位：cm

频率/Hz	铝			铜		
	60℃	65℃	75℃	60℃	65℃	75℃
50	1.349	1.361	1.383	1.039	1.048	1.066
300	0.551	0.555	0.565	0.424	0.428	0.435
400	0.477	0.481	0.489	0.367	0.371	0.377
500	0.427	0.430	0.437	0.329	0.331	0.377
1000	0.302	0.304	0.309	0.232	0.234	0.238

c. 导线实际工作温度　线路通过电流后，导线会产生温升，线路在对应工作温度下的电阻值与通过电流大小（即负荷率）有密切关系。由于供电对象不同，各种线路中的负荷率也各不相同，因此导线实际工作温度往往不相同，在合理计算线路电压损失时，应首先求得导线的实际工作温度。

电线、电缆的实际工作温度可按下式估算：

$$\theta=(\theta_n-\theta_\alpha)K_p^2+\theta_\alpha=\Delta\theta_C K_p^2+\theta_\alpha \tag{6-52}$$

式中　θ——电线、电缆线芯的实际工作温度，℃；

θ_n——电线、电线线芯允许长期工作温度（其值见表 6-12），℃；

θ_α——敷设处的环境温度，℃，我国幅员辽阔，环境温度差异较大，为实用和编制表格的方便，通常采用室内 35℃，室外 40℃；

$\Delta\theta_C$——导线允许温升，℃。

由上式可以看出，导线温升近似地与负荷率的平方成正比。电线、电缆在不同负荷率 K_p 时的实际工作温度 θ 推荐值见表 6-13。

表 6-12　电线、电缆线芯允许长期工作温度

<table>
<tr><th colspan="2">电线、电缆种类</th><th>线芯允许长期工作温度/℃</th><th colspan="3">电线、电缆种类</th><th>线芯允许长期工作温度/℃</th></tr>
<tr><td colspan="2">橡胶绝缘电线　500V</td><td>65</td><td colspan="3">通用橡套软电缆　500V</td><td>65</td></tr>
<tr><td colspan="2">塑料绝缘电线　500V</td><td>70</td><td colspan="3">橡胶绝缘电力电缆　500V</td><td>65</td></tr>
<tr><td rowspan="4">黏性油浸纸绝缘电力电缆</td><td>1～3kV</td><td>80</td><td rowspan="5">不滴流油浸纸绝缘电力电缆</td><td rowspan="3">单芯及分相铅包</td><td>1～6kV</td><td>80</td></tr>
<tr><td>6kV</td><td>65</td><td>10kV</td><td>70</td></tr>
<tr><td>10kV</td><td>60</td><td>35kV</td><td>80</td></tr>
<tr><td>35kV</td><td>50</td><td rowspan="2">带绝缘</td><td>6kV</td><td>65</td></tr>
<tr><td rowspan="2">交联聚乙烯绝缘电力电缆</td><td>1～10kV</td><td>90</td><td>10kV</td><td>65</td></tr>
<tr><td>35kV</td><td>80</td><td colspan="3">裸铝、铜母线或裸铝、铜绞线</td><td>70</td></tr>
<tr><td colspan="2">聚氯乙烯绝缘电力电缆 1～6kV</td><td>70</td><td colspan="3">乙丙橡胶绝缘电缆</td><td>90</td></tr>
</table>

② 导线电抗计算　配电工程中，架空线各相导线一般不换位，为简化计算，假设各相电抗相等。另外，由于容抗对感抗而言，正好起抵消的作用，虽然有些电缆线路其容抗值不小，但为了简化计算，线路容抗常可忽略不计，因此，导线电抗值实际上只计入感抗值。

表 6-13　电线、电缆在不同负荷率 K_p 时的实际工作温度 θ 推荐值

电压等级	线路形式	K_p	θ/℃
6～35kV	室外架空线	0.6～0.7	55
220/380V	室外架空线	0.7～0.8	60
10～35kV	油浸纸绝缘电缆	0.8～0.9	55
6kV	油浸纸绝缘电缆	0.8～0.9	60
6kV	聚氯乙烯绝缘电缆	0.8～0.9	60
1～10kV	交联聚乙烯绝缘电缆	0.8～0.9	80
≤1kV	油浸纸绝缘电缆	0.8～0.9	75
≤1kV	聚氯乙烯绝缘电缆	0.8～0.9	60
220/380V	室内明线及穿管绝缘线	0.8～0.9	60
220/380V	照明线路	0.6～0.7	50
220/380V	母线	0.8～0.9	65

电线、母线和电缆的感抗按下式计算：

$$X'=2\pi fL' \tag{6-53}$$

$$L'=\left(2\ln\frac{D_j}{r}+0.5\right)\times10^{-4}=2\left(\ln\frac{D_j}{r}+\ln e^{0.25}\right)\times10^{-4}=2\times10^{-4}\ln\frac{D_j}{re^{-0.25}}$$

$$=4.6\times10^{-4}\lg\frac{D_j}{0.778r}=4.6\times10^{-4}\lg\frac{D_j}{D_z} \tag{6-54}$$

当 $f=50$Hz 时，式（6-53）可简化为

$$X'=0.1445\lg\frac{D_j}{D_z} \tag{6-55}$$

式中　X'——线路每相单相长度的感抗，Ω/km；

f——频率，Hz；

L'——电线、母线或电缆每相单位长度的电感量，H/km；

D_j——几何均距，cm，对于架空线和母线为 $\sqrt[3]{D_{AB}D_{BC}D_{CA}}$，见图 6-8 和图 6-9，穿管电线及圆形线芯的电缆为 $d+2\delta$，扇形线芯的电缆为 $h+2\delta$，见图 6-10；

r——电线或圆形线芯电缆主线芯的半径，cm；

d——电线或圆形线芯电缆主线芯的直径，cm；

D_z——线芯自几何均距或等效半径，cm，其值见表 6-14；

δ——穿管电线或电缆主线芯的绝缘厚度，cm；

h——扇形线芯电缆主线芯的压紧高度，cm。

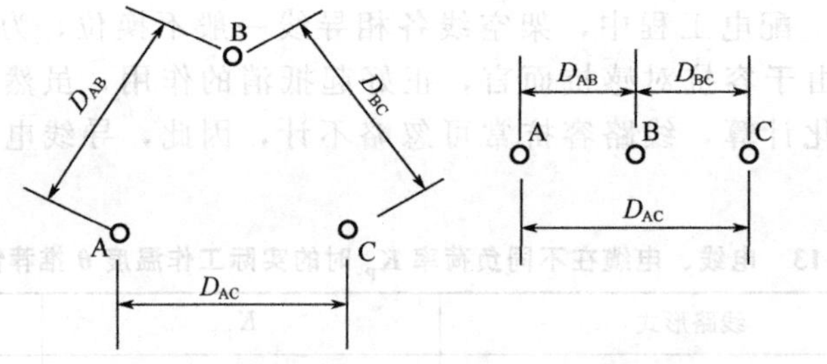

(a) 三线制导线三角形排列　　(b) 三线制导线水平排列

(c) 四线制导线水平排列之一　　(d) 四线制导线水平排列之二

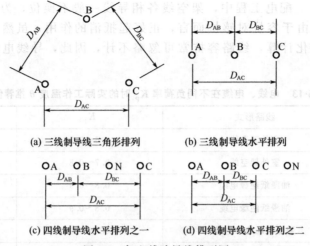

图 6-8　架空线路导线排列图

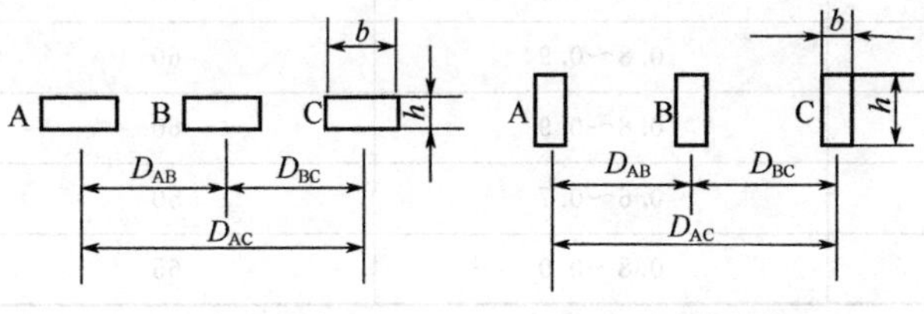

(a) 母线平放　　(b) 母线竖放

图 6-9　母线排列图

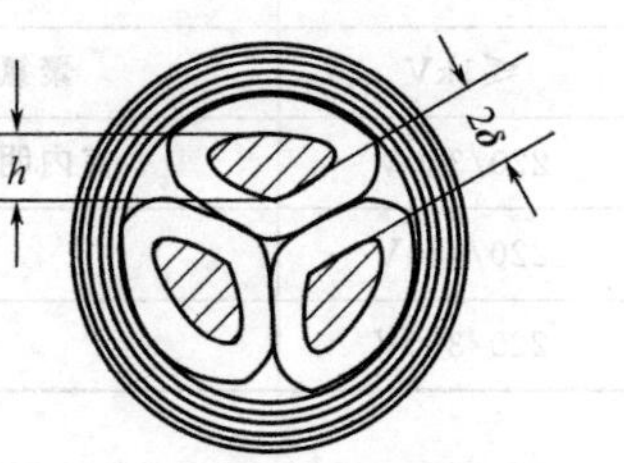

图 6-10　电缆扇形线芯排列图

表 6-14　线芯自几何均距 D_z 值

线芯结构	线芯截面积范围/mm^2	D_z	线芯结构	线芯截面积范围/mm^2	D_z
实心圆导体	绝缘电线≤6 10kV 及以下三芯电缆≤16	$0.389d$	37 股	TJ-185-300 LJ-300-500 绝缘电线 120～185	$0.384d$
3 股	LJ-10	$0.339d$	≤10kV 线芯为 120°压紧扇形的三芯电缆	≥25	$0.439\sqrt{S}$
7 股	TJ-10-50 LJ-16-70 绝缘电线 10～35	$0.363d$			
19 股	TJ-70-150 LJ-95-240 绝缘电线 50～95	$0.379d$	矩形母线	—	$0.224(b+h)$

注：d——线芯外径，cm；S——电缆标称截面积，cm^2；b——母线厚，cm；h——母线宽，cm。

铠装电缆和电缆穿钢管，由于钢带（丝）或钢管的影响，相当于导体间的间距增加 15%～30%，使感抗约增加 1%，因数值差异不大，通常可忽略不计。

③ 线路零序阻抗的计算　各种形式的低压配电线路的零序阻抗 $Z_{(0)}$ 均可由下式计算：

$$|\dot{Z}_{(0)}|=|\dot{Z}_{(0)\cdot ph}+3\dot{Z}_{(0)\cdot p}|=\sqrt{[R_{(0)\cdot ph}+3R_{(0)\cdot p}]^2+[X_{(0)\cdot ph}+3X_{(0)\cdot p}]^2} \quad (6\text{-}56)$$

式中　$\dot{Z}_{(0)\cdot ph}$——相线的零序阻抗，$\dot{Z}_{(0)\cdot ph}=\sqrt{R^2_{(0)\cdot ph}+X^2_{(0)\cdot ph}}$；

$\dot{Z}_{(0)\cdot p}$——保护线的零序阻抗，$\dot{Z}_{(0)\cdot p}=\sqrt{R^2_{(0)\cdot p}+X^2_{(0)\cdot p}}$；

$R_{(0)\cdot ph}$，$X_{(0)\cdot ph}$——相线的零序电阻和电抗；

$R_{(0)\cdot p}$，$X_{(0)\cdot p}$——保护线的零序电阻和电抗。

相线、保护线的零序电阻和零序电抗的计算方法与正、负序电阻和电抗的计算方法基本相同，但在计算相线零序电抗 $X_{(0)\cdot ph}$ 和保护线零序电抗 $X_{(0)\cdot p}$ 时，线路电抗计算公式中的几何均距 D_j 改用 D_0 代替，其计算公式如下：

$$D_0=\sqrt{D_{L1p}D_{L2p}D_{L3p}} \tag{6-57}$$

式中　D_{L1p}，D_{L2p}，D_{L3p}——相线 L_1、L_2、L_3 中心至保护线 PE 或 PEN 线中心的距离，mm。

④ 线路相保阻抗的计算公式　单相接地短路电路中任一组件（配电变压器、线路等）的相保阻抗 $Z_{ph\cdot p}$ 计算公式为

$$\left.\begin{aligned}\dot{Z}_{ph\cdot p}&=\sqrt{R_{ph\cdot p}^2+X_{ph\cdot p}^2}\\R_{ph\cdot p}&=\frac{1}{3}\left[R_{(1)}+R_{(2)}+R_{(0)}\right]=\frac{1}{3}\left[R_{(1)}+R_{(2)}+R_{(0)ph}+3R_{(0)p}\right]=R_{ph}+R_p\\X_{ph\cdot p}&=\frac{1}{3}\left[X_{(1)}+X_{(2)}+X_{(0)}\right]=\frac{1}{3}\left[X_{(1)}+X_{(2)}+X_{(0)ph}+3X_{(0)p}\right]\\&=\frac{1}{3}\left[X_{(1)}+X_{(2)}+X_{(0)ph}\right]+X_{(0)p}\end{aligned}\right\} \tag{6-58}$$

式中　$R_{ph\cdot p}$——元件的相保电阻，$R_{ph\cdot p}=\frac{1}{3}\left[R_{(1)}+R_{(2)}+R_{(0)}\right]$；

$X_{ph\cdot p}$——元件的相保电抗，$X_{ph\cdot p}=\frac{1}{3}\left[X_{(1)}+X_{(2)}+X_{(0)}\right]$；

$R_{(1)}$，$X_{(1)}$——元件的正序电阻和正序电抗；

$R_{(2)}$，$X_{(2)}$——元件的负序电阻和负序电抗；

$R_{(0)}$，$X_{(0)}$——元件的零序电阻和零序电抗，$R_{(0)}=R_{(0)ph}+3R_{(0)p}$，$X_{(0)}=X_{(0)ph}+3X_{(0)p}$；

R_{ph}，$R_{(0)ph}$，$X_{(0)ph}$——元件相线的电阻、相线的零序电阻和相线的零序电抗；

R_p，$R_{(0)p}$，$X_{(0)p}$——元件保护线的电阻、保护线的零序电阻和保护线的零序电抗。

6.1.4.2　低压系统短路电流计算条件

高压系统短路电流的计算条件同样适用于低压网络，但低压网络还有如下特点。

① 一般用电单位的电源来自地区大中型电力系统，配电用的电力变压器的容量远小于系统的容量，因此短路电流可按远离发电机端，即无限大电源容量的网络短路进行计算，短路电流周期分量不衰减。

② 计入短路电路各元件的有效电阻，但短路点的电弧电阻、导线连接点、开关设备和电器的接触电阻可忽略不计。

③ 当电路电阻较大，短路电流非周期分量衰减较快，一般可以不考虑非周期分量。只有在离配电变压器低压侧很近处，例如低压侧 20m 以内大截面线路上或低压配电屏内部发生短路时，才需要计算非周期分量。

④ 单位线路长度有效电阻的计算温度不同，在计算三相最大短路电流时，导体计算温度取为 20℃；在计算单相短路（包括单相接地故障）电流时，假设的计算温度升高，电阻值增大，其值一般取 20℃时电阻的 1.5 倍。

⑤ 计算过程采用有名单位制，电压用 V、电流用 kA、容量用 kV · A、阻抗用 mΩ。

⑥ 计算 220/380V 网络三相短路电流时，计算电压 cU_n 取电压系数 c 为 1.05，计算单相接地故障电流时，c 取 1.0，U_n 为系统标称电压（线电压）380V。

6.1.4.3　三相和两相（不接地）短路电流的计算

在 220/380V 网络中，一般以三相短路电流为最大。一台变压器供电的低压网络三相短路

电流计算电路见图 6-11。

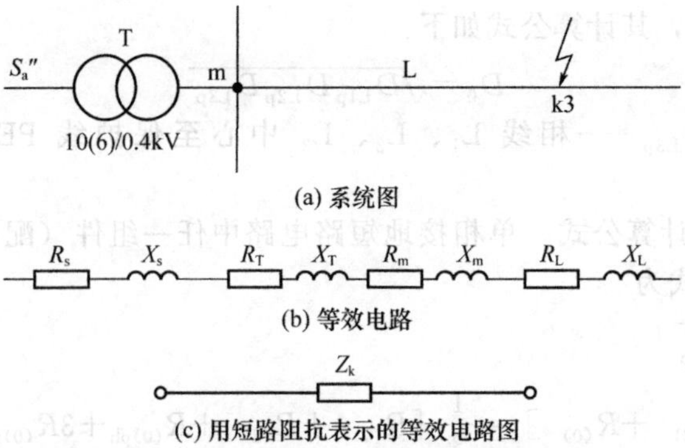

(a) 系统图

(b) 等效电路

(c) 用短路阻抗表示的等效电路图

图 6-11　低压网络三相短路电流计算电路

低压网络三相起始短路电流周期分量有效值按下式计算：

$$I''=\frac{cU_n/\sqrt{3}}{Z_k}=\frac{1.05U_n/\sqrt{3}}{\sqrt{R_k^2+X_k^2}}=\frac{230}{\sqrt{R_k^2+X_k^2}}\ (\text{kA}) \tag{6-59}$$

$$R_k=R_s+R_T+R_m+R_L \tag{6-60}$$

$$X_k=X_s+X_T+X_m+X_L \tag{6-61}$$

式中　U_n——网路标称电压（线电压）(V)，220/380V 网络为 380V；

c——电压系数，计算三相短路电流时取 1.05；

Z_k，R_k，X_k——短路电路总阻抗、总电阻、总电抗，mΩ；

R_s，X_s——变压器高压侧系统的电阻、电抗（归算到 400V 侧），mΩ；

R_T，X_T——变压器的电阻、电抗，mΩ；

R_m，X_m——变压器低压侧母线段的电阻、电抗，mΩ；

R_L，X_L——配电线路的电阻、电抗，mΩ；

I''——三相短路电流的初始值。

只要$\sqrt{R_T^2+X_T^2}/\sqrt{R_s^2+X_s^2}\geqslant 2$，变压器低压侧短路时的短路电流周期分量不衰减，即三相短路电流的稳态值 $I_k=I''$。

短路全电流峰值 i_k 包括交流分量 i_{AC} 和直流分量 i_{DC}。短路电流直流分量的起始值 $A=\sqrt{2}I''_k$，短路冲击电流峰值 i_p 出现在短路发生后的半周期（0.01s）内的瞬间，其值可按下式计算：

$$i_p=K_p\sqrt{2}I''_k\ (\text{kA}) \tag{6-62}$$

短路全电流最大有效值 I_p 按下式计算：

$$I_p=I''_k\sqrt{1+2(K_p-1)^2}\ (\text{kA}) \tag{6-63}$$

式中　K_p——短路电流冲击系数，$K_p=1+e^{-\frac{0.01}{T_f}}$；

T_f——短路电流直流分量的衰减时间常数，s，当电网的频率为交流工频 50Hz 时，$T_f=X_\Sigma/(314R_\Sigma)$；

X_Σ——短路电路总电抗（假定短路电路没有电阻的条件下求得），Ω；

R_Σ——短路电路总电阻（假定短路电路没有电抗的条件下求得），Ω。

如果电路只有电抗，则 $T_f=\infty$，$K_p=2$，如果电路只有电阻，则 $T_f=0$，$K_p=1$；可见 $1\leqslant K_p\leqslant 2$。

电动机反馈对短路冲击电流的影响，仅当短路点附近所接用电动机额定电流之和大于短路电流的 1%（$\sum I_{r.M}>0.01I''_k$）时才考虑。异步电动机启动电流倍数可取 6～7，异步电动机短路电流冲击系数可取 1.3。由异步电动机馈送的短路电流峰值可按下式计算：

$$i_{pM}=1.1\times\sqrt{2}\sum_{i=1}^{n}K_{pMi}K_{stMi}I_{rMi}\times 10^{-3} \tag{6-64}$$

式中 K_{pMi}——第 i 台电动机反馈电流峰值系数；

K_{stMi}——第 i 台电动机的反馈电流倍数，可取启动电流倍数值；

I_{rMi}——第 i 台电动机额定电流。

低压网络两相短路电流 I''_{k2} 与三相短路电流 I''_{k3} 的关系也与高压系统一样，即 $I''_{k2}=0.866I''_{k3}$。

两相短路稳态电流 I_{k2} 与三相短路稳态电流 I_{k3} 比值关系也与高压系统一样，在远离发电机短路时，$I_{k2}=0.866I_{k3}$；在发电机出口处短路时，$I_{k2}=1.5I_{k3}$。

6.1.4.4 单相短路（包括单相接地故障）电流的计算

(1) 单相接地故障电流的计算

TN 接地系统的低压网络单相接地故障电流 I''_{k1} 可用下述公式计算：

$$I''_{k1}=\frac{cU_n/\sqrt{3}}{\dfrac{|\dot Z_{(1)}+\dot Z_{(2)}+\dot Z_{(0)}|}{3}}=\frac{1.0\times U_n/\sqrt{3}}{\sqrt{\left[\dfrac{R_{(1)}+R_{(2)}+R_{(0)}}{3}\right]^2+\left[\dfrac{X_{(1)}+X_{(2)}+X_{(0)}}{3}\right]^2}}$$

$$=\frac{U_n/\sqrt{3}}{\sqrt{R_{ph\cdot p}^2+X_{ph\cdot p}^2}}=\frac{220}{\sqrt{R_{ph\cdot p}^2+X_{ph\cdot p}^2}}=\frac{220}{Z_{ph\cdot p}}(\text{kA}) \tag{6-65}$$

$$\left.\begin{aligned}R_{ph\cdot p}&=\frac{R_{(1)}+R_{(2)}+R_{(0)}}{3}=R_{php\cdot s}+R_{php\cdot T}+R_{php\cdot m}+R_{php\cdot L}\\X_{ph\cdot p}&=\frac{X_{(1)}+X_{(2)}+X_{(0)}}{3}=X_{php\cdot s}+X_{php\cdot T}+X_{php\cdot m}+X_{php\cdot L}\\Z_{ph\cdot p}&=\sqrt{R_{ph\cdot p}^2+X_{ph\cdot p}^2}\end{aligned}\right\} \tag{6-66}$$

$$R_{(1)}=R_{(1)\cdot s}+R_{(1)\cdot T}+R_{(1)\cdot m}+R_{(1)\cdot L} \tag{6-67}$$

$$R_{(2)}=R_{(2)\cdot s}+R_{(2)\cdot T}+R_{(2)\cdot m}+R_{(2)\cdot L} \tag{6-68}$$

$$R_{(0)}=R_{(0)\cdot s}+R_{(0)\cdot T}+R_{(0)\cdot m}+R_{(0)\cdot L} \tag{6-69}$$

$$X_{(1)}=X_{(1)\cdot s}+X_{(1)\cdot T}+X_{(1)\cdot m}+X_{(1)\cdot L} \tag{6-70}$$

$$X_{(2)}=X_{(2)\cdot s}+X_{(2)\cdot T}+X_{(2)\cdot m}+X_{(2)\cdot L} \tag{6-71}$$

$$X_{(0)}=X_{(0)\cdot s}+X_{(0)\cdot T}+X_{(0)\cdot m}+X_{(0)\cdot L} \tag{6-72}$$

式中 U_n——220/380V 网路标称线电压，即 380V，$U_n/\sqrt{3}=380/\sqrt{3}$，取 220V；

c——电压系数，计算单相接地故障电流时取 1；

$R_{(1)}$，$R_{(2)}$，$R_{(0)}$——短路电路正序、负序、零序电阻，mΩ；

$X_{(1)}$，$X_{(2)}$，$X_{(0)}$——短路电路正序、负序、零序电抗，mΩ；

$Z_{(1)}$，$Z_{(2)}$，$Z_{(0)}$——短路电路正序、负序、零序阻抗，mΩ；

$R_{ph\cdot p}$，$X_{ph\cdot p}$，$Z_{ph\cdot p}$——短路电路的相线-保护线回路（以下简称相保，保护线包括 PE 线和 PEN 线）电阻、相保电抗、相保阻抗，mΩ。

(2) 单相与中性线短路（即相线与中性线之间短路）电流初始值 I''_{k1} 的计算

TN 和 TT 接地系统的低压网络相线与中性线之间短路的单相短路电流 I''_{k1} 的计算，与上述单相接地故障的短路电流计算一样，仅将配电线路的相保电阻 $R_{php \cdot L}$、相保电抗 $X_{php \cdot L}$ 改用相线-中性线回路的电阻、电抗即可。

6.1.5 短路电流计算结果的应用

(1) 电器接线方案的比较和选择

短路电流的计算可为不同方案进行技术经济比较，并为确定是否采取限制短路电流措施等理论提供依据。

(2) 正确选择和校验电气设备

① 最大冲击电流用于绝缘子、隔离开关、断路器、电流互感器、电抗器等的动稳定校验；

② 最大稳态短路电流用于绝缘子、隔离开关、断路器、电流互感器、变压器、电抗器等的热稳定校验；

③ 最大冲击电流用于断路器选择极限遮断电流；

④ 次暂态短路电流或 0.2s 时短路电流用于断路器选择额定遮断电流；

⑤ 次暂态短路电流或全电流最大有效值用于熔断器选择额定遮断电流；

⑥ 全电流最大有效值用于 400V 低压系统中，DZ（<0.02s）型断路器选择额定遮断电流；

⑦ 次暂态短路电流用于 400V 低压系统中，DW（>0.02s）型断路器、熔断器选择额定遮断电流。

(3) 正确选择和校验载流导体

① 最大冲击电流用于硬母线的动稳定性校验；

② 最大稳态短路电流用于硬母线的热稳定性校验；

③ 次暂态短路电流用于室外组合导线的摇摆计算；

④ 最大稳态短路电流用于室外软导线的摇摆计算。

(4) 继电保护的选择、整定及灵敏系数校验

① 保护安装处的稳态短路电流用于变压器过电流保护装置的灵敏度校验；

② 保护安装处的次暂态短路电流用于变压器电流速断保护装置的灵敏度校验；

③ 保护安装处的稳态短路电流用于线路过电流保护装置的灵敏度校验；

④ 保护安装处的次暂态短路电流用于线路无时限电流速断保护装置的灵敏度校验；

⑤ 保护安装处的稳态短路电流用于线路带时限电流速断保护装置的灵敏度校验。

(5) 接地装置的设计

① 接地装置流入地中的最大短路电流周期分量用于选择接地装置的电阻；

② 发生最大接地短路电流时，流经变电所接地中性点的最大接地短路电流用于计算接地装置入地电流，然后计算接地装置的电位，包括接触电压（接触电位差）和跨步电压（跨步电位差）。

(6) 确定系统中性点接地方式

单相接地故障短路电流可用于确定 35kV 及以下系统的接地方式：不接地方式、低电阻接地方式、高电阻接地方式以及消弧线圈接地方式等。

(7) 确定分裂导线间隔棒的间距

架空线当输电容量较大时，导线采用分裂导线，为了避免由于电磁力的作用、风力作用或冰雪作用，分裂导线缠绕发生摩擦和碰线，而保持一定的分裂间距，应安装间隔棒。

(8) 大、中型电动机的启动（启动压降计算）

短路电流计算应求出最大短路电流值，以确定电气设备容量或额定参数；整定继电保护装置。求出最小电流值，作为选择熔断器，校验继电保护装置灵敏系数的依据。此外，利用阻抗

标幺值计算来校验电动机启动电压降。

6.2 短路电流的影响[59,68]

强大的短路电流通过电器和导体将产生很大的电动力，即电动力效应，可能使电器和导体受到破坏或产生永久性变形。短路电流产生的热量，会造成电器和导体温度迅速升高，即热效应，可能使电器和导体绝缘强度降低，加速绝缘老化甚至损坏。为了正确选择电器和导体，保证在短路情况下也不致损坏，必须校验其动稳定和热稳定。本节着重讲述短路电流的电动力效应和热效应、影响短路电流的因素以及限制短路电流的主要措施。

6.2.1 短路电流的电动力效应

对于两根平行导体，通过电流分别为 i_1 和 i_2，其相互间的作用力 F（单位为N）可用下面公式来计算：

$$F=2i_1i_2K_f\frac{l_c}{D}\times10^{-7} \tag{6-73}$$

式中 i_1，i_2——两导体中电流瞬时值，A；

l_c——平行导体长度，m；

D——两平行导体中心线距，m；

K_f——相邻矩形截面导体的形状系数，可查图6-12中曲线求得（对圆形导体取1）。

在三相系统中，由于三相导体所处位置不同，导体中通过的短路电流可能是两相短路电流，也可能是三相短路电流，因此各相导体受到的电动力也不相同。实践证明，当三相导体在同一平面平行布置时，受力最大的是中间相。当发生三相短路故障时，短路电流冲击值通过导体中间相所产生的最大电动力为

$$F_{kmax}=\sqrt{3}K_f i_p^2\frac{l_c}{D}\times10^{-7} \tag{6-74}$$

式中 F_{kmax}——中间相导体所受的最大电动力，N；

i_p——三相短路电流冲击值，kA。

按正常工作条件选择的电器应能承受短路电流电动力效应的作用，不致产生永久变形或遭到机械损伤，即具有足够的动稳定性。

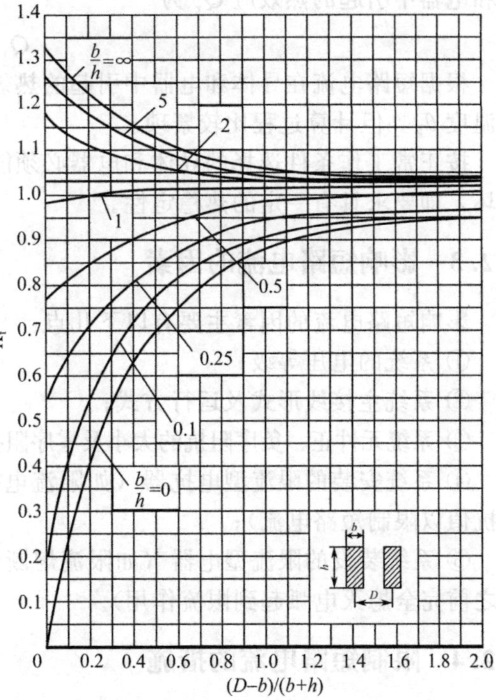

图6-12 矩形截面母线的形状系数曲线

6.2.2 短路电流的热效应

在线路发生短路时，强大的短路电流将使导体温度迅速升高。但由于短路后线路的保护装置会很快动作，切除短路故障，所以短路电流通过导体的时间不长，一般不超过2～3s。因此在短路过程中，可不考虑导体向周围介质的散热，即近似地认为导体在短路时间内是与周围介质绝热的，短路电流在导体中产生的热

量，全部用来使导体的温度升高。

图 6-13 所示为短路前后导体温度的变化情况。导体在短路前正常负荷的温度为 θ_L，设在 t_1 时发生短路，导体温度按指数函数规律迅速升高；而在 t_2 时线路的保护装置动作，切除了短路故障，这时导体的温度已达到 θ_k。短路被切除后，线路断电，导体不再产生热量，而只按指数规律向周围介质散热，直到导体温度等于周围介质温度 θ_0 为止。规范要求，导体在正常和短路情况下的温度都必须小于所允许的最高温度。

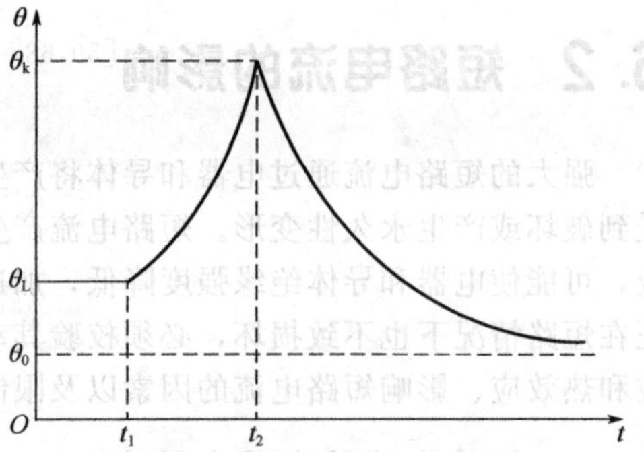

图 6-13　短路前后导体的温度变化

在实际短路时间 t_k 内，i_{kt} 在导体和电器中引起的热效应的热量 Q_t 为

$$Q_t=\int_0^{t_k} i_{kt}^2 dt \approx Q_k+Q_D=I_k''^2\ (t_k+t_D) \tag{6-75}$$

式中　Q_k——短路电流周期分量的热效应（$kA^2 \cdot s$）；对于无限大电源容量系统或远离发电机端，$Q_k=I_k''^2 t_k$；

Q_D——短路电流非周期分量的热效应（$kA^2 \cdot s$）；$Q_k=I_k''^2 t_D$；

t_k——短路时间（s）。$t_k=t_p+t_b$，t_p 为继电保护动作时间，t_b 为高压断路器的全分断时间（含固有分闸时间和灭弧时间），对于高速断路器，$t_b=0.1s$；

t_D——计算短路电流非周期分量热效应的等值时间，对用户变电所各级电压母线及出线，t_D 取 0.05s。

当 $t_k>1s$ 时，由于短路电流非周期分量衰减较快，可忽略其热效应，此时短路电流在导体和电器中引起的热效应 Q_t 为

$$Q_t=I_k''^2 t_k \tag{6-76}$$

根据短路电流在导体和电器中引起的热效应可以确定出已知导体和电器短路时所达到的最高温度 θ_k，但计算过程比较繁琐。

按正常工作条件选择的导体和电器必须能承受短路电流热效应的作用，不致产生软化变形损坏，即要求具有一定的热稳定性。

6.2.3　影响短路电流的因素

影响短路电流的因素主要有以下几点：

① 系统的电压等级；

② 系统主接线形式及运行方式；

③ 系统元件正、负序阻抗的大小及零序阻抗的大小（与变压器中性点接地的数量和性质有关）；

④ 系统安装的限流型电抗器（如限流电抗器、分裂电抗器或分裂绕组电抗器，增加回路电抗值以限制短路电流）；

⑤ 系统装设的限流型电器（如限流熔断器、限流型低压断路器等能在短路电流到达冲击值之前完全熄灭电弧起到限流作用）。

6.2.4　限制短路电流的措施

由于电力系统的发展，负荷的增大，大容量机组、电厂和变电设备的投入，尤其是负荷中心大电厂的出现以及大电网的形成，短路电流水平的增加是不可避免的，如果不采取有效措施

加以控制，不但新建变电所的设备投资大大增加，而且对系统中原有变电所也将产生影响。国际上许多国家都对电网的短路水平控制值予以规定。在电网发展初期，系统容量有限，短路水平不高，对系统发展产生的短路电流增加的问题，一般可通过更换开发设备解决，而其他设备往往有一定的余地。当系统容量进一步提高时，电网原有变电所的所有设备，包括断路器、主变压器、隔离开关、互感器、母线、绝缘子、设备基础以及接地网等，也必须加强或更换。对通信线路还要采取特定的屏蔽措施。

(1) 电力系统可采取的限流措施

① 提高电力系统的电压等级（电力系统的电压的等级越高，在相同短路容量下，则其短路电流越小）。

② 直流输电（直流输电系统的“等电流控制”，可快速地将短路电流限制在允许范围内，并接近额定电流，即使在暂态过程，也不会超过 2 倍额定值）。

③ 在电力系统主网加强联系后，将次级电网解环运行。

分割系统，分割母线，如采用高压配电网解环运行等；通过改变电网网络结构来限制短路电流是一种非常经济、有效且便于实施的方法。

④ 在允许范围内，增大系统的零序阻抗。例如采用不带第三绕组或第三绕组为 Y 接线的全星形自耦变压器，减少变压器中性点的接地点等，以减小系统的单相短路电流。

(2) 发电厂和变电所中可采取的限流措施

① 发电厂中，在发电机电压母线分段回路中安装电抗器（当线路上或一段母线上发生短路故障时，能限制另一段母线上电源所提供的短路电流）。

② 变压器分列运行。

③ 变电所中，在变压器回路中装设分裂电抗器或电抗器。

④ 采用低压侧为分裂绕组的变压器。

⑤ 出线上装设电抗器。

(3) 终端变电所中可采取的限流措施

① 变压器分列运行。

② 采用高阻抗变压器。

③ 在变压器回路中装设电抗器。

④ 采用小容量变压器。

第7章 110kV及以下电气设备选择

7.1 常用电气设备选择的技术条件和环境条件[30,57,93,94]

7.1.1 一般原则

① 应满足正常运行、检修、短路和过电压情况下的要求，并考虑远景发展；

② 应按当地环境条件校核；

③ 应力求技术先进和经济合理；

④ 与整个工程的建设标准应协调一致；

⑤ 同类设备应尽量减少品种；

⑥ 选用的新产品均应具有可靠的试验数据，并经正式鉴定合格。

7.1.2 技术条件

选择的高压电器，应能在长期工作条件下和发生过电压、过电流的情况下保持正常运行。各种高压电器的一般技术条件如表 7-1 所示。

7.1.2.1 长期工作条件

(1) 电压

选用的电器允许最高工作电压 U_{max} 不得低于该回路的最高运行电压 U_z，即

$$U_{max} \geqslant U_z \tag{7-1}$$

三相交流 3kV 及以上设备的额定电压与最高电压见表 7-2。

(2) 电流

选用的电器额定电流 I_n 不得低于所在回路在各种可能运行方式下的持续工作电流 I_z，即

$$I_n \geqslant I_z \tag{7-2}$$

不同回路的持续工作电流可按表 7-3 中所列原则计算。

由于变压器短时过载能力很大，双回路出线的工作电流变化幅度也较大，故其计算工作电流应根据实际需要确定。

高压电器没有明确的过载能力，所以在选择其额定电流时，应满足各种可能运行方式下回路持续工作电流的要求。

(3) 机械荷载

所选电器端子的允许荷载，应大于电器引线在正常运行和短路时的最大作用力。

电器机械荷载的安全系数，由各生产厂家在产品制造中统一考虑。套管和绝缘子的安全系数不应小于表 7-4 所列数值。

表 7-1　选择电器的一般技术条件

序号	电器名称	额定电压/kV	额定电流/A	额定容量/kV·A	机械荷载/N	额定开断电流/kA	短路稳定性		绝缘水平
							热稳定	动稳定	
1	高压断路器	√	√		√	√	√	√	√
2	隔离开关	√	√		√		√	√	√
3	敞开式组合电器	√	√		√		√	√	√
4	负荷开关	√	√		√		√	√	√
5	熔断器	√	√			√			√
6	电压互感器	√			√				√
7	电流互感器	√	√		√		√	√	√
8	限流电抗器	√	√		√		√	√	√
9	消弧线圈	√	√	√	√				√
10	避雷器	√			√				√
11	封闭电器	√	√		√	√	√	√	√
12	穿墙套管	√	√		√		√	√	√
13	绝缘子	√			√			√①	√

① 悬式绝缘子不校验动稳定。

表 7-2　三相交流 3kV 及以上设备的额定电压与最高电压　　单位：kV

受电设备或系统额定电压	供电设备额定电压	设备最高电压
3	3.15	3.5
6	6.3	6.9
10	10.5	11.5
35		40.5
63		69
110		126
220		252
330		263
500		550

表 7-3　不同回路的持续工作电流

回路名称		计算工作电流	说　明
出线	带电抗器出线	电抗器额定电流	
	单回路	线路最大负荷电流	包括线路损耗与事故时转移过来的负荷

续表

回路名称		计算工作电流	说　明
出线	双回路	1.2～2 倍一回线的正常最大负荷电流	包括线路损耗与事故时转移过来的负荷
	环形与一台半断路器接线回路	两个相邻回路正常负荷电流	考虑断路器事故或检修时，一个回路加另一最大回路负荷电流的可能
	桥型接线	最大元件负荷电流	桥回路尚需考虑系统穿越功率
变压器回路		1.05 倍变压器额定电压	① 根据在 0.95 倍额定电压以上时其容量不变；② 带负荷调压变压器应按变压器的最大工作电流
		1.3～2.0 倍变压器额定电流	若要求承担另一台变压器事故或检修时转移的负荷，则按第 7.2.1 节内容确定
母线联络回路		1 个最大电源元件的计算电流	
母线分段回路		分段电抗器额定电流	① 考虑电源元件事故跳闸后仍能保证该段母线负荷；② 分段电抗器一般发电厂为最大一台发电机额定电流的 50%～80%，变电所应满足用户的一级负荷和大部分二级负荷
旁路回路		需旁路的回路最大额定电流	
发电机回路		1.05 倍发电机额定电流	当发电机冷却气体温度低于额定值时，允许提高电流为每低 1℃加 0.5%，必要时可按此计算
电动机回路		电动机的额定电流	

表 7-4　套管和绝缘子的安全系数

类别	荷载长期作用时	荷载短时作用时
套管、支持绝缘子及其金具	2.5	1.67
悬式绝缘子及其金具①	4	2.5

① 悬式绝缘子的安全系数对应于 1h 机电试验荷载，而不是破坏荷载。若是后者，安全系数则分别应为 5.3 和 3.3。

7.1.2.2　短路稳定条件

(1) 校验的一般原则

① 电器在选定后应按最大可能通过的短路电流进行动、热稳定校验。校验的短路电流一般取三相短路时的短路电流，若发电机出口的两相短路，或中性点直接接地系统及自耦变压器等回路中的单相、两相接地短路较三相短路严重时，则应按严重情况校验。

② 用熔断器保护的电器可不验算热稳定。当熔断器有限流作用时，可不验算动稳定。用熔断器保护的电压互感器回路，可不验算动、热稳定。

(2) 短路的热稳定条件

$$I_t^2 t > Q_{dt} \tag{7-3}$$

式中　Q_{dt}——在计算时间 t_{js} (s) 内，短路电流的热效应，$kA^2 \cdot s$；

I_t——t (s) 内设备允许通过的热稳定电流有效值，kA；

t——设备允许通过的热稳定电流时间，s。

校验短路热稳定所用的计算时间 t_{js} 按下式计算：

$$t_{js} = t_b + t_d \tag{7-4}$$

式中　t_b——继电保护装置后备保护动作时间，s；

t_d——断路器的全分闸时间，s。

采用无延时保护时，t_{js} 可取表 7-5 中的数据。该数据为继电保护装置的起动机构和执行机构的动作时间，断路器的固有分闸时间以及断路器触头电弧持续时间的总和。当继电保护装置有延时整定时，则应按表中数据加上相应的整定时间。

表 7-5　校验热效应的计算时间　单位：s

断路器开断速度	断路器的全分闸时间 t_d	计算时间 t_{js}
高速断路器	<0.08	0.1
中速断路器	0.08～0.12	0.15
低速断路器	>0.12	0.2

(3) 短路的动稳定条件

$$\left.\begin{aligned} i_p &\leqslant i_{df} \\ I_p &\leqslant I_{df} \end{aligned}\right\} \tag{7-5}$$

式中　i_p——短路冲击电流峰值，kA；

I_p——短路全电流有效值，kA；

i_{df}——电器允许的极限通过电流峰值，kA；

I_{df}——电器允许的极限通过电流有效值，kA。

7.1.2.3　绝缘水平

在工作电压和过电压的作用下，电器的内、外绝缘应保证必要的可靠性。

电器的绝缘水平，应按电网中出现的各种过电压和保护设备相应的保护水平来确定。当所选电器的绝缘水平低于国家规定的标准数值时，应通过绝缘配合计算，选用适当的过电压保护设备。

7.1.3　环境条件

(1) 温度

选择电器用的环境温度按表 7-6 选取。

根据《高压开关设备和控制设备共用技术要求》(GB/T 11022—2011) 的相关规定，户内开关设备周围空气温度：最高为 40℃，24h 平均值不超过 35℃；最低周围空气温度的优选值为－5℃、－15℃和－25℃。户外开关设备周围空气温度：最高为 40℃，24h 平均值不超过 35℃；最低周围空气温度的优选值为－10℃、－25℃、－30℃和－40℃。按《导体和电器选择设计技术规定》DL/T 5222—2005 的规定，当电器安装点的环境温度高于 40℃（但不高于 60℃）时，每增高 1℃，建议额定电流减少 1.8%；当环境温度低于 40℃时，每降低 1℃，建议额定电流增加 0.5%，但总的增加值不得超过额定电流的 20%。

普通高压电器一般可在环境最低温度为－40℃时正常运行。在高寒地区，应选择能适应环境最低温度为－50℃的高寒电器。

在年最高温度超过 40℃，而长期处于低湿度的干热地区，应选用型号后带“TA”字样的干热带型产品。

表 7-6　选择电器的环境温度

安装场所	最　高	最　低
屋　外	年最高温度	年最低温度
电抗器室	该处通风设计最高排风温度	
屋内其他处	该处通风设计温度。当无资料时，可取最热月平均最高温度加 5℃	

注：1. 年最高（或最低）温度为一年中所测得的最高（或最低）温度的多年平均值。

2. 最热月平均最高温度为最热月每日最高温度的月平均值，取多年平均值。

(2) 日照

屋外高压电器在日照影响下将产生附加温升。但高压电器的发热试验是在避免阳光直射的条件下进行的。如果制造部门未能提出产品在日照下额定载流量下降的数据，在设计中可暂按电器额定电流的80%选择设备。

在进行试验或计算时，日照强度取0.1W/cm^2，风速取0.5m/s。

(3) 风速

一般高压电器可在风速不大于35m/s的环境下使用。

选择电器时所用的最大风速，可取离地10m高、30年一遇的10min平均最大风速。最大设计风速超过35m/s的地区，可在屋外配电装置的布置中采取措施。阵风对屋外电器及电瓷产品的影响，应由制造部门在产品设计中考虑，可不作为选择电器的条件。

考虑到500kV电器体积比较大，而且重要，宜采用离地10m高、50年一遇10min平均最大风速。

对于台风经常侵袭或最大风速超过35m/s的地区，除向设计制造单位提出特殊订货要求外，在设计布置时应采取有效防护措施，如降低安装高度、加强基础固定等。

(4) 冰雪

在积雪和覆冰严重的地区，应采取措施防止冰串引起瓷件绝缘对地闪络。

隔离开关的破冰厚度一般为10mm，超过20mm的覆冰厚度由制造商和用户协商。在重冰区（如云贵高原，山东、河南部分地区，湘中、粤北重冰地带以及东北部分地区），所选隔离开关的破冰厚度，应大于安装场所的最大覆冰厚度。

(5) 湿度

选择电器的湿度，应采用当地相对湿度最高月份的平均相对湿度（相对湿度——在一定温度下，空气中实际水汽压强值与饱和水汽压强值之比；最高月份的平均相对湿度——该月中日最大相对湿度值的月平均值）。对湿度较高的场所（如岸边水泵房等），应采用该处实际相对湿度。当无资料时，可取比当地湿度最高月份平均值高5%的相对湿度。

一般高压电器可使用在+20℃，相对湿度为90%的环境中（电流互感器为85%）。在长江以南和沿海地区，当相对湿度超过一般产品使用标准时，应选用湿热带型高压电器。这类产品的型号后面一般都标有“TH”字样。根据GB/T 14092.1—2009《机械产品环境条件 湿热》，湿热气候和生物条件参数值见表7-7。

(6) 污秽

在距海岸1～2km或盐场附近的盐雾场所，在火电厂、炼油厂、冶炼厂、石油化工厂和水泥厂等附近含有由工厂排出的二氧化硫、硫化氢、氨、氯等成分烟气、粉尘等场所，在潮湿的气候下将形成腐蚀性或导电的物质。污秽地区内各种污物对电气设备的危害取决于污秽物质的导电性、吸水性、附着力、数量、密度及距污源的距离和气象条件。在工程设计中，应根据污秽情况采取下列措施。

① 增大电瓷外绝缘的有效泄漏比距或选用有利于防污的电瓷造型，如采用半导体、大小伞、大倾角、钟罩式等特制绝缘子。

② 采用屋内配电装置。

线路和发电厂、变电所污秽分级标准以及各污秽等级下的爬电比距分级数值分别见表5-15和表5-17。

(7) 海拔

电器的一般使用条件为海拔不超过1000m。海拔超过1000m的地区称为高原地区。

高原环境条件的主要特点是：气压低、气温低、日温差大、绝对湿度低、日照强。对电器的绝缘、温升、灭弧、老化等的影响是多方面的。

表 7-7 湿热气候和生物条件参数值

环境参数		单　位	有气候防护场所		无气候防护场所
			等级		等级
			3K5L	3K5①	4K3Hs②
空气温度	年最高	℃	40	45	40
	年最低	℃	−5	−5	−5，−10③
	日平均	℃	35	35	35
温度变化率		℃/min	0.5	0.5	0.5
相对湿度≥95%时最高温度		℃	28	28	28④
气压		kPa	90	90	90
太阳辐射最大强度		W/m^2	700	700	1000
降雨强度		mm/min	—	—	6⑤，15
雨水温度		℃	—	—	5
凝露		—	有	有	有
雷暴		—	—	—	频繁
1m 深土壤最高温度		℃	—	—	32
冷却水最高温度		℃	33	33	33
结冰和结霜条件		—	有	有	有
有害生物(霉菌、鼠类、蚊类)		—	活动频繁	活动频繁	活动频繁⑥

① 通常选用 3K5L，仅在较特殊的条件下选用 3K5。
② 字母 Hs 的等级表示环境参数中有个别项目不同于原等级 4K3。
③ 国内湿热地区低温采用−10℃。
④ 指年最大相对湿度不小于 95%时出现的最高温度，国外湿热地区采用 33℃。
⑤ 国内湿热地区降雨强度采用 6mm/min。
⑥ 湿热带无气候防护场所，有害生物还应考虑鸟类的危害。

在高原地区，由于气温降低足够补偿海拔对温升的影响，因而在实际使用中其额定电流值可与一般地区相同。对安装在海拔高度超过 1000m 地区的电器外绝缘一般应予以加强，可选用高原型产品或选用外绝缘提高一级的产品。由于现有 110kV 及以下大多数电器的外绝缘有一定裕度，故可使用在海拔 2000m 以下的地区。

根据《高压开关设备和控制设备共用技术要求》（GB/T 11022—2011）的相关规定，对于安装在海拔高于 1000m 处的设备，外绝缘在使用地点的绝缘耐受水平应为额定绝缘水平乘以图 7-1 确定的系数 K_a。

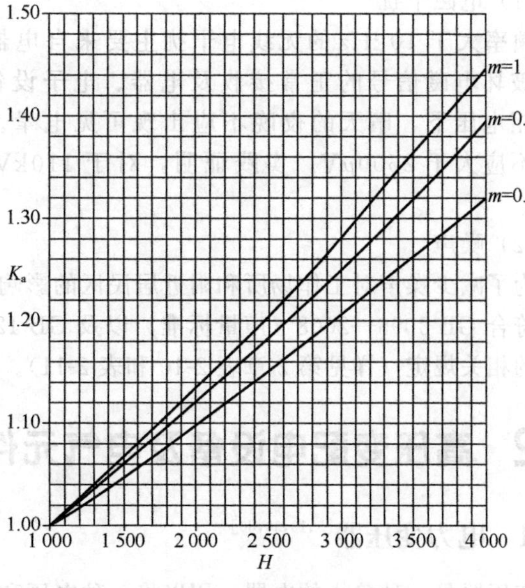

图 7-1　海拔修正系数

海拔修正系数可用下式计算，且对于海拔 1000m 及以下不需修正：

$$K_a = e^{m(H-1000)/8150} \tag{7-6}$$

式中 H——海拔高度，m。

为了简单起见，m 取下述的确定值：

$m=1$，对于工频、雷电冲击和相间操作冲击电压；

$m=0.9$，对于纵绝缘操作冲击电压；

$m=0.75$，对于相对地操作冲击电压。

（8）地震

地震对电器的影响主要是地震波的频率和地震振动的加速度。一般电器的固有振动频率与地震振动频率很接近，应设法防止共振的发生，并加大电器的阻尼比。地震振动的加速度与地震烈度和地基有关，通常用重力加速度 g 的倍数表示。

选择电器时，应根据当地的地震烈度选用能够满足地震要求的产品。电器的辅助设备应具有与主设备相同的抗震能力。一般电器产品可以耐受地震烈度为 8 度的地震力。在设计安装时，应考虑支架对地震力的放大作用。根据有关规程的规定，地震基本烈度为 7 度及以下地区的电器可不采取防震措施。在 7 度以上地区，电器应能承受的地震力可按表 7-8 所列加速度值和电器的质量进行计算。

表 7-8 计算电器承受的地震力时用的加速度值

地震烈度(度)	8	9
地面水平加速度	$0.2g$	$0.4g$
地面垂直加速度	$0.1g$	$0.2g$

7.1.4 环境保护

选用电器，还应注意电器对周围环境的影响。根据周围环境的控制标准，要对制造部门提出必要的技术要求。

（1）电磁干扰

频率大于 10kHz 的无线电干扰主要来自电器的电流、电压突变和电晕放电。它会损害或破坏电磁信号的正常接收及电器、电子设备的正常运行。因此，电器及金具在最高工作相电压下，晴天的夜晚不应出现可见电晕。110kV 及以下电器户外晴天无线电干扰电压不应大于 2500μV。实践证明，对于 110kV 及以下的电器一般可不校验无线电干扰电压。

（2）噪声

为了减少噪声对工作场所和附近居民区的影响，所选高压电器在运行中或操作时产生的噪声应符合 GB 3096—2008《声量标准》以及 GB 12348—2008《工业企业厂界环境噪声排放标准》的相关规定（详见第 2 章表 2-10 和表 2-11）。

7.2 高压变配电设备及电气元件的选择

7.2.1 电力变压器[5,10,30,80]

变压器是一种静止的电器，用以将一种电压和电流等级的交流电能转换成同频率的另一种电压和电流等级的交流电能。变压器最主要的部件是铁芯和绕组。输入电能的绕组叫原边绕组，输出电能的绕组叫副边绕组。原、副边绕组具有不同的匝数，但放置在同一个铁芯上，通过电磁感应关系，原边绕组吸收的电能可传递到副边绕组，并输送到负载，使原、副边绕组具有不同的电压和电流等级。

在电力系统中，将发电厂发出的电能以高压输送到用电区，需用升压变压器；而将电能以低压分配到各用户，需用降压变压器。通常输电高压为 110kV、220kV、330kV 和 500kV 等。用户电压则为 220V、380V 和 660V 等。故从发电、输电、配电到用户，需经 3～5 次变压，用以提高输配电效率。由此可见，对应发电厂的装机容量，变压器的生产容量将为 4～6 倍。因此在电力系统中变压器对电能的经济传输、灵活分配和安全使用具有重要意义。

7.2.1.1 主要类型

电力变压器分类的方式很多，常见的分类方式有以下几种。

按绕组冷却介质分，有油浸式、干式和充气式三种。油浸式变压器又分油浸自冷式、油浸风冷式、油浸水冷式和油强制循环冷却式四大类。

按绕组导电材质分，有铜绕组变压器、铝绕组变压器、半铜半铝绕组变压器以及超导变压器等；过去多为铝绕组变压器，但目前低损耗铜绕组变压器应用广泛。

按调压方式分，有无载调压（无励磁调压）和有载调压两类。

按功能分，有升压变压器和降压变压器两种。

按相数分，有单相和三相两大类。

按绕组类型分，有双绕组、三绕组和自耦变压器三种。

7.2.1.2 基本结构

(1) 油浸式电力变压器

油浸式电力变压器的结构如图 7-2 所示，其主要组成部分及其功能分述如下。

① 铁芯　变压器铁芯由多层涂有绝缘漆、导磁性能好、轻薄的冷轧硅钢片（一般厚度为 0.35～0.5m）叠加而成，主要功能是导磁与套在铁芯上的绕组一起构成变压器的磁路部分。当有电流通过时，磁通的变化产生感应电动势。

三相变压器的铁芯，一般做成三柱式，直立部分称为铁柱，铁柱上套着高低压绕组，水平部分称为铁轭，用来构成闭合的磁路。

② 绕组　变压器的绕组又称为线圈，通常是用包有高强度绝缘物的铜线或铝线绕制的，有高压绕组和低压绕组之分。高压绕组匝数较多，导线较细；低压绕组匝数较少，导线较粗。

通常把低压绕组套在里面，高压绕组套在外面，目的是使绕组与铁芯绝缘。低压绕组与铁芯之间以及高压绕组与铁芯之间，都用由绝缘材料做成的套筒分开，它们之间再用绝缘纸板隔离开来，并留有油道，使变压器中的油能在两绕组之间自由流通。

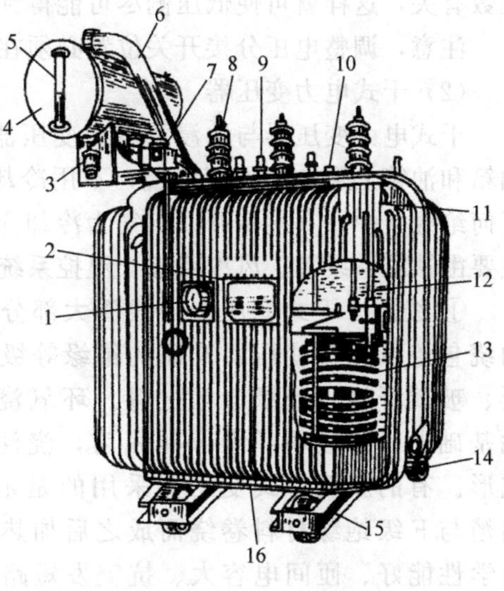

图 7-2 油浸式变压器结构图

1—信号温度计；2—铭牌；3—吸湿器；4—油枕（储油柜）；5—油标；6—防爆管；7—气体继电器；8—高压套管；9—低压套管；10—分接开关；11—油箱；12—铁芯；13—绕组及绝缘；14—放油阀；15—简易移动装置；16—接地端子

③ 油箱　油箱是用钢板做成的变压器的外壳，内部装铁芯和绕组，并充满变压器油。

20kV 及以上的变压器在油箱外还装有散热片或散热管。

变压器油有两个作用：一是绝缘，其绝缘能力比空气强，绕组浸在油里可加强绝缘，并且避免与空气接触，防止绕组受潮；二是散热，变压器运行时，变压器内部各处的温度不一样，利用油面在温度高时上升，温度低时下降的对流作用，把铁芯和绕组产生的热量通过散热片或散热管散到外面去。

变压器油是一种绝缘性能良好的矿物油，按其凝固点不同可分为 10 号、25 号、45 号三种规格，凝固点分别为−10℃、−25℃、−45℃，应根据变压器装设点的气候条件选用。

④ 油枕　变压器油箱的箱盖上装有油枕，油枕的体积一般为油箱体积的 8%～10%，油箱与油枕之间有管子连通。

油枕有两个作用：一是可以减小油面与空气的接触面积，防止变压器油受潮和变质；二是当油箱中油面下降时，油枕中的油可以补充到油箱里，不至于使绕组露出油面。此外油枕还能调节因变压器油温度升高而引起的油面上升，即当温度升高油的体积膨胀时，油流入油枕；当温度降低油的体积缩小时，油流回油箱。

油枕侧面装有油标，标有最高、最低位置。在油枕上还装有呼吸孔，使上部空间与大气相通。变压器油热胀冷缩时，油枕上部空气可通过呼吸孔出入。

⑤ 套管　变压器套管有高、低压之分，套管中有导电杆，其下端用螺栓和绕组末端相连，上端用螺栓和绕组首端相连，并用螺栓连接外电路。套管的作用是使从绕组引出的连线和箱盖之间保持适当绝缘。

⑥ 电压分接开关　电压分接开关又叫无载调压开关，是调整变压器变压比的装置。

电压分接开关的几个触头分别连接在高压线圈的几个触头上，当电压发生变化时，可通过改变电压分接开关位置的方式来改变高压线圈的匝数。由于高、低压电压的比值直接与绕组的匝数有关，这样就可使低压侧尽可能得到规定的电压。

注意，调整电压分接开关位置必须在变压器与电网断开、处于停用状态时进行。

(2) 干式电力变压器

干式电力变压器与油浸式电力变压器相比，其最大特点是没有油箱和油箱上繁杂的外部装置，不用冷却液，其铁芯和线圈不浸在任何绝缘液中，直接敞开以空气为冷却介质。其外形如图 7-3 所示，主要由铁芯、线圈、风冷系统、温控系统和保护外壳等构成。

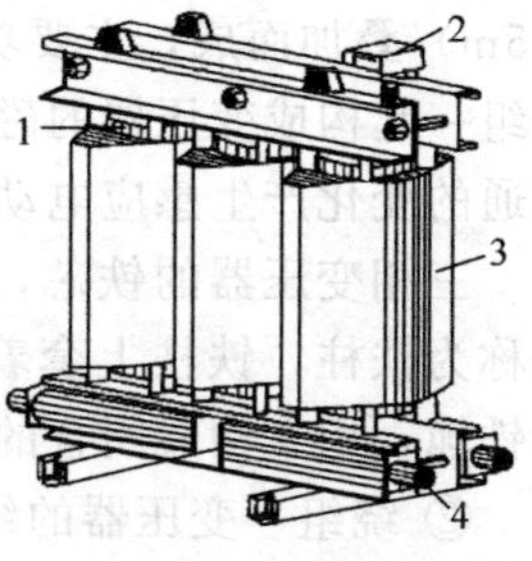

图 7-3　干式变压器外形
1—铁芯；2—温控器；3—线圈；4—冷却风机

① 线圈　干式变压器的线圈大部分采用层式结构，其导线上的绕包绝缘根据变压器产品的绝缘等级不同而分别采用普通电缆纸、玻璃纤维、绝缘漆等材料。环氧浇注/绕包干式变压器则在此基础上，以玻璃纤维带加固后，浇注/绕包环氧树脂，并固化成形。有的新型干式变压器采用的是箔式线圈，这种线圈由铜/铝箔与 F 级绝缘材料卷绕而成之后加热固化成形。箔式线圈具有力学性能好、匝间电容大、抗突发短路能力强、散热性能好等特点，在中小型变压器中得到比较广泛的应用。

② 铁芯　干式变压器的铁芯与油浸式变压器的铁芯相同。

③ 金属防护外壳　干式变压器在使用时一般配有相应的保护外壳，可防止人和物的意外碰撞，给变压器的运行提供安全屏障。根据防护等级的要求不同，分为 IP20 和 IP23 两种外壳。IP23 外壳由于防护等级要求高、密封性强，因而对变压器的散热有一定影响。

④ 温控系统　干式变压器的温控系统可以分别对三相线圈的温度进行监控，并具有开启风机、关闭风机、超温报警、过载跳闸等自动功能。

⑤ 风冷系统　当干式变压器的工作温度达到一定数值（该数值可以由用户自行设定）时，风机在温控系统的控制下自动开启，对线圈等主要部件通风冷却，使变压器在规定温升下运行，并能承受一定的过负荷。

干式变压器的绝缘类型主要有三类。

a. 空气绝缘。与油浸式变压器相比，空气绝缘干式变压器绝缘性和散热性较差，其绝缘材料一般采用 E 级或 B 级绝缘。

b. 环氧树脂浇注绝缘。采用 F 级绝缘环氧树脂浇注绝缘，将高压线圈、低压线圈分别浇注成一个整体，具有力学性能好、电气性能佳、散热性能优良等特点。

c. 环氧树脂绕包绝缘。绕组用 F 级绝缘环氧树脂及玻璃纤维，对变压器线圈分别绕包后固化制成。

干式变压器的温升限值如表 7-9 所示。

表 7-9　干式变压器的温升限值

绝缘等级	变压器不同部位温升限值/℃		绝缘等级	变压器不同部位温升限值/℃	
	绕组	铁芯和结构零件表面		绕组	铁芯和结构零件表面
Y 级绝缘		90	F 级绝缘	100	155
A 级绝缘	60	105	H 级绝缘	125	180
E 级绝缘	75	120	C 级绝缘	150	>180
B 级绝缘	80	130	测量方法	电阻法	热偶计法

7.2.1.3　电气参数

（1）额定容量

电力变压器的额定（铭牌）容量是指变压器在规定的环境温度条件下，室外安装时，在规定的使用年限（20 年）内所能连续输出的最大视在功率（kV · A）。

GB 1094.1—1996《电力变压器 第 1 部分 总则》规定，我国电力变压器产品容量采用国际通用的 R10 标准，按 $R10=\sqrt[10]{10}=1.26$ 的倍数增加，即系列产品容量应为 100kV · A、125kV · A、160kV · A、200kV · A、315kV · A、400kV · A、500kV · A、630kV · A、800kV · A 和 1000kV · A 等。

（2）效率

变压器输出功率与输入功率的比值即为变压器效率（η），而变压器输入与输出功率的差值则为变压器功耗。

变压器的功耗包括主要铜损 P_{Cu} 和铁损 P_{Fe} 两大部分。

① 铜损 P_{Cu}　由于原、副边绕组具有电阻 r_1、r_2，当电流通过时部分电能转为热能，即 $P_{Cu}=I_1^2r_1+I_2^2r_2$。铜损大小可通过变压器副边短路试验测出。

② 铁损 P_{Fe}　铁损是铁芯中涡流与磁滞所产生的损耗。由于电网频率和电压基本保持不变，故磁通 Φ_m 基本不变，因此铁损可通过变压器副边开路试验测出。

通常情况下，变压器的铜损和铁损都比较小，所以变压器的效率较高，大容量变压器效率可达 99%以上。

（3）阻抗电压

阻抗电压表征变压器次级绕组在额定运行情况下原边电压的降落，可用原边额定电压 U_N 的百分比表示，约为 4%～7%。

测试方法是将副边绕组短路，并使副边通过电流达到额定值 I_{2N}，则此时原边所施加的电压值即为阻抗压降，或称短路电压。

（4）短路阻抗（Z_K）标幺值

以某电气参量的额定值作为基准值，各电气参量对额定值的比值定义为其标幺值，用符号“*”表示。

变压器额定阻抗是额定电压 U_N 与额定电流 I_N 的比值，即

$$Z_N=U_N/I_N \tag{7-7}$$

故变压器的短路阻抗标幺值

$$Z_K^*=Z_K/Z_N=Z_K I_N/U_N=U_K/U_N=U_K^* \tag{7-8}$$

由此可见，变压器短路阻抗的标幺值与副边额定电流下短路电压的标幺值 U_K^*（即阻抗压降）是相等的。

用标幺值表示短路阻抗时原边绕组和副边绕组都相等，因此在变压器铭牌上只需标示出 Z_K^* 值，而无须标示出原边绕组或副边绕组的短路阻抗值。

（5）空载电流标幺值

变压器在空载时，其原边绕组类似带铁芯的电感绕组，空载电流 I_0 用于产生空载时主磁通 Φ_m，则空载电流标幺值 I_0^* 为

$$I_0^*=I_0/I_{1N} \tag{7-9}$$

依据变压器等值折算，原边和副边空载电流标幺值相等，所以在变压器铭牌上仅示出统一的 I_0^* 即可。

7.2.1.4 连接方式

三相电力变压器的原、副边绕组可以有多种连接形式。

（1）星形连接（Y）

变压器原边绕组接成 Y 形接法时，一般是将三个绕组的末端接在一起，构成公共的中性点，而三个首端则接三相电源；副边绕组接成星形时，末端接成中性点，首端获得对称的三相感应电动势。首端与首端之间的电压（流）称为线电压（流），首端与中性点之间的电压（流）称为相电压（流）。在对称的三相交流电系统中，绕组接成 Y 形时，线电压等于$\sqrt{3}$倍的相电压，线电流等于相电流。

我国变压器传统的连接方式是 Yyn0 连接，其连接方法与电压相量如图 7-4 所示。由图可见，采用 Yyn0 连接时，原边线电压 U_{AB}、U_{BC}、U_{CA} 相位差为 120°，其相电压 U_a、U_b、U_c 幅值比线电压分别小$\sqrt{3}$倍，各相对应线电压（如 U_a 对应 U_{AB}）超前相电压 60°，而相电压彼此间相位差也为 120°。由于原边引线端 A、B、C 分别与副边引线端 a、b、c 为同名端，因此副边线电压 U_{ab}、U_{bc}、U_{ca} 分别与原边线压 U_{AB}、U_{BC}、U_{CA} 同相位，而副边相压 U_a、U_b、U_c 也分别与原边相电压 U_A、U_B、U_C 同相位，即原边与副边对应线电压或相电压均无相角差。

这种连接方式的优点是对高压绕组绝缘强度要求不高，制造成本较低。主要缺点是在接用单相大容量不平衡负荷时，中性线电流较大。所以 GB 1094 规定，容量在 1800kV·A 以上的变压器，不允许采用 Yyn0 连接。

（2）三角形连接（△）

三角形接法是将三相绕组的首端和末端相互连接成闭合回路，再从三个连接点引出三根线，接电源（原边绕组）或负载（副边绕组）。

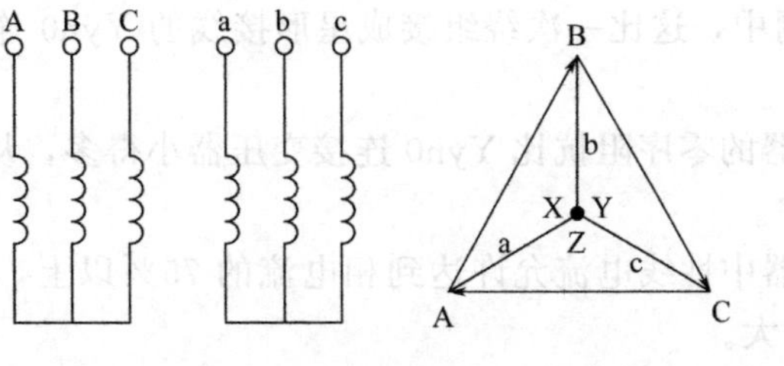

图 7-4 三相变压器 Yyn0 连接组别电压相量图

目前，世界上大多数国家都采用△/Y（Dyn11）连接组别变压器，如图 7-5 所示。由图可见，其原边绕组与副边绕组对应的线电压相位差为 30°。如图 7-5（c）所示是正相序接法，即 AY－BZ－CX；还有一种是反相序接法，即 AZ－CY－BX。

副边绕组按△形法接线时，三根引出线接负载，三个相电势对称，输出电压相等。三个绕组中电势之和等于零。如果有一相接反，则三个电势之和就等于相电势的两倍，会烧毁负载。使用△形接法，要求三相的负荷应相等，以保证三相绕组的电压、电流平衡。

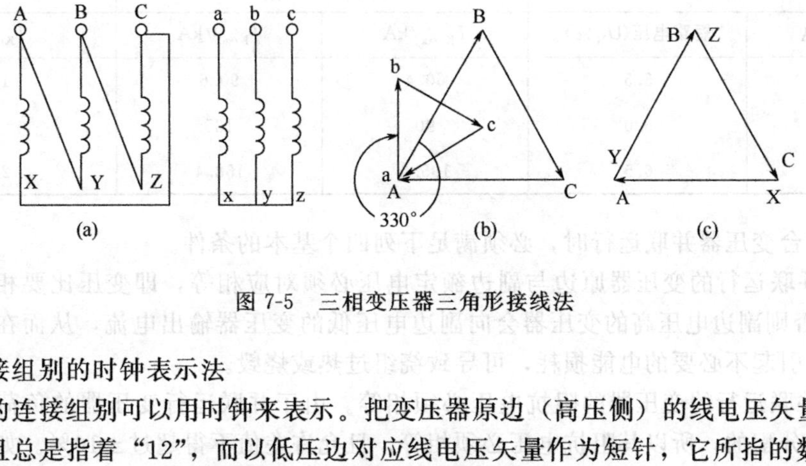

图 7-5 三相变压器三角形接线法

（3）连接组别的时钟表示法

变压器的连接组别可以用时钟来表示。把变压器原边（高压侧）的线电压矢量作为时钟上的长针，并且总是指着“12”，而以低压边对应线电压矢量作为短针，它所指的数字就是变压器连接组别的序号，它表征变压器高、低压边线电压矢量差。

利用时钟法表示 Yyn0 连接组别时，原边线电压矢量即为时钟长针 12 的方向，而副边线电压矢量即为时钟短针所指数字，也在“12”的位置，所以这种变压器连接组别的时钟表示法即为 Y/Y_0-12，原、副边线电压是同相位的。

同样的道理，Dyn11 连接组别表示副边线电压超前原边线电压 30°，这时短针指示在“11”的位置，如图 7-6 所示。所有角度都按短针顺时针方向来计算，则 12 点与 11 点之间相差角度应为 30°×11＝330°。

三相电力变压器原、副边绕组采用不同的连接方式，形成了原、副边绕组与所对应的线电压、线电流之间不同的相位关系。

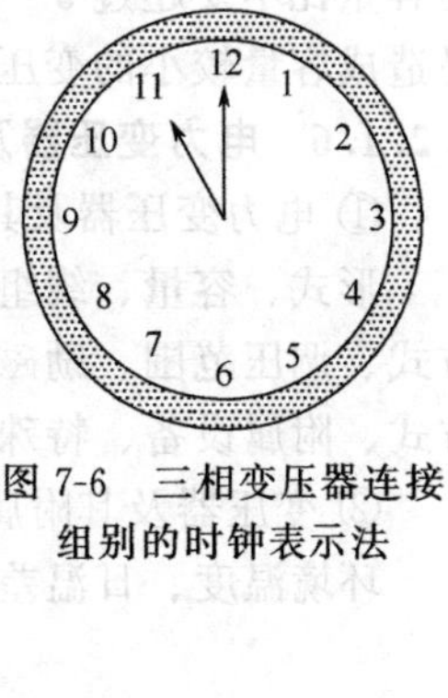

图 7-6 三相变压器连接组别的时钟表示法

（4）Dyn11 连接与 Yyn0 连接的性能比较

Yyn0（Y/Y_0-12）是以前降压变压器（配电变压器）常用的连接组别，过去，我国大多采用这种连接形式，但近年来有被 Dyn11（$\triangle/Y_0$-11）连接取代的趋势。究其原因，是由于变压器采用 Dyn11 连接较之采用 Yyn0 连接有以下优点。

① 对 Dyn11 连接的变压器来说，其 $3n$ 次谐波励磁电流在△接线的一次绕组内形成环流，不会注入到公共高压电网中，这比一次绕组接成星形接线的 Yyn0 连接组别更有利于抑制高次谐波。

② Dyn11 连接变压器的零序阻抗比 Yyn0 连接变压器小得多，从而更有利于低压单相接地短路故障时的保护与切除。

③ Dyn11 连接变压器中性线电流允许达到相电流的 75％以上，其承受单相不平衡负荷能力比 Yyn0 连接变压器要大。

7.2.1.5 并联运行

当采用多台变压器供电时，变压器并联运行更加合理，每台变压器可均分负荷，变压器容量可以得到充分利用，运行比较经济，对于馈电设备的负荷分配比较简单。

但要注意，变压器允许并联的台数不宜太多，一般为 2～3 台。并联台数越多，其结点式供电系统的短路电流越大，如表 7-10 所示，这对低压断路器的选择带来一定难度，因此在选用低压断路器时，要求其额定短路分断能力应不小于线路的预期短路电流，而目前低压断路器的最大短路分断能力一般在 100kA 左右。

表 7-10 变压器并联运行时系统短路电流

变压器参数		$N=2$	$N=3$	$N=4$
容量/kV·A	短路电压(U_N%)	I_{Kmax}/kA	I_{Kmax}/kA	I_{Kmax}/kA
1000	5.5	60.4	90.6	120.8
1600	6.0	90	135	280
2000	6.5	105.6	158.4	211.2

两台或多台变压器并联运行时，必须满足下列四个基本的条件。

① 参与并联运行的变压器原边与副边额定电压必须对应相等，即变压比要相同，允许偏差≤±5％。否则副边电压高的变压器会向副边电压低的变压器输出电流，从而在各变压器副边产生环流，引起不必要的电能损耗，可导致绕组过热或烧毁。

② 参与并联运行的变压器的阻抗电压必须相等。由于并联运行变压器的负荷是按其阻抗电压值成反比分配的，所以其阻抗电压必须相等，且允许差值不得超过±10％。如果阻抗电压差值过大，可能导致阻抗电压较小的变压器发生过负荷现象。

③ 参与并联运行的变压器连接组别应一样。若一台采用 Dyn11 组别，而另一台采用 Yyn0 组别，由于它们副边相电压存在 30°相位差，即 Dyn11 的 U_2 超前 Yyn0 的 U_2 相位 30°，所以两台变压器副边绕组间存在电位差，其副边绕组内会出现很大的环流。

④ 参与并联运行的变压器容量最好相同或相近，容量最大的变压器与容量最小的变压器的容量比不要超过 3∶1，否则在变压器性能略有差异时，变压器间的环流会显著增加，很容易造成容量较小的变压器过载运行。

7.2.1.6 电力变压器及其附属设备选择的一般原则

① 电力变压器及其附属设备应按下列技术条件选择：

形式、容量、绕组电压、相数、频率、冷却方式、连接组别、短路阻抗、绝缘水平、调压方式、调压范围、励磁涌流、并联运行特性、损耗、温升、过载能力、噪声水平、中性点接地方式、附属设备、特殊要求。

② 变压器及其附属设备应按下列使用环境条件校验：

环境温度、日温差、最大风速、相对湿度、污秽、海拔高度、地震烈度、系统电压波形及谐波含量（注：当在屋内使用时，可不检验日温差、最大风速和污秽；在屋外使用时，则不检验相对湿度）。

③ 以下所列环境条件为特殊使用条件，工程设计时应采取相应防护措施，否则应与制造商协商。

a. 有害的烟或蒸气，灰尘过多或带有腐蚀性，易爆的灰尘或气体的混合物、蒸汽、盐雾、过潮或滴水等；

b. 异常振动、倾斜、碰撞和冲击；

c. 环境温度超出正常使用范围；

d. 特殊运输条件；

e. 特殊安装位置和空间限制；

f. 特殊维护问题；

g. 特殊的工作方式或负载周期，如冲击负载；

h. 三相交流电压不对称或电压波形中总的谐波含量大于5%，偶次谐波含量大于1%；

i. 异常强大的核子辐射。

④ 对于湿热带、工业污秽严重及沿海地区户外的产品，应考虑潮湿、污秽及盐雾的影响，变压器的外绝缘应选用加强绝缘型或防污秽型产品。热带产品气候类型分为湿热型（TH）、干热型（TA）和干湿热合型（T）三种。

⑤ 变压器可根据安装位置条件，按用途、绝缘介质、绕组形式、相数、调压方式及冷却方式确定选用变压器的类型。在可能的条件下，优先选用三相变压器、自耦变压器、低损耗变压器、无励磁调压变压器。对大型变压器选型应进行技术经济论证。

⑥ 选择变压器容量时，应根据变压器用途确定变压器负载特性，并参考相关标准中给定的正常周期负载图所推荐的变压器在正常寿命损失下变压器的容量，同时还应考虑负荷发展，额定容量取值应尽可能选用标准容量系列。对大型变压器宜进行经济运行计算。

对三绕组变压器的高、中、低压绕组容量的分配，应考虑各侧绕组所带实际负荷，且绕组额定容量取值应尽可能选用标准系列。

⑦ 电力变压器宜按GB/T 6451—2008《油浸式电力变压器技术参数和要求》和GB/T 10228—2008《干式电力变压器技术参数和要求》的参数优先选择。

⑧ 除受运输、制造水平或其他特殊原因限制外应尽可能选用三相电力变压器。

⑨ 对于检修条件较困难和环境条件限制（低温、高潮湿、高海拔）地区的电力变压器宜选用寿命期内免维护或少维护型。

⑩ 短路阻抗选择。

a. 选择变压器短路阻抗时，应根据变压器所在系统条件尽可能选用相关标准规定的标准阻抗值。

b. 为限制过大的系统短路电流，应通过技术经济比较确定选用高阻抗变压器或限流电抗器，选择高阻抗变压器时应按电压分挡设置，并应校核系统电压调整率和无功补偿容量。

⑪ 对于500kV电力变压器主绝缘（高－低或高－中）的尺寸、油流静电、线圈抗短路机械强度、耐运输冲撞的能力应由产品设计部门给出详细算据。

⑫ 分接头的一般设置原则：

a. 在高压绕组或中压绕组上，而不是在低压绕组上；

b. 尽量在星形连接绕组上，而不是在三角形连接的绕组上；

c. 在网络电压变化最大的绕组上。

⑬ 调压方式的选择原则：

a. 无励磁调压变压器一般用于电压及频率波动范围较小的场所；

b. 有载调压变压器一般用于电压波动范围大，且电压变化频繁的场所；

c. 在满足运行要求的前提下，能用无载调压的尽量不用有载调压，无励磁分接开关应尽量减少分接头数目，可根据系统电压变化范围只设最大、最小和额定分接；

d. 自耦变压器采用公共绕组调压时，应验算第三绕组电压波动不超过允许值，在调压范围大，第三绕组电压不允许波动范围大时，推荐采用中压侧线端调压。

⑭ 电力变压器油应满足 GB 2536—2011《电工流体 变压器和开关用的未使用过的矿物绝缘油》的要求，330kV 以上电压等级的变压器油应满足超高压变压器油标准。

⑮ 在下述几种情况下一般可选用自耦变压器。

a. 单机容量在 125MW 及以下，且两级升高电压均为直接接地系统，其送电方向主要由低压送向高、中压侧，或从低压和中压送向高压侧，而无高压和低压同时向中压侧送电要求者，此时自耦变压器可作发电机升压之用。

b. 当单机容量在 200MW 及以上时，用来作高压和中压系统之间联络用的变压器。

c. 在 220kV 及以上的变电站中，宜优先选用自耦变压器。

⑯ 容量为 200MW 及以上的机组，主厂房及网控楼内的低压厂用变压器宜采用干式变压器。其他受布置条件限制的场所也可采用干式变压器。在地下变电站、市区变电站等防火要求高或布置条件受限制的地方宜采用干式变压器。

⑰ 对于新型变压器经技术经济比较，确认技术先进合理可选用。

⑱ 优先选用环保、节能的电力变压器消防方式（如充氮灭火等）。

⑲ 城市变电站宜采用低噪声变压器。

7.2.1.7 10kV 及以下变电所变压器的选择

① 变压器台数应根据负荷特点和经济运行进行选择。当符合下列条件之一时，宜装设两台及以上变压器：

a. 有大量一级或二级负荷；

b. 季节性负荷变化较大；

c. 集中负荷较大。

② 装有两台及以上变压器的变电所，当其中任一台变压器断开时，其余变压器的容量应满足一级负荷及二级负荷的用电。

③ 变电所中单台变压器（低压为 0.4kV）的容量不宜大于 1250kV·A。当用电设备容量较大、负荷集中且运行合理时，可选用较大容量的变压器。

④ 一般情况下，动力和照明宜共用变压器。有下列情况之一时，可设专用变压器：

a. 当照明负荷较大或动力和照明采用共用变压器严重影响照明质量及灯泡寿命时，可设照明专用变压器；

b. 单台单相负荷较大时，宜设单相变压器；

c. 冲击性负荷较大，严重影响电能质量时，可设冲击负荷专用变压器；

d. 在电源系统不接地或经阻抗接地，电气装置外露导电体就地接地系统（IT 系统）的低压电网中，照明负荷应设专用变压器。

⑤ 多层或高层主体建筑内变电所，宜选用不燃或难燃型变压器。

⑥ 在多尘或有腐蚀性气体严重影响变压器安全运行的场所，应选用防尘型或防腐型变压器。

7.2.1.8 35～110kV 变电站主变压器的选择

① 主变压器的台数和容量，应根据地区供电条件、负荷性质、用电容量和运行方式等条件综合确定。

② 在有一、二级负荷的变电站中应装设两台主变压器，当技术经济比较合理时，可装设两台以上主变压器。变电站可由中、低压侧电网取得足够容量的工作电源时，可装设一台主变压器。

③ 装有两台及以上主变压器的变电站，当断开一台主变压器时，其余主变压器的容量（包括过负荷能力）应满足全部一、二级负荷用电的要求。

④ 具有三种电压的变电站中，通过主变压器各侧绕组的功率达到该变压器额定容量的15%以上时，主变压器宜采用三绕组变压器。

⑤ 主变压器宜选用低损耗、低噪声变压器。

⑥ 电力潮流变化大和电压偏移大的变电站，经计算普通变压器不能满足电力系统和用户对电压质量的要求时，应采用有载调压变压器。

7.2.2 高压断路器[30,68,80]

（1）高压断路器的功能及类型

高压断路器具有相当完善的灭弧装置，因此它不仅能通断正常负荷电流，而且能通断一定的短路电流，并能在继电保护装置的作用下自动跳闸，切除短路故障。

高压断路器按其采用的灭弧介质分，有油断路器、六氟化硫（SF_6）断路器、真空断路器以及压缩空气断路器、磁吹断路器等类型。目前 110kV 及以下用户供配电系统中，主要采用油断路器、真空断路器和六氟化硫断路器。

高压断路器的型号含义如图 7-7 所示。

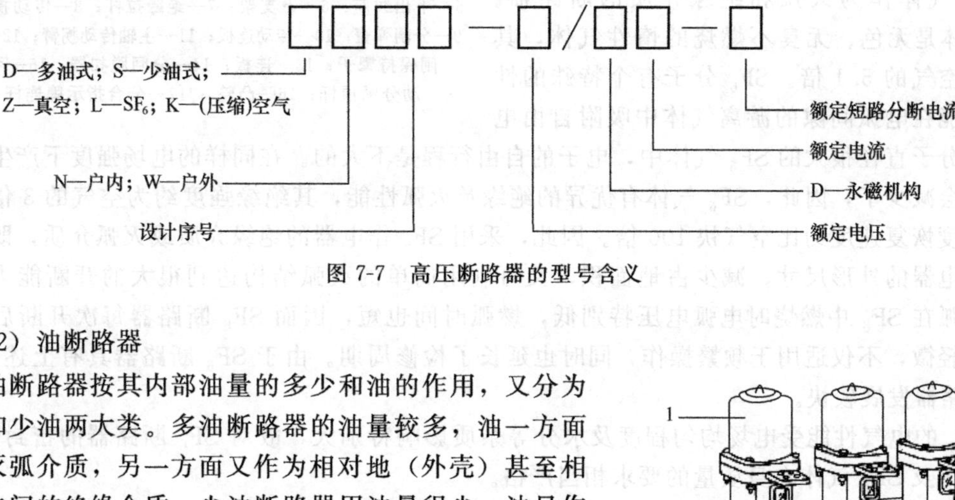

图 7-7 高压断路器的型号含义

（2）油断路器

油断路器按其内部油量的多少和油的作用，又分为多油和少油两大类。多油断路器的油量较多，油一方面作为灭弧介质，另一方面又作为相对地（外壳）甚至相与相之间的绝缘介质。少油断路器用油量很少，油只作为灭弧介质，相地或相间的绝缘依靠空气介质承担。图 7-8 所示为 SN10-10 型少油断路器的外形结构图。

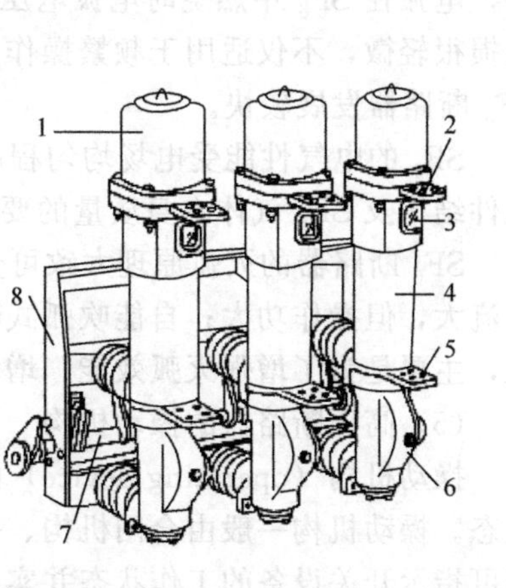

图 7-8 SN10-10 型少油断路器外形结构图
1—管帽；2，5—上、下接线端子；3—油标；4—绝缘筒；6—基座；7—主轴；8—框架

（3）真空断路器

真空断路器（vacuum circuit-breaker），是利用“真空”（气压为 $10^{-2}\sim10^{-6}$Pa）灭弧的一种断路器，其触头装在真空灭弧室内。由于真空中不存在气体游离的问题，所以这种断路器的触头断开时很难发生电弧。但是在感性电路中，灭弧速度过快，瞬间切断电流 i 将使 di/dt 极大，从而使电路出现过电压（$U_L=L\,di/dt$），

这对供电系统是不利的。因此，这种“真空”不能是绝对的真空，实际上能在触头断开时因高电场发射和热电发射产生一点电弧，称之为“真空电弧”，它能在电流第一次过零时熄灭。这样，既能使燃弧时间很短（最多半个周期），又不致产生很高的过电压。

目前，户内真空断路器多采用弹簧操动机构和真空灭弧室部件前后布置，组成统一整体的结构形式。这种整体型布局，可使操动机构的操作性能与真空灭弧室开合所需的性能更为吻合，并可减少不必要的中间传动环节，降低了能耗和噪声。真空断路器配用中间封接式陶瓷真空灭弧室，采用铜铬触头材料及杯状纵磁场触头结构。触头具有电磨损速率小、电寿命长、耐压水平高、介质绝缘强度稳定且弧后恢复迅速、截流水平低、开断能力强等优点。图 7-9 所示是国产 ZN63 型户内真空断路器的总体结构。

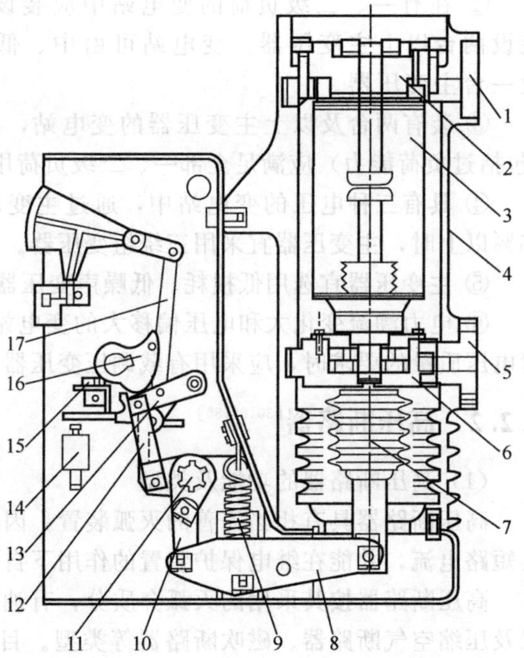

图 7-9　ZN63 型户内真空断路器的总体结构

1—上出线座；2—上支架；3—真空灭弧室；4—绝缘筒；5—下出线座；6—下支架；7—绝缘拉杆；8—传动拐臂；9—分闸弹簧；10—传动连板；11—主轴传动拐臂；12—分闸保持掣子；13—连板；14—分闸脱扣器；15—手动分闸顶杆；16—凸轮；17—分合指示牌连杆

（4）六氟化硫断路器

六氟化硫断路器（SF_6 circuit-breaker）是用 SF_6 气体作为灭弧和绝缘介质的断路器。SF_6 气体是无色、无臭不燃烧的惰性气体，其密度是空气的 5.1 倍。SF_6 分子有个特殊的性能，它能在电弧间隙的游离气体中吸附自由电子，在分子直径很大的 SF_6 气体中，电子的自由行程是不大的。在同样的电场强度下产生碰撞游离机会减少了，因此，SF_6 气体有优异的绝缘及灭弧性能，其绝缘强度约为空气的 3 倍，其绝缘强度恢复速度约比空气快 100 倍。因此，采用 SF_6 作电器的绝缘介质或灭弧介质，既可大大缩小电器的外形尺寸，减少占地面积，又可利用简单的灭弧结构达到很大的开断能力。此外，电弧在 SF_6 中燃烧时电弧电压特别低，燃弧时间也短，因而 SF_6 断路器每次开断后触头烧损很轻微，不仅适用于频繁操作，同时也延长了检修周期。由于 SF_6 断路器具有上述优点，SF_6 断路器发展较快。

SF_6 的电气性能受电场均匀程度及水分等杂质影响特别大，故对 SF_6 断路器的密封结构、元件结构及 SF_6 气体本身质量的要求相当严格。

SF_6 断路器的灭弧原理大致可分为三种类型：压气式、自能吹弧式和混合式。压气式开断电流大，但操作功大；自能吹弧式开断电流较小，操作功亦小；混合式是两种或三种原理的组合，主要是为了增强灭弧效能，增大开断电流，同时又能减小操作功。

（5）高压断路器的操动机构

操动机构（operating device）的作用是使断路器进行分闸或合闸，并使合闸后保持在合闸状态。操动机构一般由合闸机构、分闸机构和保持合闸机构三部分组成。操动机构的辅助开关还可指示开关设备的工作状态并实现联锁作用。

① 弹簧操动机构　弹簧操动机构是一种以弹簧作为储能元件的机械式操动机构。弹簧储能借助电动机通过减速装置来完成，并经过锁扣系统保持在储能状态。开断时，锁扣借助磁力脱扣，弹簧释放能量，经过机械传递单元驱使触头运动。作为储能元件的弹簧有压缩弹簧、盘

簧、卷簧和扭簧等。弹簧操动机构的操作电源可为交流也可为直流，对电源容量要求低，因而在中压供电系统中应用广泛。

② 电磁操动机构　电磁操动机构是靠合闸线圈所产生的电磁力进行合闸的机构，是直接作用式的机构。其结构简单，运行比较可靠，但合闸线圈需要很大的电流，一般要几十安至几百安，消耗功率比较大。电磁操动机构能手动或远距离电动分闸和合闸，便于实现自动化，但电磁操动机构需大容量直流操作电源。

③ 永磁机构　永磁机构是一种用于中压真空断路器的永磁保持、电子控制的电磁操动机构。它通过将电磁铁与永久磁铁的特殊结合来实现传统断路器操动机构的全部功能：由永久磁铁代替传统的脱锁扣机构来实现极限位置的保持功能；由分合闸线圈来提供操作时所需要的能量。可以看出，由于工作原理的改变，整个机构的零部件总数大幅减少，使机构的整体可靠性大幅提高。永磁机构需直流操作电源，但由于其所需操作功很小，因而对电源容量要求不高。

(6) 高压断路器的选择

① 高压断路器及其操动机构应按下列技术条件进行选择：电压；电流；极数；频率；绝缘水平；开断电流；短路关合电流；失步开断电流；动稳定电流；热稳定电流；特殊开断性能；操作顺序；端子机械载荷；机械和电气寿命；分、合闸时间；过电压；操动机构形式，操作气压、操作电压；相数；噪声水平。

② 高压断路器应按下列使用环境条件校验：环境温度；日温差；最大风速；相对湿度；污秽等级；海拔高度；地震烈度。

【注】当在屋内使用时，可不校验日温差、最大风速和污秽等级；在屋外使用时，则不校验相对湿度。

③ 断路器的额定电压应不低于系统的最高电压；额定电流应大于运行中可能出现的任何负荷电流。

④ 在校核断路器的断流能力时，宜取断路器实际开断时间（主保护动作时间与断路器分闸时间之和）的短路电流作为校验条件。

⑤ 在中性点直接接地或经小阻抗接地的系统中选择断路器时，首相开断系数应取1.3；在110kV及以下的中性点非直接接地的系统中，则首相开断系数应取1.5。

⑥ 断路器的额定短时耐受电流等于额定短路开断电流，其持续时间额定值在110kV及以下为4s；在220kV及以上为2s。对于装有直接过电流脱扣器的断路器不一定规定短路持续时间，如果断路器接到预期开断电流等于其额定短路开断电流的回路中，则当断路器的过电流脱扣器整定到最大时延时，该断路器应能在按照额定操作顺序操作，且在与该延时相应的开断时间内，承载通过的电流。

⑦ 当断路器安装地点短路电流直流分量不超过断路器额定短路开断电流幅值的20%时，额定短路开断电流仅由交流分量来表征，不必校验其直流分断能力。如果短路电流直流分量超过20%时，应与制造商协商，并在技术协议书中明确所要求的直流分量百分数。

⑧ 断路器的额定关合电流不应小于短路电流最大冲击值（第一个大半波电流峰值）。

⑨ 对于110kV及以上的系统，当系统稳定要求快速切除故障时，应选用分闸时间不大于0.04s的断路器；当采用单相重合闸或综合重合闸时，应选用能分相操作的断路器。

⑩ 对于330kV及以上系统，在选择断路器时，其操作过电压倍数应满足《交流电气装置的过电压保护和绝缘配合》DL/T 620—1997的要求。

⑪ 对担负调峰任务的水电厂、蓄能机组、并联电容器组等需要频繁操作的回路，应选用适合频繁操作的断路器。

⑫ 用于为提高电力系统动稳定装设的电气制动回路中的断路器，其合闸时间不宜大于0.04～0.06s。

⑬ 用于切合并联补偿电容器组的断路器，应校验操作时的过电压倍数，并采取相应的限制过电压措施。3～10kV 宜用真空断路器或 SF_6 断路器。容量较小的电容器组，也可使用开断性能优良的少油断路器。35kV 及以上电压级的电容器组，宜选用 SF_6 断路器或真空断路器。

⑭ 用于串联电容补偿装置的断路器，其断口电压与补偿装置的容量有关，而对地绝缘则取决于线路的额定电压，220kV 及以上电压等级应根据所需断口数量特殊订货；110kV 及以下电压等级可选用同一电压等级的断路器。

⑮ 当断路器的两端为互不联系的电源时，设计中应按以下要求校验：

a. 断路器断口间的绝缘水平满足另一侧出现工频反相电压的要求；

b. 在失步下操作时的开断电流不超过断路器的额定反相开断性能；

c. 断路器同极断口间的泄漏比距（公称爬电比距与对地公称爬电比距之比）一般取为 1.15～1.3；

d. 当断路器起联络作用时，其断口的泄漏比距（公称爬电比距与对地公称爬电比距之比）应选取较大的数值，一般不低于 1.2。

当缺乏上述技术参数时，应要求制造部门进行补充试验。

⑯ 断路器尚应根据其使用条件校验下列开断性能：

a. 近区故障条件下的开合性能；

b. 异相接地条件下的开合性能；

c. 失步条件下的开合性能；

d. 小电感电流开合性能；

e. 容性电流开合性能；

f. 二次侧短路开断性能。

⑰ 当系统单相短路电流计算值在一定条件下有可能大于三相短路电流值时，所选择断路器的额定开断电流值应不小于所计算的单相短路电流值。

⑱ 选择断路器接线端子的机械荷载，应满足正常运行和短路情况下的要求。一般情况下断路器接线端子的机械荷载不应大于表 7-11 所列数值。

表 7-11 断路器接线端子允许的机械荷载

额定电压/kV	额定电流/A	水平拉力/N 纵向	水平拉力/N 横向	垂直力(向上及向下)/N
12		500	250	300
40.5～72.5	≤1250 ≥1600	500 750	400 500	500 750
126	≤2000 ≥2500	1000 1250	750 750	750 1000
252～363	1250～3150	1500	1000	1250
550		2000	1500	1500

注：当机械荷载计算值大于此表所列数值时，应与制造商商定。

7.2.3 高压熔断器[30,68,80]

7.2.3.1 高压熔断器的结构功能及其工作特性

(1) 基本功能

熔断器（fuse）中的主要元件为熔体（俗称熔丝）。当通过高压熔断器的电流超过某一规定值时，熔断器的熔体熔化以达到切断电路的目的。其功能主要是对电路及其中设备进行短路保护，有的还具有过负荷保护功能。

(2) 基本结构

图 7-10 所示是 RW_4-10 型户外跌落式熔断器的外形结构图。跌落式熔断器多用于 10kV 及以下的配电网路中，作为变压器和线路的过载和短路保护设备，也可用来直接分、合线路的小负荷电流或变压器的空载电流。

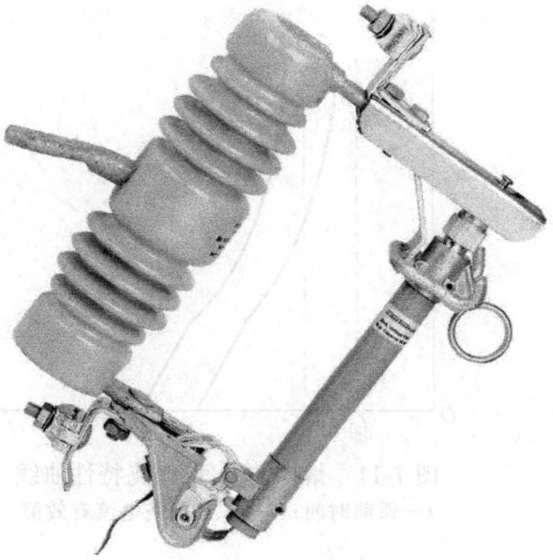

图 7-10 RW_4-10 型户外跌落式熔断器的外形结构图

RW_4-10 型户外跌落式熔断器主要由绝缘子、上下触头导电系统和熔管四大部分组成。熔管多为采用绝缘钢纸管和酚醛纸管（或环氧玻璃布管）制成的复合管。正常工作时，熔管依靠熔丝的机械张力使熔管上的活动关节锁紧，所以熔管能在上静触头的压力下处于合闸位置。当过电流的热效应使熔丝熔断时，在熔管内将产生电弧，电弧的高温高热效应使熔管内衬的消弧管析出大量气体，并从管口高速喷出，形成强烈的吹弧作用使电弧熄灭。与此同时，熔管在上、下弹性触头的推力和熔管自身重量的作用下迅速跌落，形成明显的隔离间隙。当然熔管下坠拉弧的过程也有利于分断过程中产生电弧的熄灭。

(3) 熔体熔断过程

熔断器开断故障时的整个过程大致可分为三个阶段。

① 从熔体中出现短路（或过载）电流起到熔体熔断　此阶段称为熔体的熔化时间 t_1，熔化时间 t_1 与熔体材料、截面积、流经熔体的电流以及熔体的散热情况有关，长到几小时，短到几毫秒甚至更短。

② 从熔体熔断到产生电弧　这段时间 t_2 很短，一般在 1ms 以下。熔体熔断后，熔体先由固体金属材料熔化为液态金属，接着又汽化为金属蒸气。由于金属蒸气的温度不是太高，电导率远比固体金属材料的电导率低，因此熔体汽化后的电阻突然增大，电路中的电流被迫突然减小。由于电路中总有电感存在，电流突然减小将在电感及熔丝两端产生很高的过电压，导致熔丝熔断处的间隙击穿，出现电弧。出现电弧后，由于电弧温度高，热游离强烈，维持电弧所需的电弧电压并不太高。t_1+t_2 称为熔断器的弧前时间。

③ 从电弧产生到电弧熄灭　此阶段时间称为燃弧时间 t_3，它与熔断器灭弧装置的原理和结构以及开断电流的大小有关，一般为几十毫秒，短的可到几毫秒。$t_1+t_2+t_3$ 称为熔断器的熔断时间。

(4) 工作特性

表征高压熔断器工作特性的除额定电压、额定电流和开断能力外，还有熔体的时间-电流特性。时间-电流特性是表示熔体熔化时间与通过电流间关系的曲线，如图 7-11 所示。每一种额定电流的熔体都有一条自己特定的时间-电流特性曲线。根据时间-电流特性进行熔体电流的选择，可以获得熔断器的选择性。

7.2.3.2 高压限流熔断器

所谓限流熔断器（current-limiting fuse）是指其灭弧能力很强，能在短路后不到半个周期内，即短路电流未达到冲击值之前就能完全熄灭电弧、切断电路，从而使被保护设备免受大的电动力及热效应（I^2t）的影响一种熔断器。其限流特性如图 7-12 所示，它能将预期短路电流限制在较小的数值范围内。

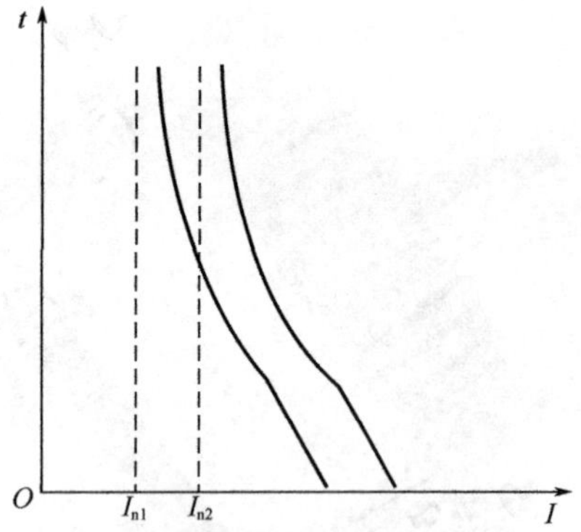

图 7-11 熔体的时间-电流特性曲线

t—弧前时间；*I*—预期短路电流有效值

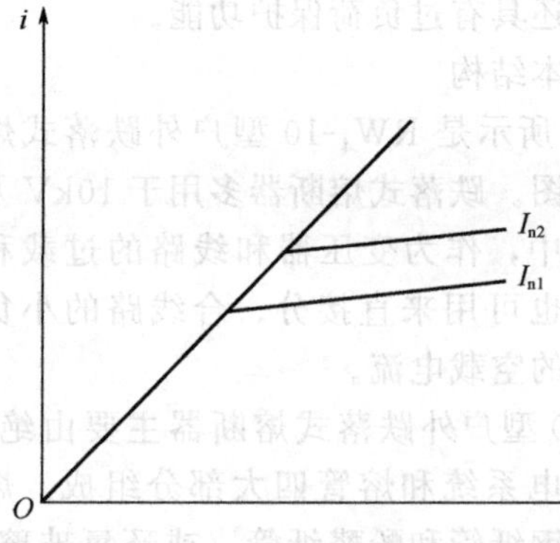

图 7-12 高压限流熔断器的限流特性

i—截断电流峰值；*I*—预期短路电流有效值

高压限流熔断器的原理结构如图 7-13 所示。限流熔断器依靠填充在熔体周围的石英砂对电弧的吸热和游离气体向石英砂间隙扩散的作用进行灭弧。熔体通常用纯铜或纯银制作，额定电流较小时用丝状熔体，较大时用带状熔体，缠绕在瓷芯柱上。在整个带状熔体长度中有规律地制成狭颈，狭颈处点焊低熔点合金形成“冶金效应”（metallurgical effect）点，使电弧在各狭颈处首先产生。丝状熔体也可用冶金效应。熔体上会同时多处起弧，形成串联电弧，灭弧后的多断口足以承受瞬态恢复电压和工频恢复电压。限流熔断器一端装有撞击器或指示器。在熔断器-负荷开关结构中，熔断器的撞击器对负荷开关直接进行分闸脱扣。触发撞击器可用炸药、弹簧或鼓膜。

XRNT3-12 型为变压器保护用高压限流熔断器，适用于户内交流 50Hz、额定电压 10kV 系统，可与负荷开关配合使用，作为变压器或电力线路的过载和短路保护。XRNP3-12 型为电压互感器保护用高压限流熔断器。

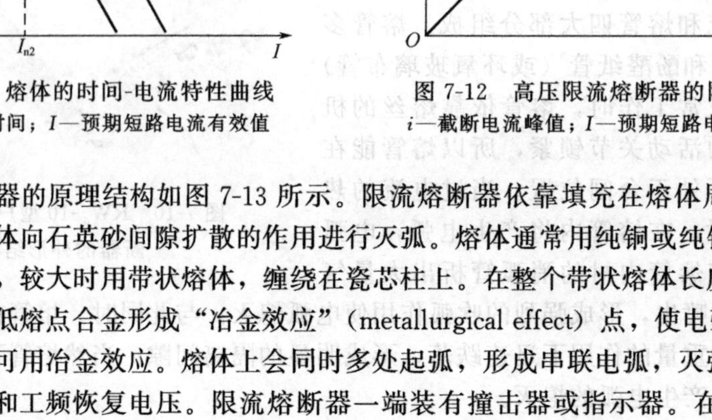

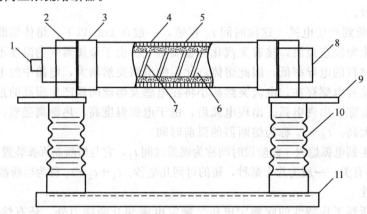

图 7-13 高压限流熔断器的原理结构

1—撞击器；2—底座触头；3—金属管帽；4—瓷质熔管；5—石英砂；6—瓷芯柱；7—熔体；8—熔体触头；9—接线端子；10—绝缘子；11—熔断器底座

7.2.3.3 高压熔断器的选择

① 高压熔断器应按下列技术条件选择：电压；电流；开断电流；保护熔断特性。

② 高压熔断器尚应按下列使用环境条件校验：环境温度；最大风速；污秽；海拔高度；地震烈度。

【注】当在屋内使用时，可不校验最大风速和污秽。

③ 高压熔断器的额定开断电流应大于回路中可能出现的最大预期短路电流周期分量有效值。

④ 限流式高压熔断器不宜使用在工作电压低于其额定电压的电网中，以免因过电压而使电网中的电器损坏。

⑤ 高压熔断器熔管的额定电流应大于或等于熔体的额定电流。熔体的额定电流应按高压熔断器的保护熔断特性选择。

⑥ 选择熔体时，应保证前后两极熔断器之间，熔断器与电源侧继电保护之间，以及熔断器与负荷侧继电保护之间动作的选择性。

⑦ 熔断器熔体在满足可靠性和下一段保护选择性的前提下，当在本段保护范围内发生短路时，应能在最短时间内切断故障，以防止熔断时间过长而加剧被保护电器损坏。

⑧ 保护电压互感器的熔断器，只需按额定电压和开断电流选择。

⑨ 发电机出口电压互感器高压侧熔断器的额定电流应与发电机定子接地保护相配合，以免电压互感器二次侧故障引起发电机定子接地保护误动作。

⑩ 变压器回路熔断器的选择应符合下列规定：

a. 熔断器应能承受变压器的容许过负荷电流及低压侧电动机成组启动所产生的过电流；

b. 变压器突然投入时的励磁涌流不应损伤熔断器，变压器的励磁涌流通过熔断器产生的热效应可按 10～20 倍的变压器满载电流持续 0.1s 计算，当需要时可按 20～25 倍的变压器满载电流持续 0.01s 校验；

c. 熔断器对变压器低压侧短路故障的保护，其最小开断电流应低于预期短路电流。

⑪ 电动机回路熔断器的选择应符合下列规定：

a. 熔断器应能安全通过电动机的容许过负荷电流；

b. 电动机的启动电流不应损伤熔断器；

c. 电动机在频繁地投入、开断或反转时，其反复变化的电流不应损伤熔断器。

⑫ 保护电力电容器的高压熔断器选择，应符合《并联电容器装置设计规范》GB 50227—2008 的规定。

⑬ 跌落式高压熔断器的断流容量应分别按上、下限值校验，开断电流应以短路全电流校验。

⑭ 除保护防雷用电容器的熔断器外，当高压熔断器的断流容量不能满足被保护回路短路容量要求时，可采用在被保护回路中装设限流电阻等措施来限制短路电流。

7.2.4　高压隔离开关[30,80]

高压隔离开关（switch-disconnector）的主要用途是使被检修设备（如高压断路器等）与电网完全可靠断开，以确保工作人员的安全，为此，隔离开关在断开时，触头间应构成明显可见的电气断点，并在空气介质中保持足够的绝缘安全距离。图 7-14 所示为 10kV 三极杠杆传动的 GN1-10 系列隔离开关结构示意图。

该系列隔离开关由手提绝缘操作杆操动，为了增强开关触刀对短路电流的稳定性，触刀采用了磁锁装置。磁锁装置作用原理如图 7-15 所示。

当短路电流沿着并行的闸刀流经静触头时，由于铁片 2 的磁力作用使刀片相互吸引，因此增加了刀片对静触头的接触压力，从而增强了触头系统对短路电流的稳定作用。

高压隔离开关没有专门的灭弧结构，工作中切断电流的能力小，一般只用来分断或接通空载线路、电压互感器或容量小于 180kV·A，电压不高于 10kV 电力变压器的空载电流等。高压隔离开关不能用来切断负荷电流和较大的短路电流，否则会在开关触头间形成很强的持续电弧，这不仅能损坏隔离开关及附近的电气设备，而且电弧的长期燃烧对电力系统的安全运行也十分危险。因此在电路中有较大电流的情况下，必须在相关的断路器分断电路后，才可对隔离开关进行线路分断或接通的切换操作。万一因误操作而在触头间建立不能熄灭的电弧时，应立即将隔离开关闭合，以消除电弧可能引发的不利后果。

图 7-14　GN1-10 系列隔离开关结构示意图

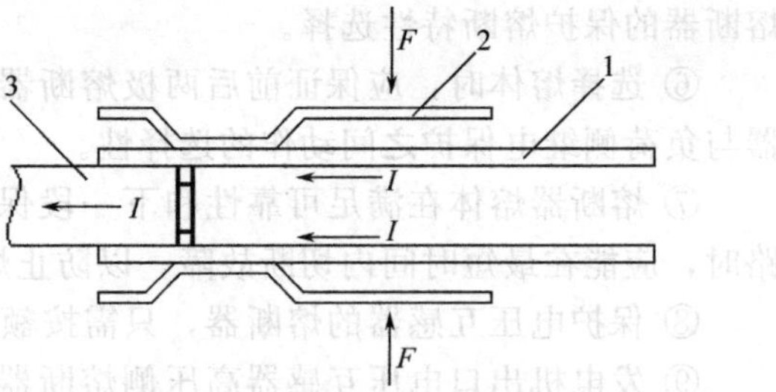

图 7-15　隔离开关磁锁装置作用原理示意图
1—并行闸刀；2—铁片；3—静触头

高压隔离开关的选择应注意以下几点。

① 隔离开关及其操作机构应按下列技术条件选择：电压；电流；频率；（对地和断口间的）绝缘水平；泄漏比距；动稳定电流；热稳定电流；分合小电流、旁路电流和母线环流；接线端机械荷载；单柱式隔离开关的接触区；分、合闸装置及电磁闭锁装置操作电压；操动机构形式，气动机构的操作气压。

② 隔离开关尚应按下列使用环境条件校验：环境温度；最大风速；覆冰厚度；相对湿度；污秽；海拔高度；地震烈度。

【注】当在屋内使用时，可不校验最大风速、覆冰厚度和污秽；在屋外使用时，则不校验相对湿度。

③ 对隔离开关的形式选择应根据配电装置的布置特点和使用要求等因素，进行综合技术经济比较后确定。

④ 隔离开关应根据负荷条件和故障条件所要求的各个额定值来选择，并应留有适当裕度，以满足电力系统未来发展要求。

⑤ 隔离开关没有规定承受持续过电流的能力，当回路中有可能出现经常性断续过电流情况时，应与制造商协商。

⑥ 当安装的 63kV 及以下隔离开关的相间距离小于产品规定的最小相间距离时，应要求制造商根据使用条件进行动、热稳定性试验。原则上应进行三相试验，当试验条件不具备时，允许进行单相试验。

⑦ 单柱垂直开启式隔离开关在分闸状态下，动静触头间的最小电气距离不应小于配电装置的最小安全净距 B 值。

⑧ 为保证检修安全，63kV 及以上断路器两侧的隔离开关和线路隔离开关的线路侧宜配置接地开关。接地开关应根据其安装处的短路电流进行动、热稳定校验。

⑨ 选用的隔离开关应具有切合电感、电容性小电流的能力，应使电压互感器、避雷器、空载母线、励磁电流不超过 2A 的空载变压器及电容电流不超过 5A 的空载线路等，在正常情况下操作时能可靠切断，并符合有关电力工业技术管理规定。当隔离开关的技术性能不能满足上述要求时，应向制造部门提出，否则不得进行相应操作。隔离开关尚应能可靠切断断路器的旁路电流及母线环流。

⑩ 屋外隔离开关接线端的机械荷载不应大于表 7-12 所列数值。机械荷载应考虑母线（或引下线）的自重、张力、风力和冰雪等施加于接线端的最大水平静拉力。当引下线采用软导线时，接线端机械荷载中不需再计入短路电流产生的电动力。但对采用硬导体或扩径空心导线的设备间连线，则应考虑短路电动力。

表7-12 屋外隔离开关接线端允许的机械荷载

额定电压/kV		额定电流/A	水平拉力/N		垂直力(向上、下)/N
			纵向	横向	
12			500	250	300
40.5～72.5		≤1250 ≥1600	750 750	400 500	500 750
126		≤2000 ≥3150	1000 1250	750 750	750 1000
252～363	单柱式	1250～3150	2000	1500	1000
	多柱式	1250～3150	1500	1000	1000
550	单柱式	2500～4000	3000	2000	1500
	多柱式	2500～4000	2000	1500	1500

注：1. 如果机械荷载计算值超过本表规定值时，应与制造商协商另定。

2. 安全系数为：静态不小于3.5，动态不小于1.7。

7.2.5 高压负荷开关[30,68]

高压负荷开关具有简单的灭弧装置，因而能通断一定的负荷电流和过负荷电流，但不能断开短路电流。因此，它一般与高压熔断器串联使用，借助熔断器来切除短路故障。

负荷开关在结构上应满足以下要求：在分闸位置时要有明显可见的间隙，这样，负荷开关前面就无须串联隔离开关，在检修电气设备时，只要开断负荷开关即可；要能经受尽可能多的开断次数，而无须检修触头和调换灭弧室装置的组成元件；负荷开关虽不要求开断短路电流，但要求能关合短路电流，并有承受短路电流的动稳定性和热稳定性的要求（对组合式负荷开关则无此要求）。

负荷开关的结构按不同灭弧介质可分为压缩空气、有机材料产气、SF_6气体和真空负荷开关四种。压气式负荷开关是用空气作为灭弧介质的，它是一种将空气压缩后直接喷向电弧断口而熄灭电弧的开关。产气式负荷开关是利用触头分离，产生电弧，在电弧作用下，使绝缘产气材料产生大量的灭弧气体喷向电弧，使电弧熄灭。在SF_6负荷开关中，一般用压气式灭弧。这是因为SF_6负荷开关仅开断负荷电流而不开断短路电流，用压气原理只要稍有气吹就能灭弧。此时，若用旋弧式或热膨胀式，则因电流小而难以开断。真空负荷开关的开关触头被封入真空灭弧室，开断性能好且工作可靠，特别在开断空载变压器、开断空载电缆和架空线方面都要比压气式和SF_6负荷开关优越。高压负荷开关一般采用手力操动机构，当有遥控操作要求时，也可配置电动操动机构。

高压负荷开关的选择应注意以下几点。

① 负荷开关及其操动机构应按下列技术条件选择：电压；电流；频率；绝缘水平；动稳定电流；热稳定电流；开断电流；关合电流；机械荷载；操作次数；过电压；操动机构形式，操作电压，相数；噪声水平。

② 负荷开关尚应按下列使用环境条件校验：环境温度；最大风速；相对湿度；覆冰厚度；污秽；海拔高度；地震烈度。

【注】当在屋内使用时，可不校验最大风速、覆冰厚度和污秽；在屋外使用时，则不校验相对湿度。

③ 当负荷开关与熔断器组合使用时，负荷开关应能关合组合电器中可能配用熔断器的最大截止电流。

④ 当负荷开关与熔断器组合使用时，负荷开关的开断电流应大于转移电流和交接电流。

⑤ 负荷开关的有功负荷开断能力和闭环电流开断能力应不小于回路的额定电流。

⑥ 选用的负荷开关应具有切合电感、电容性小电流的能力。应能开断不超过 10A（3～35kV）、25A（63kV）的电缆电容电流或限定长度的架空线充电电流，以及开断 1250kV · A（3～35kV）、5600kV · A（63kV）配电变压器的空载电流。

⑦ 当开断电流超过第⑥条的限额或开断其电容电流为额定电流 80%以上的电容器组时，应与制造部门协商，选用专用的负荷开关。

7.2.6　72.5kV 及以上气体绝缘金属封闭开关设备[30,68]

气体绝缘金属封闭式开关设备（gas insulate metal-enclosed switchgear，GIS）是在 SF_6 断路器基础上进一步发展起来的，是将断路器、隔离开关、接地开关、电流和电压互感器、避雷器和连接母线等封闭在金属壳体内，充以具有优异灭弧和绝缘性能的 SF_6 气体，作为相间和对地的绝缘。由于它既封闭又组合，故占地面积小，占用空间少，不受外界环境条件的影响，不产生噪声和无线电干扰，运行安全可靠且维护工作量少，因而得到大力发展。

目前 GIS 多为三相封闭式（三相共筒式）结构。所谓三相共筒式，就是将主回路元件的三相装在公共的外壳内，通过环氧树脂浇注绝缘子支撑和隔离。GIS 每一功能单元又由若干隔室组成，如断路器隔室、母线隔室等。

与传统的敞开式高压配电装置相比，GIS 的占地面积仅为敞开式的 10%，甚至更小，而占有的空间体积则更小。因此，GIS 特别适用于位于深山峡谷水电站的升压变电站，以及城区高压电网的变电站。在上述情况下，虽然 GIS 的设备费较敞开式高，但如计及土建和土地的费用，则 GIS 有更好的综合经济指标。

GIS 从问世以来，一直向高电压、大容量、小型化方向发展，今后的发展方向则是结构复合化和二次设备现代化。目前，GIS 主要用于 66kV 及以上系统中。72.5kV 及以上气体绝缘金属封闭开关设备的选择应注意以下几点。

① GIS 及其操动机构应按下列技术条件选择：电压；电流（主回路的）；频率；机械荷载；绝缘水平；热稳定电流（主回路的和接地回路的）；动稳定电流（主回路的和接地回路的）；短路持续时间；开断电流；操作顺序；机械和电气寿命；分、合闸时间；绝缘气体密度；年漏气率；各组成元件（包括其操作机构和辅助设备）的额定值。

② 气体绝缘金属封闭开关设备（GIS）尚应按下列使用环境条件校验：环境温度；日温差；最大风速；相对湿度；污秽；覆冰厚度；海拔高度；地震烈度。

【注】 当在屋内使用时，可不校验日温差、最大风速、污秽和覆冰厚度，当在屋外使用时，则不校验相对湿度。

③ 在经济技术比较合理时，气体绝缘金属封闭开关设备宜用于下列情况的 63kV 及以上系统：

a. 城市内的变电站；

b. 布置场所特别狭窄地区；

c. 地下式配电装置；

d. 重污秽地区；

e. 高海拔地区；

f. 高烈度地震区。

④ 气体绝缘金属封闭开关设备的各元件按其工作特点尚应满足下列要求。

a. 负荷开关元件：开断负荷电流；关合负荷电流；动稳定电流；热稳定电流；分、合闸时间；操作次数；允许切、合空载线路的长度和空载变压器的容量；允许关合短路电流；操作机构形式。

b. 接地开关和快速接地开关元件：关合短路电流；关合时间；关合短路电流次数；切断感应电流能力；操作机构形式、操作气压、操作电压、相数。

【注】如不能预先确定回路不带电，应采用关合能力等于相应的额定峰值耐受能力的接地开关；如能预先确定回路不带电，可采用不具有关合能力或关合能力低于相应的额定峰值耐受电流的接地开关。一般情况下不宜采用可移动的接地装置。

c. 电缆终端与引线套管：动稳定电流；热稳定电流；安装时的允许倾角。

【注】当GIS与电缆或变压器高压出线端直接连接时，如有必要，宜在两者接口的外壳上设置直流和/或交流试验用套管的安装孔，制造商应根据用户要求，提供试验用套管或给出套管安装的有关资料。

⑤ 选择气体绝缘金属封闭开关设备内的元件时，尚应考虑下列情况。

a. 断路器元件的断口布置形式需根据场地情况及检修条件确定，当需降低高度时，宜选用水平布置；当需减少宽度时，可选用垂直布置。灭弧室宜选用单压式。

b. 负荷开关元件在操作时应三相联动，其三相合闸不同期性不应大于10ms，分闸不同期性不应大于5ms。

c. 隔离开关和接地开关应具有表示其分、合位置的可靠和便于巡视的指示装置，如该位置指示器足够可靠的话，可不设置观察触头位置的观察窗。

d. 在GIS停电回路的最先接地点（不能预先确定该回路不带电）或利用接地装置保护封闭电器外壳时，应选择快速接地开关；而在其他情况下则选用一般接地开关。接地开关或快速接地开关的导电杆应与外壳绝缘。

e. 电压互感器元件宜选用电磁式，如需兼作现场工频实验变压器时，应在订货中向生产厂商或销售商予以说明。

f. 在气体绝缘金属封闭开关设备母线上安装的避雷器宜选用SF_6气体作绝缘和灭弧介质的避雷器，在出线端安装的避雷器一般宜选用敞开式避雷器。SF_6避雷器应做成单独的气隔，并应装设防爆装置、监视压力的压力表（或密度继电器）和补气用的阀门。

g. 如气体绝缘金属封闭开关设备将分期建设时，宜在将来的扩建接口处装设隔离开关和隔离气室，以便将来不停电扩建。

⑥ 为防止因温度变化引起伸缩，以及因基础不均匀下沉，造成气体绝缘金属封闭开关设备漏气与操作机构失灵，在气体绝缘金属封闭开关设备的适当部位应加装伸缩节。伸缩节主要用于装配调整（安装伸缩节），吸收基础间的相对位移或热胀冷缩（温度伸缩节）的伸缩量等。在气体绝缘金属封闭开关设备分开的基础之间允许的相对位移（不均匀下沉）应由制造商和用户协商确定。

⑦ 气体绝缘金属封闭开关设备在同一回路的断路器、隔离开关、接地开关之间应设置联锁装置。线路侧的接地开关宜加装带电指示和闭锁装置。

⑧ GIS内各元件应分成若干气隔。气隔的具体划分可根据布置条件和检修要求，在订货技术条款中由用户与制造商商定。气体系统的压力，除断路器外，其余部分宜采用相同气压。长母线应分成几个隔室，以利于维修和气体管理。

⑨ 外壳的厚度，应以设计压力和在下述最小耐受时间内外壳不烧穿为依据：a. 电流等于或大于40kA，0.1s；b. 电流小于40kA，0.2s。

⑩ GIS应设置防止外壳破坏的保护措施，制造商应提供关于所用的保护措施方面的充足资料。制造商和用户可商定一个允许的内部故障电弧持续时间。在此时间内，当短路电流不超过某一数值时，将不发生电弧的外部效应。此时可不装设防爆膜或压力释放阀。

⑪ 气体绝缘金属封闭开关设备外壳要求高度密封。制造商宜按GB/T 11023—1989《高压开关设备 六氟化硫气体密封试验方法》确定每个气体隔室允许的相对年泄漏率。每个隔室的相对年泄漏率应不大于1%。

⑫ 气体绝缘金属封闭开关设备的允许温升应按GB 7674—2008《额定电压72.5kV及以上

气体绝缘金属封闭开关设备》的要求执行。

⑬ 气体绝缘金属封闭开关设备中 SF_6 气体的质量标准应符合 GB/T 8905—2012《六氟化硫电气设备中气体管理和检测导则》的规定。

⑭ 气体绝缘金属封闭开关设备的外壳应接地。凡不属于主回路或辅助回路的且需要接地的所有金属部分都应接地。外壳、构架等的相互电气连接宜采用紧固连接（如螺栓连接或焊接），以保证电气上的连通。接地回路导体应有足够的截面，具有通过接地短路电流的能力。在短路情况下，外壳的感应电压不应超过 24V。

7.2.7 交流金属封闭开关设备[30]

① 交流金属封闭开关设备（以下简称开关柜）应按下列技术条件进行选择：电压；电流；频率；绝缘水平；温升；开断电流；短路关合电流；动稳定电流；热稳定电流和持续时间；分、合闸机构和辅助回路电压；系统接地方式；防护等级。

② 开关柜尚应按下列使用环境条件进行校验：环境温度；日温差；相对湿度；海拔高度；地震烈度。

③ 开关柜的形式选择应遵照 DL/T 5153—2002《火力发电厂厂用电设计技术规定》的有关条款执行。

④ 开关柜的防护等级应满足环境条件的要求。

⑤ 当环境温度高于＋40℃时，开关柜内的电器应按每增高 1℃，额定电流减少 1.8%降容使用，母线的允许电流可按下式计算：

$$I_t = I_{40}\sqrt{\frac{40}{t}} \tag{7-10}$$

式中 t——环境温度，℃；

I_t——环境温度 t 下的允许电流；

I_{40}——环境温度 40℃时的允许电流。

⑥ 沿开关柜的整个长度延伸方向应设有专用的接地导体，专用接地导体所承受的动、热稳定电流应为额定短路开断电流的 86.6%。

⑦ 开关柜内装有电压互感器时，互感器高压侧应有防止内部故障的高压熔断器，其开断电流应与开关柜参数相匹配。

⑧ 高压开关柜中各组件及其支持绝缘件的外绝缘爬电比距（高压电器组件外绝缘的爬电距离与最高电压之比）应符合如下规定。

a. 凝露型的爬电比距。瓷质绝缘不小于 14/18mm/kV（Ⅰ/Ⅱ级污秽等级），有机绝缘不小于 16/20mm/kV（Ⅰ/Ⅱ级污秽等级）。

b. 不凝露型的爬电比距。瓷质绝缘不小于 12mm/kV，有机绝缘不小于 14mm/kV。

⑨ 单纯以空气作为绝缘介质时，开关柜内各相导体的相间与对地净距必须符合表 7-13 所示的要求。

表 7-13 开关柜内各相导体的相间与对地净距

额定电压/kV	7.2	12(11.5)	24	40.5
1. 导体至接地间净距/mm	100	125	180	300
2. 不同相导体之间的净距/mm	100	125	180	300
3. 导体至无孔遮栏间净距/mm	130	155	210	330
4. 导体至网状遮栏间净距/mm	200	225	280	400

注：海拔超过 1000m 时本表所列 1、2 项值按每升高 100m 增大 1%进行修正，3、4 项值应分别增加 1 或 2 项值的修正值。

⑩ 高压开关柜应具备五项措施：防止误拉、合断路器，防止带负荷分、合隔离开关（或隔离插头），防止带接地开关（或接地线）送电，防止带电合接地开关（或挂接地线），防止误入带电间隔五项措施。

7.2.8 电流互感器[30,57,68,80]

(1) 基本结构原理与类型

电流互感器（current transformer，图形符号为 TA）主要用来将主电路中的电流变换到仪表电流线圈允许的量限范围内，使其便于测量或计量。它可视为一种特殊的变压器。

电磁式电流互感器的基本结构如图 7-16 所示，其特点有三。

① 一次绕组匝数很少（有的直接穿过铁芯，只有一匝），导体较粗。二次绕组匝数很多，导体较细。

② 工作时，一次绕组串联在供电系统的一次电路中，而二次绕组则与仪表、继电器等电流线圈串联，形成一个闭合回路。由于这些电流线圈的阻抗很小，所以电流互感器工作时二次回路接近于短路状态。

③ 二次绕组的额定电流一般为 5A。

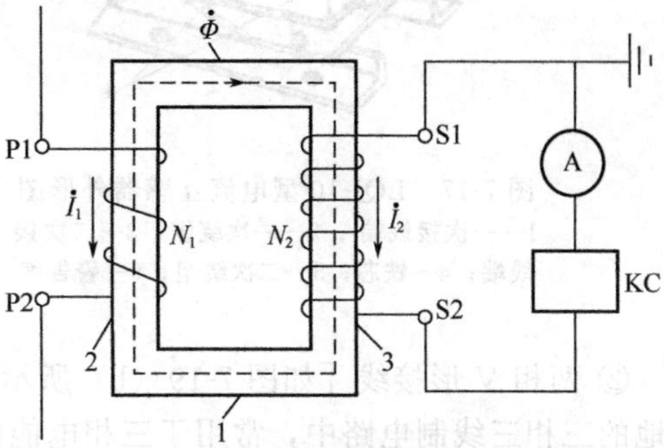

图 7-16 电磁式电流互感器的基本结构
1—铁芯；2——一次绕组；3—二次绕组

电流互感器的一次电流 I_1 与其二次电流 I_2 之间有下列关系：

$$I_1 \approx I_2 (N_2/N_1) \approx K_i I_2 \tag{7-11}$$

式中 N_1，N_2——电流互感器一次绕组和二次绕组的匝数；

K_i——电流互感器的变流比，一般表示为一次绕组和二次绕组额定电流之比。

电流互感器类型很多，按一次绕组的匝数分，有单匝式（包括母线式、芯柱式、套管式）和多匝式（包括线圈式、线环式、串级式）；按一次电压高低分，有高压和低压两类；按用途分，有测量用和保护用两类；按准确度等级分，测量用电流互感器有 0.1、0.2 (S)、0.5 (S)、1、3、5 等级，110kV 及以下系统保护用电流互感器的准确度有 5P 和 10P 两级。

高压电流互感器一般制成两个铁芯和两个二次绕组，其中准确度级高的二次绕组接测量仪表，其铁芯易饱和，使仪表受短路电流的冲击小；准确度级低的二次绕组接继电器，其铁芯不应饱和，使二次电流能成比例增长，以适应保护灵敏度的要求。

目前的电流互感器都是环氧树脂浇注绝缘的，尺寸小，性能好，在高低压成套配电装置中广泛应用。图 7-17 所示为户内高压 10kV 的 LQJ-10 型电流互感器的外形图，它有两个铁芯和两个二次绕组，分别为 0.5 级和 3 级，0.5 级接测量仪表，3 级接继电保护。图 7-18 是户内低压 500V 的 LMZJ1-0.5 型（500～800/5A）电流互感器的外形图，它用于 500V 以下的配电装置中，穿过它的母线就是其一次绕组（最少是 1 匝）。

(2) 常见接线方案

电流互感器在三相电路中常用的接线方案有以下三种。

① 一相式接线［如图 7-19 (a) 所示］电流线圈通过的电流，反映一次电路对应相的电流，常用于负荷平衡的三相电路中测量电流，或在继电保护中作过负荷保护接线。

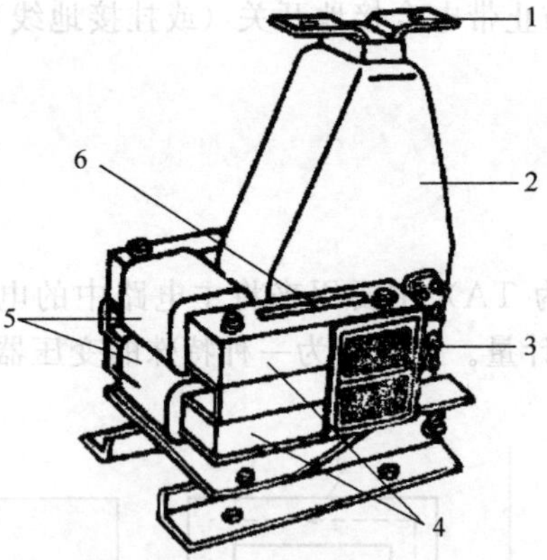

图 7-17　LQJ-10 型电流互感器外形图
1——一次接线端；2——一次绕组；3——二次接线端；4—铁芯；5—二次绕组；6—警告牌

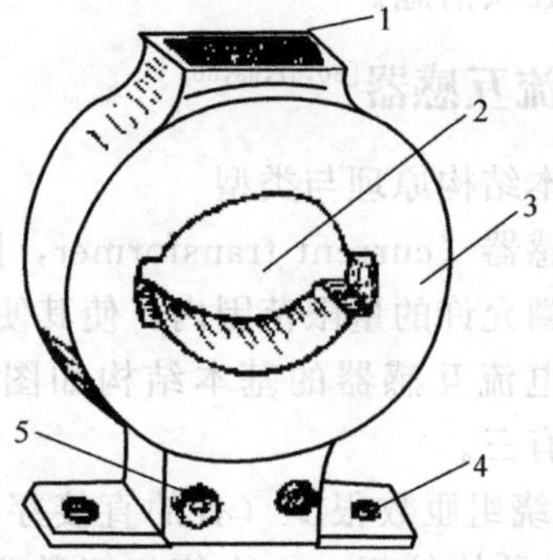

图 7-18　LMZJ1-0.5 型电流互感器外形图
1—铭牌；2——一次母线穿过；3—铁芯，外绕二次绕组；4—安装板；5—二次接线端

② 两相 V 形接线［如图 7-19（b）所示］也称为两相不完全星形接线，广泛用于中性点不接地的三相三线制电路中，常用于三相电能的测量及过电流继电保护。

③ 三相星形接线［如图 7-19（c）所示］这种接线的三个电流线圈，正好反映各相电流，因此广泛用于中性点接地的三相三线制特别是三相四线制电路中，用于电流、电能测量或过电流继电保护等。

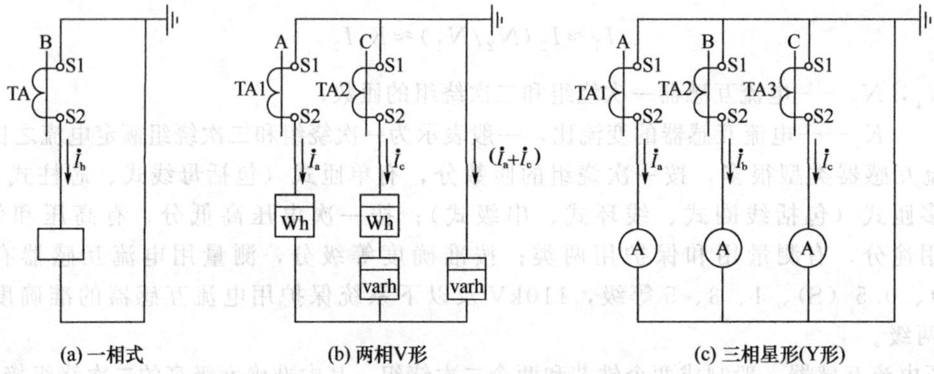

(a) 一相式　(b) 两相V形　(c) 三相星形(Y形)

图 7-19　电流互感器的接线方案

（3）使用注意事项

① 电流互感器在工作时其二次侧不得开路，否则由于励磁电流 I_0 和励磁的磁动势 I_0N_1 突然增大几十倍，这样将产生如下的严重后果：①铁芯过热，有可能烧毁互感器，并且产生剩磁，大大降低准确度；②由于二次绕组匝数远比一次绕组匝数多，因此可在二次侧感应出危险的高电压，危及人身和调试设备的安全。所以电流互感器工作时二次侧绝对不允许开路。为此，电流互感器安装时，其二次接线一定要牢靠和接触良好，并且不允许串接熔断器和开关等类似设备。

② 电流互感器的二次侧有一端必须接地。这是为了防止电流互感器的一、二次绕组绝缘击穿时，一次侧的高电压窜入二次侧，危及人身和设备的安全。

③ 电流互感器在连接时，要注意其端子的极性。按规定电流互感器的一次绕组端子标以 P1、P2，二次绕组端子标以 S1、S2，P1 与 S1 及 P2 与 S2 分别为“同名端”或“同极性端”。

如果端子极性搞错，其二次侧所接仪表、继电器中流过的电流就不是预想的电流，甚至可能造成严重事故。

(4) 电流互感器的选择

① 电流互感器应按下列技术条件选择和校验：一次回路电压；一次回路电流；二次负荷；二次回路电流；准确度等级和暂态特性；继电保护及测量的要求；动稳定倍数；热稳定倍数；机械荷载；温升。

② 电流互感器尚应按下列使用环境校验：环境温度；最大风速；相对湿度；污秽；海拔高度；地震烈度；系统接地方式。

【注】当在屋内使用时，可不校验最大风速和污秽；在屋外使用时，可不校验相对湿度。

③ 电流互感器的形式按下列使用条件选择。

a. 3～35kV屋内配电装置的电流互感器，根据安装使用条件及产品情况，宜选用树脂浇注绝缘结构。

b. 35kV及以上配电装置的电流互感器，宜采用油浸瓷箱式、树脂浇注式、SF_6气体绝缘结构或光纤式的独立式电流互感器。在有条件时，应采用套管式电流互感器。

④ 保护用电流互感器选择。

a. 对220kV及以下系统电流互感器一般可不考虑暂态影响，可采用P类电流互感器。对某些重要回路可适当提高所选互感器的准确限值系数或饱和电压，以减缓暂态影响。

b. 330kV、500kV系统及大型发电厂的保护用电流互感器应考虑短路暂态的影响，宜选用具有暂态特性的TP类互感器；某些保护装置本身具有克服电流互感器暂态饱和影响的能力，则可按保护装置具体要求选择适当的P类电流互感器。

⑤ 测量用电流互感器的选择。选择测量用电流互感器应根据电力系统测量和计量系统的实际需要合理选择互感器的类型。要求在较大工作电流范围内作准确测量时可选用S类电流互感器。为保证二次电流在合适范围内，可采用复变比或二次绕组带抽头的电流互感器。电能计量用仪表与一般测量仪表在满足准确级条件下，可共用一个二次绕组。

⑥ 电力变压器中性点电流互感器的一次额定电流，应大于变压器允许的不平衡电流，一般可按变压器额定电流的30%选择。安装在放电间隙回路中的电流互感器，一次额定电流可按100A选择。

⑦ 供自耦变压器零序差动保护用的电流互感器，其各侧变比均应一致，一般按中压侧的额定电流选择。

⑧ 在自耦变压器公共绕组上作过负荷保护和测量用的电流互感器，应按公共绕组的允许负荷电流选择。

⑨ 中性点的零序电流互感器应按下列条件选择和校验。

a. 对中性点非直接接地系统，由二次电流及保护灵敏度确定一次回路启动电流；对中性点直接接地或经电阻接地系统，由接地电流和电流互感器准确限值系数确定电流互感器额定一次电流，由二次负载和电流互感器的容量确定二次额定电流。

b. 按电缆根数及外径选择电缆式零序电流互感器窗口直径。

c. 按一次额定电流选择母线式零序电流互感器母线截面。

⑩ 选择母线式电流互感器时，尚应校核窗口允许穿过的母线尺寸。

⑪ 发电机横联差动保护用电流互感器的一次电流应按下列情况选择：

a. 安装于各绕组出口处时，宜按定子绕组每个支路的电流选择；

b. 安装于中性点连接线上时，按发电机允许的最大不平衡电流选择，一般可取发电机额定电流的20%～30%。

⑫ 火力发电厂和变电站的电流互感器选择应符合 DL/T 5136—2001《火力发电厂、变电所二次接线设计技术规程》的要求。

⑬ 短路稳定校验。动稳定校验是对产品本身带有一次回路导体的电流互感器进行校验，对于母线从窗口穿过且无固定板的电流互感器（如 LMZ 型）可不校验动稳定。热稳定校验则是验算电流互感器承受短路电流发热的能力。

a. 内部动稳定校验。电流互感器的内部动稳定性通常以额定动稳定电流或动稳定倍数 K_d 表示。K_d 等于极限通过电流峰值与一次绕组额定电流 I_{1n} 峰值之比。校验按下式计算：

$$K_d \geqslant \frac{i_p}{\sqrt{2} I_{1n}} \times 10^3 \tag{7-12}$$

式中　K_d——动稳定倍数，由制造部门提供；

i_p——短路冲击电流的瞬时值，kA；

I_{1n}——电流互感器的一次绕组额定电流，A。

b. 外部动稳定校验。外部动稳定校验主要是校验电流互感器出线端受到的短路作用力不超过允许值。其校验公式与支持绝缘子相同，即

$$F_{max} = 1.76 i_p^2 \frac{l_M}{a} \times 10^{-1} \tag{7-13}$$

$$l_M = \frac{l_1 + l_2}{2} \tag{7-14}$$

式中　a——回路相间距离，cm；

l_M——计算长度，cm；

l_1——电流互感器出线端部至最近一个母线支柱绝缘子的距离，cm；

l_2——电流互感器两端瓷帽的距离（cm），当电流互感器为非母线式瓷绝缘时，$l_2=0$。

c. 热稳定校验。制造部门在产品型录中一般给出 $t=1s$ 或 $5s$ 的额定短时热稳定电流或热稳定电流倍数 K_r，校验按下式进行：

$$K_r \geqslant \frac{\sqrt{Q_{it}/t}}{I_{1n}} \times 10^3 \tag{7-15}$$

式中　Q_{it}——短路电流引起的热效应，$kA^2 \cdot s$；

t——制造部门提供的热稳定计算采用的时间，$t=1s$ 或 $5s$。

d. 提高短路稳定度的措施。当动热稳定不够时，例如有时由于回路中工作电流较小，互感器按工作电流选择后不能满足系统短路时的动热稳定要求，则可选择额定电流较大的电流互感器，增大变流比。若此时 5A 元件的电流表读数太小，可选用 1～2.5A 元件的电流表。

7.2.9　电压互感器[30,68,80]

（1）基本结构原理与类型

电压互感器（voltage transformer，其图形符号为 TV）主要用来将主电路中的电压变换到仪表电压线圈允许的量限范围之内，使其便于测量或计量。常用的有电磁式电压互感器和电容式电压互感器两种。

电磁式电压互感器（inductive voltage transformer）的基本结构如图 7-20 所示，从基本结构和工作原理来说，电压互感器其实也是一种特殊的变压器，其特点有三。

① 一次绕组匝数很多，二次绕组匝数很少，相当于降压变压器。

② 工作时，一次绕组并联在供电系统的一次电路中，而二次绕组则与仪表、继电器的电

压线圈并联。由于仪表、继电器等的电压线圈阻抗很大，所以电压互感器工作时二次回路接近于空载状态。

③ 二次绕组的额定电压一般为 100V 或 $100\sqrt{3}$V，以便于仪表和继电器选用。

电压互感器的一次电压 U_1 与其二次电压 U_2 之间有下列关系：

$$U_1 \approx U_2 \frac{N_1}{N_2} \approx K_u U_2 \tag{7-16}$$

式中，K_u 为 TV 的变压比，一般表示为一次绕组和二次绕组额定电压之比。

电磁式电压互感器广泛采用环氧树脂浇注绝缘的干式结构，图 7-21 所示是单相三绕组、环氧树脂浇注绝缘的室内用 JDZJ-10 型电压互感器外形图。

电磁式电压互感器类型很多，按绕组数量分，有双绕组和多绕组两类；按相数分有单相式和三相式两类；按用途分有测量用和保护用两类；按准确度等级分，测量用电压互感器有 0.1、0.2、0.5、1、3 等级，保护用电压互感器的准确度有 3P 和 6P 两级。

电容式电压互感器（capacitor voltage transformer）是一种由电容分压器和电磁单元组成的电压互感器，多用于 110kV 上的电力系统中。

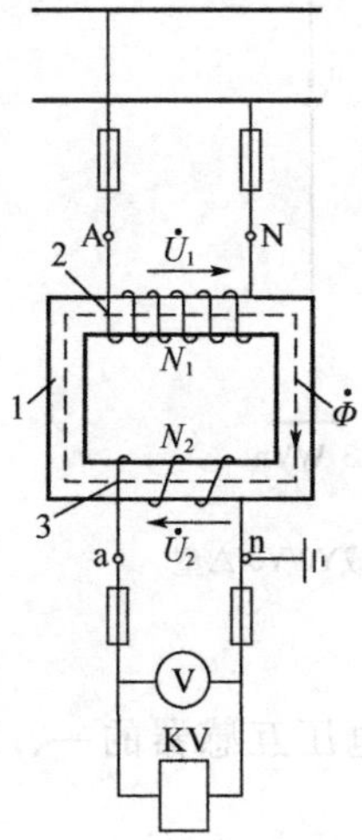

图 7-20 电磁式电压互感器的基本结构

1—铁芯；2—一次绕组；3—二次绕组

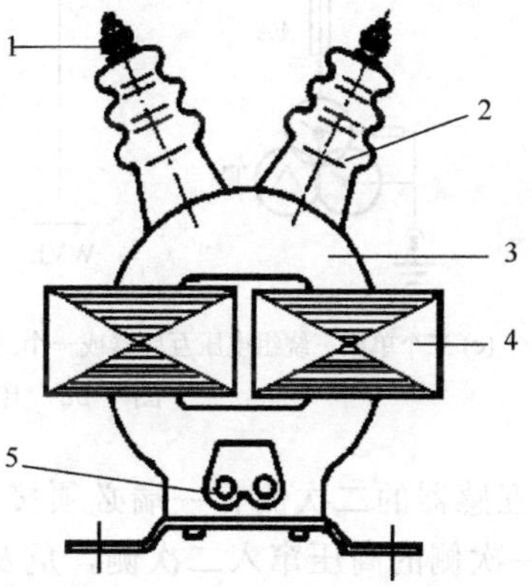

图 7-21 JDZJ-10 型电压互感器外形图

1—一次绕组端子；2—高压绝缘套管；3—绕组；4—铁芯；5—二次绕组端子

(2) 常用接线方案

电压互感器在三相电路中常用的接线方案如下。

① 一个单相电压互感器的接线 [如图 7-22 (a) 所示] 可测量一个线电压。

② 两个单相电压互感器接成 V/V 型 [如图 7-22 (b) 所示] 可测量三相三线制电路的各个线电压，它广泛地应用于用户 10kV 高压配电装置中。

③ 三个单相三绕组电压互感器或一个三相五芯柱三绕组电压互感器接成 Y0/Y0/△型连接 [如图 7-22 (c) 所示] 接成 Y0 的二次绕组可测量各个线电压及相对地电压，而接成开口三角形的辅助二次绕组可测量零序电压，可接用于绝缘监察的电压继电器或微机小电流接地选线装置。一次电路正常工作时，开口三角形两端的电压接近于零；当一次系统某一相接地时，开口三角形两端将出现近 100V 的零序电压，使电压继电器动作，发出信号。

(3) 使用注意事项

① 电压互感器的一、二次侧必须加熔断器保护 由于电压互感器是并联接入一次电路的，

二次侧的仪表、继电器也是并联接入互感器二次回路的，因此互感器的一、二次侧均必须装设熔断器，以防发生短路烧毁互感器或影响一次电路的正常运行。

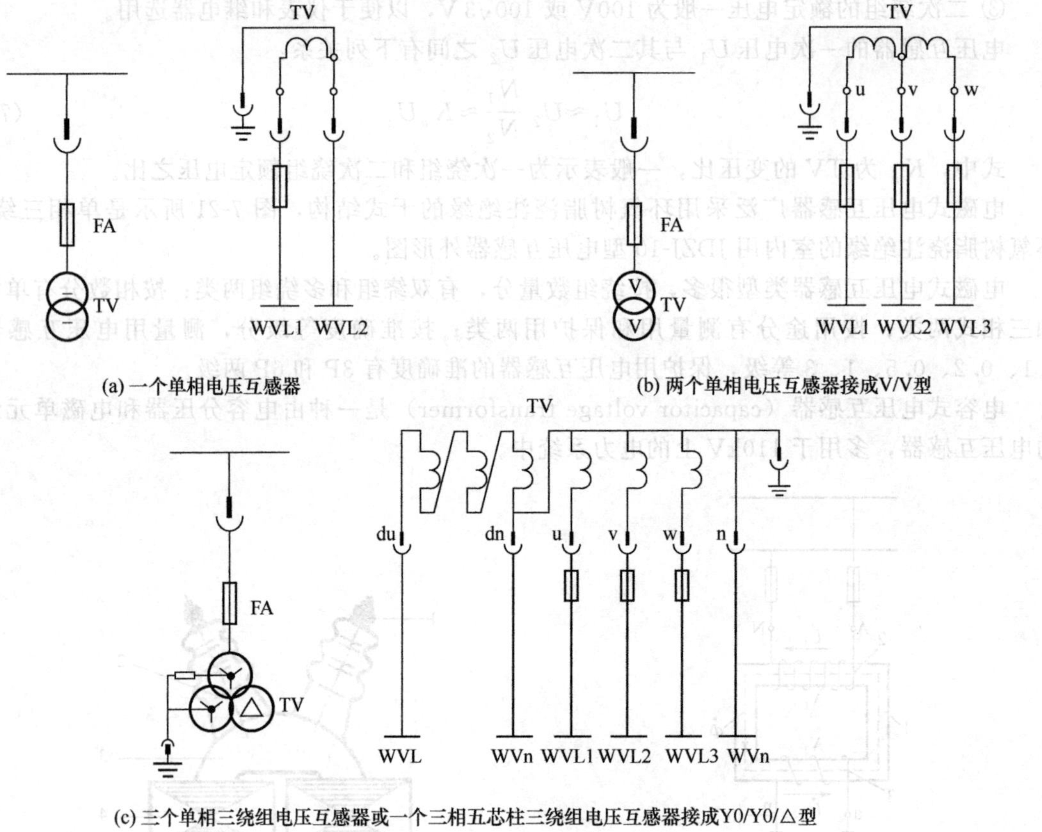

图 7-22　电压互感器的接线方案

② **电压互感器的二次侧有一端必须接地**　这也是为了防止电压互感器的一、二次绕组绝缘击穿时，一次侧的高压窜入二次侧，危及人身和设备的安全。

③ **电压互感器连接时要注意其端子的极性**　按规定单相电压互感器的一次绕组端子标以A、N，二次绕组端子标以a、n，A与a及N与n分别为“同名端”或“同极性端”。三相电压互感器，按照相序，一次绕组端子分别标以A、B、C、N，二次绕组端子则对应地标以a、b、c、n。这里A与a、B与b、C与c及N与n分别为“同名端”或“同极性端”。电压互感器连接时，端子极性不能弄错，否则可能发生事故。

（4）电压互感器的选择

① 电压互感器应按下列技术条件选择和校验：一次回路电压；二次电压；二次负荷；准确度等级；继电保护及测量的要求；兼用于载波通信时电容式电压互感器的高频特性；绝缘水平；温升；电压因数；系统接地方式；机械荷载。

② 电压互感器尚应按下列使用环境条件校验：环境温度；最大风速；相对湿度；污秽；海拔高度；地震烈度。

【注】在屋内使用时，可不校验最大风速和污秽；在屋外使用时，可不校验相对湿度。

③ 电压互感器的形式按下列使用条件选择：

a. 3～35kV 屋内配电装置，宜采用树脂浇注绝缘结构的电磁式电压互感器；

b. 35kV 屋外配电装置，宜采用油浸绝缘结构的电磁式电压互感器；

c. 110kV及以上配电装置，当容量和准确度等级满足要求时，宜采用电容式电压互感器；

d. SF_6 全封闭组合电器的电压互感器宜采用电磁式。

④ 在满足二次电压和负荷要求的条件下，电压互感器宜采用简单接线，当需要零序电压时，3～35kV宜采用三相五柱电压互感器或三个单相式电压互感器。

当发电机采用附加直流的定子绕组100％接地保护装置，而利用电压互感器向定子绕组注入直流时，则所用接于发电机电压的电压互感器一次侧中性点都不得直接接地，如要求接地时，必须经过电容器接地以隔离直流。

⑤ 在中性点非直接接地系统中的电压互感器，为了防止铁磁谐振过电压，应采取消谐措施，并应选用全绝缘。

⑥ 当电容式电压互感器由于开口三角绕组的不平衡电压较高，而影响零序保护装置的灵敏度时，应要求制造部门装设高次谐波滤过器。

⑦ 用于中性点直接接地系统的电压互感器，其剩余绕组额定电压应为100V；用于中性点非直接接地系统的电压互感器，其剩余绕组额定电压应为 $100\sqrt{3}$ V。

⑧ 电磁式电压互感器可以兼作并联电容器的泄能设备，但此电压互感器与电容器组之间不应有开断点。

⑨ 火电厂和变电站的电压互感器选择还应符合DL/T 5136—2001《火力发电厂、变电所二次接线设计技术规程》的要求。

7.2.10 限流电抗器[30,57]

① 电抗器应按下列技术条件选择：电压；电流；频率；电抗百分数；电抗器额定容量；动稳定电流；热稳定电流；安装方式；进出线形式；绝缘水平；噪声水平。

② 电抗器尚应按下列使用环境校验：环境温度；相对湿度；海拔高度；地震烈度。

③ 当普通电抗器 $X_k\%>3\%$ 时，制造商已考虑连接于无穷大电源、额定电压下，电抗器端头发生短路时的动稳定度。但由于短路电流计算是以平均电压（一般比额定电压高5％）为准，因此在一般情况下仍应进行动稳定校验。

④ 普通限流电抗器的额定电流应按下列条件选择。

a. 主变压器或馈线回路的最大可能工作电流。

b. 发电厂母线分段回路的限流电抗器，应根据母线上事故切断最大一台发电机时，可能通过电抗器的电流选择，一般取该台发电机额定电流的50％～80％。

c. 变电站母线回路的限流电抗器应满足用户的一级负荷和大部分二级负荷的要求。

⑤ 普通电抗器的电抗百分值应按下列条件选择和校验。

a. 将短路电流限制到要求值。

此时所必需的电抗器的电抗百分值（$X_k\%$）按下式计算：

$$X_k\%\geqslant\left(\frac{I_j}{I''}-X_{*j}\right)\frac{I_{nk}U_j}{U_{nk}I_j}\times100\% \tag{7-17}$$

或

$$X_k\%\geqslant\left(\frac{S_j}{S''}-X_{*j}\right)\frac{U_jI_{nk}}{I_jU_{nk}}\times100\% \tag{7-18}$$

式中 U_j——基准电压，kV；

I_j——基准电流，A；

X_{*j}——以 U_j、I_j 为基准，从网络计算至所选用电抗器前的电抗标幺值；

S_j——基准容量，MV·A；

U_{nk}——电抗器的额定电压，kV；

I_{nk}——电抗器的额定电流，A；

I''——被电抗限制后所要求的短路次暂态电流，kA；

S''——被电抗限制后所要求的零秒短路容量，MV·A。

当系统电抗等于零时，电抗器的额定电流和电抗百分值与短路电流的关系曲线如图 7-23 所示。

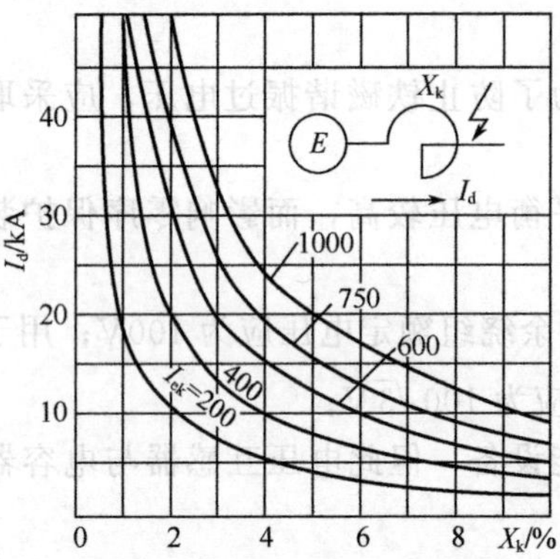

图 7-23　电抗器的额定电流 I_{nk} 和电抗百分值 $X_k\%$ 与短路电流 I_d 的关系曲线（$X_s=0$）

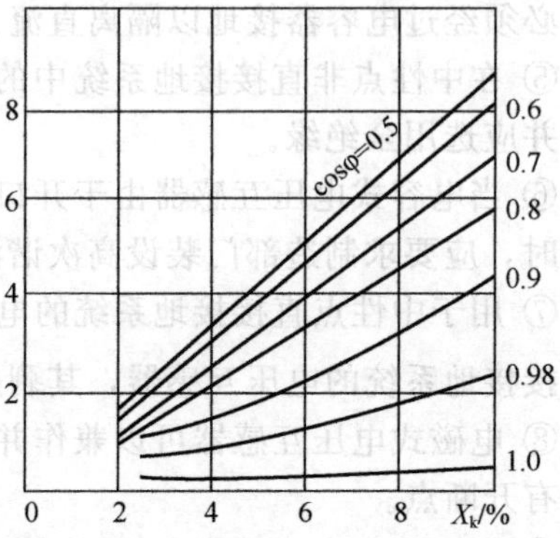

图 7-24　电抗器的电压损失曲线

b. 正常工作时电抗器上的电压损失（$\Delta U\%$）不宜大于额定电压的 5%，可由图 7-24 曲线查得或按下式计算：

$$\Delta U\% = X_k\% \frac{I_g}{I_{nk}} \sin\varphi \tag{7-19}$$

式中　I_g——正常通过的工作电流，A；

φ——负荷功率因数角（一般取 $\cos\varphi=0.8$，则 $\sin\varphi=0.6$）。

对出线电抗器尚应计及出线上的电压损失。

c. 校验短路时母线上剩余电压：当出线电抗器的继电保护装置带有时限时，应按在电抗器后发生短路计算，并按下式校验：

$$U_y\% \leqslant X_k\% \frac{I_n}{I''} \tag{7-20}$$

式中　$U_y\%$——母线必须保持的剩余电压，一般为 60%～70%。若此电抗器接在 6kV 发电机主母线上，则母线剩余电压应尽量取上限值。

若剩余电压不能满足要求，则可在线路继电保护及线路电压降允许范围内增加出线电抗器的电抗百分值或采用快速继电保护切除短路故障。对于母线分段电抗器、带几回出线的电抗器及其他具有无时限继电保护的出线电抗器，不必按短路时母线剩余电压校验。

⑥ 分裂电抗器动稳定保证值有两个，其一为单臂流过短路电流时之值，其二为两臂同时流过反向短路电流时之值。后者比前者小得多。在校验动稳定时应分别对这两种情况选定对应的短路方式进行。

⑦ 分裂限流电抗器的额定电流按下列条件选择。

a. 当用于发电厂的发电机或主变压器回路时，一般按发电机或主变压器额定电流的 70%选择。

b. 当用于变电站主变压器回路时，应按负荷电流大的一臂中通过的最大负荷电流来选择。当无负荷资料时，可按主变压器额定电流的 70%选择。

⑧ 安装方式是指电抗器的布置方式。普通电抗器一般有水平布置、垂直布置和品字布置三种。进出线端子角度一般有 90°、120°、180°三种，分裂电抗器推荐使用 120°。

⑨ 分裂电抗器的自感电抗百分值，应按将短路电流限制到要求值选择，并按正常工作时分裂电抗器两臂母线电压波动不大于母线额定电压的 5%校验。

⑩ 分裂电抗器的互感系数，当无制造部门资料时，一般取 0.5。

⑪ 对于分裂电抗器在正常工作时两臂母线电压的波动计算，若无两臂母线实际负荷资料，则可取一臂为分裂电抗器额定电流的 30%，另一臂为分裂电抗器额定电流的 70%。

⑫ 分裂电抗器应分别按单臂流过短路电流和两臂同时流过反向短路电流两种情况进行动稳定校验。

7.2.11 中性点设备[30,57]

7.2.11.1 消弧线圈

① 消弧线圈应按下列技术条件选择：电压；频率；容量；补偿度；电流分接头；中性点位移电压。

② 消弧线圈尚应按下列环境条件校验：环境温度；日温差；相对湿度；污秽；海拔高度；地震烈度。

【注】 当在屋内使用时，可不校验日温差和污秽；在屋外使用时，则不校验相对湿度。

③ 消弧线圈宜选用油浸式。装设在屋内相对湿度小于 80%场所的消弧线圈，也可选用干式。在电容电流变化较大的场所，宜选用自动跟踪动态补偿式消弧线圈。

④ 消弧线圈的补偿容量，可按下式计算：

$$Q=KI_CU_N/\sqrt{3} \tag{7-21}$$

式中 Q——补偿容量，kV·A；

K——系数，过补偿取 1.35，欠补偿按脱谐度确定；

I_C——电网或发电机回路的电容电流，A；

U_N——电网或发电机回路的额定线电压，kV。

为便于运行调谐，宜选用容量接近于计算值的消弧线圈。

⑤ 电网的电容电流，应包括有电气连接的所有架空线路、电缆线路的电容电流，并计及厂、所母线和电器的影响。该电容电流应取最大运行方式下的电流。

发电机电压回路的电容电流，应包括发电机、变压器和连接导体的电容电流，当回路装有直配线或电容器时，尚应计及这部分电容电流。

计算电网的电容电流时，应考虑电网 5～10 年的发展。

a. 架空线路的电容电流可按下式估算：

$$I_C=(2.7\sim3.3)\,U_nL\times10^{-3} \tag{7-22}$$

式中 L——线路的长度，km；

I_C——架空线路的电容电流，A；

2.7——系数，适用于无架空地线的线路；

3.3——系数，适用于有架空地线的线路。

同杆双回线路的电容电流为单回路的 1.3～1.6 倍。

b. 电缆线路的电容电流可按下式估算：

$$I_C=0.1U_nL \tag{7-23}$$

c. 对于变电所增加的接地电容电流见表 7-14。

表 7-14 变电所增加的接地电容电流值

额定电压/kV	6	10	15	35	63	110
附加值/%	18	16	15	13	12	10

⑥ 装在电网的变压器中性点的消弧线圈，以及具有直配线的发电机中性点的消弧线圈应采用过补偿方式。

对于采用单元连接的发电机中性点的消弧线圈，为了限制电容耦合传递过电压以及频率变动等对发电机中性点位移电压的影响，宜采用欠补偿方式。

⑦ 中性点经消弧线圈接地的电网，在正常情况下，长时间中性点位移电压不应超过额定相电压的 15%，脱谐度一般不大于 10%（绝对值），消弧线圈分接头宜选用 5 个。

中性点经消弧线圈接地的发电机，在正常情况下，长时间中性点位移电压不应超过额定相电压 10%，考虑到限制传递过电压等因素，脱谐度不宜超过 ±30%，消弧线圈的分接头应满足脱谐度的要求。

中性点位移电压可按下式计算：

$$U_0=\frac{U_{bd}}{\sqrt{d^3+v^2}} \tag{7-24}$$

$$v=\frac{I_C-I_L}{I_C} \tag{7-25}$$

式中 U_0——中性点位移电压，kV；

U_{bd}——消弧线圈投入前电网或发电机回路中性点不对称电压，可取 0.8%相电压；

d——阻尼率，一般对 63～110kV 架空线路取 3%，35kV 及以下架空线路取 5%，电缆线路取 2%～4%；

v——脱谐度；

I_C——电网或发电机回路的电容电流，A；

I_L——消弧线圈电感电流，A。

⑧ 在选择消弧线圈台数和容量时，应考虑其安装地点，并按下列原则进行。

a. 在任何运行方式下，大部分电网不得失去消弧线圈的补偿。不应将多台消弧线圈集中安装在一处，并应避免电网仅装一台消弧线圈。

b. 在发电厂中，发电机电压消弧线圈可装在发电机中性点上，也可装在厂用变压器中性点上。当发电机与变压器为单元连接时，消弧线圈应装在发电机中性点上。在变电站中，消弧线圈宜装在变压器中性点上，6～10kV 消弧线圈也可装在调相机的中性点上。

c. 安装在 YNd 接线双绕组或 YNynd 接线三绕组变压器中性点上的消弧线圈的容量，不应超过变压器三相总容量的 50%，并且不得大于三绕组变压器的任一绕组容量。

d. 安装在 YNyn 接线的内铁芯式变压器中性点上的消弧线圈容量，不应超过变压器三相绕组总容量的 20%。

消弧线圈不应接于零序磁通经铁芯闭路的 YNyn 接线变压器的中性点上（例如单相变压器组或外铁型变压器）。

e. 如变压器无中性点或中性点未引出，应装设容量相当的专用接地变压器，接地变压器可与消弧线圈采用相同的额定工作时间。

7.2.11.2 接地电阻

① 接地电阻应按下列技术条件选择和校验：电压；正常运行电流；短时耐受电流及耐受时间；电阻值；频率；中性点位移电压。

② 接地电阻尚应按下列环境条件校验：环境温度；日温差；相对湿度；污秽；海拔高度；地震烈度。

【注】 当在屋内使用时，可不校验日温差和污秽；在屋外使用时，则不校验相对湿度。

③ 中性点电阻材质可选用金属、非金属或金属氧化物线性电阻。

④ 系统中性点经电阻接地方式，可根据系统单相对地电容电流值来确定。当接地电容电流小于规定值时，可采用高电阻接地方式，当接地电容电流值大于规定值时，可采用低电阻接地方式。

⑤ 当中性点采用高电阻接地方式时，高电阻选择计算如下。

a. 经高电阻直接接地。

电阻的额定电压：

$$U_R \geqslant 1.05U_{\mathrm{N}}/\sqrt{3} \tag{7-26}$$

电阻值：

$$R=\frac{U_{\mathrm{N}}}{\sqrt{3}I_R}\times10^3=\frac{U_{\mathrm{N}}}{\sqrt{3}KI_{\mathrm{C}}}\times10^3 \tag{7-27}$$

电阻消耗功率：

$$P_R=U_{\mathrm{N}}I_R/\sqrt{3} \tag{7-28}$$

式中 R——中性点接地电阻值，Ω；

U_{N}——系统额定线电压，kV；

U_R——电阻额定电压，kV；

I_R——电阻电流，A；

I_{C}——系统单相对地短路时电容电流，A；

K——单相对地短路时电阻电流与电容电流的比值，一般取1.1。

b. 经单相配电变压器接地。

电阻的额定电压应不小于变压器二次侧电压，一般选用110V或220V。

电阻值：

$$R_{\mathrm{N2}}=\frac{U_{\mathrm{N}}\times10^3}{1.1\times\sqrt{3}I_{\mathrm{C}}n_{\varphi}^2} \tag{7-29}$$

接地电阻消耗功率：

$$P_R=I_{R2}U_{\mathrm{N2}}\times10^{-3}=\frac{U_{\mathrm{N}}\times10^3}{\sqrt{3}n_{\varphi}R_{\mathrm{N2}}}\times\frac{U_{\mathrm{N}}}{\sqrt{3}n_{\varphi}}=\frac{U_{\mathrm{N}}^2}{3n_{\varphi}^2R_{\mathrm{N2}}}\times10^3 \tag{7-30}$$

$$n_{\varphi}=\frac{U_{\mathrm{N}}\times10^3}{\sqrt{3}U_{\mathrm{N2}}} \tag{7-31}$$

式中 n_{φ}——降压变压器一、二次之间的变比；

I_{R2}——二次电阻上流过的电流，A；

U_{N2}——单相配电变压器的二次电压，V；

R_{N2}——间接接入的电阻值，Ω。

⑥ 当中性点采用低阻接地方式时，接地电阻选择计算如下。

电阻的额定电压：

$$U_R \geqslant 1.05U_{\mathrm{N}}/\sqrt{3} \tag{7-32}$$

电阻值：

$$R_N=\frac{U_N}{\sqrt{3}I_d} \tag{7-33}$$

接地电阻消耗功率：

$$P_R=I_dU_R \tag{7-34}$$

式中　R_N——中性点接地电阻值，Ω；

U_N——系统线电压，V；

I_d——选定的单相接地电流，A。

7.2.11.3　接地变压器

① 接地变压器应按下列技术条件选择和校验：形式；容量；绕组电压；频率；电流；绝缘水平；温升；过载能力。

② 接地变压器尚应按下列使用环境条件校验：环境温度；日温差；最大风速；相对湿度；污秽；海拔高度；地震烈度。

【注】当在屋内使用时，可不校验日温差、最大风速和污秽；当在屋外使用时，则可不校验相对湿度。

③ 当系统中性点可以引出时宜选用单相接地变压器，系统中性点不能引出时应选用三相变压器。有条件时宜选用干式无励磁调压接地变压器。

④ 接地变压器参数选择

a. 接地变压器的额定电压。安装在发电机或变压器中性点的单相接地变压器额定一次电压：

$$U_{Nb}=U_N \tag{7-35}$$

式中　U_N——发电机或变压器额定一次线电压，kV。

接于系统母线三相接地变压器额定一次电压应与系统额定电压一致。接地变压器二次电压可根据负载特性确定。

b. 接地变压器的绝缘水平应与连接系统绝缘水平相一致。

c. 接地变压器的额定容量如下。

单相接地变压器（kV·A）：

$$S_N\geqslant\frac{1}{K}U_2I_2=\frac{U_N}{\sqrt{3}Kn_\varphi}I_2 \tag{7-36}$$

式中　U_N——接地变压器二次侧电压，kV；

I_2——二次电阻电流，A；

K——变压器的过负荷系数（由变压器制造商提供）。

三相接地变压器，其额定容量应与消弧线圈或接地电阻容量相匹配。若带有二次绕组还应考虑二次负荷容量。

对Z型或YNd接线三相接地变压器，若中性点接消弧线圈或电阻的话，接地变压器容量为

$$S_N\geqslant Q_x,\ S_N\geqslant P_r \tag{7-37}$$

式中　Q_x——消弧线圈额定容量；

P_r——接地电阻额定容量。

对Y/开口d接线接地变压器（三台单相），若中性点接消弧线圈或电阻的话，接地变压器容量为

$$S_N\geqslant\sqrt{3}Q_x/3,\ S_N\geqslant\sqrt{3}P_r/3 \tag{7-38}$$

7.2.12　过电压保护设备[30]

（1）避雷器

① 阀式避雷器应按下列技术条件选择：额定电压（U_r）；持续运行电压（U_c）；工频放电

电压；冲击放电电压和残压；通流容量；额定频率；机械载荷。

② 避雷器尚应按下列使用环境条件校验：环境温度；最大风速；污秽；海拔高度；地震烈度。

【注】当在屋内使用时，可不校验最大风速和污秽。

③ 采用阀式避雷器进行雷电过电压保护时，除旋转电机外，对不同电压范围，不同系统接地方式的避雷器选型如下。

a. 有效接地系统，范围Ⅱ（U_m ＞252kV）应该选用金属氧化物避雷器；范围Ⅰ（3.6kV ＜U_m＜252kV）宜采用金属氧化物避雷器。

b. 气体绝缘全封闭组合电器和低电阻接地系统应选用金属氧化物避雷器。

c. 不接地、消弧线圈接地和高电阻接地系统，根据系统中谐振过电压和间歇性电弧接地过电压等发生的可能性及严重程度，可任选金属氧化物避雷器或碳化硅普通阀式避雷器。

④ 旋转电机的雷电侵入波过电压保护，宜采用旋转电机金属氧化物避雷器或旋转电机磁吹阀式避雷器。

⑤ 阀式避雷器标称放电电流下的残压（U_{res}），不应大于被保护电气设备（旋转电机除外）标准雷电冲击全波耐受电压（BIL）的 71%。

⑥ 有串联间隙金属氧化物避雷器和碳化硅阀式避雷器的额定电压，在一般情况下应符合下列要求。

a. 110kV 及 220kV 有效接地系统不低于 $0.8U_m$。

b. 3～10kV 和 35kV、66kV 系统分别不低于 $1.1U_m$ 和 U_m；3kV 及以上具有发电机的系统不低于 1.1 倍发电机最高运行电压。

c. 中性点避雷器的额定电压，对 3～20kV 和 35kV、66kV 系统，分别不低于 $0.64U_m$ 和 $0.58U_m$；对 3～20kV 发电机，不低于 0.64 倍发电机最高运行电压。

⑦ 采用无间隙金属氧化物避雷器作为雷电过电压保护装置时，应符合下列要求。

a. 避雷器的持续运行电压和额定电压应不低于表 7-15 所列数值。

b. 避雷器能承受所在系统作用的暂时过电压和操作过电压能量。

表 7-15　无间隙金属氧化物避雷器持续运行电压和额定电压

系统接地方式		持续运行电压/kV		额定电压/kV	
		相地	中性点	相地	中性点
有效接地	110kV	$U_m/\sqrt{3}$	$0.45U_m$	$0.75U_m$	$0.57U_m$
	220kV	$U_m/\sqrt{3}$	$0.13U_m(0.45U_m)$	$0.75U_m$	$0.17U_m(0.57U_m)$
	330kV、500kV	$U_m/\sqrt{3}(0.59U_m)$	$0.13U_m$	$0.75U_m(0.8U_m)$	$0.17U_m$
不接地	3～20kV	$1.1U_m;U_{mg}$	$0.64U_m;U_{mg}/\sqrt{3}$	$1.38U_m;1.25U_{mg}$	$0.8U_m;0.72U_{mg}$
	35kV、66kV	U_m	$U_m/\sqrt{3}$	$1.25U_m$	$0.72U_{mg}$
消弧线圈		$U_m;U_{mg}$	$U_m/\sqrt{3};U_{mg}/\sqrt{3}$	$1.25U_m;1.25U_{mg}$	$0.72U_m;0.72U_{mg}$
低电阻		$0.8U_m$		U_m	
高电阻		$1.1U_m;U_{mg}$	$1.1U_m/\sqrt{3};U_{mg}/\sqrt{3}$	$1.38U_m;1.25U_{mg}$	$0.8U_m;0.72U_{mg}$

注：1. 220kV 括号外、内数据分别对应变压器中性点经接地电抗器接地和不接地。
2. 330kV、500kV 括号外、内数据分别与工频过电压 1.3p.u. 和 1.4p.u. 对应。
3. 220kV 变压器中性点经接地电抗器接地和 330kV、500kV 变压器或高压并联电抗器中性点经接地电抗器接地时，接地电抗器的电抗与变压器或高压并联电抗器的零序电抗之比不大于 1/3。
4. 110kV、220kV 变压器中性点不接地且绝缘水平低于标准时，避雷器的参数需另行确定。
5. U_m 为系统最高电压，U_{mg} 为发电机最高运行电压。

⑧ 保护变压器中性点绝缘的避雷器型式，按表 7-16 和表 7-17 选择。

表 7-16　中性点非直接接地系统中保护变压器中性点绝缘的避雷器

变压器额定电压/kV	35	63
避雷器型式	FZ-15＋FZ-10 FZ-30 FZ-35 Y1.5W-55	FZ-40 FZ-60 Y1.5W-55 Y1.5W-60 Y1.5W-72

注：避雷器尚应与消弧线圈的绝缘水平相配合。

表 7-17　中性点直接接地系统中保护变压器中性点绝缘的避雷器

变压器额定电压/kV	110		220	330	500
中性点绝缘	110kV 级	35kV 级	110kV 级	154kV 级	63kV 级
避雷器型式	FZ-110J FZ-60 Y1.5W-72	Y1.5W-72	FCZ-110 FZ-110J Y1.5W-144	FCZ-154J FZ-154 Y1.5W-84	Y1.5W-96 Y1.5W-102

注：330kV、550kV 变压器中性点所选的氧化锌避雷器是按中性点经小电抗接地来选择的。

⑨ 对中性点为分级绝缘的 220kV 变压器，如使用同期性能不良的断路器，变压器中性点宜用金属氧化物避雷器保护。当采用阀型避雷器时，变压器中性点宜增设棒型保护间隙，并与阀型避雷器并联。

⑩ 无间隙金属氧化物避雷器按其标称放电电流的分类，见表 7-18。

⑪ 系统额定电压 35kV 及以上的避雷器宜配备放电动作记录器。保护旋转电机的避雷器，应采用残压低的动作记录器。

表 7-18　避雷器按其标称放电电流的分类

标称放电电流/I_n	避雷器额定电压 U_r(有效值)/kV	备　注
20kA	$420 \leqslant U_r \leqslant 468$	电站用避雷器
10kA	$90 \leqslant U_r \leqslant 468$	
5kA	$4 \leqslant U_r \leqslant 25$	发电机用避雷器
	$5 \leqslant U_r \leqslant 17$	配电用避雷器
	$5 \leqslant U_r \leqslant 90$	并联补偿电容器用避雷器
	$5 \leqslant U_r \leqslant 108$	电站用避雷器
	$42 \leqslant U_r \leqslant 84$	电气化铁道用避雷器
2.5kA	$4 \leqslant U_r \leqslant 13.5$	电动机用避雷器
1.5kA	$0.28 \leqslant U_r \leqslant 0.50$	低压避雷器
	$2.4 \leqslant U_r \leqslant 15.2$	电机中性点用避雷器
	$60 \leqslant U_r \leqslant 207$	变压器中性点用避雷器

(2) 阻容吸收器

① 阻容吸收器应按下列技术条件选择：额定电压；电阻值；电容值；额定频率；绝缘水平；布置形式。

② 阻容吸收器尚应按下列使用环境条件校验：环境温度；海拔高度。

③ 当用于中性点不接地系统时，应校验所装阻容吸收器电容值，不应影响系统的中性点接地方式。

④ 当用于易产生高次谐波的电力系统时，应注意选用能适应谐波影响的阻容吸收器。

⑤ 应校验所在回路的过电压水平，使其始终被限制在设备允许值之内。

7.2.13 绝缘子及穿墙套管[30,57]

① 绝缘子应按下列技术条件选择：电压；动稳定；绝缘水平；机械荷载。

【注】悬式绝缘子不校验动稳定。

② 穿墙套管应按下列技术条件选择和校验：电压；电流；动稳定；热稳定电流及持续时间。

③ 绝缘子及穿墙套管尚应按下列使用环境条件校验：环境温度；日温差；最大风速；相对湿度；污秽；海拔高度；地震烈度。

【注】当在屋内使用时，可不校验日温差、最大风速和污秽；在屋外使用时，则不校验相对湿度。

④ 发电厂与变电所的 3～20kV 屋外支柱绝缘子和穿墙套管，当有冰雪时，宜采用高一级电压的产品。对 3～6kV 者，也可采用提高两级电压的产品。

⑤ 当周围环境温度高于＋40℃，但不超过 60℃时，穿墙套管的持续允许电流 I_{xu} 应按下式修正：

$$I_{xu}+I_{n}\sqrt{\frac{85-\theta}{45}} \tag{7-39}$$

式中 θ——周围实际环境温度，℃；

I_n——持续允许电流，A。

⑥ 校验支柱绝缘子机械强度时，应将作用在母线截面重心上的母线短路电动力换算到绝缘子顶部。

⑦ 在校验 35kV 及以上非垂直安装的支柱绝缘子的机械强度时，应计及绝缘子的自重、母线重量和短路电动力的联合作用。

支柱绝缘子，除校验抗弯机械强度外，尚应校验抗扭机械强度。

⑧ 屋外支柱绝缘子宜采用棒式支柱绝缘子。屋外支柱绝缘子需倒装时，可用悬挂式支柱绝缘子。屋内支柱绝缘子一般采用联合胶装的多棱式支柱绝缘子。

⑨ 屋内配电装置宜采用铝导体穿墙套管。对于母线型穿墙套管应校核窗口允许穿过的母线尺寸。

⑩ 悬式绝缘子形式及每串的片数，可按下列条件选择。

a. 按系统最高电压和爬电比距选择。

绝缘子串的有效爬电比距不得小于表 5-15 和表 5-17 所列数值。在空气污秽地区宜采用防污型绝缘子，并与其他电器采用相同的防污措施。片 n 按下式计算：

$$n\geqslant\lambda U_{d}/l_{0} \tag{7-40}$$

式中 λ——爬电比距，见表 5-17，cm/kV；

U_d——额定电压，kV；

l_0——每片绝缘子的爬电比距。

b. 按内过电压选择。

220kV 及以下电压，按内过电压倍数和绝缘子串的工频湿闪电压选择。

$$U_{s}=KU_{xg}/K_{\Sigma} \tag{7-41}$$

式中 U_s——绝缘子的湿闪电压，kV；

K——内过电压计算倍数；

U_{xg}——系统最高运行相电压，kV；

K_{Σ}——考虑各种因素的综合系数，一般 $K_{\Sigma}=0.9$。

330kV 及以上电压，按避雷器的操作过电压保护水平和绝缘子串正极性操作冲击 50％放电电压选择。

$$U_{c,50} \geqslant U_{bp}/(1-3\sigma_c)=K_c U_{bp} \tag{7-42}$$

式中 $U_{c,50}$——绝缘子串正极性操作冲击 50％放电电压，kV；

U_{bp}——避雷器操作过电压保护水平，kV；

σ_c——绝缘子串在操作过电压下放电电压的标准偏差，一般取 $\sigma_c=5\%$；

K_c——绝缘子串操作过电压配合系数，一般取 $K_c=1.18$。

c. 按大气过电压选择。

大气过电压要求的绝缘子串正极性雷电冲击电压波 50％放电电压 $U_{1,50}$，应符合式（7-43）要求，且不得低于变电所电气设备中隔离开关和支柱绝缘子的相应值。

$$U_{1,50} \geqslant K_1 U_{ch} \tag{7-43}$$

式中 K_1——绝缘子串大气过电压配合系数，一般取 $K_1=1.45$。

U_{ch}——避雷器在雷电流下的残压（kV），220kV 及以下采用 5kA 雷电流下的残压，330kV 及以上采用 10kA 雷电流下的残压。

选择悬式绝缘子应考虑绝缘子的老化，每串绝缘子要预留的零值绝缘子为：

35～220kV　　耐张串 2 片；
　　　　　　　悬垂串 1 片；
330kV 及以上　耐张串 2～3 片；
　　　　　　　悬垂片 1～2 片。

⑪ 选择 V 形悬挂的绝缘子串片数时，应考虑临近效应对放电电压的影响。

⑫ 在海拔高度为 1000m 及以下的Ⅰ级污秽地区，当采用 X-4.5 或 XP-6 型悬式绝缘子时，耐张绝缘子串的绝缘子片数一般不小于表 7-19 数值。

表 7-19　X-4.5 或 XP-6 型绝缘子耐张串片数

电压/kV	35	63	110	220	330	500
绝缘子片数	4	6	8	13	20	30

注：330～500kV 可用 XP-10 型绝缘子。

⑬ 在海拔高度为 1000～4000m 地区，当需要增加绝缘子数量来加强绝缘时，耐张绝缘子串的片数应按下式修正：

$$N_H=N[1+0.1(H-1)] \tag{7-44}$$

式中 N_H——修正后的绝缘子片数；

N——海拔 1000m 及以下地区绝缘子片数；

H——海拔高度，km。

⑭ 在空气清洁无明显污秽的地区，悬垂绝缘子串的绝缘子片数可比耐张绝缘子串的同型绝缘子少一片。污秽地区的悬垂绝缘子串的绝缘子片数应与耐张绝缘子串相同。

⑮ 330kV 及以上电压的绝缘子串应装设均压和屏蔽装置，以改善绝缘子串的电压分布和防止连接金具发生电晕。

7.3 低压配电设备及电器元件的选择

7.3.1 低压电器选择的一般要求[59,95~97]

低压电器是用于额定电压交流1000V或直流1500V以下电路中起保护、控制、转换和通断作用的电器。设计所选用的电器，应符合国家现行的有关标准。

(1) 按正常工作条件选择

① 电器的额定电压应与所在回路的标称电压相适应。电器的额定频率应与所在回路的标称频率相适应。

② 电器的额定电流不应小于所在回路的计算电流。切断负荷电流的电器（如刀开关）应校验其断开电流。接通和断开启动尖峰电流的电器（如接触器）应校验其接通、分断能力和每小时操作的循环次数（操作频率）。

③ 保护电器还应按保护特性选择。

④ 低压电器的工作制通常分为8h工作制、不间断工作制、短时工作制及周期工作制等几种，应根据不同要求选择其技术参数。

⑤ 某些电器还应按有关的专门要求选择，如互感器应符合准确等级的要求。

(2) 按短路工作条件选择

① 可能通过短路电流的电器（如开关、隔离器、隔离开关、熔断器组合电器及接触器、启动器），应满足在短路条件下短时耐受电流的要求。

② 断开短路电流的保护电器（如低压熔断器、低压断路器），应满足在短路条件下分断能力的要求。

根据不同变压器容量和高压侧短路容量计算出保护电器出线位置的三相短路电流，以校验保护电器的分断能力。

(3) 按使用环境条件选择

电器产品的选择应适应所在场所的环境条件。

① 多尘环境　多尘作业工业场所的空间含尘浓度的高低随作业的性质、破碎程度、空气湿度、风向等不同而有很大差异。多尘环境中灰尘的量值用在空气中的浓度（mg/m^3）或沉降量［$mg/(m^2 \cdot d)$］来衡量。灰尘沉降量分级见表7-20。

表7-20　灰尘沉降量分级　　单位：$mg/(m^2 \cdot d)$

级别	灰尘沉降量(月平均值)	说明
Ⅰ	10～100	清洁环境
Ⅱ	300～550	一般多尘环境
Ⅲ	≥550	多尘环境

对于存在非导电灰尘的一般多尘环境，宜采用防尘型（IP5X级）电器。对于多尘环境或存在导电性灰尘的一般多尘环境，宜采用尘密型（IP6X级）电器。对导电纤维（如碳素纤维）环境，应采用IP65级电器。

② 化工腐蚀环境　根据HG/T 20666—1999《化工企业腐蚀环境电力设计规程》，腐蚀环境类别的划分应根据化学腐蚀性物质的释放严酷度、地区最湿月平均最高相对湿度等条件而定。化学腐蚀性物质的释放严酷度分级见表7-21。腐蚀环境划分的主要依据和参考依据见表7-22和表7-23。

表 7-21　化学腐蚀性物质释放严酷度分级

化学腐蚀性物质名称		级别					
		1级		2级		3级	
		平均值	最大值	平均值	最大值	平均值	最大值
气体及其释放浓度 /(mg/m^3)	氯气（Cl_2）	0.1	0.3	0.3	1.0	0.6	3.0
	氯化氢（HCl）	0.1	0.5	1.0	5.0	1.0	5.0
	二氧化硫（SO_2）	0.3	1.0	5.0	10.0	13.0	40.0
	氮氧化物（折算成 NO_2）	0.5	1.0	3.0	9.0	10.0	20.0
	硫化氢（H_2S）	0.1	0.5	3.0	10.0	14.0	70.0
	氟化物（折算成 HF）	0.01	0.03	0.1	2.0	0.1	2.0
	氨气（NH_3）	1.0	3.0	10.0	35.0	35.0	175.0
	臭氧	0.05	0.1	0.1	0.3	0.2	2.0
雾	酸雾（硫酸、盐酸、硝酸） 碱雾（氢氧化钠）			有时存在		经常存在	
液体	硫酸、盐酸、硝酸、氢氧化钠 食盐水、氨水	—		有时滴漏		经常滴漏	
粉尘	沙/(mg/m^3)	30/300		300/1000		3000/4000	
	尘（漂浮）/(mg/m^3)	0.2/0.5		0.4/15		4/20	
	尘（沉积）/[$mg/(m^2 \cdot h)$]	1.5/20		15/40		40/80	
土壤	pH 值	＞6.5～≤8.5		4.5～6.5		＜4.5，＞8.5	
	有机质/%	＜1		1～1.5		＞1.5	
	硝酸根离子/%	$<1\times10^{-4}$		$1\times10^{-4}\sim1\times10^{-3}$		$>1\times10^{-3}$	
	电阻率/Ω·m	＞50～100		23～50		＜23	

注：1. 化学腐蚀性气体浓度系历年最湿月在电气装置安装现场所实测到的平均最高浓度值。实测处距化学腐蚀性气体释放口一般要求 1m 范围外，不应紧靠释放源。
2. 粉尘一栏，分子为有气候防护场所，分母为无气候防护场所。
3. 平均值是长期数值的平均；最大值是在一周期内的极限值或峰值，每天不超过 30min。

防腐电工产品的防护类型分为户内防中等腐蚀型（代号 F1）、户内防强腐蚀型（代号 F2）、户外防轻腐蚀型（代号 W）、户外防中等腐蚀型（代号 WF1）、户外防强腐蚀型（代号 WF2）五种。腐蚀环境的电气设备应根据环境类别按表 7-24 和表 7-25 的规定选择相适应的防腐电工产品。

表 7-22　腐蚀环境划分的主要依据

主要依据	类别				
	0 类（轻腐蚀环境）		1 类（中等腐蚀环境）		2 类（强腐蚀环境）
地区或局部环境最湿月平均最高相对湿度（25℃）	65%及以上	75%以下	75%及以上	85%以下	85%及以上
化学腐蚀性物质的释放状况	一般无泄漏现象，任一种腐蚀性物质的释放严酷度经常为 1 级，有时（如事故或不正常操作时）可能达到 2 级		有泄漏现象，任一种腐蚀性物质的释放严酷度经常为 2 级，有时（如事故或不正常操作时）可能达到 3 级		泄漏现象较严重，任一种腐蚀性物质的释放严酷度经常为 3 级，有时（如事故或不正常操作时）偶然超过 3 级

注：如果地区或局部环境最湿月平均最低温度低于 25 ℃时，其同月平均最高相对湿度必须换算到 25 ℃时的相对湿度。

表 7-23 腐蚀环境划分的参考依据

参考依据	类别		
	0 类(轻腐蚀环境)	1 类(中等腐蚀环境)	2 类(强腐蚀环境)
操作条件	由于风向关系,有时可闻到化学物质气味	经常能感到化学物质的刺激,但不需佩戴防护器具进行正常的工艺操作	对眼睛或外呼吸道有强烈刺激,有时需佩戴防护器具才能进行正常的工艺操作
表观现象	建筑物和工艺、电气设施只有一般锈蚀现象,工艺和电气设施只需常规维修;一般树木生长正常	建筑物和工艺、电气设施腐蚀现象明显,工艺和电气设施一般需年度大修;一般树木生长不好	建筑物和工艺、电气设施腐蚀现象严重,设备大修间隔期较短;一般树木成活率低
通风情况	通风换气良好	通风换气一般	通风换气不好

表 7-24 户内腐蚀环境电气设备的选择

序号	名称	环境类别		
		0 类(轻腐蚀环境)	1 类(中等腐蚀环境)	2 类(强腐蚀环境)
1	配电装置	IP2X～IP4X	F1 级腐蚀型	F2 级腐蚀型
2	控制装置	F1 级腐蚀型	F1 级腐蚀型	F2 级腐蚀型
3	电力变压器	普通型、密闭型	F1 级腐蚀型	F2 级腐蚀型
4	电动机	Y 系列或 Y2 系列电动机	F1 级腐蚀型	F2 级腐蚀型
5	控制电器和仪表(包括按钮、信号灯、电表、插座等)	防腐型、密闭型	F1 级腐蚀型	F2 级腐蚀型
6	灯具	保护型、防水防尘型	腐蚀型	
7	电线	塑料绝缘电线、橡胶绝缘电线、塑料护套电线		
8	电缆	塑料外护套电缆		
9	电缆桥架	普通型	F1 级腐蚀型	F2 级腐蚀型

表 7-25 户外腐蚀环境电气设备的选择

序号	名称	环境类别		
		0 类(轻腐蚀环境)	1 类(中等腐蚀环境)	2 类(强腐蚀环境)
1	配电装置	W 级户外型	WF1 级腐蚀型	WF2 级腐蚀型
2	控制装置	W 级户外型	WF1 级腐蚀型	WF2 级腐蚀型
3	电力变压器	普通型、密闭型	WF1 级腐蚀型	WF2 级腐蚀型
4	电动机	W 级户外型	WF1 级腐蚀型	WF2 级腐蚀型
5	控制电器和仪表(包括按钮、信号灯、电表、插座等)	W 级户外型	WF1 级腐蚀型	WF2 级腐蚀型
6	灯具	防水防尘型	户外腐蚀型	
7	电线	塑料绝缘电线		
8	电缆	塑料外护套电缆		
9	电缆桥架	普通型	WF1 级腐蚀型	WF2 级腐蚀型

③ 高原地区　海拔超过 2000m 的地区划为高原地区。高原气候的特征是气压、气温和绝对湿度都随海拔增高而减小，太阳辐射则随之增强。

GB/T 14048.1—2006《低压开关设备和控制设备 总则》规定普通型低压电器的正常工作条件为海拔不超过 2000m。高原地区应采用相应的高原型电器。按国标《特殊环境条件高原用低压电器技术条件》GB/T 20645—2006 规定：高原型产品分户内和户外型，适用海拔高度为 2000m 以上至 5000m，并按每 1000m 划分一个等级。海拔分级标识为 G× 或 G×-×。如 G5 表示适用于海拔最高为 5000m；G3-4 表示适用海拔 3000m 以上至 4000m。

高原条件下对低压电器特性的影响简述如下。

a. 海拔升高，则气温降低，电器的温升增高，在户外有明显补偿作用，而户内及特定环境（如高温场所），则不能补偿海拔升高导致的温升增加值，适宜降低额定容量使用。

b. 海拔升高，空气密度降低，导致绝缘强度下降。一般海拔每升高 100m，绝缘强度约降低 1％。

c. 用热脱扣元件的断路器、热继电器等，高原下散热条件变化，其脱扣特性有一定偏移，应作适当调整或修正。

d. 海拔升高，在正常负载下，低压电器的接通和分断短路电流能力、机械寿命和电气寿命有所下降。

④ 热带地区　热带地区根据常年空气的干湿程度分为湿热带和干热带。

湿热带系指一天内有 12h 以上气温不低于 20℃、相对湿度不低于 80％的气候条件，这样的天数全年累计在两个月以上的地区。其气候特征是高温伴随高湿。

干热带系指年最高气温在 40℃以上而长期处于低湿度的地区。其气候的特征是高温伴随低湿，气温日变化大，日照强烈且有较多的沙尘。

热带气候条件对低压电器的影响如下。

a. 由于空气高温、高湿、凝露及霉菌等作用，电器的金属件及绝缘材料容易腐蚀、老化，绝缘性能降低，外观受损。

b. 由于日温差大和强烈日照的影响，密封材料产生变形开裂，熔化流失，导致密封结构的泄漏，绝缘油等介质受潮劣化。

c. 低压电器在户外使用时，如受太阳辐射，其温度升高，将影响其载流量。如受雨、雷暴、盐雾的袭击，将影响其绝缘强度。

湿热带地区宜选用湿热带型产品，在型号后加 TH。干热带地区宜选用干热型产品，在型号后加 TA。热带型低压电器使用环境条件见表 7-26。

表 7-26　热带型低压电器使用环境条件

环境因素		湿热带型	干热带型
海拔/m		≤2000	≤2000
空气温度/℃	年最高	40	45
	年最低	0	−5
空气相对湿度/％	最湿月平均最大相对湿度	95(25℃)	—
	最干月平均最小相对湿度	—	10(40℃时)
凝露		有	—
霉菌		有	—
沙尘		—	有

⑤ 爆炸和火灾危险环境 爆炸和火灾危险环境低压电器选择详见第1章相关内容。

(4) 低压电器外壳防护等级

封闭电器的外壳防护等级见表7-27～表7-29（下列各表引自GB/T 14048.1—2006《低压开关设备和控制设备 总则》之附录C)。

表7-27 封闭电器的外壳防护等级（IP代码——第一位数码）

第一位数码			
防止固体异物进入			防止人体接近危险部件
IP	要求	举例	
0	无防护		无防护
1	直径50 mm的球形物体不得完全进入，不得触及危险部件	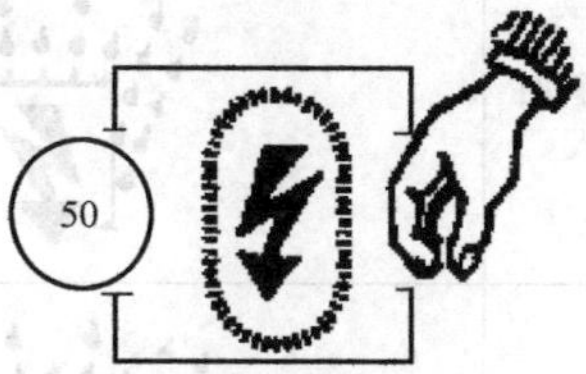	手背
2	直径12.5 mm的球形物体不得完全进入，铰接试指应与危险部件有足够的间隙	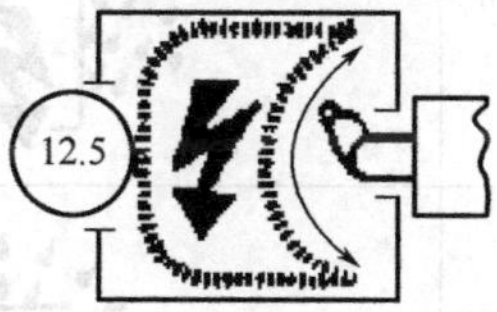	手指
3	直径2.5 mm的试具不得进入		工具
4	直径1.0 mm的试具不得进入		金属线
5	允许有限的灰尘进入（没有有害的沉积）		金属线
6	完全防止灰尘进入		金属线

表 7-28　封闭电器的外壳防护等级（IP 代码——第二位数码）

第二位数码			
防止进水造成有害影响			防水
IP	简述	举例	
0	无防护		无防护
1	防止垂直下落滴水，允许少量水滴入		垂直滴水
2	防止当外壳在 15°范围内倾斜时垂直下落滴水，允许少量水滴入		与垂直面成 15°滴水
3	防止与垂直面成 60°范围内淋水，允许少量水进入		少量淋水
4	防止任何方向的溅水，允许少量水进入		任何方向的溅水
5	防止喷水，允许少量水进入		任何方向的喷水
6	防止强烈喷水，允许少量水进入		任何方向的强烈喷水
7	防止 15 cm～1m 深的浸水影响		短时间浸水
8	防止在有压力下长期浸水		持续浸水

表 7-29 封闭电器的外壳防护等级（IP代码——附加字母）

附加字母(可选择)			
IP	要求	举例	防止人体接近危险部件
A 用于第一位数码为 0	直径 50 mm 的球形物体进入到隔板，不得触及危险部件	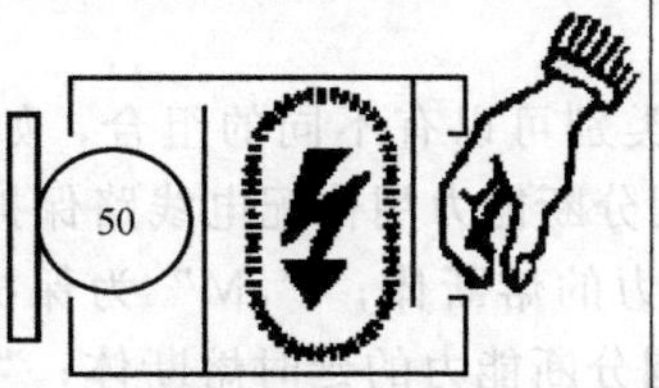	手背
B 用于第一位数码为 0、1	最大为 80 mm 的试指球进入不得触及危险部件	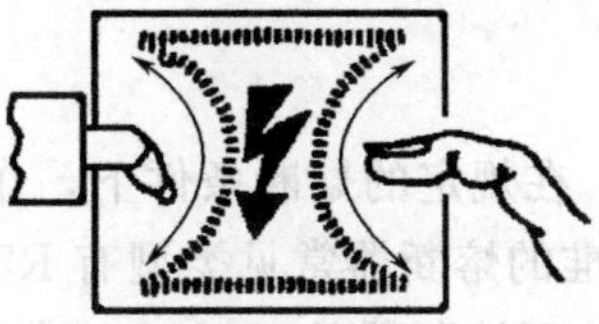	手指
C 用于第一位数码为 1、2	当挡盘部分进入时，直径为 2.5 mm，长为 10 mm 的金属线不得触及危险部件		工具
D 用于第一位数码为 2、3	当挡盘部分进入时，直径为 1.0 mm，长为 100 mm 的金属线不得触及危险部件		金属线

7.3.2 常用低压电器[59,96,98～102]

7.3.2.1 低压熔断器

低压熔断器应符合现行国家标准 GB 13539.1—2008/IEC 2069-1：2006《低压熔断器 第 1 部分：基本要求》和 GB/T 13539.2—2008/IEC 60269—2006《低压熔断器 第 2 部分：专职人员使用的熔断器的补充要求》。

(1) 分类

① 按结构分 熔断器的结构形式与使用人员有关，因此可分为以下几类。

a. 专职人员使用的熔断器（主要用于工业场所的熔断器）主要有刀型触头熔断器、螺栓连接熔断器、圆筒帽形熔断器及偏置触刀熔断器。

b. 非熟练人员使用的熔断器（主要用于家用和类似用途的熔断器）。

② 按分断范围分

a.“g”熔断体。在规定条件下，能分断使熔断体熔化的电流至额定分断能力之间的所有电流的限流熔断体（全范围分断）。

b.“a”熔断体。在规定条件下，能分断示于熔断体熔断时间-电流特性曲线上的最小电流至额定分断能力之间的所有电流的熔断体（部分范围分断）。

③ 按使用类别分

a.“G”类。一般用途的熔断体，即保护配电线路用。

b.“M”类。保护电动机电路的熔断体。

c.“D”类。延时熔断体。

d.“N”类。非延时熔断体。

e.“Tr”类。保护变压器的熔断体。

f. 其他。

分断范围和使用类别可以有不同的组合，如“gG”、“gM”、“gTr”、“aM”等，例如“gG”表示具有全范围分断能力用作配电线路保护的一般用途熔断体；“gM”表示保护电动机电路全范围分断能力的熔断体；“aM”为保护电动机电路部分范围分断能力的熔断体；“gD”表示具有全范围分断能力的延时熔断体；“gN”表示具有全范围分断能力的非延时熔断体。

（2）特性

① 时间-电流特性　在规定的熔断条件下，作为预期电流的函数的弧前时间或熔断时间曲线。目前，符合国家标准的熔断器常见类型有 RT16、RT17、RL6 和 RL7 型等，图 7-25 和图 7-26 所示为 RL6 和 RL7 型熔断器的时间-电流曲线。

② 约定时间和约定电流　“gG”和“gM”熔断体的约定时间和约定电流，按《低压熔断器 第 1 部分：基本要求》（GB 13539. 1—2008/IEC 2069-1：2006）和《低压熔断器 第 2 部分：专职人员使用的熔断器的补充要求》（GB/T 13539. 2—2008/IEC 60269—2006）的规定列于表 7-30。

③ 过电流选择比　上、下级熔断体的额定电流比为 1. 6：1，具有选择性熔断，该比值即为过电流选择比。

④ I^2t 特性　熔断体允许通过的 I^2t（焦耳积分）值，是用以衡量在故障时间内产生的热能。弧前 I^2t 是熔断器弧前时间内的焦耳积分；熔断 I^2t 是全熔断时间内的焦耳积分，是用以考核其过电流选择性、熔断器与断路器间的级间选择性配合的参数。

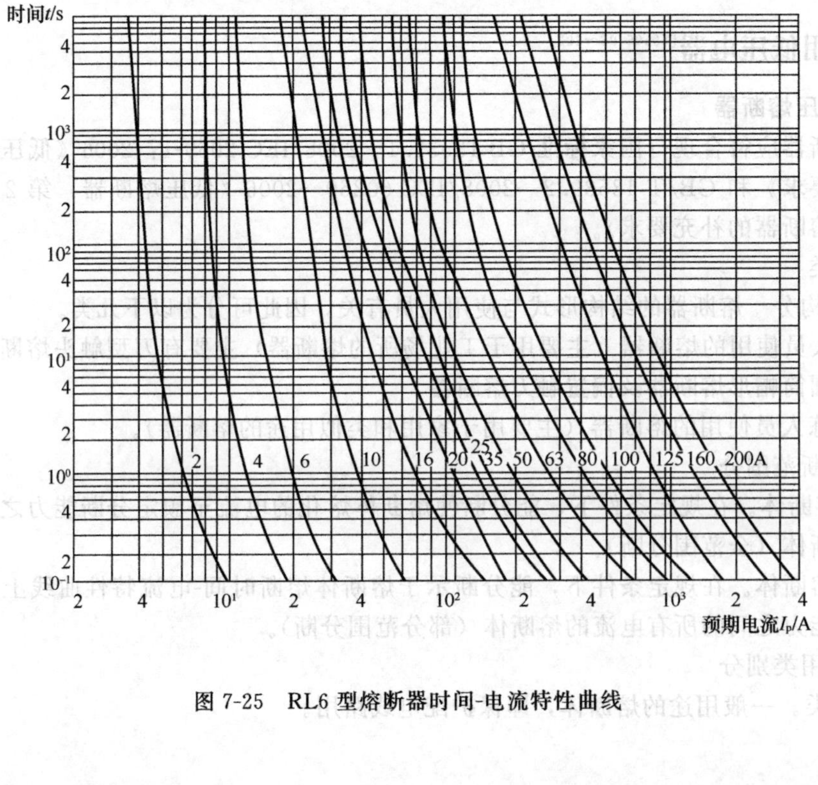

图 7-25　RL6 型熔断器时间-电流特性曲线

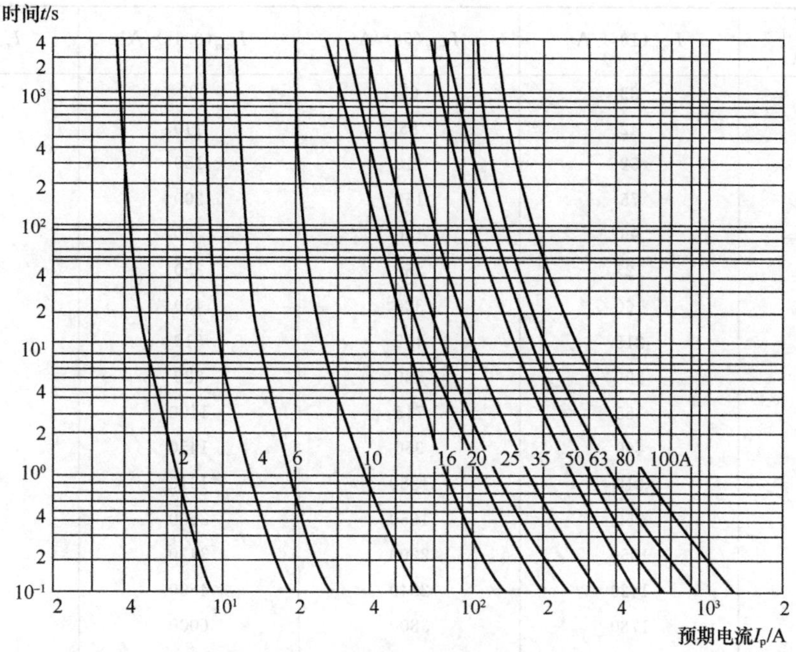

图 7-26 RL7 型熔断器时间-电流特性曲线

⑤ 分断能力 在规定的使用和性能条件下，熔断体在规定电压下能够分断的预期电流值。对交流熔断器是指交流分量有效值。

表 7-30 "gG"和"gM"熔断体的约定时间和约定电流

"gG"额定电流 I_n "gM"特性电流 I_{ch}/A	约定时间/h	约定电流/A	
		I_{nf}(约定不熔断电流)	I_f(约定熔断电流)
$I_n \leqslant 4$	1	$1.5I_n$	$2.1I_n$
$4 < I_n < 16$	1	$1.5I_n$	$1.9I_n$
$16 \leqslant I_n \leqslant 63$	1	$1.25I_n$	$1.6I_n$
$63 < I_n \leqslant 160$	2		
$160 < I_n \leqslant 400$	3		
$400 < I_n$	4		

⑥ 门限 熔断器的极限值。在规定范围内，可获得熔断器的相关特性，如时间-电流特性等。"gG"和"gM"熔断体规定弧前时间的门限值见表 7-31 和表 7-32。

表 7-31 "gG"熔断体(I_n<16A)规定弧前时间的门限值

I_n/A	I_{min}(10s)/A	I_{max}(5s)/A	I_{min}(0.1s)/A	I_{max}(0.1s)/A
2	3.7	9.2	6.0	23.0
4	7.8	18.5	14.0	47.0
6	11.0	28.0	26.0	72.0
8	16.0	35.2	41.6	92.0
10	22.0	46.5	58.0	110.0
12	24.0	55.2	69.6	140.4

表 7-32 “gG”和“gM”熔断体规定弧前时间的门限值

I_n用于“gG”；I_{ch}用于“gM”/A	I_{min}(10s)/A	I_{max}(5s)/A	I_{min}(0.1s)/A	I_{max}(0.1s)/A
16	33	65	85	150
20	42	85	110	200
25	52	110	150	260
32	75	150	200	350
40	95	190	260	450
50	125	250	350	610
63	160	320	450	820
80	215	425	610	1100
100	290	580	820	1450
125	355	715	1100	1910
160	460	950	1450	2590
200	610	1250	1910	3420
250	750	1650	2590	4500
315	1050	2200	3420	6000
400	1420	2840	4500	8060
500	1780	3800	6000	10600
630	2200	5100	8060	14140
800	3060	7000	10600	19000
1000	4000	9500	14140	24000
1250	5000	13000	19000	35000

7.3.2.2 低压断路器

低压断路器应符合现行国家标准 GB 14048.2—2008/IEC 60947-2：2006《低压开关设备和控制设备 低压断路器》的要求。

（1）分类

① 按使用类别分为 A、B 两类。A 类为非选择型；B 类为选择型。

② 按分断介质分，有空气中分断、真空中分断和气体中分断等。

③ 按设计形式分为万能式（开启式或框架式）和塑料外壳式（或模压外壳式）。

④ 按操作机构的控制方式分，可分为有关人力操作、无关人力操作，有关动力操作、无关动力操作以及储能操作等。

⑤ 按是否适合隔离分，可分为不适合隔离和适合隔离。断路器在断开位置时，具有符合隔离功能安全要求的隔离距离，并应提供一种或几种方法（用操动器的位置、独立的机械式指示器、动触可视）显示主触头的位置。

⑥ 按安装方式分，可分为固定式、插入式和抽屉式等。

另外，还可按是否需要维修和按外壳防护等级等进行分类。

（2）特性

断路器的特性包括断路器的形式（极数、电流种类）、主电路的额定值和极限值（包括短路特性）、控制电路、辅助电路、脱扣器形式（分励脱扣器、过电流脱扣器、欠电压脱扣器等）以及操作过电压等。现就主要特性说明如下。

① 额定短路接通能力（I_{cm}） 断路器的额定短路接通能力是在制造商规定的额定工作电压、额定频率以及一定的功率因数（对于交流）或时间常数（对于直流）下，断路器的短路接通能力值，用最大预期峰值电流表示。

对于交流而言，断路器的额定短路接通能力应不小于其额定极限短路分断能力乘以表 7-33 中所列系数 n 的乘积。对于直流而言，断路器的额定短路接通能力应不小于其额定极限短路分断能力。额定短路接通能力表示断路器在对应于额定工作电压的适当外施电压下能够接通电流的额定能力。

表 7-33（交流断路器）额定短路接通和分断能力之间的比值——n 及相应功率因数

短路分断能力 I/kA(有效值)	功率因数	n 要求的最小值 n=短路接通能力/短路分断能力
$4.5 \leqslant I \leqslant 6$	0.7	1.5
$6 < I \leqslant 10$	0.5	1.7
$10 < I \leqslant 20$	0.3	2.0
$20 < I \leqslant 50$	0.25	2.1
$400 < I$	0.2	2.2

注：对于某些用途，分断能力值低于 4.5 kA 时，其功率因数见表 7-34 的规定。

② 额定短路分断能力　断路器的额定短路分断能力是制造商在规定的条件及额定工作电压下对断路器规定的短路分断能力值。

额定短路分断能力要求断路器在对应于规定的试验电压的工频恢复电压下应能分断小于和等于相当于额定能力的任何电流值，且

——对于交流，功率因数不低于表 7-34 的规定；

——对于直流，时间常数不超过表 7-34 的规定。

对于工频恢复电压超过规定的试验电压值时，则不保证短路分断能力。

对于交流，假定交流分量为常数，与固有的直流分量值无关，断路器应能分断相应于其额定短路分断能力及表 7-34 规定的功率因数的预期电流。

额定短路分断能力规定为：

——额定极限短路分断能力（I_{cu}）；

——额定运行短路分断能力（I_{cs}）。

表 7-34　与试验电流相应功率因数和时间常数

试验电流 I/kA	功率因数 $\cos\varphi$			时间常数/ms		
	短路	操作性能能力	过载	短路	操作性能能力	过载
$I \leqslant 3$	0.9	0.8	0.5	5	2	2.5
$3 < I \leqslant 4.5$	0.8			5		
$4.5 < I \leqslant 6$	0.7			5		
$6 < I \leqslant 10$	0.5			5		
$10 < I \leqslant 20$	0.3			10		
$20 < I \leqslant 50$	0.25			15		
$50 < I$	0.2			15		

③ 额定极限短路分断能力（I_{cu}）　断路器的额定极限短路分断能力是制造商按相应的额定工作电压规定断路器在规定条件下应能分断的极限短路分断能力值，它用预期分断电流（kA）表示（在交流情况下用交流分量有效值表示）。

④ 额定运行短路分断能力（I_{cs}）　断路器的额定运行短路分断能力是制造商按相应

的额定工作电压规定断路器在规定的条件下应能分断的运行短路分断能力值，与额定极限短路分断能力一样，它用预期分断电流（kA）表示，相当于额定极限短路分断能力规定的百分数中的一挡（按表 7-35 选择），并化整到最接近的整数。它可用 I_{cu} 的百分数表示。

另一方面，当额定运行短路分断能力等于额定短时耐受电流时，它可以按额定短时耐受电流值（kA）规定之，只要它不小于表 7-35 中相应的最小值。

如果使用类别 A 的额定极限短路分断能力（I_{cu}）超过 200 kA，或使用类别 B 的 I_{cu} 超过 100 kA，则制造商可申明额定运行短路分断能力（I_{cs}）值为 50 kA。

表 7-35　I_{cs} 和 I_{cu} 之间的标准比值

使用类别 A（I_{cu} 的百分数）	使用类别 B（I_{cu} 的百分数）
25	—
50	50
75	75
100	100

⑤ 额定短时耐受电流（I_{cw}）　断路器的额定短时耐受电流是制造商在规定的试验条件下对断路器确定的短时耐受电流值。

对于交流，此电流为预期短路电流交流分量的有效值，并认为预期短路电流交流分量在短延时时间内是恒定的，与额定短时耐受电流相应的短延时应不小于 0.05s，其优选值为 0.05s—0.1s—0.25s—0.5s—1s。额定短时耐受电流应不小于表 7-36 所示的相应值。

表 7-36　额定短时耐受电流最小值

额定电流 I_n/A	额定短时耐受电流（I_{cw}）的最小值/kA
$I_n \leqslant 2500$	$12I_n$ 或 5kA，取较大者
$I_n > 2500$	30

⑥ 过电流脱扣器　过电流脱扣器包括瞬时过电流脱扣器、定时限过电流脱扣器（又称短延时过电流脱扣器）、反时限过电流脱扣器（又称长延时过电流脱扣器）。

瞬时或定时限过电流脱扣器在达到电流整定值时应瞬时（固有动作时间）或在规定时间内动作。其电流脱扣器整定值有±10%的准确度。

反时限过电流断开脱扣器在基准温度下的断开动作特性：在所有相极通电的情况下，约定不脱扣电流为 1.05 倍整定电流；约定脱扣电流为 1.30 倍整定电流。其约定时间为：当 $I_n \leqslant$ 63A 时为 1h，当 $I_n >$ 63A 时为 2h。当反时限过电流断开脱扣器在基准温度下，在约定不脱扣电流，即电流整定值的 1.05 倍时，脱扣器的各相极同时通电，断路器从冷态开始，在小于约定时间内不应发生脱扣；在约定时间结束后，立即使电流上升至电流整定值的 1.30 倍，即达到约定脱扣电流，断路器在小于约定时间内脱扣。

反时限过电流脱扣器时间-电流特性应以制造商提供曲线形式为准。这些曲线表明从冷态开始的断开时间与脱扣器动作范围内的电流变化关系。

7.3.2.3　剩余电流动作保护器

剩余电流动作保护器（俗称漏电保护器）能迅速断开接地故障电路，以防发生间接电击伤亡和引起火灾事故。

① 当剩余电流动作保护器用于插座回路和末端线路，并侧重防间接电击时，则应选择动作电流不大于 30mA 的高灵敏度剩余电流动作保护器。如果需要作为上一级保护，其动作电流不小于 300mA，对配电干线不大于 500mA 时，其动作应有延时。

对于住宅和中小型建筑，剩余电流动作保护器可安装在建筑物电源总进线上。为保证其动作灵敏度及与末端插座回路漏电保护器的选择性，该剩余电流动作保护器动作整定值最好不大于 0.5A，并有 0.4s 或以上延时。该剩余电流动作保护器作为防电弧性接地故障引起的火灾比较有效。

② 电气线路和设备泄漏电流值及分级安装的剩余电流保护器动作特性的电流配合要求如下：a. 用于单台用电设备时，动作电流应不小于正常运行泄漏电流的4倍；b. 配电线路的剩余电流动作保护器动作电流应不小于正常运行泄漏电流的2.5倍，同时还应不小于其中泄漏电流最大的一台用电设备正常运行泄漏电流的4倍。

7.3.2.4 开关、隔离器、隔离开关及熔断器组合电器

(1) 定义

按照GB 14048.3—2008/IEC 60947-3：2005《低压开关设备和控制设备 第3部分：开关、隔离器、隔离开关及熔断器组合电器》，相关电器的定义如下。

①（机械）开关　在正常电路条件下（包括规定的过载），能接通、承载和分断电流，并在规定的非正常电流条件下（例如短路），能在规定时间内承载电流的一种机械开关电器（注：开关可以接通，但不能分断短路电流）。

② 隔离器　在断开状态下能符合规定隔离功能要求的电器。隔离器应满足距离、泄漏电流要求，以及断开位置指示可靠性和加锁等附加要求；如分断或接通的电流可忽略（如线路分布电容电流、电压互感器等的电流），或隔离器的每一极的接线端子两端的电压无明显变化时，隔离器能够断开和闭合电路；隔离器能承载正常电路条件下的电流，也能在一定时间内承载非正常电路条件下的电流（短路电流）。

③ 隔离开关　在断开状态能符合隔离器的隔离要求的开关。

④ 熔断器组合电器　它是熔断器开关电器的总称，由制造厂或按其说明书将一个机械开关电器与一个或数个熔断器组装在同一个单元内的组合电器。通常包括下面六种组合。

a. 开关熔断器组。开关的一极或多极与熔断器串联构成的组合电器。

b. 熔断器式开关。用熔断体或带有熔断体载熔件作为动触头的一种开关。

c. 隔离器熔断器组。隔离器的一极或多极与熔断器串联构成的组合电器。

d. 熔断器式隔离器。用熔断体或带有熔断体载熔件作为动触头的一种隔离器。

e. 隔离开关熔断器组。隔离开关的一极或多极与熔断器串联构成的组合电器。

f. 熔断器式隔离开关。用熔断体或带有熔断体载熔件作为动触头的隔离开关。

以上各电器的定义概要见表7-37。

表7-37 各电器的定义概要

功能		
接通和分断电流	隔离	接通、分断和隔离
(机械)开关 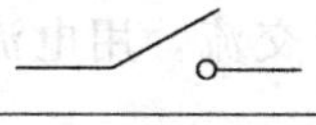	隔离器 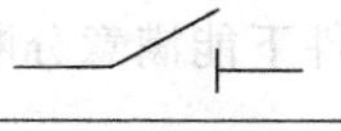	隔离开关 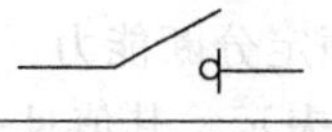
熔断器组合电器		
开关熔断器组 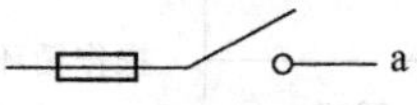 	隔离器熔断器组 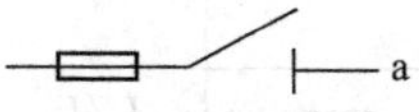 	隔离开关熔断器组 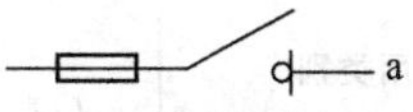
熔断器式开关 	熔断器式隔离器 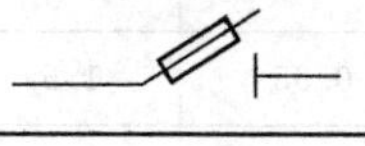	熔断器式隔离开关 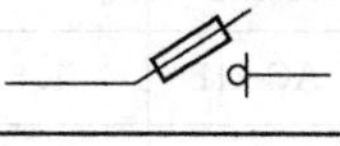

注：1. 所有电器可以为单断点或多断点。

2. 图形符号根据GB/T 4728.7—2008。

3. "a"表示熔断器可接在电器的任一侧或接在电器触头间的一固定位置。

（2）分类

① 按使用类别分类　使用类别列于表 7-38，表中类别 A 用于经常操作环境；类别 B 用于不经常操作环境，如只在维修时为提供隔离才操作的隔离器，或以熔断体触刀作动触头的开关电器。

表 7-38　使用类别

电流种类	使用类别		典型用途
	类别 A	类别 B	
交流	AC-20A①	AC-20B①	空载条件下闭合和断开
	AC-21A	AC-21B	通断阻性负载，包括适当的过负载
	AC-22A	AC-22B	通断电阻和电感混合负载，包括适当的过负载
	AC-23A	AC-23B	通断电动机负载或其他高电感负载
直流	DC-20A①	DC-20B①	空载条件下闭合和断开
	DC-21A	DC-21B	通断阻性负载，包括适当的过负载
	DC-22A	DC-22B	通断电阻和电感混合负载，含适当的过负载（如并励电动机）
	DC-23A	DC-23B	通断高电感负载（如串励电动机）

① 在美国不允许使用这类使用类别。

② 按人力操作方式分类

a.（机械开关电器的）有关人力操作。完全靠直接施加人力的一种操作，操作速度和操作力与操作者动作有关。

b.（机械开关电器的）无关人力操作。能量来源于人力、并在一次连续操作中储存和释放能量的一种储能操作，操作速度和操作力与操作者动作无关。

c. 半无关人力操作。完全靠直接施加达到某一阈值的人力的一种操作。所施人力超过阈值时，除非操作者故意延迟，否则将完成无关通断操作。

③ 按隔离的适用性分类

a. 适合于隔离用；

b. 不适合于隔离用。

④ 按所提供的防护等级分类　见 GB/T 14048.1—2006 中的 7.1.11。

（3）正常负载特性

① 额定接通能力　是在规定接通条件下能满意接通的电流值。对于交流，用电流周期分量有效值表示，其值见表 7-39。

② 额定分断能力　是在规定分断条件下能满意分断的电流值。对于交流，用电流周期分量有效值表示，其值见表 7-39。

表 7-39　各种使用类别的接通和分断条件

使用类别		接通			分断			操作循环次数
		I/I_e	U/U_e	$\cos\varphi$	I_c/I_e	U_r/U_e	$\cos\varphi$	
AC-20A①	AC-20B①	—	—	—	—	—	—	—
AC-21A	AC-21B	1.5	1.05	0.95	1.5	1.05	0.95	5
AC-22A	AC-22B	3	1.05	0.65	3	1.05	0.65	5
AC-23A	AC-23B	10	1.05	0.45/0.35	8	1.05	0.45/0.35	5/3

续表

使用类别		接通			分断			操作循环次数
		I/I_e	U/U_e	(L/R)/ms	I_c/I_e	U_r/U_e	(L/R)/ms	
DC-20A①	DC-20B①	—	—	—	—	—	—	—
DC-21A	DC-21B	1.5	1.05	1	1.5	1.05	1	5
DC-22A	DC-22B	4	1.05	2.5	4	1.05	2.5	5
DC-23A	DC-23B	4	1.05	15	4	1.05	15	5

① 在美国不允许使用这类使用类别。

注：1. 表中符号：I——接通电流；I_e——额定工作电流；I_c——分断电流；U——外施电压；U_e——额定工作电压；U_r——工频恢复电压或直流恢复电压。

2. AC-23 行中，分子表示额定工作电流为 100A 及以下电器的数据；分母表示额定工作电流为 100A 以上电器的数据。

(4) 短路特性

① 额定短时耐受电流（I_{cw}） 开关、隔离器或隔离开关的额定短时耐受电流是在规定条件下，电器能够承受而不发生任何损坏的电流值。短时耐受电流值不得小于 12 倍最大额定工作电流。除非制造厂另有规定，通电持续时间应为 1s。对于交流，是指交流分量有效值，并且认为可能出现的最大峰值电流不会超过此有效值的 n 倍。系数 n 见表 7-40。

② 额定短路接通能力（I_{cm}） 开关或隔离开关的额定短路接通能力是制造厂规定的，在额定工作电压、额定频率（如果有的话）和规定功率因数（或时间常数）下电器的短路接通能力值，该值用最大预期电流峰值表示。对于交流，功率因数、预期电流峰值与有效值的关系见表 7-40。额定短路接通能力不适用于 AC-20 或 DC-20 电器。

表 7-40 对应于试验电流的功率因数、时间常数和预期电流峰值与有效值的比率 n

试验电流 I/A	功率因数	时间常数/ms	n
$I \leqslant 1500$	0.95	5	1.41
$1500 < I \leqslant 3000$	0.9	5	1.42
$3000 < I \leqslant 4500$	0.8	5	1.47
$4500 < I \leqslant 6000$	0.7	5	1.53
$6000 < I \leqslant 10000$	0.5	5	1.7
$10000 < I \leqslant 20000$	0.3	10	2.0
$20000 < I \leqslant 50000$	0.25	15	2.1
$50000 < I$	0.2	15	2.2

③ 额定限制短路电流 是在短路保护电器动作时间内能够良好地承受的预期短路电流值。对交流，用交流分量有效值表示，该值由制造厂规定。

(5) 隔离电器的泄漏电流

施加试验电压为额定工作电压 1.1 倍时，其泄漏电流不应超过下列允许值：

① 新电器每极允许值为 0.5mA；

② 经接通和分断试验后的电器，每极允许值为 2mA；

③ 任何情况下，极限值不应超过 6mA。

(6) 选用原则

① 隔离电器的选用

a. 当维护、检修和测试需要隔断电源时，配电线路应装设隔离电器。

b. 隔离电器应使所在回路与带电部分隔离。当隔离电器误操作会造成严重事故时，应有防止误操作的措施，如设联锁或加锁。

c. 隔离器、隔离开关（包括它们和熔断器组合电器）适宜作隔离电器。此外，以下电器或连接件也可作隔离用，如熔断器、具有隔离功能的断路器、插头与插座、连接片、不需拆除的特殊端子。严禁用半导体电器作隔离用。

② 开关电器的选用

a. 需要通、断电流的配电线路，应装设开关电器。

b. 宜选用开关、隔离开关（包括它们和熔断器组合电器）作通断电路用。已装设断路器、接触器等保护、控制电器的回路，一般不必再装设开关电器。

c. 选用开关或隔离开关，其额定工作电流应不小于该回路的计算电流。

d. 需要装设开关电器和隔离电器的配电干线，如建筑物的低压配电线路进线处、配电箱的进线处，应装设隔离开关，一个电器可满足开关和隔离两种功能；需要同时有开关、隔离及保护三者功能的线路，应装设隔离开关熔断器组或熔断器式隔离开关。

7.3.2.5 接触器和电动机启动器

根据 GB 14048.4—2010/IEC 60947-4-1：2009《低压开关设备和控制设备 机电式接触器和电动机启动器》，接触器和电动机启动器的主要内容叙述如下。

（1）分类

① 电器的种类有：接触器、直接交流启动器、星-三角启动器、两级自耦减压启动器、转子变阻式启动器及综合式启动器或保护式启动器。

② 电流种类有交流和直流两种。

③ 灭弧介质为空气、油、气体、真空等。

④ 操作方式：人力、电磁铁、电动机、气动及电气-气动。

⑤ 控制方式有：自动式（由指示开关操作或程序控制）、非自动式（手操作或按钮操作）及半自动式（部分自动、部分非自动的控制）。

（2）额定工作制

① 8h 工作制（连续工作制） 电器的主触头闭合，且承载稳定电流足够长时间使电器达到热平衡，但达到 8h 必须分断的工作制。需要说明的是：对星-三角启动器、两级自耦减压启动器、转子变阻式启动器是指主触头在运行位置上保持闭合时，每一主触头承载一稳定电流且持续足够长时间使电器达到热平衡状态，但通电不超过 8h 的工作制。

② 不间断工作制 指没有空载期的工作制，电器的主触头保持闭合，且承载稳定电流超过 8h（数星期、数月甚至数年）而不分断。需要说明的是：对星-三角启动器、两级自耦减压启动器、转子变阻式启动器是指主触头在运行位置上保持闭合，承载一稳定电流且持续时间超过 8h（数星期、数月、数年）也不断开的工作制。

③ 断续周期工作制或断续工作制 此工作制指电器的主触头保持闭合的有载时间与无载时间有一确定的比值，但两个时间都很短，不足以使电器达到热平衡。断续工作制是用电流值、通电时间和负载因数来表征其特性，负载因数是通电时间与整个通断操作周期之比，通常用百分数表示。负载因数的标准值为 15%、25%、40%及 60%。根据电器每小时能够进行的操作循环次数，电器可分为如下等级：1、3、12、30、120、300、1200、3000、12000、30000、120000、300000。

需要说明的是：对减压启动器是指启动器开关电器的主触头在运行位置保持闭合的时间与无载时间保持一定的比值，且两者都很短，不足以使启动器达到热平衡的工作制。断续工作制的优选级别为：接触器为 1、3、12、30、120、300、1200；启动器为 1、3、12、30。

④ 短时工作制　是指电器的主触头保持闭合的时间不足以使其达到热平衡，有载工作时间被无载工作时间隔开，而无载时间足以使电器的温度恢复到与冷却介质相同的温度。短时工作制通电时间的标准值为：3min、10min、30min、60min 和 90min。

⑤ 周期工作制　是指无论稳定负载或可变负载总是有规律地反复运行的一种工作制。

(3) 使用类别及其代号

接触器和电动机启动器主电路通常选用的使用类别及其代号见表 7-41。

表 7-41　接触器和电动机启动器主电路通常选用的使用类别及其代号

电流	使用类别代号	附加类别	典型用途举例
AC	AC-1	一般用途	无感或微感负载、电阻炉
	AC-2		绕线转子感应电动机的启动、分断
	AC-3		笼型感应电动机的启动，运转中分断
	AC-4		笼型异步电动机的启动、反接制动或反向运行、点动
	AC-5a	镇流器	放电灯的通断
	AC-5b	白炽灯	白炽灯的通断
	AC-6a		变压器的通断
	AC-6b		电容器组的通断
	AC-7a		家用电器和类似用途的低感负载
	AC-7b		家用的电动机负载
	AC-8a		具有手动复位过载脱扣器的密封制冷压缩机中的电动机控制
	AC-8b		具有自动复位过载脱扣器的密封制冷压缩机中的电动机控制
DC	DC-1		无感或微感负载、电阻炉
	DC-3		并励电动机的启动、反接制动或反向运行、点动、在动态中分断
	DC-5		串励电动机的启动、反接制动或反向运行、点动、在动态中分断
	DC-6	白炽灯	白炽灯的通断

注：1. AC-3 使用类别可用于不频繁的点动或有限时间内反接制动，例如机械的移动、在有限时间内的操作次数 1min 内不超过 5 次或 10min 内不超过 10 次。

2. 密封制冷压缩机是由压缩机和电动机构成的，这两个装置都装在同一外壳内，无外部转动轴或轴封，电动机在冷却介质中操作。

3. 使用类别 AC-7a 和 AC-7b 见 GB 17855—2009。

(4) 正常负载和过载特性

① 耐受过载电流的能力：AC-3 或 AC-4 类别的接触器，应能承受表 7-42 给出的耐受过载电流的要求。

表 7-42　耐受过载电流要求

额定工作电流/A	试验电流	通电时间/s
≤630	$8I_{e,max}$(AC-3)	10
＞630	$6I_{e,max}$(AC-3)，最小值为 5040A	10

② 额定接通能力：对于交流，用电流的对称分量有效值表示，其值见表 7-43。

③ 额定分断能力：对于交流，用电流的对称分量有效值表示，其值见表 7-43。

表 7-43 不同使用类别接通与分断能力的接通和分断条件

使用类别	接通和分断(通断)条件					
	I_c/I_e	U/U_e	$\cos\varphi$ 或 L/R(ms)	通断时间②/s	间隔时间/s	操作循环次数
AC-1	1.5	1.05	0.8	0.05	⑥	50
AC-2	4.0⑧	1.05	0.65⑧	0.05	⑥	50
AC-3⑨	8.0	1.05	①	0.05	⑥	50
AC-4⑨	10.0	1.05	①	0.05	⑥	50
AC-5a	3.0	1.05	0.45	0.05	⑥	50
AC-5b	1.5③	1.05	③	0.05	⑥	50
AC-6a	⑩					
AC-6b	⑤					
AC-8a⑪	6.0	1.05	①	0.05	⑥	50
AC-8b⑪	6.0	1.05	①	0.05	⑥	50
使用类别	接通和分断(通断)条件					
	I_c/I_e	U_r/U_e	$\cos\varphi$ 或 L/R(ms)	通断时间②/s	间隔时间/s	操作循环次数
DC-1	1.5	1.05	1.0	0.05	⑥	50④
DC-3	4.0	1.05	2.5	0.05	⑥	50④
DC-5	4.0	1.05	15.0	0.05	⑥	50④
DC-6	1.5	1.05	③	0.05	⑥	50④
使用类别	接通条件					
	I/I_e	U/U_e	$\cos\varphi$	通断时间②/s	间隔时间/s	操作循环次数
AC-3	10	1.05⑦	①	0.05	10	50
AC-4	12	1.05⑦	①	0.05	10	50

① 额定工作电流为 100A 及以下的电器，$\cos\varphi=0.45$；额定工作电流为 100A 以上的电器 $\cos\varphi=0.35$。
② 若触头在重新断开之前已经闭合到底，则允许时间小于 0.05s。
③ 试验用白炽灯作负载。
④ 用一种极性做 25 次，另 25 次换为相反极性。
⑤ 电容性的额定值可有通断电容器试验获得，或以试验或经验的基础加以确定。
⑥ 见表 7-44。
⑦ 对于 U/U_e，允许有±20%的误差。
⑧ 所给的值用于定子电路的接触器，对用于转子电路的接触器，应通以 4 倍的额定转子工作电流，功率因数为 0.95。
⑨ 使用类别 AC-3 和 AC-4 的接通条件也必须验证，当制造厂同意时，可与接通和分断试验一起进行，此时接通电流的倍数为 I/I_e，分断电流的倍数为 I_c/I_e。25 次操作循环的控制电源电压为额定控制电源电压 U_c 的 110%，另 25 次为 U_c 的 85%，间隔时间由表 7-44 确定。
⑩ 制造厂可通过变压器进行试验确定使用类别 AC-6a 的额定值或根据表 7-45 AC-3 的值推算确定。
⑪ 如果由制造商确定，则转子堵转电流/满载电流可以选用较低值。

注：I——接通电流；I_e——额定工作电流；I_c——接通和分断电流；U——外施电压；U_e——额定工作电压；U_r——工频恢复电压或直流恢复电压。

表 7-44 验证额定接通与分断能力时分断电流 I_c 和间隔时间的关系

分断电流 I_c/A	间隔时间/s	分断电流 I_c/A	间隔时间/s
$I_c\leqslant 100$	10	$600<I_c\leqslant 800$	80
$100<I_c\leqslant 200$	20	$800<I_c\leqslant 1000$	100
$200<I_c\leqslant 300$	30	$1000<I_c\leqslant 1300$	140
$300<I_c\leqslant 400$	40	$1300<I_c\leqslant 1600$	180
$400<I_c\leqslant 600$	60	$1600<I_c$	240

表 7-45 根据 AC-3 额定值确定 AC-6a 和 AC-6b 工作电流

额定工作电流	由使用类别 AC-3 的额定电流确定
I_e(AC-6a)——用于通断冲击电流峰值不大于额定电流 30 倍的变压器	$0.45I_e$(AC-3)
I_e(AC-6b)——用于通断单独电容器组。电容器安装处的预期短路电流为 i_k	$i_k X^2/(X-1)^2$,其中:$X=13.3I_e(\text{AC-3})/i_k$ 且 $i_k>205I_e$(AC-3)

注:工作电流 I_e (AC-6b) 的最高冲击电流峰值可由下式导出:

$$I_{p,\max}=\frac{\sqrt{2}U_e}{\sqrt{3}}\times\frac{1+\sqrt{X_C/X_L}}{X_L-X_C}$$

式中 U_e——额定工作电压;X_C——电容器电抗;X_L——电路短路阻抗。

本公式有效的条件是:接触器或启动器电源端的电容可忽略不计且电容器没有预充电。

(5) 与短路保护电器 (SCPD) 的协调配合

接触器和启动器与 SCPD 的协调配合类型(保护形式)有两种。

①"1"型协调配合:要求接触器或启动器在短路条件下不应对人及设备引起危害,在修理前,不能再使用。

②"2"型协调配合:要求接触器或启动器在短路条件下不应对人及设备引起危害,且应能继续使用,但允许触头熔焊。

(6) 选用原则

① 应根据负载特性和操作条件选择接触器的使用类别。用于控制笼型电动机,通常选用 AC-3 使用类别;用于控制需要点动、反向运转或反向制动条件下的电动机,应选用 AC-4 使用类别;用于控制电阻炉、照明灯、电容器等用电设备时,应相应选用 AC-1、AC-5a、AC-5b 和 AC-6b 使用类别。

② 选取的接触器的操作频率应符合被控设备的运行使用要求。

③ 不间断工作制的设备,应选取特殊设计的接触器,如用银或银基触头的产品,以避免触头过热;如选用 8h 工作制的接触器,应降低一级容量使用。

④ 根据控制回路电压要求,选择接触器的吸引线圈电压;按照控制、联锁的需要,选择辅助触头的对数,必要时,应留有备用。

7.3.3 低压配电线路的保护及保护电器的选择[6,59,85]

在电气故障情况下,为防止因间接接触带电体而导致人身电击,因线路故障导致过热造成损坏,甚至导致电气火灾,低压配电线路应按 GB 50054—2011《低压配电设计规范》要求装设短路保护、过负载保护和接地故障保护,用以分断故障电流或发出故障报警信号。

低压配电线路上下级保护电器的动作应具有选择性,各级间应能协调配合,要求在故障时,靠近故障点的保护电器动作,断开故障电路,使停电范围最小。但对于非重要负荷,允许无选择性切断。

7.3.3.1 短路保护和保护电器的选择

(1) 一般要求

保护电器应在短路电流对导体和连接件产生的热效应和机械力造成危害之前分断该短路电流。

(2) 短路保护电器应满足的条件

短路保护电器应满足以下两个条件。

① 分断能力不应小于保护电器安装处的预期短路电流,但下列情况可以除外:

上级已装有所需分断能力的保护电器,则下级保护电器的分断能力允许小于预期短路电流。此时,该上下级保护电器的特性必须配合,使得通过下级保护电器的能量不超过其能够承受的能量。在某些情况下还需要考虑其他特性，如下级保护电器能承受的电动力和电弧能量等。这种特性配合的具体要求应从相应保护电器制造厂取得。

② 应在短路电流使导体达到允许的极限温度之前分断该短路电流。

当短路持续时间不大于5s时，导体从正常运行的允许最高温度上升到极限温度的持续时间 t 可近似地用下式计算：

$$t\leqslant\frac{K^2S^2}{I^2}\text{或}S\geqslant\frac{I}{K}\sqrt{t} \tag{7-45}$$

式中 S——绝缘导体的线芯截面积，mm^2；

I——预期短路电流有效值（均方根值），A；

t——在已达到允许最高持续工作温度的导体内短路电流持续作用的时间，s；

K——计算系数，按表7-46取值，取决于导体的物理特性，如电阻率、导热能力、热容量以及短路时的初始温度和最终温度（这两种温度取决于绝缘材料）。

表 7-46 常用绝缘材料的计算系数（K）值

项目		导体绝缘材料					
		PVC ≤$300mm^2$	PVC >$300mm^2$	EPR/XLPE	橡胶 60℃	矿物质 带PVC	矿物质 裸的
初始温度/℃		70	70	90	60	70	105
最终温度/℃		160	140	250	200	160	250
导体材料	铜	115	103	143	141	115	135
导体材料	铝	76	68	94	93	—	—
导体材料	铜导体的锡焊接头	115	—	—	—	—	—

注：1. PVC——聚氯乙烯；EPR——乙丙橡胶；XLPE——交联聚乙烯。
2. 表中初始温度，即正常运行的允许最高温度；最终温度即短路时的极限温度。

关于式（7-45）的适应范围，说明如下。

① 当短路持续时间小于0.1s时，应计入短路电流非周期分量对热作用的影响，这种情况应校验 $K^2S^2>I^2t$（I^2t 为保护电器制造厂提供的允许通过的能量值），以保证保护电器在分断短路电流前，导体能承受包括非周期分量在内的短路电流的热作用。

② 当短路持续时间大于5s时，部分热量将散到空气中，校验时应计及散热的影响。

(3) 校验导体短路热稳定的简化方法

① 采用熔断器保护时，由于熔断器的反时限特性，用式（7-45）校验较麻烦。先要计算出预期短路电流值，然后按选择的熔断体电流值查熔断器特性曲线，找出相应的全熔断时间 t，最后再代入式（7-45）进行计算。为方便使用，将电缆、绝缘导线截面积与允许最大熔断体电流的配合关系列于表7-47。

② 采用断路器保护时，导体热稳定的校验，把握以下两条原则。

a. 瞬时脱扣器的全分断时间（包括灭弧时间）极短，一般为10～20ms，甚至更小。虽然短路电流很大，一般都能符合式（7-45）要求。但应注意，当配电变压器容量很大，从低压配电屏直接引出截面积很小的馈线时，难以达到热稳定要求，应按式（7-45）校验。

b. 短延时脱扣器的动作时间一般为0.1～0.8s，根据经验，选用带短延时脱扣器的断路器所保护的配电干线截面积不会太小，一般能满足式（7-45）要求，可不校验。

7.3.3.2 过载保护和保护电器的选择

(1) 一般要求

① 保护电器应在过负载电流引起的导体温升对导体的绝缘、接头、端子或导体周围的物

质造成损害之前分断该过负载电流。

表 7-47　电缆、导线截面积与允许最大熔体电流配合表　单位：A

线缆截面积/ mm^2 \ 线芯材料及 K 值 \ 导线电缆的绝缘材料	PVC		EPR/XLPE		橡胶	
	铜 $K=115$	铝 $K=76$	铜 $K=143$	铝 $K=94$	铜 $K=141$	铝 $K=93$
1.5	16	—	—	—	16	—
2.5	25	16	—	—	32	20
4	40	25	50	32	50	32
6	63	40	63	50	63	50
10	80	63	100	63	100	63
16	125	80	160	100	160	100
25	200	125	200	160	200	160
35	250	160	315	200	315	200
50	315	250	425	315	400	315
70	400	315	500	425	500	400
95	500	425	550	500	550	500
120	550	500	630	500	630	500
150	630	550	800	630	630	550

注：1. 表中 t 按最不利条件 5s 计算。

2. 表中熔断体电流值适用于符合 GB 13539.1—2008/IEC 2069-1：2006 的产品，本表按 RT16、RT17 型熔断器而编制。

② 对于突然断电比过负载造成的损失更大的线路，如消防水泵之类的负荷，其过负载保护应作用于信号而不应作用于切断电路。

(2) 过负载保护电器的动作特性

过负载保护电器的动作特性应同时满足以下两个条件：

$$I_B \leqslant I_n \leqslant I_Z \text{ 或 } I_B \leqslant I_{set1} \leqslant I_Z \tag{7-46}$$

$$I_2 \leqslant 1.45 I_Z \tag{7-47}$$

式中　I_B——线路计算电流，A；

I_n——熔断器熔体额定电流，A；

I_Z——导体允许持续载流量，A；

I_{set1}——断路器长延时脱扣器整定电流，A；

I_2——保证保护电器可靠动作的电流，A，当保护电器为断路器时，I_2 为约定时间内的约定动作电流，当保护电器为熔断器时，I_2 为约定时间内的约定熔断电流。

I_2 由产品标准给出或由制造厂给出。如按断路器标准 GB 14048.2—2008《低压开关设备和控制设备　低压断路器》规定，约定动作电流 I_2 为 $1.3I_{set1}$，只要满足 $I_{set1} \leqslant I_Z$，则满足 $I_2 \leqslant 1.45I_Z$，即要求满足 $I_B \leqslant I_{set1} \leqslant I_Z$ 即可。

采用熔断器保护时，由于式 (7-47) 中有约定熔断电流 I_2，使用不方便，变换如下。

① 根据熔断器 GB 13539.2—2008/IEC 60269—2006《低压熔断器基本要求　专职人员使用熔断器的补充要求》，16A 及以上的过流选择比为 1.6：1 的"g"熔断体的约定熔断电流 $I_2=1.6I_n$，因熔断器产品标准测试设备的热容量比实际使用的大许多，即测试所得的熔断时间较实际使用中的熔断时间长，这时 I_2 应乘以 0.9 的系数，则 $I_2=0.9\times1.6I_n=1.44I_n$。将此式代入式 (7-47) 得 $1.44I_n \leqslant 1.45I_Z$，可近似认为 $I_n \leqslant I_Z$。

② 小于 16A 的熔断器：

a. 螺栓连接熔断器：$I_2=1.6I_n$。

b. 刀形触头熔断器和圆筒帽形熔断器：$I_2=1.9I_n$（$4A<I_n<16A$）；

$I_2=2.1I_n$（$I_n\leqslant 4A$）。

c. 偏置触刀熔断器：$I_2=1.6I_n$（$4A<I_n<16A$）；

$I_2=2.1I_n$（$I_n\leqslant 4A$）。

综合①和②，将计算结果列于表 7-48。

表 7-48　用熔断器作过载保护时熔体电流 I_n 与导线载流量 I_Z 的关系

专职人员用熔断器类型	I_n 值的范围/A	I_n 与 I_Z 的关系
螺栓连接熔断器	全值范围	$I_n\leqslant I_Z$
刀形触头熔断器和圆筒帽形熔断器	$I_n\geqslant 16$	$I_n\leqslant I_Z$
	$4<I_n<16$	$I_n\leqslant 0.85I_Z$
	$I_n\leqslant 4$	$I_n\leqslant 0.77I_Z$
偏置触刀熔断器	$I_n>4$	$I_n\leqslant I_Z$
	$I_n\leqslant 4$	$I_n\leqslant 0.77I_Z$

7.3.3.3　接地故障保护和保护电器的选择

（1）一般要求

当发生带电导体与外露可导电部分、装置外可导电部分、PE 线、PEN 线、大地等之间的接地故障时，保护电器必须自动切断该故障电路，以防止人身间接电击、电气火灾等事故。接地故障保护电器的选择应根据配电系统的接地形式、电气设备使用特点（手握式、移动式、固定式）及导体截面积等确定。此处所述接地故障保护适用于防电击保护分类为Ⅰ类的电气设备，设备所在的环境为正常环境，建筑物内实施总等电位连接。

对不同接地形式的配电系统，其接地故障保护的基本要求如下。

① 接触电压限值和自动切断电源的时间要求　Ⅰ类设备自动切断电源的间接接触电击防护措施的保护原理在于当设备绝缘损坏时，尽量降低接触电压值，并限制此电压对人体的作用时间，以避免导致电击致死事故。为了防止电击，正常环境中当接触电压超过 50V 时，应在规定时间内切断故障电路。在配电线路保护中称作接地故障保护，以区别于一般的单相短路保护。

自动切断电源保护措施的设置要求，应注意与下述条件相适应：

a. 电气装置的接地系统类型（TN、TT 系统或 IT 系统）；

b. 有无设置等电位连接；

c. 电气设备的使用状况（固定式、手握式或移动式）。

② 接地和总等电位连接　接地和总等电位连接都是降低建筑物电气装置接触电压的基本措施。除特殊情况外，外露导电部分应通过 PE 线接地，其作用已为人所熟知。总等电位连接的作用在于使各导电部分与地间的电位趋于接近，从而降低接触电压。总等电位连接还具有另一重要作用，即它能消除自外部窜入建筑物电气装置内的故障电压引起的危险电位差。如果建筑物或装置内未作总等电位连接，或设备位于总等电位连接作用区以外，则应补充其他保护措施。

在电气装置或建筑物内，不论采用何种接地系统，应将下列导电部分互相连接，以实现总等电位连接。

a. 进线配电箱的 PE 母线或端子；

b. 接往接地极的接地线；

c. 金属给、排水干管；

d. 煤气干管；

e. 暖通和空调干管；

f. 建筑物金属构件。

因建筑物金属构件和各种金属管道有多点自然接触，如有具体困难，现有建筑物可不连接。一般在进线处或进线配电箱近旁设接地母排（端子板），将上述连接线汇接于此母排上，如图 7-27 所示。

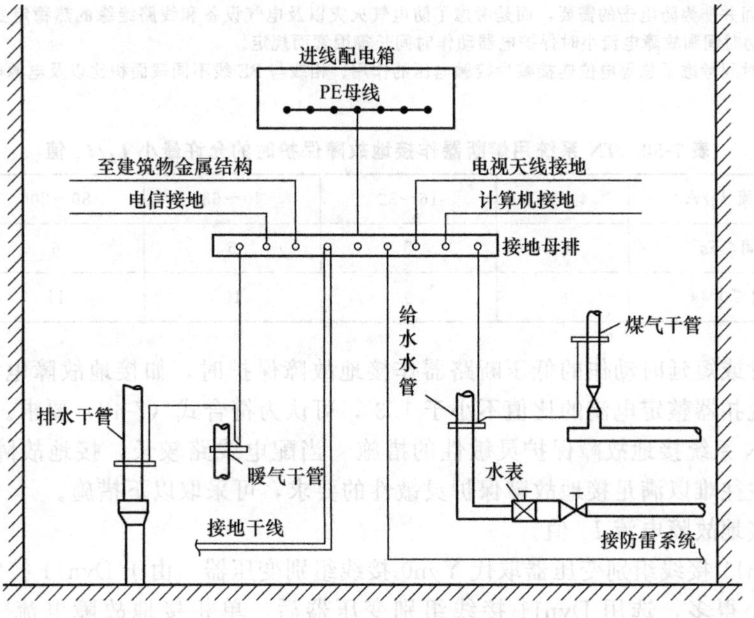

图 7-27　总等电位连接

③ 局部等电位连接和辅助等电位连接　作总等电位连接后，如电气装置或其一部分在发生接地故障，其接地故障保护不能满足切断故障电路时间要求时，应在局部范围内作局部等电位连接，即将该范围内上述相同部分再作一次连接，以进一步减少电位差，其连接方法可用端子板汇接。当需连接部分少时，可在伸臂范围内将可同时触及的导电部分互相直接连接，以实现辅助等电位连接。

(2) TN 系统接地故障保护方式的选择

① TN 系统接地故障保护方式的选择

a. 当灵敏性符合要求时，采用短路保护兼作接地故障保护。

b. 采用零序电流保护。

c. 采用剩余电流保护。

② 对保护电器动作特性的要求　当 TN 系统的接地故障为故障点阻抗可忽略不计的金属性短路时，为防电击其保护电器的动作特性应符合下式要求：

$$Z_s I_a \leqslant U_0 \tag{7-48}$$

式中 Z_s——接地故障回路阻抗（Ω），它包括故障电流所流经的相线、PE 线和变压器的阻抗，故障处因被熔焊，不计其阻抗；

I_a——保证保护电器在表 7-49 所列的时间内自动切断电源的动作电流，A；

U_0——相线对地标称电压，在我国为 220V。

当采用符合 GB 13539《低压熔断器》的熔断器作接地故障保护时，如接地故障电流 I_d 与熔断体额定电流 I_n 的比值不小于表 7-50 所列值，则可认为符合式（7-48）要求。

表 7-49　TN 系统允许最大切断电源时间

回路类别	允许最大切断接地故障回路时间/s
配电回路或给固定式电气设备供电的末端回路	5①
插座回路或给手握式或移动式电气设备供电的末端回路	0.4②

① 5s 的切断时间并非为防电击的需要，而是考虑了防电气火灾以及电气设备和线路绝缘的热稳定要求，也考虑了躲开大电动机启动时间和故障电流小时保护电器动作时间长等因素而规定。

② 0.4s 的切断时间考虑了总等电位连接减少接触电压的作用、相线与 PE 线不同截面积比以及电源电压±10%偏差变化等因素。

表 7-50　TN 系统用熔断器作接地故障保护时的允许最小 I_d/I_n 值

熔断体额定电流 I_n/A	4～10	16～32	40～63	80～200	250～500
切断电源时间≤5s	4.5	5	5	6	7
切断电源时间≤0.4s	8	9	10	11	—

当采用瞬时或短延时动作的低压断路器作接地故障保护时，如接地故障电流 I_d 与瞬时或短延时过电流脱扣器整定电流的比值不小于 1.3，可认为符合式（7-48）要求。

③ 提高 TN 系统接地故障保护灵敏性的措施　当配电线路较长，接地故障电流 I_d 较小，短路保护电器往往难以满足接地故障保护灵敏性的要求，可采取以下措施。

一是提高接地故障电流 I_d 值。

a. 选用 Dyn11 接线组别变压器取代 Yyn0 接线组别变压器。由于 Dyn11 接线比 Yyn0 接线的零序阻抗要小得多，选用 Dyn11 接线组别变压器后，单相接地故障电流 I_d 值将有明显增大。

b. 加大相导体及保护接地导体截面。该措施对于截面较小的电缆和穿管绝缘线，单相接地故障电流 I_d 值有较大增加；而对于较大截面的裸干线或架空线，由于其电抗较大，加大截面作用很小。

c. 改变线路结构。如裸干线改用紧凑型封闭母线，架空线改用电缆。该措施可以降低电抗，增大单相接地故障电流 I_d 值，但由于要增加投资，有时是不可行的。

二是采用带短延时过电流脱扣器的断路器。采用熔断器或断路器的瞬时过电流脱扣器不能满足接地故障要求时，则可采用带短延时过电流脱扣器的断路器作接地故障保护，其短延时过电流脱扣器整定电流值 I_{set2} 应符合下式要求：

$$I_d \geqslant 1.3 I_{set2} \tag{7-49}$$

对于同一断路器，由于短延时过电流脱扣器整定电流值 I_{set2} 通常只有瞬时过电流脱扣器整定电流值 I_{set3} 的 1/5～1/3 左右，所以式（7-49）要求更容易满足。

三是采用带接地故障保护的断路器。接地故障保护又分两种方式，即零序电流保护和剩余电流保护。

a. 零序电流保护。三相四线制配电线路正常运行时，如果二相负载完全平衡，无谐波电流，忽略正常泄漏电流，则流过中性线（N）的电流为 0，即零序电流 $I_N=0$；如果三相负载不平衡，则产生零序电流，$I_N\neq 0$；如果某一相发生接地故障时，零序电流 I_N 将大大增加，达到 $I_{N(G)}$。因此利用检测零序电流值发生的变化，可取得接地故障的信号。

检测零序电流通常是在断路器后三个相线（或母线）上各装一只电流互感器（TA），取三只 TA 二次电流矢量和乘以变比，即零序电流 $\dot{I}_N=\dot{I}_U+\dot{I}_V+\dot{I}_W$。

零序电流保护整定值 I_{set0} 必须大于正常运行时 PEN 线中流过的最大三相不平衡电流、谐波电流、正常泄漏电流之和；而在发生接地故障时必须动作。建议零序电流保护整定值 I_{set0} 按下列两式确定：

$$I_{set0}\geqslant 2.0I_N \tag{7-50}$$

$$I_{N(G)}\geqslant 1.3I_{set0} \tag{7-51}$$

式中 $I_{N(G)}$ ——发生接地故障时检测的零序电流。

配电干线正常运行时的零序电流值 I_N 通常不超过计算电流 I_c 的 20%～25%，零序电流保护整定值 I_{set0} 可整定在断路器长延时脱扣器电流 I_{set1} 的 50%～60%为宜，同时必须满足式（7-51）的要求。由此可见，零序电流保护整定值 I_{set0} 比短延时整定值 I_{set2} 小得多，满足式（7-51）规定比满足式（7-49）又容易得多。零序电流保护适用于 TN-C、TN-C-S、TN-S 系统，但不适用于谐波电流较大的配电线路。

b. 剩余电流保护。剩余电流保护所检测的是三相电流加中性线电流的相量和，即剩余电流 $\dot{I}_{PE}=\dot{I}_U+\dot{I}_V+\dot{I}_W+\dot{I}_N$。

三相四线配电线路正常运行时，即使三相负载不平衡，剩余电流只是线路泄漏电流，当某一相发生接地故障时，则检测的三相电流加中性电流的相量和不为零，而等于接地故障电流 $I_{PE(G)}$。

检测剩余电流通常是在断路器后三相线和中性线上各装一只 TA，取四只 TA 二次电流相量和，或采用专用的剩余电流互感器，乘以变比，即剩余电流 $\dot{I}_{PE}=\dot{I}_U+\dot{I}_V+\dot{I}_W+\dot{I}_N$。

为避免误动作，断路器剩余电流保护整定值 I_{set4} 应大于正常运行时线路和设备的泄漏电流总和的 2.5～4 倍，同时，断路器接地故障保护的整定值 I_{set4} 还应符合下式要求：

$$I_{PE(G)}\geqslant 1.3I_{set4} \tag{7-52}$$

由此可见，采用剩余电流保护比零序电流保护的动作灵敏度更高。剩余电流保护适用于 TN-S 系统，但不适用于 TN-C 系统。

（3）TT 系统接地故障保护方式的选择

① 对保护电器动作特性的要求　TT 系统发生接地故障时，故障电路内包含有电气装置外露导电部分保护接地的接地极和电源处系统接地的接地极的接地电阻。与 TN 系统相比，TT 系统故障回路阻抗大，故障电流小，故障点未被熔焊而呈现接触电阻，其阻值难以估算。因此用预期接触电压值来规定对保护电器动作特性的要求，如式（7-53），即当预期接触电压超过 50V 时，保护电器应在规定时间内切断故障电路。

$$I_aR_A\leqslant 50V \tag{7-53}$$

式中 R_A——电气装置外露导电部分接地极和 PE 线电阻之和，Ω；

I_a——使保护电器在规定时间内可靠动作的电流（此规定时间对固定式设备为 5s）A，对手握式或移动式设备为图 7-28 中 L_1 曲线的相应值，或取表 7-51 中的值。

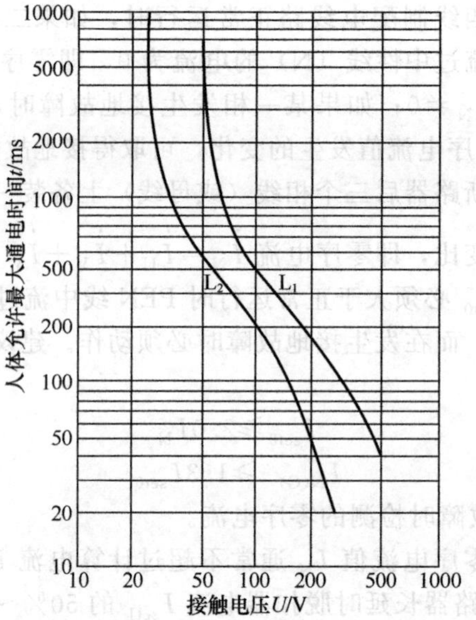

图 7-28 不同接触电压下人体允许最大通电时间

表 7-51 TT 系统内手握设备允许最大切断电路时间

预期接触电压/V	50	75	90	110	150	220
允许最大切断电路时间/s	5	0.6	0.45	0.36	0.27	0.18

当接地故障的保护电器采用 RCD 时，I_a 为 RCD 的额定动作电流 $I_{\Delta n}$；当采用瞬时动作的低压断路器时，为断路器瞬动过电流脱扣器整定电流的 1.3 倍；当采用熔断器时，其熔断时间应符合式（7-53）的时间要求。由于 TT 系统的故障电流不易准确地计算，长延时过电流保护的 I_a 值实际上难以确定，而 TT 系统的故障电流较小，过电流保护常难以满足灵敏度要求，因此在 TT 系统中应采用 RCD 作接地故障保护。当只装设一个 RCD 时，它必须安装在建筑物电源进线处，以对全建筑物进行保护。

② 接地极的设置 在 TT 系统内，原则上各保护电器所保护的外露导电部分应分别接至各自接地极上，以免故障电压的互窜。但在一建筑物内实际上难以实现，这时可采用共同接地极。对于分级装设的 RCD，由于各级的延时不同，宜尽量分设接地极，以避免 PE 线的互相连通。

(4) IT 系统接地故障保护方式的选择

① 第一次接地故障时对保护电器动作特性的要求 IT 系统发生第一次一相接地故障时，故障电流为另两相对地电容电流的相量和，故障电流很小，外露导电部分的故障电压限制在接触电压限值以下，不构成对人体的危害，不需切断电源，这是 IT 系统的主要优点。发生第一次接地故障后应由绝缘监测器发出信号，以便及时排除故障，避免另两相再发生接地故障形成相间短路使过电流保护动作，引起供电系统中断。第一次接地故障时保护电器动作特性应符合下式：

$$I_d R_A \leqslant 50\text{V} \tag{7-54}$$

式中 R_A——外露导电部分所接接地极的接地电阻，Ω；

I_d——发生第一次接地故障时的故障电流，它计及装置的泄漏电流和装置全部接地阻抗值的影响，A。

为满足式（7-54）的要求，应降低接地极的接地电阻 R_A，或减少装置对地正常泄漏电流，例如限制装置线路总长和设备的总泄漏电流等。

② 第二次接地故障时对保护电器动作特性的要求　当IT系统的外露导电部分单独地或成组地用各自的接地极接地时，如发生第二次接地故障，故障电流流经两个接地极电阻，如图7-29所示，其防电击要求和TT系统相同，这时应满足式(7-53)的要求。

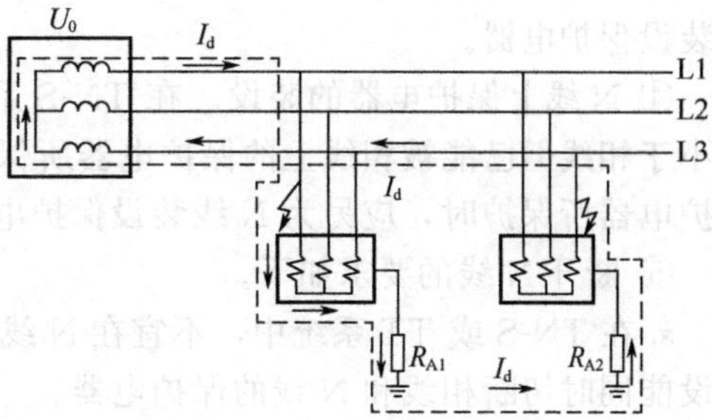

图7-29　IT系统内外漏导电部分用各自的接地极接地

当IT系统的全部外露导电部分用共同的接地极接地时，如发生第二次接地故障，故障电流将流经PE线形成的金属通路，如图7-30所示，其防电击要求和TN系统相同，这时应满足式（7-55）或式（7-56）的要求。

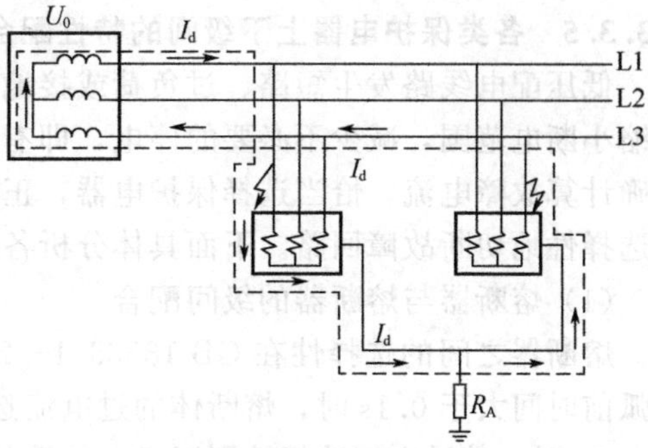

图7-30　IT系统内外漏导电部分共用接地极接地

不配出中性线时

$$Z_a I_a \leqslant \sqrt{3} U_0 / 2 \tag{7-55}$$

配出中性线时

$$Z'_a I_a \leqslant U_0 / 2 \tag{7-56}$$

式中　Z_a——包括相线和PE线在内的接地故障回路阻抗，Ω；

Z'_a——包括相线、中性线和PE线在内的故障回路阻抗，Ω；

I_a——保护电器自动切断电源的动作电流，A。当线路标称电压为220/380V时，如不配出中性线，为0.4s内切断故障回路的动作电流；如配出中性线，为0.8s内自动切断电源的动作电流。

③ IT系统不宜配出中性线　IT系统配出中性线后可取得照明、控制等用220V电源电压。但配出中性线后，若因绝缘损坏对地短路，绝缘监测器不能检测出故障而发出信号，中性线接地故障将持续存在，此IT系统将按TT系统运行，如图7-31所示，或按TN系统运行。如再发生相线接地故障，其情况与TT系统或TN系统接地故障相同，将切断电源，从而失去IT系统供电不间断性高的优点。IT系统中的220V电源宜自10（6）/0.23kV变压器或0.38/0.23kV变压器取得。

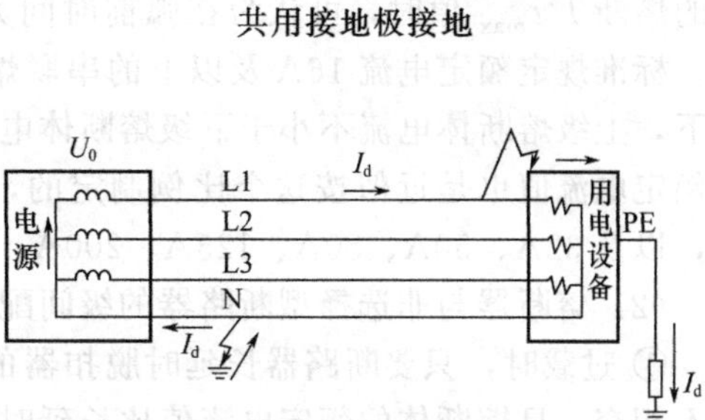

图7-31　中性线发生接地故障后IT系统按TT系统运行

7.3.3.4　保护电器的装设位置

① 对于树干式配电系统，保护电器应装设在被保护线路与电源线路的连接处。为了操作维护的方便，可将保护电器设置在离开连接点3m以内的地方，并应采取措施将该线段的短路危险减至最小，且不靠近可燃物。

② 当从干线引出的敷设于不燃或难燃材料管、槽内的分支线，为了操作维护方便，可将分支线的保护电器装设在距连接点大于3m处。但在该分支线装设保护电器前的那一段线路发生短路或接地故障时，离短路点最近的上一级保护电器应能保证按规定要求动作。

③ 一般情况下，应在三相线路上装设保护电器，在不引出N线的IT系统中，可只在二相上装设保护电器。

④ N线上保护电器的装设。在TN-S系统或TT系统中，当N线的截面与相线相同，或虽小于相线但已能被相线上的保护电器所保护时，N线上可不装设保护。当N线不能被相线保护电器所保护时，应另为N线装设保护电器。

⑤ 断开N线的要求如下。

a. 在TN-S或TT系统中，不宜在N线上装设电器将N线断开。当需要断开N线时，应装设能同时切断相线和N线的保护电器。

b. 当装设剩余电流动作的保护电器时，应能将其所保护回路的所有带电导线断开。但在TN-S系统中，当能可靠地保持N线为地电位时，则N线不需断开。

c. 在TN-C系统中，严禁断开PEN线，不得装设断开PEN线的任何电器。当需要为PEN线设置保护时，只能断开相应相线回路。

7.3.3.5　各类保护电器上下级间的特性配合

低压配电线路发生短路、过负荷或接地故障时，既要保证可靠地分断故障电路，又要尽可能缩小断电范围，减少不必要的停电，即有选择性地分断。这就要求合理设计低压配电系统，准确计算故障电流，恰当选择保护电器，正确整定保护电器的动作电流和动作时间，才能保证有选择性地切断故障回路。下面具体分析各类保护电器上下级间的特性配合。

（1）熔断器与熔断器的级间配合

熔断器之间的选择性在GB 13539.1—2008/IEC 2069—1：2006中已有规定。标准规定了当弧前时间大于0.1s时，熔断体的过电流选择性用“弧前时间-电流”特性校验；弧前时间小于0.1s时，其过电流选择性则以I^2t特性校验。当上级熔断体的弧前I^2t_{min}值大于下级熔断体的熔断I^2t_{max}值时，可认为在弧前时间大于0.01s时，上下级熔断体间的选择性可得到保证。标准规定额定电流16A及以上的串联熔断体的过电流选择比为1.6：1。也就是在一定条件下，上级熔断体电流不小于下级熔断体电流的1.6倍就能实现有选择性熔断。标准规定熔断体额定电流值也是近似按这个比例制定的，如25A、40A、63A、100A、160A、250A相邻级间，以及32A、50A、80A、125A、200A、315A相邻级间，均有选择性。

（2）熔断器与非选择型断路器的级间配合

① 过载时，只要断路器长延时脱扣器的反时限动作特性与熔断器的反时限特性计入误差后不相交，且熔断体的额定电流值比长延时脱扣器的整定电流值大一定数值，则能满足熔断器与非选择型断路器的级间配合要求。

② 短路时，要求熔断器的时间－电流特性曲线上对应于预期短路电流值的熔断时间，比断路器瞬时脱扣器的动作时间大0.1s以上，则下级断路器瞬时脱扣，而上级熔断器不会发生熔断现象，能满足选择性要求。

（3）非选择型断路器与熔断器的级间配合

① 过载时，只要熔断器的反时限特性和断路器长延时脱扣器的反时限动作特性计入误差后不相交，且长延时脱扣器的整定电流值比熔断体的额定电流值大一定数值，则能满足非选择型断路器与熔断器的级间配合要求。

② 短路时，当故障电流大于非选择型断路器的瞬时脱扣器整定电流I_{set3}（通常为该断路器长延时整定电流I_{set1}的5～10倍）时，则上级断路器瞬时脱扣，因此没有选择性；当故障电流小于I_{set3}时，下级熔断器先熔断，具有部分选择性。这种方案仅用于允许无选择性断电的情况下，一般不作推荐。

（4）选择型断路器与熔断器的级间配合

① 过载时，只要熔断器反时限特性与断路器长延时脱扣器的反时限动作特性不相交，且长延时脱扣器的整定电流值比熔断体的额定电流值大一定数值，则能满足选择型断路器与熔断器的级间配合要求。

② 短路时，由于上级断路器具有短延时功能，一般能实现选择性动作。但必须整定正确，不仅是短延时脱扣整定电流 I_{set2} 及延时时间要合适，而且还要正确整定其瞬时脱扣整定电流值 I_{set3}。确定这些参数的原则如下。

a. 下级熔断器额定电流 I_n 不宜太大。

b. 上级断路器的 I_{set2} 值不宜太小，在满足 $I_d \geqslant 1.3I_{set2}$ 要求前提下，宜整定大些，例如下级的 I_n 为 200A 时，I_{set2} 不宜小于 2500～3000A。

c. 短延时时间应整定长一些，如 0.4～0.8s。

d. I_{set3} 在满足动作灵敏性的条件下，应尽量整定得大一些，以免破坏选择性。具体方法是：在多个下级熔断器中找出额定电流最大的，其值为 I_n，假设熔断器后发生的故障电流 $I_d \geqslant 1.3I_{set2}$ 时，在熔断器时间-电流特性曲线上查出其熔断时间 t；再使断路器脱扣器的延时时间比 t 值长 0.15～0.2s。

(5) 非选择型断路器与非选择型断路器的级间配合

上级断路器 A 和下级断路器 B 的长延时整定值 I_{set1} 和瞬时整定值 I_{set3} 示例如图 7-32 所示。当断路器 B 后任一点（如 D 点）发生故障，在不考虑 1.3 倍可靠系数的前提下，若故障电流 I_d<1000A 时，断路器 A、B 均不能瞬时动作，不符合保护灵敏性要求；当 1000A<I_d<2000A 时，则 B 动作，A 不动作，有选择性；当 I_d>2000A 时，A、B 均动作，无选择性，如图 7-33 所示。总体来说，这种配合不能保证选择性，不推荐采用。

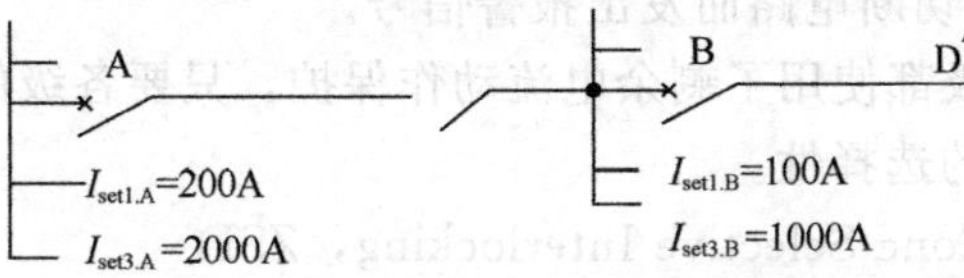

图 7-32 上下级均为非选择型断路器保护示例

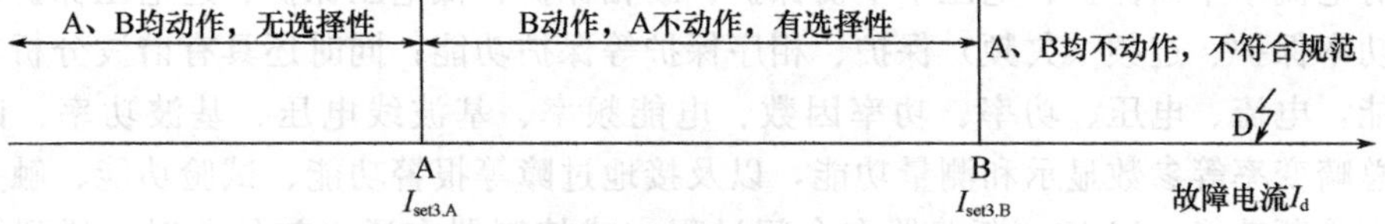

图 7-33 上下级均为非选择型断路器的选择性分析

(6) 选择型断路器与非选择型断路器的级间配合

这种配合应该具有良好的选择性，但必须正确整定各项参数。以图 7-34 为例，若下级断路器 B 的长延时整定值 $I_{set1.B}$=300A，瞬时整定值 $I_{set3.B}$=3000A；上级断路器 A 的 $I_{set1.A}$ 应根据其计算电流确定，由于选择型断路器多用于馈电干线，通常 $I_{set1.A}$ 比 $I_{set1.B}$ 大很多。

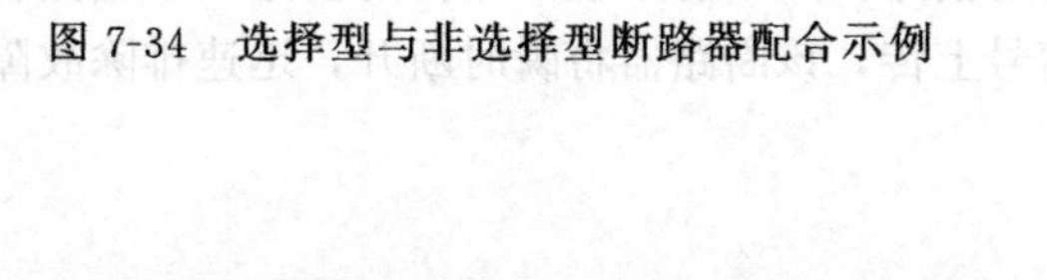

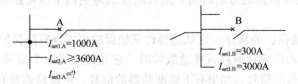

图 7-34 选择型与非选择型断路器配合示例

设 $I_{set1.A}$=1000A，其 $I_{set2.A}$ 及 $I_{set3.A}$ 整定原则如下。

① $I_{set2.A}$ 整定值应符合下式要求：

$$I_{set2.A} \geqslant 1.2 I_{set3.B} \tag{7-57}$$

如果 $I_{set2.A} < I_{set3.B}$，当故障电流达到 $I_{set2.A}$ 值，而小于 $I_{set3.B}$ 值时，则断路器 B 不能瞬时动作，而断路器 A 经短延时动作，破坏了选择性。公式 $I_{set2.A} \geqslant 1.2 I_{set3.B}$ 中的 1.2 是可靠系数，是考虑脱扣器动作误差的需要。

② 短延时的时间没有特别要求。

③ $I_{set3.A}$ 应在满足动作灵敏性前提下，尽量整定大些，以免在故障电流很大时导致 A、B 均瞬时动作，破坏选择性。

（7）上级用带接地故障保护的断路器

① 零序保护方式　零序保护整定电流 I_{set0} 一般为长延时整定值 I_{set1} 的 20%～100%，大多为几百安到上千安，与下级熔断器和一般断路器很难有选择性。只有一般断路器的额定电流很小（如几十安）时，才有可能。使用零序保护时，在满足动作灵敏性要求前提下，I_{set0} 应整定得大一些，延时时间尽量长一些。

② 剩余电流保护方式　这种方式的整定电流更小，对于 TN-S 系统，在发生接地故障时，与下级熔断器、断路器之间很难有选择性。这种保护只能要求与下级剩余电流动作保护器之间具有良好选择性。这种方式多用于安全防护要求高的场所，所以应在末端电路装设剩余电流动作保护器，以减少非选择性切断电路。

对为了防止接地故障引起电气火灾而设置的剩余电流动作保护器，其整定电流一般为 0.5A，应是延时动作，同时末端电路应设有剩余电流动作保护器。有条件时（如有专人值班维护的工业场所），前者可不切断电路而发出报警信号。

对于 TT 系统，由于下级都使用了剩余电流动作保护，只要各级的整定电流和延时时间有一定级差，就能保证有一定的选择性。

（8）区域选择性联锁（Zone Selective Interlocking，ZSI）

① 区域选择性联锁保护及其目的　随着第二代、第三代和更新一代智能型万能式断路器的不断问世，其智能控制器的功能也日趋完善，除了三段式过电流保护和接地故障保护功能外，还具有电流不平衡保护、电压不平衡保护、断相保护、低电压保护、过电压保护、用于发电机的逆功率保护、过频（欠频）保护、相序保护等保护功能；同时还具有谐波分析功能，负载监控功能，电流、电压、功率、功率因数、电能频率、基波线电压、基波功率、谐波含有率、谐波总畸变率等参数显示和测量功能，以及接地过障等报警功能、试验功能、触头磨损指示功能、自诊断功能、MCR（断路器在合闸过程中或控制器在通电初始化时，遇到短路短延时故障能立即转为瞬时分闸）功能和区域选择性联锁保护（ZSI）功能。

智能控制器的上述诸多功能都很实用，特别是 ZSI 功能为万能式断路器实现真正的选择型保护提供了可靠保证。ZSI 区域选择型联锁保护目的在于：当配电系统某区域发生短路故障或接地故障时，由离故障点最近的区域断路器瞬时分断故障电流，系统内部其他区域（包括故障支路的上一级断路器）仍保持合闸状态而持续供电，确保上下级断路器完全选择性保护，以减少故障动作范围，缩短断路器的分断时间，最大限度地避免因下级短路故障而造成更大范围的停电事故。

② 区域选择性联锁保护的程序　区域选择性联锁保护可实现短路保护和接地故障的选择性。当配电系统中某区断路器检测到短路或接地故障时，它立即发送一个信号到相邻的上级断路器，同时查收下级断路器上传的信号。如果有下级断路器的信号，该断路器将在脱扣延时期间保持合闸；如果下级断路器无信号上传，该断路器将瞬时断开，迅速排除故障，实现选择性保护。

③ 区域选择性联锁示例　如图7-35所示为HSW 6智能型万能式断路器区域联锁选择性保护示意图。图中方框中的8、9数字为断路器二次回路信号接收端，接收下级断路器上传的信号；6、7为断路器二次回路中的信号发送端，故障发生时发送信号给上级断路器。

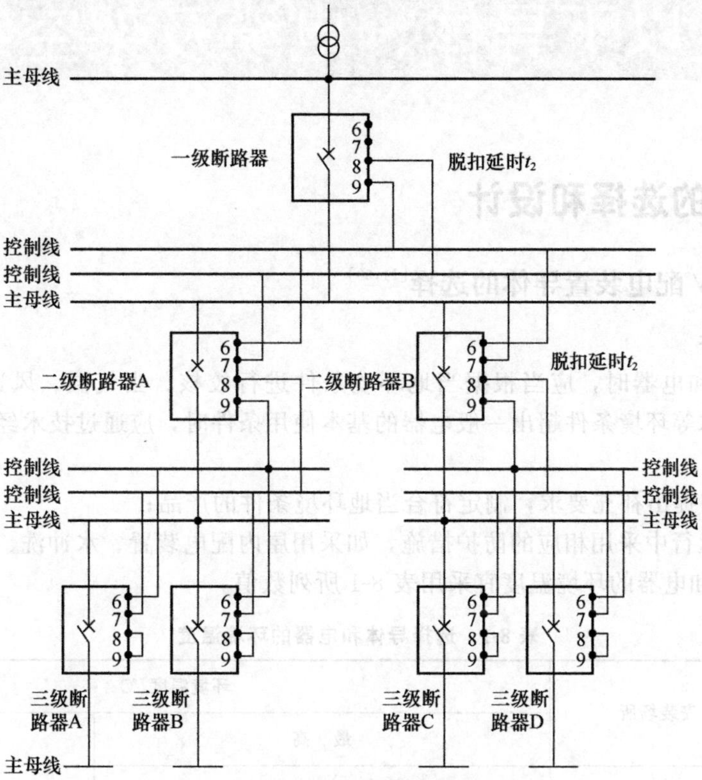

图7-35　HSW 6智能型万能式断路器区域联锁选择性保护示意图

第8章 35kV及以下导体、电缆及架空线路的设计

8.1 导体的选择和设计

8.1.1 3～35kV配电装置导体的选择[11,30]

(1) 环境条件

① 选择导体和电器时，应当根据当地环境条件进行校核。当气温、风速、湿度、污秽、海拔、地震、覆冰等环境条件超出一般电器的基本使用条件时，应通过技术经济比较分别采取下列措施：

a. 向制造部门提出补充要求，制定符合当地环境条件的产品；

b. 在设计或运行中采用相应的防护措施，如采用屋内配电装置、水冲洗、减振器等。

② 选择导体和电器的环境温度宜采用表8-1所列数值。

表8-1 选择导体和电器的环境温度

类别	安装场所	环境温度/℃	
		最　高	最　低
裸导体	屋外	最热月平均最高温度	
	屋内	该处通风设计温度，当无资料时，可取最热月平均最高温度加5℃	
电　器	屋外	年最高温度	年最低温度
	屋内电抗器	该处通风设计最高排风温度	
	屋内其他	该处通风设计温度，当无资料时，可取最热月平均最高温度加5℃	

注：1. 年最高（或最低）温度为一年中所测得的最高（或最低）温度的多年平均值。
2. 最热月平均最高温度为最热月每日最高温度的月平均值，取多年平均值。

③ 选择屋外导体时，应考虑日照影响。对于按经济电流密度选择的屋外导体，如发电机引出线的封闭母线、组合导线等，可不校验日照的影响。计算导体日照的附加温升时，日照强度取0.1W/cm^2，风速取0.5m/s。日照对屋外电器的影响，应由制造部门在产品设计中考虑。当缺乏数据时，可按电器额定电流的80%选择设备。

④ 选择导体和电器时所用的最大风速，可取离地面10m高、30年一遇的10min平均最大风速。最大设计风速超过35m/s的地区，可在屋外配电装置的布置中采取措施。阵风对屋外电器及电瓷产品的影响，应由制造部门在产品设计中考虑。500kV电器宜采用离地面10m高、50年一遇10min平均最大风速。

⑤ 在积雪、覆冰严重地区，应尽量采取防止冰雪引起事故的措施。隔离开关的破冰厚度，

应大于安装场所最大覆冰厚度。

⑥ 选择导体和电器的相对湿度，应采用当地湿度最高月份的平均相对湿度。对湿度较高的场所，应采用该处实际相对湿度。当无资料时，相对湿度可比当地湿度最高月份的平均相对湿度高 5%。

⑦ 为保证空气污秽地区导体和电器的安全运行，在工程设计中应根据污秽情况采取下列措施。

a. 增大电瓷外绝缘的有效爬电比距，选用有利于防污的材料或电瓷造型，如采用硅橡胶、大小伞、大倾角、钟罩式等特制绝缘子。

b. 采用热缩增爬裙增大电瓷外绝缘的有效爬电比距。

c. 采用六氟化硫全封闭组合电器（GIS）或屋内配电装置。

发电厂、变电站污秽分级标准见表 5-15。

⑧ 对安装在海拔高度超过 1000m 地区的电器外绝缘应予以校验。当海拔高度在 4000m 以下时，其试验电压应乘以系数 K，系数 K 的计算公式如下：

$$K=\frac{1}{1.1-H/10000} \tag{8-1}$$

式中　H——安装地点的海拔高度，m。

⑨ 对环境空气温度高于 40℃的设备，其外绝缘在干燥状态下的试验电压应取其额定耐受电压乘以温度校正系数 K_t。

$$K_t=1+0.0033\ (T-40) \tag{8-2}$$

式中　T——环境空气温度，℃。

⑩ 选择导体和电器时，应根据当地的地震烈度选用能够满足地震要求的产品。对 8 度及以上的一般设备和 7 度及以上的重要设备应该核对其抗震能力，必要时进行抗震强度验算。在安装时，应考虑支架对地震力的放大作用。电器的辅助设备应具有与主设备相同的抗震能力。

⑪ 电器及金具在 1.1 倍最高工作相电压下，晴天夜晚不应出现可见电晕，110kV 及以上电压户外晴天无线电干扰电压不宜大于 500μV，并应由制造部门在产品设计中考虑。

⑫ 电器噪声水平应满足环保标准要求。电器的连续噪声水平不应大于 85dB。断路器的非连续噪声水平，屋内不宜大于 90dB；屋外不应大于 110dB（测试位置距声源设备外沿垂直面的水平距离为 2m，离地高度 1～1.5m 处）。

（2）基本规定

① 导体应根据具体情况，按下列技术条件进行选择或校验：

a. 电流；

b. 电晕；

c. 动稳定或机械强度；

d. 热稳定；

e. 允许电压降；

f. 经济电流密度；

【注】当选择的导体为非裸导体时，可不校验 b. 款。

② 导体尚应按下列使用环境条件校验：

a. 环境温度；

b. 日照；

c. 风速；

d. 污秽；

e. 海拔高度。

【注】当在屋内使用时，可不校验 b.、c.、d. 款。

③ 载流导体一般选用铝、铝合金或铜材料；对持续工作电流较大且位置特别狭窄的发电机出线端部或污秽对铝有较严重腐蚀的场所宜选铜导体；钢母线只在额定电流小而短路电动力大或不重要的场合下使用。

④ 普通导体的正常最高工作温度不宜超过＋70℃，在计及日照影响时，钢芯铝线及管形导体可按不超过＋80℃考虑。当普通导体接触面处有镀（搪）锡的可靠覆盖层时，可提高到＋85℃。特种耐热导体的最高工作温度可根据制造厂提供的数据选择使用，但要考虑高温导体对连接设备的影响，并采取防护措施。

⑤ 在按回路正常工作电流选择导体截面时，导体的长期允许载流量，应按所在地区的海拔高度及环境温度进行修正。当导体采用多导体结构时，应考虑邻近效应和热屏蔽对其载流量的影响。

⑥ 除配电装置的汇流母线外，较长导体的截面宜按经济电流密度选择。导体的经济电流密度可参照 DL/T 5222—2005《导体和电器选择设计技术规定》附录 E 所列数值选取。当无合适规格导体时，导体面积可按经济电流密度计算截面的相邻下一挡选取。

⑦ 110kV 及以上导体的电晕临界电压应大于导体安装处的最高工作电压。

单根导线和分裂导线的电晕临界电压可按下式计算：

$$U_0=84m_1m_2K\delta^{\frac{2}{3}}\frac{nr_0}{K_0}\left(1+\frac{0.301}{\sqrt{r_0\delta}}\right)\lg\frac{a_{jj}}{r_d} \tag{8-3}$$

$$\delta=\frac{2.895p}{273+t}\times10^{-3} \tag{8-4}$$

$$K_0=1+\frac{r_0}{d}2\ (n-1)\ \sin\frac{\pi}{n} \tag{8-5}$$

式中 U_0——电晕临界电压（线电压有效值），kV；

m_1——导线表面粗糙系数，一般取 0.9；

m_2——天气系数，晴天取 1.0，雨天取 0.85；

K——三相导线水平排列时，考虑中间导线电容比平均电容大的不均匀系数，一般取 0.96；

δ——相对空气密度；

K_0——次导线电场强度附加影响系数；

n——分裂导线根数，对单根导线 $n=1$；

r_0——导线半径，cm；

r_d——分裂导线等效半径，cm；

单根导线 $r_d=r_0$

双分裂导线 $r_d=\sqrt{r_0d}$

三分裂导线 $r_d=\sqrt[3]{r_0d^2}$

四分裂导线 $r_d=\sqrt[4]{r_0\sqrt{2}d^3}$

a_{jj}——导线相间几何均距，三相导线水平排列时 $a_{jj}=1.26a$；

a——相间距离，cm；

p——大气压力，Pa；

t——空气温度，℃，$t=25-0.005H$；

H——海拔高度，m；

d——分裂间距，cm。

海拔高度不超过 1000m 的地区，在常用相间距离情况下，如导体型号或外径不小于表 8-2 所列数值时，可不进行电晕校验。

表 8-2　可不进行电晕校验的最小导体型号及外径

电压/kV	110	220	330	500
软导线型号	LGJ-70	LGJ-300	LGKK-600 2×LGJ-300	2×LGKK-600 3×LGJ-500
管型导体外径/mm	ϕ20	ϕ30	ϕ40	ϕ60

⑧ 验算短路热稳定时，导体最高允许温度，对硬铝及铝镁（锰）合金而言可取 200℃；对硬铜而言可取 300℃，短路前的导体温度应采用额定负荷下的工作温度。

裸导体的热稳定可用下式验算：

$$S \geqslant \sqrt{Q_d}/C \tag{8-6}$$

$$C=\sqrt{K\ln\frac{\tau+t_2}{\tau+t_1}\times10^{-4}} \tag{8-7}$$

式中　S——裸导体的载流截面积，mm^2；

Q_d——短路电流的热效应，A^2s；

C——热稳定系数；

K——常数，$W\cdot s/(\Omega\cdot cm^4)$，铜为 522×10^6，铝为 222×10^6；

τ——常数，℃，铜为 235，铝为 245；

t_1——导体短路前的发热温度，℃；

t_2——短路时导体最高允许温度，℃，铝及铝镁（锰）合金可取 200，铜导体取 300。

在不同的工作温度、不同材料下，C 值可取表 8-3 所列数值。

表 8-3　不同工作温度、不同材料下 C 值

工作温度/℃	50	55	60	65	70	75	80	85	90	95	100	105
硬铝及铝镁合金	95	93	91	89	87	85	83	81	79	77	75	73
硬铜	181	179	176	174	171	169	166	164	161	159	157	155

⑨ 导体和导体、导体和电器的连接处，应有可靠的连接接头。硬导体间的连接应尽量采用焊接，需要断开的接头及导体与电器端子的连接处，应采用螺栓连接。不同金属的螺栓连接接头，在屋外或特殊潮湿的屋内，应有特殊的结构措施和适当的防腐蚀措施。金具应选用合适的标准产品。

⑩ 导体无镀层接头接触面的电流密度，不宜超过表 8-4 所列数值。矩形导体接头的搭接长度不应小于导体的宽度。

表 8-4　无镀层接头接触面的电流密度　　单位：A/mm^2

工作电流/A	J_{Cu}(铜-铜)	J_{Al}(铝-铝)
<200	0.31	
200～2000	$0.31-1.05(I-200)\times10^{-4}$	$J_{Al}=0.78J_{Cu}$
>2000	0.12	

注：I 为回路工作电流。

⑪ 选用导体的长期允许电流不得小于该回路的最大持续工作电流；屋外导体应计其日照对载流量的影响。长期工作制电器，在选择其额定电流时，应满足各种可能运行方式下回路持续工作电流的要求。

⑫ 验算导体和电器的动稳定、热稳定以及电器开断电流所用的短路电流，应按电力系统10～15年规划容量计算。确定短路电流时，应按可能发生最大短路电流的正常接线方式计算。导体和电器的动稳定、热稳定可按三相短路验算，当单相、两相接地短路电流大于三相短路电流时，应按严重情况验算。

⑬ 验算导体短路热效应的计算时间，宜采用主保护动作时间加相应的断路器全分闸时间。当主保护有死区时，应采用对该死区起作用的后备保护动作时间，并应采用相应的短路电流值。验算电器短路热效应的计算时间，宜采用后备动作保护时间加相应的断路器全分闸时间。

⑭ 采用熔断器保护的导体和电器可不验算热稳定；除采用具有限流作用的熔断器保护外，导体和电器应验算其动稳定。采用熔断器保护的电压互感器回路，可不验算其动稳定和热稳定。

⑮ 正常运行和短路时，电气设备引线的最大作用力不应大于电气设备端子允许的荷载。屋外配电装置的导体、套管、绝缘子和金具，应根据当地气象条件和不同受力状态进行力学计算。导体、套管、绝缘子和金具的安全系数不应小于表8-5的规定。

表8-5　导体、套管、绝缘子和金具的安全系数

类　别	荷载长期作用时	荷载短时作用时	类　别	荷载长期作用时	荷载短时作用时
套管、支持绝缘子	2.50	1.67	软导体	4.00	2.50
悬式绝缘子及其金具	4.00	2.50	硬导体	2.00	1.67

注：1. 表中悬式绝缘子的安全系数系对应于1h机电试验荷载；若对应于破坏荷载，安全系数应分别为5.3和3.3。
2. 硬导体的安全系数系对应于破坏应力；若对应于屈服点应力，安全系数应分别为1.6和1.4。

8.1.2　低压配电系统导体的选择[6]

① 导体的类型应按敷设方式及环境条件选择。绝缘导体除满足上述条件外，尚应符合工作电压的要求。

② 选择导体截面积，应符合下列要求。

a. 按敷设方式及环境条件确定的导体载流量，不应小于计算电流。

b. 导体应满足线路保护的要求。

c. 导体应满足动稳定与热稳定的要求。

d. 线路电压损伤应满足用电设备正常工作及启动时端电压的要求。

e. 导体最小截面积应满足机械强度的要求。固定敷设的导体最小截面积，应根据敷设方式、绝缘子支持点间距和导体材料按表8-6的规定确定。

f. 用于负荷长期稳定的电缆，经技术经济比较确认合理时，可按经济电流密度选择导体截面积，且应符合现行国家标准GB 50217—2007《电力工程电缆设计规范》的有关规定。

③ 导体的负荷电流在正常持续运行中产生的温度，不应使绝缘的温度超过表8-7的规定。

④ 绝缘导体和无铠装电缆的载流量以及载流量的校正系数，应按现行国家标准GB/T 16895.15—2002《建筑物电气装置　第5部分：电气设备的选择和安装　第523节：布线系统载流量》的有关规定确定。铠装电缆的载流量以及载流量的校正系数，应按现行国家标准GB 50217—2007《电力工程电缆设计规范》有关规定确定。

⑤ 绝缘导体或电缆敷设处的环境温度应按表8-8的规定确定。

表 8-6 固定敷设的导体最小截面积

敷设方式	绝缘子支撑点间距/m	导体最小截面积/mm^2	
		铜导体	铝导体
裸导体敷设在绝缘子上	—	10	16
绝缘导体敷设在绝缘子上	≤2	1.5	10
	>2,且≤6	2.5	10
	>6,且≤16	4	10
	>16,且≤25	6	10
绝缘导体穿导管敷设或在槽盒中敷设	—	1.5	10

表 8-7 各类绝缘最高运行温度 单位:℃

绝缘类型	导体的绝缘	护套
聚氯乙烯	70	—
交联氯乙烯和乙丙橡胶	90	—
聚氯乙烯护套矿物绝缘电缆或可触及的裸护套矿物绝缘电缆	—	70
不允许触及和不与可燃物相接处的裸护套矿物绝缘电缆	—	105

⑥ 当电缆沿敷设路径中各个场所的散热条件不相同时，电缆的散热条件应按最不利的场所确定。

⑦ 符合下列情况之一的线路，中性导体的截面积应与相导体的截面积相同：

a. 单相两线制线路；

b. 铜相导体截面积小于等于 16mm^2 或铝相导体截面积小于等于 25 mm^2 的三相四线线路。

表 8-8 绝缘导体或电缆敷设处的环境温度

电缆敷设场所	有无机械通风	选取的环境温度
土中直埋	—	埋深处的最热月平均地温
水下	—	最热月的日最高水温平均值
户外空气中、电缆沟	—	最热月的日最高温度平均值
有热源设备的厂房	有	通风设计温度
	无	最热月的最高温度平均值另加 5℃
一般性厂房及其他建筑物内	有	通风设计温度
	无	最热月的日最高温度平均值
户内电缆沟	无	最热月的日最高温度平均值另加 5℃
隧道、电气竖井		
隧道、电气竖井	有	通风设计温度

注：数量较多的电缆工作温度大于 70℃的电缆敷设于未装机械通风的隧道、电气竖井时，应计入对环境温升的影响，不能直接采取仅加 5℃。

⑧ 符合下列条件的线路，中性导体截面积可小于相导体截面积：

a. 铜相导体截面积大于 16 mm^2 或铝相导体截面积大于 25 mm^2；

b. 铜中性导体截面积大于等于 16 mm^2 或铝中性导体截面积大于等于 25 mm^2；

c. 在正常工作时，包括谐波电流在内的中性导体预期最大电流小于等于中性导体的允许载流量；

d. 中性导体已进行了过电流保护。

⑨ 在三相四线制线路中存在谐波电流时，计算中性导体的电流应计入谐波电流效应。当中性导体电流大于相导体电流时，电缆相导体截面积应按中性导体电流选择。当三相平衡系统中存在谐波电流，4 芯或 5 芯电缆内中性导体与相导体材料相同和截面积相等时，电缆载流量的降低系数应按表 8-9 的规定确定。

表 8-9 电缆载流量的降低系数

相电流中三次谐波分量/%	降低系数	
	按相电流选择截面积	按中性导体电流选择截面积
0～15	1.0	—
＞15，且≤33	0.86	—
＞33，且≤45	—	0.86
＞45	—	1.0

⑩ 在配电线路中固定敷设的铜保护接地中性导体的截面积不应小于 10mm^2，铝保护接地中性导体的截面积不应小于 16 mm^2。

⑪ 保护接地中性导体应按预期出现的最高电压进行绝缘。

⑫ 当从电气系统的某一点起，由保护接地中性导体改变为单独的中性导体和保护导体时，应符合下列规定：

a. 保护导体和中性导体应分别设置单独的端子或母线；

b. 保护接地中性导体应首先接到为保护导体设置的端子或母线上；

c. 中性导体不用连接到电气系统的任何其他的接地部分。

⑬ 装置外可导电部分严禁作为保护接地中性导体的一部分。

⑭ 保护导体截面积的选择，应符合下列规定。

a. 应能满足电气系统间接接触防护自动切断电源的条件，且能承受预期的故障电流或短路电流。

b. 保护导体的截面积应符合式（8-8）的要求，或按表 8-10 的规定确定：

$$S \geqslant I\sqrt{t}/k \tag{8-8}$$

S——保护导体的截面积，mm^2；

I——通过保护电器的预期故障电流或短路电流（交流方均根值），A；

t——保护电器自动切断电流的动作时间，s；

k——（由导体、绝缘和其他部分的材料以及初始和最终温度决定的）系数，按式（8-9）计算或按表 8-13～表 8-17 确定。

表 8-10　保护导体的最小截面积　单位：mm^2

相导体截面积	保护导体的最小截面积	
	保护导体与相导体使用相同材料	保护导体与相导体使用不同材料
≤16	S	Sk_1/k_2
>16，且≤35	16	$16k_1/k_2$
>35	$S/2$	$Sk_1/(2k_2)$

注：S—相导体截面积；k_1—相导体的系数，应按表 8-12 的规定确定；k_2—保护导体的系数，应按表 8-13～表 8-17 的规定确定。

$$k=\sqrt{\frac{Q_c(\beta+20℃)}{\rho_{20}}I_n\left(1+\frac{\theta_f-\theta_i}{\beta+\theta_i}\right)} \tag{8-9}$$

式中　Q_c——导体材料在 20℃时的体积热容量，按表 8-11 的规定确定，J/（℃·mm^3）；

β——导体在 0℃时电阻率温度系数的倒数，按表 8-11 的规定确定，℃；

ρ_{20}——导体材料在 20℃时的电阻率，按表 8-11 的规定确定，Ω·mm；

θ_i——导体初始温度，℃；

θ_f——导体最终温度，℃。

表 8-11　不同材料的参数值

材料	β/℃	Q_c/[J/(℃·mm^3)]	ρ_{20}/Ω·mm
铜	234.5	3.45×10^{-3}	17.241×10^{-6}
铝	228	2.5×10^{-3}	28.264×10^{-6}
铅	230	1.45×10^{-3}	214×10^{-6}
钢	202	3.8×10^{-3}	138×10^{-6}

表 8-12　相导体的初始、最终温度和系数

导体绝缘		温度/℃		相导体的系数/k_1		
		初始温度	最终温度	铜	铝	铜导体的锡焊接头
聚氯乙烯		70	160(140)	115(103)	76(68)	115
交联聚乙烯和乙丙橡胶		90	250	143	94	—
工作温度 60℃的橡胶		60	200	141	93	—
矿物质	聚氯乙烯护套	70	160	115	—	—
	裸护套	105	250	135	—	—

注：括号内数值适用于截面积大于 300mm^2 的聚氯乙烯绝缘导体。

表 8-13　非电缆芯线且不与其他电缆成束敷设的绝缘保护导体的初始、最终温度和系数

导体绝缘	温度		导体材料的系数		
	初始	最终	铜	铝	钢
70℃聚氯乙烯	30	160(140)	143(133)	95(88)	52(49)
90℃聚氯乙烯	30	160(140)	143(133)	95(88)	52(49)
90℃热固性材料	30	250	176	116	64
60℃橡胶	30	200	159	105	58

续表

导体绝缘	温度		导体材料的系数		
	初始	最终	铜	铝	钢
85℃橡胶	30	220	166	110	60
硅橡胶	30	350	201	133	73

注：括号内数值适用于截面积大于 300mm² 的聚氯乙烯绝缘导体。

表 8-14　与电缆护层接触但不与其他电缆成束敷设的裸保护导体的初始、最终温度和系数

电缆护层	温度/℃		导体材料的系数		
	初始	最终	铜	铝	钢
聚氯乙烯	30	200	159	105	58
聚乙烯	30	150	138	91	50
氯磺化聚乙烯	30	220	166	110	60

表 8-15　电缆芯线或与其电缆或绝缘导体成束敷设的保护导体的初始、最终温度和系数

导体绝缘	温度/℃		导体材料的系数		
	初始	最终	铜	铝	钢
70℃聚氯乙烯	70	160(140)	115(103)	76(68)	42(37)
90℃聚氯乙烯	90	160(140)	100(86)	66(57)	36(31)
90℃热固性材料	90	250	143	94	52
60℃橡胶	60	200	141	93	51
85℃橡胶	85	220	134	89	48
硅橡胶	180	350	132	87	47

注：括号内数值适用于截面积大于 300mm² 的聚氯乙烯绝缘导体。

表 8-16　用电缆的金属护层作保护导体的初始、最终温度和系数

电缆绝缘	温度/℃		导体材料的系数			
	初始	最终	铜	铝	铅	钢
70℃聚氯乙烯	60	200	141	93	26	51
90℃聚氯乙烯	80	200	128	85	23	46
90℃热固性材料	80	200	128	85	23	46
60℃橡胶	55	200	144	95	26	52
85℃橡胶	75	200	140	93	26	51
硅橡胶	70	200	135	—	—	—
裸露的矿物护套	105	250	135	—	—	—

注：电缆的金属护层，如铠装、金属护套、同心导体等。

表 8-17　裸导体温度不损伤相邻材料时初始、最终温度和系数

裸导体所在的环境	温度/℃				导体材料的系数		
	初始温度	最终温度			铜	铝	钢
		铜	铝	钢			
可见的和狭窄的区域内	30	500	300	500	228	125	82
正常环境	30	200	200	200	159	105	58
有火灾危险	30	150	150	150	138	91	50

c. 电缆外的保护导体或不与相导体共处于同一外护物内的保护导体，其截面积应符合下列规定。

ⅰ. 有机械损伤防护时，铜导体不应小于 $2.5mm^2$，铝导体不应小于 $16mm^2$。

ⅱ. 无机械损伤防护时，铜导体不应小于 $4mm^2$，铝导体不应小于 $16mm^2$。

d. 当两个或更多个回路公用一个保护导体时，其截面积应符合下列规定。

ⅰ. 应根据回路中最严重的预期故障电流或短路电流和动作时间确定截面积，并应符合公式（8-8）的要求。

ⅱ. 对应于回路中的最大相导体截面积时，应按表 8-10 的规定确定。

e. 永久性连接的用电设备的保护导体预期电流超过 10mA 时，保护导体的截面积应按下列条件之一确定。

ⅰ. 铜导体不应小于 $10mm^2$ 或铝导体不应小于 $16mm^2$。

ⅱ. 当保护导体小于ⅰ规定时，应为用电设备敷设第二根保护导体，其截面积不应小于第一根保护导体的截面积。第二根保护导体应一直敷设到截面积大于等于 $10mm^2$ 的铜保护导体或 $16mm^2$ 的铝保护导体处，并应为用电设备的第二根保护导体设置单独的接线端子。

ⅲ. 当铜保护导体与铜相导体在一根多芯电缆中时，电缆中所有铜导体截面积的总和不应小于 $10mm^2$。

ⅳ. 当保护导体安装在金属导管内并与金属导管并接时，应采用截面积大于等于 $2.5mm^2$ 的铜导体。

⑮ 总等电位连接用保护连接导体的截面积，不应小于配电线路的最大保护导体截面积的 1/2，保护连接导体截面积的最小值和最大值应符合表 8-18 的规定。

表 8-18 保护连接导体截面积的最小值和最大值 单位：mm^2

导体材料	最小值	最大值
铜	6	25
铝	16	按载流量与 25 mm^2 铜导体的载流量相同确定
钢	50	

⑯ 辅助等电位连接用保护连接导体截面积的选择，应符合下列规定。

a. 连接两个外露可导电部分的保护连接导体，其电导不应小于接到外露可导电部分的较小的保护导体的电导。

b. 连接外露可导电部分和装置外可导电部分的保护连接导体，其电导不应小于相应保护导体截面积 1/2 的导体所具有的电导。

c. 单独敷设的保护连接导体，其截面积应符合本节⑭c. 的规定。

⑰ 局部等电位连接用保护连接导体截面积的选择，应符合下列规定。

a. 保护连接导体的电导不应小于局部场所内最大保护导体截面积 1/2 的导体所具有的电导。

b. 保护连接导体采用铜导体时，其截面积最大值为 $25mm^2$。保护连接导体为其他金属导体时，其截面积最大值应按其与 $25mm^2$ 铜导体的载流量相同确定。

c. 单独敷设的保护连接导体，其截面积应符合本节⑭c. 的规定。

8.2 电线、电缆的选择和设计[19]

8.2.1 电线、电缆导体材质

① 控制电缆应采用铜导体。

② 用于下列情况的电力电缆，应选用铜导体。

a. 电机励磁、重要电源、移动式电气设备等需保持连接具有高可靠性的回路。

b. 振动剧烈、有爆炸危险或对铝有腐蚀等严酷的工作环境。

c. 耐火电缆。

d. 紧靠高温设备布置。

e. 安全性要求高的公共设施。

f. 工作电流较大，需增多电缆根数时。

③ 除限于产品仅有铜导体和按上述两则规定确定应选用铜导体的情况外，电缆导体材质可选用铜或铝导体。

8.2.2 电线、电缆芯数

（1）1kV 及以下电源中性点直接接地时，三相回路的电缆芯数选择

① 保护线与受电设备的外露可导电部位连接接地时，应符合下列规定。

a. 保护线与中性线合用同一导体时，应选用四芯电缆。

b. 保护线与中性线各自独立时，宜选用五芯电缆；当满足 8.3.1 的第⑯条的规定时，也可采用四芯电缆与另外的保护线导体组成。

② 受电设备外露可导电部位的接地与电源系统接地各自独立时，应选用四芯电缆。

（2）1kV 及以下电源中性点直接接地时，单相回路的电缆芯数的选择

① 保护线与受电设备的外露可导电部位连接接地时，应符合下列规定。

a. 保护线与中性线合用同一导体时，应选用两芯电缆。

b. 保护线与中性线各自独立时，宜选用三芯电缆；在满足 8.3.1 的第⑯条的规定时，也可采用两芯电缆与另外的保护线导体组成。

② 受电设备外露可导电部位的接地与电源系统接地各自独立时，应选用两芯电缆。

（3）3～35kV 三相供电回路的电缆芯数的选择

① 工作电流较大的回路或电缆敷设于水下时，每回可选用 3 根单芯电缆。

② 除上述情况下，应选用三芯电缆；三芯电缆可选用普通统包型，也可选用 3 根单芯电缆绞合构造型。

（4）110kV 的三相供电回路，除敷设于湖、海水下等场所且电缆截面不大时可选用三芯型外，每回可选用 3 根单芯电缆；110kV 以上三相供电回路，每回应选用 3 根单芯电缆

（5）电气化铁路等高压交流单相供电回路，应选用两芯电缆或每回选用 2 根单芯电缆

（6）直流供电回路的电缆芯数的选择

① 低压直流供电回路，宜选用两芯电缆；也可选用单芯电缆。

② 高压直流输电系统，宜选用单芯电缆；在湖、海等水下敷设时，也可选用同轴型两芯电缆。

8.2.3 电线、电缆绝缘水平

① 交流系统中电力电缆导体的相间额定电压，不得低于使用回路的工作线电压。

② 交流系统中电力电缆导体与绝缘屏蔽或金属层间额定电压的选择，应符合下列规定。

a. 中性点直接接地或经低电阻接地系统，接地保护动作不超过 1min 切除故障时，不应低于 100%的使用回路工作相电压。

b. 除上述供电系统外，其他供电系统不宜低于 133%的使用回路工作相电压；在单相接地故障可能持续 8h 以上，或发电机回路等安全性要求较高的情况，宜采用 173%的使用回路工作相电压。

③ 交流系统中电缆的耐压水平，应满足系统绝缘配合要求。

④ 直流输电电缆的绝缘水平，应具有能随极性反向、直流与冲击叠加等的耐压考核；使用的交联聚乙烯电缆应具有抑制空间电荷积聚及其形成局部高场强等适应直流电场运行的相关特性。

⑤ 控制电缆额定电压的选择，不应低于该回路工作电压，并应符合下列规定。

a. 沿高压电缆并行敷设的控制电缆（导引电缆），应选用相适合的额定电压。

b. 220kV 及以上高压配电装置敷设的控制电缆，应选用 450/750V。

c. 除上述情况外，控制电缆宜选用 450/750V；外部电气干扰影响很小时，可选用较低的额定电压。

8.2.4　电缆绝缘类型

① 电缆绝缘类型的选择，应符合下列规定。

a. 在使用电压、工作电流及其特征和环境条件下，电缆绝缘特性不应小于常规预期使用寿命。

b. 应根据运行可靠性、施工和维护的简便性以及允许最高工作温度与造价的综合经济性等因素选择。

c. 应符合防火场所的要求，并应利于安全。

d. 明确需要与环境保护协调时，应选用符合环保的电缆绝缘类型。

② 常用电缆的绝缘类型的选择，应符合下列规定。

a. 中、低压电缆绝缘类型选择应符合本节（8.2.4）第③条～第⑦条的规定外，低压电缆宜选用聚氯乙烯或交联聚乙烯型挤塑绝缘类型，中压电缆宜选用交联聚乙烯绝缘类型。明确需要与环境保护协调时，不得选用聚氯乙烯绝缘电缆。

b. 高压交流系统中的电缆线路，宜选用交联聚乙烯绝缘类型。在有较多的运行经验地区，可选用自容式充油电缆。

c. 高压直流输电电缆，可选用不滴流浸渍纸绝缘类型和自容式充油类型。在需要提高其输电能力时，宜选用以半合成纸材料构造的形式。直流输电系统不宜选用普通交联聚乙烯型的电缆。

③ 移动式电气设备等经常弯移或有较高柔软性要求的回路，应使用橡胶绝缘等电缆。

④ 放射线作用场所，应按绝缘类型的要求，选用交联聚乙烯或乙丙橡胶绝缘等具有耐射线辐照强度的电缆。

⑤ 60℃以上的高温场所，应按经受高温及其持续时间和绝缘类型要求，选用耐热聚氯乙烯、交联聚乙烯或乙丙橡胶绝缘等耐热型电缆；100℃以上高温环境，宜选用矿物绝缘电缆。高温场所不宜选用普通聚氯乙烯绝缘电缆。

⑥ −15℃以下的低温环境，应按低温条件和绝缘类型要求，选用交联聚乙烯、聚乙烯绝缘、耐寒橡胶绝缘电缆。低温环境不宜用聚氯乙烯绝缘电缆。

⑦ 在人员密集的公共设施，以及有低毒阻燃性防火要求的场所，可选用交联聚乙烯或乙丙橡胶等不含卤素的绝缘电缆。防火有低毒性要求时，不宜选用聚氯乙烯电缆。

⑧ 除本节（8.2.4）第⑤条～第⑦条明确要求的情况外，6kV 及以下回路，可选用聚氯乙烯绝缘电缆。

⑨ 对 6kV 重要性回路或 6kV 以上的交联聚乙烯电缆，应选用内、外半导电与绝缘层三层共挤工艺特征的形式。

8.2.5　电缆外护层类型

① 电缆护层的选择，应符合下列要求。

a. 交流系统单芯电力电缆，当需要增强电缆抗外力时，应选用非磁性金属铠装层，不得选用未经非磁性有效处理的钢制铠装。

b. 在潮湿、含化学腐蚀环境或易受水浸泡的电缆，其金属层、加强层、铠装上应有聚乙烯外护层，水中电缆的粗钢丝铠装应有挤塑外护层。

c. 在人员密集的公共设施，以及有低毒阻燃性防火要求的场所，可选用聚氯乙烯或乙丙橡胶等不含卤素的外护层。防火有低毒性要求时，不宜选用聚氯乙烯外护层。

d. 除－15℃以下低温环境或药用化学液体浸泡场所，以及有低毒难燃性要求的电缆挤塑外护层宜选用聚乙烯外，其他可选用聚氯乙烯外护层。

e. 用在有水或化学液体浸泡场所的 6～35kV 重要性或 35kV 以上交联聚乙烯电缆，应具有符合使用要求的金属塑料复合阻水层、金属套等径向防水构造。敷设于水下的中、高压交联聚乙烯电缆应具有纵向阻水构造。

② 自容式充油电缆的加强层类型，当线路未设置塞止式接头时最高与最低点之间的高差，应符合下列规定。

a. 仅有铜带等径向加强层时，容许高差应为 40m；但用于重要回路时宜为 30m。

b. 径向和纵向均有铜带等加强层时，容许高应差为 80m；但用于重要回路时宜为 60m。

③ 直埋敷设时电缆外护层的选择，应符合下列规定。

a. 电缆承受较大压力或有机械损伤危险时，应具有加强层或钢带铠装。

b. 在流沙层、回填土地带等可能出现位移的土壤中，电缆应有钢丝铠装。

c. 在白蚁严重危害地区用的挤塑电缆，应选用较高硬度的外护层，也可在普通外护层上挤包较高硬度的薄外护层，其材质可采用尼龙或特种聚烯烃共聚物等，也可采用金属套或钢带铠装。

d. 地下水位较高的地区，应选用聚乙烯外护层。

e. 除上述情况外，可选用不含铠装的外护层。

④ 空气中固定敷设时电缆护层的选择，应符合下列规定。

a. 小截面挤塑绝缘电缆直接在臂式支架上敷设时，宜具有钢带铠装。

b. 在地下客运、商业设施等安全性要求高而鼠害严重的场所，塑料绝缘电缆应具有金属包带或钢带铠装。

c. 电缆位于高落差的受力条件时，多芯电缆应具有钢丝铠装，交流单芯电缆应符合本节 (8.2.5) 第①条第 a. 款的规定。

d. 敷设在桥架等支承密集的电缆，可不含铠装。

e. 明确需要与环境保护相协调时，不得采用聚氯乙烯外护层。

f. 除应按本节 (8.2.5) 第①条第 c.、d. 款和本条第 e. 款的规定，以及 60℃以上高温场所应选用聚乙烯等耐热外护层的电缆外，其他宜选用聚氯乙烯外护层。

⑤ 移动式电气设备等需经常弯移或有较高柔软性要求回路的电缆，应选用橡胶外护层。

⑥ 放射线作用场所的电缆，应具有适合耐受放射线辐照强度的聚氯乙烯、氯丁橡胶、氯磺化聚乙烯等外护层。

⑦ 保护管中敷设的电缆，应具有挤塑外护层。

⑧ 水下敷设电缆护层的选择，应符合下列规定。

a. 在沟渠、不通航小河等不需铠装层承受拉力的电缆，可选用钢带铠装。

b. 江河、湖海中电缆，选用的钢丝铠装形式应满足受力条件。当敷设条件有机械损伤等防范要求时，可选用符合防护、耐蚀性增强要求的外护层。

⑨ 路径通过不同敷设条件时电缆护层的选择，应符合下列规定。

a. 线路总长未超过电缆制造长度时，宜选用满足全线条件的同一种或差别尽量小的一种以上形式。

b. 线路总长超过电缆制造长度时，可按相应区段分别采用适合的不同形式。

8.2.6　控制电缆及其金属屏蔽

① 双重化保护的电流、电压，以及直流电源和跳闸控制回路等需要增强可靠性的两套系统，应采用各自独立的控制电缆。

② 下列情况的回路，相互间不应合用同一根控制电缆：

a. 弱电信号、控制回路与强电信号、控制回路；

b. 低电平信号与高电平信号回路；

c. 交流断路器分相操作的各相弱电控制回路。

③ 弱电回路的每一对往返导线，应属于同一根控制电缆。

④ 电流互感器、电压互感器每组二次绕组的相线和中性线应配置于同一根电缆内。

⑤ 强电回路控制电缆，除位于高压配电装置或与高压电缆紧邻并行较长，需抑制干扰的情况外，其他可不含金属屏蔽。

⑥ 弱电信号、控制回路的控制电缆，当位于存在干扰影响的环境又不具备有效抗干扰措施时，宜具有金属屏蔽。

⑦ 控制电缆金属屏蔽类型选择，应按可能的电气干扰影响，计入综合抑制干扰措施，并应满足降低干扰或过电压的要求，同时应符合下列规定。

a. 位于 110kV 以上配电装置的弱电控制电缆，宜选用总屏蔽或双层式总屏蔽。

b. 用于集成电路、微机保护的电流、电压和信号接点的控制电缆，应选用屏蔽型。

c. 计算机监控系统信号回路控制电缆的屏蔽选择，应符合下列规定：

ⅰ. 开关量信号，可选用总屏蔽；

ⅱ. 高电平模拟信号，宜选用对绞线芯总屏蔽，必要时也可选用对绞线芯分屏蔽；

ⅲ. 低电平模拟信号或脉冲量信号，宜选用对绞线芯分屏蔽，必要时也可选用对绞线芯分屏蔽复合总屏蔽。

d. 其他情况应按电磁感应、静电感应和地电位升高等影响因素，选用适宜的屏蔽形式。

e. 电缆具有钢铠、金属套时，应充分利用其屏蔽功能。

⑧ 需降低电气干扰的控制电缆，可增加一个接地的备用芯，并应在控制室侧一点接地。

⑨ 控制电缆金属屏蔽的接地方式，应符合下列规定。

a. 计算机监控系统的模拟信号回路控制电缆屏蔽层，不得构成两点或多点接地，应集中一点接地。

b. 集成电路、微机保护的电流、电压和信号的电缆屏蔽层，应在开关安置场所与控制室同时接地。

c. 除上述情况外的控制电缆屏蔽层，当电磁感应的干扰较大时，宜采用两点接地；静电感应的干扰较大时，可采用一点接地。双重屏蔽或复合式总屏蔽，宜对内、外屏蔽分别采用一点、两点接地。

d. 两点接地的选择，还应在暂态电流作用下屏蔽层不被烧熔。

⑩ 强电控制回路导体截面积不应小于 1.5mm^2，弱电控制回路不应小于 0.5mm^2。

8.2.7　电力电缆导体截面

① 电力电缆导体截面的选择，应符合下列规定。

a. 最大工作电流作用下的电缆导体温度，不得超过电缆使用寿命的允许值。持续工作回路的电缆导体工作温度，应符合表 8-19 的规定。

表 8-19　常用电力电缆导体的最高允许温度

电缆			最高允许温度/℃	
绝缘类别	形式特征	电压/kV	持续工作	短路暂态
聚氯乙烯	普 通	≤6	70	160
交联聚乙烯	普 通	≤500	90	250
自容式充油	普通牛皮纸	≤500	80	160
	半合成纸	≤500	85	160

b. 最大短路电流和短路时间作用下的电缆导体温度，应符合表 8-19 的规定。

c. 最大工作电流作用下连接回路的电压降，不得超过该回路允许值。

d. 10kV 及以下电力电缆截面除应符合上述 a.～c. 款的要求外，尚宜按电缆的初始投资与使用寿命期间的运行费用综合经济的原则选择。10kV 及以下电力电缆经济电流截面选用方法宜符合下述规定。

电缆总成本计算式如下。

电缆线路损耗引起的总成本由线路损耗的能源费用和提供线路损耗的额外供电容量费用两部分组成。考虑负荷增长率 a 和能源成本增长率 b，电缆总成本计算式如下：

$$C_T = C_1 + I_{max}^2 RLF \tag{8-10}$$

$$F = N_p N_c \ (\tau P + D) \ \Phi / \ (1 + i/100) \tag{8-11}$$

$$\Phi = \sum_{n=1}^{N} r^{n-1} = \ (1 - r^N)/(1 - r) \tag{8-12}$$

$$r = (1 + a/100)^2 \ (1 + b/100)/(1 + i/100) \tag{8-13}$$

式中 C_T——电缆总成本，元；

C_1——电缆本体及安装成本（由电缆材料费用和安装费用两部分组成），元；

I_{max}——第一年导体最大负荷电流，A；

R——单位长度的视在交流电阻，Ω；

L——电缆长度，m；

F——由计算式（8-11）定义的辅助量，元/kW；

N_p——每回路相线数目，取 3；

N_c——传输同样型号和负荷值的回路数，取 1；

τ——最大负荷损耗时间（h），即相当于负荷始终保持为最大值，经过 τ 小时后，线路中的电能损耗与实际负荷在线路中引起的损耗相等，可使用最大负荷利用时间（T）近似求 τ 值，$T = 0.85\tau$；

P——电价［元/(kW·h)］，对最终用户取现行电价，对发电厂企业取发电成本，对供电企业取供电成本；

D——由于线路损耗额外的供电容量的成本［元/(kW·年)］，可取 252 元/(kW·年)；

Φ——由计算式（8-12）定义的辅助量；

i——贴现率（%），可取全国现行的银行贷款利率；

N——经济寿命（年），采用电缆的使用寿命，即电缆从投入使用一直到使用寿命结束整个时间年限；

r——由计算式（8-13）定义的辅助量；

a——负荷增长率（%），在选择导体截面时所使用的负荷电流是在该导体截面允许的发热电流之内的，当负荷增长时，有可能会超过该截面允许的发热电流，a 的波动对经济电流密度的影响很小，可忽略不计，通常取 0；

b——能源成本增长率（%），取 2%。

电缆经济电流截面积计算式如下。

• 每相邻截面的 A_1（成本的可变部分）值计算式：

$$A_1=(S_{1总投资}-S_{2总投资})/(S_1-S_2)\ [元/(m\cdot mm^2)] \tag{8-14}$$

式中　$S_{1总投资}$——电缆截面积为 S_1 的初始费用，包括单位长度电缆价格和单位长度敷设费用总和，元/m；

$S_{2总投资}$——电缆截面积为 S_2 的初始费用，包括单位长度电缆价格和单位长度敷设费用总和，元/m；

同一种型号电缆的 A 值平均值计算式：

$$A=\sum_{n=1}^{n}A_n/n\ [元/(m\cdot mm^2)] \tag{8-15}$$

式中　n——同一种型号电缆标称截面积挡次数，截面积范围可取 25～300mm²。

• 电缆经济电流截面积计算式：

经济电流密度计算式

$$J=\sqrt{\frac{A}{F\times\rho_{20}\times B\times[1+\alpha_{20}(\theta_m-20)]\times1000}} \tag{8-16}$$

电缆经济电流截面积计算式

$$S_j=I_{max}/J \tag{8-17}$$

式中　J——经济电流密度，A/mm²；

S_j——经济电缆截面，mm²；

$B=(1+Y_p+Y_s)(1+\lambda_1+\lambda_2)$，可取平均值 1.0014；

ρ_{20}——20℃时电缆导体的电阻率（Ω·mm²/m），铜芯为 18.4×10^{-9}，铝芯为 31×10^{-9}，计算时可分别取 18.4 和 31；

α_{20}——20℃时电缆导体的电阻温度系数（℃⁻¹），铜芯为 0.00393，铝芯为 0.00403；

θ_m——取经验值，40℃。

10kV 及以下电力电缆按经济电流截面积选择，宜符合下列要求。

按照工程条件、电价、电缆成本、贴现率等计算拟选用的 10kV 及以下铜芯或铝芯的聚氯乙烯、交联聚乙烯绝缘等电缆的经济电流密度值。

对备用回路的电缆，如备用的电动机回路等，宜按正常使用运行小时数的一半选择电缆截面积。对一些长期不使用的回路，不宜按经济电流密度选择截面积。

当电缆经济电流截面积比按热稳定、容许电压降或持续载流量要求的截面积小时，则应按热稳定、容许电压降或持续载流量较大要求截面积选择。当电缆经济电流截面积介于电缆标称截面积挡次之间，可视其接近程度，选择较接近一挡截面积，且宜偏小选取。

e. 多芯电力电缆导体最小截面积，铜导体不宜小于 2.5mm²，铝导体不宜小于 4mm²。

f. 敷设于水下的电缆，当需要导体承受拉力且较合理时，可按抗拉要求选择截面积。

② 10kV 及以下常用电缆按 100%持续工作电流确定电缆导体允许最小截面积，宜符合《10kV 及以下常用电力电缆允许 100%持续载流量（见表 8-20～表 8-26）》和《敷设条件不同时电缆允许持续载流量的校正系数（见表 8-27～表 8-32）》的规定，其载流量按照下列使用条件差异影响计入校正系数后的实际允许值应大于回路的工作电流。

a. 环境温度差异。

b. 直埋敷设时土壤热阻系数差异。

c. 电缆多根并列的影响。

d. 户外架空敷设无遮阳时的日照影响。

表 8-20　1～3kV 油纸、聚氯乙烯绝缘电缆空气中敷设时允许载流量　单位：A

绝缘类型	不滴流纸			聚氯乙烯		
护　套	有钢铠护套			无钢铠护套		
电缆导体最高工作温度/℃	80			70		
电缆芯数	单芯	二芯	三芯或四芯	单芯	二芯	三芯或四芯
电缆导体截面积/mm^2　2.5	—	—	—	—	18	15
4	—	30	26	—	24	21
6	—	40	35	—	31	27
10	—	52	44	—	44	38
16	—	69	59	—	60	52
25	116	93	79	95	79	69
35	142	111	98	115	95	82
50	174	138	116	147	121	104
70	218	174	151	179	147	129
95	267	214	182	221	181	155
120	312	245	214	257	211	181
150	356	280	250	294	242	211
185	414	—	285	340	—	246
240	495	—	338	410	—	294
300	570	—	383	473	—	328
环境温度/℃	40					

注：1. 适用于铝芯电缆、铜芯电缆的允许持续载流量值可乘以 1.29。

2. 单芯只适用于直流。

表 8-21　1～3kV 油纸、聚氯乙烯绝缘电缆直埋敷设时允许载流量　单位：A

绝缘类型	不滴流纸			聚氯乙烯					
护套	有钢铠护套			无钢铠护套			有钢铠护套		
电缆导体最高工作温度/℃	80			70					
电缆芯数	单芯	二芯	三芯或四芯	单芯	二芯	三芯或四芯	单芯	二芯	三芯或四芯
电缆导体截面积/mm^2　4	—	34	29	47	36	31	—	34	30
6	—	45	38	58	45	38	—	43	37
10	—	58	50	81	62	53	77	59	50
16	—	76	66	110	83	70	105	79	68
25	143	105	88	138	105	90	134	100	87
35	172	126	105	172	136	110	162	131	105
50	198	146	126	203	157	134	194	152	129
70	247	182	154	244	184	157	235	180	152
95	300	219	186	295	226	189	281	217	180

续表

绝缘类型		不滴流纸			聚氯乙烯					
护套		有钢铠护套			无钢铠护套			有钢铠护套		
电缆导体最高工作温度/℃		80			70					
电缆芯数		单芯	二芯	三芯或四芯	单芯	二芯	三芯或四芯	单芯	二芯	三芯或四芯
电缆导体截面积/mm²	120	344	251	211	332	254	212	319	249	207
	150	389	284	240	374	287	242	365	273	237
	185	441	—	275	424	—	273	410	—	264
	240	512	—	320	502	—	319	483	—	310
	300	584	—	356	561	—	347	543	—	347
	400	676	—	—	639	—	—	625	—	—
	500	776	—	—	729	—	—	715	—	—
	630	904	—	—	846	—	—	819	—	—
	800	1032	—	—	981	—	—	963	—	—
土壤热阻系数/(K·m/W)		1.5			1.2					
环境温度/℃		25								

注：1. 适用于铝芯电缆、铜芯电缆的允许持续载流量值可乘以 1.29。

2. 单芯只适用于直流。

表 8-22　1～3kV 交联聚乙烯绝缘电缆空气中敷设时允许载流量　单位：A

电缆芯数		三芯		单芯							
单芯电缆排列方式				品字形				水平形			
金属层接地点				单侧		双侧		单侧		双侧	
电缆导体材质		铝	铜	铝	铜	铝	铜	铝	铜	铝	铜
电缆导体截面积/mm²	25	91	118	100	132	100	132	114	150	114	150
	35	114	150	127	164	127	164	146	182	141	178
	50	146	182	155	196	155	196	173	228	168	209
	70	178	228	196	255	196	251	228	292	214	264
	95	214	273	241	310	241	305	278	356	260	310
	120	246	314	283	360	278	351	319	410	292	351
	150	278	360	328	419	319	401	365	479	337	392
	185	319	410	372	479	365	461	424	546	369	438
	240	378	483	442	565	424	546	502	643	424	502
	300	419	552	506	643	493	611	588	738	479	552
	400	—	—	611	771	579	716	707	908	546	625
	500	—	—	712	885	661	803	830	1026	611	693
	630	—	—	826	1008	734	894	963	1177	680	757
环境温度/℃		40									
电缆导体最高工作温度/℃		90									

注：1. 允许载流量的确定，还应符合本节（8.2.7）第④条的规定。

2. 水平排列电缆相互间中心距为电缆外径的 2 倍。

表 8-23　1～3kV 交联聚乙烯绝缘电缆直埋敷设时允许载流量　单位：A

电缆芯数		三芯		单芯			
单芯电缆排列方式				品字形		水平形	
金属层接地点				单侧		单侧	
电缆导体材质		铝	铜	铝	铜	铝	铜
电缆导体截面积/mm²	25	91	117	104	130	113	143
	35	113	143	117	169	134	169
	50	134	169	139	187	160	200
	70	165	208	174	226	195	247
	95	195	247	208	269	230	295
	120	221	282	239	300	261	334
	150	247	321	269	339	295	374
	185	278	356	300	382	330	426
	240	321	408	348	435	378	478
	300	365	469	391	495	430	543
	400	—	—	456	574	500	635
	500	—	—	517	635	565	713
	630	—	—	582	704	635	796
温度/℃		90					
土壤热阻系数/(K·m/W)		2.0					
环境温度/℃		25					

注：水平排列电缆相互间中心距为电缆外径的 2 倍。

表 8-24　6kV 三芯电力电缆空气中敷设时允许载流量　单位：A

绝缘类型		不滴流纸	聚氯乙烯		交联聚乙烯	
钢铠护套		有	无	有	无	有
电缆导体最高工作温度/℃		80	70		90	
电缆导体截面积/mm²	10	—	40	—	—	—
	16	58	54	—	—	—
	25	79	71	—	—	—
	35	92	85	—	114	—
	50	116	108	—	141	—
	70	147	129	—	173	—
	95	183	160	—	209	—
	120	213	185	—	246	—
	150	245	212	—	277	—
	185	280	246	—	323	—
	240	334	293	—	378	—
	300	374	323	—	432	—
	400	—	—	—	505	—
	500	—	—	—	584	—
环境温度/℃		40				

注：1. 适用于铝芯电缆、铜芯电缆的允许持续载流量值可乘以 1.29。

2. 电缆导体工作温度大于 70℃时，允许载流量还应符合本节（8.2.7）第④条的规定。

表 8-25　6kV 三芯电力电缆直埋敷设时允许载流量　单位：A

绝缘类型		不滴流纸	聚氯乙烯		交联聚乙烯	
钢铠护套		有	无	有	无	有
电缆导体最高工作温度/℃		80	70		90	
电缆导体截面积/mm^2	10	—	51	50	—	—
	16	63	67	65	—	—
	25	84	86	83	87	87
	35	101	105	100	105	102
	50	119	126	126	123	118
	70	148	149	149	148	148
	95	180	181	177	178	178
	120	209	209	205	200	200
	150	232	232	228	232	222
	185	264	264	255	262	252
	240	308	309	300	300	295
	300	344	346	332	343	333
	400	—	—	—	380	370
	500	—	—	—	432	422
土壤热阻系数/(K·m/W)		1.5	1.2		2.0	
环境温度/℃		25				

注：适用于铝芯电缆、铜芯电缆的允许持续载流量值可乘以 1.29。

表 8-26　10kV 三芯电力电缆允许载流量　单位：A

绝缘类型		不滴流纸		交联聚乙烯			
钢铠护套				无		有	
电缆导体最高工作温度/℃		65		90			
敷设方式		空气中	直埋	空气中	直埋	空气中	直埋
电缆导体截面积/mm^2	16	47	59	—	—	—	—
	25	63	79	100	90	100	90
	35	77	95	123	110	123	105
	50	92	111	146	125	141	120
	70	118	138	178	152	173	152
	95	143	169	219	182	214	182
	120	168	196	251	205	246	205
	150	189	220	283	223	278	219
	185	218	246	324	252	320	247
	240	261	290	378	292	373	292

续表

绝缘类型		不滴流纸		交联聚乙烯			
钢铠护套				无		有	
电缆导体最高工作温度/℃		65		90			
敷设方式		空气中	直埋	空气中	直埋	空气中	直埋
电缆导体截面积/mm^2	300	295	325	433	332	428	328
	400	—	—	506	378	501	374
	500	—	—	579	428	574	424
环境温度/℃		40	25	40	25	40	25
土壤热阻系数/(K·m/W)		—	1.2	—	2.0	—	2.0

注：1. 适用于铝芯电缆、铜芯电缆的允许持续载流量值可乘以 1.29。

2. 电缆导体工作温度大于 70℃时，允许载流量还应符合本节（8.2.7）第④条的要求。

表 8-27　35kV 及以下电缆在不同环境温度时的载流量校正系数

敷设位置		空气中				土壤中			
环境温度/℃		30	35	40	45	20	25	30	35
电缆导体最高工作温度/℃	60	1.22	1.11	1.0	0.86	1.07	1.0	0.93	0.85
	65	1.18	1.09	1.0	0.89	1.06	1.0	0.94	0.87
	70	1.15	1.08	1.0	0.91	1.05	1.0	0.94	0.88
	80	1.11	1.06	1.0	0.93	1.04	1.0	0.95	0.90
	90	1.09	1.05	1.0	0.94	1.04	1.0	0.96	0.92

注：除上表以外的其他环境温度下载流量的校正系数可按下式计算：

$$K=\sqrt{\frac{\theta_m-\theta_2}{\theta_m-\theta_1}}$$

式中　θ_m——电缆导体最高工作温度，℃；

θ_1——对应于额定载流量的基准环境温度，℃；

θ_2——实际环境温度，℃。

表 8-28　不同土壤热阻系数时电缆载流量的校正系数

土壤热阻系数/(K·m/W)	分类特征(土壤特性和雨量)	校正系数
0.8	土壤很潮湿，经常下雨。如湿度大于 9%的沙土；湿度大于 10%的沙-泥土等	1.05
1.2	土壤潮湿，规律性下雨。如湿度大于 7%但小于 9%的沙土；湿度为 12%～14%的沙-泥土等	1.0
1.5	土壤较干燥，雨量不大。如湿度为 8%～12%的沙-泥土等	0.93
2.0	土壤干燥，少雨。如湿度大于 4%但小于 7%的沙土；湿度为 4%～8%的沙-泥土等	0.87
3.0	多石地层，非常干燥。如湿度小于 4%的沙土等	0.75

注：1. 适用于缺乏实测土壤热阻系数时的粗略分类，对 110kV 及以上电缆线路工程，宜以实测方式确定土壤热阻系数。

2. 校正系数适于《10kV 及以下常用电力电缆允许 100%持续载流量（见表 8-20～表 8-26）》各表中采取土壤热阻系数为 1.2 K·m/W 的情况，不适用于三相交流系统的高压单芯电缆。

表 8-29　土中直埋多根并行敷设时电缆载流量的校正系数

并列根数		1	2	3	4	5	6
电缆之间净距/mm	100	1	0.9	0.85	0.80	0.78	0.75
	200	1	0.92	0.87	0.84	0.82	0.81
	300	1	0.93	0.90	0.97	0.86	0.85

注：不适用于三相交流系统单芯电缆。

表 8-30　空气中单层多根并行敷设时电缆载流量的校正系数

并列根数		1	2	3	4	5	6
电缆中心距	$s=d$	1.00	0.90	0.85	0.82	0.81	0.80
	$s=2d$	1.00	1.00	0.98	0.95	0.93	0.90
	$s=3d$	1.00	1.00	1.00	0.98	0.97	0.96

注：1. s 为电缆中心间距，d 为电缆外径。

2. 按全部电缆具有相同外径条件制定，当并列敷设的电缆外径不同时，d 值可近似地取电缆外径的平均值。

3. 不适用于交流系统中使用的单芯电力电缆。

表 8-31　电缆桥架上无间隔配置多层并列电缆载流量的校正系数

叠置电缆层数		一	二	三	四
桥架类别	梯　架	0.8	0.65	0.55	0.5
	托　盘	0.7	0.55	0.5	0.45

注：呈水平状并列电缆数不少于 7 根。

表 8-32　1～6kV 电缆户外明敷无遮阳时载流量的校正系数

电缆截面积/mm²				35	50	70	95	120	150	185	240
电压/kV	1	芯数	三	—	—	—	0.90	0.98	0.97	0.96	0.94
	6		三	0.96	0.95	0.94	0.93	0.92	0.91	0.90	0.88
			单	—	—	—	0.99	0.99	0.99	0.99	0.98

注：运用本表系数校正对应的载流量基础值，是采取户外环境温度的户内空气中电缆载流量。

③ 除本节（8.2.7）第②条规定的情况外，电缆按 100％持续工作电流确定电缆导体允许最小截面时，应经计算或测试验证，计算内容或参数选择应符合下列规定。

a. 含有高次谐波负荷的供电回路电缆或中频负荷回路使用的非同轴电缆，应计入集肤效应和邻近效应增大等附加发热的影响。

b. 交叉互连接地的单芯高压电缆，单元系统中三个区段不等长时，应计入金属层的附加损耗发热的影响。

c. 敷设于保护管中的电缆，应计入热阻影响；排管中不同孔位的电缆还应分别计入互热因素的影响。

d. 敷设于封闭、半封闭或透气式耐火槽盒中的电缆，应计入包含该型材质及其盒体厚度、尺寸等因素对热阻增大的影响。

e. 施加在电缆上的防火涂料、包带等覆盖层厚度大于 1.5mm 时，应计入其热阻影响。

f. 沟内电缆埋砂且无经常性水分补充时，应按砂质情况选取大于 2.0K · m/W 的热阻系数计入对电缆热阻增大的影响。

④ 电缆导体工作温度大于 70℃的电缆，计算持续允许载流量时，应符合下列规定。

a. 数量较多的该类电缆敷设于未装机械通风的隧道、竖井等处时，应计入其对环境温升的影响。

b. 电缆直埋敷设在干燥或潮湿土壤中，除实施换土处理等能避免水分迁移的情况外，土壤热阻系数取值不宜小于2.0K·m/W。

⑤ 电缆持续允许载流量的环境温度，应按使用地区的气象温度多年平均值确定，并应符合表8-8的规定。

⑥ 通过不同散热条件区段的电缆导体截面的选择，应符合下列规定。

a. 回路总长未超过电缆制造长度时，应符合下列规定。

ⅰ. 重要回路，全长宜按其中散热较差区段条件选择同一截面；

ⅱ. 非重要回路，可对大于10m区段散热条件按段选择截面，但每回路不宜多于3种规格；

ⅲ. 水下电缆敷设有机械强度要求需增大截面时，回路全长可选同一截面。

b. 回路总长超过电缆制造长度时，宜按区段选择电缆导体截面。

⑦ 对非熔断器保护回路，应按满足短路热稳定条件确定电缆导体允许最小截面积，按短路热稳定条件计算电缆导体允许最小截面积的方法如下。

a. 固体绝缘电缆导体允许最小截面积。

ⅰ. 电缆导体允许最小截面积，由下列公式确定：

$$S \geqslant \frac{\sqrt{Q}}{C} \times 10^2 \tag{8-18}$$

$$C=\frac{1}{\eta}\sqrt{\frac{Jq}{\alpha K \rho}}\ln\frac{1+\alpha\ (\theta_m-20)}{1+\alpha\ (\theta_p-20)} \tag{8-19}$$

$$\theta_p=\theta_0+\ (\theta_H-\theta_0)\left(\frac{I_p}{I_H}\right)^2 \tag{8-20}$$

ⅱ. 除电动机馈线回路外，均可取 $\theta_p=\theta_H$。

ⅲ. Q 值确定方式，应符合下列规定。

• 对火电厂3～10kV厂用电动机馈线回路，当机组容量为100MW及以下时：

$$Q=I^2\ (t+T_b) \tag{8-21}$$

• 对火电厂3～10kV厂用电动机馈线回路，当机组容量大于100MW时，Q 的表达式见表8-33。

表 8-33　机组容量大于 100MW 时火电厂电动机馈电回路 Q 值表达式

t/s	T_b/s	T_d/s	Q 值/$A^2 \cdot s$
0.15	0.045	0.062	$0.196I^2+0.22II_d+0.09I_d^2$
	0.06		$0.21I^2+0.23II_d+0.09I_d^2$
0.2	0.045	0.062	$0.245I^2+0.22II_d+0.09I_d^2$
	0.06		$0.26I^2+0.24II_d+0.09I_d^2$

注：1. 对于电抗器或 U_d%小于10.5的双绕组变压器，取 T_b=0.045，其他情况取 T_b=0.06。
2. 对中速断路器，t 可取0.15s，对慢速断路器，t 可取0.2s。

• 除火电厂3～10kV厂用电动机馈线外的情况：

$$Q=I^2 t \tag{8-22}$$

式中　S——电缆导体截面积，mm^2；

η——计入包含电缆导体充填物热容影响的校正系数，对3～10kV电动机的馈电回路，宜取 η=0.93，其他情况可按 η=1；

J——热功当量系数，取1.0；

q——电缆导体的单位体积热容量 [J/(cm³·℃)]，铝芯取 2.48，铜芯取 3.4；

α——20℃时电缆导体的电阻温度系数（℃$^{-1}$），铜芯为 0.00393，铝芯为 0.00403；

K——缆芯导体的交流电阻与直流电阻之比值，可由表 8-34 选取；

ρ——20℃时电缆导体的电阻系数（Ω·cm²/cm），铜芯为 0.0148×10^{-4}，铝芯为 0.031×10^{-4}；

θ_m——短路作用时间内电缆导体允许最高温度，℃；

θ_p——短路发生前的电缆导体最高工作温度，℃；

θ_0——电缆所处的环境温度最高值，℃；

θ_H——电缆额定负荷的电缆导体允许最高工作温度，℃；

I_p——电缆实际最大工作电流，A；

I_H——电缆的额定负荷电流，A；

I——系统电源供给短路电流的周期分量起始有效值，A；

t——短路持续时间，s；

T_b——系统电源非周期分量的衰减时间常数，s；

T_d——系统电源供给短路电流的周期分量衰减时间常数，s；

I_d——电动机供给反馈电流的周期分量起始有效值之和，A。

表 8-34　K 值选择用表

电缆类型		6～35kV 挤塑					自容式充油		
导体截面积/mm²		95	120	150	185	240	240	400	600
芯数	单芯	1.002	1.003	1.004	1.006	1.010	1.003	1.011	1.029
	多芯	1.003	1.006	1.008	1.009	1.021	—	—	—

b. 自容式充油电缆导体允许最小截面积。

ⅰ. 电缆导体允许最小截面积应满足下式：

$$S^2+\left(\frac{q_0}{q}S_0\right)S\geqslant\left[\alpha K\rho I^2 t/Jq\ln\frac{1+\alpha\ (\theta_m-20)}{1+\alpha\ (\theta_p-20)}\right]10^4 \tag{8-23}$$

式中　S_0——不含油道内绝缘油的电缆导体中绝缘油充填面积，mm²；

q_0——绝缘油的单位体积热容量，[J/(cm³·℃)]，可取 1.7。

ⅱ. 除对变压器回路的电缆可按最大工作电流作用时的 θ_p 值外，其他情况宜取 $\theta_p=\theta_H$。

⑧ 选择短路计算条件，应符合下列规定。

a. 计算用系统接线，应采用正常运行方式，且宜按工程建成后 5～10 年发展规划。

b. 短路点应选取在通过电缆回路最大短路电流可能发生处。

c. 宜按三相短路计算。

d. 短路电流作用的时间，应取保护动作时间与断路器开断时间之和。对电动机等直馈线，保护动作时间应取主保护时间；其他情况，宜取后备保护时间。

⑨ 1kV 以下电源中性点直接接地时，三相四线制系统的电缆中性线截面，不得小于按线路最大不平衡电流持续工作所需最小截面；有谐波电流影响的回路，尚宜符合下列规定：

a. 气体放电灯为主要负荷的回路，中性线截面不宜小于相芯线截面；

b. 除上述情况外，中性线截面不宜小于 50％的相芯线截面。

⑩ 1kV 以下电源中性点直接接地时，配置保护接地线、中性线或保护接地中性线系统的电缆导体截面的选择，应符合下列规定。

a. 中性线、保护接地中性线的截面，应符合本节（8.2.7）第⑨条的规定；配电干线采用单芯电缆作保护接地中性线时，截面积应符合下列规定：铜导体，不小于 $10mm^2$；铝导体，不小于 $16mm^2$。

b. 保护地线的截面，应满足回路保护电器可靠动作的要求，并应符合表 8-35 的规定。

c. 采用多芯电缆的干线，其中性线和保护地线合一的导体，截面积不应小于 $4mm^2$。

⑪ 交流供电回路由多根电缆并联组成时，各电缆宜等长，并应采用相同材质、相同截面的导体；具有金属套的电缆，金属材质和构造截面也应相同。

⑫ 电力电缆金属屏蔽层的有效截面，应满足在可能的短路电流作用下温升值不超过绝缘与外护层的短路允许最高温度平均值。

表 8-35　按热稳定要求的保护地线允许最小截面积　　单位：mm^2

电缆相芯线截面积	保护地线允许最小截面积	电缆相芯线截面积	保护地线允许最小截面积
$S \leqslant 16$	S	$400 < S \leqslant 800$	200
$16 < S \leqslant 35$	16	$S > 800$	$S/4$
$35 < S \leqslant 400$	$S/2$		

注：S 为电缆相芯线截面积。

8.3　电缆敷设的设计[19]

8.3.1　一般规定

① 电缆的路径选择，应符合下列规定：

a. 应避免电缆遭受机械性外力、过热、腐蚀等危害；

b. 满足安全要求条件下，应保证电缆路径最短；

c. 应便于敷设、维护；

d. 宜避开将要挖掘施工的地方；

e. 充油电缆线路通过起伏地形时，应保证供油装置合理配置。

② 电缆在任何敷设方式及其全部路径条件的上下左右改变部位，均应满足电缆允许弯曲半径要求。电缆的允许弯曲半径，应符合电缆绝缘及其构造特性要求。对自容式铅包充油电缆，其允许弯曲半径可按电缆外径的 20 倍计算。

③ 同一通道内电缆数量较多时，若在同一侧的多层支架上敷设，应符合下列规定。

a. 应按电压等级由高至低的电力电缆、强电至弱电的控制和信号电缆、通信电缆“由上而下”的顺序排列。当水平通道中含有 35kV 以上高压电缆，或为满足引入柜盘的电缆符合允许弯曲半径要求时，宜按“由下而上”的顺序排列。在同一工程中或电缆通道延伸于不同工程的情况，均应按相同的上下排列顺序配置。

b. 支架层数受通道空间限制时，35kV 及以下的相邻电压级电力电缆，可排列于同一层支架上，1kV 及以下电力电缆也可与强电控制和信号电缆配置在同一层支架上。

c. 同一重要回路的工作与备用电缆实行耐火分隔时，应配置在不同层的支架上。

④ 同一层支架上电缆排列的配置，宜符合下列规定。

a. 控制和信号电缆可紧靠或多层叠置。

b. 除交流系统用单芯电力电缆的同一回路可采取品字形（三叶形）配置外，对重要的同一回路多根电力电缆，不宜叠置。

c. 除交流系统用单芯电缆情况外，电力电缆相互间宜有1倍电缆外径的空隙。

⑤ 交流系统用单芯电力电缆的相序配置及其相间距离，应同时满足电缆金属护层的正常感应电压不超过允许值，并宜保证按持续工作电流选择电缆截面小的原则确定。未呈品字形配置的单芯电力电缆，有两回线及以上配置在同一通路时，应计入相互影响。

⑥ 交流系统用单芯电力电缆与公用通信线路相距较近时，宜维持技术经济上有利的电缆路径，必要时可采取下列抑制感应电势的措施：

a. 使电缆支架形成电气通路，且计入其他并行电缆抑制因素的影响；

b. 对电缆隧道的钢筋混凝土结构实行钢筋网焊接连通；

c. 沿电缆线路适当附加并行的金属屏蔽线或罩盒等。

⑦ 明敷的电缆不宜平行敷设在热力管道的上部。电缆与管道之间无隔板防护时的允许距离，除城市公共场所应按现行国家标准GB 50289《城市工程管线综合规划规范》执行外，尚应符合表8-36的规定。

表8-36　电缆与管道之间无隔板防护时的允许距离　　单位：mm

电缆与管道之间走向		电力电缆	控制和信号电缆
热力管道	平行	1000	500
	交叉	500	250
其他管道	平行	150	100

⑧ 抑制电气干扰强度的弱电回路控制和信号电缆，除应符合本书8.2.6第⑥条～第⑨条的规定外，当需要时可采取下列措施。

a. 与电力电缆并行敷设时相互间距，在可能范围内宜远离；对电压高、电流大的电力电缆间距宜更远。

b. 敷设于配电装置内的控制和信号电缆，与耦合电容器或电容式电压互感器、避雷器或避雷针接地处的距离，宜在可能范围内远离。

c. 沿控制和信号电缆可平行敷设屏蔽线，也可将电缆敷设于钢制管或盒中。

⑨ 在隧道、沟、浅槽、竖井、夹层等封闭式电缆通道中，不得布置热力管道，严禁有易燃气体或易燃液体的管道穿越。

⑩ 爆炸性气体危险场所敷设电缆，应符合下列规定。

a. 在可能范围应保证电缆距爆炸释放源较远，敷设在爆炸危险较小的场所，并应符合下列规定：

ⅰ. 易燃气体比空气重时，电缆应埋地或在较高处架空敷设，且对非铠装电缆采取穿管或置于托盘、槽盒中等机械性保护；

ⅱ. 易燃气体比空气轻时，电缆应敷设在较低处的管、沟内，沟内非铠装电缆应埋砂。

b. 电缆在空气中沿输送易燃气体的管道敷设时，应配置在危险程度较低的管道一侧，并应符合下列规定：

ⅰ. 易燃气体比空气重时，电缆宜配置在管道上方；

ⅱ. 易燃气体比空气轻时，电缆宜配置在管道下方。

c. 电缆及其管、沟穿过不同区域之间的墙、板孔洞处，应采用非燃性材料严密堵塞。

d. 电缆线路中不应有接头；如采用接头时，必须具有防爆性。

⑪ 用于下列场所、部位的非铠装电缆，应采用具有机械强度的管或罩加以保护：

a. 非电气工作人员经常活动场所的地坪以上2m内、地中引出的地坪以下0.3m深电缆区段；

b. 可能有载重设备移经电缆上面的区段。

⑫ 除架空绝缘型电缆外的非户外型电缆户外使用时，宜采取罩、盖等遮阳措施。

⑬ 电缆敷设在有周期性振动的场所，应采取下列措施：

a. 在支持电缆部位设置由橡胶等弹性材料制成的衬垫；

b. 使电缆敷设成波浪状且留有伸缩节。

⑭ 在有行人通过的地坪、堤坝、桥面、地下商业设施的路面，以及通行的隧洞中，电缆不得敞露敷设于地坪或楼梯走道上。

⑮ 在工厂的风道、建筑物的风道、煤矿里机械提升的除运输机通行的斜井通风巷道或木支架的竖井井筒中，严禁敷设敞露式电缆。

⑯ 1kV 以上电源直接接地且配置独立分开的中性线和保护地线构成的系统，采用独立于相芯线和中性线以外的电缆作保护地线时，同一回路的该两部分电缆敷设方式，应符合下列规定：

a. 在爆炸性气体环境中，应敷设在同一路径的同一结构管、沟或盒中。

b. 除上述情况外，宜敷设在同一路径的同一构筑物中。

⑰ 电缆的计算长度，应包括实际路径长度与附加长度。附加长度，宜计入下列因素。

a. 电缆敷设路径地形等高差变化、伸缩节或迂回备用裕量。

b. 35kV 及以上电缆蛇形敷设时的弯曲状影响增加量。

c. 终端或接头制作所需剥截电缆的预留段、电缆引至设备或装置所需的长度。35kV 及以下电缆敷设度量时的附加长度，应符合表 8-37 的规定。

表 8-37　35kV 及以下电缆敷设度量时的附加长度

项目名称		附加长度/m
电缆终端的制作		0.5
电缆接头的制作		0.5
由地坪引至各设备的终端处	电动机(按接线盒对地坪的实际高度)	0.5～1
	配电屏	1
	车间动力箱	1.5
	控制屏或保护屏	2
	厂用变压器	3
	主变压器	5
	磁力启动器或事故按钮	1.5

注：对厂区引入建筑物，直埋电缆因地形及埋设的要求，电缆沟、隧道、吊架的上下引接，电缆终端、接头等所需的电缆预留量，可取图纸量出的电缆敷设路径长度的 5%。

⑱ 电缆的订货长度，应符合下列规定。

a. 长距离的电缆线路，宜采取计算长度作为订货长度。对 35kV 以上单芯电缆，应按相计算；线路采取交叉互连等分段连接方式时，应按段开列。

b. 对 35kV 及以下电缆用于非长距离时，宜计及整盘电缆中截取后不能利用其剩余段的因素，按计算长度计入 5%～10%的裕量，作为同型号规格电缆的订货长度。

c. 水下敷设电缆的每盘长度，不宜小于水下段的敷设长度。当确有困难时，可含有工厂制的软接头。

8.3.2 敷设方式选择

① 电缆敷设方式的选择，应视工程条件、环境特点和电缆类型、数量等因素，以及满足运行可靠、便于维护和技术经济合理的原则来选择。

② 电缆直埋敷设方式的选择，应符合下列规定。

a. 同一通路少于 6 根的 35kV 及以下电力电缆，在厂区通往远距离辅助设施或城郊等不易有经常性开挖的地段，宜采用直埋；在城镇人行道下较易翻修情况或道路边缘，也可采用直埋。

b. 厂区内地下管网较多的地段，可能有熔化金属、高温液体溢出的场所，待开发有较频繁开挖的地方，不宜用直埋。

c. 在化学腐蚀或杂散电流腐蚀的土壤范围内，不得采用直埋。

③ 电缆穿管敷设方式的选择，应符合下列规定。

a. 在有爆炸危险场所明敷的电缆，露出地坪上需加以保护的电缆，以及地下电缆与公路、铁道交叉时，应采用穿管。

b. 地下电缆通过房屋、广场的区段，以及电缆敷设在规划中将作为道路的地段，宜采用穿管。

c. 在地下管网较密的工厂区、城市道路狭窄且交通繁忙或道路挖掘困难的通道等电缆数量较多时，可采用穿管。

④ 下列场所宜采用浅槽敷设方式：

a. 地下水位较高的地方；

b. 通道中电力电缆数量较少，且在不经常有载重车通过的户外配电装置等场所。

⑤ 电缆沟敷设方式的选择，应符合下列规定。

a. 在化学腐蚀液体或高温熔化金属溢流的场所，或在载重车辆频繁经过的地段，不得采用电缆沟。

b. 经常有工业水溢流、可燃粉尘弥漫的厂房内，不宜采用电缆沟。

c. 在厂区、建筑物内地下电缆数量较多但不需要采用隧道，城镇人行道开挖不便且电缆需分期敷设，同时不属于上述情况时，宜采用电缆沟。

d. 有防爆、防火要求的明敷电缆，应采用埋砂敷设的电缆沟。

⑥ 电缆隧道敷设方式的选择，应符合下列规定。

a. 同一通道的地下电缆数量多，电缆沟不足以容纳时应采用隧道。

b. 同一通道的地下电缆数量较多，且位于有腐蚀性液体或经常有地面水流溢的场所，或含有 35kV 以上高压电缆以及穿越公路、铁道等地段，宜采用隧道。

c. 受城镇地下通道条件限制或交通流量较大的道路下，与较多电缆沿同一路径有非高温的水、气和通信电缆管线共同配置时，可在公用性隧道中敷设电缆。

⑦ 垂直走向的电缆，宜沿墙、柱敷设；当数量较多，或含有 35kV 以上高压电缆时，应采用竖井。

⑧ 电缆数量较多的控制室、继电保护室等处，宜在其下部设置电缆夹层。电缆数量较少时，也可采用有活动盖板的电缆层。

⑨ 在地下水位较高、化学腐蚀液体溢流的场所，厂房内应采用支持式架空敷设。建筑物或厂区不宜地下敷设时，可采用架空敷设。

⑩ 明敷且不宜采用支持式架空敷设的地方，可采用悬挂式架空敷设。

⑪ 通过河流、水库的电缆，无条件利用桥梁、堤坝敷设时，可采取水下敷设。

⑫ 厂房内架空桥架敷设方式不宜设置检修通道，城市电缆线路架空桥架敷设方式可设置检修通道。

8.3.3 地下直埋敷设

① 直埋敷设电缆的路径选择，宜符合下列规定。

a. 应避开含有酸、碱强腐蚀或杂散电流电化学腐蚀严重影响的地段。

b. 无防护措施时，宜避开白蚁危害地带、热源影响和易遭外力损伤的区段。

② 直埋敷设电缆方式，应符合下列规定。

a. 电缆应敷设于壕沟里，并应沿电缆全长的上、下紧邻侧铺以厚度不少于100mm的软土或砂层。

b. 沿电缆（两侧）全长应覆盖宽度各不小于50mm的保护板，保护板宜采用混凝土。

c. 城镇电缆直埋敷设时，宜在保护板上层铺设醒目标志带。

d. 位于城郊或空旷地带，沿电缆路径的直线间隔100m、转弯处或接头部位，应竖立明显的方位标志或标桩。

e. 当采用电缆穿波纹管敷设于壕沟时，应沿波纹管顶全长浇注厚度不小于100mm的素混凝土［由无筋或不配置受力钢筋的混凝土制成的结构，素混凝土是针对钢筋混凝土、预应力混凝土等而言的，结构计算中，素混凝土容重一般取（2400±50）kg/m^3］，宽度不应小于管外侧50mm，电缆可不含铠装。

③ 直埋敷设于非冻土地区时，电缆埋置深度应符合下列规定。

a. 电缆外皮至地下构筑物基础，不得小于0.3m。

b. 电缆外皮至地面深度，不得小于0.7m；当电缆位于行车道或耕地下时，应适当加深，且不宜小于1.0m。

④ 直埋敷设于冻土地区时，宜埋入冻土层以下，当无法深埋时可埋设在土壤排水性好的干燥冻土层或回填土中，也可采取其他防止电缆受到损伤的措施。

⑤ 直埋敷设的电缆，严禁位于地下管道的正上方或正下方。电缆与电缆、管道、道路以及构筑物等之间的容许最小距离，应符合表8-38的规定。

⑥ 直埋敷设的电缆与铁路、公路或街道交叉时，应穿保护管，保护范围应超出路基、街道路面两边以及排水沟边0.5m以上。

⑦ 直埋敷设的电缆引入构筑物，在贯穿墙孔处应设置保护管，管口应实施阻水堵塞。

⑧ 直埋敷设电缆的接头配置，应符合下列规定。

a. 接头与邻近电缆的净距，不得小于0.25m。

b. 并列电缆的接头位置宜相互错开，且净距不宜小于0.5m。

c. 斜坡地形处的接头安置，应呈水平状。

d. 重要回路的电缆接头，宜在其两侧约1.0m开始的局部段，按留有备用量方式敷设电缆。

⑨ 直埋敷设电缆采取特殊换土回填时，回填土的土质应对电缆外护层无腐蚀性。

8.3.4 保护管敷设

① 电缆保护管内壁应光滑无毛刺，并应满足使用条件所需的机械强度和耐久性，且应符合下列规定。

a. 需采用穿管抑制对控制电缆的电气干扰时，应采用钢管。

b. 交流单芯电缆以单根穿管时，不得采用未分隔磁路的钢管。

② 部分或全部露出在空气中的电缆保护管的选择，应符合下列规定。

a. 防火或机械性要求高的场所，宜采用钢质管。并应采取涂漆或镀锌包塑等适合环境耐久要求的防腐处理。

b. 满足工程条件自熄性要求时，可采用阻燃型塑料管。部分埋入混凝土中等有耐冲击的使用场所，塑料管应具备相应承压能力，且宜采用可挠性的塑料管。

③ 地中埋设的保护管，应满足埋深下的抗压要求和耐环境腐蚀性的要求。管枕配置的跨距，宜按管路底部未均匀夯实时满足抗弯矩条件确定；在通过不均匀沉降的回填土地段或地震活动频发的地区，管路纵向连接应采用可挠式管接头。当同一通道的电缆数量较多时，宜采用排管。

表 8-38　电缆与电缆、管道、道路、构筑物等之间的容许最小距离　单位：m

电缆直埋敷设时的配置情况		平行	交叉
控制电缆之间		—	0.5①
电力电缆之间或与控制电缆之间	10kV 及以下电力电缆	0.1	0.5①
	10kV 及以上电力电缆	0.25②	0.5①
不同部门使用的电缆		0.5②	0.5①
电缆与地下管沟	热力管沟	2③	0.5①
	油管或易(可)燃气管道	1	0.5①
	其他管道	0.5	0.5①
电缆与铁路	非直流电气化铁路路轨	3	1.0
	直流电气化铁路路轨	10	1.0
电缆与建筑物基础		0.6③	—
电缆与公路边		1.0③	—
电缆与排水沟		1.0③	—
电缆与树木的主干		0.7	—
电缆与 1kV 以下架空线电杆		1.0③	—
电缆与 1kV 以上架空线杆塔基础		4.0③	—

① 用隔板分隔或电缆穿管时不得小于 0.25m。
② 用隔板分隔或电缆穿管时不得小于 0.1m。
③ 特殊情况时，减小值不得小于 50%。

④ 保护管管径与穿过电缆数量的选择，应符合下列规定。

a. 每管宜只穿 1 根电缆。除发电厂、变电所等重要性场所外，对一台电动机所有回路或同一设备的低压电机所有回路，可在每管合穿不多于 3 根电力电缆或多根控制电缆。

b. 管的内径，不宜小于电缆外径或多根电缆包络外径的 1.5 倍。排管的管孔内径，不宜小于 75mm。

⑤ 单根保护管使用时，宜符合下列规定。

a. 每根电缆保护管的弯头不宜超过 3 个，直角弯不宜超过 2 个。

b. 地中埋管距地面深度不宜小于 0.5m；与铁路交叉处距路基不宜小于 1.0m；距排水沟底不宜小于 0.3m。

c. 并列管相互间宜留有不小于 20mm 的空隙。

⑥ 使用排管时，应符合下列规定。

a. 管孔数宜按发展预留适当备用。

b. 导体工作温度相差大的电缆，宜分别配置于适当间距的不同排管组。

c. 管路顶部土壤覆盖厚度不宜小于 0.5m。

d. 管路应置于经整平夯实土层且有足以保持连续平直的垫块上；纵向排水坡度不宜小于 0.2%。

e. 管路纵向连接处的弯曲度，应符合牵引电缆时不致损伤的要求。

f. 管孔端口应采取防止损伤电缆的处理措施。

⑦ 较长电缆管路中的下列部位，应设置工作井。

a. 电缆牵引张力限制的间距处；

b. 电缆分支、接头处；

c. 管路方向较大改变或电缆从排管转入直埋处；

d. 管路坡度较大且需防止电缆滑落的必要加强固定处。

⑧ 电缆穿管敷设时容许最大管长的计算方法。

a. 电缆穿管敷设时的容许最大管长，应按不超过电缆容许拉力和侧压力的下列关系式确定。

$$T_{i=n} \leqslant T_m \text{ 或 } T_{j=m} \leqslant T_m \tag{8-24}$$

$$P_j \leqslant P_m \quad (j=1,\ 2\cdots\cdots) \tag{8-25}$$

式中 $T_{i=n}$——从电缆送入管端起至第 n 个直线段拉出时的牵拉力，N；

T_m——电缆容许拉力，N；

$T_{j=m}$——从电缆送入管端起至第 m 个弯曲段拉出时的牵拉力，N；

P_j——电缆在 j 个弯曲管段的侧压力，N/m；

P_m——电缆容许侧压力，N/m。

b. 水平管路的电缆牵拉力可按下列算式：

直线段

$$T_i = T_{i-1} + \mu CWL_i \tag{8-26}$$

弯曲段

$$T_j = T_i e^{\mu\theta_j} \tag{8-27}$$

式中 T_{i-1}——直线段入口拉力（N），起始拉力 $T_0 = T_{i-1}$（$i=1$），可按 20m 左右长度电缆摩擦力计，其他各段按相应弯曲段出口拉力；

μ——电缆与管道间的动摩擦因数；

C——电缆质量校正系数，2 根电缆时，$C_2=1.1$，3 根电缆品字形时

$$C_3 = 1 + \left[\frac{4}{3} + \left(\frac{d}{D-d}\right)^2\right] \tag{8-28}$$

W——电缆单位长度的质量，kg/m；

L_i——第 i 段直线管长，m；

θ_j——第 j 段弯曲管的夹角角度，rad；

d——电缆外径，mm；

D——保护管内径，mm。

c. 弯曲管段电缆侧压力可按下列公式计算：

1 根电缆

$$P_j = T_j / R_j \tag{8-29}$$

式中 R_j——第 j 段弯曲管道内半径，m。

2 根电缆

$$P_j = 1.1T_j / 2R_j \tag{8-30}$$

3 根电缆呈品字形

$$P_j = C_3 T_j / 2R_j \quad (8\text{-}31)$$

d. 电缆容许拉力，应按承受拉力材料的抗张强度计入安全系数确定。可采取牵引头或钢丝网套等方式牵引。

用牵引头方式的电缆容许拉力计算式：

$$T_m = k\sigma qS \quad (8\text{-}32)$$

式中　k——校正系数，电力电缆 $k=1$，控制电缆 $k=0.6$；

σ——导体允许抗拉强度（N/mm^2），铜芯为 68.6×10^6，铝芯为 39.2×10^6；

q——电缆芯数；

S——电缆导体截面积，mm^2。

e. 电缆容许侧压力，可采取下列数值：分相统包电缆 $P_m=2500N/m$；其他挤塑绝缘或自容式充油电缆 $P_m=3000N/m$。

f. 电缆与管道间动摩擦因数，可采取表 8-39 所列数值。

表 8-39　电缆穿管敷设时动摩擦因数 μ

管壁特征和管材	波纹状	平滑状		
	聚乙烯	聚氯乙烯	钢	石棉水泥
μ	0.35	0.45	0.55	0.65

注：电缆外护层为聚氯乙烯，敷设时加有润滑剂。

8.3.5　电缆构筑物敷设

① 电缆构筑物的尺寸应按容纳的全部电缆确定，电缆的配置应无碍安全运行，满足敷设施工作业与维护巡视活动所需空间，并应符合下列规定。

a. 隧道内通道净高不宜小于 1900mm；在较短的隧道中与其他沟道交叉的局部段，净高可降低，但不应小于 1400mm。

b. 封闭式工作井的净高不宜小于 1900mm。

c. 电缆夹层室的净高不得小于 2000mm，但不宜大于 3000mm。民用建筑的电缆夹层净高可稍降低，但在电缆配置上供人员活动的短距离空间不得小于 1400mm。

d. 电缆沟、隧道或工作井内通道的净宽，不宜小于表 8-40 所列值。

表 8-40　电缆沟、隧道或工作井内通道的净宽　单位：mm

电缆支架配置方式	具有下列沟深的电缆沟			开挖式隧道或封闭式工作井	非开挖式隧道
	<600	600～1000	>1000		
两侧	300①	500	700	1000	800
单侧	300①	450	600	900	800

① 浅沟内可不设置支架，无须有通道。

② 电缆支架、梯架或托盘的层间距离，应满足能方便地敷设电缆及其固定、安置接头的要求，且在多根电缆同置于一层情况下，可更换或增设任一根电缆及其接头。在采用电缆截面或接头外径尚非很大的情况下，符合上述要求的电缆支架、梯架或托盘的层间距离的最小值，可取表 8-41 所列数值。

表 8-41　电缆支架、梯架或托盘的层间距离的最小值　　　　单位：mm

<table>
<tr><th colspan="2">电缆电压级和类型、敷设特征</th><th>普通支架、吊架</th><th>桥架</th></tr>
<tr><td colspan="2">控制电缆明敷</td><td>120</td><td>200</td></tr>
<tr><td rowspan="6">电力电缆明敷</td><td>6kV 及以下</td><td>150</td><td>250</td></tr>
<tr><td>6～10kV 交联聚乙烯</td><td>200</td><td>300</td></tr>
<tr><td>35kV 单芯</td><td>250</td><td>300</td></tr>
<tr><td>35kV 三芯</td><td rowspan="2">300</td><td rowspan="2">350</td></tr>
<tr><td>110～220kV，每层 1 根以上</td></tr>
<tr><td>330kV、500kV</td><td>350</td><td>400</td></tr>
<tr><td colspan="2">电缆敷设于槽盒中</td><td>$h+80$</td><td>$h+100$</td></tr>
</table>

注：h 为槽盒外壳高度。

③ 水平敷设时电缆支架的最上层、最下层布置尺寸，应符合下列规定。

a. 最上层支架距构筑物顶板或梁底的净距允许最小值，应满足电缆引接至上侧柜盘时的允许弯曲半径要求，且不宜小于表 8-41 所列数再加 80～150mm 的和值。

b. 最上层支架距其他设备的净距，不应小于 300mm；当无法满足时应设置防护板。

c. 最下层支架距地坪、沟道底部的最小净距，不宜小于表 8-42 所列值。

表 8-42　最下层支架距地坪、沟道底部的最小净距　　　　单位：mm

<table>
<tr><th colspan="2">电缆敷设场所及其特征</th><th>垂直净距</th></tr>
<tr><td colspan="2">电缆沟</td><td>50</td></tr>
<tr><td colspan="2">隧道</td><td>100</td></tr>
<tr><td rowspan="2">电缆夹层</td><td>非通道处</td><td>200</td></tr>
<tr><td>至少在一侧不小于 800mm 宽通道处</td><td>1400</td></tr>
<tr><td colspan="2">公共廊道中电缆支架无围栏防护</td><td>1500</td></tr>
<tr><td colspan="2">厂房内</td><td>2000</td></tr>
<tr><td rowspan="2">厂房外</td><td>无车辆通过</td><td>2500</td></tr>
<tr><td>有车辆通过</td><td>4500</td></tr>
</table>

④ 电缆构筑物应满足防止外部进水、渗水的要求，且应符合下列规定。

a. 对电缆沟或隧道底部低于地下水位、电缆沟与工业水管沟并行邻近、隧道与工业水管沟交叉时，宜加强电缆构筑物防水处理。

b. 电缆沟与工业水管沟交叉时，电缆沟宜位于工业水管沟的上方。

c. 在不影响厂区排水情况下，厂区户外电缆沟的沟壁宜稍高出地坪。

⑤ 电缆构筑物应实现排水畅通，且符合下列规定。

a. 电缆沟、隧道的纵向排水坡度，不得小于 0.5%。

b. 沿排水方向适当距离宜设置集水井及其泄水系统，必要时应实施机械排水。

c. 隧道底部沿纵向宜设置泄水边沟。

⑥ 电缆沟沟壁、盖板及其材质构成，应满足承受荷载和适合环境耐久的要求。可开启的沟盖板的单块质量，不宜超过 50kg。

⑦ 电缆隧道、封闭式工作井应设置安全孔，安全孔的设置应符合下列规定。

a. 沿隧道纵长不应少于 2 个。在工业性厂区或变电所内隧道的安全孔间距不宜大于 75m。在城镇公共区域开挖式隧道的安全孔间距不宜大于 200m，非开挖式隧道的安全孔间距可适当增大，且宜根据隧道埋深和结合电缆敷设、通风、消防等综合确定。隧道首末端无安全门时，宜在不大于 5m 处设置安全孔。

b. 对封闭式工作井，应在顶盖板处设置 2 个安全孔。位于公共区域的工作井，安全孔井盖的设置宜使非专业人员难以启动。

c. 安全孔至少应有一处适合安装机具和安置设备的搬运，供人出入的安全孔直径不得小于 700mm。

d. 安全孔内应设置爬梯，通向安全门应设置步道或楼梯等设施。

e. 在公共区域露出地面的安全孔设置部位，宜避开公路、轻轨，其外观宜与周围环境景观相协调。

⑧ 高落差地段的电缆隧道中，通道不宜呈阶梯状，且纵向坡度不宜大于 15°，电缆接头不宜设置在倾斜位置上。

⑨ 电缆隧道宜采取自然通风。当有较多电缆导体工作温度持续达到 70℃以上或其他影响环境温度显著升高时，可装设机械通风，但机械通风装置应在一旦出现火灾时能可靠地自动关闭。长距离的隧道，宜适当分区段实行相互独立的通风。

⑩ 非拆卸式电缆竖井中，应有人员活动的空间，且宜符合下列规定。

a. 未超过 5m 高时，可设置爬梯，且活动空间不宜小于 800mm×800mm。

b. 超过 5m 高时，宜设置楼梯，且每隔 3m 宜设置楼梯平台。

c. 超过 20m 高且电缆数量多或重要性要求较高时，可设置简易式电梯。

8.3.6　其他公用设施中缆敷

① 通过木质结构的桥梁、码头、栈道等公用构筑物，用于重要的木质建筑设施的非矿物绝缘电缆时，应敷设在不燃性的保护管或槽盒中。

② 交通桥梁上、隧洞中或地下商场等公共设施的电缆，应具有防止电缆着火危害、避免外力损伤的可靠措施，并应符合下列规定。

a. 电缆不得明敷在通行的路面上。

b. 自容式充油电缆在沟槽内敷设时应埋砂，在保护管内敷设时，保护管应采用非导磁的不燃性材质的刚性保护管。

c. 非矿物绝缘电缆用在无封闭式通道时，宜敷设在不燃性的保护管或槽盒中。

③ 公路、铁道桥梁上的电缆，应采取防止振动、热伸缩以及风力影响下金属套因长期应力疲劳导致断裂的措施，并应符合下列规定。

a. 桥墩两端和伸缩缝处，电缆应充分松弛。当桥梁中有挠角部位时，宜设置电缆迂回补偿装置。

b. 35kV 以上大截面电缆宜采用蛇形敷设。

c. 经常受到振动的直线敷设电缆，应设置橡胶、沙袋等弹性衬垫。

8.3.7　水下敷设

① 水下电缆路径的选择，应满足电缆不易受机械性损伤、能实施可靠防护、敷设作业方便、经济合理等要求，且应符合下列规定。

a. 电缆宜敷设在河床稳定、流速较缓、岸边不易被冲刷、海底无石山或沉船等障碍、少有沉锚和拖网渔船活动的水域。

b. 电缆不宜敷设在码头、渡口、水工构筑物附近，且不宜敷设在疏浚挖泥区和规划筑港地带。

② 水下电缆不得悬空于水中，应埋置于水底。在通航水道等需防范外部机械力损伤的水域，电缆应埋置于水底适当深度的沟槽中，并应加以稳固覆盖保护；浅水区埋深不宜小于0.5m，深水航道的埋深不宜小于2m。

③ 水下电缆严禁交叉、重叠。相邻电缆应保持足够的安全间距，且应符合下列规定。

a. 主航道内，电缆间距不宜小于平均最大水深的1.2倍。引至岸边间距可适当缩小。

b. 在非通航的流速未超过1m/s的小河中，同回路单芯电缆间距不得小于0.5m，不同回路电缆间距不得小于5m。

c. 除上述情况外，应按水的流速和电缆埋深等因素确定。

④ 水下电缆与工业管道间的水平距离，不宜小于50m；受条件限制时，不得小于15m。

⑤ 水下电缆引至岸上的区段，应采取适合敷设条件的防护措施，且应符合下列规定。

a. 岸边稳定时，应采用保护管、沟槽敷设电缆，必要时可设置工作井连接，管沟下端宜置于最低水位下不小于1m处。

b. 岸边未稳定时，宜采取迂回形式敷设以预留适当备用长度的电缆。

⑥ 水下电缆的两岸，应设置醒目的警告标志。

8.4 电缆防火与阻燃设计

8.4.1 阻燃与耐火电缆及其分级[103]

阻燃电缆，是指在规定试验条件下，试样被燃烧，在撤去试验火源后，火焰的蔓延仅在限定范围内，残焰或残灼在限定时间内能自行熄灭的电缆。根本特性是：在火灾情况下有可能被烧坏而不能运行，但可阻止火势的蔓延。通俗地讲，电线万一失火，能够把燃烧限制在局部范围内，不产生蔓延，保证其他设备不致损坏，避免造成更大损失。

根据电缆阻燃材料的不同，阻燃电缆分为含卤阻燃电缆及无卤低烟阻燃电缆两大类。其中含卤阻燃电缆的绝缘层、护套、外护层以及辅助材料（包带及填充）全部或部分采用含卤的聚乙烯（PVC）阻燃材料，因而具有良好的阻燃特性。但是在电缆燃烧时会释放大量的浓烟和卤酸气体，卤酸气体对周围的电气设备有腐蚀性危害，救援人员需要戴上防毒面具才能接近现场进行灭火，否则会给周围电气设备以及救援人员造成危害，从而导致严重的“二次危害”。而无卤低烟阻燃电缆的绝缘层、护套、外护层以及辅助材料（包带及填充）全部或部分采用的是不含卤的交联聚乙烯（XLPE）阻燃材料，在燃烧时不会产生有害气体和大量的烟雾，不存在会造成“二次灾害”的可能性，并且还具有良好的力学与电气性能，满足了电缆的使用要求，彻底改变了以往阻燃电缆的不足之处。3～35kV不含卤的交联聚乙烯绝缘电力电缆结构如图8-1所示。

根据我国现行国家标准GB/T 19666—2005《阻燃和耐火电线电缆通则》的规定，可将阻燃电线电缆分为A、B、C、D四类，其中A类电缆试验条件（供火温度、供火时间、成束敷设电缆的非金属材料体积、焦化高度和自熄时间）最苛刻，性能较B、C、D类更优。

耐火电缆是指在规定的火源和时间下燃烧时，能持续地在指定状态下运行，即保持线路完整性的电缆。根据GB/T 19666—2005《阻燃和耐火电线电缆通则》的规定，同样可将耐火电线电缆分为A、B、C、D四类。耐火电缆广泛应用于高层建筑、地下铁道、大型电站及重要

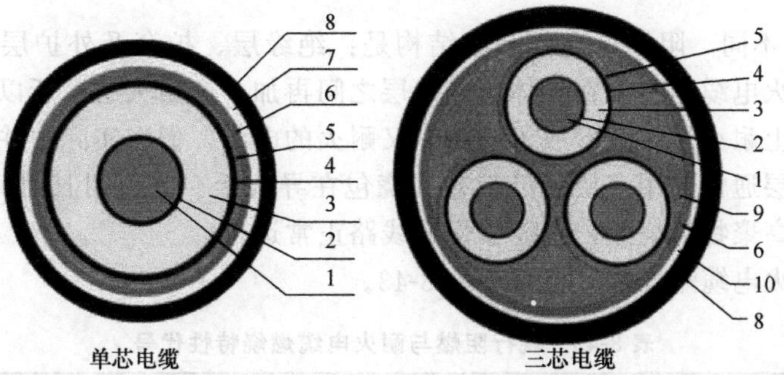

图 8-1　3～35kV 不含卤的交联聚乙烯（XLPE）绝缘电力电缆结构示意图
1—导体线芯；2—内半导电屏蔽；3—绝缘层；4—外半导电屏蔽；5—金属屏蔽；
6—内护层；7—钢丝铠装；8—外护层；9—填充料；10—金属铠装

的工矿企业等与防火安全和消防救生有关的地方，例如，消防设备及紧急向导灯等应急设施的供电线路和控制线路。

另外，矿物绝缘电缆是耐火电缆中性能较优的一种，它是由铜芯、铜护套与氧化镁绝缘材料等加工而成，简称 MI（Mineral Insulated Cables）电缆，其结构如图 8-2 所示。该电缆完全由无机物构成耐火层，而普通耐火电缆的耐火层是由无机物与一般有机物复合而成，因此 MI 电缆的耐火性能较普通耐火电缆更优且不会因燃烧而分解产生腐蚀性气体。MI 电缆具有良好的耐火特性且可以长期工作在 250℃高温下，同时还具有防爆、耐腐蚀、载流量大、耐辐射、机械强度高、体积小、重量轻、寿命长、无烟等优点。但它也具有价格贵、工艺复杂与施工难度大等缺点，在油罐区、重要木结构公共建筑、高温场所等耐火要求高且经济性能可以接受的场合，可采用这种耐火性能好的电缆。

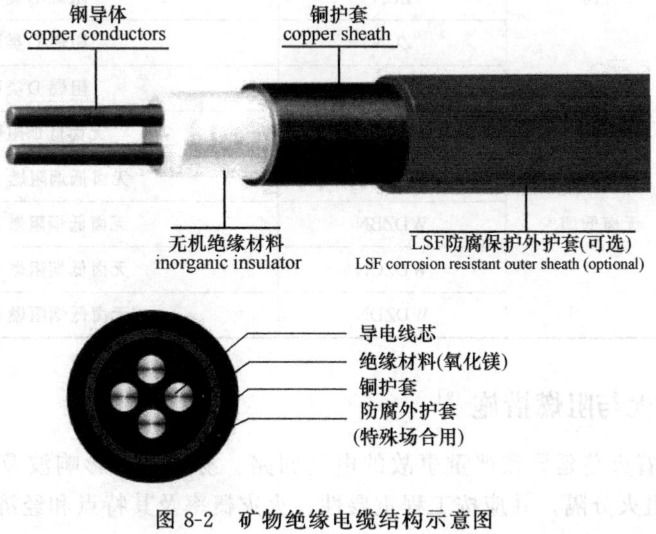

图 8-2　矿物绝缘电缆结构示意图

一般人很容易混淆阻燃电缆和耐火电缆的概念，虽然阻燃电缆有许多较适用于化工企业的优点，如低卤、低烟、阻燃等，但在一般情况下，耐火电缆可以取代阻燃电缆，而阻燃电缆不能取代耐火电缆。它们的区别主要在于以下几方面。

① 原理不同　含卤电缆阻燃原理是靠卤素的阻燃效应，无卤电缆阻燃原理是靠析出水降低温度来熄灭火焰。耐火电缆是靠耐火层中云母材料的耐火、耐热特性，保证电缆在火灾时也

能正常工作。

② 结构和材料不同　阻燃电缆的基本结构是：绝缘层、护套及外护层、包带和填充均采用阻燃材料；而耐火电缆通常是在导体与绝缘层之间再加一个耐火层，所以从理论上讲可以在阻燃电缆结构中加上耐火层，就形成了既阻燃又耐火的电缆，但在实际中并没有这个必要。因为耐火电缆的耐火层通常采用多层云母带直接绕包在导线上，它可耐长时间的较高温度燃烧，即使施加火焰处的高聚物被烧毁，也能够保证线路正常运行。

现行阻燃与耐火电缆燃烧特性代号见表8-43。

表8-43　现行阻燃与耐火电缆燃烧特性代号

系列名称		代号	名称
阻燃系列	有卤	ZA	阻燃A类
		ZB	阻燃B类
		ZC	阻燃C类
		ZD	阻燃D类
	无卤低烟	WDZ	无卤低烟阻燃
		WDZA	无卤低烟阻燃A类
		WDZB	无卤低烟阻燃B类
		WDZC	无卤低烟阻燃C类
		WDZD	无卤低烟阻燃D类
耐火系列	有卤	N	耐火
		ZAN	阻燃A类耐火
		ZBN	阻燃B类耐火
		ZCN	阻燃C类耐火
		ZDN	阻燃D类耐火
	无卤低烟	WDZN	无卤低烟阻燃耐火
		WDZAN	无卤低烟阻燃A类耐火
		WDZBN	无卤低烟阻燃B类耐火
		WDZCN	无卤低烟阻燃C类耐火
		WDZDN	无卤低烟阻燃D类耐火

8.4.2　电缆的防火与阻燃措施[19]

① 对电缆可能着火蔓延导致严重事故的电气回路、易受外部影响波及火灾的电缆密集场所，应设置适当的阻火分隔，并应按工程重要性、火灾概率及其特点和经济合理等因素，采取下列安全措施。

a. 实施阻燃防护或阻止延燃。

b. 选用具有阻燃性的电缆。

c. 实施耐火防护或选用具有耐火性的电缆。

d. 实施防火构造。

e. 增设自动报警与专用消防装置。

② 阻火分隔方式的选择，应符合下列规定。

a. 电缆构筑物中电缆引至电气柜、盘或控制屏、台的开孔部位，电缆贯穿隔墙、楼板的孔洞处，工作井中电缆管孔等均应实施阻火封堵。

b. 在隧道或重要回路的电缆沟中的下列部位，宜设置阻火墙（防火墙）。

ⅰ. 公用主沟道的分支处。

ⅱ. 多段配电装置对应的沟道适当分段处。

ⅲ. 长距离沟道中相隔约 200m 或通风区段处。

ⅳ. 至控制室或配电装置的沟道入口、厂区围墙处。

c. 在竖井中，宜每隔 7m 设置阻火隔层。

③ 实施阻火分隔的技术特性，应符合下列规定。

a. 阻火封堵、阻火隔层的设置，应按电缆贯穿孔洞状况和条件，采用相适合的防火封堵材料或组件。用于电力电缆时，宜使对载流量影响较小；用在楼板竖井孔处时，应能承受巡视人员的荷载。阻火封堵材料的使用，对电缆不得有腐蚀和损害。

b. 阻火墙的构成，应采用适合电缆线路条件的阻火模块、防火封堵板材、阻火包等软质材料，且应在可能经受积水浸泡或鼠害作用下具有稳固性。

c. 除通向主控室、厂区围墙或长距离隧道中按通风区段分隔的阻火墙部位应设置防火门外，其他情况下，有防止窜燃措施时可不设防火门。防窜燃方式，可在阻火墙紧靠两侧不少于 1m 区段所有电缆上施加防火涂料、包带或设置挡火板等。

d. 阻火墙、阻火隔层和阻火封堵的构成方式，应按等效工程条件特征的标准试验，满足耐火极限不低于 1h 的耐火完整性、隔热性要求确定。当阻火分隔的构成方式不为该材料标准试验的试件装配特征涵盖时，应进行专门的测试论证或采取补加措施；阻火分隔厚度不足时，可沿封堵侧紧靠的约 1m 区段电缆上施加防火涂料或包带。

④ 非阻燃性电缆用于明敷时，应符合下列规定。

a. 在易受外因波及而着火的场所，宜对该范围内的电缆实施阻燃防护；对重要电缆回路，可在适当部位设置阻火段以实施阻止延燃。阻燃防护或阻火段，可采取在电缆上施加防火涂料、包带；当电缆数量较多时，也可采用阻燃、耐火槽盒或阻火包等。

b. 在接头两侧电缆各约 3m 区段和该范围内邻近并行敷设的其他电缆上，宜采用防火包带实施阻止延燃。

⑤ 在火灾概率较高、灾害影响较大的场所，明敷电缆的选择，应符合下列规定。

a. 火力发电厂主厂房、输煤系统、燃油系统等易燃易爆场所，宜选用阻燃电缆。

b. 地下的客运或商业设施等人流密集环境中需要增强防火安全的回路，宜选用具有低烟、低毒的阻燃电缆。

c. 其他重要的工业与公共设施供配电回路，当需要增强防火安全时，也可选用具有阻燃性或低烟、低毒的阻燃电缆。

8.4.3 电缆的防火与阻燃设计[19]

① 阻燃电缆的选用，应符合下列规定。

a. 电缆多根密集配置时的阻燃性，应符合现行国家标准 GB/T 18380.3《电缆在火焰条件下的燃烧试验 第 3 部分：成束电线或电缆的燃烧试验方法》的有关规定，并应根据电缆配置情况、所需防止灾难性事故和经济合理的原则，选择适合的阻燃性等级和类别。

b. 当确定该等级类阻燃电缆能满足工作条件下有效阻止延燃性时，可减少 8.4.3 节第④条的要求。

c. 在同一通道中，不宜把非阻燃电缆与阻燃电缆并列配置。

② 在外部火势作用一定时间内需维持通电的下列场所或回路，明敷的电缆应实施耐火防护或选用具有耐火性的电缆。

a. 消防、报警、应急照明、断路器操作直流电源和发电机组紧急停机的保安电源等重要回路。

b. 计算机监控、双重化继电保护、保安电源或应急电源等双回路合用同一通道未相互隔离时的其中一个回路。

c. 油罐区、钢铁厂中可能有熔化金属溅落等易燃场所。

d. 火力发电厂水泵房、化学水处理、输煤系统、油泵房等重要电源的双回路供电回路合用同一电缆通道而未相互隔离时的其中一个回路。

e. 其他重要公共建筑设施等需有耐火要求的回路。

③ 明敷电缆实施耐火防护方式，应符合下列规定。

a. 电缆数量较少时，可采用防火涂料、包带加于电缆上或把电缆穿于耐火管中。

b. 同一通道电缆较多时，宜敷设于耐火槽盒内，且对电缆宜采用透气形式，在无易燃粉尘的环境可采用半封闭式，敷设在桥架上的电缆防护区段不长时，也可采用阻火包。

④ 耐火电缆用于发电厂等明敷有多根电缆配置中，或位于油管、有熔化金属溅落等可能波及场所时，其耐火性应符合现行国家标准 GB 12666.6 中的 A 类耐火电缆。除上述情况外且为少量电缆配置时，可采用符合现行国家标准 GB 12666.6 中的 B 类耐火电缆。

⑤ 在油罐区、重要木结构公共建筑、高温场所等其他耐火要求高且敷设安装和经济合理时，可采用矿物绝缘电缆。

⑥ 自容式充油电缆明敷在公用廊道、客运隧洞、桥梁等要求实施防火处理时，可采取埋砂敷设。

⑦ 靠近高压电流、电压互感器等含油设备的电缆沟，该区段沟盖板宜密封。

⑧ 在安全性要求较高的电缆密集场所或封闭通道中，宜配备适于环境的可靠动作的火灾自动探测与报警装置。明敷充油电缆的供油系统，宜设置反映喷油状态的火灾自动报警装置和闭锁装置。

⑨ 在地下公共设施的电缆密集部位、多回充油电缆的终端设置处等安全性要求较高的场所，可装设水喷雾灭火等专用消防设施。

⑩ 电缆用防火阻燃材料产品的选用，应符合下列规定。

a. 阻燃性材料应符合现行国家标准 GB 23864—2009《防火封堵材料》的有关规定。

b. 防火涂料、阻燃包带应分别符合现行国家标准 GB 28374—2012《电缆防火涂料》和 GA 478—2004《电缆用阻燃包带》的有关规定。

c. 用于阻止延燃的材料产品，除上述第 b. 款外，尚应按等效工程使用条件的燃烧试验满足有效的自熄性。

d. 用于耐火防护的材料产品，应按等效工程使用条件的燃烧试验满足耐火极限不低于 1h 的要求，且耐火温度不宜低于 1000℃。

e. 用于电力电缆的阻燃、耐火槽盒，应确定电缆载流能力或有关参数。

f. 采用的材料产品应适于工程环境，并应具有耐久可靠性。

8.5 架空线路设计要求[55]

8.5.1 架空电力线路径

① 架空电力线路路径的选择，应认真进行调查研究，综合考虑运行、施工、交通条件和路径长度等因素统筹兼顾，全面安排，并应进行多方案比较，做到经济合理、安全适用。

② 市区架空电力线路的路径应与城市总体规划相结合，路径走廊位置应与各种线和其他市政设施统一安排。

③ 架空电力线路路径的选择应符合下列要求。

a. 应减少与其他设施交叉；当与其他架空线路交叉时，其交叉点不宜选在被跨越线路的杆塔顶上。

b. 架空弱电线路等级划分应符合下述规定。

一级——首都与各省、自治区、直辖市人民政府所在地及相互间联系的主要线路；首都至各重要工矿城市、海港的线路以及由首都通达国外的国际线路；重要的国际线路和国防线路；铁道部与各铁路局及铁路局间联系用的线路，铁路信号自动闭塞装置专用线路。

二级——各省、自治区、直辖市人民政府所在地与各地（市）、县及其相互间的通信线路；相邻两省（自治区）各地（市）、县相互间通信线路，一般市内电话线路；铁路局与各站、段及站相互间的线路，铁路信号闭塞装置的线路。

三级——县至区、乡人民政府的县内线路和两对以下的城郊线路；铁路的地区线路及有线广播线路。

c. 架空电力线路跨越架空弱电线路的交叉角应符合表 8-44 的要求。

表 8-44　架空电力线路跨越架空弱电线路的交叉角

弱电线路等级	一级	二级	三级
交叉角	≥40°	≥25°	不限制

d. 3kV 及以上至 66kV 及以下架空电力线路，不应跨越储存易燃、易爆危险品的仓库区域。架空电力线路与甲类生产厂房和库房、易燃易爆材料堆场以及可燃或易燃、易爆液（气）体储罐的防火间距，应符合国家有关法律法规和现行国家标准《建筑设计防火规范》GB 50016 的有关规定。

e. 甲类厂房、库房，易燃材料堆垛，甲、乙类液体储罐，液化石油气储罐，可燃、助燃气体储罐与架空电力线路的最近水平距离不应小于电杆（塔）高度的 1.5 倍；丙类液体储罐与架空电力线路的最近水平距离不应小于电杆（塔）高度 1.2 倍。35kV 以上的架空电力线路与储量超过 $200m^3$ 的液化石油气单罐的最近水平距离不应小于 40m。

f. 架空电力线路应避开洼地、冲刷地带、不良地质地区、原始森林区以及影响线路安全运行的其他地区。

④ 架空电力线路不宜通过林区，当确需经过林区时应结合林区道路和林区具体条件选择线路路径，并应尽量减少树木砍伐。10kV 及以下架空电力线路的通道宽度，不宜小于线路两侧向外各延伸 2.5m。35kV 和 66kV 架空电力线路宜采用跨越设计，特殊地段宜结合电气安全距离等条件严格控制树木砍伐。

⑤ 架空电力线路通过果林、经济作物林以及城市绿化灌木林时，不宜砍伐通道。

⑥ 耐张段的长度宜符合下列规定。

a. 35kV 和 66kV 架空电力线路耐张段的长度不宜大于 5km。

b. 10kV 及以下架空电力线路耐张段的长度不宜大于 2km。

⑦ 35kV 和 66kV 架空电力线路不宜通过国家批准的自然保护区的核心区和缓冲区内。

8.5.2　气象条件

① 架空电力线路设计的气温应根据当地 15～30 年气象记录中的统计值确定。最高气温宜采用＋40℃。在最高、最低气温和年平均气温工况下，应按无风、无冰计算。

② 架空电力线路设计采用的年平均气温应按下列方法确定。

a. 当地区的年平均气温在3～17℃之间时，年平均气温应取与此数邻近的5的倍数值。

b. 当地区的年平均气温小于3℃或大于17℃时，应将年平均气温减少3～5℃后，取与此数邻近的5的倍数值。

③ 架空电力线路设计采用的导线或地线的覆冰厚度，在调查的基础上可取5mm、10mm、15mm、20mm，冰的密度应按0.9g/cm^{3}计；覆冰时的气温应采用－5℃，风速宜采用10m/s。

④ 安装工况的风速应采用10m/s，且无冰。气温应按下列规定采用：

a. 最低气温为－40℃的地区，应采用－15℃；

b. 最低气温为－20℃的地区，应采用－10℃；

c. 最低气温为－10℃的地区，宜采用－5℃；

d. 最低气温为－5℃的地区，宜采用0℃。

⑤ 雷电过电压工况的气温可采用15℃，风速对于最大设计风速35m/s及以上地区可采用15m/s，最大设计风速小于35m/s的地区可采用10m/s。

⑥ 检验导线与地线之间的距离时，应按无风、无冰考虑。

⑦ 内部过电压工况的气温可采用年平均气温，风速可采用最大设计风速的50%，并不宜低于15m/s，且无冰。

⑧ 在最大风速工况下应按无冰计算，气温应按下列规定采用：

a. 最低气温为－10℃及以下的地区，应采用－5℃；

b. 最低气温为－5℃及以上的地区，宜采用＋10℃。

⑨ 带电作业工况的风速可采用10m/s，气温可采用15℃，且无冰。

⑩ 长期荷载工况的风速应采用5m/s，气温应采用年平均气温，且无冰。

⑪ 最大设计风速应采用当地空旷平坦地面上离地10m高，统计所得的30年一遇10min平均最大风速；当无可靠资料时，最大设计风速不应低于23.5m/s，并应符合下列规定。

a. 山区架空电力线路的最大设计风速，应根据当地气象资料确定；当无可靠资料时，最大设计风速可按附近平地风速增加10%，且不应低于25m/s。

b. 当架空电力线路位于河岸、湖岸、山峰以及山谷口等容易产生强风的地带时，其最大基本风速应较附近一般地区适当增大；对容易覆冰、风口、高差大的地段宜缩短耐张段长度，杆塔使用条件应适当留有裕度。

c. 架空电力线路通过市区或森林等地区时，当两侧屏蔽物的平均高度大于杆塔高度的2/3时，其最大设计风速宜比当地最大设计风速减少20%。

8.5.3 导线、电线、绝缘子和金具

（1）一般规定

① 架空电力线路的导线可采用钢芯铝绞线或铝绞线，地线可采用镀锌钢绞线。在沿海和其他对导线腐蚀较严重的地区，可使用耐腐蚀、增容导线。有条件的地区可用节能金具。

② 市区10kV及以下架空电力线路，遇下列情况可采用绝缘铝绞线：

a. 线路走廊狭窄，与建筑物之间的距离不能满足安全要求的地段；

b. 高层建筑邻近地段；

c. 繁华街道或人口密集地区；

d. 游览区和绿化区；

e. 空气严重污秽地段；

f. 建筑施工现场。

③ 导线的型号应根据电力系统规划设计和工程技术条件综合确定。

④ 地线的型号应根据防雷设计和工程技术条件的要求确定。

(2) 架线设计

① 在各种气象条件下，导线的张力弧垂计算应采用最大使用张力和平均运行张力作为控制条件。地线的张力弧垂计算可采用最大使用张力、平均运行张力和导线与地线间的距离作为控制条件。

② 导线与地线在档距中央的距离，在+15℃、无风无冰条件时，应符合下式要求：

$$s \geqslant 0.012L + 1 \tag{8-33}$$

式中 s——导线与地线在档距中央的距离，m；

L——档距，m。

③ 导线或地线的最大使用张力不应大于绞线瞬时破坏张力的 40%。

④ 导线或地线的平均运行张力上限及防振措施应符合表 8-45 的要求。

表 8-45　导线或地线的平均运行张力上限及防振措施

档距和环境状况	平均运行张力上限(瞬时破坏张力的百分数)/%		防振措施
	钢芯铝绞线	镀锌钢绞线	
开阔地区档距<500m	16	12	不需要
非开阔地区档距<500m	18	18	不需要
档距<120m	18	18	不需要
不论档距大小	22	—	护线条
不论档距大小	25	25	防振锤(线)或另加护线条

⑤ 35kV 和 66kV 架空电力线路的导线或地线的初伸长率应通过试验确定，导线或地线的初伸长对弧垂的影响可采用降温法补偿。当无试验资料时，初伸长率和降低的温度可采用表 8-46 所列数值。

⑥ 10kV 及以下架空电力线路的导线初伸长对弧垂的影响可采用减少弧垂法补偿。弧垂减小率应符合下列规定：

a. 铝绞线或绝缘铝绞线应采用 20%；

b. 钢芯铝绞线应采用 12%。

表 8-46　导线或地线的初伸长率和降低的温度

类型	初伸长率	降低的温度/℃
钢芯铝绞线	$1\times10^{-4}\sim5\times10^{-4}$	15～25
镀锌钢绞线	1×10^{-4}	10

注：截面铝钢比小的钢芯铝绞线应采用表中的下限值；截面铝钢比大的钢芯铝绞线应采用表中的上限值。

(3) 绝缘子和金具

① 绝缘子和金具的机械强度应按下式验算：

$$KF > F_u \tag{8-34}$$

式中 K——机械强度安全系数；

F——设计荷载，kN；

F_u——悬式绝缘子的机械破坏荷载或针式绝缘子、瓷横担绝缘子的受弯破坏荷载或蝶式绝缘子、金具的破坏荷载，kN。

② 绝缘子和金具的安装设计可采用安全系数设计法。绝缘子及金具的机械强度安全系数应符合表 8-47 的规定。

表 8-47　绝缘子及金具的机械强度安全系数

类型	安全系数		
	运行工况	断线工况	断联工况
悬式绝缘子	2.7	1.8	1.5
针式绝缘子	2.5	1.5	1.5
蝶式绝缘子	2.5	1.5	1.5
瓷横担绝缘子	3.0	2.0	—
合成绝缘子	3.0	1.8	1.5
金具	2.5	1.5	1.5

8.5.4　绝缘配合、防雷和接地

① 架空电力线路环境污秽等级应符合表 8-48 的规定。污秽等级可根据审定的污秽分区图并结合运行经验、污秽特征、外绝缘表面污秽物性质及其等值附盐密度等因素综合确定。

② 35kV 和 66kV 架空电力线路绝缘子的形式和数量，应根据绝缘的单位爬电距离确定。瓷绝缘的单位爬电距离应符合表 8-48 的规定。

③ 35kV 和 66kV 架空电力线路宜采用悬式绝缘子。在海拔高度 1000m 以下空气清洁的地区，悬垂绝缘子串的绝缘子数量宜采用表 8-49 所列数值。

④ 耐张绝缘子串的绝缘子数量应比悬垂绝缘子串的同型绝缘子多一片。对于全高超过 40m 有地线的杆塔，高度每增加 10m，应增加一片绝缘子。

⑤ 6kV 和 10kV 架空电力线路的直线杆塔宜采用针式绝缘子或瓷横担绝缘子；耐张杆塔宜采用悬式绝缘子串或蝶式绝缘子和悬式绝缘子组成的绝缘子串。

⑥ 3kV 及以下架空电力线路的直线杆塔宜采用针式绝缘子或瓷横担绝缘子；耐张杆塔宜采用蝶式绝缘子。

表 8-48　架空电力线路环境污秽等级

示例	典型环境描述	现场污秽度分级	盐密 /(mg/cm^3)	瓷绝缘单位爬电距离[4] /(cm/kV)	
				中性点直接接地	中性点非直接接地
E1	很少有人活动，植被覆盖好，且距海、沙漠或开阔干地＞50km[1]； 距大、中城市＞30～50km； 距上述污染源更短距离以内，但污染源不在积污期主导风上	a 很轻[2]	0～0.03 （强电解质）	1.6	1.9
E2	人口密度 500～1000 人/km^2 的农业耕作区，且距海、沙漠或开阔干地＞10～50km； 距大、中城市 15～50km； 距重要交通干线沿线 1km 以内； 距上述污染源更短距离以内，但污染源不在积污期主导风上； 工业废气排放强度＜1000×10^4m^3(标)/km^2； 积污期干旱少雾少凝露的内陆盐碱（含盐量小于 0.3%）地区	b 轻	0.03～0.06	1.6～1.8	1.9～2.2

续表

示例	典型环境描述	现场污秽度分级	盐密 /(mg/cm³)	瓷绝缘单位爬电距离④ /(cm/kV)	
				中性点直接接地	中性点非直接接地
E3	人口密度 1000～10000 人/km² 的农业耕作区，且距海、沙漠或开阔干地＞3～10km③； 距大、中城市 15～20km； 距重要交通干线沿线 0.5km 及一般交通干线 0.1km 以内； 距上述污染源更短距离以内，但污染源不在积污期主导风上； 包括乡镇企业在内工业废气排放强度≤1000×10⁴～3000×10⁴m³(标)/km²； 退海轻盐碱和内陆中等盐碱(含盐量 0.3%～0.6%)地区	c 中	0.03～0.10	1.8～2.0	2.2～2.6
E4	距上述 E3 污染源更远的距离(在 b 级污染区的范围以内)，但： ① 在长时间(几个星期或几个月)干旱无雨后，常常发生雾或毛毛雨； ② 积污期后期可能出现持续大雾或融冰雪的 E3 类地区； ③ 灰密为等值盐密 5～10 倍及以上地区	c 中	0.05～0.10	2.0～2.6	2.6～3.0
E5	人口密度＞10000 人/km² 的居民区和交通枢纽； 距海、沙漠或开阔干地 3km 以内； 距独立化工及燃煤工业源 0.5～2km 以内； 距乡镇企业密集区及重要交通干线 0.2km 以内； 重盐碱(含盐量 0.6%～1.0%)地区	d 重	0.10～0.25	2.6～3.0	3.0～3.5
E6	距上述 E5 污染源更远的距离(与 c 级污染区对应的距离)，但： ① 在长时间(几个星期或几个月)干旱无雨后，常常发生雾或毛毛雨； ② 积污期后期可能出现持续大雾或融冰雪的 E5 类地区； ③ 灰密为等值盐密 5～10 倍及以上地区	d 重	0.25～0.30	3.0～3.4	3.5～4.0
E7	沿海 1km 和含盐量＞1.0%的盐土、沙漠地区； 在化工、燃煤工业源区以内及距此类独立工业源 0.5km 以内； 距污染源的距离等同于 d 级污染区，且： ① 直接受到海水喷溅或浓烟雾； ② 同时受到工业排放物如高电导废气、水泥等污染和水汽湿润	e 很重	＞0.3	3.4～3.8	4.0～4.5

① 大风和台风影响可能使距海岸 50km 以外的更远距离处测得很高的等值盐密值。
② 在当前大气环境条件下，我国中东部地区电网不宜设“很轻”污染区。
③ 取决于沿海的地形和风力。
④ 计算瓷绝缘单位爬电距离的电压是最高电压。

表 8-49　悬垂绝缘子串的绝缘子数量

绝缘子型号	绝缘子数量/片	
	线路电压 35kV	线路电压 66kV
XP-70	3	5

⑦ 海拔高度超过3500m的地区，绝缘子串的绝缘子数量可根据运行经验适当增加。海拔高度为1000～3500m的地区，绝缘子串的绝缘子数量应按下式确定：

$$n_h \geqslant n\left[1+0.1(H-1)\right] \tag{8-35}$$

式中　n_h——海拔高度为1000～3500m地区绝缘子串的绝缘子数量，片；

n——海拔高度为1000m以下地区绝缘子串的绝缘子数量，片；

H——海拔高度，km。

⑧ 通过污秽地区的架空电力线路宜采用防污绝缘子、有机复合绝缘子或采用其他防污染的措施。

⑨ 海拔高度为1000m以下的地区，35kV和66kV架空电力线路带电部分与杆塔构件、拉线、脚钉的最小间隙应符合表8-50的规定。

表8-50　带电部分与杆塔构件、拉线、脚钉的最小间隙　　单位：m

工况	最小间隙	
	线路电压(35kV)	线路电压(66kV)
雷电过电压	0.45	0.65
内部过电压	0.25	0.50
运行电压	0.10	0.20

⑩ 海拔高度为1000m及以上的地区，海拔高度每增高100m，内部过电压和运行电压的最小间隙应按表8-50所列数值增加1%。

⑪ 3～10kV架空电力线路的引下线与3kV以下线路各导线之间的距离不宜小于0.2m。10kV及以下架空电力线路的过引线、引下线与邻相导线之间的最小间隙应符合表8-51的规定。采用绝缘导线的架空电力线路，其最小间隙可结合地区运行经验确定。

表8-51　过引线、引下线与邻相导线之间的最小间隙

线路电压	最小间隙/m
3～10kV	0.30
3kV以下	0.15

⑫ 10kV及以下架空电力线路的导线与杆塔构件、拉线之间的最小间隙应符合表8-52的规定。采用绝缘导线的架空电力线路，其最小间隙可结合地区运行经验确定。

表8-52　导线与杆塔构件、拉线之间的最小间隙

线路电压	最小间隙/m
3～10kV	0.20
3kV以下	0.05

⑬ 带电作业杆塔的最小间隙应符合下列要求：

a. 在海拔高度1000m以下的地区，带电部分与接地部分的最小间隙应符合表8-53的规定；

b. 对操作人员需要停留工作的部位应增加0.3～0.5m。

表8-53　带电作业杆塔带电部分与接地部分的最小间隙　　单位：m

线路电压	10kV	35kV	66kV
最小间隙	0.4	0.6	0.7

⑭ 架空电力线路可采用下列过电压保护方式。

a. 66kV 架空电力线路：年平均雷暴日数为 30d 以上的地区，宜沿全线架设地线。

b. 35kV 架空电力线路：进出线段宜架设地线，加挂地线长度一般宜为 1.0～1.5km。

c. 3～10kV 混凝土杆架空电力线路：在多雷区可架设地线，或在三角排列的中线上装设避雷器；当采用铁横担时宜提高绝缘子等级，绝缘导线铁横担的线路可不提高绝缘子等级。

⑮ 杆塔上地线对边导线的保护角宜采用 20°～30°。山区单根地线的杆塔可采用 25°。杆塔上两根地线间的距离不应超过导线与地线间垂直距离的 5 倍。高杆塔或雷害比较严重地区，可采用零度或负保护角或加装其他防雷装置。对多回路杆塔宜采用减少保护角等措施。

⑯ 小接地电流系统的设计应符合下列规定：

a. 无地线的杆塔在居民区宜接地，其接地电阻不宜超过 30Ω；

b. 有地线的杆塔应接地；

c. 在雷雨季，当地面干燥时，每基杆塔工频接地电阻不宜超过表 8-54 所列数值。

表 8-54　杆塔的最大工频接地电阻

土壤电阻率 $\rho/\Omega\cdot m$	$\rho<100$	$100\leqslant\rho<500$	$500\leqslant\rho<1000$	$1000\leqslant\rho<2000$	$\rho\geqslant2000$
工频接地电阻/Ω	10	15	20	25	30

⑰ 钢筋混凝土杆铁横担和钢筋混凝土横担架空电力线路的地线支架、导线横担与绝缘子固定部分之间，应有可靠的电气连接并与接地引下线相连，并应符合下列规定：

a. 部分预应力钢筋混凝土杆的非预应力钢筋可兼作接地引下线；

b. 利用钢筋兼作接地引下线的钢筋混凝土电杆，其钢筋与接地螺母和铁横担间应有可靠的电气连接；

c. 外敷的接地引下线可采用镀锌钢绞线，其截面积不应小于 $25mm^2$；

d. 接地体引出线的截面积不应小于 $50mm^2$，并应采用热镀锌。

8.5.5　杆塔及其相关设计要求

(1) 杆塔形式

① 架空电力线路不同电压等级线路共架的多回路杆塔，应采用高电压在上、低电压在下的布置形式。山区架空电力线路应采用全方位高低腿的杆塔。

② 35～66kV 架空电力线路单回路杆塔的导线可采用三角排列或水平排列，多回路杆塔的导线可采用鼓形、伞形或双三角形排列；3～10kV 单回路杆塔的导线可采用三角排列或水平排列，多回路杆塔的导线可采用三角和水平混合排列或垂直排列；3kV 以下杆塔的导线可采用水平排列或垂直排列。

③ 架空电力线路导线的线间距离应结合运行经验，并应按下列要求确定。

a. 35kV 和 66kV 杆塔的线间距离应按下列公式计算：

$$D\geqslant 0.4L_k+\frac{U}{110}+0.65\sqrt{f} \tag{8-36}$$

$$D_X\geqslant\sqrt{D_p^2+\left(\frac{4}{3}D_z\right)^2} \tag{8-37}$$

$$h\geqslant 0.75D \tag{8-38}$$

式中　D——导线水平线间距离，m；

L_k——悬垂绝缘子串长度，m；

U——线路电压，kV；

f——导线最大弧垂，m；

D_X——导线三角排列的等效水平线间距离，m；

D_p——导线间水平投影距离，m；

D_z——导线间垂直投影距离，m；

h——导线垂直排列的垂直线间距离，m。

b. 使用悬垂绝缘子串的杆塔，其垂直线间距离应符合下列规定：66kV 杆塔不应小于 2.25m；35kV 杆塔不应小于 2m。

c. 采用绝缘导线的杆塔，其最小线间距离可结合地区经验确定。380V 及以下沿墙敷设的绝缘导线，当档距不大于 20m 时，其线间距离不宜小于 0.2m；3kV 以下架空电力线路，靠近电杆的两导线间的水平距离不应小于 0.5m；10kV 及以下杆塔的最小线间距离，应符合表 8-55 的规定。

表 8-55　10kV 及以下杆塔的最小线间距离　单位：m

线路电压	线间距离								
	档　距								
	40 以下	50	60	70	80	90	100	110	120
3～10kV	0.60	0.65	0.70	0.75	0.85	0.90	1.00	1.05	1.15
3kV 以下	0.30	0.40	0.45	0.50	—	—	—	—	—

④ 采用绝缘导线的多回路杆塔，横担间最小垂直距离，可结合地区运行经验确定。10kV 及以下多回路杆塔和不同电压等级同杆架设的杆塔，横担间最小垂直距离应符合表 8-56 的规定。

表 8-56　横担间最小垂直距离　单位：m

组合方式	直线杆	转角或分支杆
3～10kV 与 3～10kV	0.8	0.45/0.6
3～10kV 与 3kV 以下	1.2	1.0
3kV 以下与 3kV 以下	0.6	0.3

注：表中 0.45/0.6 系指距上面的横担 0.45m，距下面的横担 0.6m。

⑤ 设计覆冰厚度为 5mm 及以下的地区，上下层导线间或导线与地线间的水平偏移可根据运行经验确定；设计覆冰厚度为 20mm 及以上的重冰地区，导线宜采用水平排列。35kV 和 66kV 架空电力线路，在覆冰地区上下层导线间或导线与地线间的水平偏移不应小于表 8-57 所列数值。

表 8-57　覆冰地区上下层导线间或导线与地线间的最小水平偏移

设计覆冰厚度/mm	最小水平偏移/m	
	线路电压(35kV)	线路电压(66kV)
10	0.20	0.35
15	0.35	0.50
≥20	0.85	1.00

⑥ 采用绝缘导线的杆塔，不同回路的导线间最小水平距离可结合地区运行经验确定；3～66kV 多回路杆塔，不同回路的导线间最小距离应符合表 8-58 的规定。

表 8-58　不同回路的导线间最小距离　单位：m

线路电压	3～10kV	35kV	66kV
线间距离	1.0	3.0	3.5

⑦ 66kV 与 10kV 同杆塔共架的线路，不同电压等级导线间的垂直距离不应小于 3.5m；35kV 与 10kV 同杆塔共架的线路，不同电压等级导线间的垂直距离不应小于 2m。

(2) 杆塔荷载

① 风向与杆塔面垂直情况的杆塔塔身或横担风荷载的标准值，应按下式计算：

$$W_S=\beta\mu_S\mu_Z AW_O \tag{8-39}$$

式中　W_S——杆塔塔身或横担风荷载的标准值，kN；

β——风振系数，按本节第⑤条的规定采用；

μ_S——风荷载体型系数；

μ_Z——风压高度变化系数；

A——杆塔结构构件迎风面投影面积，m^2；

W_O——基本风压，kN/m^2。

② 风向与线路垂直情况的导线或地线风荷载的标准值，应按下式计算：

$$W_X=\alpha\mu_S dL_W W_O \tag{8-40}$$

式中　W_X——导线或地线风荷载的标准，kN；

α——风荷载档距系数，按本节第⑥条的规定采用；

μ_S——风荷载体型系数，当 $d<17$mm，取 1.2，当 $d\geqslant17$mm，取 1.1，覆冰时，取 1.2；

d——导线或地线覆冰后的计算外径之和 (m)，对分裂导线，不考虑线间的屏蔽影响；

L_W——风力档距，m。

③ 各类杆塔均应按以下三种风向计算塔身、横担、导线和地线的风荷载：

a. 风向与线路方向相垂直，转角塔应按转角等分线方向；

b. 风向与线路方向的夹角成 60°或 45°；

c. 风向与线路方向相同。

④ 风向与线路方向在各种角度情况下，塔身、横担、导线和地线的风荷载，垂直线路方向分量和顺线路方向分量应按表 8-59 采用。

表 8-59　风荷载垂直线路方向分量和顺线路方向分量

风向与线路方向间夹角/(°)	塔身风荷载		横担风荷载		导线或地线风荷载	
	X	Y	X	Y	X	Y
0	0	W_{Sb}	0	W_{Sc}	0	$0.25W_X$
45	$0.424(W_{Sa}+W_S)$	$0.424(W_{Sa}+W_S)$	$0.4W_{Sc}$	$0.7W_{Sc}$	$0.5W_X$	$0.15W_X$
60	$0.747W_{Sa}+0.249W_{Sb}$	$0.431W_{Sa}+0.144W_{Sb}$	$0.4W_{Sc}$	$0.7W_{Sc}$	$0.75W_X$	0
90	W_{Sa}	0	$0.4W_{Sc}$	0	W_X	0

注：X 为风荷载垂直线路方向的分量，Y 为风荷载顺线路方向的分量；W_{Sa} 为垂直线路风向的塔身风荷载；W_{Sb} 为顺线路风向的塔身风荷载；W_{Sc} 为顺线路风向的横担风荷载。

⑤ 拉线高塔和其他特殊杆塔的风振系数 β，宜按现行国家标准《建筑结构荷载规范》GB 50009 的有关规定采用，也可按表 8-60 的规定采用。

表 8-60　杆塔的风振系数

部位	杆塔总高度/m		
	<30	30～50	>50
塔身	1.0	1.2	1.5
基础	1.0	1.0	1.2

⑥ 风荷载档距系数 α 应按表 8-61 采用。

表 8-61 风荷载档距系数

设计风速/(m/s)	20 以下	20～29	30～34	35 及以上
α	1.0	0.85	0.75	0.7

⑦ 杆塔的荷载可分为下列两类。

a. 永久荷载：导线、地线、绝缘子及其附件的重力荷载，杆塔构件及杆塔上固定设备的重力荷载，土压力和预应力等。

b. 可变荷载：风荷载，导线或地线张力荷载，导线或地线覆冰荷载，附加荷载以及活荷载等。

⑧ 各类杆塔均应计算线路的运行工况、断线工况和安装工况的荷载。

⑨ 各类杆塔的运行工况应计算下列工况的荷载：

a. 最大风速、无冰、未断线；

b. 覆冰、相应风速、未断线；

c. 最低气温、无风、无冰、未断线。

⑩ 直线型杆塔的断线工况应计算下列工况的荷载：

a. 单回路和双回路杆塔断 1 根导线、地线未断、无风、无冰；

b. 多回路杆塔，同档断不同相的 2 根导线、地线未断、无风、无冰；

c. 断 1 根地线、导线未断、无风、无冰。

⑪ 耐张型杆塔的断线工况应计算下列两种工况的荷载。

a. 单回路杆塔，同档断两相导线；双回路或多回路杆塔，同档断导线的数量为杆塔上全部导线数量的 1/3；终端塔断剩两相导线、地线未断、无风、无冰。

b. 断 1 根地线、导线未断、无风、无冰。

⑫ 断线工况下，直线杆塔的导线或地线张力应符合下列规定：

a. 单导线和地线按表 8-62 的规定采用；

b. 分裂导线平地应取 1 根导线最大使用张力的 40%，山地应取 50%；

c. 针式绝缘子杆塔的导线断线张力宜大于 3000N。

表 8-62 直线杆塔单导线和地线的断线张力

导线或地线种类		断线张力(最大使用张力的百分数)/%		
		混凝土杆、钢管混凝土杆	拉线塔	自立塔
地线		15～20	30	50
导线	截面积 95mm² 及以下	30	30	40
	截面积 120～185 mm²	35	35	40
	截面积 210mm² 及以上	40	40	50

⑬ 断线工况下，耐张型杆塔的地线张力应取地线最大使用张力的 80%，导线张力应取导线最大使用张力的 70%。

⑭ 重冰地区各类杆塔的断线工况应按覆冰、无风、气温为－5℃计算，断线工况的覆冰荷载不应小于运行工况计算覆冰荷载的 50%，并应按所有导线及地线不均匀脱冰，一侧覆冰 100%，另侧覆冰不大于 50%计算不平衡张力荷载。对直线杆塔，可按导线和地线不同时发生不均匀脱冰验算。对耐张型杆塔，可按导线和地线同时发生不均匀脱冰验算。

⑮ 各类杆塔的安装工况应按安装荷载、相应风速、无冰条件计算。导线或地线及其附件

的起吊安装荷载，应包括提升重力、紧线张力荷载和安装人员及工具的重力。

⑯ 终端杆塔应按进线档已架线及未架线两种工况计算。

(3) 杆塔材料

① 型钢铁塔的钢材的强度设计值和标准应按现行国家标准《钢结构设计规范》GB 50017 的有关规定采用。钢结构构件的孔壁承压强度设计值应按表 8-63 采用。螺栓和锚栓的强度设计值应按表 8-64 采用。

表 8-63　钢结构构件的孔壁承压强度设计值　　单位：N/mm^2

钢材材质		Q235	Q345	Q390
孔壁承压强度设计值	厚度＜16mm	375	510	530
	厚度 17～25 mm	375	490	510

注：表中所列数值的条件是螺孔端距不小于螺栓直径 1.5 倍。

表 8-64　螺栓和锚栓的强度设计值　　单位：N/mm^2

材料	等级或材质	标准直径/mm	抗拉、抗压和抗弯强度设计值	抗剪强度设计值
粗制螺栓	4.8 级	≤24	200	170
	5.8 级	≤24	240	210
	6.8 级	≤24	300	240
	8.8 级	≤24	400	300
锚栓	Q235	≥16	160	—
	35# 优质碳素钢	≥16	190	—

② 环形断面钢筋混凝土电杆的钢筋宜采用Ⅰ级、Ⅱ级、Ⅲ级钢筋；预应力混凝土电杆的钢筋宜采用碳素钢丝、刻痕钢丝、热处理钢筋或冷拉Ⅱ级、Ⅲ级、Ⅳ级钢筋。混凝土基础的钢筋宜采用Ⅰ级或Ⅱ级钢筋。

③ 环形断面钢筋混凝土电杆的混凝土强度不应低于 C30；预应力混凝土电杆的混凝土强度不应低于 C40。其他预制混凝土构件的混凝土强度不应低于 C20。

④ 混凝土和钢筋的材料强度设计值与标准值应按现行国家标准《混凝土结构设计规范》GB 50010 的有关规定采用。

⑤ 拉线宜采用镀锌钢绞线，其强度设计值应按下式计算：

$$f=\Psi_1\Psi_2 f_u \tag{8-41}$$

式中　f——钢绞线强度设计值，N/mm^2；

Ψ_1——钢绞线强度扭绞调整系数，取 0.9；

Ψ_2——钢绞线强度不均匀系数，对 1×7 结构取 0.65，其他结构取 0.56；

f_u——钢绞线的破坏强度，N/mm^2。

⑥ 拉线金具的强度设计值应按金具的抗拉强度或金具试验的最小破坏荷载除以抗力分项系数 1.8 确定。

(4) 杆塔设计

① 杆塔结构构件及连接的承载力、强度、稳定计算和基础强度计算，应采用荷载设计值；变形、抗裂、裂缝、地基和基础稳定计算，均应采用荷载标准值。

② 杆塔结构构件的承载力设计，应采用下列极限状态设计表达式：

$$\gamma_G C_G G_K+\psi\gamma_Q \sum C_{Qi} Q_{iK}\leqslant R \tag{8-42}$$

式中　γ_G——永久荷载分项系数，宜取 1.2，对结构构件受力有利时可取 1.0；

C_G——永久荷载的荷载效应系数；

G_K——永久荷载标准值；

ψ——可变荷载综合值系数，运行工况宜取 1.0，耐张型杆塔断线工况和各类杆塔的安装工况宜取 0.9，直线型杆塔断线工况和各类杆塔的验算工况宜取 0.75；

γ_Q——可变荷载分项系数，宜取 1.4；

C_{Qi}——第 i 项可变荷载的荷载效应系数；

Q_{iK}——第 i 项可变荷载的标准值；

R——结构构件抗力设计值。

③ 杆塔结构构件的变形、裂缝和抗裂计算，应采用下列正常使用极限状态表达式：

$$C_G G_K + \psi \sum C_{Qi} Q_{iK} \leqslant \delta \tag{8-43}$$

式中 δ——结构构件的裂缝宽度或变形的限值。

④ 杆塔结构正常使用极限状态的控制应符合下列规定。

a. 在长期荷载作用下，杆塔的计算挠度应符合下列规定。

ⅰ. 无拉线直线单杆杆顶的挠度：水泥杆不应大于杆全高的 5‰，钢管杆不应大于杆全高的 8‰，钢管混凝土杆不应大于杆全高的 7‰。

ⅱ. 无拉线直线铁塔塔顶的挠度不应大于塔全高的 3‰。

ⅲ. 拉线杆塔顶点的挠度不应大于杆塔全高的 4‰。

ⅳ. 拉线杆塔拉线点以下杆塔身的挠度不应大于拉线点高的 2‰。

ⅴ. 耐张型塔塔顶的挠度不应大于塔全高的 7‰。

ⅵ. 单柱耐张型杆杆顶的挠度不应大于杆全高的 15‰。

b. 在运行工况的荷载作用下，钢筋混凝土构件的计算裂缝宽度不应大于 0.2mm，部分预应力混凝土构件的计算裂缝宽度不应大于 0.1mm，预应力钢筋混凝土构件的混凝土拉应力限制系数不应大于 1.0。

(5) 杆塔结构

① 一般规定

a. 钢结构构件的长细比不宜超过表 8-65 所列数值。

表 8-65 钢结构构件的长细比限值

钢结构构件	钢结构构件的长细比	钢结构构件	钢结构构件的长细比
塔身及横担受压主材	150	辅助材	250
塔腿受压斜材	180	受拉材	400
其他受压斜材	220		

注：柔性预应力腹杆可不受长细比限制。

b. 拉线杆塔主柱的长细比不宜超过表 8-66 所列数值。

表 8-66 拉线杆塔主柱的长细比限值

拉线杆塔主柱	拉线杆塔主柱的长细比	拉线杆塔主柱	拉线杆塔主柱的长细比
单柱铁塔	80	预应力混凝土耐张杆	180
双柱铁塔	110	预应力混凝土直线杆	200
钢筋混凝土耐张杆	160	空心钢管混凝土直线杆	200
钢筋混凝土直线杆	180		

c. 无拉线锥形单杆可按受弯构件进行计算，弯矩应乘以增大系数1.1。

d. 铁塔的造型设计和节点设计，应传力清楚、外观顺畅、构造简洁。节点可采用准线与准线交会，也可采用准线与角钢背交会的方式。受力材之间的夹角不应小于15°。

e. 钢结构构件的计算应计入节点和连接的状况对构件承载力的影响，并应符合现行国家标准《钢结构设计规范》GB 50017的有关规定。

f. 环形截面混凝土构件的计算应符合现行国家标准《混凝土结构设计规范》GB 50010的有关规定。

② 构造要求

a. 钢结构构件宜采用热镀锌防腐措施。当大型构件采用热镀锌措施有困难时，可采用其他防腐措施。

b. 型钢钢结构中，钢板厚度不宜小于4mm，角钢规格不宜小于等边角钢∟40×3。节点板的厚度宜大于连接斜材角钢肢厚度的20%。

c. 用于连接受力杆件的螺栓，直径不宜小于12mm。构件上的孔径宜比螺栓直径大1～1.5mm。

d. 主材接头每端不宜小于6个螺栓，斜材对接接头每端不宜少于4个螺栓。

e. 承受剪力的螺栓，其承剪部分不宜有螺纹。

f. 铁塔的下部距地面4m以下部分和拉线的下部调整螺栓应采用防盗螺栓。

g. 环形截面钢筋混凝土受弯构件的最小配筋量应符合表8-67的要求。

表8-67　环形截面钢筋混凝土受弯构件的最小配筋量

环形截面外径/mm	200	250	300	350	400
最小配筋量	8ϕ10	10ϕ10	12ϕ12	14ϕ12	16ϕ12

h. 环形截面钢筋混凝土受弯构件的主筋直径不宜小于10mm，且不宜大于20mm；主筋净距宜采用30～70mm。

i. 用离心法生产的电杆，混凝土保护层不宜小于15mm，节点预留孔宜设置钢管。

j. 拉线宜采用镀锌钢绞线，截面积不应小于25mm^2。拉线棒的直径不应小于16mm，且应采用热镀锌。

k. 跨越道路的拉线，对路边的垂直距离不宜小于6m。拉线柱的倾斜角宜采用10°～20°。

（6）基础

① 基础的形式应根据线路沿线的地形、地质、材料来源、施工条件和杆塔形式等因素综合确定。在有条件的情况下，应优先采用原状土基础、高低柱基础等有利于环境保护的基础形式。

② 基础应根据杆位或塔位的地质资料进行设计。现场浇制钢筋混凝土基础的混凝土强度等级不应低于C20。

③ 基础设计应考虑地下水位季节性的变化。位于地下水位以下的基础和土壤应考虑水的浮力并取有效重度。计算直线杆塔基础的抗拔稳定时，对塑性指数大于10的黏性土可取天然重度。黏性土应根据塑性指数分为粉质黏土和黏土。

④ 岩石基础应根据有关规程、规范进行鉴定，并宜选择有代表性的塔位进行试验。

⑤ 原状土基础在计算上拔稳定时，抗拔深度应扣除表层非原状土的厚度。

⑥ 基础埋置深度不应小于0.5m。在有冻胀性土的地区，埋深应根据地基土的冻结深度和冻胀性土的类别确定。有冻胀性土的地区的钢筋混凝土杆和基础应采取防冻胀措施。

⑦ 设置在河流两岸或河中的基础应根据地质水文资料进行设计，并应计入水流对地基的冲刷和漂浮物对基础的撞击影响。

⑧ 基础设计（包括地脚螺栓、插入角钢设计）时，基础作用力计算应计入杆塔风荷载调整系数。当杆塔全高超过 50m 时，风荷载调整系数取 1.3；当杆塔全高未超过 50m 时，风荷载调整系数取 1.0。

⑨ 基础底面压应力应符合式（8-44）的要求，当偏心荷载作用时，除符合式（8-44）的要求外，尚应符合式（8-45）的要求：

$$P \leqslant f \tag{8-44}$$

$$P_{max} \leqslant f \tag{8-45}$$

式中 P——作用于基础底面处的平均压力标准值，N/m^2；

f——地基承载力设计值；

P_{max}——作用于基础底面处的最大压力标准值，N/m^2。

⑩ 基础抗拔稳定应符合下式要求：

$$N \leqslant G/\gamma_{R1} + G_0/\gamma_{R2} \tag{8-46}$$

式中 N——基础上拔力标准值，kN；

G——采用土重法计算时，为倒截锥体的土体重力标准值，采用剪切法计算时，为土体滑动面上土剪切抗力的竖向分量与土体重力之和，kN；

γ_{R1}——土重上拔稳定系数，按本节第⑫条的规定采用；

G_0——基础自重力标准值，kN；

γ_{R2}——基础自重上拔稳定系数，按本节第⑫条的规定采用。

⑪ 基础倾覆稳定应符合下列公式的要求：

$$\gamma_S F_O \leqslant F_j \tag{8-47}$$

$$\gamma_S M_O \leqslant M_j \tag{8-48}$$

式中 γ_S——倾覆稳定系数，按本节第⑫条的规定采用；

F_O——作用于基础的倾覆力标准值，kN；

F_j——基础的极限倾覆力，kN；

M_O——作用于基础的倾覆力矩标准值，kN·m；

M_j——基础的极限倾覆力矩，kN·m。

⑫ 基础上拔稳定计算的土重上拔稳定系数 γ_{R1}、基础自重上拔稳定系数 γ_{R2} 和倾覆计算的倾覆稳定系数 γ_S，应按表 8-68 采用。

表 8-68 上拔稳定系数和倾覆稳定系数

杆塔类型	γ_{R1}	γ_{R2}	γ_S
直线杆塔	1.6	1.2	1.5
直线转角或耐张杆塔	2.0	1.3	1.8
转角或终端杆塔	2.5	1.5	2.2

（7）杆塔定位、对地距离和交叉跨越

① 转角杆塔的位置应根据线路路径、耐张段长度、施工和运行维护条件等因素综合确定。直线杆塔的位置应根据导线对地面距离、导线对被交叉物距离或控制档距确定。

② 10kV 及以下架空电力线路的档距可采用表 8-69 所列数值。市区 66kV、35kV 架空电力线路，应综合考虑城市发展等因素，档距不宜过大。

③ 杆塔定位应考虑杆塔和基础的稳定性，并应便于施工和运行维护。不宜在下述地点设置杆塔：

a. 可能发生滑坡或山洪冲刷的地点；

表 8-69　10kV 及以下架空电力线路的档距

区域	档距/m	
	线路电压	
	3～10kV	3kV 以下
市区	45～50	40～50
郊区	50～100	40～60

b. 容易被车辆碰撞的地点；

c. 可能变为河道的不稳定河流变迁地区；

d. 局部不良地质地点；

e. 地下管线的井孔附近和影响安全运行的地点。

④ 架空电力线路中较长的耐张段，每 10 基应设置 1 基加强型直线杆塔。

⑤ 当跨越其他架空线路时，跨越杆塔宜靠近被跨越线路设置。

⑥ 导线与地面、建筑物、树木、铁路、道路、河流、管道、索道及各种架空线路间的距离，应按下列原则确定。

a. 应根据最高气温情况或覆冰情况求得的最大弧垂和最大风速情况或覆冰情况求得的最大风偏进行计算。

b. 计算上述距离应计入导线架线后塑性伸长的影响和设计、施工的误差，但不应计入由于电流、太阳辐射、覆冰不均匀等引起的弧垂增大。

c. 当架空电力线路与标准轨距铁路、高速公路和一级公路交叉，且架空电力线路的档距超过 200m 时，最大弧垂应按导线温度为＋70℃计算。

⑦ 导线与地面的最小距离，在最大计算弧垂情况下，应符合表 8-70 的规定。

表 8-70　导线与地面的最小距离　单位：m

线路经过区域	最小距离		
	线路电压		
	3kV 以下	3～10kV	35 ～66kV
人口密集地区	6.0	6.5	7.0
人口稀少地区	5.0	5.5	6.0
交通困难地区	4.0	4.5	5.0

⑧ 导线与山坡、峭壁、岩石之间的最小距离，在最大计算风偏情况下，应符合表 8-71 的规定。

表 8-71　导线与山坡、峭壁、岩石之间的最小距离　单位：m

线路经过地区	最小距离		
	线路电压		
	3kV 以下	3～10kV	35～66kV
步行可以到达的山坡	3.0	4.5	5.0
步行不能到达的山坡、峭壁、岩石	1.0	1.5	3.0

⑨ 导线与建筑物之间的最小垂直距离，在最大计算弧垂情况下，应符合表 8-72 的规定。

表 8-72　导线与建筑物之间的最小垂直距离　单位：m

线路电压	3kV 以下	3～10kV	35kV	66kV
距　离	3.0	3.0	4.0	5.0

⑩ 架空电力线路在最大计算风偏情况下，边导线与城市多层建筑或城市规划建筑线间的最小水平距离，以及边导线与不在规划范围内的城市建筑物间的最小距离，应符合表 8-73 的规定。架空电力线路边导线与不在规划范围内的建筑物间的水平距离，在无风偏情况下不应小于表 8-73 所列数值的 50%。

表 8-73　边导线与建筑物间的最小距离　　单位：m

线路电压	3kV 以下	3～10kV	35kV	66kV
距　离	1.0	1.5	3.0	4.0

⑪ 导线与树木（考虑自然生长高度）之间的最小垂直距离，应符合表 8-74 的规定。

表 8-74　导线与树木之间的最小垂直距离　　单位：m

线路电压	3kV 以下	3～10kV	35～66kV
距　离	3.0	3.0	4.0

⑫ 导线与公园、绿化区或防护林带的树木之间的最小距离，在最大计算风偏情况下，应符合表 8-75 的规定。

表 8-75　导线与公园、绿化区或防护林带的树木之间的最小距离　　单位：m

线路电压	3kV 以下	3～10kV	35～66kV
距　离	3.0	3.0	3.5

⑬ 导线与果树、经济作物或城市绿化灌木之间的最小垂直距离，在最大计算弧垂情况下，应符合表 8-76 的规定。

表 8-76　导线与果树、经济作物或城市绿化灌木之间的最小垂直距离　　单位：m

线路电压	3kV 以下	3～10kV	35～66kV
距　离	1.5	1.5	3.0

⑭ 导线与街道行道树之间的最小距离，应符合表 8-77 的规定 。

表 8-77　导线与街道行道树之间的最小距离　　单位：m

检查状况	最小距离		
	线路电压		
	3kV 以下	3～10kV	35～66kV
最大计算弧垂情况下的垂直距离	1.0	1.5	3.0
最大计算风偏情况下的水平距离	1.0	2.0	3.5

⑮ 10kV 及以下采用绝缘导线的架空电力线路，除导线与地面的距离和重要交叉跨越距离之外，其他最小距离的规定可结合地区运行经验确定。

⑯ 架空电力线路与铁路、道路、河流、管道、索道及各种架空线路交叉或接近的要求应符合表 8-78 的规定。

（8）附属设施

① 杆塔上应设置线路名称和杆塔号的标志。35kV 和 66kV 架空电力线路的耐张型杆塔、分支杆塔、换位杆塔前后各一基杆塔上，均应设置相位标志。

② 新建架空电力线路，在难以通过的地段可修建人行巡线小道、便桥或采取其他措施。

表 8-78 架空电力线路与铁路、道路、河流、管道、索道及各种架空线路交叉或接近的要求

项目		铁路			公路和道路			电车道（有轨及无轨）		通航河流		不通航河流		架空明线弱电线路		电力线路		特殊管道	一般管道、索道
导线或地线在跨越档接头		标准轨距：不得接头；窄轨：不限制			高速公路和一、二级公路及城市一、二级道路：不得接头；三、四级公路及城市三、四级道路：不限制			不得接头		不得接头		不限制		一、二级：不得接头；三级：不限制		35kV 及以上：不得接头；10kV 及以下：不限制		不得接头	不得接头
交叉档导线最小截面积		35kV 及以上采用钢芯铝绞线为 $35mm^2$；10kV 及以下采用铝绞线或铝合金线为 $35mm^2$，其他导线为 $16mm^2$								—		—		—		—		—	—
交叉档距绝缘子固定方式		双固定			高速公路和一、二级公路及城市一、二级道路为双固定			双固定		双固定		不限制		10kV 及以下线路跨一、二级为双固定		10kV 线路跨 6～10kV 线路为双固定		双固定	双固定
最小垂直距离/m	线路电压	至标准轨顶	至窄轨轨顶	至承力索或接触线	至路面			至路面	至承力索或接触线	至常年高水位	至最高航行水位的最高船桅杆	至最高洪水位	冬季至冰面	至被跨越线		至被跨越线		至管道任何部分	至索道任何部分
	35～66kV	7.5	7.5	3.0	7.0			10.0	3.0	6.0	2.0	3.0	5.0	3.0		3.0		4.0	3.0
	3～10kV	7.5	6.0	3.0	7.0			9.0	3.0	6.0	1.5	3.0	5.0	2.0		2.0		3.0	2.0
	3kV 以下	7.5	6.0	3.0	6.0			9.0	3.0	6.0	1.0	3.0	5.0	1.0		1.0		1.5	1.5
最小水平距离/m	线路电压	杆塔外缘至轨道中心			杆塔外缘至路基边缘			杆塔外缘至路基边缘		边导线至斜坡上缘（线路与拉纤小路平行）				边导线间		至被跨越线		边导线至管道、索道任何部分	
		交叉	平行		开阔地区	路径受限制地区	市区内	开阔地区	路径受限制地区					开阔地区	路径受限制地区	开阔地区	路径受限制地区	开阔地区	路径受限制地区

续表

项目		铁路		公路和道路			电车道（有轨及无轨）		通航河流	不通航河流	架空明线弱电线路		电力线路		特殊管道	一般管道、索道
最小水平距离/m	35～66kV	30	最高杆（塔）高加3m	交叉：8.0；平行：最高杆塔高	5.0	0.5	交叉：8.0；平行：最高杆塔高	5.0	最高杆（塔）高		最高杆（塔）高	4.0	最高杆（塔）高	5.0	最高杆（塔）高	4.0
	3～10kV	5		0.5	0.5	0.5	0.5	0.5				2.0		2.5		2.0
	3kV以下	5		0.5	0.5	0.5	0.5	0.5				1.0		2.5		1.5
其他要求		35～66 kV不宜在铁路出站信号机以内跨越		在不受环境和规划限制的地区架空电力线路与国道的距离不宜小于20m，省道不宜小于15m，县道不宜小于10m，乡道不宜小于5m			—		最高洪水位时，有抗洪抢险船只航行的河流，垂直距离应协商确定		电力线应架设在上方；交叉点应尽量靠近杆塔，但不应小于7m（市区除外）		电压高的线路应架设在电压低的线路上方；电压相同时公用线应在专用线上方		与索道交叉，如索道在上方，下方索道应装设保护措施；交叉点不应选在管道检查井处；与管道、索道平行、交叉时，管道、索道应接地	

注：1. 特殊管道指架设在地面上输送易燃、易爆物的管道。

2. 管道、索道上的附属设施，应视为管道、索道的一部分。

3. 常年高水位时指5年一遇洪水位，最高洪水位对35kV及以上架空电力线路是指百年一遇洪水位，对10kV及以下架空电力线路是指50年一遇洪水位。

4. 不能通航河流指不能通航，也不能浮运的河流。

5. 对路径受限制地区的最小水平距离的要求，应计及架空电力线路导线的最大风偏。

6. 对电气化铁路的安全距离主要是电力线导线与承力索和接触线的距离控制，因此，对电气化铁路轨顶的距离按实际情况确定。

第9章 110kV及以下变配电所控制、测量、继电保护及自动装置

9.1 变配电所控制、测量与信号设计

9.1.1 变配电所控制系统[84]

① 变配电所的控制，按其操作电源可分为强电控制和弱电控制，前者一般为110V或220V电压；后者为48V及以下电压。按操作方式可分一对一控制和选线控制两种。

控制回路宜采用控制开关具有固定位置的接线。对遥控及无人值班变配电所的控制回路，宜采用控制开关自动复位的接线。

② 断路器的控制回路应满足下列要求：

a. 能监视电源及跳、合闸回路的完整性；

b. 应能指示断路器合闸与跳闸的位置状态，自动合闸或跳闸时应有明显信号；

c. 合闸或跳闸完成后应使命令脉冲自动解除；

d. 有防止断路器“跳跃”的电气闭锁装置；

e. 接线应简单可靠，使用电缆芯最少。

③ 断路器采用灯光监视回路时，宜采用双灯制接线，断路器在合闸位置时红灯亮，跳闸位置时绿灯亮。

④ 在主控制室内控制的断路器，当采用音响监视控制回路时，一般为单灯制接线，断路器控制回路用中间继电器监视。断路器合闸或跳闸位置由控制开关的手柄位置来表示，其垂直位置为合闸，水平位置为跳闸。控制开关手柄内应有信号灯。

⑤ 配电装置就地操作的断路器，一般只装设监视跳闸回路的位置继电器，用红、绿灯作位置指示，正常时暗灯运行，事故时绿灯闪，并向控制室或驻所值班室发出声光信号。

⑥ 断路器的“防跳”回路，通常采用电流启动电压保持的“防跳”接线。

a. 电流启动防跳继电器的动作时间，不应大于跳闸脉冲发出至断路器辅助触点切断跳闸回路的时间。

b. 一般利用防跳继电器常开触点对跳闸脉冲予以自保持。当保护跳闸回路串有继电器时，该继电器触点应串接其电流自保持线圈。当选用的防跳继电器无电流自保持线圈时，亦可接适当电阻代替，阻值应保证信号继电器能可靠动作。一般均应采用三相联动控制。

⑦ 采用液压或空气操动机构的断路器，当压力降低至规定值时，应相应闭锁重合闸、合闸及跳闸回路。当采用液压操动机构的断路器，一般不采用压力降至规定值后自动跳闸的接线。采用弹簧操动机构的断路器应有弹簧拉紧与否的闭锁。

⑧ 对具有电流或电压自保持的继电器，如防跳继电器等，在接线中应标明极性。

⑨ 为了防止隔离开关的误操作，隔离开关与其相应的断路器之间应装设机械的或电磁的闭锁装置。

9.1.2 变配电所电气测量[13]

(1) 一般规定

① 电测量装置的配置应能正确反映电力装置的电气运行参数和绝缘状况。

② 电测量装置宜包括计算机监控系统的测量部分、常用电测量仪表以及其他综合装置中的测量部分。

③ 电测量装置可采用直接仪表测量、一次仪表测量或二次仪表测量。

④ 电测量装置的准确度要求不应低于表 9-1 的规定。

表 9-1 电测量装置的准确度要求

电测量装置类型名称		准确度（级）
计算机监控系统的测量部分（交流采样）		误差不大于 0.5%，其中电网频率测量误差不大于 0.01Hz
常用电测量仪表以及其他综合装置中的测量部分	指针式交流仪表	1.5
	指针式直流仪表	1.0（经变送器二次测量）
	指针式直流仪表	1.5
	数字式仪表	0.5
	记录型仪表	应满足测量对象的准确度要求

⑤ 交流回路指示仪表的综合准确度不应低于 2.5 级，直流回路指示仪表的综合准确度不应低于 1.5 级，用于电测量变送器二次侧仪表的准确度不应低于 1.0 级。用于电测量装置的电流、电压互感器及附件、配件的准确度不应低于表 9-2 的规定。

表 9-2 电测量装置的电流、电压互感器及附件、配件的准确度要求（级）

电测量装置准确度	附件、配件准确度			
	电流、电压互感器	变送器	分流器	中间互感器
0.5	0.5	0.5	0.5	0.2
1.0	0.5	0.5	0.5	0.2
1.5	1.0	0.5	0.5	0.2
2.5	1.0	0.5	0.5	0.5

⑥ 指针式测量仪表测量范围的选择，宜保证电力设备额定值指示在仪表标度尺的 2/3 处。对于有可能过负荷运行的电力设备和回路，测量仪表宜选用过负荷仪表。

⑦ 多个同类型电力设备和回路的电测量可采用选择测量。根据生产工艺和运行监视的要求，可采用变送器、切换装置和公用二次仪表组成的选测接线。

⑧ 经变送器的二次测量，其满刻度值应与变送器的校准值相匹配。

⑨ 双向电流的直流回路和双向功率的交流回路，应采用具有双向标度尺的电流表和功率表。具有极性的直流电流、电压回路，应采用具有极性的仪表。

⑩ 重载启动的电动机和有可能出现短时冲击电流的电力设备和回路，宜采用具有过负荷

标度尺的电流表。

⑪ 发电厂和变（配）电所装设有远动遥测、计算机监控系统，且采用直流系统采样时，二次测量仪表、计算机、远动遥测系统宜共用一套变送器。

⑫ 励磁回路仪表上限值不得低于额定工况的 1.3 倍，综合误差不得超过 1.5%。

⑬ 无功补偿装置的测量仪表量程应能满足设备允许通过的最大电流和允许耐受的最高电压的要求。并联电容器组的电流测量应按并联电容器组持续通过的电流为其额定电流的 1.35 倍设计。

⑭ 计算机监控系统中的测量部分、其他综合装置中的测量部分，当其精度满足要求时，可取代相应的常用电测量仪表。

⑮ 直接仪表测量中配置的电测量装置，应满足相应一次回路动、热稳定要求。

（2）电流测量

1）下列回路，应测量交流电流。

① 同步发电机和发电/电动机的定子回路。

② 双绕组主变压器的一侧，三绕组主变压器的三侧，自耦变压器的三侧以及自耦变压器公共绕组回路。

③ 双绕组厂（所）用变压器的一侧及各厂用分支回路，三绕组厂（所）用变压器的三侧，发电机励磁变压器的高压侧。

④ 柴油发电机接至低压保安段进线及交流不停电电源的进线回路。

⑤ 1200V 及以上的线路，1200V 以下供电、配电和用电网络的总干线路。

⑥ 220kV 及以上电压等级断路器 3/2 接线，4/3 接线和角型接线的各断路器回路。

⑦ 母线联络断路器、母线分段断路器、旁路断路器和桥断路器回路。

⑧ 330kV 及以上电压等级并联电抗器组及其中性点小电抗，10～66kV 低压并联电抗器和并联电容器回路。

⑨ 50kV·A 及以上的照明变压器和消弧线圈回路。

⑩ 55kW 及以上的电动机，55kW 以下保安用电动机。

2）下列回路，除应符合上述第 1）条的规定外，尚应测量三相交流电流。

① 同步发电机和发电/电动机的定子回路。

② 110kV 及以上电压等级输电线路和变压器回路。

③ 330kV 及以上电压等级并联电抗器组，变压器低压侧装有无功补偿装置的回路。

④ 照明变压器、照明与动力共用的变压器，照明负荷占 15%及以上的动力与照明混合供电的 3kV 以下的线路。

⑤ 三相负荷不平衡率大于 10%的 1200V 及以上的电力用户线路，三相负荷不平衡率大于 15%的 1200V 以下的供电线路。

3）下列回路，宜测量负序电流，且负序电流测量仪表的准确度不应低于 1.0 级。

① 承受负序电流过负荷能力 A 值小于 10 的大容量汽轮发电机。

② 负荷不平衡率超过额定电流 10%的发电机。

③ 负荷不平衡率超过 0.1 倍额定电流的 1200V 及以上线路。

4）下列回路，应测量直流电流。

① 同步发电机、发电/电动机和同步电动机的励磁回路，自动及手动调整励磁的输出回路。

② 直流发电机及其励磁回路，直流电动机及其励磁回路。

③ 蓄电池组的输出回路，充电及浮充电整流装置的输出回路。

④ 重要电力整流装置的直流输出回路。

5）整流装置的电流测量宜包括谐波监测。

（3）电压测量和绝缘监测

1）下列回路，应测量交流电压。

① 同步发电机和发电/电动机的定子回路。

② 各电压等级的交流主母线。

③ 电力系统联络线路（线路侧）。

④ 配置电压互感器的其他回路。

2）对电力系统电压质量监视点和容量为 50MW 及以上的汽轮发电机电压母线，应测量并记录交流电压。

3）110kV 及以上中性点有效接地系统的主母线，变压器回路应测量三个线电压；66kV 及以下中性点有效接地系统的主母线，变压器回路可只测量一个线电压；单电压互感器接线的主母线、变压器回路可只测量单相电压或一个线电压。

4）下列回路，应监测交流系统的绝缘。

① 同步发电机和发电/电动机的定子回路。

② 中性点非有效接地系统的母线和回路。

5）中性点非有效接地系统的主母线，宜测量母线的一个线电压和监测绝缘的三个相电压。

6）发电机定子回路的绝缘监测，可采用测量发电机电压互感器辅助二次绕组的零序电压方式，也可采用测量发电机的三个相电压方式。

7）下列回路，应测量直流电压。

① 同步发电机和发电/电动机的励磁回路，相应的自动及手动调整励磁的输出回路。

② 同步电动机的励磁回路。

③ 直流发电机回路。

④ 直流系统的主母线，蓄电池组、充电及浮充电整流装置的直流输出回路。

⑤ 重要电力整流装置的输出回路。

8）下列回路，应监测直流系统的绝缘。

① 同步发电机和发电/电动机的励磁回路。

② 同步电动机的励磁回路。

③ 直流系统的主母线和重要的直流回路。

④ 重要电力整流装置的输出回路。

9）直流系统应装设直接测量绝缘电阻值的绝缘监测装置，绝缘监测装置的测量准确度不应低于 1.5 级。

（4）功率测量

1）下列回路，应测量有功功率。

① 同步发电机和发电/电动机的定子回路。

② 双绕组主变压器的一侧，三绕组主变压器的三侧以及自耦变压器的三侧。

③ 厂（所）用变压器：双绕组变压器的高压侧，三绕组变压器的三侧。

④ 35kV 及以上的输配电线路和用电线路。

⑤ 旁路断路器、母联（或分段）兼旁路断路器回路和 35kV 及以上的外桥断路器回路。

⑥ 发电机励磁变压器高压侧。

2）同步发电机和发电/电动机的机旁控制屏应测量发电机的有功功率。

3）对双向送、受电运行的输配电线路、水轮发电机、发电/电动机和主变压器等设备，应测量双方向有功功率。

4）下列回路，应测量无功功率。

① 同步发电机和发电/电动机的定子回路。

② 双绕组主变压器的一侧，三绕组主变压器的三侧以及自耦变压器的三侧。

③ 3kV 及以上的输配电线路和用电线路。

④ 旁路断路器、母联（或分段）兼旁路断路器回路和 35kV 及以上的外桥断路器回路。

⑤ 330kV 及以上并联电抗器。

⑥ 10～66kV 低压并联电容器和电抗器组。

⑦ 发电机励磁变压器高压侧。

5）下列回路，应测量双方向的无功功率。

① 具有进相、滞相运行要求的同步发电机、发电/电动机。

② 主变压器低压侧装有并联电容器和电抗器的总回路。

③ 10kV 及以上用电线路。

6）发电机和发电/电动机宜测量功率因数。

（5）频率测量

1）频率测量范围为 45～55Hz，准确度等级不应低于 0.2 级。

2）下列回路，应测量频率：

① 接有发电机变压器组的各段母线；

② 发电机；

③ 电网有可能解列运行的各段母线。

3）同步发电机和发电/电动机的机旁控制屏上，应测量发电机的频率。

（6）发电厂（变电所）公用电气测量

1）总装机容量为 300MW 及以上的火力发电厂，以及调频、调峰的火力发电厂，宜监视和记录下列电气参数。

① 主控制室（网络控制室）和单元控制室应监视主电网的频率。对调频或调峰发电厂还要记录主电网的频率。

② 调频或调峰发电厂，当采用主控方式时，热控屏上还应监视主电网的频率。

③ 主控制室（网络控制室）应监视和记录全厂总和有功功率。主控制室控制的热控屏上还应监视全厂总和有功功率。

④ 主控制室（网络控制室）应监视全厂厂用电率。

2）总装机容量为 300MW 及以上的水力发电厂，以及调频或调峰的水力发电厂，中央控制室宜监视和记录下列电气参数：

① 主电网的频率；

② 全厂总和有功功率。

3）220kV 及以上的系统枢纽变电所，主控制室宜监视主电网的频率。

4）当采用常测方式时，发电厂（变电所）公用电气测量仪表宜采用数字式仪表。

（7）静止补偿及串联补偿装置的测量

1）静止补偿装置宜测量并记录下列参数：

① 一个系统参考线电压；

② 静止补偿装置所接母线的一个线电压；

③ 静止补偿装置用中间变压器高压侧的三相电流；

④ 分组并联电容器和电抗器回路的单相电流和无功功率；

⑤ 分组晶闸管控制电抗器和晶闸管投切电容器回路的单相电流和无功功率；

⑥ 分组谐波滤波器组回路的单相电流和无功功率；

⑦ 总回路的三相电流、无功功率和无功电能；

⑧ 当总回路下装设并联电容器和电抗器时，应测量双方向的无功功率，并应分别计算进相、滞相运行的无功功率。

2）固定串联补偿装置宜测量并记录下列参数：

① 串补线路电流；

② 电容器电流；

③ 电容器不平衡电流；

④ 金属氧化物避雷器电流；

⑤ 金属氧化物避雷器温度；

⑥ 旁路断路器电流；

⑦ 串补无功功率。

3）可控串联补偿装置宜测量并记录下列参数：

① 串补线路电压和电流；

② 电容器电压；

③ 电容器不平衡电流；

④ 金属氧化物避雷器电流和温度；

⑤ 旁路断路器电流；

⑥ 晶闸管阀电流和触发角；

⑦ 等值容抗；

⑧ 补偿度；

⑨ 串补无功功率。

（8）公用电网谐波的监测

① 公共电网谐波的监测可采用连续监测或专项监测。

② 在谐波监测点，宜装设谐波电压和谐波电流测量仪表。谐波监测点应结合谐波源的分布布置，并应覆盖主网及全部供电电压等级。

③ 下列回路，宜设置谐波监测点：

a. 系统指定谐波监视点（母线）；

b. 10～66kV 无功补偿装置所连接母线的谐波电压；

c. 向谐波源用户供电的线路送电端；

d. 一条供电线路上接有两个及以上不同部门的谐波源用户时，谐波源用户受电端；

e. 特殊用户所要求的回路；

f. 其他有必要监测的回路。

④ 用于谐波测量的电流互感器和电压互感器的准确度不宜低于 0.5 级。

⑤ 谐波测量的次数不宜少于 2～15 次。

⑥ 谐波电流、电压的测量可采用数字式仪表，测量仪表的准确度不宜低于 1.0 级。

9.1.3 变配电所电能计量[13]

（1）一般规定

① 电能计量装置应满足发电、供电、用电的准确计量的要求。

② 电能计量装置按其所计量对象的重要程度和计量电能的多少分类。

a. 每个月平均用电量在 5000MW·h 及以上或变压器容量为 10MV·A 及以上的高压计费用户、200MW 及以上发电机、发电/电动机、发电企业上网电量、电网经营企业之间的电量交换点，以及省级电网经营企业与其供电企业的供电关口计量点的电能计量装置，应为Ⅰ类电能计量装置。

b. 每个月平均用电量在 1000MW·h 及以上或变压器容量为 2MV·A 及以上的高压计费用户、100MW 及以上发电机、发电/电动机，以及供电企业之间的电量交换点的电能计量装置，应为Ⅱ类电能计量装置。

c. 月平均用电量 100MW·h 以上或负荷容量为 315kV·A 及以上的计费用户、100MW 以下发电机的发电企业厂（站）用电量、供电企业内部用于承包考核的计量点、110kV 及以上电压等级的送电线路，以及无功补偿装置的电能计量装置，应为Ⅲ类电能计量装置。

d. 负荷容量为 315kV·A 以下的计费用户、发供电企业内部经济技术指标分析，以及考核用的电能计量装置，应为Ⅳ类电能计量装置。

e. 单相电力用户计费用的电能计量装置，应为Ⅴ类电能计量装置。

③ 电能计量装置准确度不应低于表 9-3 的规定。

表 9-3 电能计量装置准确度要求

电能计量装置类别	准确度（级）			
	有功电能表	无功电能表	电压互感器	电流互感器
Ⅰ	0.2S	2.0	0.2	0.2S 或 0.2
Ⅱ	0.5S	2.0	0.2	0.2S 或 0.2
Ⅲ	1.0	2.0	0.5	0.5S
Ⅳ	2.0	2.0	0.5	0.5S
Ⅴ	2.0	—	—	0.5S

注：0.2 级电流互感器仅用于发电机计量回路。

④ 电能表的电流、电压回路应分别装设电流、电压专用试验接线盒。

⑤ 执行功率因数调整电费的用户，应装设具有计量有功电能、感性和容性无功电能功能计量装置；按最大需量计收基本电费的用户，应装设具有最大需量功能的电能表；实行分时电价的用户，应装设复费率电能表或多功能电能表。

⑥ 具有正向和反向输电的线路计量点，应装设计量正向和反向有功电能及四象限无功电能的电能表。

⑦ 进相和滞相运行的发电机回路，应分别计量进相和滞相的无功电能。

⑧ 中性点有效接地的电能计量装置应采用三相四线的接线方式；中性点非有效接地的电能计量装置应采用三相三线的接线方式。经消弧线圈等接地的计费用户且年平均中性点电流大于 0.1%额定电流时，应采用三相四线的接线方式；照明变压器、照明与动力公用变压器、照明负荷占 15%及以上的动力与照明混合供电的 1200V 及以上的供电线路，以及三相不平衡率大于 10%的 1200V 及以上的电力用户线路，应采用三相四线的接线方式。

⑨ 为提高低负荷时的计量准确性，应选用过载 4 倍及以上的电能表。经电流互感器接入的电能表，标定电流宜不低于电流互感器额定二次电流的 30%（对 S 级为 20%），额定最大电流为额定二次电流的 120%。直接接入式电能表的标定电流应按正常运行负荷电流的 30%进行选择。

⑩ 当发电厂和变（配）电所装设远动遥测、计算机监控时，电能计量、计算机和远动遥测宜共用一套电能表。电能表应具有脉冲输出或数据输出功能，也可同时具有两种输出功能。

电能表脉冲输出参数应满足计算机和远动遥测的要求，数据输出的通信规约应符合国家现行标准《多功能电能表通行规约》DL/T645 的有关规定。

⑪ 发电电能关口计量点和省级及以上电网公司之间电能关口计量点，应装设两套准确度等级相同的主、副电能表。发电企业上网线路的对侧应设置备用和考核计量点，并应配置与对侧相同规格、等级的电能计量装置。

⑫ Ⅰ类电能计量装置应在关口点根据进线电源设置单独的计量装置。

⑬ 低压供电且负荷电流为 50A 及以下时，宜采用直接接入式电能表；负荷电压供电且电流为 50A 以上时，宜采用经电流互感器接入式的接线方式。

⑭ Ⅰ、Ⅱ、Ⅲ类电能计量装置应具有电压失压计时功能。

(2) 有功、无功电能的计量

1) 下列回路，应计量有功电能：

① 同步发电机和发电/电动机的定子回路；

② 双绕组主变压器的一侧，三绕组主变压器的三侧，以及自耦变压器的三侧；

③ 1200V 及以上的线路，1200V 以下网络的总干线路；

④ 旁路断路器、母联（或分段）兼旁路断路器回路；

⑤ 双绕组厂（所）用变压器的高压侧，三绕组厂（所）用变压器的三侧；

⑥ 厂用、所用电源线路及厂外用电线路；

⑦ 外接保安电源的进线回路；

⑧ 3kV 及以上高压电动机回路。

2) 下列回路，应计量无功电能：

① 同步发电机和发电/电动机的定子回路；

② 双绕组主变压器的一侧，三绕组主变压器的三侧，以及自耦变压器的三侧；

③ 10kV 及以上的线路；

④ 旁路断路器、母联（或分段）兼旁路断路器回路；

⑤ 330kV 及以上并联电抗器；

⑥ 66kV 及以下低压并联电容器和并联电抗器组。

9.1.4 直流换流站的电气测量[13]

(1) 一般规定

① 直流换流站电气测量的数据采集包括交流部分和直流部分。直流部分的数据应按极采集，双极参数可通过计算机计算或采集获得；交流部分的数据采集的基本原则应符合本章 9.1.2、9.1.3 和 9.1.5 节的有关规定。

② 直流换流站除应采集本端站运行参数外，还应采集对端站主要参数信息数据。

③ 直流电流和电压测量装置的综合误差应分别为±0.5%和±1.0%。

④ 双方向的电流、功率回路和有极性的直流电压回路，采集量应有方向或有极性。当这些回路选用仪表测量时，应采用带有方向或有极性的仪表。

⑤ 直流换流站主控制室内不宜设模拟屏。当设有模拟屏时常测仪表也应精简。

(2) 直流参数监测

1) 下列回路，应采集直流电流：

① 本端换流站的每极直流线路；

② 本端换流站的接地极线；

③ 投入运行时的本端换流站的临时接地回路。

2）下列回路，应采集直流电压：
① 本端换流站每极的极母线；
② 本端换流站每极的中性母线；
③ 对端换流站每极的极母线。
3）下列回路，应采集直流功率：
① 本端换流站每极直流功率；
② 本端换流站双极直流功率；
③ 对端换流站每极直流功率；
④ 对端换流站双极直流功率。
4）换流站的换流阀应采集下列电角度：
① 整流站的触发角；
② 逆变站的熄弧角。
（3）交流参数监测
1）下列回路，应采集交流电流：
① 本端换流变压器交流侧；
② 本端换流变压器阀侧；
③ 本端交流滤波器各大组；
④ 本端交流滤波器、并联电容器或电抗器各分组。
2）下列回路，应采集交流电压：
① 本端换流变压器交流侧；
② 本端换流变压器阀侧；
③ 本端交流滤波器各大组的母线。
3）下列回路，应采集交流功率：
① 本端换流变压器交流侧有功功率；
② 本端换流变压器交流侧无功功率；
③ 本端交流滤波器各大组无功功率；
④ 本端交流滤波器、并联电容器或电抗器各分组无功功率；
⑤ 换流站与站外交流系统交换的总无功功率。
4）换流站应采集换流变压器交流侧的频率。
（4）谐波参数监测
1）下列回路，宜采集直流侧谐波参数：
① 本端换流站每极直流线路谐波电流、电压；
② 接地极线路谐波电流；
③ 本端换流站直流滤波器各分组谐波电流。
2）下列回路，宜采集交流侧谐波参数：
① 本端换流变压器交流侧谐波电流、电压；
② 本端换流变压器中性点侧谐波电流及直流偏磁；
③ 本端换流站交流滤波器各分组谐波电流；
④ 本端换流站至系统主要交流联络线的谐波电流、电压。
（5）电能计量
1）下列回路，应装设电能表：
① 换流变压器交流侧；

② 交流滤波器（并联电容器或电抗器）各分组；

③ 直流输电线路当有条件时，可装设有功电能表。

2）正向和反向送电的换流变压器交流侧，应装设计量正向和反向有功电能及四象限无功电能的电能表。

3）换流变压器交流侧，应装设两套准确度等级相同的主、副电能表。

9.1.5 计算机监控系统的测量[13]

（1）一般规定

① 计算机监控系统的数据采集的基本原则应符合本章 9.1.2 节、9.1.3 节和 9.1.4 节的有关规定，计算机监控系统采集的模拟量及电能数据量与电测量及电能计量的规定基本相同。

② 电气参数可通过计算机监控系统进行监测和记录，可不单独装设记录型仪表。

③ 当采用计算机监控系统时，就地厂（所）用配电盘上应保留必要的测量表计或监测单元，以便能测量相关的电气参数。

（2）计算机监控系统的数据采集

① 计算机监控系统的电测量数据采集包括模拟量和电能数据量。

② 模拟量的采集可采用交流采样方式，也可采用直流采样方式。交流采样指经电流、电压互感器的直接输入方式；直流采样指经变送器的输入方式。

③ 交流采样的模拟量可根据运行需要适当增加某些电气计算量。

（3）计算机监控时常用电测量仪表

① 计算机监控不设模拟屏时，控制室常测仪表宜取消。当计算机监控设模拟屏时，模拟屏上的常测仪表应精简，并可采用计算机驱动的数字式仪表。

② 当发电厂采用计算机监控系统时，机组后备屏或机旁屏上发电机部分的常用电测量仪表的装设要求与电测量及电能计量的规定基本相同。

9.1.6 仪表装置安装条件[13]

① 发电厂和变（配）电所的屏、台、柜上的电气仪表装置的安装设计，应满足仪表正常工作、运行监视、抄表和现场调试的要求。

② 测量仪表装置宜采用垂直安装方式，表中心线向各方向的倾斜角度不应大于 1°，测量仪表装置的安装高度应符合要求。

a. 常用测量仪表为 1200～2000mm。

b. 电能表室内应为 800～1800mm，室外不应小于 1200mm；计量箱底边距地面室内不应小于 1200mm，室外不应小于 1600mm。

c. 变送器应为 1200～1800mm。

③ 控制屏（台）宜选用后设门的屏（台）式结构，电能表屏、变送器屏宜选用前后设门的柜式结构。一般屏的尺寸应为 2200mm×800mm×600mm（高×宽×深）。

④ 所有屏、台、柜内的电流回路端子排应采用电流试验端子，连接导线宜采用铜芯绝缘软导线，电流回路导线截面积不应小于 $2.5mm^2$，电压回路不应小于 $1.5mm^2$。

⑤ 电能表屏（柜）内试验端子盒宜布置于屏（柜）的正面。

9.1.7 二次回路的保护与控制[13]

（1）电流互感器

① 用于Ⅰ、Ⅱ、Ⅲ类贸易结算的电能计量装置，应按计量点设置专用电流互感器或专用

二次绕组。

② 电流互感器额定一次电流的选择，宜满足正常运行的实际负荷电流达到额定值的 60%，且不应小于 30%（S 级为 20%）的要求，也可选用较小变比或二次绕组带抽头的电流互感器。电流互感器额定二次负荷的功率因数应为 0.8～1.0。

③ 1%～120%额定电流回路，宜选用 S 级电流互感器。

④ 电流互感器的额定二次电流可选用 5A 或 1A。110kV 及以上电压等级电流互感器宜选用 1A。

⑤ 电流互感器二次绕组中所接入的负荷（包括测量仪表、电能计量装置和连接导线等）应保证实际二次负荷在 25%～100%额定二次负荷范围内。

(2) 电压互感器

① 对于Ⅰ、Ⅱ、Ⅲ类贸易结算的电能计量装置，应按计量点设置专用电压互感器或专用二次绕组。

② 电压互感器二次绕组中所接入的负荷（包括测量仪表、电能计量装置、继电保护和连接导线等），应保证实际二次负荷在 25%～100%额定二次负荷范围内，实际二次负荷的功率因数应与额定二次负荷功率因数相接近。

(3) 测量二次接线

1) 交流电流回路

① 电流互感器的二次接线，宜先接常用电测量仪表，后接测控装置。

② 电流互感器二次绕组应采取防止开路的保护措施。

③ 测量表计和继电保护不宜共用电流互感器的同一个二次绕组。如受条件限制，仪表和保护共用一个二次绕组时，宜采取下列措施。

a. 保护装置接在仪表之前，中间加装电流试验部件，以避免仪表校验影响保护装置的正常工作。

b. 加装中间电流互感器将仪表与保护装置从电路上隔开。中间电流互感器的技术特性应满足仪表和保护的要求。

④ 电流互感器的二次绕组的中性点应有一个接地点。用于测量的二次绕组应在配电装置处接地。和电流的两个二次绕组的中性点应并接和一点接地，接地点应在和电流处。

⑤ 电流互感器二次电流回路的电缆芯线截面，应按电流互感器的额定二次负荷来进行计算，5A 的计算回路不宜小于 $4mm^2$，1A 的计算回路不宜小于 $2.5mm^2$，其他测量回路不宜小于 $2.5mm^2$。

⑥ 三相三线制接线的电能计量装置，其两台电流互感器二次绕组与电能表间宜采用四线连接。三相四线制接线的电能计量装置，其三台电流互感器二次绕组与电能表间宜采用六线连接。

⑦ 用于Ⅰ、Ⅱ、Ⅲ类贸易结算的电能计量装置专用的电压互感器或二次绕组，以及相应的二次回路不应接入与电能计量无关的设备。

2) 交流电压回路

① 用于测量的电压互感器的二次回路允许电压降，应符合下列规定。

a. 计算机监控系统中的测量部分、常用测量仪表和综合装置的测量部分，二次回路电压降不应大于额定二次电压的 3%。

b. Ⅰ、Ⅱ类电能计量装置的二次回路电压降不应大于额定二次电压的 0.25%。

c. 其他电能计量装置的二次回路电压降不应大于额定二次电压的 0.5%。

② 35kV 及以上电压等级单独设置专用电压互感器或专用二次绕组时，Ⅰ、Ⅱ、Ⅲ类电能计量装置的电压回路宜经电压互感器端子箱引接至试验接线盒。

③ 用于贸易结算的电能计量装置的二次电压回路，35kV 及以下不宜接入隔离开关辅助接点，且不宜装设熔断器或自动开关；35kV 以上不宜接入隔离开关辅助接点，但可装设快速熔断器或自动开关，控制室应具有该电压回路完整性的监视信号。

④ 电压互感器的二次绕组应有一个接地点。对于中性点有效接地或非有效接地系统，星形接线的电压互感器主二次绕组应采用中性点一点接地；对于中性点非有效接地系统，"V"形接线的电压互感器主二次绕组应采用 B 相一点接地。

⑤ 为了减少电压互感器二次回路的电压降和提高电能计量的准确度，电能表屏可布置在配电装置附近的小室内。

⑥ 电压互感器二次电压回路的电缆芯线截面积，应按本小节第①条的允许电压降的要求计算，一般计算回路不应小于 $4mm^2$，其他测量回路不应小于 $2.5mm^2$。

⑦ 用于Ⅰ、Ⅱ、Ⅲ类贸易结算的电能计量装置专用的电压互感器或二次绕组，以及相应的二次回路不应接入与电能计量无关的设备。

⑧ 用于贸易结算的电能计量装置回路的电压互感器，其二次回路的接线端子应装设防护罩，防护罩应可靠铅封，也可采用无二次接线端子的互感器。

3）二次测量回路

① 变送器电流输出回路接线宜先接二次测量仪表，再接计算机监控系统。

② 接至计算机监控和遥测系统的弱电信号回路或数据通信回路，应选用专用的计算机屏蔽电缆或光纤通信电缆。

③ 变送器模拟量输出回路和电能表脉冲量输出回路，宜选用对绞芯分屏蔽加总屏蔽的铜芯电缆，芯线截面积不应小于 $0.75mm^2$。

④ 数字式仪表辅助电源宜采用交流不停电电源（UPS）或直流电源。

（4）电测量变送器

① 变送器的输入参数应与电流互感器和电压互感器的参数相符合，输出参数应能满足测量仪表和计算机监控系统的要求。

② 变送器的模拟量输出可为电流输出或电压输出，或者数字信号输出。变送器的电流输出宜选用 4～20mA。

③ 变送器模拟量输出回路所接入的负荷（包括计算机、遥测装置、测量仪表和连接导线等）不应超过变送器输出的二次负荷值。

④ 变送器的校准值应与二次测量仪表的满刻度值相匹配。

⑤ 变送器的辅助电源宜由交流不停电电源（UPS）或直流电源供给。

9.1.8 信号系统[59]

中央信号装置的设计原则如下。

① 变、配电所在控制室或值班室内一般设中央信号装置。中央信号装置由事故信号和预告信号组成。

② 中央事故信号装置应保证在任何断路器事故跳闸时，能瞬时发出音响信号，在控制屏上或配电装置上还应有表示该回路事故跳闸的灯光或其他指示信号。

③ 中央预告信号装置应保证在任何回路发生故障时，能瞬时发出预告音响信号，并有显示故障性质和地点的指示信号（灯光或信号继电器）。

④ 中央事故音响与预告音响信号应有区别。一般事故音响信号用电笛，预告音响信

号用电铃。

⑤ 中央信号装置应能进行事故和预告信号及光字牌完好性的试验。

⑥ 中央事故与预告信号装置在发出音响信号后，应能手动或自动复归音响，而灯光或指示信号仍应保持，直至处理后故障消除时为止。

⑦ 中央信号装置接线应简单、可靠，对其电源熔断器是否熔断应有监视。

⑧ 企业变、配电所为直流操作并采用灯光监视时，一般设有闪光装置，与断路器的事故信号和自动装置相配合，指示断路器的事故跳闸和自动投入。闪光装置一般装设在直流电源屏上。

⑨ 企业变电所的中央事故与预告信号一般采用重复动作的信号装置。如变电所主接线较简单，中央事故信号可采用不重复动作。工业企业和民用建筑配电所一般采用不重复动作的中央信号装置。

⑩ 中央信号可采用由制造厂成套供应的闪光报警装置，也可采用由冲击继电器或脉冲继电器构成的装置。

⑪ 中央信号系统还可采用与直流屏配套的微机中央信号控制屏，其内配有微机控制中央信号报警器。此报警器除具备常规中央信号装置的各项功能外，还具有记忆信号和编程设定等功能。

9.2　电气设备和线路继电保护的配置、整定计算及选型

9.2.1　电力变压器保护[12,59]

（1）选型原则

1）电压为 3～110kV，容量为 63MV · A 及以下的电力变压器，对下列故障及异常运行方式，应装设相应的保护装置。

① 绕组及其引出线的相间短路和在中性点直接接地或经小电阻接地侧的单相接地短路。

② 绕组的匝间短路。

③ 外部相间短路引起的过电流。

④ 中性点直接接地或经小电阻接地的电力网中外部接地短路引起的过电流及中性点过电压。

⑤ 过负荷。

⑥ 油面降低。

⑦ 变压器油温过高、绕组温度过高、油箱压力过高、产生瓦斯或冷却系统故障。

2）容量为 0.4MV · A 及以上的车间内油浸式变压器、容量为 0.8MV · A 及以上的油浸式变压器，以及带负荷调压变压器的充油调压开关均应装设气体保护，当壳内故障产生轻微瓦斯或油面下降时应瞬时动作于信号；当产生大量瓦斯时应动作于断开变压器各侧断路器。气体保护应采取防止因振动、气体继电器的引线故障等引起气体保护误动作的措施。当变压器安装处电源侧无断路器或短路开关时，保护动作后应作用于信号并发出远跳命令，同时应断开线路对侧断路器。

3）对变压器引出线、套管及内部的短路故障，应装设下列保护作为主保护，且应瞬时动作于断开变压器的各侧断路器，并应符合下列规定。

① 电压为 10kV 及以下、容量为 10MV · A 以下单独运行的变压器，应采用电流速

断保护。

② 电压为 10kV 以上、容量为 10MV·A 及以上单独运行的变压器，以及容量为 6.3MV·A 及以上并列运行的变压器，应采用纵联差动保护。

③ 容量为 10MV·A 以下单独运行的重要变压器，可装设纵联差动保护。

④ 电压为 10kV 的重要变压器或容量为 2MV·A 及以上的变压器，当电流速断保护灵敏度不符合要求时，宜采用纵联差动保护。

⑤ 容量为 0.4MV·A 及以上、一次电压为 10kV 及以下，且绕组为三角形-星形连接的变压器，可采用两相三继电器式的电流速断保护。

4）变压器的纵联差动保护应符合下列要求。

① 应能躲过励磁涌流和外部短路产生的不平衡电流。

② 应具有电流回路断线的判别功能，并应能选择报警或允许差动保护动作跳闸。

③ 差动保护范围应包括变压器套管及其引出线，如不能包括引出线时，应采取快速切除故障的辅助措施。但在 63kV 或 110kV 电压等级的终端变电站和分支变电站，以及具有旁路母线的变电站在变压器断路器退出工作由旁路断路器代替时，纵联差动保护可短时利用变压器套管内的电流互感器，此时套管和引线故障可由后备保护动作切除；如电网安全稳定运行有要求时，应将纵联差动保护切至旁路断路器的电流互感器。

5）对由外部相间短路引起的变压器过电流，应装设下列保护作为后备保护，并应带时限动作于断开相应的断路器，同时应符合下列规定。

① 过电流保护宜用于降压变压器。

② 复合电压启动的过电流保护或低电压闭锁的过电流保护，宜用于升压变压器、系统联络变压器和过电流保护不符合灵敏性要求的降压变压器。

6）外部相间短路保护应符合下列规定。

① 单侧电源双绕组变压器和三绕组变压器，相间短路后备保护宜装于各侧；非电源侧保护可带两段或三段时限；电源侧保护可带一段时限。

② 两侧或三侧有电源的双绕组变压器和三绕组变压器，相间短路应根据选择性的要求装设方向元件，方向宜指向本侧母线，但断开变压器各侧断路器的后备保护不应带方向。

③ 低压侧有分支，且接至分开运行母线段的降压变压器，应在每个分支装设相间短路后备保护。

④ 当变压器低压侧无专用母线保护，高压侧相间短路后备保护对低压侧母线相间短路灵敏度不够时，应在低压侧配置相间短路后备保护。

7）三绕组变压器的外部相间短路保护，可按下列原则进行简化。

① 除主电源侧外，其他各侧保护可仅作本侧相邻电力设备和线路的后备保护。

② 保护装置作为本侧相邻电力设备和线路保护的后备时，灵敏系数可适当降低，但对本侧母线上的各类短路应符合灵敏性要求。

8）中性点直接接地的 110kV 电力网中，当低压侧有电源的变压器中性点直接接地运行时，对外部单相接地引起的过电流，应装设零序电流保护，并应符合下列规定。

① 零序电流保护可以由两段组成，其动作电流应与相关线路零序过电流保护相配合，每段应各带两个时限，并均应以较短的时限动作于缩小故障影响范围，或动作于断开本侧断路器，同时应以较长的时限动作于断开变压器各侧断路器。

② 双绕组及三绕组变压器的零序电流保护应接到中性点引出线上的电流互感器上。

9）在 110kV 中性点直接接地的电力网中，当低压侧有电源的变压器中性点可能接地运行或不接地运行时，对外部单相接地引起的过电流，以及对因失去中性点接地引起的电压升高，应装设后备保护，并应符合下列规定。

① 全绝缘变压器的零序保护应按本小节第 8）条装设零序电流保护，并应增设零序过电压保护。当变压器所连接的电力网选择断开变压器中性点接地时，零序过电压保护应经 0.3～0.5s 时限动作于断开变压器各侧断路器。

② 分级绝缘变压器的零序保护，应在变压器中性点装设放电间隙。应装设用于中性点直接接地和经放电间隙接地的两套零序过电流保护，并应增设零序过电压保护。用于中性点直接接地运行的变压器应按本小节第 8）条装设零序电流保护；用于经间隙接地的变压器，应装设反映间隙放电的零序电流保护和零序过电压保护。当变压器所接的电力网失去接地中性点，且发生单相接地故障时，此零序电流电压保护应经 0.3～0.5s 时限动作于断开变压器各侧断路器。

10）当变压器低压侧中性点经小电阻接地时，低压侧应配置三相式过电流保护，同时应在变压器低压侧装设零序过电流保护，保护应设置两个时限。零序过电流保护宜接在变压器低压侧中性点回路的零序电流互感器上。

11）专用接地变压器应按本小节第 3）条配置主保护，并应配置过电流保护和零序过电流保护作为后备保护。

12）当变压器的中性点经过消弧线圈接地时，应在中性点设置零序过电流或过电压保护，并应动作于信号。

13）容量在 0.4MV·A 及以上、绕组为星形-星形接线，且低压侧中性点直接接地的变压器，对低压侧单相接地短路应选择下列保护方式，保护装置应带时限动作于跳闸。

① 利用高压侧的过电流保护时，保护装置宜采用三相式。

② 在低压侧中性线上装设零序电流保护。

③ 在低压侧装设三相过电流保护。

14）容量在 0.4MV·A 及以上、一次电压为 10kV 及以下、绕组为三角形-星形接线，且低压侧中性点直接接地的变压器，对低压侧单相接地短路，可利用高压侧的过电流保护，当灵敏度符合要求时，保护装置应带时限动作于跳闸；当灵敏度不符合要求时，可按本小节第 13）条的第②款和第③款装设保护装置，并应带时限动作于跳闸。

15）容量在 0.4MV·A 及以上并列运行的变压器或作为其他负荷备用电源的单独运行的变压器，应装设过负荷保护。对多绕组变压器，保护装置应能反映变压器各侧的过负荷。过负荷保护应带时限动作于信号。在无经常值班人员的变电站，其过负荷保护可动作于跳闸或断开部分负荷。

16）对变压器油温度过高、绕组温度过高、油面过低、油箱内压力过高、产生瓦斯和冷却系统故障，应装设可作用于信号或动作于跳闸的装置。

（2）保护配置

电力变压器的继电保护配置见表 9-4。

（3）整定计算

电力变压器的各种整定计算见表 9-5～表 9-8。

9.2.2　电力线路保护[12,59]

（1）3～66kV 电力线路保护选型原则

1）3～66kV 线路的下列故障或异常运行，应装设相应的保护装置：

① 相间短路；

② 单相接地；

③ 过负荷。

2）3～10kV 线路装设相间短路保护装置，宜符合下列要求。

① 电流保护装置应接于两相电流互感器上，同一网络的保护装置应装在相同的两相上。

② 后备保护应采用远后备方式。

③ 下列情况应快速切除故障：

a. 当线路短路使发电厂厂用母线或重要用户母线电压低于额定电压的 60％时；

b. 线路导线截面过小，线路的热稳定不允许带时限切除短路时。

表 9-4　电力变压器的继电保护配置

<table>
<tr><th rowspan="2">变压器容量/kV·A</th><th colspan="7">保护装置名称</th><th rowspan="2">备注</th></tr>
<tr><th>带时限的①过电流保护</th><th>电流速断保护</th><th>纵联差动保护</th><th>单相低压侧接地保护②</th><th>过负荷保护</th><th>气体保护</th><th>温度保护</th></tr>
<tr><td>＜400</td><td>—</td><td>—</td><td>—</td><td>—</td><td>—</td><td>≥315kV·A 的车间内油浸变压器装设</td><td>—</td><td>一般用高压熔断器保护</td></tr>
<tr><td>400～630</td><td rowspan="2">高压侧采用断路器时装设</td><td rowspan="2">高压侧采用断路器且过电流保护时限＞0.5s 时装设</td><td>—</td><td rowspan="3">装设</td><td rowspan="6">并联运行的变压器装设，作为其他备用电源的变压器根据过负荷的可能性装设③</td><td>车间内变压器装设</td><td></td><td rowspan="4">一般采用 GL 型继电器兼作过电流及电流速断保护</td></tr>
<tr><td>800</td><td>—</td><td rowspan="5">装设</td><td>—</td></tr>
<tr><td>1000～1600</td><td rowspan="4">装设</td><td rowspan="2">过电流保护时限＞0.5s 时装设</td><td>—</td><td rowspan="4">装设</td></tr>
<tr><td>2000～5000</td><td>当电流速断保护不能满足灵敏性要求时装设</td><td>—</td></tr>
<tr><td>6300～8000</td><td>单独运行的变压器或负荷不太重要的变压器装设</td><td>并列运行的变压器或重要变压器或当电流速断保护不能满足灵敏性要求时装设</td><td>—</td><td rowspan="2">≥5000kV·A 的单相变压器宜装设远距离测温装置；≥8000kV·A 的变压器宜装设远距离测温装置</td></tr>
<tr><td>≥10000</td><td>—</td><td>装设</td><td>—</td></tr>
</table>

① 当带时限的过电流保护不能满足灵敏性要求时，应采用低电压闭锁的带时限过电流保护。

② 当利用高压侧过电流保护及低压侧出线断路器保护不能满足灵敏性要求，应装设变压器中性线上的零序过电流保护。

③ 低压电压为 230/400V 的变压器，当低压侧出线断路器带有过负荷保护时，可不装设专用的过负荷保护。

表 9-5　电力变压器的电流保护整定计算

<table>
<tr><th>保护名称</th><th>计算项目和公式</th><th>符号说明</th></tr>
<tr><td>过电流保护</td><td>保护装置的动作电流（应躲过可能出现的过负荷电流）
$$I_{op\cdot K}=K_{rel}K_{jx}\frac{K_{gh}I_{1rT}}{K_r n_{TA}}(A)$$
保护装置的灵敏系数［按电力系统最小运行方式下，低压侧两相短路时流过高压侧（保护安装处）的短路电流校验］
$$K_{sen}=I_{2k2\cdot min}/I_{op}\geqslant 1.5$$
保护装置的动作时限（应与下一级保护动作时限相配合），一般取 0.5～0.7s</td><td rowspan="5">$I_{op\cdot K}$——保护装置的动作电流，A；
K_{rel}——可靠系数，用于过电流保护时 DL 型和 GL 型继电器分别取 1.2 和 1.3，用于电流速断保护时分别取 1.3 和 1.5，用于低压侧单相接地保护时（在变压器中性线上装设的）取 1.2，用于过负荷保护时取 1.05～1.1；
K_{jx}——接线系数，接于相电流时取 1，接于相电流差时取 $\sqrt{3}$；
K_{gh}——过负荷系数①，包括电动机自启动引起的过电流倍数，一般取 2～3，当无自启动电动机时取 1.3～1.5；
I_{1rT}——变压器高压侧额定电流，A；
K_r——继电器返回系数，取 0.85（动作电流）；
n_{TA}——电流互感器变比；
K_{sen}——灵敏系数；
$I_{2k2\cdot min}$——最小运行方式下变压器低压侧两相短路时，流过高压侧（保护安装处）的稳态电流，A；
I_{op}——保护装置一次动作电流，A，
$$I_{op}=I_{op\cdot K}n_{TA}/K_{jx};$$
$I''_{2k3\cdot max}$——最大运行方式下变压器低压侧三相短路时，流过高压侧（保护安装处）的超瞬态电流，A；
$I''_{1k2\cdot min}$——最小运行方式下保护装置安装处两相短路超瞬态电流②，A；
$I_{2k1\cdot min}$——最小运行方式下变压器低压侧母线或母干线末端单相接地短路时，流过高压侧（保护安装处）的稳态电流，A；
$$I_{2k1\cdot min}=\frac{2}{3}I_{22k1\cdot min}/n_T\ \text{(Yyn)}$$
$$I_{2k1\cdot min}=\frac{\sqrt{3}}{3}I_{22k1\cdot min}/n_T\ \text{(Dyn)}$$
$I_{22k1\cdot min}$——最小运行方式下变压器低压侧母线或母干线末端单相接地稳态短路电流，A；
n_T——变压器变比；
I_{2rT}——变压器低压侧额定电流，A；
K_{co}——配合系数，取 1.1；
$I_{op\cdot fz}$——低压分支线上零序保护的动作电流，A</td></tr>
<tr><td>电流速断保护</td><td>保护装置的动作电流（应躲过低压侧短路时，流过保护装置的最大短路电流）
$$I_{op\cdot K}=K_{rel}K_{jx}\frac{I''_{2k3\cdot max}}{n_{TA}}(A)$$
保护装置的灵敏系数（按系统最小运行方式下，保护装置安装处两相短路电流校验）
$$K_{sen}=I''_{1k2\cdot min}/I_{op}\geqslant 2$$</td></tr>
<tr><td>低压侧单相接地保护（利用高压侧三相式过电流保护）</td><td>保护装置的动作电流和动作时限与过电流保护相同；保护装置的灵敏系数［按最小运行方式下，低压侧母线或母干线末端单相接地时，流过高压侧（保护安装处）的短路电流校验］
$$K_{sen}=I_{2k1\cdot min}/I_{op}\geqslant 1.5$$</td></tr>
<tr><td>低压侧单相接地保护③（采用在低压侧中性线上装设专用的零序保护）</td><td>保护装置动作电流（应躲过正常运行时变压器中性线上流过的最大不平衡电流，其值按 GB 1094.1～5《电力变压器》规定，不超过额定电流的 25%）
$I_{op\cdot K}=0.25$④$K_{rel}I_{2rT}/n_{TA}$(A)
保护装置动作电流尚应与低压出线上零序保护相配合
$$I_{op\cdot K}=K_{co}I_{op\cdot fz}/n_{TA}(A)$$
保护装置的灵敏系数（按最小运行方式下，低压侧母线或母干线末端单相接地稳态短路电流校验）
$$K_{sen}=I_{22k1\cdot min}/I_{op}\geqslant 1.5$$
保护装置的动作时限一般取 0.5s</td></tr>
<tr><td>过负荷保护</td><td>保护装置的动作电流（应躲过变压器额定电流）
$$I_{op\cdot K}=K_{rel}K_{jx}\frac{I_{1rT}}{K_r n_{TA}}(A)$$
保护装置动作时限（应躲过允许的短时工作过负荷时间，如电动机启动或自启动的时间）一般定时限取 9～15s</td></tr>
</table>

续表

保护名称	计算项目和公式	符号说明
低电压启动的带时限过电流保护	保护装置的动作电流（应躲过变压器额定电流） $I_{op\cdot K}=K_{rel}K_{jx}\dfrac{I_{1rT}}{K_r n_{TA}}$(A) 保护装置的动作电压 $U_{op\cdot K}=\dfrac{U_{min}}{K_{rel}K_r n_{TV}}$(V) 保护装置的灵敏系数（电流部分）与过电流保护相同。保护装置的灵敏系数（电压部分） $K_{sen}=\dfrac{U_{op}}{U_{sh\cdot max}}=\dfrac{U_{op\cdot K}n_{TV}}{U_{sh\cdot max}}$ 保护装置动作时限与过电流保护相同	K_{rel}——可靠系数，取1.2； K_r——继电器返回系数，取1.15； n_{TV}——电压互感器变比； $U_{op\cdot K}$——保护装置的动作电压，V； U_{min}——运行中可能出现的最低工作电压（如电力系统电压降低，大容量电动机启动及电动机自启动时引起的电压降低），一般取$0.5U_{rT}\sim0.7U_{rT}$（变压器高压侧母线额定电压）； U_{op}——保护装置一次动作电压，V； $U_{sh\cdot max}$——保护安装处的最大剩余电压，V

① 带有自启动电动机的变压器，其过负荷系数按电动机的自启动电流确定。当电源侧装设自动重合闸或备用电源自动投入装置时，可近似地用下式计算：

$$K_{gh}=\frac{1}{u_k+\dfrac{S_{rT}}{K_{st}S_{M\Sigma}}\times\left(\dfrac{380}{400}\right)^2}$$

式中　u_k——变压器的阻抗电压相对值；

S_{rT}——变压器的额定容量，kV·A；

K_{st}——电动机的启动电流倍数，一般取5；

$S_{M\Sigma}$——需要自启动的全部电动机的总容量，kV·A。

② 两相短路超瞬态电流I''_{k2}等于三相短路超瞬态电流I''_{k3}的0.866倍，三相短路超瞬态电流即对称短路电流初始值。

③ Yyn0接线变压器采用在低压侧中性线上装设专用零序互感器的低压侧单相接地保护，而Dyn11接线变压器可不装设。

④ 对于Yyn0接线变压器为25%，对于Dyn11接线变压器可大于额定电流的25%，一般取35%。

表 9-6　双绕组电力变压器采用 BCH-2、DCD-2 型继电器的差动保护整定计算

计算项目	计算公式	符号说明
变压器各侧电流互感器二次回路额定电流 I_r	按平均电压及变压器额定电流计算 $I_r=K_{jx}I_{rT}/n_{TA}$(A)	K_{jx}——电流互感器二次回路接线系数，Y形接线时取1.0，△形接线时取$\sqrt{3}$； I_{rT}——变压器各侧额定一次电流，A； n_{TA}——电流互感器变比； K_{rel}——可靠系数，取1.3； K_{tx}——电流互感器同型系数，当其型号相同时取0.5，型号不同时取1.0； Δf——电流互感器允许最大相对误差，取0.1； ΔU——变压器调压侧调压所引起的相对误差，取调压范围的一半； $\Delta f'$——由于继电器实用匝数与计算匝数不等而引起的相对误差，初算时先选中间值0.05（最大值为0.091），在确定各侧匝数后可按公式计算； $I_{k\cdot max}$——最大外部短路电流周期分量，A； $W_{ph\cdot c}$——继电器平衡线圈计算匝数； $W_{ph\cdot sy}$——继电器平衡线圈实用匝数； $W_{c\cdot sy}$——继电器差动线圈实用匝数；
变压器各侧外部短路时的最大短路穿越电流	由短路电流计算确定，从略	
保护装置一次动作电流 I_{op}	① 保护装置的动作电流（应躲过外部故障最大不平衡电流） $I_{op}=K_{rel}(K_{tx}\Delta f+\Delta U+\Delta f')I_{k\cdot max}$(A) $\Delta f'=(W_{ph\cdot c}-W_{ph\cdot sy})/(W_{ph\cdot c}+W_{c\cdot sy})$ ② 保护装置的动作电流（应躲过变压器空载投入或故障切除后电压恢复时的励磁涌流） $I_{op}=(1\sim1.3)I_{rT}$(A) （考虑躲过励磁涌流的系数初算时取1.3，当校验灵敏系数不够时可取1～1.2） ③ 保护装置的动作电流（还应躲过电流互感器二次回路断线） $I_{op}=1.3I_{fh\cdot max}$(A)	

续表

<table>
<tr><th>计算项目</th><th>计算公式</th><th>符号说明</th></tr>
<tr><td>初步确定差动及平衡线圈的接法</td><td>双绕组变压器两侧电流互感器分别接于继电器的两个平衡线圈上，再接入差动线圈</td><td rowspan="4">$I_{fh\cdot max}$——正常运行时变压器的最大负荷电流（不考虑事故运行方式），在负荷电流不能确定时，取 $I_{fh\cdot max}=I_{rT}$；
$W_{\mathrm{I}\cdot c}$——基本侧的计算匝数；
AW_0——继电器的动作安匝，应取实测值，无实测值可取 $AW_0=60$；
$I_{\mathrm{I}\cdot op\cdot K}$——基本侧继电器动作电流，A；
$W_{\mathrm{I}\cdot sy}$——基本侧的实用匝数；
$W_{\mathrm{I}\cdot ph\cdot sy}$——基本侧平衡线圈实用匝数；
$W_{\mathrm{II}\cdot ph\cdot c}$——另一个平衡线圈的计算匝数；
$I_{\mathrm{I}r}$——基本侧电流互感器二次回路额定电流，A；
$I_{\mathrm{II}r}$——第Ⅱ侧电流互感器二次回路额定电流，A；
$W_{\mathrm{II}\cdot ph\cdot sy}$——另一个平衡线圈实用匝数</td></tr>
<tr><td>确定基本侧匝数</td><td>以第Ⅰ侧（电源侧）为基本侧
$W_{\mathrm{I}\cdot c}=AW_0/I_{\mathrm{I}\cdot op\cdot K}$
$W_{\mathrm{I}\cdot sy}=W_{\mathrm{I}\cdot ph\cdot sy}+W_{c\cdot sy}\leqslant W_{\mathrm{I}\cdot c}$
$I_{\mathrm{I}\cdot op\cdot K}=K_{jx}I_{op}/n_{TA\cdot\mathrm{I}}$ (A)</td></tr>
<tr><td>确定其他侧平衡线圈的匝数</td><td>$W_{\mathrm{II}ph\cdot c}=W_{\mathrm{I}\cdot sy}\cdot I_{\mathrm{I}r}/I_{\mathrm{II}r}-W_{c\cdot sy}$
$W_{\mathrm{II}\cdot ph\cdot sy}\approx W_{\mathrm{II}\cdot ph\cdot c}$ 取整数</td></tr>
<tr><td>校验由于实用匝数不相等而产生的相对误差</td><td>按公式计算 $\Delta f'$，如 $\Delta f'>0.05$，应代入 I_{op} 计算公式，核算动作电流</td></tr>
<tr><td>确定短路线圈抽头</td><td colspan="2">短路线圈匝数用得越多，继电器躲过励磁涌流的性能越好，而且内部故障时动作的可靠系数也越高。但在内部故障电流中有较大非周期分量时，继电器的动作时间就越长。在选择短路线圈匝数时，应根据具体情况综合考虑上述利弊。对于中、小容量变压器，由于励磁涌流倍数大，内部故障时电流中的非周期分量衰减较快，对保护装置的动作时间又可降低要求，因此短路线圈应采用较多匝数，选取抽头 3-3 或 4-4；对于大容量变压器，由于励磁涌流倍数较小，内部故障时电流中的非周期分量衰减较慢，又要求迅速切除故障，因此短路线圈可采用较少匝数，选取抽头 2-2 或 3-3。此外还应考虑继电器所接电流互感器的形式，励磁阻抗小的电流互感器（如套管式）吸收非周期分量电流多，短路线圈应采用较多匝数。所选取的抽头是否合适，应在保护装置投入运行时，通过变压器空投试验确定</td></tr>
<tr><td rowspan="2">保护装置最小灵敏系数</td><td>保护装置最小灵敏系数
$K_{sen\cdot min}=\dfrac{I_{\mathrm{I}\cdot K}W_{\mathrm{I}\cdot sy}+I_{\mathrm{II}\cdot K}W_{\mathrm{II}\cdot sy}}{AW_0}\geqslant 2$
简化计算公式
$K_{sen\cdot min}=I_{od\cdot K}/I_{op\cdot K}\geqslant 2$</td><td rowspan="2">$W_{\mathrm{I}\cdot sy}$，$W_{\mathrm{II}\cdot sy}$——相应侧的实用工作匝数，$W_{\mathrm{I}\cdot sy}=W_{\mathrm{I}\cdot ph\cdot sy}+W_{c\cdot sy}$，$W_{\mathrm{II}\cdot sy}=W_{c\cdot sy}$；
$I_{\mathrm{I}\cdot K}$，$I_{\mathrm{II}\cdot K}$——最小运行方式下，变压器出口处故障时流过相应侧继电器线圈的电流，A；
$I_{od\cdot K}$——流入继电器的总电流（A），建议将各侧短路电流总和归算至基本侧（如为单侧电源，则归算至电源侧）然后再按表 9-8 计算；
$I_{op\cdot K}$——相当于基本侧（单侧电源时为电源侧）实用工作匝数的继电器动作电流，A</td></tr>
<tr><td>如果灵敏系数不满足要求，且算出的 $\Delta f'$ 小于初算时取的 0.05，而动作电流又是由躲过外部故障时的不平衡电流决定的，则可按灵敏性条件选择动作电流，检查此动作电流是否满足另外两公式条件。然后确定继电器各线圈的计算和实用匝数，按公式算出 $\Delta f'$，再根据不平衡电流公式检查是否满足选择性要求。如果不满足选择性要求，则应采用带制动特性的 BCH-1、DCD-5 型差动继电器</td></tr>
</table>

表 9-7 双绕组电力变压器采用 BCH-1、DCD-5 型继电器的差动保护整定计算

<table>
<tr><th>计算项目</th><th>计算公式</th><th>符号说明</th></tr>
<tr><td>变压器各侧电流互感器二次回路额定电流</td><td>方法同 BCH-2、DCD-2 型继电器，见表 9-6</td><td rowspan="2">符号含义同表 9-6</td></tr>
<tr><td>变压器各侧外部短路时的最大短路穿越电流</td><td>由短路电流计算确定，从略</td></tr>
</table>

续表

计算项目	计算公式	符号说明
确定继电器制动线圈的接法	为提高保护装置的灵敏系数，单侧电源的双绕组变压器，其中制动线圈接于负荷侧；双侧电源的双绕组变压器，其中制动线圈接于大电源侧	
保护装置在无制动情况下的一次动作电流	① 保护装置的动作电流（应躲过外部故障时最大不平衡电流） $I_{op}=K_{rel}(K_{tx}\Delta f+\Delta U+\Delta f')I_{k\cdot max}$(A) $\Delta f'=(W_{ph\cdot c}-W_{ph\cdot sy})/(W_{ph\cdot c}+W_{c\cdot sy})$ ② 保护装置的动作电流（应躲过变压器空载投入故障切除后电压恢复时的励磁涌流） $I_{op}=(1.3\sim1.5)I_{rT}$(A) （考虑躲过励磁涌流的系数，对中、小容量变压器取1.4～1.5；对大容量变压器取1.3～1.4。最后需通过空载投入试验，以证实能否躲过励磁涌流） ③保护装置的动作电流（还应躲过电流互感器二次回路断线） $I_{op}=1.3I_{fh\cdot max}$	符号含义同表9-6
确定继电器差动及平衡线圈的接法		
确定基本侧的匝数	方法同BCH-2、DCD-2型继电器，见表9-6	
确定其他侧平衡线圈的匝数		
校验由于实用匝数与计算匝数不等而产生的相对误差	按公式计算$\Delta f'$，如$\Delta f'$与所取的0.05相差较大时，应代入不平衡电流公式核算所选用的匝数及动作电流能否躲过外部故障，或能否使动作电流比原计算值降低一些	
确定继电器制动系数K_{zd}	为防止保护装置在外部故障时误动作，应采用可能最大的制动系数，使不平衡电流I_{bph}不超过带制动情况下的动作电流； 为了考虑最不利情况，当制动线圈侧电源且为非故障侧时，制动线圈应取最小运行方式，其他侧取最大运行方式 $K_{zd}=\dfrac{I_{od\cdot K}}{I_z}=K_{rel}\left(\dfrac{I_{bph}}{I_{zd}}\right)_{max}$ $=\dfrac{K_{rel}(K_{tx}\Delta f+\Delta U+\Delta f')I_{k\cdot max}}{I_{zd}}$	$I_{od\cdot K}$——继电器工作线圈中的电流，A； I_z——继电器制动线圈中的电流，A； I_{zd}——所计算的外部短路时，流过接制动线圈侧电流互感器周期分量电流，A； K_{rel}——可靠系数，取1.4； 其他系数及文字符号的意义和数值与表9-6相同
确定继电器制动线圈的匝数W_{zd}	① 制动线圈的匝数（按躲过外部故障最不利的继电器制动特性曲线选择） $W_{zd}=\dfrac{K_{zd}(W_{c\cdot sy}+W_{ph\cdot sy})}{n}$ 选用与计算值相近而较大的匝数作为实用匝数； 采用切线斜率进行计算得出制动线圈匝数可能偏大，因为由外部故障最大不平衡电流产生的工作安匝可能低于曲线1（图9-1）与切线的切点的工作安匝	K_{zd}——制动系数； $W_{c\cdot sy}+W_{ph\cdot sy}$——接制动线圈侧的实用工作匝数；

续表

计算项目	计算公式	符号说明
确定继电器制动线圈的匝数 W_{zd}	② 制动线圈的匝数（如果按上述方法计算使得灵敏系数过低时，可按最大不平衡电流产生的安匝选择） 二次侧的最大不平衡电流 $I_{bph\cdot K}=\dfrac{K_{jx}I_{bph}}{n_{TA}}$(A) 二次侧的制动电流 $I_{zd\cdot K}=K_{jx}I_{zd}/n_{TA}$(A) $AW_K=K_{rel}I_{bph\cdot K}(W_{c\cdot sy}+W_{ph\cdot sy})$ 为最大不平衡电流所产生的工作安匝 故　$W_{zd}=AW_{zd}/I_{op\cdot K}$	n——制动特性曲线的切线斜率，标准曲线的切线斜率约为 $n=0.9$； AW_{zd}——制动安匝，由图 9-1 的 AW_K 在曲线1上找出
保护装置最小灵敏系数	① 按表 9-6 计算最小运行方式下，保护区内故障时的短路电流及各侧流入继电器的电流 I_K ② 计算继电器的制动安匝 负荷电流产生的制动安匝 $AW_f=\dfrac{K_{jx}I_{f\cdot max}}{n_{TA}}W_{zd}$ 总制动安匝 $AW_{zd}=AW_f+I_{zd\cdot K}W_{zd}$ ③ 计算继电器的工作安匝 $AW_K=I_{Ⅰ\cdot K}W_{Ⅰ\cdot sy}+I_{Ⅱ\cdot K}W_{Ⅱ\cdot sy}$ ④ 根据算得的 AW_f 在图 9-1 横坐标上找出 H 点，根据 AW_{zd} 及 AW_K 在图 9-1 中找出相应的工作点 K。连接 HK，交最高制动特性曲线 2 于 P 点，P 点的纵坐标即为计算的动作安匝 AW_{dz} ⑤ 计算最小灵敏系数 $K_{sen\cdot min}=(AW_K)/(AW_{op\cdot 1})\geqslant 2$ ⑥ 如果算得制动安匝超过 150，应校验继电器工作安匝与实测的动作安匝之比② $K'_{sen}=(AW_K)/(AW_{op\cdot 2})$ 曲线 2 为标准制动特性曲线时，$K'_{sen}\geqslant 1.1\sim 1.15$；曲线 2 为实测制动曲线时，$K'_{sen}\geqslant 1.2\sim 1.25$	$I_{f\cdot max}$——流过变压器接制动线圈侧的最大负荷电流，A； n_{TA}——接继电器制动线圈侧电流互感器的变比； $I_{zd\cdot K}$——所计算的内部故障情况下，流过继电器制动线圈的电流，A； $I_{Ⅰ\cdot K}$，$I_{Ⅱ\cdot K}$——所计算的内部故障情况下，流过继电器各侧线圈的电流，A； $W_{Ⅰ\cdot sy}$，$W_{Ⅱ\cdot sy}$——相应侧的工作匝数； AW_K——继电器的工作安匝，图 9-1 中 K 点纵坐标； $AW_{op\cdot 1}$①——继电器的计算动作安匝； $AW_{op\cdot 2}$——实测的继电器动作安匝，由 K 点作横坐标轴的垂直线，交曲线 2 于 Q 点，Q 点的纵坐标即为 $AW_{op\cdot 2}$

① 计算灵敏系数采用的动作安匝为图 9-1 中 P 点的计算动作安匝 $AW_{op\cdot 1}$，而不用无制动时的动作安匝 AW_0，这是考虑负荷电流不变，因过渡电阻或故障点在线圈内部等原因，使短路电流减少时，制动和工作安匝是按比例沿直线 HK 变化。

② 如果算得制动安匝超过 150，有时可能发生上述灵敏系数虽可满足要求，但由计算所得的工作点 K 却很靠近制动特性曲线 2。考虑到计算的误差，在根据实测制动特性曲线设计时还要加上试验中的误差，工作点 K 高于最高制动特性曲线 2 有一定裕度，以保证保护装置能可靠动作。

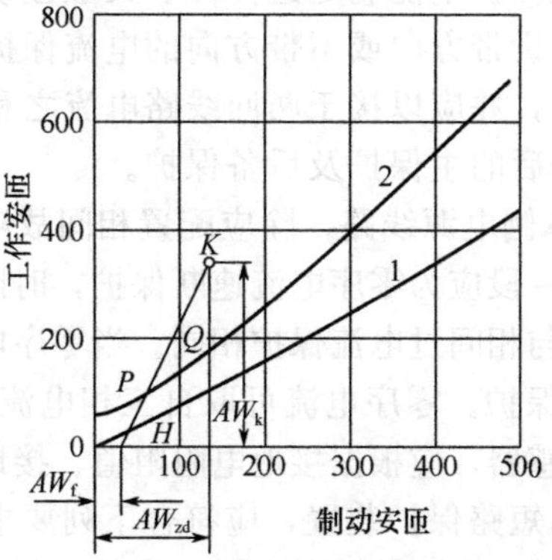

图 9-1　BCH-1、DCD-5 型差动继电器制动特性曲线

1—最低制动特性曲线；2—最高制动特性曲线

表 9-8 变压器出口处故障时流入继电器的电流计算及灵敏系数比较

编号	故障类型和地点	流入继电器的电流 I_K		两相短路与三相短路灵敏系数之比
		变压器 Y 侧	变压器△侧	
1	变压器 Y 侧三相短路	$\sqrt{3}\frac{I_k}{n_{TA\triangle}}$	$\frac{I_k}{n_{TAY}}$	—
2	变压器△侧三相短路	$\sqrt{3}\frac{I_k}{n_{TA\triangle}}$	$\frac{I_k}{n_{TAY}}$	—
3	变压器 Y 侧两相短路	$2\frac{I_k}{n_{TA\triangle}}$	$\frac{2}{\sqrt{3}}\times\frac{I_k}{n_{TAY}}$	$\frac{K_{sen\cdot k2}}{K_{sen\cdot k3}}=1$
4	变压器△侧两相短路	$\sqrt{3}\frac{I_k}{n_{TA\triangle}}$	$\frac{I_k}{n_{TAY}}$	$\frac{K_{sen\cdot k2}}{K_{sen\cdot k3}}=\frac{\sqrt{3}}{2}$
5	变压器 Y 侧单相短路	$\frac{I_k}{n_{TA\triangle}}$	$\frac{I_k}{\sqrt{3}n_{TAY}}$	—

注：1. 变压器可为 Yd、Dd、Yy 接线，可为三绕组也可为双绕组。

2. 变压器 Y 接线侧电流互感器为△接线，变压器△接线侧电流互感器为 Y 接线。

3. 按公式计算灵敏系数时，I_k 为流过相应侧的短路电流，且为归算至该侧的有名值，按简化公式计算灵敏系数时，I_k 为归算到基本侧的总短路电流有名值。

4. $n_{TA\triangle}$、n_{TAY} 为相应侧电流互感器的变比，其电流互感器分别为△和 Y 接线。

5. 计算两相和三相短路保护装置灵敏系数比值的条件为系统负序阻抗等于正序阻抗。

6. 本表适用于继电器三相式接线。如继电器为两相式接线，则表中编号 3 栏变压器 Y 侧两相短路时的电流和灵敏系数比值应除以 2。

④ 当过电流保护的时限不大于 0.5～0.7s 时，且无本条第③款所列的情况，或无配合上的要求时，可不装设瞬动的电流速断保护。

3）3～10kV 线路装设相间短路保护装置，应符合下列规定。

① 对单侧电源线路可装设两段电流保护，第一段应为不带时限的电流速断保护，第二段应为带时限的电流速断保护。两段保护均可采用定时限或反时限特性的继电器。对单侧电源带电抗器的线路，当其断路器不能切断电抗器前的短路时，不应装设电流速断保护，此时应由母线保护或其他保护切除电抗器前的故障。保护装置应仅在线路的电源侧装设。

② 对双侧电源线路，可装设带方向或不带方向的电流速断和过电流保护。当采用带方向或不带方向的电流速断和过电流保护不能满足选择性、灵敏性或速动性的要求时，应采用光纤纵联差动保护作主保护，并应装设带方向或不带方向的电流保护作后备保护。对并列运行的平行线路可装设横联差动作主保护，并应以接于两回线路电流之和的电流保护作为两回线路同时运行的后备保护及一回线路断开后的主保护及后备保护。

4）3～10kV 经低电阻接地单侧电源线路，除应配置相间故障保护外，还应配置零序电流保护。零序电流保护应设二段，第一段应为零序电流速断保护，时限应与相间速断保护相同；第二段应为零序过电流保护，时限应与相间过电流保护相同。当零序电流速断保护不能满足选择性要求时，也可配置两套零序过电流保护。零序电流可取自三相电流互感器组成的零序电流滤过器，也可取自加装的独立零序电流互感器，应根据接地电阻阻值、接地电流和整定值大小确定。

5）35～66kV 线路装设相间短路保护装置，应符合下列要求。

① 电流保护装置应接于两相电流互感器上，同一网络的保护装置应装在相同的两相上。

② 后备保护应采用远后备方式。

③ 下列情况应快速切除故障：

a. 当线路短路使发电厂厂用母线或重要用户母线电压低于额定电压的 60%时；

b. 线路导线截面过小，线路的热稳定不允许带时限切除短路时；

c. 切除故障时间长，可能导致高压电网产生电力系统稳定问题时；

d. 为保证供电质量需要时。

6）35～66kV 线路装设相间短路保护装置，应符合下列要求。

① 对单侧电源线路可采用一段或两段电流速断或电压闭锁过电流保护作主保护，并应以带时限的过电流保护作后备保护。当线路发生短路时，使发电厂厂用母线或重要用户母线电压低于额定电压的 60%时，应快速切除故障。

② 对双侧电源线路，可装设带方向或不带方向的电流电压保护。当采用电流电压保护不能满足选择性、灵敏性或速动性的要求时，可采用距离保护或光纤纵联差动保护装置作主保护，应装设带方向或不带方向的电流电压保护作后备保护。

③ 对并列运行的平行线路可装设横联差动作主保护，并应以接于两回线路电流之和的电流保护作为两回线路同时运行的后备保护及一回线路断开后的主保护及后备保护。

④ 经低电阻接地单侧电源线路，可装设一段或两段三相式电流保护；装设一段或两段零序电流保护，作为接地故障的主保护和后备保护。

7）3～66kV 的中性点非直接接地电网中线路的单相接地故障，应该装设接地保护装置，并应符合下列规定。

① 在发电厂和变电所母线上，应装设接地监视装置，并应动作于信号。

② 线路上宜装设有选择性的接地保护，并应动作于信号。当危及人身和设备安全时，保护装置应动作于跳闸。

③ 在出线回路数不多，或难以装设选择性单相接地保护时，可采用依次断开线路的方法寻找故障线路。

④ 经低电阻接地单侧电源线路，应装设一段或两段零序电流保护。

8）电缆线路或电缆架空混合线路，应装设过负荷保护。保护装置宜带时限动作于信号；当危及设备安全时，可动作于跳闸。

（2）110kV 电力线路保护选型原则

1）110kV 线路的下列故障，应装设相应的保护装置：

① 单相接地短路；

② 相间短路；

③ 过负荷。

2）110kV 线路后备保护配置宜采用远后备方式。

3）接地短路，应装设相应的保护装置，并应符合下列规定。

① 宜装设带方向或不带方向的阶段式零序电流保护。

② 对零序电流保护不能满足要求的线路，可装设接地距离保护，并应装设一段或二段零序电流保护作后备保护。

4）相间短路，应装设相应的保护装置，并应符合下列规定。

① 单侧电源线路，应装设三相多段式电流或电流电压保护，当不能满足要求时，可装设相间距离保护。

② 双侧电源线路，应装设阶段式相间距离保护。

5）下列情况，应装设全线速动保护。

① 系统安全稳定有要求时。

② 线路发生三相短路，使发电厂厂用母线或重要用户母线电压低于额定电压的60%，且其他保护不能无时限和有选择性地切除短路时。

③ 当线路采用全线速动保护，不仅改善本线路保护性能，且能改善电网保护性能时。

6）并列运行的平行线路，可装设相间横联差动及零序横联差动保护作主保护。后备保护可按和电流方式连接。

7）对用于电气化铁路的二相式供电线路，应装设相间距离保护作主保护，接于和电流的过电流保护或相电流保护应作后备保护。

8）电缆线路或电缆架空混合线路应装设过负荷保护。保护装置宜动作于信号，当危及设备安全时，可动作于跳闸。

（3）保护配置

3～110kV线路的继电保护配置见表9-9。

表9-9　3～110kV线路的继电保护配置

被保护线路		保护装置名称								
		无时限的电流速断保护	带时限的电流速断保护		过电流保护		距离保护	纵差保护	横差保护	单相接地保护
			不带方向	带方向	不带方向	带方向	—	—	—	—
3～10kV线路	单侧电源	要求母线残压为60%切除故障时装设	装设	—	装设	—	—	—	—	根据需要装设
	双侧电源	—	—	装设	—	装设	—	≤2km装设	—	
	并联运行的平行线路	—	装设	—	装设	—	—	—	装设	
35kV及以上线路	单侧电源	要求母线残压为60%切除故障时装设	装设	—	装设	—	—	—	—	
	双侧电源	—	—	装设	—	装设	装设	≤4km装设	—	
	并联运行的平行线路	—	装设	—	装设	—	—	—	装设	

（4）整定计算

3～110kV线路的继电保护整定计算见表9-10。

表9-10　3～110kV线路的继电保护整定计算

保护名称	计算项目和公式	符号说明
过电流保护	保护装置的动作电流（应躲过可能出现的过负荷电流） $I_{op\cdot K}=K_{rel}K_{jx}\dfrac{I_{gh}}{K_r n_{TA}}$(A) 保护装置的灵敏系数（按电力系统最小运行方式下，线路末端两相短路电流校验） $K_{sen}=I_{2k2\cdot min}/I_{op}\geqslant 1.5$ 保护装置的动作时限，应按相邻元件的过电流保护大一个时限阶段，一般取0.5～0.7s	K_{rel}——可靠系数，用于过电流保护时，DL型和GL型继电器分别取1.2和1.3，用于电流速断保护时分别取1.3和1.5，用于单相接地保护时，无时限时取4～5，有时限时取1.5～2； K_{jx}——接线系数，接于相电流时取1，接于相电流差时取$\sqrt{3}$；

续表

保护名称	计算项目和公式	符号说明
无时限电流速断保护	保护装置的动作电流（应躲过线路末端短路时最大三相短路电流①②） $I_{op \cdot K}=K_{rel}K_{jx}I''_{2k3 \cdot max}/n_{TA}$(A) 保护装置的灵敏系数（按系统最小运行方式下，线路始端两相短路电流校验） $K_{sen}=I''_{1k2 \cdot min}/I_{op}\geqslant 2$	I_{gh}③——线路过负荷（包括电动机启动所引起的）电流，A； K_r——继电器返回系数，取 0.85（动作电流）； n_{TA}——电流互感器变比； $I_{2k2 \cdot min}$——最小运行方式下，线路末端两相短路时的稳态电流，A； I_{op}——保护装置一次动作电流，A， $I_{op}=I_{op \cdot K}n_{TA}/K_{jx}$；
带时限电流速断保护	保护装置的动作电流（应躲过相邻元件末端短路时最大三相短路电流与相邻元件的电流速断保护的动作电流相配合，按两个条件中较大者整定） $I_{op \cdot K}=K_{rel}K_{jx}\dfrac{I_{3k3 \cdot max}}{n_{TA}}$(A) 或 $I_{op \cdot K}=K_{co}K_{jx}I_{op \cdot 3}/n_{TA}$(A) 保护装置的灵敏系数与无时限电流速断保护的公式相同；保护装置的动作时限，应较相邻元件的电流速断保护大一个时限阶段，一般取 0.5～0.7s	$I''_{2k3 \cdot max}$——最大运行方式下线路末端三相短路时的超瞬态电流，A； $I''_{1k2 \cdot min}$——最小运行方式下，线路始端两相短路超瞬态电流④，A； $I_{3k3 \cdot max}$——最大运行方式下，相邻元件末端三相短路时的稳态电流，A； K_{co}——配合系数，取 1.1；
单相接地保护	保护装置的一次动作电流（按躲过被保护线路外部单相接地故障时，从被保护元件流出的电容电流及按最小灵敏度系数 1.25 整定） $I_{op}\geqslant K_{rel}I_{CX}$(A) 和 $I_{op}\leqslant(I_{C\Sigma}-I_{CX})/1.25$(A)	$I_{op \cdot 3}$——相邻元件电流速断保护的一次动作电流，A I_{CX}——被保护线路外部发生单相接地故障时，从被保护元件流出的电容电流，A； $I_{C\Sigma}$——电网的总单相接地电容电流⑤，A

① 如为线路变压器组，应按配电变压器整定计算。

② 当保证母线上具有规定的残余电压时，线路的最小允许长度按下式计算：

$$K_X=\frac{-\beta K_1+\sqrt{1+\beta^2-K_1^2}}{\sqrt{1+\beta^2}}$$

$$l_{min}=\frac{X_{Xmin}}{R_1}\times\frac{-\beta+\sqrt{\dfrac{K_{rel}^2\alpha^2}{K_X^2}(1+\beta^2)-1}}{1+\beta^2}$$

式中 K_X——计算运行方式下电力系统最小综合电抗 X_{Xmin} 上的电压与额定电压之比；

β——每千米线路的电抗 X_1 与有效电阻 R_1 之比；

K_1——母线上残余相间电压与额定相间电压之比，其值等于母线上最小允许残余电压与额定电压之比，取 0.6；

X_{Xmin}——按电力系统在最大运行方式下，在母线上的最小综合电抗，Ω；

R_1——每千米线路的有效电阻，Ω/km；

K_{rel}——可靠系数，一般取 1.2；

α——表示电力系统运行方式变化的系数，其值等于电力系统最小运行方式时的综合电抗 $X_{*X \cdot min}$ 与最大运行方式时的综合电抗 $X_{*X \cdot max}$ 之比。

③ 电动机自启动时的过负荷电流按下式计算：

$$I_{gh}=K_{gh}I_{g \cdot xl}=\frac{I_{g \cdot xl}}{u_k+Z_{*Ⅱ}+\dfrac{S_{rT}}{K_{st}S_{M\Sigma}}}$$

式中 K_{gh}——需要自启动的全部电动机，在启动时所引起的过电流倍数；

$I_{g \cdot xl}$——线路工作电流，A；

u_k——变压器的阻抗电压相对值；

$Z_{*Ⅱ}$——以变压器额定容量为基准的线路阻抗标幺值；

S_{rT}——变压器的额定容量，kV·A；

K_{st}——电动机的启动电流倍数，一般取 5；

$S_{M\Sigma}$——需要自启动的全部电动机的总容量，kV·A。

④ 两相短路超瞬态电流 I''_{k2} 等于三相短路超瞬态电流 I''_{k3} 的 0.866 倍，三相短路超瞬态电流即对称短路电流初始值。

⑤ 电网单相接地电容电流计算，详见第 6 章短路电流计算。

9.2.3 母线保护[12,59]

（1）选型原则

1）发电厂和主要变电所的 3～10kV 母线及并列运行的双母线，宜由发电机和变压器的后备保护实现对母线的保护，下列情况应装置专用母线保护。

① 需要快速且选择性切除一段或一组母线上的故障，保证发电厂及电力系统安全运行和重要负荷的可靠供电时。

② 当线路断路器不允许切除线路电抗器前的短路时。

2）发电厂和变电所的 35～110kV 母线，下列情况应装置专用母线保护。

① 110kV 双母线。

② 110kV 单母线、重要的发电厂和变电所 35～66kV 母线，根据系统稳定或为保证重要用户最低允许电压要求，需快速切除母线上的故障时。

3）专用母线保护，应符合下列要求。

① 双母线的母线保护宜先跳开母联及分段断路器。

② 应具有简单可靠的闭锁装置或采用两个以上元件同时动作作为判别条件。

③ 对于母线差动保护应采取减少外部短路产生的不平衡电流影响的措施，并应装设电流回路断线闭锁装置。当交流电流回路断线时，应闭锁母线保护，并应发出告警信号。

④ 在一组母线或某一段母线充电合闸时，应能快速且有选择性地断开有故障的母线。

⑤ 双母线情况下母线保护动作时，应闭锁平行双回线路的横联差动保护。

4）3～10kV 分段母线宜采用不完全电流差动保护，保护装置应接入有电源支路的电流。保护装置应由两段组成，第一段可采用无时限或带时限的电流速断，当灵敏系数不符合要求时，可采用电压闭锁电流速断；第二段可采用过电流保护。当灵敏系数不符合要求时，可将一部分负荷较大的配电线路接入差动回路。

5）旁路断路器和兼作旁路的母联或分段断路器上，应装设可代替线路保护的保护装置。在专用母联或分段断路器上，可装设相电流或零序电流保护。

（2）保护配置

母线继电保护的配置见表 9-11。

表 9-11　母线继电保护的配置

被保护设备		保护装置名称			备　注
		电流速断保护	过电流保护	不完全差动保护	
母线保护	不并联运行的分段母线	由进线断路器的带时限的过电流速断和过电流装置进行保护		—	—
	有重要用户的双母线	由进线断路器的带时限的过电流速断和过电流装置进行保护		装设	不完全差动采用速断
分段运行母线		仅在分段断路器合闸时，投入合闸后自动解除	装设	—	① 采用反时限过流继电保护时，其瞬动部分应解除 ② 出线不多的二、三级负荷供电的变配电所母线，可不设保护装置

（3）整定计算

母线继电保护的整定计算见表 9-12。

表 9-12 母线继电保护的整定计算

保护名称	计算项目和公式	符号说明
过电流保护	保护装置的动作电流（应躲过任一母线段的最大负荷电流） $I_{op \cdot K}=K_{rel}K_{jx}\frac{I_{th}}{K_r n_{TA}}$(A) 保护装置的灵敏系数（按最小运行方式下，母线两相短路时，流过保护安装处的短路电流校验；对后备保护，则按最小运行方式下，相邻元件末端两相短路时，流过保护安装处的短路电流校验） $K_{sen}=I_{k2 \cdot min}/I_{op}\geqslant 1.5$ $K_{sen}=I_{3k2 \cdot min}/I_{op}\geqslant 1.2$ 保护装置的动作时限，应按相邻元件的过电流保护大一个时限阶段，一般取 0.5～0.7s	K_{rel}——可靠系数，用于过电流保护时，DL 型和 GL 型继电器分别取 1.2 和 1.3，用于电流速断保护时分别取 1.3 和 1.5，用于单相接地保护时，无时限时取 4～5，有时限时取 1.5～2； K_{jx}——接线系数，接于相电流时取 1，接于相电流差时取$\sqrt{3}$； I_{th}——一段母线最大负荷（包括电动机自启动引起的）电流，A； K_r——继电器返回系数，取 0.85； n_{TA}——电流互感器变比； $I_{k2 \cdot min}$——最小运行方式下母线两相短路时，流过保护安装处的稳态电流，A； I_{op}——保护装置一次动作电流，A； $I_{op}=I_{op \cdot K}n_{TA}/K_{jx}$； $I_{3k2 \cdot min}$——最小运行方式下，相邻元件末端两相短路时，流过保护安装处的稳态电流，A； $I''_{k2 \cdot min}$——最小运行方式下母线两相短路时，流过保护安装处的超瞬态电流①，A
电流速断保护	保护装置的动作电流（应按最小灵敏系数 2 整定） $I_{op \cdot K}\leqslant\frac{I''_{k2 \cdot min}}{2n_{TA}}$(A)	

① 两相短路超瞬态电流 I''_{k2} 等于三相短路超瞬态电流 I''_{k3} 的 0.866 倍，三相短路超瞬态电流即对称短路电流初始值。

9.2.4 电力电容器和电抗器保护[12,59]

（1）电力电容器保护选型原则

1）3kV 及以上的并联补偿电容器组的下列故障及异常运行状态，应装设相应的保护。

① 电容器内部故障及其引出线短路。

② 电容器组和断路器之间连接线短路。

③ 电容器组中某一故障电容器切除后所引起的剩余电容器的过电压。

④ 电容器组的单相接地故障。

⑤ 电容器组过电压。

⑥ 电容器组所连接的母线失压。

⑦ 中性点不接地的电容器组，各相对中性点的单相短路。

2）并联补偿电容器组应装设相应的保护，并应符合下列规定。

① 电容器组和断路器间连接线的短路，可装设带有短时限的电流速断和过电流保护，并应动作于跳闸。速断保护的动作电流，应按最小运行方式下，电容器端部引线发生两相短路时有足够的灵敏度，保护的动作时限应确保电容器充电产生涌流时不误动。过电流保护装置的动作电流，应按躲过电容器组长期允许的最大工作电流整定。

② 电容器内部故障及其引出线的短路，宜对每台电容器分别装设专用的熔断器。熔丝的额定电流可为电容器额定电流的 1.5～2.0 倍。

③ 当电容器组中的故障电容器切除到一定数量后，引起剩余电容器组端电压超过 105%额定电压时，保护应带时限动作于信号；过电压超过 110%额定电压时，保护应将整组电容器断开，对不同接线的电容器组，可采用下列保护之一：

a. 中性点不接地单星形接线的电容器组，可装设中性点电压不平衡保护；

b. 中性点接地单星形接线的电容器组，可装设中性点电流不平衡保护；

c. 中性点不接地双星形接线的电容器组，可装设中性点间电流或电压不平衡保护；

d. 中性点接地双星形接线的电容器组，可装设中性点回路电流差的不平衡保护；

e. 多段串联单星形接线的电容器组，可装设段间电压差动或桥式差电流保护；

f. 三角形接线的电容器组，可装设零序电流保护。

④ 不平衡保护应带有短延时的防误动的措施。

3）电容器组单相接地故障，可利用电容器组所连接母线上的绝缘监测装置检出；当电容器组所连接母线有引出线路时，可装设有选择性的接地保护，并应动作于信号；必要时保护应动作于跳闸。安装在绝缘支架上的电容器组，可不再装设单相接地保护。

4）电容器组应装设过电压保护，并应带时限动作于信号或跳闸。

5）电容器组应装设失压保护，当母线失压时，应带时限跳开所有接于母线上的电容器。

6）电网中出现的高次谐波可能导致电容器过负荷时，电容器组宜装设过负荷保护，并应带时限动作于信号或跳闸。

（2）并联电抗器保护选型原则

1）3～110kV 的并联电抗器的下列故障及异常运行状态，应装设相应的保护：

① 绕组的单相接地和匝间短路；

② 绕组及其引出线的相间短路和单相接地短路；

③ 过负荷；

④ 油面过低（油浸式）；

⑤ 油温过高（油浸式）或冷却系统故障。

2）油浸式电抗器应装设气体保护，当壳内故障产生轻微瓦斯或油面下降时，应瞬时动作于信号；当产生大量瓦斯时，应动作于跳闸。

3）油浸式或干式并联电抗器应装设电流速断保护，并应动作于跳闸。

4）油浸式或干式并联电抗器应装设过电流保护，保护整定值应按躲过最大负荷电流整定，并应带延时动作于跳闸。

5）并联电抗器可装设过负荷保护，并应带延时动作于信号。

6）并联电抗器可装设零序过电压保护，并应带延时动作于信号或跳闸。

7）双星形接线的低压干式空心并联电抗器可装设中性点不平衡电流保护。保护应设两段，第一段应动作于信号，第二段应带时限跳开并联电抗器的断路器。

（3）电力电容器继电保护的配置

电力电容器继电保护的配置见表 9-13。

表 9-13 电力电容器继电保护的配置

被保护设备	保护装置名称							备注
	无时限或带时限过电流保护	横差保护	中性线不平衡电流保护	开口三角电压保护	过电压保护	低电压保护	单相接地保护	
电容器组	装设	对电容器内部故障及其引出线短路采用专用的熔断器保护时，可不装设			当电压可能超过 110% 额定值时，宜装设	宜装设	电容器与支架绝缘时可不装设	当电容器组的容量在 400kvar 以内时，可以用带熔断器的负荷开关进行保护

（4）电力电容器组继电保护的整定计算

电力电容器组继电保护的整定计算见表 9-14。

表 9-14　电力电容器组继电保护的整定计算[①]

保护名称	计算项目和公式	符号说明
带有短延时的速断保护	保护装置的动作电流（应按电容器组端部引线发生两相短路时，保护的灵敏系数应符合要求整定） $$I_{op\cdot K}\leqslant\frac{I''_{k2\cdot min}}{2n_{TA}}\cdot K_{jx}(A)$$ 保护装置的动作时限，应大于电容器组合闸涌流时间，为 0.2s 及以上	
过电流保护[③]	保护装置的动作电流（应大于电容器组允许的长期最大过电流整定） $$I_{op\cdot K}=K_{rel}K_{jx}\frac{K_{gh}I_{rC}}{K_r n_{TA}}(A)$$ 保护装置的灵敏系数（按最小运行方式下，电容器组端部两相短路时，流过保护安装处的短路电流校验） $$K_{sen}=I''_{k2\cdot min}/I_{op}\geqslant1.5$$ 保护装置的动作时限，应按电容器组短延时速断保护的时限大一个时限阶段，一般大 0.5～0.7s	$I''_{k2\cdot min}$——最小运行方式下，电容器组端部两相短路时，流过保护安装处的超瞬态电流[②]，A； K_{jx}——接线系数，接于相电流时取 1，接于相电流差动时取$\sqrt{3}$； n_{TA}——电流互感器变比； K_{rel}——可靠系数，取 1.2； K_{gh}——过负荷系数，取 1.3； K_r——继电器返回系数，取 0.85； I_{rC}——电容器组额定电流，A； I_{op}——保护装置一次动作电流，A； $$I_{op}=\frac{I_{op\cdot K}n_{TA}}{K_{jx}}$$ I_{bp}——最大不平衡电流（由测试决定），A； Q——单台电容器额定容量，kvar； β_c——单台电容器元件击穿相对数，取 0.5～0.75； U_{rC}——电容器额定电压，kV； m——每相各串联段电容器并联台数； n——每相电容器的串联段数； I'_{rC}——单台电容器额定电流，A； U_{bp}——最大不平衡零序电压，V，由测试决定；
过负荷保护	保护装置的动作电流（应按电容器组负荷电流整定） $$I_{op\cdot K}=K_{rel}K_{jx}\frac{I_{rC}}{K_r n_{TA}}(A)$$ 保护装置的动作时限，应较过电流保护大一时限阶段，一般大 0.5s	
横联差动保护（双三角形接线）	保护装置的动作电流（应躲过正常时，电流互感器二次侧差动回路中的最大不平衡电流，及当单台电容器内部 50%～70%串联元件击穿时，使保护装置有一定的灵敏系数，即 $K_{sen}\geqslant1.5$） $$I_{op\cdot K}\geqslant K_{rel}I_{bp}(A)$$ $$I_{op\cdot K}\leqslant\frac{Q\beta_c}{U_{rC}(1-\beta_c)}\times\frac{1}{n_{TA}K_{sen}}(A)$$	
中性线不平衡电流保护（双星形接线）	保护装置的动作电流（应躲过正常时，中性线上电流互感器二次回路中的最大不平衡电流，及当单台电容器内部 50%～70%串联元件击穿时，使保护装置有一定的灵敏系数，即 $K_{sen}\geqslant1.5$） $$I_{op\cdot K}\geqslant K_{rel}I_{bp}(A)$$ $$I_{op\cdot K}\leqslant\frac{1}{K_{sen}n_{TA}}\times\frac{3m\beta_c I'_{rC}}{6n[m(1-\beta_c)+\beta_c]-5\beta_c}(A)$$	
开口三角电压保护（单星形接线）	保护装置的动作电压（应躲过由于三相电容的不平衡及电网电压的不对称，正常时所存在的不平衡零序电压，及当单台电容器内部 50%～70%串联元件击穿时，使保护装置有一定的灵敏系数，即 $K_{sen}\geqslant1.5$） $$U_{op\cdot K}\geqslant K_{rel}U_{bp}(V)$$ $$U_{op\cdot K}\leqslant\frac{1}{K_{sen}n_{TV}}\times\frac{3\beta_c U_{rph}}{3n[m(1-\beta_c)+\beta_c]-2\beta_c}(V)$$	

续表

保护名称	计算项目和公式	符号说明
过电压保护	保护装置的动作电压（按母线电压不超过110%额定电压值整定） $U_{op\cdot K}=1.1U_{r2}$(V) 保护装置动作于信号或带3～5min时限动作于跳闸	U_{rph}——电容器组的额定相电压，V； n_{TV}——电压互感器变比； U_{r2}——电压互感器二次额定电压，V，其值为100V； K_{min}——系统正常运行母线电压可能出现的最低电压系数，一般取0.5； $I_{C\Sigma}$——电网的总单相接地电容电流，A
低电压保护	保护装置的动作电压（按母线电压不超过110%额定电压值整定） $U_{op\cdot K}=K_{min}U_{r2}$(V)	
单相接地保护	保护装置一次动作电流（按最小灵敏系数1.5整定） $I_{op}\leqslant I_{C\Sigma}/1.5$(A)	

① 电力电容器组的继电保护整定计算按未装设专用单台熔断器保护考虑。
② 两相短路超瞬态电流 I''_{k2} 等于三相短路超瞬态电流 I''_{k3} 的0.866倍，三相短路超瞬态电流即对称短路电流初始值。
③ 当只装设带短时限过流保护时，$I_{op\cdot K}=K_{rel}K_{jx}I_{rC}/n_{TA}$（其中，可靠系数 K_{rel} 取2～2.5）。

9.2.5 3kV及以上电动机保护[12,59]

（1）选型原则

1）对3kV及以上的异步电动机和同步电动机的下列故障及异常运行方式，应装设相应的保护装置：

① 定子绕组相间短路；

② 定子绕组单相接地；

③ 定子绕组过负荷；

④ 定子绕组低电压；

⑤ 同步电动机失步；

⑥ 同步电动机失磁；

⑦ 同步电动机出现非同步冲击电流；

⑧ 相电流不平衡及断相。

2）对电动机绕组及引出线相间短路，应装设相应的保护装置，并应符合下列规定。

① 2MW以下的电动机，宜采用电流速断保护；2MW及以上的电动机，或电流速断保护灵敏系数不符合要求的2MW以下的电动机，应装设纵联差动保护。保护装置可采用两相或三相式接线，并应瞬时动作于跳闸。具有自动灭磁装置的同步电动机，保护装置尚应瞬时动作于灭磁。

② 作为纵联差动保护的后备，宜装设过流保护。保护装置可采用两相或三相式接线，并应延时动作于跳闸。具有自动灭磁装置的同步电动机，保护装置尚应延时动作于灭磁。

3）对电动机单相接地故障，当接地电流大于5A时，应装设有选择性的单相接地保护；当接地电流小于5A时，可装设接地检测装置。单相接地电流为10A及以上时，保护装置应动作于跳闸；单相接地电流为10A以下时，保护装置宜动作于信号。

4）对电动机的过负荷应装设过负荷保护，并应符合下列规定。

① 生产过程中易发生过负荷的电动机应装设过负荷保护。保护装置应根据负荷特性，带时限动作于信号或跳闸。

② 启动或自启动困难、需防止启动或自启动时间过长的电动机，应装设过负荷保护，并应动作于跳闸。

5）对母线电压短时降低或中断，应装设电动机低电压保护，并应符合下列规定。

① 下列电动机应装设 0.5s 时限的低电压保护装置，保护装置的保护动作电压应在额定电压的 65%～70%范围内：

a. 当电源电压短时降低或短时中断又恢复时，需断开的次要电动机；

b. 根据生产过程不允许或不需自启动的电动机。

② 下列电动机应装设 9s 时限的低电压保护，保护动作电压应为额定电压的 45%～50%：

a. 有备用自动投入机械的Ⅰ类负荷电动机；

b. 在电源电压长时间消失后需自动断开的电动机。

③ 保护装置应动作于跳闸。

6）对同步电动机的失步应装设失步保护。失步保护宜带时限动作，对重要电动机应动作于再同步控制回路；不能再同步或根据生产过程不需再同步的电动机，应动作于跳闸。

7）对同步电动机的失磁，宜装设失磁保护装置。同步电动机的失磁保护装置应带时限动作于跳闸。

8）2MW 及以上的同步电动机以及不允许非同步的同步电动机，应装设防止电源短时中断再恢复时造成非同步冲击的保护。保护装置应确保在电源恢复前动作。重要电动机的保护装置，应动作于再同步控制回路；不能再同步或根据生产过程不需再同步的电动机，保护装置应动作于跳闸。

9）2MW 及以上重要电动机可装设负序电流保护。保护装置应动作于跳闸或信号。

10）当一台或一组设备由 2 台及以上电动机共同拖动时，电动机的保护装置应实现对每台电动机的保护。由双电源供电的双速电动机，其保护应按供电回路分别装设。

（2）保护配置

3kV 及以上电动机保护的配置见表 9-15。

（3）整定计算

3kV 及以上电动机保护的整定计算见表 9-16。

表 9-15　3kV 及以上电动机保护的配置

<table>
<tr><th rowspan="2">电动机容量/kW</th><th colspan="7">保护装置名称</th></tr>
<tr><th>电流速断保护</th><th>纵联差动保护</th><th>过负荷保护</th><th>单相接地保护</th><th>低电压保护</th><th>失压保护</th><th>防治非同步冲击的断电失步保护</th></tr>
<tr><td>异步电动机<2000</td><td>装设</td><td>当电流速断保护不能满足灵敏性要求时装设</td><td rowspan="4">生产过程易发生过负荷时，或启动、自启动条件严格时装设</td><td rowspan="4">单相接地电流＞5A 时装设，≥10A 时一般动作于跳闸，5～10A 时可动作于跳闸或信号</td><td rowspan="2">根据需要装设</td><td rowspan="2">—</td><td rowspan="2">—</td></tr>
<tr><td>异步电动机≥2000</td><td>—</td><td>装设</td></tr>
<tr><td>同步电动机<2000</td><td>装设</td><td>当电流速断保护不能满足灵敏性要求时装设</td><td rowspan="2">—</td><td rowspan="2">装设</td><td rowspan="2">根据需要装设</td></tr>
<tr><td>同步电动机≥2000</td><td>—</td><td>装设</td></tr>
</table>

注：1. 下列电动机可以利用反映定子回路的过负荷保护兼作失步保护：短路比在 0.8 及以上且负荷平衡的同步电动机，负荷变动大的同步电动机，但此时应增设失磁保护。

2. 大容量同步电动机当不允许非同步冲击时，宜装设防止电源短时中断再恢复时，造成非同步冲击的保护。

表 9-16　3kV 及以上电动机保护的整定计算

保护名称	计算项目和公式	符号说明
电流速断保护	保护装置的动作电流： 异步电动机（应躲过电动机的启动电流） $I_{op\cdot K}=K_{rel}K_{jx}K_{st}I_{rM}/n_{TA}$(A) 同步电动机（应躲过电动机的启动电流或外部短路时电动机的输出电流） $I_{op\cdot K}=K_{rel}K_{jx}\dfrac{K_{st}I_{rM}}{n_{TA}}$(A) 和　$I_{op\cdot K}=K_{rel}K_{jx}\dfrac{I''_{k3M}}{n_{TA}}$(A) 保护装置的灵敏系数（按最小运行方式下，电动机接线端两相短路时，流过保护安装处的短路电流校验） $K_{sen}=I''_{k2\cdot min}/I_{op}\geqslant 2$	K_{rel}——可靠系数，用于电流速断保护时，DL 型和 GL 型电器分别取 1.4～1.6 和 1.8～2.0，用于差动保护时取 1.3，用于过负荷保护时动作于信号取 1.05，动作于跳闸取 1.2； K_{jx}——接线系数，接于相电流时取 1.0，接于相电流差时取$\sqrt{3}$； K_{st}——电动机启动电流倍数①； I_{rM}——电动机额定电流，A； n_{TA}——电流互感器变比； I''_{k3M}——同步电动机接线端三相短路时，输出的超瞬态电流②，A； $I''_{k2\cdot min}$——最小运行方式下，电动机接线端两相短路时，流过保护安装处的超瞬态电流③，A； I_{op}——保护装置一次动作电流，A， $I_{op}=\dfrac{I_{op\cdot K}n_{TA}}{K_{jx}}$
纵联差动保护（用 DL-3 型差动继电器时）	保护装置的动作电流（应躲过电动机的最大不平衡电流） $I_{op\cdot K}=(1.5\sim 2)I_{rM}/n_{TA}$(A) 保护装置的灵敏系数（按最小运行方式下，电动机接线端两相短路时，流过保护安装处的短路电流校验） $K_{sen}=I''_{k2\cdot min}/I_{op}\geqslant 2$	
纵联差动保护（用 BCH-2 型差动继电器时）	保护装置的动作电流，应躲过以下三种情况最大不平衡电流。 第一种情况：电动机启动电流。 第二种情况：电流互感器二次回路断线。 第三种情况：外部短路时同步电动机输出的超瞬态电流。 ① $I_{op\cdot K}=K_{rel}K_{jx}K_{tx}\Delta f\dfrac{K_{st}I_{rM}}{n_{TA}}$(A) ② $I_{op\cdot K}=K_{rel}K_{jx}\dfrac{I_{rM}}{n_{TA}}$(A) ③ $I_{op\cdot K}=K_{rel}K_{jx}K_{tx}\Delta f\dfrac{I''_{k3M}}{n_{TA}}$(A) 确定继电器的差动线圈及平衡线圈的匝数 $W_c=\dfrac{AW_0}{I_{op\cdot K}}$ $W_c\geqslant W_{\mathrm{I}\cdot ph\cdot sy}+W_{c\cdot sy}$ $W_{\mathrm{I}\cdot ph\cdot sy}=W_{\mathrm{II}\cdot ph\cdot sy}$ 确定短路线圈抽头：一般选取抽头 3-3 或 2-2，对大容量电动机（如容量≥5000kW）可选取 2-2 或 1-1。 保护装置的灵敏系数（按最小运行方式下，电动机接线端两相短路时，流过保护安装处的短路电流校验） $K_{sen}=\dfrac{W_{\mathrm{I}\cdot ph\cdot sy}+W_{c\cdot sy}}{AW_0}\cdot\dfrac{I''_{k2\cdot min}}{n_{TA}}\geqslant 2$	
过负荷保护	保护装置的动作电流（应躲过电动机的额定电流） $I_{op\cdot K}=K_{rel}K_{jx}\dfrac{I_{rM}}{K_r n_{TA}}$(A) 保护装置的动作时限④（躲过电动机启动电流及自启动时间，即 $t_{op}>t_{st}$）对于一般电动机为	

续表

保护名称	计算项目和公式	符号说明
过负荷保护	$t_{op}=(1.1\sim1.2)t_{st}$(s) 对于传动风机负荷的电动机为 $t_{op}=(1.2\sim1.4)t_{st}$(s)	K_{tx}——电流互感器的同型系数，取 0.5； Δf——电流互感器允许误差，取 0.1； AW_0——继电器的动作安匝，应采用实测值，如无实测值，则可取 60； W_c——差动继电器线圈计算安匝数； $W_{\text{I}\cdot ph\cdot sy}$——第一平衡线圈的实用匝数； $W_{c\cdot sy}$——差动线圈的实用匝数； $W_{\text{II}\cdot ph\cdot sy}$——第二平衡线圈的实用匝数； K_r——继电器返回系数，取 0.85； t_{op}——保护装置动作时限，一般选为 10～15s，应在实际启动时校验其是否能躲过启动时间； t_{st}——电动机实际启动时间，s； $I_{C\Sigma}$——电网的总单相接地电容电流，A； I_{CM}——电动机的电容电流⑤，A
单相接地保护	保护装置一次动作电流（应按被保护元件发生单相接地故障时最小灵敏系数 1.25 整定） $I_{op}\leqslant\dfrac{I_{C\Sigma}-I_{CM}}{1.25}$ (A)	
低电压保护	低电压保护详见本节选型原则之 5)	
失步保护	过电流保护兼作失步保护，保护装置的动作电流和动作时限与过负荷保护相同。专用失步保护详见本节选型原则之 6)	

①如为降压电抗器启动及变压器-电动机组，其启动电流倍数 K_{st} 改用 K'_{st} 代替：

$$K'_{st}=\frac{1}{\dfrac{1}{K_{st}}+\dfrac{u_k S_{rM}}{S_{rT}}}$$

式中　u_k——电抗器或变压器的阻抗电压相对值；

S_{rM}——电动机额定容量，kV·A；

S_{rT}——电抗器或变压器额定容量，kV·A。

② 同步电动机接线端三相短路时，输出的超瞬态电流为：

$$I''_{k3M}=\left(\frac{1.05}{x''_k}+0.95\sin\varphi_r\right)I_{rM}\text{(A)}$$

式中　x''_k——同步电动机超瞬态电抗相对值；

φ_r——同步电动机额定功率因数角；

I_{rM}——同步电动机额定电流，A。

③ 两相短路超瞬态电流 I''_{k2} 等于三相短路超瞬态电流 I''_{k3} 的 0.866 倍，三相短路超瞬态电流即对称短路电流初始值。

④ 实际应用中，保护装置的动作时限 t_{op}，可按两倍动作电流及两倍动作电流时允许过负荷时间 t_{gh} (s)，在继电器特性曲线上查出 10 倍动作电流时的动作时间。t_{gh} 可按下式计算：

$$t_{gh}=\frac{150}{\left(\dfrac{2I_{op\cdot K}n_{TA}}{K_{jx}I_{rM}}\right)^2-1}$$

式中符号含义同上所述。

⑤ 电动机的电容电流除大型同步电动机外，可忽略不计，大型同步电动机的单相接地电容电流的计算公式如下。

隐极式同步电动机的电容电流：

$$I_{CM}=\frac{2.5KS_{rM}\omega U_{rM}\times10^{-3}}{\sqrt{3U_{rM}(1+0.08U_{rM})}}\text{(A)}$$

式中　K——决定于绝缘等级的系数，当温度为 15～20℃时，$K=0.0187$；

S_{rM}——电动机的额定容量，MV·A；

ω——电动机的角速度，$\omega=2\pi f$，当 $f=50$Hz 时，$\omega=314$；

U_{rM}——电动机的额定电压，kV。

凸极式同步电动机的电容电流：

$$I_{CM}=\frac{\omega KS_{rM}^{3/4}U_{rM}\times10^{-6}}{\sqrt{3}(U_{rM}+3600)n^{-1/3}}\text{(A)}$$

式中　ω——电动机的角速度，$\omega=2\pi f$，当 $f=50$Hz 时，$\omega=314$；

K——决定于绝缘等级的系数，对于 B 级绝缘，当温度为 25℃时，$K\approx40$；

S_{rM}——电动机的额定容量，MV·A；

U_{rM}——电动机的额定电压，V。

9.3 变配电所自动装置及综合自动化的设计

9.3.1 自动重合闸装置[12]

① 在 3～110kV 电网中，下列情况应装设自动重合闸装置。

a. 3kV 及以上的架空线路和电缆与架空的混合线路，当用电设备允许且无备用电源自动投入时。

b. 旁路断路器和兼作旁路的母联或分段断路器。

② 35MV·A 及以下容量且低压侧无电源接于供电线路的变压器，可装设自动重合闸装置。

③ 单侧电源线路的自动重合闸方式的选择应符合下列规定：

a. 应采用一次重合闸；

b. 当几段线路串联时，宜采用重合闸前加速保护动作或顺序自动重合闸。

④ 双侧电源线路的自动重合闸方式的选择应符合下列规定。

a. 并列运行的发电厂或电力网之间，具有四条及以上联系的线路或三条紧密联系的线路，可采用不检同期的三相自动重合闸。

b. 并列运行的发电厂或电力网之间，具有两条联系的线路或三条不紧密联系的线路，可采用下列重合闸方式：

ⅰ. 当非同步合闸的最大冲击电流超过表 9-17 中规定的允许值时，可采用同期检定和无压检定的三相自动重合闸；

ⅱ. 当非同步合闸的最大冲击电流不超过表 9-17 中规定的允许值时，可采用不同期检定的三相自动重合闸；

ⅲ. 无其他联系的并列运行双回线，当不能采用非同期重合闸时，可采用检查另一回线路有电流的三相自动重合闸。

表 9-17 自同步和非同步合闸时允许的冲击电流倍数

机组类型		允许倍数
汽轮发电机		$0.65/X''_d$
水轮发电机	有阻尼回路	$0.6/X''_d$
	无阻尼回路	$0.6/X'_d$
同步调相机		$0.84/X''_d$
电力变压器		$1/X_B$

注：1. 表中 X''_d 为同步电机的纵轴超瞬变电抗，标幺值；X''_d 为同步电机的纵轴瞬变电抗，标幺值；X_B 为电力变压器的短路电抗，标幺值。

2. 计算最大冲击电流时，应计及实际上可能出现的对同步电机或电力变压器为最严重的运行方式，同步电机的电动势取 1.05 倍额定电压，两侧电源电动势的相角差取 180°，并可不计及负荷的影响，但当计算结果接近或超过允许倍数时，可计及负荷影响进行较精确计算。

3. 表中所列同步发电机的冲击电流允许倍数，系根据允许冲击力矩求得。汽轮发电机在两侧电动势相角差约为 120°时合闸，冲击力矩最严重；水轮发电机约在 135°时合闸最严重。因此，当两侧电动势的相差取大于 120°～135°时，均应按本表注 2. 所述条件计算。其超瞬变电流周期分量不超过额定电流的 $0.74/X''_d$ 倍。

c. 双侧电源的单回线路，可采用下列重合闸方式：

ⅰ. 可采用解列重合闸；

ⅱ. 当水电厂条件许可时，可采用自同步重合闸；

ⅲ.可采用一侧无压检定，另一侧同期检定的三相自动重合闸。

⑤ 自动重合闸装置应符合下列规定。

a.自动重合闸装置可由保护装置或断路器控制状态与位置不对应启动。

b.手动或通过遥控装置将断路器断开，或将断路器投入故障线路上而随即由保护装置将其断开时，自动重合闸均不应动作。

c.在任何情况下，自动重合闸的动作次数应符合预先的规定。

d.当断路器处于不正常状态不允许实现自动重合闸时，应将重合闸装置闭锁。

9.3.2　备用电源和备用设备的自动投入装置[12]

① 下列情况，应装设备用电源或备用设备的自动投入装置：

a.由双电源供电的变电站和配电站，其中一个电源经常断开作为备用；

b.发电厂、变电站内有备用变压器；

c.接有Ⅰ类负荷的由双电源供电的母线段；

d.含有Ⅰ类负荷的由双电源供电的成套装置；

e.某些重要机械的备用设备。

② 备用电源或备用设备的自动投入装置，应符合下列要求：

a.应保证在工作电源断开后投入备用电源；

b.工作电源故障或断路器被错误断开时，自动投入装置应延时动作；

c.手动断开工作电源、电压互感器回路断线和备用电源无电压情况下，不应启动自动投入装置；

d.应保证自动投入装置只动作一次；

e.自动投入装置动作后，如备用电源或设备投到故障上，应使保护加速动作并跳闸；

f.自动投入装置中，可设置工作电源的电流闭锁回路；

g.一个备用电源或设备同时作为几个电源或设备的备用时，自动投入装置应保证在同一时间备用电源或设备只能作为一个电源或设备的备用。

③ 自动投入装置可采用带母线残压闭锁或延时切换方式，也可采用带同步检定的快速切换方式。

9.3.3　自动低频低压减负荷装置[12]

① 在变电站和配电站，应根据电力网安全稳定运行的要求装设自动低频低压减负荷装置。当电力网发生故障导致功率缺额，使频率和电压降低时，应由自动低频低压减负荷装置断开一部分次要负荷，并应将频率和电压降低限制在短时允许范围内，同时应使其在允许时间内恢复至长时间允许值。

② 自动低频低压减负荷装置的配置及所断开负荷的容量，应根据电力系统最不利运行方式下发生故障时，可能发生的最大功率缺额确定。

③ 自动低频低压减负荷装置应按频率、电压分为若干级，并应根据电力系统运行方式和故障时功率缺额分轮次动作。

④ 在电力系统发生短路、进行自动重合闸或备用自动投入装置动作时电源中断的过程中，当自动低频低压减负荷装置可能误动作时，应采取相应的防止误动作的措施。

9.3.4　变配电所综合自动化设计[84]

(1) 设计原则

变配电所综合自动化设计应遵循如下原则。

① 提高变配电所安全生产水平，技术管理水平和供电质量。

② 使变配电所运行方便、维护简单，提高劳动生产率和营运效益，实现减人增效。

③ 减少二次设备间的连接，节约控制电缆。

④ 减少变配电所设备的配置，避免设备重复设置，实现资源共享。

⑤ 减少变配电所占地面积，降低工程造价。

变配电所计算机监控系统的选型应做到安全可靠、经济适用、技术先进、符合国情。应采用具有开放性和可扩充性，抗干扰性强、成熟可靠的产品。变配电所综合自动化系统应能实现对变配电所可靠、合理、完善的监视、测量、控制、运行管理，并具备遥测、遥信、遥调、遥控等全部的远动功能，具有与调度通信中心计算机系统交换信息的能力。

(2) 系统结构

① 变配电所计算机监控系统宜由站控层和间隔层两部分组成，并用分层、分布、开放式网络系统实现连接。

② 站控层由计算机网络连接的计算机监控系统的主机或/及操作员站和各种功能站构成，提供所内运行的人机联系界面，实现管理控制间隔层设备等功能，形成全所监控、管理中心，并可与远程调度通信中心通信。

③ 间隔层由工控网络/计算机网络连接的若干个监控子系统组成，在站控层及网络失效的情况下，仍能独立完成间隔设备的就地监控功能。

④ 站控层与间隔层可直接连接，也可通过前置层设备连接。前置层可与调度通信中心通信。

⑤ 站控层设备宜集中设置。间隔层设备直接相对集中方式分散设置，当技术经济合理时也可按全分散方式设置或全集中方式设置。

(3) 网络结构

① 计算机监控系统的站控层和间隔层可采用统一的计算机网络，也可分别采用不同网络。当采用统一的网络时，宜采用国际标准推荐的网络结构。

② 站控层宜采用国际标准推荐的标准以太网。站控层系统应具有良好的开放性。

③ 间隔层宜采用工控网，它应具有足够的传送速率和极高的可靠性。间隔层监控子系统间宜实现直接通信。

④ 网络拓扑宜采用总线型或环型，也可采用星型。站控层与间隔层之间的物理连接宜用星型。

⑤ 当站控层和间隔层采用同一网络时，宜分层或分段布置结点，使网络能力及通信负荷率满足要求。

⑥ 110kV 及以下变配电所可采用单网。

⑦ 变配电所计算机网络应具有与国家电力数据网连接的能力，按要求实现所内调度自动化、保护、管理等多种信息的远程传送。

(4) 硬件设备

1) 计算机监控系统的硬件设备宜由以下几部分组成：

① 站控层设备；

② 网络设备；

③ 间隔层设备。

2) 站控层主机配置应能满足整个系统的功能要求及性能指标要求，主机容量应与变配电所的规划容量相适应。应选用性能优良、符合工业标准的产品。

3) 操作员站应满足运行人员操作时直观、便捷、安全、可靠的要求。

4）应设置双套远动通信设备，远动信息应直接来自间隔层采集的实时数据。远动接口设备应满足《地区电网调度自动化设计技术规程》（DL/T 5002—2005）、《电力系统调度自动化设计技术规程》（DL/T 5003—2005）的要求，其容量及性能指标应能满足变配电所远动功能及规约转换要求。

5）应设置GPS对时设备，其同步脉冲输出接口及数字接口数量应能满足系统配置要求，I/O单元的对时精度应满足事件顺序记录分辨率的要求。

6）打印机的配置数量和性能应能满足定时制表、召唤打印、事故打印等功能要求。

7）网络媒介可采用屏蔽双绞线、同轴电缆、光缆或以上几种方式的组合，通过户外的长距离通信应采用光缆。

8）间隔层设备包括中央处理器、存储器、通信及I/O控制等模块。

9）当采用前置层设备连接方式时，前置机宜冗余设置。

10）保护通信接口装置可分散设置，保护通信接口装置应能实现与间隔层各种保护装置的通信。

（5）软件系统

① 变配电所计算机监控系统的软件应由系统软件、支持软件和应用软件组成。

② 软件系统的可靠性、兼容性、可移植性、可扩充性及界面的友好性等性能指标均应满足系统本期及远景规划要求。

③ 软件系统应为模块化结构，以方便修改和维护。

④ 系统软件应为成熟的实时多任务操作系统并具有完整的自诊断程序。

⑤ 数据库的结构应适应分散分布式控制方式的要求，并应具有良好的可维护性，并提供用户访问数据库的标准接口。

⑥ 网络软件应满足计算机网络各结点之间信息的传输、数据共享和分布式处理等要求，通信速率应满足系统实时性要求。

⑦ 应配置各种必要的工具软件。

⑧ 应用软件必须满足系统的功能要求，成熟、可靠，并具有良好的实时响应速度和可扩充性。

⑨ 远动遥信设备应配置远传数据库和各级相关调度通信规约，以实现与调度端的远程通信，两套设备应能实现通道故障时，备用通道自动切换。

⑩ 当设有前置机时，前置机宜配置数据库和远动规约处理软件，完成实时数据的处理和与调度通信中心的数据通信。站控层网络应按TCP/IP协议通信；间隔层网络宜采用有关国标或IEC标准协议通信。

⑪ 与调度实时通信的应用层协议宜采用相关的电力国家标准、行业标准及国际标准。在该接口配置时，应能适应国家电力数据网建成后的各种远程访问需要。

（6）远方监控接口要求

1）变配电所自动化系统与调度所或控制中心自动化系统间通信的基本要求如下。

① 应选择可靠的通道与上级计算机联系，通道可采用电力线载波、微机、光纤、公用电话网、导引电缆、音频及无线电等。

② 通信的接口应能满足各级调度要求的下列通信方式：

a. 异步串行半双工；

b. 异步串行全双工；

c. 同步串行半双工；

d. 同步串行全双工。

③ 应按上级调度（或控制中心）的要求：设置与调度端通信的硬、软件模块，其功能和技术指标应满足与调度之间的信息传送要求，并选用调度通信的标准规约或计算机通信的标准规约。

④ 应能正确接受上级站计算机下达的各项命令，并能向上级站上送变配电所的实时工况、运行参数及调度、管理必需的有关信息。

2）变配电所主控级计算机与单元控制级、微机型保护或其他自动装置间通信的基本要求如下。

① 当采用分布式系统结构时，其相互间的通信接口宜按本地现场总线考虑（也可采用局域网连接），选择符合国际标准或工业标准的电气接口特性。这些接口的通信规约、信息格式、数据传输速率、传输介质和传输距离等，在国际标准本正式颁布前，可符合《保护通信配套标准》（IEC870-5-103 或 101）规约的相关条款要求。

② 当采用点对点串行通信星形链路结构时，其相互间的通信接口应符合异步或同步串行数据传输通信方式的要求，目前接口标准可符合美国电子工业协会的下述标准：

a. RS-232-C（采用串行二进制数据交换的数据终端与数据通信设备之间的接口）；

b. RS-423-C（非平衡电压数字接口电路的电气特性）；

c. RS-422-A（平衡电压数字接口电路的电气特性）；

d. RS-485（差分 20mA 电流环）。

一般情况下宜采用 RS-232-C 和 RS-485 接口标准。

3）自动化系统宜具备接受卫星、无线电台或电网调度自动化系统校正同步时钟精度的设备。

9.3.5 变配电所控制室布置的一般要求[58,84]

（1）控制室的布置

① 主控制室的控制屏和保护屏可采用合在一室的布置或将控制屏与继电器屏分室布置的形式。中小型变配电所一般采用前者。

② 控制室的布置一般有 Π 形、Γ 形或直列式布置，主环正面宜采用直列式布置，超过 9 块屏时，也可采用弧形布置。主变压器、母线设备及中央信号装置的控制屏，应布置在主环正面。35kV 及以上的线路控制屏、线路并联电抗器、串联补偿电容器及无功补偿装置的控制屏，应根据规划确定布置在主环正面或侧面。

③ 电度表及记录仪表应布置在抄表方便的地方。直流屏布置在控制室时，可布置在主环侧面，也可布置在便于操作的主环以外的地方。继电保护和自动装置屏一般布置在主环以外，放在主环的后面。

④ 计算机或微处理机及辅助设备宜布置在与主控制室相通的单独房间中，该房间应能满足计算机微处理机的运行要求。屏幕显示器宜放在主环正面或值班操作台上。

（2）控制屏（屏台）的布置

控制屏（屏台）的布置应满足下列要求。

① 监视、操作和调节方便，模拟接线清晰。相同安装的单位，其屏面布置应一致。

② 测量仪表尽量与模拟接线相对应，A、B、C 相按纵向排列，为便利运行监视，同类安装单位功能相同的仪表，一般布置在相对应的位置。主环内每侧各屏光字牌的高度应一致。光字牌宜放置在屏的上方，要求上部取齐；当放置在中间时，要求下部取齐。

③ 对屏台分开设仪表信号屏或返回屏的结构，经常监视的常测仪表、光字牌、操作设备放在屏台上，一般常测仪表布置在仪表信号屏或返回屏电气主接线模拟线上。

④ 操作设备宜与安装单位的模拟接线相对应，功能相同的操作设备，应布置在相对应的位置上，为避免运行人员误操作，操作方向全所必须一致。

⑤ 采用灯光监视时，红、绿灯分别布置在控制开关的右上侧和左上侧。

⑥ 屏面设备间的距离应满足设备安装及接线的要求。800mm 宽的屏或台上，每行控制开关不得超过 5 个（强电小开关和弱电开关除外），一般为 4 个。操作设备的中心线离地面不应低于 600mm（调节手轮除外），经常操作的设备宜布置在离地面 800～1500mm 处。

⑦ 设计屏台和屏面布置时，应考虑屏背面安装端子排不超过制造厂允许的数量。为便于接线，屏背每侧端子排距地不宜低于 350mm。

（3）继电器屏的屏面布置

继电器屏面的布置应满足下列要求。

① 调试方便，安全可靠，屏面布置适当紧凑。

② 相同安装单位的屏面布置宜对应一致，不同安装单位的继电器装在一块屏上，宜按照纵向划分，其布置宜对应一致。

③ 设备或元件装设两套主保护装置时，宜分别布置在不同屏上。

④ 组合式继电器插件箱，宜将相同出口继电器的保护装置装在一个插件箱内。

⑤ 对由单个继电器构成的继电保护装置，平时调整、检查工作比较少的继电器布置在上部，较多的布置在中部。一般按如下次序由上至下排列；电流、电压、中间、时间继电器等布置在屏的上部，方向、差动、重合闸继电器等布置在屏的中部。对组合式继电器插件箱，宜按照出口分组的原则，相同出口的保护装置放在一起或上下紧靠布置。一组出口的保护装置停止工作时，不得影响另一组出口的保护运行。

⑥ 各屏上设备装设高度横向应整齐一致，避免在屏后装设继电器。各屏上信号继电器宜集中布置，安装水平高度应一致，其安装中心线离地面不宜低于 600mm。

⑦ 试验部件与连接片，安装中心线离地面不直低于 300mm。

⑧ 对正面不开门的继电器屏而言，继电器屏的下面离地 250mm 处宜设有一定数量的孔洞，供试验时穿线之用。

⑨ 继电器屏背面宜设双门。

第10章 变配电所操作电源

10.1 直流操作电源设计[5,86]

变配电所直流操作电源的设计原则：①供电负荷为二级以上，且装有电磁操动机构的断路器时，应采用 220V 或 110V 蓄电池组作为合、分闸操作电源；②采用 220V 或 110V 直流操作电源时，宜采用直流电源成套装置。直流电源成套装置宜配套采用阀控密封式铅酸蓄电池和模块化高频开关电源。

10.1.1 直流负荷

10.1.1.1 直流负荷分类

(1) 按功能分类

直流负荷按功能分，有控制负荷和动力负荷两种。

① 控制负荷　用于电气和热功的控制、信号装置和继电保护、自动装置以及仪器仪表等小容量负荷称为控制负荷。这类负荷在发电厂、变电站中数量多，范围广，但容量小。

② 动力负荷　在发电厂中，直流润滑油泵电动机、氢密封油泵电机、电磁操动的断路器合闸机构、交流不间断电源装置、远动和通信装置电源、直流照明等大功率的负荷称为动力负荷。这类负荷在发电厂中容量较大，对蓄电池容量及设备选择起着决定作用。而在变电站中，主要是电磁操动机构和直流照明电源。由于现代断路器的操动机构主要采用弹簧、液压机构，负荷容量较小，所以变电站中直流动力负荷主要是直流事故照明负荷。

(2) 按性质分类

直流负荷按性质分为经常负荷、事故负荷和冲击负荷。

① 经常负荷　要求直流电源在电力系统正常和事故工况下均应可靠供电的负荷，称为经常负荷。此类负荷主要包括以下几类：信号装置、继电保护和自动装置、电气和热工控制操作装置、电气和热工仪表、经常照明以及其他辅助设备。

② 事故负荷　发电厂或变电站在交流电源消失后，全厂（站）停电状态下，必须由直流电源供电的负荷，称为事故负荷。事故负荷包括以下几类：事故照明、直流油泵电动机、不间断电源、远动电源、通信备用电源以及在事故状态下投入运行的信号和继电保护装置。

③ 冲击负荷　冲击负荷是指在极短的时间施加的很大的负荷电流，如断路器的合闸电流等。冲击负荷出现在事故初期（1min）称为初期冲击负荷，出现在事故末期或事故过程中的瞬时冲击负荷（5s）称为随机负荷。

事故初期冲击负荷是指在交流电源消失 1min 内的全部直流负荷。这些负荷包括：各种直流油泵的启动电流，厂用电源切换时的断路器跳、合闸电流，需要切除的厂用的电动机的断路器跳闸器跳闸电流，所有在停电过程需要动作的继电器、信号装置以及其他热工保护自动装置等。在发电厂中，事故初期负荷较大，而且蓄电池组往往决定于该阶段的负荷。在变电站中，该放电阶段负荷较小，通常不予专门统计。

事故末期冲击负荷（随机负荷）主要指电磁操动机构的断路器合闸电流。这类负荷可作用于放电过程的任意时刻，但为了保证断路器的可靠合闸，通常人为地选择在阶梯负荷某一最严重的放电阶段的末期，也就是选择在蓄电池端电压最低的时候。目前这类负荷通常很小。考虑到蓄电池在 1～2h 的事故过程中，弹簧储能机构的储能电动机可能动作，其动作时间为 1s 到数秒，该负荷也归入随机性的冲击负荷。断路器合闸和储能电动机启动所需要的蓄电池容量一般不超过 10～20A·h。

目前一些发电工程和有些变电工程，采用 UPS 电源替代直流电源，这种电源正常情况下采用系统交流电源变换为直流电源，事故情况下，采用直流电源系统。

10.1.1.2 直流负荷统计

(1) 直流负荷统计要求

直流负荷统计应满足以下要求。

① 对于采用主控制室的中小机组，控制室内控制的设备数量统计直流负荷；当控制室内设有 2 组蓄电池时，每组蓄电池的控制负荷全部机组统计，动力负荷宜平均分配在 2 组蓄电池上，其中事故照明负荷，每组电池宜按全部符合的 60% 统计；对小容量机组，也可按全部控制、动力负荷统计。

② 对于采用单元控制的大中型机组，应按单元机组设备统计直流负荷；当单元机组设有 2 组蓄电池时。每组蓄电池按 1 台机组的全部符合统计；设有联络线的 2 套动力用蓄电池组，只按各自连接的负荷统计，不因互联而增加蓄电池容量。

③ 采用动力、控制联合供电的单元制机组（一般为两机一控），当每台机组设有 2 组蓄电池时，蓄电池的直流负荷按控制负荷的 100%、事故照明负荷的 100%、其他动力负荷 60% 的技术原则进行统计；当每台机组设有 1 组蓄电池时，蓄电池的直流负荷按单台机组全部负荷进行统计。

④ 当变电站设有 2 组蓄电池时，每组蓄电池的直流负荷按全部负荷统计。

⑤ 每组蓄电池的事故后恢复供电的断路器合闸电流均按随机负荷统计。

⑥ 直流负荷统计时应注意：

a. 项目完备，不能遗漏；

b. 负荷容量力求准确、合理；

c. 正确分析事故放电过程，合理选择直流设备的工作时间。

为全面、正确统计、计算直流负荷，通常采用直流负荷时间统计计算表进行。典型的直流负荷统计计算表见表 10-1。

(2) 负荷表填写的步骤

负荷表应按以下步骤填写。

① 按实际的直流经常负荷、事故负荷依次分类填入表内。

② 依次填入相应负荷的装置容量和负荷系数，并求得计算容量。计算容量＝装置容量×负荷系数。

表 10-1　典型的直流负荷统计表

序号	负荷名称	装置容量/kW	负荷系数	计算容量/kW	负荷电流/A	经常电流/A	事故放电时间（h）及电流/A①				
							初期	持续放电/h③			随机
							1min	0～0.5	0.5～1.0	1.0～2.0	5s
1											
2											
3											
4											
5	电流统计/A②						$I_0=$	$I_1=$	$I_2=$	$I_3=$	$I_4=$	I_R
6	容量统计/A·h②								$C_{s0.5}$	$C_{s1.0}$	$C_{s2.0}$	
7	容量累加/A·h②								$C_{\Sigma 0.5}$	$C_{\Sigma 1.0}$	$C_{\Sigma 2.0}$	

① 根据计算要求，也可按容量（A·h）统计。
② 根据计算要求，进行容量或电流统计。
③ 表中序号根据负荷类型、数量确定；持续放电时间根据放电阶段和放电全过程的总时间确定。

注：1. 装置容量是指直流设备的标称容量或标称功率。
2. 负荷系数是直流设备在交流系统正常事故放电情况下，实际消耗的功率与标称功率比值。
3. 计算容量为装置容量与负荷系数之乘积。
4. 经常电流是交流系统正常情况下，直流设备的消耗电流。

③ 按直流负荷的持续时间依次填入相应的负荷电流。

④ 统计直流事故放电过程中各阶段的负荷电流和事故负荷容量，其中$C_{s0.5}$，$C_{s1.0}$，…为本事件区间电容量之和；$C_{\Sigma 0.5}$，$C_{\Sigma 1.0}$，…为自放电开始至本阶段末放电容量之和。

⑤ 当采用电流法计算蓄电池容量时，可不作放电容量统计。

10.1.1.3　直流负荷系数

在统计直流负荷容量时，要经常用到"负荷系数"的概念。所谓"负荷系数"即是指实际计算负荷容量与额定标称容量的比值。应用负荷系数是为了更真实地统计实际的直流负荷，进而更确切地计算蓄电池容量。负荷系数通常根据负荷特性、运行工况以及容量余度等因素综合确定。

负荷系数是考虑安全、运行条件、设备特性和计算误差等诸多因素的平均数值，并非一个准确的数值。对于较小容量的直流负荷，允许负荷系数取值有一定的误差；对于大容量的直流负荷，如电动机等，其取值应尽量接近实际。

直流负荷系数，实质上是直流系统运行时的同时系数，选择负荷系数应力求准确、可靠。但目前存在的问题是，根据计算负荷及其负荷系数所选择的直流电源及直流设备容量往往过大，过于保守，过大的富裕容量导致过大的能源浪费，所以，考虑到直流电源的重要性，选择准确、可靠而又合理的直流负荷系数是目前直流设备选择的重要问题。常用直流负荷的负荷系数见表 10-2。

表 10-2　常用直流负荷的负荷系数

负荷类别	监控、保护、信号等	断路器跳闸	断路器自投（电磁机构）	直流润滑油泵	氢密封油　泵	交流不间断电源	DC-DC 变换装置	恢复供电断路器合闸	直流长明灯、事故照明
负荷系数	0.6/0.8	0.6	0.5	0.9	0.8	0.3～0.8	0.5～0.6	1.0	1.0

注：事故初期（1min）的冲击负荷，按如下原则统计。

① 备用电源断路器为电源合闸机构时，应按备用电源实际自投断路器台数统计，低电压、母线保护、低频减载等跳闸回路按实际数量统计。

② 事故停电时间内，恢复供电断路器电磁操动机构的合闸电流（随机负荷），应按断路器合闸电流最大的 1 台统计，并应与事故初期冲击负荷之外的最大负荷或出现最低电压时的负荷相叠加。

③ 交流不间断电源和 DC-DC 变换装置，容量分别在 20kV · A 和 1kV · A 以下时，负荷系数取下限。

10.1.1.4　直流控制负荷

由直流电源供电的控制、保护、信号、自动装置等控制负荷，可由各相关设备的名牌参数查得，也可由其他标称功耗计算求得。在直流负荷统计计算中，应根据实际设备参数和数量分类统计计算。在发电厂中，热工负荷属于机、炉等设备的热力控制负荷。

（1）电气控制负荷

近年来，直流控制、继电保护、自动装置和信号装置发生了很大的变化，高集成度的微机保护、监控设备已广泛取代了常规的机电、电磁式设备，因此直流设备的功耗也产生了较大的变化，集成度高、成套性强的微机设备很难按单个部件逐一统计计算其功耗，只能按单元回路进行成套统计计算。在工程计算中，应尽量向设备供货单位索取设备参数，以保证直流系统设备选择的准确性。

（2）热工负荷

发电厂中的直流负荷通常包括电动门、热工仪表、执行机构的调节阀以及程控跳闸电源等，电动门和部分调节阀属动力负荷，热工仪表等属控制负荷。在热工负荷中，准确测定经常负荷比较困难。早期的热工负荷交直流电源比较明确，采用 UPS 电源后，绝大多数热工仪表负荷正常情况下，采用 UPS 的交流电源；仅有调节阀和程控跳闸电源随机负荷采用直流电源，且负荷比较小。同时，根据部分地区的调查报告显示，电力系统中 UPS 电源容量富裕度较大，由于 UPS 的备用电源取于直流电源蓄电池，因而过大的 UPS 容量会导致蓄电池容量正比增加。但由于各制造厂工艺系统不完全统一，负荷量很难准确计算。所以，在没有充分依据减少热工负荷的条件下，一方面适当、合理控制 UPS 容量，另一方面考虑到正常运行负荷小、事故工况负荷较大的特点，采用较小的经常负荷系统和较大的事故负荷系数，以适当降低直流系统蓄电池的容量。

10.1.1.5　直流动力负荷

直流动力负荷主要包括直流电动机、事故照明电源、UPS 电源等。经常照明负荷（长明灯）由于其负荷量很小，当供电电压合适时，也可统计在控制负荷内。常用动力负荷的统计计算方法见表 10-3。

（1）直流电动机

在火力发电厂中，直流电动机负荷主要是保证安全启停机用的油泵电动机，包括汽轮机直流润滑油泵、氢冷发电机的氢密封油泵和汽动给水泵直流润滑油泵等。在全部直流负荷中，直流油泵电动机占有相当大的比例，而且其允许的运行电压下限又比较高，所以这部分负荷对蓄电池的容量有重要影响。

表 10-3 常用动力负荷的统计计算方法

序号	负荷名称	标称容量/kW	负荷系数	计算容量/kW	负荷电流初期/持续/A
1	润滑油泵电动机	P_n	0.9	$0.9P_n$	$2.0I_n/0.9I_n$
2	密封油泵电动机	P_n	0.8	$0.8P_n$	$2.0I_n/0.8I_n$
3	UPS 电源	P_n	0.5～0.8	(0.5～0.8) P_n	(0.5～0.8) P_n/220×0.8
4	DC-DC 变换装置	P_n	0.8	$0.8P_n$	$0.8P_n$/220×0.9
5	逆变装置	P_n	0.8	$0.8P_n$	$0.8P_n$/220×0.8
6	事故照明	P_n	1.0	$1.0P_n$	P_n/220

注：1. 直流油泵电动机的效率 η 取 0.8～0.85，标称电流 I_n 由直流电动机的额定数据中查得，当无确切数据时，用公式 $I_n=P_n/(\eta U_n)$ 求得。

2. UPS 电源及 DC-DC 变换装置的效率 η 分别取 0.8 和 0.9。

直流电动机负荷电流按持续工作电流计算。持续工作电流一般取额定电流的 0.8～0.9 倍，即取负荷系数 $K=0.8$～0.9（参见表 10-2）。取小于 1 的负荷系数，是因为直流电动机的功率总是大于油泵实际运行的最大轴功率。当缺乏直流电动机数据时，可参考表 10-4 所列数据。

表 10-4 Z2 系列直流电动机主要参数和启动电阻选择

Z2 直流电动机参数						选用电阻元件规范及数量			
容量/kW	电压/V	不同转速（r/min）下的电流/A				型号	规范	数量	总计/Ω
		750	1000	1500	3000				
4	220	23	22.3	22.3	21.65	ZT2-75	39A，0.075Ω	40	3
5.5	220	31.25	30.3	30.3	30.3	ZT2-110	46A，0.11Ω	20	2.2
7.5	220	42.	41.3	40.8	40.3	ZT2-110	46A，0.11Ω	20	2.2
10	220	55.8	54.8	53.8	53.5	ZT2-80	54A，0.08Ω	20	1.6
13	220	72.1	70.1	68.7	68.7	ZT2-55	64A，0.055Ω	20	1.1
17	220	93.2	92	90	88.9	ZT2-55	64A，0.055Ω	20	1.1
22	220	119	118.2	115.4	113.7	ZT2-40	76A，0.04Ω	20	0.8
30	220	160	158.5	156.9	155	ZT2-40	76A，0.04Ω	20	0.8
40	220	214	212	210	208	ZT2-28	91A，0.028Ω	20	0.56
55	220	289	289	285.5	284	ZT2-20	107A，0.02Ω	20	0.4
75	220	387	387	385	385	ZT2-14	128A，0.014Ω	20	0.28
100	220	514	514	511	511	ZT2-10	152A，0.01Ω	20	0.2

（2）经常直流照明

经常直流照明，是避免事故发生时，事故照明尚未及时投运前出现的短期照明消失现象，而在控制室内设置的直流照明。其照度无严格要求，只保证值班人员能进行处理事故的活动即可。经常直流照明负荷的大小，主要决定于控制室的规模，一般可按表 10-5 中的数据估算。灯具一般情况下可用白炽灯，当有交流不间断电源时，也可采用荧光灯。

(3) 事故照明

对于变电站和中小型发电站，一般采用主控室控制方式，全部事故照明负荷均取自直流电源。对于有大容量机组的发电厂，一般采用单元集中控制方式，且机组设置事故时投入的交流保安电源，此时大部分事故照明均由保安电源供电，称为交流事故照明。只有设置在控制室等重要场所的部分事故照明负荷由直流电源供电，这些称为直流事故照明负荷。直流事故照明负荷采用瞬时燃亮的白炽灯。

对于采用主控室方式的中小机组电厂和变电站，一般是在主控室、户内配电装置室等处设置直流事故照明。对于采用单元控制方式的大机组电厂，通常在单元控制室、网控室、直流配电室、不间断电源室、保安电源柴油发电机房、通信机房等处设置直流事故照明。此外，有些工程的继电器室、计算机房等场所也可设置直流事故照明。表 10-5 示出了火电厂、变电站需要事故照明的场所及单位面积照明容量，可供设计参考。

在无确切资料时，直流事故照明负荷可参考表 10-6 和表 10-7 中的数值估算。实际工程应以工程的实际照明负荷资料进行计算。

表 10-5 火力发电厂、变电站需要事故照明的场所及其单位面积照明容量

序号	工作场所		视觉作业等级	照度/lx		单位容量/(W/m^2)	
				一般照明	事故照明	一般照明	事故照明
1	锅炉房及其辅助车间	磨煤机、排粉机、送风机、引风机、一二次风机等操作区	Ⅷ	50	5	10～13	1.1～1.4
2		锅炉房通道、高炉本体楼梯平台、给煤（粉）机平台	Ⅲ	30	3	7～10	0.8～1.1
3		煤仓间	Ⅵ	30	3	7～10	0.8～1.1
4		渣斗间及平台	Ⅲ	15	2	5～7	0.6～0.8
5		燃油泵控制室	Ⅱ乙	150	20	15～25	1.7～2.8
6		重油泵房、燃油泵房	Ⅶ	30	3	7～10	0.8～1.1
7	热控	汽油控制室、锅炉控制室	Ⅱ甲	300	30	25～50	2.8～5.5
8		集中控制室、单元控制室	Ⅱ甲	300	30	25～50	2.8～5.5
9		变送器室	Ⅵ	100	10	13～15	1.4～1.7
10		除氧给水控制室	Ⅱ乙	150	15	18～25	2～2.8
11	汽机房及其辅助车间	汽机房运转层	Ⅳ乙		10	13～15	1.4～1.7
12		高、低压加热器平台	Ⅵ	50	5	10～13	1.1～1.4
13		发电机出线小室	Ⅵ	50	5	10～13	1.1～1.4
14		除氧器、管道层	Ⅵ	50	5	10～13	1.1～1.4
15		汽机房底层	Ⅵ	50	5	10～13	1.1～1.4
16	运煤系统	翻车机控制室	Ⅳ乙	100	15	13～15	1.4～1.7
17		干煤棚、推煤机室、卸煤沟	Ⅶ	15	2	5～7	0.6～0.8
18		碎煤机室、运煤转运站、翻车机室、地下卸煤沟	Ⅶ	30	3	7～10	0.8～1.1
19		电除尘室控制室、运煤集控室	Ⅲ乙	150	20	15～25	1.7～2.8

续表

序号	工作场所		视觉作业等级	照度/lx		单位容量/(W/m²)	
				一般照明	事故照明	一般照明	事故照明
20	化水	化学水处理控制室	Ⅱ乙	150	20	15～25	1.7～2.8
21	供水	中央循环水泵房	Ⅱ乙	150	20	15～25	1.7～2.8
22	消防	生活、消防泵房	Ⅶ	30	3	7～10	0.8～1.1
23	室内电气、通信及其他	主控室、网控室	Ⅱ甲	300	30	25～50	2.8～5.5
24		计算机室	Ⅱ乙	200	20	25～50	2.8～3.3
25		继电器室	Ⅱ乙	200	20	25～50	2.8～3.3
26		通信室	Ⅲ甲	150	15	18～25	2～2.8
27		交流不间断电源、柴油机室	Ⅲ甲	150	15	18～25	2～2.8
28		高压配电间（一）	Ⅳ乙	100	10	13～15	1.4～1.8
29		高压配电间（二）	Ⅳ乙	100	10	13～15	1.4～1.8
30		中压配电间	Ⅳ乙	100	10	13～15	1.4～1.8
31		低压配电间	Ⅳ乙	100	10	13～15	1.4～1.8
32		蓄电池、直流设备室	Ⅲ乙	200	20	25～50	2.8～3.3
33		电容器室	Ⅵ	100	10	13～15	1.4～1.7
34		重要通道、楼梯	Ⅵ	100	10	13～15	1.4～1.7

注：1.上述数据仅供计算参考，应以相关标准规定为依据。
2.大中型火力发电厂，当设有交流事故保安电源时，直流系统仅供控制室和保安电源（如柴油机）室的事故照明。

表 10-6 直流照明负荷数据参考表

序号	类别	装设地点或车间名称		计算负荷
1	长明灯	控制室控制柜、台前		60～100/3 面柜
2		控制室控制操作台、台中央		100～200W
3		控制室走廊		50～100W
4		控制室长明灯总容量	35kV 及以下变电站	60～100W
			110kV 变电站、300MW 以下机组	120W
			220kV 变电站、300MW 机组	240W
			500kV 变电站、600MW 机组	300W
			直流换流站、600MW 以上机组	400W
5	事故照明	中、小容量发电厂和变电站的主控制室或大容量电厂的网络控制室		0.5～1.0kW
6		100～200MW 机组发电厂单元控制室（1 机 1 控）		1.0～1.5kW
7		100～200MW 机组发电厂单元控制室（2 机 1 控）		1.5～2.0kW
8		300MW 机组发电厂单元控制室（1 机 1 控）		2.0～2.5kW
9		300MW 机组发电厂单元控制室（2 机 1 控）		2.5～3.0kW
10		600MW 机组发电厂单元控制室（1 机 1 控）		3.0～3.5kW

续表

序号	类别	装设地点或车间名称		计算负荷
11	事故照明	600MW 机组发电厂单元控制室（2 机 1 控）		3.5～4.0kW
12		计算机室		0.5～1.0kW
13		6～10kV 户内配电装置（每段）		0.2kW
14		35kV 户内配电装置（每段）		0.1～0.2kW
15		110kV 户内配电装置（每段）		0.2～0.3kW
16		220kV 户内配电装置（每段）		0.3～0.4kW
17		每台机组的主厂房照明（主控制室控制方式）	100～125MW	4.0kW
18			25～50MW	3.0kW
19			12MW	2.0kW
20		柴油机组		2.0kW

表 10-7　变电工程事故照明容量参考表　　单位：kW

变电站形式	10～35	110-Ⅰ	110-Ⅱ	220-Ⅰ	220-Ⅱ	220-Ⅲ	330-Ⅰ	330-Ⅱ	500-Ⅰ	500-Ⅱ
事故照明容量	0.2～0.4	1.0	1.5	2.5	3.5	4.5	4.0	5.5	5.0	6.0

注：变电工程规模和条件说明如下。

① 本表包括控制、通信、继电保护室和户内电气配电室要求的事故照明负荷，仅供缺乏实际负荷资料时参考。

② 所有工程的 10kW、35kW 配电装置均为户内布置。

③ 110-Ⅰ为具有 3 台主变压器的 110kV 户外变电站；110-Ⅱ为具有 3 台主变压器的 110kV 的户内变电站。

④ 220-Ⅰ为具有 3 台主变压器的 220kV 户外变电站；220-Ⅱ为具有 3 台主变压器的部分户内 GIS 的 220kV 变电站；220-Ⅲ为具有 3 台变压器的全部户内 GIS 的 220kV 变电站。

⑤ 330-Ⅰ和 500-Ⅰ为 3、4 台主变压器的 330kV 和 500kV 户外变电站；330-Ⅱ和 500-Ⅱ为具有 3、4 台主变压器的部分户内 GIS 的 330kV 和 500kV 户外变电站。

10.1.1.6　事故停电时间

（1）发电厂、变电站事故停电时间

发电厂、变电站事故停电时间按下述原则选取。

① 长期运行实践证明，与电力系统连接的发电厂和有值班变电站，在全厂（站）事故停电后 30min 左右即可恢复厂（站）用电，但是为了保证事故处理有充裕时间，计算蓄电池容量的事故放电时间按 1h 计算。

② 不与电力系统连接的孤立发电厂，在短时间内很难立即处理恢复厂用电，因此事故停电时间按 2h 计算。

③ 直流输电换流站操作相对复杂和无人值班的变电站，发生事故时维修人员前往变电站的路途时间可能超过 1h，事故停电时间均按 2h 计算。由于事故照明可采用维修人员到达现场后手投方式，无人值班变电站的事故照明负荷可按 1h 计算。有人值班的变电站，全站交流电源事故停电时间按 1h 计算。

（2）直流负荷统计计算时间

直流负荷统计计算时间，是指该负荷在事故停电时间内的实际用电时间。

① 所有控制负荷均是按发电厂、变电站事故停电时间统计，这是考虑在整个事故停电时间内，都有可能进行控制操作。

② 直流润滑油泵供电的计算时间，是根据汽轮发电机组惰走时间而决定的。调查统计表明，200MW 及以下机组可选取 0.5h。对于大容量机组，为保证安全和可靠，事故停电时间宜合理增长，一般设定为 1～2.5h。

③ 密封油泵的计算时间，应根据汽轮发电机组事故停机后检查或检修需要排氢时所需要的时间确定，时间取值见表 10-8。

表 10-8 直流负荷统计计算时间表

序号	负荷名称		经常负荷	事故放电计算时间						
				初期	持续/h					随机
				1min	0.5	1.0	1.5	2.0	3.0	5s
1	信号灯、位置指示器和位置继电器	发电厂和有人值班变电站	√	√		√				
		无人值班变电站	√	√				√		
		直流输电换流站和孤立发电厂	√	√				√		
2	控制、保护、监控系统	发电厂和有人值班变电站	√	√		√				
		无人值班变电站	√	√				√		
		直流输电换流站和孤立发电厂	√	√				√		
3	断路器跳闸			√						
4	断路器自投（电磁操动机构）			√						
5	恢复供电断路器合闸									√
6	氢密封油泵	200MW 及以下机组		√		√				
		300MW 及以上机组		√					√	
7	直流润滑油泵	25MW 及以下机组		√	√					
		50～300MW 机组		√		√				
		600MW 及以上机组		√			√			
8	交流不间断电源	发电厂		√	√					
		变电站 有人值班		√		√				
		变电站 无人值班		√				√		
		直流输电换流站和孤立发电厂		√				√		
9	DC-DC 变换装置	有人值班变电站	√	√		√				
		无人值班变电站	√	√				√		
10	直流长明灯	发电厂和有人值班变电站	√	√		√				
		直流输电换流站和孤立发电厂	√	√				√		
11	事故照明	发电厂和有人值班变电站		√		√				
		直流输电换流站和孤立发电厂		√				√		
		无人值班变电站				√				

注：表中“√”表示具有该项负荷时，应予以统计的项目。

④ 交流不间断电源装置的负荷计算时间，对于小容量发电厂，因事故停电时间较短，大容量发电厂则装有保安电源，故取 0.5h；对于孤立电厂、无人值班变电站和直流输电换流站，为提高安全可靠性，宜取 2.0h；有人值班变电站取 1.0h。

⑤ 恢复供电时断路器电磁操动机构合闸的冲击负荷，可以发生在事故停电过程中的任何时间，按随机负荷考虑，叠加在事故放电过程中的严重工况上，而不固定在整个事故放电末期，从偏于安全考虑，合闸计算时间按 5s 计。

⑥ 采用一体化电源设备时的直流负荷统计和负荷持续时间，DC-DC 变换装置，其直流负荷的统计计算时间和负荷系数可参考表 10-9 和表 10-10 取值。

表 10-9 一体化电源设备直流负荷统计计算时间表

序号	负荷名称			经常负荷	事故放电计算时间						
					初期	持续/h					随机
					1min	0.5	1.0	1.5	2.0	3.0	5s
1	微机监控保护系统	发电厂和有人值班变电站		√	√		√				
		无人值班变电站		√	√				√		
		直流输电换流站和孤立发电厂		√	√				√		
2	UPS	发电厂			√	√					
		变电站	有人值班		√		√				
			无人值班		√				√		
		直流输电换流站和孤立发电厂			√				√		
3	INV	发电厂和有人值班变电站			√		√				
		直流输电换流站和孤立发电厂			√				√		
		无人值班变电站			√				√		
4	DC-DC	有人值班变电站		√	√		√				
		无人值班变电站		√	√				√		

注：1. 表中“√”表示具有该项负荷时，应予以统计的项目。
2. 表中未列的原直流系统其他负荷项目，仍按 DL/T 5044—2004 中的计算时间。

表 10-10 一体化电源设备直流负荷统计负荷系数表

序号	负荷名称	负荷系数	备注
1	微机监控保护系统	0.6	
2	UPS	0.6	
3	INV	0.8	
4	DC-DC	0.6/0.8	

注：表中未列的原直流系统其他负荷项目，仍按 DL/T 5044—2004 中的计算时间。

10.1.2 直流系统的接线

（1）接线单元及其组合

直流系统基本接线单元包括蓄电池单元、充电装置单元、放电装置单元、母线分段、母线和馈线单元等（见表 10-11）。这些基本单元除蓄电池、充电装置直流电源外，通常由隔断开关、直流断路器、熔断器、监测仪表和连线导体等组装构成。

表 10-11　直流系统基本接线单元和主要电气元件组成

接线单元名称	蓄电池	充电装置	放电装置
接线图	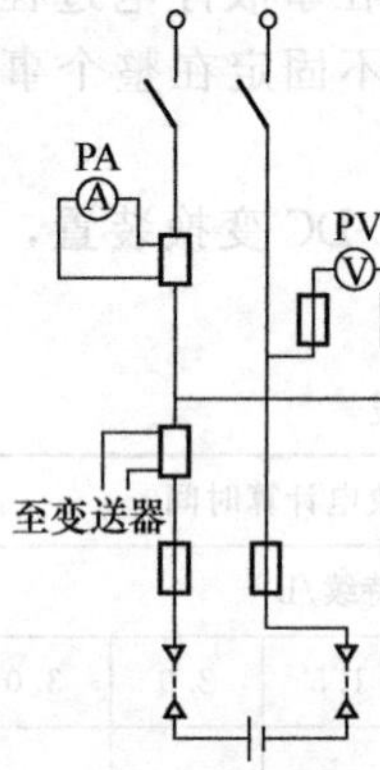	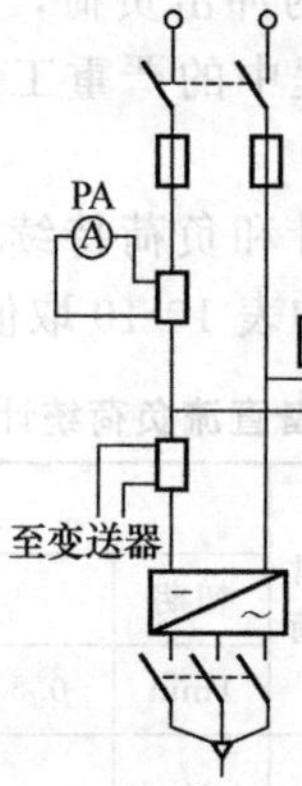	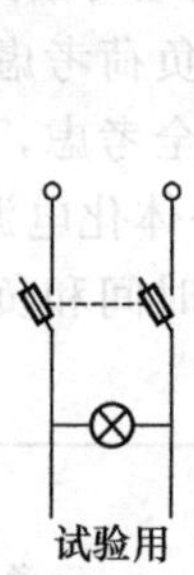
回路主要设备	蓄电池，隔离、保护电器，测量仪表和变送器、连接电缆	充电装置隔离、保护电器，测量仪表和变送器、连接电缆	放电装置，隔离、保护电器，连接电缆
接线单元名称	母线分段	母线设备	馈线
接线图	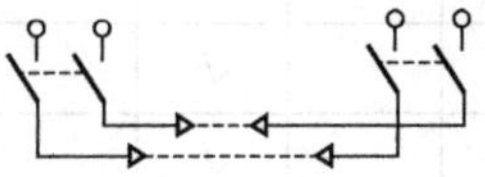	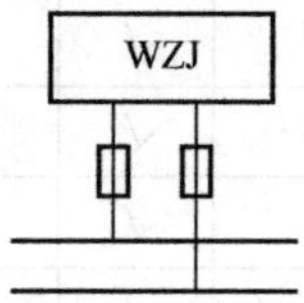	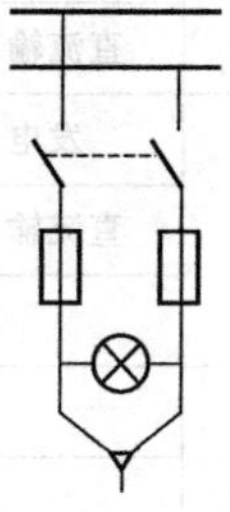
回路主要设备	隔离、保护电器，连接电缆	绝缘检测器＋保护电器	隔离、保护电器＋连接电缆
接线单元组合	蓄电池单元＋放电装置	母线分段＋蓄电池单元＋放电装置	蓄电池单元＋放电装置＋充电装置
接线图	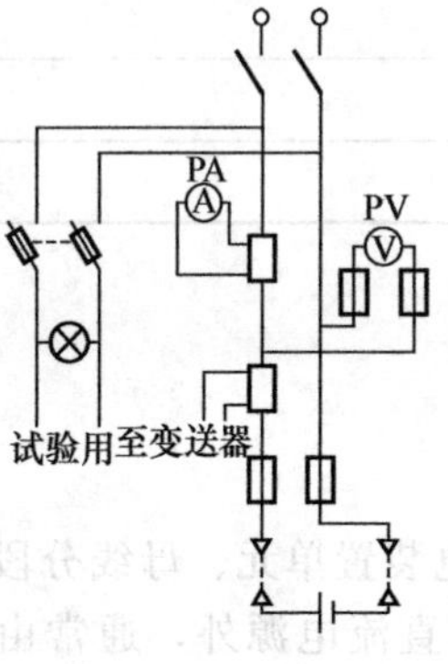	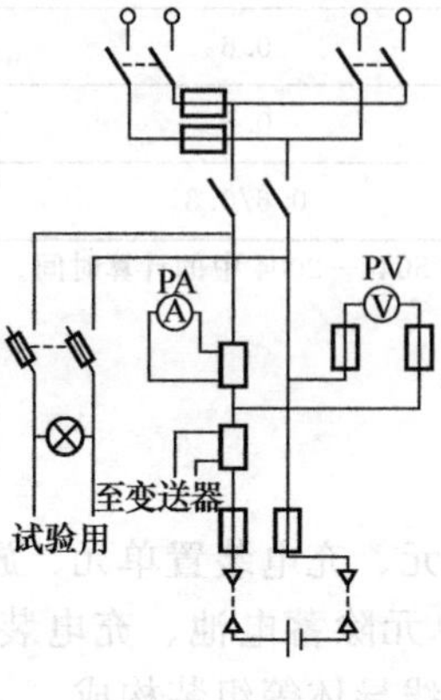	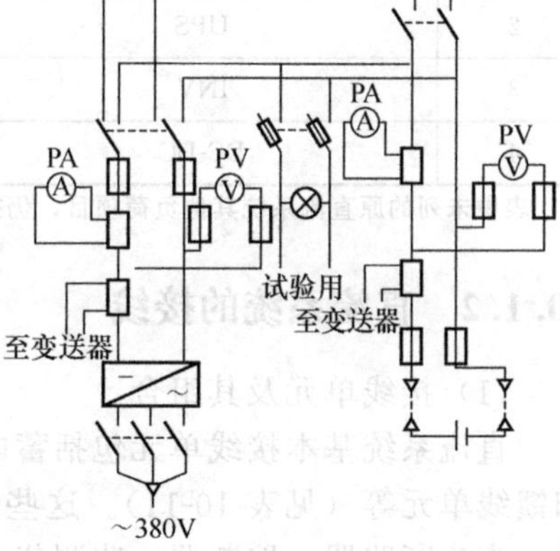

直流接线回路中，一般不设独立的保护电器，具有保护功能的电气元件与其有隔离功能和操作功能的一次电气元件一起构成直流开关电器，如熔断器、直流断路器等。当采用熔断器时，为便于操作，应设单独的隔离开关；当采用直流断路器时，一般不另设隔离电器。

(2) 接线的基本原则

直流系统接线的基本原则是安全可靠、简单清晰、操作方便，在任何运行方式下，除接线设计上允许外，蓄电池不得与直流母线解列。

为实现基本原则，直流母线采用单母线或单母线分段接线，尽量避免因接线复杂、操作繁琐而造成运行和操作事故；为提高运行可靠性和便于在故障情况下电源设备互相支援，母线之间应设联络电器，联络电器一般为隔离电器，必要时也可为隔离、保护电器。

(3) 接线基本要求

为保证直流系统接线的可靠性，直流电源的接线、直流屏结构应满足如下基本要求。

① 蓄电池组和充电装置均应经隔离和保护电器接入直流系统；一个回路或含有多个分支回路的主干回路应采用相同形式的隔离、保护电器。

② 铅酸蓄电池组不宜采用降压装置，镉镍碱性蓄电池组应设置降压装置。降压装置应满足正常运行方式和事故放电方式下母线电压水平的要求。

③ 多组蓄电池或多套充电装置不能接在同一段母线上，一段母线上只能接入 1 组蓄电池和 1 套充电装置或正常 1 套工作、1 套备用的 2 组充电装置。

④ 当 1 组蓄电池或 1 套充电装置接入两段母线时，应通过隔离和保护电器跨接在两段母线上。

⑤ 2 组蓄电池的直流系统，应满足在运行中两段母线切换时不断供电的要求。切换过程中允许 2 组蓄电池短时并联运行。

⑥ 电池组应设置试验放电回路，放电回路应配置隔离、保护电器；为便于蓄电池放电操作，蓄电池回路出口应与其放电回路并接；考虑到蓄电池放电次数不多，为提高蓄电池放电装置的利用率，放电回路不宜固定连接，放电装置宜为移动式设备。

⑦ 除有特殊要求外，直流系统应采用不接地方式。不接地系统可以避免一极接地或绝缘降低而断开直流电源，提高运行的安全可靠性。对于 48V 及以下的直流系统，当电子装置负荷需要时，允许采用一极接地方式。

(4) 基本接线方式

直流系统一般采用下述接线方式。

1) 1 组蓄电池和 1 套充电装置的直流系统，采用单母线分段接线或单母线接线。蓄电池和充电装置共接在单母线上，或分别接在两段母线上。图 10-1 所示为 1 组蓄电池、1 套充电装置、单母线接线示意图。

① 特点　接线简单、清晰，可靠；蓄电充电装置接至直流母线上，所以浮充电、均衡充电以及核对性充放电都必须通过直流母线进行，当蓄电池要求定期进行核对性充

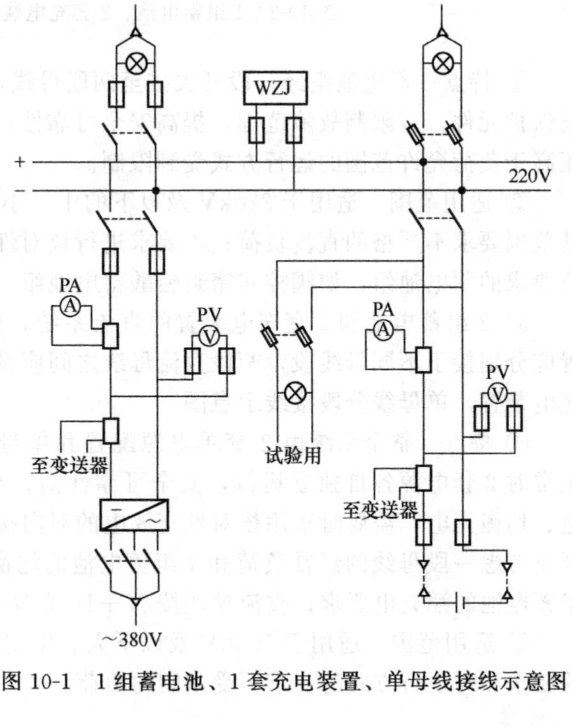

图 10-1　1 组蓄电池、1 套充电装置、单母线接线示意图

放电或均衡充电而充电电压较高，无法满足直流负荷要求时，不能采用这种接线。

② 适用范围　适用110kV以下小型变（配）电站和小容量发电厂，以及大容量发电厂中的某些辅助车间；对电压波动范围要求不严格的直流负荷；不要求进行核对性充放电和均衡充电电压较低，能满足直流负荷要求的蓄电池组，如阀控式密封铅酸蓄电池组。

2）1组蓄电池和2套充电装置的直流系统，采用单母线分段接线。2套充电装置分别接在两段母线上，蓄电池组应跨接在两段母线上。图10-2所示为1组蓄电池、2套充电装置、单母线分段接线示意图。

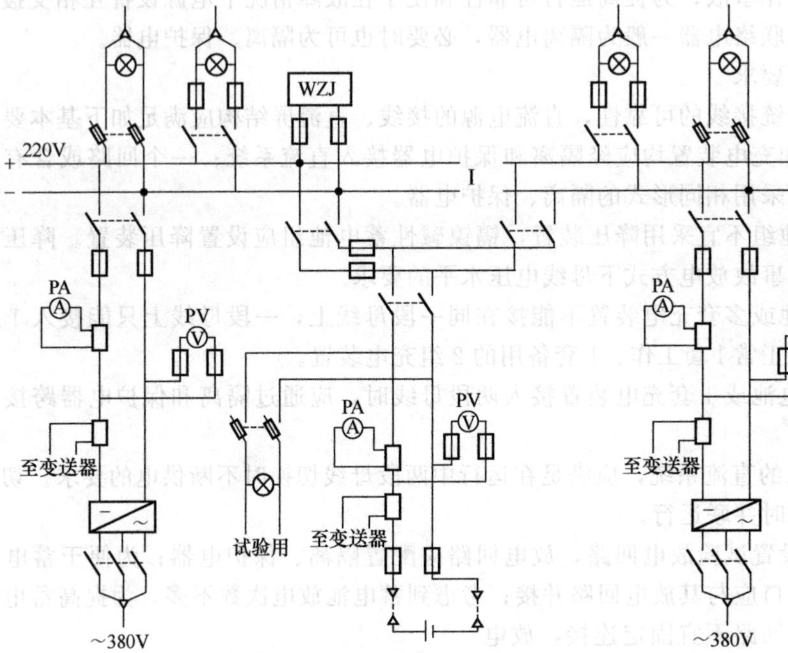

图10-2　1组蓄电池、2套充电装置、单母线分段接线示意图

① 特点　蓄电池组经分段开关接至两段母线，2套充电装置分别接至两段母线；分段开关设保护元件，可限制故障范围，提高安全可靠性；具有1组蓄电池的固有特点，使直流母线电压高于负荷允许范围的运行方式受到限制。

② 适用范围　适用于220kV及以下的中、小型变（配）电站和小容量发电厂；对电压波动范围要求不严格的直流负荷；不要求进行核对性充放电和均衡充电电压较低，能满足直流负荷要求的蓄电池组，如阀控式密封铅酸蓄电池组。

3）2组蓄电池和2套充电装置的直流系统，应采用两段单母线接线。蓄电池组和充电装置应分别接于不同母线段，两段直流母线之间应设联络电器。图10-3所示为2组蓄电池、2套充电装置，单母线分段接线示意图。

① 特点　整个系统由2套单电源配置和单母线接线组成，两段母线间设分段隔离开关，正常时2套电源各自独立运行，安全可靠性高；与1组蓄电池配置不同，充电装置采用浮充电、均衡充电，需要时采用核对性充放电的双向接线方式，运行灵活性高；充电装置容量的选择要考虑一段母线的经常负荷和1组蓄电池的均衡充电要求，并满足两段母线的经常负荷和1组蓄电池的浮充电要求；整流模块按$N+1$（或$N+2$）冗余配置。

② 适用范围　适用于500kV及以下大、中型变电站和大、中型容量的发电厂；母线电压的要求和对运行方式的要求不受限制的负荷。

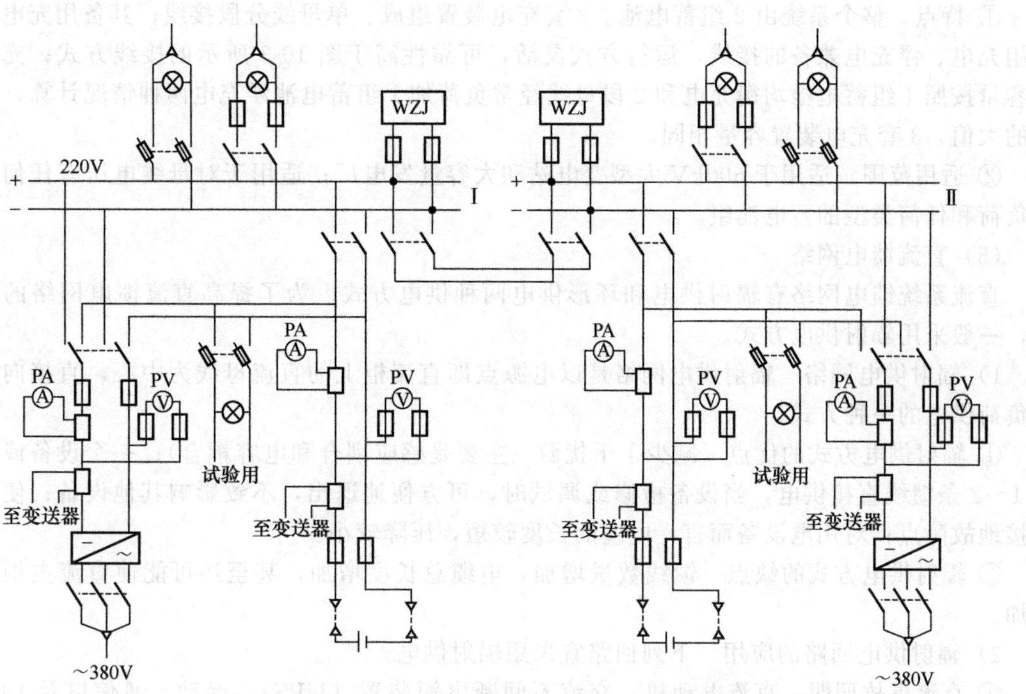

图 10-3　2 组蓄电池、2 套充电装置、单母线分段接线示意图

4）2 组蓄电池和 3 套充电装置的直流系统，应采用两段单母线接线，其中 2 组蓄电池和 2 套充电装置应分别接于不同母线段，第 3 套充电装置应通过隔离和保护电器跨接在两段母线上或经切换电器分别接至 2 组蓄电池。图 10-4 所示为 2 组蓄电池、3 套充电装置、单母线分段、备用充电、浮充电接线示意图。

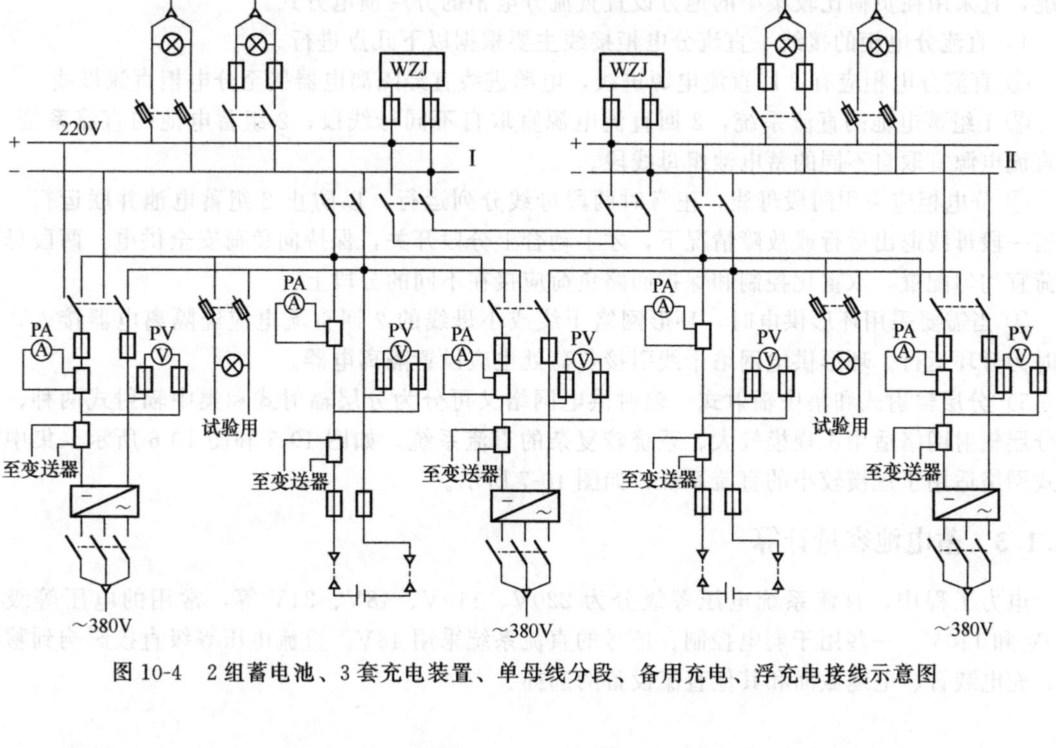

图 10-4　2 组蓄电池、3 套充电装置、单母线分段、备用充电、浮充电接线示意图

① 特点　整个系统由2组蓄电池、3套充电装置组成、单母线分段接线；其备用充电装置采用充电、浮充电兼备的接线，运行方式灵活，可靠性高于图10-3所示的接线方式；充电装置容量按照1组蓄电池均衡充电和2段母线经常负荷加1组蓄电池浮充电两种情况计算，取二者的大值，3套充电装置容量相同。

② 适用范围　适用于500kV大型变电站和大容量发电厂；适用于对母线电压有任何要求的负荷和任何类型的蓄电池组。

(5) 直流馈电网络

直流系统馈电网络有辐射供电和环形供电两种供电方式。为了提高直流馈电网络的可靠性，一般采用辐射供电方式。

1) 辐射供电网络　辐射供电网络是以电源点即直流柜上的直流母线为中心，直接向各用电负荷供电的一种方式。

① 辐射供电方式的优点　减少了干扰源（主要是感应耦合和电容耦合）；一个设备或系统由1～2条馈线直接供电，当设备检修或调试时，可方便地退出，不致影响其他设备；便于寻找接地故障点；对用电设备而言，电缆的长度较短，压降较小。

② 辐射供电方式的缺点　馈线数量增加，电缆总长度增加，甚至还可能使直流主柜数量增加。

2) 辐射供电回路的应用　下列回路宜采用辐射供电。

① 直流事故照明、直流电动机、交流不间断电源装置（UPS），远动、通信以及DC-DC变换装置的电源等。

② 发电厂和变电站集中控制的电气设备的控制、信号和保护的电源。

③ 电气和热工直流分电柜的电源。

3) 直流馈电柜的配置　直流馈电柜的馈电方式和馈电柜的配置根据馈电数量、用电负荷的分布和供电距离等情况合理确定。规模较小、供电距离较短、负荷分布比较分散的直流系统，宜采用直流主柜直接集中馈电方式；规模较大、供电距离较长、负荷分布相对集中的直流系统，宜采用在负荷比较集中的地方设置直流分电柜的分层馈电方式。

4) 直流分电柜的接线　直流分电柜接线主要根据以下几点进行。

① 直流分电柜应有2回直流电源进线，电源进线宜经隔离电器接至分电柜直流母线。

② 1组蓄电池的直流系统，2回直流电源宜取自不同母线段；2组蓄电池的直流系统，2回直流电源宜取自不同的蓄电池组母线段。

③ 分电柜应采用两段母线，正常时两段母线分列运行，以防止2组蓄电池并联运行。只有当一段母线退出运行或故障情况下，才手动合上分段开关，保持向负荷安全供电。两段母线负荷宜均匀配置，双重化控制和保护回路负荷应接在不同的分段上。

④ 当需要采用环形供电时，环形网络干线或小母线的2回直流电应经隔离电器接入，正常时为开环运行。环形供电网络干线引接负荷处也应设置隔离电器。

5) 分层辐射式和集中辐射式　辐射供电网络又可分为分层辐射式和集中辐射式两种，其中分层辐射网络适用于规模较大、系统较复杂的直流系统，如图10-5和图10-6所示。集中辐射式网络适用于规模较小的直流系统，如图10-7所示。

10.1.3　蓄电池容量计算

电力工程中，直流系统电压等级分为220V、110V、48V、24V等，常用的电压等级为220V和110V。一些用于弱电控制、信号的直流系统采用48V。直流电压等级直接影响到蓄电池、充电装置、电缆截面和其他直流设备的选择。

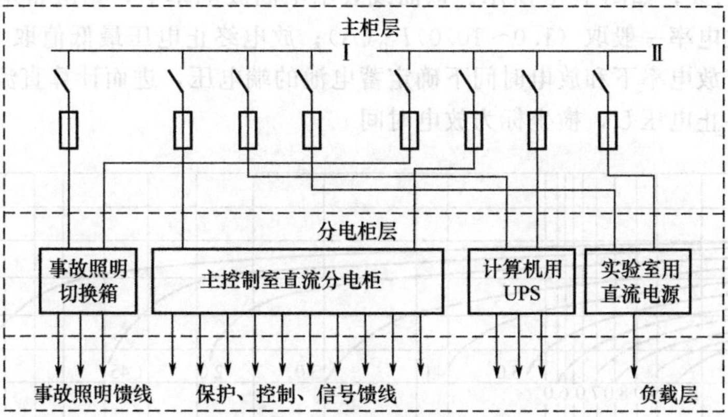

图 10-5　变电站直流供电网络

注：当直流主柜布置在控制室或变电站的规模较小时，也可不设直流分电柜

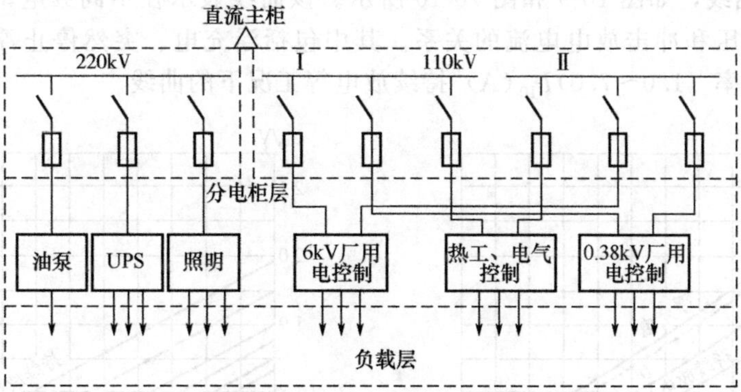

图 10-6　发电厂直流供电网络

注：当集中控制室控制回路较少时，也可不设控制分电柜

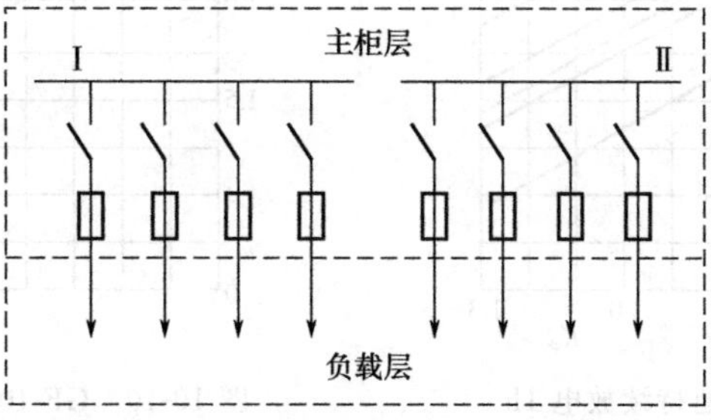

图 10-7　小容量变电站直流供电网络

目前，常用的蓄电池容量计算方法有两种：①容量换算法（亦称电压控制法），按事故状态下直流负荷消耗的安时值计算容量，并按事故放电末期或其他不利条件下校验直流母线电压水平；②电流换算法（亦称阶梯负荷法），按事故状态下直流负荷电流和放电时间来计算容量。要掌握蓄电池容量计算方法，必须对蓄电池特性曲线有所了解。

10.1.3.1　蓄电池容量计算用的特性曲线

（1）蓄电池特性曲线

用于容量计算的铅酸蓄电池特性曲线有四种。

① 放电特性曲线，如图 10-8 所示。该曲线表示不同放电率下，铅酸蓄电池的端电压和放电时间的关系。放电率一般取 $(1.0\sim10.0)I_{10}$(A)；放电终止电压最低值取 1.65V 或 1.70V。该曲线用于在给定放电率下和放电时间下确定蓄电池的端电压，进而计算直流系统电压。该曲线纵坐标为放电终止电压 U，横坐标为放电时间 t。

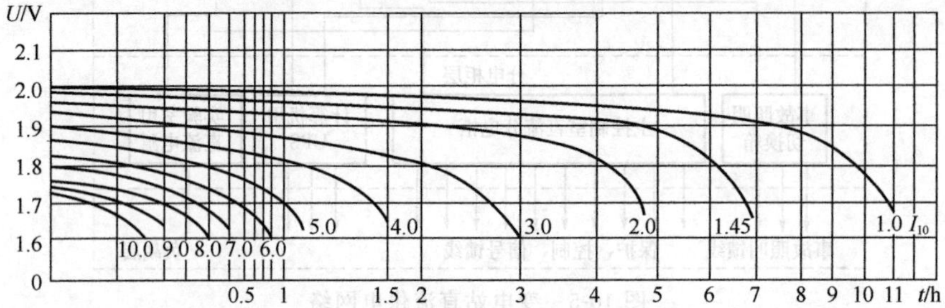

图 10-8　GF-1000 型蓄电池不同放电率时，时间与电压的关系曲线

② 冲击放电曲线，如图 10-9 和图 10-10 所示。该曲线表示在不同放电率下，蓄电池承受冲击放电时的端电压和冲击放电电流的关系。其中包括浮充电、突然停止浮充（“虚线”和“0”线）以及放电率 $(1.0\sim7.0)I_{10}$(A) 持续放电等工况下的曲线。

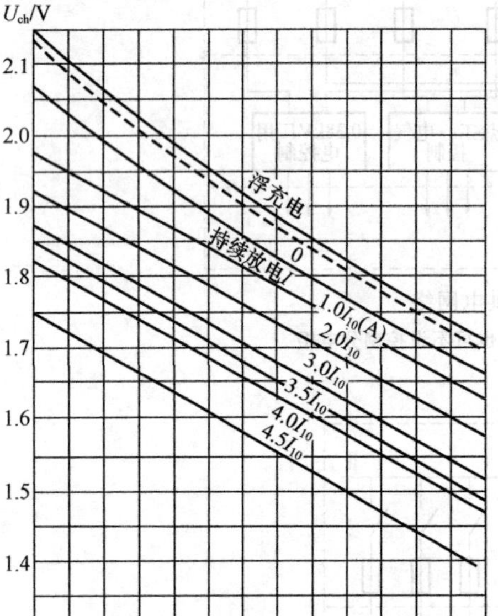

图 10-9　GF-1000 型蓄电池持续放电 1h 冲击放电曲线族

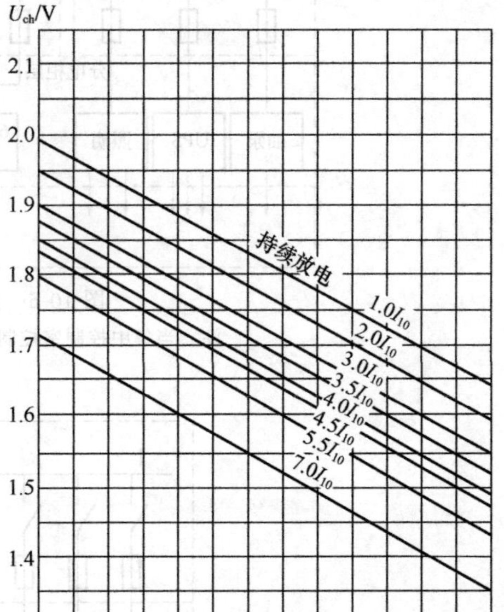

图 10-10　GF-1000 型蓄电池持续放电 0.5h 冲击放电曲线族

浮充电曲线表示在正常浮充电工况下，蓄电池承受冲击放电电流时的电压值。由于在该工况下，蓄电池端电压较高，故该曲线位于其他冲击放电曲线之上。

虚线表示有浮充电转入静置状态初期的冲击放电曲线，录制的条件如下：将蓄电池充足电，浮充电运行 6～8h，然后断开浮充电电源，并立即施加冲击放电电流，录取一组冲击放电电流与相应的冲击放电电压值，然后作出曲线。该曲线稍低于浮充电曲线。

0 曲线也属于由浮充电转入静置状态的冲击曲线，录制条件如下：将蓄电池充足电，浮充电运行 6～8h，然后断开浮充电电源，静置 8～15h，直至电池端电压降至稳定不变时，再施加冲击放电电流，并录取一组冲击放电电流与冲击放电电压，然后作出曲线。显然，由于施加冲击放电电流时蓄电池电压较低，因此该曲线低于图中的曲线。

其他冲击放电曲线是在蓄电池以 $(1.0\sim7.0)I_{10}$(A) 放电率持续放电 1h（如图 10-9 所示）或 0.5h（如图 10-10 所示），施加冲击放电电流时的冲击放电曲线。放电率越大，冲击放电电流下的电压越低，以不同放电率持续放电的冲击放电曲线是一族近似平行的斜线。

该曲线的纵坐标为冲击放电时蓄电池端电压 U_{ch}，横坐标为冲击系数 $K_{ch}=I_{ch}/I_{10}$ 持续放电的放电率以 $(1.0\sim7.0)I_{10}$(A) 表示。

③ 容量系数曲线，如图 10-11 所示。

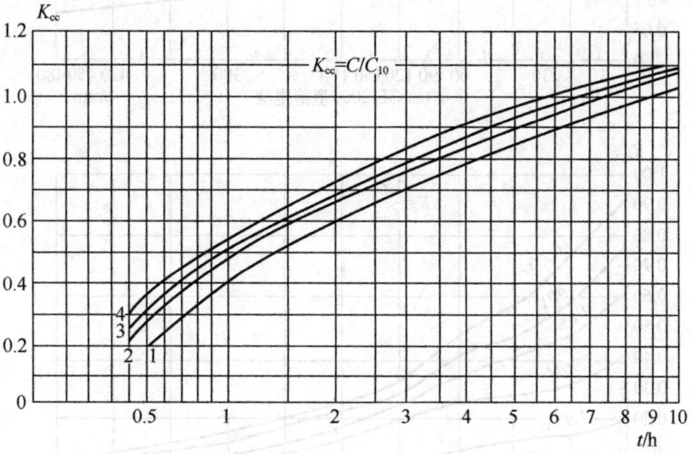

图 10-11 GF 型蓄电池放电容量与放电时间的关系曲线

容量系数的定义为

$$K_{cc}=C/C_{10} \tag{10-1}$$

式中 C——以任意时间 t 放电时，蓄电池允许的放电容量；

C_{10}——蓄电池的额定容量；

K_{cc}——容量系数，以额定容量 C_{10} 为基准的放电容量的标幺值。

曲线 1～4 所对应的放电终止电压分别为 1.80V、1.75V、1.70V 和 1.65V。

该曲线也称为 K_{cc} 曲线，它表示不同放电终止电压下，蓄电池容量系数 K_{cc} 与放电时间的关系。由于相同的放电时间下，放电终止电压越高，放出的容量越少，所以随放电终止电压的增大，K_{cc} 曲线下移。

该曲线用于容量换算法计算蓄电池容量时，由放电终止电压和放电时间查找容量系数 K_{cc}。容量系数也可以用数据表形式表示。

④ 容量换算系数曲线，如图 10-12 所示。

容量换算系数 K_c 是额定容量 1A·h 的电池所承担的放电电流。其定义为

$$K_c=I/C_{10} \tag{10-2}$$

式中 I——蓄电池放电电流，A。

该曲线也称为 K_c 曲线，它表明在不同放电终止电压下蓄电池的容量换算系数 K_c 与放电时间的关系。该曲线用于根据放电电流、放电终止电压和放电时间查找容量换算系数。

(2) 蓄电池特性曲线的特点

由上述蓄电池的四种特性曲线可以看出，蓄电池容量和电压水平由下述参量决定：事故放电电流、冲击放电电流、放电时间、放电终止电压、容量系数和容量换算系数。它们的相互关

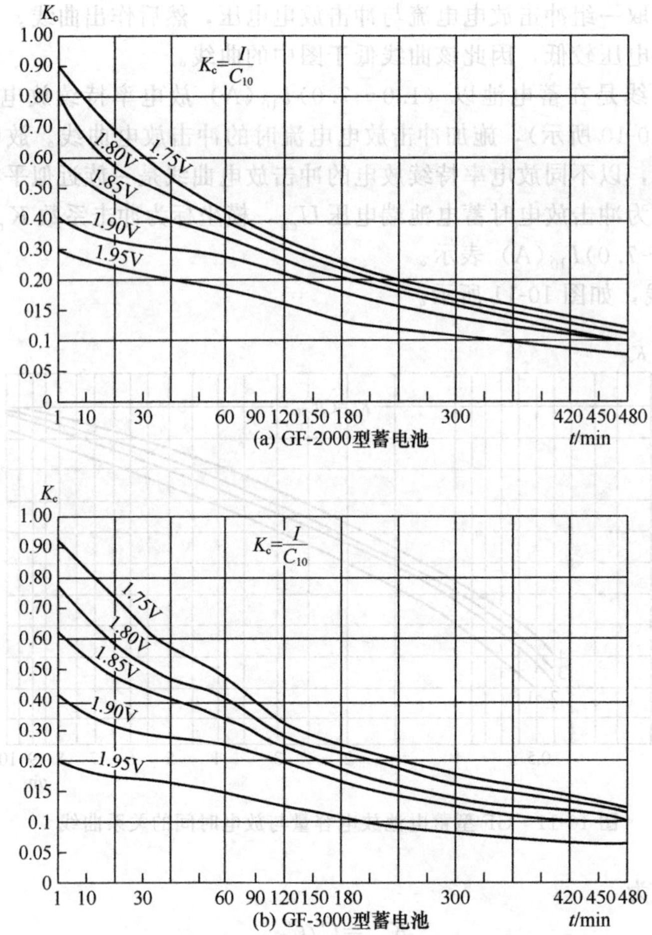

图 10-12　GF 型蓄电池容量换算系数曲线

系如下。

① 在给定的放电电流下，放电时间越长，放电末期的电压越低；冲击放电电流越大，冲击放电电压越低。

② 在给定的放电终止电压下，放电电流越小，则放电时间越长，蓄电池允许放出的容量越大，即容量系数越大，容量换算系数越低。

③ 在给定的放电时间内，放电终止电压越高或放电电流越小，则放出的容量越小，容量系数越低，容量换算系数也越小。

（3）典型的蓄电池容量系数曲线、容量换算系数曲线和冲击放电曲线

试验录取各类蓄电池特性曲线是一项十分艰巨且复杂的工作，在不同的环境条件下，不同的试验方法和不同的测试仪器都可能得到不同的试验结果，所以蓄电池的制造商应向用户提供自己产品的准确可靠的特性曲线，以保证用户正确、合理使用这些特性曲线选择正确的蓄电池容量和个数。但在电力工程的前期，尚没有确定蓄电池具体生产厂家的时候，就无法得到具体厂家的产品特性。所以为了估算蓄电池的容量和个数，应根据实际在实际应用过程中采集和积累的同类产品的典型测试数据作为蓄电池选型的依据。

在实际工作过程中，通常采用 DL/T 5044—2004《电力工程直流系统设计技术规程》的一些特性曲线或特性参数，供蓄电池选型计算参考使用。需要注意的是，这些曲线或参数只能用

于工程的初步设计阶段，供设备选型和工程概算之用。在工程的施工设计阶段，当明确了蓄电池的生产厂家后，应要求厂家提供采用产品的所有特性参数进行复核计算，以验证其选型及选择容量的准确性。

10.1.3.2　容量换算法

(1) 按事故状态下持续放电负荷计算蓄电池容量

蓄电池容量取决于事故放电容量、事故放电持续时间和限定的放电终止电压，而事故放电持续时间和限定的放电终止电压决定了蓄电池的容量系数。所以蓄电池的计算容量

$$C_c = K_{rel} C_s / K_{cc} \tag{10-3}$$

式中　K_{rel}——可靠系数，一般取 $K_{rel}=1.40$；

C_s——事故放电容量，A·h；

K_{cc}——蓄电池容量系数；

在式 (10-3) 中，当事故负荷在放电期间恒定不变时，事故放电容量 C_s 由事故放电电流 I_s(A) 和事故放电时间 t_s(h) 的乘积决定，即

$$C_s = I_s t_s \tag{10-4}$$

当事故负荷在放电期间变化时，一般多为阶梯形负荷曲线，当不是阶梯形时，也可近似地用阶梯形代替。对于阶梯形负荷，可用分段计算法计算。

对图 10-13 所示的阶梯负荷图，有 n 个时段 m_1、m_2、…、m_i、…、m_n，划分为 n 个计算分段 t_1、t_2、…、t_i、…、t_n。

任意一个时段 m_i 的放电容量为

$$C_{mi} = I_i t_{mi} \tag{10-5}$$

从放电开始，到包含时段 m_i 的任意时段 t_a 结束，总的负荷容量为

$$C_{sa} = \sum_{i=1}^{a} C_{mi} \Big|_{a=1,2,\cdots,n} \tag{10-6}$$

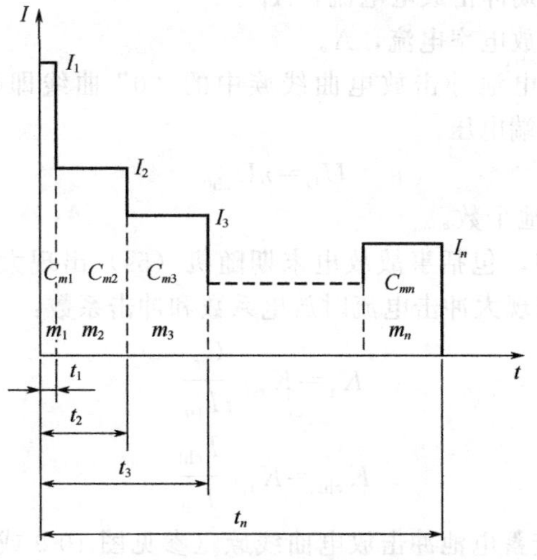

图 10-13　阶梯负荷分段计算的说明图

在计算分段 t_a 内，所需要的蓄电池容量计算值为

$$C_{ca} = \frac{K_{rel} C_{sa}}{K_{cca}} \Big|_{a=1,2,\cdots,n} \tag{10-7}$$

其中容量系数 K_{cca} 按计算分段的时间 t_a 决定。

分别计算 n 个分段的蓄电池计算容量，然后按其中最大者选择蓄电池，则蓄电池容量为

$$C_c \geqslant \max_{a=1}^{n} C_{ca} \tag{10-8}$$

（2）放电电压水平的校验

① 持续放电电压水平的校验　事故放电末期，电压将降到最低，校验是否符合要求的方法如下。

事故放电期间蓄电池的放电系数为

$$K_f = \frac{K_{rel} C_s}{t I_{10}} \tag{10-9}$$

式中　C_s——事故放电容量，A·h，按式（10-4）或式（10-6）确定；

t——事故放电时间，h；

I_{10}——蓄电池 10h 放电率电流，A。

根据 K_f 值，由蓄电池放电时间和电压关系曲线或从蓄电池持续放电 1h 和 0.5h 冲击放电曲线中，对应 $K_{ch}=0$ 值（如图 10-8～图 10-10 所示）查出事故放电末期单体电池的电压（U_{df}），然后求得蓄电池组的端电压

$$U_D = nU_{df} \tag{10-10}$$

② 冲击放电电压水平的校验　冲击放电过程中，放电时间极短，放电电流较大。尽管消耗电量很少，但对电压影响很大。所以在按持续放电算出蓄电池容量后，还应校验事故放电初、末期以及其他放电阶段中，在可能的大冲击放电电流作用下蓄电池组电压水平。

首先是事故放电初期，电压水平的校验。事故放电初期的冲击系数为

$$K_{ch0} = K_{rel} \frac{I_{ch0}}{I_{10}} \tag{10-11}$$

式中　K_{rel}——可靠系数，通常取 1.1；

I_{ch0}——事故放电初期冲击放电电流，A；

I_{10}——蓄电池 10h 放电率电流，A。

根据 K_{ch0} 的值，由蓄电池冲击放电曲线族中的“0”曲线即可查得单体电池的电压值 U_{ch0}，即可求得蓄电池组的端电压

$$U_D = nU_{ch0} \tag{10-12}$$

式中　n——蓄电池组的电池个数。

其次是事故放电过程中，包括事故放电末期随机（5s）出现大冲击电流时电压水平的校验。计算事故放电过程中出现大冲击电流时放电系数和冲击系数：

$$K_f = K_{rel} \frac{C_s}{t I_{10}} \tag{10-13}$$

$$K_{chf} = K_{rel} \frac{I_{chf}}{I_{10}} \tag{10-14}$$

根据冲击系数 K_{chf}，查蓄电池冲击放电曲线族（参见图 10-9 或图 10-10）中对应于 K_f 的曲线，求得单体电池电压 U_{chf}，并由此求得蓄电池组的端电压

$$U_D = nU_{chf} \tag{10-15}$$

由式（10-10）、式（10-12）和式（10-15）求得的端电压值应不小于要求值。

一般情况下，事故放电初期（1min）和末期或末期随机大电流放电阶段（5s）的电压水平，往往是整个事故放电过程的电压控制点。并且分别由事故放电初期冲击系数 K_{ch0} 和最严

重放电阶段末期的冲击系数 K_{chf} 决定。对给定的蓄电池，在限定的放电终止电压下，蓄电池允许的冲击电流是一定的，因而允许的 K_{ch0} 和 K_{chf} 也是确定的。

(3) 接电压水平计算蓄电池容量

按电压水平计算蓄电池容量，实际上是检验电压水平的反运算。

① 按持续放电末期电压水平计算蓄电池容量。事故放电末期，蓄电池的终止电压应为

$$U_d \geqslant \frac{K_u U_n}{n} \tag{10-16}$$

式中 K_u——电压下降系数，简称电压系数，对控制用电池而言，$K_u=0.85$，对动力用电池而言，$K_u=0.875$；

U_n——直流系统标称电压；

n——蓄电池个数。

设事故计算时间为 t_s，按 U_d 和 t_s 值用容量系数曲线（参见图 10-11）确定 K_{cc} 值。蓄电池的计算容量 C_c，仍按式（10-3）或式（10-5）～式(10-7）计算。

在按持续放电确定蓄电池容量时，如确定 K_{cc} 的放电终止电压已满足电压水平要求，则在事故放电末期，蓄电池电压水平一定能满足要求，就不需再进行上述电压水平的计算。

② 按冲击放电电压水平计算蓄电池容量。在冲击放电电流 I_{ch} 的作用下，蓄电池的端电压应为

$$U_{ch} \geqslant \frac{K_{uch} U_n}{K_{ch}} \tag{10-17}$$

式中 K_{uch}——表示冲击电流作用下电压下降的系数，其值根据冲击负荷的大小确定，一般可取 $K_{uch}=K_u$。

冲击放电电流 I_{ch} 所要求的蓄电池容量计算值为

$$C_c = \frac{K_{rel} I_{ch}}{K_{ch}} \tag{10-18}$$

式中 K_{ch}——冲击系数。

如果冲击放电电流出现在蓄电池放电初期，则 $I_{ch}=I_{ch0}$，此时根据 U_{ch}、t_s 和 $K_f=0$，用图 10-9 中的“0”曲线即可确定 $K_{ch}=K_{ch0}$，最后由式（10-18）算出满足电压水平要求的蓄电池容量。

10.1.3.3 电流换算法

(1) 电流换算法的要点

电流换算法（亦称阶梯负荷法），又称 HOXIE 算法，系由美国 IEEE 会员 E. A. HOXIE 于 20 世纪 50 年代提出，并列入 IEEEstd-485 标准中，是目前国际上通用计算方法之一，在国内也得到了比较广泛的应用。

我国电力设计部门在蓄电池生产厂家的配合下，从 1983 年开始，对国内生产的蓄电池基于 HOXIE 算法的要点进行了试验，录制了相应的特性出线。

电流换算法的要点如下。

① 蓄电池在放电电流阶段性减小时，特别是大电流放电后负荷减小的情况下，具有恢复容量的特性。本算法考虑了这一特性。

② 利用容量换算系数直接由负荷电流确定蓄电池的容量。由于这种方法是在给定放电终止电压条件下进行计算的，所以只要选择的蓄电池容量大于或接近计算值，就不必再对蓄电池容量进行电压校核。

③ 随机负荷（一般为冲击负荷）叠加在第一阶段（大电流放电）以外的最大负荷上进行

计算。各阶段计算容量相比较后取大者，即为蓄电池的计算容量。

(2) 计算方法

对图 10-14 所示的阶梯负荷图，分为 n 个时段 M_1、M_2、…、M_n。这几个时段组成 n 个计算阶段，每个阶段内包括相应数目的计算分段。

各阶段分段的时间，可用 t_{ai} 表示，并且有

$$t_{ai}=\sum_{i=1}^{a}M_i\Big|_{a=1,2,\cdots,n} \tag{10-19}$$

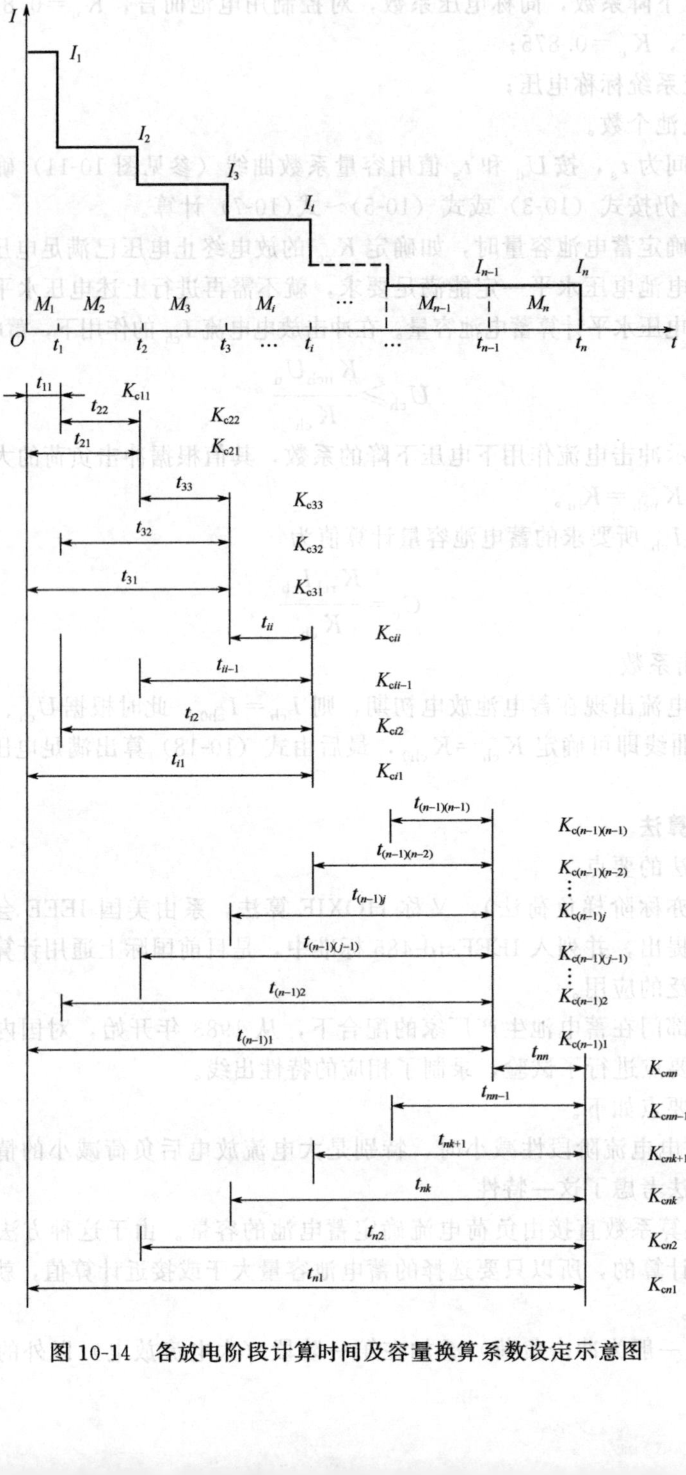

图 10-14 各放电阶段计算时间及容量换算系数设定示意图

对阶段 a 内所需要的蓄电池容量为

$$C_{ca}=K_{\mathrm{rel}}\sum_{i=1}^{a}\frac{I_i-I_{i-1}}{K_{\mathrm{c}(ai)}\big|_{a=1,2,\cdots,n}} \tag{10-20}$$

对 n 个阶段的计算容量最大值，即得到蓄电池的计算容量

$$C_{\mathrm{c}}\geqslant\max_{a=1}^{n}C_{ca} \tag{10-21}$$

式（10-20 中），容量换算系数 $K_{\mathrm{c}(ai)}$ 根据相应的放电时间 t_{ai} 和给定的放电终止电压 U_{d} 用容量换算系数曲线确定，即

$$U_{\mathrm{d}},t_{ai}\Rightarrow K_{\mathrm{c}(ai)}\left|\begin{array}{l} i=1,2,\cdots,n:\text{分段号}\\ a=1,2,\cdots,n:\text{分段号}\end{array}\right. \tag{10-22}$$

式中，I_i，I_{i-1}——时段 M_i、M_{i-1} 内的放电电流；

K_{rel}——可靠系数，一般取 $K_{\mathrm{rel}}=1.4$。

为了说明 C_{ca} 的计算方法，下面举个例子，列出了 $n=1$、2、3、4、5 五种情况下式（10-20）的展开式。其中 n 为阶梯数量，a 为阶梯序号，a 最大值等于 n，如第三个阶梯，则表示为 $a=3$。图 10-14 所示为各放电阶段计算时间及容量换算系数设定示意图。

当 $n=1$ 时

$$a=1,C_{\mathrm{c}1}=\frac{K_{\mathrm{rel}}I_1}{K_{\mathrm{c}11}} \tag{10-23}$$

当 $n=2$ 时

$$\left.\begin{aligned} &a=1,C_{\mathrm{c}1}=K_{\mathrm{rel}}\frac{I_1}{K_{\mathrm{c}11}}\\ &a=2,C_{\mathrm{c}2}=K_{\mathrm{rel}}\left[\frac{I_1}{K_{\mathrm{c}21}}+\frac{1}{K_{\mathrm{c}22}}(I_2-I_1)\right]\end{aligned}\right\} \tag{10-24}$$

当 $n=3$ 时

$$\left.\begin{aligned} &a=1,C_{\mathrm{c}1}=K_{\mathrm{rel}}\frac{I_1}{K_{\mathrm{c}11}}\\ &a=2,C_{\mathrm{c}2}=K_{\mathrm{rel}}\left[\frac{I_1}{K_{\mathrm{c}21}}+\frac{1}{K_{\mathrm{c}22}}(I_2-I_1)\right]\\ &a=3,C_{\mathrm{c}3}=K_{\mathrm{rel}}\left[\frac{I_1}{K_{\mathrm{c}31}}+\frac{1}{K_{\mathrm{c}32}}(I_2-I_1)+\frac{1}{K_{\mathrm{c}33}}(I_3-I_2)\right]\end{aligned}\right\} \tag{10-25}$$

当 $n=4$ 时

$$\left.\begin{aligned} &a=1,C_{\mathrm{c}1}=K_{\mathrm{rel}}\frac{I_1}{K_{\mathrm{c}11}}\\ &a=2,C_{\mathrm{c}2}=K_{\mathrm{rel}}\left[\frac{I_1}{K_{\mathrm{c}21}}+\frac{1}{K_{\mathrm{c}22}}(I_2-I_1)\right]\\ &a=3,C_{\mathrm{c}3}=K_{\mathrm{rel}}\left[\frac{I_1}{K_{\mathrm{c}31}}+\frac{1}{K_{\mathrm{c}32}}(I_2-I_1)+\frac{1}{K_{\mathrm{c}33}}(I_3-I_2)\right]\\ &a=4,C_{\mathrm{c}4}=K_{\mathrm{rel}}\left[\frac{I_1}{K_{\mathrm{c}41}}+\frac{1}{K_{\mathrm{c}42}}(I_2-I_1)+\frac{1}{K_{\mathrm{c}43}}(I_3-I_2)+\frac{1}{K_{\mathrm{c}44}}(I_4-I_3)\right]\end{aligned}\right\} \tag{10-26}$$

当 $n=5$ 时，

$$\left.\begin{aligned}
&a=1, C_{c1}=K_{rel}\frac{I_1}{K_{c11}}\\
&a=2, C_{c2}=K_{rel}\left[\frac{I_1}{K_{c21}}+\frac{1}{K_{c22}}(I_2-I_1)\right]\\
&a=3, C_{c3}=K_{rel}\left[\frac{I_1}{K_{c31}}+\frac{1}{K_{c32}}(I_2-I_1)+\frac{1}{K_{c33}}(I_3-I_2)\right]\\
&a=4, C_{c4}=K_{rel}\left[\frac{I_1}{K_{c41}}+\frac{1}{K_{c42}}(I_2-I_1)+\frac{1}{K_{c43}}(I_3-I_2)+\frac{1}{K_{c44}}(I_4-I_3)\right]\\
&a=5, C_{c5}=K_{rel}\left[\frac{I_1}{K_{c51}}+\frac{1}{K_{c52}}(I_2-I_1)+\frac{1}{K_{c53}}(I_3-I_2)+\frac{1}{K_{c54}}(I_4-I_3)+\frac{1}{K_{c55}}(I_5-I_4)\right]
\end{aligned}\right\} \tag{10-27}$$

在式（10-23）～式（10-27）中，取大值，并计及冲击（随机）负荷所需的蓄电池容量，即加上 $C_{c1}=K_{rel}I_R/K_{cR}$，即可得出直流系统在整个事故放电过程中（包括随机负荷的作用）所需的蓄电池容量。

一般来说，C_{ca} 值需对 n 个阶段进行计算，但实际情况下，有时只需计算 $a=1$、$a=n$ 和到某一放电电流大且放电时间较长的时段的阶段 a 的蓄电池计算容量，然后取三者中的大值即可。例如，式（10-27）表示的 $n=5$ 的情况下，若第三时段的电流 I_3 和时间 t_3 较长，则只需计算 C_{c1}、C_{c3} 和 C_{c5}，然后取其中的最大值即可。

（3）表格计算法

表格计算法是电流换算法的另一种表达形式，根据式（10-19）制成表 10-12 的通用格式，则其计算过程如下。

① 绘出直流负荷示意图。

② 列出放电时段（M_i）、放电电流（I_i）和持续时间（t_i）。

③ 将负荷电流（I_i）填入表 10-12 的（2）栏中。

④ 计算负荷电流变化（I_i-I_{i-1}），并填入表 10-12 的（3）栏中。

⑤ 计算各放电时段（M_i）和放电阶段的终止时间（t_{ai}）。表中的（4）栏，表示的是各阶段包括的时段。第一阶段的时段为 M_1，第二阶段的时段为 M_1 和 M_2，第三阶段的时段为 M_1、M_2 和 M_3，……表中（5）栏中的放电阶段（t_{ai}）是（4）栏中相应时段 M_i 之和，按式（10-19）计算。

⑥ 根据 t_{ai} 和终止电压查出相应的容量换算系数。

⑦ 计算每一放电分段和阶段所需的蓄电池容量，每一阶段所需容量为本阶段内各分段容量的代数和。

⑧ 计算随机负荷所需要的容量，并与第一阶段（1min）以外的其他各段中最大计算容量相加，然后再与第一阶段所需容量相比较，取其大者乘可靠系数（$K_{rel}=1.4$）之后，即求得蓄电池计算容量。最后选用不小于计算容量的蓄电池。

10.1.3.4 蓄电池容量选择的原始数据

① 负荷数据应按实际工程的负荷情况统计、计算，必要时绘制负荷曲线。

② 根据蓄电池的形式选择适宜的计算曲线，确定蓄电池放电终止电压。

表 10-12 阶梯负荷计算表

(1) 分段序号	(2) 负荷/A	(3) 负荷变化/A	(4) 放电时间（时段）/min	(5) 放电分段时间（t_{ai}）/min	(6) 容量换算系数 $K_{c(ai)}$	(7) 各分段和阶段所需容量/A·h
单体蓄电池终止电压：1.8V；选用蓄电池型号：GFM；最低环境温度：10～25℃						
第 1 阶段，如果 $I_2 \geqslant I_1$ 见第 2 阶段						
1	$I_1=$	$I_1-0=$	$M_1=1$	$T_{11}=M_1=1$	K_{c11}	
第 1 阶段					总计	
第 2 阶段，如果 $I_3 \geqslant I_2$ 见第 3 阶段						
1	$I_1=$	$I_1-0=$	$M_1=$	$T_{21}=M_1+M_2=$	K_{c21}	
2	$I_2=$	$I_2-I_1=$	$M_2=$	$T_{22}=M_2=$	K_{c22}	
第 2 阶段					分项合计	
					总计	
第 3 阶段，如果 $I_4 \geqslant I_3$ 见第 4 阶段						
1	$I_1=$	$I_1-0=$	$M_1=$	$T_{31}=M_1+M_2+M_3=$	K_{c31}	
2	$I_2=$	$I_2-I_1=$	$M_2=$	$T_{32}=M_2+M_3=$	K_{c32}	
3	$I_3=$	$I_3-I_2=$	$M_3=$	$T_{33}=M_3=$	K_{c33}	
第 3 阶段					分项合计	
					总计	
第 4 阶段，如果 $I_5 \geqslant I_4$ 见第 5 阶段						
1	$I_1=$	$I_1-0=$	$M_1=$	$T_{41}=M_1+M_2+M_3+M_4=$	K_{c41}	
2	$I_2=$	$I_2-I_1=$	$M_2=$	$T_{42}=M_2+M_3+M_4=$	K_{c42}	
3	$I_3=$	$I_3-I_2=$	$M_3=$	$T_{43}=M_3+M_4=$	K_{c43}	
4	$I_4=$	$I_4-I_3=$	$M_4=$	$T_{44}=M_4=$	K_{c44}	
第 4 阶段					分项合计	
					总计	
第 5 阶段，如果 $I_6 \geqslant I_5$ 见第 6 阶段						
1	$I_1=$	$I_1-0=$	$M_1=$	$T_{51}=M_1+M_2+M_3+M_4+M_5=$	K_{c51}	
2	$I_2=$	$I_2-I_1=$	$M_2=$	$T_{52}=M_2+M_3+M_4+M_5=$	K_{c52}	
3	$I_3=$	$I_3-I_2=$	$M_3=$	$T_{53}=M_3+M_4+M_5=$	K_{c53}	
4	$I_4=$	$I_4-I_3=$	$M_4=$	$T_{54}=M_4+M_5=$	K_{c54}	
5	$I_5=$	$I_5-I_4=$	$M_5=$	$T_{55}=M_5=$	K_{c55}	
第 5 阶段					分项合计	
					总计	
随机负荷						
R	$I_R=$	$I_R-0=$	$M_R=5s$	$T_R=M_R=5s$	K_{ch}	

单体蓄电池的放电终止电压应根据直流系统中直流负荷允许的最低电压值和蓄电池的个数来确定，但不得低于蓄电池产品规定的最低允许电压值。按照直流负荷的要求，其最低允许电压各不相同，应取其中最高的一个数值。对于设有端电池的碱性蓄电池直流系统，可以选取产品规定的最低允许电压值，以便充分利用蓄电池的容量，但同时也应考虑蓄电池的数量不应过多。

以上两种计算方法可以任选一种，其计算结果不会很悬殊，但两种计算方法处理随机冲击负荷（5s）的方式不同，阶梯负荷法是采用容量叠加方式，而电压控制法是采用电压校验方式。当采用电压控制法时，如果计算容量已满足最低允许电压值的要求，则不需要再叠加随机负荷所需要的容量。

③ 选择适宜的计算方法，并根据计算容量和蓄电池的容量标称系列，选择蓄电池的标称容量。

④ 两种算法可采用同一条容量换算系数曲线，容量系数采用下式计算：

$$K_{cc}=K_{c}t \tag{10-28}$$

式中 K_{cc}——容量系数；

K_{c}——容量换算系数；

t——放电时间。

采用电压控制法进行实际电压水平计算时，可靠系数取 1.10，而不是 1.40，主要考虑以下原因：①所采用蓄电池厂家的特性曲线及相关的数据资料均为实测值，且均大于 10h 的标称容量 C_{10}，但在计算中仍取标称容量 C_{10}，即考虑了一定的储备系数；② “0” 曲线是表征电池充足电、断开充电电源，再静置 8～15h 以后开始试验而录制的冲击放电曲线，而实际情况多是在浮充电电源刚断开后即承受冲击，其曲线（“虚线”）在“0”曲线之上，因此也隐含了一定的储备系数。计及以上两个因素，取可靠系数 1.10 可满足实际要求。

10.1.4 蓄电池充电装置

10.1.4.1 充电装置的选型与配置

（1）充电装置的选型

充电装置主要有晶闸管整流型和高频开关电源模块型两种。晶闸管整流型充电装置的接线简单，输出功率较大，价格较便宜；高频开关电源模块型充电装置单块额定电流通常为 5A、10A、20A、40A 等，具有体积小、重量轻、技术性能指标先进、使用维护方便、效率高、安全可靠、组装配置灵活、配套更换方便、自动化水平高等优点，因此高频开关电源模块型充电装置得到了广泛应用，而且多数采用与蓄电池一对一的配置方式。

（2）充电装置的配置

充电装置应根据电力工程所配置的蓄电池组数和充电装置的形式进行配置。

① 1 组蓄电池　采用晶闸管充电装置时，宜配置 2 套充电装置。采用高频开关电源模块型充电装置时，宜配置 1 套充电装置，也可配置 2 套充电装置；配置 2 套充电装置时，其容量宜考虑带经常负荷的浮充电方式或均衡充电方式，取大值，选用相同的容量。

② 2 组蓄电池　采用晶闸管整流型充电装置时，宜配置 3 套充电装置；采用高频开关电源模块型充电装置时，宜配置 2 套充电装置，也可配 3 套充电装置；当其配置 3 套充电装置时，其容量有以下几种选择方法。

a. 考虑带经常负荷的浮充电方式和均衡充电方式、取大值，选用相同的容量。该选择方法适用于蓄电池组退出直流系统实施均衡充放电或核对性充放电，也适用于蓄电池组不退出直流系统实施充放电。

b. 2 台按考虑带经常负荷的浮充电方式选择，1 台按均衡充电方式选择不同的容量。通常，在大型发电厂中，按均衡充电方式选择的充电装置容量大于按浮充电方式选择的充电装置容量，所以这种选择方式也称为“两小一大”方式。该选择方法适用于蓄电池组退出直流系统实施均衡充放电或核对性充放电。

c. 采用 2 台按均衡充电方式，1 台按考虑带经常负荷的浮充电方式选择不同的容量。通常，这种选择方式称为“两大一小”方式。该选择方法适用于蓄电池组不退出直流系统实施充放电。

d. 对于规模较大的、重要的 110kV 及以上电压等级的变电站和中小型发电厂，当设置 2 组蓄电池时，一般配置相应的两套相同容量的充电装置。

10.1.4.2 充电装置的技术特性要求

① 应满足蓄电池组的充电和浮充电要求。需要注意在均衡充电时，是否带经常性负荷。一般而言，经常性负荷所占的比重较大，将直接影响充电装置的容量大小。

② 应为长期连续工作制。需要注意蓄电池组充电装置的直流输出电压，通常称其为标称电压。一般为 220V 或 110V 等，而实际上蓄电池组充电装置长期连续工作电压为 230V 或 115V，应该高出其额定电压 5%。

③ 充电装置应具有良好的稳流、稳压和限流性能，并应具有自动和手动浮充电、均衡充电和稳流、限流充电等功能。

充电装置的稳流、稳压性能分别用稳流精度和稳压精度衡量。

稳流精度用式（10-29）表示：

$$\delta_i=\frac{I_{out.m}-I_{out.s}}{I_{out.s}}\times 100\% \qquad (10\text{-}29)$$

式中 δ_i——稳流精度，%；

$I_{out.s}$——输出电流整定值，A；

$I_{out.m}$——输出电流波动极限值，A。

充电装置应具有良好的稳流性能，以保证在初充电或均衡充电时，能使充电装置在充电的第一阶段按整定的电流稳定充电，进而保证直流母线电压自动稳步上升。充电装置的稳流精度应不低于表 10-13 规定的允许值。

稳压精度用式（10-30）表示：

$$\delta_u=\frac{U_{out.m}-U_{out.s}}{U_{out.s}}\times 100\% \qquad (10\text{-}30)$$

式中 δ_u——稳压精度，%；

$U_{out.s}$——输出电压整定值，V；

$U_{out.m}$——输出电压波动极限值，V。

充电装置应具有良好的稳压性能，以保证在浮充电运行工况下，当输入电压和频率在规定范围内变化且负荷电流为 5%～100%范围内的任一数值时，直流输出电压在其规定的范围内保持稳定，其稳压精度应不低于表 10-13 规定的允许值。

表 10-13 充电装置的主要技术参数

项目	晶闸管充电装置		高频开关模块
	Ⅰ型	Ⅱ型	
稳压精度/%	≤±0.5	≤±1	≤±0.5
稳流精度/%	≤±1	≤±2	≤±0.5，≤±1
纹波系数/%	≤1	≤1	≤0.5
效率/%	≥75	≥75	≥90
噪声/dB	<60	<60	<55

④ 充电装置交流电源输入宜为三相制，额定频率为50Hz，额定电压为380×(1±10%)V。小容量充电装置的交流电源输入电压可采用单相220×（1±10%）V。一组蓄电池配置一套充电装置的直流系统，充电装置的交流电源宜设两个回路，运行中一回路工作，另一回路备用。当工作电源故障时，应自动切换到备用电源。充电装置在规定的正常使用电气条件下（见表10-14）应能满足均衡充电、低压充电和浮充电运行的要求。

表10-14　电力工程用充电装置正常使用的电气条件

项目	抗干扰等级			超过规定范围可能后果	备注
	A	B	C		
频率变化范围/%	+2	+2	+1	性能下降	① 未作说明时为B级 ② 非正常使用条件，用户与制造厂协商解决
变化速率/(%/s)	±2	±1	+1		
电压变化范围/%	±10	±10	±10，−5		
频率短时变化(0.5～30Hz)/%	±15	±15，−10	±15，−10		

⑤ 具有低定电压充电性能。低定电压充电是均衡充电的方式之一，其目的在于保持蓄电池的运行容量，延长蓄电池的使用寿命，且使充电电压不超过负荷允许的电压范围。即要求充电装置的输出电压达到预定的整定值后，当其输入电压、频率在规定范围内变化，负荷电流在其允许变化范围内的某一数值稳定运行，且在规定的时间内以恒定的充电电流充电时，其稳压精度应满足上述第③条的要求。

⑥ 具有灵活可靠的运行方式及自动切换功能。即当充电装置投入运行后，能够以预先整定的充电电流进行充电，当系统电压达到预先整定的电压值时，充电装置能够以微小的恒定电流对蓄电池进行低定电压充电，并保持直流母线电压在规定的电压波动范围内，以使其对直流负荷不产生影响；当经过低定电压充电2～3h后，充电装置能够自动转入浮充电运行状态。当经过事故放电后或发现蓄电池组中有落后电池时，充电装置可根据预先整定的电压值进行判断，使充电装置进入定电流充电运行工况或是直接转入以微小充电电流、定电压充电的低压充电工况。

⑦ 具有可靠的分合闸性能。充电装置在规定的工况下运行，当系统合闸时，合闸母线电压不得低于额定直流电压的90%，控制母线电压波动范围不得超过额定电压的±10%。分闸时，控制母线电压波动范围在额定电压的±10%范围内。

⑧ 具有良好的电磁兼容性能，具有安全可靠的抗干扰及防护措施。

⑨ 具有安全的绝缘性能，直流母线对地绝缘电阻应不小于10MΩ；充电装置和母线应能承受工频5kV、1min耐压试验，无绝缘击穿和闪络现象。

⑩ 充电装置内直流设备应能耐受系统的短路电流，一般情况下，110V为10kA，220V为20kA。

⑪ 具有可靠的过载保护性能。充电装置应具有一定的过载能力，当输出电流超过规定限值时，应具有可靠的限流性能。对于短路故障，应能安全可靠地切除故障。其限流整定范围应为额定直流电流的50%～115%。

⑫ 具有电压异常保护功能，其限压整定范围应为额定直流电流的70%～115%；应设置电压异常监察装置（可与直流系统合用一套）。

⑬ 输出纹波电压应满足系统负载要求。在浮充电运行工况下，在输入电压幅值、频率以及负载电流在规定范围内变化时，充电装置的输出负荷两端纹波系数应满足表10-13的规定。

10.1.4.3 充电装置额定参数的选择

(1) 充电装置输出电压的选择

充电装置输出电压按式 (10-31) 选择：

$$U_N = nU_{cf} \quad (10\text{-}31)$$

式中 U_N——充电装置额定电压，V；

n——蓄电池组单体个数；

U_{cf}——充电末期单体蓄电池电压（不同蓄电池充电末期电压见表 10-15），V。

表 10-15 不同蓄电池充电末期电压

项目	防酸式铅酸电池		阀控式铅酸电池		中倍率锡镍碱性电池	
系统电压/V	220	110	220	110	220	110
电池个数/个	108	54	104	52	180	90
单体电池电压/V	2.70		2.40		1.70	
装置输出电压（计算值)/V	292	146	250	125	306	153
装置输出电压（选择值)/V	300	150	260	130	315	160

(2) 充电装置额定电流的选择

充电装置额定电流应满足下列要求，并应根据充电装置与蓄电池的接线方式，按大值选择。

① 满足浮充电要求

$$I_N = 0.01I + I_o \quad (10\text{-}32)$$

② 满足初充电要求

$$I_N = (1.0 \sim 1.25)I \quad (10\text{-}33)$$

③ 满足均衡充电要求

$$I_N = (1.0 \sim 1.25)I + I_o \quad (10\text{-}34)$$

式中 I_N——充电装置额定电流，A；

I_o——直流系统经常负荷电流，A；

I——蓄电池放电电流，铅酸蓄电池取 10h 放电率电流 I_{10}，镉镍蓄电池取 5h 放电率电流 I_5。

(3) 高频开关电源模块选择和配置要求

高频开关电源模块配置和数量选择可分为两种方式。

① 方式 1 每组蓄电池配置 1 组高频开关电源充电装置，其模块数量为

$$n = n_1 + n_2 \quad (10\text{-}35)$$

$$n_1 = \frac{(1.0 \sim 1.25)I}{I_{mN}} + \frac{I_o}{I_{mN}} \quad (10\text{-}36)$$

式中 n_1——基本模块的数量；

n_2——附加模块的数量，当 $n_1 \leqslant 6$ 时，$n_2 = 1$，当 $n_1 \geqslant 7$ 时，$n_2 = 2$；

I_{mN}——单体模块额定电流。

② 方式 2 每组蓄电池配置 2 组高频开关电源充电装置，或 2 组蓄电池配置 3 组高频开关电源充电装置，其模块选择数量为

$$n = I/I_{mN} \quad (10\text{-}37)$$

式中 I——蓄电池放电率电流，铅酸蓄电池取 10h 放电率电流 I_{10}，镉镍蓄电池取 5h 放电率

电流 I_5；

I_{mN}——单体模块额定电流，A；

n——高频开关电源模块选择的数量，当其不为整数时，可取邻近值，宜取 $n \geqslant 3$。

(4) 充电装置回路设备选择

充电装置回路设备包括直流断路器、隔离开关、熔断器以及相应的回路检测仪表。回路设备的额定参数应满足充电设备正常运行和短路、异常工况的电气特性要求。表 10-16 给出了充电装置的输出电压和输出电流的调节范围。表 10-17 给出了充电装置回路设备的选择要求，供设计选型参考。

表 10-16　充电装置的输出电压和输出电流调节范围

<table>
<tr><td rowspan="3">交流输入</td><td colspan="3">相数</td><td colspan="4">三相或单相</td></tr>
<tr><td colspan="3">额定频率/Hz</td><td colspan="4">50×（1±2%）</td></tr>
<tr><td colspan="3">额定电压/V</td><td colspan="4">380×(1±10%)/220 ×(1±10%)</td></tr>
<tr><td rowspan="14">直流输出</td><td rowspan="2">额定值</td><td colspan="2">电压/V</td><td>220</td><td>110</td><td>48</td><td>24</td></tr>
<tr><td colspan="2">电流/A</td><td colspan="4">5、10、16、20、25、31.5、40、50、63、80、100、125、160、200、250、315、400、500</td></tr>
<tr><td rowspan="4">充　电</td><td rowspan="3">电压调节范围/V</td><td>阀控式</td><td>198～260</td><td>99～130</td><td>36～60</td><td>18～30</td></tr>
<tr><td>防酸式</td><td>198～300</td><td>99～150</td><td>40～72</td><td>20～36</td></tr>
<tr><td>镉镍式</td><td>198～315</td><td>99～160</td><td>40～80</td><td>20～40</td></tr>
<tr><td colspan="2">电流调节范围/%</td><td colspan="4">30～100</td></tr>
<tr><td rowspan="4">浮充电</td><td rowspan="3">电压调节范围/V</td><td>阀控式</td><td>220～240</td><td>110～120</td><td>48～52</td><td>24～26</td></tr>
<tr><td>防酸式</td><td>220～240</td><td>110～120</td><td>48～52</td><td>24～26</td></tr>
<tr><td>镉镍式</td><td>220～240</td><td>110～120</td><td>48～52</td><td>24～26</td></tr>
<tr><td colspan="2">电流调节范围/%</td><td colspan="4">0～100</td></tr>
<tr><td rowspan="4">均衡充电</td><td rowspan="3">电压调节范围/V</td><td>阀控式</td><td>230～260</td><td>115～130</td><td>48～52</td><td>24～26</td></tr>
<tr><td>防酸式</td><td>230～300</td><td>115～150</td><td>48～72</td><td>24～36</td></tr>
<tr><td>镉镍式</td><td>230～315</td><td>115～160</td><td>48～80</td><td>24～40</td></tr>
<tr><td colspan="2">电流调节范围/%</td><td colspan="4">30～100</td></tr>
</table>

表 10-17　充电装置回路设备选择要求　　单位：A

<table>
<tr><td>充电装置额定电流</td><td>20</td><td>25</td><td>31.5</td><td>40</td><td>50</td><td>63</td><td>80</td></tr>
<tr><td>熔断器及刀开关额定电流</td><td colspan="5">63</td><td colspan="2">100</td></tr>
<tr><td>直流断路器额定电流</td><td colspan="2">32</td><td colspan="3">63</td><td colspan="2">100</td></tr>
<tr><td>电流表测量范围</td><td colspan="2">0～30</td><td colspan="2">0～50</td><td colspan="2">0～80</td><td>0～100</td></tr>
<tr><td>充电装置额定电流</td><td>100</td><td>125</td><td>160</td><td>200</td><td>250</td><td>315</td><td>400</td></tr>
<tr><td>熔断器及刀开关额定电流</td><td colspan="2">160</td><td>200</td><td colspan="2">300</td><td>400</td><td>630</td></tr>
<tr><td>直流断路器额定电流</td><td colspan="4">225</td><td colspan="2">400</td><td>630</td></tr>
<tr><td>电流表测量范围</td><td colspan="2">0～150</td><td>0～200</td><td colspan="2">0～300</td><td>0～400</td><td>0～500</td></tr>
</table>

10.1.5 直流屏（柜）

用于完成交直流转换、电源进线、馈电、自动检测、信号报警等多种功能，并将有关直流电源操作、保护、检测等设备组装在相应屏、柜或装置内，以现实预期功能的直流设备总称为直流屏（柜）。

10.1.5.1 直流屏（柜）的技术要求

① 直流系统的额定电压和额定电流。可在下列数值中选取。

额定电压：220V、110V、48V。

额定电流：主母线电流 200A、400A、630A、800A、1000A、1250A、1600A。

② 动、热稳定要求。直流屏（柜）的主母线及其相应回路应能耐受母线出口短路时的动、热稳定要求。蓄电池容量为 800A・h 及以下的按短路电流 10kA 考虑；容量为 800～1600A・h 的可按 20kA 考虑；大于 1600A・h 时，取实际计算值。

③ 电气间隙和爬电距离。柜内两带电导体之间、带电导体与不带电导体之间的最小距离，应符合表 10-18 规定的最小电气间隙和爬电距离的要求。

表 10-18 电气间隙和爬电距离

额定绝缘电压 U_i（额定工作电压交流均方根值或直流）/V	额定电流≤63A		额定电流＞63A	
	电气间隙/mm	爬电距离/mm	电气间隙/mm	爬电距离/mm
$U_i \leqslant 60$	3.0	5.0	3.0	5.0
$60 < U_i \leqslant 300$	5.0	6.0	6.0	8.0
$300 < U_i \leqslant 600$	8.0	12.0	10.0	12.0

注：小母线汇流排或不同极的裸露带电的导体之间，以及裸露带电导体与未经绝缘的不带电导体之间的电气间隙不小于 12mm，爬电距离不小于 20mm。

④ 电气绝缘性能，主要指绝缘电阻、工频耐压和冲击耐压等。

a. 绝缘电阻。在断开所有其他连接支路时，柜内直流汇流排和电压小母线对地的绝缘电阻应不小于 10MΩ。对于蓄电池组：电压为 220V 的蓄电池组其绝缘电阻不小于 200kΩ；电压为 110V 的不小于 100kΩ；电压为 48V 的不小于 50 kΩ。

b. 工频耐压。柜内各带电回路按其工作电压应能承受表 10-19 所规定历时 1min 的工频耐压试验，试验过程中应无绝缘击穿和闪络现象。试验部位包括：非电连接的各带电电路；各独立带电电路与地（金属框架）之间；柜内直流汇流排和电压小母线，在断开所有其他连接支路时对地之间。

c. 冲击耐压。柜内各带电电路与地（金属框架）之间，按其工作电压能承受表 10-19 所规定标准雷电波的短时冲击电压。试验过程应无击穿放电。

表 10-19 绝缘试验的试验等级

额定绝缘电压 U_i（额定工作电压交流均方根值或直流）/V	工频电压/kV	冲击电压/kV
$U_i \leqslant 60$	1.0	1
$60 < U_i \leqslant 300$	2.0	5
$300 < U_i \leqslant 600$	3.0	12

⑤ 噪声。在正常运行时，采用高频开关电源充电装置系统，自冷式设备的噪声应不大于 50dB；风冷式设备的噪声平均值应不大于 55dB；采用相控充电装置系统的设备噪声平均值不

大于 60dB。

⑥ 温升。充电装置及各发热元件，在额定负载下长期运行时，其各部位的温升均不超过表 10-20 规定的极限温升。

表 10-20　设备各部件的极限温升

部件或器件名称	极限温升/K	部件或器件名称	极限温升/K
整流管外壳	70	与半导体器件连接的塑料绝缘线	25
晶闸管外壳	55	整流变压器、电抗器 B 级绝缘绕组	80
降压硅堆外壳	85	铁芯表面	不损伤相接触的绝缘零件
电阻发热元件	25（距外表 30mm 处）	母线连接处 铜与铜	50
与半导体元件连接处	55	铜搪锡-铜搪锡	60

⑦ 直流屏的接线和结构

a. 直流屏的接线应简单可靠，便于安装、运行和维护。

b. 直流屏的结构应安全、可靠，满足防护等级的要求。可采取加强型结构，防护等级不低于 IP20。屏正面结构宜为各自独立的固定分隔单元式。

c. 直流屏体结构、面板及构件涂漆应符合有关标准的规定，屏内设备布置、导线排布及连接应牢固可靠、整齐美观。屏体应有保护接地，接地处应有防锈措施和明显标志。门应开闭灵活，开启角度不小于 90°，门锁可靠。门与柜体之间应采用截面积不小于 $6mm^2$ 的多股软铜线可靠连接。电流在 63A 及以下的电流馈线，应经电力端子出线。

d. 屏面设备布局合理、安装牢固、操作维护方便、观察清晰。

e. 屏体外形尺寸宜采用 800mm×600mm×2260mm（宽×深×高）。屏正面操作设备的布置高度不应超过 1800mm，距地高度不应低于 400mm。根据需要，柜的宽度和深度可取括号中的调整值。

2200mm×800mm(1000、1200)mm×600(800) mm（优选值，高×宽×深）；

2300mm×800mm(1000、1200)mm×550(800) mm

高度公差为±2.5mm，宽度公差为 0～－2mm，深度公差为±1.5mm。

⑧ 直流屏内元件选型应力求先进、合理，各元件应满足有关标准的技术要求，要选用经过有关部门鉴定的优质产品。

⑨ 当蓄电池采用柜式安装时，电池柜应满足以下要求。

a. 柜内应装设温度计。

b. 电池柜体结构应有良好的通风、散热。电池柜内的蓄电池应摆放整齐，并保证足够的空间：电池间的距离不小于 15mm，蓄电池与上层隔板间的距离不小于 150mm。

c. 电池柜隔架最低距地不小于 150mm，最高距地不超过 1700mm。

⑩ 高频开关电源模块（整流器）应满足下列要求。

a. 应采用 $N+1$ 的配置，并联运行的方式，模块总数应不小于 3 块。

b. 监控单元发出指令时，应按指令输出电压、电流；脱离监控单元时，可输出恒定电压给电池浮充。

c. 可带电拔插更换。

d. 开机和停机时应具有软启动和软停止措施，防止电压冲击。

10.1.5.2 直流屏正常使用的条件

(1) 环境条件

① 海拔不超过 2000m。

② 设备在运行中，环境温度不高于 40℃，不低于－10℃。环境温度变化率小于 5℃/h，相对湿度变化率小于 5%/h。

③ 日平均相对湿度不大于 95%，月平均相对湿度不大于 90%。

④ 安装使用地点无强烈振动和冲击，无强电磁干扰，外磁场感应强度不得超过 0.5mT。

⑤ 安装垂直倾斜度不超过 5%。

⑥ 使用地点不得有爆炸危险介质，周围介质不含有腐蚀金属和破坏绝缘的有害气体及导电介质。

⑦ 使用环境通风良好。

(2) 电气条件

① 频率变化范围不超过额定值的±2%。

② 交流输入电压波动范围不超过额定值的±10%。

③ 交流输入电压不对称度不超过 5%。

④ 交流输入电压应为正弦波，非正弦含量不超过额定值的 10%。

10.1.5.3 直流屏（柜）分类

直流屏（柜）按其功能分为以下 6 种。

① 整流器柜　将交流电转变为直流电，并完成向蓄电池充电功能的装置，称为整流器柜。目前普遍采用高频开关整流器模块电源，较少采用晶闸管整流器。

② 蓄电池屏（柜）　将 200A·h 以下的小容量阀控式密封铅酸蓄电池或镉镍碱性蓄电池组装在屏（柜）内，称为蓄电池屏（柜）。

③ 进线和馈线屏（柜）　将整流装置、蓄电池回路连接到直流母线上的屏（柜），称为进线屏（柜）。连接直流电源母线和直流负荷馈线的屏（柜），称为馈线屏（柜）。对于中、小容量直流系统，进线和馈线也可混合组装。

④ 电源成套装置　将整流装置、蓄电池、进线和馈线以及自动装置按功能划分成若干模块，综合后组成的直流电源系统，称为电源成套装置。

⑤ 交、直流电源切换屏（柜）　实现交流照明电源自动切换到直流电源功能的屏（柜）叫交、直流电源切换屏（柜），也称为事故照明切换屏（柜）。

⑥ 放电试验装置　作为蓄电池的放电负荷用于对蓄电池进行放电试验的装置，称为放电试验装置。根据其结构形式，放电试验装置可分为固定式和移动式两种；根据其放电原理，可分为电阻型和晶闸管型两种。

10.1.6 直流系统设备布置

(1) 设备布置的主要方式

直流设备包括蓄电池组、充电浮充电设备、配电设备、放电设备和事故照明切换装置或静态逆变电源装置等。这些设备的布置可分为以下三种方式。

① 对于较大容量的直流系统，蓄电池组布置在蓄电池室，直流屏（包括充电器、配电屏等）布置在直流屏室内。蓄电池室通常和直流屏室相毗邻。

② 对于中型容量的直流系统，主要是中小型发电厂和较大容量的变电站，蓄电池组布置在蓄电池室，直流屏布置在主控制室。这种中型容量的直流系统有时也可采用方式①的布置方式。

③ 对于小型容量的直流系统，主要是小容量的变、配电所，采用蓄电池组和直流屏组合成套供应的直流电源成套装置。直流电源成套装置可以布置在单独的直流屏室内，也可以布置在主控制室内。

(2) 设备布置的基本原则

① 蓄电池组宜布置在电气控制楼（包括主控制楼、网络控制楼、单元控制楼）底层。

② 同类型、不同容量、不同电压的蓄电池组可以同室布置，不同类型（即酸性和碱性）电池不能同室布置。

③ 直流主屏宜布置在蓄电池室附近单独的直流屏内。对于变电站、大型电厂的网控室和小型发电厂，直流屏（包括直流成套装置）也可布置在控制室内，以降低电缆压降。

④ 充电浮充电屏和放电屏同室布置，以缩短电缆长度。

⑤ 直流分电屏宜布置在相应的负荷中心处，以节省电缆。

⑥ 蓄电池室、直流配电室应避开潮湿、高温、振动大、多灰尘的场所。其所在场所应干燥、明亮，还应便于蓄电池气体和酸（碱）液的排放。

⑦ 蓄电池室内应有运行检修通道，通道宽度按表 10-21 确定。

表 10-21　直流设备布置尺寸要求

距离名称		采用尺寸/mm		备注
		一般	最小	
直流设备室	屏正面至屏正面	1800	1400	
	屏正面至屏背面	1500	1200	
	屏背面至屏背面	1500	1000	
	屏正面至墙	1500	1200	
	屏背面至墙	1200	1000	
	边屏至墙	1200	800	
	主要通道	1200～1600	1400	
蓄电池室检修通道	一侧设蓄电池	1000	800	
	两侧设蓄电池	1200～1500	1000	

⑧ 直流设备室内设备之间的距离、运行维护通道应按表 10-21 确定。

⑨ 碱性镉镍蓄电池可在屏架内采用阶梯式堆积组装，也可在室内成架式排列；对大容量镉镍蓄电池，还可像铅酸蓄电池那样布置，注意布置方式保证其绝缘水平，并应便于观察液面和便于维护检修。

⑩ 蓄电池的裸露导电部分的距离、导线与建筑物或其他接地体之间以及母线支持点间的距离应满足表 10-22 的规定。

表 10-22　蓄电池室内裸露导体之间距离要求

距离名称		采用尺寸/mm	距离名称	采用尺寸/mm
两带电部分之间正常电压 U/V	$65<U\leqslant 250$	≥800	导体与建筑物或其他接地体之间	≥50
	$U>250$	≥1000	母线支持点之间	≤2000

(3) 对蓄电池室的要求

根据发电厂、变电站的环境条件，对蓄电池等直流设备的要求如下。

① 蓄电池室应为防酸、防火、防爆建筑，室内严禁装设开关、熔断器、插座、电炉等电器，照明应采用防爆灯具。

② 蓄电池室应装有通风设施，铅酸蓄电池室的通风换气量，应保证室内含氢量（按体积计）低于 0.7%、含酸量小于 $2mg/m^3$。

通风电动机应为防爆式，并应直接连接通风空气过滤器。

③ 蓄电池室应有良好的采暖设施，室温宜保持在 5～35℃之间。走廊墙壁不得开设通风百叶窗或玻璃采光窗。采暖设施与蓄电池之间的距离，不应小于 750mm。蓄电池室内的采暖散热器应为焊接的光滑钢板，室内不允许有法兰、螺纹接头和阀门等。

④ 蓄电池室的入口宜设套间（或储藏室），以便储藏酸（碱）、纯水（蒸馏水）及配置电解液器具。蓄电池室和套间的门应装设弹簧锁且向外开启，应采用非燃烧体或难燃烧体的实体门，门的尺寸不应小于 750mm×1960mm（宽×高）。对于普通防酸性铅酸蓄电池，在蓄电池室近旁应放调酸室，其面积应不小于 $8m^2$，并设有水龙头和水池。蓄电池室的窗玻璃应采用毛玻璃或涂以半透明油漆，阳光不应直射室内。

⑤ 蓄电池室应有给水和排水设施，套间内应砌水池，水池内外及水龙头应做耐酸（碱）处理，管道宜暗敷，管材料应采用耐腐蚀材料。蓄电池室地面应有 0.5%左右的排水坡度，并应有泄水孔。污水应进行酸碱中和或稀释后排放。

⑥ 蓄电池室采用非燃性材料建造，顶棚宜做成平顶，不应吊天棚，不宜采用折板盖和槽型天花板。铅酸蓄电池室的门窗、地面、墙壁、天花板、台架均应进行耐酸处理，地面应采用易于清洗的面层材料。

⑦ 蓄电池室、调酸室、通风机室应有正常照明，蓄电池室还应设事故照明。蓄电池室内照明灯具应布置在走道上方，照明应采用防爆防腐灯具，地面上最低照度为 20lx，事故照明最低照度为 2lx。蓄电池室内照明线宜穿管暗敷，室内不应装有开关、插座。

⑧ 蓄电池引线方式：对不带端电池的蓄电池组，室内未设置裸导线，仅采用电缆作为电池正、负极的引出线；对带端电池的蓄电池组，一般室内设置裸导线（也可用电缆）连接电池组抽头与出线端子，并用电缆引至端电池调节器。

当采用裸导线在室内架设时，应满足下设要求。

a. 相邻裸导线间、导线与建筑物间或与其他接地体之间的距离，不应小于 50mm，母线支持点与地距离不应小于 2m。

b. 母线连接应采用焊接，母线安装后，应当在母线的全长涂有两层防酸漆，正极为红色，负极为蓝色。涂漆后再涂一层凡士林。

当采用电缆引线时，应满足以下条件。

a. 电缆穿管敷设。穿管引出端应靠近有引出线的蓄电池端部，电缆敷设后应将电缆管涂防酸漆，封口处应严格使用防酸材料封堵。

b. 电缆弯曲半径应符合电缆敷设要求，电缆管露出地面高度，可低于蓄电池引出端头 200～300mm，以便做电缆头。

⑨ 对布置阀控式密封电池的房间，在防酸、调酸、防爆、防水等方面的要求应予以简化，可另设置良好的通风设施。

10.2 UPS电源设计[77,80,81,86]

10.2.1 UPS的主要性能指标

一般来说，UPS生产厂家为了说明其产品的性能都在产品说明书中指出其产品已达到的某些标准或给出方便用户的指标性能说明，这些往往都在产品指标栏中给出。UPS用户通过阅读产品说明书中的指标栏，就可以很快地了解产品概况，这对选用设备和使用维护都是非常必要的。因此下面对UPS的指标给予简要介绍。

10.2.1.1 UPS的输入指标

（1）输入电压

输入电压这项指标说明UPS产品适应什么样的供电制式。指标中除应说明输入交流电压是单相还是三相之外，还应说明输入交流电压的数值，如220V、380V、110V等；与此同时还要给出UPS对电网电压变化的适应范围是多少，如标明在额定电压基础上±10%、±15%、±20%、±35%等。当然，在产品说明书中也可将相数和输入额定电压分开给出。UPS输入电压的上下限表示市电电压超出此范围时，UPS就断开市电而由蓄电池供电。

（2）输入频率

输入频率指标说明UPS产品所适应的输入交流电频率及其允许的变化范围。在我国，标准值为50Hz（一些进口UPS是60Hz），如50Hz±1%，50Hz±3%，50Hz±5%等，这表示UPS内部同步锁相电路的同步范围，即当市电频率在变化范围之内时，UPS逆变器的输出与市电同步；当频率超出该范围时，逆变器的输出不再与市电同步，其输出频率由UPS内部50Hz正弦波发生器决定。

（3）输入电流

表示UPS包括充电器工作时的输入电流，其最大值表示输入电压为下限值、负载为100%时，充电器工作时的最大输入电流。用户在安装UPS时，可以根据这个数值选用合适的导线及输入熔断器。

（4）输入功率因数及输入电流谐波成分

在电路原理中，线性电路的功率因数（Power Factor）习惯用$\cos\varphi$表示，其中φ为正弦电压与正弦电流间的相差角。对非线性电路而言，尽管输入电压为正弦波，电流却可能是非正弦波，因此对非线性电路必须考虑电流畸变。一般定义为

$$PF=P/S \tag{10-38}$$

式中，PF表示功率因数；P表示有功功率；S表示视在功率。

在非线性电路中，若定义基波电流有效值与非正弦电流有效值之比为畸变因数，则电流畸变因数d(distortion)为

$$d=\frac{I_1}{\sqrt{I_1^2+I_2^2+\cdots+I_n^2+\cdots}} \tag{10-39}$$

式中，I_1，I_2，…，I_n分别表示1，2，…，n次谐波电流有效值。若再假设基波电流与电压的相位差为φ，则功率因数PF可表示为

$$PF=P/S=UI_1\cos\varphi/UI=d\cos\varphi \tag{10-40}$$

即非线性电路的功率因数为畸变因数与位移因数（$\cos\varphi$）之积。

输入功率因数是指UPS中整流充电器的输入功率因数和输入电流质量，表示电源从电网吸收有功功率的能力及对电网的干扰。输入功率因数越高，输入电流谐波成分含量越小，表征

该电源对电网的污染越小。一般来说，采用晶闸管整流的UPS功率因数为0.9～0.95（滞后），输入电流谐波含量在25%左右。采用输入功率因数校正技术，输入功率因数可达0.96～0.99（滞后），输入电流谐波含量可达到5%以下。

10.2.1.2 UPS的蓄电池指标

（1）蓄电池的额定电压

UPS所配蓄电池组的额定电压一般随输出容量的不同而有所不同，大容量UPS所配蓄电池组的额定电压较小容量的UPS高些。小型后备式UPS多为24V，通信用UPS的蓄电池电压为48V，某些大中型UPS的蓄电池电压为72V、168V或220V等。给出该数值，一方面为外加电池延长备用时间提供依据，另一方面为今后电池的更替提供方便。

（2）蓄电池的备用时间

该项指标是指当UPS所配置的蓄电池组满荷电状态时，在市电断电时改由蓄电池组供电的状况下，UPS还能继续向负载供电的时间。一般在UPS的说明书中给出该项指标时，均给出满载后备时间，有时还附加给出半载时的后备时间。用户在了解该项指标后，就可根据该指标合理安排UPS的工作时间，在停机前做好文件的保存工作。用户要注意的是该指标随蓄电池的荷电状态及蓄电池的新旧程度而有所变化。

（3）蓄电池类型

UPS说明书中给出的蓄电池类型是对UPS所使用的蓄电池类型给予说明。用户在使用或维修时以及扩展后备时间时可参考该项说明。

现在的UPS一般采用阀控密封式铅酸蓄电池，早期的UPS产品也有采用镍镉碱性蓄电池的。这一方面是因为阀控密封式铅酸蓄电池的性能比以前有较大改善，另一方面则是因为阀控密封式铅酸蓄电池的价格比镍镉蓄电池便宜。

（4）蓄电池充电电流限流范围

为避免充电电流过大而损坏蓄电池，其典型值一般规定为2%～25%的标称输入电流。

10.2.1.3 UPS的输出指标

（1）输出电压

① 标称输出电压值：单相输入单相输出或三相输入单相输出UPS为220V；三相输入三相输出UPS为380V，采用三相三线制或三相四线制输出方式。用户可根据自己设备所需的电压等级和供电制式选取相应的UPS产品。

② 输出电压可调范围：对大、中容量UPS而言，输出电压从它们的额定值起最小可调节±5%。对于小容量单相UPS而言，一般采用拨盘调节法，其输出电压的典型可调范围为208/220/230/240V。

③ 输出电压静态稳定度：指UPS在稳态工作时受输入电压变化、负载改变以及温度影响造成输出电压变化的大小。对于中、大容量UPS而言，典型值为±1%，对于中、小容量UPS而言，典型值为±2%或±3%。

④ 输出电压动态稳定度：指UPS在100%突加（减）负载时或执行市电旁路供电通道与逆变器供电通道的转换时，输出电压的波动值。对于中、大容量UPS而言，瞬态电压波动值应小于±5%，对于小容量UPS而言，瞬态电压波动值应小于±6%～±8%。

⑤ 输出电压动态响应恢复时间：指在输入电压为额定值、输出为线性负载、输出电流由零至额定电流或者由额定电流至零突变时，UPS输出电压恢复到稳压精度范围内所需的时间。对于大多数UPS来说，此值应该在10～30ms之间。

⑥ 输出电压频率：UPS所允许的市电同步跟踪范围，对于大、中容量UPS，通常为50Hz±（0.5～2）Hz；对于小容量UPS，通常为50Hz±（0.5～3）Hz。UPS所允许市电的

同步跟踪速率，对于大容量 UPS，通常为（0.1～1）Hz/s；对于中、小容量 UPS，通常为（0.1～3）Hz/s。当工作在逆变器输出状态时频率稳定度，对于小容量 UPS，通常为 50Hz±0.1Hz；对于大、中容量 UPS，通常为 50Hz±0.5Hz。

⑦ 输出电压波形及失真度：根据用途不同，输出电压不一定是正弦波，也可以是方波或梯形波。后备式 UPS 输出波形多为方波，在线式 UPS 的输出波形一般为正弦波。

波形失真度一般是对正弦波输出 UPS 来说的，指输出电压谐波有效值的二次方和的平方根与基波有效值的比值。带线性负载时，大、中容量 UPS 总电压谐波失真度小于 2%，小容量 UPS 谐波失真度小于 3%。带峰值系数为 3：1 的非线性负载时，对大、中容量 UPS，总电压谐波失真度小于 5%，最大的单次谐波失真度小于 2.5%；对于小容量 UPS，总电压谐波失真度小于 7%。

（2）输出容量

容量是 UPS 的首要指标，包括输入容量和输出容量，一般指标中所给出的容量是输出容量，是指输出电压的有效值与输出最大电流有效值的乘积，也称视在功率。容量的单位一般用伏安（VA）表示，这是因为 UPS 的负载性质因设备的不同而不同，因而只好用视在功率来表示容量。生产厂家均按 UPS 的不同容量等级将产品划分为多个类别，用户可根据实际需要对 UPS 进行选型，并留一定的裕量。

（3）输出功率因数

UPS 输出功率因数反映 UPS 的输出电压与输出电流之间的相位与输入电流谐波分量大小之间的关系。它表征 UPS 对非线性负载的适应能力和视在功率过载的能力，不一定越大越好。UPS 输出功率因数是可适应不同性质负载的能力，而不是提供有功功率的百分比；输出功率因数为 1 时，只能给出 80% 额定输出的视在功率；输出功率因数为 0.8 时，才可输出 100% 额定视在功率。而且，输出功率因数越小，输出的视在功率伏安值就越大；实际功率因数大小随负载性质而变，不是 UPS 要给负载输出什么功率，而是负载需要什么功率。

（4）抗三相不平衡负载能力

带三相平衡非线性负载时，三相输出电压幅值差小于±1%，相位差小于±1°；带三相不平衡非线性负载时，三相输出电压幅值差小于±3%，相位差小于±2.5°。

（5）输出过载能力

UPS 启动负载设备时，一般都有瞬时过载现象发生，输出过载能力表示 UPS 在逆变器工作情况下，可承受瞬时过载的能力与时间。超过 UPS 允许的过载量或允许过载时间容易导致 UPS 损坏。UPS 的过载能力因 UPS 生产厂家与容量的不同而不同；对于大、中容量 UPS 而言，典型值为 125%负载时 10min，150%负载时 30～60s；对于小容量 UPS 而言，典型值为 110%负载时 10min，130%负载时 10s。

（6）输出电流峰值系数

指当输出电流中存在着周期性非正弦波电流峰值时，UPS 逆变器电源的交流输出电流峰值与交流输出电流有效值之比。UPS 接线性负载时，其输出电流峰值系数为 1.41：1，计算机负载的峰值系数为 2.4～2.7：1。对 UPS 来说，其典型的峰值系数为 3：1。

（7）并机负载电流不均衡度

指当两台及两台以上具有并机功能的 UPS 输出端并联供电时，并联各台 UPS 电流值中与平均电流偏差最大的偏差电流值与平均电流值之比，其典型值为 2%～5%。此值越小越好，说明并机系统中的每台 UPS 所输出的负载电流的均衡度越好。

10.2.1.4　UPS 的其他指标

（1）效率

效率是 UPS 的一个关键指标，尤其是大容量 UPS。它是在满载（阻性）情况下，输出的有功功率与输入的有功功率之比。一般来说，UPS 的标称输出功率越大，其系统效率也越高。小容量双变换在线式 UPS(1～10kV・A) 的效率为 85%～89%，中容量双变换在线式 UPS (10～100kV・A) 的效率为 89%～92%，大容量双变换在线式 UPS(50～800kV・A) 的效率为 91%～95%。Delta 变换式 UPS 的效率可高达 96%左右。后备式 UPS 和在线互动式 UPS 在市电供电正常时，其效率可达 95%～96%，但处于电池提供能量支持逆变器向负载供电时，其效率与小容量双变换在线式 UPS 处于同一水平。

(2) 切换时间

对于采用快速继电器或接触器作切换装置的小容量 UPS(额定容量小于 10kV・A)，交流旁路市电供电与逆变器供电的切换时间典型值为 4ms，波动范围为 2～6ms。对于采用“静态开关”的大、中容量 UPS 来说，交流旁路供电切换到逆变器供电的时间几乎为零，由逆变器供电切换到交流旁路供电的时间一般小于 2ms。

(3) 平均无故障工作时间(MTBF)

指用统计方法求出的 UPS 工作时两个连续故障之间的时间，它是衡量 UPS 工作可靠性的一个指标。一般来说，UPS 的额定输出功率越大，其 MTBF 值越大，即可靠性越高。小容量 UPS 的 MTBF 值约为 4 万～14 万小时，中容量 UPS 的 MTBF 值约为 13 万～22 万小时，大容量 UPS 的 MTBF 值约为 20 万～40 万小时。

(4) 工作噪声

表示在市电正常、UPS 负载为满载线性负载、逆变器工作时，以 UPS 电源为中心，以 1m 为半径，高度为 1.3m 处所测量出的噪声分贝数。小容量 UPS 约为 45～50dB(A)，中容量 UPS 约为 50～55dB(A)，大型 UPS 约为 55～70dB(A)。

(5) 保护功能

① 输出短路保护：负载短路时，UPS 应立即自动关闭输出，同时发出声光报警。

② 输出过载保护：当输出负载超过 UPS 额定负载时，应发出声光报警；超过负载能力时，应转旁路供电。

③ 过热保护：UPS 机内运行温度过高时，应发出声光报警，并自动转为旁路供电。

④ 电池电压低保护：当 UPS 在电池逆变工作方式时，电池电压降至保护点时，发出声光报警，停止供电。

⑤ 输出过、欠电压保护：当 UPS 输出电压超过设定过电压阈值或低于设定欠电压阈值时，发出声光报警，并转为旁路供电。

⑥ 抗雷击浪涌能力：UPS 应具备一定的防雷击和电压浪涌的能力。

(6) 电磁兼容性要求

一方面指 UPS 对外产生的传导干扰和电磁辐射干扰应小于一定的限度，另一方面对 UPS 自身抗外界干扰的能力提出一定的要求。

(7) 安全要求

包括绝缘电阻、绝缘强度以及对地漏电流的要求。

(8) 工作条件

要使 UPS 能够正常工作，就必须使 UPS 工作的环境条件符合规定要求，否则 UPS 的各项性能指标便得不到保证。通常不可能将影响 UPS 性能的环境条件一一列出，而只给出相应的环境温度和湿度要求，有时也对海拔高度提出要求。

① 工作温度　工作温度就是指 UPS 工作时应达到的环境温度条件，一般该项指标均给出一个温度范围，计算机用 UPS 的运行温度一般为 0～40℃。工作温度过高不但使半导体器件、电解电容的漏电流增加，而且还会导致半导体器件的老化加速、电解电容及蓄电池寿命缩短；

工作温度过低则会导致半导体器件性能变差、蓄电池充放电困难且容量下降等一系列严重后果。

② 工作湿度　湿度是指空气内所含水分的多少。说明空气中所含水分的数量可用绝对湿度（空气中所含水蒸气的压力强度）或相对湿度（空气中实际所含水蒸气与同温下饱和水蒸气压强的百分比）表示。UPS 说明书一般给出的是相对湿度，通常为 10%～95%，典型值为 50%。

③ 海拔高度　UPS 说明书中所注明的海拔高度是保证 UPS 安全工作的重要条件。之所以强调海拔高度是因为 UPS 中有许多元器件采用密封封装。封装一般都是在一个大气压下进行的，封装后的器件内部是一个大气压。由于大气压随着海拔高度的增加而降低，海拔过高时会形成器件壳内向壳外的压力，严重时可使器件产生变形或爆裂而损坏。UPS 满载运行时海拔典型值为 1000m，某些高档 UPS 可达 1500m。

10.2.1.5　集中监控和网管功能

为了满足计算机网、电信网和数据通信网等所需的无人或少人值守需求，当今的 UPS 电源具有如下调控功能。

(1) 配置必要的通信口

小容量的 UPS 应配置 RS-232 接口/SNMP 适配器通信接口；大、中容量的 UPS 应配置 RS-232、RS-485 接口/SNMP 适配器通信接口。利用 RS-232、RS-485 接口/SNMP 适配器通信接口，可在 UPS 计算机/计算机网络之间实现数据通信。这样，网管人员就可在网管平台上进行网管操作，对 UPS 的工作情况进行远程监控，实现遥测、遥信和遥控功能。

① 遥测信号：包括输入电压、电流、频率、有功功率、视在功率和功率因数；输出电压、电流、频率、有功功率、视在功率和功率因数；交流旁路电压、电流和频率；电池的充放电电压和电流等信号。对三相 UPS 来说，还包括三相电流不平衡度信号。

② 遥信信号：包括输入电源故障、整流器故障、逆变器故障、交流旁路电源过电压和欠电压、直流总线电源过电压和欠电压、逆变器电源与市电电源同步/不同步、整流器/逆变器/变压器温升过高以及各种继电器开关的工作状态等信号。

③ 遥控信号：包括可编程的定时“自检测”电池管理、紧急停机、定时开/关机、自动拨号/传呼/发 E-mail 等信号。

(2) 提供配套的电源管理软件

用户在相应的个人计算机（PC)/网管平台上装上相应的电源管理软件后，就可以组成功能强大的网管智能化 UPS 系统。在此条件下，用户就能在网管平台或工作站的终端上执行下述操作。

① 调阅在 UPS 监控显示屏上观察到的所有信息。

② 如 UPS 本身发生故障，自动执行网络广播报警、电话拨号、自动传呼或发 E-mail 等操作，以便通知值班人员到现场维修。

③ 当遇到市电长时间供电中断时，按照用户预定的时序，对位于同一网管系统下的 PC/服务器分批执行有序的数据自动存盘和安全关闭操作系统。

④ 专业人员可重新调节、设置/校正 UPS 的运行参数。

⑤ 将“用户自定义”报警信号经 UPS 的通信接口传送到用户的远程集中监控系统。

10.2.2　UPS 的主要组成部分

UPS 的主要组成部分包括整流器、蓄电池及其充电电路、逆变电路和转换开关等。各部分的主要功能如下。

10.2.2.1 整流器

整流器的核心部分就是整流电路。当电网供电时，整流电路一方面完成对蓄电池充电电路提供相应等级的直流电，另一方面通过逆变电路向负载提供交流电。为提高电网输入的功率因数，整流电路和功率率因数校正电路结合起来，组成高功率因数整流电路。

整流电路是一种将交流电能变换为直流电能的变换电路。它的应用非常广泛，如通信系统的基础电源、同步发动机的励磁、电池充电机、电镀、电解电源和直流电动机等。整流电路的形式有很多种类。按组成整流的器件分，可分为不可控、半控和全控整流三种。不可控整流电路的整流器件全部由整流二极管组成，全控整流电路的整流器件全部由晶闸管或是其他可控器件组成，半控整流电路的整流器件则由整流二极管和晶闸管混合组成。按输入电源的相数分，可分为单相电路和多相电路。按整流输出波形和输入波形的关系分，可分为半波整流和全波整流。按控制方式分，又可分为相控整流电路和 PWM 整流电路；相控整流电路结构简单、控制方便、性能稳定，是目前获得直流电能的主要方法。

功率因数校正的方法主要有无源功率因数校正和有源功率因数校正两大类。

无源功率因数校正电路是利用电感和电容等元器件组成滤波器，将输入电流波形进行相移和整形，采用这种方法可以使功率因数提高至 0.9 以上，其优点是电路简单，成本低；缺点是电路体积较大，并且可能在某些频率点产生谐振而损坏用电设备。无源功率因数校正电路主要适用于小功率应用场合。

有源功率因数校正电路是在整流器和滤波电容之间增加一个 DC/DC 开关变换器。其主要思想如下：选择输入电压为一个参考信号，使得输入电流跟踪参考信号，实现了输入电流的低频分量与输入电压为一个近似同频同相的波形，以提高功率因数和抑制谐波，同时采用电压反馈，使输出电压为近似平滑的直流输出电压。有源功率因数校正的主要优点是：可得到较高的功率因数，如 0.97～0.99，甚至接近 1；总谐波畸变（THD）低，可在较宽的输入电压范围内（如 90～264V AC）工作；体积小，重量轻，输出电压也保持恒定。

(1) 无源功率因数校正

无源功率因数校正有两种比较基本的方法，即在整流器与滤波电容之间串入无源电感 L 和采用电容和二极管网络构成填谷式无源校正。

如图 10-15 (a) 所示，无源电感 L 把整流器与直流电容 C 隔开，因此整流器和电感 L 间的电压可随输入电压而变动，整流二极管的导通角变大，使输入电流波形得到改善。

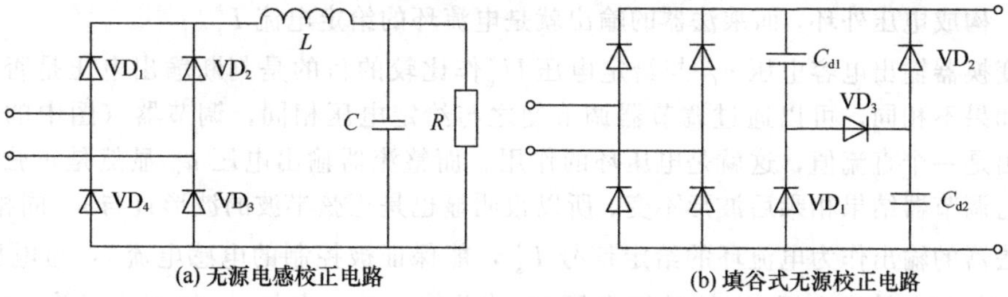

(a) 无源电感校正电路　(b) 填谷式无源校正电路

图 10-15 无源功率因数校正电路示意图

填谷式无源校正的基本思想是采用两个串联电容作为滤波电容，选配几只二极管，使两个直流电容能够串联充电、并联放电，以增加二极管的导通角，改善输入侧功率因数。其电路如图 10-15 (b) 所示，其基本工作原理为：当输入电压瞬时值上升到 1/2 峰值以上时，即高于直流滤波电容 C_{d1} 和 C_{d2} 上的直流电压时，VD_3 导通，VD_1 和 VD_2 因反偏而截止，两个直流滤波电容 C_{d1} 和 C_{d2} 处于串联充电状态；当输入电压瞬时值降低到 1/2 峰值以下时，即低于直流

滤波电容 C_{d1} 和 C_{d2} 上的直流电压时，VD_3 截止，VD_1 和 VD_2 导通，两个直流滤波电容 C_{d1} 和 C_{d2} 处于并联放电状态；直流滤波电容 C_{d1} 和 C_{d2} 充电和放电的临界点在输入电压的 1/2 峰值处，arcsin(1/2) ＝30°。所以，从理论上讲，整流二极管的导通角不小于 180°－30°×2＝120°。比采用一个直流滤波电容时的导通角明显增大。

(2) 有源功率因数校正

① 有源功率因数校正的主电路结构　有源功率因数校正电路的主电路通常采用DC/DC开关变换器，其中输出升压型（Boost）变换器具有电感电流连续的特点，储能电感也可用作滤波电感来抑制 EMI 噪声。此外，还具有电流畸变小、输出功率大和驱动电路简单等优点，所以使用极为广泛。除采用升压输出变换器外，Buck-Boost、Flyback、Cuk 变换器都可作为有源功率校正的主电路。

② 有源功率因数校正的控制方法　有源功率因数校正技术的思路是，控制已整流后的电流，使之在对滤波大电容充电之前能与整流后的电压波形相同，从而避免形成电流脉冲，达到改善功率因数的目的。有源功率因数校正电路原理如图 10-16 所示，主电路是一个全波整流器，实现 AC/DC 的变换，电压波形不会失真；在滤波电容 C 之前是一个 Boost 变换器，实现升压式 DC/DC 变换。从控制回路来看，它由一个电压外环和一个电流内环构成。在工作过程中，升压电感 L_1 中的电流受到连续监控与调节，使之能跟随整流后正弦半波电压波形。

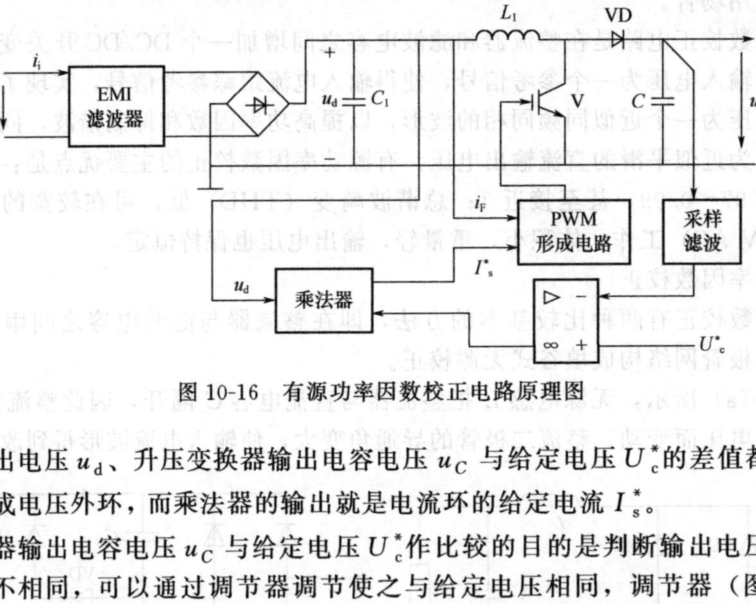

图 10-16　有源功率因数校正电路原理图

整流器输出电压 u_d、升压变换器输出电容电压 u_C 与给定电压 U_c^* 的差值都同时作为乘法器的输入，构成电压外环，而乘法器的输出就是电流环的给定电流 I_s^*。

升压变换器输出电容电压 u_C 与给定电压 U_c^* 作比较的目的是判断输出电压是否与给定电压相同，如果不相同，可以通过调节器调节使之与给定电压相同，调节器（图中的运算放大器）的输出是一个直流值，这就是电压环的作用。而整流器输出电压 u_d 显然是正弦半波电压波形，它与调节器结果相乘后波形不变，所以很明显也是正弦半波的波形且与 u_d 同相。

将乘法器的输出作为电流环的给定信号 I_s^*，能保证被控制的电感电流 i_L 与电压波形 u_d 一致。I_s^* 的幅值与输出电压 u_C 同给定电压 U_c^* 的差值有关，也与 u_d 的幅值有关。L_1 中的电流检测信号 i_F 与 I_s^* 构成电流环，产生 PWM 信号，即开关 V 的驱动信号。V 导通，电感电流 i_L 增加。当 i_L 增加到等于电流 I_s^* 时，V 截止，这时二极管导通，电源和 L_1 释放能量，同时给电容 C 充电和向负载供电，这就是电流环的作用。

由升压（Boost）直流转换器的工作原理可知，升压电感 L_1 中的电流有连续和断续两种工作模式，因此可以得到电流环中的 PWM 信号即开关 V 的驱动信号有两种产生方式：一种是电感电流临界连续的控制方式，另一种是电感电流连续的控制方式。这两种控制方式下的电压、电流波形如图 10-17 所示。

由图 10-17（a）的波形可知，开关 V 截止时，电感电流 i_L 刚好降到零；开关导通时，i_L 从零逐渐开始上升；i_L 的峰值刚好等于电流给定值 I_s^*。即开关 V 导通时，电感电流从零上升；开关截止时，电感电流从峰值降到零。电感电流 i_L 的峰值包络线就是 I_s^*。因此，这种电流临界连续的控制方式又叫峰值电流控制方式。从图 10-17（b）的波形可知，这种方式可以控制电感电流 i_L 在给定电流 I_s^*曲线上，由高频折线来逼近正弦曲线，这就是电流滞环控制，I_s^* 反映的是电流的平均值，因此这种电流连续的控制方式又叫平均电流控制方式。电感电流 i_L 经过 C_1 和射频滤波后，得到与输入电压同频率的基波电流 i_i。

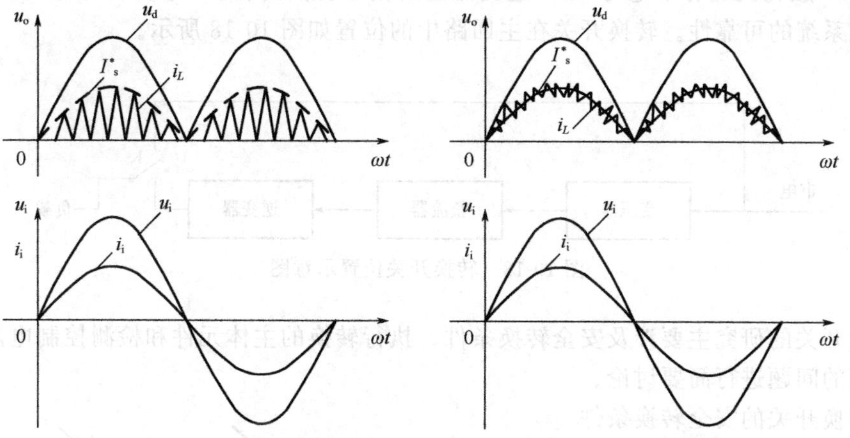

(a) 电感电流临界连续(峰值电流)控制方式　(b) 电感电流连续(平均电流)控制方式

图 10-17　电流环中 PWM 信号（开关 V 驱动信号）的两种产生方式

在相同的输出功率下，峰值电流控制的开关管电流容量要大一倍。平均电流控制时，在正弦半波内，电感电流不到零，每次 DC/DC 开关导通前，电感 L_1 和二极管 VD 中都有电流，因此开关开通的瞬间，L_1 中的电流、二极管 VD 中的反向恢复电流对直流转换电路中的开关器件 V 和二极管形成了“寿命杀手”，在选择元件时要特别重视。而峰值电流控制没有这一缺点，只要检测电感电流下降时的变化率，当电流过零时就允许开关开通，而电流的峰值用一个限流电阻检测就能能达到目的，这样既便宜又可靠，适用于小功率场合。

10.2.2.2　蓄电池及其充电电路

蓄电池充电电路的功能是将电网电压变换成可控的直流电压对蓄电池充电，并能控制充电电流，最大限度地保证蓄电池长寿命、满容量、高电压向用户供电。

目前，在 UPS 中广泛使用铅蓄电池作为储存电能的装置，铅蓄电池需用直流电源对其充电，将电能转化为化学能储存起来。当市电中断时，UPS 将依靠储存在蓄电池中的能量维持逆变器的正常工作。此时，蓄电池通过放电将化学能转化为电能提供给 UPS 使用。目前在中小型 UPS 中被广泛使用的是阀控式密封铅蓄电池。它的价格比较贵，一般占 UPS 总生产成本的 1/3 左右，对于长延时（4h 或 8h）UPS 而言，蓄电池的成本甚至超过 UPS 主机的成本。在返修的 UPS 中，由于蓄电池故障而引起 UPS 不能正常工作的比例大约占 1/3 左右。由此可见，正确使用维护蓄电池组，对延长蓄电池使用寿命非常重要，不能掉以轻心。如果维护使用正确，阀控式密封铅蓄电池的使用寿命可达 10 年以上。蓄电池常用的充电电路有恒压充电和先恒流后恒压充电两种。

10.2.2.3 逆变电路

逆变电路的功能是将整流输出电流或蓄电池输出的直流电流变换成与电网同频率、同幅值、同相位的交流电流供给负载。

习惯上，人们将逆变器中完成直流电能变交流电能的变换主通道叫逆变主电路，它主要是由功率开关器件、变压器及电解电容等构成，通过控制功率开关器件有规律的通与断，使电流按预测的途径流通而实现直流到交流的变换。逆变器主电路的工作方式有多种，但由于新型全控功率器件的出现，现在基本上都采用所谓的脉冲宽度调制（PWM）法。目前常用的逆变电路有：单相全桥、单相半桥、单相推挽以及三相桥式逆变电路。

10.2.2.4 转换开关

UPS 中一般均设置有市电与 UPS 逆变器输出相互切换的转换开关，以便实现二者的互补供电，增强系统的可靠性。转换开关在主回路中的位置如图 10-18 所示。

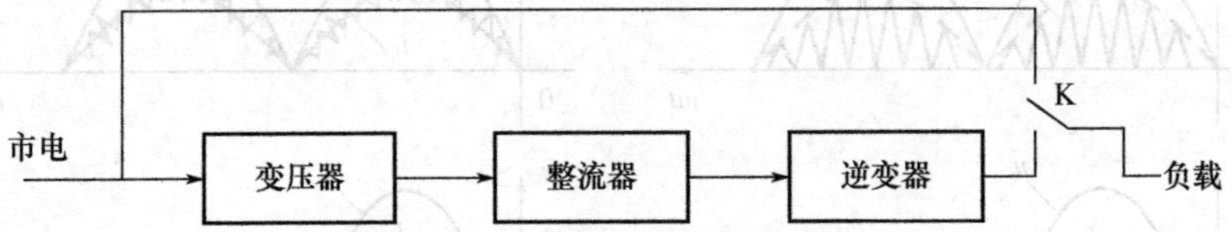

图 10-18 转换开关位置示意图

对转换开关的研究主要涉及安全转换条件、执行转换的主体元件和检测控制电路等，下面就这三方面的问题进行简要讨论。

(1) 转换开关的安全转换条件

假设 u_1 表示市电电压，u_2 表示 UPS 逆变器输出电压；k_1 和 k_2 表示转换开关；R 表示负载，UPS 在实现市电和逆变器输出相互转换时的简化等效电路如图 10-19 所示。

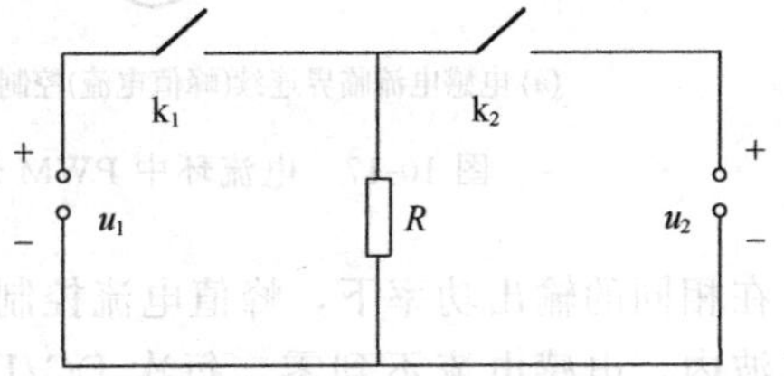

图 10-19 市电与逆变器输出转换的等效电路

事实上，无论是由旁路输出切换到逆变器输出，还是由逆变器输出切换到旁路输出，由于 k_1 和 k_2 的非理想性，一般很难达到一个开关刚好断开而另一个开关立即闭合的理想切换状态。正是由于 k_1 和 k_2 的非理想性，在切换过程中，可能出现一个已断开而另一个还没有接通的情况，这就造成了供电瞬间中断，如果这种断电时间被负载（如计算机开关电源）所允许，则转换可以进行，否则在转换过程中可能导致严重后果。另一方面还可能出现一个开关还未断开而另一个开关已经接通的情况，这就造成在转换过程中 u_1 与 u_2 并联向负载供电的现象。如果此时 u_1 与 u_2 同步，则 u_1 与 u_2 间无环流电流，否则 u_1 与 u_2 间将产生环流，环流严重时可导致转换开关损坏或逆变器故障。

鉴于上述原因，在转换开关实现 u_1 与 u_2 相互切换时，要求 u_1 与 u_2 最好先实现同步然后再切换。但是，即便是 UPS 中设置了锁相同步环节，也很难实现 u_1 与 u_2 的完全同步，于是仍有可能出现切换瞬间的环流或切换瞬间负载端呈现很高的感应电压。无论是出现环流或负载端呈现高压均可可造成转换开关及逆变器的损坏，因此最好在负载电流过零瞬间转换。以上两个条件就是实现市电与 UPS 逆变器输出相互安全转换的条件。

虽然说 UPS 中转换开关的安全切换条件被满足后，会使系统的可靠性提高，但有些产品或因输出功率很小或因产品成本的原因而没有完全达到安全切换条件，尤其是绝大部分后备式 UPS 产品均不具备这种安全切换条件，这一点用户在选购产品时应予以注意。

(2) 转换开关的种类

转换开关因采用的执行转换元件不同而分为三种：机械式、电子式和混合式。

① 机械式　机械式转换开关的执行元件多为继电器或接触器等电磁元件，其特点是控制线路简单和故障率低，但切换时间长、开关寿命较短。

② 电子式　电子式转换开关的执行元件为双向晶闸管或由两只反向并联的单向晶闸管组成，其特点是开关速度快、无触点火花，但控制电路较机械式复杂、抗冲击能力较差，功率大时通态损耗也不容忽视。

③ 混合式　鉴于机械式转换开关和电子式转换开关的特点，人们在实践中将二者并联使用，这就是混合式转换开关。混合式转换开关在开通时，先令电子式转换开关动作，然后再令机械式转换开关动作，在关断时则反之。这样就使混合式转换开关兼有机械式和电子式的优点，也正因为如此它被广泛用于大功率 UPS 产品中。

10.2.2.5 相位跟踪与幅值跟踪

无论是后备式还是在线式 UPS，都配置有市电直接供电的开关，即转换开关（旁路开关）。旁路开关在后备式 UPS 中的作用是：当市电正常时，该开关接通并同时断开逆变器的输出开关，当市电异常时，该开关将市电与输出断开并将逆变器的输出接通到输出端。旁路开关在在线式 UPS 中的作用是：逆变器输出正常时，该开关断开市电并接通逆变器输出开关，当逆变器输出异常或实行应急人工检修时，该开关接通市电开关并断开逆变器输出开关。以上的旁路开关转换在线路的转接关系上是完全正确的，但在转换的瞬间存在两方面的问题：其一是转换瞬间市电供电和逆变器供电可能产生间断；其二是转换瞬间市电和逆变器输出的波形不一致而导致环流的出现，环流过大可能使转换开关损坏，严重时还会危及逆变器。因此一台性能良好的 UPS 还必须设置跟踪控制环节。

所谓跟踪，就是使 UPS 的逆变器输出电压跟踪市电电压，使 UPS 逆变器的输出电压与市电电压同频率、同相位、同幅值。UPS 中设置跟踪控制环节不但可以使市电和逆变器输出之间进行安全互换，也可为多台 UPS 并机而构成冗余系统提供并机的必备条件。

(1) 相位跟踪的一般方法

市电电压是按正弦规律变化的，因此欲使 UPS 的逆变器输出跟踪市电电压波形，则 UPS 的逆变器也必须是正弦波电压输出，否则无法实现跟踪，由此也说明了方波输出的小功率 UPS 是没有跟踪控制环节的。

设市电电压为 u_1，UPS 的逆变器输出电压为 u_2，且其表达式为：

$$u_1=\sqrt{2}U_1\sin\omega_1 t \tag{10-41}$$

$$u_2=\sqrt{2}U_2\sin(\omega_2 t\pm\varphi) \tag{10-42}$$

其中，u_1 为市电电压瞬时值，U_1 为市电电压有效值，ω_1 为市电电压的角频率；u_2 为 UPS 逆变器输出电压的瞬时值，U_2 为 UPS 逆变器输出电压的有效值，ω_2 为 UPS 逆变器输出电压的角频率，φ 为 UPS 逆变器输出电压的初始相位角。

要实现 UPS 逆变器的输出电压跟踪市电电压，就必须使 $u_1=u_2$ 或 u_1 与 u_2 近似相等。如果认为通过幅值跟踪已使 $u_1=u_2$ 或 u_1 与 u_2 近似相等，那么接下去就是要使 u_1 与 u_2 的相位相同，要使 u_1 与 u_2 的相位同步，则必须有：

$$\omega_1 t=\omega_2 t\pm\varphi \tag{10-43}$$

即

$$\omega_1=\omega_2,\varphi=0 \tag{10-44}$$

由此可见，要实现 u_1 与 u_2 的相位同步就必须使 u_1 与 u_2 的角频率和初相角相等。一般而言，在 UPS 开机时即满足 $\omega_1=\omega_2$，$\varphi=0$ 的情况极小，即使这样，在 UPS 运行过程中，跟踪环节也必须随时检测市电与UPS逆变器输出电压的相位，以便实现实时跟踪。

市电和逆变器输出电压的相位不同步时可能有两种情况：一种是同频但初相角不同，另一种是不同频。对第一种情况，可采用硬件电路检测其二者的相差 φ，然后将相差转换成控制电压，由此去调整逆变器的输出电压频率，使相位角一致时再将频率调回市电频率。对第二种情况，可采用硬件电路检测二者的频差，然后将频差转换成电压，由此去控制和调整逆变器的输出频率，直至频差为零。

如果UPS中采用微处理器作为核心控制元件，在实现相位跟踪时，只需将市电电压和逆变器输出电压信号进行简单的变换处理后再送给微处理器，即可通过软件完成相位跟踪，省去了许多硬件电路。

(2) 相位跟踪的实现

相位跟踪的实现方法很多，最简单的是用市电电压作为同步信号，但这种方法会因市电波形失真而导致UPS逆变器输出电压的频率变化，而且还会因市电电压的频率偏移而影响供电质量，因而不宜采用此方法。一般应用较多的是把市电和UPS逆变器输出电压的相位差转换成控制电压，再用这个控制电压去控制一个压控振荡器，以此来改变逆变器的频率从而实现相位跟踪。习惯上，人们将用这种方法实现相位跟踪的硬件环节称为锁相环电路。

1) 锁相环的基本结构　UPS中所用的锁相环电路一般由鉴相器、低通滤波器、压控振荡器和分频器组成，其结构框图如图10-20所示。

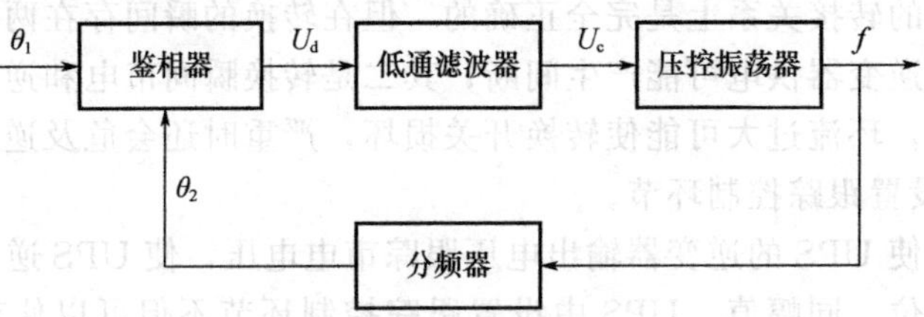

图10-20　锁相环结构框图

① 鉴相器　鉴相器也称相位比较器，用来比较输入信号与输出信号的相位，并将相位差转换成电压信号。鉴相器输出的平均电压 U_d 与输入鉴相器的两个信号的相位 θ_1 和 θ_2 的关系是：

$$U_d = K_1(\theta_1 - \theta_2) \tag{10-45}$$

其中，K_1 为鉴相器的灵敏度。

② 低通滤波器　低通滤波器的作用是滤除鉴相器输出电压中的交流成分，改善环路的性能。低通滤波器输出电压与输入电压的关系是

$$U_c = FU_d \tag{10-46}$$

其中，F 为滤波器的传递函数。

③ 压控振荡器　压控振荡器指的是用输入电压控制输出电压频率的振荡器。其作用是产生频率与输入电压相对应的脉冲信号。压控振荡器输出信号的频率与输入电压的关系是

$$f = K_2 U_c \tag{10-47}$$

压控振荡器的输出信号经分频器后，与输入信号一起作为鉴相器的输入信号，但对鉴相器起控制作用的不是信号频率而是瞬时相位。因此可根据频率、角频率和相位的关系将上式改写为

$$\theta = 2\pi K_2 \int U_c \mathrm{d}t \tag{10-48}$$

④ 分频器　分频器的作用是将压控振荡器的输出信号进行 N 分频，使分频后的信号频率

与输入信号频率一致。其输入信号频率和输出信号频率之间的关系为

$$f_2=f/N \tag{10-49}$$

由此也可以得到

$$\theta_2=\theta/N \tag{10-50}$$

2）锁相环的工作过程

锁相环路的工作过程可分为同步过程、跟踪过程、捕捉过程和暂态过程等。在这里不给出详细的分析，而只就输入信号的频率在一定范围内变化时，给出输出信号的同步与跟踪过程的定性描述。

① 同步过程　锁相环路在闭环情况下，由于环路的相位负反馈作用，在一定频率范围内，能够使压控振荡器的频率保持等于 N 倍输入信号频率的状态称为环路处于锁定状态。在环路处于锁定状态时，由于不稳定因素的影响，压控振荡器的输出信号频率 f 会产生漂移，环路的反馈作用使其继续锁定在输入信号频率上的过程就是同步。

根据锁相环的结构及以上各式可知：

$$f\uparrow\rightarrow\theta\uparrow\rightarrow\theta_2\uparrow\rightarrow(\theta_1-\theta_2)\downarrow\rightarrow U_d\downarrow\rightarrow U_c\downarrow\rightarrow f\downarrow$$

这就是锁相环的同步过程。

② 跟踪过程　当环路处于锁定状态，输入信号频率在一定频率范围内变化时，环路的负反馈作用使压控振荡器的频率 f 锁定在输入信号的过程称为跟踪。其过程如下：

$$f\uparrow\rightarrow\theta_1\uparrow\rightarrow(\theta_1-\theta_2)\uparrow\rightarrow U_d\uparrow\rightarrow U_c\uparrow\rightarrow f\uparrow$$

（3）幅值跟踪

对 UPS 的跟踪系统而言，相位跟踪是性能优良的 UPS 所必备的一个环节，而幅值跟踪则一般不过分强调，这主要是因为幅值要完全实现跟踪则会导致 UPS 的输出电压与市电供电时一样变化，并不能达到稳定输出电压幅值的目的。但在市电和逆变器输出相互转换时二者的幅值差异又不能太大，幅值差异太大会导致环流过大而造成危害。因此，在线式 UPS 的逆变器输出电压一般采用稳压输出，系统启动时先让市电旁路输出，当逆变器的输出与市电同步时再进行转换，逆变器故障时则直接转换成市电旁路输出状态。当然，对后备式 UPS 则无须考虑同步转换问题。

如果 UPS 产品要实现逆变器输出电压幅值完全跟踪市电电压幅值，这也不困难，但这是以失去逆变器输出电压稳幅而换来的幅值相同，应视具体的应用场合而定其优劣。

10.2.3　UPS 的冗余连接及常见配置形式

（1）UPS 的冗余连接

为了提高 UPS 电源的可靠性，通常采用两台及以上 UPS 冗余连接。冗余连接有串联和并联两种方式，如图 10-21 所示。

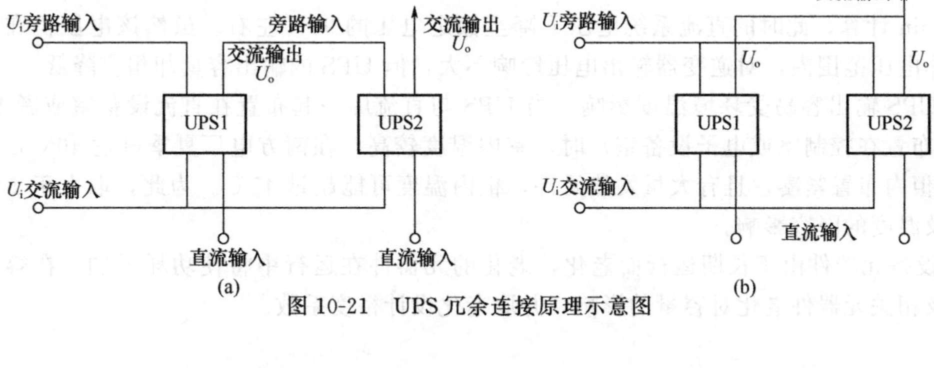

图 10-21　UPS 冗余连接原理示意图

① 串联连接，一般不宜多于两台，且输出容量不能超过其中容量较小一台的额定容量。串联连接UPS的可靠性高于单台UPS，低于并联连接UPS，目前应用较少。

② 并联连接。两台或以上UPS并联连接，必须具备并机功能，否则会在各台UPS之间产生环流，增加功耗，降低冗余系统的可靠性。并机条件如下。

a. 并机的UPS输出具有相同的相位和幅值。

b. 并机的UPS输出电流应相互一致，为总负载电流的$1/N$（N为并机台数）。

c. 并机UPS系统中任一台故障时，不能将其所带负载单独转到旁路，只能均匀地转到其他UPS上。只有并联系统中所有UPS都停止工作，才能将全部负载转到旁路上。

欲实现上述功能，必须增加相应的监控和并机设备。并联连接的可靠性高于串联连接，而且过载性能、动态性能以及设备增容都较为方便，所以应用广泛。

(2) UPS的配置形式

① 单台UPS的配置，要明确单台UPS的构成单元、结构形式，整流器与逆变器的配置、接线，有无旁路，转换开关的形式等，图10-22（a）～（e）所示表示部分单台UPS的配置形式。一般情况下单台UPS应包括整流器、逆变器、控制器、旁路单元、转换开关以及输入、输出滤波设备、隔离变压器和开关设备等。

② 多台UPS的配置，要明确UPS的接线、冗余、正常和事故运行方式等。图10-22（f）～(l)所示表示多台UPS的配置形式。

10.2.4 UPS的容量计算

UPS的额定容量通常指逆变器交流输出的视在功率（kV·A），而在负荷统计时，对热工及电气负荷提出的是电流或消耗功率，一般不分静态或动态负荷。这些负荷要求UPS在静态或动态的状态下，都能提供满足稳压和稳频精度以及波形失真度要求的电流和电压。

因此，在选择UPS额定容量时，除要按负荷的视在功率计算外，还要计及动态（按负荷从0～100%突变）稳压和稳频精度的要求以及温度变化、蓄电池端电压下降和设计冗余要求等因素的影响。

(1) 影响UPS容量的主要因素

① 功率因数。UPS装置的功率因数一般按输入、输出分别标注：输入侧的功率因数是UPS装置相对电网而言，通常可达到0.9以上；输出侧的功率因数则是对负载而言。在额定视在功率下，UPS装置应能适应负载功率因数0.9（超前）～0.4（滞后）的变动范围。在容量计算中，负载功率因数一般取0.7～0.85（滞后）。

② 当负载突变时，输出电流可能出现浪涌，电压产生陡降。为保证输出稳压精度和缩短恢复时间，提高频率稳定性和减少波形失真度，一般应适当加大UPS的容量。用动态稳定系数计及这一因素对UPS容量的影响。

③ 蓄电池在事故放电过程中，其端电压不断下降，按国内现行规定，UPS的事故计算时间按30min计算，此时的直流系统电压下降至额定电压的90%左右。虽然该电压仍在逆变器输入工作电压范围内，对逆变器输出电压影响不大，但UPS的输出容量却相应降低。

④ UPS输出容易受环境温度影响。当UPS与直流屏一起布置在直流设备室或者UPS室（而不是布置在控制室或电子设备室）时，室内温度较高，在南方电厂夏季可达40℃，同时由于UPS柜内布置紧凑，且有大量发热元件，柜内温度可能超过45℃。为此，取大于1的温度系数计及温度的降容影响。

⑤ 设备元器件由于长期运行而老化，老化的元器件在运行中将使功耗增加。在容量计算中应计及相关元器件老化对容量的影响，并取老化设计裕度系数。

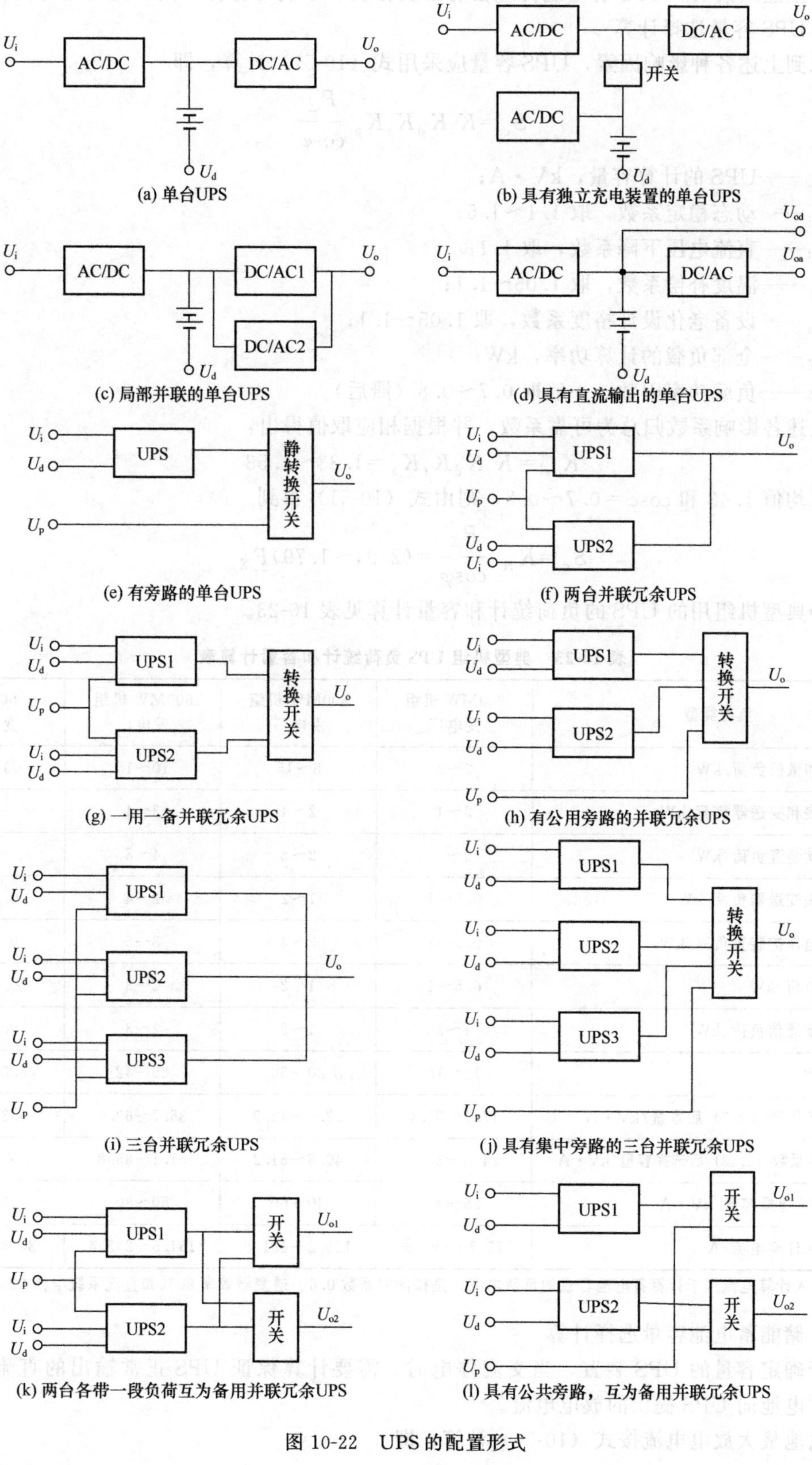
Ui
AC/DC
DC/AC
Uo
Ud
(a) 单台UPS
AC/DC
DC/AC
开关
AC/DC
(b) 具有独立充电装置的单台UPS
DC/AC1
DC/AC2
(c) 局部并联的单台UPS
Uod
Uoa
(d) 具有直流输出的单台UPS
UPS
静转换开关
Up
(e) 有旁路的单台UPS
UPS1
UPS2
(f) 两台并联冗余UPS
转换开关
(g) 一用一备并联冗余UPS
(h) 有公用旁路的并联冗余UPS
UPS3
(i) 三台并联冗余UPS
(j) 具有集中旁路的三台并联冗余UPS
Uo1
Uo2
(k) 两台各带一段负荷互为备用并联冗余UPS
(l) 具有公共旁路，互为备用并联冗余UPS

图 10-22 UPS 的配置形式

综合上述因素后，UPS 容量选择应留有必要裕度，以满足各种不同工况的运行需要。

(2) UPS 容量选择计算

考虑到上述各种影响因素，UPS 容量应采用式 (10-51) 计算，即

$$S_c = K_i K_d K_t K_a \frac{P_\Sigma}{\cos\varphi} \tag{10-51}$$

式中 S_c——UPS 的计算容量，kV · A；

K_i——动态稳定系数，取 1.1～1.5；

K_d——直流电压下降系数，取 1.1；

K_t——温度补偿系数，取 1.05～1.1；

K_a——设备老化设计裕度系数，取 1.05～1.1；

P_Σ——全部负载的计算功率，kW；

$\cos\varphi$——负载功率因数，一般取 0.7～0.8 (滞后)。

将上述各影响系数归总为可靠系数，并根据相应取值得出：

$$K_{rel} = K_i K_d K_t K_a = 1.33 \sim 1.53 \tag{10-52}$$

取平均值 1.43 和 $\cos\varphi = 0.7 \sim 0.8$，则由式 (10-51) 得到

$$S_c = K_{rel} \frac{P_\Sigma}{\cos\varphi} = (2.04 \sim 1.79) P_\Sigma \tag{10-53}$$

几种典型机组用的 UPS 的负荷统计和容量计算见表 10-23。

表 10-23 典型机组 UPS 负荷统计和容量计算表

负荷类型	200MW 机组发电厂	300MW 机组发电厂	600MW 机组发电厂	500kV 变电站
计算机和微机负荷/kW	2～3	8～15	10～15	1～2
热工仪表和变送器负荷/kW	2～4	2～4	2～4	
热工自动装置负荷/kW	3～5	2～8	4～8	
电气仪表变送器负荷/kW	0.5～1	1～2	2～4	0.5～1
电气继电保护装置负荷/kW	0.5～1	2～4	3～5	0.5～1
打印机负荷/kW	0.5～1	1～2	2～3	0.5～1
系统调度通信负荷/kW	1～2	1～2	2～3	0.5～1
合计/kW	12～15	20～30	25～42	3.0～6.0
计及功率因数 (0.7) 后容量/kV · A	17.1～21.4	28.6～42.9	35.7～60.0	4.3～8.7
计及可靠系数 (1.43) 后选择容量/kV · A	24.5～30.6	40.8～61.2	51.1～85.8	7.4～15.1
建议 UPS 选择容量/kV · A	25～30	40～60	50～80	10～15
直流输入计算电流/A	75.76～90.9	121.2～181.8	151.5～242.4	30.3～45.5

注：直流输入计算电流用于计算蓄电池容量的负荷电流，是按同时系数 0.6、逆变器效率 90% 和直流系统电压 220V 计算的。

(3) 储能蓄电池容量选择计算

对于确定容量的 UPS 装置，当交流停电时，需要计算保证 UPS 正常输出的直流输入电流，即蓄电池向 UPS 提供的放电电流。

蓄电池最大放电电流按式 (10-54) 计算，即

$$I_{LC}=\frac{S\cos\varphi}{\eta NU_{df}} \tag{10-54}$$

式中 I_{LC}——蓄电池放电电流，即计算负荷电流，A；

S——UPS 输出容量，V·A；

η——UPS 变换效率，可取 0.8～0.9；

N——蓄电池组中的单体蓄电池个数；

U_{df}——放电时单体蓄电池的放电末期电压（由蓄电池的放电特性确定），可取 1.80V、1.83V、1.85V、1.87V 等。

对不同电压的直流系统、不同的蓄电池末期放电电压、UPS 不同的功率因数和逆变效率，可以得出蓄电池的放电电流与 UPS 额定输出功率的对应关系。通过假定数据，可以求得该对应关系的大致范围为：$S=180I_{LC}\sim220I_{LC}$，为简化计算，可取 $S=200I_{LC}$

由于在放电过程中，蓄电池的放电电压是变化的，因此蓄电池的放电电流不会是恒定的。取蓄电池末期放电电压作为安全储备系数，算出蓄电池放电电流后，再根据所要求的备用时间，按照蓄电池生产厂家所提供的蓄电池放电特性曲线求出给定时间内的容量换算系数，按式（10-55）计算蓄电池容量，即

$$蓄电池容量=\frac{蓄电池最大放电电流(A)}{蓄电池容量换算系数(h^{-1})}(A\cdot h) \tag{10-55}$$

根据计算的容量值，在蓄电池的型谱中选择接近计算容量的标称容量。

对应于 UPS 负荷系数为 0.6 时，不同的直流放电时间（发电机用 UPS 为 0.5h，常规值班变电站 UPS 为 1h，无人值班变电站为 2h）下，UPS 的储能蓄电池容量选择见表 10-24。当 UPS 与电气设备共用蓄电池时，应将 UPS 消耗功率计入蓄电池负荷中进行统一计算。

表 10-24 UPS 的储能蓄电池容量选择

UPS 容量/kV·A		3		5		10	15	30	50	60	80
蓄电池放电时间		1h	2h	1h	2h	1h	1h	0.5h	0.5h	0.5h	0.5h
UPS 的负荷系数		0.6									
直流放电电流/A		9			15	30	45	90	150	180	240
不同放电电压的蓄电池容量/A·h	1.83V	16	26	27	42	53	80	109	182	219	292
	1.85V	17	26	28	44	56	83	115	192	231	308
	1.87V	17	27	29	45	58	87	119	199	238	318
考虑可靠系数 1.4		22	36	38	60	74	112	153	279	307	445
标称容量选择/A·h		30	40	40	60	80	160	160	300	350	450

（4）UPS 的标称输出容量

UPS 的输出容量与输入、输出电压有关。

① 单相输入、单相输出 UPS 输出容量标称值系列为：1、2、3、5、7.5、10、15、20、25、30(kV·A) 等。

② 三相输入、三相输出或单相输出 UPS 输出容量标称值系列为：7.5、10、15、20、30、40、50、75、100、125、(150) 160、200、(300) 315、400、500、(600) 630、(750) 800、1000 (kV·A) 等。

10.3 交流操作电源设计[59]

继电保护为交流操作时，保护跳闸通常采用去分流方式，即靠断路器弹簧操动机构中的过电流脱扣器直接跳闸，能源来自电流互感器而不需要另外的电源。因此，交流操作电源主要是供给控制、合闸和分励信号等回路使用。交流操作电源通常为交流 220V，其接线方式有如下两种形式。

10.3.1 不带 UPS 的交流操作电源

不带 UPS 的交流操作电源接线图如图 10-23 所示。图中，两路电源（工作和备用）可以进行切换，其中一路由电压互感器经 100/220V 变压器供给电源，而另一路由所用变压器或其他低压线路经 220/220V 变压器（也可由另一段母线电压互感器经 100/220V 变压器）供给电源。两路电源中的任一路均可作为工作电源，另一路作为备用电源。控制电源通常采用不接地系统，并设有绝缘检查装置。

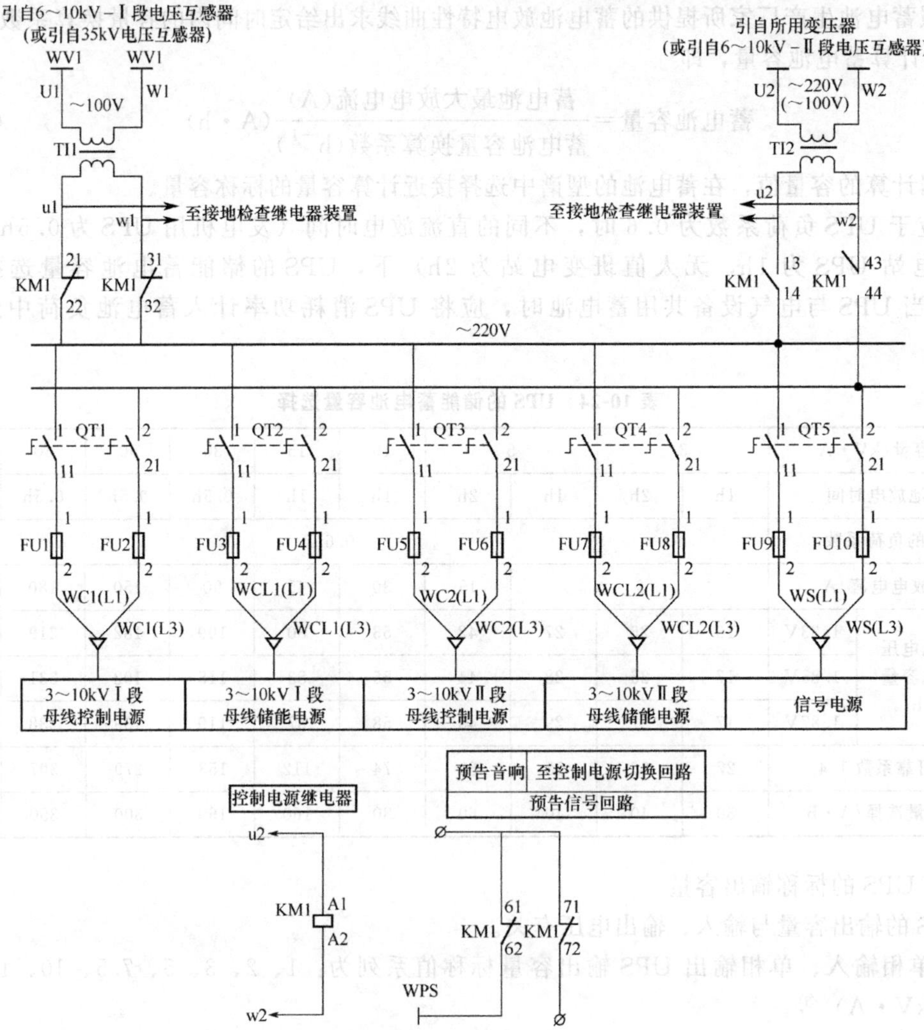

图 10-23　不带 UPS 的交流操作电源接线图

TI1，TI2——中间变压器，BK-400 型；KM1——中间继电器，CA2-DN122MLA1-D22 型；
QT1～QT5——组合开关，HZ15-10/201 型；FU1～FU10——熔断器，RL6-25/10 型

10.3.2　带 UPS 的交流操作电源

由于上述方式获得的电源是取自系统电压，当被保护元件发生短路故障时，短路电流很大，而电压却很低，断路器将会失去控制、信号、合闸以及分励脱扣的电源，所以上述交流操作的电源可靠性较低。随着交流不间断电源技术的发展和成本的不断降低，使交流操作应用交流不间断电源（UPS）越来越普及，交流操作电源的可靠性大大增强。由于带 UPS 的交流操作电源比较可靠，继电保护则可以采用分励脱扣器线圈跳闸的保护方式，不再用电流脱扣器线圈跳闸的保护方式，从而可免去交流操作继电保护两项特殊的整定计算，即继电器强力切换接点容量检验和脱扣器线圈动作可靠性校验。带 UPS 的交流操作电源接线如图 10-24 所示，从图中可以看到，当系统电源正常时，由系统电源小母线向储能回路、控制及信号回路（通过 UPS）供电，同时可向 UPS 充电或浮充电。当系统发生故障时，外电源消失，由 UPS 向控制回路及信号回路供电，使断路器可靠跳闸并发出信号。

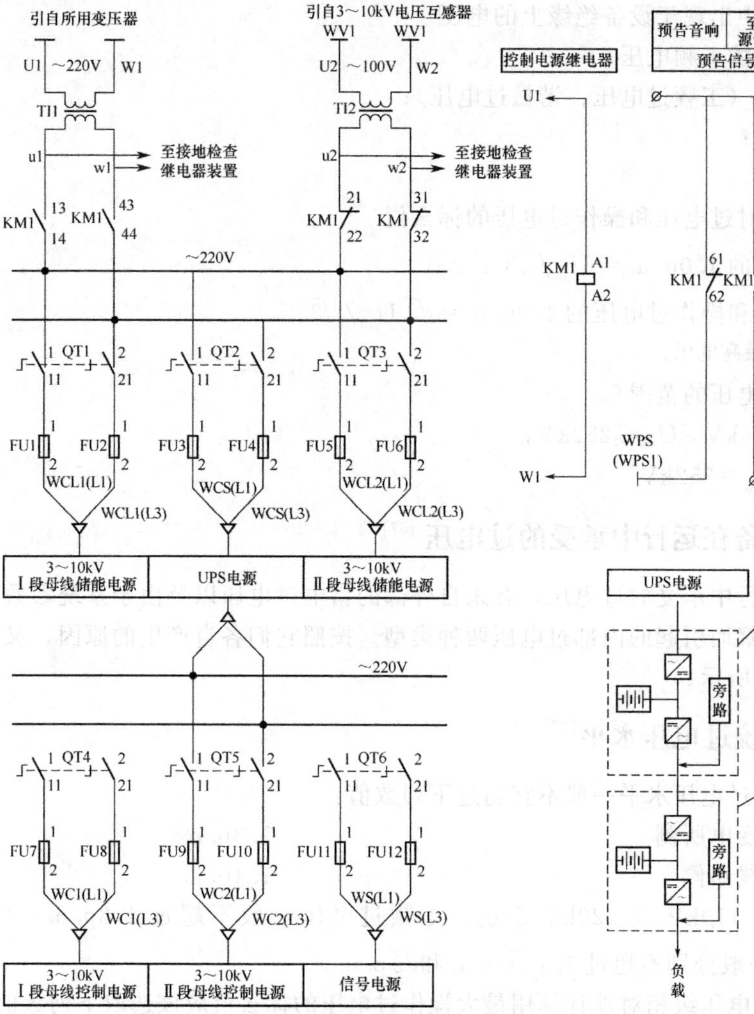

图 10-24　交流操作电源接线图

TI1，TI2——中间变压器，BK-400 型；KM1——中间继电器，CA 2-DN122MLA1-D22 型；

QT1～QT6——组合开关，HZ15-10/201 型；FU1～FU12——熔断器，RL6-25/10 型

第11章 防雷及过电压保护

11.1 电力系统过电压的种类和过电压水平

11.1.1 系统运行中出现于设备绝缘上的电压[28]

(1) 系统运行中出现于设备绝缘上的电压

① 正常运行时的工频电压；

② 暂时过电压（工频过电压、谐振过电压）；

③ 操作过电压；

④ 雷电过电压。

(2) 相对地暂时过电压和操作过电压的标幺值

① 工频过电压的 1.0p.u. $=U_m/\sqrt{3}$；

② 谐振过电压和操作过电压的 1.0p.u. $=\sqrt{2}\,U_m/\sqrt{3}$。

【注】 U_m 为系统最高电压。

(3) 系统最高电压的范围

① 范围Ⅰ，3.6kV$\leqslant U_m\leqslant$252kV；

② 范围Ⅱ，$U_m>$252kV。

11.1.2 电气设备在运行中承受的过电压[57]

电气设备在运行中承受的过电压，有来自外部的雷电过电压以及由于系统参数发生变化时电磁能产生振荡积聚而引起的内部过电压两种类型。按照它们各自产生的原因，又可细分为多种类型，如图 11-1 所示。

11.1.3 电力系统过电压水平[28]

① 系统的工频过电压水平一般不宜超过下列数值：

线路断路器的变电所侧	1.3p.u.
线路断路器的线路侧	1.4p.u.

对范围Ⅰ中的 110kV 及 220kV 系统，工频过电压一般不超过 1.3p.u.；3～10kV 和 35～66kV 系统，一般分别不超过 $1.1\sqrt{3}$ p.u. 和$\sqrt{3}$ p.u.。

② 范围Ⅰ的各电压级相对地计算用最大操作过电压的标幺值应该选取下列数值：

35kV 及以下低电阻接地系统	3.2 p.u.
66kV 及以下（除低电阻接地系统外）	4.0 p.u.
110kV 及 220kV	3.0 p.u.

3～220kV 电力系统，相间操作过电压宜取相对地过电压的 1.3～1.4 倍。

- 过电压
  - 雷电过电压
    - 直击雷过电压
    - 感应雷过电压
    - 侵入雷电波过电压
  - 内部过电压
    - 暂时过电压
      - 工频过电压
        - 长线电容效应
        - 不对称接地故障
        - 甩负荷
      - 谐振过电压
        - 线性谐振
          - 消弧线圈补偿网络的线性谐振
          - 传递过电压
        - 铁磁谐振
          - 线路断线
          - 电磁式电压互感器饱和
        - 参数谐振——发电机同步或异步自励磁
    - 操作过电压
      - 操作电容负荷过电压
        - 开断电容器组过电压
        - 开断空载长线过电压
        - 关合（重合）空载长线过电压
        - 开断空载变压器过电压
        - 开断并联电抗器过电压
        - 开断高压电动机过电压
      - 操作电感负荷过电压
      - 解列过电压
      - 间歇电弧过电压

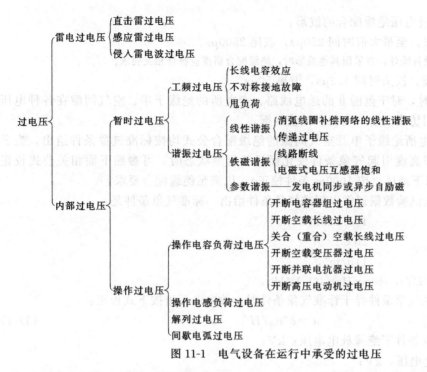

图 11-1　电气设备在运行中承受的过电压

当采用金属氧化物避雷器限制操作过电压时，相对地及相间计算用最大操作过电压的标幺值需经研究确定。

11.1.4　绝缘配合[28]

11.1.4.1　绝缘配合原则

① 按系统中出现的各种电压和保护装置的特性来确定设备绝缘水平，即进行绝缘配合时，应全面考虑设备造价、维修费用以及故障损失三个方面，力求取得较高的经济效益。不同系统，因结构不同以及在不同的发展阶段，可以有不同的绝缘水平。

② 工频运行电压和暂时过电压下的绝缘配合如下。

a. 工频运行电压下电气装置电瓷外绝缘的爬电距离应符合相应环境污秽分级条件下的爬电比距要求。

b. 变电所电气设备应能承受一定幅值和时间的工频过电压和谐振过电压。

③ 操作过电压下的绝缘配合如下。

a. 范围Ⅱ的架空线路确定其操作过电压要求的绝缘水平时，可用将过电压幅值和绝缘强度作为随机变量的统计法，并且仅考虑空载线路合闸、单相重合闸和成功的三相重合闸（如运行中使用时）过电压。

b. 范围Ⅱ的变电所电气设备操作冲击绝缘水平以及变电所绝缘子串、空气间隙的操作冲击绝缘强度，以避雷器相应保护水平为基础，进行绝缘配合。配合时，对非自恢复绝缘采用惯用法；对自恢复绝缘则仅将绝缘强度作为随机变量。

c. 范围Ⅰ的架空线路和变电所绝缘子串、空气间隙的操作过电压要求的绝缘水平，以计算用最大操作过电压为基础进行绝缘配合。将绝缘强度作为随机变量处理。

④ 雷电过电压下的绝缘配合。变电所中电气设备、绝缘子串和空气间隙的雷电冲击强度，以避雷器雷电保护水平为基础进行配合。配合时，对非自恢复绝缘采用惯用法，对自恢复绝缘仅将绝缘强度作为随机变量。

⑤ 用于操作雷电过电压绝缘配合的波形：

a. 操作冲击电压波。至最大值时间 250μs，波尾 2500μs。

【注】有绕组的电气设备除外；当采用其他波形时，绝缘配合裕度应符合相关要求。

b. 雷电冲击电压波。波头时间 1.2μs，波尾 50μs。

⑥ 进行绝缘配合时，对于范围Ⅱ的送电线路、变电所的绝缘子串、空气间隙在各种电压下的绝缘强度，宜采用仿真型塔（构架）试验数据。

⑦ 送电线路、变电所绝缘子串及空气间隙的绝缘配合公式均按标准气象条件给出。当送电线路、变电所因海拔高度引起气象条件变化而异于标准状态时，可参照下面相关公式校正（海拔高度 1000m 及以下地区，按 1000m 条件校正），以满足绝缘配合要求。

a. 外绝缘放电电压试验数据通常以标准气象条件给出。标准气象条件是：

气压　　101.325kPa；

温度　　20℃；

绝对湿度　　$11g/m^3$。

【注】1mmHg=133.322Pa，760mmHg=101.325kPa。

b. 外绝缘所在地区气象条件异于标准气象条件时，放电电压可按下式校正：

$$u=\delta^n u_0/H^n \tag{11-1}$$

式中 u_0——标准气象条件下绝缘放电电压，kV；

u——实际放电电压，kV；

δ——相对空气密度，标准气象条件下为 1，不同海拔高度时可按表 11-1（或实测数据）决定；

H——空气湿度校正系数，由式（11-2）、式（11-3）决定；

n——指数，与绝缘长度有关，由式（11-4）决定。

表 11-1 不同海拔高度的气象参数

海拔高度/m	0	500	1000	1500	2000	2500	3000	3500
相对气压	1	0.945	0.888	0.835	0.786	0.741	0.695	0.655
相对空气密度 δ	1	0.955	0.9085	0.865	0.824	0.784	0.745	0.708
空气绝对湿度 $h/(g/m^3)$	11	9.17	7.64	6.37	5.33	4.42	3.68	3.08

c. 空气湿度校正系数 H：

工频交流电压：

$$H=1+0.0125(11-h) \tag{11-2}$$

式中 h——空气绝对湿度，g/m^3，不同海拔高度时可按表 11-1（或实测数据）决定。

雷电及操作冲击电压波：

$$H=1+0.009(11-h) \tag{11-3}$$

d. 指数 n：

工频交流电压、正极性操作冲击电压波：

$$n=1.12-0.12l_i \tag{11-4}$$

式中 l_i——绝缘的长度（对绝缘子即串的净长，对空气间隙即间距），m。

式（11-4）适用于 $1\leqslant l_i\leqslant 6$。对于另外的 l_i，取 $n=1$。

正极性雷电冲击电压波：$n=1$

e. 送电线路、变电所绝缘子串及空气间隙的绝缘配合公式还有如下规定。

ⅰ. 空气间隙。不考虑雨的影响，仅进行相对空气密度和湿度的校正。

ⅱ. 绝缘子串。工频污秽放电电压暂不进行校正。

ⅲ. 操作冲击电压波放电电压。按以下两种方法校正，且按严苛条件取值：

• 考虑雨使绝缘子正极性冲击电压波放电电压降低 5%（或采用实测数据），再进行相对空气密度校正；

• 不考虑雨的影响，但进行相对空气密度和湿度的校正。

⑧ 关于变电所电气设备绝缘配合的要求，适用于设备安装点海拔高度不超过 1000m。当设备安装点海拔高度超过 1000m 时，可参照本小节第⑦条考虑对设备外绝缘的耐受电压要求。

11.1.4.2　架空送电线路的绝缘配合

(1) 0 级污秽区线路绝缘子串

每串绝缘子片数应符合工频电压的爬电距离要求，同时应符合操作过电压要求。

① 由工频电压爬电距离要求的线路每串绝缘子片数应符合下式要求：

$$m \geqslant \frac{\lambda U_m}{K_e L_0} \tag{11-5}$$

式中　m——每串绝缘子片数；

U_m——系统最高电压，kV；

λ——爬电比距，330kV 及以上为 1.45，220kV 及以下为 1.39，cm/kV；

L_0——每片悬式绝缘子的几何爬电距离，cm；

K_e——绝缘子爬电距离的有效系数，主要由各种绝缘子爬电距离在试验和运行中提高污秽耐压的有效性来确定，并以 XP-70 型绝缘子作为基础，其 K_e 值取为 1。

几何爬电距离 290mm 的 XP-160 型绝缘子的 K_e 暂取为 1。采用其他形式绝缘子时，K_e 应由试验确定。

② 操作过电压要求的线路绝缘子串正极性操作冲击电压波 50%放电电压 $\overline{u}_{s.l.i}$ 应符合下式的要求：

$$\overline{u}_{s.l.i} \geqslant K_1 U_0 \tag{11-6}$$

式中　K_1——线路绝缘子串操作过电压统计配合系数，对范围Ⅱ取 1.25，对范围Ⅰ取 1.17；

U_0——对范围Ⅱ为线路相对地统计操作过电压，采用空载线路合闸、单相重合闸和成功的三相重合闸（如运行中使用时）中的较高值，对范围Ⅰ为计算用最大操作过电压，kV。

(2) 线路（受风偏影响的）导线对杆塔的空气间隙

绝缘子串风偏后，导线对杆塔的空气间隙应分别符合工频电压要求［见式（11-7）］、操作过电压要求［见式（11-8）］及雷电过电压要求。

① 风偏后线路导线对杆塔空气间隙的工频 50%放电电压 $\overline{u}_{i.s}$ 应符合下式的要求：

$$\overline{u}_{i.s} \geqslant K_2 u_m / \sqrt{3} \tag{11-7}$$

式中　K_2——线路空气间隙工频电压统计配合系数，对范围Ⅱ取 1.40，对 110kV 及 220kV 取 1.35，对 66kV 及以下取 1.20。风偏计算用的风速取线路设计最大风速。

② 风偏后线路导线对杆塔空气间隙的正极性操作冲击电压波 50%放电电压 $\overline{u}_{s.l.s}$ 应符合下式的要求：

$$\overline{u}_{s.l.s} \geqslant K_3 U_0 \tag{11-8}$$

式中　K_3——线路空气间隙操作过电压统计配合系数，对范围Ⅱ取 1.1，对范围Ⅰ取 1.03。风偏计算用的风速取线路设计最大风速的 0.5 倍。

③ 风偏后线路导线对杆塔空气间隙的正极性雷电冲击电压波50%放电电压，可选为绝缘子串相应电压的0.85倍（污秽区该间隙可仍按0级污秽区配合）。风偏计算用的风速，对于线路设计最大风速小于35m/s的地区，一般采用10m/s；最大风速在35m/s及以上以及雷暴时风速较大的地区，一般采用15m/s。

(3) 送电线路采用V型绝缘子串时导线对杆塔的空气间隙

送电线路采用V型绝缘子串时，V型串每一分支的绝缘子片数应符合式（11-5）的要求。导线对杆塔的空气间隙应符合以下三种电压要求。

① 工频电压。按式（11-7）确定，但K_2的取值对范围Ⅱ取1.50，对110kV及220kV取1.40，对66kV及以下取1.30。

② 操作过电压。按式（11-8）确定，但K_3对范围Ⅱ取1.25，对范围Ⅰ取1.17。

③ 雷电过电压。应符合表11-2线路耐雷水平的要求。

表 11-2 有避雷线线路的耐雷水平

标称电压/kV		35	66	110	220	330	500
耐雷水平/kA	一般线路	20～30	30～60	40～75	75～110	100～150	125～175
	大跨越档中央和发电厂、变电所进线保护段	30	60	75	110	150	175

(4) 海拔不超过1000m地区架空送电线路绝缘子串及空气间隙

线路绝缘子每串最少片数和最小空气间隙不应小于表11-3所列数值。在进行绝缘配合时，考虑杆塔尺寸误差、横担变形和拉线施工误差等不利因素，空气间隙应留有一定裕度。

表 11-3 线路绝缘子每串最少片数和最小空气间隙

系统标称电压/kV	20	35	66	110	220	330	500
雷电过电压间隙/cm	35	45	65	100	190	230(260)	330(370)
操作过电压间隙/cm	12	25	50	70	145	195	270
工频电压间隙/cm	5	10	20	25	55	90	130
悬垂绝缘子串的绝缘子个数	2	3	5	7	13	17(19)	25(28)

注：1. 绝缘子形式一般为XP型；330kV、500kV括号外为XP_3型。

2. 绝缘子适用于0级污秽。污秽地区绝缘加强时，间隙一般仍用表中的数值。

3. 330kV、500kV括号内雷电过电压间隙与括号内绝缘子个数相对应，适用于发电厂、变电所进线保护段杆塔。

11.1.4.3 变电所绝缘子串及空气间隙的绝缘配合

(1) 变电所绝缘子串

清洁区变电所绝缘子串应同时符合以下三种电压要求。

① 由工频电压爬电距离要求的变电所每串绝缘子片数参照式（11-5）确定。其中爬电比距λ，对Ⅰ级污秽区取同级线路的1.1倍。

② 变电所操作过电压要求的变电所绝缘子串正极性操作冲击电压波50%放电电压$\overline{u}_{s.s.i}$应符合下式要求且不得低于变电所电气设备中隔离开关、支柱绝缘子的相应值：

$$\overline{u}_{s.s.i}=\frac{U_{p.l}}{1-3\sigma_s}\geqslant K_4U_{p.l} \tag{11-9}$$

式中 $U_{p.l}$——对范围Ⅱ为线路型避雷器操作过电压保护水平，对范围Ⅰ则代之以计算用最大操作过电压［式（11-11）、式（11-12）和式（11-15）同此］，kV；

σ_s——绝缘子串在操作过电压下放电电压的变异系数，5%；

K_4——变电所绝缘子串操作过电压配合系数，取 1.18。

③ 雷电过电压要求的变电所绝缘子串正极性雷电冲击电压波 50%放电电压 $\overline{u}_1$ 应符合下式的要求，且不得低于变电所电气设备中隔离开关、支柱绝缘子的相应值：

$$\overline{u}_1 \geqslant K_5 U_R \tag{11-10}$$

式中 K_5——变电所绝缘子串雷电过电压配合系数，取 1.45；

U_R——避雷器（对范围Ⅱ为线路型）在标称雷电流下的额定残压值（对 500kV、330kV 和 220kV 以及 3～110kV 分别取标称雷电流为 20kA、10kA 和 5kA），kV。

(2) 变电所导线对构架的空气间隙

空气间隙受导线风偏影响时，各种电压下用于绝缘配合的风偏角计算风速的选用原则与送电线路相同。变电所导线对构架的受风偏及不受风偏影响的空气间隙应符合下列各项要求。

① 变电所相对地空气间隙与工频电压的配合和送电线路相同。

② 变电所相对地空气间隙的正极性操作冲击电压波 50%放电电压 $\overline{u}_{s.s.s}$ 应符合式（11-11）和式（11-12）的要求：

$$\overline{u}_{s.s.s} = \frac{U_{p.1}}{1-2\sigma_{s.s}} \geqslant K_6 U_{p.1} \tag{11-11}$$

$$\overline{u}_{s.s.s} = \frac{U_{p.1}}{1-3\sigma_{s.s}} \geqslant K_6 U_{p.1} \tag{11-12}$$

式中 $\sigma_{s.s}$——变电所相对地空气间隙在操作过电压下放电电压的变异系数，5%；

K_6——变电所相对地空气间隙操作过电压配合系数，有风偏间隙取 1.1［式（11-11）］，无风偏间隙取 1.18［式（11-12）］。

③ 变电所相对地空气间隙的正极性雷电冲击电压波 50%放电电压 $\overline{u}_{l.s}$ 应符合下式的要求：

$$\overline{u}_{l.s} \geqslant K_7 U_R \tag{11-13}$$

式中 K_7——变电所相对地空气间隙雷电过电压配合系数，有风偏间隙取 1.4，无风偏间隙取 1.45。

(3) 变电所相间空气间隙

① 变电所相间空气间隙的工频 50%放电电压 $\overline{u}_{i.p.s}$ 应符合下式的要求：

$$\overline{u}_{i.p.s} \geqslant K_2 U_m \tag{11-14}$$

② 范围Ⅱ变电所相间空气间隙的 50%操作冲击电压波放电电压 $\overline{u}_{s.p.s}$ 应符合下式的要求：

$$\overline{u}_{s.p.s} = \frac{K_8 U_{p.1}}{1-3\sigma_{s.p}} \geqslant K_9 U_{p.1} \tag{11-15}$$

式中 $\sigma_{s.p}$——相间空气间隙在操作过电压下放电电压的变异系数，3.5%；

K_8——相间与相对地过电压的比值，对范围Ⅱ取 1.7，对范围Ⅰ取 1.4；

K_9——变电所相间空气间隙操作过电压配合系数，对范围Ⅱ取 1.9，对范围Ⅰ取 1.6。

③ 变电所的雷电过电压相间空气间隙可取相应对地间隙的 1.1 倍。

(4) 变电所的最小空气间隙

① 海拔不超过 1000m 地区变电所工频电压要求的最小空气间隙如表 11-4 所示。其中对于 330kV 和 500kV 为参考值。

② 对于海拔不超过 1000m 地区变电所操作和雷电过电压要求的最小空气间隙如表 11-5 所示。其中对于 330kV 和 500kV 为参考值。

③ 海拔不超过 1000m 地区 3～20kV 高压配电装置的最小户外、户内的相对地、相间空气间隙如表 11-6 所示。

表 11-4 变电所工频电压要求的最小空气间隙

系统标称电压/kV	相对地/cm	相间/cm	系统标称电压/kV	相对地/cm	相间/cm
35	15	15	220	60	90
66	30	30	330	110	170
110	30	50	500	160	240

表 11-5 变电所操作和雷电过电压要求的间隙

系统标称电压/kV	操作过电压/cm		雷电过电压/cm	
	相对地	相间	相对地	相间
35	40	40	40	40
66	65	65	65	65
110	90	100	90	100
220	180	200	180	200
330	230	270	220	240
500	350	430	320	360

表 11-6 3～20kV 高压配电装置的空气间隙

系统标称电压/kV	户外/cm	户内/cm	系统标称电压/kV	户外/cm	户内/cm
3	20	7.5	15	30	15
6	20	10	20	30	18
10	20	12.5			

注：相对地、相间取同一值。

11.1.4.4 变电所电气设备的绝缘配合

（1）变电所电气设备与工频电压的配合

①Ⅰ级污秽区变电所电气设备户外电瓷绝缘的爬电比距 λ 不应小于 1.60cm/kV（户外电瓷绝缘的瓷件平均直径 D_m<300mm）。不同 D_m 的爬电距离按下式计算：

$$L \geqslant K_d \lambda U_m \tag{11-16}$$

式中 L——电气设备户外电瓷绝缘的几何爬电距离，cm；

K_d——电气设备户外电瓷绝缘爬电距离增大系数。K_d 与瓷件的直径 D_m 有关，对应不同的 D_m，宜采用如下的爬电距离增大系数 K_d：D_m＜300mm，$K_d=1.0$；300mm⩽D_m⩽500mm，$K_d=1.1$；D_m＞500mm，$K_d=1.2$。

断路器同极断口间灭弧室瓷套的爬电比距不应小于对地爬电比距要求值的 1.15（252kV）或 1.2（363kV、550kV）倍。

② 为保证变压器内绝缘在正常运行工频电压作用下的工作可靠性，应进行长时间工频耐压试验。变压器耐压值为 1.5 倍系统最高相电压

（2）变电所电气设备应能承受一定幅值和时间的工频过电压和谐振过电压

（3）范围Ⅱ变电所电气设备与操作过电压的绝缘配合

① 电气设备内绝缘

a. 电气设备内绝缘相对地额定操作冲击耐压与避雷器操作过电压保护水平间的配合系数不应小于 1.15。

b. 变压器内绝缘相间额定操作冲击耐压应取其等于内绝缘相对地额定操作冲击耐压的 1.5 倍。

c. 断路器同极断口间内绝缘额定操作冲击耐压 $U_{s.d}$ 应符合下式的要求：

$$U_{s.d} \geqslant 1.15U_{p.l}+\sqrt{2}U_m/\sqrt{3} \quad (11\text{-}17)$$

② 电气设备外绝缘

a. 电气设备外绝缘相对地干态额定操作冲击耐压与相应设备的内绝缘额定操作冲击耐压相同。淋雨耐压值可低 5%。

b. 变压器外绝缘相间干态额定操作冲击耐压与其内绝缘相间额定操作冲击耐压相同。

c. 断路器、隔离开关同极断口间外绝缘额定操作冲击耐压与断路器断口间内绝缘的相应值相同。

(4) 变电所电气设备与雷电过电压的绝缘配合

① 变压器内、外绝缘的全波额定雷电冲击耐压与变电所避雷器标称放电电流下的残压间的配合系数取 1.4。

② 并联电抗器、高压电器、电流互感器、单独试验的套管、母线支持绝缘子及电缆和其附件等的全波额定雷电冲击耐压与避雷器标称放电电流下的残压间的配合系数取 1.4。

③ 变压器、并联电抗器及电流互感器截波额定雷电冲击耐压取相应设备全波额定雷电冲击耐压的 1.1 倍。

④ 断路器同极断口间内绝缘以及断路器、隔离开关同极断口间外绝缘的全波雷电冲击耐压 $U_{l.d}$ 应符合下式：

$$U_{l.d} \geqslant U_{l.e}+U_m/\sqrt{3} \quad (11\text{-}18)$$

式中　$U_{l.e}$——断路器、隔离开关全波额定雷电冲击耐压，kV。

(5) 电气设备耐受电压的选择

对 3～500kV 电气设备随其所在系统接地方式的不同、暂时过电压的差别及所选用的保护用阀式避雷器形式、特性的差异，将有不同的耐受电压要求。以下各表所列耐受电压数据适用于海拔高度 1000m 及以下地区的电气设备。

① 电压范围Ⅰ（3.5kV<U_m≤252kV）电气设备选用的耐受电压见表 11-7。

② 电压范围Ⅱ（U_m>252kV）电气设备选用的耐受电压见表 11-8。

③ 电力变压器、高压并联电抗器中性点及其接地电抗器选用的耐受电压见表 11-9。

表 11-7　电压范围Ⅰ电气设备选用的耐受电压

系统标称电压/kV	设备最高电压/kV	设备类别	雷电冲击耐受电压/kV				短时(1min)工频耐受电压(有效值)/kV			
			相对地	相间	断口		相对地	相间	断口	
					断路器	隔离开关			断路器	隔离开关
3	3.6	变压器	40	40	—	—	20	20	—	—
		开　关	40	40	40	46	25	25	25	27
6	7.2	变压器	60(40)	60(40)	—	—	25(20)	25(20)	—	—
		开　关	60(40)	60(40)	60	70	30(20)	30(20)	30	34
10	12	变压器	75(60)	75(60)	—	—	35(28)	35(28)	—	—
		开　关	75(60)	75(60)	75(60)	85(70)	42(28)	42(28)	42(28)	49(35)
15	18	变压器	105	105	—	—	45	45	—	—
		开　关	105	105	115	—	46	46	56	—
20	24	变压器	125(95)	125(95)	—	—	55(50)	55(50)	—	—
		开　关	125	125	125	145	65	65	65	79

续表

系统标称电压/kV	设备最高电压/kV	设备类别	雷电冲击耐受电压/kV				短时(1min)工频耐受电压(有效值)/kV			
			相对地	相间	断口		相对地	相间	断口	
					断路器	隔离开关			断路器	隔离开关
35	40.5	变压器	185/200	185/200	—	—	80/85	80/85	—	—
		开关	185	185	185	215	95	95	95	118
66	72.5	变压器	350	350	—	—	150	150	—	—
		开关	325	325	325	375	155	155	155	197
110	126	变压器	450/480	450/480	—	—	185/200	185/200	—	—
		开关	450、550	450、550	450、550	520、630	200、230	200、230	200、230	225、265
220	252	变压器	850、950	850、950	—	—	360、395	360、395	—	—
		开关	850、950	850、950	850、950	950、1050	360、395	360、395	360、395	410、460

注：1. 分子、分母数据分别对应外绝缘和内绝缘。
2. 括号内和外数据分别对应是和非低电阻接地系统。
3. 开关类设备将设备最高电压称作“额定电压”。

表 11-8　电压范围Ⅱ电气设备选用的耐受电压

系统标称电压/kV	设备最高电压/kV	雷电冲击耐受电压/kV		操作冲击耐受电压/kV			短时(1min)工频耐受电压(有效值)/kV	
		相对地	断口	相对地	相间	断口	相对地	断口
330	363	1050	1050+205	850	1300	850+295	460	520
		1175	1175+205	950	1425		510	580
500	550	1425	1425+315	1050	1675	1050+450	630	790
		1550	1550+315	1175	1800		680	790

表 11-9　电力变压器、高压并联电抗器中性点及其接地电抗器选用的耐受电压

系统标称电压/kV	系统最高电压/kV	中性点接地方式	雷电全波和截波耐受电压/kV	短时工频耐受电压(有效值)/kV
110	126	—	250	95
220	252	直接接地	185	85
		经接地电抗器接地	185	85
		不接地	400	200
330	363	直接接地	185	85
		经接地电抗器接地	250	105
500	500	直接接地	185	85
		经接地电抗器接地	325	140

注：中性点经接地电抗器接地时，其电抗值与变压器或高压并联电抗器的零序电抗之比小于等于 1/3。

11.2　交流电气装置过电压保护设计要求及限制措施[28]

11.2.1　暂时过电压（工频过电压、谐振过电压）及其保护

① 工频过电压、谐振过电压与系统结构、容量、参数、运行方式以及各种安全自动装置的特性有关。工频过电压、谐振过电压除增大绝缘承受电压外，还对选择过电压保护装置有重要影响。

a. 系统中的工频过电压一般由线路空载、接地故障和甩负荷等引起。对范围Ⅱ的工频过电压，在设计时应结合实际条件加以预测。根据这类系统的特点，有时需综合考虑这几种因素的影响。

通常可取正常送电状态下甩负荷和在线路受端有单相接地故障情况下甩负荷作为确定系统工频过电压的条件。对工频过电压应采取措施加以降低。一般主要采用在线路上安装并联电抗器的措施限制工频过电压。在线路上架设良导体避雷线降低工频过电压时，宜通过技术经济比较加以确定。

b. 应避免在110kV及220kV有效接地系统中偶然形成局部不接地系统，并产生较高的工频过电压。对可能形成这种局部系统、低压侧有电源的110kV及220kV变压器不接地的中性点应装设间隙。因接地故障形成局部不接地系统时该间隙应动作；系统以有效接地方式运行发生单相接地故障时间隙不应动作。间隙距离的选择除应满足这两项要求外，还应兼顾雷电过电压下保护变压器中性点标准分级绝缘的要求。

② 谐振过电压包括线性谐振和非线性（铁磁）谐振过电压，一般因操作或故障引起系统元件参数出现不利组合而产生。应采取防止措施，避免出现谐振过电压的条件；或用保护装置限制其幅值和持续时间。

a. 为防止发电机电感参数周期性变化引起的发电机自励磁（参数谐振）过电压，一般可采取下列防止措施：

ⅰ. 使发电机的容量大于被投入空载线路的充电功率；

ⅱ. 避免发电机带空载线路启动或避免以全电压向空载线路合闸；

ⅲ. 快速励磁自动调节器可限制发电机同步自励过电压。发电机异步自励过电压，仅能用速动过电压继电保护切机以限制其作用时间。

b. 应该采用转子上装设阻尼绕组的水轮发电机，以限制水轮发电机不对称短路或负荷严重不平衡时产生的谐振过电压。

③ 范围Ⅱ的系统当空载线路上接有并联电抗器，且其零序电抗小于线路零序容抗时，如发生非全相运行状态（分相操动的断路器故障或采用单相重合闸时），因线间电容的影响，断开相上可能发生谐振过电压。

上述条件下由于并联电抗器铁芯的磁饱和特性，有时在断路器操作产生的过渡过程激发下，可能发生以工频基波为主的铁磁谐振过电压。在并联电抗器的中性点与大地之间串接一接地电抗器，一般可有效地防止这种过电压。该接地电抗器的电抗值宜按补偿并联电抗器所接线路的相间电容选择，同时应考虑以下因素：

a. 并联电抗器、接地电抗器的电抗及线路容抗的实际值与设计值的变异范围；

b. 限制潜供电流的要求；

c. 连接接地电抗器的并联电抗器中性点绝缘水平。

④ 在范围Ⅱ的系统中，当空载线路（或其上接有空载变压器时）由电源变压器断路器合闸、重合闸或由只带有空载线路的变压器低压侧合闸、带电线路末端的空载变压器合闸以及系统解列等情况下，如由这些操作引起的过渡过程的激发使变压器铁芯磁饱和、电感作周期性变化，回路等值电感在2倍工频下的电抗与2倍工频下线路入口容抗接近相等时，可能产生以2次谐波为主的高次谐波谐振过电压。应尽量避免产生2次谐波谐振的运行方式、操作方式以及防止在故障时出现该种谐振的接线；确实无法避免时，可在变电所线路继电保护装置内增设过电压速断保护，以缩短该过电压的持续时间。

⑤ 范围Ⅰ的系统中有可能出现下列谐振过电压。

a. 110kV及220kV系统采用带有均压电容的断路器开断连接有电磁式电压互感器的空载

母线，经验算有可能产生铁磁谐振过电压时，宜选用电容式电压互感器。已装有电磁式电压互感器时，运行中应避免可能引起谐振的操作方式，必要时可装设专门消除此类铁磁谐振的装置。

b. 由单一电源侧用断路器操作中性点不接地的变压器出现非全相或熔断器非全相熔断时，如变压器的励磁电感与对地电容产生铁磁谐振，能产生 2.0p.u～3.0p.u. 的过电压；有双侧电源的变压器在非全相分合闸时，由于两侧电源的不同步在变压器中性点上可出现接近于 2.0p.u. 的过电压，如产生铁磁谐振，则会出现更高的过电压。

c. 经验算如断路器操作中因操动机构故障出现非全相或严重不同期时产生的铁磁谐振过电压可能危及中性点为标准分级绝缘、运行时中性点不接地的 110kV 及 220kV 变压器的中性点绝缘，宜在中性点装设间隙，对该间隙的要求详见 11.1.3①。在操作过程中，应先将变压器中性点临时接地。有单侧电源的变压器，如另一侧带有同期调相机或较大的同步电动机，也类似有双侧电源的情况。

d. 3～66kV 不接地系统或消弧线圈接地系统偶然脱离消弧线圈的部分，当连接有中性点接地的电磁式电压互感器的空载母线（其上带或不带空载短线路），因合闸充电或在运行时接地故障消除等原因的激发，使电压互感器过饱和，则可能产生铁磁谐振过电压。为限制这类过电压，可选取下列措施。

ⅰ. 选用励磁特性饱和点较高的电磁式电压互感器。

ⅱ. 减少同一系统中电压互感器中性点接地的数量，除电源侧电压互感器高压绕组中性点接地外，其他电压互感器中性点尽可能不接地。

ⅲ. 个别情况下，在 10kV 及以下的母线上装设中性点接地的星形接线电容器组或用一段电缆代替架空线路以减少 X_{C0}，使 $X_{C0}<0.01X_m$。

【注】X_{C0} 为系统每相对地分布电抗；X_m 为电压互感器在线电压作用下单相绕组的励磁电抗。

ⅳ. 在互感器的开口三角形绕组装设 $R_{\triangle}\leqslant 0.4(X_m/K_{13}^2)$ 的电阻（K_{13} 为互感器一次绕组与开口三角形绕组的变比）或装设其他专门消除此类铁磁谐振的装置。

ⅴ. 10kV 及以下互感器高压绕组中性点经 $R_{p.n}\geqslant 0.06X_m$（容量大于 600W）的电阻接地。

⑥ 3～66kV 不接地及消弧线圈接地系统，应采用性能良好的设备并提高运行维护水平，以避免在下述条件下产生铁磁谐振过电压：

a. 配电变压器高压绕组对地短路；

b. 送电线路一相断线且一端接地或不接地。

⑦ 有消弧线圈的较低电压系统，应适当选择消弧线圈的脱谐度，以便避开谐振点；无消弧线圈的较低电压系统，应采取增大其对地电容等措施（如安装电力电容器等），以防止零序电压通过电容，如变压器绕组间或两条架空线路间的电容耦合，由较高电压系统传递到中性点不接地的较低电压系统，或由较低电压系统传递到较高电压系统，或回路参数形成串联谐振条件，产生高幅值的转移过电压。

11.2.2 操作过电压及其保护

（1）线路合闸和重合闸过电压

空载线路合闸时，由于线路电感-电容的振荡将产生合闸过电压。线路重合时，由于电源电势较高以及线路上残余电荷的存在，加剧了这一电磁振荡过程，使过电压进一步提高。

① 在范围Ⅱ中，线路合闸和重合闸过电压对系统中设备绝缘配合有重要影响，应该结合系统条件预测空载线路合闸、单相重合闸和成功、非成功的三相重合闸（如运行中使用时）的相对地和相间过电压。

预测这类操作过电压的条件如下。

a. 对于发电机-变压器-线路单元接线的空载线路合闸，线路合闸后，电源母线电压为系统最高电压；对于变电所出线则为相应运行方式下的实际母线电压。

b. 成功的三相重合闸前，线路受端曾发生单相接地故障；非成功的三相重合闸时，线路受端有单相接地故障。

② 空载线路合闸、单相重合闸和成功的三相重合闸（如运行中使用时），在线路上产生的相对地统计过电压，对 330kV 和 500kV 系统分别不宜大于 2.2p.u. 和 2.0p.u.。

③ 限制这类过电压的最有效措施是在断路器上安装合闸电阻。对范围Ⅱ，当系统的工频过电压符合 11.1.3①要求且符合以下参考条件时，可仅用安装于线路两端（线路断路器的线路侧）上的金属氧化物避雷器（MOA）将这类操作引起的线路的相对地统计过电压限制到要求值以下。这些参考条件如下。

发电机-变压器-线路单元接线时的参考条件见表 11-10。

表 11-10 仅用 MOA 限制合闸、重合闸过电压的条件

系统标称电压/kV	发电机容量/MW	线路长度/km	系统标称电压/kV	发电机容量/MW	线路长度/km
330	200 300	<100 <200	500	200 300 ≥500	<100 <150 <200

系统中变电所出线时的参考条件为：

330kV　　<200km

500kV　　<200km

在其他条件下，可否仅用金属氧化物避雷器限制合闸和重合闸过电压，需经校验确定。

④ 范围Ⅰ的线路合闸和重合闸过电压一般不超过 3.0p.u.，通常无须采取限制措施。

(2) 空载线路分闸过电压

空载线路开断时，如断路器发生重击穿，将产生操作过电压。

① 对范围Ⅱ的线路断路器，应要求在电源对地电压为 1.3p.u. 条件下开断空载线路不发生重击穿。

② 对范围Ⅰ，110kV 及 220kV 开断架空线路该过电压不超过 3.0p.u.；开断电缆线路可能超过 3.0p.u.。为此，开断空载架空线路宜采用不重击穿的断路器；开断电缆线路应该采用不重击穿的断路器。

③ 对范围Ⅰ，66kV 及以下系统中，开断空载线路断路器发生重击穿时的过电压一般不超过 3.5p.u.。开断前系统已有单相接地故障，使用一般断路器操作时产生的过电压可能超过 4.0p.u.。为此，选用操作断路器时，应该使其开断空载线路过电压不超过 4.0p.u.。

(3) 线路非对称故障分闸和振荡解列过电压

系统送受端联系薄弱，如线路非对称故障导致分闸，或在系统振荡状态下解列，将产生线路非对称故障分闸或振荡解列过电压。对范围Ⅱ的线路，宜对这类过电压进行预测。预测前一过电压的条件，可选线路受端存在单相接地故障，分闸时线路送受端电势功角差应按实际情况选取。当过电压超过 11.2.2 第（1）条第②款所列数值时，可用安装在线路两端的金属氧化物避雷器加以限制。

(4) 隔离开关操作空载母线的过电压

隔离开关操作空载母线时，由于重击穿将会产生幅值可能超过 2.0p.u.、频率为数百千赫至兆赫的高频振荡过电压。这对范围Ⅱ的电气装置有一定危险。为此，宜符合以下要求。

① 隔离开关操作由敞开式配电装置构成的变电所空载母线时的过电压，可能使电流互感器一次绕组进出线之间的套管闪络放电，宜采用金属氧化物避雷器对其加以保护。

② 隔离开关操作气体绝缘全封闭组合电器（GIS）变电所的空载母线时，会产生频率更高的过电压，它可能对匝间绝缘裕度不高的变压器构成威胁。为此，宜对采用的操作方式加以校核，尽量避免可能引起危险的操作方式。

（5）3～66kV 系统开断并联电容补偿装置如断路器发生单相重击穿时，电容器高压端对地过电压可能超过 4.0p.u.

开断前电源侧有单相接地故障时，该过电压将更高。开断时如发生两相重击穿，电容器极间过电压可能超过 $2.5\sqrt{2}U_{n.C}$（注：$U_{n.C}$ 为电容器的额定电压）。

操作并联电容补偿装置，应采用开断时不重击穿的断路器。对于需要频繁投切的补偿装置，宜按图 11-2（a）装设并联电容补偿装置金属氧化物避雷器（F1 或 F2），作为限制单相重击穿过电压的后备保护装置。在电源侧有单相接地故障不要求进行补偿装置开断操作的条件下，宜采用 F1。断路器操作频繁且开断时可能发生重击穿或者合闸过程中触头有弹跳现象时，宜按图 11-2（b）装设并联电容补偿装置金属氧化物避雷器（F1 及 F3 或 F4）。F3 或 F4 用以限制两相重击穿时在电容器极间出现的过电压。当并联电容补偿装置电抗器的电抗率不低于 12%时，宜采用 F4。

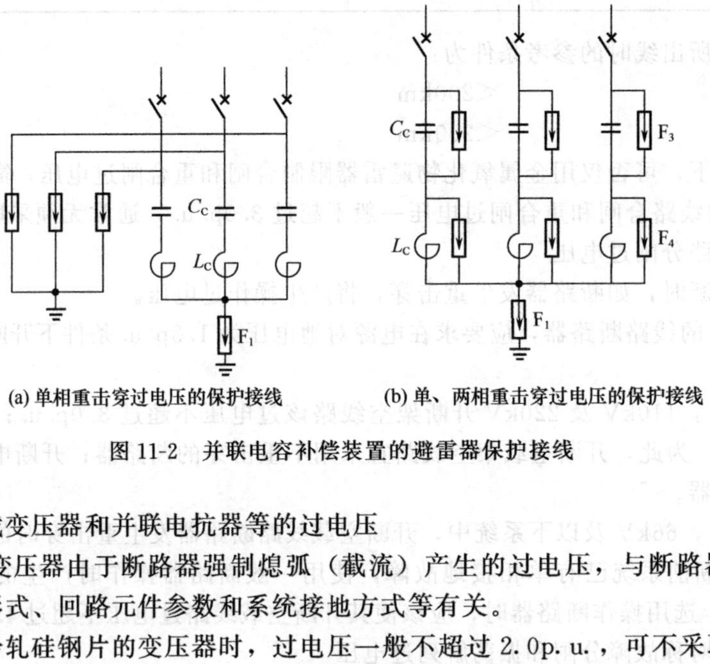

(a) 单相重击穿过电压的保护接线　　(b) 单、两相重击穿过电压的保护接线

图 11-2　并联电容补偿装置的避雷器保护接线

（6）操作空载变压器和并联电抗器等的过电压

① 开断空载变压器由于断路器强制熄弧（截流）产生的过电压，与断路器形式、变压器铁芯材料、绕组形式、回路元件参数和系统接地方式等有关。

当开断具有冷轧硅钢片的变压器时，过电压一般不超过 2.0p.u.，可不采取保护措施。开断具有热轧硅钢片铁芯的 110kV 及 220kV 变压器的过电压一般不超过 3.0p.u.；66kV 及以下变压器一般不超过 4.0p.u.。采用熄弧性能较强的断路器开断励磁电流较大的变压器以及并联电抗补偿装置产生的高幅值过电压，可在断路器的非电源侧装设阀式避雷器加以限制。保护变压器的避雷器可装在其高压侧或低压侧。但高、低压侧系统接地方式不同时，低压侧宜装设操作过电压保护水平较低的避雷器。

② 在可能只带一条线路运行的变压器中性点消弧线圈上，宜用阀式避雷器限制切除最后一条线路两相接地故障时，强制开断消弧线圈电流在其上产生的过电压。

③ 空载变压器和并联电抗补偿装置合闸产生的操作过电压一般不超过 2.0p.u.，可不采取

保护措施。

(7) 在开断高压感应电动机时，因断路器的截流、三相同时开断和高频重复重击穿等会产生过电压（后两种仅出现于真空断路器开断时）

过电压幅值与断路器熄弧性能、电动机和回路元件参数等有关。开断空载电动机的过电压一般不超过 2.5p.u.。开断启动过程中的电动机时，截流过电压和三相同时开断过电压可能超过 4.0p.u.，高频重复重击穿过电压可能超过 5.0p.u.。采用真空断路器或采用少油断路器截流值较高时，宜在断路器与电动机之间装设旋转电机金属氧化物避雷器或 R-C 阻容吸收装置。高压感应电动机合闸的操作过电压一般不超过 2.0p.u.，可不采取保护措施。

(8) 66kV 及以下系统发生单相间歇性电弧接地故障时可产生过电压

过电压的高低随接地方式不同而异。一般情况下最大过电压不超过下列数值：

不接地系统	3.5p.u.
消弧线圈接地系统	3.2p.u.
电阻接地系统	2.5p.u.

具有限流电抗器、电动机负荷，且设备参数配合不利的 3～10kV 某些不接地系统，发生单相间歇性电弧接地故障时，可能产生危及设备相间或相对地绝缘的过电压。对这种系统根据负荷性质和工程的重要程度，可进行必要的过电压预测，以确定保护方案。

采用无间隙金属氧化物避雷器限制各类操作过电压时，其持续运行电压和额定电压不应低于表 11-11 所列数值。避雷器应能承受操作过电压作用的能量。

为监测范围Ⅱ系统运行中出现的工频过电压、谐振过电压和操作过电压，宜在变电所安装过电压波形或幅值的自动记录装置，并妥善收集实测结果。

表 11-11 无间隙金属氧化物避雷器持续运行电压和额定电压

系统接地方式		持续运行电压/kV		额定电压/kV	
		相 地	中性点	相 地	中性点
有效接地	110kV	$U_m/\sqrt{3}$	$0.45U_m$	$0.75U_m$	$0.57U_m$
	220kV	$U_m/\sqrt{3}$	$0.13U_m(0.45U_m)$	$0.75U_m$	$0.17U_m(0.57U_m)$
	330kV、500kV	$\frac{U_m}{\sqrt{3}}(0.59U_m)$	$0.13U_m$	$0.75U_m(0.8U_m)$	$0.17U_m$
不接地	3～20kV	$1.1U_m$；$U_{m\cdot g}$	$0.64U_m$；$U_{m\cdot g}/\sqrt{3}$	$1.38U_m$；$1.25U_{m\cdot g}$	$0.8U_m$；$0.72U_{m\cdot g}$
	35kV、66kV	U_m	$U_m/\sqrt{3}$	$1.25U_m$	$0.72U_m$
消弧线圈		U_m；$U_{m\cdot g}$	$U_m/\sqrt{3}$；$U_{m\cdot g}/\sqrt{3}$	$1.25U_m$；$1.25U_{m\cdot g}$	$0.72U_m$；$0.72U_{m\cdot g}$
低电阻		$0.8U_m$	—	U_m	—
高电阻		$1.1U_m$；$U_{m\cdot g}$	$1.1U_m/\sqrt{3}$；$U_{m\cdot g}/\sqrt{3}$	$1.38U_m$；$1.25U_{m\cdot g}$	$0.8U_m$；$0.72U_{m\cdot g}$

注：1. 220kV 括号外、内数据分别对应变压器中性点经接地电抗器接地和不接地。
2. 330kV、500kV 括号外、内数据分别与工频过电压 1.3p.u. 和 1.4p.u. 对应。
3. 220kV 变压器中性点经接地电抗器接地和 330kV、500kV 变压器或高压并联电抗器中性点经接地电抗器接地时，接地电抗器的电抗与变压器或高压并联电抗器的零序电抗之比不大于 1/3。
4. 110kV、220kV 变压器中性点不接地且绝缘水平低于表 11-9 所列数值时，避雷器参数需另行确定。
5. $U_{m\cdot g}$ 为发电机最高运行电压。

11.2.3 雷电过电压及其保护装置

(1) 雷电过电压

① 设计和运行中应考虑直接雷击、雷电反击和感应雷电过电压对电气装置的危害。

② 架空线路上的雷电过电压。

a. 在距架空线路 $S>65\text{m}$ 处，雷云对地放电时，线路上产生的感应过电压最大值可按下式计算：

$$U_i \approx 25Ih_c/S \tag{11-19}$$

式中 U_i——雷击大地时感应过电压最大值，kV；

I——雷电流幅值（一般不超过 100），kA；

h_c——导线平均高度，m；

S——雷击点与线路的距离，m。

线路上的感应过电压为随机变量，其最大值可达 300～400kV，一般仅对 35kV 及以下线路的绝缘有一定威胁。

b. 雷击架空线路导线产生的直击雷过电压，可按下式确定：

$$U_S \approx 100I \tag{11-20}$$

式中 U_S——雷击点过电压最大值，kV。

雷直击导线形成的过电压易导致线路绝缘闪络。架设避雷线可有效地减少雷直击导线的概率。

c. 由于雷击架空线路避雷线、杆顶形成作用于线路绝缘的雷电反击过电压，与雷电参数、杆塔形式、高度和接地电阻等因素有关。宜适当选取杆塔接地电阻，以减少雷电反击过电压的危害。

③ 发电厂和变压所内的雷电过电压来自雷电对配电装置的直接雷击、反击和架空进线上出现的雷电侵入波。

a. 应该采用避雷针或避雷线对高压配电装置进行直击雷保护并采取措施防止反击。

b. 应该采取措施防止或减少发电厂和变电所近区线路的雷击闪络并在厂、所内适当配置阀式避雷器以减少雷电侵入波过电压的危害。

c. 对采用的雷电侵入波过电压保护方案校验时，校验条件为保护接线一般应该保证 2km 外线路导线上出现雷电侵入波过电压时，不引起发电厂和变电所电气设备绝缘损坏。

（2）避雷针和避雷线

① 单支避雷针的保护范围（如图 11-3 所示）：

a. 避雷针在地面上的保护半径，应按下式计算：

$$r=1.5hP \tag{11-21}$$

式中 r——保护半径，m；

h——避雷针的高度，m；

P——高度影响系数（$h\leqslant 30\text{m}$，$P=1$；$30\text{m}<h\leqslant 120\text{m}$，$P=5.5/\sqrt{h}$；当 $h>120\text{m}$ 时，取其等于 120m）。

b. 在被保护物高度 h_x 水平面上的保护半径应按下列方法确定：

当 $h_x\geqslant 0.5h$ 时

$$r_x=(h-h_x)P=h_aP \tag{11-22}$$

式中 r_x——避雷针在 h_x 水平面上的保护半径，m；

h_x——被保护物的高度，m；

h_a——避雷针的有效高度，m。

当 $h_x<0.5h$ 时

$$r_x=(1.5h-2h_x)P \tag{11-23}$$

② 两支等高避雷针的保护范围（如图 11-4 所示）

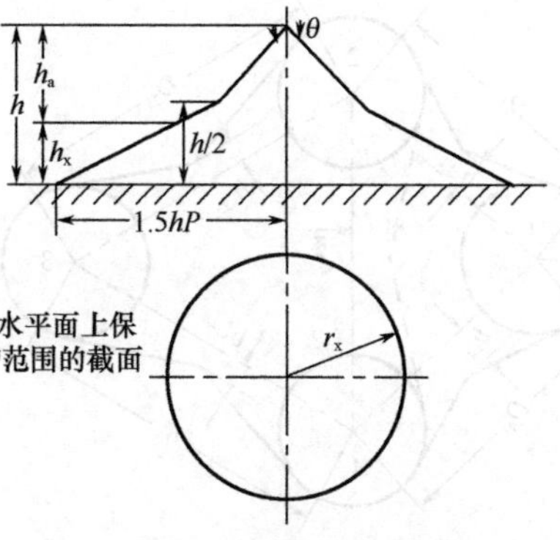

图 11-3　单支避雷针的保护范围
（$h \leqslant 30$m 时，$\theta=45°$）

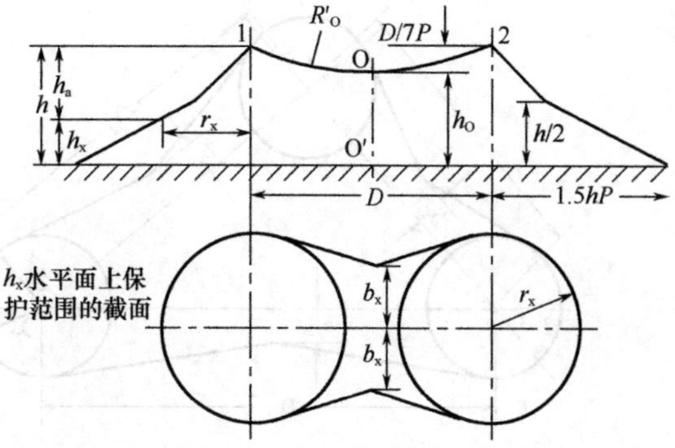

图 11-4　高度为 h 的两等高避雷针的保护范围

a. 两针外侧的保护范围应按单支避雷针的计算方法确定。

b. 两针间的保护范围应按通过两针顶点及保护范围上部边缘最低点 O 的圆弧确定，圆弧的半径为 R'_O。O 点为假想避雷针的顶点，其高度应按下式计算：

$$h_O = h - D/7P \tag{11-24}$$

式中　h_O——两针间保护范围上部边缘最低点高度，m；

D——两避雷针间的距离，m。

两针间 h_x 水平面上保护范围的一侧最小宽度按图 11-5 确定。当 $b_x \geqslant r_x$ 时，取 $b_x = r_x$。求得 b_x 后，按图 11-4 绘出两针间的保护范围。两针间距离与针高之比 D/h 不宜大于 5。

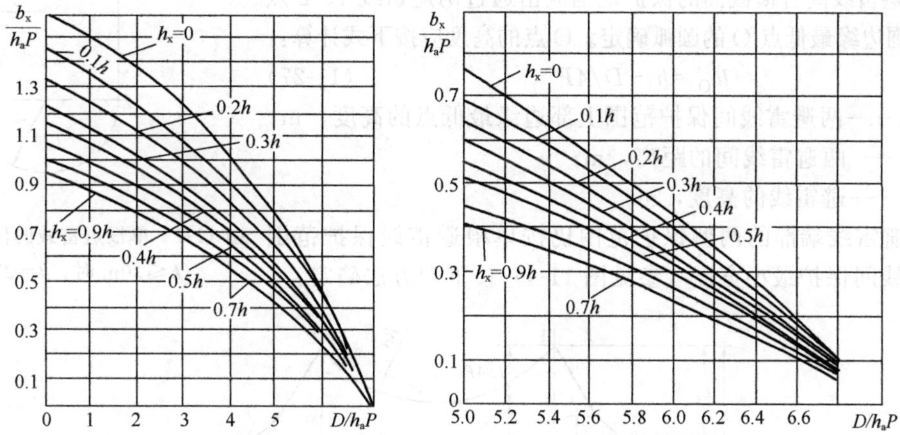

(a) D/h_aP=0～7　　(b) D/h_aP=5～7

图 11-5　两等高（h）避雷针间保护范围的一侧最小宽度（b_x）与 D/h_aP 的关系

③ 多支等高避雷针的保护范围（如图 11-6 所示）

a. 三支等高避雷针所形成的三角形的外侧保护范围应分别按两支等高避雷针的计算方法确定。如在三角形内被保护物最大高度 h_x 水平面上，各相邻避雷针间保护范围的一侧最小宽度 $b_x \geqslant 0$ 时，则全部面积受到保护。

b. 四支及以上等高避雷针所形成的四角形或多角形，可以先将四角形或多角形分成两个或数个三角形，然后分别按三支等高避雷针的方法计算。如各边的保护范围一侧最小宽度 $b_x \geqslant 0$，则全部面积即受到保护。

④ 单根避雷线在 h_x 水平面上每侧保护范围的宽度（如图 11-7 所示）

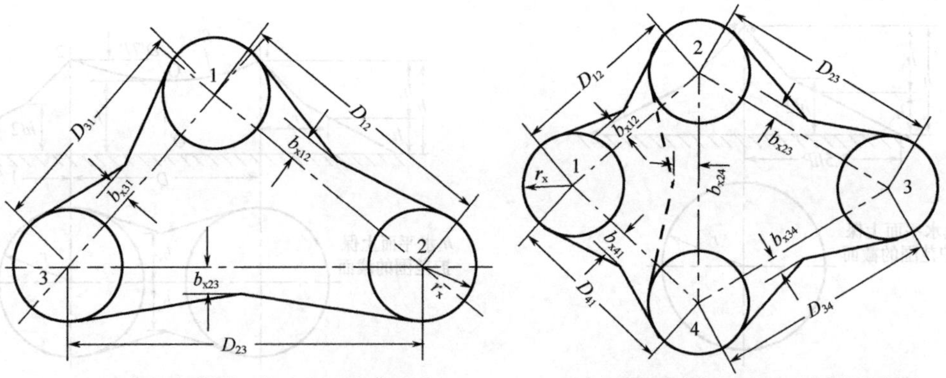

(a) 三支等高避雷针在h_x水平面上的保护范围　　(b) 四支等高避雷针在h_x水平面上的保护范围

图 11-6　三、四支等高避雷针在 h_x 水平面上的保护范围

a. 当 $h_x \geqslant h/2$ 时

$$r_x = 0.47(h - h_x)P \tag{11-25}$$

式中　r_x——每侧保护范围的宽度，m。

b. 当 $h_x < h/2$ 时

$$r_x = (h - 1.53h_x)P \tag{11-26}$$

⑤ 两根等高平行避雷线的保护范围（如图 11-8 所示）

a. 两避雷线外侧的保护范围应按单根避雷线的计算方法确定。

b. 两避雷线间各横截面的保护范围应由通过两避雷线 1、2 点及保护范围边缘最低点 O 的圆弧确定。O 点的高度应按下式计算：

$$h_O = h - D/4P \tag{11-27}$$

式中　h_O——两避雷线间保护范围上部边缘最低点的高度，m；

D——两避雷线间的距离，m；

h——避雷线的高度，m。

c. 两避雷线端部的两侧保护范围仍按单根避雷线保护范围计算。两线间保护最小宽度（参见图 11-4）按下列方法确定：

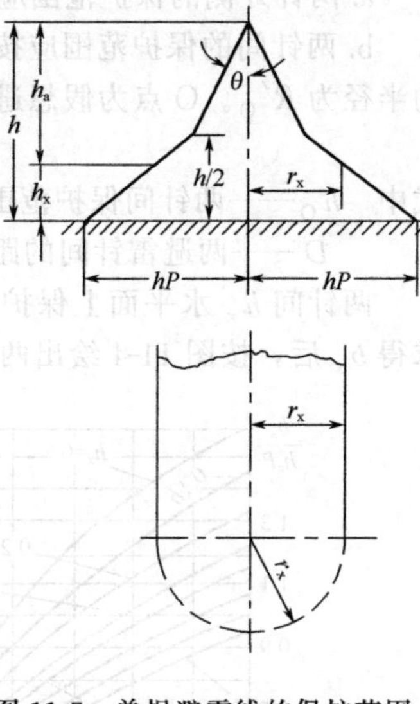

图 11-7　单根避雷线的保护范围

（$h \leqslant 30$m 时，$\theta = 25°$）

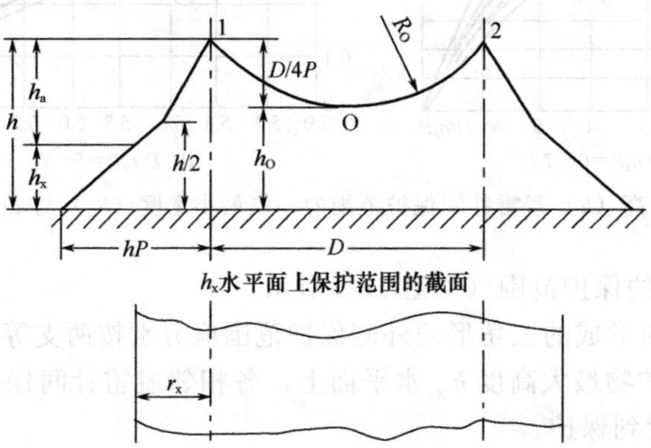

图 11-8　两根平行避雷线的保护范围

当 $h_x \geqslant h/2$ 时

$$b_x = 0.47(h_O - h_x)P \tag{11-28}$$

当 $h_x < h/2$ 时

$$b_x = (h_O - 1.53h_x)P \quad (11\text{-}29)$$

⑥ 不等高避雷针、避雷线的保护范围（如图 11-9 所示）

a. 两支不等高避雷针外侧的保护范围应分别按单支避雷针的计算方法确定。

b. 两支不等高避雷针间的保护范围应按单支避雷针的计算方法，先确定较高避雷针 1 的保护范围，然后由较低避雷针 2 的顶点，作水平线与避雷针 1 的保护范围相交于点 3，取点 3 为等效避雷针的顶点，再按两支等高避雷针的计算方法确定避雷针 2 和 3 间的保护范围。通过避雷针 2、3 顶点及保护范围上部边缘最低点的圆弧，其弓高应按下式计算：

$$f = D'/7P \quad (11\text{-}30)$$

式中　f——圆弧的弓高，m；

D'——避雷针 2 和等效避雷针 3 间的距离，m。

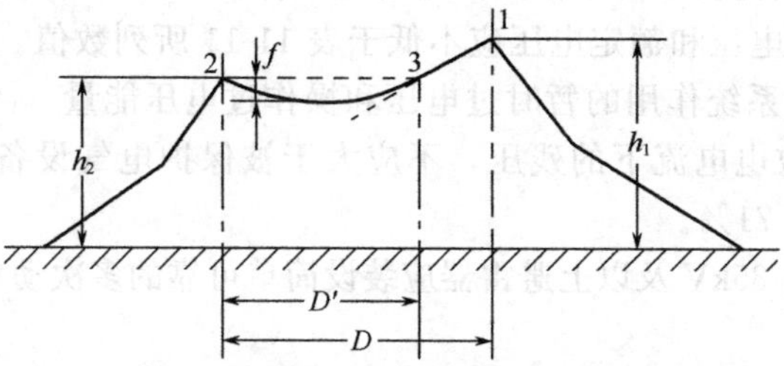

图 11-9　两支不等高避雷针的保护范围

c. 对多支不等高避雷针所形成的多角形，各相邻两避雷针的外侧保护范围按两支不等高避雷针的计算方法确定；三支不等高避雷针，如果在三角形内被保护物最大高度 h_x 水平面上，各相邻避雷针间保护范围一侧最小宽度 $b_x \geqslant 0$，则全部面积即受到保护；四支及以上不等高避雷针所形成的多角形，其内侧保护范围可仿照等高避雷针的方法确定。

d. 两根不等高避雷线各横截面的保护范围，应该仿照两支不等高避雷针的方法确定，按式（11-27）计算。

⑦ 山地和坡地上的避雷针的保护范围　由于地形、地质、气象及雷电活动的复杂性，避雷针的保护范围应有所减小。避雷针的保护范围可按式（11-21）～式（11-23）的计算结果和依图 11-5 确定的 b_x 等乘以系数 0.75 求得；式（11-24）可修改为 $h_O = h - D/5P$；式（11-30）可修改为 $f = D'/5P$。利用山势设立的远离被保护物的避雷针不得作为主要保护装置。

⑧ 相互靠近的避雷针和避雷线的联合保护范围　可近似按下列方法确定（如图 11-10 所示）：避雷针、线外侧保护范围分别按单针、线的保护范围确定，内侧首先将不等高针、线划为等高针、线，然后将等高针、线视为等高避雷线计算其保护范围。

（3）阀式避雷器

① 采用阀式避雷器进行雷电过电压保护时，除旋转电机外，对不同电压范围、不同系统接地方式的避雷器选型如下。

a. 有效接地系统，范围Ⅱ应选用金属氧化物避雷器；范围Ⅰ宜采用金属氧化物避雷器。

b. 气体绝缘全封闭组合电器（GIS）和低电阻接地系统应选用金属氧化物避雷器。

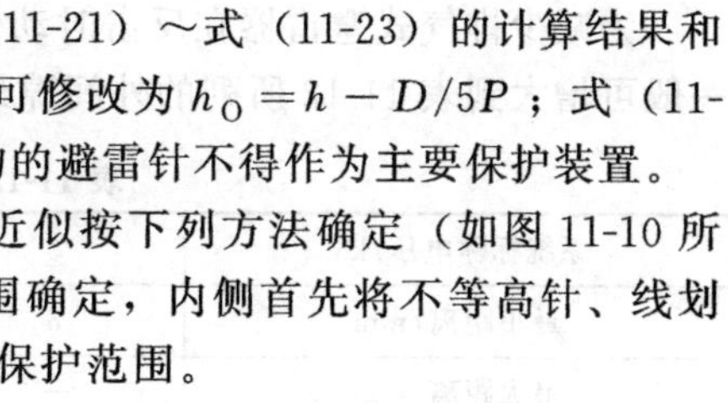

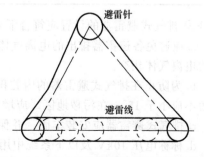

图 11-10　避雷针和避雷线的联合保护范围

c. 不接地、消弧线圈接地和高电阻接地系统，根据系统谐振过电压和间歇性电弧接地过电压等发生的可能性及严重程度，可选金属氧化物避雷器或碳化硅普通阀式避雷器。

② 旋转电机的雷电侵入波过电压保护，宜采用旋转电机金属氧化物避雷器或旋转电机磁吹阀式避雷器。

③ 有串联间隙金属氧化物避雷器和碳化硅阀式避雷器的额定电压，在一般情况下应符合下列要求。

a. 110kV 及 220kV 有效接地系统不低于 $0.8U_{m}$。

b. 3～10kV 和 35kV、66kV 系统分别不低于 $1.1U_{m}$ 和 U_{m}；3kV 及以上具有发电机的系统不低于 $1.1U_{m.g}$（注：$U_{m.g}$ 为发电机最高运行电压。）。

c. 中性点避雷器的额定电压，对 3～20kV 和 35kV、66kV 系统，分别不低于 $0.64U_{m}$ 和 $0.58U_{m}$；对 3～20kV 发电机，不低于 $0.64U_{m.g}$。

④ 采用无间隙金属氧化物避雷器作为雷电过电压保护装置时，应符合下列要求。

a. 避雷器的持续运行电压和额定电压应不低于表 11-11 所列数值。

b. 避雷器能承受所在系统作用的暂时过电压和操作过电压能量。

⑤ 阀式避雷器标称放电电流下的残压，不应大于被保护电气设备（旋转电机除外）标准雷电冲击全波耐受电压的 71%。

⑥ 发电厂和变电所内 35kV 及以上避雷器应装设简单可靠的多次动作记录器或磁钢记录器。

（4）排气式避雷器

① 在选择排气式避雷器时，开断续流的上限，考虑非周期分量，不得小于安装处短路电流的最大有效值；开断续流的下限，不考虑非周期分量，不得大于安装处短路电流的可能最小值。

② 如果按开断续流的范围选择排气式避雷器，其最大短路电流应按雷季电力系统最大运行方式计算，并包括非周期分量的第一个半周短路电流有效值。如计算困难，对发电厂附近，可将周期分量第一个半周的有效值乘以 1.5；距发电厂较远的地点，乘以 1.3。最小短路电流应按雷季电力系统最小运行方式计算，且不包括非周期分量。

③ 排气式避雷器外间隙的距离，在符合保护要求的条件下，应采用较大的数值。排气式避雷器外间隙的距离一般采用表 11-12 所列数值。

为减少排气式避雷器在反击时动作，应降低与避雷线的总接地电阻，并增大外间隙距离，一般可增大到表 11-12 所列的外间隙最大距离。

表 11-12　排气式避雷器外间隙的距离

系统标称电压/kV	3	6	10	20	35
最小距离/mm	8	10	15	60	100
最大距离/mm	—	—	—	150～200	250～300

④ 排气式避雷器的设置应符合下列要求。

a. 应避免各避雷器排出的电离气体相交而造成短路。但在开口端固定避雷器，则允许其排出的电离气体相交。

b. 为防止在排气式避雷器的内腔积水，宜垂直安装，开口端向下或倾斜安装，与水平线的夹角不应小于 15°。在污秽地区，应增大倾斜角度。

c. 排气式避雷器应安装牢固，并保证外间隙稳定不变。

d. 标称电压 10kV 及以下系统中用的排气式避雷器，为防止雨水造成短路，外间隙的电极不应垂直布置。

e. 外间隙电极宜镀锌，或采取避免锈水沾污绝缘子的措施。

⑤ 排气式避雷器应装设简单可靠的动作指示器。

(5) 保护间隙

① 如排气式避雷器的灭弧能力不符合要求，可采用保护间隙，并应尽量与自动重合闸装置配合，以减少线路停电事故。保护间隙的主间隙距离不应小于表 11-13 所列数值。

表 11-13 保护间隙的主间隙距离最小值

系统标称电压/kV	3	6	10	20	35
间隙距离/mm	8	15	25	100	210

② 除有效接地系统和低电阻接地系统外，应使单相间隙动作时有利于灭弧，并宜采用角形保护间隙。保护间隙宜在其接地引下线中串接一个辅助间隙，以防外物使间隙短路。辅助间隙的距离可采用表 11-14 所列数值。

表 11-14 辅助间隙的距离

系统标称电压/kV	3	6、10	20	35
辅助间隙距离/mm	5	10	15	20

11.2.4 高压架空线路的雷电过电压保护

(1) 一般线路的保护

① 送电线路的雷电过电压保护方式，应根据线路的电压等级、负荷性质、系统运行方式、当地原有线路的运行经验、雷电活动的强弱、地形地貌的特点和土壤电阻率的高低等条件，通过技术经济比较确定。各级电压的送、配电线路，应尽量装设自动重合闸装置。35kV 及以下的厂区内的短线路，可按需要确定。

② 各级电压的线路，一般采用下列保护方式。

a. 330kV 和 500kV 线路应沿全线架设双避雷线，但少雷区除外。

b. 220kV 线路宜沿全线架设双避雷线；少雷区宜架设单避雷线。

c. 110kV 线路一般沿全线架设避雷线，在山区和雷电活动特殊强烈地区，宜架设双避雷线。在少雷区可不沿全线架设避雷线，但应装设自动重合闸装置。

d. 66kV 线路，负荷重要且所经地区平均年雷暴日数为 30 以上的地区，宜沿全线架设避雷线。

e. 35kV 及以下线路，一般不沿全线架设避雷线。

f. 除少雷区外，3～10kV 钢筋混凝土杆的配电线路，宜采用瓷或其他绝缘材料的横担；如果用铁横担，对供电可靠性要求高的线路宜采用高一电压等级的绝缘子，并应尽量以较短的时间切除故障，以减少雷击跳闸和断线事故。

③ 有避雷线的线路，在一般土壤电阻率地区，其耐雷水平不宜低于表 11-2 所列数值。

④ 有避雷线的线路，每基杆塔不连避雷线的工频接地电阻，在雷季干燥时，不宜超过表 11-15 所列数值。雷电活动强烈的地方和经常发生雷击故障的杆塔和线段，应改善接地装置、架设避雷线、适当加强绝缘或架设耦合地线。

表 11-15 有避雷线的线路杆塔的工频接地电阻

土壤电阻率/Ω·m	≤100	>100～500	>500～1000	>1000～2000	>2000
接地电阻/Ω	10	15	20	25	30

注：如土壤电阻率超过 2000Ω·m，接地电阻很难降低到 30Ω 时，可采用 6～8 根总长不超过 500m 的放射形接地体，或采用连续伸长接地体，接地电阻不受限制。

⑤ 杆塔上避雷线对边导线的保护角，一般采用20°～30°。220～330kV双避雷线线路，一般采用20°左右，500kV一般不大于15°，山区宜采用较小的保护角。杆塔上两根避雷线间的距离不应超过导线与避雷线间垂直距离的5倍。

⑥ 有避雷线的线路应防止雷击档距中央反击导线。15℃无风时，档距中央导线与避雷线间的距离宜符合下式：

$$S_1 = 0.012l + 1 \tag{11-31}$$

式中　S_1——导线与避雷线间的距离，m；

l——档距长度，m。

当档距长度较大，按式（11-31）计算出的 S_1 大于表11-16的数值时，可按后者要求。

表11-16　防止反击要求的大跨越档导线与避雷线间的距离

系统标称电压/kV	35	66	110	220	330	500
距离/m	3.0	6.0	7.5	11.0	15.0	17.5

⑦ 中雷区及以上地区35kV及66kV无避雷线线路宜采取措施，减少雷击引起的多相短路和两相异点接地引起的断线事故，钢筋混凝土杆和铁塔宜接地，接地电阻不受限制，但多雷区不宜超过30Ω。钢筋混凝土杆和铁塔应充分利用其自然接地作用，在土壤电阻率不超过100Ω·m或有运行经验的地区，可不另设人工接地装置。

⑧ 钢筋混凝土杆铁横担和钢筋混凝土横担线路的避雷线支架、导线横担与绝缘子固定部分或瓷横担固定部分之间，宜有可靠的电气连接并与接地引下线相连。主杆非预应力钢筋如上下已用绑扎或焊接连成电气通路，则可兼作接地引下线。利用钢筋兼作接地引下线的钢筋混凝土电杆，其钢筋与接地螺母、铁横担间应有可靠的电气连接。

⑨ 与架空线路相连接的长度超过50m的电缆，应在其两端装设阀式避雷器或保护间隙；长度不超过50m的电缆，只在任何一端装设即可。

⑩ 绝缘避雷线的放电间隙，其间隙值应根据避雷线上感应电压的续流熄弧条件和继电保护的动作条件确定，一般采用10～40mm。在海拔1000m以上的地区，间隙应相应加大。

（2）线路交叉部分的保护

① 线路交叉档两端的绝缘不应低于其邻档的绝缘。交叉点应尽量靠近上下方线路的杆塔，以减少导线因初伸长、覆冰、过载温升、短路电流过热而增大弧垂的影响，以及降低雷击交叉档时交叉点上的过电压。

② 同级电压线路相互交叉或与较低电压线路、通信线路交叉时，两交叉线路导线间或上方线路导线与下方线路避雷线间的垂直距离，当导线温度为40℃时，不得小于表11-17所列数值。对按允许载流量计算导线截面的线路，还应校验当导线为最高允许温度时的交叉距离，此距离应大于表11-3所列操作过电压间隙距离，且不得小于0.8m。

表11-17　同级电压线路相互交叉或与较低电压线路、通信线路交叉时的交叉距离

系统标称电压/kV	3～10	20～110	220	330	500
交叉距离/m	2	3	4	5	6

③ 3kV及以上的同级电压线路相互交叉或与较低电压线路、通信线路交叉时，交叉档一般采取下列保护措施。

a. 交叉档两端的钢筋混凝土杆或铁塔（上、下方线路共4基），不论有无避雷线，均应接地。

b. 3kV及以上线路交叉档两端为木杆或木横担钢筋混凝土杆且无避雷线时，应装设排气式避雷器或保护间隙。

c. 与 3kV 及以上电力线路交叉的低压线路和通信线路，当交叉档两端为木杆时，应装置保护间隙。门型木杆上的保护间隙，可由横担与主杆固定处沿杆身敷设接地引下线构成。单木杆针式绝缘子的保护间隙，可在距绝缘子固定点 750mm 处绑扎接地引下线构成。通信线的保护间隙，可由杆顶沿杆身敷设接地引下线构成。如交叉距离比表 11-17 所列数值大 2m 及以上，则交叉档可不采取保护措施。

④ 如交叉点至最近杆塔的距离不超过 40m，可不在此线路交叉档的另一杆塔上装设交叉保护用的接地装置、排气式避雷器或保护间隙。

(3) 大跨越档的雷电过电压保护

① 大跨越档的绝缘水平不应低于同一线路的其他杆塔。全高超过 40m 有避雷线的杆塔，每增高 10m，应增加一个绝缘子，避雷线对边导线的保护角对 66kV 及以下和 110kV 及以上线路分别不宜大于 20°和 15°。接地电阻不应超过表 11-15 所列数值的 50%，当土壤电阻率大于 2000Ω·m 时，也不宜超过 20Ω。全高超过 100m 的杆塔，绝缘子数量应结合运行经验，通过雷电过电压的计算确定。

② 未沿全线架设避雷线的 35kV 及以上新建线路中的大跨越段，宜架设避雷线。对新建无避雷线的大跨越档，应装设排气式避雷器或保护间隙，新建线路并应比表 11-3 要求增加一个绝缘子。

③ 根据雷击档距中央避雷线时防止反击的条件，大跨越档导线与避雷线间的距离不得小于表 11-16 的要求。

11.2.5　发电厂和变电所的雷电过电压保护

(1) 发电厂和变电所的直击雷过电压保护

① 发电厂和变电所的直击雷过电压保护可采用避雷针或避雷线。下列设施应装设直击雷保护装置：

a. 屋外配电装置，包括组合导线和母线廊道；

b. 火力发电厂的烟囱、冷却塔和输煤系统的高建筑物；

c. 油处理室、燃油泵房、露天油罐及其架空管道、装卸油台、易燃材料仓库等建筑物；

d. 乙炔发生站、制氢站、露天氢气罐、氢气罐储存室、天然气调压站、天然气架空管道及其露天储罐；

e. 多雷区的列车电站。

② 发电厂的主厂房、主控制室和配电装置室一般不装设直击雷保护装置。为保护其他设备而装设的避雷针，不宜装在独立的主控制室和 35kV 及以下变电所的屋顶上。但采用钢结构或钢筋混凝土结构等有屏蔽作用的建筑物的车间变电所可不受此限制。

雷电活动特别强烈地区的主厂房、主控制室和配电装置室宜设直击雷保护装置。主厂房如装设避直击雷保护装置或为保护其他设备而在主厂房上装设避雷针，应采取加强分流、装设集中接地装置、设备的接地点尽量远离避雷针接地引下线的入地点、避雷针接地引下线尽量远离电气设备等防止反击的措施，并宜在靠近避雷针的发电机出口处装设一组旋转电机阀式避雷器。主控制室、配电装置室和 35kV 及以下变电所的屋顶上如装设直击雷保护装置时，若为金属屋顶或屋顶上有金属结构，则将金属部分接地；若屋顶为钢筋混凝土结构，则将其焊接成网接地；若结构为非导电的屋顶时，则采用避雷带保护，该避雷带的网格为 8～10m，每隔 10～20m 设引下线接地。

上述接地引下线应与主接地网连接，并在连接处加装集中接地装置。峡谷地区的发电厂和变电所宜用避雷线保护。已在相邻高建筑物保护范围内的建筑物或设备，可不装设直击雷保护装置。屋顶上的设备金属外壳、电缆金属外皮和建筑物金属构件均应接地。

③ 露天布置的 GIS 的外壳不需装设直击雷保护装置，但应接地。

④ 发电厂和变电所有爆炸危险且爆炸后可能波及发电厂和变电所内主设备或严重影响发供电的建构筑物（如制氢站、露天氢气储罐、氢气罐储存室、易燃油泵房、露天易燃油储罐、厂区内的架空易燃油管道、装卸油台和天然气管道以及露天天然气储罐等），应用独立避雷针保护，并应采取防止雷电感应的措施。

避雷针与易燃油储罐和氢气天然气等罐体及其呼吸阀等之间的空气中距离，避雷针及其接地装置与罐体、罐体的接地装置和地下管道的地中距离应符合 11.2.5 第（1）条第⑪款 a. 和 b. 的要求。避雷针与呼吸阀水平距离不应小于 3m，避雷针尖高出呼吸阀不应小于 3m。避雷针的保护范围边缘高出呼吸阀顶部不应小于 2m。避雷针的接地电阻不宜超过 10Ω。在高土壤电阻率地区，如接地电阻难以降到 10Ω，允许采用较高的电阻值，但空气中距离和地中距离必须符合 11.2.5 第（1）条第⑪款的要求。避雷针与 5000m^3 以上储罐呼吸阀的水平距离不应小于 5m，避雷针尖高出呼吸阀不应小于 5m。

露天储罐周围应设闭合环形接地体，接地电阻不应超过 30Ω（无独立避雷针保护的露天储罐不应超过 10Ω），接地点不应小于两处，接地点间距不应大于 30m。架空管道每隔 20～25m 应接地一次，接地电阻不应超过 30Ω。易燃油储罐的呼吸阀、易燃油和天然气储罐的热工测量装置应进行重复接地，即与储罐的接地体用金属线相连。不能保持良好电气接触的阀门、法兰、弯头等管道连接处应跨接。

⑤ 11.2.5 第（1）条第①款中所述设施上的直击雷保护装置包括兼作接闪器的设备金属外壳、电缆金属外皮、建筑物金属构件等，其接地可利用发电厂或变电所的主接地网，但应在直击雷保护装置附近装设集中接地装置。

⑥ 独立避雷针（线）宜设独立的接地装置。在非高土壤电阻率地区，其接地电阻不宜超过 10Ω。当有困难时，该接地装置可与主接地网连接，但避雷针与主接地网的地下连接点至 35kV 及以下设备与主接地网的地下连接点之间，沿接地体的长度不得小于 15m。独立避雷针不应设在人经常通行的地方，避雷针及其接地装置与道路或出入口等的距离不宜小于 3m，否则应采取均压措施，或铺设砾石或沥青地面，也可铺设混凝土地面。

⑦ 110kV 及以上的配电装置，一般将避雷针装在配电装置的架构或房顶上，但在土壤电阻率大于 1000Ω · m 的地区，宜装设独立避雷针。否则，应通过验算，采取降低接地电阻或加强绝缘等措施。

66kV 的配电装置，允许将避雷针装在配电装置的架构或房顶上，但在土壤电阻率大于 500Ω · m 的地区，宜装设独立避雷针。

35kV 及以下高压配电装置架构或房顶不宜装避雷针。

装在架构上的避雷针应与接地网连接，并应在其附近装设集中接地装置。装有避雷针的架构上，接地部分与带电部分间的空气中距离不得小于绝缘子串的长度；但在空气污秽地区，如有困难，空气中距离可按非污秽区标准绝缘子串的长度确定。

除水力发电厂外，装设在架构（不包括变压器门型架构）上的避雷针与主接地网的地下连接点至变压器接地线与主接地网的地下连接点之间，沿接地体的长度不得小于 15m。

⑧ 除水力发电厂外，在变压器门型架构上和在离变压器主接地线小于 15m 的配电装置的架构上，当土壤电阻率大于 350Ω · m 时，不允许装设避雷针、避雷线；如不大于 350Ω · m，则应根据方案比较确有经济效益，经过计算采取相应的防止反击措施，并至少遵守下列规定，方可在变压器门型架构上装设避雷针、避雷线。

a. 装在变压器门型架构上的避雷针应与接地网连接，并应沿不同方向引出 3～4 根放射形水平接地体，在每根水平接地体上离避雷针架构 3～5m 处装设一根垂直接地体。

b. 直接在 3～35kV 变压器的所有绕组出线上或在离变压器电气距离不大于 5m 条件下装设阀式避雷器。高压侧电压 35kV 变电所，在变压器门型架构上装设避雷针时，变电所接地电阻不应超过 4Ω（不包括架构基础的接地电阻）。

⑨ 110kV 及以上配电装置，可将线路的避雷线引接到出线门型架构上，土壤电阻率大于 1000Ω·m 的地区，应装设集中接地装置。35kV、66kV 配电装置，在土壤电阻率不大于 500Ω·m 的地区，允许将线路的避雷线引接到出线门型架构上，但应装设集中接地装置。在土壤电阻率大于 500Ω·m 的地区，避雷线应架设到线路终端杆塔为止。从线路终端杆塔到配电装置的一档线路的保护，可采用独立避雷针，也可在线路终端杆塔上装设避雷针。

⑩ 火力发电厂烟囱附近的引风机及电动机的机壳应与主接地网连接，并应装设集中接地装置，该接地装置宜与烟囱的接地装置分开。如不能分开，引风机的电源线应采用带金属外皮的电缆，电缆的金属外皮应与接地装置连接。机械通风冷却塔上电动机的电源线、装有避雷针和避雷线的架构上的照明灯电源线，均必须采用直接埋入地下的带金属外皮的电缆或穿入金属管的导线。电缆外皮或金属管埋地长度在 10m 以上，才允许与 35kV 及以下配电装置的接地网及低压配电装置相连接。严禁在装有避雷针、避雷线的构筑物上架设未采取保护措施的通信线、广播线和低压线。

⑪ 独立避雷针、避雷线与配电装置带电部分间的空气中距离以及独立避雷针、避雷线的接地装置与接地网间的地中距离。

a. 独立避雷针与配电装置带电部分、发电厂和变电所电气设备接地部分、架构接地部分之间的空气中距离，应符合下式的要求：

$$S_a \geqslant 0.2R_i + 0.1h \tag{11-32}$$

式中　S_a——空气中距离，m；

R_i——避雷针的冲击接地电阻，Ω；

h——避雷针校验点的高度，m。

b. 独立避雷针的接地装置与发电厂或变电所接地网间的地中距离，应符合下式的要求：

$$S_e \geqslant 0.3R_i \tag{11-33}$$

式中　S_e——地中距离，m。

c. 避雷线与配电装置带电部分、发电厂和变电所电气设备接地部分以及架构接地部分间的空气中距离，应符合下列要求。

对一端绝缘另一端接地的避雷线：

$$S_a \geqslant 0.2R_i + 0.1(h + \Delta l) \tag{11-34}$$

式中　h——避雷线支柱的高度，m；

Δl——避雷线上校验的雷击点与接地支柱的距离，m。

对两端接地的避雷线：

$$S_a \geqslant \beta'[0.2R_i + 0.1(h + \Delta l)] \tag{11-35}$$

式中　β'——避雷线分流系数；

Δl——避雷线上校验的雷击点与最近支柱间的距离，m。

避雷线分流系数可按下式计算：

$$\beta' = \frac{1 + \dfrac{\tau_t R_i}{12.4(l_2 + h)}}{1 + \dfrac{\Delta l + h}{l_2 + h} + \dfrac{\tau_t R_i}{6.2(l_2 + h)}} \approx \frac{l_2 + h}{l_2 + \Delta l + 2h} \tag{11-36}$$

式中 l_2——避雷线上校验的雷击点与另一端支柱间的距离，$l_2=l'-\Delta l$，m；

l'——避雷线两支柱间的距离，m；

τ_t——雷电流波头长度，一般取 2.6μs。

d. 避雷线的接地装置与发电厂或变电所接地网间的地中距离，应符合下列要求：对一端绝缘另一端接地的避雷线，应按式（11-33）校验。对两端接地的避雷线应按下式校验：

$$S_e \geqslant 0.3\beta' R_i \tag{11-37}$$

e. 除上述要求外，对避雷针和避雷线，S_a 不宜小于 5m，S_e 不宜小于 3m。

对 66kV 及以下配电装置，包括组合导线、母线廊道等，应尽量降低感应过电压，当条件许可时，S_a 应尽量增大。

（2）范围Ⅱ发电厂和变电所高压配电装置的雷电侵入波过电压保护

① 2km 架空进线保护段范围内的杆塔耐雷水平应该符合表 11-2 的要求。应采取措施防止或减少近区雷击闪络。

② 具有架空进线电气设备采用标准绝缘水平的 330kV 发电厂和变电所敞开式高压配电装置中，金属氧化物避雷器至主变压器的距离，对于单、双、三和四回进线的情况，分别为 90m、140m、170m 和 190m。对其他电器的最大距离可相应增加 35%。

③ 敞开式发电厂和变电所采用 $1\frac{1}{2}$ 断路器主接线时，金属氧化物避雷器宜装设在每回线路的入口和每一主变压器回路上，母线较长时是否需装设避雷器可通过校验确定。

④ 采用 GIS、主接线为 $1\frac{1}{2}$ 断路器的发电厂和变电所，金属氧化物避雷器宜安装于每回线路的入口，每组母线上是否安装需经校验确定。当升压变压器经较长的气体绝缘管道或电缆接至 GIS 母线时（如水力发电厂）以及接线复杂的 GIS 发电厂和变电所的避雷器的配置可通过校验确定。

⑤ 范围Ⅱ的变压器和高压并联电抗器的中性点经接地电抗器接地时，中性点上应装设金属氧化物避雷器保护。

（3）范围Ⅰ发电厂和变电所高压配电装置的雷电侵入波过电压保护

① 发电厂和变电所应采取措施防止或减少近区雷击闪络。未沿全线架设避雷线的 35～110kV 架空送电线路，应在变电所 1～2km 的进线段架设避雷线。

220kV 架空送电线路，在 2km 进线保护段范围内以及 35～110kV 线路在 1～2km 进线保护段范围内的杆塔耐雷水平应该符合表 11-2 的要求。进线保护段上的避雷线保护角宜不超过 20°，最大不应超过 30°。

② 未沿全线架设避雷线的 35～110kV 线路，其变电所的进线段应采用图 11-11 所示的保护接线。

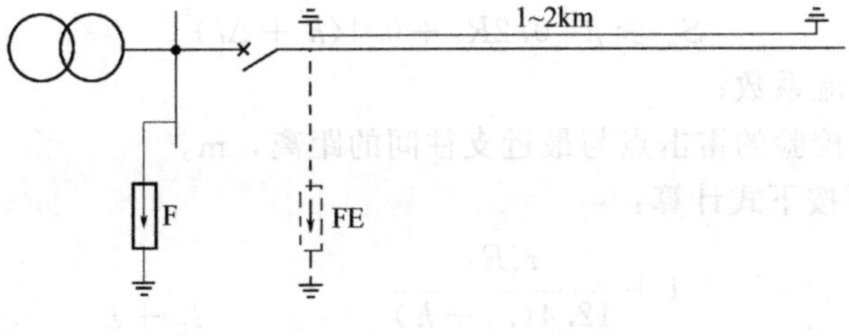

图 11-11　35～110kV 变电所的进线保护接线

在雷季，如变电所 35～110kV 进线的隔离开关或断路器可能经常断路运行，同时线路侧又带电，必须在靠近隔离开关或断路器处装设一组排气式避雷器 FE。FE 外间隙距离的整定，应使其在断路运行时，能可靠地保护隔离开关或断路器，而在闭路运行时不动作。如 FE 整定有困难，或无适当参数的排气式避雷器，则可用阀式避雷器代替。

全线架设避雷线的 35～220kV 变电所，其进线的隔离开关或断路器与上述情况相同时，宜在靠近隔离开关或断路器处装设一组保护间隙或阀式避雷器。

③ 发电厂、变电所的 35kV 及以上电缆进线段，在电缆与架空线的连接处应装设阀式避雷器，其接地端应与电缆金属外皮连接。对三芯电缆，末端的金属外皮应直接接地［如图 11-12 (a) 所示］；对单芯电缆，应经金属氧化物电缆护层保护器（FC）或保护间隙（FG）接地［如图 11-12（b）所示］。如果电缆长度不超过 50m 或虽超过 50m，但经校验，装一组阀式避雷器即能符合保护要求，图 11-12 中可只装 F1 或 F2。如电缆长度超过 50m，且断路器在雷季可能经常断路运行，应在电缆末端装设排气式避雷器或阀式避雷器。连接电缆段的 1km 架空线路应架设避雷线。全线电缆-变压器组接线的变电所内是否需装设阀式避雷器，应视电缆另一端有无雷电过电压波侵入的可能，经校验确定。

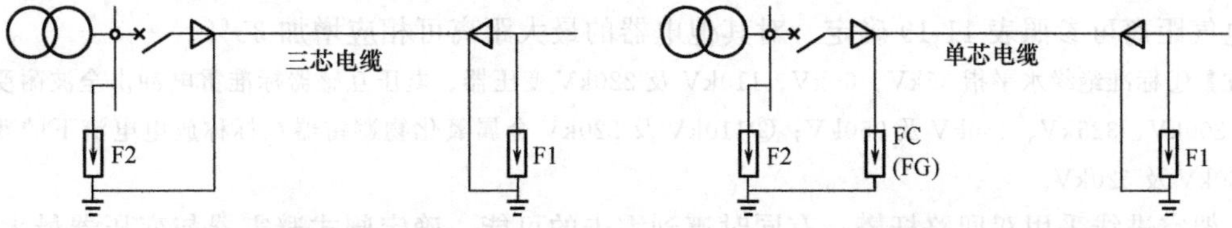

(a) 三芯电缆段的变电所进线保护接线　　(b) 单芯电缆段的变电所进线保护接线

图 11-12　具有 35kV 及以上电缆段的变电所进线保护接线

④ 具有架空进线的 35kV 及以上发电厂和变电所敞开式高压配电装置中阀式避雷器的配置。

a. 每组母线上应装设阀式避雷器。阀式避雷器与主变压器及其他被保护设备的电气距离超过表 11-18 或表 11-19 的参考值时，可在主变压器附近增设一组阀式避雷器。

表 11-18　普通阀式避雷器至主变压器间的最大电气距离　　单位：m

系统标称电压/kV	进线长度/km	进线路数			
		1	2	3	≥4
35	1	25	40	50	55
	1.5	40	55	65	75
	2	50	75	90	105
66	1	45	65	80	90
	1.5	60	85	105	115
	2	80	105	130	145
110	1	45	70	80	90
	1.5	70	95	115	130
	2	100	135	160	180
220	2	105	165	195	220

注：1. 全线有避雷线进线长度取 2km，进线长度在 1～2km 间时的距离按补插法确定，表 11-19 同此。

2. 35kV 也适用于有串联间隙金属氧化物避雷器的情况。

表 11-19 金属氧化物避雷器至主变压器间的最大电气距离 单位：m

系统标称电压/kV	进线长度/km	进线路数			
		1	2	3	≥4
110	1	55	85	105	115
	1.5	90	120	145	165
	2	125	170	205	230
220	2	125(90)	195(140)	235(170)	265(190)

注：1. 本表也适用于电站碳化硅磁吹避雷器（FM）的情况。
2. 括号内距离对应的雷电冲击全波耐受电压为 850kV。

变电所内所有阀式避雷器应以最短的接地线与配电装置的主接地网连接，同时应在其附近装设集中接地装置。

b. 35kV 及以上装有标准绝缘水平的设备和标准特性阀式避雷器且高压配电装置采用单母线、双母线或分段的电气主接线时，碳化硅普通阀式避雷器与主变压器间的最大电气距离可参照表 11-18 确定。对其他电器的最大距离可相应增加 35%。金属氧化物避雷器与主变压器间的最大电气距离可参照表 11-19 确定。对其他电器的最大距离可相应增加 35%。

【注】①标准绝缘水平指 35kV、66kV、110kV 及 220kV 变压器、电压互感器标准雷电冲击全波耐受电压分别为 200kV、325kV、480kV 及 950kV；②110kV 及 220kV 金属氧化物避雷器在标称放电电流下的残压分别为 260kV 及 520kV。

c. 架空进线采用双回路杆塔，有同时遭到雷击的可能，确定阀式避雷器与变压器最大电气距离时，应按一路考虑，且在雷季中宜避免将其中一路断开。

d. 对电气接线比较特殊的情况，可用计算方法或通过模拟试验确定最大电气距离。

⑤ 有效接地系统中的中性点不接地的变压器，如中性点采用分级绝缘且未装设保护间隙，应在中性点装设雷电过电压保护装置，且宜选变压器中性点金属氧化物避雷器。如中性点采用全绝缘，但变电所为单进线且为单台变压器运行，也应在中性点装设雷电过电压保护装置。在不接地、消弧线圈接地和高电阻接地系统中的变压器中性点，一般不装设保护装置，但多雷区单进线变电所且变压器中性点引出时，宜装设保护装置；中性点接有消弧线圈的变压器，如有单进线运行可能，也应在中性点装设保护装置。该保护装置可任选金属氧化物避雷器或碳化硅普通阀式避雷器。

⑥ 自耦变压器必须在其两个自耦合的绕组出线上装设阀式避雷器，该阀式避雷器应装在自耦变压器和断路器之间，并采用如图 11-13 所示的保护接线。

⑦ 35～220kV 开关站，应根据其重要性和进线路数等条件，在母线上或进线上装设阀式避雷器。

⑧ 与架空线路连接的三绕组自耦变压器、变压器（包括一台变压器与两台电机相连的三绕组变压器）的低压绕组如有开路运行的可能和发电厂双绕组变压器当发电机断开由高压侧倒送厂用电时，应在变压器低压绕组三相出线上装设阀式避雷器，以防来自高压绕组的雷电波的感应电压危及低压绕组绝缘；但如该绕组连有 25m 及以上金属外皮电缆段，则可不必装设避雷器。

⑨ 变电所的 3～10kV 配电装置（包括电力变压器），应在每组母线和架空进线上装设阀式避雷器（分别采用电站和配电阀式避雷器），并应采用图 11-14 所示的保护接线。母线上阀式避雷器与主变压器的电气距离不宜大于表 11-20 所列数值。

架空进线全部在厂区内，且受到其地建筑物屏蔽时，可只在母线上装设阀式避雷器。

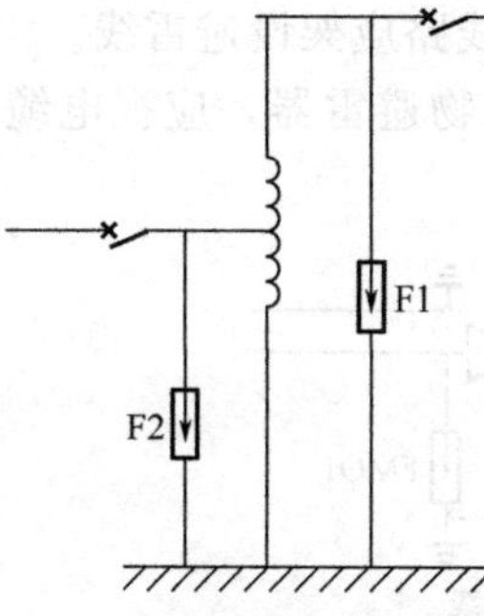

图 11-13 自耦变压器的典型保护接线

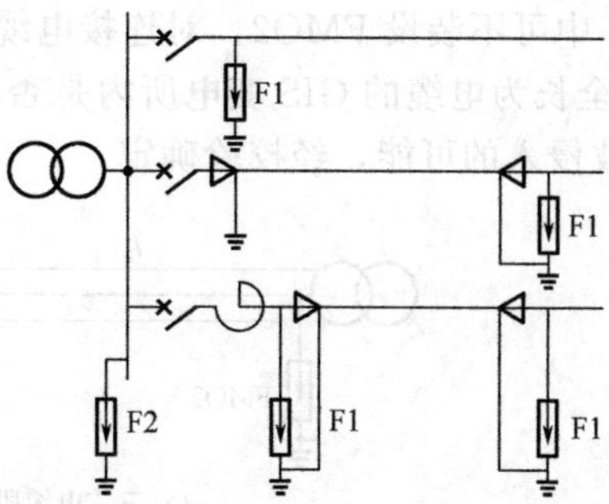

图 11-14 3～10kV 配电装置雷电侵入波的保护接线

有电缆段的架空线路，阀式避雷器应装设在电缆头附近，其接地端应和电缆金属外皮相连。如各架空进线均有电缆段，则阀式避雷器与主变压器的最大电气距离不受限制。

阀式避雷器应以最短的接地线与变电所、配电所的主接地网连接（包括通过电缆金属外皮连接）。阀式避雷器附近应装设集中接地装置。

3～10kV 配电所，当无所用变压器时，可仅在每路架空进线上装设阀式避雷器。

【注】 配电所指所内仅有起开闭和分配电能作用的配电装置，而母线上无主变压器。

表 11-20 阀式避雷器至 3～10kV 主变压器的最大电气距离

雷季经常运行的进线路数	1	2	3	≥4
最大电气距离/m	15	20	25	30

(4) 气体绝缘全封闭组合电器（GIS）变电所的雷电侵入波过电压保护

① 66kV 及以上进线无电缆段的 GIS 变电所，在 GIS 管道与架空线路的连接处，应装设金属氧化物避雷器（FMO1），其接地端应与管道金属外壳连接，如图 11-15 所示。如变压器或 GIS 一次回路的任何电气部分至 FMO1 间的最大电气距离不超过下列参考值或虽超过，但经校验，装一组避雷器即能符合保护要求，则图 11-15 中可只装设 FMO1：

66kV	50m
110kV 及 220kV	130m

连接 GIS 管道的架空线路进线保护段的长度应不小于 2km，且应符合 11.2.5 第（2）条第①款和 11.2.5 第（1）条第②款的要求。

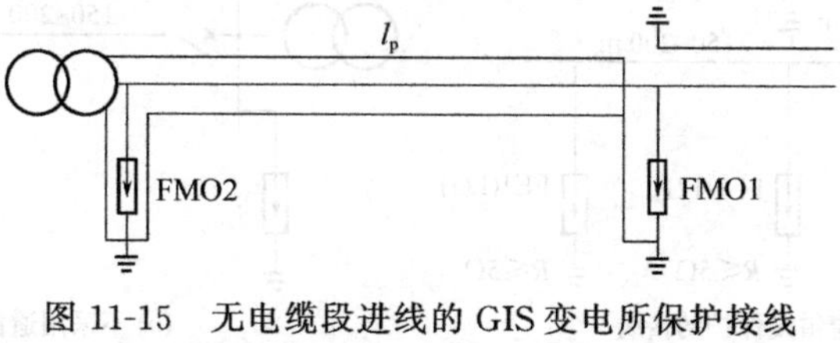

图 11-15 无电缆段进线的 GIS 变电所保护接线

② 66kV 及以上进线有电缆段的 GIS 变电所，在电缆段与架空线路的连接处应装设金属氧化物避雷器（FMO1），其接地端应与电缆的金属外皮连接。对三芯电缆，末端的金属外皮应与 GIS 管道金属外壳连接接地［图 11-16（a）］；对单芯电缆，应经金属氧化物电缆护层保护器（FC）接地［图 11-16（b）］。电缆末端至变压器或 GIS 一次回路的任何电气部分间的最大电气距离不超过上述第①条中的参考值或虽超过，但经校验，装一组避雷器即能符合保护要

求，图 11-16 中可不装设 FMO2。对连接电缆段的 2km 架空线路应架设避雷线。

③ 进线全长为电缆的 GIS 变电所内是否需装设金属氧化物避雷器，应视电缆另一端有无雷电过电压波侵入的可能，经校验确定。

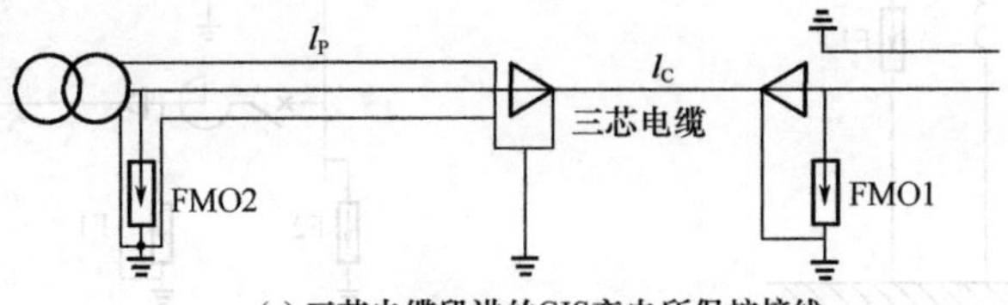

(a) 三芯电缆段进的GIS变电所保护接线

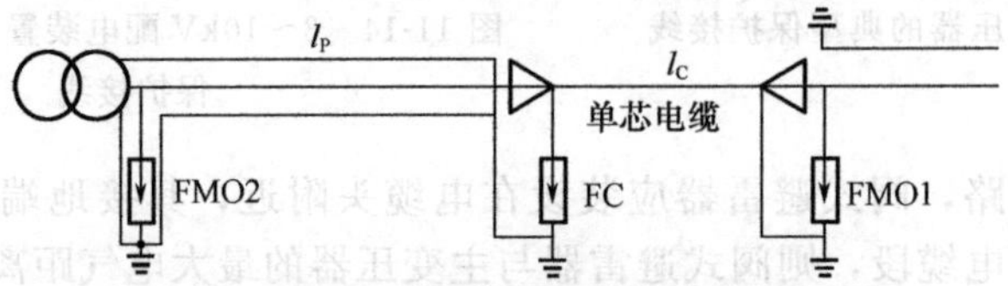

(b) 单芯电缆段进的GIS变电所保护接线

图 11-16　有电缆段进线的 GIS 变电所保护接线

（5）小容量变电所雷电侵入波过电压的简易保护

① 3150～5000kV·A 的变电所 35kV 侧，可根据负荷的重要性及雷电活动的强弱等条件适当简化保护接线，变电所进线段的避雷线长度可减少到 500～600m，但其首端排气式避雷器或保护间隙的接地电阻不应超过 5Ω（如图 11-17 所示）。

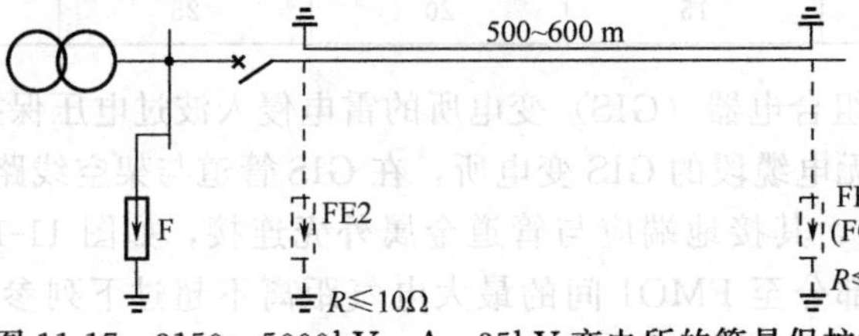

图 11-17　3150～5000kV·A、35kV 变电所的简易保护接线

② 小于 3150kV·A 供非重要负荷的变电所 35kV 侧，根据雷电活动的强弱，可采用如图 11-18（a）所示的保护接线；容量为 1000kV·A 及以下的变电所，可采用如图 11-18（b）所示的保护接线。

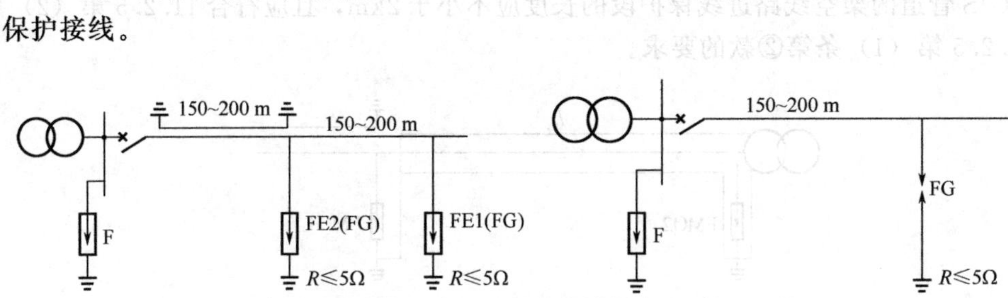

(a) 采用避雷线保护的接线　　(b) 不采用避雷线保护的接线

图 11-18　小于 3150kV·A 变电所的简易保护

③ 小于 3150kV·A 供非重要负荷的 35kV 分支变电所，根据雷电活动的强弱，可采用如图 11-19 所示的保护接线。

④ 简易保护接线的变电所 35kV 侧，阀式避雷器与主变压器或电压互感器间的最大电气距离不宜超过 10m。

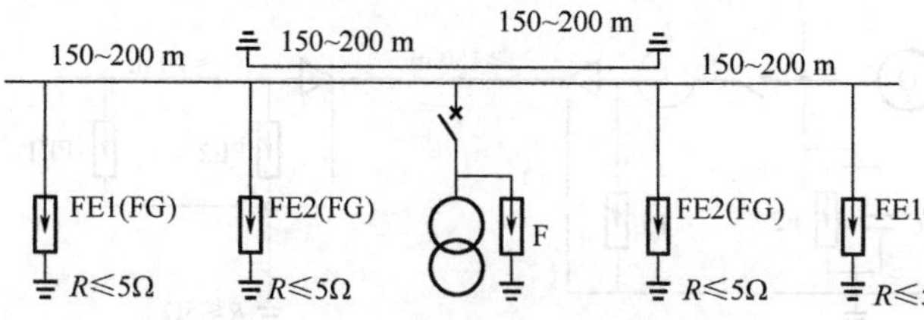

(a) 分支线较短时的保护接线

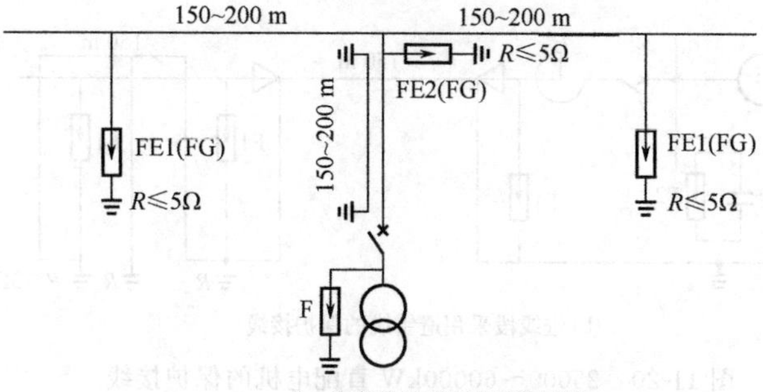

(b) 分支线较长时的保护接线

图 11-19 小于 3150kV · A 分支变电所的简易保护

11.2.6 配电系统的雷电过电压保护

① 3～10kV 配电系统中的配电变压器应装设阀式避雷器保护。阀式避雷器应尽量靠近变压器装设，其接地线应与变压器低压侧中性点（中性点不接地时则为中性点的击穿保险器的接地端）以及金属外壳等连在一起接地。

② 3～10kV Yyn、Dyn 和 Yy（低压侧中性点接地和不接地）接线的配电变压器，宜在低压侧装设一组阀式避雷器或击穿保险器，以防止反变换波和低压侧雷电侵入波击穿高压侧绝缘。但厂区内的配电变压器可根据运行经验确定。低压侧中性点不接地的配电变压器，应在中性点装设击穿保险器。

③ 35～0.4kV 配电变压器，其高低压侧均应装设阀式避雷器保护。

④ 3～10kV 柱上断路器和负荷开关应装设阀式避雷器保护。经常断路运行而又带电的柱上断路器、负荷开关或隔离开关，应在带电侧装设阀式避雷器，其接地线应与柱上断路器等的金属外壳连接，且接地电阻不应超过 10Ω。

装设在架空线路上的电容器宜装设阀式避雷器保护。

11.2.7 旋转电机的雷电过电压保护

① 与架空线路直接连接的旋转电机（发电机、同步调相机、变频机和电动机，简称直配电机）的保护方式，应根据电机容量、雷电活动的强弱和对运行可靠性的要求确定。

② 单机容量为 25000～60000kW 的直配电机，宜采用如图 11-20（a）所示的保护接线。60000kW 以上的电机，不应与架空线路直接连接。

排气式避雷器 FE1 和 FE2 的冲击放电电压不应超过表 11-21 所列的数值。

表 11-21 排气式避雷器 FE1 和 FE2 的冲击放电电压

系统标称电压/kV	3	6	10
预放电时间为 2μs 的冲击放电电压/kV	40	50	60

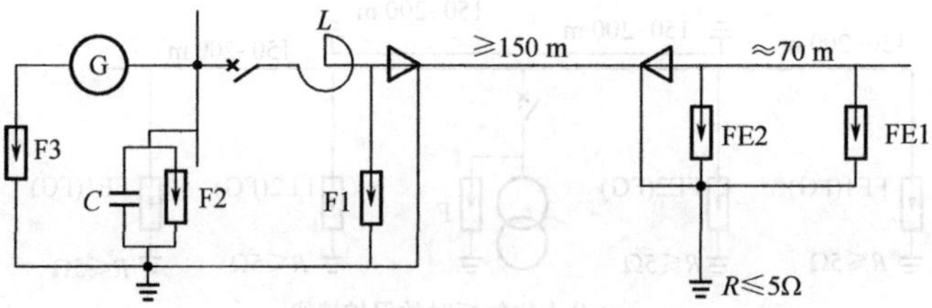

(a) 进线段采用耦合地线的保护接线

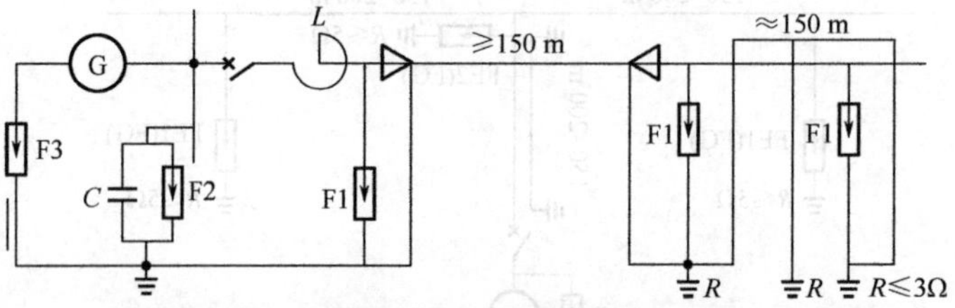

(b) 进线段采用避雷线的保护接线

图 11-20　25000～60000kW 直配电机的保护接线

F1—配电阀式避雷器；F2—旋转电机阀式避雷器；F3—旋转电机中性点阀式避雷器；
FE1，FE2—排气式避雷器；G—发电机；L—限制短路电流用电抗器；C—电容器

FE1 和 FE2 的接地端应用钢绞线连接。钢绞线架设在导线下方，距导线应小于 3m 但大于 2m，并应与电缆首端的金属外皮在装设 FE2 杆塔处连在一起接地，工频接地电阻 R 不应大于 5Ω。进线电缆段应直接埋设在土壤中，以充分利用其金属外皮的分流作用。如受条件限制不能直接埋设，可将电缆金属外皮多点接地，即除两端接地外，再在两端间的 3～5 处接地。如电缆首端的短路电流较大，按图 11-20（a）所示的保护接线无适当参数的排气式避雷器可用时，可改用图 11-20（b）所示的保护接线。进线段上的阀式避雷器的接地端，应与电缆的金属外皮和避雷线连在一起接地，接地电阻 R 不应大于 3Ω。

③ 单机容量为 6000～25000kW（不含 25000kW）的直配电机，宜采用如图 11-21（a）所示的保护接线。在多雷区，也可采用如图 11-20（a）、（b）所示的保护接线。如果电缆首端的短路电流较大，按图 11-21（a）所示的保护接线无适当参数的排气式避雷器可用时，可改用如图 11-21（b）所示的保护接线。

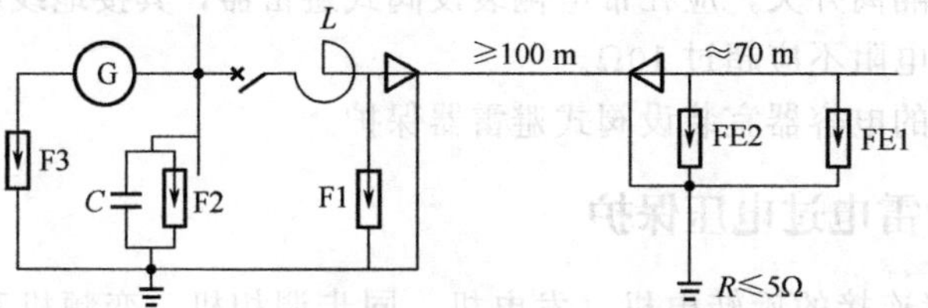

(a) 进线段采用耦合地线的保护接线

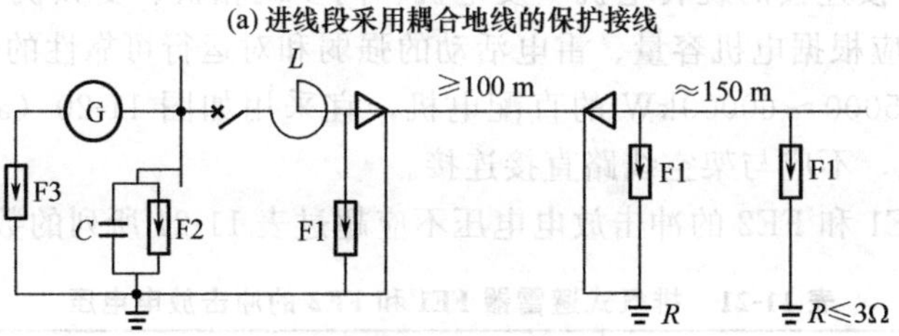

(b) 进线段无耦合地线的保护接线

图 11-21　6000～25000kW（不含 25000kW）直配电机的保护接线

④ 单机容量为 6000～12000kW 的直配电机，如出线回路中无限流电抗器，可采用如图 11-22 所示的保护接线。在雷电活动特殊强烈地区，宜采用有电抗线圈的图 11-22（a）所示的保护接线。

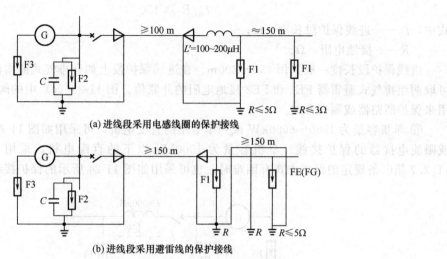

(a) 进线段采用电感线圈的保护接线

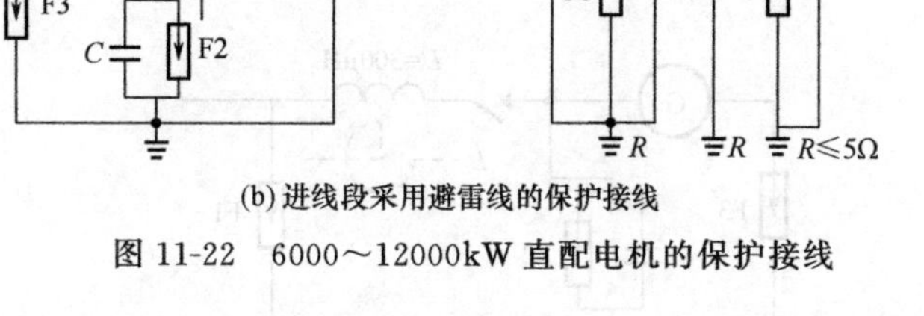

(b) 进线段采用避雷线的保护接线

图 11-22　6000～12000kW 直配电机的保护接线

⑤ 单机容量为 1500～6000kW（不含 6000kW）或少雷区 60000kW 及以下的直配电机，可采用图 11-23 所示的保护接线。在进线保护段长度 l_0 内，应装设避雷针或避雷线。进线保护段长度与排气式避雷器接地电阻的关系应符合下列要求：

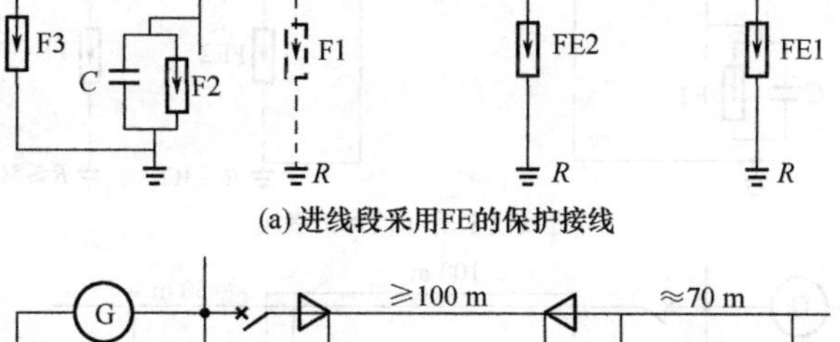

(a) 进线段采用FE的保护接线

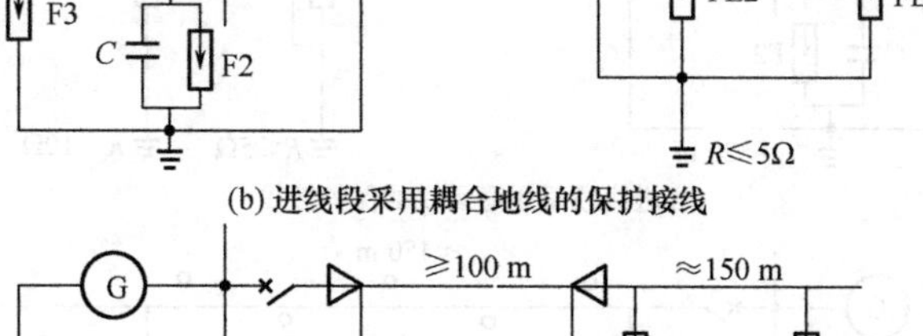

(b) 进线段采用耦合地线的保护接线

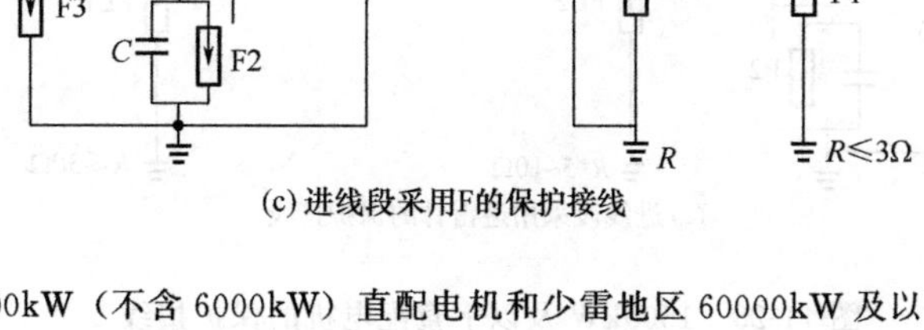

(c) 进线段采用F的保护接线

图 11-23　1500～6000kW（不含 6000kW）直配电机和少雷地区 60000kW 及以下直配电机的保护接线

对 3kV 和 6kV 线路

$$l_0/R \geqslant 200 \tag{11-38}$$

对 10kV 线路

$$l_0/R \geqslant 150 \tag{11-39}$$

式中　l_0——进线保护段长度，m；

　　　R——接地电阻，Ω。

进线保护段长度一般采用 450～600m。在进线保护段上如有排气式避雷器 FE2，接地电阻可取两组排气式避雷器 FE1 和 FE2 接地电阻的并联值。图 11-23（a）中的阀式避雷器 F1 主要用来保护断路器或隔离开关。

⑥ 单机容量为 1500～6000kW 或列车电站的直配电机，可采用如图 11-24 所示有电抗线圈或限流电抗器的保护接线。单机容量为 1500kW 以下的直配电机，采用 11.2.7 第⑦条和 11.2.7 第⑧条规定的保护方式有困难时，也可采用如图 11-24 所示的保护接线。

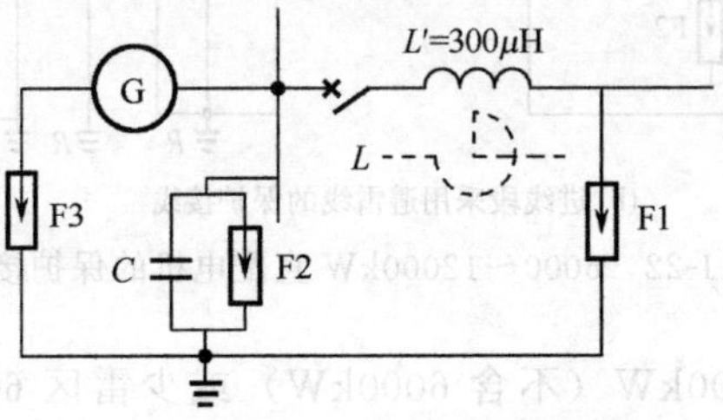

图 11-24　1500～6000kW 直配电机或列车电站直配电机的保护接线

⑦ 单机容量为 1500kW 及以下的直配电机，宜采用图 11-25 所示的保护接线。

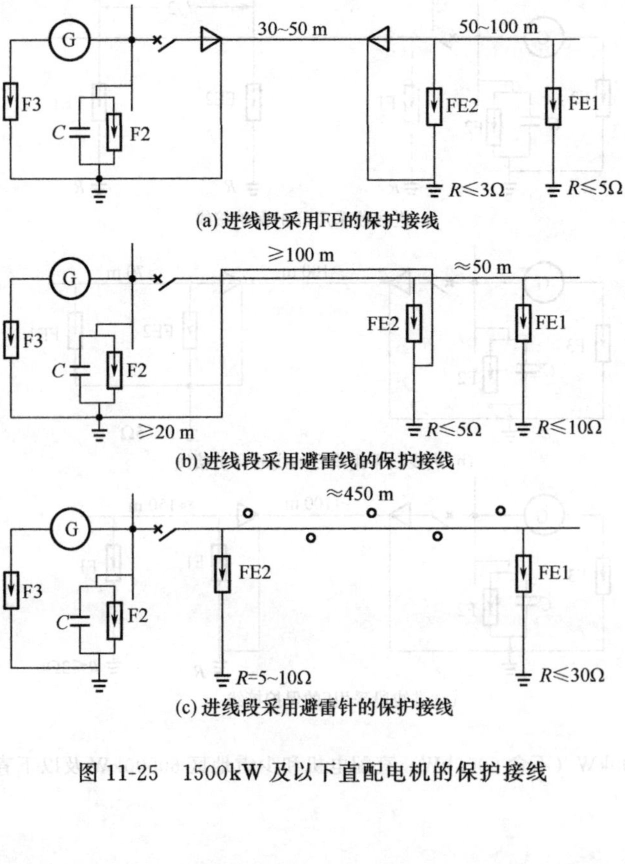

图 11-25　1500kW 及以下直配电机的保护接线

⑧ 容量为 25000kW 及以上的直配电机，应在每台电机出线处装设一组旋转电机阀式避雷器。25000kW 以下的直配电机，避雷器也应尽量靠近电机装设，在一般情况下，避雷器可装在电机出线处；如接在每一组母线上的电机不超过两台，避雷器也可装在每一组母线上。

⑨ 如直配电机的中性点能引出且未直接接地，应在中性点上装设旋转电机中性点阀式避雷器。

⑩ 保护直配电机用的避雷线，对边导线的保护角不应大于 30°。

⑪ 为保护直配电机匝间绝缘和防止感应过电压，装在每相母线上的电容器，包括电缆段电容在内应为 0.25～0.5μF；对于中性点不能引出或双排非并绕绕组的电机，应为 1.5～2μF（图 11-20～图 11-25）。电容器宜有短路保护。

⑫ 无架空直配线的发电机，如发电机与升压变压器之间的母线桥或组合导线无金属屏蔽部分的长度大于 50m，应采取防止感应过电压的措施，在发电机回路或母线的每相导线上装设不小于 0.15μF 的电容器或旋转电机阀式避雷器。如已按 11.2.5 第（3）条第⑧款要求装设避雷器，则可不再采取措施，但该避雷器应选用旋转电机阀式避雷器。

⑬ 在多雷区，经变压器与架空线路连接的非直配电机，如变压器高压侧的系统标称电压为 66kV 及以下时，为防止雷电过电压经变压器绕组的电磁传递而危及电机的绝缘，宜在电机出线上装设一组旋转电机阀式避雷器。当变压器高压侧的系统标称电压为 110kV 及以上时，电机出线上是否装设避雷器可经校验确定。

11.3 建筑物防雷的分类及措施[8,83]

11.3.1 雷电活动规律

（1）雷电活动的一般规律

① 湿热地区比气候寒冷而干燥的地区雷击活动多。

② 雷击活动与地理纬度有关，赤道上最多，由赤道分别向北、向南递减。

③ 从地域划分，雷电活动山区多于平原，陆地多于湖泊、海洋。

④ 雷电活动最多的月份是 7～8 月。

（2）落雷的相关因素

1）地面落雷的相关因素

① 地理条件　湿热地区的雷电活动多于干冷地区，在我国大致按华南、西南、长江流域、华北、东北、西北依次递减。从地域看是山区多于平原，陆地多于湖海。雷电频度与地面落雷虽是两个概念，但雷电频度大的地区往往地面落雷也多。

② 地质条件　有利于很快聚集与雷云相反电荷的地面，如地下埋有导电矿藏的地区，地下水位高的地方，矿泉、小河沟、地下水出口处，土壤电阻率突变的地方，土山的山顶或岩石山的山脚等处容易落雷。

③ 地形条件　某些地形往往可以引起局部气候的变化，造成有利于雷云形成和相遇的条件，如某些山区，山的南坡落雷多于北坡，靠海的一面山坡落雷多于背海的一面山坡，山中的局部平地落雷多于峡谷，风暴走廊与风向一致的地方的风口或顺风的河谷容易落雷。

④ 地物条件　由于地物的影响，有利于雷云与大地之间建立良好的放电通道，如孤立高耸的地物、排出导电尘埃的厂房及排出废气的管道、屋旁大树、山区输电线等易受雷击。

2）建筑物落雷的相关因素

① 建筑物的孤立程度　旷野中孤立的建筑物和建筑群中的高耸建筑物，易受雷击。

② 建筑物的结构　金属屋顶、金属构架、钢筋混凝土结构的建筑物易受雷击。

③ 建筑物的性质 常年积水的冰库，非常潮湿的牛、马等家畜棚，建筑群中个别特别潮湿的建筑物，容易积聚大量的电荷；生产、储存易挥发物的建筑物，容易形成游离物质，因而易受雷击。

④ 建筑物的位置和外廓尺寸。一般认为建筑物位于地面落雷较多的地区和外廓尺寸较大的建筑物易受雷击。

(3) 建筑物年预计雷击次数

① 建筑物年预计雷击次数应按下式计算：

$$N = KN_g A_e \tag{11-40}$$

式中 N——建筑物年预计雷击次数，次/a；

K——校正系数，在一般情况下取1，位于河边、湖边、山坡下或山地中土壤电阻率较小处、地下水露头处、土山顶部、山谷风口等处的建筑物以及特别潮湿的建筑物取1.5，金属屋面没有接地的砖木结构建筑物取1.7，位于山顶上或旷野的孤立建筑物取2；

N_g——建筑物所处地区雷击大地的年平均密度，次/（km^2·a）；

A_e——与建筑物截收相同雷击次数的等效面积，km^2。

② 雷击大地的年平均密度，首先应按当地气象台、站资料确定；若无此资料，可按下式计算。

$$N_g = 0.1T_d \tag{11-41}$$

式中 T_d——年平均雷暴日，根据当地气象台、站资料确定，d/a。

③ 与建筑物截收相同雷击次数的等效面积应为其实际平面面积向外扩大后的面积。其计算方法应符合下列规定。

a. 当建筑物的高度小于100m时，其每边的扩大宽度和等效面积应按下列公式计算（如图11-26所示）：

$$D = \sqrt{H(200 - H)} \tag{11-42}$$

$$A_e = [LW + 2(L + W)\sqrt{H(200 - H)} + \pi H(200 - H)] \times 10^{-6} \tag{11-43}$$

式中 D——建筑物每边的扩大宽度，m；

L，W，H——分别为建筑物的长、宽、高，m。

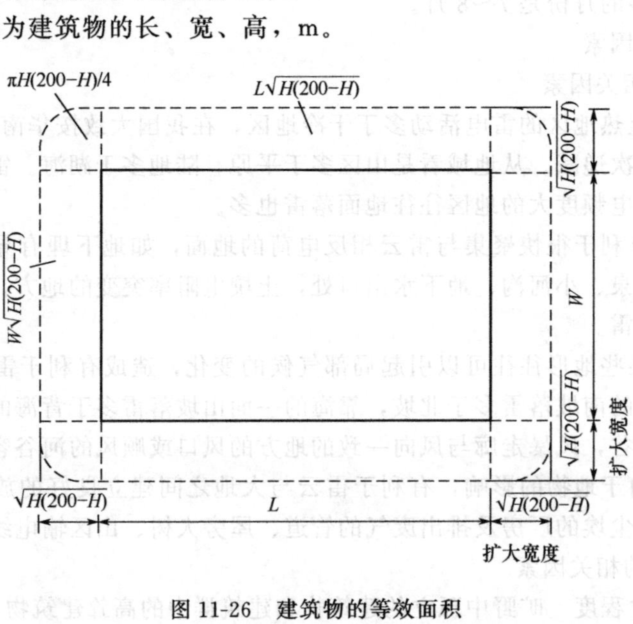

图 11-26 建筑物的等效面积

注：建筑物平面面积扩大后的等效面积如图11-26中周边虚线所包围的面积

b. 当建筑物高度小于 100m，同时其周边在 $2D$ 范围内有等高或比它低的其他建筑物，这些建筑物不在所考虑建筑物以 $h_r=100$（m）的保护范围内时，按式（11-43）算出的 A_e 可减去（$D/2$）×（这些建筑物与所考虑建筑物边长平行以米计的长度总和）$\times10^{-6}$（km^2）。

当四周在 $2D$ 范围内都有等高或比它低的其他建筑物时，其等效面积可按下式计算：

$$A_e=[LW+(L+W)\sqrt{H(200-H)}+\pi H(200-H)/4]\times10^{-6} \quad (11\text{-}44)$$

c. 当建筑物的高度小于 100m，同时其周边在 $2D$ 范围内有比它高的其他建筑物时，按式（11-43）算出的等效面积可减去 $D\times$（这些建筑物与所考虑建筑物边长平行以米计的长度总和）$\times10^{-6}$（km^2）。

当四周在 $2D$ 范围内都有比它高的其他建筑物时，其等效面积可按下式计算：

$$A_e=LW\times10^{-6} \quad (11\text{-}45)$$

d. 当建筑物的高度等于或大于 100m 时，其每边扩大宽度应按等于建筑物的高度计算；建筑物的等效面积应按下式计算：

$$A_e=[LW+2H(L+W)+\pi H^2]\times10^{-6} \quad (11\text{-}46)$$

e. 当建筑物的高度等于或大于 100m，其周边在 $2H$ 范围内有等高或比它低的其他建筑物，且不在所确定建筑物以滚球半径等于建筑物高（m）的保护范围内时，按式（11-46）算出的等效面积可减去（$H/2$）×（这些建筑物与所确定建筑物边长平行以米计的长度总和）$\times10^{-6}$（km^2）。当四周在 $2H$ 范围内都有等高或比它低的其他建筑物时，其等效面积可按下式计算。

$$A_e=[LW+H(L+W)+\pi H^2/4]\times10^{-6} \quad (11\text{-}47)$$

f. 当建筑物的高度等于或大于 100m，同时其周边在 $2H$ 的范围内有比它高的其他建筑物时，按式（11-46）算出的等效面积可减去 $H\times$（这些建筑物与所确定建筑物边长平行以米计的长度总和）$\times10^{-6}$（km^2）。当四周在 $2H$ 范围内都有比它高的其他建筑物时，其等效面积可按式（11-45）计算。

g. 当建筑物各部位的高不同时，应沿建筑物周边逐点算出最大扩大宽度，其等效面积应按每点最大扩大宽度外端的连接线所包围的面积计算。

（4）雷电流

闪电中可能出现的三种雷击见图 11-27，其参量应按表 11-22～表 11-25 的规定取值。雷击参数的定义应符合图 11-28 的规定。

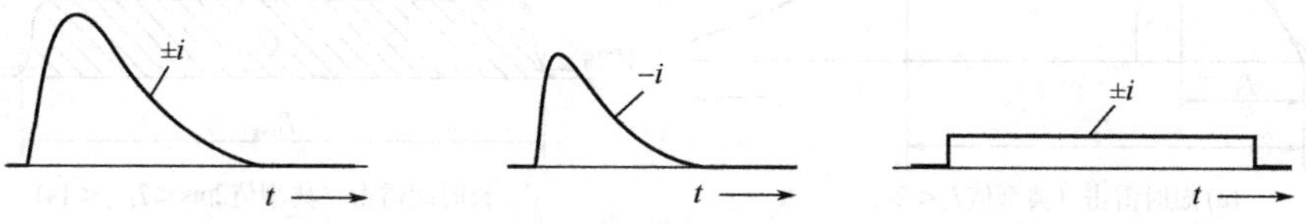

(a) 短时首次雷击　(b) 首次以后的短时后续雷击　(c) 长时间雷击

图 11-27　闪电中可能出现的三种雷击

表 11-22　首次正极性雷击的雷电流参量

雷电流参数	防雷建筑物类别		
	一类	二类	三类
幅值 I/kA	200	150	100
波头时间 $T_1/\mu s$	10	10	10
半值时间 $T_2/\mu s$	350	350	350
电荷量 Q_s/C	100	75	50
单位能量 W/R/(MJ/Ω)	10	5.6	2.5

表 11-23　首次负极性雷击的雷电流参量

雷电流参数	防雷建筑物类别		
	一类	二类	三类
幅值 I/kA	100	75	50
波头时间 T_1/μs	1	1	1
半值时间 T_2/μs	200	200	200
平均陡度 I/T_1/(kA/μs)	100	75	50

注：本波形仅供计算用，不供试验用。

表 11-24　首次负极性以后雷击的雷电流参量

雷电流参数	防雷建筑物类别		
	一类	二类	三类
幅值 I/kA	50	37.5	250
波头时间 T_1/μs	0.25	0.25	0.25
半值时间 T_2/μs	100	100	100
平均陡度 I/T_1/(kA/μs)	200	150	100

表 11-25　长时间雷击的雷电流参量

雷电流参数	防雷建筑物类别		
	一类	二类	三类
电荷量 Q_1/C	200	150	1000.5
时间 T/s	0.5	0.5	0.5

注：平均电流 $I \approx Q_1/T$。

① 短时雷击电流波头的平均陡度（average steepness of the front of short stroke current）是指在时间间隔（t_2-t_1）内电流的平均变化率，即用该时间间隔的起点电流与末尾电流之差［$i_{(t2)}-i_{(t1)}$］除以（t_2-t_1）［如图 11-28（a）所示］。

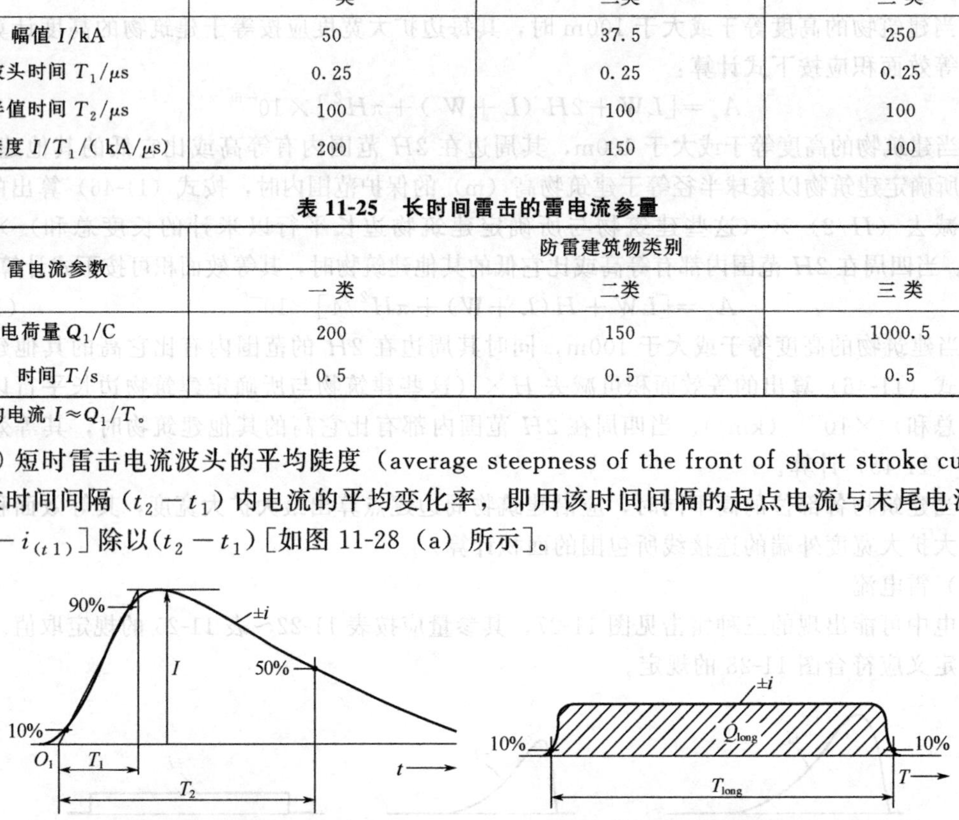

(a) 短时雷击（典型值T_2<2ms）

I—峰值电流（幅值）；T_1—波头时间；T_2—半值时间

(b) 长时间雷击（典型值2ms<T_{long}<1s）

T_{long}—波头及波尾幅值为峰值10%两点之间的时间间隔；Q_{long}—长时间雷击的电荷量

图 11-28　雷击参数定义

② 短时雷击电流的波头时间 T_1（front time of short stroke current T_1）是一规定参数，定义为电流达到 10%和 90%幅值电流之间的时间间隔乘以 1.25，如图 11-28（a）所示。

③ 短时雷击电流的规定原点 O_1（virtual origin of short stroke current O_1）是连接雷击电流波头 10%和 90%参考点的延长直线与时间横坐标相交的点，它位于电流到达 10%幅值电流时之前 $0.1T_1$ 处，如图 11-28（a）所示。

④ 短时雷击电流的半值时间 T_2（time to half value of short stroke current T_2）是一规定参数，定义为规定原点 O_1 与电流降至幅值一半之间的时间间隔，如图 11-28（a）所示。

(5) 建筑物易受雷击的部位

① 平屋面或坡度不大于 1/10 的屋面——檐角、女儿墙、屋檐应为其易受雷击的部位［如图 11-29（a）、（b）所示］。

② 坡度大于 1/10 且小于 1/2 的屋面——屋角、屋脊、檐角、屋檐应为其易受雷击的部位［如图 11-29（c）所示］。

③ 坡度不小于 1/2 的屋面——屋角、屋脊、檐角应为易受雷击的部位［如图 11-29（d）所示］。

④ 对如图 11-29（c）和图 11-29（d），在屋脊有接闪带的情况下，当屋檐处于屋脊接闪带的保护范围内时，屋檐上可不设接闪带。

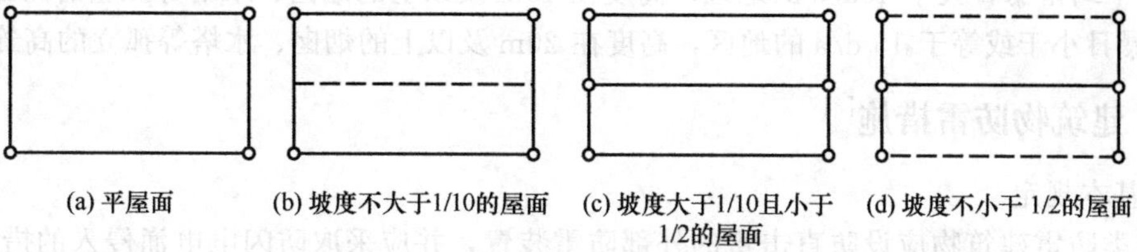

图 11-29　建筑物易受雷击的部位

———易受雷击部位；--------不易受雷击的屋脊或屋檐；○雷击率最高部位

11.3.2　建筑物防雷的分类[8]

建筑物应根据建筑物重要性、使用性质、发生雷电事故的可能性和后果，按防雷要求分为三类。

(1) 第一类防雷建筑物

在可能发生对地闪击的地区，遇下列情况之一时，应划为第一类防雷建筑物。

① 凡制造、使用或储存火炸药及其制品的危险建筑物，因电火花而引起爆炸、爆轰，会造成巨大破坏和人身伤亡者。

② 具有 0 区或 20 区爆炸危险场所的建筑物。

③ 具有 1 区或 21 区爆炸危险场所的建筑物，因电火花而引起爆炸，会造成巨大破坏和人身伤亡者。

(2) 第二类防雷建筑物

在可能发生对地闪击的地区，遇下列情况之一时，应划为第二类防雷建筑物。

① 国家级重点文物保护的建筑物。

② 国家级的会堂、办公建筑物、大型展览和博览建筑物、大型火车站和飞机场、国宾馆，国家级档案馆、大型城市的重要给水泵房等特别重要的建筑物。

【注】 飞机场不含停放飞机的露天场所和跑道。

③ 国家级计算中心、国际通信枢纽等对国民经济有重要意义的建筑物。

④ 国家特级和甲级大型体育馆。

⑤ 制造、使用或储存火炸药及其制品的危险建筑物，且电火花不易引起爆炸或不致造成巨大破坏和人身伤亡者。

⑥ 具有 1 区或 21 区爆炸危险场所的建筑物，且电火花不易引起爆炸或不致造成巨大破坏和人身伤亡者。

⑦ 具有 2 区或 22 区爆炸危险场所的建筑物。

⑧ 有爆炸危险的露天钢质封闭气罐。

⑨ 预计雷击次数大于 0.05 次/a 的部、省级办公建筑物和其他重要或人员密集的公共建筑物以及火灾危险场所。

⑩ 预计雷击次数大于 0.25 次/a 的住宅、办公楼等一般性民用建筑物或一般性工业建筑物。

（3）第三类防雷建筑物

在可能发生对地闪击的地区，遇下列情况之一时，应划为第三类防雷建筑物。

① 省级重点文物保护的建筑物及省级档案馆。

② 预计雷击次数大于或等于 0.01 次/a，且小于或等于 0.05 次/a 的部、省级办公建筑物和其他重要或人员密集的公共建筑物，以及火灾危险场所。

③ 预计雷击次数大于或等于 0.05 次/a，且小于或等于 0.25 次/a 的住宅、办公楼等一般性民用建筑物或一般性工业建筑物。

④ 在平均雷暴日大于 15d/a 的地区，高度在 15m 及以上的烟囱、水塔等孤立的高耸建筑物；在平均雷暴日小于或等于 15 d/a 的地区，高度在 20m 及以上的烟囱、水塔等孤立的高耸建筑物。

11.3.3 建筑物防雷措施[8]

（1）基本规定

① 各类防雷建筑物应设防直击雷的外部防雷装置，并应采取防闪电电涌侵入的措施。

第一类防雷建筑物和本书 11.3.2 第（2）条第 ⑤～⑦款所规定的第二类防雷建筑物，尚应采取防闪电感应的措施。

② 各类防雷建筑物应设内部防雷装置，并应符合下列规定。

a. 在建筑物的地下室或地面层处，以下物体应与防雷装置做防雷等电位连接：

建筑物金属体；金属装置；建筑物内系统；进出建筑物的金属管线。

b. 除上述第 a. 条的措施外，外部防雷装置与建筑物金属体、金属装置、建筑物内系统之间，尚应满足间隔距离的要求。

③ 本书 11.3.2 第（2）条第②～④款所规定的第二类防雷建筑物尚应采取防雷击电磁脉冲的措施。其他各类防雷建筑物，当其建筑物内系统所接设备的重要性高，以及所处雷击磁场环境和加于设备的闪电电涌无法满足要求时，也应采取防雷击电磁脉冲的措施。防雷击电磁脉冲的措施应符合本书 11.4.3 的规定。

（2）第一类防雷建筑物的防雷措施

1）第一类防雷建筑物防直击雷的措施应符合下列规定。

① 应装设独立接闪杆或架空接闪线或网。架空接闪网的网格尺寸不应大于 5m×5m 或 6m×4m。

② 排放爆炸危险气体、蒸气或粉尘的放散管、呼吸阀、排风管等的管口外的以下空间应处于接闪器的保护范围内。

a. 当有管帽时应按表 11-26 的规定确定。

b. 当无管帽时，应为管口上方半径 5m 的半球体。

c. 接闪器与雷闪的接触点应设在上述 a 、b 所规定的空间之外。

表 11-26 有管帽的管口外处于接闪器保护范围内的空间

装置内的压力与周围空气压力的压力差/kPa	排放物对比于空气	管帽以上的垂直距离/m	距管口处的水平距离 /m
<5	重于空气	1	2
5～25	重于空气	2.5	5
≤25	轻于空气	2.5	5
>25	重或轻于空气	5	5

注：相对密度小于或等于 0.75 的爆炸性气体规定为轻于空气的气体；相对密度大于 0.75 的爆炸性气体规定为重于空气的气体。

③ 排放爆炸危险气体、蒸气或粉尘的放散管、呼吸阀、排风管等，当其排放物达不到爆炸浓度、长期点火燃烧、一排放就点火燃烧，以及发生事故时排放物才达到爆炸浓度的通风管、安全阀，接闪器的保护范围可仅保护到管帽，无管帽时可仅保护到管口。

④ 独立接闪杆的杆塔、架空接闪线的端部和架空接闪网的每根支柱处应至少设一根引下线。对用金属制成或有焊接、绑扎连接钢筋网的杆塔、支柱，宜利用金属杆塔或钢筋网作为引下线。

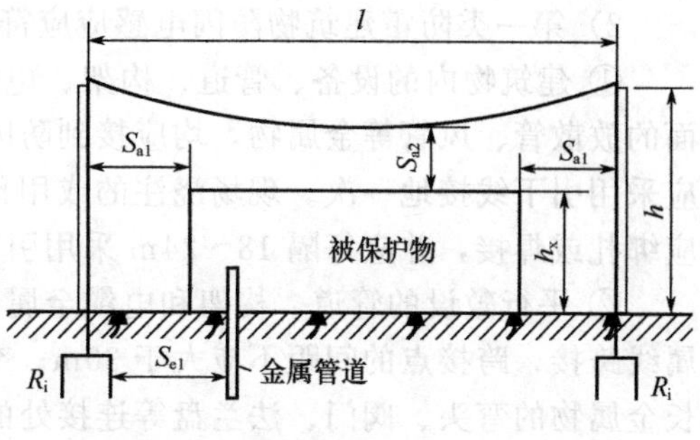

图 11-30　防雷装置至被保护物的间隔距离

⑤ 独立接闪杆和架空接闪线或网的支柱及其接地装置至被保护建筑物及与其有联系的管道、电缆等金属物之间的间隔距离（图 11-30），应按下列公式计算，但不得小于 3m。

地上部分：

$$\text{当 } h_x < 5R_i \text{ 时：} S_{a1} \geqslant 0.4(R_i + 0.1h_x) \tag{11-48}$$

$$\text{当 } h_x \geqslant 5R_i \text{ 时：} S_{a1} \geqslant 0.1(R_i + h_x) \tag{11-49}$$

地下部分：

$$S_{e1} \geqslant 0.4R_i \tag{11-50}$$

式中 S_{a1}——空气中的间隔距离，m；

S_{e1}——地中的间隔距离，m；

R_i——独立接闪杆、架空接闪线或网支柱处接地装置的冲击接地电阻，Ω；

h_x——被保护建筑物或计算点的高度，m。

⑥ 架空接闪线至屋面和各种突出屋面的风帽、放散管等物体之间的间隔距离（如图 11-30 所示），应按下列公式计算，但不应小于 3m。

当 $(h+l/2) < 5R_i$ 时：

$$S_{a2} \geqslant 0.2R_i + 0.03\ (h + l/2) \tag{11-51}$$

当 $(h+l/2) \geqslant 5R_i$ 时：

$$S_{a2} \geqslant 0.05R_i + 0.06\ (h + l/2) \tag{11-52}$$

式中 S_{a2}——接闪线至被保护物在空气中的间隔距离，m；

h——接闪线的支柱高度，m；

l——接闪线的水平长度，m。

⑦ 架空接闪网至屋面和各种突出屋面的风帽、放散管等物体之间的间隔距离，应按下列公式计算，但不应小于 3m。

当 $(h+l1) < 5R_i$ 时：

$$S_{a2} \geqslant [0.4R_i + 0.06(h + l_1)]/n \tag{11-53}$$

当 $(h+l_1) \geqslant 5R_i$ 时：

$$S_{a2} \geqslant [0.1R_i + 0.12(h + l_1)]/n \tag{11-54}$$

式中 S_{a2}——接闪网至被保护物在空气中的间隔距离，m；

l_1——从接闪网中间最低点沿导体至最近支柱的距离，m；

n——从接闪网中间最低点沿导体至最近不同支柱并有同一距离 l_1 的个数。

⑧ 独立接闪杆、架空接闪线或架空接闪网应设独立的接地装置，每一引下线的冲击接地电阻不宜大于 10Ω。在土壤电阻率高的地区，可适当增大冲击接地电阻，但土壤电阻率在 3000Ω · m 以下的地区，冲击接地电阻不应大于 30Ω。

2）第一类防雷建筑物防闪电感应应符合下列规定。

① 建筑物内的设备、管道、构架、电缆金属外皮、钢屋架、钢窗等较大金属物和突出屋面的放散管、风管等金属物，均应接到防闪电感应的接地装置上。金属屋面周边每隔 18～24m 应采用引下线接地一次。现场浇注的或用预制构件组成的钢筋混凝土屋面，其钢筋网的交叉点应绑扎或焊接，并应每隔 18～24m 采用引下线接地一次。

② 平行敷设的管道、构架和电缆金属外皮等长金属物，其净距小于 100mm 时，应采用金属线跨接，跨接点的间距不应大于 30m；交叉净距小于 100mm 时，其交叉处也应该跨接。当长金属物的弯头、阀门、法兰盘等连接处的过渡电阻大于 0.03Ω 时，连接处应用金属线跨接。对有不少于 5 根螺栓连接的法兰盘，在非腐蚀环境下，可不跨接。

③ 防雷电感应的接地装置应与电气和电子系统的接地装置共用，其工频接地电阻不宜大于 10Ω。防闪电感应的接地装置与独立接闪杆、架空接闪线或架空接闪网的接地装置之间的间隔距离，应符合本书 11.3.3 第（2）条第 1）款第⑤项的规定。当屋内设有等电位连接的接地干线时，其与防闪电感应接地装置的连接不应少于 2 处。

3）第一类防雷建筑物防闪电电涌侵入的措施应符合下列规定。

① 室外低压配电线路应全线采用电缆直接埋地敷设，在入户处应将电缆的金属外皮、钢管接到等电位连接带或防闪电感应的接地装置上。

② 当全线采用电缆有困难时，应采用钢筋混凝土杆和铁横担的架空线，并应使用一段金属铠装电缆或护套电缆穿钢管直接埋地引入。架空线与建筑物的距离不应小于 15m。在电缆与架空线连接处，尚应装设户外型电涌保护器。电涌保护器、电缆金属外皮、钢管和绝缘子铁脚、金具等应连在一起接地，其冲击接地电阻不宜大于 30Ω。所装设的电涌保护器应选用Ⅰ级试验产品，其电压保护水平应小于或等于 2.5 kV，其每一保护模式应选冲击电流等于或大于 10kA；若无户外型电涌保护器，应选用户内型电涌保护器，其使用温度应满足安装处的环境温度，并应安装在防护等级为 IP54 的箱内。当电涌保护器的接线形式为表 11-30 中的接线形式 2 时，接在中性线和 PE 线间电涌保护器的冲击电流，当为三相系统时不应小于 40 kA，当为单相系统时不应小于 20 kA。

③ 当架空线转换成一段金属铠装电缆或护套电缆穿钢管直接埋地引入时，其埋地长度可按下式计算：

$$l \geqslant 2\sqrt{\rho} \tag{11-55}$$

式中 l——电缆铠装或穿电缆的钢管埋地直接与土壤接触的长度，m；

ρ——埋电缆处的土壤电阻率，Ω·m。

④ 在入户处的总配电箱内是否装设电涌保护器应按本书 11.4.3 的规定确定。当需要安装电涌保护器时，电涌保护器的最大持续运行电压值和接线形式应按本书 11.3.4 的相关规定确定；连接电涌保护器的导体截面积应按表 11-33 的规定取值。

⑤ 电子系统的室外金属导体线路宜全线采用有屏蔽层的电缆埋地或架空敷设，其两端的屏蔽层、加强钢线、钢管等应等电位连接到入户处的终端箱体上，在终端箱体内是否装设电涌保护器应按本书 11.4.3 的规定确定。

⑥ 当通信线路采用钢筋混凝土杆的架空线时，应使用一段护套电缆穿钢管直接埋地引入，其埋地长度应按式（11-55）计算，且不应小于 15m。在电缆与架空线连接处，尚应装设户外型电涌保护器。电涌保护器、电缆金属外皮、钢管和绝缘子铁脚、金具等应连接到一起接地，其冲击接地电阻不宜大于 30Ω。所装设的电涌保护器应选用 D1 类高能量试验的产品，其电压保护水平和最大持续运行电压值应按本书 11.3.4 的规定确定，连接电涌保护器的导体截面积应按表 11-33 的规定取值，每台电涌保护器的短路电流应等于或大于 2 kA；若无户外型电涌保护器，可选用户

内型电涌保护器，但其使用温度应满足安装处的环境温度，并应安装在防护等级为 IP54 的箱内。在入户处的终端箱体内是否装设电涌保护器应按本书 11.4.3 的相关规定确定。

⑦ 架空金属管道，在进出建筑物处，应与防闪电感应的接地装置相连。距离建筑物 100m 内的管道，应每隔 25m 接地一次，其冲击接地电阻不应大于 30Ω，并应利用金属支架或钢筋混凝土支架的焊接、绑扎钢筋网作为引下线，其钢筋混凝土基础宜作为接地装置。

埋地或地沟内的金属管道，在进出建筑物处应等电位连接到等电位连接带或防闪电感应的接地装置上。

4）当难以装设独立的外部防雷装置时，可将接闪杆或网格不大于 5m×5m 或 6m×4m 的接闪网或由其混合组成的接闪器直接装在建筑物上，接闪网应按本书 11.3.1 的第（5）小节（建筑物易受雷击的部位）的规定沿屋角、屋脊、屋檐和檐角等易受雷击的部位敷设；当建筑物高度超过 30m 时，首先应沿屋顶周边敷设接闪带，接闪带应设在外墙外表面或屋檐边垂直面上，也可设在外墙外表面或屋檐垂直面外，并必须符合下列规定。

① 接闪器之间应互相连接。

② 引下线不应少于两根，并应沿建筑物四周和内庭院四周均匀或对称布置，其间距沿周长计算不宜大于 12m。

③ 排放爆炸危险气体、蒸气或粉尘的管道应符合本书 11.3.3 第（2）条第 1）款第②、③项的规定。

④ 建筑物应装设等电位连接环，环间垂直距离不应大于 12m，所有引下线、建筑物的金属结构和金属设备均应连到环上。等电位连接环可利用电气设备的等电位连接干线环路。

⑤ 外部防雷的接地装置应围绕建筑物敷设成环形接地体，每根引下线的冲击接地电阻不应大于 10Ω，并应和电气和电子系统等接地装置及所有进入建筑物的金属管道相连，此接地装置可兼作防雷电感应接地之用。

⑥ 当每根引下线的冲击接地电阻大于 10Ω 时，外部防雷的环形接地体宜按以下方法敷设。

a. 当土壤电阻率小于或等于 500Ω·m 时，对环形接地体所包围面积的等效圆半径小于 5m 的情况，每一引下线处应补加水平接地体或垂直接地体。

b. 当上述 a. 项补加水平接地体时，其最小长度应按下式计算：

$$l_r = 5 - \sqrt{A/\pi} \tag{11-56}$$

式中　$\sqrt{A/\pi}$——环形接地体所包围面积的等效圆半径，m；

l_r——补加水平接地体的最小长度，m；

A——环形接地体所包围的面积，m^2。

c. 当上述 a. 项补加垂直接地体时，其最小长度应按下式计算：

$$l_v = (5 - \sqrt{A/\pi})/2 \tag{11-57}$$

式中　l_v——补加垂直接地体的最小长度，m。

d. 当土壤电阻率大于 500Ω·m、小于或等于 3000Ω·m，且对环形接地体所包围面积的等效圆半径符合下式的计算值时，每一引下线处应补加水平接地体或垂直接地体：

$$\sqrt{A/\pi} < (11\rho - 3600)/380 \tag{11-58}$$

e. 当上述 d. 项补加水平接地体时，其最小总长度应按下式计算：

$$l_r = (11\rho - 3600)/380 - \sqrt{A/\pi} \tag{11-59}$$

f. 当上述 d. 项补加垂直接地体时，其最小总长度应按下式计算：

$$l_v = [(11\rho - 3600)/380 - \sqrt{A/\pi}]/2 \tag{11-60}$$

【注】 按上述方法敷设接地体以及环形接地体所包围的面积的等效圆半径等于或大于所规定的值时，每根

引下线的冲击接地电阻可不作规定。共用接地装置的接地电阻按 50Hz 电气装置的接地电阻确定，应为不大于按人身安全所确定的接地电阻值。

⑦ 当建筑物高于 30m 时，尚应采取下列防侧击的措施。

a. 应从 30m 起每隔不大于 6m 沿建筑物四周设水平接闪带并与引下线相连。

b. 30m 及以上外墙上的栏杆、门窗等较大的金属物应与防雷装置连接。

⑧ 在电源引入的总配电箱处应装设Ⅰ级试验的电涌保护器。电涌保护器的电压保护水平值应小于或等于 2.5kV。每一保护模式的冲击电流值，当无法确定时，冲击电流应取等于或大于 12.5kA。

⑨ 电源总配电箱处所装设的电涌保护器，其每一保护模式的冲击电流值，当电源线路无屏蔽层时宜按式（11-61）计算，当有屏蔽层时宜按式（11-62）计算：

$$I_{imp}=\frac{0.5I}{mn} \tag{11-61}$$

$$I_{imp}=\frac{0.5IR_s}{n(mR_s+R_c)} \tag{11-62}$$

式中 I——雷电流，取 200kA；

n——地下和架空引入的外来金属管道和线路的总数；

m——每一线路内导体芯线的总根数；

R_s——屏蔽层每千米的电阻，Ω/km；

R_c——芯线每千米的电阻，Ω/km。

⑩ 电源总配电箱处所设的电涌保护器，其连接的导体截面积应按表 11-33 的规定取值，其最大持续运行电压值和接线形式应按本书 11.3.4 的规定确定。

【注】当电涌保护器的接线形式为表 11-30 中的接线形式 2 时，接在中性线和 PE 线间电涌保护器的冲击电流，当为三相系统时不应小于上述第⑨项规定值的 4 倍，当为单相系统时不应小于 2 倍。

⑪ 当电子系统的室外线路采用金属线时，在其引入的终端箱处应安装 D1 类高能量试验类型的电涌保护器，其短路电流当无屏蔽层时，宜按公式（11-61）计算，当有屏蔽层时宜按公式（11-62）计算；当无法确定时应选用 2kA。选取电涌保护器的其他参数应符合本书 11.3.4 的规定，连接电涌保护器的导体截面积应按本规范表 11-33 的规定取值。

⑫ 当电子系统的室外线路采用光缆时，在其引入的终端箱处的电气线路侧，当无金属线路引出本建筑物至其他有自己接地装置的设备时，可安装 B2 类慢上升率试验类型的电涌保护器，其短路电流应按表 11-31 的规定确定，宜选用 100 A。

⑬ 输送火灾爆炸危险物质的埋地金属管道，当其从室外进入户内处设有绝缘段时，应在绝缘段处跨接符合下列要求的电压开关型电涌保护器或隔离放电间隙。

a. 选用Ⅰ级试验的密封型电涌保护器。

b. 电涌保护器能承受的冲击电流按式（11-61）计算，取 $m=1$。

c. 电涌保护器的电压保护水平应小于绝缘段的耐冲击电压水平，无法确定时，应取其等于或大于 1.5kV 和等于或小于 2.5kV。

d. 输送火灾爆炸危险物质的埋地金属管道在进入建筑物处的防雷等电位连接，应在绝缘段之后管道进入室内处进行，可将电涌保护器的上端头接到等电位连接带。

⑭ 具有阴极保护的埋地金属管道，在其从室外进入户内处宜设绝缘段，应在绝缘段处跨接符合下列要求的电压开关型电涌保护器或隔离放电间隙。

a. 选用Ⅰ级试验的密封型电涌保护器。

b. 电涌保护器能承受的冲击电流按式（11-61）计算，取 $m=1$。

c. 电涌保护器的电压保护水平应小于绝缘段的耐冲击电压水平，并应大于阴极保护电源的最大端电压。

d. 具有阴极保护的埋地金属管道在进入建筑物处的防雷等电位连接，应在绝缘段之后管道进入室内处进行，可将电涌保护器的上端头接到等电位连接带。

5）当树木邻近建筑物且不在接闪器保护范围之内时，树木与建筑物之间的净距不应小于 5m。

（3）第二类防雷建筑物的防雷措施

1）第二类防雷建筑物外部防雷的措施，宜采用装设在建筑物上的接闪网、接闪带或接闪杆，也可采用由接闪网、接闪带或接闪杆混合组成的接闪器。接闪网、接闪带应按本书 11.3.1 的第（5）小节（建筑物易受雷击的部位）的规定沿屋角、屋脊、屋檐和檐角等易受雷击的部位敷设，并应在整个屋面组成不大于 10m×10m 或 12m×8m 的网格；当建筑物高度超过 45m 时，首先应沿屋顶周边敷设接闪带，接闪带应设在外墙外表面或屋檐边垂直面上，也可设在外墙外表面或屋檐边垂直面外。接闪器之间应互相连接。

2）突出屋面的放散管、风管、烟囱等物体，应按下列方式保护。

① 排放爆炸危险气体、蒸气或粉尘的放散管、呼吸阀、排风管等管道应符合本书 11.3.3 第（2）条第 1）款第②项的规定。

② 排放无爆炸危险气体、蒸气或粉尘的放散管、烟囱，1 区、21 区、2 区和 22 区爆炸危险场所的自然通风管，0 区和 20 区爆炸危险场所的装有阻火器的放散管、呼吸阀、排风管，以及本书 11.3.3 第（2）条第 1）款第③项所规定的管、阀及煤气和天然气放散管等，其防雷保护应符合下列规定。

a. 金属物体可不装接闪器，但应和屋面防雷装置相连。

b. 除符合本书 11.3.3 第（5）条第 7）款的规定情况外，在屋面接闪器保护范围之外的非金属物体应装接闪器，并和屋面防雷装置相连。

3）专设引下线不应少于 2 根，并应沿建筑物四周和内庭院四周均匀对称布置，其间距沿周长计算不宜大于 18m。当建筑物的跨度较大，无法在跨距中间设引下线，应在跨距两端设引下线并减小其他引下线的间距，专设引下线的平均间距不应大于 18m。

4）外部防雷装置的接地应和防雷电感应、内部防雷装置、电气和电子系统等接地共用接地装置，并应与引入的金属管线做等电位连接。外部防雷装置的专设接地装置宜围绕建筑物敷设成环形接地体。

5）利用建筑物的钢筋作为防雷装置时应符合下列规定。

① 建筑物宜利用钢筋混凝土屋顶、梁、柱、基础内的钢筋作为引下线。本书 11.3.2 第（2）小节（第二类防雷建筑物）的第②条、第③条、第④条、第⑨条、第⑩条的建筑物，当其女儿墙以内的屋顶钢筋网以上的防水和混凝土层允许不保护时，宜利用屋顶钢筋网作为接闪器；本书 11.3.2 第（2）小节（第二类防雷建筑物）的第②条、第③条、第④条、第⑨条、第⑩条的建筑物为多层建筑，且周围很少有人停留时，宜利用女儿墙压顶板内或檐口内的钢筋作为接闪器。

② 当基础采用硅酸盐水泥和周围土壤的含水量不低于 4% 及基础的外表面无防腐层或有沥青质防腐层时，宜利用基础内的钢筋作为接地装置。当基础的外表面有其他类的防腐层且无桩基可利用时，宜在基础防腐层下面的混凝土垫层内敷设人工环形基础接地体。

③ 敷设在混凝土中作为防雷装置的钢筋或圆钢，当仅为一根时，其直径不应小于 10mm。被利用作为防雷装置的混凝土构件内有箍筋连接的钢筋时，其截面积总和不应小于一根直径 10mm 钢筋的截面积。

④ 利用基础内钢筋网作为接地体时，在周围地面以下距地面不应小于 0.5m，每根引下线

所连接的钢筋表面积总和应按下式计算：

$$S \geqslant 4.24k_c^2 \tag{11-63}$$

式中　S——钢筋表面积总和，m^2；

k_c——分流系数，单根引下线时，分流系数应为 1，两根引下线及接闪器不成闭合环的多根引下线时，分流系数为 0.66，接闪器成闭合环或网状的多根引下线时，分流系数为 0.44。

⑤ 当在建筑物周边的无钢筋的闭合条形混凝土基础内敷设人工基础接地体时，接地体的规格尺寸应按表 11-27 的规定确定。

表 11-27　第二类防雷建筑物环形人工基础接地体的最小规格尺寸

闭合条形基础的周长/m	扁钢/mm	圆钢，根数 ×直径/mm
≥60	4×25	2×ϕ10
40～60	4×50	4×ϕ10 或 3×ϕ12
＜40	钢材表面积总和≥ $4.24m^2$	

注：1. 当长度相同、截面积相同时，宜选用扁钢。
2. 采用多根圆钢时，其敷设净距不小于直径的 2 倍。
3. 利用闭合条形基础内的钢筋作接地体时可按本表校验，除主筋外，可计入箍筋的表面积。

⑥ 构件内有箍筋连接的钢筋或成网状的钢筋，其箍筋与钢筋、钢筋与钢筋应采用土建施工的绑扎法、螺丝、对焊或搭焊连接。单根钢筋、圆钢或外引预埋连接板、线与构件内钢筋的连接应焊接或采用螺栓紧固的卡夹器连接。构件之间必须连接成电气通路。

6）共用接地装置的接地电阻应按 50Hz 电气装置的接地电阻确定，不应大于按人身安全所确定的接地电阻值。在土壤电阻率小于或等于 3000Ω·m 的时，外部防雷装置的接地体应符合下列规定之一以及环形接地体所包围面积的等效圆半径等于或大于所规定的值时，可不计及冲击接地电阻；但当每根专设引下线的冲击接地电阻不大于 10Ω 时，可不按下述①、②项敷设接地体。

① 当土壤电阻率 ρ 小于或等于 800Ω·m 时，对环形接地体所包围面积的等效圆半径小于 5m 的情况，每一引下线处应补加水平接地体或垂直接地体。当补加水平接地体时，其最小长度应按式（11-56）计算；当补加垂直接地体时，其最小长度应按式（11-57）计算。

② 当土壤电阻率大于 800Ω·m、小于或等于 3000Ω·m 时，且对环形接地体所包围的面积的等效圆半径小于按下式的计算值时，每一引下线处应补加水平接地体或垂直接地体：

$$\sqrt{A/\pi} < (\rho - 550)/50 \tag{11-64}$$

③ 上述第②项补加水平接地体时，其最小总长度应按下式计算：

$$l_r = (\rho - 550)/50 - \sqrt{A/\pi} \tag{11-65}$$

④ 上述第②项补加垂直接地体时，其最小总长度应按下式计算：

$$l_v = [(\rho - 550)/50 - \sqrt{A/\pi}]/2 \tag{11-66}$$

⑤ 在符合本书 11.3.3 第（3）条第 5）款规定的条件下，利用槽形、板形或条形基础的钢筋作为接地体或在基础下面混凝土垫层内敷设人工环形基础接地体，当槽形、板形基础钢筋网在水平面的投影面积或成环的条形基础钢筋或人工环形基础接地体所包围的面积符合下列规定时，可不补加接地体。

a. 当土壤电阻率小于或等于 800Ω·m 时，所包围的面积应大于或等于 $79m^2$。

b. 当土壤电阻率大于 800Ω·m 且小于等于 3000Ω·m 时，所包围的面积应大于或等于按下式的计算值：

$$A \geqslant \pi[(\rho - 550)/50]^2 \tag{11-67}$$

⑥ 在符合本书 11.3.3 第（3）条第 5）款规定的条件下，对 6m 柱距或大多数柱距为 6m 的单层工业建筑物，当利用柱子基础的钢筋作为外部防雷装置的接地体并同时符合下列规定时，可不另加接地体。

a. 利用全部或绝大多数柱子基础的钢筋作为接地体。

b. 柱子基础的钢筋网通过钢柱，钢屋架，钢筋混凝土柱子、屋架、屋面板、吊车梁等构件的钢筋或防雷装置互相连成整体。

c. 在周围地面以下距地面不小于 0.5m，每一柱子基础内所连接的钢筋表面积总和大于或等于 $0.82m^2$。

7）本书 11.3.2 第（2）小节（第二类防雷建筑物）的第⑤条、第⑥条、第⑦条所规定的建筑物，其防雷电感应的措施应符合下列规定。

① 建筑物内的设备、管道、构架等主要金属物，应就近接到防雷装置或共用接地装置上。

② 除本书 11.3.2 第（2）小节（第二类防雷建筑物）的第⑦条所规定的建筑物外，平行敷设的管道、构架和电缆金属外皮等长金属物应符合本书 11.3.3 第（2）条第 2）款的规定，但长金属物连接处可不跨接。

③ 建筑物内防闪电感应的接地干线与接地装置的连接，不应少于 2 处。

8）防止雷电流流经引下线和接地装置时产生的高电位对附近金属物或电气和电子系统线路的反击，应符合下列要求。

① 在金属框架的建筑物中，或在钢筋连接在一起、电气贯通的钢筋混凝土框架的建筑物中，金属物或线路与引下线之间的间隔距离可无要求；在其他情况下，金属物或线路与引下线之间的间隔距离应按下式计算：

$$S_{a3} \geqslant 0.06 k_c l_x \tag{11-68}$$

式中 S_{a3}——空气中的间隔距离，m；

l_x——引下线计算点到连接点的长度（m），连接点即金属物或电气和电子系统线路与防雷装置之间直接或通过电涌保护器相连之点。

② 当金属物或线路与引下线之间有自然或人工接地的钢筋混凝土构件、金属板、金属网等静电屏蔽物隔开时，金属物或线路与引下线之间的间隔距离可无要求。

③ 当金属物或线路与引下线之间有混凝土墙、砖墙隔开时，其击穿强度应为空气击穿强度的 1/2。当间隔距离不能满足上述第①项的规定时，金属物应与引下线直接相连，带电线路应通过电涌保护器与引下线相连。

④ 在电气接地装置与防雷接地装置共用或相连的情况下，应在低压电源线路引入的总配电箱、配电柜处装设Ⅰ级试验的电涌保护器。电涌保护器的电压保护水平值应小于或等于 2.5kV。每一保护模式的冲击电流值，当无法确定时应取等于或大于 12.5 kA。

⑤ 当 Yyn0 型或 Dyn11 型接线的配电变压器设在本建筑物内或附设于外墙处时，应在变压器高压侧装设避雷器；在低压侧的配电屏上，当有线路引出本建筑物至其他有独自敷设接地装置的配电装置时，应在母线上装设Ⅰ级试验的电涌保护器，电涌保护器每一保护模式的冲击电流值，当无法确定时冲击电流应取等于或大于 12.5 kA；当无线路引出本建筑物时，应在母线上装设Ⅱ级试验的电涌保护器，电涌保护器每一保护模式的标称放电电流值应等于或大于 5kA。电涌保护器的电压保护水平值应小于或等于 2.5kV。

⑥ 低压电源线路引入的总配电箱、配电柜处装设Ⅰ级试验的电涌保护器，以及配电变压器设在本建筑物内或附设于外墙处，并在低压侧配电屏的母线上装设Ⅰ级试验的电涌保护器时，电涌保护器每一保护模式的冲击电流值，当电源线路无屏蔽层时，可按式（11-61）计算，当有屏蔽层时，可按式（11-62）计算，式中的雷电流应取等于 150kA。

⑦ 电子系统的室外线路采用金属线时，其引入的终端箱处应安装 D1 类高能量试验类型的电涌保护器，其短路电流当无屏蔽层时，可按式（11-61）计算，当有屏蔽层时可按式（11-62）计算，式中的雷电流应取等于 150kA；当无法确定时应选用 1.5kA。

⑧ 在电子系统的室外线路采用光缆时，其引入的终端箱处的电气线路侧，当无金属线路引出本建筑物至其他有自己接地装置的设备时，可安装 B2 类慢上升率试验类型的电涌保护器，其短路电流宜选用 75A。

⑨ 输送火灾爆炸危险物质和具有阴极保护的埋地金属管道，当其从室外进入户内处设有绝缘段时应符合本书 11.3.3 第（2）条第 4）款第⑬、⑭项的规定，当按（11-61）计算时，式中的雷电流应取等于 150kA。

9）高度超过 45m 的建筑物，除屋顶的外部防雷装置应符合本书 11.3.3 第（3）条第 1）款的规定外，尚应符合下列规定。

① 对水平突出外墙的物体，当滚球半径 45m 球体从屋顶周边接闪带外向地面垂直下降接触到突出外墙的物体时，应采取相应的防雷措施。

② 高于 60m 的建筑物，其上部占高度 20％并超过 60m 的部位应防侧击，防侧击应符合下列规定。

a. 在建筑物上部占高度 20％并超过 60m 的部位，各表面上的尖物、墙角、边缘、设备以及显著突出的物体，应按屋顶的保护措施考虑。

b. 在建筑物上部占高度 20％并超过 60m 的部位，布置接闪器应符合对本类防雷建筑物的要求，接闪器应重点布置在墙角、边缘和显著突出的物体上。

c. 外部金属物，当其最小尺寸符合本书 11.4.1 第（2）条第⑦款第 b. 项的规定时，可利用其作为接闪器，还可利用布置在建筑物垂直边缘处的外部引下线作为接闪器。

d. 符合 11.3.3 第（3）条第 5）款规定的钢筋混凝土内钢筋和符合 11.4.1 第（3）条第⑤款规定的建筑物金属框架，当作为引下线或与引下线连接时，均可利用其作为接闪器。

③ 外墙内、外竖直敷设的金属管道及金属物的顶端和底端，应与防雷装置等电位连接。

10）有爆炸危险的露天钢质封闭气罐，在其高度小于或等于 60m 的、罐顶壁厚不小于 4mm 时，或其高度大于 60m 的条件下、罐顶壁厚和侧壁壁厚均不小于 4mm 时，可不装设接闪器，但应接地，且接地点不应少于 2 处，两接地点间距离不宜大于 3m，每处接地点的冲击接地电阻不应大于 30Ω。当防雷的接地装置符合 11.3.3 第（3）条第 6）款的规定时，可不计及其接地电阻值，但 11.3.3 第（3）条第 6）款所规定的 10Ω 可改为 30Ω。放散管和呼吸阀的保护应符合 11.3.3 第（3）条第 2）款的规定。

（4）第三类防雷建筑物的防雷措施

1）第三类防雷建筑物外部防雷的措施宜采用装设在建筑物上的接闪网、接闪带或接闪杆，也可采用由接闪网、接闪带或接闪杆混合组成的接闪器。接闪网、接闪带应按本书 11.3.1 的第（5）小节（建筑物易受雷击的部位）的规定沿屋角、屋脊、屋檐和檐角等易受雷击的部位敷设，并应在整个屋面组成不大于 20m×20m 或 2m×16m 的网格；当建筑物高度超过 60m 时，首先应沿屋顶周边敷设接闪带，接闪带应设在外墙外表面或屋檐边垂直面上，也可设在外墙外表面或屋檐边垂直面外。接闪器之间应互相连接。

2）突出屋面的物体的保护措施应符合 11.3.3 第（3）条第 2）款的规定。

3）专设引下线不应少于 2 根，并应沿建筑物四周和内庭院四周均匀对称布置，其间距沿周长计算不宜大于 25m。当建筑物的跨度较大，无法在跨距中间设引下线时，应在跨距两端设引下线并减小其他引下线的间距，专设引下线的平均间距不应大于 25m。

4）防雷装置的接地应与电气和电子系统等接地共用接地装置，并应与引入的金属管线做等电位连接。外部防雷装置的专设接地装置宜围绕建筑物敷设成环形接地体。

5）建筑物宜利用钢筋混凝土屋面、梁、柱、基础内的钢筋作为引下线和接地装置，当其女儿墙以内的屋顶钢筋网以上的防水和混凝土层允许不保护时，宜利用屋顶钢筋网作为接闪器，以及当建筑物为多层建筑，其女儿墙压顶板内或檐口内有钢筋且周围除保安人员巡逻外通常无人停留时，宜利用女儿墙压顶板内或檐口内的钢筋作为接闪器，并应符合11.3.3第（3）条第5）款第②、③、⑥项的规定，同时应符合下列规定。

① 利用基础内钢筋网作为接地体时，在周围地面以下距地面不小于0.5m深，每根引下线所连接的钢筋表面积总和应按下式计算：

$$S \geqslant 1.89k_c^2 \tag{11-69}$$

② 当在建筑物周边的无钢筋的闭合条形混凝土基础内敷设人工基础接地体时，接地体的规格尺寸应按表11-28的规定确定。

表11-28　第三类防雷建筑物环形人工基础接地体的最小规格尺寸

闭合条形基础的周长/m	扁钢/mm	圆钢，根数×直径/mm
≥60	—	1×ϕ10
40～60	4×20	2×ϕ8
<40	钢材表面积总和≥1.89m²	

注：1. 当长度相同、截面积相同时，宜选用扁钢。
2. 采用多根圆钢时，其敷设净距不小于直径的2倍。
3. 利用闭合条形基础内的钢筋作接地体时可按本表校验，除主筋外，可计入箍筋的表面积。

6）共用接地装置的接地电阻应按50Hz电气装置的接地电阻确定，不应大于按人身安全所确定的接地电阻值。在土壤电阻率小于或等于3000Ω·m时，外部防雷装置的接地体当符合下列规定之一以及环形接地体所包围面积的等效圆半径等于或大于所规定的值时可不计及冲击接地电阻；当每根专设引下线的冲击接地电阻不大于30Ω，但对本书11.3.2第（3）小节（第三类防雷建筑物）的第②条所规定的建筑物则不大于10Ω时，可不按下述第①项敷设接地体。

① 对环形接地体所包围面积的等效圆半径小于5m时，每一引下线处应补加水平接地体或垂直接地体。当补加水平接地体时，其最小长度应按式（11-56）计算；当补加垂直接地体时，其最小长度应按式（11-57）计算。

② 在符合11.3.3第（4）条第5）款规定的条件下，利用槽形、板形或条形基础的钢筋作为接地体或在基础下面混凝土垫层内敷设人工环形基础接地体，当槽形、板形基础钢筋网在水平面的投影面积或成环的条形基础钢筋或人工环形基础接地体所包围的面积大于或等于79m²时，可不补加接地体。

③ 在符合11.3.3第（4）条第5）款规定的条件下，对6m柱距或大多数柱距为6m的单层工业建筑物，当利用柱子基础的钢筋作为外部防雷装置的接地体并同时符合下列规定时，可不另加接地体。

a. 利用全部或绝大多数柱子基础的钢筋作为接地体。

b. 柱子基础的钢筋网通过钢柱，钢屋架，钢筋混凝土柱子、屋架、屋面板、吊车梁等构件的钢筋或防雷装置互相连成整体。

c. 在周围地面以下距地面不小于0.5m深，每一柱子基础内所连接的钢筋表面积总和大于或等于0.37m²。

7）防止雷电流流经引下线和接地装置时产生的高电位对附近金属物或电气和电子系统线路的反击，应符合下列规定。

① 应符合 11.3.3 第（3）条第 8）款第①～⑤项的规定，并应按下式计算：

$$S_{a3} \geqslant 0.04 k_c l_x \tag{11-70}$$

② 低压电源线路引入的总配电箱、配电柜处装设Ⅰ级试验的电涌保护器，以及配电变压器设在本建筑物内或附设于外墙处，并在低压侧配电屏的母线上装设Ⅰ级试验的电涌保护器时，电涌保护器每一保护模式的冲击电流值，当电源线路无屏蔽层时可按式（11-61）计算，当有屏蔽层时可按式（11-62）计算，式中的雷电流应取等于100kA。

③ 在电子系统的室外线路采用金属线时，在其引入的终端箱处应安装 D1 类高能量试验类型的电涌保护器，其短路电流当无屏蔽层时，可按式（11-61）计算，当有屏蔽层时可按式（11-62）计算，式中的雷电流应取等于 100kA；当无法确定时应选用 1.0kA。

④ 在电子系统的室外线路采用光缆时，其引入的终端箱处的电气线路侧，当无金属线路引出本建筑物至其他有自己接地装置的设备时，可安装 B2 类慢上升率试验类型的电涌保护器，其短路电流宜选用 50A。

⑤ 输送火灾爆炸危险物质和具有阴极保护的埋地金属管道，当其从室外进入户内处设有绝缘段时，应符合 11.3.3 第（2）条第 4）款第⑬、⑭项的规定，当按式（11-61）计算时，雷电流应取等于 100kA。

8）高度超过 60m 的建筑物，除屋顶的外部防雷装置应符合 11.3.3 第（4）条第 1）款的规定外，尚应符合下列规定。

① 对水平突出外墙的物体，当滚球半径 60m 球体从屋顶周边接闪带外向地面垂直下降接触到突出外墙的物体时，应采取相应的防雷措施。

② 高于 60m 的建筑物，其上部占高度 20%并超过 60m 的部位应防侧击，防侧击应符合下列要求。

a. 在建筑物上部占高度 20%并超过 60m 的部位，各表面上的尖物、墙角、边缘、设备以及显著突出的物体，应按屋顶的保护措施考虑。

b. 在建筑物上部占高度 20%并超过 60m 的部位，布置接闪器应符合对本类防雷建筑物的要求，接闪器应重点布置在墙角、边缘和显著突出的物体上。

c. 外部金属物，当其最小尺寸符合 11.4.1 第（2）条第⑦款第 b. 项的规定时，可利用其作为接闪器，还可利用布置在建筑物垂直边缘处的外部引下线作为接闪器。

d. 符合 11.3.3 第（4）条第 5）款规定的钢筋混凝土内钢筋和符合 11.4.1 第（3）条第⑤款规定的建筑物金属框架，当其作为引下线或与引下线连接时均可利用作为接闪器。

③ 外墙内、外竖直敷设的金属管道及金属物的顶端和底端，应与防雷装置等电位连接。

9）砖烟囱、钢筋混凝土烟囱，宜在烟囱上装设接闪杆或接闪环保护。多支接闪杆应连接在闭合环上。当非金属烟囱无法采用单支或双支接闪杆保护时，应在烟囱口装设环形接闪带，并应对称布置三支高出烟囱口不低于 0.5m 的接闪杆。钢筋混凝土烟囱的钢筋应在其顶部和底部与引下线和贯通连接的金属爬梯相连。当符合 11.3.3 第（4）条第 5）款的规定时，宜利用钢筋作为引下线和接地装置，可不另设专用引下线。高度不超过 40m 的烟囱，可只设一根引下线，超过 40m 时应设两根引下线。可利用螺栓或焊接连接的一座金属爬梯作为两根引下线用。金属烟囱应作为接闪器和引下线。

（5）其他防雷措施

1）当一座防雷建筑物中兼有第一、二、三类防雷建筑物时，其防雷分类和防雷措施宜符合下列规定。

① 当第一类防雷建筑物部分的面积占建筑物总面积的 30%及以上时，该建筑物宜确定为第一类防雷建筑物。

② 当第一类防雷建筑物部分的面积占建筑物总面积 30%以下，且第二类防雷建筑物部分的面积占建筑物总面积 30%及以上时，或当这两部分防雷建筑物的面积均小于建筑物总面积 30%，但其面积之和又大于 30%时，该建筑物宜确定为第二类防雷建筑物。但对第一类防雷建筑物部分的防雷电感应和防闪电电涌侵入，应采取第一类防雷建筑物的保护措施。

③ 当第一、二类防雷建筑物部分的面积之和小于建筑物总面积的 30%，且不可能遭直接雷击时，该建筑物可确定为第三类防雷建筑物；但对第一、二类防雷建筑物部分的防雷电感应和防闪电电涌侵入，应采取各自类别的保护措施；当可能遭直接雷击时，宜按各自类别采取防雷措施。

2）当一座建筑物中仅有一部分为第一、二、三类防雷建筑物时，其防雷措施宜符合下列规定。

① 当防雷建筑物部分可能遭直接雷击时，宜按各自类别采取防雷措施。

② 当防雷建筑物部分不可能遭直接雷击时，可不采取防直击雷措施，可仅按各自类别采取防闪电感应和防闪电电涌侵入的措施。

③ 当防雷建筑物部分的面积占建筑物总面积的 50%以上时，该建筑物宜按 11.3.3 第（5）条第 1）款的规定采取防雷措施。

3）当采用接闪器保护建筑物、封闭气罐时，其外表面外的 2 区爆炸危险场所可不在滚球法确定的保护范围内。

4）固定在建筑物上的节日彩灯、航空障碍信号灯及其他用电设备和线路应根据建筑物的防雷类别采取相应的防止闪电电涌侵入的措施，并应符合下列规定：

① 无金属外壳或保护网罩的用电设备应处在接闪器的保护范围内。

② 从配电箱引出的配电线路应穿钢管。钢管的一端应与配电箱和 PE 线相连；另一端应与用电设备外壳、保护罩相连，并应就近与屋顶防雷装置相连。当钢管因连接设备而中间断开时应设跨接线。

③ 在配电箱内应在开关的电源侧装设Ⅱ级试验的电涌保护器，其电压保护水平不应大于 2.5 kV，标称放电电流值应根据具体情况确定。

5）粮、棉及易燃物大量集中的露天堆场，当其年预计雷击次数大于或等于 0.05 时应采用独立接闪杆或架空接闪线防直击雷。独立接闪杆和架空接闪线保护范围的滚球半径可取 100m。在计算雷击次数时，建筑物的高度可按可能堆放的高度计算，其长度和宽度可按可能堆放面积的长度和宽度计算。

6）在建筑物引下线附近保护人身安全需采取的防接触电压和跨步电压的措施，应符合下列规定。

① 防接触电压应符合下列规定之一。

a. 利用建筑物金属构架和建筑物互相连接的钢筋在电气上是贯通且不少于 10 根柱子组成的自然引下线，作为自然引下线的柱子包括位于建筑物四周和建筑物内的。

b. 引下线 3m 范围内地表层的电阻率不小于 50kΩ · m，或敷 5cm 厚沥青层或 15cm 厚砾石层。

c. 外露引下线，其距地面 2.7m 以下的导体用耐 1.2/50μs 冲击电压 100 kV 的绝缘层隔离，或用至少 3mm 厚的交联聚乙烯层隔离。

d. 用护栏、警告牌使接触引下线的可能性降至最低限度。

② 防跨步电压应符合下列规定之一。

a. 利用建筑物金属构架和建筑物互相连接的钢筋在电气上是贯通且不少于 10 根柱子组成的自然引下线，作为自然引下线的柱子包括位于建筑物四周和建筑物内。

b. 引下线 3m 范围内土壤地表层的电阻率不小于 50 kΩ · m，或敷设 5cm 厚沥青层或 15 cm 厚砾石层。

c. 用网状接地装置对地面作均衡电位处理。

d. 用护栏、警告牌使进入距引下线 3m 范围内地面的可能性减小到最低限度。

7）对第二类和第三类防雷建筑物，应符合下列规定。

① 没有得到接闪器保护的屋顶孤立金属物的尺寸不超过以下数值时，可不要求附加的保护措施。

a. 高出屋顶平面不超过 0.3m。

b. 上层表面总面积不超过 $1.0m^2$。

c. 上层表面的长度不超过 2.0m。

② 不处在接闪器保护范围内的非导电性屋顶物体，当它没有突出由接闪器形成的平面 0.5m 以上时，可不要求附加增设接闪器的保护措施。

8）在独立接闪杆、架空接闪线、架空接闪网的支柱上，严禁悬挂电话线、广播线、电视接收天线及低压架空线等。

11.3.4　电涌保护器[8]

（1）用于电气系统的电涌保护器

① 电涌保护器的最大持续运行电压不应小于表 11-29 所规定的最小值；在电涌保护器安装处的供电电压偏差超过所规定的 10％以及谐波使电压幅值加大的情况下，应根据具体情况对限压型电涌保护器提高表 11-29 所规定的最大持续运行电压最小值。

表 11-29　电涌保护器取决于系统特征所要求的最大持续运行电压最小值

电涌保护器接于	配电网络的系统特征				
	TT 系统	TN-C 系统	TN-S 系统	引出中性线的 IT 系统	无中性线引出的 IT 系统
每一相线与中性线间	$1.15U_0$	不适用	$1.15U_0$	$1.15U_0$	不适用
每一相线与 PE 线间	$1.15U_0$	不适用	$1.15U_0$	$\sqrt{3}U_0$ ①	相间电压①
中性线与 PE 线间	U_0 ①	不适用	U_0 ①	U_0 ①	不适用
每一相线与 PEN 线间	不适用	$1.15U_0$	不适用	不适用	不适用

① 故障下最坏的情况，所以不需计及 15％的允许误差。

注：1. U_0 是低压系统相线对中性线的标称电压，即相电压 220 V。

2. 此表基于按现行国家标准《低压配电系统的电涌保护器（SPD）第 1 部分：性能要求和试验方法》GB18802.1 做过相关试验的电涌保护器产品。

② 电涌保护器的接线形式应符合表 11-30 规定。具体接线图见图 11-31～图 11-35。

表 11-30　根据系统特征安装电涌保护器

电涌保护器接于	电涌保护器安装处的系统特征							
	TT 系统		TN-C 系统	TN-S 系统		引出中性线的 IT 系统		不引出中性线的 IT 系统
	按以下形式连接			按以下形式连接		按以下形式连接		
	接线形式 1	接线形式 2		接线形式 1	接线形式 2	接线形式 1	接线形式 2	
每根相线与中性线间	＋	○	不适用	＋	○	＋	○	不适用
每根相线与 PE 线间	○	不适用	不适用	○	不适用	○	不适用	○
中性线与 PE 线间	○	○	不适用	○	○	○	○	不适用
每根相线与 PEN 线间	不适用	不适用	○	不适用	不适用	不适用	不适用	不适用
各相线之间	＋	＋	＋	＋	＋	＋	＋	＋

注：○表示必须，＋ 表示非强制性的，可附加选用。

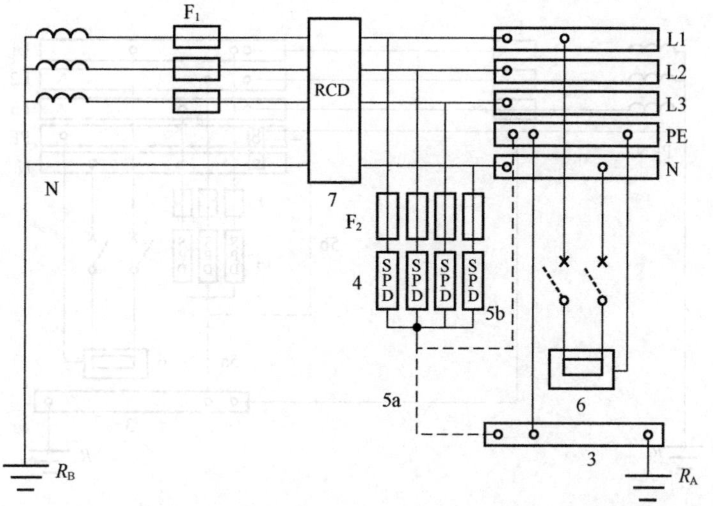

图 11-31　TT 系统电涌保护器在进户处剩余电流保护器的负荷侧

3—总接地端或总接地连接带；4—U_p 应小于或等于 2.5kV 的电涌保护器；5—电涌保护器的接地连接线，5a 或 5b；6—需要被电涌保护器保护的设备；7—剩余电流保护器（RCD），应考虑通雷电流的能力；F_1—安装在电气装置电源进户处的保护电器；F_2—电涌保护器制造厂要求装设的过电流保护器；R_A—本电气装置的接地电阻；R_B—电源系统的接地电阻；L1，L2，L3—相线 1、2、3

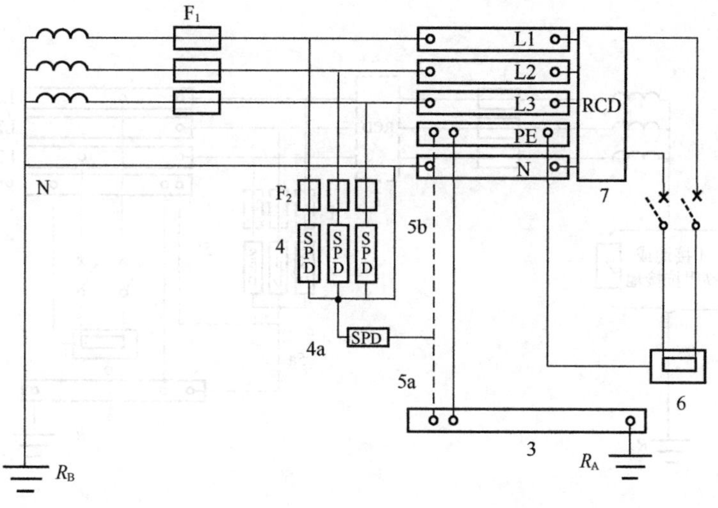

图 11-32　TT 系统电涌保护器安装在进户处剩余电流保护器的电源侧

3—总接地端或总接地连接带；4，4a—电涌保护器，它们串联后构成的 U_p 应小于或等于 2.5kV；5—电涌保护器的接地连接线，5a 或 5b；6—需要被电涌保护器保护的设备；7—安装于母线的电源侧或负荷侧的剩余电流保护器（RCD）；F_1—安装在电气装置电源进户处的保护电器；F_2—电涌保护器制造厂要求装设的过电流保护器；R_A—本电气装置的接地电阻；R_B—电源系统的接地电阻；L1，L2，L3—相线 1、2、3 注：在高压系统为低电阻接地的前提下，当电源变压器高压侧碰外壳短路产生的过电压加于 4a 电涌保护器时该电涌保护器应按现行国家标准《低压配电系统的电涌保护器（SPD）第 1 部分：性能要求和试验方法》GB18802.1 做 200ms 或按厂家要求做更长时间耐 1200V 暂态过电压试验

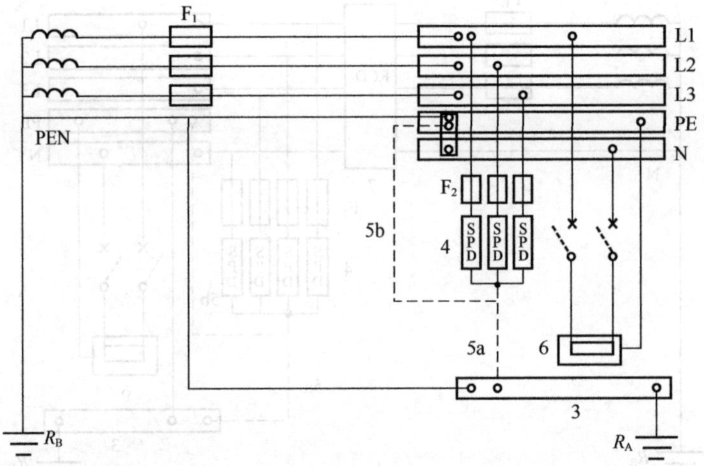

图 11-33 TN 系统安装在进户处的电涌保护器

3—总接地端或总接地连接带；4—U_p 应小于或等于 2.5kV 的电涌保护器；5—电涌保护器的接地连接线，5a 或 5b；6—需要被电涌保护器保护的设备；F_1—安装在电气装置电源进户处的保护电器；F_2—电涌保护器制造厂要求装设的过电流保护器；R_A—本电气装置的接地电阻；R_B—电源系统的接地电阻；L1，L2，L3—相线 1、2、3

注：当采用 TN-C-S 或 TN-S 系统时，在 N 与 PE 线连接处电涌保护器用三个，在其以后 N 与 PE 线分开 10m 以后安装电涌保护器时用四个，即在 N 与 PE 线间增加一个，见图 11-35 及其注。

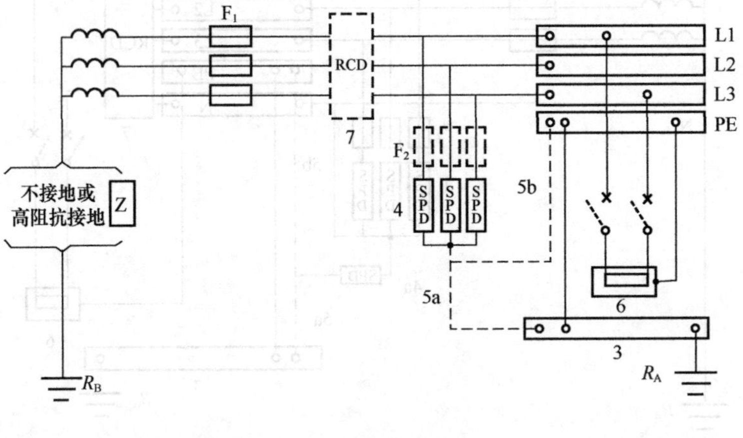

图 11-34 IT 系统电涌保护器安装在进户处剩余电流保护器的负荷侧

3—总接地端或总接地连接带；4—U_p 应小于或等于 2.5kV 的电涌保护器；5—电涌保护器的接地连接线，5a 或 5b；6—需要被电涌保护器保护的设备；7—剩余电流保护器（RCD）；F_1—安装在电气装置电源进户处的保护电器；F_2—电涌保护器制造厂要求装设的过电流保护器；R_A—本电气装置的接地电阻；R_B—电源系统的接地电阻；L1，L2，L3—相线 1、2、3

（2）用于电子系统的电涌保护器

1）电信和信号线路上所接入的电涌保护器的类别及其冲击限制电压试验用的电压波形和电流波形应符合表 11-31 规定。

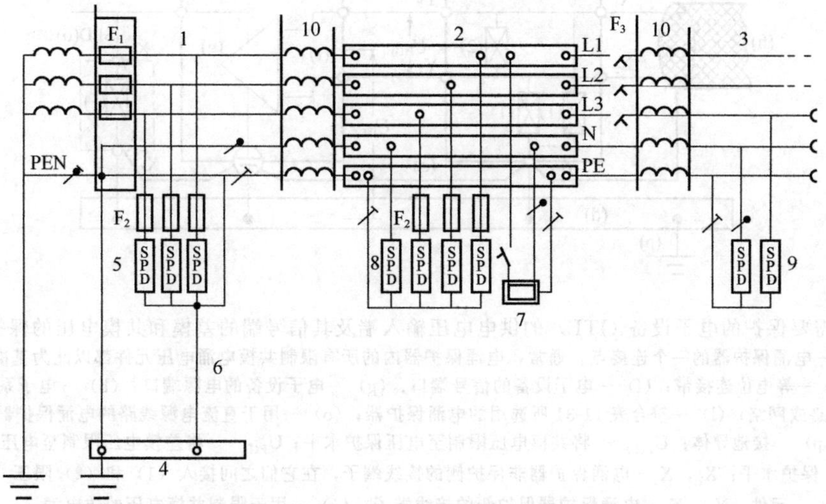

图 11-35　Ⅰ级、Ⅱ级和Ⅲ级试验的电涌保护器的安装（以 TN-C-S 系统为例）

1—电气装置的电源进户处；2—配电箱；3—送出的配电线路；4—总接地端或总接地连接带；5—Ⅰ级试验的电涌保护器；6—电涌保护器的接地连接线；7—需要被电涌保护器保护的固定安装的设备；8—Ⅱ级试验的电涌保护器；9—Ⅱ级或Ⅲ级试验的电涌保护器；10—去耦器件或配电线路长度；F_1，F_2，F_3—过电流保护器；L1，L2，L3—相线 1、2、3

注：1. 当电涌保护器 5 和 8 不是安装在同一处时，电涌保护器 5 的 U_p 应小于或等于 2.5kV；电涌保护器 5 和 8 可以组合为一台电涌保护器，其 U_p 应小于或等于 2.5kV。2. 当电涌保护器 5 和 8 之间的距离小于 10m 时，在 8 处 N 与 PE 之间的电涌保护器可不装。

表 11-31　电涌保护器的类别及其冲击限制电压试验用的电压波形和电流波形

类别	试验类型	开路电压	短路电流
A1	很慢的上升率	≥1kV 0.1～100kV/s	10A，0.1～2A/μs ≥1000μs(持续时间)
A2	AC		
B1	慢的上升率	1kV，10/1000μs	100A，10/1000μs
B2		1～4kV，10/700μs	25～100A，5/300μs
B3		≥1kV，100V/μs	10～100A，10/1000μs
C1	快上升率	0.5～2kV，1.2/50μs	0.25～1kA，8/20μs
C2		2～10kV，1.2/50μs	1～5kA，8/20μs
C3		≥1kV，1kV/μs	10～100A，10/1000μs
D1	高能量	≥1kV	0.5～2.5kA，10/350μs
D2		≥1kV	0.5～2.0kA，10/250μs

2）电信和信号线路上所接入的电涌保护器，其最大持续运行电压最小值应大于接到线路处可能产生的最大运行电压。用于电子系统的电涌保护器，其标记的直流电压 U_{DC} 也可用于交流电压 U_{AC} 的有效值，反之亦然，它们之间的关系为 $U_{DC}=\sqrt{2}U_{AC}$。

3）合理接线应符合下列规定。

① 应保证电涌保护器的差模和共模限制电压的规格与需要保护系统的要求相一致（如图 11-36 所示）。

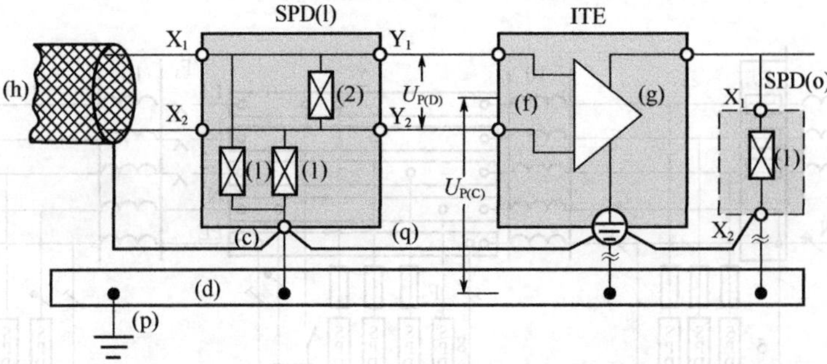

图 11-36　防需要保护的电子设备（ITE）的供电电压输入端及其信号端的差模和共模电压的保护措施的例子
（c）—电涌保护器的一个连接点，通常，电涌保护器内的所有限制共模电涌电压元件都以此为基准点；（d）—等电位连接带；（f）—电子设备的信号端口；（g）—电子设备的电源端口；（h）—电子系统线路或网络；（l）—符合表 11-31 所选用的电涌保护器；（o）—用于直流电源线路的电涌保护器；（p）—接地导体；$U_{P(C)}$ —将共模电压限制至电压保护水平；$U_{P(D)}$ —将差模电压限制至电压保护水平；X_1，X_2—电涌保护器非保护侧的接线端子，在它们之间接入（1）和（2）限压元件；Y_1，Y_2—电涌保护器保护侧的接线端子；（1）—用于限制共模电压的防电涌电压元件；（2）—用于限制差模电压的防电涌电压元件

② 接至电子设备的多接线端子电涌保护器，为将其有效电压保护水平减至最小所必需的安装条件，如图 11-37 所示。

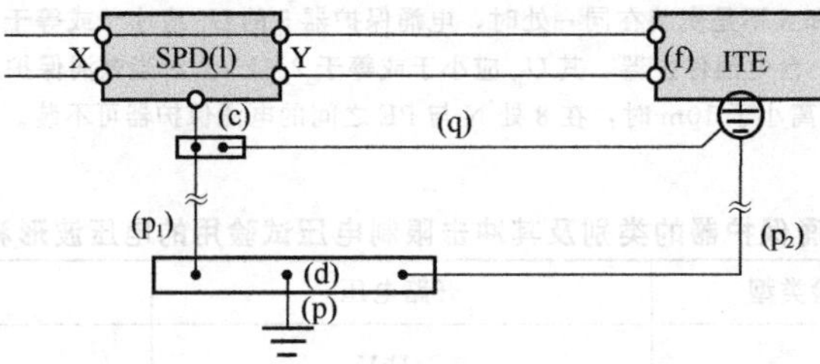

图 11-37　将多接线端子电涌保护器的有效电压保护水平减至最小所必需的安装条件的例子
（c）—电涌保护器的一个连接点，通常，电涌保护器内的所有限制共模电涌电压元件都以此为基准点；（d）—等电位连接带；（f）—电子设备的信号端口；（l）—符合表 11-31 所选用的电涌保护器；（p）—接地导体；(p_1)、(p_2) —应尽可能短的接地导体，当电子设备（ITE）在远处时可能无 (p_2)；（q）—必需的连接线（尽可能短）；X，Y —电涌保护器的接线端子，X 为其非保护的输入端，Y 为其保护侧的输出端

③ 附加措施：

a. 接至电涌保护器保护端口的线路不要与接至非保护端口的线路敷设在一起；

b. 接至电涌保护器保护端口的线路不要与接地导体（p）敷设在一起；

c. 从电涌保护器保护侧接至需保护的电子设备（ITE）的线路应尽可能短或加以屏蔽。

11.4　建筑物防雷和防雷击电磁脉冲设计的计算方法和设计要求[8]

11.4.1　防雷装置

（1）防雷装置使用的材料

① 防雷装置使用的材料及其使用条件宜符合表 11-32 的规定。

表 11-32 防雷装置的材料及使用条件

材料	使用于大气中	使用于地中	使用于混凝土中	耐腐蚀情况		
				在下列环境中能耐腐蚀	在下列环境中增加腐蚀	与下列材料接触形成直流电耦合可能受到严重腐蚀
铜	单根导体,绞线	单根导体,有镀层的绞线,铜管	单根导体,有镀层的绞线	在许多环境中良好	硫化物有机材料	—
热镀锌钢	单根导体,绞线	单根导体,钢管	单根导体,绞线	敷设于大气、混凝土和无腐蚀性的一般土壤中受到的腐蚀是可接受的	高氯化物含量	铜
电镀铜钢	单根导体	单根导体	单根导体	在许多环境中良好	硫化物	—
不锈钢	单根导体,绞线	单根导体,绞线	单根导体,绞线	在许多环境中良好	高氯化物含量	—
铝	单根导体,绞线	不适合	不适合	在含有低浓度硫和氯化物的大气中良好	碱性溶液	铜
铅	有镀铅层的单根导体	禁止	不适合	在含有高浓度硫酸化合物的大气中良好	—	铜、不锈钢

注：1. 敷设于黏土或潮湿土壤中的镀锌钢可能受到腐蚀。
2. 在沿海地区，敷设于混凝土中的镀锌钢不宜延伸进入土壤中。
3. 不得在地中采用铅。

② 做防雷等电位连接各连接部件的最小截面积，应符合表 11-33 的规定。连接单台或多台Ⅰ级分类试验或 D1 类电涌保护器的单根导体的最小截面积，尚应按下式计算：

$$S_{min} \geqslant I_{imp}/8 \tag{11-71}$$

式中 S_{min}——单根导体的最小截面积，mm^2；

I_{imp}——流入该导体的雷电流，kA。

表 11-33 防雷装置各连接部件的最小截面积

等电位连接部件			材料	截面积/mm^2
等电位连接带(铜、外表面镀铜的钢或热镀锌钢)			Cu(铜)、Fe(铁)	50
从等电位连接带至接地装置或各等电位连接带之间的连接导体			Cu(铜)	16
			Al(铝)	25
			Fe(铁)	50
从屋内金属装置至等电位连接带的连接导体			Cu(铜)	6
			Al(铝)	10
			Fe(铁)	16
连接电涌保护器的导体	电气系统	Ⅰ级试验的电涌保护器	Cu(铜)	6
		Ⅱ级试验的电涌保护器		2.5
		Ⅲ级试验的电涌保护器		1.5
	电子系统	D1 类电涌保护器		1.2
		其他类的电涌保护器(连接导体的截面积可小于 $1.2mm^2$)		根据具体情况确定

（2）接闪器

① 接闪器的材料、结构和最小截面积应符合表 11-34 的规定。

表 11-34 接闪线（带）、接闪杆和引下线的材料、结构与最小截面积

材料	结构	最小截面积/mm^2	备注⑩
铜，镀锡铜①	单根扁铜	50	厚度 2mm
	单根圆铜⑦	50	直径 8mm
	铜绞线	50	每股线直径 1.7mm
	单根圆铜③④	176	直径 15mm
铝	单根扁铝	70	厚度 3mm
	单根圆铝	50	直径 8mm
	铝绞线	50	每股线直径 1.7mm
铝合金	单根扁形导体	50	厚度 2.5mm
	单根圆形导体③	50	直径 8mm
	绞线	50	每股线直径 1.7mm
	单根圆形导体	176	直径 15mm
	外表面镀铜的单根圆形导体	50	直径 8mm，径向镀铜厚度至少 70μm，铜纯度 99.9%
热浸镀锌钢②	单根扁钢	50	厚度 2.5mm
	单根圆钢⑨	50	直径 8mm
	绞线	50	每股线直径 1.7mm
	单根圆钢③④	176	直径 15mm
不锈钢⑤	单根扁钢⑥	50⑧	厚度 2mm
	单根圆钢⑥	50⑧	直径 8mm
	绞线	70	每股线直径 1.7mm
	单根圆钢③④	176	直径 15mm
外表面镀铜的钢	单根圆钢(直径 8mm)	50	镀铜厚度至少 70μm，铜纯度 99.9%
	单根扁钢(厚 2.5mm)		

① 热浸或电镀锡的锡层最小厚度为 1μm。
② 镀锌层宜光滑连贯、无焊剂斑点，镀锌层圆钢至少 $22.7g/m^2$、扁钢至少 $32.4g/m^2$。
③ 仅应用于接闪杆。当应用于机械应力没达到临界值之处，可采用直径 10mm、最长 1m 的接闪杆，并增加固定。
④ 仅应用于入地之处。
⑤ 不锈钢中，铬的含量等于或大于 16 %，镍的含量等于或大于 8 %，碳的含量等于或小于 0 .08%。
⑥ 对埋于混凝土中以及与可燃材料直接接触的不锈钢，其最小尺寸宜增大至直径 10mm 的 $78mm^2$（单根圆钢）和最小厚度 3mm 的 $75mm^2$（单根扁钢）。
⑦ 在机械强度没有重要要求之处，$50mm^2$（直径 8mm）可减为 $28mm^2$（直径 6mm），并应减小固定支架间的间距。
⑧ 当温升和机械受力是重点考虑之处，$50mm^2$ 加大至 $75mm^2$。
⑨ 避免在单位能量 10MJ/Ω 下熔化的最小截面积是铜为 $16mm^2$、铝为 $25mm^2$、钢为 $50mm^2$、不锈钢为 $50mm^2$。
⑩ 截面积允许误差为−3%。

② 接闪杆宜采用热镀锌圆钢或钢管制成时，其直径应符合下列规定。

a. 杆长 1m 以下时，圆钢不应小于 12mm，钢管不应小于 20mm。

b. 杆长 1～2m 时，圆钢不应小于 16mm；钢管不应小于 25mm。

c. 独立烟囱顶上的杆，圆钢不应小于 20mm；钢管不应小于 40mm。

③ 接闪杆的接闪端宜做成半球状，其最小弯曲半径宜为 4.8mm，最大宜为 12.7mm。

④ 当独立烟囱上采用热镀锌接闪环时，其圆钢直径不应小于 12mm；扁钢截面积不应小于 100mm²，其厚度不应小于 4mm。

⑤ 架空接闪线和接闪网宜采用截面积不小于 50mm² 热镀锌钢绞线或铜绞线。

⑥ 明敷接闪导体固定支架的间距不宜大于表 11-35 的规定。固定支架的高度不宜小于 150mm。

表 11-35　明敷接闪导体和引下线固定支架的间距

布置方式	扁形导体和绞线固定支架的间距/mm	单根圆形导体固定支架的间距/mm
安装于水平面上的水平导体	500	1000
安装于垂直面上的水平导体	500	1000
安装于从地面至高 20m 垂直面上的垂直导体	1000	1000
安装在高于 20m 垂直面上的垂直导体	500	1000

⑦ 除第一类防雷建筑物外，金属屋面的建筑物宜利用其屋面作为接闪器，并应符合下列规定。

a. 板间的连接应是持久的电气贯通，可采用铜锌合金焊、熔焊、卷边压接、缝接、螺钉或螺栓连接。

b. 金属板下面无易燃物品时，铅板的厚度不应小于 2mm，不锈钢、热镀锌钢、钛和铜板的厚度不应小于 0.5mm，铝板的厚度不应小于 0.65mm，锌板的厚度不应小于 0.7mm。

c. 金属板下面有易燃物品时，不锈钢、热镀锌钢和钛板的厚度不应小于 4mm，铜板的厚度不应小于 5mm，铝板的厚度不应小于 7mm。

d. 金属板无绝缘被覆层。

【注】 薄的油漆保护层或 1mm 厚沥青层或 0.5mm 厚聚氯乙烯层均不属于绝缘被覆层。

⑧ 除第一类防雷建筑物和 11.3.3 第（3）条第 2）款第①项的规定外，屋顶上永久性金属物宜作为接闪器，但其各部件之间均应连成电气贯通，并应符合下列规定。

a. 旗杆、栏杆、装饰物、女儿墙上的盖板等，其截面积应符合表 11-34 的规定，其壁厚应符合 11.4.1 第（2）条第⑦款的规定。

b. 输送和储存物体的钢管和钢罐的壁厚不应小于 2.5mm；当钢管、钢罐一旦被雷击穿，其内的介质对周围环境造成危险时，其壁厚不应小于 4mm。

c. 利用屋顶建筑构件内钢筋作接闪器应符合 11.3.3 第（3）条第 5）款和 11.3.3 第（4）条第 5）款的规定。

⑨ 除利用混凝土构件钢筋或在混凝土内专设钢材作接闪器外，钢质接闪器应热镀锌。在腐蚀性较强的场所，尚应采取加大其截面积或其他防腐措施。

⑩ 不得利用安装在接收无线电视广播天线杆顶上的接闪器保护建筑物。

⑪ 专门敷设的接闪器应由下列的一种或多种组成：

a. 独立接闪杆；

b. 架空接闪线或架空接闪网；

c. 直接装设在建筑物上的接闪杆、接闪带或接闪网。

⑫ 专门敷设的接闪器，其布置应符合表 11-36 的规定。布置接闪器时，可单独或任意组合采用接闪杆、接闪带、接闪网。

表 11-36　接闪器布置

建筑物防雷类别	滚球半径 h_r/m	接闪网网格尺寸/m
第一类防雷建筑物	30	≤5×5 或≤6×4
第二类防雷建筑物	45	≤10×10 或≤12×8
第三类防雷建筑物	60	≤20×20 或≤24×16

（3）引下线

① 引下线的材料、结构和最小截面积应按表 11-34 的规定取值。

② 明敷引下线固定支架的间距不宜大于表 11-35 的规定。

③ 引下线宜采用热镀锌圆钢或扁钢，宜优先采用圆钢。

当独立烟囱上的引下线采用圆钢时，其直径不应小于 12mm；采用扁钢时，其截面积不应小于 $100mm^2$，厚度不应小于 4mm。

防腐措施应符合 11.4.1 第（2）条第⑨款的规定。利用建筑构件内钢筋作引下线应符合 11.3.3 第（3）条第 5）款和 11.3.3 第（4）条第 5）款的规定。

④ 专设引下线应沿建筑物外墙外表面明敷，并经最短路径接地；建筑外观要求较高者可暗敷，但其圆钢直径不应小于 10mm，扁钢截面积不应小于 $80mm^2$。

⑤ 建筑物的钢梁、钢柱、消防梯等金属构件以及幕墙的金属立柱宜作为引下线，但其各部件之间均应连成电气贯通，可采用铜锌合金焊、熔焊、卷边压接、缝接、螺钉或螺栓连接；其截面积应按表 11-34 的规定取值；各金属构件可被覆有绝缘材料。

⑥ 当采用多根专设引下线时，应该在各引下线上于距地面 0.3～1.8m 之间装设断接卡。当利用混凝土内钢筋、钢柱作为自然引下线并同时采用基础接地体时，可以不设断接卡，但利用钢筋作引下线时应在室内外的适当地点设若干连接板。当仅利用钢筋作引下线并采用埋于土壤中的人工接地体时，应在每根引下线上于距地面不低于 0.3m 处设接地体连接板。采用埋于土壤中的人工接地体时应设断接卡，其上端应与连接板或钢柱焊接。连接板处宜有明显的标志。

⑦ 在易受机械损伤之处，地面上 1.7m 至地面下 0.3m 的一段接地线应采用暗敷或采用镀锌角钢、改性塑料管或橡胶管等加以保护。

⑧ 第二类防雷建筑物或第三类防雷建筑物为钢结构或钢筋混凝土建筑物时，在其钢构件或钢筋之间的连接满足规范规定并利用其作为引下线的条件下，当其垂直支柱均起到引下线的作用时，可不要求满足专设引下线之间的间距。

（4）接地装置

① 接地体的材料、结构和最小尺寸应符合表 11-37 的规定。利用建筑构件内钢筋作接地装置应符合 11.3.3 第（3）条第 5）款和 11.3.3 第（4）条第 5）款的规定。

② 在符合表 11-32 规定的条件下，埋于土壤中的人工垂直接地体宜采用热镀锌角钢、钢管或圆钢；埋于土壤中的人工水平接地体宜采用热镀锌扁钢或圆钢。接地线应与水平接地体的截面相同。

③ 人工钢质垂直接地体的长度宜为 2.5m。其间距以及人工水平接地体的间距均宜为 5m，当受地方限制时可适当减小。

④ 人工接地体在土壤中埋设深度不应小于 0.5m，并宜敷设在冻土层以下，其距墙或基础不宜小于 1m。接地体宜远离由于烧窑、烟道等高温影响使土壤电阻率升高之地。

⑤ 在敷设于土壤中的接地体连接到混凝土基础内起基础接地体作用的钢筋或钢材的情况下，土壤中的接地体宜采用铜质或镀铜或不锈钢导体。

表 11-37 接地体的材料、结构和最小尺寸

材料	结构	最小尺寸			备注
		垂直接地体直径/mm	水平接地体/mm^2	接地板/mm	
铜或镀锡铜	铜绞线	—	50	—	每股直径 1.7mm
	单根圆铜	15	50	—	—
	单根扁铜	—	50	—	厚度 2mm
	铜管	20	—	—	壁厚 2mm
	整块铜板	—	—	500×500	厚度 2mm
	网格铜板	—	—	600×600	各网格边截面 25mm×2mm，网格网边总长度不少于 4.8m
热镀锌钢	圆钢	14	78	—	—
	钢管	20	—	—	壁厚 2mm
	扁钢	—	90	—	厚度 3mm
	钢板	—	—	500×500	厚度 3mm
	网格钢板	—	—	600×600	各网格边截面 30mm×3mm，网格网边总长度不少于 4.8m
	型钢	①	—	—	—
裸钢	钢绞线	—	70	—	每股直径 1.7mm
	圆钢	—	78	—	—
	扁钢	—	75	—	厚度 3mm
外表面镀铜的钢	圆钢	14	50	—	镀铜厚度至少 250μm，铜纯度 99.9%
	扁钢	—	90(厚 3mm)	—	
不锈钢	圆形导体	15	78	—	—
	扁形导体	—	100	—	厚度 2mm

① 不同截面的型钢，其截面积不小于 290mm^2，最小厚度 3mm，可采用 50mm×50mm×3mm 角钢。

注：1. 热镀锌层应光滑连贯、无焊剂斑点，镀锌层圆钢至少 22.7g/m^2，扁钢至少 32.4 g/m^2。
2. 热镀锌之前螺纹应先加工好。
3. 当完全埋在混凝土中时才可采用裸钢。
4. 外表面镀铜的钢，铜应与钢结合良好。
5. 不锈钢中，铬的含量等于或大于 16%，镍的含量等于或大于 5%，钼的含量等于或大于 2%，碳的含量等于或小于 0.08%。
6. 截面积允许误差为−3%。

⑥ 在高土壤电阻率的场地，降低防直击雷冲击接地电阻宜采用下列方法。

a. 采用多支线外引接地装置，外引长度不应大于有效长度［接地体的有效长度 $l_e = 2\sqrt{\rho}$ (m)；ρ 为敷设接地体处的土壤电阻率（Ω·m）］。

b. 接地体埋于较深的低电阻率土壤中。

c. 换土。

d. 采用降阻剂。

⑦ 防直击雷的专设引下线距出入口或人行道边沿不宜小于 3m。

⑧ 接地装置埋在土壤中的部分，其连接宜采用放热焊接；当采用通常的焊接方法时，应在焊接处做防腐处理。

⑨ 接地装置工频接地电阻的计算应符合国家标准《工业与民用电力装置的接地设计规范》GBJ65 的规定，接地装置冲击接地电阻与工频接地电阻的换算，应按 $R_{\sim}=A\times R_{i}$ 计算［$R_{\sim}$ 为接地装置各支线的长度取值小于或等于接地体的有效长度 l_{e}，或者有支线大于 l_{e} 而取其等于 l_{e} 时的工频接地电阻（Ω）；A 为换算系数，其值宜按图 11-38 确定；R_{i} 为所要求的接地装置冲击接地电阻（Ω）］。

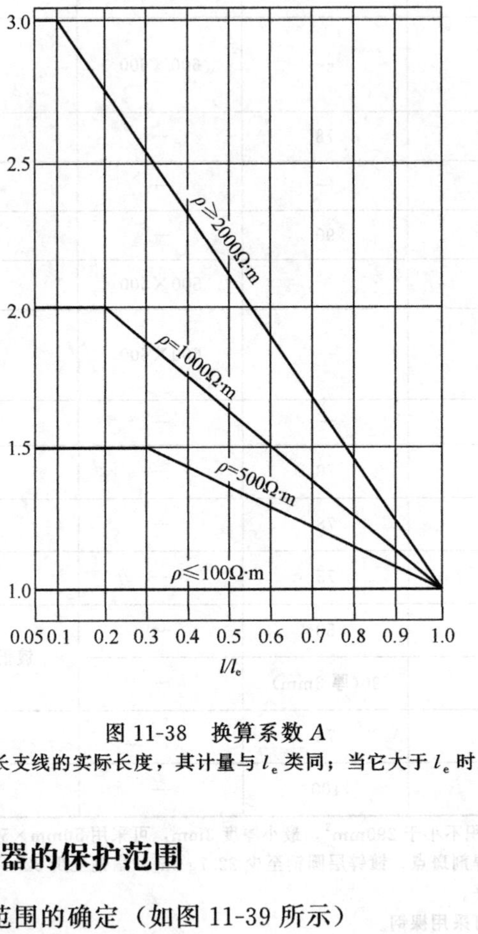

图 11-38　换算系数 A

注：l 为接地体最长支线的实际长度，其计量与 l_{e} 类同；当它大于 l_{e} 时，取其等于 l_{e}

11.4.2　滚球法确定接闪器的保护范围

（1）单支接闪杆的保护范围的确定（如图 11-39 所示）

1）当接闪杆高度 h 小于或等于 h_{r} 时：

① 距地面 h_{r} 处作一平行于地面的平行线；

② 以杆尖为圆心，h_{r} 为半径，作弧线交于平行线的 A、B 两点；

③ 以 A、B 为圆心，h_{r} 为半径作弧线，该弧线与杆尖相交并与地面相切，从此弧线起到地面止就是保护范围，保护范围是一个对称的锥体；

④ 接闪杆在 h_{r} 高度的 xx' 平面上和在地面上的保护半径，按下列计算式确定：

$$r_{x}=\sqrt{h(2h_{r}-h)}-\sqrt{h_{x}(2h_{r}-h)} \tag{11-72}$$

$$r_{0}=\sqrt{h(2h_{r}-h)} \tag{11-73}$$

式中　r_x——接闪杆在 h_x 高度的 xx' 平面上的保护半径，m；

h_r——滚球半径，按表 11-36 确定，m；

h_x——被保护物的高度，m；

r_0——接闪杆在地面上的保护半径，m。

2）当接闪杆高度 h 大于 h_r 时，在接闪杆上取高度 h_r 的一点代替单支接闪杆杆尖作为圆心。其余的做法同第 1）项。式（11-72）和式（11-73）中的 h 用 h_r 代入。

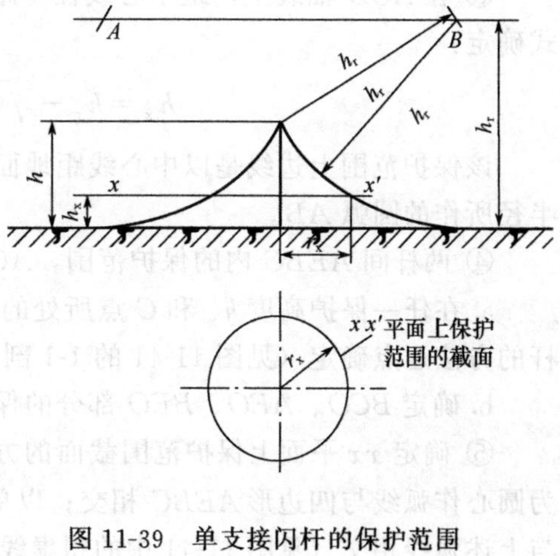

图 11-39　单支接闪杆的保护范围

（2）两支等高接闪杆的保护范围

在接闪杆高度 h 小于或等于 h_r 的情况下，当两支接闪杆的距离 D 大于或等于 $2\sqrt{h(2h_r-h)}$ 时，应各按单支接闪杆的方法确定；当 D 小于 $2\sqrt{h(2h_r-h)}$ 时，应按下列方法确定（如图 11-40 所示）。

① AEBC 外侧的保护范围，按照单支接闪杆的方法确定。

② C、E 点位于两杆间的垂直平分线上。在地面每侧的最小保护宽度 b_0 按下式计算：

$$b_0=CO=EO=\sqrt{h(2h_r-h)-(D/2)^2} \tag{11-74}$$

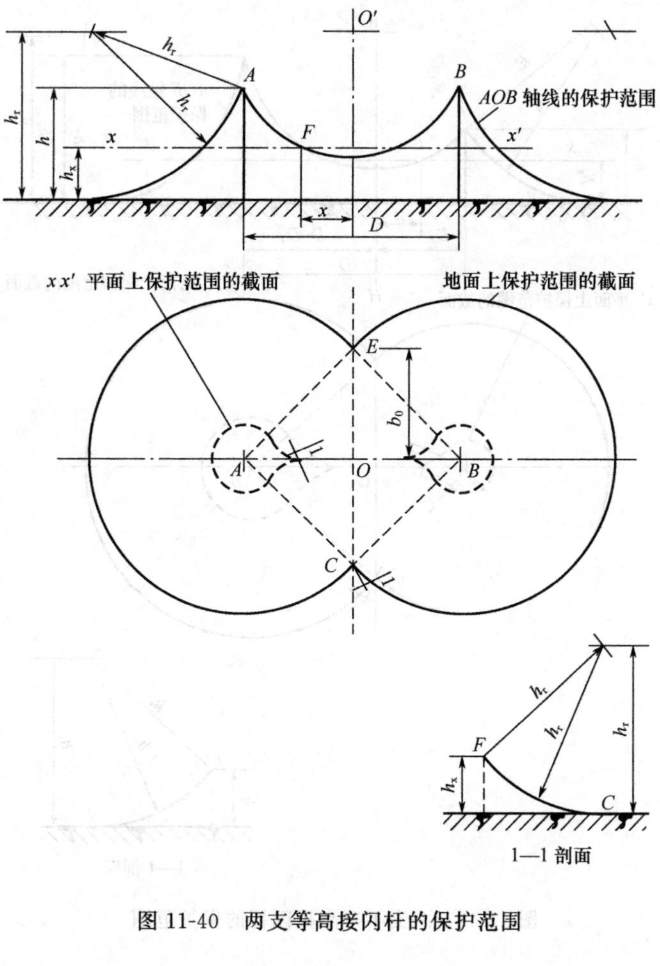

图 11-40　两支等高接闪杆的保护范围

③ 在 AOB 轴线上，距中心线任一距离 x 处，其在保护范围上边线上的保护高度 h_x 按下式确定：

$$h_x = h_r - \sqrt{(h_r - h)^2 + (D/2)^2 - x^2} \tag{11-75}$$

该保护范围上边线是以中心线距地面 h_r 的一点 O' 为圆心，以 $\sqrt{h(2h_r - h) - (D/2)^2}$ 为半径所作的圆弧 AB。

④ 两杆间 $AEBC$ 内的保护范围，ACO 部分的保护范围按以下方法确定。

a. 在任一保护高度 h_x 和 C 点所处的垂直平面上，以 h_x 作为假想接闪杆，并应按单支接闪杆的方法逐点确定（见图 11-41 的 1-1 剖面图）。

b. 确定 BCO、AEO、BEO 部分的保护范围的方法与 ACO 部分的相同。

⑤ 确定 xx' 平面上保护范围截面的方法。以单支接闪杆的保护半径 r_x 为半径，以 A、B 为圆心作弧线与四边形 $AEBC$ 相交；以单支接闪杆的 $r_0 - r_x$ 为半径，以 E、C 为圆心作弧线与上述弧线相交（见图 11-41 中的粗虚线）。

（3）两支不等高接闪杆的保护范围

在 A 接闪杆的高度 h_1 和 B 接闪杆的高度 h_2 均小于或等于 h_r 的情况下，当两支接闪杆距离 D 大于或等于 $\sqrt{h_1(2h_r - h_1)} + \sqrt{h_2(2h_r - h_2)}$ 时，应各按单支接闪杆所规定的方法确定；当 D 小于 $\sqrt{h_1(2h_r - h_1)} + \sqrt{h_2(2h_r - h_2)}$ 时，应按下列方法确定（如图 11-41 所示）。

① $AEBC$ 外侧的保护范围，按照单支接闪杆的方法确定。

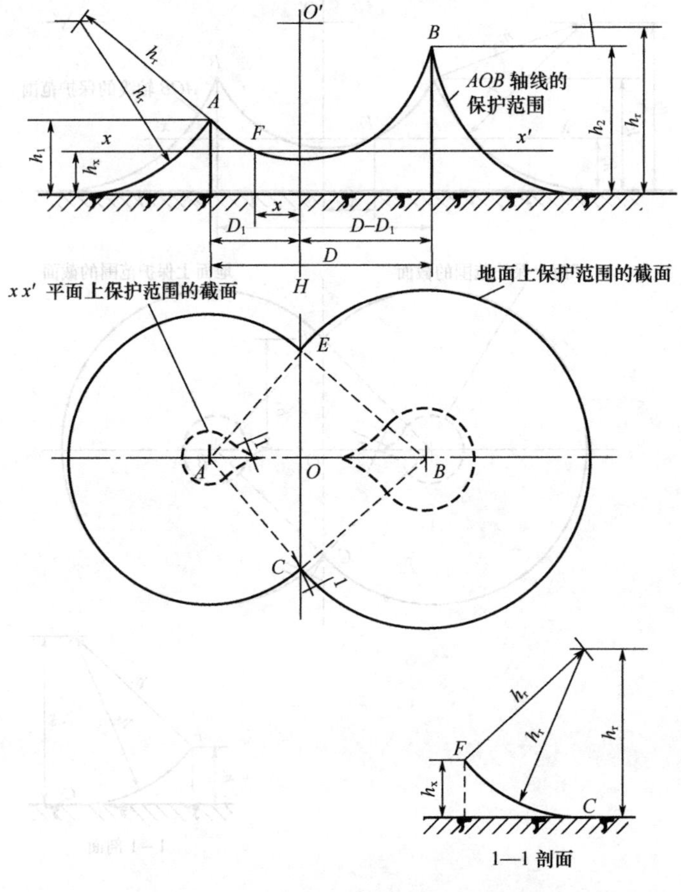

图 11-41　两支不等高接闪杆的保护范围

② CE 线或 HO' 线的位置按下式计算：

$$D_1=[(h_r-h_2)^2-(h_r-h_1)^2+D^2]/2D \tag{11-76}$$

③ 在地面上每侧的最小保护宽度按下式计算：

$$b_0=CO=EO=\sqrt{h_1(2h_r-h_1)-D_1^2} \tag{11-77}$$

④ 在 AOB 轴线上，A、B 间保护范围上边线位置应按下式确定：

$$h_x=h_r-\sqrt{(h_r-h_1)^2+D_1^2-x^2} \tag{11-78}$$

式中 x——距 CE 线或 HO' 线的距离。

该保护范围上边线是以 HO' 线上距地面 h_r 的一点 O' 为圆心，以 $\sqrt{h_1(2h_r-h_1)-D_1^2}$ 半径所作的圆弧 AB。

⑤ 两杆间 $AEBC$ 内的保护范围，ACO 与 AEO、BCO 与 BEO 是对称的，ACO 部分的保护范围按以下方法确定。

a. 在任意高度 h_x 和 C 点所处的垂直平面上，以 h_x 作为假想接闪杆，按单支接闪杆的方法逐点确定（见图 11-41 的 1-1 剖面图）。

b. 确定 AEO 、BCO、BEO 部分的保护范围的方法与 ACO 部分的相同。

⑥ 确定 xx' 平面上保护范围截面的方法与两支等高接闪杆相同。

（4）矩形布置的四支等高接闪杆的保护范围

在 h 小于或等于 h_r 的情况下，当 D_3 大于或等于 $2\sqrt{h(2h_r-h)}$ 时，应各按两支等高接闪杆的方法确定；当 D_3 小于 $2\sqrt{h(2h_r-h)}$ 时，应按下列方法确定（如图 11-42 所示）。

① 四支接闪杆的外侧各按两支接闪杆的方法确定。

② B、E 接闪杆连线上的保护范围见图 11-42 的 1-1 剖面图，外侧部分按单支接闪杆的方法确定。两杆间的保护范围按以下方法确定。

a. 以 B、E 两杆针尖为圆心、h_r 为半径作弧相交于 O 点，以 O 点为圆心、h_r 为半径作圆弧，该弧线与杆尖相连的这段圆弧即为杆间保护范围。

b. 保护范围最低点的高度 h_0 按下式计算：

$$h_0=\sqrt{h_r^2-(D_3/2)^2}+h-h_r \tag{11-79}$$

③ 图 11-42 的 2-2 剖面的保护范围，以 P 点的垂直线上的 O 点（距地面的高度为 h_r+h_0）为圆心，h_r 为半径作圆弧与 B、C 和 A、E 两支接闪杆所作出在该剖面的外侧保护范围延长圆弧相交于 F、H 点。

F 点（H 点与此类同）的位置及高度可按下列计算式确定：

$$(h_r-h_x)^2=h_r^2-(b_0+x)^2 \tag{11-80}$$

$$(h_r+h_0-h_x)^2=h_r^2-(D_1/2-x)^2 \tag{11-81}$$

④ 确定图 11-42 的 3-3 剖面保护范围的方法与上述③相同。

⑤ 确定四支等高接闪杆中间在 h_0 至 h 之间于 h_y 高度的 yy' 平面上保护范围截面的方法：以 P 点为圆心、$\sqrt{2h_r(h_y-h_0)-(h_y-h_0)^2}$ 为半径作圆或圆弧，与各两支接闪杆在外侧所作的保护范围截面组成该保护范围截面（见图 11-42 中的虚线）。

（5）单根接闪线（避雷线）的保护范围

当接闪线的高度 h 大于或等于 $2h_r$ 时，应无保护范围；当接闪线的高度 h 小于 $2h_r$ 时，应按下列方法确定（如图 11-43 所示）。确定架空接闪线的高度时应计及弧垂的影响。在无法确定弧垂的情况下，当等高支柱间的距离小于 120m 时架空接闪线中点的弧垂宜采用 2m，距离为 120～150m 时宜采用 3m。

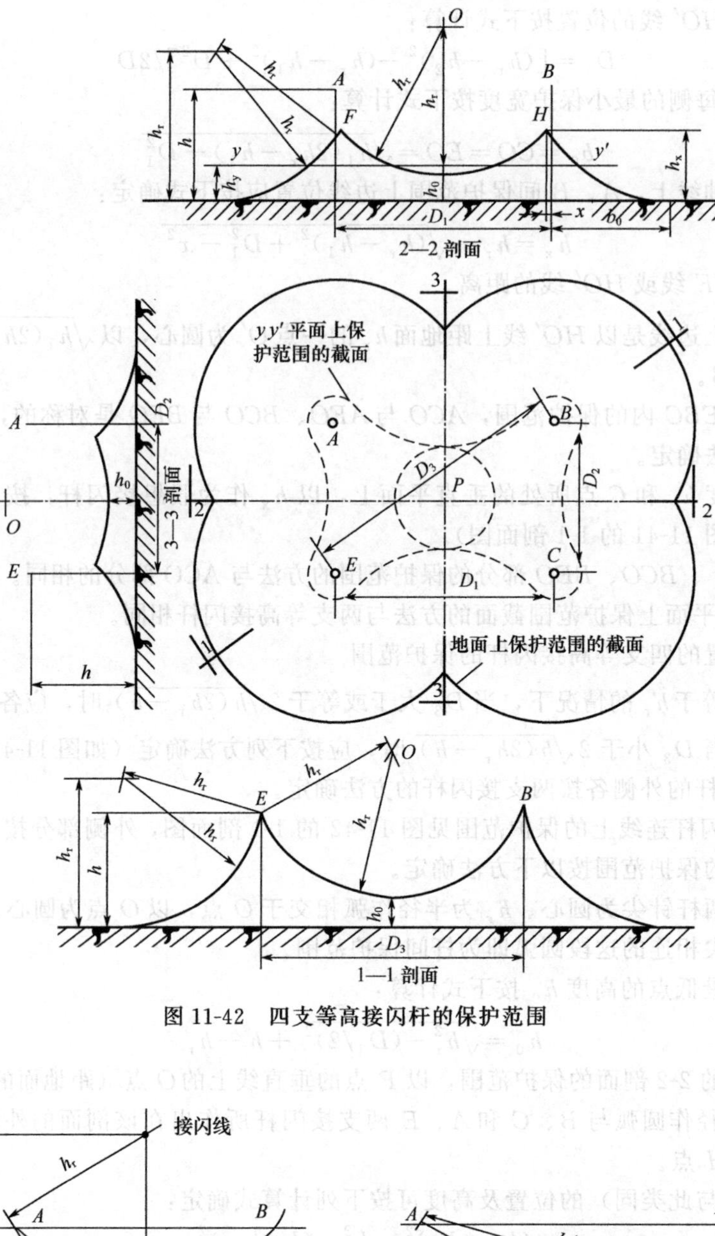

图 11-42　四支等高接闪杆的保护范围

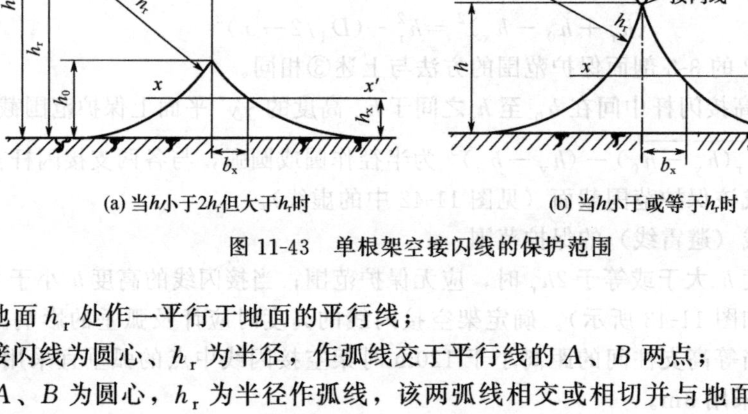

(a) 当h小于$2h_r$但大于h_r时　　(b) 当h小于或等于h_r时

图 11-43　单根架空接闪线的保护范围

① 距地面 h_r 处作一平行于地面的平行线；

② 以接闪线为圆心、h_r 为半径，作弧线交于平行线的 A、B 两点；

③ 以 A、B 为圆心，h_r 为半径作弧线，该两弧线相交或相切并与地面相切。从该弧线起

到地面止就是保护范围；

④ 当 h 小于 $2h_r$ 且大于 h_r 时，保护范围最高点的高度 h_0 按下式计算：

$$h_0=2h_r-h \tag{11-82}$$

⑤ 接闪线在 h_x 高度的 xx' 平面上的保护宽度，按下式计算：

$$b_x=\sqrt{h(2h_r-h)}-\sqrt{h_x(2h_r-h_x)} \tag{11-83}$$

式中　b_x——接闪线在 h_x 高度的 xx' 平面上的保护宽度，m；

h——接闪线的高度，m；

h_r——滚球半径，按表 11-36 和 11.3.3 第（5）条第 5）款的规定取值，m；

h_x——被保护物的高度，m。

⑥ 接闪线两端的保护范围按单支接闪杆的方法确定。

（6）两根等高接闪线的保护范围

应按下列方法确定。

1）在接闪线高度 h 小于或等于 h_r 的情况下，当 D 大于或等于 $2\sqrt{h(2h_r-h)}$ 时，应各按单根接闪线所规定的方法确定；当 D 小于 $2\sqrt{h(2h_r-h)}$ 时，按下列方法确定（如图 11-44 所示）。

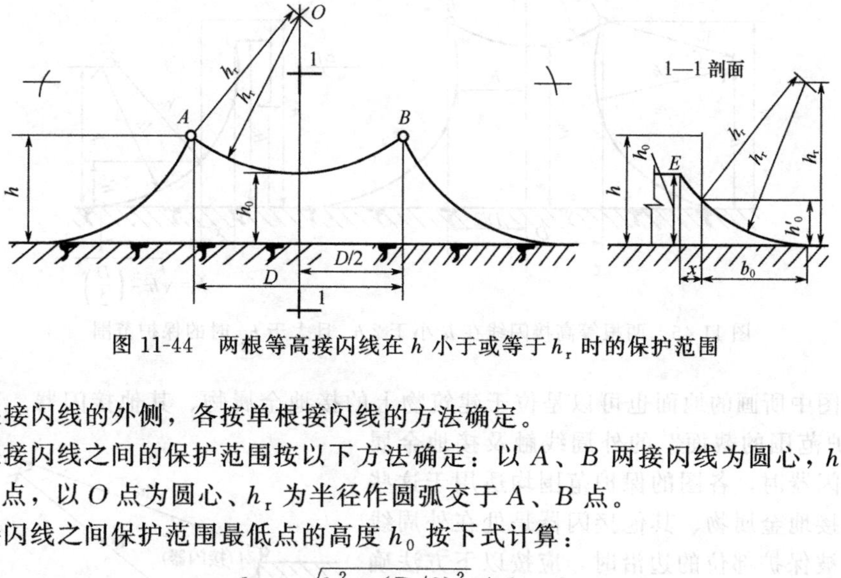

图 11-44　两根等高接闪线在 h 小于或等于 h_r 时的保护范围

① 两根接闪线的外侧，各按单根接闪线的方法确定。

② 两根接闪线之间的保护范围按以下方法确定：以 A、B 两接闪线为圆心，h_r 为半径作圆弧交于 O 点，以 O 点为圆心、h_r 为半径作圆弧交于 A、B 点。

③ 两接闪线之间保护范围最低点的高度 h_0 按下式计算：

$$h_0=\sqrt{h_r^2-(D/2)^2}+h-h_r \tag{11-84}$$

④ 接闪线两端的保护范围按两支接闪杆的方法确定，但在中线上 h_0 线的内移位置按以下方法确定（图 11-44 中的 1-1 剖面）：以两支接闪杆所确定的保护范围中最低点的高度 $h'_0=h_r-\sqrt{(h_r-h)^2+(D/2)^2}$ 作为假想接闪杆，将其保护范围的延长弧线与 h_0 线交于 E 点。内移位置的距离 x 也可按下式计算：

$$x=\sqrt{h_0(2h_r-h_0)}-b_0 \tag{11-85}$$

式中　b_0——按式（11-74）计算。

2）在接闪线的高度 h 小于 $2h_r$ 且大于 h_r，接闪线之间的距离 D 小于 $2h_r$ 且大于 $2\left[h_r-\sqrt{h(2h_r-h)}\right]$ 的情况下，按下列方法确定（如图 11-45 所示）。

① 距地面 h_r 处作一与地面平行的线。

② 以 A、B 两接闪线为圆心，h_r 为半径作弧线相交于 O 点并与平行线相交或相切于 C、E 点。

③ 以 O 点为圆心、h_r 为半径作弧线交于 A、B 点。

④ 以 C、E 为圆心，h_r 为半径作弧线交于 A、B 并与地面相切。

⑤ 两根接闪线之间保护范围最低点的高度 h_0 按下式计算：

$$h_0=\sqrt{h_r^2-(D/2)^2}+h-h_r \tag{11-86}$$

⑥ 最小保护宽度 b_m 位于 h_r 高处，其值按下式计算：

$$b_m=\sqrt{h(2h_r-h)}+D/2-h_r \tag{11-87}$$

⑦ 接闪线两端的保护范围按两支高度 h_r 的接闪杆确定，但在中线上 h_0 线的内移位置按以下方法确定（图 11-45 的 1-1 剖面）：以两支高度 h_r 的接闪杆所确定的保护范围中点最低点的高度 $h'=h_r-D/2$ 作为假想接闪杆，将其保护范围的延长弧线与 h_0 线交于 F 点。内移位置的距离 x 也可按下式计算：

$$x=\sqrt{h_0(2h_r-h_0)}-\sqrt{h_r^2-(D/2)^2} \tag{11-88}$$

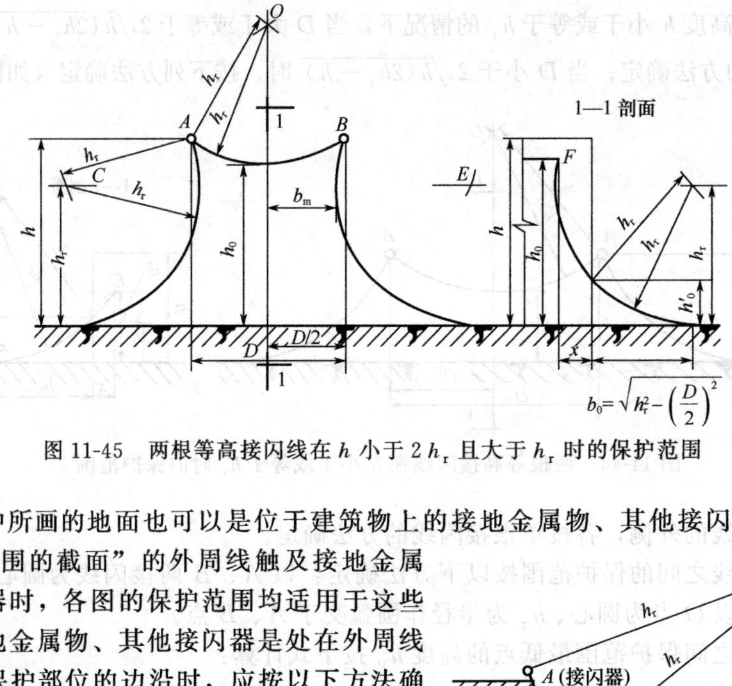

图 11-45　两根等高接闪线在 h 小于 $2h_r$ 且大于 h_r 时的保护范围

本节各图中所画的地面也可以是位于建筑物上的接地金属物、其他接闪器。当接闪器在“地面上保护范围的截面”的外周线触及接地金属物、其他接闪器时，各图的保护范围均适用于这些接闪器；当接地金属物、其他接闪器是处在外周线之内且位于被保护部位的边沿时，应按以下方法确定所需断面的保护范围（如图 11-46 所示）。

① 以 A、B 为圆心，h_r 为半径作弧线相交于 O 点；

② 以 O 为圆心、h_r 为半径作弧线 AB，弧线 AB 应为保护范围的上边线。

本节各图中，凡接闪器在“地面上保护范围的截面”的外周线触及的是屋面时，各图的保护范围仍有效，但外周线触及的屋面及其外部得不到保护，内部得到保护。

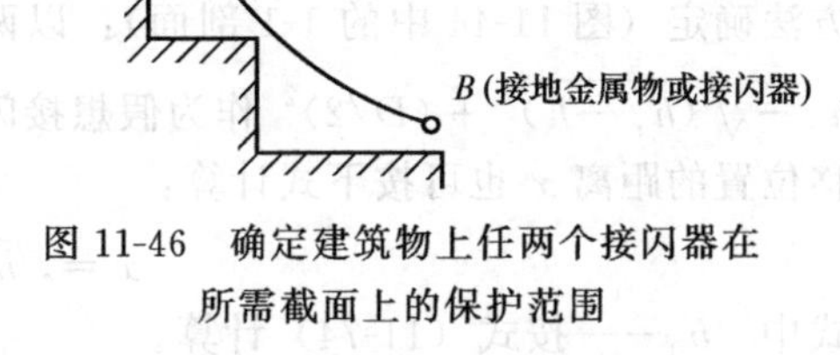

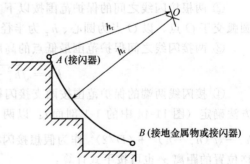

图 11-46　确定建筑物上任两个接闪器在所需截面上的保护范围

11.4.3　防雷击电磁脉冲的计算方法与设计要求

(1) 基本规定

① 在工程的设计阶段不知道电子系统的规模和具体位置的情况下，若预计将来会有需要

防雷击电磁脉冲的电气和电子系统，应在设计时将建筑物的金属支撑物、金属框架或钢筋混凝土的钢筋等自然构件、金属管道、配电的保护接地系统等与防雷装置组成一个接地系统，并应在需要之处预埋等电位连接板。

② 当电源采用 TN 系统时，从建筑物总配电箱起供电给本建筑物内的配电线路和分支线路必须采用 TN-S 系统。

（2）防雷区和防雷击电磁脉冲

① 防雷区的划分应符合下列规定。

a. 本区内的各物体都可能遭到直接雷击并导走全部雷电流，以及本区内的雷击电磁场强度没有衰减时，应划分为 $LPZ0_A$ 区。

b. 本区内的各物体不可能遭到大于所选滚球半径对应的雷电流直接雷击，以及本区内的雷击电磁场强度仍没有衰减时，应划分为 $LPZ0_B$ 区。

c. 本区内的各物体不可能遭到直接雷击，且由于在界面处的分流，流经各导体的电涌电流比 $LPZ0_B$ 区内的更小，以及本区内的雷击电磁场强度可能衰减，衰减程度取决于屏蔽措施时，应划分为 LPZ1 区。

d. 需要进一步减小流入的电涌电流和雷击电磁场强度时，增设的后续防雷区应划分为 LPZ2…n 后续防雷区。

② 安装磁场屏蔽后续防雷区、安装协调配合好的多组电涌保护器，宜按照需要保护的设备的数量、类型和耐压水平及其所要求的磁场环境选择（如图 11-47 所示）。

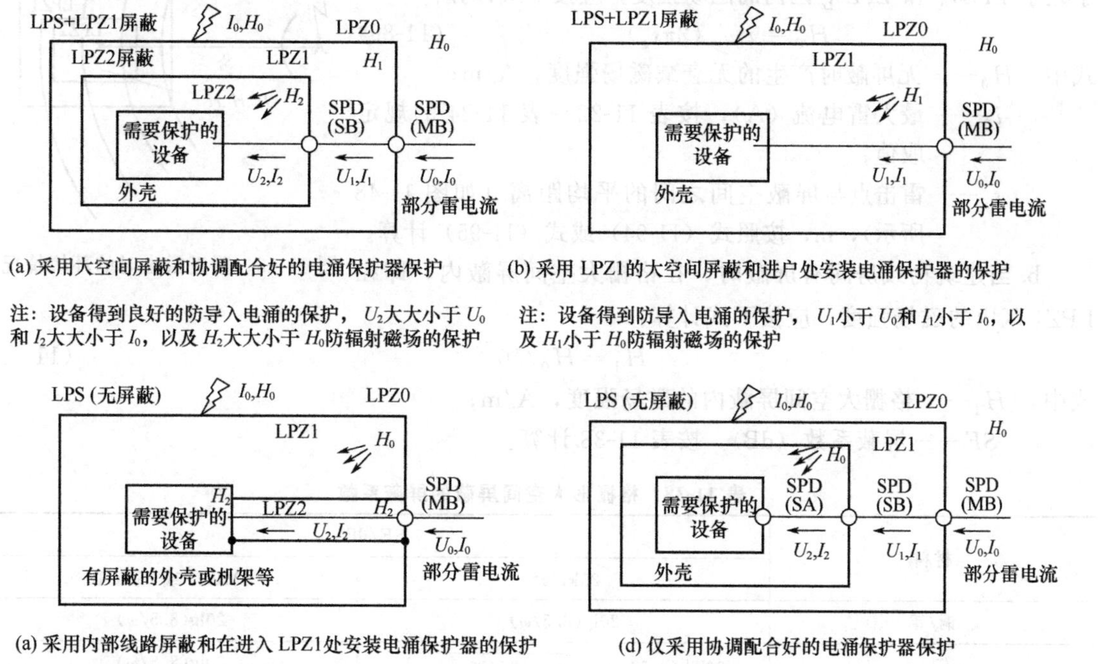

(a) 采用大空间屏蔽和协调配合好的电涌保护器保护

注：设备得到良好的防导入电涌的保护，U_2大大小于 U_0 和 I_2大大小于 I_0，以及 H_2大大小于 H_0防辐射磁场的保护

(b) 采用 LPZ1的大空间屏蔽和进户处安装电涌保护器的保护

注：设备得到防导入电涌的保护，U_1小于 U_0和 I_1小于 I_0，以及 H_1小于 H_0防辐射磁场的保护

(a) 采用内部线路屏蔽和在进入 LPZ1处安装电涌保护器的保护

注：设备得到防线路导入电涌的保护，U_2小于 U_0和 I_2小于 I_0，以及 H_2小于 H_0防辐射磁场的保护

(d) 仅采用协调配合好的电涌保护器保护

注：设备得到防线路导入电涌的保护，U_2大大小于 U_0和 I_2大大小于 I_0，但不需防 H_0辐射磁场的保护

图 11-47 防雷击电磁脉冲

MB—总配电箱；SB—分配电箱；SA—插座

③ 在两个防雷区的界面上宜将所有通过界面的金属物做等电位连接。当线路能承受所发生的电涌电压时，电涌保护器可安装在被保护设备处，而线路的金属保护层或屏蔽层宜首先于

界面处做一次等电位连接（注：$LPZ0_A$ 与 $LPZ0_B$ 区之间无实物界面）。

(3) 屏蔽、接地和等电位连接的要求

1) 屏蔽、接地和等电位连接的要求宜联合采取下列措施。

① 所有与建筑物组合在一起的大尺寸金属件都应等电位连接在一起，并应与防雷装置相连。但第一类防雷建筑物的独立接闪器及其接地装置除外。

② 在需要保护的空间内，采用屏蔽电缆时其屏蔽层应至少在两端，并宜在防雷区交界处做等电位连接，系统要求只在一端做等电位连接时，应采用两层屏蔽或穿钢管敷设，外层屏蔽或钢管应至少在两端，并宜在防雷区交界处做等电位连接。

③ 分开的建筑物之间的连接线路，若无屏蔽层，线路应敷设在金属管、金属格栅或钢筋成格栅形的混凝土管道内。金属管、金属格栅或钢筋格栅从一端到另一端应是导电贯通，并应在两端分别连到建筑物的等电位连接带上；若有屏蔽层，屏蔽层的两端应连到建筑物的等电位连接带上。

④ 对由金属物、金属框架或钢筋混凝土钢筋等自然构件构成建筑物或房间的格栅形大空间屏蔽，应将穿入大空间屏蔽的导电金属物就近与其做等电位连接。

2) 对屏蔽效率未做试验和理论研究时，磁场强度的衰减应按下列方法计算。

① 闪电击于建筑物以外附近时，磁场强度应按下列方法计算。

a. 当建筑物和房间无屏蔽时所产生的无衰减磁场强度，相当于处于 $LPZ0_A$ 和 $LPZ0_B$ 区内的磁场强度，应按下式计算：

$$H_0 = i_0 / (2\pi s_a) \tag{11-89}$$

式中　H_0——无屏蔽时产生的无衰减磁场强度，A/m；

i_0——最大雷电流（A），按表 11-22～表 11-24 的规定取值；

s_a——雷击点与屏蔽空间之间的平均距离（如图 11-48 所示），m，按照式（11-94）或式（11-95）计算。

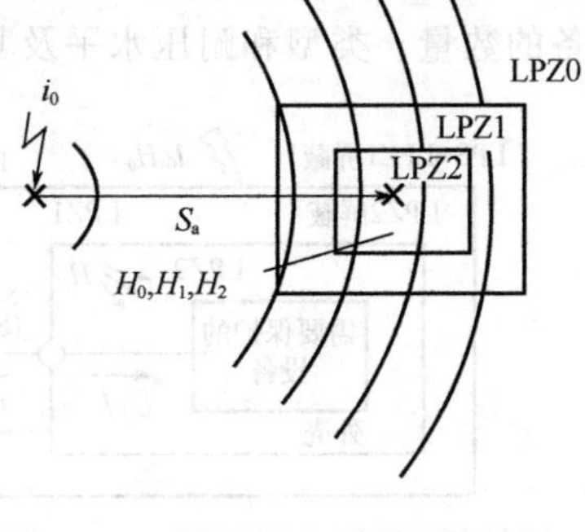

图 11-48　附近雷击时的环境情况

b. 当建筑物或房间有屏蔽时，在格栅大空间屏蔽内，即在 LPZ1 区内的磁场强度，应按下式计算：

$$H_1 = H_0 / 10^{SF/20} \tag{11-90}$$

式中　H_1——格栅大空间屏蔽内的磁场强度，A/m；

SF——屏蔽系数（dB），按表 11-38 计算。

表 11-38　格栅形大空间屏蔽的屏蔽系数

材料	SF/dB	
	25kHz①	1MHz② 或 250kHz
铜/铝	$20\lg(8.5/\omega)$	$20\lg(8.5/\omega)$
钢③	$20\lg[(8.5/\omega)/\sqrt{1+18\times10^{-6}/r^2}]$	$20\lg(8.5/\omega)$

① 适用于首次雷击的磁场。

② 1MHz 适用于后续雷击的磁场，250kHz 适用于负极性首次雷击的磁场。

③ 相对磁导率 $\mu \approx 200$。

注：1. ω 为格栅形屏蔽的网格宽，m；r 为格栅形屏蔽网格导体的半径，m。

2. 当计算式得出的值为负数时取 $SF=0$；若建筑物具有网格形等电位连接网格，SF 可增加 6dB。

② 表 11-38 中的计算值应仅对在各 LPZ 区内，距屏蔽层有一安全距离的安全空间内才有效（如图 11-49 所示），安全距离应按下列公式计算。

当 $SF \geqslant 10$ 时：

$$d_{s/1}=\omega^{SF/10} \tag{11-91}$$

当 $SF<10$ 时：

$$d_{s/1}=\omega \tag{11-92}$$

式中 $d_{s/1}$——安全距离，m；

ω——格栅形屏蔽的网格宽，m；

SF——按表 11-38 计算的屏蔽系数，dB。

③ 在闪电击在建筑物附近磁场强度最大的最坏情况下，按建筑物的防雷类别、高度、宽度或长度可确定可能的雷击点与屏蔽空间之间平均距离的最小值（如图 11-50 所示），可按下列方法确定。

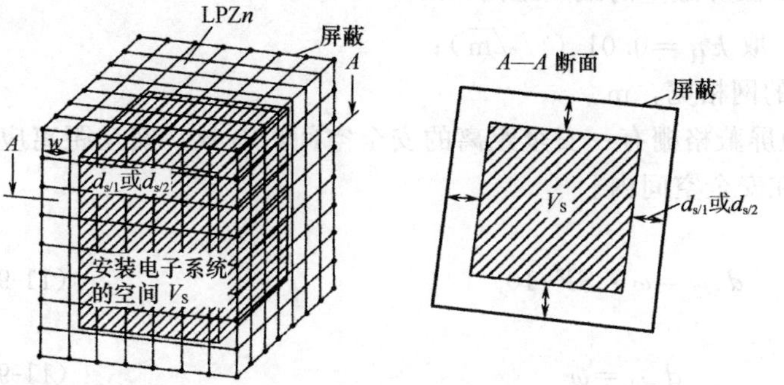

图 11-49 在 LPZn 区内供安放电气和电子系统的空间

（注：空间 V_s 为安全空间）

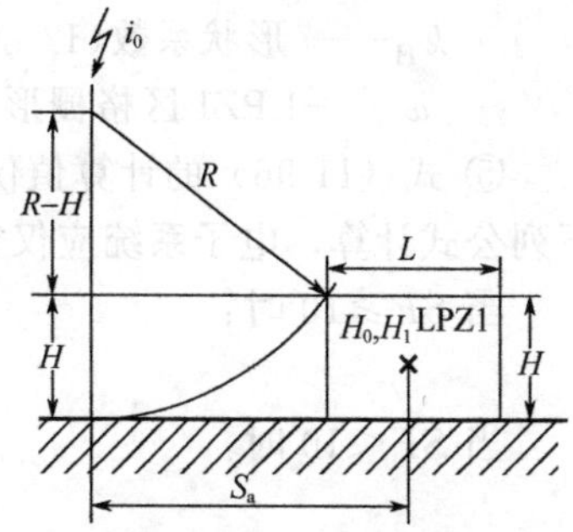

图 11-50 取决于滚球半径和建筑物尺寸的最小平均距离

a. 对应三类建筑物最大雷电流的滚球半径应符合表 11-39 的规定。滚球半径的大小可按下式计算：

表 11-39 与最大雷电流对应的滚球半径

防雷建筑物类别	最大雷电流 i_0/kA			对应的滚球半径 R/m		
	正极性首次雷击	负极性首次雷击	负极性后续雷击	正极性首次雷击	负极性首次雷击	负极性后续雷击
第一类	200	100	50	313	200	127
第二类	150	75	37.5	260	165	105
第三类	100	50	25	200	127	81

$$R=10(i_0)^{0.65} \tag{11-93}$$

式中 R——滚球半径，m；

i_0——最大雷电流，kA，按表 11-22～表 11-24 的规定取值。

b. 雷击点与屏蔽空间之间的最小平均距离，应按下列公式计算：

当 $H<R$ 时

$$s_a=\sqrt{H(2R-H)}+L/2 \tag{11-94}$$

当 $H \geqslant R$ 时

$$s_a=R+L/2 \tag{11-95}$$

式中 H——建筑物高度，m；

L——建筑物长度，m。

根据具体情况，建筑物长度可用宽度代入。对所取最小平均距离小于式（11-94）或式（11-95）计算值的情况，闪电将直接击在建筑物上。

④ 在闪电直接击在位于 $LPZ0_A$ 区的格栅形大空间屏蔽层或与其连接的接闪器上的情况下，其内部 LPZ1 区内安全空间内某点的磁场强度应按下式计算（如图 11-51 所示）：

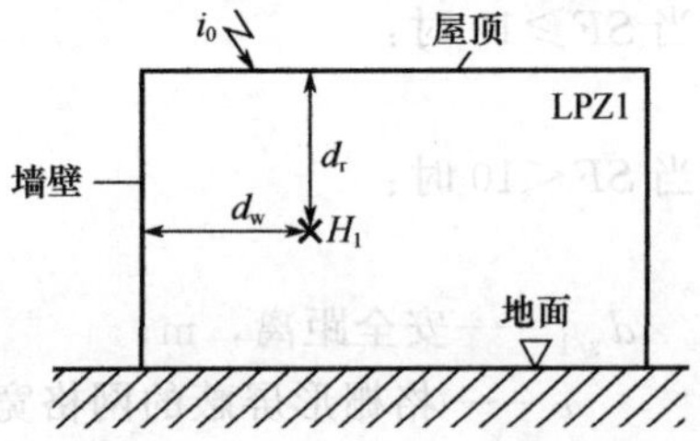

图 11-51　闪电直接击于屋顶接闪器时 LPZ 1 区内的磁场强度

$$H_1 = k_H i_0 \omega / (d_w \sqrt{d_r}) \quad (11\text{-}96)$$

式中　H_1——安全空间内某点的磁场强度，A/m；

d_r——所确定的点距 LPZ 1 区屏蔽顶的最短距离，m；

d_w——所确定的点距 LPZ 1 区屏蔽壁的最短距离，m；

k_H——形状系数($1/\sqrt{m}$)，取 $k_H = 0.01$ ($1/\sqrt{m}$)；

ω——LPZ1 区格栅形屏蔽的网格宽，m。

⑤ 式（11-96）的计算值仅对距屏蔽格栅有一安全距离的安全空间内有效，安全距离应按下列公式计算，电子系统应仅安装在安全空间内。

当 $SF \geqslant 10$ 时：

$$d_{s/2} = \omega \cdot SF/10 \quad (11\text{-}97)$$

当 $SF < 10$ 时：

$$d_{s/2} = \omega \quad (11\text{-}98)$$

式中　$d_{s/2}$——安全距离，m。

⑥ LPZ $n+1$ 区内的磁场强度可按下式计算：

$$H_{n+1} = H_n / 10^{SF/20} \quad (11\text{-}99)$$

式中　H_n——LPZ n 区内的磁场强度，A/m；

H_{n+1}——LPZ $n+1$ 区内的磁场强度，A/m。

SF——LPZ $n+1$ 区屏蔽的屏蔽系数。

安全距离应按式（11-91）或式（11-92）计算。

⑦ 当式（11-99）中的 LPZ n 区内的磁场强度为 LPZ1 区内的磁场强度时，LPZ1 区内的磁场强度按以下方法确定。

a. 闪电击在 LPZ1 区附近的情况，应按式（11-89）和式（11-90）确定。

b. 闪电直接击在 LPZ1 区大空间屏蔽上的情况，应按式（11-96）确定，但式中所确定的点距 LPZ1 区屏蔽顶的最短距离和距 LPZ1 区屏蔽壁的最短距离应按图 11-52 确定。

3）接地和等电位连接，尚应符合下列规定。

① 每幢建筑物本身应采用一个接地系统（如图 11-53 所示）。

② 当互邻的建筑物间有电气和电子系统的线路连通时，宜将其接地装置互相连接，可通过接地线、PE 线、屏蔽层、穿线钢管、电缆沟的钢筋、金属管道等连接。

4）穿过各防雷区界面的金属物和建筑物内系统，以及在一个防雷区内部的金属物和建筑物内系统，均应在界面处附近做符合下列要求的等电位连接。

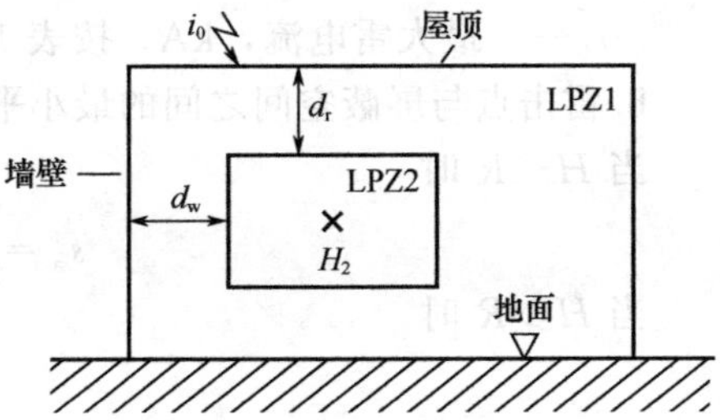

图 11-52　LPZ2 区内的磁场强度

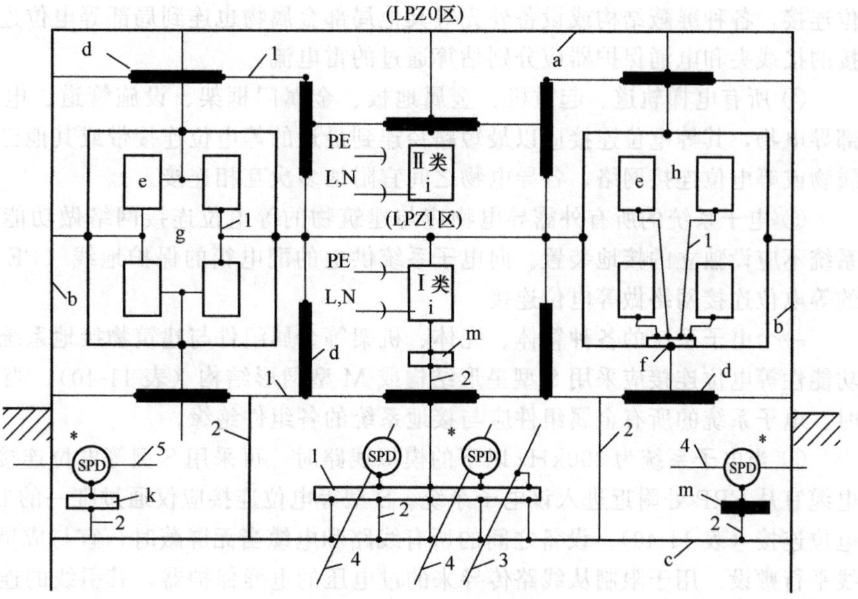

图 11-53　接地、等电位连接和接地系统的构成

a—防雷装置的接闪器以及可能是建筑物空间屏蔽的一部分；b—防雷装置的引下线以及可能是建筑物空间屏蔽的一部分；c—防雷装置的接地装置（接地体网络、共用接地体网络）以及可能是建筑物空间屏蔽的一部分，如基础内钢筋和基础接地体；d—内部导电物体，在建筑物内及其上不包括电气装置的金属装置，如电梯轨道，起重机，金属地面，金属门框架，各种服务性设施的金属管道，金属电缆桥架，地面、墙和天花板的钢筋；e—局部电子系统的金属组件；f—代表局部等电位连接带单点连接的接地基准点（ERP）；g—局部电子系统的网形等电位连接结构；h—局部电子系统的星形等电位连接结构；i—固定安装有 PE 线的Ⅰ类设备和无 PE 线的Ⅱ类设备；k—主要供电气系统等电位连接用的总接地带、总接地母线、总等电位连接带，也可用作共用等电位连接带；l—主要供电子系统等电位连接用的环形等电位连接带，水平等电位连接导体，在特定情况下采用金属板，也可用作共用等电位连接带，用接地线多次接到接地系统上做等电位连接，宜每隔 5m 连一次；m—局部等电位连接带；1—等电位连接导体；2—接地线；3—服务性设施的金属管道；4—电子系统的线路或电缆；5—电气系统的线路或电缆；＊—进入 LPZ1 区处，用于管道、电气和电子系统的线路或电缆等外来服务性设施的等电位连接

① 所有进入建筑物的外来导电物均应在 $LPZ0_A$ 或 $LPZ0_B$ 与 LPZ1 区的界面处做等电位连接。当外来导电物、电气和电子系统的线路在不同地点进入建筑物时，宜设若干等电位连接带，并应将其就近连到环形接地体、内部环形导体或在电气上是贯通的并连通到接地体或基础接地体的钢筋上。环形接地体和内部环形导体应连到钢筋或金属立面等其他屏蔽构件上，宜每隔 5m 连接一次。对各类防雷建筑物，各种连接导体和等电位连接带的截面不应小于表 11-33 的规定。当建筑物内有电子系统时，在已确定雷击电磁脉冲影响最小之处，等电位连接带宜采用金属板，并应与钢筋或其他屏蔽构件作多点连接。

② 在 $LPZ0_A$ 与 LPZ1 区的界面处做等电位连接用的接线夹和电涌保护器，应采用表 11-22 的雷电流参量估算通过它们的分流值。当无法估算时，可按式（11-61）或式（11-62）计算，计算中的的雷电流应采用表 11-22 的雷电流。尚应确定沿各种设施引入建筑物的雷电流。应采用向外分流或向内引入的雷电流的较大者。

在靠近地面于 $LPZ0_B$ 与 LPZ1 区的界面处做等电位连接用的接线夹和电涌保护器，仅应确定闪电击中建筑物防雷装置时通过的雷电流；可不考虑沿全长处在 $LPZ0_B$ 区的各种设施引入建筑物的雷电流，其值仅为感应电流和小部分雷电流。

③ 各后续防雷区界面处的等电位连接也应采用第①条的规定。穿过防雷区界面的所有导

电物、电气和电子系统的线路均应在界面处做等电位连接。宜采用一局部等电位连接带做等电位连接，各种屏蔽结构或设备外壳等其他局部金属物也连到局部等电位连接带。用于等电位连接的接线夹和电涌保护器应分别估算通过的雷电流。

④ 所有电梯轨道、起重机、金属地板、金属门框架、设施管道、电缆桥架等大尺寸的内部导电物，其等电位连接应以最短路径连到最近的等电位连接带或其他已做了等电位连接的金属物或等电位连接网络，各导电物之间宜附加多次互相连接。

⑤ 电子系统的所有外露导电物应与建筑物的等电位连接网络做功能性等电位连接。电子系统不应设独立的接地装置。向电子系统供电的配电箱的保护地线（PE 线）应就近与建筑物的等电位连接网络做等电位连接。

一个电子系统的各种箱体、壳体、机架等金属组件与建筑物接地系统的等电位连接网络做功能性等电位连接应采用 S 型星形结构或 M 型网形结构（表 11-40）。当采用 S 型等电位连接时，电子系统的所有金属组件应与接地系统的各组件绝缘。

⑥ 当电子系统为 300kHz 以下的模拟线路时，可采用 S 型等电位连接，且所有设施管线和电缆宜从 ERP 处附近进入该电子系统。S 型等电位连接应仅通过唯一的 ERP 点，形成 S_s 型等电位连接（表 11-40）。设备之间的所有线路和电缆当无屏蔽时，宜与成星形连接的等电位连接线平行敷设。用于限制从线路传导来的过电压的电涌保护器，其引线的连接点应使加到被保护设备上的电涌电压最小。

表 11-40　电子系统功能性等电位连接整合到等电位连接网络中

形式	S 型星形结构	M 型网形结构
基本的结构形式	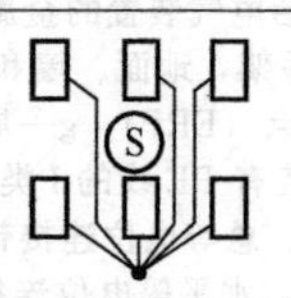	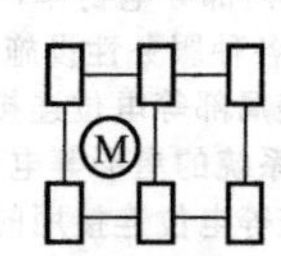
功能性等电位等接入等电位连接网络	 ERP	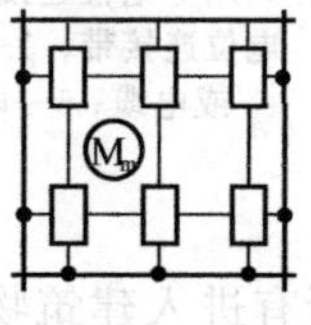

注：等电位连接网络；
等电位连接导体；
设备；
· 接至等电位连接网络的等电位连接点；
ERP　接地基准点；
S_s　将星形结构通过 ERP 点整合到等电位连接网络中；
M_m　将网形结构通过网形连接整合到等电位连接网络中。

⑦ 当电子系统为兆赫级数字线路时，应采用 M 型等电位连接，系统的各金属组件不应与接地系统各组件绝缘。M 型等电位连接应通过多点连接组合到等电位连接网络中去，形成 M_m 型连接方式。每台设备的等电位连接线的长度不宜大于 0.5m，并宜设两根等电位连接线安装于设备的对角处，其长度宜按相差 20％考虑。

（4）安装和选择电涌保护器的要求

1）复杂的电气和电子系统中，除在户外线路进入建筑物处，$LPZ0_A$ 或 $LPZ0_B$ 进入 LPZ1 区，按 11.3.3 要求安装电涌保护器外，在其后的配电和信号线路上应按下面第 4）～8）条的规定确定是否选择和安装与其协调配合好的电涌保护器保护。

2）两栋定为 LPZ1 区的独立建筑物用电气线路或信号线路的屏蔽电缆或穿钢管的无屏蔽线路连接时，屏蔽层流过的分雷电流在其上所产生的电压降不应对线路和所接设备引起绝缘击穿，同时屏蔽层的截面应满足通流能力（如图 11-54 所示）。电缆从户外进入户内的屏蔽层截面积的计算方法如下。

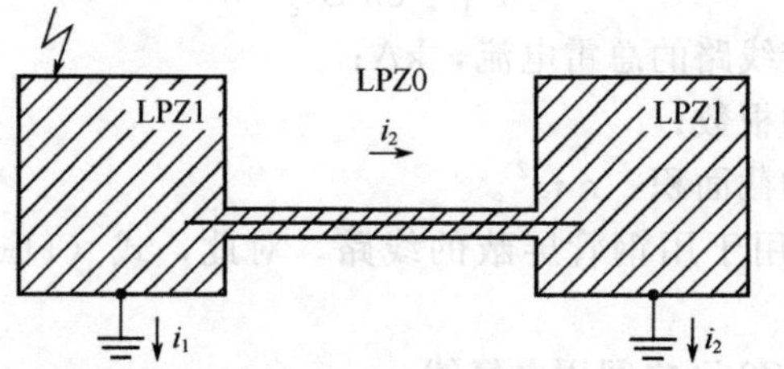

图 11-54　用屏蔽电缆或穿钢管线路将两栋独立的 LPZ1 区连接在一起

① 在屏蔽线路从室外 $LPZ0_A$ 或 $LPZ0_B$ 区进入 LPZ1 区的情况下，线路屏蔽层的截面积应按下式计算：

$$S_c \geqslant I_f \rho_c L_c \times 10^6 / U_W \qquad (11\text{-}100)$$

式中　S_c——线路屏蔽层的截面积，mm^2；

I_f——流入屏蔽层的雷电流，kA，按公式（11-62）计算，计算中的雷电流按表 11-22 取值；

ρ_c——屏蔽层的电阻率，Ω · m，20℃时铁为 138×10^{-9}Ω · m，铜为 17.24×10^{-9}Ω · m，铝为 28.264×10^{-9}Ω · m；

L_c——线路长度（）按表 11-41 的规定取值（），m；

U_W——电缆所接的电气或电子系统的耐冲击电压额定值（线路按表 11-42 的规定取值，设备按表 11-43 的规定取值），kV。

表 11-41　按屏蔽层敷设条件确定的线路长度

屏蔽层敷设条件	L_c/m
屏蔽层与电阻率 ρ(Ω · m)的土壤直接接触	当实际长度≥$8\sqrt{\rho}$ 时取 $L_c=8\sqrt{\rho}$； 当实际长度＜$8\sqrt{\rho}$ 时取 L_c＝线路实际长度
屏蔽层与土壤隔离或敷设在大气中	L_c＝建筑物与屏蔽层最近接地点之间的距离

表 11-42　电缆绝缘的耐冲击电压额定值

电缆种类及其额定电压 U_n/kV	耐冲击电压额定值 U_W/kV	电缆种类及其额定电压 U_n/kV	耐冲击电压额定值 U_W/kV
纸绝缘通信电缆 $U_n\leqslant1$	1.5	电力电缆 $U_n=6$	60
塑料绝缘通信电缆 $U_n\leqslant1$	5	电力电缆 $U_n=10$	75
电力电缆 $U_n\leqslant1$	15	电力电缆 $U_n=15$	95
电力电缆 $U_n=3$	45	电力电缆 $U_n=20$	125

表 11-43　设备的耐冲击电压额定值

设备类型	耐冲击电压额定值 U_W/kV
电子设备	1.5
用户的电气设备（U_n＜1 kV）	2.5
电网设备(U_n＜1 kV)	6

② 当流入线路的雷电流大于按下列公式计算的数值时，绝缘可能产生不可接受的温升。

对屏蔽线路：

$$I_f = 8S_c \tag{11-101}$$

对无屏蔽的线路：

$$I'_f = 8n'S'_c \tag{11-102}$$

式中　I'_f——流入无屏蔽线路的总雷电流，kA；

n'——线路导线的根数；

S'_c——每根导线的截面积，mm^2。

③ 以上计算方法也适用于用钢管屏蔽的线路，对此，式（11-100）和式（11-101）中的 S_c 为钢管壁厚的截面积。

3）LPZ1 区内两个 LPZ2 区之间用电气线路或信号线路的屏蔽电缆或屏蔽的电缆沟或穿钢管屏蔽的线路连接在一起，当有屏蔽的线路没有引出 LPZ2 区时，线路的两端可不安装电涌保护器（如图 11-55 所示）。

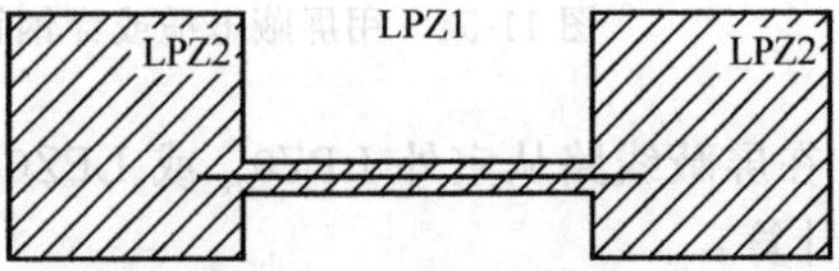

图 11-55　用屏蔽的线路将两个 LPZ2 区连接在一起

4）需要保护的线路和设备的耐冲击电压，220/380 V 三相配电线路可按表 11-44 规定取值；其他线路和设备，包括电压和电流的抗扰度，宜按制造商提供的材料确定。

表 11-44　建筑物内 220/380V 配电系统中设备绝缘耐冲击电压额定值

设备位置	电源处的设备	配电线路和最后分支线路的设备	用电设备	特殊需要保护的设备
耐冲击电压类别	Ⅳ类	Ⅲ类	Ⅱ类	Ⅰ类
耐冲击电压额定值 U_W/kV	6	4	2.5	1.5

注：Ⅰ类——含有电子电路的设备，如计算机、有电子程序控制的设备；

Ⅱ类——如家用电器和类似负荷；

Ⅲ类——如配电盘、断路器，包括线路、母线、分线盒、开关、插座等固定装置的布线系统，以及应用于工业的设备和永久接至固定装置的固定安装的电动机等的一些其他设备；

Ⅳ类——如电气计量仪表、一次线过流保护设备、滤波器。

5）电涌保护器安装位置和放电电流的选择，应符合下列规定。

① 户外线路进入建筑物处，即 $LPZ0_A$ 或 $LPZ0_B$ 进入 LPZ1 区，所安装的电涌保护器应按 11.3.3 的规定确定。

② 靠近需要保护的设备处，即 LPZ2 和更高区的界面处，当需要安装电涌保护器时，对电气系统宜选用Ⅱ或Ⅲ级试验的电涌保护器，对电子系统宜按具体情况确定，并应符合 11.3.4 的规定，技术参数应按制造商提供的、在能量上与上述第①条所确定的配合好的电涌保护器选用，并应包含多组电涌保护器之间的最小距离要求。

③ 电涌保护器应与同一线路上游的电涌保护器在能量上配合，电涌保护器在能量上配合的资料应由制造商提供。若无此资料，Ⅱ级试验的电涌保护器，其标称放电电流不应小于 5kA；Ⅲ级试验的电涌保护器，其标称放电电流不应小于 3kA。

6）电涌保护器的有效电压保护水平应符合下列规定。

① 对限压型电涌保护器：

$$U_{p/f} = U_p + \Delta U \tag{11-103}$$

② 对电压开关型电涌保护器，应取下列公式中的较大者：

$$U_{p/f}=U_p \text{ 或 } U_{p/f}=\Delta U \tag{11-104}$$

式中　$U_{p/f}$——电涌保护器的有效电压保护水平，kV；

U_p——电涌保护器的电压保护水平，kV；

ΔU——电涌保护器两端引线的感应电压降，即 $L\times$（di/dt），户外线路进入建筑物处可按 1kV/m 计算，在其后的可按 $\Delta U=0.2U_p$ 计算，仅是感应电涌时可略去不计。

③ 为取得较小的电涌保护器有效电压保护水平，应选用有较小电压保护水平值的电涌保护器，并应采用合理的接线，同时应缩短连接电涌保护器的导体长度。

7）确定从户外沿线路引入雷击电涌时，电涌保护器的有效电压保护水平值的选取应符合下列规定。

① 当被保护设备距电涌保护器的距离沿线路的长度小于或等于 5m 时，或在线路有屏蔽并两端等电位连接下沿线路的长度小于或等于 10m 时，应按下式计算：

$$U_{p/f}\leqslant U_w \tag{11-105}$$

式中　U_w——被保护设备的设备绝缘耐冲击电压额定值，kV。

② 当被保护设备距电涌保护器的距离，沿线路的长度大于 10m 时，应按下式计算：

$$U_{p/f}\leqslant (U_w-U_i)/2 \tag{11-106}$$

式中　U_i——雷击建筑物附近，电涌保护器与被保护设备之间电路环路的感应过电压，kV，按 11.4.3 第（3）条第 2）款和本节第 9）条介绍的方法计算。

③ 对上述第②条，当建筑物或房间有空间屏蔽和线路有屏蔽或仅线路有屏蔽并两端等电位连接时，可不考虑电涌保护器与被保护设备间电路环路的感应过电压，但应按下式计算：

$$U_{p/f}\leqslant U_w/2 \tag{11-107}$$

④ 当被保护的电子设备或系统要求按现行国家标准《电磁兼容 试验和测量技术 浪涌（冲击）抗扰度试验》GB/T 17626.5 确定的冲击电涌电压小于 U_w 时，式（11-105）～式（11-107）中的 U_w 应用前者代入。

8）用于电气系统的电涌保护器的最大持续运行电压值和接线形式，以及用于电子系统的电涌保护器的最大持续运行电压值，应按 11.3.4 的规定采用。连接电涌保护器的导体截面积应按表 11-33 的规定取值。

9）环路中感应电压和电流的计算

① 格栅形屏蔽建筑物附近遭雷击时，在 LPZ1 区内环路的感应电压和电流（如图 11-56 所示）在 LPZ1 区，其开路最大感应电压宜按下式计算：

$$U_{oc/max}=\mu_0 blH_{1/max}/T_1 \tag{11-108}$$

式中　$U_{oc/max}$——环路开路最大感应电压，V；

μ_0——真空磁导率，其值等于 $4\pi\times10^{-7}$（V·s）/（A·m）；

b——环路的宽，m；

l——环路的长，m；

$H_{1/max}$——LPZ1 区内最大的磁场强度［按式（11-90）计算］，A/m；

T_1——雷电流的波头时间，s。

若略去导线的电阻（最坏情况），环路最大短路电流可按下式计算：

$$i_{sc/max}=\mu_0 blH_{1/max}/L \tag{11-109}$$

式中　$i_{sc/max}$——最大短路电流，A；

L——环路的自电感，H，矩形环路的自电感可按式（11-110）计算。

$$L=\left[0.8\sqrt{l^2+b^2}-0.8(l+b)+0.4l\ln\frac{2b/r}{1+\sqrt{1+(b/l)^2}}+0.4b\ln\frac{2l/r}{1+\sqrt{1+(l/b)^2}}\right]\times10^{-6} \tag{11-110}$$

式中　r——环路导体的半径，m。

② 格栅形屏蔽建筑物遭直接雷击时在 LPZ1 区内环路的感应电压和电流（如图 11-56 所示）在 LPZ1 区 V_s 空间内的磁场强度 H_1 应按式（11-96）计算。根据图 11-56 所示无屏蔽线路构成的环路，其开路最大感应电压宜按下式计算：

$$U_{oc/max}=\mu_0 b\ln(1+l/d_{1/w})k_H(\omega/\sqrt{d_{1/r}})i_{0/max}/T_1 \tag{11-111}$$

式中　$d_{1/w}$——环路至屏蔽墙的距离（m），根据式（11-97）或式（11-98）计算，$d_{1/w}$ 等于或大于 $d_{s/2}$；

$d_{1/r}$——环路至屏蔽屋顶的平均距离，m；

$i_{0/max}$——LPZ0$_A$ 区内的雷电流最大值，A；

k_H——形状系数（$1/\sqrt{m}$），取 $k_H=0.01$（$1/\sqrt{m}$）；

ω——格栅形屏蔽的网格宽，m。

若略去导线的电阻（最坏情况），最大短路电流可按下式计算：

$$i_{sc/max}=\mu_0 b\ln(1+l/d_{1/w})k_H(\omega/\sqrt{d_{1/r}})i_{0/max}/L \tag{11-112}$$

③ 在 LPZn 区（n 等于或大于 2）内环路的感应电压和电流，在 LPZn 区 V_s 空间内的磁场强度 H_n 看成是均匀情况下（图 11-49），图 11-56 所示无屏蔽线路构成的环路，其最大感应电压和电流可按式（11-108）和式（11-109）计算，式中的 $H_{1/max}$ 应根据式（11-90）或式（11-99）计算出的 $H_{n/max}$ 代入。式（11-90）中的 H_1 用 $H_{n/max}$ 代入，H_0 用 $H_{(n-1)/max}$ 代入。

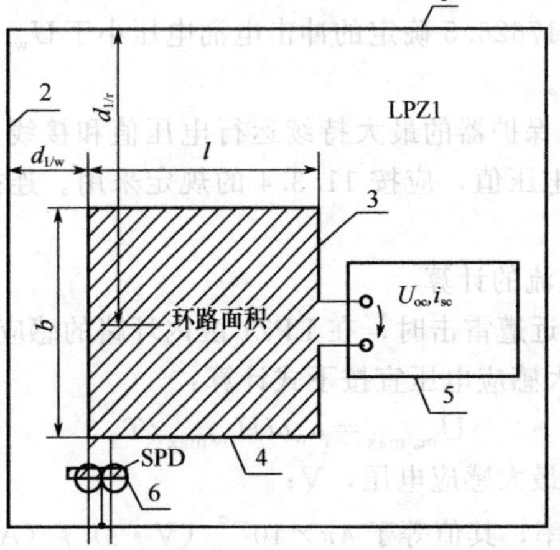

图 11-56　环路中的感应电压和电流

1—屋顶；2—墙；3—电力线路；4—信号线路；5—信号设备；6—等电位连接带

注：1. 当环路不是矩形时，应转换为相同环路面积的矩形环路

2. 图中的电力线路或信号线路也可以是邻近的两端做了等电位连接的金属物

第12章 接 地

通常，将交流标称电压500kV及以下的发电、变电、送电和配电的电气装置（含附属直流电气装置）简称为A类电气装置；建筑物电气装置简称为B类电气装置。本章着重讲述A类电气装置的接地要求与方法、接地电阻的计算、低压系统接地形式、B类电气装置的接地要求与方法以及接触电压与跨步电压的计算。

12.1 A类电气装置的接地[29,104]

12.1.1 A类电气装置接地的一般规定

① 电力系统中电气装置、设施的某些可导电部分应接地。接地装置应充分利用自然接地极接地，但应校验自然接地极的热稳定。按用途接地有下列4种：

a. 工作（系统）接地；

b. 保护接地；

c. 雷电保护接地；

d. 防静电接地。

② 发电厂、变电所内，不同用途和不同电压的电气装置、设施，应使用一个总的接地装置，接地电阻应符合其中最小值的要求。

【注】 接地电阻除另外注明外，均指工频接地电阻。

③ 设计接地装置时，应考虑土壤干燥或冻结等季节变化的影响，接地电阻在四季中均应符合标准的要求，但雷电保护接地的接地电阻，可只考虑在雷季中土壤干燥状态的影响。接地装置的接地电阻的计算方法详见12.2.4。

④ 确定发电厂、变电所接地装置的形式和布置时，考虑保护接地的要求，应降低接触电位差和跨步电位差，并应符合下列要求。

a. 在110kV及以上有效接地系统和6～35kV低电阻接地系统发生单相接地或同点两相接地时，发电厂、变电所接地装置的接触电位差和跨步电位差不应超过下列数值：

$$U_t=\frac{174+0.17\rho_f}{\sqrt{t}} \tag{12-1}$$

$$U_s=\frac{174+0.7\rho_f}{\sqrt{t}} \tag{12-2}$$

式中 U_t——接触电位差，V；

U_s——跨步电位差，V；

ρ_f——人脚站立处地表面的土壤电阻率，Ω·m；

t——接地短路（故障）电流的持续时间，s。

b. 3～66kV 不接地、经消弧线圈接地和高电阻接地系统，发生单相接地故障后，当不迅速切除故障时，此时发电厂、变电所接地装置的接触电位差和跨步电位差不应超过下列数值：

$$U_t = 50 + 0.05\rho_f \tag{12-3}$$

$$U_s = 50 + 0.2\rho_f \tag{12-4}$$

c. 在条件特别恶劣的场所，例如水田中，接触电位差和跨步电位差的允许值宜适当降低。

d. 接触电位差和跨步电位差可按 12.4.3 计算。

12.1.2　A 类电气装置保护接地的范围

① 电气装置和设施的下列金属部分，均应接地：

a. 电机、变压器和高压电器等的底座和外壳；

b. 电气设备传动装置；

c. 互感器的二次绕组；

d. 发电机中性点柜外壳、发电机出线柜和封闭母线的外壳等；

e. 气体绝缘全封闭组合电器（GIS）的接地端子；

f. 配电、控制、保护用的屏（柜、箱）及操作台等的金属框架；

g. 铠装控制电缆的外皮；

h. 屋内外配电装置的金属架构和钢筋混凝土架构以及靠近带电部分的金属围栏和金属门；

i. 电力电缆接线盒、终端盒的外壳，电缆的外皮，穿线的钢管和电缆桥架等；

j. 装有避雷线的架空线路杆塔；

k. 除沥青地面的居民区外，其他居民区内，不接地、消弧线圈接地和高电阻接地系统中无避雷线架空线路的金属杆塔和钢筋混凝土杆塔；

l. 装在配电线路杆塔上的开关设备、电容器等电气设备；

m. 箱式变电站的金属箱体。

② 电气设备和电力生产设施的下列金属部分可不接地：

a. 在木质、沥青等不良导电地面的干燥房间内，交流标称电压 380V 及以下、直流标称电压 220V 及以下的电气设备外壳，但当维护人员可能同时触及电气设备外壳和接地物件时除外；

b. 安装在配电屏、控制屏和配电装置上的电测量仪表、继电器和其他低压电器等的外壳，以及当发生绝缘损坏时在支持物上不会引起危险电压的绝缘子金属底座等；

c. 安装在已接地的金属架构上的设备（应保证电气接触良好），如套管等；

d. 标称电压 220V 及以下的蓄电池室内的支架；

e. 由发电厂、变电所区域内引出的铁路轨道，但 12.1.4 节第（2）条第⑯款所列的场所除外。

12.1.3　A 类电气装置的接地电阻

（1）发电厂、变电所电气装置的接地电阻

1）发电厂、变电所电气装置保护接地的接地电阻要求如下。

① 有效接地和低电阻接地系统中发电厂、变电所电气装置保护接地的接地电阻宜符合下列要求。

a. 一般情况下，接地装置的接地电阻应符合下式：

$$R \leqslant 2000/I \tag{12-5}$$

式中　R——考虑到季节变化的最大接地电阻，Ω；

I——计算用的流经接地装置的入地短路电流，A。

式（12-5）中计算用流经接地装置的入地短路电流，采用在接地装置内、外短路时，经接地装置流入地中的最大短路电流对称分量最大值，该电流应按5～10年发展后的系统最大运行方式确定，并应考虑系统中各接地中性点间的短路电流分配，以及避雷线中分走的接地短路电流。

b. 当接地装置的接地电阻不符合式（12-5）要求时，可通过技术经济比较增大接地电阻，但不得大于5Ω，且应符合12.1.4节第（2）条第②款的要求。

② 不接地、消弧线圈接地和高电阻接地系统中发电厂、变电所电气装置保护接地的接地电阻应符合下列要求。

a. 高压与发电厂、变电所电力生产用低压电气装置共用的接地装置应符合下式要求：

$$R \leqslant 120/I \tag{12-6}$$

但不应大于4Ω。

b. 高压电气装置的接地装置，应符合下式要求：

$$R \leqslant 250/I \tag{12-7}$$

式中 R——考虑到季节变化的最大接地电阻，Ω；

I——计算用的接地故障电流，A。

但不宜大于10Ω。

【注】 变电所的接地电阻值，可包括引进线路的避雷线接地装置的散流作用。

c. 消弧线圈接地系统中，计算用的接地故障电流应采用下列数值。

• 对于装有消弧线圈的发电厂、变电所电气装置的接地装置，计算电流等于接在同一接地装置中同一系统各消弧线圈额定电流总和的1.25倍。

• 对于不装消弧线圈的发电厂、变电所电气装置的接地装置，计算电流等于系统中断开最大一台消弧线圈或系统中最长线路被切除时的最大可能残余电流值。

d. 在高土壤电阻率地区的接地电阻不应大于30Ω，且应符合12.1.1第④条要求。

2）发电厂、变电所电气装置雷电保护接地的接地电阻如下。

① 独立避雷针（含悬挂独立避雷线的架构）的接地电阻。在土壤电阻率不大于500Ω·m的地区不应大于10Ω；在高土壤电阻率地区接地电阻应符合DL/T 620—1997《交流电气装置的过电压保护和绝缘配合》的要求。

② 变压器门型架构上避雷针、线的接地电阻应符合DL/T 620—1997《交流电气装置的过电压保护和绝缘配合》的要求。

3）发电厂和变电所有爆炸危险且爆炸后可能波及发电厂和变电所内主设备或严重影响发供电的建（构）筑物，防雷电感应的接地电阻不应大于30Ω。

4）发电厂的易燃油和天然气设施防静电接地的接地电阻不应大于30Ω。

（2）架空线路的接地电阻

① 架空线路杆塔保护接地的接地电阻不宜大于30Ω。

② 架空线路雷电保护接地的接地电阻应符合DL/T 620—1997《交流电气装置的过电压保护和绝缘配合》的要求。

（3）配电电气装置的接地电阻

1）工作于不接地、消弧线圈接地和高电阻接地系统、向建筑物电气装置（B类电气装置）供电的配电电气装置，其保护接地的接地电阻应符合下列要求。

① 与B类电气装置系统电源接地点共用的接地装置。

a. 配电变压器安装在由其供电的建筑物外时，应符合下式的要求：

$$R \leqslant 50/I \tag{12-8}$$

式中　R——考虑到季节变化接地装置最大接地电阻，Ω；

I——计算用的单相接地故障电流，消弧线圈接地系统为故障点残余电流。

但不应大于 4Ω。

b. 配电变压器安装在由其供电的建筑物内时，不宜大于 4Ω。

② 非共用的接地装置，应符合式（12-7）的要求，但不宜大于 10Ω。

2）低电阻接地系统的配电电气装置，其保护接地的接地电阻应符合公式（12-5）的要求。

3）保护配电变压器的避雷器其接地应与变压器保护接地共用接地装置。

4）保护配电柱上断路器、负荷开关和电容器组等的避雷器的接地线应与设备外壳相连，接地装置的接地电阻不应大于 10Ω。

12.1.4　A 类电气装置的接地装置

（1）接地装置的一般规定

① 各种接地装置应利用直接埋入地中或水中的自然接地极，并设置将自然接地极和人工接地极分开的测量井。发电厂、变电所除利用自然接地极外，还应敷设人工接地极。

② 当利用自然接地极和引外接地装置时，应采用不少于两根导体在不同地点与接地网相连接。

③ 在高土壤电阻率地区，可采取下列降低接地电阻的措施。

a. 当在发电厂、变电所 2000m 以内有较低电阻率的土壤时，可敷设引外接地极。

b. 当地下较深处的土壤电阻率较低时，可采用井式或深钻式接地极。

c. 填充电阻率较低的物质或降阻剂。

d. 敷设水下接地网。

④ 在永冻土地区除可采用上述第③条的措施外，尚可采取下列措施。

a. 将接地装置敷设在溶化地带或溶化地带的水池或水坑中。

b. 敷设深钻式接地极，或充分利用井管或其他深埋在地下的金属构件作接地极，还应敷设深度约 0.5m 的伸长接地极。

c. 在房屋溶化盘内敷设接地装置。

d. 在接地极周围人工处理土壤，以降低冻结温度和土壤电阻率。

⑤ 人工接地极，水平敷设的可采用圆钢、扁钢，垂直敷设的可采用角钢、钢管等。接地装置的导体，应符合热稳定与均压的要求，还应考虑腐蚀的影响。按机械强度要求的接地装置导体的最小尺寸应符合表 12-1 所列规格。

表 12-1　接地装置导体的最小尺寸

种类	规格及单位	地上		地下
		屋内	屋外	
圆钢	直径/mm	6	8	8/10
扁钢	截面积/mm^2	24	48	48
	厚度/mm	3	4	4
角钢	厚度/mm	2	2.5	4
钢管	管壁厚度/mm	2.5	2.5	3.5/2.5

注：1. 地下部分圆钢的直径，其分子、分母数据分别对应于架空线路和发电厂、变电所的接地装置。

2. 地下部分钢管的壁厚，其分子、分母数据分别对应于埋于土壤和埋于室内素混凝土地坪中。

3. 架空线路杆塔的接地极引出线，其截面积不应小于 $50mm^2$，并应热镀锌。

⑥ 接地装置的防腐蚀设计，应符合下列要求。

a. 计及腐蚀影响后，接地装置的设计使用年限，应与地面工程的设计使用年限相当。

b. 接地装置的防腐蚀设计，宜按当地的腐蚀数据进行。

c. 在腐蚀严重地区，敷设在电缆沟中的接地线和敷设在屋内或地面上的接地线，宜采用热镀锌，对埋入地下的接地极宜采取适合当地条件的防腐蚀措施。接地线与接地极或接地极之间的焊接点，应涂防腐材料。

⑦ 接地电阻的测量可按照 DL/T 475—2006《接地装置工频特性参数的测量导则》执行。

(2) 发电厂、变电所电气装置的接地装置

① 发电厂、变电所电气装置的接地装置，除利用自然接地极外，应敷设以水平接地极为主的人工接地网。

人工接地网的外缘应闭合，外缘各角应做成圆弧形，圆弧的半径不宜小于均压带间距的一半。接地网内应敷设水平均压带。接地网的埋设深度不宜小于 0.6m。

接地网均压带可采用等间距或不等间距布置。

35kV 及以上变电所接地网边缘经常有人出入的走道处，应铺设砾石、沥青路面或在地下装设两条与接地网相连的均压带。

对于 3～10kV 变电所、配电所，当采用建筑物的基础作接地极且接地电阻又满足规定值时，可不另设人工接地。

② 在有效接地和低电阻接地系统中，发电厂、变电所电气装置的接地装置，当接地电阻不符合式 (12-5) 的要求时，其人工接地网及有关电气装置还应符合以下要求。

a. 为防止转移电位引起的危害，对可能将接地网的高电位引向厂、所外或将低电位引向厂、所内的设施，应采取隔离措施。例如，对外的通信设备加隔离变压器；向厂、所外供电的低压线路采用架空线，其电源中性点不在厂、所内接地，改在厂、所外适当的地方进行接地；通向厂、所外的管道采用绝缘段，铁路轨道分别在两处加绝缘鱼尾板等。

b. 考虑短路电流非周期分量的影响，当接地网电位升高时，发电厂、变电所内的 3～10kV 阀式避雷器不应动作或动作后应承受被赋予的能量。

c. 设计接地网时，应验算接触电位差和跨步电位差。

③ 当人工接地网局部地带的接触电位差、跨步电位差超过规定值，可采取局部增设水平均压带或垂直接地极铺设砾石地面或沥青地面的措施。

④ 发电厂、变电所的接地装置应与线路的避雷线相连，且有便于分开的连接点。当不允许避雷线直接和发电厂、变电所配电装置架构相连时，发电厂、变电所接地网应在地下与避雷线的接地装置相连接，连接线埋在地中的长度不应小于 15m。

⑤ 发电厂、变电所电气装置中下列部位应采用专门敷设的接地线接地：

a. 发电机机座或外壳，出线柜、中性点柜的金属底座和外壳，封闭母线的外壳；

b. 110kV 及以上钢筋混凝土构件支座上电气设备的金属外壳；

c. 箱式变电站的金属箱体；

d. 直接接地的变压器中性点；

e. 变压器、发电机、高压并联电抗器中性点所接消弧线圈、接地电抗器、电阻器或变压器等的接地端子；

f. GIS 的接地端子；

g. 避雷器，避雷针、线等的接地端子。

⑥ 当不要求采用专门敷设的接地线接地时，电气设备的接地线宜利用金属构件、普通钢筋混凝土构件的钢筋、穿线的钢管和电缆的铅、铝外皮等。但不得使用蛇皮管、保温管的金属

网或外皮以及低压照明网络的导线铅皮作接地线。操作、测量和信号用低压电气设备的接地线可利用永久性金属管道，但可燃液体、可燃或爆炸性气体的金属管道除外。利用以上设施作接地线时，应保证其全长为完好的电气通路，并且当利用串联的金属构件作为接地线时，金属构件之间应以截面积不小于 $100mm^2$ 的钢材焊接。

⑦ 在有效接地系统及低电阻接地系统中，发电厂、变电所电气装置中电气设备接地线的截面，应按接地短路电流进行热稳定校验。钢接地线的短时温度不应超过 400℃，铜接地线不应超过 450℃，铝接地线不应超过 300℃。

接地线截面的热稳定校验可按照下述方法进行：

a. 根据热稳定条件，未考虑腐蚀时，接地线的最小截面积应符合下式要求：

$$S_g \geqslant I_g \sqrt{t_e} / C \tag{12-9}$$

式中 S_g——接地导体（线）的最小截面积，mm^2；

I_g——流过接地导体（线）的最大接地故障不对称电流有效值，A，按工程设计水平年系统最大运行方式确定；

t_e——接地故障的等效持续时间，与 t_s 相同，s；

C——接地导体（线）材料的热稳定系数，根据材料的种类、性能及最大允许温度和接地故障前接地导体（线）的初始温度确定。

b. 在校验接地导体（线）的热稳定时，I_g 及 t_e 应采用表 12-2 所列数值。接地导体（线）的初始温度，取 40℃。

对钢和铝材的最大允许温度分别取 400℃和 300℃。钢和铝材的热稳定系数 C 值分别为 70 和 120。铜和铜覆钢材采用放热焊接方式时的最大允许温度，应根据土壤腐蚀的严重程度经验算分别取 900℃、800℃或 700℃。爆炸危险场所，应按专用规定选取。铜和铜覆钢材的热稳定系数 C 值可采用表 12-3 给出的数值。

表 12-2 校验接地导体（线）热稳定用的 I_g 和 t_e 值

系统接地方式	I_g	t_e
有效接地	三相同体设备：单相接地故障电流 三相分体设备：单相接地或三相接地流过接地线的最大接地故障电流	见本节 c.
低电阻接地	单相接地故障电流	见本节 c.

表 12-3 校验铜和铜覆钢材接地导体（线）热稳定用的 C 值

最大允许温度/℃	铜	电导率 40% 铜镀钢绞线	电导率 30% 铜镀钢绞线	电导率 20%铜镀钢棒
700	249	167	144	119
800	259	173	150	124
900	268	179	155	128

c. 热稳定校验用的时间可按下列规定计算：

• 发电厂、变电所的继电保护装置配置有 2 套速动主保护、近接地后备保护、断路器失灵保护和自动重合闸时，t_e 可按式（12-10）取值：

$$t_e \geqslant t_m + t_f + t_o \tag{12-10}$$

式中 t_m——主保护动作时间，s；

t_f——断路器失灵保护动作时间，s；

t_o——断路器开断时间，s。

•配有1套速动主保护、近或远（或远近结合的）后备保护和自动重合闸，有或无断路器失灵保护时，t_e可按式（12-11）取值：

$$t_e \geqslant t_o + t_r \tag{12-11}$$

式中 t_r——第一级后备保护的动作时间，s。

⑧ 校验不接地、消弧线圈接地和高电阻接地系统中电气设备接地线的热稳定时，敷设在地上的接地线长时间温度不应大于150℃，敷设在地下的接地线长时间温度不应大于100℃。

当按70℃的允许载流量曲线选定接地线的截面时，对于敷设在地上的接地线，应采用流过接地线的计算用单相接地故障电流的60%；对于敷设在地下的接地线，应采用流过接地线的计算用单相接地故障电流的75%。

⑨ 与架空送、配电线路相连的6～66kV高压电气装置中的电气设备接地线，还应按两相异地短路校验热稳定，接地线的短时温度与12.1.4第（2）条第⑦款的规定相同。

⑩ 接地线应便于检查，但暗敷的穿线钢管和地下的金属构件除外。潮湿的或有腐蚀性蒸气的房间内，接地线离墙不应小于10mm。

⑪ 接地线应采取防止发生机械损伤和化学腐蚀的措施。

⑫ 在接地线引进建筑物的入口处，应设标志。明敷的接地线表面应涂15～100mm宽度相等的绿色和黄色相间的条纹。

⑬ 发电厂、变电所电气装置中电气设备接地线的连接应符合下列要求。

a. 接地线应采用焊接连接。当采用搭接焊接时，其搭接长度应为扁钢宽度的2倍或圆钢直径的6倍。

b. 当利用钢管作接地线时，钢管连接处应保证有可靠的电气连接。当利用穿线的钢管作接地线时，引向电气设备的钢管与电气设备之间，应有可靠的电气连接。

c. 接地线与管道等伸长接地极的连接处，宜焊接。连接地点应选在近处，并应在管道因检修而可能断开时，接地装置的接地电阻仍能符合标准的要求。管道上表计和阀门等处，均应装设跨接线。

d. 接地线与接地极的连接，宜用焊接；接地线与电气设备的连接，可用螺栓连接或焊接。用螺栓连接时应设防松螺母或防松垫片。

e. 电气设备每个接地部分应以单独的接地线与接地母线相连接，严禁在一个接地线中串接几个需要接地的部分。

⑭ 发电厂、变电所GIS的接地线及其连接应符合以下要求。

a. 三相共箱式或分相式的GIS，其基座上的每一接地母线，应采用分设其两端的接地线与发电厂或变电所的接地网连接，接地线并应和GIS室内环形接地母线连接，当接地母线较长时，其中部宜另加接地线，并连接至接地网。接地线与GIS接地母线应采用螺栓连接方式，并应采取防锈蚀措施。

b. 接地线截面的热稳定校验，应分别按12.1.4第（2）条第⑦款或第⑧款的要求进行。对于只有2条或4条接地线，其截面热稳定的校验电流分别取全部接地（短路或故障）电流的70%和35%。

c. 当GIS露天布置或装设在室内与土壤直接接触的地面上时，其接地开关、金属氧化物避雷器的专用接地端子与GIS接地母线的连接处，宜装设集中接地装置。

d. GIS室内应敷设环形接地母线，室内各种设备需接地的部位应以最短路径与环形接地母线连接。GIS布置于室内楼板上时，其基座下的钢筋混凝土地板中的钢筋应焊接成网，并和环形接地母线相连接。

⑮ 发电厂、变电所配电装置构架上避雷针（含悬挂避雷线的架构）的集中接地装置应与

主接地网连接，由连接点至变压器接地点沿接地极的长度不应小于15m。

⑯ 发电厂主厂房、主控制楼、变电所主控制楼（室）和配电装置室屋顶避雷针等的接地线、接地极布置及其与发电厂、变电所电气装置接地网之间的连接方式等，应符合DL/T 620—1997《交流电气装置的过电压保护和绝缘配合》的要求。

⑰ 发电厂和变电所有爆炸危险且爆炸后可能波及发电厂和变电所内主设备或严重影响发供电的建筑物防感应雷电过电压的接地线、接地极的布置方式应符合DL/T 620—1997《交流电气装置的过电压保护和绝缘配合》的要求。

⑱ 发电厂易燃/可燃油、天然气和氢气等储罐，装卸油台、铁路轨道、管道、鹤管、套筒及油槽车等防静电接地的接地位置，接地线、接地极布置方式等应符合下列要求。

a. 铁路轨道、管道及金属桥台，应在其始端、末端、分支处以及每隔50m处设防静电接地，鹤管应在两端接地。

b. 厂区内的铁路轨道应在两处用绝缘装置与外部轨道隔离。两处绝缘装置间的距离应大于一列火车的长度。

c. 净距小于100mm的平行或交叉管道，应每隔20m用金属线跨接。

d. 不能保持良好电气接触的阀门、法兰、弯头等管道连接处也应跨接。跨接线可采用直径不小于8mm的圆钢。

e. 油槽车应设防静电临时接地卡。

f. 易燃油、可燃油和天然气浮动式储罐顶，应用可挠的跨接线与罐体相连，且不应少于两处。跨接线可用截面积不小于$25mm^2$的钢绞线或软铜线。

g. 浮动式电气测量的铠装电缆应埋入地中，长度不宜小于50m。

h. 金属罐罐体钢板的接缝、罐顶与罐体之间以及所有管、阀与罐体之间应保证可靠的电气连接。

(3) 架空线路杆塔的接地装置

① 高压架空线路杆塔的接地装置可采用下列形式。

a. 在土壤电阻率$\rho \leqslant 100\Omega \cdot m$的潮湿地区，可利用铁塔和钢筋混凝土杆自然接地。对发电厂、变电所的进线段应另设雷电保护接地装置。在居民区，当自然接地电阻符合要求时，可不设人工接地装置。

b. 在土壤电阻率$100\Omega \cdot m < \rho \leqslant 300\Omega \cdot m$的地区，除利用铁塔和钢筋混凝土杆的自然接地外，并应增设人工接地装置，接地极埋设深度不宜小于0.6m。

c. 在土壤电阻率$300\Omega \cdot m < \rho \leqslant 2000\Omega \cdot m$的地区，可采用水平敷设的接地装置，接地极埋设深度不宜小于0.5m。

d. 在土壤电阻率$\rho > 2000\Omega \cdot m$的地区，可采用6～8根总长度不超过500m的放射形接地极或连续伸长接地极。放射形接地极可采用长短结合方式，其埋设深度不宜小于0.3m。

e. 居民区和水田中的接地装置，宜围绕杆塔基础敷设成闭合环形。

f. 放射形接地极每根的最大长度应符合表12-4。

表12-4 放射形接地极每根的最大长度

土壤电阻率/Ω·m	≤500	≤1000	≤2000	≤5000
最大长度/m	40	60	80	100

g. 在高土壤电阻率地区采用放射形接地装置时，当在杆塔基础的放射形接地极每根长度的1.5倍范围内有土壤电阻率较低的地带时，可部分采用引外接地或其他措施。

② 计算雷电保护接地装置所采用的土壤电阻率，应取雷季中最大可能的数值，并按下式计算：

$$\rho=\rho_0\Psi \tag{12-12}$$

式中 ρ——土壤电阻率，Ω·m；

ρ_0——雷季中无雨水时所测得的土壤电阻率，Ω·m；

Ψ——考虑土壤干燥所取的季节系数。

Ψ 采用表 12-5 所列数值。土壤和水的电阻率参考值可参照 12.2.3。

③ 单独接地极或杆塔接地装置的冲击接地电阻可用下式计算：

$$R_i=\alpha R \tag{12-13}$$

式中 R_i——单独接地极或杆塔接地装置的冲击接地电阻，Ω；

R——单独接地极或杆塔接地装置的工频接地电阻，Ω；

α——单独接地极或杆塔接地装置的冲击系数，α 的数值可参照 12.2.5。

表 12-5 雷电保护接地装置的季节系数

埋深/m	Ψ 值	
	水平接地极	2～3m 的垂直接地极
0.5	1.4～1.8	1.2～1.4
0.8～1.0	1.25～1.45	1.15～1.3
2.5～3.0（深埋接地极）	1.0～1.1	1.0～1.1

注：测定土壤电阻率时，如土壤比较干燥，则应采用表中的较小值；如比较潮湿，则应采用较大值。

④ 当接地装置由较多水平接地极或垂直接地极组成时，垂直接地极的间距不应小于其长度的两倍；水平接地极的间距不宜小于 5m。

由 n 根等长水平放射形接地极组成的接地装置，其冲击接地电阻可按下式计算：

$$R_i=R_{hi}/(n\eta_i) \tag{12-14}$$

式中 R_{hi}——每根水平放射形接地极的冲击接地电阻，Ω；

η_i——考虑各接地极间相互影响的冲击利用系数，η_i 的数值可参照 12.2.5 选取。

⑤ 由水平接地极连接的 n 根垂直接地极组成的接地装置，其冲击接地电阻可以按下式计算：

$$R_i=\left(\frac{R_{vi}}{n}\times R'_{hi}\right)\Big/\left[\left(\frac{R_{vi}}{n}+R'_{hi}\right)\eta_i\right] \tag{12-15}$$

式中 R_{vi}——每根垂直接地极的冲击接地电阻，Ω；

R'_{hi}——水平接地极的冲击接地电阻，Ω。

⑥ 架空线路杆塔的接地线及其连接方式，应符合 DL/ T620—1997《交流电气装置的过电压保护和绝缘配合》的要求。

（4）配电电气装置的接地装置

① 户外柱上配电变压器等电气装置的接地装置，宜敷设成围绕变压器台的闭合环形。

② 配电变压器等电气装置安装在由其供电的建筑物内的配电装置室时，其接地装置应与建筑物基础钢筋等相连。

③ 引入配电装置室的每条架空线路安装的阀式避雷器的接地线，应与配电装置室的接地装置连接，但在入地处应敷设集中接地装置。

12.2 接地电阻的计算[29,59]

12.2.1 接地电阻的基本概念

（1）流散电阻

电流自接地极的周围向大地流散所遇到的全部电阻，称为流散电阻。理论上为自接地极表面至无穷远处的电阻，工程上一般取为 20 ～40m 范围内的电阻。

（2）接地电阻

接地极的流散电阻和接地极及其至总接地端子连接线电阻的总和，称为接地极的接地电阻。由于后者远小于流散电阻，可忽略不计，通常将流散电阻作为接地电阻。

（3）工频接地电阻和冲击撞地电阻

按通过接地极流入地中工频交流电流求得的接地电阻，称为工频接地电阻；按通过接地极流入地中冲击电流（雷电流）求得的接地电阻，称为冲击接地电阻。雷电流从接地极流入土壤时，接地极附近形成很强的电场，将土壤击穿并产生火花，相当于增加了接地极的截面积，减小了接地电阻。另一方面雷电流有高频特性，使接地极本身电抗增大。一般情况下后者影响较小，即冲击接地电阻一般小于工频接地电阻。工频接地电阻通常简称接地电阻，只在需区分冲击接地电阻（如防雷接地等）时才注明工频接地电阻。

12.2.2 土壤和水的电阻率

决定土壤电阻率的因素主要有土壤的类型、含水量、温度、溶解在土壤中的水中化合物的种类和浓度、土壤的颗粒大小以及颗粒大小的分布、密集性和压力、电晕作用等。土壤电阻率一般应以实测值作为设计依据。当缺少实测数据时，可参考表 12-6。

表 12-6 土壤和水的电阻率参考值

类别	名称	电阻率近似值 /Ω · m	不同情况下电阻率的变化范围 /Ω · m		
			较湿时（一般地区、多雨区）	较干时（少雨区、沙漠区）	地下水含盐碱时
土	陶黏土	10	5～20	10～100	3～10
	泥炭、泥灰岩、沼泽地	20	10～30	50～300	3～30
	捣碎的木炭	40	—	—	—
	黑土、园田土、陶土、白垩土、黏土	50 60	30～100	50～300	10～30
	砂质黏土	100	30～300	80～1000	10～80
	黄土	200	100～200	250	30
	含砂黏土、砂土	300	100～1000	1000 以上	30～100
	河滩中的砂	—	300	—	—
	煤	—	350	—	—
	多石土壤	400	—	—	—
	上层红色风化黏土、下层红色页岩	500（30％湿度）	—	—	—
	表层土夹石、下层砾石	600（15％湿度）	—	—	—

续表

类别	名称	电阻率近似值/Ω·m	不同情况下电阻率的变化范围/Ω·m		
			较湿时（一般地区、多雨区）	较干时（少雨区、沙漠区）	地下水含盐碱时
砂	砂、砂砾	1000	250～1000	1000～2500	—
	砂层深度大于10m，地下水较深的草原，地面黏土深度不大于1.5m、底层多岩石	1000	—	—	—
岩石	砾石、碎石	5000	—	—	—
	多岩山地	5000	—	—	—
	花岗岩	200000	—	—	—
混凝土	在水中	40～55	—	—	—
	在湿土中	100～200	—	—	—
	在干土中	500～1300	—	—	—
	在干燥的大气中	12000～18000	—	—	—
矿	金属矿石	0.01～1	—	—	—

12.2.3 自然接地极接地电阻的计算

① 自然接地极的接地电阻计算可采用表12-7的简易计算公式作为估算用。

表12-7 自然接地极的工频接地电阻（Ω）简易计算公式

接地极型式	计算公式	备注
金属管道	$R=2\rho/L$	L 在60m左右
钢筋混凝土基础	$R=0.2\rho/\sqrt[3]{V}$	V 在 $100m^3$ 左右
铁塔的装配式基础	$R=0.1\rho$	
门型杆塔的装配式基础	$R=0.06\rho$	
带有V形拉线的门型杆塔的装配式基础	$R=0.09\rho$	
单根钢筋混凝土杆	$R=0.3\rho$	
双根钢筋混凝土杆	$R=0.2\rho$	
带有拉线的单根、双根钢筋混凝土杆	$R=0.1\rho$	
一个拉线盘	$R=0.28\rho$	

注：表中 L——接地极长度，m；V——基础所包围的体积，m^3；ρ——土壤电阻率，Ω·m。

② 单个基础接地极的接地电阻可按表12-8计算。

表12-8 单个基础接地极的接地电阻（Ω）计算式

基础接地极的几何形状	计算式	形状系数的数值
矩形基础板、矩形条状基础①、开敞基础槽的钢筋体或整体加筋的块状基础的钢筋体	$R=1.1K_2\rho/L_1$	K_2 值从图12-1中查出
圆形条状基础①的钢筋体	$R=1.1K_3\rho/D_a$	K_3 值从图12-2中查出

续表

基础接地极的几何形状	计算式	形状系数的数值
外墙不加筋的圆形基础板内的钢筋体	$R=1.1K_4\rho/D$	K_4 值从图 12-3 中查出
外墙加筋的圆形基础板内的钢筋体	$R=1.1K_5\rho/D$	K_5 值从图 12-3 中查出
杯口形基础的底板钢筋体	$R=1.1K_6\rho/L_1$	K_6 值从图 12-4 中查出
桩基的钢筋体	$R=1.1K_7\rho/L_p$	K_7 值从图 12-5 中查出

① 敷设成闭合矩形或闭合圆形的水平条状基础。

注：ρ——基础接地极所在地的土壤电阻率，Ω·m；L_1、D、D_a、L_p 的单位均为 m，其意义见图 12-1～图 12-5。

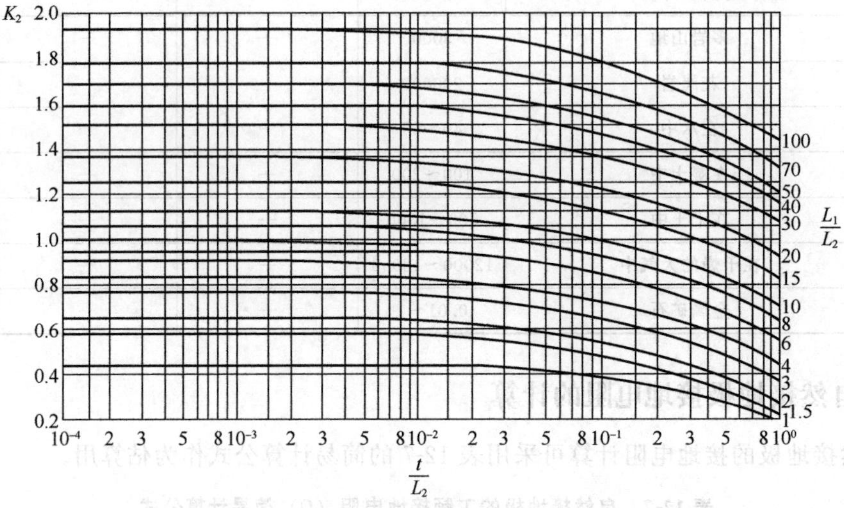

图 12-1　形状系数 K_2

L_1，L_2—钢筋体长边、短边的边长，m；t—基础深度，m

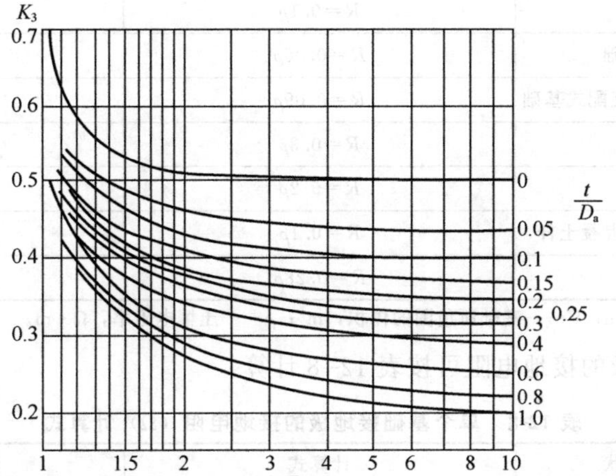

图 12-2　形状系数 K_3

D_i，D_a—钢筋体的内、外直径，m；t—基础深度，m

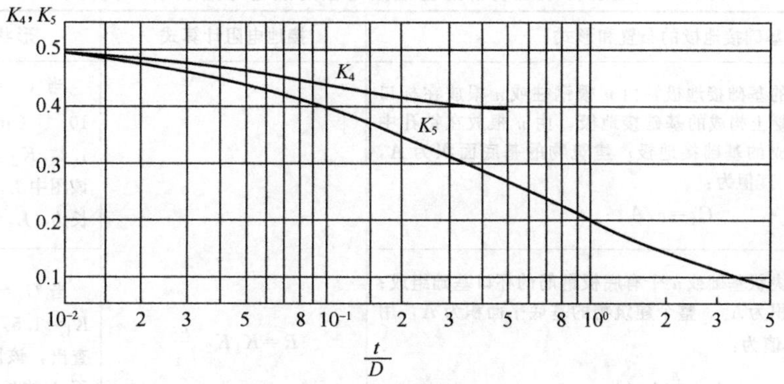

图 12-3 形状系数 K_4、K_5

D—钢筋体的直径，m；t—基础深度，m

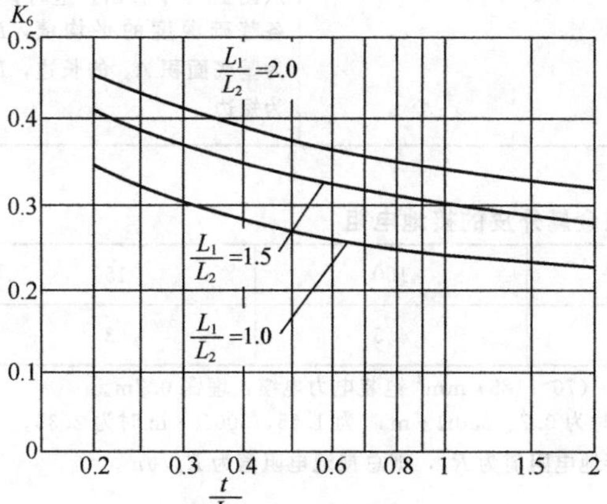

图 12-4 形状系数 K_6

L_1，L_2—底板钢筋体长边、短边的边长，m；

t—基础深度，m

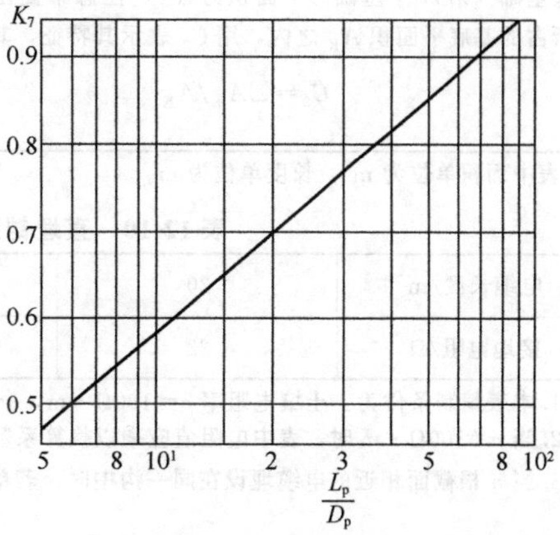

图 12-5 形状系数 K_7

L_p—桩基在土壤中的长度，m；

D_p—钢筋体的直径，m

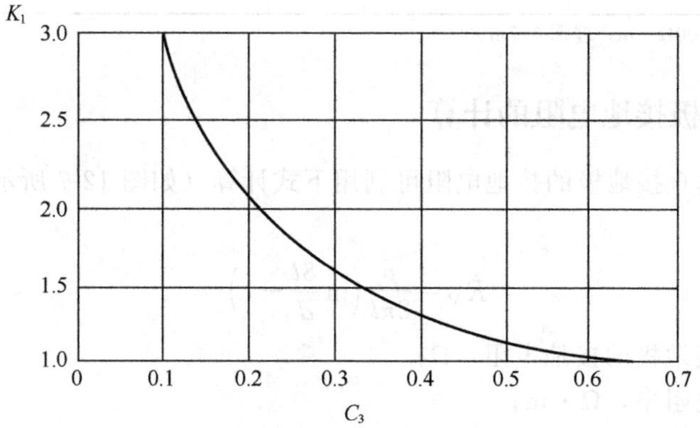

图 12-6 形状系数 K_1

③ 当一幢建筑物或一综合建筑群中有许多独立基础，而这些基础的钢筋体互相连通在一起时，其工频接地电阻的计算按表 12-9 的计算式进行。

④ 常用直埋铠装电力电缆和金属水管的接地电阻分别见表 12-10 和表 12-11。

表 12-9　建筑物或建筑群的基础接地极的接地电阻（Ω）计算式

基础接地极的布置和形式	接地电阻计算式	形状系数的数值
由 n 根桩基构成的基础接地极，由 n 根钢柱或 n 根放在杯口形基础中的钢筋混凝土构成的基础接地极，由 n 根放在钻孔中的钢筋混凝土杆构成的基础接地极；建筑物的基底面积为 A，用 C_1 表示其特征，其值为：$C_1=n/A$	$R=K_1K_2\frac{\rho}{L_1}$	当 $C_1=(2.5\sim6)\times10^{-2}$（$m^{-2}$）时，$K_1=1.4$，$K_2$ 从图 12-1 中查出。该图中 L_1 为基底面积 A 的长边，L_2为短边
由 n 个加钢筋的块状基础或 n 个有底板钢筋的杯口基础组成；第 n 个基础的平面积为 A_n，整个建筑物的基底平面积为 A，用 C_2 表示其特征，其值为：$C_2=\sum_1^n A_n/A$		当 $C_2=0.15\sim0.4$ 时，$K_1=1.5$，K_2 从图 12-1 中查出，该图中 L_1 为基底面积 A 的长边，L_2 为短边
由 m 个任意几何形状的钢筋混凝土基础组成的基础接地极；这些基础（第 m 个基础的平面积为 A_m）任意布置在综合建筑群所占的基底平面积 A_K 之内，用 C_3 表示其特征，其值为：$C_3=\sum_1^m A_m/A_K$		K_1 从图 12-6 中查出，K_2 从图 12-1 中查出。这时 t 为各基础深度的平均值，L_1 为基底面积 A_K 的长边，L_2 为短边

注：表中面积单位为 m^2，长度单位为 m。

表 12-10　直埋铠装电力电缆金属外皮的接地电阻

电缆长度/m	20	50	100	150
接地电阻/Ω	22	9	4.5	3

注：1. 本表编制条件为：土壤电阻率 $\rho=100\Omega\cdot m$，3～10kV、3×（70～185）mm^2 铠装电力电缆，埋深 0.7m。
2. 当 $\rho\neq100\Omega\cdot m$ 时，表中电阻值应乘以换算系数：50Ω·m 时为 0.7、250Ω·m 时为 1.65，500Ω·m 时为 2.35。
3. 当 n 根截面相近的电缆埋设在同一沟中时，若单根电缆的接地电阻值为 R_0，则总接地电阻值为 $R_0/\sqrt{n}$。

表 12-11　直埋金属水管的接地电阻

长度/m		20	50	100	150
不同公称口径下接地电阻/Ω	25～50mm	7.5	3.6	2	1.4
	70～100mm	7.0	3.4	1.9	1.4

注：本表编制条件为：$\rho=100\Omega\cdot m$，埋深 0.7m。

12.2.4　人工接地极接地电阻的计算

① 均匀土壤中垂直接地极的接地电阻可利用下式计算（如图 12-7 所示）：

当 $l\gg d$ 时

$$R_V=\frac{\rho}{2\pi l}\left(\ln\frac{8l}{d}-1\right) \tag{12-16}$$

式中　R_V——垂直接地极的接地电阻，Ω；

ρ——土壤电阻率，Ω·m；

l——垂直接地极的长度，m；

d——接地极用圆钢时，圆钢的直径，m。当接地极用其他形式导体时，其等效直径应按下列不同情况分别计算（如图 12-8 所示）：钢管，$d=d_1$；扁钢，$d=b/2$；等边角钢，$d=0.84b$；不等边角钢，$d=0.71\sqrt[4]{b_1b_2(b_1^2+b_2^2)}$。

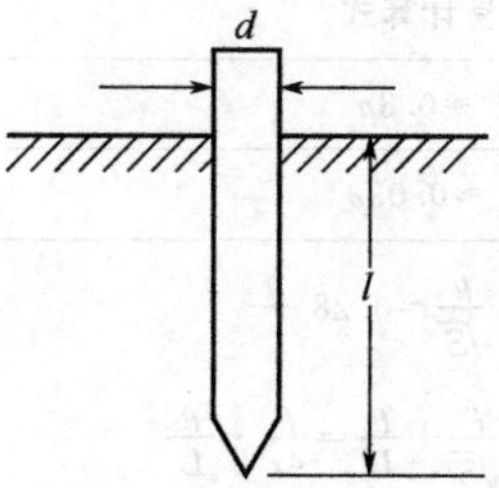

图 12-7　垂直接地极的示意图

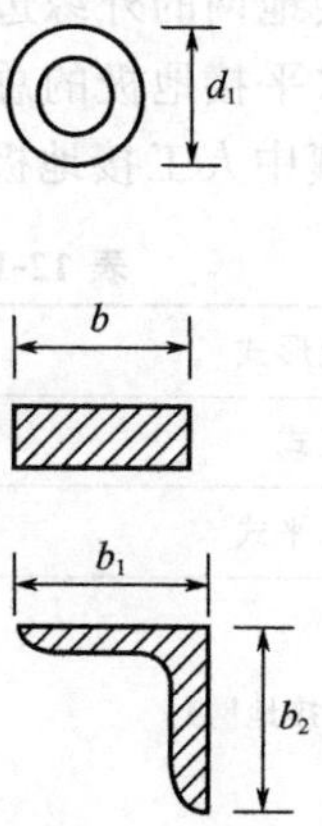

图 12-8　几种形式导体的计算用尺寸

② 均匀土壤中不同形状水平接地极的接地电阻可利用下式计算：

$$R_{h}=\frac{\rho}{2\pi L}\left(\ln\frac{L^{2}}{hd}+A\right) \tag{12-17}$$

式中　R_h——水平接地极的接地电阻，Ω；

L——水平接地极的总长度，m；

h——水平接地极的埋设深度，m；

d——水平接地极的直径或等效直径，m；

A——水平接地极的形状系数，水平接地极的形状系数可采用表 12-12 所列数值。

表 12-12　水平接地极的形状系数 A

水平接地极形状	—	└	⅄	○	+	□	✳ (三射)	✳ (四射)	✳ (六射)	✳ (八射)
形状系数 A	−0.6	−0.18	0	0.48	0.89	1	2.19	3.03	4.71	5.65

③ 均匀土壤中水平接地极为主边缘闭合的复合接地极（接地网）的接地电阻可利用下式计算：

$$R_{n}=\alpha_{1}R_{e} \tag{12-18}$$

$$\alpha_{1}=\left(3\ln\frac{L_{0}}{\sqrt{S}}-0.2\right)\frac{\sqrt{S}}{L_{0}} \tag{12-19}$$

$$R_{e}=0.213\frac{\rho}{\sqrt{S}}(1+B)+\frac{\rho}{2\pi L}\left(\ln\frac{S}{9hd}-5B\right) \tag{12-20}$$

$$B=\frac{1}{1+4.6\dfrac{h}{\sqrt{S}}} \tag{12-21}$$

式中　R_n——任意形状边缘闭合接地网的接地电阻，Ω；

R_e——等值（即等面积、等水平接地极总长度）方形接地网的接地电阻，Ω；

S——接地网的总面积，m^2；

d——水平接地极的直径或等效直径，m；

h——水平接地极的埋设深度，m；

L_0——接地网的外缘边线总长度，m；

L——水平接地极的总长度，m。

④ 均匀土壤中人工接地极工频接地电阻的简易计算，可采用表 12-13 所列公式。

表 12-13　人工接地极工频接地电阻（Ω）简易计算式

接地极形式	简易计算式
垂直式	$R\approx 0.3\rho$
单根水平式	$R\approx 0.03\rho$
复合式（接地网）	$R\approx 0.5\dfrac{\rho}{\sqrt{S}}=0.28\dfrac{\rho}{r}$ 或 $R\approx\dfrac{\sqrt{\pi}}{4}\times\dfrac{\rho}{\sqrt{S}}+\dfrac{\rho}{L}=\dfrac{\rho}{4r}+\dfrac{\rho}{L}$

注：1. 垂直式为长度 3m 左右的接地极。
2. 单根水平式为长度 60m 左右的接地极。
3. 复合式中，S 为大于 $100m^2$ 的闭合接地网的面积；r 为与接地网面积 S 等值的圆的半径，即等效半径，m。

⑤ 典型双层土壤中几种接地装置的接地参数计算，应符合下列要求。

a. 深埋垂直接地极的接地电阻（如图 12-9 所示），可按下列各式计算：

$$R=\frac{\rho_a}{2\pi l}\left(\ln\frac{4l}{d}+C\right)\tag{12-22}$$

$$l<H\quad \rho_a=\rho_1\tag{12-23}$$

$$l>H\quad \rho_a=\frac{\rho_1\rho_2}{\frac{H}{l}(\rho_2-\rho_1)+\rho_1}\tag{12-24}$$

$$C=\sum_{n=1}^{\infty}\left(\frac{\rho_2-\rho_1}{\rho_2+\rho_1}\right)^n\ln\frac{2nH+l}{2(n-1)H+l}\tag{12-25}$$

b. 土壤具有如图 12-10 所示的两个剖面结构时，水平接地网的接地电阻 R 可以按下式计算：

$$R=\frac{0.5\rho_1\rho_2\sqrt{S}}{\rho_1 S_2+\rho_2 S_1}\tag{12-26}$$

式中　S_1，S_2——分别覆盖在 ρ_1、ρ_2 土壤电阻率上的接地网面积，m^2；

S——接地网总面积，m^2。

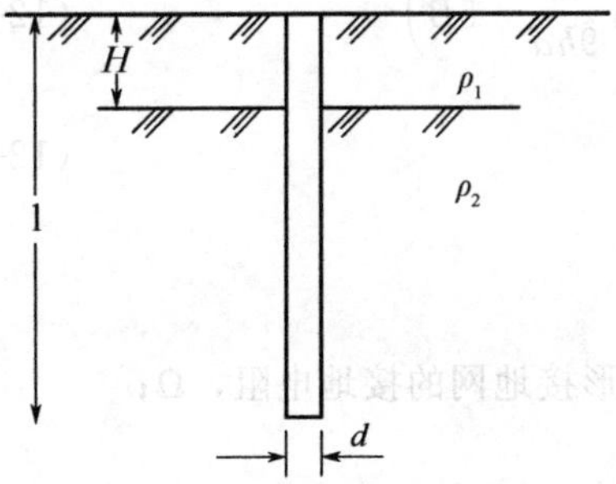

图 12-9　深埋接地体示意图

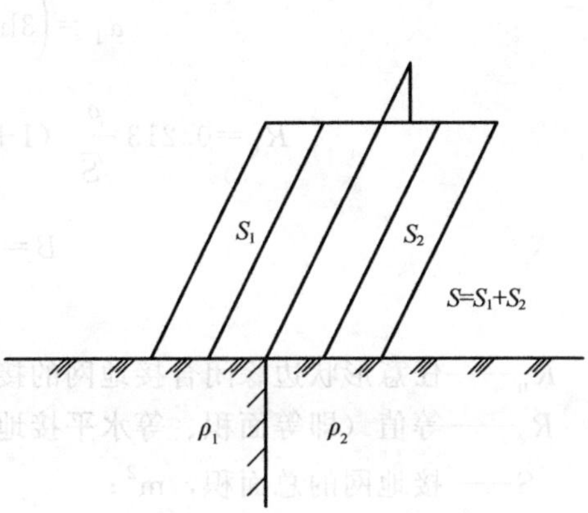

图 12-10　两种土壤电阻率的接地网

12.2.5　架空线路杆塔接地电阻的计算

（1）杆塔接地装置的工频接地电阻

杆塔水平接地装置的工频接地电阻可利用下式计算：

$$R=\frac{\rho}{2\pi L}\left(\ln\frac{L^2}{hd}+A_t\right) \tag{12-27}$$

式中的 A_t 和 L 按表 12-14 取值。

（2）杆塔接地装置与单独接地极的冲击系数

杆塔接地装置接地电阻的冲击系数，可利用以下各式计算。

① 铁塔接地装置：

$$\alpha=0.74\rho^{-0.4}\ (7.0+\sqrt{L})\ [1.56-\exp\ (-3.0I_i^{-0.4})\ ] \tag{12-28}$$

式中　I_i——流过杆塔接地装置或单独接地极的冲击电流，kA；

ρ——以 Ω · m 表示的土壤电阻率。

表 12-14　A_t 和 L 的意义与取值

接地装置种类	形　状	参　数
铁塔接地装置	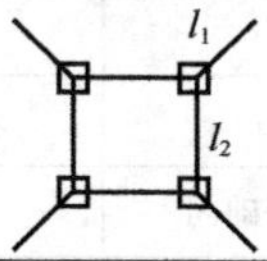	$A_t=1.76$ $L=4(l_1+l_2)$
钢筋混凝土杆放射形接地装置	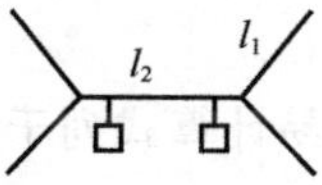	$A_t=2.0$ $L=4l_1+l_2$
钢筋混凝土杆环形接地装置	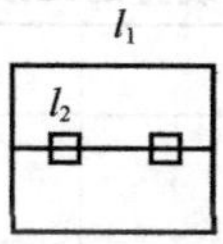	$A_t=1.0$ $L=8l_2$（当 $l_1=0$） $L=4l_1$（当 $l_1\neq0$）

② 钢筋混凝土杆放射形接地装置：

$$\alpha=1.36\rho^{-0.4}\ (1.3+\sqrt{L})\ [1.55-\exp\ (-4.0I_i^{-0.4})\ ] \tag{12-29}$$

③ 钢筋混凝土杆环形接地装置：

$$\alpha=2.94\rho^{-0.5}\ (6.0+\sqrt{L})\ [1.23-\exp\ (-2.0I_i^{-0.3})\ ] \tag{12-30}$$

④ 单独接地极接地电阻的冲击系数，可利用以下各式计算：

a. 垂直接地极：

$$\alpha=2.75\rho^{-0.4}\ (1.8+\sqrt{L})\ [0.75-\exp\ (-1.50I_i^{-0.2})\ ] \tag{12-31}$$

b. 单端流入冲击电流的水平接地极：

$$\alpha=1.62\rho^{-0.4}\ (5.0+\sqrt{L})\ [0.79-\exp\ (-2.3I_i^{-0.2})\ ] \tag{12-32}$$

c. 中部流入冲击电流的水平接地极

$$\alpha=1.16\rho^{-0.4}\ (7.1+\sqrt{L})\ [0.78-\exp\ (-2.3I_i^{-0.2})\ ] \tag{12-33}$$

（3）杆塔自然接地极的冲击系数

杆塔自然接地极的效果仅在 $\rho\leqslant300\Omega\cdot m$ 才加以考虑，其冲击系数可利用下式计算：

$$\alpha=\frac{1}{1.35+\alpha_i I_i^{1.5}} \tag{12-34}$$

式中　α_i——对钢筋混凝土杆、钢筋混凝土桩和铁塔的基础（一个塔脚）为 0.053，对装配式钢筋混凝土基础（一个塔脚）和拉线盘（带拉线棒）为 0.038。

（4）接地极的利用系数

各种形式接地极的冲击利用系数 η_i 可采用表 12-15 所列数值。工频利用系数一般为 $\eta \approx \eta_i/0.9 \leqslant 1$。但对自然接地极，$\eta \approx \eta_i/0.7$。

表 12-15　接地极的冲击利用系数 η_i

接地极形式	接地导体的根数	冲击利用系数	备　注
n 根水平射线（每根长 10～80m）	2	0.83～1.0	较小值用于较短的射线
	3	0.75～0.90	
	4～6	0.65～0.80	
以水平接地极连接的垂直接地极	2	0.80～0.85	$\frac{D（垂直接地极间距）}{l（垂直接地极长度）}=2～3$ 较小值用于 $D/l=2$ 时
	3	0.70～0.80	
	4	0.70～0.75	
	6	0.65～0.70	
自然接地极	拉线棒与拉线盘间	0.6	—
	铁塔的各基础间	0.4～0.5	
	门型、各种拉线杆塔的各基础间	0.7	

（5）接地电阻的简易计算

各种形式接地装置工频接地电阻的简易计算式列于表 12-16。

表 12-16　各种形式接地装置的工频接地电阻简易计算式

接地装置形式	杆塔形式	接地电阻简易计算式/Ω
n 根水平射线（$n \leqslant 12$，每根长约 60m）	各种形式杆塔	$R \approx \frac{0.062\rho}{n+1.2}$
沿装配式基础周围敷设的深埋式接地极	铁塔	$R \approx 0.07\rho$
	门形杆塔	$R \approx 0.04\rho$
	V 形拉线的门形杆塔	$R \approx 0.045\rho$
装配式基础的自然接地极	铁塔	$R \approx 0.1\rho$
	门形杆塔	$R \approx 0.06\rho$
	V 形拉线的门形杆塔	$R \approx 0.09\rho$
钢筋混凝土杆的自然接地极	单杆	$R \approx 0.3\rho$
	双杆	$R \approx 0.2\rho$
	拉线单、双杆	$R \approx 0.1\rho$
	一个拉线盘	$R \approx 0.28\rho$
深埋式接地与装配式基础自然接地的综合	铁塔	$R \approx 0.05\rho$
	门形杆塔 V 形拉线的门形杆塔	$R \approx 0.03\rho$ $R \approx 0.04\rho$

注：表中 ρ 为土壤电阻率，Ω · m。

12.3 低压系统接地形式及 B 类电气装置的接地

12.3.1 低压系统接地形式[29,68]

低压系统接地形式有三种：TN 系统、TT 系统和 IT 系统。

(1) TN 系统

系统有一点直接接地，装置的外露导电部分用保护线（PEN）与该点连接。按照中性线（N）与保护线的组合情况，TN 系统有以下三种形式。

① TN-S 系统　整个系统的中性线与保护线是分开的（如图 12-11 所示）。正常情况下，除微量对地电流外，PE 导体不通过工作电流，它只在发生接地故障时通过故障电流，其电流接近地电位。因此对连接 PE 导体的信息技术设备不会产生电磁干扰，也不会对地打火，比较安全。TN-S 系统现已广泛应用在对安全要求及抗电磁干扰要求较高的场所，如通信局、重要办公楼、实验楼和居民住宅楼等民用建筑。

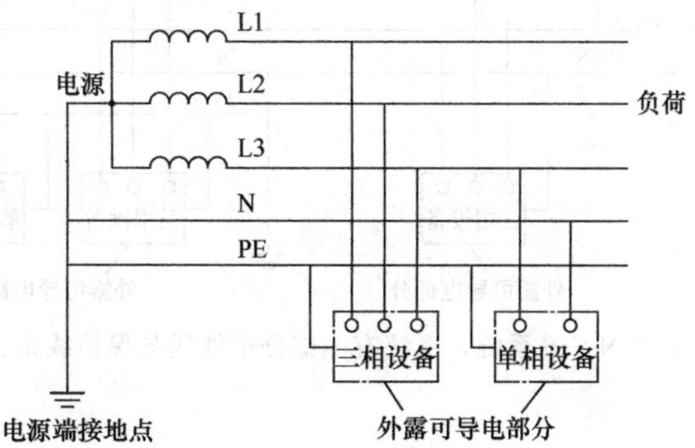

图 12-11　TN-S 系统，整个系统的中性线与保护线是分开的

② TN-C 系统　整个系统的中性线与保护线是合一的（如图 12-12 所示）。TN-C 系统与 TN-S 系统相比，因节省一根导体，比较经济。但在正常运行时，PEN 导体因有工作电流而产生电压降，从而使所接电气装置外露可导电部分对地产生电位差。此电位差可能对信息技术设备产生电磁干扰，也可能对地打火，不利于安全。且该系统不能采用灵敏度高的剩余电流保护装置来防止人员遭受电击。因此，TN-C 系统可用于有专业人员维护管理的一般性工业厂房和场所，不适用于对抗电磁干扰和安全要求较高的场所。

③ TN-C-S 系统　系统中有一部分中性线与保护线是合一的（如图 12-13 所示）。此系统多用于变电所在建筑物外部的场合。TN-C-S 系统自电源到建筑物内电气装置之间采用较经济的 TN-C 形式，对安全要求及抗电磁干扰要求较高的建筑物内部采用 TN-S 形式。虽然，PEN 导体产生的电压降会使整个建筑物电气装置对地电位有所升高，但由于建筑物内设有总等电位连接，且在电源接线点后保护导体即和中性导体分开，在建筑物电气装置内并没有出现电位差，因此，其安全水平与 TN-S 系统是相仿的。

对 TN 系统而言，在同一电源供电范围内，所有的 PE 导体或 PEN 导体都是连通的，因此在 TN 系统内，PE 导体或 PEN 导体上的故障电压可在各个装置间互窜，对此需要采取等电位连接措施加以防范，以免故障电压的传导而引起事故。正因为如此，各类 TN 系统不宜用于路灯、施工场地、农业用电等无等电位连接的户外场所。

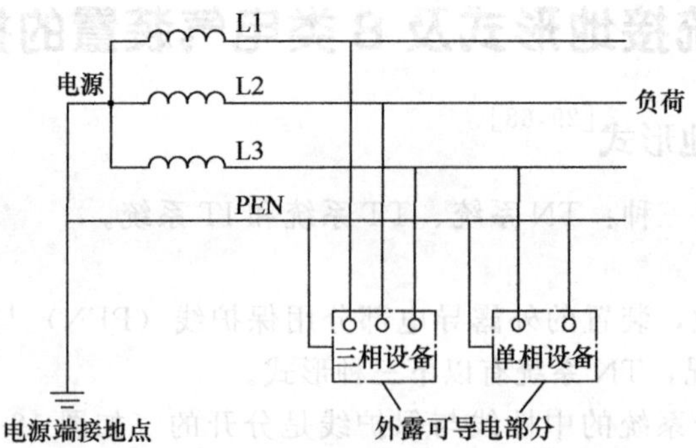

图 12-12　TN-C 系统，整个系统的中性线与保护线是合一的

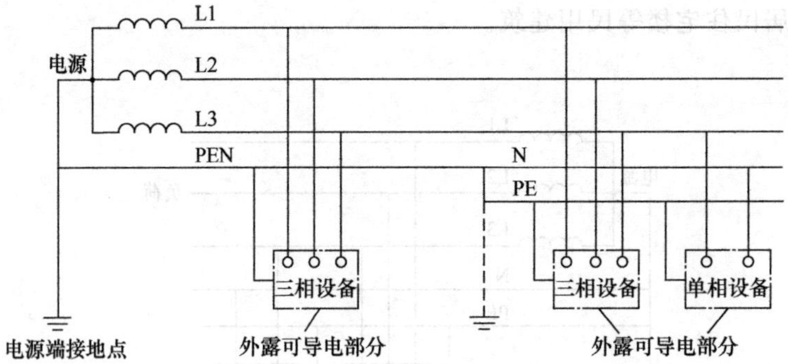

图 12-13　TN-C-S 系统，系统有一部分中性线与保护线是合一的

（2）TT 系统

TT 系统有一个直接接地点，电气装置的外露导电部分接至电气上与低压系统的接地点无关的接地装置（如图 12-14 所示）。由于各装置的 PE 导体间无电气联系，且与电源端的系统接地无关，因此，当电源侧或电气装置发生接地故障时，其故障电压不会像 TN 系统那样沿 PE 导体或 PEN 导体在电气装置间传导和互窜，不会发生一装置的故障在另一装置内引发电击事故，这正是 TT 系统优于 TN 系统之处。正因如此，TT 系统能就地埋设接地极并引出 PE 导体，它不依赖等电位连接来消除由别处 PE 导体传导来的故障电压引起的电气事故，所以对于无等电位连接的户外装置（如路灯），应采用 TT 系统供电。

但 TT 系统内发生接地故障时，故障电流通过保护接地和系统接地两个接地电阻返回电源，由于两个接地电阻的限制，故障电流不足以使过电流保护电器有效动作，而必须使用动作灵敏度高的剩余电流动作保护电器来切断电源，使得系统保护电器的设置复杂化。

（3）IT 系统

IT 系统的带电部分与大地间不直接连接（经阻抗接地或不接地），而电气装置的外露导电部分则是接地的（如图 12-15 所示）。在发生一个接地故障时，由于不具备故障电流返回电源的通路，其故障电流仅为两非故障相的对地电容电流的相量和，很小，因此对地故障电压很低，不致引发人身电击、电气爆炸和火灾等事故，所以 IT 系统适宜于电气危险性大的特殊场所。IT 系统在发生一个接地故障时，不需要切断电源，因此它也适用于对供电连续性要求较高的场所，如医院手术室、矿井下等。但 IT 系统一般不引出中性导体，需设置 380/220V 降压变压器来提供照明、控制等需用的 220V 电源，使线路结构复杂化。

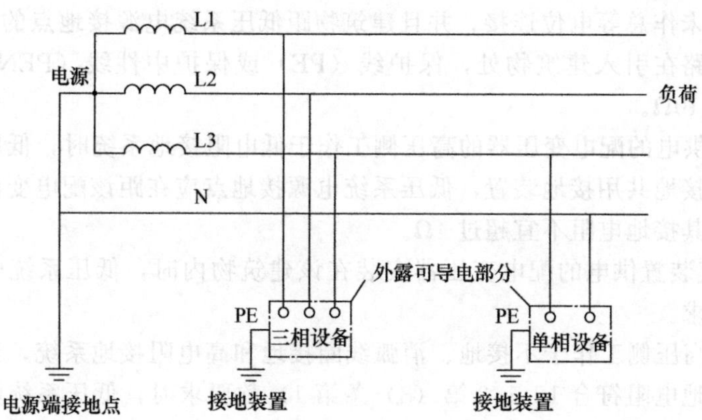

图 12-14　TT 系统

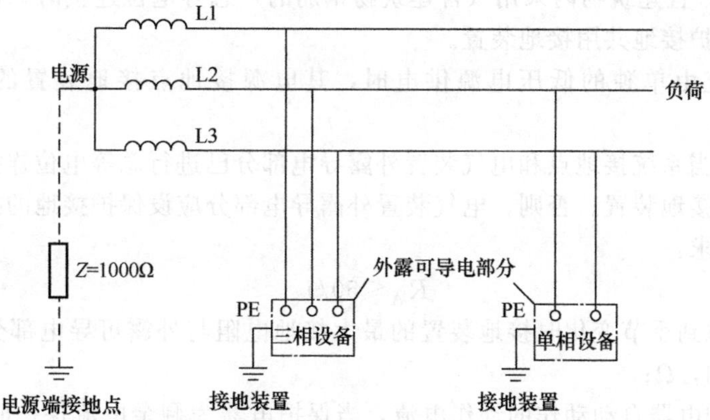

图 12-15　IT 系统

图 12-11～图 12-15 文字代号的意义如下：

第一个字母—低压系统的对地关系；

T——一点直接接地；

I——所有带电部分与地绝缘或一点经阻抗接地；

第二个字母——电气装置的外露导电部分的对地关系；

T——外露导电部分对地直接电气连接，与低压系统的任何接地点无关；

N——外露导电部分与低压系统的接地点直接电气连接（在交流系统中，接地点通常就是中性点），如果后面还有字母时，字母表示中性线与保护线的组合；

S——中性线和保护线是分开的；

C——中性线和保护线是合一的（PEN）线。

12.3.2　接地装置的接地电阻与总等电位连接[29,104]

① 向 B 类电气装置供电的配电变压器安装在该建筑物外时，低压系统电源接地点的接地电阻应符合下列要求。

a. 配电变压器高压侧工作于不接地、消弧线圈接地和高电阻接地系统，当该变压器的保护接地装置的接地电阻符合式（12-8）要求且不超过 4Ω 时，低压系统电源接地点可与该变压器保护接地共用接地装置。

b. 当建筑物内未作总等电位连接，并且建筑物距低压系统电源接地点的距离超过 50m 时，低压电缆和架空线路在引入建筑物处，保护线（PE）或保护中性线（PEN）应该重复接地，接地电阻不宜超过 10Ω。

c. 向低压系统供电的配电变压器的高压侧工作于低电阻接地系统时，低压系统不得与电源配电变压器的保护接地共用接地装置，低压系统电源接地点应在距该配电变压器适当的地点设置专用接地装置，其接地电阻不宜超过 4Ω。

② 向 B 类电气装置供电的配电变压器安装在该建筑物内时，低压系统电源接地点的接地电阻应符合下列要求。

a. 配电变压器高压侧工作于不接地、消弧线圈接地和高电阻接地系统，当该变压器保护接地的接地装置的接地电阻符合 12.1.3 第（3）条第 1）款要求时，低压系统电源接地点可与该变压器保护接地共用接地装置。

b. 配电变压器高压侧工作于低电阻接地系统，当该变压器的保护接地装置的接地电阻符合式（12-5）的要求，且建筑物内采用（含建筑物钢筋的）总等电位连接时，低压系统电源接地点可与该变压器保护接地共用接地装置。

③ 当低压系统由单独的低压电源供电时，其电源接地点接地装置的接地电阻不宜超过 4Ω。

④ TT 系统中当系统接地点和电气装置外露导电部分已进行总等电位连接时，电气装置外露导电部分不另设接地装置。否则，电气装置外露导电部分应设保护接地的接地装置，其接地电阻应符合下式要求：

$$R_A \leqslant 50/I_a \tag{12-35}$$

式中　R_A——考虑到季节变化时接地装置的最大接地电阻与外露可导电部分的保护导体电阻之和，Ω；

I_a——保护电器自动动作的动作电流，当保护电器为剩余电流保护时，I_a 为额定剩余电流动作电流 $I_{\triangle n}$，A。

⑤ TT 系统配电线路内由同一接地故障保护电器保护的外露可导电部分，应用 PE 连接至共用的接地极上。当有多级保护时，各级宜有各自的接地极。

⑥ IT 系统的各电气装置外露导电部分保护接地的接地装置可共用同一接地装置，亦可个别地或成组地用单独的接地装置接地。每个接地装置的接地电阻应符合下式要求：

$$R \leqslant 50/I_d \tag{12-36}$$

式中　R——外露可导电部分的接地装置因季节变化的最大接地电阻，Ω；

I_d——相导体（线）和外露可导电部分间第一次出现阻抗可不计的故障电流，A。

⑦ B 类电气装置低压电气装置采用接地故障保护时，建筑物内电气装置应采用保护总等电位连接系统，并应符合图 12-16 的有关规定。

⑧ 接户线的绝缘子铁脚宜接地，接地电阻不宜超过 30Ω。土壤电阻率在 200Ω · m 及以下地区的铁横担钢筋混凝土杆线路，可不另设人工接地装置。当绝缘子铁脚与建筑物内电气装置的接地装置相连时，可不另设接地装置。人员密集的公共场所的接户线，当钢筋混凝土杆的自然接地电阻大于 30Ω 时，绝缘子铁脚应接地，并应设专用的接地装置。

年平均雷暴日数不超过 30、低压线被建筑物等屏蔽的地区或接户线距低压线路接地点不超过 50m 的地方，绝缘子铁脚可不接地。

⑨ 建筑物处的低压系统电源中性点、电气装置外露导电部分的保护接地、保护等电位连接的接地极等，可与建筑物的雷电保护接地共用同一接地装置。共用接地装置的接地电阻应不大于各要求值中的最小值。

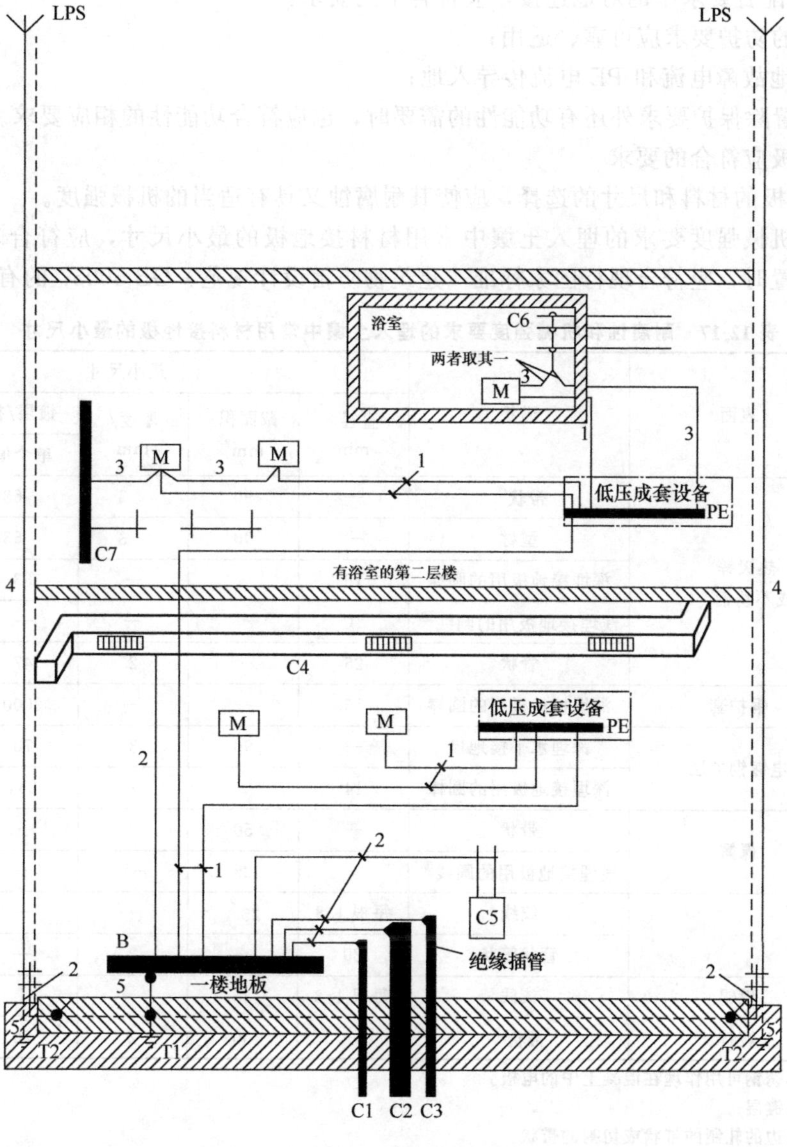

图 12-16 接地配置、保护导体和保护连接导体

M—外露可导电部分；C —外部可导电部分；C1 —外部进来的金属水管；C2 —外部进来的金属排弃废物、排水管道；C3—外部进来的带绝缘插管的金属可燃气体管道；C4—空调；C5—供热系统；C6—金属水管，比如浴池里的金属水管；C7—在外露可导电部分的伸臂范围内的外界可导电部分；B—总接地端子（总接地母线）；T —接地极；T1—基础接地；T2—LPS（防雷装置）的接地极（若需要的话）；1—保护导体；2—保护连接导体；3—用作辅助连接用的保护连接导体；4—LPS（防雷装置）的引下线；5 —接地导体

12. 3. 3 B 类电气装置的接地装置和保护导体[104]

12. 3. 3. 1 接地装置

（1）低压电气装置的接地装置应符合的要求

① 接地配置可兼有或分别承担防护性和功能性的作用，但首先应满足防护的要求。

② 低压电气装置本身有接地极时，应将该接地极用一接地导体（线）连接到总接地端子上。

③ 对接地配置要求中的对地连接，应符合下列要求：

a. 对装置的防护要求应可靠、适用；

b. 能将对地故障电流和 PE 电流传导入地；

c. 接地配置除保护要求外还有功能性的需要时，也应符合功能性的相应要求。

（2）接地极应符合的要求

① 对接地极的材料和尺寸的选择，应使其耐腐蚀又具有适当的机械强度。

耐腐蚀和机械强度要求的埋入土壤中常用材料接地极的最小尺寸，应符合表 12-17 的规定。有防雷装置时，应符合现行国家标准《建筑物防雷设计规范》GB 50057 的有关规定。

表 12-17 耐腐蚀和机械强度要求的埋入土壤中常用材料接地极的最小尺寸

材料	表面	形状	最小尺寸				
			直径/mm	截面积/mm^2	厚度/mm	镀层/护套的厚度/μm	
						单个值	平均值
钢	热镀锌①或不锈钢①②	带状③	—	90	3	63	70
		型材	—	90	3	63	70
		深埋接地极用的圆棒	16	—	—	63	70
		浅埋接地极用的圆线⑥	10	—	—	—	50
		管状	25	—	2	47	55
	铜护套	深埋接地极用的圆棒	15	—	—	2000	—
	电镀铜护层	深埋水平接地极	—	90	3	70	—
		深埋接地极用的圆棒	14	—	—	254	—
铜	裸露	带状	—	50	2	—	—
		浅埋接地极用的圆线⑥	—	25	—	—	—
	—	绞线	每根 1.8	25⑤	—	—	—
		管状管状	20	—	2	—	—
	镀锡	绞线	每根 1.8	25	—	1	5
	镀锌	带状④	—	50	2	20	40

① 热镀锌或不锈钢可用作埋在混凝土中的电极。
② 不锈钢不加镀层。
③ 钢带为带圆边的轧制的带状或切割的带状。
④ 铜镀锌带为带圆边的带状。
⑤ 在腐蚀性和机械损伤极低的场所，铜圆线可采用 $16mm^2$ 的截面积。
⑥ 浅埋指埋设深度不超过 0.5m。

② 接地极应根据土壤条件和所要求的接地电阻值，选择一个或多个。

③ 接地极可采用下列设施：

a. 嵌入地基的地下金属结构网（基础接地）；

b. 金属板；

c. 埋在地下混凝土（预应力混凝土除外）中的钢筋；

d. 金属棒或管子；

e. 金属带或线；

f. 根据当地条件或要求所设电缆的金属护套和其他金属护层；

g. 根据当地条件或要求设置的其他适用的地下金属网。

④ 在选择接地极类型和确定其埋地深度时，应符合现行国家标准《建筑物电气装置　第 4-41 部分：安全防护　电击防护》GB 16895.21 的有关规定，并结合当地的条件，防止在土壤干燥和冻结的情况下，接地极的接地电阻增加到有损电击防护措施的程度。

⑤ 应注意在接地配置中采用不同材料时的电解腐蚀问题。

⑥ 用于输送可燃液体或气体的金属管道，不应用作接地极。

（3）接地导体（线）应符合的要求

① 接地导体（线）应符合《交流电气装置的接地设计规范》GB/T 50065—2011 第 8.2.1 条的规定；埋入土壤中的接地导体（线）的最小截面积应符合表 12-18 的要求。

表 12-18　埋入土壤中的接地导体（线）的最小截面积

防腐蚀保护	有防机械损伤保护	无防机械损伤保护
有	铜：$2.5mm^2$	铜：$16mm^2$
	钢：$10mm^2$	钢：$16mm^2$
无	铜：$25mm^2$	钢：$50mm^2$

② 接地导体（线）与接地极的连接应牢固，且应有良好的导电性能，并应采用放热焊接、压接器、夹具或其他机械连接器连接。机械接头应按厂家的说明书安装。采用夹具时，不得损伤接地极或接地导体（线）。

（4）总接地端子应符合的要求

① 在采用保护连接的每个装置中都应配置总接地端子，并应将下列导线与其连接：

a. 保护连接导体（线）；

b. 接地导体（线）；

c. PE（当 PE 已通过其他 PE 与总接地端子连接时，则不应把每根 PE 直接接到总接地端子上）；

d. 功能接地导体（线）。

② 接到总接地端子上的每根导体，连接应牢固可靠，应能被单独地拆开。

12.3.3.2　保护导体

（1）PE 的最小截面积应符合的要求

① 每根 PE 的截面积均应符合国家标准《建筑物电气装置　第 4-41 部分：安全防护　电击防护》GB 16895.21—2004 的第 411.1 条的要求，并应能承受预期的故障电流。

PE 的最小截面积可按下式计算，也可按表 12-19 确定。

表 12-19　PE 的最小截面积

相线截面积 S_a/mm^2	相应 PE 的最小截面积/mm^2	
	PE 与相线使用相同材料	PE 与相线使用不同材料
$S_a \leqslant 16$	S_a	$k_1 S_a / k_2$
$16 < S_a \leqslant 35$	16	$16 k_1 / k_2$
$S_a > 35$	$S_a/2$	$k_1 S_a / (2k_2)$

注：1. k_1 为相导体的 k 值，按线和绝缘的材料由表 12-20 或现行国家标准《建筑物电气装置　第 4 部分：安全防护　第 43 章：过电流保护》GB 16895.5 的有关规定选取。

2. k_2 为 PE 的值，按表 12-21～表 12-25 的规定选取。

3. 对于 PEN，其截面积符合现行国家标准《建筑物电气装置　第 5 部分：电气设备的选择和安装　第 52 章：布线系统》GB 16895.6 规定的 N 尺寸后，才允许减少。

② 切断时间不超过 5s 时，PE 的截面积不应小于下式的要求：

$$S=\sqrt{I^2t}/k \qquad (12\text{-}37)$$

式中　S ——截面积，mm^2；

I ——通过保护电器的阻抗可忽略的故障产生的预期故障电流有效值，A；

t ——保护电器自动切断时的动作时间，s；

k ——由 PE、绝缘和其他部分的材料以及初始和最终温度决定的系数。

③ 不属于电缆的一部分或不与相线共处于同一外护物之内的每根 PE，其截面积不应小于下列数值：

a. 有防机械损伤保护，铜为 $2.5mm^2$；铝为 $16mm^2$；

b. 没有防机械损伤保护，铜为 $4mm^2$；铝为 $16mm^2$。

④ 当两个或更多个回路共用一个时，其截面积应按下列要求确定：

a. 按回路中遭受最严重的预期故障电流和动作时间，其截面积按①计算；

b. 对应于回路中的最大相线截面积，其截面积按表 12-19 选定。

(2) PE 类型应符合的要求

① PE 应由下列一种或多种导体组成：

a. 多芯电缆中的芯线；

b. 与带电线共用的外护物（绝缘的或裸露的线）；

c. 固定安装的裸露的或绝缘的导体；

d. 符合《交流电气装置的接地设计规范》GB/T 50065—2011 第 8.2.2 条第 2 款第 1 和 2 项规定条件的金属电缆护套、电缆屏蔽层、电缆铠装、金属编织物、同心线、金属导管；

e. PE 的配置，还应符合《交流电气装置的接地设计规范》GB/T 50065—2011 第 8.2.6 条的规定。

② 装置中包括带金属外护物的设备，其金属外护物或框架同时满足下列要求时，可用作保护导体：

a. 能利用结构或适当的连接，使对机械、化学或电化学损伤的防护性能得到保护，并保持电气连续性；

b. 符合《交流电气装置的接地设计规范》GB/T 50065—2011 第 8.2.1 条的规定；

c. 在每个预留的分接点上，允许与其他保护导体连接。

③ 下列金属部分不应作为 PE 或保护连接导体：

a. 金属水管；

b. 含有可燃性气体或液体的金属管道；

c. 正常使用中承受机械应力的结构部分；

d. 柔性或可弯曲金属导管（用于保护接地或保护连接目的而特别设计的除外）；

e. 柔性金属部件；

f. 支撑线。

(3) PE 的电气连续性应符合的要求

① PE 对机械伤害、化学或电化学损伤、电动力和热动力等，应具有适当的防护性能。

② 除下列各项外，PE 接头的位置应是可接近的：

a. 填充复合填充物的接头；

b. 封闭的接头；

c. 在金属导管内和槽盒内接头；

d. 在设备标准中已成为设备的一部分的接头。

③ 在 PE 中，不应串入开关器件，可设置能用工具拆开的接头。

④ 在采用接地电气监测时，不应将专用器件串接在 PE 中。

⑤ 除《交流电气装置的接地设计规范》GB/T 50065—2011 第 8.2.2 条第 2 款外，器具的外露可导电部分不应用于构成其他设备保护导体的一部分。

(4) PEN 应符合的要求

① PEN 应只在固定的电气装置中采用，铜的截面积应≥$10mm^2$ 或铝的截面积应≥$16mm^2$。

② PEN 应按可能遭受的最高电压加以绝缘。

③ 从装置的任一点起，N 和 PE 分别采用单独的导体时，不允许该 N 再连接到装置的任何其他的接地部分，允许由 PEN 分接出 PE 和 PE 超过一根以上。PE 和 N，可分别设置单独的端子或母线，PEN 应接到为 PE 预设的端子或母线上。

(5) 保护和功能共用接地应符合的要求

① 保护和功能共用接地用途的导体，应满足有关 PE 的要求，并应符合国家标准《建筑物电气装置　第 4-41 部分：安全防护　电击防护》GB 16895.21 的有关规定。信息技术电源的直流回路的 PEL 或 PEM，也可用作功能接地和保护接地两种共用功能的导体。

② 外界可导电部分不应用作 PEL 和 PEM。

(6) 当过电流保护器用作电击防护时，PE 应合并到与带电导体同一布线系统中，或设置在靠过电流保护器最近的地方

(7) 预期用作永久性连接，且所用的 PE 电流又超过 10mA 的用电设备，应设置加强型 PE

① PE 的全长应采用截面积至少为 $10mm^2$ 的铜线或 $16mm^2$ 的铝线。

② 也可再用一根截面积至少与用作间接接触防护所要求的 PE 相同，且一直敷设到 PE 的截面积不小于铜 $1.0mm^2$ 或铝 $16mm^2$ 处，用电器具对第 2 根 PE 应设置单独的接线端子。

12.3.3.3　保护连接导体（等电位连接导体）

① 作为总等电位连接的保护连接导体和按国家标准规范 GB/T 50065—2011《交流电气装置的接地设计规范》第 8.1.4 条的规定接到总接地端子的保护连接导体，其截面积不应小于下列数值：铜为 $6mm^2$；镀铜钢为 25 mm^2；铝为 $16mm^2$；钢为 $50mm^2$。

② 作辅助连接用的保护连接导体应符合下列要求。

a. 连接两个外露可导电部分的保护连接导体，其电导不应小于接到外露可导电部分的较小的 PE 的电导。

b. 连接外露可导电部分和外界可导电部分的保护连接导体的电阻，不应大于相应 PE 1/2 截面积导体所具有的电阻。

c. 应符合《交流电气装置的接地设计规范》GB/T 50065—2011 第 8.2.1 条第 3 款的规定。

12.3.3.4　系数 *k* 的求取方法

① k 值可由下式计算

$$k=\sqrt{\frac{Q_c\ (\beta+20℃)}{\rho_{20}}\ln\left(1+\frac{\theta_f-\theta_i}{\beta+\theta_i}\right)} \tag{12-38}$$

式中　Q_c——导线材料在 20℃的体积热容量，J/（℃·mm^3）；

β——导线在 0℃时的电阻率温度系数的倒数（见表 12-20），℃；

ρ_{20}——导线材料在 20℃时的电阻率（见表 12-20），Ω·mm；

θ_i——导线的初始温度，℃；

θ_f——导线的最终温度，℃。

表 12-20　式（12-38）中的参数

材料	β /℃	Q_c /［J/（℃·mm^3）］	ρ_{20} /Ω·mm	$\sqrt{\frac{Q_c(\beta+20℃)}{\rho_{20}}}$ /（$A\sqrt{s}/mm^2$）
铜	234.5	3.45×10^{-3}	17.241×10^{-6}	226
铝	228	2.5×10^{-3}	28.264×10^{-6}	148
铅	230	1.45×10^{-3}	214×10^{-6}	42
钢	202	3.8×10^{-3}	138×10^{-6}	78

② 用法不同或运行情况不同的保护导体的 k 值可按表 12-21～表 12-25 选取。

表 12-21　非电缆芯线且不与其他电缆成束敷设的绝缘保护导体的 k

导体绝缘	温度/℃		k 导体材料		
	初始	最终	铜	铝	钢
70℃PVC	30	160/140	143/133	95/88	52/49
90℃PVC	30	160/140	143/133	95/88	52/49
90℃热固性材料	30	250	176	116	64
60℃橡胶	30	200	159	105	58
85℃橡胶	30	220	166	110	60
硅橡胶	30	350	201	133	73

注：温度中的较小数值适用于截面积大于 $300mm^2$ 的 PVC 绝缘导体。

表 12-22　与电缆护层接触但不与其他电缆成束敷设的裸保护导体的 k

导体绝缘	温度/℃		k 导体材料		
	初始	最终	铜	铝	钢
PVC	30	200	159	105	58
聚乙烯	30	150	138	91	50
氯磺化聚乙烯	30	220	166	110	60

表 12-23　电缆芯线或与其他电缆或绝缘导体成束敷设的保护导体的 k

导体绝缘	温度/℃		k 导体材料		
	初始	最终	铜	铝	钢
70℃PVC	70	160/140	115/103	76/68	42/37
90℃PVC	90	160/140	100/86	66/57	36/31
90℃热固性材料	90	250	143	94	52
60℃橡胶	60	200	141	93	51
85℃橡胶	85	220	134	89	48
硅橡胶	180	350	132	87	47

注：温度中的较小数值适用于截面积大于 $300mm^2$ 的 PVC 绝缘导体。

表 12-24 用电缆的金属护层，如铠装、金属护套、同心导体等作保护导体的 k

导体绝缘	温度/℃		k			
			导体材料			
	初始	最终	铜	铝	铅	钢
70℃PVC	60	200	141	93	26	51
90℃PVC	80	200	128	85	23	46
90℃热固性材料	80	200	128	85	23	46
60℃橡胶	55	200	144	95	26	52
85℃橡胶	75	220	140	93	26	51
硅橡胶	70	200	135	—	—	—
裸露的矿物护套	105	250	135	—	—	—

注：温度的数值也应适用于外露可触及的或与可燃性材料接触的裸导体。

表 12-25 所示温度不损伤相邻材料时的裸导体的 k

条件	初始温度/℃	导体材料					
		铜		铝		钢	
		k	最高温度/℃	k	最高温度/℃	k	最高温度/℃
可见的和狭窄的区域内	30	228	500	125	300	82	500
正常条件	30	159	200	105	200	58	200
有火灾危险	30	138	159	91	150	50	150

12.4 接触电位差与跨步电位差的计算[104]

12.4.1 接触电位差与跨步电位差的概念

《交流电气装置的接地设计规范》GB/T 50065—2011 中对接触电位差（接触电压）与跨步电位差（跨步电压）的定义分别如下。

（1）接触电位差

接地故障（短路）电流流过接地装置时，大地表面形成分布电位，在地面上到设备水平距离为 1.0m 处与设备外壳、架构或墙壁离地面的垂直距离 2.0m 处两点间的电位差，称为接触电位差（touch potential difference）。接地网孔中心对接地网接地极的最大电位差，称为最大接触电位差（maximal touch potential difference）。

（2）跨步电位差

接地故障（短路）电流流过接地装置时，地面上水平距离为 1.0m 两点间的电位差，称为跨步电位差（step potential difference）。接地网外的地面上水平距离 1.0m 处对接地网边缘接地极的最大电位差，称为最大跨步电位差（maximal step potential difference）。

12.4.2 入地故障电流及电位升高的计算

经发电厂和变电站接地网的入地接地故障电流，应计及故障电流直流分量的影响，设计接地网时应按接地网最大入地电流 I_G 进行设计。I_G 可按下列具体步骤确定。

① 确定接地故障对称电流 I_f。

② 根据系统及线路设计采用的参数确定故障电流分流系数 S_f，进而计算接地网入地对称电流 I_g。

③ 计算衰减系数 D_f，将其乘以入地对称电流，得到计及直流偏移的经接地网入地的最大接地故障不对称电流有效值 I_G。

④ 发电厂和变电站内、外发生接地短路时，经接地网入地的故障对称电流可分别按下列二式计算：

$$I_g = (I_{max} - I_n) S_{f1} \tag{12-39}$$

$$I_g = I_n S_{f2} \tag{12-40}$$

式中 I_{max}——发电厂和变电站内发生接地故障时的最大接地故障对称电流有效值，A；

I_n——发电厂和变电站内发生接地故障时流经其设备中性点的电流，A；

S_{f1}，S_{f2}——分别为厂站内、外发生接地故障时的分流系数。

故障电流分流系数 S_f 的计算可分为站内短路故障和站外短路故障，分别加以计算。

(1) 站内接地故障时分流系数 S_{f1} 的计算

① 对于站内单相接地故障，假设每个档距内的导线参数和杆塔接地电阻均相同（如图 12-17 所示）。不同位置的架空线路地线上流过的零序电流应按下列各式计算：

$$I_{B(n)} = \left[\frac{e^{\beta(s+1-n)} - e^{-\beta(s+1-n)}}{e^{\beta(s+1)} - e^{-\beta(s+1)}}\left(1 - \frac{Z_m}{Z_s}\right) + \frac{Z_m}{Z_s}\right] I_b \tag{12-41}$$

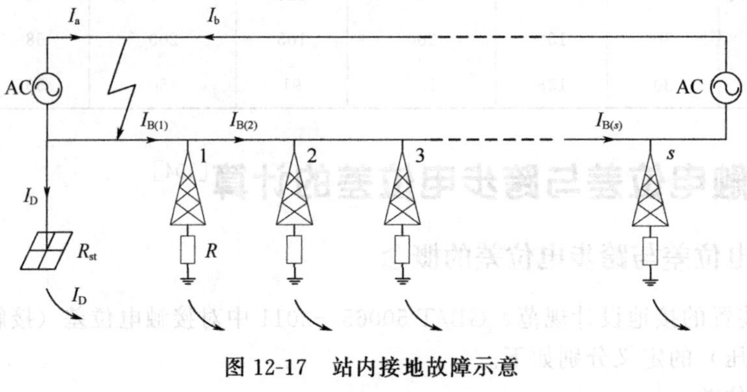

图 12-17　站内接地故障示意

$$e^{-\beta} = \frac{1 - \sqrt{\dfrac{Z_s D}{12R_{st} + Z_s D}}}{1 + \sqrt{\dfrac{Z_s D}{12R_{st} + Z_s D}}} \tag{12-42}$$

$$Z_s = \frac{3r_s}{k} + 0.15 + j0.189\ln\frac{D_g}{\sqrt[k]{\alpha_s D_s^{k-1}}} \tag{12-43}$$

钢芯铝绞线：
$$\alpha_s = 0.95\alpha_0 \tag{12-44}$$

有色金属线：
$$\alpha_s = (0.724 \sim 0.771)\alpha_0 \tag{12-45}$$

钢绞线：
$$\alpha_s = \alpha_0 \times 10^{-6.9X_{ne}} \tag{12-46}$$

$$Z_m = 0.15 + j0.189\ln\frac{D_g}{D_m} \tag{12-47}$$

单地线时：
$$D_m = \sqrt[3]{D_{1A}D_{1B}D_{1C}} \tag{12-48}$$

双地线时：
$$D_m=\sqrt[6]{D_{1A}D_{1B}D_{1C}D_{2A}D_{2B}D_{2C}} \tag{12-49}$$

式中 Z_s——单位长度的地线阻抗，Ω/km；
Z_m——单位长度的相线与地线之间的互阻抗，Ω/km；
D——档距的平均长度，km；
r_s——单位长度地线的电阻，Ω/km；
α_s——地线的将电流化为表面分布后的等值半径，m；
X_{ne}——单位长度的内感抗，Ω/km；
k——地线的根数；
D_s——地线之间的距离，m；
D_m——避雷线之间的几何均距，m；
D_g——地线对地的等价镜像距离，$D_g=80\sqrt{\rho}$，m；
ρ——大地等值电阻率，Ω·m。

② 当 $n=1$ 时，可求得分流系数 S_{f1} 为

$$S_{f1}=1-\frac{I_{B(1)}}{I_b}=1-\left[\frac{e^{\beta s}-e^{-\beta s}}{e^{\beta(s+1)}-e^{-\beta(s+1)}}\left(1-\frac{Z_m}{Z_s}\right)+\frac{Z_m}{Z_s}\right] \tag{12-50}$$

③ 当 $s>10$ 时，S_{f1} 可简化为

$$S_{f1}=1-\left[e^{-\beta}\left(1-\frac{Z_m}{Z_s}\right)+\frac{Z_m}{Z_s}\right] \tag{12-51}$$

(2) 站外接地故障时分流系数 S_{f2} 的计算

① 对于站外单相接地故障（如图 12-18 所示），不同位置的地线上流过的零序电流应按下式计算：

$$I_{B(n)}=\left[\frac{e^{\beta(s+1-n)}-e^{-\beta(s+1-n)}}{e^{\beta(s+1)}-e^{-\beta(s+1)}}\left(1-\frac{Z_m}{Z_s}\right)+\frac{Z_m}{Z_s}\right]I_a \tag{12-52}$$

② 当 $n=s$ 时，$e^{-\beta}$ 计算表达式中的 R_{st} 应更换为杆塔接地电阻 R，可求得分流系数 S_{f2} 为

$$S_{f2}=1-\frac{I_{B(s)}}{I_a}=1-\left[\frac{e^{\beta}-e^{-\beta}}{e^{\beta(s+1)}-e^{-\beta(s+1)}}\left(1-\frac{Z_m}{Z_s}\right)+\frac{Z_m}{Z_s}\right] \tag{12-53}$$

③当 $s>10$ 时，S_{f2} 可简化为

$$S_{f2}=1-\frac{Z_m}{Z_s} \tag{12-54}$$

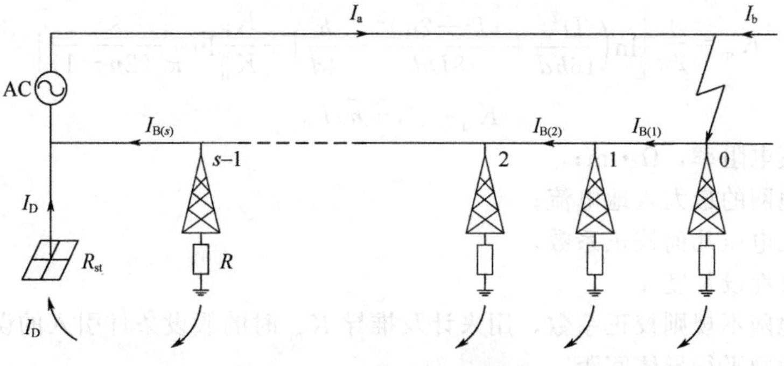

图 12-18 站外接地故障示意

典型的衰减系数 D_f 值可按表 12-26 中 t_f 和 X/R 的关系确定。

表 12-26　典型的衰减系数 D_f 值

故障时延 t_f/s	50Hz 对应的周期	衰减系数 D_f			
		$X/R=10$	$X/R=20$	$X/R=30$	$X/R=40$
0.05	2.5	1.2685	1.4172	1.4965	1.5445
0.10	5	1.1479	1.2685	1.3555	1.4172
0.20	10	1.0766	1.1479	1.2125	1.2685
0.30	15	1.0517	1.1010	1.1479	1.1919
0.40	20	1.0390	1.0766	1.1130	1.1479
0.50	25	1.0313	1.0618	1.0913	1.1201
0.75	37.5	1.0210	1.0416	1.0618	1.0816
1.00	50	1.0158	1.0313	1.0467	1.0618

在系统单相接地接地故障电流入地时，地电位的升高可按下式计算：

$$V=I_G R \tag{12-55}$$

式中　V——接地网地电位升高，V；

I_G——经接地网入地的最大接地故障不对称电流有效值，A；

R——接地网的工频接地电阻，Ω。

12.4.3　接触电位差与跨步电位差的计算方法

本节以下所述及的接触电位差与跨步电位差的计算方法只适用于均匀土壤中接地网接触电位差和跨步电位差的计算。但均匀土壤中不规则、复杂结构的等间距布置和不等间距布置的接地网，以及分层土壤中的接地网其接触电位差和跨步电位差的计算，宜采用专门的计算机程序进行。

接地网接地极的布置可分为等间距布置和不等间距布置。等间距布置时，接地网的水平接地极采用 10～20m 的间距布置。接地极间距的大小应根据地面电气装置接地布置的需要确定。不等间距布置的接地网接地极从中间到边缘应按一定的规律由稀到密布置。

等间距布置接地网的接触电位差和跨步电位差的计算，应符合下列要求：

(1) 接地网初始设计时的网孔电压计算

① 接地网初始设计时的网孔电压可按下列各式计算：

$$U_m=\rho I_G K_m K_i/L_M \tag{12-56}$$

$$K_m=\frac{1}{2\pi}\left[\ln\left(\frac{D^2}{16hd}+\frac{(D+2h)^2}{8Dd}-\frac{h}{4d}\right)+\frac{K_{ii}}{K_h}\ln\frac{8}{\pi\ (2n-1)}\right] \tag{12-57}$$

$$K_h=\sqrt{1+h/h_0} \tag{12-58}$$

式中　ρ——土壤电阻率，Ω·m；

I_G——接地网的最大入地电流；

K_m——网孔电压几何校正系数；

L_M——有效埋设长度；

K_i——接地网不规则校正系数，用来计及推导 K_m 时的假设条件引入的误差；

D——接地网平行导体间距；

d——接地网导体直径，扁导体的等效直径 d 为扁导体宽度 b 的 1/2，等边角钢的等效直径 d 为 0.84b（b 为角钢边宽度），不等边角钢的等效直径 d 为$0.71\sqrt[4]{b_1 b_2\ (b_1^2+b_2^2)}$

（b_1 和 b_2 为角钢两边宽度）；

h——接地网埋深；

K_h——接地网埋深系数；

K_{ii}——因内部导体对角网孔电压影响的校正加权系数；

h_0——参考深度，取1m。

② 式（12-56）～式（12-58）对埋深在0.25～2.50m范围的接地网有效。当接地网具有沿接地网周围布置的垂直接地极、在接地网四角布置的垂直接地极或沿接地网四周和其内部布置的垂直接地极时，$K_{ii}=1$。

③ 对无垂直接地极或只有少数垂直接地极，且垂直接地极不是沿外周或四角布置时，K_{ii} 可按下式计算：

$$K_{ii}=1/(2n)^{2/n} \tag{12-59}$$

式中 n——矩形或等效矩形接地网一个方向的平行导体数。

④ 对于矩形和不规则形状的接地网的计算，n 可按下式计算：

$$n=n_a n_b n_c n_d \tag{12-60}$$

⑤ 式（12-60）中，对于方形接地网，$n_b=1$；对于方形和矩形接地网，$n_c=1$；对于方形、矩形和L形接地网，$n_d=1$。对于其他情况，可按下式计算：

$$n_a=\frac{2L_c}{L_p},\ n_b=\sqrt{\frac{L_p}{4\sqrt{A}}},\ n_c=\left(\frac{L_xL_y}{A}\right)^{\frac{0.7A}{L_xL_y}},\ n_d=\frac{D_m}{\sqrt{L_x^2+L_y^2}} \tag{12-61}$$

式中 L_c——水平接地网导体的总长度，m；

L_p——接地网的周边长度，m；

A——接地网面积，m^2；

L_x——接地网 x 方向的最大长度，m；

L_y——接地网 y 方向的最大长度，m；

D_m——接地网上任意两点间最大的距离，m。

⑥ 如果进行简单的估计，在计算 K_m 和 K_i 以确定网孔电压时可采用 $n=n_1n_2$，n_1 和 n_2 为 x 和 y 方向的导体数。

⑦ 接地网不规则校正系数 K_i 可按下式计算：

$$K_i=0.644+0.148n \tag{12-62}$$

⑧ 对于无垂直接地极的接地网，或只有少数分散在整个接地网的垂直接地极，这些垂直接地极没有分散在接地网四角或接地网的周边上，有效埋设长度 L_M 按下式计算：

$$L_M=L_c+L_R \tag{12-63}$$

式中 L_R——所有垂直接地极的总长度。

⑨ 对于在边角有垂直接地极的接地网，或沿接地网四周和其内部布置垂直接地极时，有效埋设长度 L_M 可按下式计算：

$$L_M=L_c+\left[1.55+1.22\left(\frac{L_r}{\sqrt{L_x^2+L_y^2}}\right)\right]L_R \tag{12-64}$$

式中 L_r——每个垂直接地棒的长度，m。

（2）最大跨步电位差的计算

① 跨步电位差 U_s 与几何校正系数 K_S、接地网不规则校正系数 K_i、土壤电阻率 ρ、接地系统单位导体长度的平均流散电流有关，可按下列各式计算：

$$U_s=\rho I_G K_S K_i/L_s \tag{12-65}$$

$$L_s = 0.75L_c + 0.85L_R \tag{12-66}$$

式中　I_G——接地网入地故障电流；

L_s——埋入地中的接地系统导体有效长度。

② 发电厂和变电站接地系统最大跨步电位差出现在平分接地网边角直线上，从边角点开始向外1m远处。对于一般埋深 h 在 0.25～2.5 m 的范围的接地网，K_S 可按下式计算：

$$K_S = \frac{1}{\pi}\left(\frac{1}{2h} + \frac{1}{D+h} + \frac{1-0.5^{n-2}}{D}\right) \tag{12-67}$$

不等间距布置接地网的接触电位差和跨步电位差的计算，应符合下列要求。

(1) 不等间距布置接地网的布置规则

① 不等间距布置的长方形接地网（如图 12-19 所示），长或宽方向的第 i 段导体长度 L_{ik} 占边长 L 的百分数 S_{ik} 可按下式计算：

$$S_{ik} = \frac{L_{ik}}{L} \times 100\% \tag{12-68}$$

式中，L 为接地网的边长，在长方向，$L=L_1$，在宽方向，$L=L_2$。

② 接地网长方向的导体根数为 n_1，宽方向的导体根数为 n_2。长方向上导体分段数为 $k_1 = n_1 - 1$，宽方向上的导体分段数为 $k_2 = n_2 - 1$。

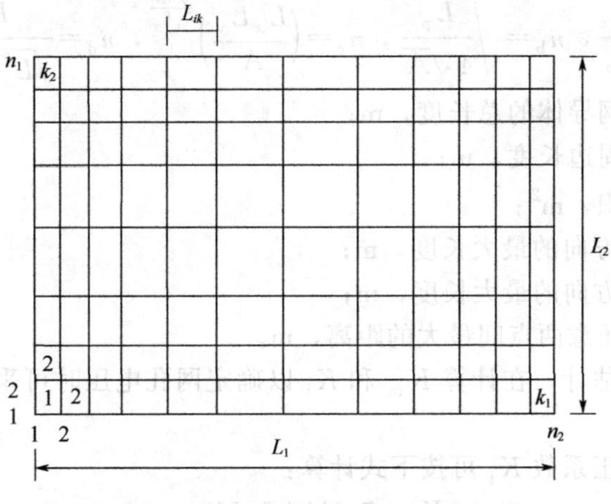

图 12-19　不等间距布置的长方形接地网

③ S_{ik} 与导体分段数 k 和从周边导体数起的导体段的序号 i 的关系如表 12-27 所示。因接地网的对称性，如某方向的导体分段为奇数，则列出了 $(k+1)/2$ 个数据，当 k 为偶数，则列出了 $k/2$ 个数据，其余数据可以根据对称性赋值。一般 $k \geqslant 7$，对表中结果进行拟合，则 S_{ik} 可按下式计算：

$$S_{ik} = b_1 \exp(-ib_2) + b_3 \tag{12-69}$$

式中，b_1，b_2 和 b_3 为与 k 有关的常数，可分别由下列各式计算。

当 $7 \leqslant k \leqslant 14$ 时：

$$b_1 = -1.8066 + 2.6681\lg k - 1.0719\lg^2 k \tag{12-70}$$

$$b_2 = -0.7649 + 2.6992\lg k - 1.6188\lg^2 k \tag{12-71}$$

$$b_3 = 1.8520 - 2.8568\lg k + 1.1948\lg^2 k \tag{12-72}$$

当 $14 < k \leqslant 25$ 时：

$$b_1 = -0.00064 - 2.50923/(k+1) \tag{12-73}$$

$$b_2 = -0.03083 + 3.17003/(k+1) \qquad (12\text{-}74)$$

$$b_3 = 0.00967 + 2.21653/(k+1) \qquad (12\text{-}75)$$

表 12-27 S_{ik} 与导体分段数 k 和从周边导体数起的导体段的序号 i 的关系

k \ i	1	2	3	4	5	6	7	8	9	10
3	27.50	45.00								
4	17.50	32.50								
5	12.50	23.33	28.33							
6	8.75	17.50	23.75							
7	7.14	13.57	18.57	21.43						
8	5.50	10.83	15.67	18.00						
9	4.50	8.94	12.83	15.33	16.78					
10	3.75	7.50	11.08	13.08	14.58					
11	3.18	6.36	9.54	11.36	12.73	13.46				
12	2.75	5.42	8.17	10.00	11.33	12.33				
13	2.38	4.69	6.77	8.92	10.23	11.15	11.69			
14	2.00	3.86	6.00	7.86	9.28	10.24	10.76			
15	1.56	3.62	5.35	6.82	8.07	9.12	10.01	10.77		
16	1.46	3.27	4.82	6.14	7.28	8.24	9.07	9.77		
17	1.38	2.97	4.35	5.54	6.57	7.47	8.24	8.90	9.47	
18	1.14	2.58	3.86	4.95	5.91	6.76	7.50	8.15	8.71	
19	1.05	2.32	3.47	4.53	5.47	6.26	6.95	7.53	8.11	8.63
20	0.95	2.15	3.20	4.15	5.00	5.75	6.40	7.00	7.50	7.90

当 $25 < k \leqslant 40$ 时：

$$b_1 = -0.0006 - 2.50923/(k+1) \qquad (12\text{-}76)$$

$$b_2 = -0.03083 + 3.17003/(k+1) \qquad (12\text{-}77)$$

$$b_3 = 0.00969 + 2.2105/(k+1) \qquad (12\text{-}78)$$

(2) 不等间距布置接地网时接地电阻的计算

$$R = k_{Rh} k_{RL} k_{Rm} k_{RN} k_{Rd} \left(1.068 \times 10^{-4} + 0.445/\sqrt{S}\right) \rho \qquad (12\text{-}79)$$

式中 ρ——土壤电阻率，Ω·m；

k_{Rh}，k_{RL}，k_{Rm}，k_{RN}，k_{Rd}——分别为接地电阻的埋深、形状、网孔数目、导体根数和导体直径对接地电阻的影响系数，可分别由下列各式计算：

$$k_{Rh} = 1.061 - 0.070\sqrt[5]{h} \qquad (12\text{-}80)$$

$$k_{RL} = 1.144 - 0.13\sqrt{L_1/L_2} \qquad (12\text{-}81)$$

$$k_{RN} = 1.256 - 0.367\sqrt{N_1/N_2} + 0.126 N_1/N_2 \qquad (12\text{-}82)$$

$$k_{Rm} = \left(1.168 - 0.079\sqrt[5]{m}\right) k_{RN} \qquad (12\text{-}83)$$

$$k_{Rd} = 0.931 + 0.0174\sqrt[3]{d} \qquad (12\text{-}84)$$

式中 L_1，L_2——接地网的长度和宽度，m；

N_1，N_2——长宽方向布置的导体根数；

m——接地网的网孔数目。由下式计算：

$$m=(N_1-1)(N_2-1) \tag{12-85}$$

（3）最大接触电位差 U_T 的计算

$$U_T=k_{TL}k_{Th}k_{Td}k_{TS}k_{TN}k_{Tm}V \tag{12-86}$$

式中 $V=I_{GM}R$——接地网的最大接地电位升高；

I_{GM}——流入接地网的最大接地故障电流；

R——接地网接地电阻；

k_{TL}，k_{Th}，k_{Td}，k_{TS}，k_{TN}，k_{Tm}——最大接触电位差的形状、埋深、接地导体直径、接地网面积、接地体导体根数及接地网网孔数目影响系数，分别由下列各式计算：

$$k_{TL}=1.215-0.269\sqrt[3]{L_2/L_1} \tag{12-87}$$

$$k_{Th}=1.612-0.654\sqrt[5]{h} \tag{12-88}$$

$$k_{Td}=1.527-1.494\sqrt[5]{d} \tag{12-89}$$

$$k_{TN}=64.301-232.65\sqrt[5]{N}+279.65\sqrt[3]{N}-110.32\sqrt{N} \tag{12-90}$$

$$k_{TS}=-0.118+0.445\sqrt[12]{S} \tag{12-91}$$

$$k_{Tm}=9.727\times10^{-3}+1.356\sqrt{m} \tag{12-92}$$

$$N=N_2/N_1 \tag{12-93}$$

（4）最大跨步电位差 U_S 的计算

$$U_S=k_{SL}k_{Sh}k_{Sd}k_{SS}k_{SN}k_{Sm}U_0 \tag{12-94}$$

式中 k_{SL}，k_{Sh}，k_{Sd}，k_{SS}，k_{SN} 和 k_{Sm}——最大跨步电位差的形状、埋深、接地导体直径、接地网面积、接地体导体根数及接地网网孔数目影响系数，分别由下列各式计算：

$$k_{SL}=29.081-1.862\sqrt{l}+435.18l+425.68l^{1.5}+148.59l^2 \tag{12-95}$$

$$k_{Sh}=0.454\exp(-2.294\sqrt[3]{h}) \tag{12-96}$$

$$k_{Sd}=-2780+9623\sqrt[36]{d}-11099\sqrt[18]{d}+4265\sqrt[12]{d} \tag{12-97}$$

$$k_{SN}=1.0+1.416\times10^6\exp(-202.7N)-0.306\exp[29.264(N-1)] \tag{12-98}$$

$$k_{SS}=0.911+19.104\sqrt[12]{S} \tag{12-99}$$

$$k_{Sm}=k_{SN}(34.474-11.541\sqrt{m}+1.43m-0.076m^{1.5}+1.455\times10^{-3}m^2) \tag{12-100}$$

$$N=N_2/N_1 \tag{12-101}$$

$$l=L_2/L_1 \tag{12-102}$$

第13章 照　明

13.1 照明方式和照明种类[2,61]

13.1.1 基本术语

(1) 光通量(luminous flux)

根据辐射对标准光度观察者的作用导出的光度量。对于明视觉有：

$$\Phi = K_m \int_0^\infty \frac{d\Phi_e(\lambda)}{d\lambda} V(\lambda) d\lambda \tag{13-1}$$

式中　K_m——辐射的光谱（视）效能的最大值，单位为流明每瓦特（lm/W）。在单色辐射时，明视觉条件下的 K_m 值为 683lm/W（λ_m＝555nm）；

$d\Phi_e(\lambda)/d\lambda$——辐射通量的光谱分布；

$V(\lambda)$——光谱光（视）效率。

该量的符号为 Φ，单位为 lm，1lm＝1cd．1sr

(2) 发光强度（luminous intensity）

发光体在给定方向上的发光强度是该发光体在该方向的立体单元 $d\Omega$ 内传输的光通量 $d\Phi$ 除以该立体角元所得之商，即单位立体角的光通量，其公式为

$$I = d\Phi/d\Omega \tag{13-2}$$

该量的符号为 I，单位为坎德拉（cd），1cd＝1lm/sr。

(3) 亮度（luminance）

由公式 $d\Phi/(dA \cdot \cos\theta \cdot d\Omega)$ 定义的量，即单位投影面积上的发光强度，其公式为：

$$L = d\Phi/(dA \cdot \cos\theta \cdot d\Omega) \tag{13-3}$$

式中　$d\Phi$——由给定点的束元传输的并包含给定方向的立方角 $d\Omega$ 内传播的光通量；

dA——包含给定点的射束截面积；

θ——射束截面法线与射束方向间的夹角。

该量的符号为 L，单位为坎德拉每平方米（cd/m^2）。

(4) 照度（illuminance）

表面上一点的照度是入射在包含该点的面元上的光通量 $d\Phi$ 除以该面元面积 dA 所得之商，即：

$$E = d\Phi/dA \tag{13-4}$$

该量的符号为 E，单位为勒克斯（lx），1 lx＝1 lm/m^2。

(5) 维持平均照度（maintained average illuminance）

规定表面上的平均照度不得低于此数值。它是在照明装置必须进行维护的时刻，在规定表面上的平均照度。

（6）流明（lumen）

光通量的SI单位，符号为lm。1 lm等于均匀分布1 cd发光强度的一个点光源在一球面度（sr）立体角内发射的光通量。

（7）坎德拉（candela）

发光强度的SI单位，符号为cd。它是国际单位制七个基本量值单位之一。1979年10月第十届国际计量大会通过的新定义是：坎德拉是一光源在给定方向上的发光强度，该光源发出频率为540×10^{12} Hz的单色辐射，且在此方向上的辐射强度为（1/683）W每球面度。

（8）勒克斯（lux）

照度的SI单位，符号为lx。1lm光通量均匀分布在$1m^2$面积上所产生的照度为1lx，即$1lx=1lm/m^2$。照度的英制单位是英尺烛光，符号为fc，1fc=10.764 lx。

（9）坎德拉每平方米（candela per square meter）

[光] 亮度的SI单位，符号为cd/m^2。

[光] 亮度的其他单位还有：

1熙提（sb）$=10^4 cd/m^2$；

1阿熙提（asb）$=(1/\pi)\ cd/m^2=0.3183\ cd/m^2$；

1朗伯（L）$=(10^4/\pi)\ cd/m^2=3.183\times10^3\ cd/m^2$；

1英尺朗伯（fL）$=(1/\pi)\ cd/ft^2=3.426\ cd/m^2$。

13.1.2 照明方式的分类及其确定原则

（1）照明方式的分类

照明方式（lighting system）：照明设备按其安装部位或使用功能构成的基本制式。照明方式可分为：一般照明、分区一般照明、局部照明和混合照明。

① 一般照明（general lighting）：为照亮整个场所而设置的均匀照明。

② 分区一般照明（localized lighting）：对某一特定区域，如进行工作的地点，设计成不同的照度来照亮该区域的一般照明。

③ 局部照明（local lighting）：特定视觉工作用的、为照亮某个局部而设置的照明。

④ 混合照明（mixed lighting）：由一般照明与局部照明组成的照明。

（2）照明方式的确定

通常按下列要求确定照明方式：

① 工作场所通常应设置一般照明；

② 同一场所内的不同区域有不同照度要求时，应采用分区一般照明；

③ 对于部分作业面照度要求较高，只采用一般照明不合理的场所，宜采用混合照明；

④ 在一个工作场所内不应只采用局部照明。

13.1.3 照明种类及其确定原则

（1）照明种类

照明按其用途可分为：正常照明、应急照明、值班照明、警卫照明和障碍照明等。

① 正常照明（normal lighting）：在正常情况下使用的室内外照明。

② 应急照明（emergency lighting）：因正常照明的电源失效而启用的照明。应急照明包括疏散照明、安全照明和备用照明 。

a. 疏散照明（escape lighting）：作为应急照明的一部分，用于确保疏散通道被有效地辨认而使用的照明。

b. 安全照明（safely lighting）：作为应急照明的一部分，用于确保处于潜在危险之中的人员安全的照明。

c. 备用照明（stand-by lighting）：作为应急照明的一部分，用于确保正常活动正常进行的照明。

③ 值班照明（on-duty lighting）：非工作时间，为值班所设置的照明。

④ 警卫照明（security lighting）：用于警戒而安装的照明。

⑤ 障碍照明（obstacle lighting）：在可能危及航行安全的建筑物或构筑物上安装的标志灯。

（2）照明种类的确定原则

通常按下列要求确定照明种类。

① 工作场所均应设置正常照明。

② 工作场所下列情况应设置应急照明：

a. 正常照明因故障熄灭后，需确保正常工作或活动继续进行的场所，应设置备用照明；

b. 正常照明因故障熄灭后，需确保处于潜在危险中人员安全的场所，应设置安全照明；

c. 正常照明因故障熄灭后，需确保人员安全疏散的出口和通道，应设置疏散照明。

③ 大面积场所宜设置值班照明。

④ 有警戒任务的场所，应根据警戒范围的要求设置警卫照明。

⑤ 有危及航行安全的建筑物、构筑物上，应根据航行要求设置障碍照明。

13.2 照度标准及照明质量[2,61]

13.2.1 照明数量和质量

（1）照度分级

照度标准值应按 0.5、1、3、5、10、15、20、30、50、75、100、150、200、300、500、750、1000、1500、2000、3000、5000（lx）分级。标准规定的照度值均为作业面或参考平面上的维持平均照度值。

（2）照度标准的选取

① 符合下列条件之一及以上时，作业面或参考平面的照度，可按照度标准值分级提高一级。

a. 视觉要求高的精细作业场所，眼睛至识别对象的距离大于 500mm 时；

b. 连续长时间紧张的视觉作业，对视觉器官有不良影响时；

c. 识别移动对象，要求识别时间短促而辨认困难时；

d. 视觉作业对操作安全有重要影响时；

e. 识别对象亮度对比小于 0.3 时；

f. 作业精度要求较高，且产生差错会造成很大损失时；

g. 视觉能力低于正常能力时；

h. 建筑等级和功能要求高时。

② 符合下列条件之一及以上时，作业面或参考平面的照度，可按照度标准值分级降低一级。

a. 进行很短时间的作业时；

b. 作业精度或速度无关紧要时；

c. 建筑等级和功能要求较低时。

(3) 作业面邻近周围的照度

作业面邻近周围的照度可低于作业面照度，但不宜低于表 13-1 的数值。

表 13-1 作业面邻近周围照度

作业面照度/lx	作业面邻近周围照度值/lx
≥750	500
500	300
300	200
≤200	与作业面照度相同

注：邻近范围指作业面外 0.5m 范围之内。

(4) 维护系数（maintenance factor）

维护系数是指照明装置在使用一定周期后，在规定表面的平均照度或平均亮度与该装置在相同条件下新装时在同一表面上所得到的平均照度或平均亮度之比。

为使照明场所的实际照度水平不低于规定的维持平均照度值，在照明设计时，应根据环境污染特征和灯具擦拭次数从表 13-2 中选定相应的维护系数。

表 13-2 维护系数

环境污染特征		房间或场所举例	灯具最少擦拭次数/(次/年)	维护系数值
室内	清洁	卧室、办公室、餐厅、阅览室、教室、病房、客房、仪器仪表装配间、电子元器件装配间、检验室等	2	0.80
	一般	商店营业厅、候车室、影剧院、机械加工车间、机械装配车间、体育馆等	2	0.70
	污染严重	厨房、锻工车间、铸工车间、水泥车间等	3	0.60
室外		雨篷、站台	2	0.65

(5) 设计照度值与照度标准值的偏差

在一般情况下，设计照度值与照度标准值相比较，可有－10%～＋10%的偏差。

(6) 照度均匀度（uniformity radio of illuminance）

照度均匀度是指规定表面上的最小照度与平均照度之比。

① 公共建筑的工作房间和工业建筑作业区域内的一般照明照度均匀度，不应小于 0.7，而作业面邻近周围的照度均匀度不应小于 0.5。

② 房间或场所内的通道和其他非作业区域的一般照明的照度值不宜低于作业区域一般照明照度值的 1/3。

③ 在有彩电转播要求的体育场馆，其主摄像方向上的照明应符合下列要求：

a. 场地垂直照度最小值与最大值之比不宜小于 0.4；

b. 场地平均垂直照度与平均水平照度之比不宜小于 0.25；

c. 场地水平照度最小值与最大值之比不宜小于 0.5；

d. 观众席前排的垂直照度不宜小于场地垂直照度的 0.25。

(7) 眩光限制

① 限制灯具亮度的眩光区如图 13-1 所示，各种灯具的遮光角如图 13-2 所示，直接型灯具的遮光角不应小于表 13-3 的规定。

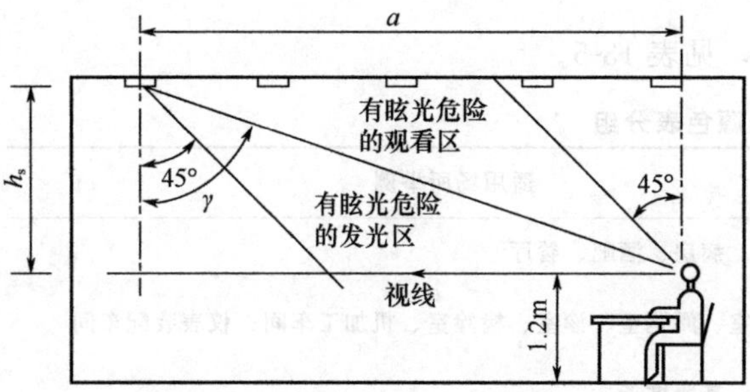

图 13-1 限制灯具亮度的眩光区

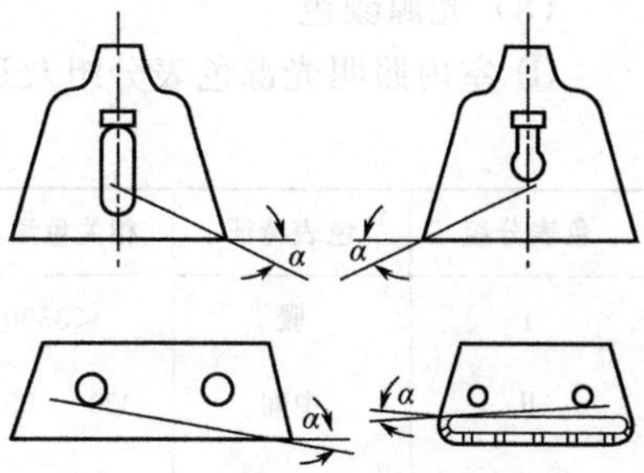

图 13-2 各种灯具的遮光角

表 13-3 直接型灯具的遮光角

光源平均亮度/(kcd/m^2)	遮光角/(°)	光源平均亮度/(kcd/m^2)	遮光角/(°)
1～20 20～50	10 15	50～500 ≥500	20 30

② 公共建筑和工业建筑常用房间或场所的不舒适眩光应采用统一眩光值（*UGR*）评价。照明场所统一眩光值的计算公式如下：

$$UGR=8\lg\frac{0.25}{L_b}\sum\frac{L^2\omega}{p^2} \quad (13\text{-}5)$$

式中 L_b——背景亮度，cd/m^2；

L——每个灯具的发光部分在观察者眼睛方向上的亮度，cd/m^2；

ω——每个灯具的发光部分对观察者眼睛形成的立体角，sr；

p——每个单独的灯具偏离视线的位置指数。

③ 室外体育场所的不舒适眩光应采用眩光值（*GR*）评价。

室外体育场地的眩光值（*GR*）计算应按下式计算：

$$GR=27+24\lg\frac{L_{vl}}{L_{ve}^{0.9}} \quad (13\text{-}6)$$

式中 L_{vl}——由灯具发出的光直接射向眼睛所产生的光幕亮度，cd/m^2；

$L_{ve}^{0.9}$——由环境引起直接入射眼睛的光所产生的光幕亮度，cd/m^2。

④ 可用下列方法防止或减少光幕反射和反射眩光：

a. 避免将灯具安装在干扰区内；

b. 采用低光泽度的表面装饰材料；

c. 限制灯具亮度；

d. 照亮顶棚和墙表面，但避免出现光斑。

⑤ 有视觉显示终端的工作场所照明应限制灯具中垂线以上等于和大于65°高度角的亮度。灯具在该角度上的平均亮度限值宜符合表13-4的规定。

表 13-4 灯具平均亮度限值

屏幕分类	Ⅰ	Ⅱ	Ⅲ
屏幕质量	好	中等	差
灯具平均亮度限值/(cd/m^2)	≤1000		≤200

注：1. 本表适用于仰角不大于15°的显示屏。

2. 对于特定使用的场所，如果敏感的屏幕或仰角可变的屏幕，此表中的亮度限值应用在更低的灯具高度角（如55°）上。

（8）光源颜色

① 室内照明光源色表分组及适用场所举例，见表 13-5。

表 13-5 光源色表分组

色表分组	色表特征	相关色温/K	适用场所举例
Ⅰ	暖	＜3300	客房、卧室、病房、酒吧、餐厅
Ⅱ	中间	3300～5300	办公室、教室、阅览室、诊室、检验室、机加工车间、仪表装配车间
Ⅲ	冷	＞5300	热加工车间，高照度场所

② 长期工作或停留的房间或场所，照明光源的显色指数（Ra）不宜小于 80。在灯具安装高度大于 6m 的工业建筑场所，Ra 可低于 80，但必须能够辨别安全色。

（9）反射比（reflectance）

反射比是指在入射辐射的光谱组成、偏振状态和几何分布给定状态下，反射的辐射通量或光通量与入射的辐射通量或光通量之比。符号为 ρ。

长时间工作的房间，其表面反射比宜按表 13-6 选择。

表 13-6 工作房间表面反射比

表面名称	反射比	表面名称	反射比
顶棚	0.6～0.9	地面	0.1～0.5
墙面	0.3～0.8	作业面	0.2～0.6

13.2.2 照明标准值

（1）居住建筑（居住建筑照明标准值见表 13-7）

表 13-7 居住建筑照明标准值

房间或场所		参考平面及其高度	照度标准值/lx	Ra
起居室	一般活动	0.75m 水平面	100	80
	书写、阅读		300①	
卧 室	一般活动	0.75m 水平面	75	80
	床头、阅读		150①	
餐 厅		0.75m 餐桌面	150	80
厨 房	一般活动	0.75m 水平面	100	80
	操作台	台面	150①	
卫生间		0.75m 水平面	100	80

① 宜用混合照明。

（2）公共建筑

① 图书馆建筑（图书馆建筑照明标准值应符合表 13-8 的规定）

表 13-8　图书馆建筑照明标准值

房间或场所	参考平面及其高度	照度标准值/lx	UGR	Ra
一般阅览室	0.75m 水平面	300	19	80
国家、省市及其他重要图书馆的阅览室	0.75m 水平面	500	19	80
老年阅览室	0.75m 水平面	500	19	80
珍善本、舆图阅览室	0.75m 水平面	500	19	80
陈列室、目录厅（室）、出纳厅	0.75m 水平面	300	19	80
书　库	0.25m 垂直面	50	—	80
工作间	0.75m 水平面	300	19	80

② 办公建筑（办公建筑照明标准值应符合表 13-9 的规定）

表 13-9　办公建筑照明标准值

房间或场所	参考平面及其高度	照度标准值/lx	UGR	Ra
普通办公室	0.75m 水平面	300	19	80
高档办公室	0.75m 水平面	500	19	80
会议室	0.75m 水平面	300	19	80
接待室、前台	0.75m 水平面	300	—	80
营业厅	0.75m 水平面	300	22	80
设计室	实际工作面	500	19	80
文件整理、复印、发行室	0.75m 水平面	300	—	80
资料、档案室	0.75m 水平面	200	—	80

③ 商业建筑（商业建筑照明标准值应符合表 13-10 的规定）

表 13-10　商业建筑照明标准值

房间或场所	参考平面及其高度	照度标准值/lx	UGR	Ra
一般商店营业厅	0.75m 水平面	300	22	80
高档商店营业厅	0.75m 水平面	500	22	80
一般超市营业厅	0.75m 水平面	300	22	80
高档超市营业厅	0.75m 水平面	500	22	80
收款台	台面	500	—	80

④ 影剧院建筑（影剧院建筑照明标准值应符合表 13-11 的规定）

表 13-11　影剧院建筑照明标准值

房间或场所		参考平面及其高度	照度标准值/lx	UGR	Ra
门　厅		地　面	200	—	80
观众厅	影院	0.75m 水平面	100	22	80
	剧场	0.75m 水平面	200	22	80

续表

房间或场所		参考平面及其高度	照度标准值/lx	UGR	Ra
观众休息厅	影院	地　面	150	22	80
	剧场	地　面	200	22	80
排演厅		地　面	300	22	80
化妆室	一般活动区	0.75m水平面	150	22	80
	化妆台	1.1m高处垂直面	500	—	80

⑤ 旅馆建筑（旅馆建筑照明标准值应符合表13-12的规定）

表13-12　旅馆建筑照明标准值

房间或场所		参考平面及其高度	照度标准值/lx	UGR	Ra
客房	一般活动区	0.75m水平面	75	—	80
	床　头	0.75m水平面	150	—	80
	写字台	台面	300	—	80
	卫生间	0.75m水平面	150	—	80
中餐厅		0.75m水平面	200	22	80
西餐厅、酒吧间、咖啡厅		0.75m水平面	100	—	80
多功能厅		0.75m水平面	300	22	80
门　厅、总服务台		地面	300	—	80
休息厅		地面	200	22	80
客房层走廊		地面	50	—	80
厨　房		台面	200	—	80
洗衣房		0.75m水平面	200	—	80

⑥ 医院建筑（医院建筑照明标准值应符合表13-13的规定）

表13-13　医院建筑照明标准值

房间或场所	参考平面及其高度	照度标准值/lx	UGR	Ra
治疗室	0.75m水平面	300	19	80
化验室	0.75m水平面	500	19	80
手术室	0.75m水平面	750	19	90
诊　室	0.75m水平面	300	19	80
候诊室、挂号厅	0.75m水平面	200	22	80
病　房	地面	100	19	80
护士站	0.75m水平面	300	—	80
药　房	0.75m水平面	500	19	80
重症监护室	0.75m水平面	300	19	80

⑦ 学校建筑（学校建筑照明标准值应符合表13-14的规定）

表 13-14 学校建筑照明标准值

房间或场所	参考平面及其高度	照度标准值/lx	*UGR*	*Ra*
教 室	课桌面	300	19	80
实验室	实验桌面	300	19	80
美术教室	桌面	500	19	90
多媒体教室	0.75m 水平面	300	19	80
教室黑板	黑板面	500	—	80

⑧ 博物馆建筑陈列室展品（博物馆建筑陈列室展品照明标准值不应大于表 13-15 的规定）。

表 13-15 博物馆建筑陈列室展品照明标准值

类 别	参考平面及其高度	照度标准值/lx
对光特别敏感的展品：纺织品、织绣品、绘画、纸质物品、彩绘、陶（石）器、染色皮革、动物标本等	展品面	50
对光敏感的展品：油画、蛋清画、不染色皮革、角制品、骨制品、象牙制品、竹木制品和漆器等	展品面	150
对光不敏感的展品：金属制品、石质器物、陶瓷器、宝玉石器、岩矿标本、玻璃制品、搪瓷制品、珐琅器等	展品面	300

注：1. 陈列室一般照明应按展品照度值的 20%～30%选取。
2. 陈列室一般照明 *UGR* 不宜大于 19。
3. 辨色要求一般的场所 *Ra* 不应低于 80，辨色要求高的场所，*Ra* 不应低于 90。

⑨ 展览馆展厅（展览馆展厅照明标准值应符合表 13-16 的规定）

表 13-16 展览馆展厅照明标准值

房间或场所	参考平面及其高度	照度标准值/lx	*UGR*	*Ra*
一般展厅	地面	200	22	80
高档展厅	地面	300	22	80

注：高于 6m 的展厅 *Ra* 可降低到 60。

⑩ 交通建筑（交通建筑照明标准值应符合表 13-17 的规定）

表 13-17 交通建筑照明标准值

房间或场所		参考平面及其高度	照度标准值/lx	*UGR*	*Ra*
售票台		台 面	500	—	80
问讯处		0.75m 水平面	200	—	80
候车（机、船）室	普通	地 面	150	22	80
	高档	地 面	200	22	80
中央大厅、售票大厅		地 面	200	22	80
海关、护照检查		工作面	500	—	80
安全检查		地 面	300	—	80
换票、行李托运		0.75m 水平面	300	19	80

续表

房间或场所	参考平面及其高度	照度标准值/lx	UGR	Ra
行李认领、到达大厅、出发大厅	地　面	200	22	80
通道、连接区、扶梯	地　面	150	—	80
有棚站台	地　面	75	—	20
无棚站台	地　面	50	—	20

⑪ 体育建筑　体育建筑照明标准值应符合下列规定：

a. 无彩电转播的体育建筑照度标准值应符合表 13-18 的规定；

b. 有彩电转播的体育建筑照度标准值应符合表 13-19 的规定；

c. 体育建筑照明质量标准值应符合表 13-20 的规定。

表 13-18　无彩电转播的体育建筑照度标准值

运动项目			参考平面及其高度	照度标准值/lx 训练	照度标准值/lx 比赛
篮球、排球、羽毛球、网球、手球、田径（室内）、体操、艺术体操、技巧、武术			地　面	300	750
棒球、垒球			地　面	—	750
保龄球			置瓶区	300	500
举　重			台　面	200	750
击　剑			台　面	500	750
柔道、中国摔跤、国际摔跤			地　面	500	1000
拳　击			台　面	500	2000
乒乓球			台　面	750	1000
游泳、蹼泳、跳水、水球			水　面	300	750
花样游泳			水　面	500	750
冰球、速度滑冰、花样滑冰			冰　面	300	1500
围棋、中国象棋、国际象棋			台　面	300	750
桥　牌			桌　面	300	500
射击	靶　心		靶心垂直面	1000	1500
射击	射击位		地　面	300	500
足　球 曲棍球	观看距离	120m	地　面	—	300
足　球 曲棍球	观看距离	160m	地　面	—	500
足　球 曲棍球	观看距离	200m	地　面	—	750
观众席			座位面	—	100
健身房			地　面	200	—

注：足球和曲棍球的观看距离是指观众席最后一排到场地边线的距离。

表 13-19 有彩电转播的体育建筑照度标准值

项目分组	参考平面及其高度	照度标准值/lx 最大摄影距离/m		
		25	75	150
A组：田径、柔道、游泳、摔跤等项目	1.0 m垂直面	500	750	1000
B组：篮球、排球、羽毛球、网球、手球、体操、花样滑冰、速滑、垒球、足球等项目	1.0 m垂直面	750	1000	1500
C组：拳击、击剑、跳水、乒乓球、冰球等项目	1.0 m垂直面	1000	1500	—

表 13-20 体育建筑照明质量标准值

类 别	*GR*	*Ra*
无彩电转播	50	65
有彩电转播	50	80

注：*GR* 值仅适用于室外体育场地。

(3) 工业建筑

工业建筑一般照明标准值应符合表 13-21 的规定。

表 13-21 工业建筑一般照明标准值

房间或场所		参考平面及其高度	照度标准值/lx	*UGR*	*Ra*	备 注
1.通用房间或场所						
实验室	一 般	0.75m水平面	300	22	80	可另加局部照明
	精 细	0.75m水平面	500	19	80	可另加局部照明
检 验	一般	0.75m水平面	300	22	80	可另加局部照明
	精细，有颜色要求	0.75m水平面	750	19	80	可另加局部照明
计量室，测量室		0.75m水平面	500	19	80	可另加局部照明
变、配电站	配电装置室	0.75m水平面	200	—	60	
	变压器室	地 面	100	—	20	
电源设备室，发电机室		地 面	200	25	60	
控制室	一般控制室	0.75m水平面	300	22	80	
	主控制室	0.75m水平面	500	19	80	
电话站、网络中心		0.75m水平面	500	19	80	
计算机站		0.75m水平面	500	19	80	防光幕反射
动力站	风机房、空调机房	地 面	100	—	60	
	泵 房	地 面	100	—	60	
	冷冻站	地 面	150	—	60	
	压缩空气站	地 面	150	—	60	
	锅炉房、煤气站的操作层	地 面	100	—	60	锅炉水位表照度不小于50lx

续表

房间或场所		参考平面及其高度	照度标准值/lx	UGR	Ra	备　注
仓　库	大件库（如钢坯、钢材、大成品、气瓶）	1.0m 水平面	50	—	20	
	一般件库	1.0m 水平面	100	—	60	
	精细件库（如工具、小零件）	1.0m 水平面	200	—	60	货架垂直照度不小于 50lx
车辆加油站		地　面	100	—	60	油表照度不小于 50lx
2.机、电工业						
机　械加　工	粗加工	0.75m 水平面	200	22	60	可另加局部照明
	一般加工，公差≥0.1mm	0.75m 水平面	300	22	60	应另加局部照明
	精密加工，公差<0.1mm	0.75m 水平面	500	19	60	应另加局部照明
机电仪表装配	大　件	0.75m 水平面	200	25	80	可另加局部照明
	一般件	0.75m 水平面	300	25	80	可另加局部照明
	精　密	0.75m 水平面	500	22	80	应另加局部照明
	特精密	0.75m 水平面	750	19	80	应另加局部照明
电线、电缆制造		0.75m 水平面	300	25	60	
线圈绕制	大线圈	0.75m 水平面	300	25	80	
	中等线圈	0.75m 水平面	500	22	80	可另加局部照明
	精细线圈	0.75m 水平面	750	19	80	应另加局部照明
线圈浇注		0.75m 水平面	300	25	80	
焊接	一般	0.75m 水平面	200	—	60	
	精密	0.75m 水平面	300	—	60	
钣金		0.75m 水平面	300	—	60	
冲压、剪切		0.75m 水平面	300	—	60	
热处理		地面至 0.5m 水平面	200	—	20	
铸造	熔化、浇铸	地面至 0.5m 水平面	200	—	20	
	造型	地面至 0.5m 水平面	300	25	60	
精密铸造的制模、脱壳		地面至 0.5m 水平面	500	25	60	

续表

房间或场所		参考平面及其高度	照度标准值/lx	UGR	Ra	备 注
锻 工		地面至0.5m水平面	200	—	20	
电 镀		0.75m水平面	300	—	80	
喷漆	一般	0.75m水平面	300	—	80	
	精细	0.75m水平面	500	22	80	
酸洗、腐蚀、清洗		0.75m水平面	300	—	80	
抛光	一般装饰性	0.75m水平面	300	22	80	防频闪
	精细	0.75m水平面	500	22	80	防频闪
复合材料加工、铺叠、装饰		0.75m水平面	500	22	80	
机电修理	一般	0.75m水平面	200	—	60	可另加局部照明
	精密	0.75m水平面	300	22	60	可另加局部照明
3.电子工业						
电子元器件		0.75m水平面	500	19	80	应另加局部照明
电子零部件		0.75m水平面	500	19	80	应另加局部照明
电子材料		0.75m水平面	300	22	80	应另加局部照明
酸、碱、药液及粉配制		0.75m水平面	300	—	80	
4.纺织、化纤工业						
纺织	选毛	0.75m水平面	300	22	80	可另加局部照明
	清棉、和毛、梳毛	0.75m水平面	150	22	80	
	前纺：梳棉、并条、粗纺	0.75m水平面	200	22	80	
	纺纱	0.75m水平面	300	22	80	
	织布	0.75m水平面	300	22	80	
织 袜	穿综筘、缝纫、量呢、检验	0.75m水平面	300	22	80	可另加局部照明
	修补、剪毛、染色、印花、裁剪、熨烫	0.75m水平面	300	22	80	可另加局部照明
化 纤	投料	0.75m水平面	100	—	60	
	纺丝	0.75m水平面	150	22	80	
	卷绕	0.75m水平面	200	22	80	
	平衡间、中间储存、干燥间、废丝间、油剂高位槽间	0.75m水平面	75	—	60	
	集束间、后加工间、打包间、油剂调配间	0.75m水平面	100	25	60	
	组件清洗间	0.75m水平面	150	25	60	
	拉伸、变形、分级包装	0.75m水平面	150	25	60	操作面可另加局部照明
	化验、检验	0.75m水平面	200	22	80	可另加局部照明

续表

房间或场所		参考平面及其高度	照度标准值/lx	UGR	Ra	备　注
5. 制药工业						
制药生产：配制、清洗、灭菌、超滤、制粒、压片、混匀、烘干、灌装、轧盖等		0.75m 水平面	300	22	80	
制药生产流转通道		地　面	200	—	80	
6. 橡胶工业						
炼胶车间		0.75m 水平面	300	—	80	
压延压出工段		0.75m 水平面	300	—	80	
成型裁断工段		0.75m 水平面	300	22	80	
硫化工段		0.75m 水平面	300	—	80	
7. 电力工业						
火电厂锅炉房		地　面	100	—	40	
发电机房		地　面	200	—	60	
主控室		0.75m 水平面	500	19	80	
8. 钢铁工业						
炼铁	炉顶平台、各层平台	平台面	30	—	40	
	出铁场、出铁机室	地　面	100	—	40	
	卷扬机室、碾泥机室、煤气清洗配水室	地　面	50	—	40	
炼钢连铸	炼钢主厂房和平台	地　面	150	—	40	
	连铸浇注平台、切割区、出坯区	地　面	150	—	40	
	精整清理线	地　面	200	25	60	
轧钢	钢坯台、轧机区	地　面	150	—	40	
	加热炉周围	地　面	50	—	20	
	重绕、横剪及纵剪机组	0.75m 水平面	150	25	40	
	打印、检查、精密分类、验收	0.75m 水平面	200	22	80	
9. 制浆造纸工业						
备　料		0.75m 水平面	150	—	60	
蒸煮、选洗、漂白		0.75m 水平面	200	—	60	
打浆、纸机底部		0.75m 水平面	200	—	60	
纸机网部、压榨部、烘缸、压光、卷取、涂布		0.75m 水平面	300	—	60	
复卷、切纸		0.75m 水平面	300	25	60	

续表

房间或场所		参考平面及其高度	照度标准值/lx	*UGR*	*Ra*	备 注
选 纸		0.75m 水平面	500	22	60	
碱回收		0.75m 水平面	200	—	40	
10. 食品及饮料工业						
食 品	糕点、糖果	0.75m 水平面	200	22	80	
	肉制品、乳制品	0.75m 水平面	300	22	80	
饮料		0.75m 水平面	300	22	80	
啤 酒	糖 化	0.75m 水平面	200	—	80	
	发 酵	0.75m 水平面	150	—	80	
	包 装	0.75m 水平面	150	25	80	
11. 玻璃工业						
备料、退火、熔制		0.75m 水平面	150	—	60	
窑炉		地 面	100	—	20	
12. 水泥工业						
主要生产车间（破碎、原料粉磨、烧成、水泥粉磨、包装）		地 面	100	—	20	
储 存		地 面	75	—	40	
输送走廊		地 面	30	—	20	
粗坯成型		0.75m 水平面	300	—	60	
13. 皮革工业						
原皮、水浴		0.75m 水平面	200	—	60	
转毂、整理、成品		0.75m 水平面	200	22	60	可另加局部照明
干 燥		地 面	100	—	20	
14. 卷烟工业						
制丝车间		0.75m 水平面	200	—	60	
卷烟、接过滤嘴、包装		0.75m 水平面	300	22	80	
15. 化学、石油工业						
厂区内经常操作的区域，如泵、压缩机、阀门、电操作柱等		操作位高度	100	—	20	
装置区现场控制和检测点，如指示仪表、液位计等		测控点高度	75	—	60	
人行通道、平台、设备顶部		地面或台面	30	—	20	
装卸站	装卸设备顶部和底部操作位	操作位高度	75	—	20	
	平台	平 台	30	—	20	
16. 木业和家具制造						

续表

房间或场所		参考平面及其高度	照度标准值/lx	UGR	Ra	备　注
一般机器加工		0.75m 水平面	200	22	60	防频闪
精细机器加工		0.75m 水平面	500	19	80	防频闪
锯木区		0.75m 水平面	300	25	60	防频闪
模型区	一般	0.75m 水平面	300	22	60	
	精细	0.75m 水平面	750	22	60	
胶合、组装		0.75m 水平面	300	25	60	
磨光、异形细木工		0.75m 水平面	750	22	80	

注：需增加局部照明的作业面，增加的局部照明照度值宜按该场所一般照明照度值的 1.0～3.0 倍选取。

（4）公用场所

公用场所照明标准值应符合表 13-22 的规定。

表 13-22　公用场所照明标准值

房间或场所		参考平面及其高度	照度标准值/lx	UGR	Ra
门厅	普通	地面	100	—	60
	高档	地面	200	—	80
走廊、流动区域	普通	地面	50	—	60
	高档	地面	100	—	80
楼梯、平台	普通	地面	30	—	60
	高档	地面	75	—	80
自动扶梯		地面	150	—	60
厕所、盥洗室、浴室	普通	地面	75	—	60
	高档	地面	150	—	80
电梯前厅	普通	地面	75	—	60
	高档	地面	150	—	80
休息室		地面	100	22	80
储藏室、仓库		地面	100	—	60
车库	停车间	地面	75	28	60
	检修间	地面	200	25	60

注：居住、公共建筑的动力站、变电站的照明标准值按表 13-21 选取。

（5）应急照明

应急照明的照度标准值宜符合下列规定：

① 备用照明的照度值除另有规定外，不低于该场所一般照明照度值的 10%；

② 安全照明的照度值不低于该场所一般照明照度值的 5%；

③ 疏散通道的疏散照明的照度值不低于 0.5lx。

13.3 光源及电气附件的选用和灯具选型[2,65,66]

13.3.1 照明光源的类型、特性及其选择

13.3.1.1 常用光源的类型

光源按其发光原理可分为热辐射光源和气体放电光源两大类。热辐射光源是利用物体加热时辐射发光的原理所做成的光源，如白炽灯、卤钨灯等。气体放电光源是利用气体放电发光的原理所做成的光源，如荧光灯、高压汞灯、高压钠灯、金属卤化物灯和氙灯等。

(1) 白炽灯 (incandescent lamp)

白炽灯的结构如图 13-3 所示。它是靠钨丝（灯丝）通过电流加热到白炽状态而引起热辐射发光。

白炽灯按灯丝结构分，有单螺旋和双螺旋两种，后者的光效较高，宜优先选用。按用途分，有普通照明和局部照明两种。

普通照明的单螺旋灯丝白炽灯的型号为 PZ，普通照明的双螺旋灯丝白炽灯的型号为 PZS；局部照明的单螺旋灯丝白炽灯的型号为 JZ，局部照明的双螺旋灯丝白炽灯的型号为 JZS。此外，白炽灯的灯头形式有插口式（B）和螺口式（E）两种。

白炽灯结构简单，价格低廉，使用方便，而且显色性好，因此应用极为普遍。但是它的发光效率相当低，使用寿命较短，且耐振性较差。

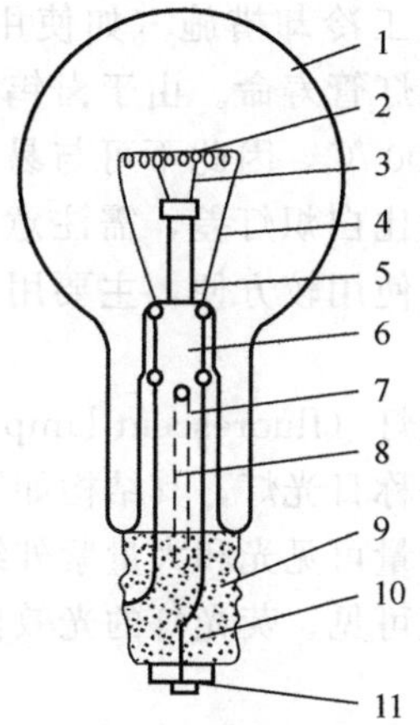

图 13-3 白炽灯

1—玻壳；2—灯丝（钨丝）；3—支架（银丝）；4—电极（镍丝）；5—玻璃芯柱；6—杜美丝（铜铁镍合金丝）；7—引入线（铜丝）；8—抽气管；9—灯头；10—封端胶泥；11—锡焊接触

(2) 卤钨灯 (tungsten halogen lamp)

卤钨灯的结构有两端引入式和单端引入式两种。两端引入式的卤钨灯结构如图 13-4 所示，单端引入式的卤钨灯结构如图 13-5 所示。前者主要用于高照度的工作场所，后者主要用于放映灯等。卤钨灯实质是在白炽灯内充入含有少量卤素（碘、溴等）或卤化物的气体，利用卤钨循环原理来提高灯的发光效率和使用寿命。

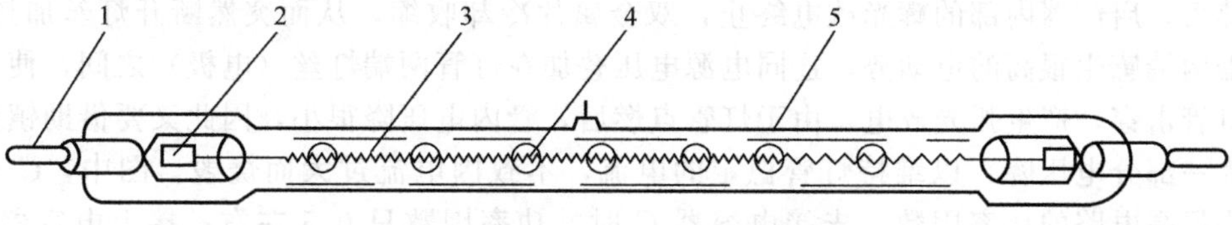

图 13-4 两端引入的卤钨灯管结构

1—灯脚（引入电极）；2—钼箔；3—灯丝（钨丝）；4—支架；5—石英玻管（内充微量卤素）

所谓“卤钨循环”原理是：当灯管（或灯泡）工作时，灯丝（钨丝）的温度很高，使钨丝表面的钨分子蒸发，向灯管内壁漂移。普通白炽灯泡之所以逐渐发黑，就是由于灯丝中的钨分子蒸发沉积在玻璃壳内壁所致。而卤钨灯由于灯管内充有卤素，钨分子在管内壁与卤素作用，

生成气态的卤化钨，卤化钨又由管壁向灯丝迁移。当卤化钨进入灯丝的高温区后（1600℃以上），就分解为钨分子和卤素，而钨分子又沉积到灯丝上。当钨分子沉积的数量等于灯丝蒸发出去的钨分子数量时，就形成相对平衡状态。这一过程就称为“卤钨循环”。正因为如此，所以卤钨灯的玻璃管不易发黑，其光效比白炽灯高，使用寿命也大大延长。

为了使卤钨灯的“卤钨循环”顺利进行，安装时灯管必须保持水平，倾斜角不得大于4°，且不允许采用人工冷却措施（如使用电风扇），否则将严重影响灯管寿命。由于卤钨灯工作时管壁温度可高达600 ℃，因此不可与易燃物靠近。卤钨灯的耐振性比白炽灯差，需注意防振。卤钨灯的显色性好，使用较方便，主要用于需高照度的场所。

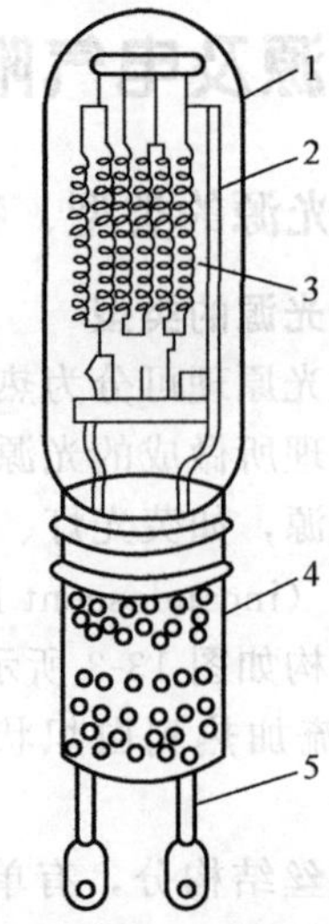

图 13-5　单端引入的卤钨灯管结构

1—石英玻泡（内充微量卤素）；2—金属支架；3—排丝状灯丝（钨丝）；4—散热罩；5—引入电极

（3）荧光灯（fluorescent lamp）

荧光灯俗称日光灯，其结构如图13-6所示。它是利用汞蒸气在外加电压作用下产生弧光放电，发出少量可见光和大量紫外线，而紫外线又激励管内壁涂极的荧光粉，使之再发出大量可见光。由此可见，荧光灯的光效比白炽灯高，使用寿命也比白炽灯长得多。

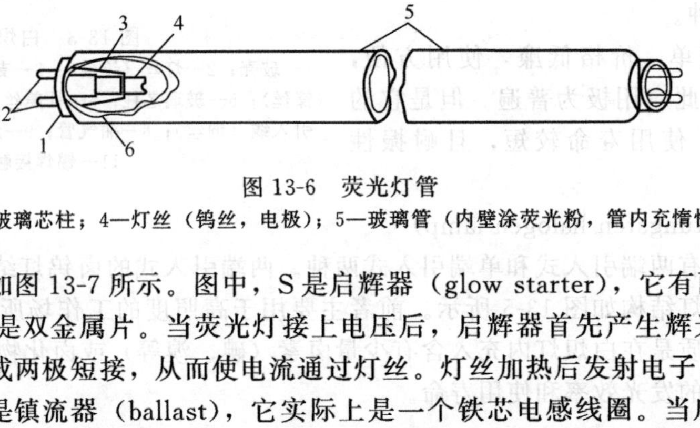

图 13-6　荧光灯管

1—灯头；2—灯脚；3—玻璃芯柱；4—灯丝（钨丝，电极）；5—玻璃管（内壁涂荧光粉，管内充惰性气体）；6—汞（少量）

荧光灯的接线如图13-7所示。图中，S是启辉器（glow starter），它有两个电极，其中一个弯成U形的电极是双金属片。当荧光灯接上电压后，启辉器首先产生辉光放电，致使双金属片加热伸开，造成两极短接，从而使电流通过灯丝。灯丝加热后发射电子，并使管内的少量汞汽化。图中，L 是镇流器（ballast），它实际上是一个铁芯电感线圈。当启辉器两极短接使灯丝加热后，启辉器内部的辉光放电终止，双金属片冷却收缩，从而突然断开灯丝加热回路，使镇流器两端感生很高的电动势，连同电源电压叠加在灯管两端灯丝（电极）之间，使充满汞蒸气的灯管击穿，产生弧光放电。由于灯管点燃后，管内电压降很小，因此又要借助镇流器来产生很大一部分电压降，以维持灯管稳定的电流，不致因电流过大而烧毁。图中，C 是电容器，用来提高电路的功率因数。未接电容器 C 时，功率因数只0.5左右；接上电容器 C 后，功率因数可提高到0.95以上。

荧光灯工作时，其灯光将随着灯管两端电压的周期性交变而频繁闪烁，这就是“频闪效应”(stroboscopic effect)。频闪效应可使人眼发生错觉，可将一些由电动机驱动的旋转物体误认为静止物体，这当然是安全生产所不允许的。因此在有旋转机械的车间里不宜使用荧光灯。如果要使用荧光灯，则需设法消除其频闪效应。消除频闪的方法很多，最简便有效的方法，是在一个灯具内安装两根或三根荧光灯管，而各根灯管分别接在不同相的线路上。

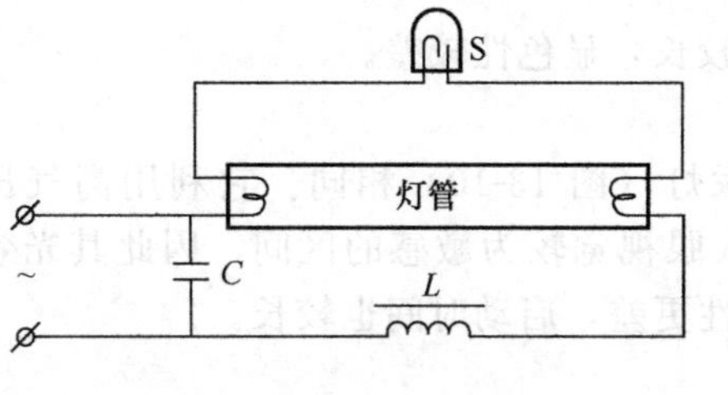

图 13-7 荧光灯的接线图

S—启辉器；L—镇流器；C—电容器

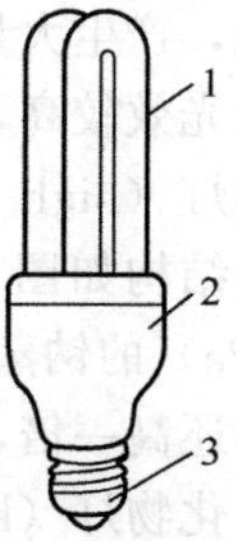

图 13-8 2U 形紧凑型节能荧光灯

1—灯管（放电管，内壁涂覆荧光粉，管内充少量汞，管端有灯丝）；2—底罩（内装镇流器、启辉器和电容器等）；3—灯头（内接有引入线）

荧光灯除有如图 13-6 所示的普通直管形（一般管径大于 26mm）荧光灯外，还有稀土三基色直管型、环型和紧凑型荧光灯。紧凑型荧光灯有 U 形、2U 形、D 形和 2D 形等多种形式。常用的 2U 形紧凑型节能荧光灯的结构外形如图 13-8 所示。

紧凑型荧光灯具有光效高、能耗低和使用寿命长的特点。例如图 13-8 所示紧凑型节能荧光灯，其 8W 发出的光通量比普通白炽灯 40W 的光通量还多。而使用寿命比白炽灯长 10 倍以上，因此在一般照明中，它可以取代普通白炽灯，从而大大节约电能。

（4）高压汞灯（high pressure mercury lamp）

高压汞灯，又称高压水银荧光灯。它是在上述荧光灯基础上开发出的产品，属于高气压（压强达 10^5 Pa 以上）的汞蒸气放电光源。其结构有三种类型。

① GGY 型荧光高压汞灯，这是最常用的一种，其结构如图 13-9 所示。

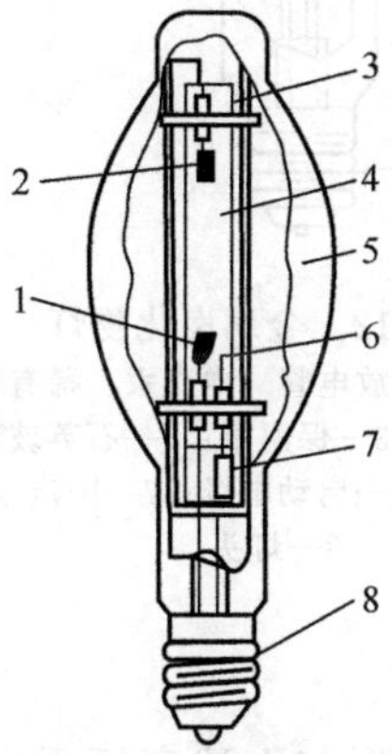

图 13-9 荧光高压汞灯（GGY 型）

1—第一主电极；2—第二主电极；3—金属支架；4—内层石英玻璃壳（内充适当汞和氩）；5—外层石英玻璃壳（内壁涂荧光粉，内外玻璃壳间充氮）；6—辅助电极（触发极）；7—限流电阻；8—灯头

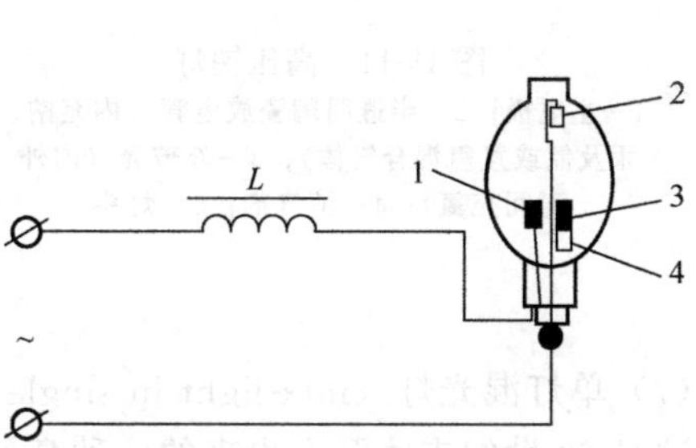

图 13-10 高压汞灯接线图

1—第一主电极；2—第二主电极；3—辅助电极；4—限流电阻

② GYZ 型自镇流高压汞灯，它利用自身的灯丝兼作镇流器。

③ GYF 型反射高压汞灯，它采用部分玻壳内壁镀外射层的结构，使其光线集中均匀地定向反射。

高压汞灯不需启辉器来预热灯丝，但它必须与相应功率的镇流器串联使用（除 GYZ 型外），其接线如图 13-10 所示。高压汞灯工作时，第一主电极与辅助电极（触发极）间首先击穿放电，使管内的汞蒸发，导致第一主电极与第二主电极之间击穿，发生弧光放电，使管内壁的荧光物质受激，产生大量的可见光。

高压汞灯的光效较高，使用寿命较长，但启动时间较长，显色性较差。

(5) 高压钠灯 (high pressure sodium lamp)

高压钠灯的结构如图 13-11 所示。其接线与高压汞灯（图 13-10）相同。它利用高气压（压强可达 10^4 Pa）的钠蒸气放电发光，其光谱集中在人眼视觉较为敏感的区间，因此其光效比高压汞灯大约还高一倍，而且使用寿命更长，但显色性更差，启动时间也较长。

(6) 金属卤化物灯 (halide lamp)

金属卤化物灯的结构如图 13-12 所示。它是由金属蒸气与金属卤化物分解物的混合物放电而发光的放电灯。金属卤化物灯的主要辐射，来自充填在放电管内的铟、镝、铊、钠等金属卤化物，在高温下分解产生的金属蒸气和汞蒸气混合物的激发，产生大量的可见光。其光效和显色指数也比高压汞灯高得多。目前我国应用的金属卤化物灯主要有四种：①高光效金属卤素灯(ZJD)；②充入钠、铊、铟碘化物的钠铊铟灯（NTI)；③充入镝、铊、铟碘化物的镝灯(DDG)；④充入钪、钠碘化物的钪钠灯（KNG)。

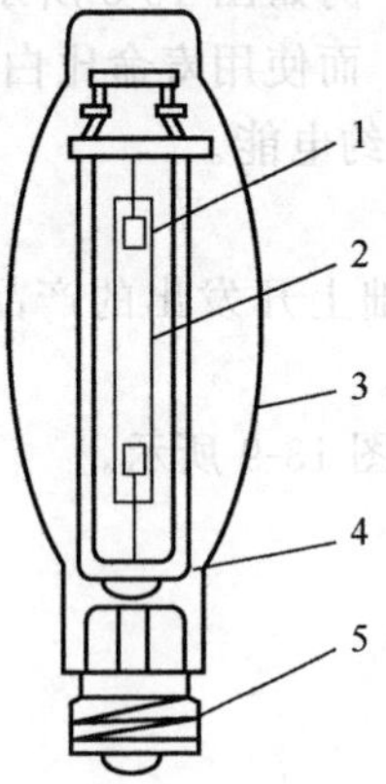

图 13-11 高压钠灯

1—主电极；2—半透明陶瓷放电管（内充钠、汞及氙或氖氩混合气体）；3—外玻壳（内外壳间充氮）；4—消气剂；5—灯头

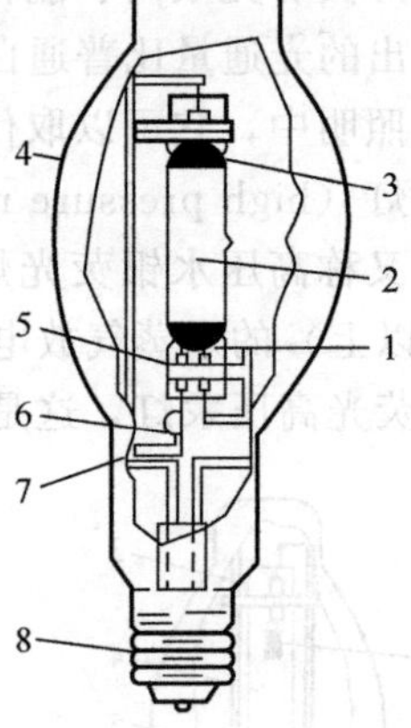

图 13-12 金属卤化物灯

1—主电极；2—放电管（内充汞、稀有气体和金属卤化物）；3—保温罩；4—石英玻璃壳；5—消气剂；6—启动电极；7—限流电阻；8—灯头

(7) 单灯混光灯 (mix-light in single lamp)

这是 20 世纪末才开发出来的一种高效节能型新光源，其外形与上述高压汞灯、钠灯和金属卤化物灯［统称“高强度气体放电（HID）灯”］相似。

单灯混光灯现有以下三个系列。

① HXJ 系列金卤钠灯——由一支金属卤化物管芯和一支中显钠灯管芯串联组成，吸取了中显钠灯和金属卤化物灯光效高、寿命长等优点，又克服了这两种灯光色差、特别是金属卤化物灯在使用后期光通量衰减和变色严重的缺点，是一种光色好、光线柔和、寿命长以及色温、显色指数等技术指标均优于中显钠灯和金属卤化物灯的新型混光光源。

② HXG 系列中显钠汞灯——由一支中显钠灯管芯和一支汞灯管芯串联组成，克服了汞灯、钠灯及金属卤化物灯的光色不太适应人的视觉习惯和光效偏低、显色性差、寿命较短等缺点，是一种光效高、光色好、显色指数高、寿命长的部分技术指标优于汞灯、钠灯和金属卤化物灯的新型混光光源。

③ HJJ 系列双管芯金属卤化物灯——它由两支金属卤化物灯管芯并联组成。当其中一支管芯失效时，另一支管芯自动投入运行，从而提高了灯的可靠性和使用寿命，并减少了维修工作量。这种光源特别适用于体育场馆、高大厂房、大型商场等可靠性要求较高而维修更换比较困难的场所。

(8) 氙灯（xenon lamp）

氙灯是一种充氙气的高功率（可高达100kW）气体放电光源，俗称“人造小太阳”。它分长弧氙灯和短弧氙灯两种。长弧氙灯是圆柱形石英放电管，为防止爆炸，其工作气压约为10^5Pa。短弧氙灯的石英放电管，中间为椭圆形，两端为圆柱形，其工作气压可达10^6Pa以上。氙灯的光色接近天然日光，显色性好，适用于需正确辨色的场所作工作照明。又由于其功率大，故可用于广场、车站、码头、机场、大型车间等大面积场所的照明。它作为室内照明光源时，为防止紫外辐射对人体的伤害，应装设能隔紫的滤光玻璃。

13.3.1.2 常用光源的主要技术特性

常用几种光源的主要技术特性见表13-23，供参考。从表中可以看出，高压钠灯的光效最高，其次是金属卤化物灯和荧光灯，而光效最低的是白炽灯。但从显色指数（*Ra*）看，白炽灯和卤钨灯最高，而高压钠灯和高压汞灯都很低。因此，在选择光源类型时，要根据光源性能和具体应用场所而定。

表13-23 电光源的主要技术特性汇总表

光源名称	额定功率范围/W	光效/(lm/W)	平均寿命/h	一般显色指数（Ra）	启动时间	再启动时间/min	功率因数 cosφ	频闪效应
白炽灯	15～1000	7.3～19	1000	95～99	瞬时	瞬时	1	不明显
荧光灯	6～125	25～67	2000～3000	70～80	1～3s	瞬时	0.33～0.7	明显
高压汞灯	50～1000	30～50	2500～5000	30～40	4～8min	5～10	0.44～0.67	明显
卤钨灯	500～2000	19.5～24	1500	95～99	瞬时	瞬时	1	不明显
高压钠灯	35～1000	90～100	16000～28000	20～25	4～8min	10～20	0.44	明显
管形氙灯	1500～20000	20～37	500～1000	90～94	1～2s	瞬时	0.4～0.9	明显
金属卤化物灯	400～1000	60～80	2000	65～85	4～8min	10～15	0.4～0.61	明显

13.3.1.3 光源类型的选择

① 选用的照明光源应符合国家现行相关标准的有关规定。

② 选择光源时，应在满足显色性、启动时间等要求条件下，根据光源、灯具及镇流器等的效率、寿命和价格在进行综合技术经济分析比较后确定。

③ 照明设计时可按下列条件选择光源。

a. 高度较低房间，如办公室、教室、会议室及仪表、电子等生产车间宜采用细管径直管型荧光灯。

b. 商店营业厅宜采用细管径直管型荧光灯、紧凑型荧光灯或小功率的金属卤化物灯。

c. 高度较高的工业厂房，应按照生产使用要求，采用金属卤化物灯或高压钠灯，亦可采用大功率细管径荧光灯。

d. 一般照明场所不宜采用荧光高压汞灯，不应采用自镇流荧光高压汞灯。

e. 一般情况下，室内外照明不应采用普通照明白炽灯；在特殊情况下需采用时，其额定功率不应超过100W。

④ 下列工作场所可采用白炽灯：

a. 要求瞬时启动和连续调光的场所，使用其他光源技术经济不合理时；

b. 对防止电磁干扰要求严格的场所；

c. 开关灯频繁的场所；

d. 照度要求不高，且照明时间较短的场所；

e. 对装饰有特殊要求的场所。

⑤ 应急照明应选用能快速点燃的光源。

⑥ 应根据识别颜色要求和场所特点，选用相应显色指数的光源。

13.3.2 照明灯具的选择与布置

13.3.2.1 常用灯具的类型

（1）按灯具配光特性分类

按照灯具的配光特性分类有两种分类方法。

一种是国际照明委员会（CIE）提出的分类法，CIE 分类法根据灯具向下和向上投射的光通量百分比，将灯具分为以下 5 种类型。

① 直接照明型——灯具向下投射的光通量占总光通量的 90%～100%，而向上投射的光通量极少。

② 半直接照明型——灯具向下投射的光通量占总光通量的 60%～90%，向上投射的光通量只有 10%～40 %。

③ 均匀漫射型——灯具向下投射的光通量与向上投射的光通量差不多相等，各为 40%～60%之间。

④ 半间接照明型——灯具向上投射的光通占总光通量的 60%～90%，向下投射的光通量只有 10%～40 %。

⑤ 间接照明型——灯具向上投射的光通量占总光通量的 90%～100%，而向下投射的光通量极少。

另一种是传统的分类法，传统分类法根据灯具的配光曲线形状，将灯具分为以下 5 种类型（参看图 13-13）。

① 正弦分布型——其发光强度是角度的正弦函数，并且在 $\theta=90°$时（水平方向）发光强度最大。

② 广照型——其最大发光强度分布在较大角度上，可在较广的面积上形成均匀的照度。

③ 漫射型——其各个角度（方向）的发光强度基本一致。

④ 配照型——其发光强度是角度的余弦函数，并且在 $\theta=0°$时（垂直向下方向）发光强度最大。

⑤ 深照型——其光通量和最大发光强度值集中在 0°～30°的狭小立体角内。

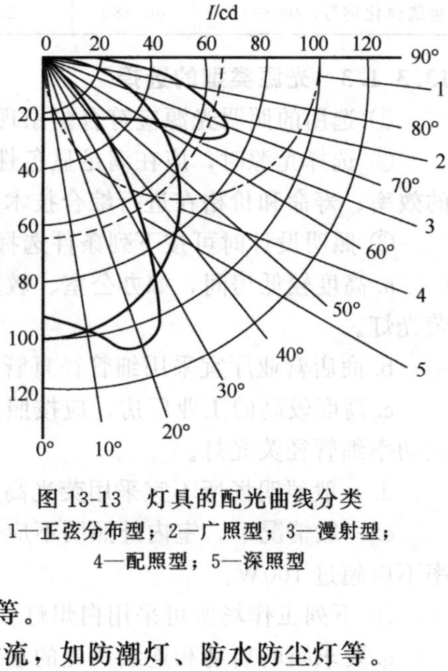

图 13-13 灯具的配光曲线分类

1—正弦分布型；2—广照型；3—漫射型；4—配照型；5—深照型

（2）按灯具的结构特点分类

按灯具的结构特点可分为以下 5 种类型。

① 开启型——其光源与灯具外界的空间相通，例如通常使用的配照灯、广照灯、深照灯等。

② 闭合型——其光源被透明罩包合，但内外空气仍能流通，如圆球灯、双罩型（又称万能型）灯和吸顶灯等。

③ 密闭型——其光源被透明罩密封，内外空气不能对流，如防潮灯、防水防尘灯等。

④ 增安型——其光源被高强度透明罩密封，且灯具能承受足够的压力，能安全地应用在有爆炸危险介质的场所，亦称“防爆型”。

⑤ 隔爆型——其光源也被高强度透明罩密封，但不是靠其密封性来防爆，而是在其灯座的法兰与灯罩的法兰之间有一隔爆间隙。当气体在灯罩内部爆炸时，高温气体经过隔爆间隙被充分冷却，从而不致引起外部爆炸性混合气体爆炸，因此隔爆型灯也能安全地应用在有爆炸危险介质的场所。

图 13-14 是常用的几种灯具的外形和图形符号，供参考。

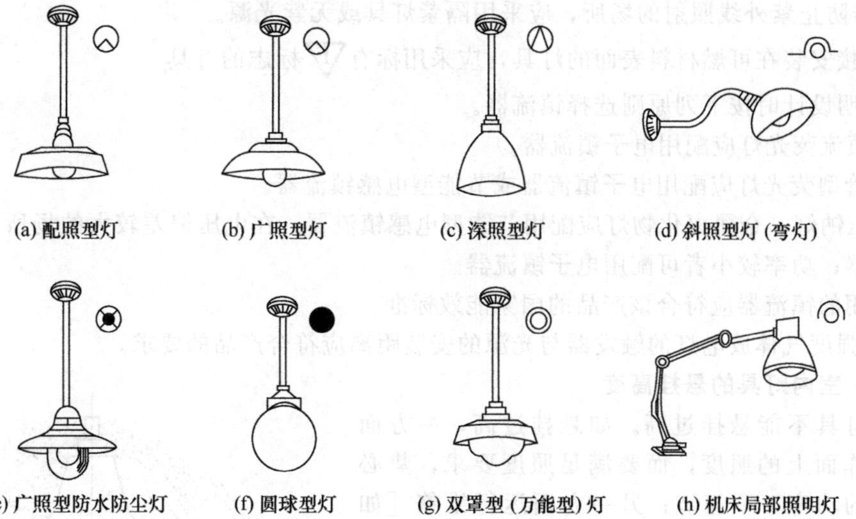

图 13-14　常用的几种灯具

13.3.2.2　常用灯具的选择

① 选用的照明灯具应符合国家现行相关标准 GB/T 50034—2004《建筑照明设计标准》的有关规定。

② 在满足眩光限制和配光要求条件下，应选用效率高的灯具，并应符合下列规定。

a. 荧光灯灯具的效率不应低于表 13-24 的规定。

b. 高强度气体放电灯灯具的效率不应低于表 13-25 的规定。

表 13-24　荧光灯灯具的效率

灯具出光口形式	开敞式	保护罩（玻璃或塑料）		格栅
		透明	磨砂、棱镜	
灯具效率	75%	65%	55%	60%

表 13-25　高强度气体放电灯灯具的效率

灯具出光口形式	开敞式	格栅或透光罩
灯具效率	75%	60%

③ 根据照明场所的环境条件，分别选用下列灯具。

a. 在潮湿的场所，应采用相应防护等级的防水灯具或带防水灯头的开敞式灯具。

b. 在有腐蚀性气体或蒸汽的场所，宜采用防腐蚀密闭式灯具。若采用开敞式灯具，各部分应有防腐蚀或防水措施。

c. 在高温场所，宜采用散热性能好、耐高温的灯具。

d. 在有尘埃的场所，应按防尘的相应防护等级选择适宜的灯具。

e. 在装有锻锤、大型桥式吊车等振动摆动较大场所使用的灯具，应有防振和防脱落措施。

f. 在易受机械损伤、光源自行脱落可能造成人员伤害或财物损失场所使用的灯具，应有防护措施。

g. 在有爆炸或火灾危险场所使用的灯具，应符合国家现行相关标准和规范——GB/T 50058—1992 的有关规定（详见 GB/T 50058—1992 表 2.5.3-4 和表 4.3.4）。

h. 在有洁净要求的场所，应采用不易积尘、易于擦拭的洁净灯具。

i. 在需防止紫外线照射的场所，应采用隔紫灯具或无紫光源。

④ 直接安装在可燃材料表面的灯具，应采用标有 F 标志的灯具。

⑤ 照明设计时按下列原则选择镇流器。

a. 自镇流荧光灯应配用电子镇流器。

b. 直管型荧光灯应配用电子镇流器或节能型电感镇流器。

c. 高压钠灯、金属卤化物灯应配用节能型电感镇流器；在电压偏差较大的场所，宜配用恒功率镇流器；功率较小者可配用电子镇流器。

d. 采用的镇流器应符合该产品的国家能效标准。

⑥ 高强度气体放电灯的触发器与光源的安装距离应符合产品的要求。

13.3.2.3　室内灯具的悬挂高度

室内灯具不能悬挂过高。如悬挂过高，一方面降低了工作面上的照度，而要满足照度要求，势必增大光源的功率，不经济；另一方面运行维修［如擦拭或更换光源（灯泡）］也不方便。室内灯具也不能悬挂过低。如悬挂过低，一方面容易被人碰撞，不安全；另一方面会产生眩光，影响人的视觉。

室内一般照明灯具距离地面的最低悬挂高度可参考机械工业行业标准《机械工厂电力设计规范》(JBJ 6—1996)，其要求如表 13-26 所示，供照明设计参考。

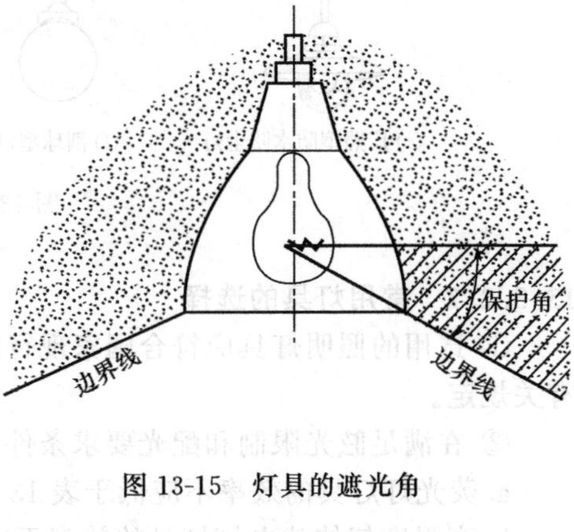

图 13-15　灯具的遮光角

表中所列灯具的遮光角（又称保护角）的含义，如图 13-15 所示。它是指光源最边缘的一点和灯具出光口的连线与通过裸光源发光中心的水平线之间的夹角，遮光角表征灯具的光线被灯罩遮盖的程度，也表征避免灯具对人眼直射眩光的范围。

13.3.2.4　室内灯具的布置

室内灯具的布置，与房间的结构及对照明的要求有关，既要实用经济，又要尽可能地协调美观。车间内一般照明灯具，通常有两种布置方案。

① 均匀布置　灯具在整个房间内均匀分布，其布置方案与设备的具体位置无关，如图 13-16 (a) 所示。

② 选择布置　灯具的布置方案与生产设备的位置有关。大多按工作面对称布置，力求使工作面获得最有利的光照并消除阴影，如图 13-16 (b) 所示。

由于均匀布置较之选择布置更为美观，而且使整个房间的照度较为均匀，所以在既有一般照明又有局部照明的场所，其一般照明宜采用均匀布置。

表 13-26 室内一般照明灯具距离地面的最低悬挂高度

光源种类	灯具形式	灯具遮光角	光源功率/W	最低悬挂高度/m
白炽灯	有反射罩	10°～30°	≤100	2.5
			150～200	3.0
			300～500	3.5
	乳白玻璃漫射罩	—	≤100	2.2
			150～200	2.5
			300～500	3.0
荧光灯	无反射罩	—	≤40	2.2
			>40	3.0
	有反射罩	—	≤40	2.2
			>40	2.2
荧光高压汞灯	有反射罩	10°～30°	<125	3.5
			125～250	5.0
			≥400	6.0
	有反射罩带格栅	>30°	<125	3.0
			125～250	4.0
			≥400	5.0
金属卤化物灯 高压钠灯 混光光源	有反射罩	10°～30°	<150	4.5
			150～250	5.5
			250～400	6.5
			>400	7.5
	有反射罩带格栅	>30°	<150	4.0
			150～250	4.5
			250～400	5.5
			>400	6.5

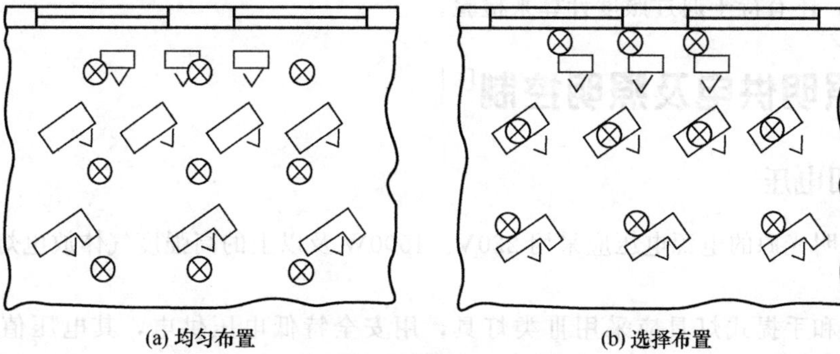

(a) 均匀布置　　(b) 选择布置

图 13-16 车间内一般照明灯具的两种布置方案

图例：⊗灯具位置；√工作位置

均匀布置的灯具可有两种排列方式：①灯具排列成矩形（含正方形），如图 13-17（a）所示。矩形布置时，应尽量使 l 与 l' 相接近；②灯具排列成菱形，如图 13-17（b）所示。等边三角形的菱形布置，即 $l'=\sqrt{3}l$ 时，照度分布最为均匀。

灯具间的距离，应按灯具的光强分布、悬挂高度、房屋结构及照度标准等多种因素而定。为了使工作面上获得较均匀的照度，应选择合理的“距高比”，即灯间距离 l 与灯在工作面上的悬挂高度 h 之比，一般不要超过各类灯具所规定的最大距高比。

例如：GC1-A、B-2G 型工厂配照灯（G—工厂灯具；C—厂房照明；1—设计序号；A—直杆吊灯；B—吊链灯；2—尺寸代号；G—光源为高压汞灯）的最大允许距高比查表 13-27 可得为 1.35，其余灯具的最大距高比可参看有关设计手册。

从使整个房间获得较为均匀的照度考虑，靠边缘的一列灯具离墙的距离 l''（如图 13-17 所示）为：靠墙有工作面时，可取 $l''=(0.25\sim0.3)l$；靠墙为通道时，可取 $l''=(0.4\sim0.6)l$。其中 l 为两灯间的距离（对矩形布置的灯具，可取其纵向和横向灯距的几何平均值）。

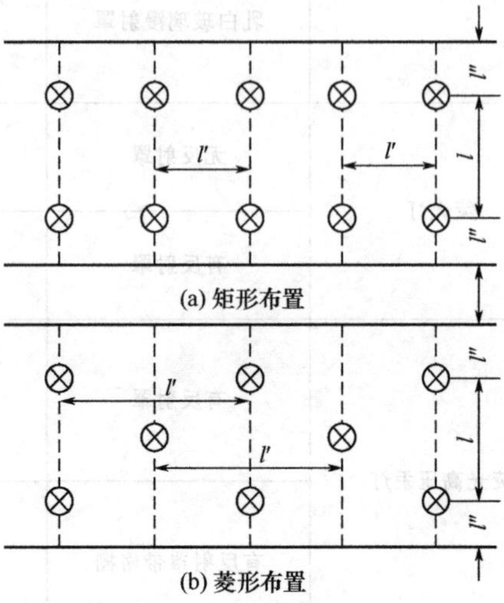

图 13-17　灯具的均匀布置（虚线表示桁架）

【例 13-1】　某车间的平面面积为 $36\times18\text{m}^2$，桁架跨度 18m，桁架之间相距 6m，桁架下弦离地高度为 5.5m，工作面离地 0.75m。拟采用 GC1-A-2G 型工厂配电灯（内装 220V，125W 荧光高压汞灯即 GGY-125 型）作车间的一般照明。试初步确定灯具的布置方案。

解　根据车间建筑结构，照明灯具宜悬挂在桁架上。如灯具下吊 0.5m，则灯具离地高度为 5.5m－0.5m＝5m，这一高度符合表 13-26 规定的最低悬挂高度要求。

由于工作面离地 0.75m，故灯具离工作面上的悬挂高度 $h=5\text{m}-0.75\text{m}=4.25\text{m}$，而由前述可知，这种灯具的最大允许距高比为 1.35，因此较合理的灯间距离为：

$$l\leqslant1.35h=1.35\times4.25\text{m}=5.7\text{m}$$

根据车间的结构和以上计算所得的较为合理的灯距，初步确定灯具布置方案如图 13-18 所示。该方案的灯距（几何平均值）$l=\sqrt{4.5\times6}\ \text{m}=5.2\text{m}<5.7\text{m}$，符合要求。但是此方案是否满足照度要求，还有待于通过照度计算来检验。

13.4 照明供电及照明控制[2]

13.4.1 照明电压

① 一般照明光源的电源电压应采用 220V。1500W 及以上的高强度气体放电灯的电源电压宜采用 380V。

② 移动式和手提式灯具应采用Ⅲ类灯具，用安全特低电压供电，其电压值应符合以下要求：

a. 在干燥场所不大于 50V；

表 13-27　GC1-A、B-2G 型工厂配照灯的主要技术数据和计算图表

1. 主要规格数据

光源型号	光源功率	光源光通量	遮光角	灯具效率	最大距高比
GGY-125	125W	4750lm	0°	66%	1.35

2. 灯具外形及其配光曲线

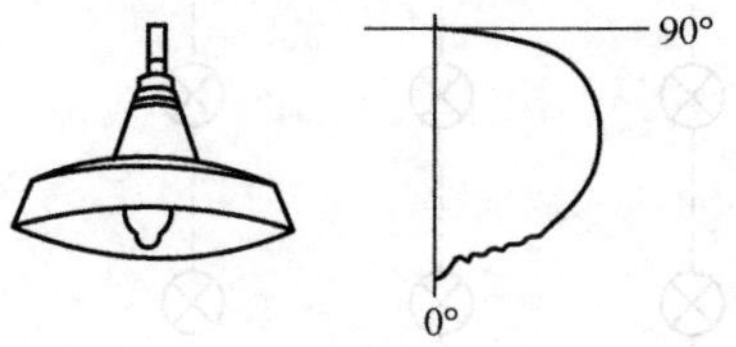

3. 灯具利用系数 u

顶棚反射比 ρ_c/%		70			50			30			0
墙壁反射比 ρ_w/%		50	30	10	50	30	10	50	30	10	10
室空间比(RCR) 地面反射比 (ρ_f=20%)	1	0.66	0.64	0.61	0.64	0.61	0.59	0.61	0.59	0.57	0.54
	2	0.57	0.53	0.49	0.55	0.51	0.48	0.52	0.49	0.47	0.44
	3	0.49	0.44	0.40	0.47	0.43	0.39	0.45	0.41	0.38	0.36
	4	0.43	0.38	0.33	0.42	0.37	0.33	0.40	0.36	0.32	0.30
	5	0.38	0.32	0.28	0.37	0.31	0.27	0.35	0.31	0.27	0.25
	6	0.34	0.28	0.23	0.32	0.27	0.23	0.31	0.27	0.23	0.21
	7	0.30	0.24	0.20	0.29	0.23	0.19	0.28	0.23	0.19	0.18
	8	0.27	0.21	0.17	0.26	0.21	0.17	0.25	0.20	0.17	0.15
	9	0.24	0.19	0.15	0.23	0.18	0.15	0.23	0.18	0.15	0.13
	10	0.22	0.16	0.13	0.21	0.16	0.13	0.21	0.16	0.13	0.11

4. 灯具概算图表

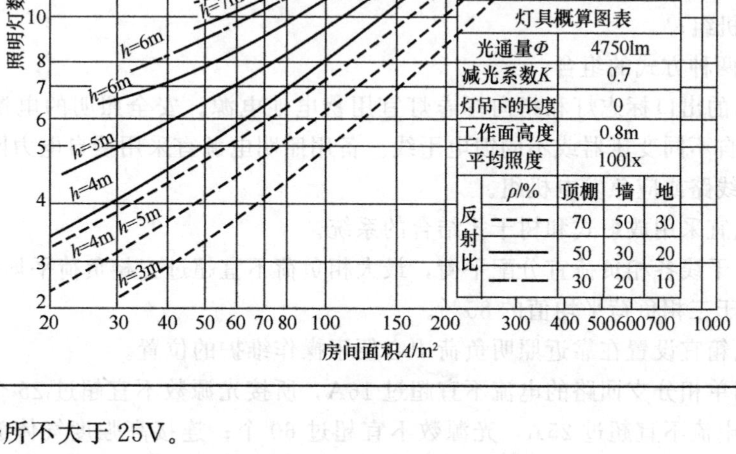

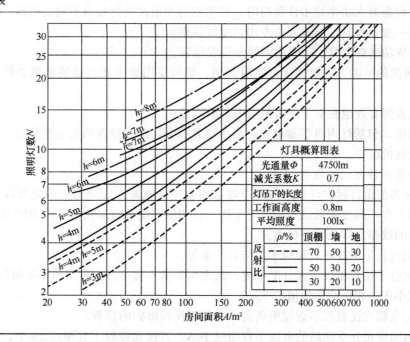

b. 在潮湿场所不大于 25V。

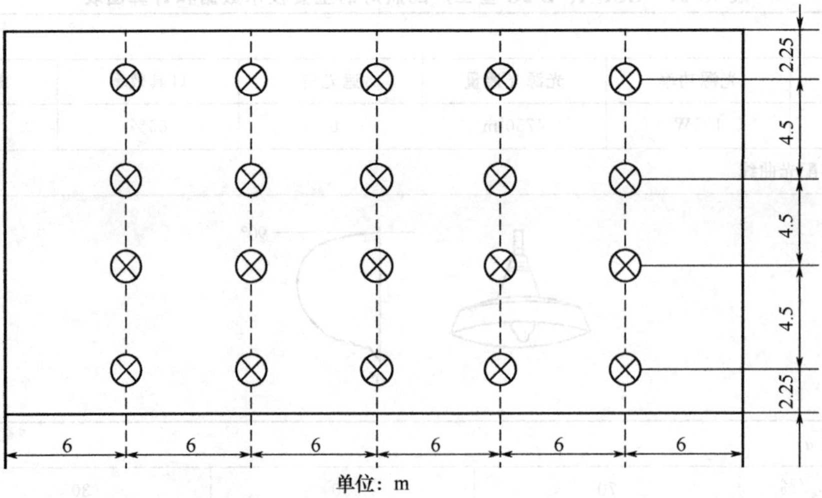

图 13-18 例 13-1 灯具布置方案

③ 照明灯具的端电压不宜大于其额定电压的 105%，亦不宜低于其额定电压的下列数值：

a. 一般工作场所——95%；

b. 远离变电所的小面积一般工作场所难以满足第①款要求时，可为 90%；

c. 应急照明和用安全特低电压供电的照明——90%。

13.4.2 照明配电系统

① 供照明用的配电变压器的设置应符合下列要求。

a. 电力设备无大功率冲击性负荷时，照明和电力宜共用变压器。

b. 当电力设备有大功率冲击性负荷时，照明宜与冲击性负荷接自不同变压器；如条件不允许，需接自同一变压器时，照明应由专用馈电线供电。

c. 照明安装功率较大时，宜采用照明专用变压器。

② 应急照明的电源，应根据应急照明类别、场所使用要求和该建筑电源条件，采用下列方式之一：

a. 接自电力网有效地独立于正常照明电源的线路；

b. 蓄电池组，包括灯内自带蓄电池、集中设置或分区集中设置的蓄电池装置；

c. 应急发电机组；

d. 以上任意两种方式的组合。

③ 疏散照明的出口标志灯和指向标志灯宜用蓄电池电源。安全照明的电源应和该场所的电力线路分别接自不同变压器或不同馈电干线。备用照明电源宜采用接自电力网有效地独立于正常照明电源的线路或应急发电机组。

④ 照明配电宜采用放射式和树干式结合的系统。

⑤ 三相配电干线各相负荷宜分配平衡，最大相负荷不宜超过三相负荷平均值的 115%，最小相负荷不宜小于三相负荷平均值的 85%。

⑥ 照明配电箱宜设置在靠近照明负荷中心便于操作维护的位置。

⑦ 每一照明单相分支回路的电流不宜超过 16A，所接光源数不宜超过 25 个；连接建筑组合灯具时，回路电流不宜超过 25A，光源数不宜超过 60 个；连接高强度气体放电灯的单相分

支回路的电流不应超过 30A。

⑧ 插座不宜和照明灯接在同一分支回路。

⑨ 在电压偏差较大的场所，有条件时，宜设置自动稳压装置。

⑩ 供给气体放电灯的配电线路宜在线路或灯具内设置电容补偿，功率因数不应低于 0.9。

⑪ 在气体放电灯的频闪效应对视觉作业有影响的场所，应采用下列措施之一：

a. 采用高频电子镇流器；

b. 相邻灯具分接在不同相序。

⑫ 当采用Ⅰ类灯具时，灯具的外露可导电部分应可靠接地。

⑬ 安全特低电压供电应采用安全隔离变压器，其二次侧不应作保护接地。

⑭ 居住建筑应按户设置电能表；工厂在有条件时宜按车间设置电能表；办公楼宜按租户或单位设置电能表。

⑮ 配电系统的接地方式、配电线路的保护，应符合国家现行相关标准的有关规定。

13.4.3 导体选择

① 照明配电干线和分支线，应采用铜芯绝缘电线或电缆，分支线截面积不应小于 1.5mm^2。

② 照明配电线路应按负荷计算电流和灯端允许电压值选择导体截面积。

③ 主要供给气体放电灯的三相配电线路，其中性线截面应满足不平衡电流及谐波电流的要求，且不应小于相线截面。

④ 接地线截面选择应符合国家现行标准的有关规定。

13.4.4 照明控制

① 公共建筑和工业建筑的走廊、楼梯间、门厅等公共场所的照明，宜采用集中控制，并按建筑使用条件和天然采光状况采取分区、分组控制措施。

② 体育馆、影剧院、候机厅、候车厅等公共场所应采用集中控制，并按需要采取调光或降低照度的控制措施。

③ 旅馆的每间（套）客房应设置节能控制型总开关。

④ 居住建筑有天然采光的楼梯间、走道的照明，除应急照明外，宜采用节能自熄开关。

⑤ 每个照明开关所控光源数不宜太多。每个房间灯的开关数不宜少于 2 个（只设置 1 只光源的除外）。

⑥ 房间或场所装设有两列或多列灯具时，宜按下列方式分组控制：

a. 所控灯列与侧窗平行；

b. 生产场所按车间、工段或工序分；

c. 电化教室、会议厅、多功能厅、报告厅等场所，按靠近或远离讲台分组。

⑦ 有条件的场所，宜采用下列控制方式：

a. 天然采光良好的场所，按该场所照度自动开关灯或调光；

b. 个人使用的办公室，采用人体感应或动静感应等方式自动开关灯；

c. 旅馆门厅、电梯大堂和客房层走廊等场所，采用夜间定时降低照度的自动调光装置；

d. 大中型建筑，按具体条件采用集中或集散的、多功能或单一功能的自动控制系统。

13.5 照度计算[61,65,67]

在灯具的形式、悬挂高度及布置方案初步确定之后，就应该根据初步拟定的照明方案计算工作面上的照度，检验是否符合照度标准的要求；也可以在初步确定灯具形式和悬挂高度之后，根据工作面上的照度标准要求来确定灯具数目，然后确定布置方案。

照度的计算方法，有利用系数法、概算曲线法、比功率法和逐点计算法等。前三种计算法只用于计算水平工作面上的照度，其中概算曲线法实质是利用系数法的实用简化；而最后一种计算方法——逐点计算法则可用于计算任一倾斜面包括垂直面上的照度。

13.5.1 利用系数法

（1）利用系数的概念

照明光源的利用系数，是表征照明光源的光通量有效利用程度的一个参数，用投射到工作面上的光通量 Φ_e（包括直射光通量和其他各方向反射到工作面上的光通量）与全部光源发出的光通量 $n\Phi$ 之比（Φ 为每一光源的光通量，n 为光源数）来表示，即

$$u=\Phi_e/n\Phi \tag{13-7}$$

利用系数 u 与下列因素有关。

① 与灯具的形式、光效和配光特性曲线有关。灯具的光效越高，光通量越集中，其利用系数也越高。

② 与灯具的悬挂高度有关。灯具悬挂得越高，工作面上反射的光通量就越多，其利用系数也越高。

③ 与房间的面积和形状有关。房间的面积越大，越接近于正方形，工作面上直射的光通量越多，其利用系数也越高。

④ 与墙壁、顶棚和地面的颜色和洁污情况有关。其颜色越浅，越洁净，则其反射比就越大，反射光通量越多，因此利用系数也越高。

（2）利用系数值的确定

利用系数值应按墙壁、顶棚和地面的反射比 ρ_w、ρ_c、ρ_f 及房间的受照空间特征来确定。房间的受照空间特征用“室空间比”（room cabin ratio，缩写为 RCR）来表征。

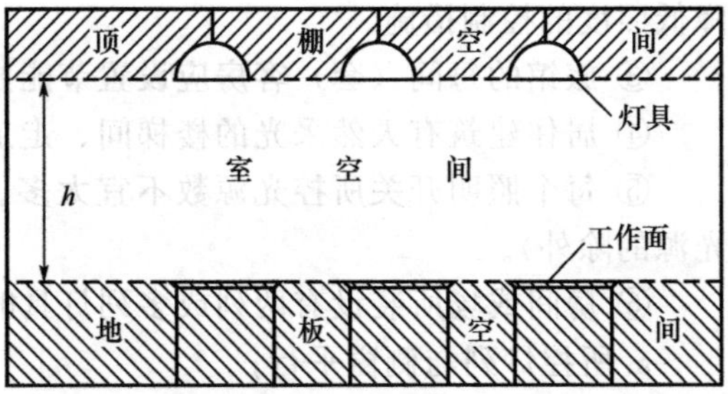

图 13-19 计算室空间比说明图

如图 13-19 所示，一个房间按照明情况不同可分为三个空间：上面为顶棚空间，即从顶棚至悬挂灯具开口平面间的空间；中间为室空间，即从灯具开口平面至工作面的空间；下面为地板空间，即从工作面以下至地板的空间。对于装设吸顶式或嵌入式灯具的房间，则不存在顶棚空间，对于以地面为工作面的房间，则不存在地板空间。

室空间比 RCR 按下式计算：

$$RCR=\frac{5h\ (l+b)}{lb} \tag{13-8}$$

式中，h 为室空间高度，即灯具离工作面的高度；l、b 分别为房间的长、宽。

(3) 按利用系数法计算工作面上的平均照度

由于灯具在使用期间，光源（灯泡）本身的光效要逐渐降低，灯具也会陈旧脏污，受照场所的墙壁、顶棚也有污损的可能，从而使工作面上的光通量有所减少，因此在计算工作面上实际的平均照度时，应计入一个小于 1 的"减光系数"（light loss factor，LLF，又称"维护系数"，见表 13-2）。因此，工作面上实际的平均照度为

$$E_{av}=\frac{uKn\Phi}{A} \tag{13-9}$$

式中，u 为利用系数；K 为减光系数（维护系数）；n 为受照房间灯的盏数；Φ 为每盏灯的额定光通量；A 为房间面积。

如果已知工作面上的平均照度标准值，即 E_{av}，并已确定灯具形式及光源类型、功率时，则可由下式确定灯具盏数：

$$n=\frac{AE_{av}}{uK\Phi} \tag{13-10}$$

【例 13-2】 试计算前述例 13-1 所初步确定的灯具布置方案（如图 13-18 所示）在工作面上的平均照度。

解 该车间的室空间比为

$$RCR=\frac{5h\ (l+b)}{lb}=\frac{5\times4.25\times\ (36+18)}{36\times18}=1.77$$

假设车间顶棚的反射比 $\rho_c=70\ \%$，墙壁的反射比 $\rho_w=50\ \%$，地面的反射比 $\rho_f=20\%$。因此可运用插入法由表 13-27 查得利用系数 $u=0.6$。又由表 13-2 查得维护系数 $K=0.7$，再由表 13-27 查得灯具光源 GGY-125 的额定光通量为 4750lm。而由图 13-18 知，灯数 $n=20$。因此按式（13-9）可求得该车间水平工作面的平均照度为

$$E_{av}=\frac{uKn\Phi}{A}=\frac{0.6\times0.7\times20\times4750}{36\times18}=61.57\text{lx}$$

13.5.2 概算曲线法

(1) 概算曲线简介

灯具的概算曲线是按照由利用系数法导出的公式（13-10）进行计算而绘制的被照房间面积与安装灯数之间的关系曲线，假设的条件是：被照水平工作面的平均照度为 100lx。

表 13-27 列出了 GC1-A、B-2G 型工厂配照灯的概算曲线图表，供参考。其他灯具的概算图表可查有关设计手册。

(2) 按概算曲线法进行灯数或照度计算

首先根据房屋的环境污染特征确定其墙壁、顶棚和地面的反射比 ρ_w、ρ_c、ρ_f，并求出该房间的水平面积 A。然后由相应的灯具概算曲线上查得对应的灯数 N。由于灯具概算曲线绘制依据的平均照度为 100lx，减光系数为某一值，均不一定与实际相符，因此实际需用的灯数 n 应按下式进行换算：

$$n=\frac{K'E_{av}}{100K}N \tag{13-11}$$

式中，E_{av} 为实际要求达到的平均照度值，lx；K' 为概算曲线绘制依据的减光系数（维护系数）；K 为灯具实际的减光系数（维护系数）。

【例 13-3】 试按灯具概算曲线法验算例 13-1 和例 13-2 所计算的工作面上的平均照度。

解 根据车间 $\rho_c=70\ \%$，$\rho_w=50\ \%$，$\rho_f=20\%$，$h=4.25\text{m}$，$A=36\times18=648\text{m}^2$ 去查表

13-27 的概算曲线，得 $N\approx30$。因此由式（13-11）可得

$$E_{av}=\frac{100nK}{K'N}=\frac{100\times20\times0.7}{0.7\times30}=66.67\text{lx}$$

计算结果与例 13-2 相近。

13.5.3 比功率法（单位容量法）

比功率就是单位面积上照明光源的安装功率，又称“单位容量”。在做方案设计或初步设计阶段，需要估算照明用电量，往往采用单位容量计算，在允许计算误差下，达到简化照明计算程序的目的。单位容量计算是以达到设计照度时 1m^2 需要安装的电功率（W/m^2）或光通量（lm/m^2）来表示。通常将其编制成计算表格，以便应用。

单位容量的基本公式如下：

$$P=P_0AE$$
$$\phi=\phi_0AE \tag{13-12}$$
$$P=P_0AEC_1C_2C_3$$

式中 P——在设计照度条件下房间需要安装的最低电功率，W；

P_0——照度为 1 lx 时的单位容量，W/m^2，其值查表 13-28，当采用高压气体放电光源时，按 40W 荧光灯的 P_0 值计算；

A——房间面积，m^2；

E——设计照度（平均照度），lx；

ϕ——在设计照度条件下房间需要的光源总光通量，lm；

ϕ_0——照度达到 1lx 时所需的单位光辐射量，lm/m^2；

C_1——当房间内各部分的光反射比不同时的修正系数，其值查表 13-29；

C_2——当光源不是 100W 的白炽灯或 40W 的荧光灯时的调整系数，其值查表 13-30；

C_3——当灯具效率不是 70% 时的校正系数，$\eta=60\%$，$C_3=1.22$，当 $\eta=50\%$，$C_3=1.47$。

表 13-28　单位容量 P_0 计算表

室空间比 *RCR* （室形指数 *RI*）	直接型配光灯具 $s\leqslant0.9h$	直接型配光灯具 $s\leqslant1.3h$	半直接型 配光灯具	均匀漫射型 配光灯具	半间接型 配光灯具	间接型 配光灯具
8.33 (0.6)	0.4308 0.0897 5.3846	0.4000 0.0833 5.0000	0.4308 0.0897 5.3846	0.4308 0.0897 5.3846	0.6225 0.1292 7.7783	0.7001 0.1454 7.7506
6.25 (0.8)	0.3500 0.0729 4.3750	0.3111 0.0648 3.8889	0.3500 0.0729 4.3750	0.3394 0.0707 4.2424	0.5094 0.1055 6.3641	0.5600 0.1163 7.0005
5.0 (1.0)	0.3111 0.0648 3.8889	0.2732 0.0569 3.4146	0.2947 0.0614 3.6842	0.2872 0.0598 3.5897	0.4308 0.0894 5.3850	0.4868 0.1012 6.0874
4.0 (1.25)	0.2732 0.0569 3.4146	0.2383 0.0496 2.9787	0.2667 0.0556 3.3333	0.2489 0.0519 3.1111	0.3694 0.0808 4.8280	0.3996 0.0829 5.0004
3.33 (1.5)	0.2489 0.0519 3.1111	0.2196 0.0458 2.7451	0.2435 0.0507 3.0435	0.2286 0.0476 2.8571	0.3500 0.0732 4.3753	0.3694 0.0808 4.8280

续表

室空间比 *RCR* (室形指数 *RI*)	直接型配光灯具 $s \leqslant 0.9h$	直接型配光灯具 $s \leqslant 1.3h$	半直接型配光灯具	均匀漫射型配光灯具	半间接型配光灯具	间接型配光灯具
2.5 (2.0)	0.2240 0.0467 2.8000	0.1965 0.0409 2.4561	0.2154 0.0449 2.6923	0.2000 0.0417 2.5000	0.3199 0.0668 4.0003	0.3500 0.0732 4.3753
2 (2.5)	0.2113 0.0440 2.6415	0.1836 0.0383 2.2951	0.2000 0.0417 2.5000	0.1836 0.0383 2.2951	0.2876 0.0603 3.5900	0.3113 0.0646 3.8892
1.67 (3.0)	0.2036 0.0424 2.5455	0.1750 0.0365 2.1875	0.1898 0.0395 2.3729	0.1750 0.0365 2.1875	0.2671 0.0560 3.3335	0.2951 0.0614 3.6845
1.43 (3.5)	0.1967 0.0410 2.4592	0.1698 0.0354 2.1232	0.1838 0.0383 2.2976	0.1687 0.0351 2.1083	0.2542 0.0528 3.1820	0.2800 0.0582 3.5003
1.25 (4.0)	0.1898 0.0395 2.3729	0.1647 0.0343 2.0588	0.1778 0.0370 2.2222	0.1632 0.0338 2.0290	0.2434 0.0506 3.0436	0.2671 0.0560 3.3335
1.11 (4.5)	0.1883 0.0392 2.3521	0.1612 0.0336 2.0153	0.1738 0.0362 2.1717	0.1590 0.0331 1.9867	0.2386 0.0495 2.9804	0.2606 0.0544 3.2578
1 (5.0)	0.1867 0.0389 2.3333	0.1577 0.0329 1.9718	0.1697 0.0354 2.1212	0.1556 0.0324 1.9444	0.2337 0.0485 2.9168	0.2542 0.0528 3.1820

注：1. 表中 s 为灯距，h 为计算高度。

2. 表中每格所列三个数字由上至下依次为：选用100W白炽灯的单位电功率（W/m^2）；选用40W荧光灯的单位电功率（W/m^2）；单位光辐射量（lm/m^2）。

3. 单位容量计算表是在比较各类常用灯具效率与利用系数关系的基础上，按照下列条件编制的：

① 室内顶棚反射比 ρ_c 为70%；墙面反射比 ρ_w 为50%；地板反射 ρ_f 为20%；

② 计算平均照度 E 为1lx，灯具维护系数 K 为0.7；

③ 白炽灯的光效为12.5lm/W（220V，100W），荧光灯的光效为60lm/W（220V，40W）；

④ 灯具效率不小于70%，当装有遮光格栅时不小于55%；

⑤ 灯具配光分类符合国际照明委员会的规定。

表 13-29 房间内各部分的光反射比不同时的修正系数 C_1

反射比	顶棚 ρ_c	0.7	0.6	0.4
	墙面 ρ_w	0.4	0.4	0.3
	地板 ρ_f	0.2	0.2	0.2
C_1		1	1.08	1.27

表 13-30 当光源不是100W的白炽灯或40W的荧光灯时的调整系数 C_2

光源类型及额定功率/W	白炽灯（220V）					卤钨灯（220V）			
	15	25	40	60	100	500	1000	1500	2000
C_2	1.7	1.42	1.34	1.19	1	0.64	0.6	0.6	0.6
额定光通量/lm	110	220	350	630	1250	9750	21000	31500	42000

续表

光源类型及额定功率/W	紧凑型荧光灯（220V）				紧凑型节能荧光灯（220V）				
	10	13	18	26	18	24	36	40	55
C_2	1.071	0.929	0.964	0.929	0.9	0.8	0.745	0.686	0.688
额定光通量/lm	560	840	1120	1680	1200	1800	2900	3500	4800
光源类型及额定功率/W	T5 荧光灯（220V）				T5 荧光灯（220V）				
	14	21	28	35	24	39	49	54	80
C_2	0.764	0.72	0.70	0.677	0.873	0.793	0.717	0.762	0.820
额定光通量/lm	1100	1750	2400	3100	1650	2950	4100	4250	5850
光源类型及额定功率/W	T8 荧光灯（220V）				荧光高压汞灯（220V）				
	18	30	36	58	50	80	125	250	400
C_2	0.857	0.783	0.675	0.696	1.695	1.333	1.210	1.181	1.091
额定光通量/lm	1260	2300	3200	5000	1770	3600	6200	12700	22000
光源类型及额定功率/W	金属卤化物灯（220V）								
	35	70	150	250	400	1000	2000		
C_2	0.636	0.700	0.709	0.750	0.750	0.750	0.600		
额定光通量/lm	3300	6000	12700	20000	32000	80000	200000		
光源类型及额定功率/W	高压钠灯（220V）								
	50	70	150	250	400	600	1000		
C_2	0.857	0.750	0.621	0.556	0.500	0.450	0.462		
额定光通量/lm	3500	5600	14500	27000	48000	80000	130000		

【例 13-4】 有一房间面积 A 为 $9\times6=54\text{m}^2$，房间高度为 3.6m。已知 $\rho_c=70\%$、$\rho_w=50\%$、$\rho_f=20\%$、$K=0.7$，拟选用 36W 普通单管荧光吊链灯，吊链长 0.6m，如要求设计照度 E 为 100lx，如何确定光源数量。

解 因普通单管荧光灯类属半直接型配光，因吊链长 0.6m，所以室空间比（此处没有计算地板空间）：

$$RCR=\frac{5h\ (l+b)}{lb}=\frac{5\times\ (3.6-0.6)\ \times\ (9+6)}{9\times6}=4.17$$

再从表 13-28 中可查得 $P_0=0.0556$。

则按式（13-12）：$P=P_0AEC_1C_2C_3=0.0556\times\ (9\times6)\ \times100\times1\times\ 0.675\times1=202.66\text{W}$

故光源数量 $n=202.66/36=5.63$ 盏。

根据实际情况拟选用 6 盏 36W 荧光灯。

13.5.4 逐点计算法

（1）点光源逐点计算法计算水平面照度

图 13-20 是点光源在计算点产生照度的示意图。图中，灯到工作面（计算点水平面）的距

离用 H 表示，称之为计算高度，灯到计算点的水平距离用 d 表示，假设灯泡的光通量为1000lm，灯在计算点水平面的照度可表示为

$$e=\frac{I'_{\theta}\cos^2\theta}{H^2} \tag{13-13}$$

式中　I'_{θ}——光通量为1000lm的假想灯泡在 θ 方向的光强，可从照明器产品样本中得到。

不难看出，在灯点很多的情况下，按上式计算必使设计周期加长，习惯上，都将上式转化为空间等照度曲线或表格，根据计算高度 H 和水平距离 d 直接查得 e。空间等照度曲线与灯具型号有关，如图13-21所示为某型号灯具的空间等照度曲线。

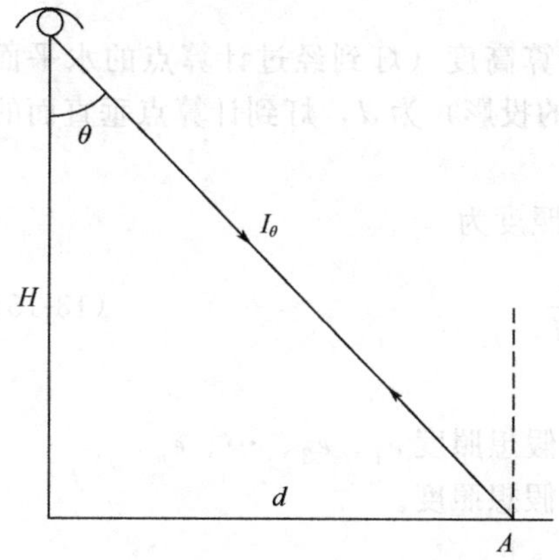

图13-20　电光源照射计算点的示意图

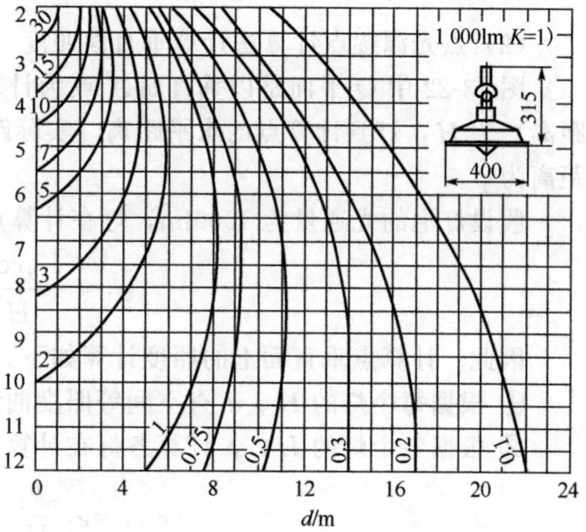

图13-21　某型号灯具的空间等照度曲线

上面的分析中存在的问题是：①图13-21所示的空间等照度曲线所查出的 e 是以光通量为1000lm的假想光源产生的假想照度，实际的灯泡光通量是 Φ 而不是1000lm；②在照明工程计算中都不是一个灯点，而是多个灯点，各灯点到计算点的 H、d 值不一定相同；③电光源产品样本上所给出的光通量不是最低值或寿命终结值，再加上环境污染，灯具实际的光通量将有所减小。

基于上述情况，修正后的点水平面照度 E_S 的计算步骤如下。

① 根据各灯相对于计算点的 H、d，由空间等照度曲线查出各灯在计算点的假想照度 e_1、e_2、…、e_n，求出总假想照度 $\sum e_i$。

② 计算点水平面照度为

$$E_S=\frac{\Phi}{1000K}\sum e_i \tag{13-14}$$

式中　Φ——实际使用的每个灯泡的光通量，lm；

$\sum e_i$——各个灯点根据其计算高度 H 和水平距离 d 查曲线所得的假想照度之和；

K——减光补偿系数，详见表13-31。

式(13-14)的含义是：先求出各灯点以光通量为1000lm的假想光源产生的假想照度之和 $\sum e_i$，再乘以 $\Phi/1000$ 换算为实际的照度。

表 13-31 照度减光补偿系数（参考值）

分类	环境污染特征	举 例	照度补偿系数 K	
			白炽灯、荧光灯、高压汞灯	卤钨灯
Ⅰ	有极少数量的尘埃（清洁）	仪器、仪表的装配车间、实验室等	1.3	1.2
Ⅱ	有少量的尘埃（一般）	机械加工、装配车间、发动机车间、焊接车间等	1.4～1.5	1.3～1.4
Ⅲ	有较多的尘埃（污染严重）	锻工、铸工车间等	1.5～1.6	1.4～1.5
Ⅳ	室　外	道路、堆场等	1.4～1.5	1.3～1.4

（2）点光源逐点计算法计算垂直面照度

图 13-22 中 Q 平面是以垂直面 A 点为计算点，灯的计算高度（灯到经过计算点的水平面距离）为 H，灯到计算点的水平距离（实际距离在水平面的投影）为 d，灯到计算点垂直面的距离为 p。

假设灯泡的光通量为 1000lm，灯在计算点垂直面上的照度为

$$e_{\perp}=\frac{I'_{\theta}\cos^{3}\theta}{H^{2}}\times\frac{p}{H}=e\,\frac{p}{H} \tag{13-15}$$

因此，计算点垂直面上的照度计算如下。

① 根据每个灯的 H、d 查空间等照度曲线，求水平面假想照度 e_1、e_2、…、e_n。

② 根据各个灯的 H、p 计算各灯在计算点垂直面上的假想照度。

$$\left.\begin{array}{l} e_{\perp 1}=e_1\,\dfrac{p_1}{H_1} \\ e_{\perp 2}=e_2\,\dfrac{p_2}{H_2} \\ \cdots\cdots \\ e_{\perp n}=e_n\,\dfrac{p_n}{H_n} \\ \sum e_{\perp i}=e_{\perp 1}+e_{\perp 2}+\cdots+e_{\perp n} \end{array}\right\} \tag{13-16}$$

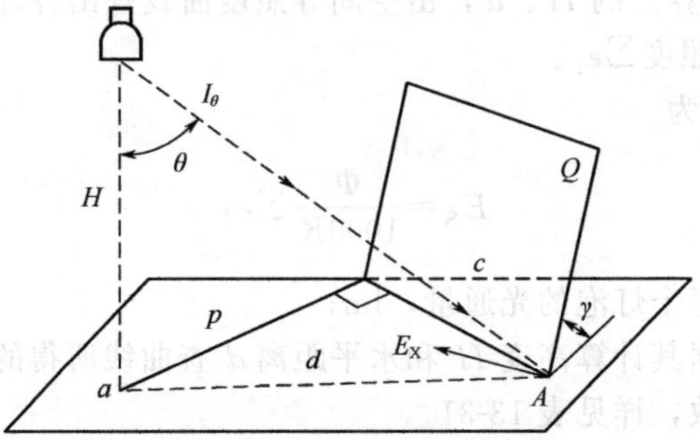

图 13-22　点光源照射垂直面计算点示意图

③ 垂直面上总照度为

$$E_{\perp}=\frac{\Phi}{1000K}\sum e_{\perp i} \tag{13-17}$$

式中 Φ—— 一个实际灯泡的光通量；

K——减光补偿系数。

(3) 线光源（荧光灯）逐点计算法

线光源的光强分布平面图如图 13-23 所示，线光源与计算点相对位置如图 13-24 所示。

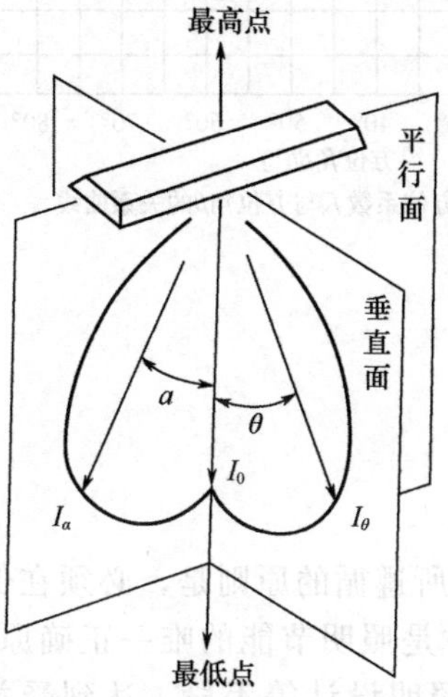

图 13-23 线光源的光强分布平面图

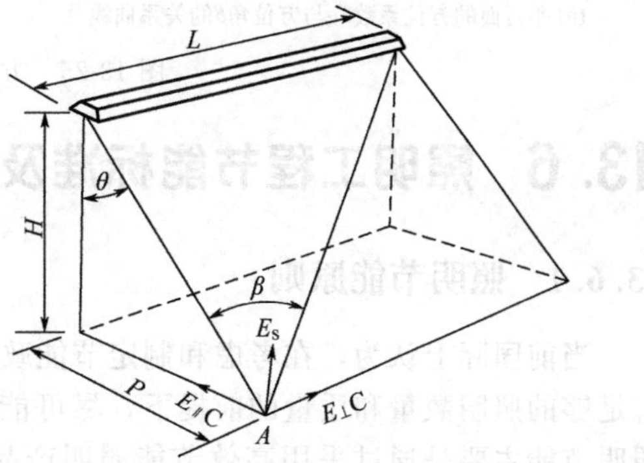

图 13-24 线光源水平面、垂直面上 A 点的照度计算图

水平面照度 E_S、被照面与光源平行时的垂直面照度 $E_{/\!/\perp}$、被照面与光源垂直时的垂直面照度 $E_{\perp\perp}$ 分别为

$$\left.\begin{aligned}E_S&=\frac{I_\theta}{1000KH}\left(\frac{\Phi}{L}\right)\cos^2\theta F_X\\E/\!/\perp&=\frac{I_\theta}{1000KH}\left(\frac{\Phi}{L}\right)\cos\theta\sin\theta F_X\\E\perp\perp&=\frac{I_\theta}{1000KH}\left(\frac{\Phi}{L}\right)\cos\theta f_X\end{aligned}\right\} \tag{13-18}$$

式中 I_θ——照明器的垂直面光强分布曲线中 θ 角方向的光强（cd），是光通量为 1000lm，长度为 1m 的假想灯管在垂直方向 θ 角的光强，可从灯具的产品样本中查得；

Φ/L——线光源单位长度的光通量，lm/m；

H——计算高度，m；

F_X，f_X——方位系数，可从图 13-25 查得。

在式（13-18）中，计算点在线光源端头的垂直平面上，而且是连续光源。对非上述情况可采取以下措施。

① 计算点在线光源中部垂直平面上，可将线光源分为二段分别计算。

② 灯端与经过计算点而垂直于线光源的垂面之间有空缺，可作为没空缺计算，然后减去空缺部分。

③ 光源不连续也可按上述方法计算。

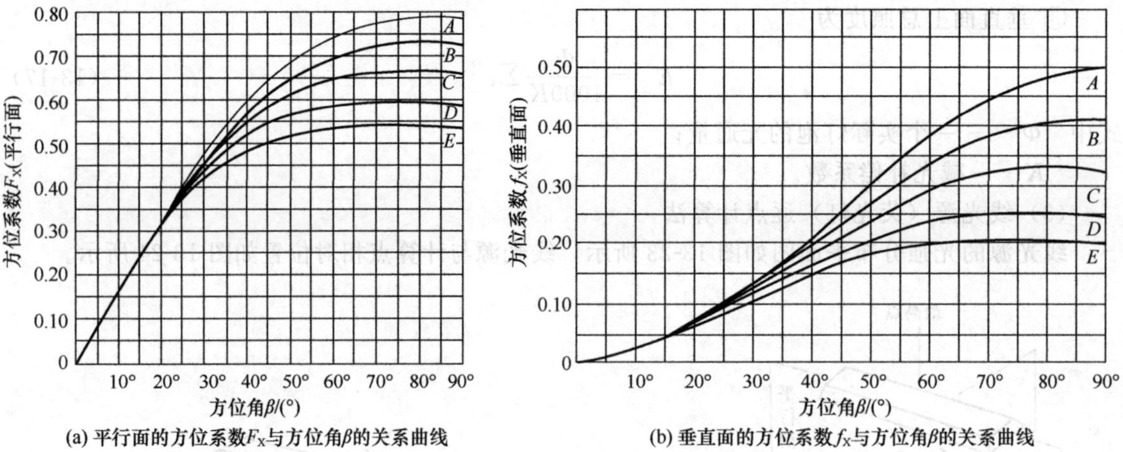

图 13-25 方位系数 F_X、f_X 曲线

13.6 照明工程节能标准及措施[2,61]

13.6.1 照明节能原则

当前国际上认为，在考虑和制定节能政策、法规和措施时，所遵循的原则是，必须在保证有足够的照明数量和质量的前提下，尽可能节约照明用电，这才是照明节能的唯一正确原则。照明节能主要是通过采用高效节能照明产品，提高质量，优化照明设计等手段，达到受益的目的。

为节约照明用电，一些发达国家相继提出节能原则和措施。如美国照明学会提出 12 条节能原则措施，日本照明普及会提出 7 条原则，均大同小异。现仅将国际照明委员会（CIE）所提的 9 条原则叙述如下：

① 根据视觉工作需要，决定照明水平；

② 得到所需照度的节能照明设计；

③ 在考虑显色性的基础上采用高光效光源；

④ 采用不产生眩光的高效率灯具；

⑤ 室内表面采用高反射比的材料；

⑥ 照明和空调系统的热结合；

⑦ 设置不需要时能关灯或灭灯的可变装置；

⑧ 不产生眩光和差异的人工照明同天然采光的综合利用；

⑨ 定期清洁照明器具和室内表面，建立换灯和维修制度。

进入 20 世纪 90 年代前后，一些国家先后制定照明节能的数量标准，对于节约照明用电在技术上立法，作为检验是否节能的评价依据。

照明节能是一项系统性的工程，要从提高整个照明系统的效率来考虑。照明光源的光线进入人的眼睛，最后引起光的感觉，这是一个复杂的物理、生理和心理过程，欲达到节能的目的，必须从组成节能系统的每个环节加以分析考虑，以提出节能的技术措施。

13.6.2 照明节能的主要技术措施

（1）正确选择照度标准值

新的国家 GB 50034—2004《建筑照明设计标准》修订了原标准的低、中、高三档照度范围值，根据CIE新照度标准的规定，只规定了一个固定的照度标准，其照度值基本与国际标准接轨。为了节约电能，在照明设计时，应根据工作、生产、学习和生活对视觉的要求确定照度，具体说要根据识别对象大小、亮度对比以及作业时间长短、识别速度、识别对象状态（静态或动态）、视看距离、年龄大小确定照度。在新照明标准中，根据视觉工作的特殊要求以及建筑等级和功能的不同，不论满足几种条件，可按照度标准值分级只能提高或降低一级的规定，即选用的照度值，贯彻该高则高或该低则低的原则。此外，还规定了设计的照度值与照度标准可有±10%的误差，使照度标准值的选择具有一定灵活性。

（2）合理选择照明方式

① 尽量采用混合照明　在照明要求高，但作业密度又不大的场所，若只装设一般照明，会大大增加照明安装功率，因而不节能，应采用混合照明方式，即用局部照明来提高作业面的照度，以节约能源，在技术经济方面是合理的。

② 采用分区一般照明　在同一场所不同区域有不同照度要求时，为节约能源，贯彻所选照度在该区该高则高和该低则低的原则，就应采用分区一般照明方式。

③ 采用加强照明　在高大的房间或场所可采用一般照明与加强照明相结合的方式，在上部设一般照明，在柱子或墙壁下部装壁灯照明，比单独采用一般照明更节能。

④ 采用高强度气体放电灯（HID灯）的间接照明　因HID灯光通量大、发光体积小，在低空间易产生照度不均匀和眩光。利用灯具将光线投向顶棚，再从顶棚反射到工作面上，没有照度不均匀、眩光和光幕反射等问题，照明质量提高，也不失为一种节电的照明方式。

⑤ 在设备或家具上装灯　照明灯具也可安装在设备或家具上，近距离照射，可提高照度，也是一种节能方式，还可采用高灯低挂的方式来节能。

（3）推广使用高光效照明光源

光源光效由高向低排序为低压钠灯、高压钠灯、金属卤化物灯、三基色荧光灯、普通荧光灯、紧凑型荧光灯、高压汞灯、卤钨灯、普通白炽灯。除光效外，选择光源还要考虑其显色性、色温、使用寿命、性价比等技术参数指标。

为节约电能，合理选用光源的主要措施如下。

① 尽量减少白炽灯的使用量　白炽灯因其安装使用方便，价格低廉，目前在我国使用较普遍，但白炽灯的光效低、寿命短、耗电高，应尽量减少其使用量。一般情况下，室内外照明不应采用普通白炽灯，在特殊情况下需采用时，不应采用100W以上的白炽灯。在防止电磁干扰、开关频繁、照度要求不高、点燃时间短和对装饰有特殊要求的场所，可采用白炽灯。

② 推广使用细管径（≤26mm）的T8或T5直管型荧光灯或紧凑型荧光灯　细管径直管型荧光灯光效高、启动快、显色性好，适用于办公室、教室、会议室、商店及仪表、电子等生产场所，特别是要推广使用稀土三基色荧光灯，因为我国照明标准对长时间有人的房间要求其显色指数大于80。荧光灯适用于高度较低（4～4.5m）的房间。选用细管径荧光灯比粗管径荧光灯节电约10%，选用中间色温4000K直管型荧光灯比6200K高色温直管型荧光灯约节电12%。紧凑型荧光灯光效较高、寿命长、显色性较好。

③ 积极推广高光效、长寿命的金属卤化物灯和高压钠灯　因金属卤化物灯具有光效高、寿命长、显色性好等特点，因而其应用量日益增长，特别适用于有显色性要求的高大（高于6m）厂房。采用高压钠灯光效更高，寿命更长，价格较低，但其显色性差，可用于辨色要求不高的场所，如锻工车间、炼铁车间、仓库等。

④ 逐步减少高压汞灯的使用　因高压汞灯光效较低、寿命也不太长、显色指数不高，故今后不宜大量推广使用，要减少使用量。不应采用光效低的自镇流高压汞灯。

⑤ 扩大发光二极管（LED）的应用　LED的特点是寿命长、光利用率高、耐振、温升低、

低电压、显色性好和节电。适用于装饰照明、建筑夜景照明、标志或广告照明、应急照明及交通信号灯等。目前5W LED灯的光效达40 lm/W，具有广阔的应用前景，是照明光源的革命性飞跃。

⑥ 选用符合节能评价值的光源　目前我国已制定了双端荧光灯、单端荧光灯、自镇流荧光灯、高压钠灯以及金属卤化物灯的能效标准，在选用照明光源时，应选用符合节能评价值的光源，以满足节能要求。

(4) 推广使用高效率节能灯具

推广使用高效率节能灯具具体措施如下。

① 选用高效率灯具　在满足眩光限制和配光要求条件下，荧光灯灯具效率不应低于：开敞式的为75%，带透明保护罩的为65%，带磨砂或棱镜保护罩的为55%和带格栅的为60%。高强度气体放电灯灯具效率不应低于：开敞式的为75%，格栅或透光罩的为60%，常规道路照明灯具不应低于70%，泛光灯具不应低于65%。

② 选用控光合理灯具　根据使用场所的条件，采用控光合理的灯具。如蝙蝠翼式配光灯具、块板式高效灯具等，块板式灯具可提高灯具效率5%～20%。

③ 选用光通量维持率好的灯具　如选用涂二氧化硅保护膜、反射器采用真空镀铝工艺和蒸镀银光学多层膜反射材料以及采用活性炭过滤器等，以提高灯具效率。

④ 选用光利用系数高的灯具　使灯具发射出的光通量最大限度地落在工作面上，利用系数值取决于灯具效率、灯具配光、室空间比和室内表面装修色彩等。

⑤ 尽量选用不带附件的灯具　灯具所配带的格栅、棱镜、乳白玻璃罩等附件引起光输出的下降，灯具效率降低约50%，电能消耗增加，不利于节能，因此最好选用开敞式直接型灯具。

⑥ 采用照明与空调一体化灯具　采用此灯具的目的在于在夏季时可将灯所产生的热量排出50%～60%，减少空调制冷负荷20%；在冬季利用灯所排出的热量，可降低供暖负荷，可节能10%。

(5) 积极推广电子镇流器

目前，我国部分气体放电灯仍在使用传统型电感镇流器，其优点是寿命长、可靠性高和价格低廉，其缺点是体积大、重量重、自身功率损耗大，约为灯功率的20%～25%，有噪声、功率因数低、灯频闪等，是一种不节能的镇流器。电子镇流器的优点是自身功耗低、高功率因数、灯光效率高、重量轻、体积小、启动可靠、无频闪、无噪声、可调光、允许电压偏差大等，缺点是价格相对较高。

(6) 积极利用天然光能

天然光取之不尽，用之不竭。在可能条件下，应该尽可能积极利用天然光能，以节约电能，其主要措施如下。

① 房间的采光系数或采光窗地面积比应符合《建筑采光设计标准》GB/T50033的有关规定。

② 有条件时，室内天然光照度，宜随室外天然光的变化自动调节人工照明照度。

③ 有条件时，宜利用各种导光和反光装置，将天然光引入室内进行照明。

④ 有条件时，宜利用太阳能作为照明能源。

(7) 建立合理的维护与管理制度

① 应以用户为单位计量和考核照明用电量。

② 条件许可时，应有专业人员负责照明维修和安全检查并做好维护记录，专职或兼职人员负责照明运行；应建立清洁光源和灯具的制度，并根据标准规定的次数定期擦拭；宜按照光

源的寿命或点亮时间、维持平均照度，定期更换光源；更换光源时，应采用与原设计或实际安装相同的光源，不得任意更换光源的主要性能参数。

③ 重要大型建筑主要场所的照明设施，应定期巡视和检查测试照度。

13.6.3 照明功率密度（LPD）限值

为了达到照明节能的目的，在新修订的照明设计标准中，专门规定了各种建筑房间或场所的最大允许照明功率密度值，作为建筑照明节能的评价指标。照明功率密度［Lighting Power Density（LPD）］是单位面积上的照明安装功率（包括光源、镇流器或变压器），单位为瓦特每平方米（W/m^2）。当房间或场所的照度高于或低于本标准规定的照度时，为了节电，其照明功率密度（LPD）应根据标准中所规定的数值按比例增减。在新标准中规定了居住、办公、商业、旅馆、医院、学校和工业建筑的照明功率密度限值，其值见表 13-32～表 13-38。除居住建筑外，其他建筑的照明功率密度值均为强制性的。此外，设装饰性灯具场所，可将实际采用的装饰性灯具总功率的 50%计入照明功率密度值计算。设有重点照明的商店营业厅，该楼层营业厅的照明功率密度值每平方米增加 5W。

表 13-32 居住建筑每户照明功率密度值

房间或场所	照明功率密度/(W/m^2)		对应照度值/lx
	现行值	目标值	
起居室	7	6	100
卧 室			75
餐 厅			150
厨 房			100
卫生间			100

表 13-33 办公建筑照明功率密度值

房间或场所	照明功率密度/(W/m^2)		对应照度值/lx
	现行值	目标值	
普通办公室	11	9	300
高档办公室、设计室	18	15	500
会议室	11	9	300
营业厅	13	11	300
文件整理、复印、发行室	11	9	300
档案室	8	7	200

表 13-34 商业建筑照明功率密度值

房间或场所	照明功率密度/(W/m^2)		对应照度值/lx
	现行值	目标值	
一般商店营业厅	12	10	300
高档商店营业厅	19	16	500
一般超市营业厅	13	11	300
高档超市营业厅	20	17	500

表 13-35 旅馆建筑照明功率密度值

房间或场所	照明功率密度/(W/m²)		对应照度值/lx
	现行值	目标值	
客房	15	13	—
中餐厅	13	11	200
多功能厅	18	15	300
客房层走廊	5	4	50
门厅	15	13	300

表 13-36 医院建筑照明功率密度值

房间或场所	照明功率密度/(W/m²)		对应照度值/lx
	现行值	目标值	
治疗室、诊室	11	9	300
化验室	18	15	500
手术室	30	25	750
候诊室、挂号厅	8	7	200
病房	6	5	100
护士站	11	9	300
药房	20	17	500
重症监护室	11	9	300

表 13-37 学校建筑照明功率密度值

房间或场所	照明功率密度/(W/m²)		对应照度值/lx
	现行值	目标值	
教室、阅览室	11	9	300
实验室	11	9	300
美术教室	18	15	500
多媒体教室	11	9	300

表 13-38 工业建筑照明功率密度值

房间或场所		照明功率密度/(W/m²)		对应照度值/lx
		现行值	目标值	
1.通用房间或场所				
实验室	一 般	11	9	300
	精 细	18	15	500
检 验	一 般	11	9	300
	精细，有颜色要求	27	23	750
计量室、测量室		18	15	500

续表

房间或场所		照明功率密度/(W/m²) 现行值	目标值	对应照度值/lx
变、配电站	配电装置室	8	7	200
	变压器室	5	4	100
电源设备室、发电机室		8	7	200
控制室	一般控制室	11	9	300
	主控制室	18	15	500
电话站、网络中心、计算机站		18	15	500
动力站	风机房、空调机房	5	4	100
	泵房	5	4	100
	冷冻站	8	7	150
	压缩空气站	8	7	150
	锅炉房、煤气站的操作层	6	5	100
仓库	大件库（如钢坯、钢材、大成品、气瓶）	3	3	50
	一般件库	5	4	100
	精细件库（如工具、小零件）	8	7	200
车辆加油站		6	5	100
2.机、电工业				
机械加工	粗加工	8	7	200
	一般加工，公差≥0.1mm	12	11	300
	精密加工，公差<0.1mm	19	17	500
机电、仪表装配	大件	8	7	200
	一般件	12	11	300
	精密	19	17	500
	特精密	27	24	750
电线、电缆制造		12	11	300
线圈绕制	大线圈	12	11	300
	中等线圈	19	17	500
	精细线圈	27	24	750
线圈浇注		12	11	300
焊接	一般	8	7	200
	精密	12	11	300
钣金		12	11	300
冲压、剪切		12	11	300
热处理		8	7	200

续表

房间或场所		照明功率密度/(W/m^2)		对应照度值/lx
		现行值	目标值	
铸　造	熔化、浇铸	9	8	200
	造型	13	12	300
精密铸造的制模、脱壳		19	17	500
锻工		9	8	200
电镀		13	12	300
喷　漆	一般	15	14	300
	精细	25	23	500
酸洗、腐蚀、清洗		15	14	300
抛光	一般装饰性	13	12	300
	精细	20	18	500
复合材料加工、铺叠、装饰		19	17	500
机电修理	一般	8	7	200
	精密	12	11	300

3.电子工业

房间或场所	现行值	目标值	对应照度值/lx
电子元器件	20	18	500
电子零部件	20	18	500
电子材料	12	10	300
酸、碱、药液及粉配制	14	12	300

注：房间或场所的室形指数值等于或小于1时，本表的照明功率密度值可增加20%。

第14章 电气传动

电气传动（electric drive，又称电力拖动），是用以实现生产过程机械设备电气化及自动控制的电气设备及系统的技术总称。许多机械设备诸如生产机械、牵引机械、日用电器、计算机及精密仪器等都是由电动机拖动完成运动控制，根据供电电源形式的不同，可分为直流传动和交流传动两类。电气传动是一个非常重要的工业应用领域。

14.1 电气传动系统的组成与分类[62]

电气传动系统由电动机、电源装置和控制装置三部分组成，它们各自有多种设备或线路可供选用。工业设计中应根据负荷性质、工艺要求及环境等条件选择电气传动方案。

14.1.1 电动机

(1) 电动机的类型

按电机电流类型分类，电动机的类型如下：

- 直流电动机
  - 励磁直流电动机
    - 他励电动机
    - 串励电动机
    - 复励电动机
  - 永磁直流电动机（小功率）
- 交流电动机
  - 异步电动机
    - 笼型电动机
    - 绕线转子电动机
  - 同步电动机
    - 普通同步电动机
      - 励磁式
      - 永磁式
    - 无换向器电动机
    - 磁阻电动机

(2) 电动机的自然机械特性

① 电动机的自然机械特性。电动机的自然机械特性如图 14-1 所示。

② 电动机的机械特性、计算公式及主要性能。

各类电动机的机械特性、计算公式及主要性能见表 14-1。

(3) 生产机械的负荷类型

负载特性指电气传动系统同一转轴上负载转矩与转速之间的关系，即 $T_L=f(n)$。不同类型的生产机械在运动中所受阻力性质不同，其负载特性曲线也不同，常分为下列三类。

① 恒转矩负载特性　此类负载特性的特点是：$T_L=$常数，且与转速变化无关。依据负载转矩与运动方向的关系，恒转矩负载又分为两种。

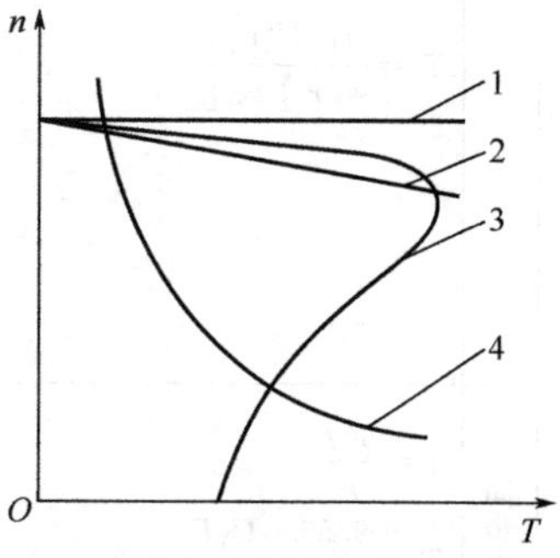

图 14-1　电动机的自然机械特性
1—同步电动机；2—他励直流电动机；3—异步电动机；4—串励直流电动机

表 14-1　电动机的机械特性、计算公式及主要性能

类型		特性公式	符号	特性曲线	性能
交流电动机	异步电动机	$P=m_1U_1I_1\cos\varphi$ $T=\dfrac{m_1}{\omega_s}\dfrac{U_1^2r_2's}{(r_1s+r_2')^2+s^2x_k^2}$ $s_{cr}=\dfrac{r_2'}{\sqrt{r_1^2+x_k^2}}$ $x_k=x_1+x_2'$ $T_{cr}=\dfrac{m_1U_1^2}{(\sqrt{r_1^2+x_k^2}+r_1)}$ $T=\dfrac{2T_{cr}(1+q)}{\dfrac{s}{s_{cr}}+\dfrac{s_{cr}}{s}+2q}$ $s_{cr}=s_N(\lambda_T+\sqrt{\lambda_T^2-1})$ $\lambda_T=T_{cr}/T_N$ $T_s=\dfrac{m_1}{\omega_s}\dfrac{U_1^2r_2'}{(r_1+r_2')^2+x_k^2}$ $s=\dfrac{\omega_s-\omega}{\omega_s}$ $\omega_s=\dfrac{2\pi n_s}{60}$ $n_s=\dfrac{60f_1}{p}$ $q=\dfrac{r_1}{\sqrt{r_1^2+x_k^2}}$ 大电机的 r_1 很小，可忽略，则 $s_{cr}\approx r_2'/x_k$ $T_{cr}\approx\dfrac{m_1U_1^2}{2\omega_sx_k}$ $T\approx\dfrac{2T_{cr}}{\dfrac{s}{s_{cr}}+\dfrac{s_{cr}}{s}}$ $T_s=\dfrac{m_1}{\omega_s}\dfrac{U_1^2r_2'}{r_2'^2+x_k^2}$	P—电磁功率，kW m_1—相数 U_1—定子相电压，V I_1—定子相电流，A $\cos\varphi$—功率因数 T—电磁转矩，N·m r_1—定子相电阻，Ω r_2'—折算到定子侧的转子相电阻，Ω x_1—定子电抗，Ω x_2'—折合到定子侧的转子电抗，Ω x_k—短路电抗，Ω s—转差率 s_N—额定转差率 s_{cr}—临界转差率 λ_T—转矩过载倍数 T_N—额定转矩，N·m T_{cr}—临界转矩，N·m T_s—启动转矩，N·m ω—角速度，1/s ω_s—同步角速度，1/s n_s—同步转速，r/min f_1—供电频率，Hz p—磁极对数 q—系数	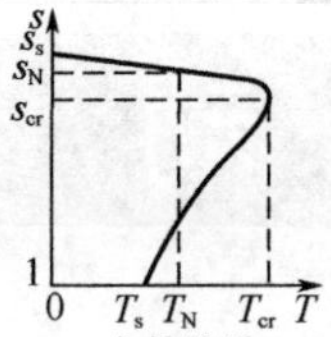 自然特性 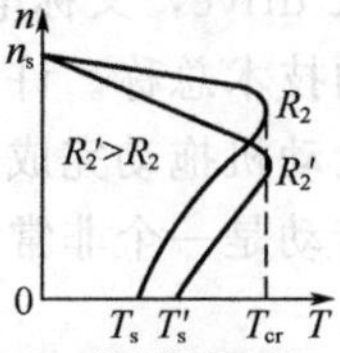 不同转子电阻 (U_1=常数) 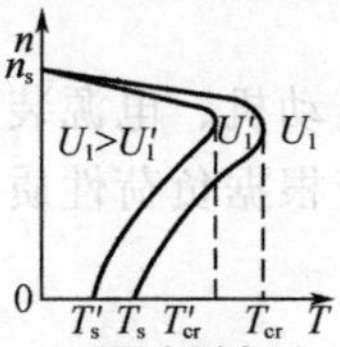 不同电源电压 (R_2=常数) 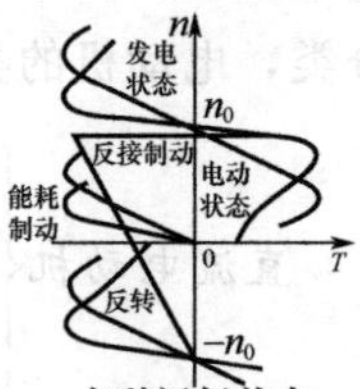 各种运行状态 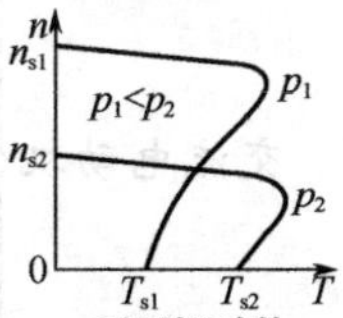 不同极对数 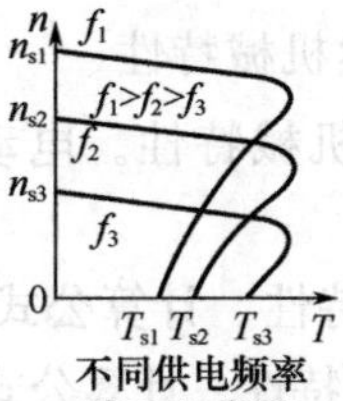 不同供电频率 (当U_1/f=常数)	笼型电动机：简单、耐用、可靠、易维护、价格低、特性硬，但启动和调速性能差，轻载时功率因数低。一般无调速要求的机械广泛采用。在变频电源供电下可平滑调速。变极数多速电动机，可分级变速调节，但体积大，价格较贵 绕线转子型电动机：因为有集电环，比笼型电动机维护麻烦，价格也稍贵，但由于其启动转矩大，启动时功率因数高，且可进行小范围的速度调节，控制设备简单，故广泛用于各种生产机械，尤其适用于电网容量小，启动次数多的机械，如提升机、起重机及轧钢机械等
	同步电动机	$n_s=\dfrac{60f}{p}$ $T_s=\dfrac{9.55m_1U_1E_0}{n_sx_s}\sin\theta$ $T_{max}=\dfrac{9.55m_1U_1E_0}{n_sx_s}$	E_0—空载电动势，V θ—电动势与电压的相角差 T_s—同步转矩，N·m x_s—同步电抗，Ω	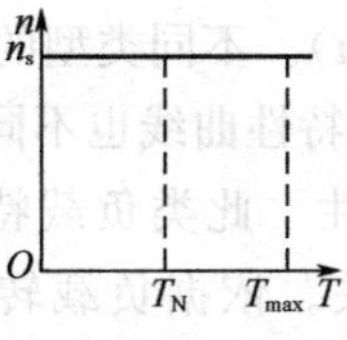 	一般不调速，也可变频调速

续表

类型	特性公式	符号	特性曲线	性能
直流电动机	$E=K_e\Phi n=C_e n$ $K_e=\dfrac{pN}{60a}$ $T=K_T\Phi I_a=C_T I_a$ $K_T=\dfrac{K_e}{1.03}$ $n=\dfrac{U-I_a(R_a+R)}{K_e\Phi}$ $n=\dfrac{U}{K_e\Phi}-\dfrac{R_e+R}{K_eK_T\Phi^2}T$ $T_N=9550\dfrac{P_N}{n_N}$	E—反电动势，V Φ—磁通，Wb K_e—电机电动势结构常数 K_T—电机转矩结构常数 N—电枢绕组的导体总数 a—电枢绕组的支路对数 I_a—电枢电流，A U—电枢电压，V T—电磁转矩，N·m R_a—电枢电阻，Ω R—电枢回路附加电阻，Ω T_N—额定转矩，N·m T_L—负载转矩，N·m P_N—额定功率，kW C_e—电机电动势常数 C_T—电机转矩常数	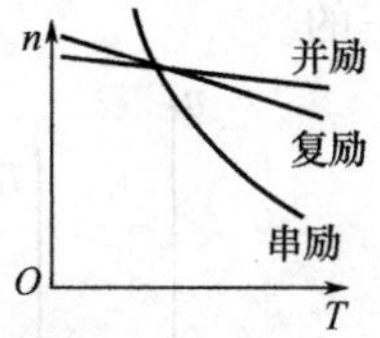 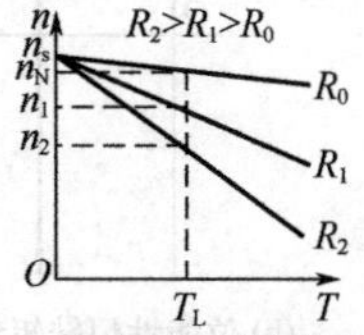 他励电动机改变电枢回路附加电阻 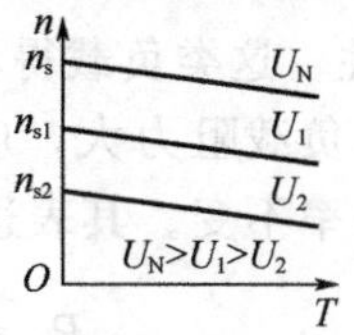 他励电动机改变电枢端电压 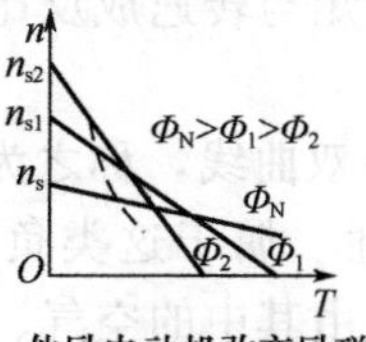 他励电动机改变励磁(虚线为恒功率调速) 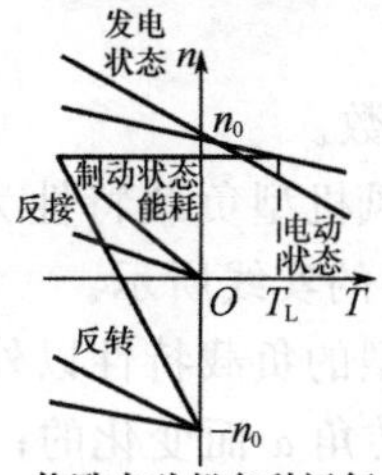 他励电动机各种运行状态	调速性能好，范围宽，采用电子控制，能充分适应各种机械负载特性需要，但其价格贵、维护复杂，且需直流电源，因此只在交流电动机不能满足调速要求时才采用。 串励直流电动机的特点是启动转矩大、过载能力大、特性软，适用于电力牵引机械和起重机械等。 复励直流电动机的启动转矩和过载能力比并励直流电动机大，但调速范围稍窄。接成积复励时，适用于启动转矩很大、负载具有强烈变化的设备

a. 反抗性恒转矩负载　反抗转矩又称摩擦转矩，是由摩擦、非弹性体的压缩、拉伸与扭转等作用产生的负载转矩。其特点是负载转矩的方向总是与运动方向相反，即总是阻碍运动的。当运动方向发生改变时，负载转矩的方向也随之改变。例如机床刀架的平移运动、金属的压延等。

按照转矩正方向的规定，对于反抗性恒转矩负载，当 n 为正方向时，T_L 与 n 的正方向相反，T_L 为正，特性曲线在第一象限；n 为反方向时，T_L 与 n 的正方向相同，T_L 为负，特性曲线在第三象限，如图 14-2（a）所示。

b. 位能性恒转矩负载　位能性负载转矩是由物体的重力和弹性体的压缩、拉伸与扭转等作用所产生的。其特点是负载转矩的作用方向恒定，与转速方向无关，它在某一方向阻碍运动，而在相反方向促进运动。例如，起重机提升或下放重物时，重物的重力所产生的负载转矩 T_L 总是作用在重物下降方向。设提升时转速 n 为正方向，则这时 T_L 作用方向与 n 相反，T_L 为正，负载特性在第一象限；若下降时 n 为反向，T_L 方向不变，虽与下降时 n 同向，但仍与 n

的正方向相反，故 T_L 仍为正，负载特性在第四象限，如图 14-2（b）所示。

综上所述，在运动方程式中，反抗负载转矩 T_L 的符号有时为正，有时为负，而位能负载转矩 T_L 的符号总是正的。

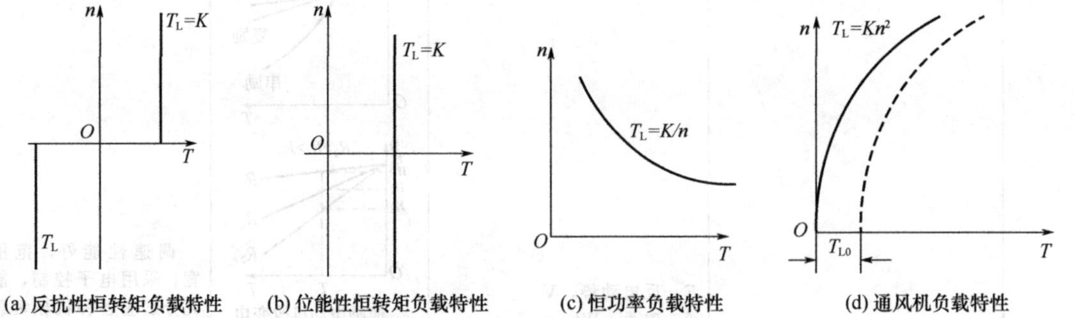

图 14-2　生产机械的负荷特性

② 恒功率负载特性　这类负载得名于在改变转速时，负载功率 P_L 保持不变。例如车床在粗加工时，切削量大，负载阻力大，应为低速；在精加工时，切削量小，阻力也小，常为高速，以保证高低速下功率不变。其表达式为

$$P_L=T_L\omega=\frac{2\pi n}{60}T_L=\text{常数} \tag{14-1}$$

由此可见，负载转矩与转速成反比，即

$$T_L=K/n \tag{14-2}$$

T 与 n 的关系为一双曲线，称之为恒功率负载特性，如图 14-2（c）所示。

③ 通风机负载特性　属于这类负载的生产机械是按离心力原理工作的，如风机、水泵、油泵等。其负载转矩是由其中的空气、水、油等介质对机器叶片的阻力所产生的，因此也属于反抗性的。其特点是这类负载转矩并不恒定，基本上与转速的平方成正比，即

$$T_L=Kn^2 \tag{14-3}$$

式中 K 为比例常数。

由上式可见，通风机型负载特性为一抛物线，所以此类负载特性也称其为二次型负载特性，如图 14-2（d）中的实线所示。

除了上述三种典型的负载特性以外，还有直线型负载特性，即 $T_L=Kn$；曲柄连杆机构负载特性，其 T_L 是随转角 α 而变化的；球磨机、碎石机等负载特性，其 T_L 随时间作无规律的随机变化等。另外，实际负载可能是单类型的，也可能是几种类型的综合，具体问题应具体分析。例如，实际通风机除了主要是通风机性质的负载特性外，轴上还存在摩擦转矩 T_{L0}，因此其负载特性为 $T_L=T_{L0}+Kn^2$，如图 14-2（d）中虚线所示。

(4) 电动机的工作制

① 电动机工作制的定义。电机工作制是对电机承受负载情况的说明，包括启动、电制动、空载、断能停转以及这些阶段的持续时间和先后顺序。

② 电动机的工作制类型。对应于生产机械的各种工作制，通常将传动电动机的工作类型分为 10 类，见表 14-2。这 10 类工作制中，工作制 S1 可以按照电动机铭牌给出的连续定额长期运行。对于工作制 S2，电动机应在实际冷态下启动，并在规定的时限内运行。短时定额时限一般规定为 10min、30min、60min 或 90min，具体视电动机而定。对于工作制 S3 和 S6，每一个工作周期为 10min。对于 S2、S4、S5、S6 和 S8 等 5 种工作制，其负载持续率为 15%、25%、40%和 60%。对于 S4、S5、S7 和 S8 等 4 种工作制，每小时的等效启动次数一般分为 150 次、300 次或 600 次，并应给出电动机的转动惯量 J_m 和折算到电动机轴上的全部外加转动惯量 J_{ext} 之值。

表 14-2 电动机的工作制类型

序号	工作制类型	定义	示意图
1	连续工作制 S1	在恒定负载下连续运行至热稳定状态	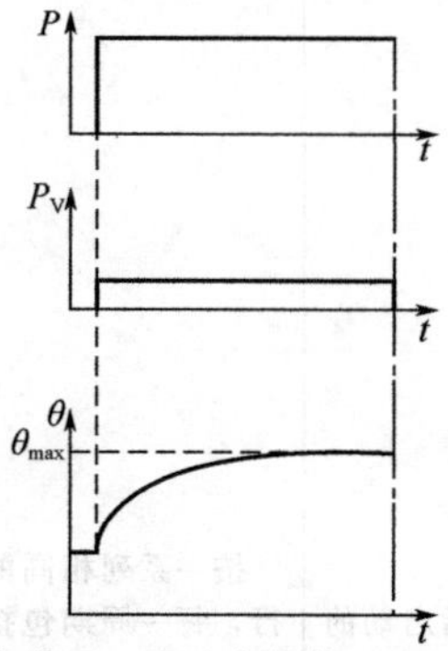 P—负载；P_V—电气损耗；θ—温度；θ_{max}—达到的最高温度；t—时间
2	短时工作制 S2	在恒定负载下按给定的时间运行，电机在该时间内不足以达到热稳定状态，随之停机和断能，其时间足以使电机再度冷却到与冷却界面温度之差保持在 2K 以内	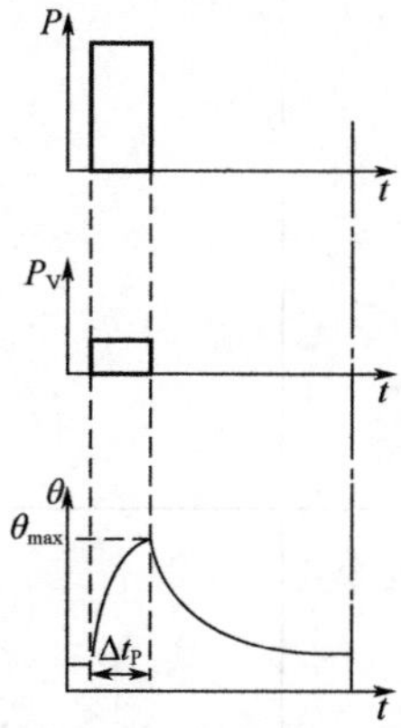 P—负载；P_V—电气损耗；θ—温度；θ_{max}—达到的最高温度；t—时间；Δt_P—恒定负载运行时间
3	断续周期工作制 S3	按一系列相同的工作周期运行，每一周期包括一段恒定负载运行时间和一段停机和断能时间。这种工作制，每一周期的启动电流不致对温升有显著影响	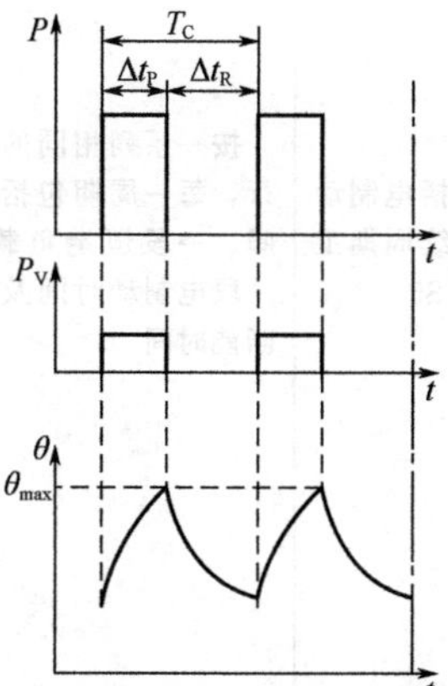 P—负载；P_V—电气损耗；θ—温度；θ_{max}—达到的最高温度；t—时间；T_C—负载周期；Δt_P—恒定负载运行时间；Δt_R—停机和断能时间；负载持续率$=\Delta t_P/T_C$

续表

序号	工作制类型	定义	示意图
4	包括启动的断续周期工作制 S4	按一系列相同的工作周期运行，每一周期包括一段对温升有显著影响的启动时间、一段恒定负载运行时间及一段停机和断能时间	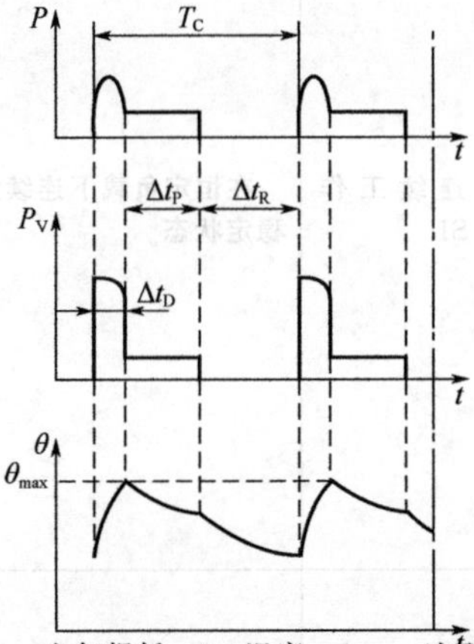 P—负载；P_V—电气损耗；θ—温度；θ_{max}—达到的最高温度；t—时间；T_C—负载周期；Δt_D—启动/加速时间；Δt_P—恒定负载运行时间；Δt_R—停机和断能时间；负载持续率$=(\Delta t_D+\Delta t_P)/T_C$
5	包括电制动的断续周期工作制 S5	按一系列相同的工作周期运行，每一周期包括一段启动时间、一段恒定负载运行时间、一段电制动时间及一段停机和断能时间	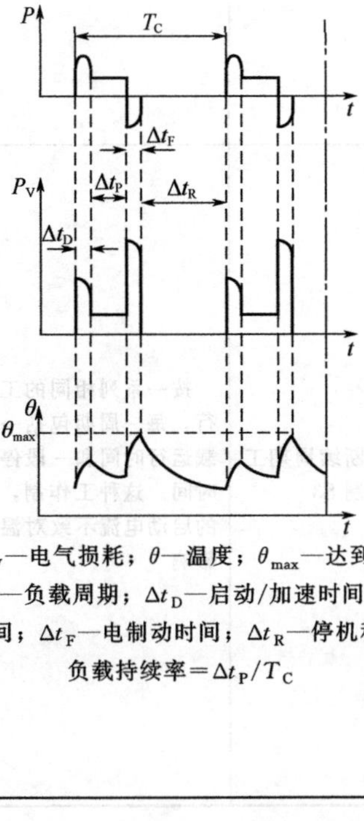 P—负载；P_V—电气损耗；θ—温度；θ_{max}—达到的最高温度；t—时间；T_C—负载周期；Δt_D—启动/加速时间；Δt_P—恒定负载运行时间；Δt_F—电制动时间；Δt_R—停机和断能时间；负载持续率$=\Delta t_P/T_C$

续表

序号	工作制类型	定义	示意图
6	连续周期工作制 S6	按一系列相同的工作周期运行，每一周期由一段恒定负载运行时间和一段空载运行时间所组成，但这些时间较短，均不足以使电动机达到热稳定状态	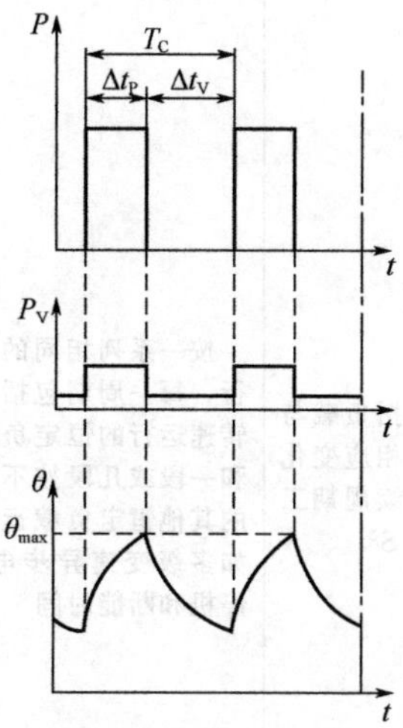 P—负载；P_V—电气损耗；θ—温度；θ_{max}—达到的最高温度；t—时间；T_C—负载周期；Δt_P—恒定负载运行时间；Δt_V—空载运行时间；负载持续率$=\Delta t_P/T_C$
7	包括电制动的连续周期工作制 S7	按一系列相同的工作周期运行，每一周期包括一段启动时间、一段恒定负载运行时间和一段电制动时间，无停机和断能时间	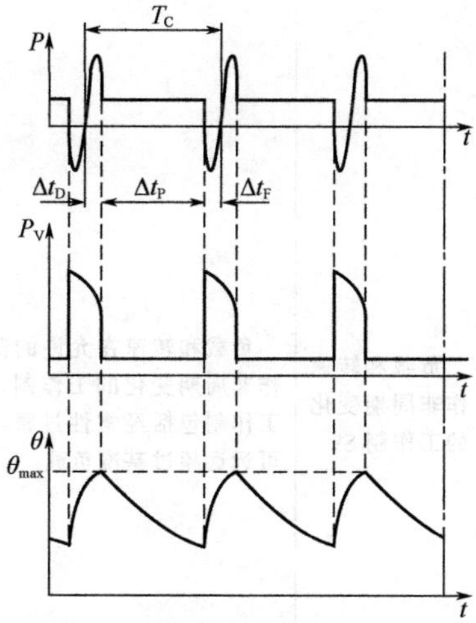 P—负载；P_V—电气损耗；θ—温度；t—时间；T_C—负载周期；Δt_D—启动/加速时间；Δt_P—恒定负载运行时间；Δt_F—电制动时间；负载持续率$=1$

续表

序号	工作制类型	定义	示意图
8	包括负载与转速相应变化的连续周期工作制 S8	按一系列相同的工作周期运行，每一周期包括一段按预定转速运行的恒定负载运行时间和一段或几段按不同转速运行的其他恒定负载运行时间（例如多级变速异步电动机），无停机和断能时间	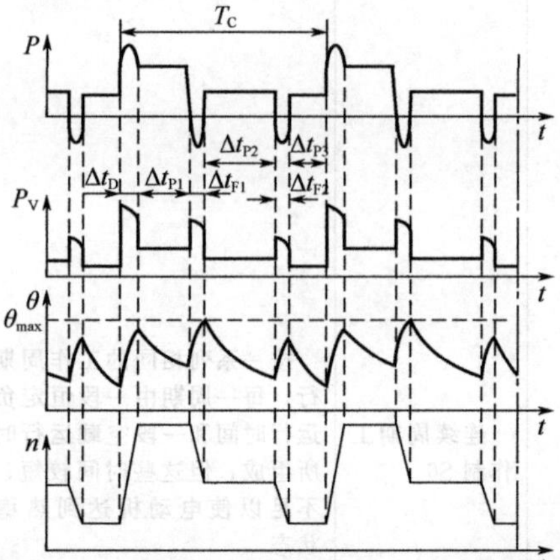 P—负载；P_V—电气损耗；θ—温度；θ_{max}—达到的最高温度； n—转速；t—时间；T_C—负载周期；Δt_D—启动/加速时间； Δt_P—恒定负载运行时间(P_1，P_2，P_3)； Δt_F—电制动时间(F_1，F_2)； 负载持续率=$(\Delta t_D+\Delta t_{P1})/T_C$、 $(\Delta t_{F1}+\Delta t_{P2})/T_C$、 $(\Delta t_{F2}+\Delta t_{P3})/T_C$、
9	负载和转速作非周期变化的工作制 S9	负载和转速在允许的范围内作非周期变化的工作制，这种工作制包括经常性过载，其值可远远超过基准负载	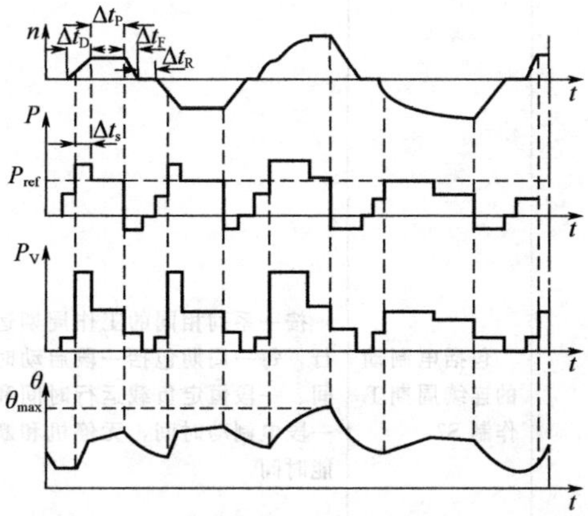 P—负载；P_{ref}—基准负载；P_V—电气损耗；θ—温度； θ_{max}—达到的最高温度；n—转速；t—时间； Δt_D—启动/加速时间；Δt_P—恒定负载运行时间； Δt_F—电制动时间；Δt_n—停机和断能时间； Δt_s—过载时间

续表

序号	工作制类型	定义	示意图
10	离散恒定负载和转速工作制 S10	包括特定数量的离散负载（或等效负载）/转速（如可能）的工作制，每一种负载/转速组合的运行时间足以使电机达到热稳定。在一个工作周期中的最小负载值可为零（空载或停机和断能）	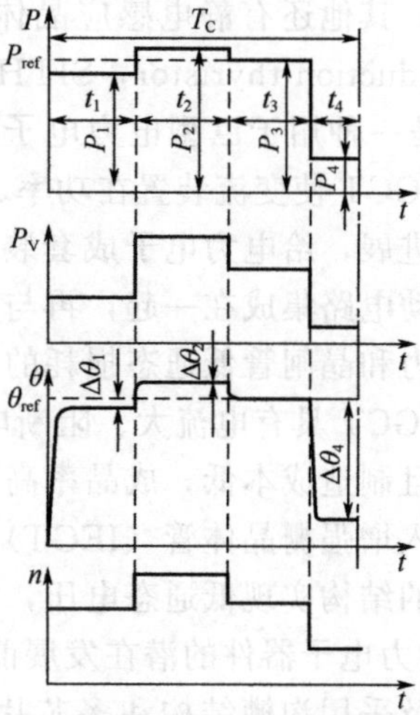 P—负载；P_{ref}—基准负载；P_V—电气损耗；θ—温度；θ_{max}—达到的最高温度；n—转速；t—时间；Δt_D—启动/加速时间；Δt_P—恒定负载运行时间；Δt_F—电制动时间；Δt_n—停机和断能时间；Δt_s—过载时间

14.1.2 电源装置

电气传动系统电源装置可分为母线供电装置、机组变流装置及电力电子变流装置三类。

（1）母线供电装置

母线供电装置（与电气控制系统配合使用），可分为：

① 交流母线；

② 直流母线。

（2）机组变流装置

机组变流装置可分为：

① 直流发电机组，20 世纪 70 年代以前广泛使用，随着电力电子变流装置的技术发展，在新设计中基本不采用直流发电机组；

② 变频机组。

（3）电力电子变流装置

① 电力电子变流装置按变流种类可分为：

a. 整流装置；

b. 交流调压装置；

c. 变频装置，变频装置又可分为交-直-交间接变频和交-交直接变频两类。

② 电力电子变流装置按使用的器件可分为：

a. 汞弧整流器装置，在 20 世纪 70 年代以前盛行，现已淘汰；

b. 普通晶闸管装置；

c. 新型自关断器件装置，如门极可关断晶闸管（GTO）、集成门极换流晶闸管（Intergrated Gate Commutated Thyristors，IGCT）、电子注入增强栅晶体管（Injection Enhanced Gate Transistor，IEGT）适用于中压几百千瓦至几兆瓦功率等级（GTO 已逐渐被 IGCT 和 IEGT

所取代）；大功率晶体管（GTR）和绝缘门极晶体管（IGBT）适用于几千瓦至兆瓦功率等级（GTR 已逐渐被 IGBT 所取代）；功率场效应管（POWER MOSFET）适用于几千瓦至兆瓦以下功率等级；其他还有静电感应晶体管（Static Induction Transistor，SIT）和静电感应晶闸管（static induction thyristor，SITH）等，主要用于高频变换等领域。

IGCT 是一种用于巨型电力电子成套装置中的新型电力半导体开关器件，1997 年由 ABB 公司提出。IGCT 使变流装置在功率、可靠性、开关速度、效率、成本、重量和体积等方面都取得了巨大进展，给电力电子成套装置带来了新的飞跃。IGCT 是将 GTO 芯片与反并联二极管和门极驱动电路集成在一起，再与其门极驱动器在外围以低电感方式连接，结合了晶体管的稳定关断能力和晶闸管低通态损耗的优点，在导通阶段发挥晶闸管的性能，关断阶段呈现晶体管的特性。IGCT 具有电流大、阻断电压高、开关频率高、可靠性好、结构紧凑、低导通损耗等特点，而且制造成本低，成品率高，有很好的应用前景。

电子注入增强栅晶体管（IEGT）是耐压达 4kV 以上的 IGBT 系列电力电子器件，通过采取增强注入的结构实现低通态电压，使大容量电力电子器件取得了飞跃性的发展。IEGT 具有 MOS 系列电力电子器件的潜在发展前景，具有低损耗、高速动作、高耐压、有源栅驱动智能化等特点以及采用沟槽结构和多芯片并联而自均流的特性，使其在扩大电流容量方面颇具潜力。另外通过模块封装方式还可提供众多派生产品，在大、中容量变换器应用中被寄予厚望。IECT 利用了“电子注入增强效应”，使之兼有 IGBT 和 GTO 两者的优点：低饱和压降，较宽安全工作区（吸收回路容量仅为 GTO 的 1/10 左右），低栅极驱动功率（比 GTO 低两个数量级）和较高的工作频率。

静态感应晶体管（SIT）诞生于 20 世纪 70 年代，实际上是一种结型场效应晶体管。将用于信息处理的小功率 SIT 器件的横向导电结构改为垂直导电结构，即可制成大功率的 SIT 器件。SIT 是一种多子导电的器件，其工作频率与 Power MOSFET 相当，甚至超过 Power MOSFET，而功率容量也比 Power MOSFET 大，因而适用于高频大功率场合，目前已在雷达通信设备、超声波功率放大、脉冲功率放大和高频感应加热等专业领域获得了应用。此外 SIT 通态电阻较大，使得通态损耗也大，因而目前还未得到广泛应用。

14.1.3 控制系统

电气传动控制系统可按所用的器件、工作原理、调速种类进行分类。

（1）电气传动控制系统可按所用的器件分类

① 电器控制：又称继电器-接触器控制，与母线供电装置配合使用。

② 电机放大机和磁放大器控制：与机组供电装置配合使用，在 20 世纪 30～60 年代比较盛行，随着电子技术发展，已逐步淘汰。

③ 电子控制装置又分为电子管控制装置（20 世纪 40～60 年代少数传动设备用过，现已淘汰）和半导体控制装置（又有分立元件，中小规模集成电路及微机和专用大规模集成电路等几代产品）。

（2）电气传动控制系统按工作原理分类

① 逻辑控制：通过电气控制装置控制电机启动、停止、正反转或有级变速，控制信号来自主令电器或可编程序控制器（PLC）。

② 连续速度调节：与机组或电力电子变流装置配合使用，连续改变电机的转速。这类系统按控制原则可分为开环控制、闭环控制及复合控制三类。按控制信号的处理方法可分为模拟控制、数字控制及模拟/数字混合控制三类。

直流连续速度调节控制一般都采用双环线路。交流调速控制常用线路有：电压/频率比控制、转差频率控制、矢量控制和直接转矩控制。

14.2 电动机选择[7,62,105]

14.2.1 选择电动机的基本要求

1）电动机的工作制、额定功率、堵转转矩、最小转矩、最大转矩、转速及其调节范围等电气和机械参数应满足电动机所拖动的机械（以下简称机械）在各种运行方式下的要求。

2）电动机类型的选择应符合下列规定

① 机械对启动、调速及制动无特殊要求时，应采用笼型电动机，但功率较大且连续工作的机械，当在技术经济上合理时，宜采用同步电动机。

② 符合下列情况之一时，宜采用绕线转子电动机：

a. 重载启动的机械，选用笼型电动机不能满足启动要求或加大功率不合理时；

b. 调速范围不大的机械，且低速运行时间较短时。

③ 机械对启动、调速及制动有特殊要求时，电动机类型及其调速方式应根据技术经济比较确定。当采用交流电动机不能满足机械要求的特性时，宜采用直流电动机；交流电源消失后必须工作的应急机组，亦可采用直流电动机。

④ 变负载运行的风机和泵类等机械，当技术经济上合理时，应采用调速装置，并选用相应类型的电动机。

3）电动机额定功率的选择应符合下列规定

① 连续工作且负载平稳的机械应采用最大连续定额的电动机，其额定功率应按机械的轴功率选择。当机械为重载启动时，笼型电动机和同步电动机的额定功率应按启动条件校验；对同步电动机，尚应校验其牵入转矩。

② 短时工作的机械应采用短时定额的电动机，其额定功率应按机械的轴功率选择；当无合适规格的短时定额电动机时，可按允许过载转矩选用周期工作定额的电动机。

③ 断续周期工作的机械应采用相应的周期工作定额的电动机，其额定功率宜根据制造厂提供的不同负载持续率和不同启动次数下的允许输出功率选择，亦可按典型周期的等值负载换算为额定负载持续率选择，并应按允许过载转矩校验。

④ 连续工作且负载周期变化的机械应采用相应的周期工作定额的电动机，电动机的额定功率宜根据制造厂提供的数据进行选择，亦可按等值电流法或等值转矩法选择，并应按允许过载转矩进行校验。

⑤ 选择电动机额定功率时，应根据机械的类型和重要性计入储备系数。

⑥ 当电动机使用地点的海拔和冷却介质温度与规定的工作条件不同时，其额定功率应按制造厂的资料予以校正。

4）电动机的额定电压应根据其额定功率和配电系统的电压等级及技术经济的合理性等诸因素综合权衡后确定。

5）电动机的防护形式应符合安装场所的环境条件。

6）电动机的结构及安装形式应与机械相适应。

14.2.2 直流电动机与交流电动机的比较

交流电动机结构简单、价格便宜、维护工作量小，但启制动及调速性能不如直流电动机。因此在交流电动机能满足生产需要的场合都应采用交流电动机，仅在启制动和调速等方面不能满足需要时才考虑直流电动机。近年来，随着电力电子及控制技术的发展，交流调速装置的性能和成本已能与直流调速装置竞争，越来越多的直流调速应用领域被交流调速占领。在选择电动机种类时应从以下几方面考虑选用交流电动机还是直流电动机。

（1）不需要调速的机械

不需要调速的机械包括长期工作制、短时工作制和重复短时工作制机械，应采用交流电动机。仅在某些操作特别频繁、交流电动机在发热和启制动特性不能满足要求时，才考虑直流电动机。

（2）需要调速的机械

① 转速与功率之积：受换向器换向能力限制，按目前的技术水平，直流电动机最大的转速与功率之积约为 10^6kW·r/min，当接近或超过该值时，宜采用交流电动机，这个问题不仅对大功率设备存在，对某些中小功率设备在要求转速特别高时也存在。

② 飞轮力矩：为改善换向器的换向条件，要求直流电动机电枢漏感小，电动机转子粗短，因而造成飞轮力矩 GD^2（即转动惯量 J）大。交流电动机（无换向器电动机除外）无此限制，转子细长，GD^2 小，电动机转速越高，交直流电动机 GD^2 之差越大，当直流电动机的 GD^2 不能满足生产机械要求时，宜采用交流电动机。

③ 为解决直流电动机 GD^2 大和功率受限制的问题，过去许多机械采用双电枢或三电枢直流电动机传动，但电动机造价高，占地面积大，易产生轴扭振，随着交流调速技术的发展，上述方案已不可取，应考虑改用单台交流电动机。

④ 在环境恶劣场合，例如高温、多尘、多水气、易燃、易爆等场合，宜采用无换向器、无火花、易密闭的交流电动机。

⑤ 交直流电动机调速性能差不多，目前高性能系统的转矩响应时间大都在 10～20ms 之间，速度响应时间在 100ms 左右，交流电动机 GD^2 小，略快一些，为获得同样的性能，交流调速系统比直流调速系统复杂，要求具有较高的调整维护水平。

⑥ 对电网的影响

a. 可控整流的直流调速装置存在输入功率因数低及输入电流中存在 5、7、11、13、…奇次谐波的问题。

b. 晶闸管交-直-交变频交流调速装置的输入部分仍是可控整流，对电网的影响和直流调速时基本相同。

c. 晶闸管交-交变频交流调速也是基于移向控制，其输入功率因数同直流调速的时候差不多，其输入电流中除含有 5、7、11、13、…奇次谐波不利因素外，还有旁频、谱线数目增加等问题，但其输入电流的幅值减少。

d. IGBT（Insulated Gate Bipolar Transistor，绝缘栅双极型晶体管）和 IGCT（Intergrated Gate Commutated Thyristors，集成门极换流晶闸管）或 IEGT（Injection Enhanced Gate Transistor，电子注入增强栅晶体管）PWM 交流变频调速传动输入功率因数高，接近“1”，采用有源前端（PWM 整流）可以做到功率因数等于“1”，且输入电流为正弦，供电设备容量小，不必装无功补偿装置，节约供电费用。

⑦ 成本　交流调速变流装置比直流调速用整流装置贵，因为交流调速装置按电动机的电压电流峰值选择器件，当三相电流中某一相电流处于峰值时，另两相电流只有一半，器件得不到充分利用，但交流电动机比直流电动机便宜，可补偿变流装置增加的成本，目前：

a. 小功率（300kW 以下）传动系统采用 IGBT 的 PWM 变频调速装置的成本比直流装置略贵，但可从电动机差价和减少维修中得到补偿，交流调速正逐步取代直流调速。

b. 中功率（300～2000kW）调速传动系统，由于交流装置比直流装置贵得多，所以目前直流传动系统用得较多，因 IGBT PWM 变频可节约部分电费，所以现在 1000kW 以下的新建传动系统也在考虑使用交流。

c. 大功率（2000kW 以上）调速传系统，交流电动机和调速装置的总价格已与直流相当或略低，新建设备基本上已全部采用交流传动。

⑧ 损耗与冷却通风

a. 采用直流电动机时，主电路功率流入转子，散热困难，需通风功率大，冷却水多。

b. 采用交流同步电动机时，主电路功率流入定子，散热条件好，通风功率小，比直流电动机节能、节水一半左右。

c. 采用交流异步电动机时，主电路功率虽然也流入定子，但其功率因数比较低，效率与直流电动机差不多。

14.2.3 电动机的选择

14.2.3.1 交流电动机的选择

（1）普通励磁同步电动机

① 优点

a. 电动机功率因数高；

b. 用于变频传动时，电动机功率因数等于“1”，使变频装置容量较小，变频器输入功率因数改善；

c. 效率比异步电动机的高；

d. 气隙比异步电动机大，大容量电动机制造容易。

② 缺点

a. 需附加励磁装置；

b. 变频调速控制系统比异步电动机的复杂。

③ 应用场合

a. 大功率不调速传动；

b. 600r/min 以下大功率交-交变频调速传动场合，例如轧机、卷扬机、船舶驱动、水泥磨机等。交-交变频用同步电动机属普通励磁同步电动机范围，但与不调速电动机相比有如下特点：最高频率 20Hz 以下；电动机电压按晶闸管变频装置最大输出电压配用，目前线电压有效值一般在 1600～1700V；阻尼绕组按改善电动机特性设计，不考虑异步启动；电动机机械强度加强，按直流电动机强度设计。

（2）永磁同步电动机

永磁同步机的结构形式和控制方法很多，目前应用较多的是正弦波永磁同步电动机［简称永磁同步电动机（PMSM，permanent magnet synchronous motor）］和方波永磁同步电动机［又称无刷直流电动机（BLDCM，brushless direct current motor）］。两者结构基本相同，仅气隙磁场波形不同；PMSM 磁场波形为正弦波，定子三相绕组电流为正弦波；BLDCM 磁场波形为梯形波，定子三相绕组电流为方波。两者中，BLDCM 控制较简单，出力较大，但转矩脉动较大，调速性能不如 PMSM。近年来，为减少转矩脉动，BLDCM 的控制也用 PWM，甚至电流也用正弦波，两种电动机的差别越来越小。与普通电动机相比，永磁机的应用场合和功率范围日益扩大，目前容量在几十千瓦以下，个别做到几百千瓦甚至兆瓦。永磁同步电动机在船用驱动和伺服系统中得到了广泛应用。

（3）大功率无换向电动机

① 特点

a. 输入电流为 120°方波，具有转矩脉动及低速性能差的缺点，设计电动机磁路时需考虑如何减少该影响；

b. 电路设计时需计及谐波电流带来的附加损耗；

c. 大功率无换向器电动机由晶闸管变频供电，为实现换相，要求电动机工作在功率因数超前区，因此加大了变频器容量及励磁电流；同时电动机过载能力差（1.5～2倍），欲降低上述影响，要求电动机定子绕组漏感小，致使电动机粗短，GD^2大；

d. 无转速和频率上限。

② 应用场合　用于大功率、高速（600r/min）、负载平稳、过载不多的场合，如风机、泵、压缩机等。

（4）异步电动机

① 特点

a. 笼型异步电动机结构简单、制造容易，价格便宜；

b. 绕线转子异步电动机可通过在转子回路中串电阻、频敏电阻或通过双馈改变电动机特性，改善启动性能或实现调速；

c. 功率因数及效率低。采用变频调速时，需加大变频器容量；

d. 气隙小、大功率电动机制造困难；

e. 调速控制系统比同步电动机的简单。

② 应用场合

a. 2000～3000kW以下、不调速、操作不频繁场合，宜用笼型异步电动机；

b. 2000～3000kW以下、不调速，但要求启动力矩大或操作较频繁场合，宜用绕线转子异步电动机；

c. 环境恶劣场合宜用笼型异步电动机；

d. 2000～3000kW以下，转速大于100r/min的交流调速系统，由于异步电动机的临界转矩T_{er}在恒功率弱磁调速段与$(\omega_{sn}/\omega_s)^2$成比例，并随着转速的上升，其值以二次方的关系下降，所以不适合用于$(\omega_{sn}/\omega_s)>2$的场合。

（5）开关磁阻电动机

这是一种与小功率笼型异步电动机竞争的新型调速电动机，转子为实心铁芯，d轴、q轴磁路不对称，定子有多相绕组，利用电力电子器件轮流接通定子各绕组，靠反应力矩使电动机旋转。这种电动机调速装置简单，不用逆变器，无逆变失败故障，可靠性高，其结构比笼型异步电动机简单，而功率因数和效率两者差不多，但运行噪声和转矩脉动较大、目前容量范围在几十千瓦，个别上百千瓦，用于中小功率调速传动。

14.2.3.2　直流电动机的选择

1）需较大启动转矩和恒功率调速的机械，如电车、牵引机车等，用串励直流电动机。

2）其他使用直流电动机的场合，一般均用他励直流电动机。注意要按生产机械的恒转矩和恒功率调速范围，合理地选择电动机的基速及弱磁倍数。

14.2.4　电动机结构形式的选择

1）在采暖的干燥厂房中，采用开启式、防护式电动机。

2）在不采暖的干燥厂房或潮湿而无潮气凝结的厂房中，采用开启式和防护式电动机，但需要能耐潮的绝缘。

3）在特别潮湿的厂房中，由于空气中的水蒸气经常饱和，并可能凝成水滴，需要防滴式、防溅式或封闭式电动机，并带耐潮的绝缘。

4）在无导电灰尘的厂房中

① 当灰尘易除掉，且对电动机无影响及电动机采用滚珠轴承时，可采用开启式或防护式

电动机。

② 当灰尘不易除掉对绝缘有害时，采用封闭式电动机。

③ 当落在电动机绕组上的灰尘或纤维妨碍电动机正常冷却时，宜采用封闭式电动机。

5）在有导电灰尘或不导电灰尘，但同时有潮气存在的厂房中，应采用封闭式电动机。

6）当对电动机绝缘有害的灰尘或化学成分不多时，如通风良好，可不用封闭式电动机。

7）在有腐蚀性蒸汽或气体的厂房中，应采用密闭式电动机或耐酸绝缘的封闭风冷式电动机。

8）在 21 区及 22 区有着火危险的厂房中，至少应采用防护式笼型异步电动机。

在 21 区厂房中，当其湿度很大时，应采用封闭式电动机。

有可燃但难发火的液体的 21 区厂房中，最低应采用防滴、防溅式笼型异步电动机；在含有发火液体的 21 区厂房中，应采用封闭式电动机。

9）在 0 级区域厂房中，需采用防爆式电动机。

10）电动机安装在室外时

① 直接露天装设；

② 装在棚子下面。

在这两种情况下，必须保护电动机的绝缘不受大气、潮气的破坏。在露天装设时，为防止潮气变为水滴而直接落入电动机内部，应采用封闭式电动机。装在棚子下时，可采用防护式或封闭式电动机。

14.2.5 电动机的四种运行状态

按照电动机转矩 T 的方向不同，有四种运行状态，对应于 T-n 坐标平面上的四个象限（如图 14-3 所示）。

状态Ⅰ：$n>0$，$T>0$，正向电动状态，工作于象限Ⅰ，能量从电动机传向负载机械。

状态Ⅱ：$n>0$，$T<0$，正向制动状态，工作于象限Ⅱ，能量从机械返回电动机。

状态Ⅲ：$n<0$，$T<0$，反向制动状态，工作于象限Ⅲ，能量由电动机传向机械。

状态Ⅳ：$n<0$，$T>0$，反向制动状态，工作于象限Ⅳ，能量由机械返回电动机。

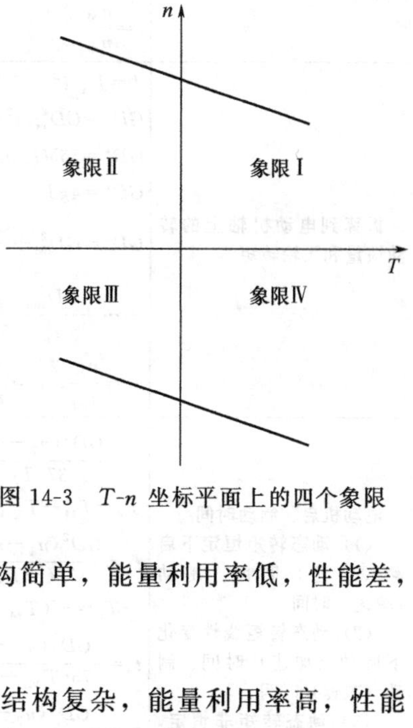

图 14-3 T-n 坐标平面上的四个象限

电动机有两种实现制动的方法。

（1）动力制动

机械能通过电动机消耗在制动电阻上，动力制动系统结构简单，能量利用率低，性能差，适用于制动次数少、能量及对性能要求不高的场合。

（2）再生制动

机械能通过电动机和供电装置返回电网，再生制动系统结构复杂，能量利用率高，性能好，适用于经常制动，且对制动性能要求高的场合。

各类机械要求的运行状态不同，对传动方案选择的影响大，特别是由可控变流装置供电的调速系统。若只要求在象限Ⅰ（或象限Ⅱ、Ⅳ）运行，仅需一套单方向变流装置，此时可控整流器件数少一半；若要求四象限运行，需可逆变流装置，系统就复杂得多。

14.2.6 电动机的容量（功率）计算

（1）电动机功率计算的基本公式

表 14-3 列出了电动机容量计算的基本公式。

表 14-3 电动机容量计算常用公式

名称	公式	符号
功率	$P=\frac{T_M n_M}{9550}$ $P=\frac{Fv}{\eta}\times10^{-3}$ $P=\frac{T_M\omega_M}{1000}$	P—电动机功率，kW T_M—电动机转矩，N·m n_M—电动机转速，r/min ω_M—电动机角速度，rad/s
运动物体的动能	$\omega_M=\frac{\pi n_M}{30}$ $E=\frac{mv^2}{2}$ $E=\frac{J\omega_M^2}{2}$ $E=\frac{GD^2n^2}{7200}$	F—作用力，N v—运动速度，m/s H—传动效率 E—运动物体的动能，J m—物体的质量，kg J—转动的惯量，kg·m² GD^2—飞轮力矩，N·m² T_L—电动机轴上的静阻负载转矩，N·m
折算到电动机轴上的静阻负载转矩	$T_L=T_m\frac{1}{i\eta}$ $T_L=F\frac{v}{\omega_M}\times\frac{1}{\eta}$ $T_L=\frac{FR}{i\eta}$ $i=\frac{n_M}{n_m}$	T_m—机械轴上的静阻转矩，N·m R—物体运动的旋转半径，m i—传动比 n_m—机械轴转速，r/min J_m—机械轴上的转动惯量，kg·m² GD_m^2—机械轴上的飞轮转矩，N·m² g—重力加速度，m/s²
折算到电动机轴上的转动惯量和飞轮转矩	$J=J_m/i^2$ $GD^2=GD_m^2/i^2$ $GD^2=365G_m v_m^2/n_M^2$ $GD^2=4gJ$ $GD^2=GD_M^2+\frac{GD_{m1}^2}{i_1^2}+\frac{GD_{m2}^2}{i_2^2}+\cdots+\frac{GD_{mn}^2}{i_n^2}$ $i_1=\frac{n_M}{n_{m1}},\ i_2=\frac{n_M}{n_{m2}}\cdots i_m=\frac{n_M}{n_{mn}}$	G_m—直线运动物体的重力，N v_m—直线运动物体的速度，m/s GD_M^2—电动机转子飞轮转矩，N·m² GD_{m1}^2，GD_{m2}^2，…，GD_{mn}^2—相应于转速 n_{m1}，n_{m2}，…，n_{mn} 轴上的飞轮转矩 i_1，i_2，…，i_n—各轴对电动机轴的传动比 t_s—启动（加速）时间，s t_b—制动（减速）时间，s T_d—动态（加减速）转矩，N·m
电动机启、制动时间 （1）动态转矩恒定下启动（加速）时间、制动（减速）时间 （2）动态转矩线性变化下启动（加速）时间、制动（减速）时间 （3）动态转矩非恒定，也非线性变化时启动（加速）时间、制动（减速）时间	$t_s=\frac{GD^2(n_2-n_1)}{375T_d}$ $T_d=T_M-T_L$ $t_b=\frac{GD^2(n_1-n_2)}{375(T_d)}$ $-T_d=-(T_M+T_L)$ $t_s=\frac{GD^2(n_2-n_1)}{375(T_{M1}-T_{M2})}\ln\frac{T_{M1}-T_L}{T_{M2}-T_L}$ $t_b=\frac{GD^2(n_2-n_1)}{375(T_{M1}-T_{M2})}\ln\frac{T_{M1}+T_L}{T_{M2}+T_L}$ $t_s=\frac{GD^2}{375}\int_{n_1}^{n_2}\frac{dn}{dt}(T_d>0$ 时加速$)$ $t_b=\frac{GD^2}{375}\int_{n_2}^{n_1}\frac{dn}{dt}(T_d<0$ 时减速$)$	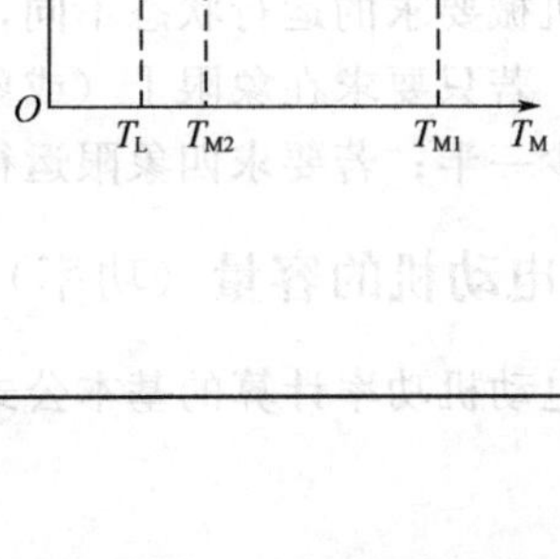
动态转矩恒定时，加减速过程电动机行程	$s=\frac{GD^2(n_2^2-n_1^2)}{4500T_d}$	

(2) 几种常用机械传动中所用电动机的功率计算

① 离心式风机　离心式风机电动机功率 (kW) 计算公式为

$$P=\frac{kQH}{\eta\eta_c}\times10^{-3} \tag{14-4}$$

式中　k——裕量系数，其值见表 14-4；

Q——送风量，m^3/s；

H——空气压力，Pa；

η——风机效率，为 0.4～0.75；

η_c——传动效率，直接传动时为 1。

表 14-4　离心式风机电动机容量裕量系数

功率/kW	0.1 以下	1～2	2～5	大于 5
裕量系数	2	1.5	1.25	1.15～1.10

② 离心式泵　离心式泵电动机功率 (kW) 的计算公式为

$$P=\frac{k\gamma Q(H+\Delta H)}{\eta\eta_c}\times10^{-3} \tag{14-5}$$

式中　k——裕量系数，见表 14-5；

γ——液体密度，kg/m^3；

Q——泵的出水量，m^3/s；

H——水头，m；

ΔH——主管损失水头，m；

η——水泵效率，一般取 0.6～0.84；

η_c——传动效率，与电动机直接连接时，$\eta_c=1$。

表 14-5　离心式泵电动机裕量系数

功率/kW	2 以下	2～5	5～50	50～100	100 以上
裕量系数	1.7	1.5～1.3	1.15～1.10	1.08～1.05	1.05

当管道长、流速高、弯头与闸门的数量多，裕量系数还要适当加大。

为离心泵选配电动机时，须注意电动机的转速。因离心泵的水头、流量与转速之间存在着以下关系：

$$H_1/H_2=n_1^2/n_2^2 \tag{14-6}$$

$$Q_1/Q_2=n_1/n_2 \tag{14-7}$$

$$T_1/T_2=n_1^2/n_2^2 \tag{14-8}$$

$$P_1/P_2=n_1^3/n_2^3 \tag{14-9}$$

③ 离心式压缩机　离心式压缩机电动机功率 (kW) 计算公式为

$$P=\frac{Q(A_d+A_r)}{2\eta}\times10^{-8} \tag{14-10}$$

式中　Q——压缩机生产率，m^3/s；

A_d——压缩 $1m^3$ 空气至绝对压力 p_1 的等温功，N·m；

A_r——压缩 $1m^3$ 空气至绝对压力 p_1 的绝热功，N·m；

η——压缩机总效率，为 0.62～0.8。

A_d、A_r 与终点压力的关系见表 14-6。

表 14-6　A_d、A_r 值与终点压力 p_1 的关系

p_1 大气压	1.5	2.0	3.0	4.0	5.0	6.0	7.0	8.0	9.0	10.0
A_d/N·m	39717	67666	107873	136312	157887	175539	191230	203978	215746	225553
A_r/N·m	42169	75511	126506	167694	201036	230456	255954	280470	301064	320677

④ 起重机　起重机属断续周期工作制，按其工作繁重程度，可分为轻、中、重和特重共 4 级，各级对应的负载持续率 FC（%）大致为：轻级 $FC=15\%$，中级 $FC=25\%$，重级 $FC=40\%$，特重级 $FC=60\%$。各类起重机的负载程度参见表 14-7。

表 14-7　通用桥（梁）式起重机各机构工作类型实例表

类别及用途	各机构常用工作类型			
	起升		行走	
	主	副	小车	大车
电站安装检修用吊钩起重机	轻	轻	轻	轻
车间仓库一般用途吊钩起重机	中	中	中	中
繁重工作车间和仓库吊钩起重机	重	中	中	重
间断装卸用抓斗起重机	重	—	重	重
连续装卸用抓斗起重机	特重	—	特重	特重
电磁起重机	重	—	中	重

起重机各机构传动电动机功率（kW）可按下式计算：

$$P=\frac{Fv}{\eta}\times 10^{-3} \tag{14-11}$$

式中　F——运动时的阻力，N；

v——运动线速度，m/s；

η——机械传动效率。

对于起升机构，F 用额定起升质量代入；对于行走机构

$$F=G_{\Sigma}(C+7v)\times 10^{-3} \tag{14-12}$$

式中　G_{Σ}——运动部分总重力，N；

C——行走阻力系数；用滚动轴承时，$C=10\sim12$，用滑动轴承时，$C=20\sim25$。

⑤ 金属切削机床　表 14-8 列出了金属切削机床中各类机构传动电动机功率的计算公式。

14.2.7　电动机的校验

(1) 电动机校验的一般内容

电动机的功率计算一般由机械设计部门选定。按负载先预选一台电机，然后进行下述校验。

① 发热校验　根据生产机械的工作制及负载图，按等效电流（方均根电流）法或平均损耗法进行计算。有些生产机械负载图不易确定，可通过实验、实测或对比（与实际运行的类似机械比较）等方法来校验。从生产的发展、负载的性质以及考虑电网电压的波动、计算误差等因素，应留有适当裕度（一般为 10%左右；同步电动机时考虑到其他一些因素，如补偿功率因数等，可以更大一些）。

② 启动校验　计及启动时电源电压的降低，校验启动过程中的最小转矩是否大于负载转矩，以保证电动机顺利启动。

表 14-8 机床传动电动机功率的计算公式

项目		主传动电动机	进给传动电动机	辅助电动机
不调速		$P_{\mathrm{N}} \geqslant \frac{T_{\mathrm{L}} n_{\mathrm{N}}}{9550}$ 式中 P_{N}—电动机额定功率，kW T_{L}—电动机负载转矩，N·m n_{N}—电动机额定转速，r/min	$P_{\mathrm{N}} \geqslant \frac{F_{\Sigma} v_{\max}}{60\eta} \times 10^{-3}$ 式中 P_{N}—电动机额定功率，kW F_{Σ}—进给运动的总阻力，N $v_{\max}$—最大进给速度，m/min η—进给传动效率	$P_{\mathrm{N}} \geqslant \frac{G\mu v}{60\eta} \times 10^{-3}$； $T_{\mathrm{Ms}} > T_{\mathrm{Ls}}$ 式中 P_{N}—电动机额定功率，kW G—移动件重力，N μ—动摩擦系数 v—移动速度，m/min η—传动效率 T_{Ms}—电动机启动转矩，N·m T_{Ls}—负载启动转矩，N·m $T_{\mathrm{Ls}} = \frac{9550 G\mu_0 v}{60 n_{\mathrm{M}} \eta} \times 10^{-3}$ 式中 μ_0—静摩擦系数 n_{M}—电动机传递，r/min
调速	交流多速电动机	$P_{\mathrm{N}} \geqslant \frac{P_{\max}}{\eta_{\min}}$ 式中 P_{N}—电动机额定功率，kW $P_{\max}$—机床最大切削功率，kW $\eta_{\min}$—传动最低效率	$T_{\mathrm{N}} \geqslant T_{\mathrm{L}}$ 式中 T_{N}—电动机额定转矩，N·m T_{L}—电动机负载转矩，N·m	
	直流电动机	$P_{\mathrm{N}} \geqslant D_{\mathrm{u}} P_{\mathrm{L}} = \frac{1}{D_{\phi}} D^{\frac{1}{z}} P_{\mathrm{L}}$ 式中 P_{N}—电动机额定功率，kW D_{u}—调电压调速范围，kW P_{L}—主传动负载功率，kW D_{ϕ}—调磁场调速范围 D—主传动总调速范围 z—机械变速级数	$P_{\mathrm{N}} \geqslant k \frac{F_{\Sigma} v_{\max}}{60\eta} \times 10^{-3}$ 式中 P_{N}—电动机额定功率，kW F_{Σ}—进给运动的总阻力，N $v_{\max}$—最大进给速度，m/min η—进给传动效率 k—通风散热恶化的修正系数	
说明		大多数机床主传动，接近恒功率运行，在采用电气调压调速时，为了不致使电动机容量增加得太多，宜采用调电压、调磁场和机械变速相配合的方案，一般 $D_{\mathrm{u}}=2\sim3$，$D_{\phi}=1.75\sim2$，$z=2\sim4$	大多数机床进给传动为恒转矩运行，在调压调速时，对于自通风的直流电动机，应考虑降低转速运行使散热条件恶化的影响，当调速范围为 1∶100 时，$k=1.8$	辅助传动多为短时运行，一般为带负载启动，故电动机发热不是主要问题，应重点校验启动转矩和过载能力

③ 过载能力校验　对于短时工作制、重复短时工作制和长期工作制，需校验电动机最大过载转矩是否大于负载最大峰值转矩。

④ 电动机 GD^2 校验　某些机械对电动机动态性能有特殊要求，例如飞剪对电动机启动时间和行程有要求；连轧机传动对速降及速度响应时间有要求；这时需校验电动机 GD^2 能否满足生产要求。

⑤ 其他一些特殊的校验　例如辊道类电动机的打滑转矩校验等。

(2) 恒定负载连续工作制下电动机的校验

根据负载转矩及转速，计算出所需要的负载功率 P_{L}，选择电动机的额定功率 P_{N} (kW) 略大于 P_{L}。

$$P_{\mathrm{N}} > P_{\mathrm{L}} = \frac{T_{\mathrm{L}} n_{\mathrm{N}}}{9550} \tag{14-13}$$

式中　P_{N}——额定功率，kW；

P_L——折算到电动机轴上的负荷功率，kW；

T_L——折算到电动机轴上的负荷转矩，N·m；

n_N——电动机的额定转速，r/min。

当负载转矩恒定且需要在基速以上调速时，其额定功率（kW）应按所要求的最高工作转速计算

$$P_N \geqslant \frac{T_L n_{max}}{9550} \tag{14-14}$$

式中 P_N——额定功率，kW；

n_{max}——电动机的最高工作转速，r/min。

对启动条件严酷（静阻转矩较大或带有较大的飞轮力矩）而采用笼型异步电动机或同步电动机传动的场合，在初选电动机的额定功率和转速后，还要按式（14-14）以及式（14-15）分别校验启动过程中的最小转矩和允许的最大飞轮力矩，以保证生产机械能顺利地启动和在启动过程中电动机不致过热。电动机的最小启动转矩（N·m）

$$T_{Mmin} \geqslant \frac{T_{Lmax} K_S}{K_u^2} \tag{14-15}$$

式中 T_{Mmin}——最小启动转矩，N·m；

T_{Lmax}——启动过程中可能出现的最大负荷转矩，N·m；

K_S——保证启动时有足够转矩的系数，一般取 $K_S=1.15 \sim 1.25$；

K_u——电压波动系数，即启动时电动机端电压与电动机额定电压之比，全压启动时 $K_u=0.85$。

允许的最大飞轮力矩 GD_{xm}^2（$N \cdot m^2$）为

$$GD_{mec}^2 \leqslant GD_{xm}^2 = GD_0^2 \left(1 - \frac{T_{Lmax}}{T_{sav} K_u^2}\right) - GD_M^2 \tag{14-16}$$

式中 GD_{mec}^2——折算到电动机轴上的传动机械的最大飞轮矩，$N \cdot m^2$；

GD_0^2——包括电动机在内的整个传动系数所允许的最大飞轮矩（$N \cdot m^2$），折算到电动机轴上数值，由电机资料查取；

GD_M^2——电动机转子飞轮矩，$N \cdot m^2$；

T_{sav}——电动机的平均启动转矩，N·m。

按式（14-15）和式（14-16）两项校验均能通过，则可以采用所选电动机功率。

(3) 短时工作制下电动机的校验

短时工作制下，同样可按上述式（14-15）或式（14-16）计算出所需要的负载功率，然后选择具有适当工作时间的短时定额电动机。如果没有合适的短时定额电动机，也可以选用断续定额电动机。计算电动机功率（kW）时，应考虑其过载能力，对于异步电动机：

$$P_N = \frac{P_{Lmax}}{0.75\lambda} \tag{14-17}$$

式中 P_N——电动机的额定功率，kW；

P_{Lmax}——短时负荷功率最大值，kW；

λ——电动机的转矩过载倍数。

(4) 变动负载连续工作制的发热校验

对于图 14-4（a）所示的变动负载连续周期工作制（S6、S7 或 S8）下电动机的发热校验，可分为两个步骤。先按等效（方均根）电流法或等效转矩法，计算出一个周期 T_e 内的等效电

流 I_{rms} 或等效转矩 T_{rms}。选取电动机的额定电流 $I_N \geqslant I_{rms}$ 或额定转矩 $T_N \geqslant T_{rms}$，即

$$I_N > I_{rms} = \sqrt{\frac{I_1^2 t_1 + I_2^2 t_2 + \cdots I_n^2 t_n}{T_C}} \tag{14-18}$$

或

$$T_N > T_{rms} = \sqrt{\frac{T_1^2 t_1 + T_2^2 t_2 + \cdots T_n^2 t_n}{T_C}} \tag{14-19}$$

式中　$I_1, I_2, \cdots I_n$——各分段时间内的电流值，A；
$T_1, T_2, \cdots T_n$——各分段时间内的转矩值，N·m；
$t_1, t_2, \cdots t_n$——对应于 $I_1 \sim I_n$ 或 $T_1 \sim T_n$ 的时间，s；
I_N——电动机的额定电流，A；
T_N——电动机的额定转矩，N·m；
T_C——一个周期的总时间，$T_C = t_1 + t_2 + \cdots + t_n$，s。

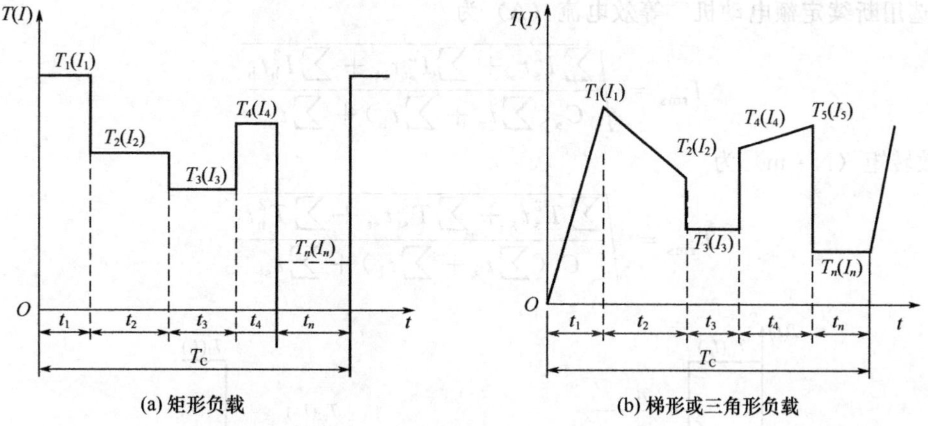

图 14-4　变动负载连续周期工作制电动机的负载图

当负载不是矩形，而是图 14-4（b）所示的三角形或梯形时，则应将每一时间间隔内转矩（或电流）值换算成等效平均值后，同样用式（14-18）或式（14-19）计算等效电流或等效转矩。对应时间 t_2 内电流（或转矩）的等效平均值为

$$T_{av2} = \sqrt{\frac{T_1^2 + T_1 T_2 + T_2^2}{3}} \tag{14-20}$$

或

$$I_{av2} = \sqrt{\frac{I_1^2 + I_1 I_2 + I_2^2}{3}} \tag{14-21}$$

对应时间 t_1 内三角形曲线转矩（或电流）的等效平均值为

$$T_{av1} = \sqrt{\frac{T_1^2}{3}} = 0.578 T_1 \tag{14-22}$$

或

$$I_{av1} = \sqrt{\frac{I_1^2}{3}} = 0.578 I_1 \tag{14-23}$$

根据 I_{rms}（或 T_{rms}）选取电动机的额定值后，还要用最大负载转矩 T_{Lmax} 校验电动机过载能力，即

$$T_N \geqslant \frac{T_{Lmax}}{0.9K_u\lambda} \tag{14-24}$$

式中　T_N——电动机额定转矩，N·m；

T_{Lmax}——最大负载转矩，N·m；

K_u——电网电压波动对电动机转矩影响的系数，一般对同步电动机取 $K_u=0.85$，对异步电动机取 $K_u=0.72$，对直流电动机取 $K_u=1.0$；

λ——电动机转矩过载倍数，由电机资料中查取。

（5）断续周期工作制下电动机的校验

对于 S3～S5 断续周期工作制（见图 14-5），应该尽量选用断续定额电动机（如 JZ、JZR、ZZ 和 ZZY 等系列）；所选用的负载持续率额定值 FC_N，应该尽量接近实际工作条件下的 FC 值；当实际工作的 FC 值大于 60%时，可采取强迫通风或选用连续定额电动机。

断续工作制下，电动机的校验可采用等效电流（或等效转矩）法，也可以采用平均损耗法。由于前者较简便，通常被较多采用。

① 选用断续定额电动机　等效电流（A）为

$$I_{rms} = \sqrt{\frac{\sum I_s^2 t_s + \sum I_{st}^2 t_{st} + \sum I_b^2 t_b}{C_\alpha(\sum t_s + \sum t_b) + \sum t_{st}}} \tag{14-25}$$

等效转矩（N·m）为

$$T_{rms} = \sqrt{\frac{\sum T_s^2 t_s + \sum T_{st}^2 t_{st} + \sum T_b^2 t_b}{C_\alpha(\sum t_s + \sum t_b) + \sum t_{st}}} \tag{14-26}$$

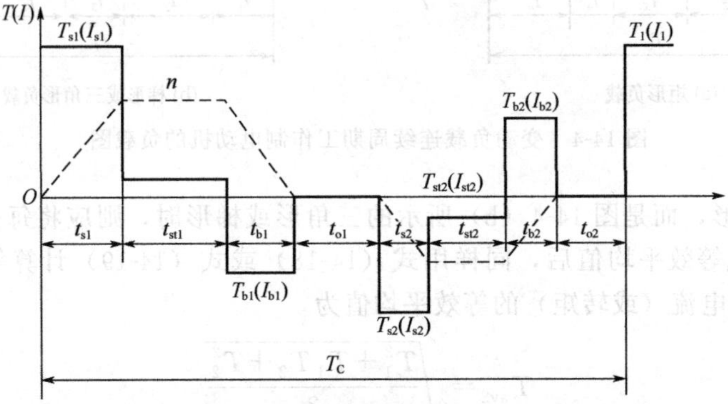

图 14-5　重复短时工作制电动机的速度和负载图

② 选用连续定额电动机

等效电流（A）为

$$I_{rms} = \sqrt{\frac{\Sigma I_s^2 t_s + \Sigma I_{st}^2 t_{st} + \Sigma I_b^2 t_b}{C_\alpha(\Sigma t_s + \Sigma t_b) + \Sigma t_{st} + C_\beta \Sigma t_0}} \tag{14-27}$$

等效转矩（N·m）为

$$T_{rms} = \sqrt{\frac{\Sigma T_s^2 t_s + \Sigma T_{st}^2 t_{st} + \Sigma T_b^2 t_b}{C_\alpha(\Sigma t_s + \Sigma t_b) + \Sigma t_{st} + C_\beta \Sigma t_0}} \tag{14-28}$$

式中　T_s，I_s——启动转矩，N·m；启动电流，A；

T_b，I_b——制动转矩，N·m；制动电流，A；

T_{st}, I_{st}——稳态运转转矩，N·m；稳态运转电流，A；

$\sum t_s$——一个周期中启动时间的总和，s；

$\sum t_b$——一个周期中制动时间的总和，s；

$\sum t_{st}$——一个周期中稳态运转时间的总和，s；

$\sum t_0$——一个周期中停歇时间的总和，s；

C_α——电动机启、制动过程中的散热恶化系数；$C_\alpha=(1+C_\beta)/2$；

C_β——停止时电动机散热恶化系数，见表 14-9。应以制造厂资料为准，本表仅供参考。

表 14-9 停止时电动机散热恶化系数 C_β 值

电动机冷却方式	C_β 值	电动机冷却方式	C_β 值
封闭式电动机（无冷却风扇）	0.95～0.98	封闭式电动机（自带内冷风扇）	0.45～0.55
封闭式电动机（强迫风扇）	0.9～1.0	保护式电动机（自带内冷风扇）	0.25～0.35

对于笼型和绕线转子异步电动机及恒定励磁的并（他）励直流电动机，采用等效电流（或等效转矩）法均可；但是对于串励直流电动机和利用变励调速的直流并（他）励直流电动机而言，则不能采用等效转矩法，而应采用等效电流法。

实际的负载暂载率 FC_S 值为

$$FC_S=\frac{\sum t_s+\sum t_b+\sum t_{st}}{T_C}\times 100\% \tag{14-29}$$

当求出的 FC_S 值与所选的电动机额定负载暂载率 FC_N 值不相等（但相差不多）时，应将按式（14-27）或式（14-28）计算出的 I_{rms} 或 T_{rms} 值折算到与所选电动机的 FC_N 值下相等效的数值，即

$$I'_{rms}=\sqrt{\frac{FC_S}{FC_N}}I_{rms} \tag{14-30}$$

或

$$T'_{rms}=\sqrt{\frac{FC_S}{FC_N}}T_{rms} \tag{14-31}$$

如果求出的 FC_S 与所选 FC_N 值相差较大，例如实际算出 FC_S 值为 35%，而初选的电动机定额 FC_N 为 25%，则应再选 $FC_N=40\%$的额定值，重新进行校验。

当所选电动机的额定转矩 $T_N\geqslant T'_{rms}$ 或 $I_N\geqslant I'_{rms}$ 时，若再按式（14-24）校验最大过载转矩也能通过，则所选电动机可以采用。

(6) 平均损耗法

平均损耗法，是以每一工作周期中的平均总损耗表征电动机温升来进行发热校验。它是一种较为准确的计算方法，适用于所有类型电动机在各种工作制下的发热校验。因其计算方法甚为繁琐，故较少使用。但是对于频繁启、制动下工作的笼型异步电动机，因其铁耗增大且不固定，若仍采用等效法校验，则误差较大，因此采用平均损耗法校验。

电动机在一个工作周期中的平均总损耗（W）为

$$\Delta P_{av}=\frac{\sum\Delta A_s+\sum\Delta A_{st}+\sum\Delta A_b+\sum\Delta A_0}{T_c} \tag{14-32}$$

式中 T_C——周期时间（s），$T_C=\sum t_s+\sum t_{st}+\sum t_b+\sum t_0$；

$\sum\Delta A_s$——启动过程中能量损耗总和，J；

$\sum\Delta A_{st}$——稳态运转过程中能量损耗总和，J；

$\sum\Delta A_b$——制动过程中能量损耗总和，J；

$\sum \Delta A_0$——停歇时能量损耗的总和（直流电动机为励磁损耗，交流电动机无此项），J。

启动过程中的能量损耗（J）为

$$\Delta A_s \approx \left(\frac{GD^2 n_M^2}{7161} + \frac{T_L n_M t_s}{19.1}\right)\left(1 + \frac{r_1}{r_2'}\right) \tag{14-33}$$

启动时间（s）为

$$t_s = \frac{GD^2 n_M}{375(T_{sav} - T_L)} \tag{14-34}$$

式中　GD^2——折算到电动机转子轴上的总飞轮力矩，$N \cdot m^2$；

n_M——电动机工作转速，r/min；

T_L——静阻负载转矩，N·m；

r_1——电动机定子每相电阻，Ω；

r_2'——折算到定子侧的转子每相电阻，Ω；

T_{sav}——平均启动转矩，N·m。

稳态运转过程中的能量损耗（J）为

$$\Delta A_{st} \approx \left[\Delta P_{1m}\left(\frac{I_{st}}{I_{N25}}\right)^2 + \Delta P_{2m}\left(\frac{T_{st}}{T_{N25}}\right)^2 + \Delta P_c\right] t_{st} \tag{14-35}$$

稳态运转电流（A）为

$$I_{st} = I_{N25}\left[I_0^* + (1 - I_0^*)\frac{T_{st}}{T_{N25}}\right] \tag{14-36}$$

式中　$\Delta P_{1m}, \Delta P_{2m}$——$FC_N = 25\%$时的电动机定子和转子损耗功率，W；

t_{st}——稳态运转的时间，s；

T_{st}——稳态运转的额定转矩，N·m；

I_{N25}——$FC_N = 25\%$时电动机的额定电流，A；

T_{N25}——$FC_N = 25\%$时电动机的额定转矩，N·m；

ΔP_c——电动机的固定损耗功率，W；

I_0^*——电动机的空载电流标幺值；

I_0——电动机的空载电流，A。

反接制动过程中的能量损耗（J）为

$$\Delta A_b \approx \left(\frac{3GD^2 n_1^2}{7161} - \frac{T_L n_1 t_b}{19.1}\right)\left(1 + \frac{r_1}{r_2'}\right) \tag{14-37}$$

能耗制动过程中的能量损耗（J）为（定子绕组为星型连接）

$$\Delta A_b \approx \left(\frac{GD^2 n_1^2}{7161} - \frac{T_L n_1 t_b}{19.1}\right) + 2I_{1b}^2 r_1 t_b' \tag{14-38}$$

反接和能耗制动时间（s）为

$$t_b = \frac{GD^2 n_1}{375(T_{bav} - T_L)} \tag{14-39}$$

式中　n_1——开始制动时的转速，r/min；

I_{1b}——能耗制动时电动机定子中通入的直流电流，A；

t_b'——定子中通入 I_{1b} 电流的时间，s；

T_{bav}——平均制动转矩，N·m。

按式（14-32）计算出的平均总损耗，还应折算到相应的标准负载持续率（例如：初选负

载持续率 $FC_N=25\%$时，则按 $FC_N=25\%$折算）下的损耗 ΔP_{FC} 中去。只有当 ΔP_{FC} 小于或等于电动机的额定损耗时，所选电动机才可以采用，即

$$\Delta P_{FC}=\frac{\Delta P_{av}}{C(FC_S+FC_0C_\beta)}\leqslant\Delta P_{NFC} \tag{14-40}$$

式中 ΔP_{FC}——折算到相应的标准负载持续率下的总功耗，W；

C——负载持续率折算系数

$$C=\frac{FC_N}{FC_N+(1-FC_S)C_\beta} \tag{14-41}$$

FC_S——实际的负载持续率

$$FC_S=\frac{C_d(\Sigma t_s+\Sigma t_b)+\Sigma t_{st}}{T_C} \tag{14-42}$$

FC_0——空载时负载持续率

$$FC_0=\Sigma t_0/T_C \tag{14-43}$$

C_β——停止时电动机散热恶化系数；

ΔP_{NFC}——电动机在相应标准负载持续率下规定的额定损耗，该值可由样本查取，W；

当采用 $FC_N=100\%$定额的断续工作电动机或连续定额电动机时，式（14-40）应改为

$$\Delta P_{FC100\%}=\frac{\Delta P_{av}}{FC_S+FC_0C_\beta}\leqslant\Delta P_{NFC100\%} \tag{14-44}$$

（7）电动机容量的修正

① 环境温度变化的修正　当环境温度 t_s 和额定环境温度 t_N（例如 $t_N=40℃$）不相同时，电动机的可用功率 P 修正为

$$P=XP_N \tag{14-45}$$

式中 X——环境温度改变时的修正系数；

P_N——额定环境温度下的电动机额定功率，kW。

假定电动机的温升正比于电动机的损耗，则环境温度变化时电动机的稳定温升也会相应变化，可得

$$X=\sqrt{1\pm\frac{\Delta\tau}{\tau_N}(\gamma+1)} \tag{14-46}$$

式中 $\Delta\tau$——环境温度改变值，℃；

τ_N——额定环境温度 t_N 时的电机额定温升，℃；

γ——电动机的固定损耗和额定可变损耗之比；

“+”——环境温度低于额定环境温度；

“−”——环境温度高于额定环境温度。

由设备资料可知，某些电动机当环境温度低于额定值 t_N 时，其容量不需修正；某些电动机当环境温度高于额定环境温度时，则应按式（14-45）修正其容量，但当环境温度高于额定环境温度 10℃时，电动机容量的降低值由电机厂规定，不能按式（14-45）计算。因此，按环境温度修正电动机的容量应根据具体情况确定。

② 散热条件恶化的影响　自冷却式电动机随转速降低散热条件显著恶化，计算电动机容量时须计入修正系数。但在上述各种工作制电动机容量校验中已含有这一因素。换算到暂载率为 100%的等效力矩为

$$T_{rms}=\sqrt{\frac{\Sigma T_s^2t_s+\Sigma T_{st}^2t_{st}+\Sigma T_b^2t_b}{\alpha(\Sigma t_s+\Sigma t_b)+\Sigma t_{st}+\beta\Sigma t_0}} \tag{14-47}$$

式中　β——电动机停转时的散热恶化系数可查表14-9；

α——电动机启动、制动过程的散热恶化系数，$\alpha=(1+\beta)/2$；

t_{st}, t_0——稳速及停转时间，s；

t_s, t_b——启动及制动时间，s。

③ 其他方面的影响修正　当电动机使用地点的海拔和冷却介质温度与规定的工作条件不同时，其额定功率应按制造厂的资料予以修正。

14.3 交、直流电动机的启动方式及启动校验[7,62]

14.3.1 电动机启动的一般规定与启动条件

(1) 电动机启动的一般规定

① 电动机启动时，其端子电压应能保证机械要求的启动转矩，且在配电系统中引起的电压波动不应妨碍其他用电设备的工作。

② 交流电动机启动时，配电母线上的电压应符合下列规定：

a. 配电母线上接有照明或其他对电压波动较敏感的负荷，电动机频繁启动时，不宜低于额定电压的90%；电动机不频繁启动时，不宜低于额定电压的85%。

b. 配电母线上未接照明或其他对电压波动较敏感的负荷，不应低于额定电压的80%。

c. 配电母线上未接其他用电设备时，可按保证电动机启动转矩的条件决定；对于低压电动机，尚应保证接触器线圈的电压不低于释放电压。

③ 笼型电动机和同步电动机启动方式的选择应符合下列规定：

a. 当符合下列条件时，电动机应全压启动：电动机启动时，配电母线的电压符合上述第②条的规定；机械能承受电动机全压启动时的冲击转矩；制造厂对电动机的启动方式无特殊规定。

b. 当不符合全压启动的条件时，电动机宜降压启动，或选用其他适当的启动方式。

c. 当有调速要求时，电动机的启动方式应与调速方式相匹配。

④ 绕线转子式电动机宜采用在转子回路中接入频敏变阻器或电阻器启动，并且应符合下述几项规定：

a. 启动电流平均值不宜超过电动机额定电流的2倍或制造厂的规定值；

b. 启动转矩应满足机械的要求；

c. 当有调速要求时，电动机的启动方式应与调速方式相匹配。

⑤ 直流电动机宜采用调节电源电压或电阻器降压启动，并应符合下列规定：

a. 启动电流不宜超过电动机额定电流的1.5倍或制造厂的规定值。

b. 启动转矩和调速特性应满足机械的要求。

(2) 电动机的启动条件

电动机的启动方式，一般分为直接启动和降压启动。启动时应满足下述条件：

① 启动时，对电网造成的电压降不超过规定的数值。一般要求：经常启动的电动机不大于10%；偶尔启动时，不超过15%。在保证生产机械所要求的启动转矩而又不致影响其他用电设备的正常工作时，其电压降可允许为20%或更大一些。由单独变压器供电的电动机其电压降允许值由传动机械要求的启动转矩来决定。

② 启动功率不超过供电设备和电网的过载能力。对变压器来说，其启动容量如以每24h启动6次，每次启动时间为15s来考虑，当变压器的负载率小于90%时，则最大启动电流可为变压器额定电流的4倍。

③ 电动机的启动转矩应大于传动机械的静阻转矩，即

$$U_{\mathrm{M}}^{*} \geqslant \sqrt{\frac{1.1 T_{1}^{*}}{T_{\mathrm{s}}^{*}}} \tag{14-48}$$

式中 U_{M}^{*}——启动时施加到电动机上的端电压标幺值；

T_{1}^{*}——传动机械静阻转矩标幺值，$T_{1}^{*}=T_{1}/T_{\mathrm{N}}$；

T_{s}^{*}——电动机的启动转矩标幺值，$T_{\mathrm{s}}^{*}=T_{\mathrm{s}}/T_{\mathrm{N}}$。

传动机械的静阻转矩，一般可根据机械工艺资料计算出来，或由工艺设计资料提供。

④ 启动时，应保证电动机及启动设备的动稳定和热稳定性。

14.3.2 三相异步电动机的启动方式及启动校验

（1）三相异步电动机的基本控制环节

三相异步电动机的启动控制有直接启动、减压启动和软启动等方式。直接启动方式又称为全电压启动方式，即启动时电源电压全部施加在电动机定子绕组上。减压启动方式即启动时将电源电压减低一定数值后再施加到电动机定子绕组上，待电动机的转速接近同步转速以后，再使电动机在电源电压下运行。软启动方式即使施加到电动机定子绕组上的电压从零按预设的函数关系逐渐上升，直至启动过程结束，再使电动机在全电压下运行。

基本控制功能除启动、停止外，应具有以下保护环节。

① 熔断器 FU 在电路中起后备短路保护作用，电路的短路主保护由低压断路器承担。

② 热继电器 FR 在电路中起电动机过载保护作用，具有与电动机的允许过载特性相匹配的反时限特性。由于热继电器的热惯性较大，即使热元件流过几倍额定电流，热继电器也不会立即动作。因为在电动机启动时间不太长的情况下，热继电器是经得起电动机启动电流的冲击而不动作的，只有在电动机长时间过载情况下，热继电器才动作，断开控制电路，使接触器断电释放，电动机停止运转，实现电动机过载保护。

③ 欠电压保护与失电压保护是依靠接触器本身的电磁机构来实现的。当电源电压由于某种原因而严重降低或失电压时，接触器的衔铁自行释放，电动机停止运转。控制电路具备了欠电压和失电压保护能力后，可以防止电动机在低电压下运行而引起过电流，避免电源电压恢复时，电动机自启动而造成设备和人身事故。

某些生产机械在安装或维修后常常需要试车或调整，此时就需要“点动”控制；生产过程中，各种生产机械常常要求具有上下、左右、前后、往返等具有方向运动的控制，这就要求电动机能够实现“可逆”运行；对于许多运动部件，它们可能还有相互联系相互制约，这种控制关系称为“联锁”控制。自锁是实现长期运行的措施，互锁是可逆控制中防止两个电器同时通电从而避免产生事故的保证，而联锁则是实现几种运动体之间的互相联系又互相制约的桥梁。

（2）绕线转子异步电动机的启动

绕线转子异步电动机一般采用电阻分级启动或频敏变阻器两种方式。前者启动转矩大但控制比较复杂，且启动电阻体积大、维修麻烦；而后者具有恒转矩的启、制动特性，又是静止元件，很少需要维修，因此除下列情况外，绕线转子异电动机多采用频敏变阻器启动：

a. 有低速运转要求的传动装置；

b. 要求利用电动机的过载能力，承担启动转矩的传动装置，如加热炉的推钢机；

c. 初始启动转矩很大的传动装置，如球磨机、转炉倾动机构等。

① 转子回路串接电阻启动　在三相绕组线转子异步电动机的三相转子回路中分别串接启动电阻或电抗器，再加之电源及自动控制电路，就构成了三相绕线转子异步电动机的启动控制线

路。如图 14-6（a）所示（方案 1）是转子回路中串接电阻的启动控制线路。方案 1 通过欠电流继电器的释放值设定进行控制的，利用电动机转子电流大小的变化来控制电阻切除。如图 14-6（b）所示（方案 2）将主电路中的电流继电器去掉，通过时间继电器的定时设定来控制电阻切除。

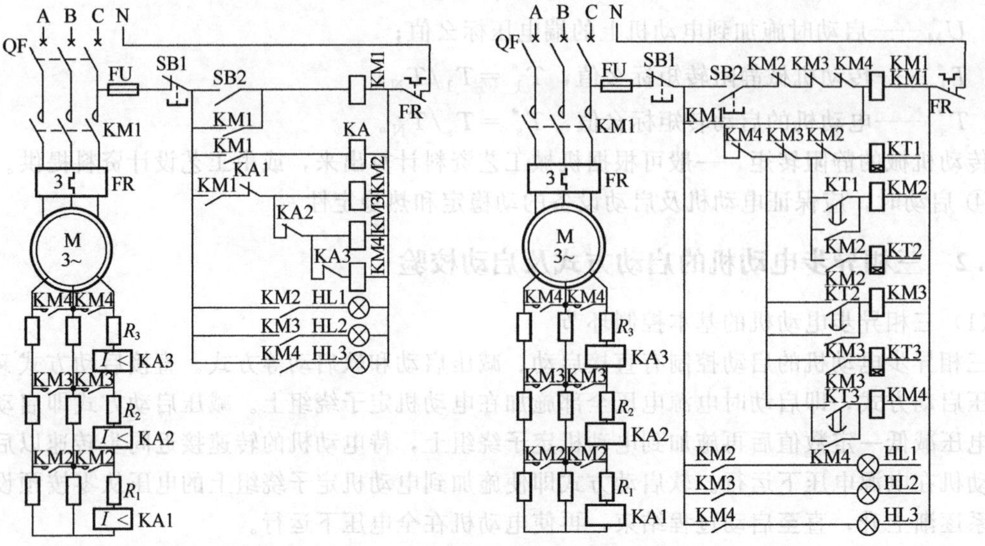

(a) 方案1　　(b) 方案2

图 14-6　转子电路串电阻减压启动控制线路

② 转子串频敏变阻器启动　频敏变阻器实质上是一个铁芯损耗非常大的三相电抗器。它由数片 E 形硅钢片叠成，具有铁芯、线圈两个部分，制成开启式，并采用星形连接。将其串接在绕线转子异步电动机转子回路中，相当于使其转子绕组接入一个铁损较大的电抗器。频敏变阻器的阻抗能够随着转子电流频率的下降自动减小，所以它是绕线转子异步电动机较为理想的一种启动设备。常用于较大容量的绕线式异步电动机的启动控制。

当电动机反接时，频敏变阻器的等效变阻器的阻抗最大，从反接制动到反向启动的过程中，其等效阻抗始终随转子电流频率的减少而减小，使电动机在反接过程中转矩亦接近恒定。因此频敏变阻器尤为适用于反接制动和需要频繁正、反转工作的机械。

频敏变阻器结构简单，占地面积小，运行可靠，无需经常维修，但其功率因数低、启动转矩小，对于要求低速运转和启动转矩大的机械不宜采用。绕线转子异步电动机采用频敏变阻器时的启动特性如图 14-7 所示。

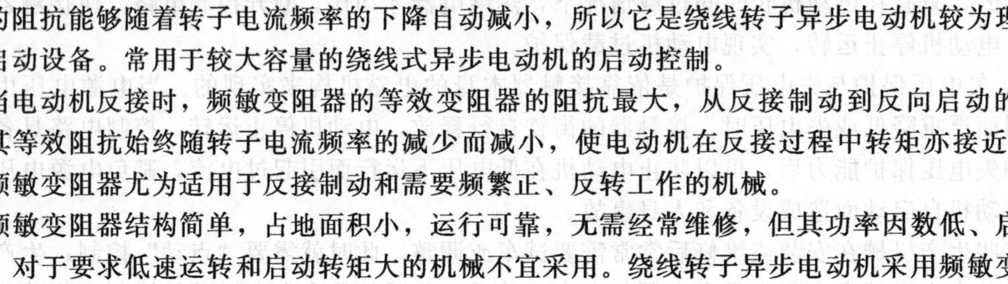

(a) 轻载启动　　(b) 重载启动

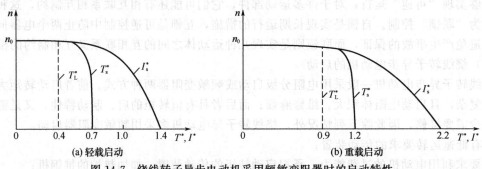

图 14-7　绕线转子异步电动机采用频敏变阻器时的启动特性

T_L^*—负载转矩标幺值；T_s^*—启动转矩标幺值；I_s^*—启动电流标幺值

根据生产机械的负载特性，可按表 14-10 选择频敏变阻器的类型。目前生产的频敏变阻器系列产品属偶尔启动的有 BP1-2、BP1-3、BP2-7、BP6 等型，电动机最大容量达 2240kW；属重复短时工作的有 BP1-0、BP1-4、BP1-5、BP4 等型。

偶尔启动用频敏变阻器，可以采用启动后用接触器短接的控制方式，如图 14-8（a）所示。对于重复短时工作的频敏变阻器，为了简化其控制电路，可以将频敏变阻器常接在转子回路中，如图 14-8（b）所示。

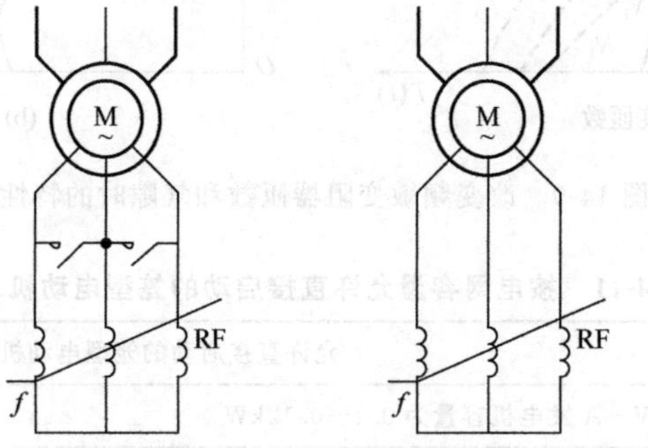

(a) 启动后切除　　(b) 常接在转子回路中

图 14-8　频敏变阻器接线

表 14-10　按机械负载特性选用频敏变阻器类型

启动负载性质		特性		传动设备举例
偶尔启动	轻　载	启动转矩 $T_s \geqslant (0.6\sim0.8)T_N$，阻力矩 $T_j < 0.5T_N$，折算至电动机轴上飞轮力矩 GD^2 的值较小，启动时间 $t_s \leqslant 20s$		空压机、水泵、变流机等
	重轻载	启动转矩 $T_s \leqslant (0.9\sim1.1)T_N$，阻力矩 $T_j < 0.8T_N$，折算至电动机轴上飞轮力矩 GD^2 的值较大，启动时间 $t_s > 20s$		锯床、真空泵、带飞轮的轧钢主电机
	重　载	启动转矩 $T_s \leqslant (1.2\sim1.4)T_N$，阻力矩 $T_j \leqslant 0.8T_N$，折算至电动机轴上飞轮力矩 GD^2 的值不太大，启动时间介于轻载和重轻载之间		胶带运输机、轴流泵、排气阀打开启动的鼓风机
反复短时启动	第一类	启动次数 250 次/h，t_sZ① 值 $<400s$	$T_s \leqslant 1.5T_N$	推钢机、拉钢机及轧线定尺移动
	第二类	启动次数 <400 次/h，t_sZ 值 $<630s$		出炉辊道、延伸辊道、检修吊车大小车
	第三类	启动次数 <630 次/h，t_sZ 值 $<1000s$		轧机前后升降台及真辊道、生产吊车大小车
	第四类	启动次数 >630 次/h，t_sZ 值 $<1600s$		拨钢机、定尺辊道、翻钢机、压下

① t_sZ 值为每小时启动次数 Z（启动一次算一次，反接制动一次算三次，动力制动一次算一次）与每次启动时间 t_s 的乘积。无规则操作或操作极度频繁的电动机，由于每次启动不一定升至额定转速，在设计中一般可取 $t_s=1.5\sim2s$。

频敏变阻器的铁芯与轭铁间设有气隙，在绕组上留有几组抽头，改变气隙 δ 和绕组匝数，便可调整电动机的启动电流和启动转矩，其特性见图 14-9，由此可见：

a. 启动电流过大及启动太快时，应增加其匝数；反之，当启动电流过小及启动转矩不够时，应减少其匝数，如图 14-9（a）所示。

b. 当刚启动时，其启动转矩过大，对机械有冲击，但启动完毕后，稳定转速低于额定转速；当短接频敏变阻器时，电流冲击较大，可增大气隙，但启动电流有所增加，如图 14-9（b）所示。

(3) 笼型转子异步电动机的启动

笼型转子异步电动机应优先采用直接启动。当不允许直接启动时，可考虑减压启动。确定能否直接启动的条件，可参考表 14-11 和表 14-12 的数据。表 14-13 列出了各种启动方式的特点及适用范围。

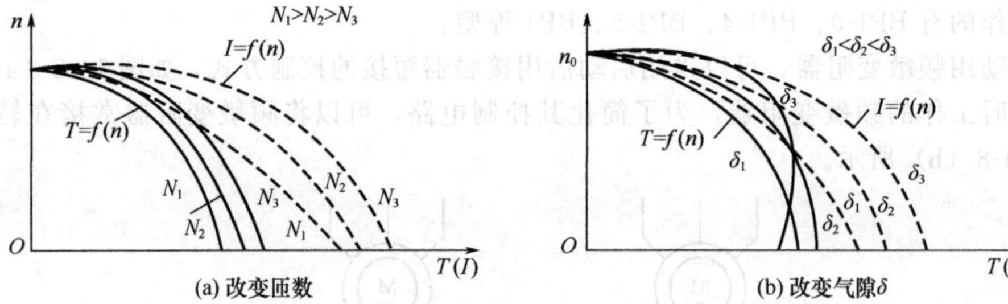

(a) 改变匝数　　(b) 改变气隙δ

图 14-9　改变频敏变阻器匝数和气隙时的特性

表 14-11　按电网容量允许直接启动的笼型电动机功率

电　网	允许直接启动的笼型电动机功率
小容量发电厂	每 1kV·A 发电机容量为 0.1～0.12kW
变电所	经常启动时，不大于变压器容量的 20%；不经常启动时，不大于变压器容量的 30%
高压线路	不超过电动机连接线路上的短路容量的 3%
变压器-电动机组	电动机功率不大于变压器容量的 80%

表 14-12　6（10）/0.4kV 变压器允许直接启动笼型电动机的最大功率

变压器供电的其他负载 S_{th}（kV·A）及其功率因数	启动时电压降 $\Delta U\%$	供电变压器的容量 S_b（kV·A）														
		100	125	160	180	200	250	315	320	400	500	560	630	750	800	1000
		启动笼型电动机的最大功率 P_d/kW														
$S_{th}=0.5S_b$ $\cos\varphi=0.7$	10	22	30	30	40	40	55	75	75	90	110	115	135	155	180	215
	15	30	40	55	55	75	90	100	100	155	155	185	225	240	260	280
$S_{th}=0.6S_b$ $\cos\varphi=0.8$	10	17	22	30	30	40	55	75	75	90	110	115	135	135	155	185
	15	30	30	55	55	75	90	100	100	155	185	185	225	240	260	285

注：表中所列是指电动机与变电所低压母线直接相连时的数据。

① 直接启动

a. 接通电流峰值（最大值）$I_s=2\sqrt{2}I_{an}$（I_{an} 为启动电流）；

b. 启动电流（有效值）$I_{an}=(4\sim8.4)\times$额定电流 I_n（特殊情况下可达 $13I_n$）；

c. 空载电流 $I_0=(0.95\sim0.20)I_n$；

d. 启动时间 T_{an} 在正常条件下 $I_{an}<10s$，在重载启动时 $I_{an}\geq10s$（验证电动机发热是必要的）。

② 星-三角减压启动　通过降低电动机绕组上的电压实现启动的接线方案中，转矩随电压降低而成二次方地下降，而电流随电压降低而呈现性下降。三相异步电动机在星-三角减压启动时，其启动电流仅为直接启动时的 1/3。电动机转矩也下降到原来的 1/3。星-三角减压启动只适用于启动那些在启动过程中负载转矩一直保持很小的三相交流电动机。

③ 定子串电阻减压启动　电动机启动时在三相定子电路中串接电阻。定子回路接入对称电阻这种启动方式的启动电流较大，而启动转矩较小。如启动电压降至额定电压的 80%，其启动电流为全压启动电流的 80%，而启动转矩仅为全压启动转矩的 64%，且启动过程中消耗电能较大。因此电阻减压启动一般用于轻载启动的低压笼型电动机。

表 14-13　笼型电动机各种启动方式比较

启动方式	全压启动	三相电阻减压启动	电抗器减压启动			自耦变压器减压启动			星-三角减压启动	延边三角形减压启动		
			减压百分数			减压百分数				抽头比例 $K=a/b$①		
			50%	45%	37.5%	80%	65%	50%		1∶2	1∶1	1∶1
$\dfrac{启动电压U_s}{额定电压U_N}$	1	0.8	0.50	0.45	0.375	0.80	0.65	−0.5	0.58	0.78	0.71	0.66
$\dfrac{启动转矩}{全压启动转矩}$	1	0.64	0.25	0.20	0.14	0.64	0.43	0.25	0.33	0.6	0.5	0.43
$\dfrac{启动电流}{全压启动电流}$	1	0.8	0.50	0.45	0.375	0.64	0.43	0.25	0.33	0.6	0.5	0.43
启动电路图		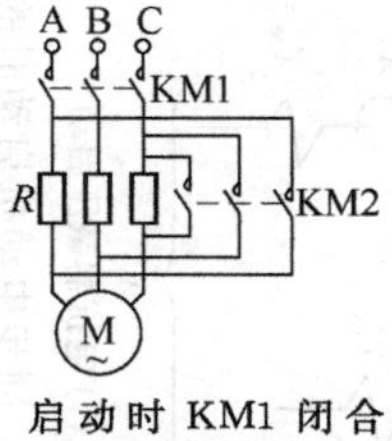 启动时 KM1 闭合，启动后 KM1 和 KM2 闭合	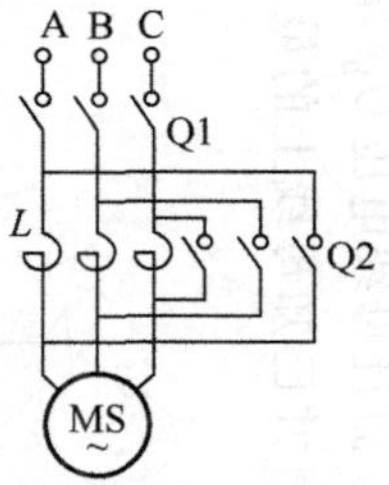 启动时 Q1 闭合，Q2 断开，运转时 Q1 和 Q2 闭合			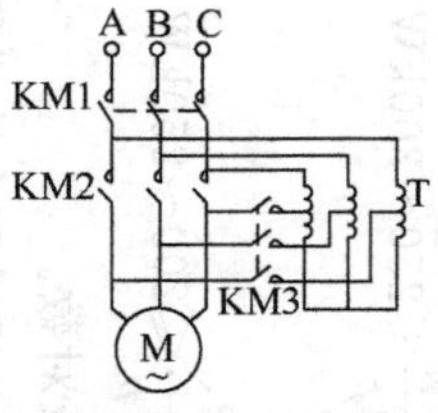 启动时 KM1 和 KM3 闭合，启动后 KM1 和 KM2 闭合			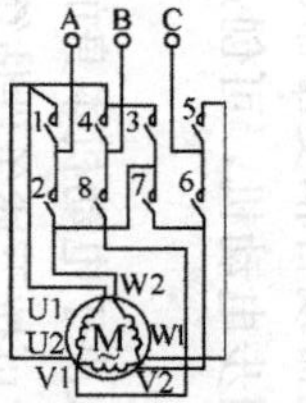 启动时 Y 接线，触头 1、8、5、3、7 闭合，启动后△接线，触头 1、2、5、6、4、8 闭合	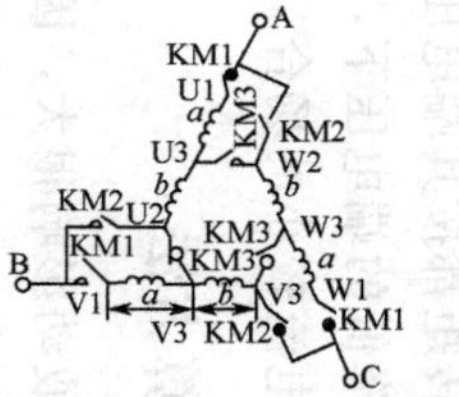 启动时 KM1 和 KM3 闭合，启动后 KM1 和 KM2 闭合，KM3 断开		
适用场所	高压、低压电动机	低压电动机	高压电动机			高压、低压电动机			绕组额定电压 380V，具有 6 个出线头的电动机	绕组额定电压 380V，具有 9 个出线头的电动机		
特　　点	启动方法简便，启动电流和启动电压降较大	启动电流较大，启动转矩较小。启动过程电阻中电能消耗较大	启动电流较大，启动转矩较小			启动电流较小，启动转矩较大			启动电流小，启动转矩小	启动电流小，启动转矩较大，具有自耦变压器及星-三角两种减压启动方式的优点		

① 延边三角形数据是根据下面公式及抽头比 $K=a/b$ 估算：$U_s/U_N=(1+\sqrt{3}K)/(1+3K)$；$I'_s/I_s=(1+K)/(1+3K)$；$T'_s/T_s=(1+K)/(1+3K)$；$U_N$——电动机额定电压；$\alpha$——减压系数，$\alpha=U_s/U_N$；$I_s$——直接启动时启动电流；$T_s$——直接启动时启动转矩；$I'_s$——延边三角形抽头启动时启动电流；$T'_s$——延边三角形抽头启动时启动转矩。

④ 自耦变压器减压启动　自耦变压器减压启动适用于启动较大容量的电动机。采用自耦变压器启动，电动机的启动电流与启动转矩都按其端电压二次方的比例降低，与串接电抗器启动相比，该方法的优点是电动机在同样降低的端电压下，电源供电电流较小。自耦变压器减压启动通常用于要求启动转矩较高而启动电流较小的场合。

14.3.3　同步电动机的启动及其计算方法

由于同步电动机启动时对电网电压波动影响很大，因此必须按照“电动机启动条件”的相关要求进行核算。

当电网容量足够大且允许直接启动时，应尽量采用直接启动；只有在电网和电动机本身结构不允许直接启动时，才可考虑采用电抗器或自耦变压器减压启动。当技术经济合理时采用变频软启动。对用大容量变流机组传动的同步电动机，可创造条件采用准同步启动。

(1) 直接启动

同步电动机是否允许直接启动，首先取决于电动机本身的结构条件，它由电机制造厂决定。如果不能取得电机制造厂的相关资料时，通常可按下述条件估算，符合下述条件时，可以直接启动。

对于 $U_N=3\text{kV}$ 的电动机

$$\frac{P_N}{2p}\leqslant 250\sim 300\text{kW} \tag{14-49}$$

对于 $U_N=6\text{kV}$ 的电动机

$$\frac{P_N}{2p}\leqslant 200\sim 250\text{kW} \tag{14-50}$$

上两式中，p 为磁极数；$2p$ 为磁极对数。

其次，可以按母线电压水平核算电动机是否允许进行直接启动。忽略有功电流及电阻的影响，并假定启动前电源电压为恒定值，而且母线电压 U_b 等于额定电压 U_N。

按图 14-10 (a) 所示的等效电路，并已知母线上的最小短路容量 S_{dl}（并以 S_{dl} 作为基准值），则电动机允许直接启动的条件为

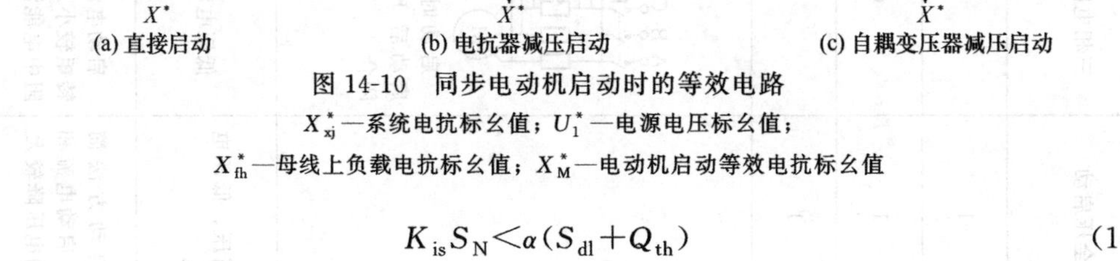

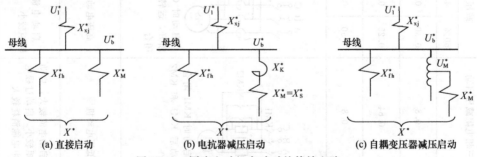

图 14-10　同步电动机启动时的等效电路

X_{xj}^*—系统电抗标幺值；U_1^*—电源电压标幺值；

X_{fh}^*—母线上负载电抗标幺值；X_M^*—电动机启动等效电抗标幺值

$$K_{is}S_N<\alpha(S_{dl}+Q_{th}) \tag{14-51}$$

$$\alpha=\frac{1}{U_b^*}-1 \tag{14-52}$$

当 $U_b^*=0.80$ 时，$\alpha=\frac{1}{0.8}-1=0.25$

$U_b^*=0.85$ 时，$\alpha=\frac{1}{0.85}-1=0.175$

$U_b^*=0.90$ 时，$\alpha=\frac{1}{0.9}-1=0.11$

式中　K_{is}——额定电压时，电动机的启动电流倍数；

S_N——电动机的额定容量，MV·A；

Q_{th}——母线上负载的无功功率，Mvar；

U_b^*——母线允许电压标幺值，$U_b^*=U_b/U_N$。

如能满足式（14-51）的要求，则可直接启动，否则应采取减压启动。

（2）电抗器减压启动

采用电抗器减压启动时，其等效电路见图 14-10(b)。此时应保证

$$(U_{sN}^*U_s^*)^2T_s^*>1.1T_L^* \tag{14-53}$$

即

$$U_s^*>\frac{1.05}{U_{sN}}\sqrt{\frac{T_L^*}{T_s^*}} \tag{14-54}$$

式中　U_{sN}^*——电动机额定启动电压标幺值；

U_s^*——启动时电动机端电压标幺值；

T_s^*——额定电压下启动转矩标幺值，$T_s^*=T_s/T_N$；

T_L^*——机械的静阻转矩标幺值，$T_L^*=T_L/T_N$。

为了满足式（14-54）要求，采用电抗器减压启动的条件为

$$U_{sN}^*\frac{S_{dl}+Q_{th}}{K_{is}S_N}\geqslant\beta\sqrt{\frac{T_L^*}{T_s^*}} \tag{14-55}$$

$$\beta=\frac{1.05}{1-U_b^*} \tag{14-56}$$

当$U_b^*=0.80$ 时，$\beta=\frac{1.05}{1-0.8}=5.25$

$U_b^*=0.85$ 时，$\beta=\frac{1.05}{1-0.85}=7$

$U_b^*=0.90$ 时，$\beta=\frac{1.05}{1-0.9}=10$

如不能满足式（14-56）的要求，则应采用自耦变压器启动，见图 14-10（c）。

如图 14-11 所示为同步电动机采用电抗器减压启动线路简图，电抗器 L 每相电抗值 X_L 可用下式估算：

$$X_L=\frac{U_N}{\sqrt{3I_s'}}-X_m \tag{14-57}$$

式中　I_s'——接入电抗器后电动机的启动电流，A；

X_m——当 $s=1$ 时，电动机定子每相的电抗，Ω。

上式计算简便，可用在工程设计中的估算，但计算出的 X_L 值偏大。

（3）自耦变压器减压启动

如果用电抗器减压启动不能满足要求，则应采用自耦变压器减压启动。如图 14-12 所示为采用自耦变压器减压启动时的电路。由于定子侧要用三台高压开关，因此这种启动方式投资较高。但是在获得同样启动转矩的情况下，其启动电流较小。电抗器减压启动与自耦变压器减压启动的比较见表 14-14。

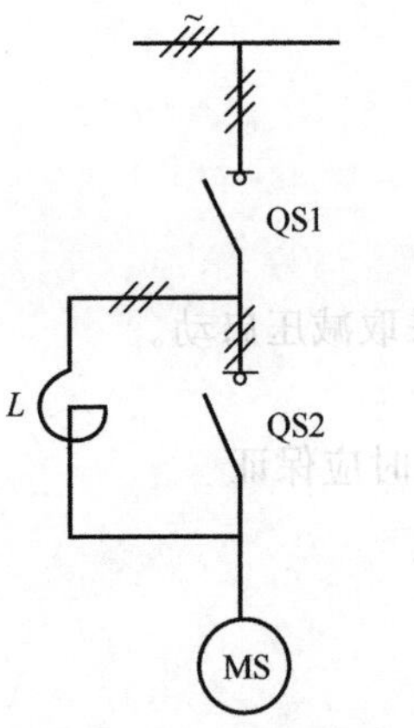

图 14-11　同步电动机采用电抗器降压启动电路简图
（启动：QS1 闭合，QS2 断开；
运转：QS1、QS2 均闭合）

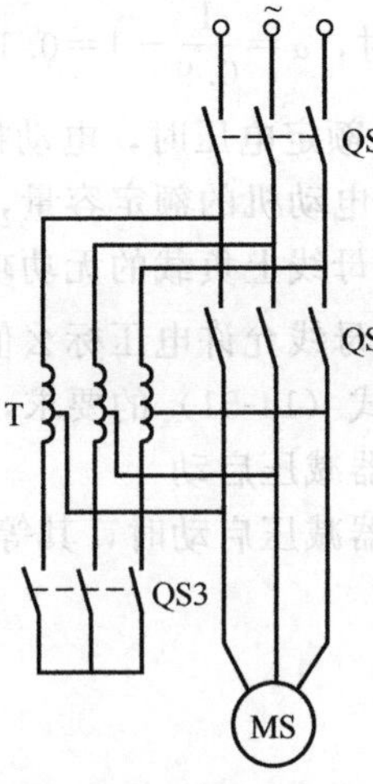

图 14-12　同步电动机用自耦变压器减压启动时的电路
（启动：QS1、QS3 闭合，QS2 断开；
运转：QS3 断开，QS1、QS2 闭合）

图 14-10（c）为自耦变压器减压启动等效电路，启动时，必须满足下述条件：

$$(U_b^* K_b)^2 T_s^* > 1.1 T_L^* \quad (14\text{-}58)$$

式中　K_b——自耦变压器的电压比。

表 14-14　电抗器减压启动与自耦变压器减压启动比较表

降压启动方式	电抗器降压启动	自耦变压器启动
电动机启动电压	αU_N	αU_N
电动机启动电流	αI_s	$\alpha^2 I_s$
电动机启动转矩	$\alpha^2 T_s$	$\alpha^2 T_s$

注：α——压降系数（$\alpha<1$），对自耦变压器为电压比；I_s——直接启动时的启动电流；T_s——直接启动时的启动转矩。

为满足式（14-58）的要求，其启动条件为

$$\delta \frac{S_{dl}+Q_{th}}{K_{is} S_N} > 1.1 \frac{T_L^*}{T_s^*} \quad (14\text{-}59)$$

$$\delta = U_b^*(1-U_b^*) \quad (14\text{-}60)$$

当$U_b^*=0.80$ 时，$\delta=0.8(1-0.8)=0.16$

$U_b^*=0.85$ 时，$\delta=0.85(1-0.85)=0.128$

$U_b^*=0.90$ 时，$\delta=0.9(1-0.9)=0.09$

（4）变频启动

随着大功率晶闸管变流器的发展，对大功率同步电动机和大型蓄能电站发电机及电动机组可以采用静止变频装置实现平滑启动，其特点是：

① 启动平稳，对电网冲击小；

② 由于启动电流冲击小，不必考虑对被启动电动机的加强设计；

③ 启动装置功率适度，一般约为被启动电动机功率的 5%～7%（视启动时间、飞轮力矩和静阻转矩而异）；

④ 若干台电动机可公用一套启动装置，较为经济；

⑤ 由于是静止装置，便于维护。

如图 14-13 所示为采用晶闸管变频装置启动大功率同步电动机原理图，采用交-直-交变频电路，通过电流控制实现恒加速度启动，当电动机接近同步转速时进行同步协调控制，直至达到同步转速后，通过开关切换使电动机直接投入电网运行。用此种方法可启动功率为数千至数万千瓦的同步电动机或大型蓄能机组。

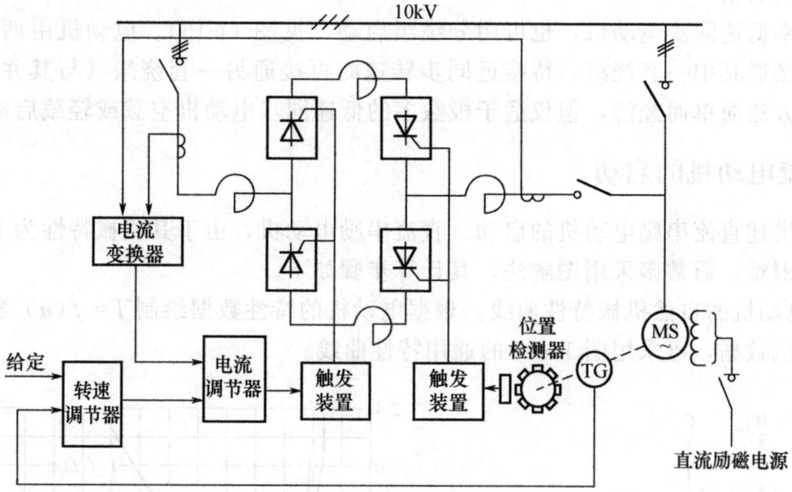

图 14-13 采用晶闸管交频装置启动同步电动机原理图

(5) 准同步启动

用同步电动机拖动的大功率交流机组，由于其整个传动系统的 GD^2 很大，启动很慢，因此，为省去庞大的减压启动设备（自耦变压器或电抗器等）和尽量减小启动对电网冲击，也可以采用准同步启动（如图 14-14 所示）。

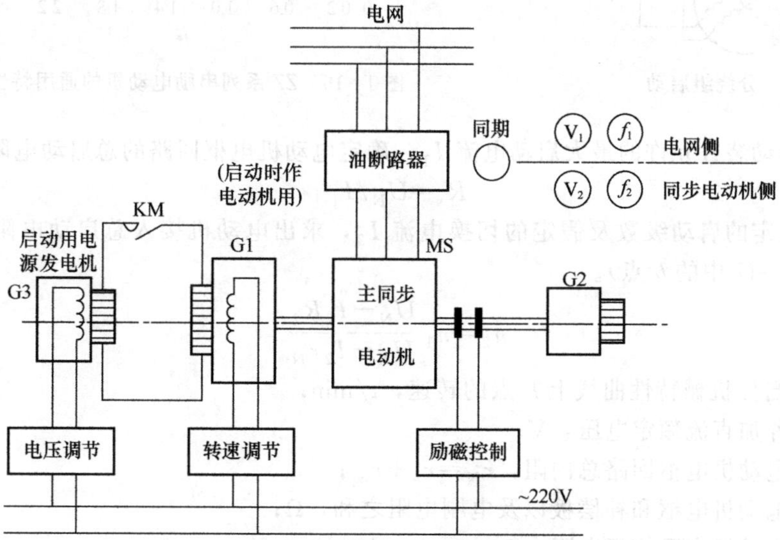

图 14-14 准同步启动

其启动方式是：选择机组中的某一台直流电动机（例如：图 14-14 中的 G1）作为电动机用，然后另外用一台功率约为被启动电动机功率的 5%～10%（视静阻转矩、GD^2 启动时间而定）的发电机或可调直流电源对其进行供电。启动时，同步电动机定子断路器不能合闸，先使发电机 G3 的电压由零逐渐增大，利用 G1 拖动整个机组由零逐渐加速，待其转速达到同步转速后，给同步电动机加上励磁。当同步电动机定子电压的频率、幅值和相位与电网电压一致时，接通定子电路的断路器，使同步电动机并入电网，并切断 G1 的直流供电电源，完成启动。这种方法启动平稳，无冲击，但要求另备一套功率较小的可调直流电源。

（6）分绕组启动

对于大功率低速同步电动机，也可用分绕组启动（见图 14-15）。电动机由两套绕组组成。启动时，先只接通其中一套绕组，待接近同步转速时再接通另一套绕组（与其并联）。这种限制启动电流的方法简单而经济，但仅适于极数多的低速同步电动机空载或轻载启动。

14.3.4　直流电动机的启动

本节主要讲述直流串励电动机的启动。直流串励电动机，由于其机械特性为非线性，采用分析法计算较困难，通常多采用图解法，其计算步骤如下。

1）绘制电动机的自然机械特性曲线。根据电动机的特性数据绘制 $I=f(n)$ 特性曲线。如果得不到电动机数据，可采用图 14-16 的通用特性曲线。

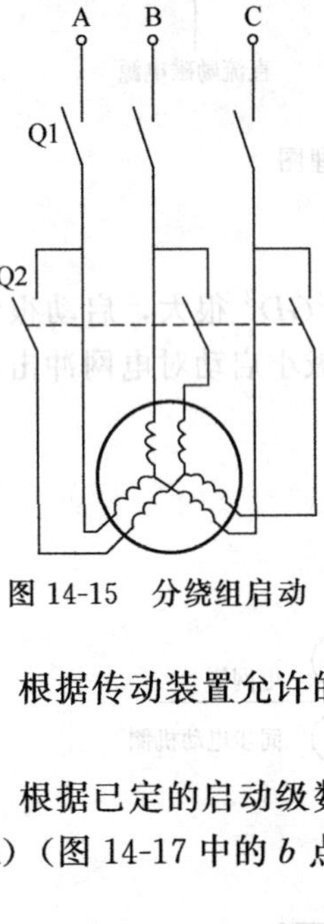

图 14-15　分绕组启动

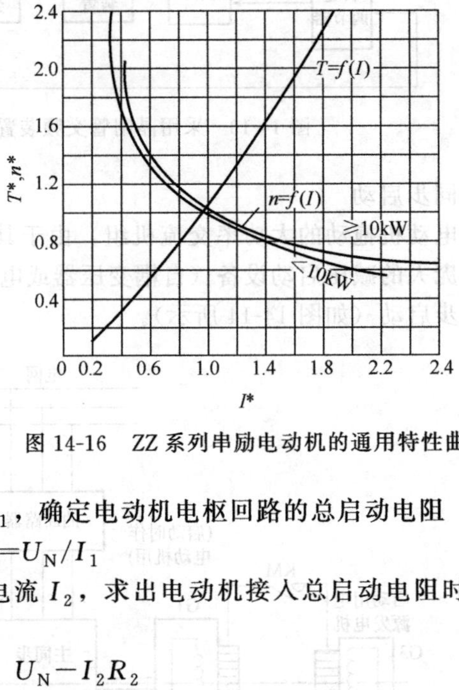

图 14-16　ZZ 系列串励电动机的通用特性曲线

2）根据传动装置允许的最大启动电流 I_1，确定电动机电枢回路的总启动电阻（Ω）

$$R_s=U_N/I_1 \tag{14-61}$$

3）根据已定的启动级数及假定的切换电流 I_2，求出电动机接入总启动电阻时的转速 n_2（r/min）（图 14-17 中的 b 点）。

$$n_2=n_1\frac{U_N-I_2R_2}{U_N-I_2r_N} \tag{14-62}$$

式中　n_1——自然机械特性曲线上 h 点的转速，r/min；

U_N——外加直流额定电压，V；

r_N——电动机电枢回路总内阻，$r_N=r_a+r_{cq}$；

r_a——电动机电枢和补偿极以及电刷电阻之和，Ω；

r_{cq}——电动机串励绕组电阻，Ω，$r_{cq}=r_1+r_2+r_3$。

4）根据已定的 I_1 和 I_2 值，在自然机械特性曲线上找出相应的 g 点和 h 点，并在人工机械特性曲线上找出相应的 a 点与 b 点。通过 g、h 与 a、b 点分别画两条直线交于 t 点。

5）在 I_1 与 I_2 间绘制三级启动曲线，如果作出的启动特性与自然机械特性的交点正合适，

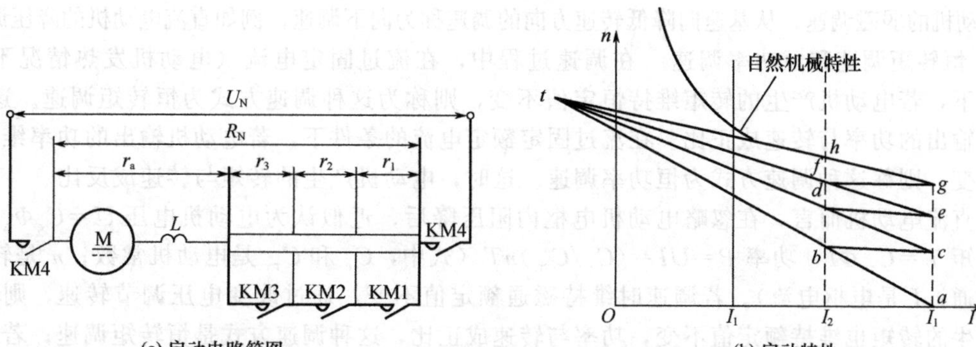

(a) 启动电路简图　(b) 启动特性

图 14-17　串励直流电动机启动特性

则表明所取的 I_1、I_2 值合适，否则应改变 I_1 值，重新绘制启动特性，直到合适。

6) 求启动时的外接电阻及各级电阻值 (Ω)

$$\left.\begin{aligned} R_q &= R_s - r_N \\ r_1 &= \frac{ac}{ga}R_q \\ r_2 &= \frac{ce}{ga}R_q \\ r_3 &= \frac{eg}{ga}R_q \end{aligned}\right\} \tag{14-63}$$

式中　R_q——启动时外接的总电阻，Ω；

r_1, r_2, r_3——分别为各级的启动电阻值，Ω。

14.4 交、直流电动机调速技术[62,105]

调速即速度控制，指在传动系统运行中人为或自动地改变电动机的转速，以满足工作机械对不同转速的要求。从机械特性上看，就是通过改变电动机的参数或外加电压等方法来改变电动机的机械特性，从而改变它与工作机械特性的交点，改变电动机的稳定运转速度。调速指令通过人工设置或经上级控制器设置，调速系统按设定值改变电动机转速。

14.4.1 直流电动机调速

(1) 直流电动机调速的分类

① 开环调速和闭环调速　电动机的转速给定被设置后不能自动纠正转速偏差的调速方式称为开环调速；具有自纠偏能力，能根据转速给定和实际值之差自动校正转速，使转速不随负载、电网波动及环境温度变化而变化的调速方式称为闭环调速。

② 无级调速和有级调速　无级调速又成为连续调速，指电动机的转速可以平滑调节。其特点为转速均匀变化，适应性强，易实现调速自动化，因此在工业装置中被广泛应用。有级调速又称为间断调速或分级调速。它的转速只有有限的几级，调速范围有限，且不易实现调速自动化。数字控制的调速系统，由于速度给定被量化后是间断的，严格说来属有级调速，但由于级数非常多，极差很小，仍认为是无级调速。

③ 向上调速和向下调速　在额定工况（施加额定频率的额定电压、带额定负载）运行的电动机的转速成为额定转速，也称为基本转速或基速。从基速向提高转速方向的调速称为向上调速，例如

直流电动机的弱磁调速；从基速向降低转速方向的调速称为向下调速，例如直流电动机的降压调速。

④ 恒转矩调速和恒功率调速　在调速过程中，在流过固定电流（电动机发热情况不变）的条件下，若电动机产生的转矩维持恒定值不变，则称为这种调速方式为恒转矩调速。这时，电动机输出的功率与转速成正比。在流过固定额定电流的条件下，若电动机输出的功率维持额定值不变，则称这种调速方式为恒功率调速。这时，电动机产生的转矩与转速成反比。

对直流电动机而言，在忽略电动机电枢内阻压降后，近似认为电动机电压 $U=C_e\Phi_n$，电动机转矩 $T=C_m\Phi I$，功率 $P=UI=(C_e/C_m)nT$（式中，C_e 和 C_m 是电动机常数；n 是转速；Φ 是磁通；I 是电枢电流）。若调速时维持磁通额定值不变，通过改变电压调节转速，则额定电流产生的转矩也维持额定值不变，功率与转速成正比，这种调速方式是恒转矩调速；若调速时维持电压不变，通过改变磁通调速则磁通与转速成反比，相应额定电流产生的转矩与转速成反比，而功率不变，这种调速方式为恒功率调速。

恒转矩和恒功率调速方式的选择应与生产机械负载类型相配合，详情参见第 14.1 节。如果恒转矩调速方式用于恒功率类型的负载，电动机功率需按最大转矩和最高转速之积来选择，导致电动机功率比负载功率大许多倍（恒功率负载最大转矩出现在最低速，高转速时转矩最小，转矩和转速的乘积远小于最大转矩和最高转速之积）。如果电动机的恒功率调速范围和负载要求的恒功率范围一致，电动机容量最小。如果负载要求的恒功率范围大，电动机的恒功率调速范围受到机械和电气条件的限制不能满足时，只能适当放大电动机容量，增大调速系统的恒功率调速范围。

（2）直流电动机的调速原理

直流电动机的机械特性方程式为

$$n=\frac{U}{C_e\Phi}-\frac{R_0T}{C_eC_T\Phi^2}=n_0-\frac{R_0T}{C_eC_T\Phi^2} \tag{14-64}$$

式中　U——加在电枢回路上的电压；

C_e——电动势常数；

Φ——电动机磁通；

R_0——电动机电枢电路的电阻；

C_T——转矩常数；

T——电动机转矩；

n_0——理想空载转速，$n_0=U/C_e\Phi$。

此公式也是直流电动机的调速公式，改变加在电动机电枢回路电阻 R_0、外加电压 U 及磁通 Φ 中的任何一个参数，就可以改变电动机的机械特性，从而对电动机进行调速。

（3）直流电动机的调速方法

① 改变电枢回路电阻调速　从式（14-64）可知，当电枢电路串联附加电阻 R 时（见图 14-18），其特性方程式变为

$$n=n_0-\frac{R_0+R}{C_eC_T\Phi^2}T \tag{14-65}$$

式中　R_0——电动机电枢电路的电阻；

R——电枢电路外串附加电阻。

从式（14-65）可以看出：电动机电枢电路中串联电阻时，特性的斜率增加；在一定负载转矩下，电动机的转速降增加；因而实际转速降低了。图 14-18 所示为不同附加电阻值时的一组特性曲线。如果负载转矩 T_L 为常数，则

$$n=n_0-\frac{T_LR_0}{C_eC_T\Phi^2}-\frac{T_LR}{C_eC_T\Phi^2}=A-BR \tag{14-66}$$

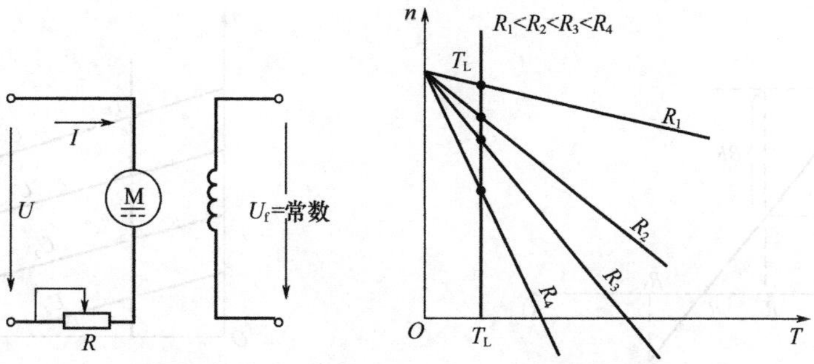

(a) 线路图　(b) 机械特性图

图 14-18　直流电动机电枢电路串联电阻调速

式中　$A=n_0\dfrac{T_L R_0}{C_e C_T \Phi^2}$；

$B=\dfrac{T_L}{C_e C_T \Phi^2}$；

A、B 均为常数。

式 (14-66) 表明了控制量 R 与被控制量 n 之间的关系，其调速特性曲线见图 14-19。由图 14-19 可知：当 $R=0$ 时，电动机工作在额定转速 n_N（当外加电压及励磁电流均为额定值时）；当 $R=R_1$ 时，转速为 n_1，并且 $n_1<n_N$；当 $R=R_2$ 时，电动机堵转（$n=0$），此时

$$R_2=\frac{U}{I_L}-R_0 \tag{14-67}$$

式中　I_L——产生足以平衡负载转矩 T_L 所需要的电流。

当 $R>R_2$ 时，转速变为负值，即电动机将要反转，这种情况称为负载倒拉反转制动（如为了平稳而缓慢地下放重物）。这时可以加大电枢回路附加电阻 R，使电动机产生的转矩小于负载转矩 T_L，电动机减速，直到停转，在重物作用下电动机又反转起来，重物以低速下放。但要注意，这时不能断开直流电机的电源，否则由于没有电动机所产生的制动转矩，会使重物越降越快，容易发生事故。

用电枢回路串联电阻的方法调速，因其机械特性变软，系统转速受负载影响大，轻载时达不到调速的目的，重载时还会产生堵转现象，而且在串联电阻中流过的是电枢电流，长期运行损耗也大，经济性差，因此在使用上有一定局限性。

电枢电路串联电阻的调速方法，属于恒转矩调速，并且只能在需要向下调速（降低转速）时使用。在工业生产中，小容量时可串一台手动或电动变阻器来进行调速，在较大容量时多用继电器-接触器系统来切换电枢串联电阻，故多属于有级调速。

② 改变电枢电压调速　当改变电枢电压调速时，理想空载转速 n_0 也将改变，但机械特性的斜率不变，这时机械特性方程为

$$n=\frac{U'}{C_e\Phi}-\frac{RT}{C_e C_T \Phi^2}=n_0'-K_m T \tag{14-68}$$

式中　U'——改变后的电枢电压；

n_0'——改变电压后的理想空载转速，$n_0'=U'/(C_e\Phi)$；

K_m——特性曲线的斜率，$K_m=R/(C_e C_T \Phi^2)$。

其特性曲线是一族以 U' 为参数的平行直线，见图 14-20。由图可见，在整个调速范围内均有较大的硬度，在允许的转速变化率范围内，可获得较低的稳定转速。这种调速方式的调速范

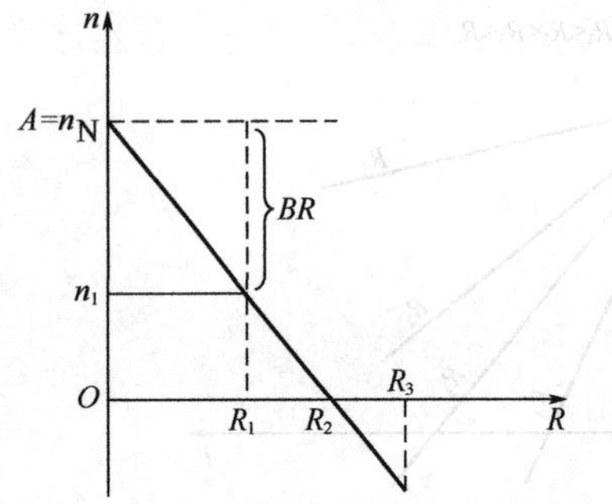

图 14-19　电枢串联电阻时的调速特性

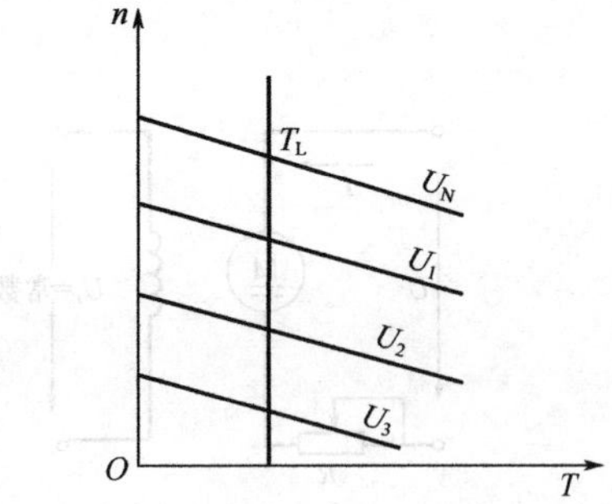

图 14-20　改变电枢电压调速时的机械特性

围较宽，一般可达 10～12，如果采用闭环控制系统，调速范围可达几百至几千。

改变电枢电压调速方式属于恒转矩调速，并在空载或负载转矩时也能得到稳定转速，通过电压正反向变化，还能使电动机平滑地启动和四个象限工作，实现回馈制动。这种调速方式控制功率较小，功率较高，配上各种调节器可组成性能指标较高的调速系统，因而在工业中得到了广泛的应用。

为了改变电动机的电枢电压，需要有独立的可调压的电源，常采用的有直流发电机、晶闸管变流器和各种电力电子器件构成的直流电源等，各种方案的比较见表 14-15。

③ 改变磁通调速　在电动机励磁回路中改变其串联电阻 R_f 的大小［见图 14-21（a）］或采用专门的励磁调节器来控制励磁电压［见图 14-21（b）］，都可以改变励磁电流和磁通。这时，电动机的电枢电压通常保持为额定值 U_N，因为

$$n=\frac{U_N}{C_e\Phi}-\frac{R}{C_eC_T\Phi^2}T=\frac{U_N}{C_e\Phi}-\frac{R}{C_e\Phi}I \tag{14-69}$$

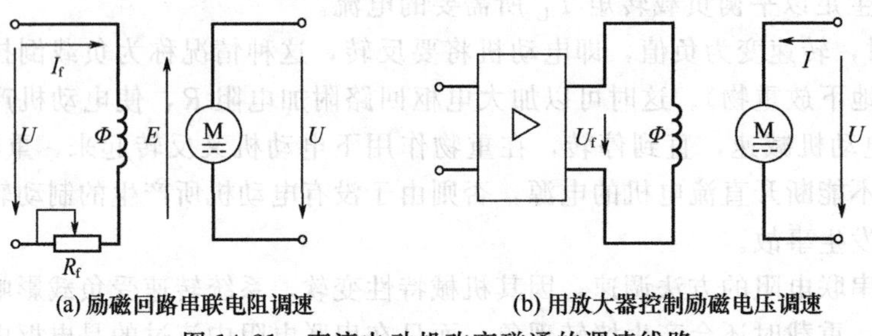

(a) 励磁回路串联电阻调速　　(b) 用放大器控制励磁电压调速

图 14-21　直流电动机改变磁通的调速线路

所以，理想空载转速［$U_N/(C_e\Phi)$］与磁通（Φ）成反比；电动机机械特性的斜率与磁通的二次方成反比。此时，转矩和电流与转速的关系见图 14-22。

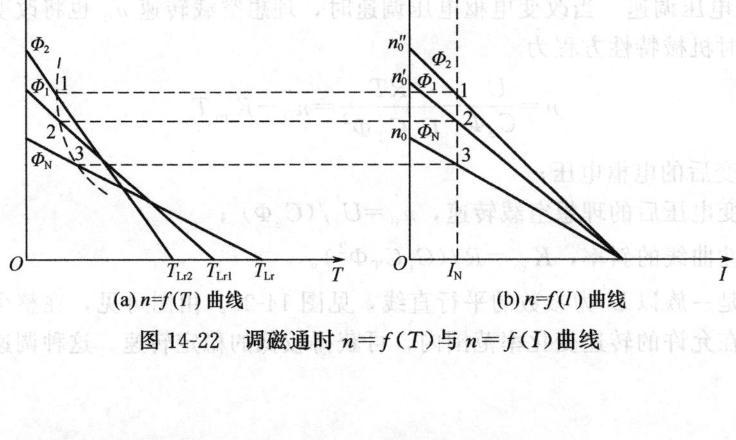

(a) $n=f(T)$ 曲线　　(b) $n=f(I)$ 曲线

图 14-22　调磁通时 $n=f(T)$ 与 $n=f(I)$ 曲线

表 14-15 直流电动机改变电压调速的方法

变压方法	原理电路	装置组成	性能及适用场合
电动机-发电机组（旋转变流机组）	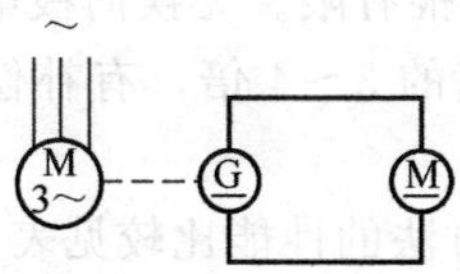	原动机可以用同步电动机、绕线转子异步电动机（包括带飞轮和转差调节的机组）、笼型异步电动机、柴油机等。励磁方式有励磁机、电机扩大机、磁放大器和晶闸管励磁装置等。控制方式有继电器-接触器、磁放大器和半导体控制装置等	输出电流无脉动，带飞轮的机组对冲击负载有缓冲作用，采用同步电动机的机组能提供无功功率，改善功率因数。因为有旋转机组，效率较低，噪声、振动大。继电器-接触器和电机扩大机控制时，控制功率大，构成闭环系统一般动态指标较差，用晶闸管励磁可提高动态指标
晶闸管变流器	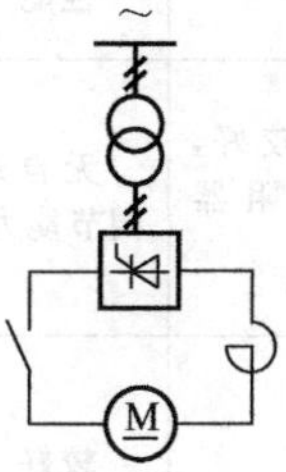	包括交流变压器、晶闸管变流装置、平波电抗器和半导体控制装置等	效率高，噪声、振动小，控制功率小，构成闭环系统动态指标好。但输出电流有脉动，深控时功率因数低，对电网的冲击和高次谐波影响大
直流斩波器	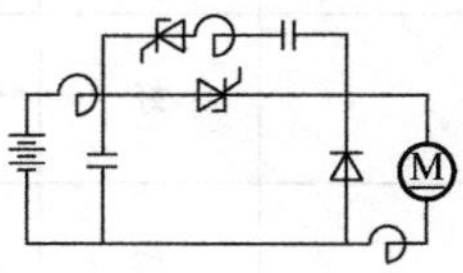	包括晶闸管（或其他电力电子器件）、换相电感电容、输入滤波电感电容及半导体控制装置等	适用于由公共直流电源或蓄电池及恒定电压直流电源供电的场合，如电机车、蓄电池车等电动车辆
柴油交流发电机-硅整流器	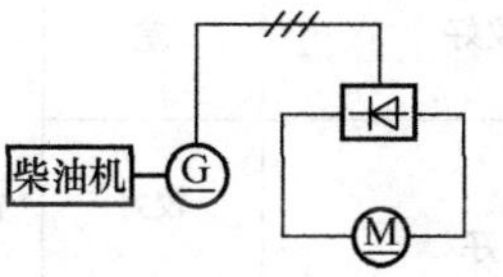	柴油交流发电机、硅整流装置及相应的控制装置等	改变交流发电机电压，经硅整流装置整流得到可变直流电压，用于电动轮车等独立电源场合
交流调压器硅整流器	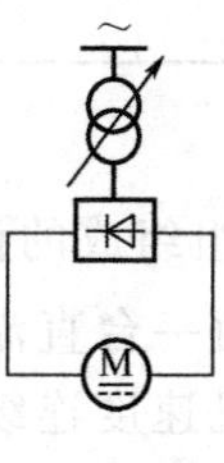	调压变压器、硅整流装置等	效率高，噪声、振动小，输出电流脉动较小，比晶闸管供电功率因数有改善，但实现自动调速较困难。适用于不经常调速的小功率（<15kW）手动开环控制场合
升压机组	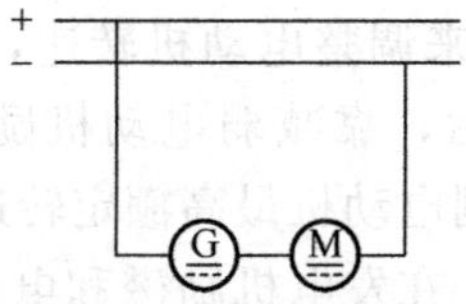	与公共直流电源串联的直流发电机或晶闸管变流装置及相应的控制装置	适用于公共直流电源供电场合，设备较经济，但调速范围不大

在调速过程中，为了使电动机的容量得到充分利用，应该使电枢电流一直保持在额定电流 I_N 不变，见图 14-22（b）中的垂直虚线。这时，磁通与转速成双曲线关系，$\Phi \propto 1/n$，即

$T \propto 1/n$，[见图 14-22（a）中的虚线]。在虚线左边各点工作时，电动机没有得到充分利用；在虚线右边各点工作时，电动机处于过载工作状态，此时电动机不能长期工作。因此，改变磁通调速适合于带恒功率负载，即为恒功率调速。

采用改变励磁进行调速时，在高速下由于电枢电流去磁作用增大，使转速特性变得不稳定，换向性能也会下降。因此，采用这种方法的调速范围很有限。无换向极电动机的调速范围为基速的 1.5 倍左右，有换向极电动机的调速范围为基速的 3～4 倍，有补偿绕组电动机的调速范围为基速的 4～5 倍。

④ 三种调速方法的性能比较　直流电动机三种调速方法的性能比较见表 14-16。

表 14-16　调速方式的性能比较

调速方式方法		控制装置	调速范围	转速变化率	平滑性	动态性能	恒转矩恒功率	效率
改变电枢电阻	串电枢电阻	变阻器或接触器、电阻器	2∶1	低速时大	用变阻器比较好，用接触器和电阻器较差	无自动调节能力	恒转矩	低
改变电枢电压	电动机-发电机组	发电机组或电机扩大机（磁放大器）	1∶10～1∶20	小	好	较好	恒转矩	60%～70%
	静止变流器	晶闸管变流器	1∶50～1∶100	小	好	好	恒转矩	80%～90%
	斩波器-脉冲调制	晶体管或晶闸管开关电路	1∶50～1∶100	小	好	好	恒转矩	80%～90%
改变磁通	串联电阻或用可变直流电源	直流电源变阻器	1∶3～1∶5	较大	较好	差	恒功率	80%～90%
		电机扩大机或磁放大器			好	较好		
		晶闸管变流器				好		

(4) 直流传动系统的调速方案选择

1) 发电机-电动机组调速系统　直流发电机-直流电动机组组成的调速系统如图 14-23 所示。电枢主回路由一台直流发电机对一台直流电动机供电，电动机速度连续可调，并且在电动机额定电枢电压以下，靠调整发电机输出端电压（调压调速）来调整电动机转速，当电动机电压达到额定值以后，靠减弱电动机励磁电流，电动机升速一直达到电动机最高额定转速。

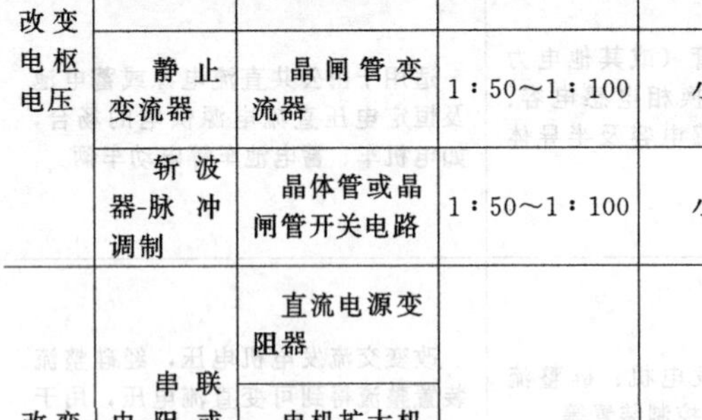

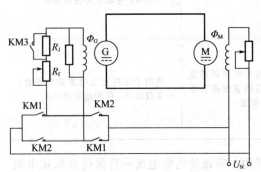

图 14-23　发电机-电动机调速系统

近年来，在发电机励磁和电动机励磁回路中，多采用晶闸管变流器传动方案，用控制两套晶闸管装置输出电压分别改变发电机输出电压和电动机励磁电流，实现速度控制，对于需要正/反转的可逆直流调速系统，通常发电机励磁晶闸管装置为双向可逆装置，而电动机晶闸管装置为单向不可逆装置。

2）斩波器调速系统

① 基本工作原理与电路结构　斩波器是一种采用电力电子开关的调速系统。它能从恒定的直流电源产生出经过斩波的可变直流电压，从而达到调速的目的。斩波器分降压和升压两种。

a. 降压斩波器　如图 14-24 所示给出了简单的降压斩波器调速系统电路和斩波后的电压波形。在图 14-24（a）中，UCH 是斩波器，E 是一个恒压直流电源，VD 是续流二极管，L 是平波电抗器。在 t_{on} 期间内，UCH 导通，电源 E 和直流电动机 M 接通；在 t_{off} 期间内，UCH 关断，电动机电枢电流 I_M 经 VD 流通，加在电动机上的平均电压为：

$$U_M=\frac{t_{on}}{t_{on}+t_{off}}U=\frac{t_{on}}{T}U=kU \tag{14-70}$$

式中　t_{on}——导通时间；

t_{off}——截止时间；

U——恒压电源电压值；

T——斩波周期，$T=t_{on}+t_{off}$；

k——占空比（工作率）

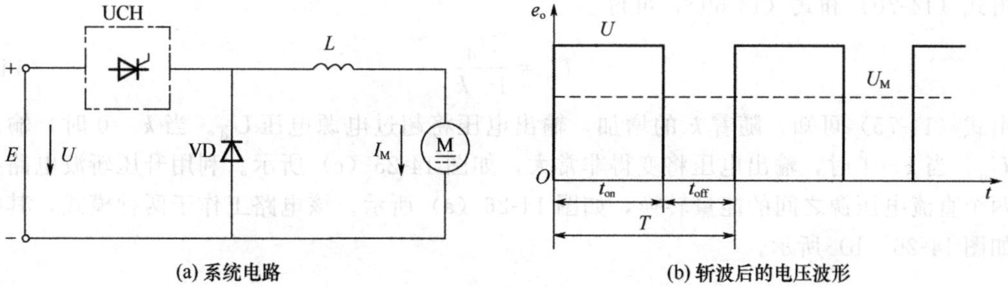

(a) 系统电路　(b) 斩波后的电压波形

图 14-24　简单的降压斩波器调速系统

由式（14-70）可知，改变占空比 k 就可以改变加在电动机上的平均电压 U_M，从而进行调速。占空比 k 的改变可以有以下两种方法：

第一种方法——恒频系统。T 保持不变（即频率保持不变），只改变导通时间 t_{on}，即脉宽调制（PWM）方式。

第二种方法——变频系统。改变 T（即改变频率），但同时保持导通时间 t_{on} 不变或者保持导通时间 t_{off} 不变，即频率调制（FM）方式。

变频系统频率变化范围必须与调压（即调速）范围相适应。因而在调压范围较大时，频率变化范围也必须大，这就给滤波器的设计带来困难，同时对信号传输和通信干扰的可能性也加大。另外，在输出电压很低时，其频率比较低，较长的关断时间容易使电动机电流断续。所以，斩波器调速应优先采用恒频调速。

b. 升压斩波器　升压斩波器的基本电路、电流波形和输出特性如图 14-25 所示。

在 t_1 时间里，开关 S 导通，于是有：

$$u_L=U_d=L\frac{di}{dt} \tag{14-71}$$

将上式积分，得电感上的峰-峰脉动电流为

$$\Delta I=\frac{U_d}{L}t_1 \tag{14-72}$$

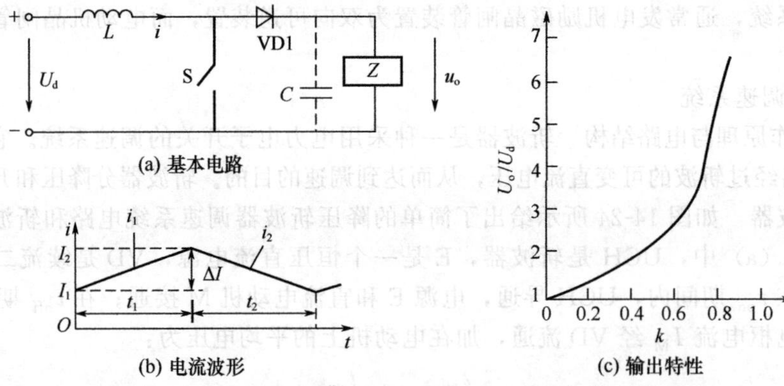

图 14-25　升压斩波器的基本电路、电流波形和输出波形

在 t_2 时间间隔里，开关 S 断开，且输出电压保持恒定的 U_o，于是有

$$u_L = U_o - U_d = L\frac{di}{dt} \tag{14-73}$$

$$\Delta I = \frac{U_o - U_d}{L}t_2 \tag{14-74}$$

由式（14-70）和式（14-69），可得

$$U_o = \frac{U_d}{1-k} \tag{14-75}$$

由式（14-75）可知，随着 k 的增加，输出电压将超过电源电压 U_d。当 $k=0$ 时，输出电压为 U_d；当 $k\to 1$ 时，输出电压将变得非常大，如图 14-25（c）所示。利用升压斩波电路可以实现两个直流电压源之间的能量转换，如图 14-26（a）所示。该电路工作于两种模式，其等效电路如图 14-26（b）所示。

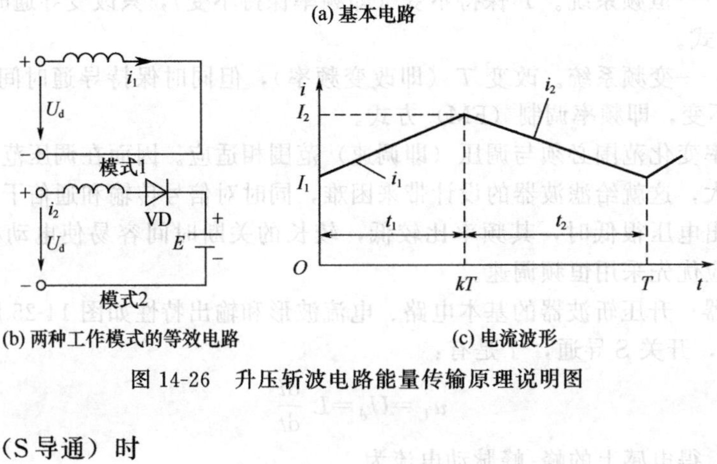

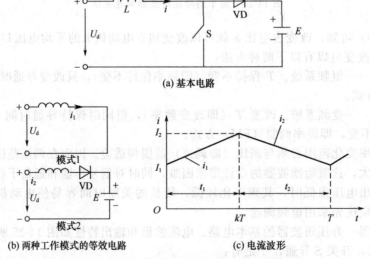

图 14-26　升压斩波电路能量传输原理说明图

当工作于模式 1（S 导通）时

$$U_d = L\frac{di}{dt} \tag{14-76}$$

所以

$$i_1(t)=\frac{U_d}{L}t+I_1 \tag{14-77}$$

上式中，I_1 为工作模式 1 时的初始电流。在此期间，电感中电流上升的必要条件为：

$$\frac{di_1}{dt}>0 \text{ 或 } U_d>0 \tag{14-78}$$

当工作于模式 2（S 断开）时

$$U_d=L\frac{di_2}{dt}+E \tag{14-79}$$

所以

$$i_2(t)=\frac{U_d-E}{L}t+I_2 \tag{14-80}$$

上式中，I_2 为工作模式 2 时的初始电流。在此期间，电感中电流下降的必要条件为：

$$\frac{di_2}{dt}<0 \text{ 或 } U_d<E \tag{14-81}$$

如果不能满足式（14-81），则电流将继续上升，直到系统崩溃为止。考虑到式（14-78）和式（14-80）的条件，则有：

$$0<U_d<E \tag{14-82}$$

上式表明：若 E 为稳定的直流电源，U_d 为不断下降的直流电动机的电压，则通过适当的控制，就能把电动机中的能量反馈到稳定的直流电源，实现直流电动机的再生制动。利用上述两种基本电路的思想就可构成运行于各种象限的斩波电路结构，见表 14-17。

表 14-17 斩波器的电路结构

型式	斩波器的电路结构	U_o-I_o 特性
第一象限斩波器	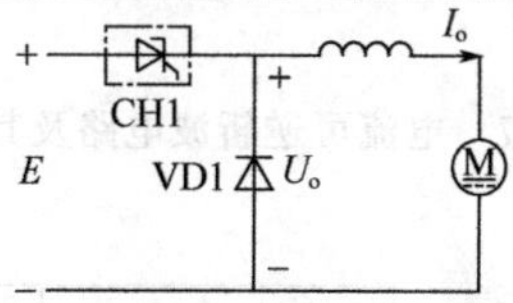	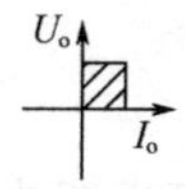
第二象限或再生斩波器	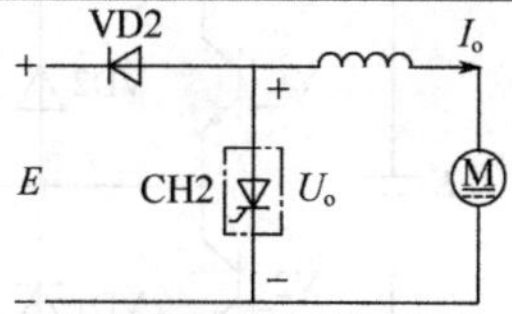	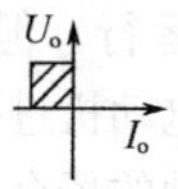
A 型两象限斩波器	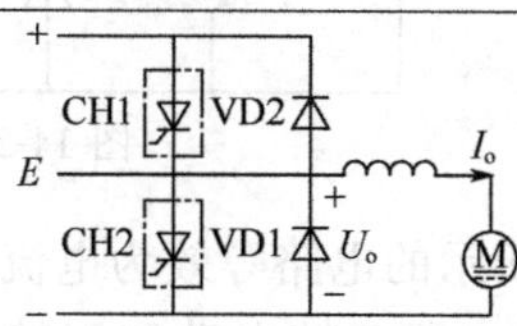	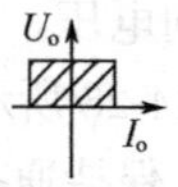
B 型两象限斩波器	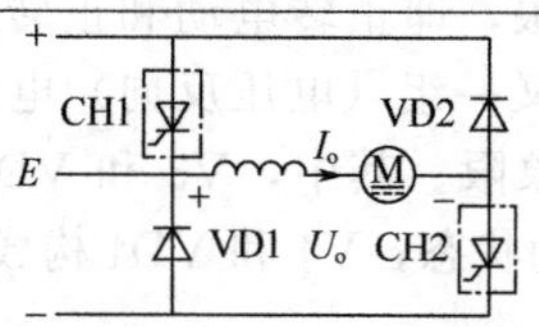	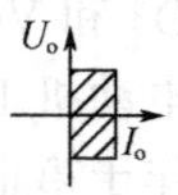
四象限斩波器	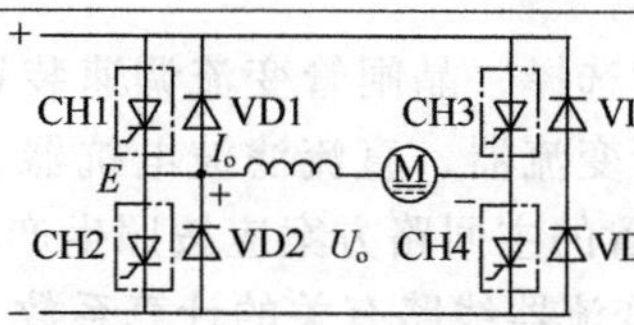	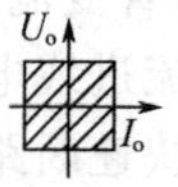

② 可逆斩波电路

a. 电流可逆斩波电路　斩波电路用于拖动直流电动机时，常要使电动机既可电动运行，又可再生制动，将能量反馈。降压斩波电路拖动直流电动机时，电动机工作于第Ⅰ象限；升压斩波电路中，电动机则工作于第Ⅱ象限。电流可逆斩波电路是指将降压斩波电路与升压斩波电路组合，电动机的电枢电流可正可负，但电压只能是一种极性，故其可工作于第Ⅰ象限和第Ⅱ象限（如图 14-27 所示）。IGBT V1 和二极管 VD1 构成降压斩波电路，由电源向直流电动机供电，电动机为电动运行，工作于第Ⅰ象限；IGBT V2 和二极管 VD2 构成升压斩波电路，把直流电动机的动能转变为电能反馈到电源，使电动机作再生制动运行，工作于第Ⅱ象限；需要注意的是，必须防止 V1 和 V2 同时导通而导致的电源短路。

当如图 14-27 所示的电路只作降压斩波器运行时，V2 和 VD2 总处于断态；当如图 14-27 所示的电路只作升压斩波器运行时，则 V1 和 VD1 总处于断态；此外，该电路还有第三种工作方式，即一个周期内交替地作为降压斩波电路和升压斩波电路工作。在第三种工作方式下，当降压斩波电路或升压斩波电路的电流断续而为零时，使另一个斩波电路工作，让电流反方向流过，这样电动机电枢回路总有电流流过。在一个周期内，电枢电流沿正、负两个方向流通，电流不断，所以响应很快。

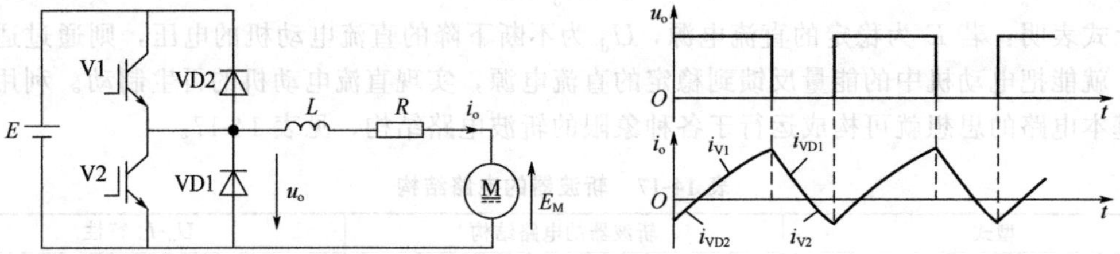

(a) 电路图　　(b) 波形

图 14-27　电流可逆斩波电路及其波形

b. 桥式可逆斩波电路　如图 14-27 所示的电流可逆斩波电路：电枢电流可逆，两象限运行，但电压极性是单向的。当需要电动机进行正、反转以及可电动又可制动的场合，需将两个电流可逆斩波电路组合起来，分别向电动机提供正向和反向电压，成为桥式可逆斩波电路（如图 14-28 所示）。

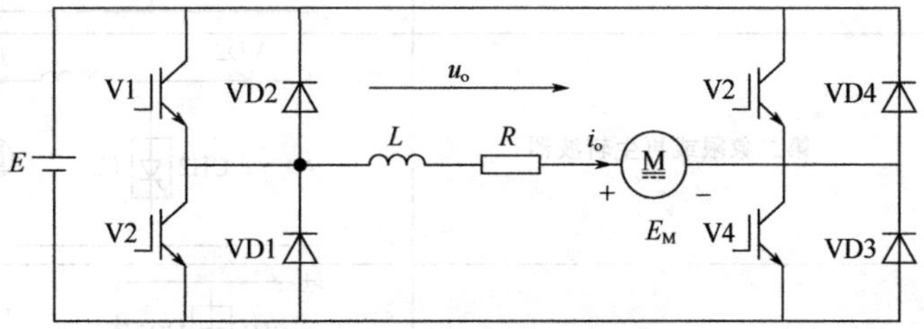

图 14-28　桥式可逆斩波电路

当使 V4 保持通态时，如图 14-28 所示的电路等效为电流可逆斩波电路，向电动机提供正电压，可使电动机工作于第Ⅰ、Ⅱ象限，即正转电动和正转再生制动状态；当使 V2 保持通态时，V3、VD3 和 V4、VD4 等效为又一组（电压反向）电流可逆斩波电路，向电动机提供负电压，可使电动机工作于第Ⅲ、Ⅳ象限。其中，V3 和 VD3 构成降压斩波电路，向电动机供电，使其工作于第Ⅲ象限即反转电动状态；V4 和 VD4 构成升压斩波电路，可使电动机工作于第Ⅳ象限即反转再生制动状态。

3）晶闸管变流装置主回路方案选择　晶闸管变流调速装置的主回路设备通常包括变流变压器（或交流进线电抗器）、晶闸管变流器、直流滤波电抗器、交直流侧过电压吸收器以及过电流保护和快速断路器等。变流装置的主回路方案应按照生产机械的工作制和传动电动机的容量范围，参照表 14-18 选取。常用变流器线路有关的计算系数及特点见表 14-19。

表 14-18 变流装置主回路方案对照表

	不可逆接线方式	电动机励磁可逆接线方式	交叉可逆接线方式	反并联可逆接线方式
主电路接线方案	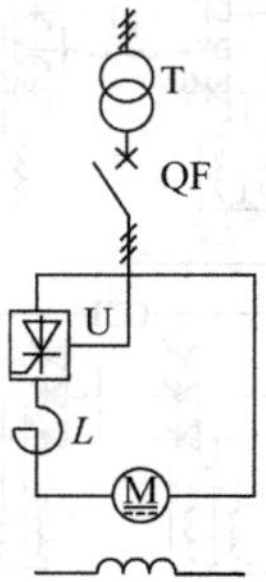	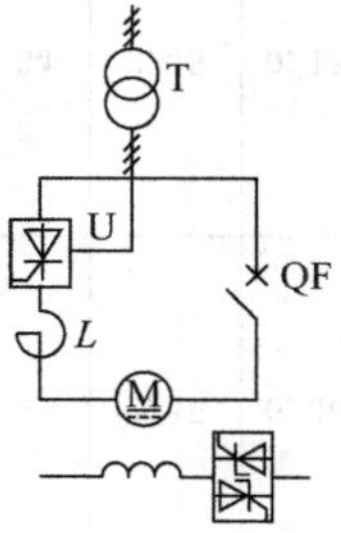	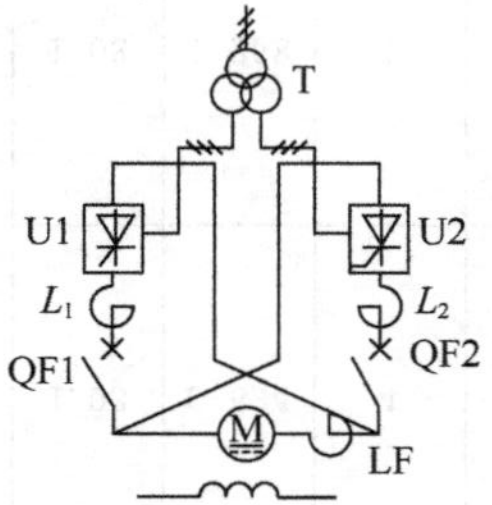	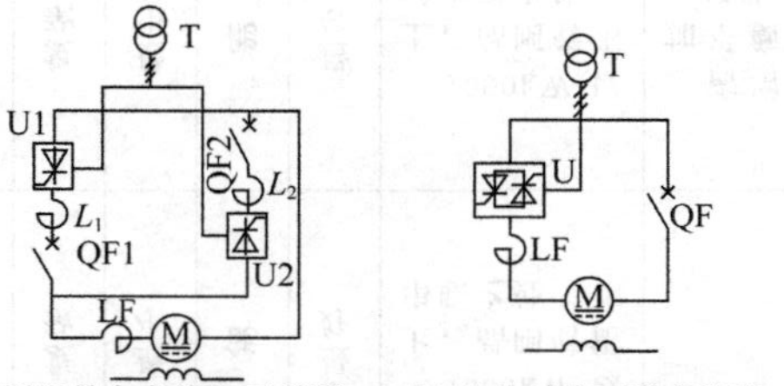 (a) 两组单向变流器反并联 (b) 器件对接可逆变流器
性能特点	(1) 只提供单一方向转矩，变流器只限于整流状态工作，机械的减速、停车不能用变流装置控制 (2) 设备费用少，晶闸管数量少，控制线路及保护方式简单 (3) 不宜用在经常启动、停车或要求调速的场合	(1) 主电路电流单向，靠改变电动机励磁电流方向实现电动机转矩可逆，变流器可工作在整流和逆变工作状态，机械的减速、停车可通过变流器控制实现制动 (2) 主电路设备少，晶闸管数量少，保护方式简单，在大容量机械中较为经济 (3) 磁场反向存在 0.5～2.0s 死区时，不宜工作在频繁正反转可逆系统	(1) 靠两套变流器实现主电路电流双向可逆。同时，两套变流器间存在环流回路，通过控制装置和环流回路内限流电抗器 L_1、L_2 控制环流为额定电流的 5%～10%。因此，变流器内电流连续，可改变电动机空载时变流器特性和减少电流换向死区时至 0～1ms (2) 设备费用高，变流变压器、保护开关、电抗器以及晶闸管变流装置必须设置独立的两套，控制复杂，多用于快速性和精度要求较高的位置控制系统等	(1) 靠正反向两组晶闸管实现主电路电流双向可逆运转，电流换向时通过逻辑控制电路的一定时序，选择封锁和释放晶闸管的触发脉冲，实现主电流方向可逆。电流方向切换时，为保证由导通转为封锁的晶闸管能可靠恢复阻断，一般需有 5～10ms 的切换死区时 (2) 接线方式（a）使用一台变流变压器和两套晶闸管变流器，每套变流器各有独立的电抗器和快速断路器，用以保护环流回路及限制故障情况下环流电流上升率，设备多、主电路接线较为复杂 (3) 接线方式（b）的设备费用少，晶闸管对接或变流器直接反并联，环流回路内不设电抗器和快速断路器，设备紧凑、对晶闸管有较高要求
适用范围	多用于单方向连续运行或某些缓慢减速及负载变动不大的机械。容量范围一般为 100kW 以下，适用的生产机械包括风机、水泵和线材轧机以及造纸机等	多用于要求正反转可逆，但不频繁反转和调速的机械，容量范围可在 300kW 以上。适用的生产机械如大型卷扬机和厚板轧机等	控制灵活，电流换向无死区时，快速性能好，大多用于机械特性要求高的生产机械中，容量可达数千千瓦，适用的生产机械如高速连轧机主传动、压下装置驱动系统等	可灵活实现四象限内电动机频繁启、制动和调速等状态运转，快速性好（数毫秒），便于组成有电流闭环的转速控制装置，已普遍应用于各类控制性能高的生产机械中，装置容量可达数千千瓦适用于轧机主副传动，以及卷扬机主传动和造纸机械等

注：符号 T 为变流变压器；U 为晶闸管变流器；L_1、L_2 为环流电抗器；QF 为快速断路器；LF 为滤波电抗器；M 为传动直流电动机。

表 14-19　常用大功率传动用整流器线路有关计算系数及特点

接法	接线图	换相电抗压降计算系数 K_X	整流电压计算系数 K_{UV}	晶闸管电压计算系数 K_{UT}	晶闸管电流计算系数 K_{IT}	变压器阀侧相电流计算系数 K_{IV}	变压器网侧相电流计算系数 K_{IL}	变压器等值容量计算系数 K_{ST}	变压器漏感计算系数 K_{TL}	变压器电感折算系数 K_L	变压器电阻折算系数 K_R	整流线路最大滞后时间 T_{dm}/ms	特点及适用范围：线路组成	特点及适用范围：电压脉动	特点及适用范围：能否逆变	特点及适用范围：变压器利用率	特点及适用范围：应用范围	备注
三相全桥	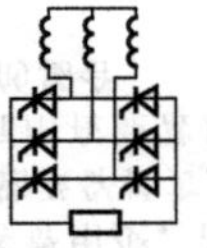	0.5	2.34	2.45	0.367	0.816	0.816	1.05	1.22	2	2	3.3	较复杂	小	能	好	应用范围极广	
双反星形带平衡电抗器	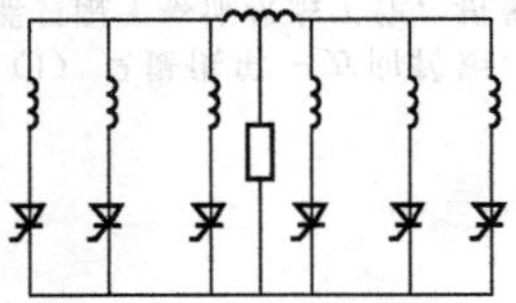	2	1.17	2.45	0.184	0.289	0.408	1.27	2.45	1	1	3.3	较复杂	小	能	较好	多用于大电流输出的直流电源系统，调速系统较少采用	
双桥串联①	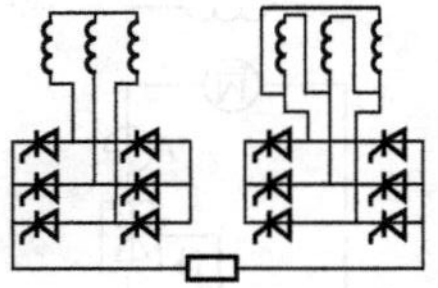	0.259	4.68	2.45	0.367	0.816	1.58	1.03	0.634	4	4	3.3	复杂	最小	能	最好	1000kW 以上，晶闸管需串联之处	
双桥并联①	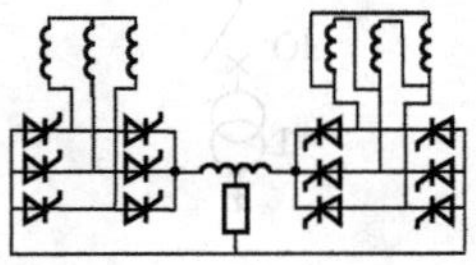	0.259	2.34	2.45	0.183	0.408	0.79	1.03	1.268	1	1	3.3	复杂	最小	能	最好	1000kW 以上，晶闸管不需串联之处	需增加平衡电抗器

① 双桥串联或并联是指变流变压器有两组阀侧绕组（或两台变压器）分别接成 y（Y）和 d（△）组成两组三相桥式整流后再串联或通过平衡电抗器并联构成 12 脉波相整流的线路。

4）变流变压器的计算

① 变流电压的原始方程　假定整流回路电感足够大，并忽略变压器及主回路馈线电阻，则

$$U_d=K_{UV}U_{V\phi}\left(b\cos\alpha_{min}-K_X\frac{e}{100}\times\frac{I_{Tmax}}{I_{TN}}\right)-nU_{df} \tag{14-83}$$

式中　U_d——变流器输出电压平均值，V；

K_{UV}——整流电压计算系数（见表 14-19）；

$U_{V\phi}$——变流变压器二次相电压，V；

b——电网电压向下波动系数，无特殊要求时，可取 $b=0.95$；

α_{min}——最小触发延迟角，$\cos\alpha_{min}$ 取 0.85～1.0；（在可逆系统中，有环流系统接近该值下限，无环流系统接近上限）；

K_X——换相电抗压降计算系数（见表 14-19）；

e——变压器阻抗电压百分值，当无法预先知道变压器阻抗电压百分值时，可以根据变压器的容量按表 14-20 进行估算；

I_{Tmax}/I_{TN}——变流变压器允许过载系数；

n——电流通过晶闸管的器件数；

U_{df}——晶闸管正向瞬态电压降，取 1.5V。

表 14-20　变压器阻抗电压百分值 e

变压器的容量/kV·A	变压器阻抗电压百分值 e/%
100 以下	5
100～1000	5～7
1000 以上	7～10

② 变流变压器二次相电压　对于电压调节系统，按式（14-83）计算，变流器输出电压等于电动机额定电压，即 $U_d=U_{MN}$。变流变压器阀侧（二次）相电压（V）为

$$U_{V\phi}=\frac{U_{MN}+nU_{df}}{K_{UV}\left(b\cos\alpha_{min}-K_X\frac{e}{100}\times\frac{I_{Tmax}}{I_{TN}}\right)} \tag{14-84}$$

对于转速调节系数，按式（14-83）计算，变流器输出电压（V）为

$$U_d=U_{MN}+\left(\frac{I_{Mmax}}{I_{MN}}-1\right)I_{MN}R_{Ma}+\frac{I_{Mmax}}{I_{MN}}I_{MN}R_{ad}+K_{DF}K_{UV}U_{V\phi} \tag{14-85}$$

变流变压器二次相电压（V）为

$$U_{V\phi}=\frac{U_{MN}+\left(\frac{I_{Mmax}}{I_{MN}}-1\right)I_{MN}R_{Ma}+\frac{I_{Mmax}}{I_{MN}}I_{MN}R_{ad}+nU_{df}}{K_{UV}\left(b\cos\alpha_{min}-K_X\frac{e}{100}\times\frac{I_{Tmax}}{I_{TN}}-K_{DF}\right)} \tag{14-86}$$

式中　U_{MN}——电动机额定电压，V；

I_{MN}——电动机额定电流，A；

I_{Mmax}/I_{MN}——电动机允许过载倍数，一般情况下，认为 $I_{Mmax}/I_{MN}=I_{Tmax}/I_{TN}$；

R_{Ma}——电动机电枢回路电阻，Ω；

R_{ad}——电动机电枢回路附加电阻，Ω；

K_{DF}——考虑动态特性的调节裕度，一般 K_{DF} 在 0.05～0.10 范围内选取。

对于转速调节系统，按式（14-86）选择的二次相电压 $U_{V\phi}$，还应该校验在电动机为额定转速并超调 5%及供电交流电网电压下波动 $b=0.95$ 时是否满足下式：

$$0.95K_{UV}U_{V\phi}\cos\beta_{min}\geqslant 1.05(U_{MN}-I_{MN}R_{Ma}) \tag{14-87}$$

$$\beta_{min}=\gamma+u=\arccos\left[\cos\gamma-2K_X\frac{e}{100}\times\frac{I_{Mmax}}{I_{MN}}\right] \tag{14-88}$$

式中 β_{min}——系统允许的最小触发超前角；

γ——最小安全储备角，通常 $\gamma=10°\sim20°$；

u——重叠角。

对于励磁电流调节系统，有

$$U_d=U_{fN}+L_f\frac{di_f}{dt} \tag{14-89}$$

变流变压器二次相电压（V）为

$$U_{V\phi}=\frac{U_{fN}+L_f\dfrac{di_f}{dt}}{K_{UV}\left(b\cos\alpha_{min}-K_X\dfrac{e}{100}\right)} \tag{14-90}$$

式中 U_{fN}——额定励磁电压，V；

L_f——励磁绕组电感，H；

di_f/dt——励磁电流变化率，A/s；

α_{min}——最小触发延迟角，对于电动机励磁，通常取 $\alpha_{min}=10°\sim20°$。

在一般情况下，励磁电流不需要强励；在特殊场合下，要求励磁电流超调，电流强励倍数可考虑 1.2～1.3 倍。在要求励磁电流快速变化的条件下，考虑 $L_f(di_f/dt)$ 对输出电压的影响，电压强迫倍数一般取 2～4 倍。

上述计算公式是同时考虑了各种不利的因素来计算 $U_{V\phi}$ 的。如果实际上不需要同时考虑各种不利因素相叠加时，上述计算公式中的一些参数如 b、I_{Mmax}/I_{MN} 以及 K_{DF} 等的值可按实际情况决定。

当整流线路采用三相桥式整流，并采用速度调节系统时，一般情况下，等效 Y 连接的阀侧相电压 $U_{V\phi}$ 与电动机额定电压 U_{MN} 有下列关系：

对不可逆系统

$$\sqrt{3}U_{V\phi}=0.95\sim1.0U_{MN} \tag{14-91}$$

对可逆系统

$$\sqrt{3}U_{V\phi}=1.05\sim1.1U_{MN} \tag{14-92}$$

在实际应用中，标准变流器系列已规定了阀侧电压值，使用时不必计算。例如，对中小功率装置，晶闸管变流器主电路采用三相全控桥线路时，变流变压器二次线电压和直流电动机额定电压的匹配见表 14-21。

表 14-21 国内中小功率标准变流器系列阀侧电压值 单位：V

不可逆系统		可逆系统	
二次线电压 $\sqrt{3}U_{V\phi}$	电动机额定电压 U_{MN}	二次线电压 $\sqrt{3}U_{V\phi}$	电动机额定电压 U_{MN}
210	220	230	220
380	400	380	360
420	440	460	440

③ 变流变压器的二次和一次相电流

二次（阀侧）相电流（A）为

$$I_{V\phi}=K_{IV}I_{dN} \tag{14-93}$$

式中 K_{IV}——二次（阀侧）相电流计算系数（见表 14-19）。

在晶闸管供电时，$I_{dN}=I_{MN}$；在晶闸管励磁时，则 I_{dN} 等于额定励磁电流 I_{fN}。在有环流系统中，变压器设有两套独立的二次绕组（见表 14-18），在转矩换向时轮换通电，每套二次绕组的通电持续率是 50%。

二次相电流（A）为

$$I_{V\phi}=K_{IV}\left[\frac{1}{\sqrt{2}}I_{dN}+I_K\right] \tag{14-94}$$

通常考虑环流

$$I_K=(0.05\sim0.10)I_{dN} \tag{14-95}$$

变流变压器一次（网侧）相电流（A）为

$$I_{L\phi}=K_{IL}I_{dN}/K \tag{14-96}$$

式中 K_{IL}——一次（网侧）相电流计算系数（见表 14-19）；

K——变压器电压比。

考虑变压器励磁电流，一次电流有效值可在式（14-96）计算结果上再加上 3%～5%，视变压器的容量和电磁参数而定。

④ 变压器的二次和一次容量

一次容量（V·A）

$$S_1=m_1\frac{K_{IL}}{K_{UV}}U_{d0}I_{dN} \tag{14-97}$$

二次容量（V·A）

$$S_2=m_2\frac{K_{IV}}{K_{UV}}U_{d0}I_{dN} \tag{14-98}$$

等值容量（V·A）

$$S_T=(S_1+S_2)/2=K_{ST}U_{d0}I_{dN} \tag{14-99}$$

式中 U_{d0}——空载整流电压；

m_1, m_2——变压器一次和二次绕组相数；对于三相全控桥：$m_1=m_2=3$；对于并联 12 脉波全控桥：$m_1=3$，$m_2=6$；

K_{ST}——等值容量计算系数（见表 14-19），表示变压器等值容量与理想之流功率之比，比值大小代表了变压器的利用率。

变流变压器的容量分级推荐采用表 14-22 所列数值。

表 14-22 变流变压器容量分级推荐值 单位：kV·A

100	125	160	200	250	315	400	500	630	800
1000	1250	1600	2000	2500	3150	4000	5000	6300	8000
10000	12500	16000	(20000)	25000	(31500)	40000	(50000)	63000	80000

注：括号内数值不推荐使用。

在设计和选择变流变压器时，还需要考虑以下因素：

a. 变流变压器短路机会较多，因此，变压器的绕组和结构应有较高的机械强度。在同等容量下，变流变压器的体积应比一般电力变压器大些。

b. 由于晶闸管装置发生过电压的机会较多，因此，变压器应有较高的绝缘强度。

c. 变流变压器的漏抗可限制短路电流，改善电网侧的电流波形。因此，变压器的漏抗可略大一些。但另一方面，漏抗增加会使换相电抗压降 ΔU_X 增加，恶化了功率因数，故不能太大。一般的阻抗电压在5%～10%范围内。

d. 为了避免电压畸变和负载不平衡时中点浮动，变流变压器一次或二次绕组中的一个应接成三角形或者附加短路绕组。

5）交流进线电抗器的选择　对于一般单机传动系统，每台晶闸管变流器可单独用一台变流变压器，以便将电网电压变换成变流器所需的交流电压。

若变流器所需的交流电压与电网电压相同或多台变流器共用一台变流变压器时，变流器需要经过一个交流电抗器（即进线电抗器）才可接到供电变压器或电网上。此外，还要求供电电源的容量至少是单台变流器容量的5～10倍，其典型线路如图14-29所示。通常，在单机容量超过500kW时，需要专用的变流变压器；单机容量在500kW及以下时，可以用公共的变流变压器供电，而每台晶闸管变流器分别通过进线电抗器（L_1、L_2、L_3）供电。其主要作用除了限制晶闸管导通时的 di/dt 以及限制变流装置发生故障和短路时的短路电流上升率外，还用以改善电源电压波形，减少公用变压器与变流器之间的相互干扰。

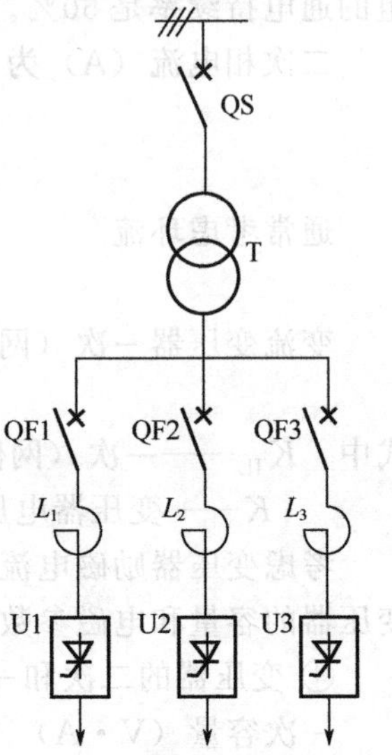

图 14-29　公共变压器供电系统

通常考虑当供电公共变压器的短路容量为单台变流器额定容量的100倍以上时，允许采用公共变压器供电。某进线电抗器的电感量应满足：当变流器输出额定电流时，进线电抗器绕组上的电压降应不低于供电电源额定相电压的4%。据此，在晶闸管换相期间，由于换相元件将交流电压的相应相短路，造成电源电压换相换相瞬间出现缺口。在额定输出时，其换相缺口应不大于该瞬间电源电压的20%，电感量按下式选取

$$L=\frac{0.04U_{V\phi}}{2\pi f\times 0.816I_{dN}}\times 10^3(\mathrm{mH}) \tag{14-100}$$

式中　$U_{V\phi}$——供电电源相电压的有效值，V；

f——电网频率，Hz；

I_{dN}——变压器额定电流，A。

在设计过程中，推荐采用表14-23所列的经验数据。

表 14-23　电抗器设计经验数据

交流输入线电压 $\sqrt{3}U_{V\phi}$/V	电抗器额定电压降 $\Delta U_K=2\pi f\times 0.816I_{dN}$/V	电抗器额定电流/A
230	5	$0.816I_{dN}$
380	8.8	$0.816I_{dN}$
460	10	$0.816I_{dN}$

6）直流回路电抗器的选择和计算　晶闸管变流器和直流发电机组不同，它所产生的直流电压和电流除有直流成分外，同时还包含交流的高次谐波；此外，在负载较小时，还可能出现电流断续现象。以上两种因素都会对系统的运行产生不利影响，在设计变流器时应予以注意。

由于直流脉动会使电动机的换向条件恶化，并且会增加电动机的铜损耗、铁损耗以及轴电

压。因此，除需选用变流器供电的特殊系列直流电动机外，通常还采用在直流回路中附加电抗器，以限制电流的脉动。

在电流断续时，除电动机换向条件恶化，变流器内阻加大，放大倍数大大降低外，同时电动机的电枢回路时间常数也要发生变化。若调速系统中调节器的参数是按照电流连续时选择的，在电流断续时，调速系统的性能将恶化，除需在系统中采取一些自适应环节外，亦可采用增加回路电感以避免在正常工作范围内出现电流断续等措施。

在有环流系统中（见表 14-18），由于存在环流回路，环流经正反向组变流器流通，故通常附加电抗器将环流限制在一定范围内。对三相全控桥可逆有环流的主回路，电抗器配置可采用图 14-30 所示的方式。

在图 14-30（a）所示线路中，配置了 3 台电抗器，L_1 和 L_2 用以抑制环流。当电动机正向运转时，变流器 U1 和电抗 L_1 流过负载电流 I_d，同时允许电抗器 L_1 饱和；变流器 U2 和电抗 L_2 通过环流 I_k，环流电抗器 L_2 不饱和，电抗值 $\omega_k L_2$ 抑制环流的大小。在电动机反向运转时，U2 和 L_2 流过负载电流，L_2 饱和，U1 和 L_1 流过环流，L_1 不饱和，其电抗用以抑制环流的大小。电枢回路电抗器 L_3 用以滤平变流器输出电流的脉动分量，在最大允许过载范围内，电抗器 L_3 都不应饱和。环流电抗 L_1 和 L_2 可接通电流时间按 50%考虑，平波电抗器 L_3 则为长期连续。图 14-30（b）所示线路中只配置两电抗 L_1 和 L_2，兼作抑制环路电流和平波。这两台电抗器都应在最大允许过载范围内不饱和。因为图 14-30（b）线路中两电抗的总视在容量一般都比图 14-30（a）线路中三个电抗器的总视容量大得多，所以通常不推荐使用图 14-30（b）线路。

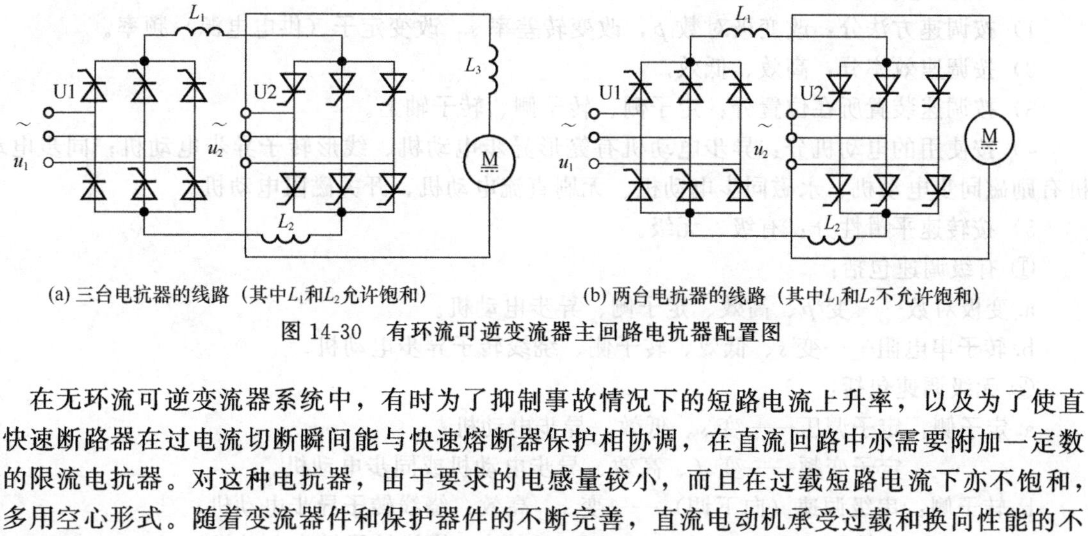

(a) 三台电抗器的线路（其中L_1和L_2允许饱和）　(b) 两台电抗器的线路（其中L_1和L_2不允许饱和）

图 14-30　有环流可逆变流器主回路电抗器配置图

在无环流可逆变流器系统中，有时为了抑制事故情况下的短路电流上升率，以及为了使直流快速断路器在过电流切断瞬间能与快速熔断器保护相协调，在直流回路中亦需要附加一定数量的限流电抗器。对这种电抗器，由于要求的电感量较小，而且在过载短路电流下亦不饱和，故多用空心形式。随着变流器件和保护器件的不断完善，直流电动机承受过载和换向性能的不断提高，近年来，在一些中小功率的传动系统中，可以不加上述电抗器，以进一步简化主回路结构和降低费用。

在大功率系统中，为改善变流器网侧电流波形和减少输出电流脉动，多采用等效多相整流线路，电抗器用于平衡变流装置并联部分交流电压的相位差，形成多相整流电压。

设计时，应根据上述各方面的因素分别计算所需要的电抗器的电感值，然后根据功能选取其中最大值作为所选电抗器的电感值。

14.4.2　交流电动机调速

在交流传动系统中，交流电动机构造简单、运行可靠，在单机容量、供电电压、速度极限、维护、造价等方面均优于直流电动机，但在启、制动及调速性能优于交流调速，故在过去相当长时期内，调速领域一直以直流为主。近年来，随着电力电子技术、微电子技术、电动机和控制理论的发展，交流电动机调速系统有了很大发展，不仅电磁调速异步电动机、晶闸管串级调速系统、调压调速系统、无换相器电动机调速系统获得广泛应用，而且变频调速技术已经成熟，用晶闸管或全控型器件组成逆变器的容量从几十瓦到几兆瓦的异步电动机变频调速系统大量投入工业及商业应用；矢量变换控制、直接转矩控制等新技术在高性能交流调速系统应用中也取得了根本性突破，高性能交流调速系统已经能与直流调速系统媲美，交流调速系统已成为调速传动的主流。

（1）交流电动机调速原理

交流电动机的转速公式为

异步电动机

$$n=60f(1-s)/p \tag{14-101}$$

同步电动机

$$n=60f/p \tag{14-102}$$

式中 f——定子（供电电源）频率，Hz；

s——转差率；

p——极对数。

由此可见，交流电动机有三种基本调速方式：①改变极对数 p；②改变转差率 s；③改变定子（供电电源）频率 f。

（2）交流电动机调速的分类

1）按调速方法分：改变极对数 p，改变转差率 s，改变定子（供电电源）频率。

2）按调速效率分：高效、低效。

3）按调速装置所在位置分：定子侧、转子侧、转子轴上。

4）按使用的电动机分：异步电动机有笼形异步电动机、线形转子异步电动机；同步电动机有励磁同步电动机、永磁同步电动机、无刷直流电动机、开关磁阻电动机。

5）按转速平滑性分：有级、无级。

① 有级调速包括：

a. 变极对数——变 p、高效、定子侧、异步电动机。

b. 转子串电阻——变 s、低效、转子侧、绕线转子异步电动机。

② 无级调速包括：

a. 定子侧：定子调压——变 s、低效、异步电动机；

定子变频——变 f、高效、异步电动机或同步电动机。

b. 转子侧：串级调速（向下调）——变 s、高效、绕线转子异步电动机；

双馈调速（上下调）——调 s、高效、绕线转子异步电动机。

c. 转子轴上：电磁转差离合器——调 s、低效、异步电动机或同步电动机；

液力耦合器——调 s、低效、异步电动机或同步电动机。

（3）有级调速

① 变极调速　改变异步电动机绕组极对数，从而改变同步转速进行的调速称为变极调速。其转速按阶跃方式变化，而非连续变化。变极调速主要用于笼型异步电动机。改变电动机定子绕组的接线来改变磁极对数而实现的调速只能是有级的，且其级差比较大，适用要求几种特定速度的生产机械。变极与调压相结合的变极调压调速，变极与电磁转差离合器相结合的变极电磁调速等异步电动机调速的出现，可以得到既简单又能在相当范围内平滑调速的调速系统，且转差功率损失少，效率高。

a. 变更极对数的方法　变更极对数的常用方法有：在定子上设置单一绕组，改变其不同的接线组合，这种方法常用于 2∶1、3∶2、4∶3 的双速电机；在定子上设置两套不同极数的独立绕组。这种方法用于 4∶3 和 6∶5 等双速电机；在定子上设置两套不同极对数的独立绕组，而且每个独立绕组上又有不同的接线组合，得到不同的极对数，这种方法用于三速或四速电机。

如图 14-31 所示为单绕组双速电动机的接线方法。如图 14-32 所示为双绕组三速电动机接线方法，如图 14-33 所示为四速电动机接线方法。

b. 变极调速的控制线路　如图 14-34 所示为双速、三速异步电动机的控制线路图。其中图 (a) 为三角形/双星形双速电动机控制线路。当合上断路器 QF，按下按钮 SB1，接触器 KM1 接通，电动机定子绕组 1U、1V、1W 接成三角形连接，电动机低速运行。按下 SB2，KM1 断电，KM2、KM3 接通，定子绕组接成双星形连接，电动机由低速变为高速运行。图 (b) 为星形/三角形/双星形三速电动机控制线路。按下 SB1，KM1 接通，定子绕组接成星形连接（8 极），电动机低速运行。按下 SB2，KM1 断电，KM2 接通，另一组定子绕组 2U、2V、2W 接通电源，接成三角形连接（4 极），电动机中速运行。按下 SB3，KM2 断电，KM3、KM4 接通，定子绕组接成双星形连接（2 极）电动机高速运行。

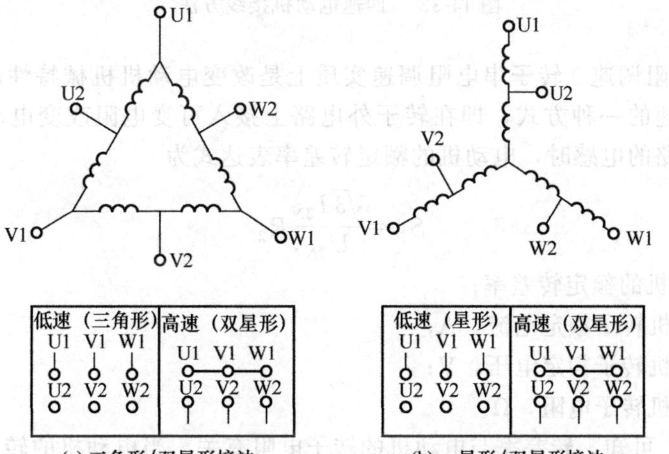

(a) 三角形/双星形接法　　(b) 一星形/双星形接法

图 14-31　单绕组双速电动机的接线方法

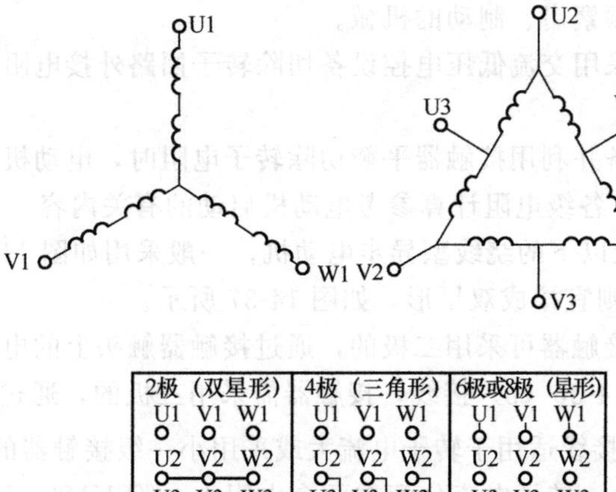

图 14-32　三速电动机接线方法

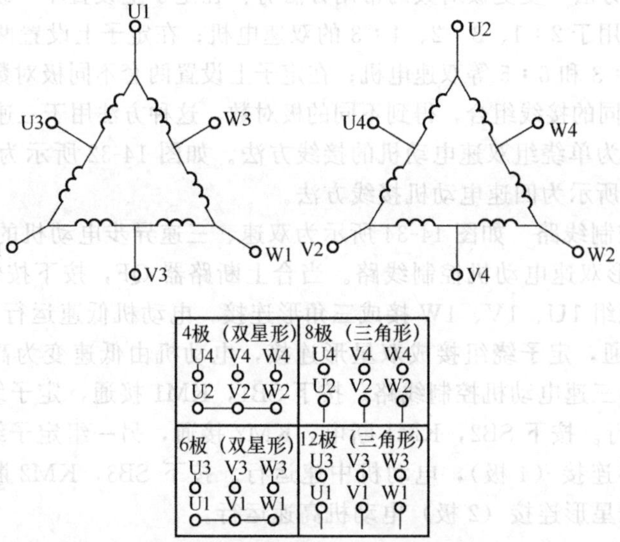

图 14-33　四速电动机接线方法

② 改变转子电阻调速　转子串电阻调速实质上是改变电动机机械特性斜率，对绕线转子异步电动机进行调速的一种方式，即在转子外电路上接入可变电阻改变电动机转差率实现调速。当忽略转子回路的电感时，电动机的额定转差率表达式为

$$S_N=\frac{\sqrt{3}\,I_{2N}}{U_{2N}}R_2 \tag{14-103}$$

式中　S_N——电动机的额定转差率；

I_{2N}——电动机转子额定电流，A；

U_{2N}——电动机转子额定电压，V；

R_2——电动机转子电阻，Ω。

由式（14-103）可知，转差率与电动机的转子电阻有关，当电动机的转子电阻增加时转差率也增加，电动机的转速下降；反之电动机的转速增加。

转子串电阻调速效率较低，但系统比较简单，故目前仍用于调速要求不高的机械，起重运输机械、交流卷扬机及一些频繁启、制动的机械。

控制转子回路电阻一般采用交流低压电控设备切除转子回路外接电阻，也可采用斩波器控制转子回路等效电阻。

当采用交流低压电控设备并利用接触器平衡切除转子电阻时，电动机的主回路接线及其启动调速特性如图 14-35 所示。各级电阻计算参考电动机启动的有关内容。

对于转子电流在 900A 及以下的绕线型异步电动机，一般采用如图 14-36 所示的星形连接；当转子电流达到 1800A 时，则宜接成双星形，如图 14-37 所示。

按图 14-36（a）接线，接触器可采用二极的，通过接触器触头上的电流等于线电流。此接线较方便，应用最广。按图 14-36（b）接线，接触器需采用三极的，通过接触器触头上的电流为线电流的 $1/\sqrt{3}$，因此，此接线适用于转子电流大或采用小一级接触器的场合。

按图 14-37 的双星形接法，转子电流分配在两个电阻上，除 KM4、KM5 接触器外，其余接触器均可选用较小容量的。此接线适用于大型绕线型异步电动机。

由图 14-35 可知，低速时的机械特性比较软，速度不稳定，因此这种系统也不能进行深调

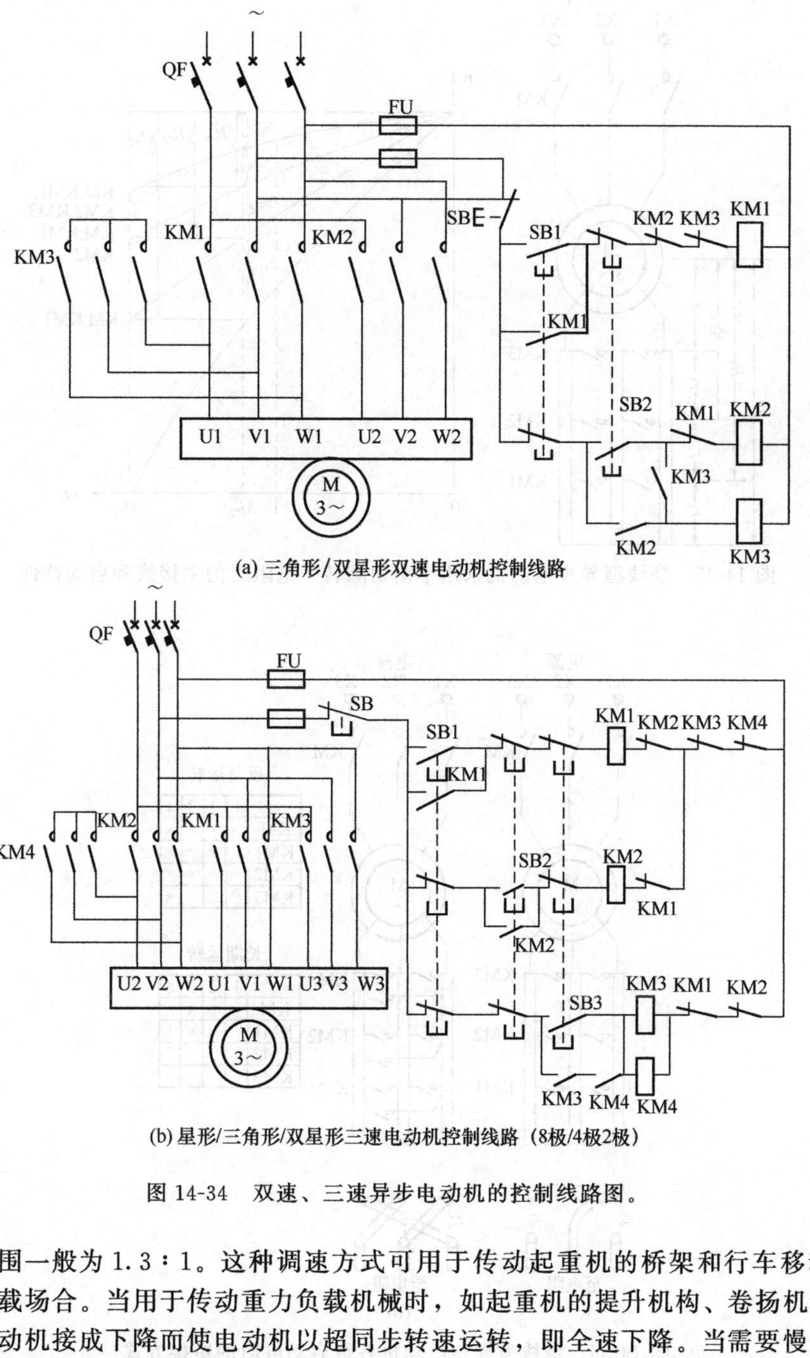

(a) 三角形/双星形双速电动机控制线路

(b) 星形/三角形/双星形三速电动机控制线路（8极/4极2极）

图 14-34　双速、三速异步电动机的控制线路图。

速，其调速范围一般为 1.3∶1。这种调速方式可用于传动起重机的桥架和行车移动以及其他一些非重力负载场合。当用于传动重力负载机械时，如起重机的提升机构、卷扬机等，重物下降通常是把电动机接成下降而使电动机以超同步转速运转，即全速下降。当需要慢速下降时可以采用反接法，也就是把电动机接成提升，在转子中接入大电阻以较低的转速下降。在反接状态中下降荷重的时候，由于机械特性下倾得很厉害，下降速度就变得非常不稳定。但是具有超同步转速的再生制动的下降特性却是完全可以令人满意的。

(4) 无级调速

1) 定子侧交流调速系统　定子侧交流调速系统包括：定子调压和定子变频两种。在此着重讲述定子调压调速，对于变频调速将在后续章节单独讲解。

定子调压调速系统是一种通过改变定子电压幅值（频率不变），实现电动机转速调节的调

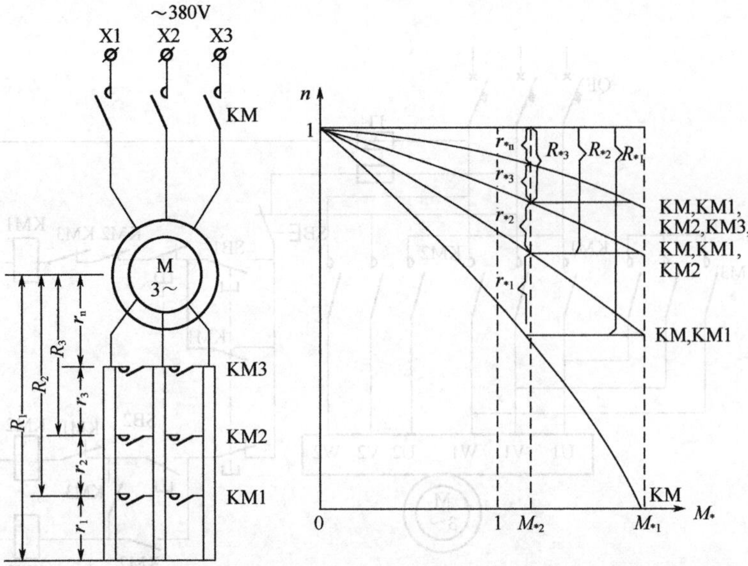

图 14-35　绕线型异步电动机采用平衡切除转子电阻时的主接线和启动特性

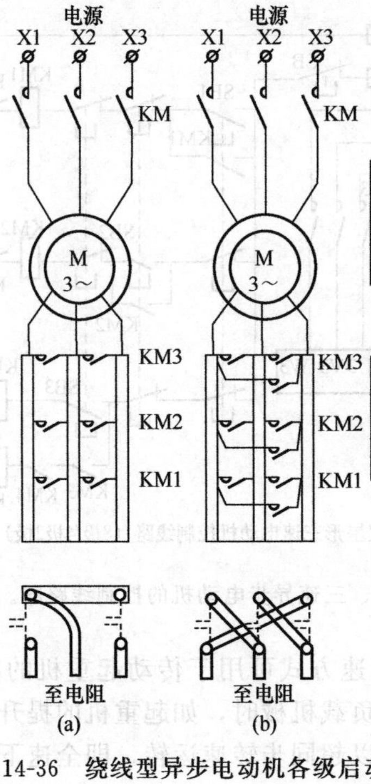

反复运转

	1	2	3	4
KM	×	×	×	×
KM1		×	×	×
KM2			×	×
KM3				×

长期运转

	1	2	3	4
KM	×	×	×	×
KM1		×	×	
KM2			×	
KM3				×

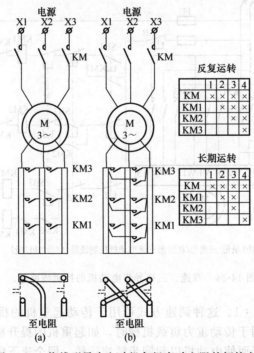

图 14-36　绕线型异步电动机各级启动电阻的短接方式

速系统。这类系统适用于异步电动机，适用的调压装置是晶闸管调压器。

晶闸管交流调压装置接于交流电源和电动机之间，通过改变电动机输入电压来改变电动机的机械特性，实现调速。交流调压器的工作原理基于晶闸管移相控制，几种可能的三相交流调压电路及某一相负载上的输出电压波形如图 14-38 所示。图（a）～（e）分别为带零线的三相调压电路、不带零线的三相调压电路、半控调压电路、晶闸管与负载接成内三角形的三相调压电路、零点三角形连接的三相调压电路。相比较而言，在图 14-38 中的图（b）和图（e）使用的较多。

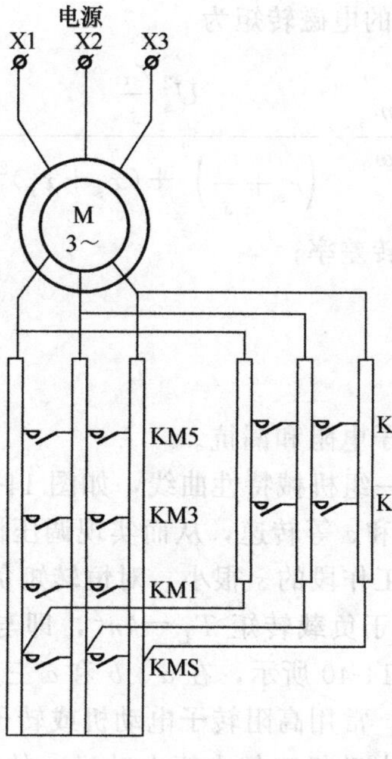

图 14-37 绕线型异步电动机转子电阻双星型接线图

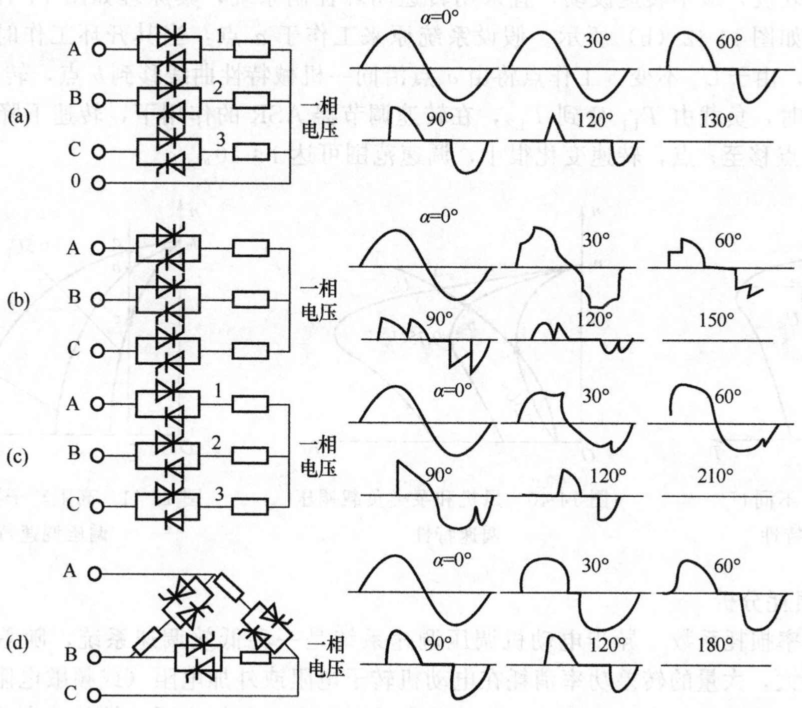

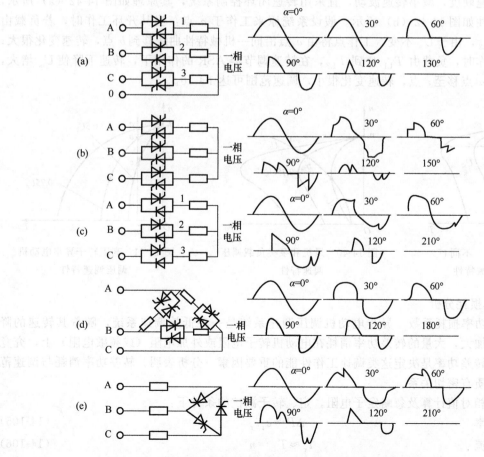

图 14-38 常用三相交流调压电路及某一相负载上的输出电压波形

① 调压调速特性　异步电动机的电磁转矩为

$$T=\frac{m_s}{\omega_0}\times\frac{U_s^2\frac{r_r}{s}}{\left(r_s+\frac{r_r}{s}\right)^2+(x_s+x_r)^2} \tag{14-104}$$

式中　ω_0, s——同步机械角速度和转差率；

m_s——定子绕组的相数；

U_s——定子电压幅值；

r_s, x_s——定子电阻和漏抗；

r_r, x_r——折算到定子侧的转子电阻和漏抗。

对应不同的定子电压，可得到一组机械特性曲线，如图 14-39 所示。对于某一固定负载转矩 T_L，电动机将稳定工作于 a、b 和 c 等转速，从而实现调压调速。

普通笼型异步电动机机械特性工作段的 s 很小，对恒转矩负载而言，调速范围很小，见图 14-39。但对于风机和泵类机械，由于负载转矩 $T_L=kn^2$，即与转速二次方成正比，采用调压调速可得到较宽的调速范围，如图 14-40 所示，在 a、b 和 c 三点都能稳定工作。

要扩大恒转矩负载的调速范围，常用高阻转子电动机或转子外接电阻（或频敏电阻）的绕线转子异步电动机。高阻转子异步电动机（如力矩电动机）的调压调速特性如图 14-41 所示。当其在低速工作时，特性很软，工作不易稳定，负载和电压稍有波动就会引起转速很大变化。为了提高调速硬度，减小转速波动，宜采用转速闭环控制系统，其原理如图 14-42（a）所示，闭环控制特性如图 14-42（b）所示。假设系统原来工作于 a 点：当其开环工作时，若负载由 T_{L1} 变到 T_{L2}，由于 U_s 不变，工作点将由 a 点沿同一机械特性曲线移到 b 点，转速变化很大；当其闭环工作时，负载由 T_{L1} 变到 T_{L2}，在转速调节器 ASR 的作用下，转速下降使 U_s 增大，工作点将由 a 点移至 c 点，转速变化很小，调速范围可达 1：10。

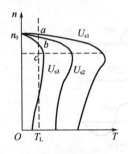

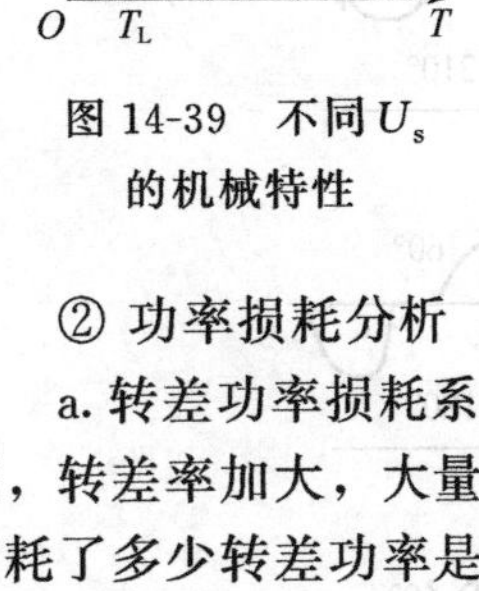

图 14-39　不同 U_s 的机械特性

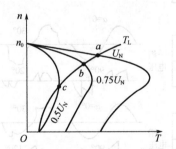

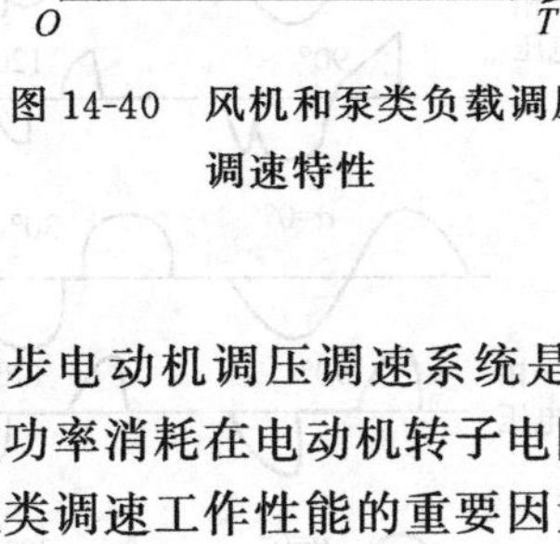

图 14-40　风机和泵类负载调压调速特性

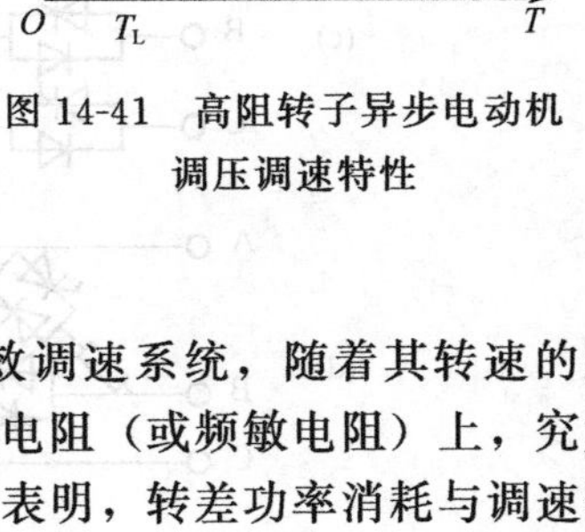

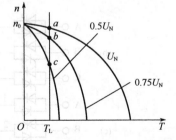

图 14-41　高阻转子异步电动机调压调速特性

② 功率损耗分析

a. 转差功率损耗系数　异步电动机调压调速系统是一种低效调速系统，随着其转速的降低，转差率加大，大量的转差功率消耗在电动机转子电阻或外加电阻（或频敏电阻）上，究竟消耗了多少转差功率是决定这类调速工作性能的重要因素。分析表明，转差功率消耗与调速范围及负载性质有密切关系。

在采用相对值计算及忽略定子电阻，定、转子漏抗的条件下：

转差功率　$$\Delta P\approx e_r i_r \tag{14-105}$$

转子电流　$$i_r\approx T_L=n^\alpha \tag{14-106}$$

式中　e_r——转子电动势相对值；

i_r——转子电流相对值；
T_L——负载转矩相对值；
n——转速相对值；
α——负载性质指数；$\alpha=0$，表示恒转矩负载；$\alpha=1$，表示负载转矩与转速成比率；$\alpha=2$，表示负载转矩与转速二次方成比率（如风机、泵类负载）。

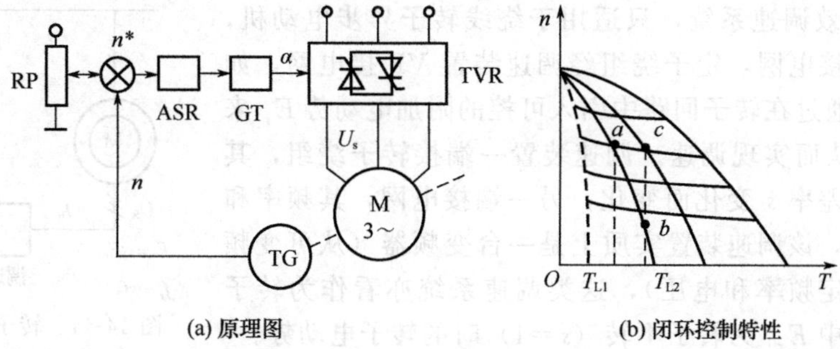

(a) 原理图　(b) 闭环控制特性

图 14-42　具有转速闭环的调压调速系统

TG—调速发电机；RP—给定电位器；ASR—速度调节器；GT—触发器；TVR—晶闸管调压器

转子电动势相对值 e_r 的基值是转差率 $s=1$（转子不转）时的转子电动势 E_{r0}，所以 $e_r=s$；转速相对值 n 的基值是理想空载转速，所以 $n=1-s$。把上述关系式代入式（14-105）和式（14-106），则转差功率为

$$\Delta P=s(1-s)^{\alpha} \tag{14-107}$$

转差功率相对值 ΔP 的基值是 $P_{r.max}=E_{r0}I_{rN}\approx P_N$（电动机额定功率），所以它又称为转差功率损耗系数，式中 I_{rN} 为转子额定电流。

不同负载特性（即不同 α 值）时的转差功率损耗系数曲线如图 14-43 所示。由图 14-43 可见，在 $\alpha=2$ 时，电动机的转差功率损耗系数最小，所以调压调速用于风机、泵类平方转矩负载较为合适。至于恒转矩负载，则不宜长期工作在低速下，以免电动机过热。

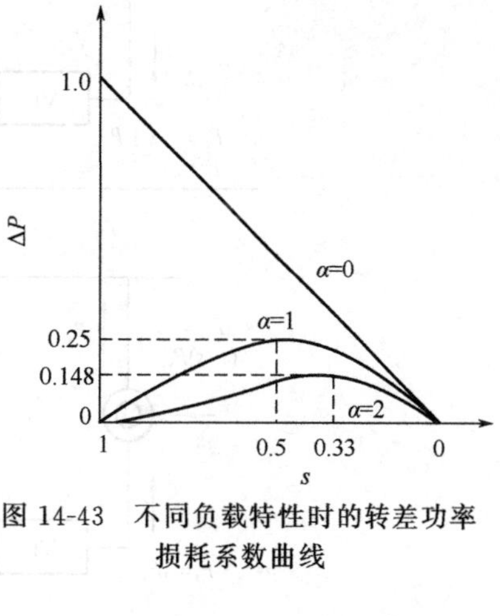

图 14-43　不同负载特性时的转差功率损耗系数曲线

b. 高次谐波对电动机的影响　晶闸管调压控制装置采用相位控制，输出电压、电流都是非正弦波，含有大量高次谐波，影响电动机出力。其主要原因是：高次谐波使电动机损耗加大；高次谐波使电动机总感抗加大，降低了 $\cos\varphi$，从而影响了输出转矩；高次谐波电流会产生 6 倍于基波频率的脉动转矩，严重影响电动机正常工作。

在使用晶闸管调压调速装置时，考虑到谐波的影响，选用电动机时应适当增加容量，增加的百分比见表 14-24。

表 14-24　使用晶闸管调压装置，选用电动机时应适当增加的容量

调压器电路	电动机容量增加值	调压器电路	电动机容量增加值
三相 Y 连接［图 14-38（b）］	增加 8%	三相不对称 Y 连接［图 14-38（c）］	增加 38.2%
三相 YN 连接［图 14-38（a）］	增加 14%	零点三角形连接［图 14-38（e）］	增加 43.4%

③ 调压调速的优缺点及其适用范围　调压调速系统的主要优点是线路简单，价格便宜，使用维修比较方便；其主要缺点是转差功率损耗大，效率低，谐波严重。调压调速主要用于软启动。在一些要求调速精度不高（一般为 3%）、连续工作时间不长、调速范围不宽（一般在 10∶1 以内）的设备都可以使用，如低速电梯、起重机械、风机泵类机械等。随着变频调速技术的高速发展，调压调速真正用于调速，而不适用于软启动的场合将越来越少。

2）转子侧交流调速系统　转子侧串级调速和双馈调速系统都是转子侧高效调速系统，只适用于绕线转子异步电动机，电动机定子绕组接电网，定子绕组经调速装置 VF 接电网，如图 14-44 所示。通过在转子回路中引入可控的附加电动势 E_r 来改变转差率 s，从而实现调速。调速装置一端接转子绕组，其频率和电压随转差率 s 变化而变化；另一端接电网，其频率和电压固定。所以，该调速装置实质上是一台变频器（从可变频率和电压变为固定频率和电压），这类调速系统亦看作为转子侧变频调速。图中 E_{r0} 为转子不转（$s=1$）时的转子电动势。

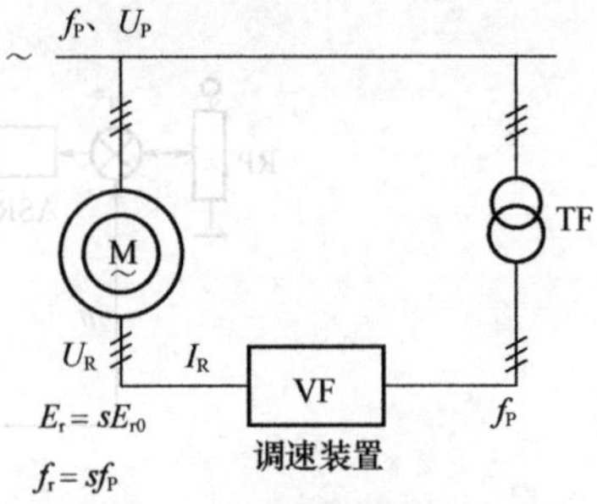

图 14-44　转子侧串级和双馈调速系统示意图

这类调速系统有四种工作状态：次同步（低速同步，$s>0$）电动（转矩 $T_d>0$）状态；次同步再生（转矩 $T_d<0$）状态；超同步（高于同步速，$s<0$）电动状态；超同步再生状态。四种工作状态的功率流程如图 14-45 所示。

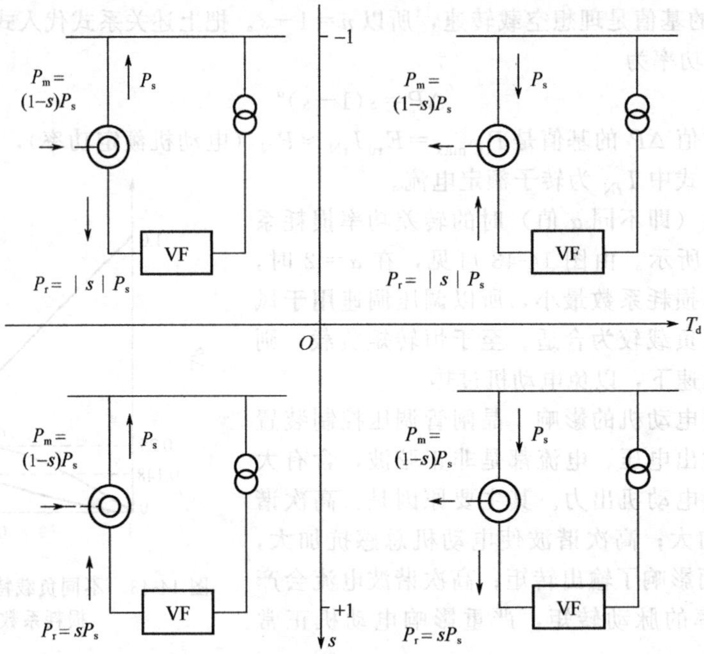

图 14-45　四种工作状态的功率流程图

在电动状态，定子功率 P_s 从电网流向定子，电机输出的机械功率为 $P_m=(1-s)P_s$，若 $s>0$（次同步），则 $P_m<P_s$，其差为转子功率 P_r，$P_r=sP_s$，经 VF 返回电网；若 $s<0$（超同步），则 $P_m>P_s$，其差为转子功率 P_r，$P_r=sP_s$，从电网经 VF 输入转子。

在再生状态，定子功率 P_s 从定子流向电网，电机输入的机械功率为 $P_m=(1-s)P_s$，若 $s>0$（次同步），则 $P_m<P_s$，其差为转子功率 P_r，$P_r=sP_s$，从电网经 VF 输入转子；若 $s<0$（超同步），则 $P_m>P_s$，其差为转子功率 P_r，$P_r=sP_s$，从经 VF 送到电网。

如果只工作在次同步电动或超同步再生状态，P_r 都从转子流向电网，若 VF 采用交-直-交变频，则与转子绕组相连的整流器可使用不可控整流器（单象限变频）；如果要工作在另外两个状态，VF 必须是四象限变频器。

只工作于次同步电动状态的调速系统通常称为串级调速系统，使用单象限 VF；能工作于其他状态的系统称为双馈调速系统，使用四象限 VF。

转子侧调速系统的特点如下。

a. 虽然是改变转差率 s 调速，但转差功率被送回至电网或由电网供给，而没有消耗在电阻上，所以转子侧调速系统属高效调速。

b. 转子侧调速多用于中压绕线转子电动机，其转子电压是低压，VF 为低压变频器，避免了定子侧中压变频带来的许多麻烦。

c. 转子侧调速多用于调速范围小的场合，通常转差率 $s<0.4$，转子功率 $P_r=sP_s$ 小，VF 容量比电动机额定容量小很多。

① 串级调速系统　传统串级调速系统（晶闸管逆变串级调速）原理示意如图 14-46 所示。其调速装置 VF 是晶闸管电流型交-直-交变频器，由不可控整流器 UR、直流储能电抗器 L 和晶闸管逆变器 U1 等组成。工作时通过改变 U1 的触发延迟角 α（$\alpha>90°$）来改变直流电压 U_{UR}，从而改变转子电压 U_R，达到调速的目的。

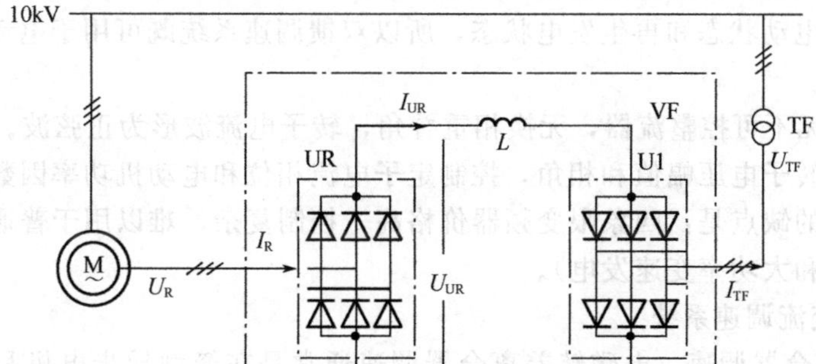

图 14-46　传统串级调速系统

传统串级调速系统具有转子侧高效调速的三大优点，但也存在影响其应用的缺点，主要表现在以下几个方面。

a. 功率因数低。传统串级调速系统产生的无功功率由四部分组成：由电动机励磁电流产生的无功功率 Q_{ex}，它与电动机运行状态基本无关；电动机漏感使 UR 整流时出现较大的换相重叠角 u，导致转子电流滞后电动势，产生无功功率 Q_u，它与负载转矩近似成比例，与转速关系不大；晶闸管逆变器 U1 移相控制产生的无功功率 Q_{T1}，转速越高，转子电压 U_R 越小，触发延迟角 α 越接近 90°，Q_{T1} 越大，在同样情况下，负载转矩越大，Q_{T1} 越大；由谐波产生的无功功率，这部分比较小，对功率因数影响不大。

b. 谐波严重，主要由逆变器 U1 产生。

c. 储能直流电抗器 L 体积大，重量重，损耗比储能电容大。

d. 当电网故障，电压突然降低过多时，晶闸管逆变器 U1 将颠覆，烧毁快速熔断器。

e. 由于在转子回路中加入了许多元器件，使转子回路中的电阻增加，另外 UR 整流重叠角也在转子回路中引入等效电阻，导致电动机在串级调速时的机械特性变软（如图 14-47 所示），满载时的最高转速低于电动机的额定转速。

为了提高传统串级调速系统的功率因数，人们又开发出了斩波＋晶闸管逆变串级调速系统和斩波＋PWM逆变串级调速系统。

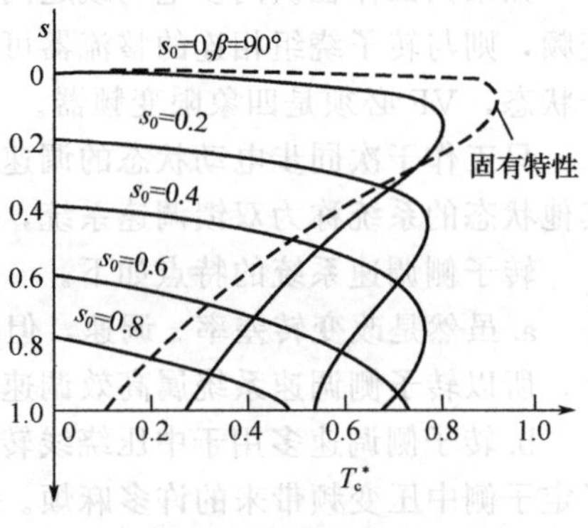

图 14-47 电动机在串级调速时的机械特性

② 双馈调速系统 双馈调速系统的调速装置 VF 可以是各种能四象限工作的变频装置，常用的有两种：交-交变频器和电压型双 PWM 交-直-交变频器（PWM 整流＋PWM 逆变）。基于交-交变频器的双馈调速系统用于大功率场合，例如：轧机主传动、飞轮储能、大型水能发电机的变速发电等。使用交-交变频器会给电网带来较大无功功率和谐波，但由于双馈调速的调速范围较小，变频器容量远小于电动机功率，其产生的无功功率和谐波的影响不大。基于电压型双 PWM 交-直-交变频器的双馈调速系统用于中大功率场合，例如风力发电等。使用电压型双 PWM 交-直-交变频器的双馈调速系统不会给电网带来无功功率和谐波。

双馈调速系统除了具有转子侧高效调速的三大优点外，还有下述特点。

a. 可以工作于次同步和超同步转速，在总调速范围不变的条件下，最大转差率可以比串级调速减小一半，相应的调速装置容量也可减小一半。

b. 可以工作于电动状态和再生发电状态，所以双馈调速系统既可用于电动机调速，也可用于发电机变速发电。

c. 转子回路中无不可控整流器，无换相重叠角，转子电流波形为正弦波。

d. 可通过改变转子电压幅值和相角，控制定子电流相位和电动机功率因数。

双馈调速系统的缺点是：四象限变频器价格高，控制复杂，难以用于普通调速场合（目前主要用于风力发电和大功率变速发电）。

3）转子轴上交流调速系统

① 电磁转差离合器调速 电磁转差离合器调速通常是在笼型异步电机和负载之间串接电磁耦合器，调节电磁耦合器的励磁，改变转差率进行调速的一种方式。电磁转差离合器调速又称滑差调速（简称电磁调速）是由普通笼型异步电动机、电磁转差离合器与控制器组成。离合器包括电枢（主动部分）、磁极（从动部分）和励磁线圈等基本部件，笼型异步电动机作为原动机工作，它带动电磁离合器的主动部分（电枢），离合器的从动部分（磁极）与负载连在一起，它与主动部分只有磁路的联系，没有机械联系，当励磁线圈通以直流电时，沿气隙圆周各爪极将形成若干对极性交替的磁极，当电枢随传动电动机旋转时将感应产生涡流，此涡流与磁通相互作用而产生转矩，驱动带磁极的转子同向旋转，如图 14-48 所示。通过控制离合器的励磁电流即可使离合器产生不同的涡流转矩，从而实现调节离合器输出转矩和转速。如负载恒定，励磁电流增大，磁场与电枢只有较小的转差率，可产生足够大的转矩带动负载，使其转速升高，反之，转速可降低。如励磁电流恒定，负载增加则其转速降低，反之，转速升高。所以，改变励磁电流的大小，即可实现对负载的调速。

电磁转差离合器调速系统在不同励磁电流时的开环机械特性如图 14-49（a）所示，是一簇下垂软特性曲线，当空载转速 n_0 时，随着转矩增加，转速下降多，励磁电流越小，特性越软，在负载转矩小于10％额定转矩时有一个失控区。采用转速（负反馈的）闭环控制系统可以获得如图 14-49（b）所示较硬的机械特性。转速负反馈的作用是使负载引起的转速降低由增加励磁电流来补偿，从而使转速在负载变化时保持稳定。闭环控制的转速变化率一般在2％左右，其调速范围可达 10∶1。

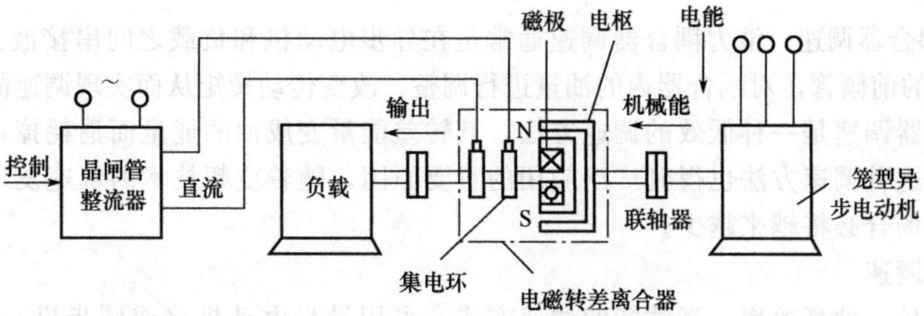

图 14-48　电磁转差离合器调速系统

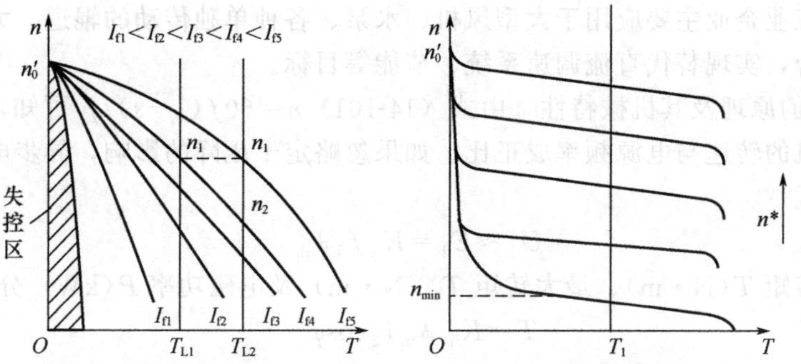

(a) 开环特性曲线　(b) 闭环特性曲线

图 14-49　电磁转差离合器调速系统的的机械特性曲线

电磁转差离合器调速系统的特点如下。

a. 由于电磁转差离合器调速装置的电动机是笼型异步电动机，转差离合器的磁极线圈也是集中绕组，控制系统也比较简单，因而电磁转差离合器调速系统具有较高的可靠性，且价格便宜，维护比较方便。

b. 调速平滑，可以进行无级调速，调速范围较大，也有一定的调速精度。

c. 运行很平稳，不存在脉动转矩引起负载机械振动或共振问题。而且当负载或原动机受到突然的冲击时，离合器可以起缓冲的作用。

d. 对电网无谐波影响。

e. 控制装置容量小，一般为电动机容量的 1%～2%，因此安装面积占地小。

f. 低速时效率很低，电磁离合器传递效率的最大值约为 80%～90%。在任何转速下离合器的传递效率 η 用下式表示

$$\eta=n_2/n_1=1-s \tag{14-108}$$

式中　n_2——离合器的输出转速，r/min；

n_1——传动电动机转速，r/min；

s——转差率，$s=(n_1-n_2)/n_1$。

因此随着输出转速的降低，传递效率亦相应降低，这是因为电枢中的涡流损失与转差成正比的缘故，所以这种调速系统不适于长期处于低速的生产机械。

a. 负载端速度损失大，额定转速仅为电动机同步转速的 80%～85%；用低电阻端环的转差离合器时其额定转速可达 95%。

b. 负载小时，有 10%额定转矩的失控区。

c. 电磁转差离合器调速电机适用于通风机、水泵类负载和恒转矩负载的机械，而不适用于

恒功率负载。

② 液力耦合器调速　液力耦合器调速通常是在异步电动机和负载之间串接液力耦合器，通过液力耦合器的前倾管，对耦合器内的油量进行调整，改变传动转矩从而实现调速的一种方法。

液力耦合器调速是一种低效的调速方法，其转差能量变成油的能量而消耗掉，漏油和机械磨损也是影响这种调速方法也得到广泛应用的重要原因，随着变频技术的快速发展，液力耦合器调速的应用场合必将越来越少。

（5）变频调速

变频调速是一种高效率、高性能的调速方式，采用异步电动机（或同步机），使其在整个工作范围内保持在正常的小转差率下运转，实现无级平滑调速。随着电力电子技术及微电子技术的发展，静止变频调速在国内外已得到了广泛应用。

变频调速在工业企业主要应用于大型风机、水泵、各种单独传动的辊道、大型轧钢机及其他需要调速的场合，实现替代直流调速系统、节能等目标。

1）变频调速的原理及其机械特性　由式（14-101）$n=60f(1-s)/p$ 可知，当转差率 s 不变时，交流电动机的转速与电源频率成正比。如果忽略定子压降的影响，异步电动机的定子电压满足下列关系式

$$U_1 \approx E_1 = K_e f_1 \phi_m \tag{14-109}$$

电动机电磁转矩 T(N·m)、最大转矩 T_m(N·m) 及电磁功率 P(kW) 分别为

$$T = K_m \phi_m I_2 \cos\varphi_2 \tag{14-110}$$

$$T_m = \frac{p m_1 U_1^2}{4\pi f_1 \left(r_1 + \sqrt{r_1^2 + X_k^2}\right)} \tag{14-111}$$

$$P = Tn/9550 \tag{14-112}$$

式中　E_1——定子感生电势，V；

K_e——电势常数；

f_1——定子电源频率，Hz；

ϕ_m——主磁通的最大值；

K_m——电机的转矩常数；

I_2——转子电流；

$\cos\varphi_2$——转子功率因数；

p——定子的极对数；

m_1——定子的相数；

r_1——定子绕组的电阻，Ω；

X_k——电机短路电抗，Ω；

n——电动机转速，r/min。

异步电动机的变频调速，当频率较高时，由于 $X_k \gg r_1$，故式（14-111）中 r_1 的影响可忽略，电动机电源电压 U_1，定子电源频率 f_1 与最大转矩 T_m 的变化满足下式

$$\frac{U_1}{f_1\sqrt{T_m}} = 常数 \tag{14-113}$$

当频率较低时，$r_1 \gg X_k$ 忽略 X_k 的影响，则由式（14-111）可得

$$\frac{U_1^2}{f_1 T_m} = 常数 \tag{14-114}$$

异步电动机从基速向下调速时，为了不使其磁通增加，通常采用 $U/f=$常数的控制方式。

由式（14-119）可知，在调速过程中电机磁通可基本保持不变，考虑到定子电阻压降的影响，低频时电机磁通实际上将略有减小，由式（14-113）、式（14-114）可知最大转矩 T_m 也将随频率的降低而减小。异步电动机采用压频比为常数控制时的机械特性如图 14-50 所示。

为了能在低速时输出最大转矩不变，应采用 E_1/f_1＝常数的协调控制。由式（14-119）可知，这时电机磁通保持恒定，因此异步电动机的效率、功率因数、最大转矩倍数均保持不变。但由于感应电势 E_1 难以测量和控制，故在实际应用中，一般可在控制回路中加入一个函数发生器控制环节，以补偿低频时定子电阻所引起的电压降，使电动机在低频时仍能近似保持恒磁通。图 14-51 为函数发生器的各种补偿特性。图 14-52 为电压补偿后的恒转矩变频调速特性曲线。图 14-53 为异步电动机在不同频率时的调速特性曲线。

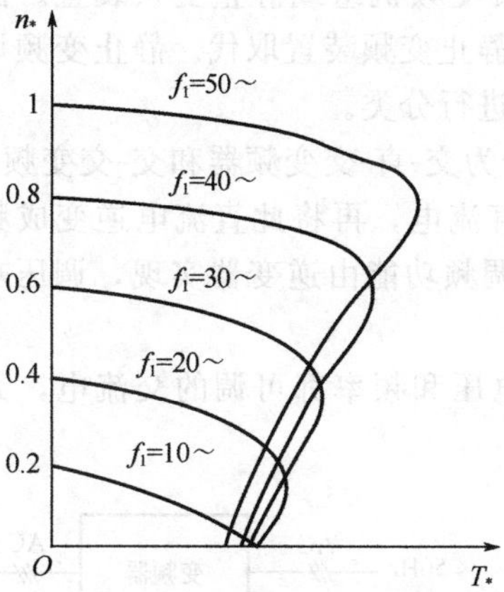

图 14-50　U_1/f_1 为常数时变频调速机械特性

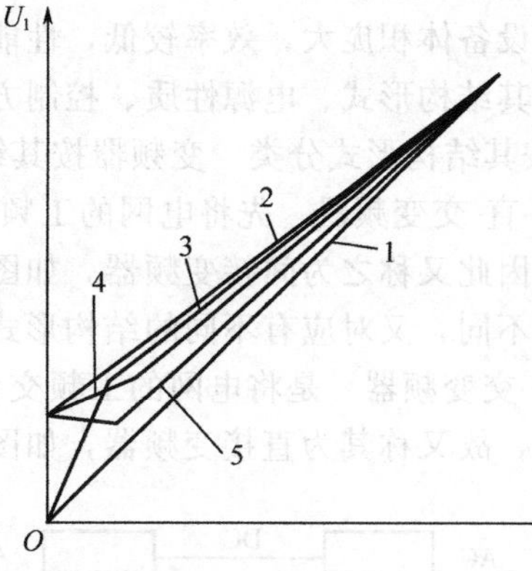

图 14-51　恒磁通变频调速时的补偿特性

1—无补偿时 U_1 与 f_1 的关系；

2～5—有补偿时各种 U_1 与 f_1 的关系

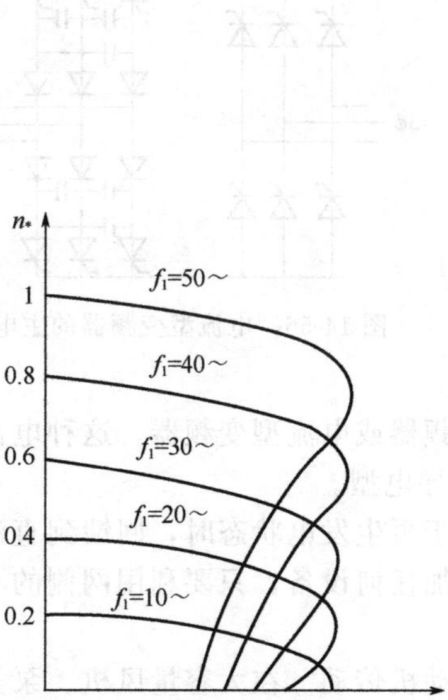

图 14-52　补偿后的恒 T_m 变频调速的机械特性

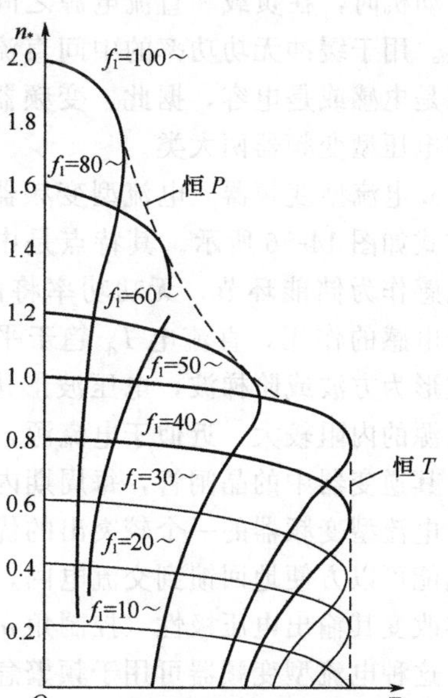

图 14-53　异步电动机在不同频率时的调速特性曲线

电动机在额定转速以上运转时，定子频率将大于额定频率，但由于电动机绕组本身不允许耐受过高的电压，电动机电压必须限制在允许值范围内，这样就不能再升高电压采用 U_1/f_1 或 E_1/f_1 协调控制方式。在这种情况下可以采取恒功率变频调速。由式（14-105）～式（14-107）可得

$$\frac{U_1}{\sqrt{f_1 P}}=\text{常数} \tag{14-115}$$

如果要求恒功率调速运行，必须使 $U_1/\sqrt{f_1}$ 常数，即在频率升高时，要求电压升高相对少些。实际上在额定转速以上调速时，由于电动机定子电压受额定电压的限制，因此升高频率时，磁通减少，转矩也减少，可以得到近似恒功率调速。

2）变频调速的分类　变频调速的变频电源可用旋转变频机组或静止变频装置。由于旋转机组变频设备体积庞大，效率较低，性能较差，故已被静止变频装置取代。静止变频调速系统通常可按其结构形式、电源性质、控制方式等几种方式进行分类。

① 按其结构形式分类　变频器按其结构形式可划分为交-直-交变频器和交-交变频器两类。

a. 交-直-交变频器　先将电网的工频交流电整流成直流电，再将此直流电逆变成频率可调的交流。因此又称之为间接变频器，如图 14-54 所示。调频功能由逆变器实现，调压功能视其实现环节不同，又对应有不同的结构形式。

b. 交-交变频器　是将电网的工频交流电直接变成电压和频率都可调的交流电，无需中间直流环节，故又称其为直接变频器，如图 14-55 所示。

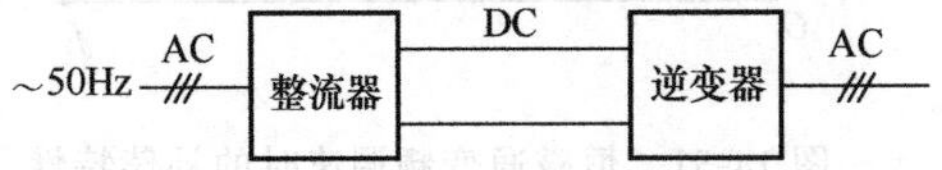

图 14-54　交-直-交变频器

图 14-55　交-交变频器

② 按其电源性质分类　当逆变器输出侧负载为交流电动机时，在负载和直流电源之间将有无功功率的交换。用于缓冲无功功率的中间直流环节的储能元件可以是电感或是电容，据此，变频器分成电流型变频器和电压型变频器两大类。

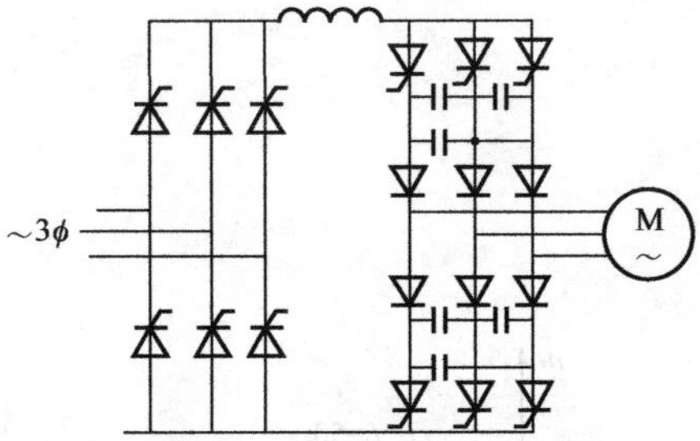

图 14-56　电流型变频器的主电路

a. 电流型变频器　电流型变频器主电路的典型构成方式如图 14-56 所示。其特点是中间直流环节采用大电感作为储能环节，无功功率将由该电感来缓冲。由于电感的作用，直流电 I_d 趋于平稳，电动机的电流波形为方波或阶梯波，电压波形接近于正弦波。直流电源的内阻较大，近似于电流源，故称为电流源型变频器或电流型变频器。这种电流型变频器，其逆变器中的晶闸管，每周期内工作 120°，属 120°导电型。

电流型变频器的一个较突出的优点是，当电动机处于再生发电状态时，回馈到直流侧的再生电能可以方便地回馈到交流电网，不需在主电路内附加任何设备，只要利用网侧的不可逆变流器改变其输出电压极性（控制角 $\alpha>90°$）即可。

这种电流型变频器可用于频繁急加减速的大容量电动机传动。在大容量风机、泵类节能调速中也有应用。

b. 电压型变频器　电压型变频器典型的一种主电路结构形式如图 14-57 所示，其中用于逆变器晶闸管的换相电路未画出。图 14-57 中逆变器的每个导电臂均由一个可控开关器件和一个不控

器件（二极管）反并联组成。晶闸管 VT1～VT6 称为主开关器件，VD1～VD6 称为回馈二极管。

这种变频器大多数情况下采用 6 脉波运行方式，晶闸管在一周期内导通 180°，属 180°导电型。该电路的优点是，中间直流环节的储能元件采用大电容，负载的无功功率将由它来缓冲。由于大电容的作用，主电路直流电压 E_d 比较平稳，电动机端的电压为方波或阶梯波。直流电源内阻比较小，相当于电压源，故称为电压源型变频器或电压型变频器。对负载电动机而言，变频器是一个交流电压源，在不超过容量限度的情况下，可以驱动多台电动机并联运行，具有不选择负载的通用性。缺点是电动机处于再生发电状态时，回馈到直流侧的无功能量难于回馈给交流电网。要实现这部分能量向电网的回馈，必须采用可逆变流器。如图 14-58 所示，网侧变流器采用两套全控整流器反并联。电动时由桥Ⅰ供电，回馈时电桥作有源逆变运行（$\alpha>90°$），将再生能量回馈给电网。

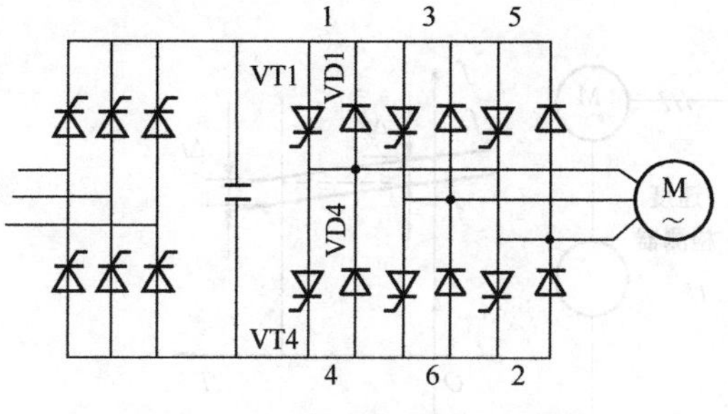

图 14-57 电压型变频器的主电路

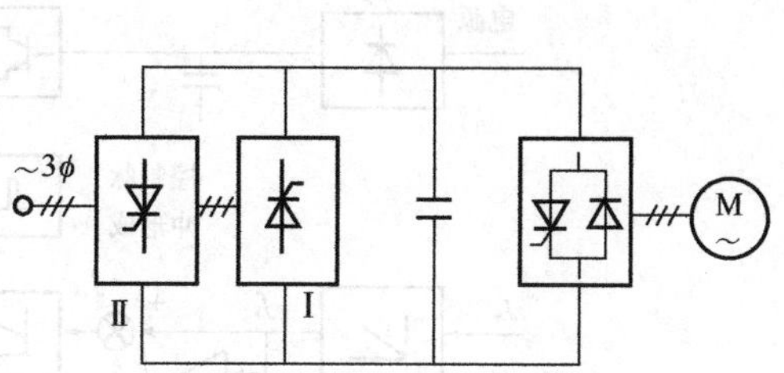

图 14-58 再生能量回馈型电压型变频器

③ 按控制方式分类

a. U/f 控制 按照图 14-59 所示的电压、频率关系对变频器频率和电压进行控制，称为 U/f 控制方式。基频以下可实现恒转矩调速，基频以上则可实现恒功率调速。

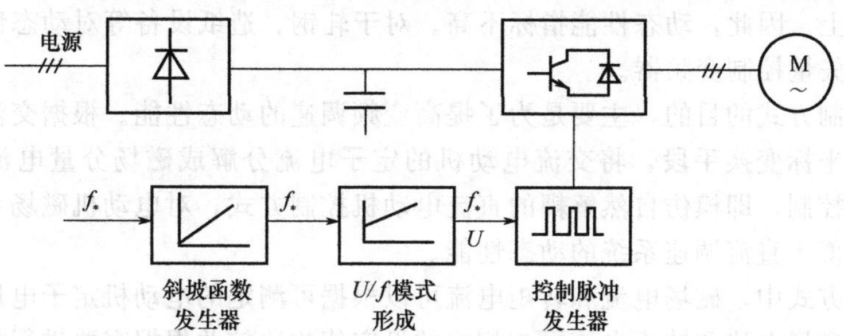

图 14-59 U/f 控制方式

U/f 方式又称为 VVVF（Variable Voltage Variable Frequency）控制方式，其简化的原理性框图如图 14-59 所示。主电机主逆变器采用 BJT，用 PWM 方式进行控制。逆变器的脉冲发生器同时受控于频率指令 f_* 和电压指令 U，而 f_* 与 U 之间的关系是由 U/f 曲线发生器（U/f 模式形成）决定的。这样以 PWM 控制之后，变频器的输出频率 f、输出电压 U 之间的关系，就是 U/f 曲线发生器所确定的关系。由图可见，转速的改变是靠改变频率的设定值 f_* 来实现的，电动机的实际转速要根据负载的大小，即转差率的大小来决定。负载变化时，在 f_* 不变的条件下，转子转速将随负载转矩变化而变化，故它常用于速度精度要求不十分严格或负载变动较小的场合。

U/f 控制是转速开环控制，无需速度传感器，控制电路简单，负载可能是通过标准异步电动机，通用性强，经济性好，是目前通用变频器产品中使用较多的一种控制方式。

b. 转差频率控制　U/f 控制方式在没有任何附加措施的情况下，如果负载变化，转速也会随之变化，转速的变化量与转差成正比。U/f 控制的静态调速精度显然较差，为提高调速精度，采用转差频率控制方式。

根据速度传感器的检测，可求出转差频率 Δf，再把它与频率设定值 f_* 相叠加，以该叠加值作为逆变器的频率设定值 f_{1*}，就实现了转差补偿，这种实现转差补偿的闭环方式称为转差频率控制。与 U/f 控制方式相比，其调速精度大为提高，但是，使用速度传感器求取转差频率，要针对具体电动机的机械特性调整控制参数，因而其通用性较差。

转差频率控制方式的原理框图如图 14-60（a）所示。对应于转速的频率设定值为 f_*，经转差补偿后定子频率的实际设定值为：$f_{1*}=f_*+\Delta f$。由图 14-60（b）可见，由于转差补偿的作用，其调速精度提高了。

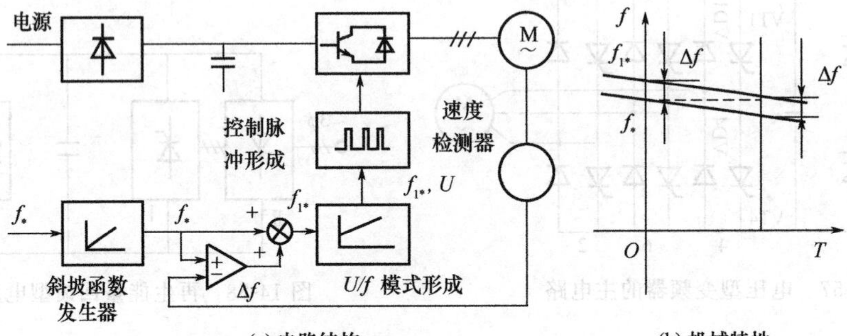

(a) 电路结构　　　　(b) 机械特性

图 14-60　转差频率控制方式

c. 矢量控制　上述的 U/f 控制方式和转差频率控制方式的控制思想都建立在异步电动机的静态数学模型上。因此，动态性能指标不高。对于轧钢、造纸设备等对动态性能要求较高的应用，可以采用矢量控制变频器。

采用矢量控制方式的目的，主要是为了提高变频调速的动态性能。根据交流电动机的动态数学模型、利用坐标变换手段，将交流电动机的定子电流分解成磁场分量电流和转矩分量电流，并分别加以控制，即模仿自然解耦的直流电动机控制方式，对电动机磁场和转矩分别进行控制，以获得类似于直流调速系统的动态性能。

在矢量控制方式中，磁场电流和转矩电流可以根据可测定的电动机定子电压、电流的实际值经计算求得。磁场电流和转矩电流再与相应的设定值相比较并根据需要进行校正。高性能速度调节器的输出信号可作为转矩电流（或称有功电流）的设定值，如图 14-61 所示。动态频率前馈控制 df/dt 可以保证快速动态响应。

3）交-直-交电压型变频调速

① 典型系统框图　交-直-交变频系统是先将电网的交流电压通过整流器变换成电压可调的直流电压，再由逆变器将直流电压变换为频率可调的交流电压，供给交流电动机进行变压及变频调速。由于具有将交流整流为直流的中间环节，输出频率不受电网频率的限制。根据中间环节滤波方法的不同，可分为电压型和电流型两种。电压型的直流环节采用并联电容器滤波，直流电压波形比较平直，等效阻抗较低，较适用于对多台电动机成组供电。其输出电压波形为矩形波，而电流是由矩形波与电动机正弦感应电压之差形成的，故电流波形比较复杂。图 14-62 示出了典型交-直-交电压型变频调速系统框图。

如图 14-62 所示是一种比较简单的电流内环、电压外环、频率开环的控制系统，整流器为

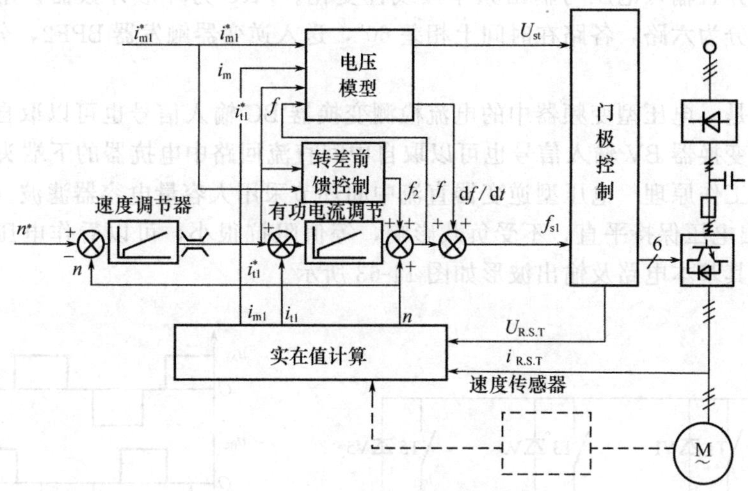

图 14-61　矢量控制原理框图

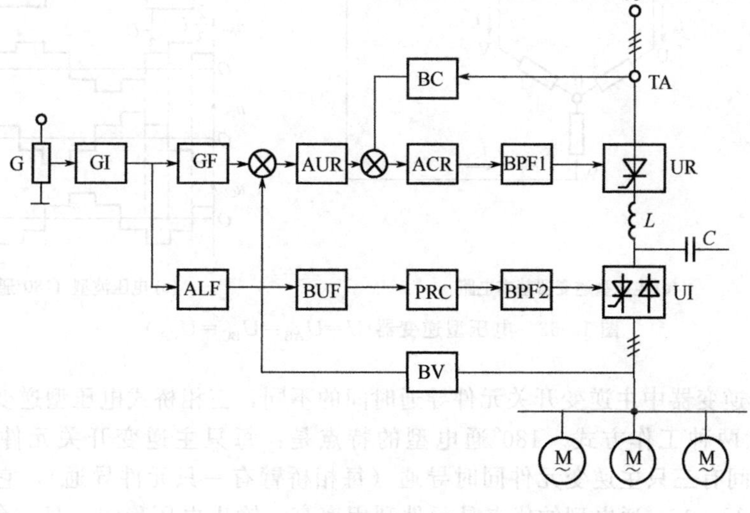

图 14-62　交-直-交电压型变频调速系统框图

G—给定电位器；GI—给定积分器；ALF—频率给定滤波器；GF—函数发生器；AUR—电压调节器；ACR—电流调节器；BUF—电压频率变换器；PRC—环行计数器；BPF1、BPF2—触发器；BC—电流变换器；BV—电压变换器；UR—整流器；UI—逆变器；TA—电流互感器

三相全控桥，而逆变器采用带辅助晶闸管换流的变频器，为 180°导电型。控制电路分两部分，整流桥的移相控制部分和逆变桥的频率控制部分。图中 GI 为给定积分器，将阶跃输入电压变为斜率可调的斜坡电压，作为变频器输出电压和输出频率的统一指令。GF 为函数发生器，用以产生如图 14-59 所示的$U/f\approx$常数的协调曲线，在其频率达到额定频率（50Hz）时，输出限幅，保证电动机由变频器的额定电压供电。AUR、ACR 分别为电压、电流调节器，BV、BC 分别为电压、电流检测变换器，它们构成如直流传动一样的电压、电流双闭环。BPF1 为变频器整流侧的触发器。ALF 为频率给定的滤波环节，用以使频率给定回路的动态过程大体与电压闭环系统等效动态过程一致，使其在调频调压过程中电压与频率协调变化。BUF 为电压频率变换器，根据输入电压大小，转换成相应大小的频率，是一种模-数变换器，要求有一

定的频率范围，并且输入电压与输出频率按线性变化。PRC 为环形计数器，用以对输入频率进行分频，然后分为六路，各路在时间上相差 60°，送入逆变器触发器 BPF2，分别控制各桥臂的开关元件。

需要指出的是，电压型变频器中的电流检测变换器 BC 输入信号也可以取自整流器 UR 输出端；电压检测变换器 BV 输入信号也可以取自中间直流回路中电抗器的下端头。

②逆变器的工作原理　电压型逆变器直流中间环节采用大容量电容器滤波（通常使用电解电容），因此输出电压保持平直，不受负载影响，等值阻抗很小，可以看作电压源，故称之为电压型逆变器，其基本电路及输出波形如图 14-63 所示。

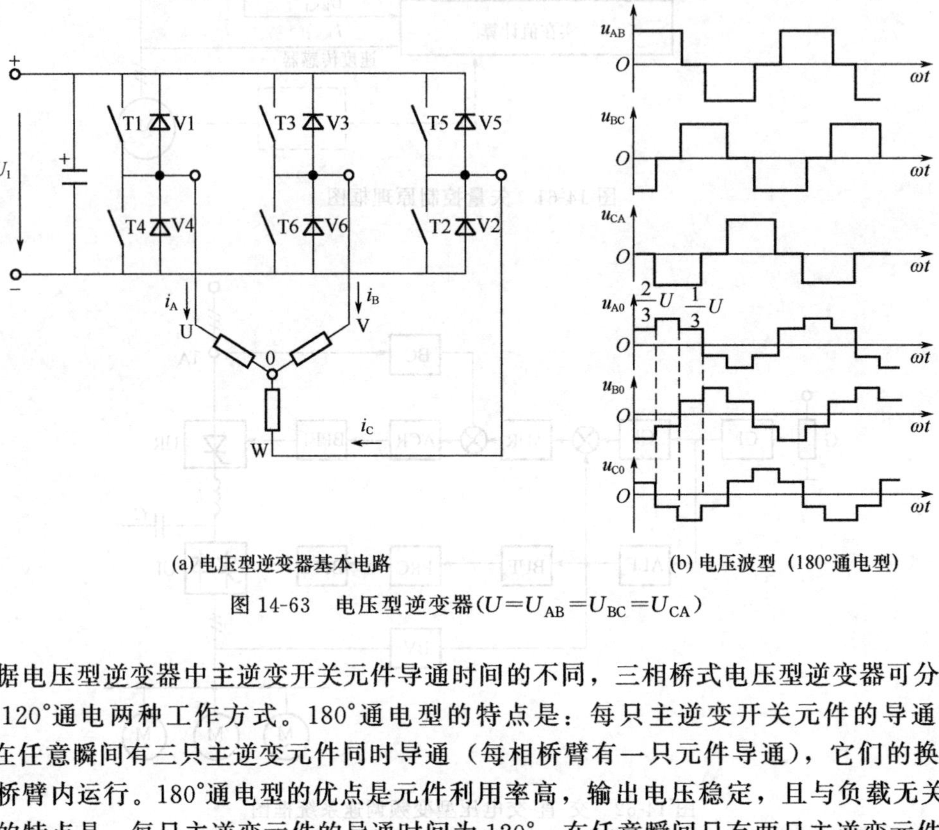

图 14-63　电压型逆变器($U=U_{AB}=U_{BC}=U_{CA}$)

根据电压型逆变器中主逆变开关元件导通时间的不同，三相桥式电压型逆变器可分为 180°通电和 120°通电两种工作方式。180°通电型的特点是：每只主逆变开关元件的导通时间为 180°，在任意瞬间有三只主逆变元件同时导通（每相桥臂有一只元件导通），它们的换流是在同一相桥臂内运行。180°通电型的优点是元件利用率高，输出电压稳定，且与负载无关。120°通电型的特点是：每只主逆变元件的导通时间为 120°，在任意瞬间只有两只主逆变元件同时导通，它们的换流是在相邻桥臂中进行。从换流安全的角度看，120°比 180°通电型有利，这是因为同一相桥臂上的两只主逆变元件导通之间有 60°的间隔。但由于在任意瞬间均有一相的两只主逆变元件都处于关断状态，这点电位受负载影响很难确定，因此对于电动机类负载，输出电压基波的大小及相位均与负载有关，所以很难确定其输出电压波形。正是由于这个原因，目前几乎所有的电压型逆变器都采用 180°通电工作方式。180°导通电压型逆变器导通顺序及输出电压值见表 14-25。

根据图 14-63 (b) 的电压波形，可导出 180°通电工作方式下的三相桥式电压型逆变器直流输入与交流输出量间的关系

$$U_{AB}=\sqrt{\frac{1}{2\pi}\int_0^{2\pi}U_{AB}^2\mathrm{d}t}=\frac{\sqrt{6}}{3}U_d=0.816U_d \tag{14-116}$$

$$U_{A0}=\sqrt{\frac{1}{2\pi}\int_0^{2\pi}U_{A0}^2\mathrm{d}t}=\frac{\sqrt{2}}{3}U_d=0.471U_d \tag{14-117}$$

式中 U_{AB}——逆变器输出线电压有效值，V；

U_d——直流电压，V；

U_{A0}——逆变器输出相电压有效值，V。

表 14-25 180°导通电压型逆变器导通顺序及输出电压值

$\omega_1 t$		0°～60°	60°～120°	120°～180°	180°～240°	240°～300°	300°～360°
导通的晶闸管		T1 T2 T3	T2 T3 T4	T3 T4 T5	T4 T5 T6	T5 T6 T1	T6 T1 T2
负载等值电路		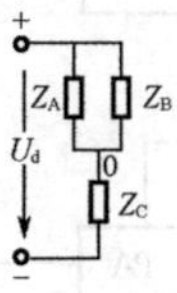	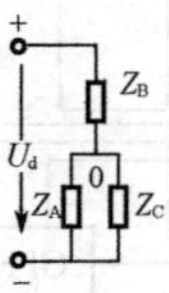	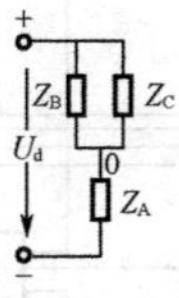	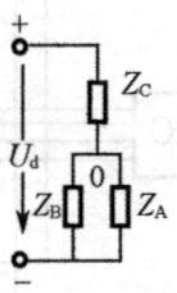	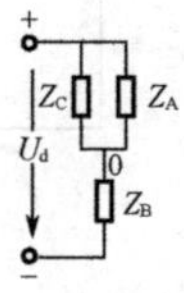	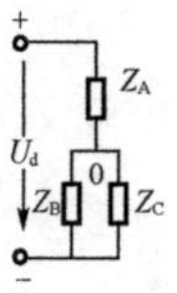
输出相电压值	U_{A0}	$+U_d/3$	$-U_d/3$	$-3U_d/2$	$-U_d/3$	$+U_d/3$	$+3U_d/2$
	U_{B0}	$+U_d/3$	$+2U_d/3$	$+U_d/3$	$-U_d/3$	$-2U_d/3$	$-U_d/3$
	U_{C0}	$-2U_d/3$	$-U_d/3$	$+U_d/3$	$+2U_d/3$	$+U_d/3$	$-U_d/3$
输出线电压值	U_{AB}	0	$-U_d$	$-U_d$	0	$+U_d$	$+U_d$
	U_{BC}	$+U_d$	$+U_d$	0	$-U_d$	$-U_d$	0
	U_{CA}	$-U_d$	0	$+U_d$	$+U_d$	0	$-U_d$

对逆变器输出电压进行谐波分析，将其分解成傅里叶级数得

$$U_{AB}=\frac{2\sqrt{3}}{\pi}U_d\left(\sin\omega t-\frac{1}{5}\sin5\omega t-\frac{1}{7}\sin7\omega t+\frac{1}{11}\sin11\omega t+\cdots\right) \tag{14-118}$$

其基波电压有效值 U_{AB1} 与直流电压的关系为

$$U_{AB1}=\frac{\sqrt{6}}{\pi}U_d=0.780U_d \tag{14-119}$$

按照能量守恒关系，可得出输出线电流的有效值 I_L 与输入直流电流 I_d 的关系为

$$I_d=\frac{3\sqrt{2}}{\pi}I_L\cos\varphi=1.35I_L\cos\varphi \tag{14-120}$$

式中 $\cos\varphi$ 为负载功率因数。

4) 交-直-交电流型变频调速　电流型逆变器中的开关元件目前大多采用普通晶闸管，也可采用自关断开关元件而省掉强迫换流线路。采用强迫换流的电流型逆变器，其开关元件的换流情况与负载电动机密切相关，故变压器不能脱离电动机而空载运转。电流型逆变器目前已开始被广泛应用于单机传动，也能用于不频繁切换的多机传动。多机传动采用电压闭环控制，单机传动则即可采用电压闭环控制，也可采用转速闭环控制。

① 电流型变频调速控制系统　如图 14-64 所示为电流型变频调速控制系统工作原理框图，其主回路整流部分由三相全控桥组成，直流环节采用平波电抗器滤波，逆变部分为串联二极管式逆变电路。为保证在电动机启动或低速运行时，逆变晶闸管能可靠换相，装置设置了辅助电源外充电电路，启动时由此电源向电容器提供所需的能量，随着频率的升高，换相能量转为由主电路提供，此时辅助直流电源自动被切除。为了限制换相尖峰电压，装置采用了换相过电压吸收电路。

电流型变频调速控制系统工作原理如下：

a. 给定积分器 GI 根据电动机的工作状况自动限制加减速的时间和输出频率，防止电动机失控。

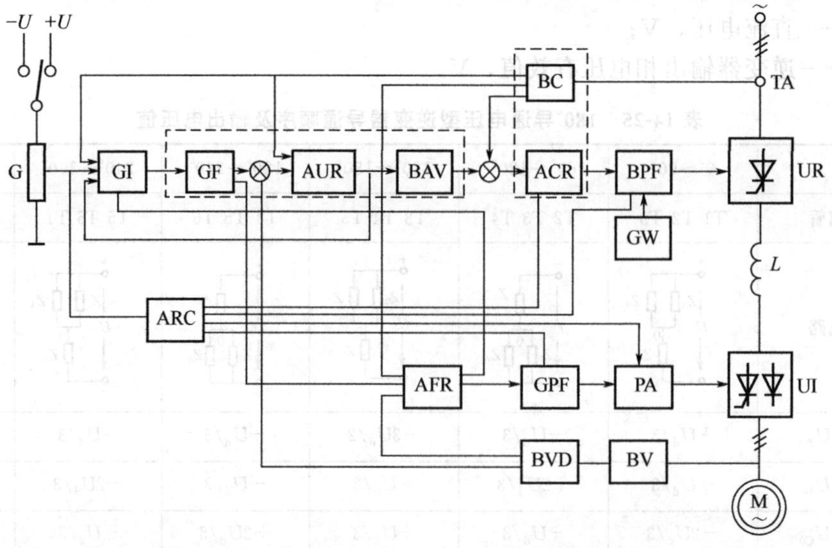

图 14-64　电流型变频调速控制系统工作原理框图

G—给定电位器；GI—给定积分器；GF—函数发生器；AUR—电压调节器；BAV—绝对值变换器；ACR—电流调节器；BPF—触发器；GW—锯齿波发生器；ARC—运转控制器；AFR—频率调节器；GPF—脉冲形成器；BVD—电压隔离器；BC—电流变换器；BV—电压变换器；PA—脉冲放大；UR—整流器；UI—逆变器；L—电抗器；TA—电流互感器

b. 电压调节器 AUR 内部包括函数发生器 GF 和绝对值变换器 BAV 函数发生器的作用是在低频时适当提高电机端电压，补偿定子电阻压降，力求做到 $E/f=$常数，在 AUR 的输入端还引入电流正反馈信号，对受负载影响的电机定子压降运行自动补偿。

c. 电流调节器 ACR 将电流反馈信号与输出电流的给定信号进行比较，实现对电机电流的自动控制。

d. 锯齿波发生器 GW 将正弦波同频信号转换成锯齿波信号提供给触发器。

e. 触发器 BPF 根据电流调节器输出的控制信号 U_C，产生整流器的触发脉冲。

f. 电压隔离器 BVD 的作用是将控制电路与主电路之间进行隔离，为系统提供电压反馈信号。

g. 频率调节器 AFR 主要包括：给定滤波器、频率补偿器、电压频率变换器、数控分频器和超速检测器等。在此环节内，将函数发生器内绝对值运算器的输出信号进行滤波，然后经电压频率变换器转换成输出频率与输入电压大小成比例变化的数字信号，其输出根据需要进行分频以决定逆变器输出的最高频率。

h. 脉冲形成器 GPF 的核心是一可编程的只读存储器。本装置在低频范围采用 PWM 控制方式，以削弱低速时由于转矩脉动所引起的转速不匀。PWM 工作模式储存在存储器中。PWM 切换电路采用数字式带回环的频率比较器，由于回环的存在从而避免了在 PWM 切换点产生振荡现象。此环节还可提供正反转控制端、脉冲封锁端、触发脉冲记忆控制端和数字频率表指示信号等。

i. 脉冲放大 PA。晶闸管对其控制极脉冲的触发功率和上升沿有一定要求，另外为缩小脉冲变压器的体积，应将 PA 输出的宽脉冲进行调制。脉冲放大电路可满足上述要求。

j. 运转控制器 ARC 可以提供系统停止、启动时对触发脉冲的封锁与开启信号、强制推 β 信号、ACR 锁零信号、正反转切换信号、电动机堵转信号、外充电控制以及执行各种功能所需要的延时等。

与电压型变频系统不同，电压反馈不能取自中间直流回路而取自逆变器输出端。电流型变频调速系统为可逆系统，可四象限运行，根据正、反转要求，给定积分器输出正负极性不同电压。带补偿的 E/f 恒定控制电流型变频系统适用于中大容量的单机传动，也有用于如车间辊道等的多机传动。

电流型逆变器还可用一套装置，顺序直接启动、制动数台电动机，以保证减少电动机启动时对电网的冲击，并使其能按工艺要求间歇运行，同时达到节能的目的。

②变频器工作原理　交-直-交电流型变频器主要由整流器、滤波器、逆变器及控制触发电路组成。整流器一般采用三相桥式晶闸管整流电路，滤波器采用平波电抗器，逆变器通常采用串联二极管式换相的晶闸管逆变电路。交-直-交电流型变频器主回路如图 14-65 所示。

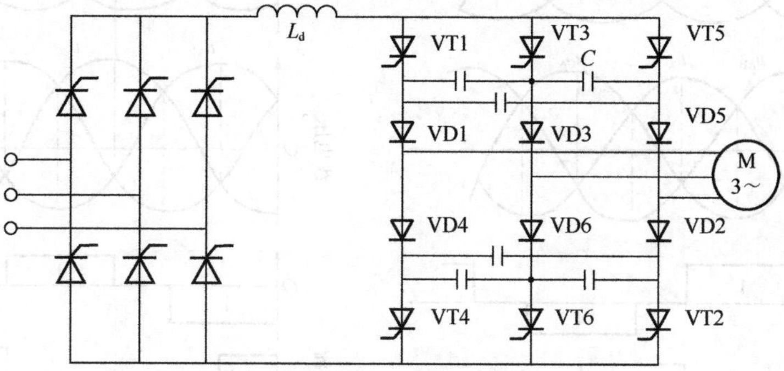

图 14-65　交-直-交电流型变频器主电路

基本的三相桥式电流型逆变电路属于 120°通电型，逆变器在任意瞬间只有两个晶闸管导通，电动机的旋转方向由晶闸管的导通顺序决定，正转时晶闸管 VT 的触发顺序为 1、2、3、4、5、6、1…，反转时触发顺序为 6、5、4、3、2、1、6…，各触发脉冲间隔 60°电角度，每个晶闸管矩导通 120°，输出电流波形为 120°矩形波，当负载为异步电动机时，输出电压由电动机感应电势决定，是具有换相脉冲电压尖峰的正弦波。

电流型变频器与电压型变频器之间的最大区别在于，前者采用大电感滤波，而后者采用大电容滤波。由于电流型变频器直流回路采用大电感滤波，所以直流电脉动很小，波形较平直，等值阻抗很高，输出电流为矩形波。由于是采用电流控制，只要改变整流电源电压极性，就能实现回馈制动。由于直流回路的电流流动方向不变，故整流器可采用不可逆三相全控桥整流电路。当电动机处于电动状态运行时，整流电压为正极性，电能从电网通过整流器传送给逆变部分；当电动机处于再生发电制动状态运行时，整流电压为负极性，电能由逆变部分经整流器回馈到电网。图 14-66 给出了这两种工作状态。

5）脉冲宽度调制（PWM）变频调速　脉冲宽度调制（PWM）变频器的输出变频变压都是由逆变器承担，通过改变脉冲宽度控制器输出电压，通过改变调制周期来控制其输出频率。PWM 逆变器的直流电源可采用不可控整流，使其输出电压恒定不变，这样不但可以提高系统的功率因数，而且一套整流器可供多套逆变器使用，在直流母线上得到再生能量的交换，每套装置又可同时传动几台电机以实现多机传动。所以 PWM 型变频器的特点是：主回路结构简单，功率因数高，由于采用高频调制，输出波形得到改善，转矩脉冲小，但控制电路复杂。然而，随着具有自关断晶闸管（GTO）和场效应晶体管（MOSFET）等器件的普及应用，以及计算机控制技术的不断发展，PWM 变频器的应用场合将越来越广泛，其系统框图如图 14-67（a）所示。脉冲宽度调制的方法很多，各种方法在逆变器输出电压谐波含量方面有所不同，系统控制的复杂程度也不同。三种典型的脉冲宽度调制方法为：单脉冲、多脉冲和正弦脉冲。

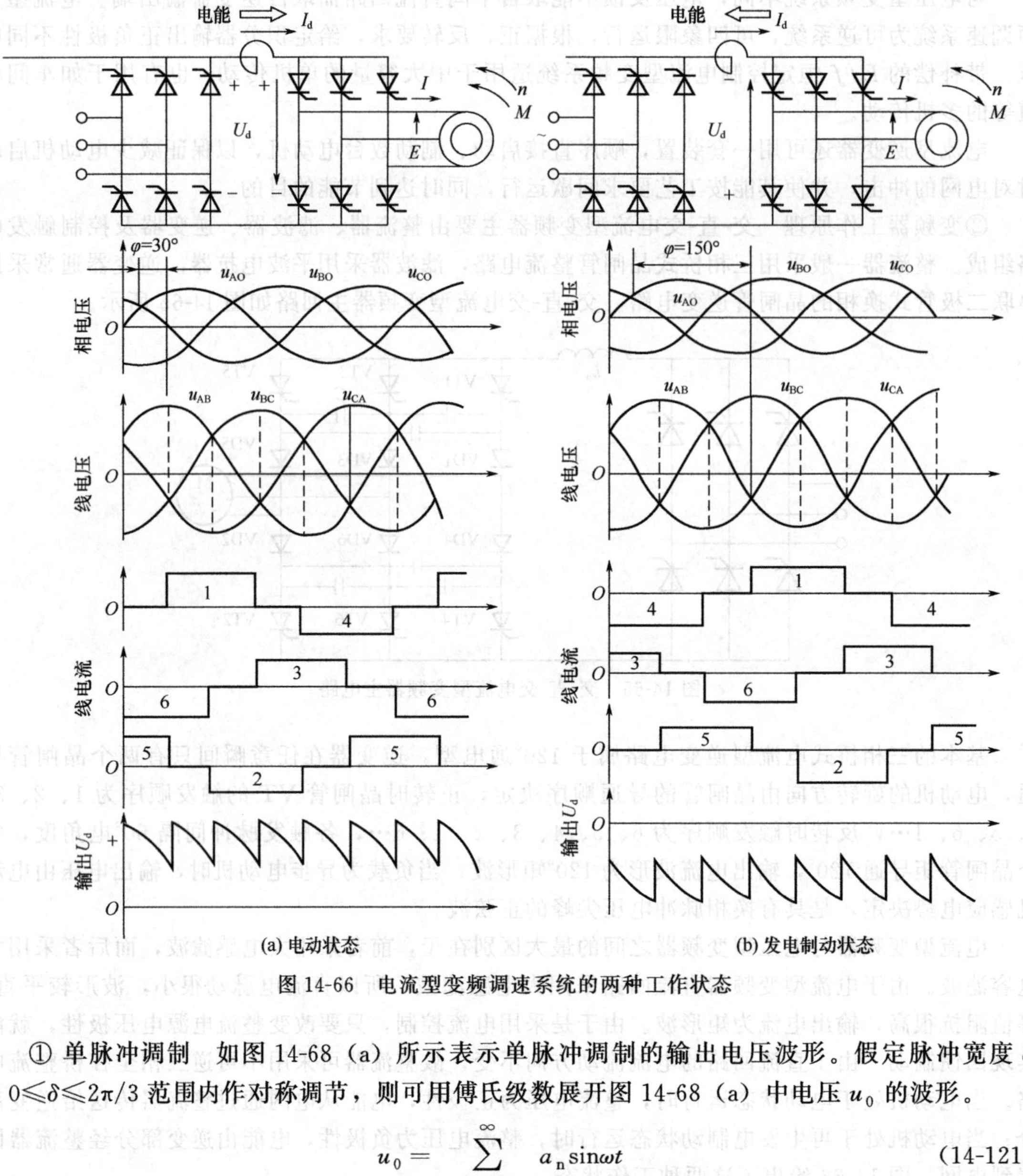

(a) 电动状态　　(b) 发电制动状态

图 14-66　电流型变频调速系统的两种工作状态

① **单脉冲调制**　如图 14-68（a）所示表示单脉冲调制的输出电压波形。假定脉冲宽度 δ 在 $0\leqslant\delta\leqslant 2\pi/3$ 范围内作对称调节，则可用傅氏级数展开图 14-68（a）中电压 u_0 的波形。

$$u_0=\sum_{n=1,3,5,\ldots}^{\infty} a_n \sin\omega t \tag{14-121}$$

$$a_n=\frac{4Ud}{n\pi}\sin\frac{n\delta}{2} \tag{14-122}$$

根据 $n=1$、3、5 和 7 所得到的 $a_n/a_{1\max}$ 比值对 δ 的关系曲线如图 14-68（b）所示，其中 $a_{1\max}$ 是当 $\delta=2\pi/3$ 时得到的矩形波基波分量的幅值。

② **多脉冲调制**　在低输出电压时，使每半周具有多个脉冲的调制法能显著减少谐波含量。由此可得到图 14-69（a）所示的输出电压波形。每半周的脉冲数为

$$N=\frac{f_p}{2f}=\text{整数} \tag{14-123}$$

式中　f_p——每秒钟脉冲数；

　　　f——输出电压频率。

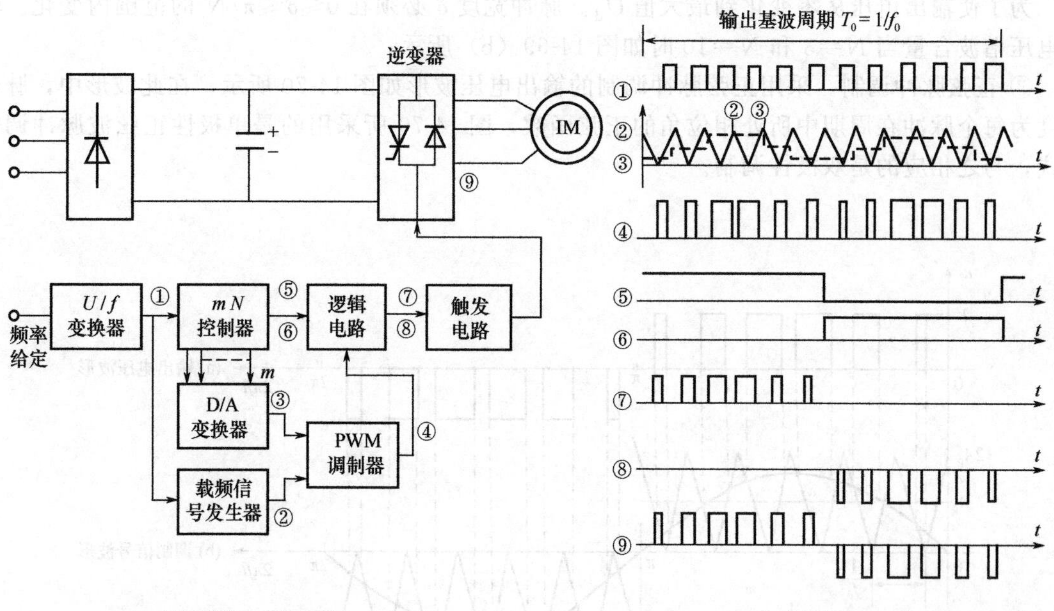

(a) 系统框图（m调制系数）　　(b) 控制电路各点波形

图 14-67　PWM 变频调速系统

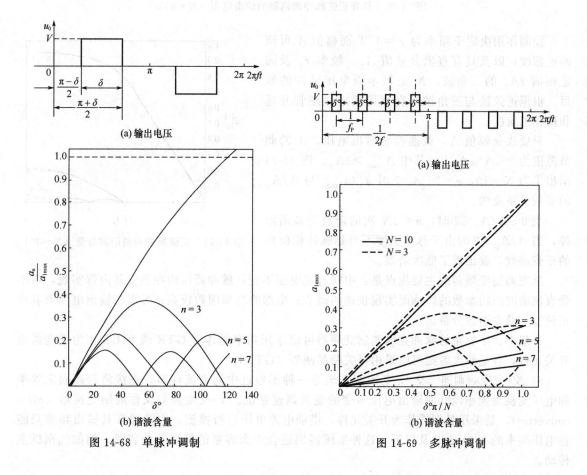

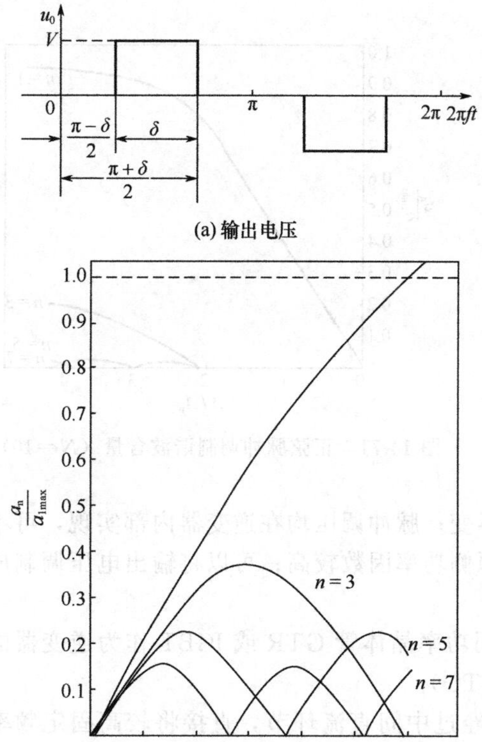

(a) 输出电压

(b) 谐波含量

图 14-68　单脉冲调制

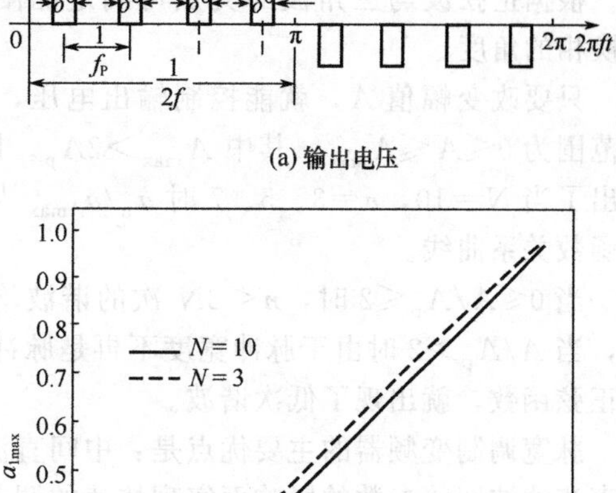

(a) 输出电压

(b) 谐波含量

图 14-69　多脉冲调制

为了使输出电压从零变化到最大值 U_d。脉冲宽度 δ 必须在 $0 \leqslant \delta \leqslant \pi/N$ 的范围内变化。输出电压谐波含量当 $N=3$ 和 $N=10$ 时如图 14-69（b）所示。

③ 正弦脉冲调制　采用正弦脉冲调制的输出电压波形如图 14-70 所示，在此波形中，脉冲宽度为每个脉冲在周期中所处相位角的正弦函数，图 14-70 所采用的是单极性正弦波脉冲调制方式，与之相应的是双极性调制。

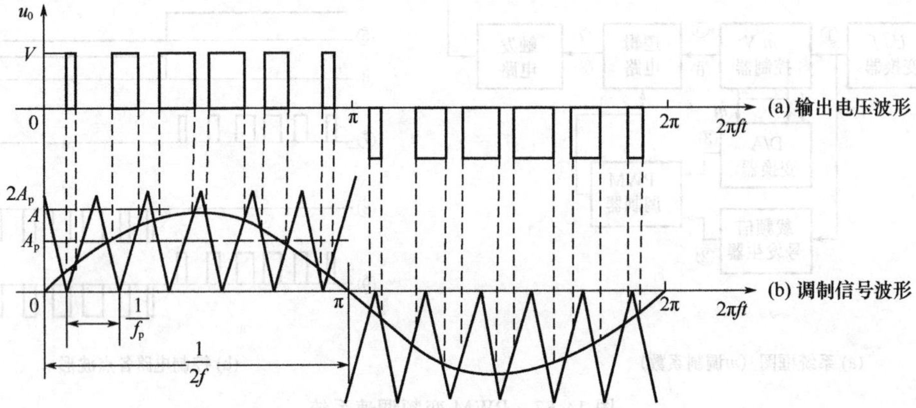

图 14-70　具有正弦脉冲调调制的输出电压（$N=6$）

控制作用决定于频率为 $f=1/T$ 而幅值 A 可调的正弦波，以及具有直流分量值 A_p、频率 f_p 及固定幅值 $2A_p$ 的三角波，N 是每半周电压脉冲的数目。根据正弦波与三角波的交点可确定晶闸管开通和换相的角度。

只要改变幅值 A，就能控制输出电压，A 的调节范围为 $0 \leqslant A \leqslant A_{max}$，其中 $A_{max} > 2A_p$。图 14-71 示出了当 $N=10$，$n=3$、5、7 时 a_n/a_{1max} 与 A/A_p 的函数关系曲线。

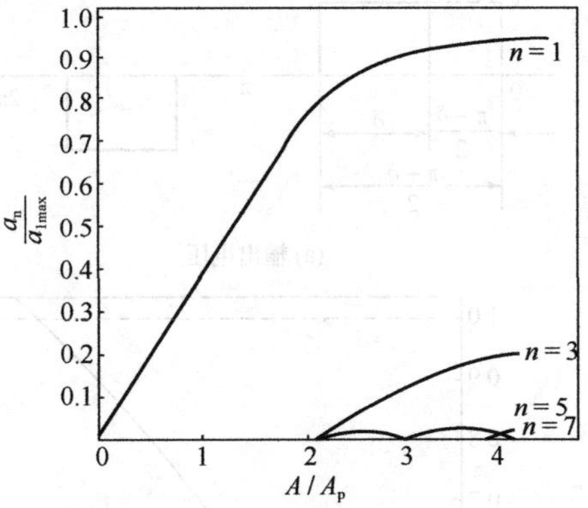

图 14-71　正弦脉冲调制谐波含量（$N=10$）

当 $0 \leqslant A/A_p \leqslant 2$ 时，$n<2N$ 次的谐波均被消除掉，当 $A/A_p>2$ 时由于脉冲宽度不再是脉冲相位角的正弦函数，就出现了低次谐波。

脉宽调制变频器的主要优点是：中间直流电压不变；脉冲调压均在逆变器内部实现，可不受直流滤波回路参数的影响而实现快速的调节；电源侧功率因数较高；可以将输出电压调制成正弦波，减少谐波分量。

一般中、小容量的脉冲宽度调制变频器可以采用功率晶体管 GTR 或 IGBT 作为逆变器的开关元件，容量较大者则可以采用可关断晶闸管（GTO）。

6）交-交变频调速　交-交变频调系统是一种不经过中间直流环节，直接将较高固定频率和电压变换为频率较低而输出电压可变的变频调速系统。交-交变频器又称周期变换器（cycle converter），是采用晶闸管作为开关元件，借助电源电压进行换流，因此通常其输出频率只能在电压频率的 1/3～1/2 及以下。这种系统特别适合于大容量的低速传动装置，例如轧钢机主传动。

① 基本工作原理 单相输出的交-交变频器工作原理如图 14-72 所示，主回路接线和直流传动中晶闸管桥反并联接线相同，其整流电压为

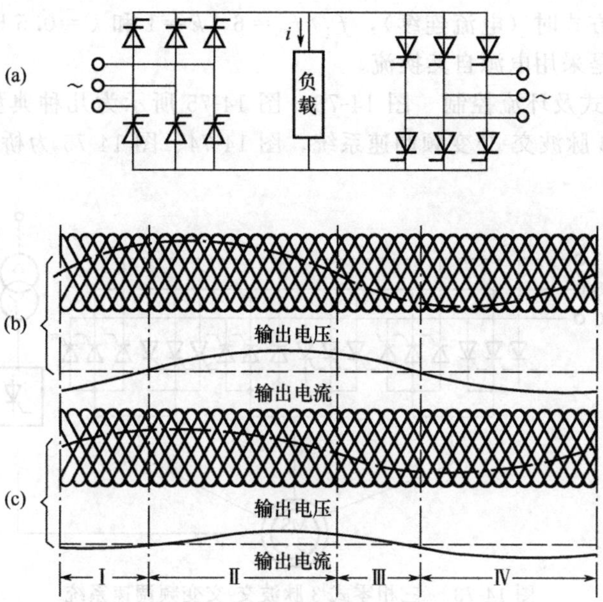

图 14-72 单相输出周波变流器电路及输出波形

(a) 电路图；(b) 输出电压和电流波形 ($k=1$，$f_1/f_0=6$ 时)；

(c) 输出电压和电流波形 ($k=0.5$，$f_1/f_0=6$ 时)

Ⅰ—正组逆变；Ⅱ—正组整流；Ⅲ—负组逆变；Ⅳ—负组整流

$$U_1=U_{d\max}\cos\alpha_p=-U_{d\max}\cos\alpha_N \tag{14-124}$$

式中 $U_{d\max}$——$\alpha=0°$ 时即最大的整流电压平均值；

α_p——正组整流器控制角；

α_N——负组整流器控制角，$\alpha_N=\pi-\alpha_p$。

在直流传动中，α 角固定，则输出电压不变；控制 α 角，则可改变输出电压。而在交-交变频调速系统中，该输出电压的基波为正弦，则由式 (14-124)，可得

$$\cos\alpha_p=\frac{U_{1m}}{U_{d\max}}\sin\omega_1 t=k\sin\omega_1 t \tag{14-125}$$

$$\alpha_p=\arccos(k\sin\omega_1 t) \tag{14-126}$$

式中 k——输出电压比，$k=U_{1m}/U_{d\max}$；

ω_1——输出电压基波的角频率。

因此，若对正反相桥按式 (14-126) 控制正、反组桥的触发脉冲，每隔半波正、反组交替工作，通过截取电网电压波形，即可产生所要求的输出电压。在半周中，电压和电流方向相同的期间，向电动机供给能量，电动机工作在Ⅰ、Ⅲ象限（电动状态），在电流和电压相反的区间，电动机向电网回馈能量，电动机工作在Ⅱ、Ⅳ象限（再生状态）。对三相输出的交-交变频器，因三相相位不同，由三相合成决定电动机是工作在电动状态还是再生状态，负载功率因数 $\cos\varphi>0$ 为电动状态，$\cos\varphi<0$ 为再生状态。通过改变正、负两组整流器触发角变化的频率 f，即可改变输出电压的频率。改变输出电压比 k 值。即可改变输出电压值。在可逆直流传动中采用的工作方式（逻辑无环流、错位无环流、可控环流等），一般在交-交变频器中均可适用。因

此，交-交变频器的主回路及基本控制部分可采用直流传动的相同组件和技术。避免换流失败造成环流是这种主回路的要求，另一方面万一有一组晶闸管柜发生故障，变频器还能以 V 形接线法运行，此时传动装置的电压能达到 $\sqrt{2}U_N/2\approx70\%U_N$，电流为全电流。图 14-72 中，所示波形为无环流工作方式时（电流连续），$f_1/f_0=6$，$k=1$ 和 $k=0.5$ 时的输出电压及电流。变频器的换流方式也是采用电源自然换流。

② 主电路接线方式及环流控制　图 14-73～图 14-75 所示为几种典型的主回路接线方式。图 14-73 为三相零式 3 脉波交-交变频调速系统，图 14-74、图 14-75 为桥式接线交-交矢量控制变频调速系统。

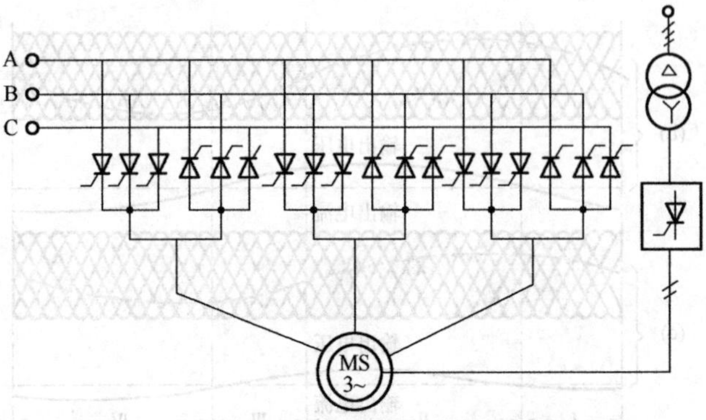

图 14-73　三相零式 3 脉波交-交变频调速系统

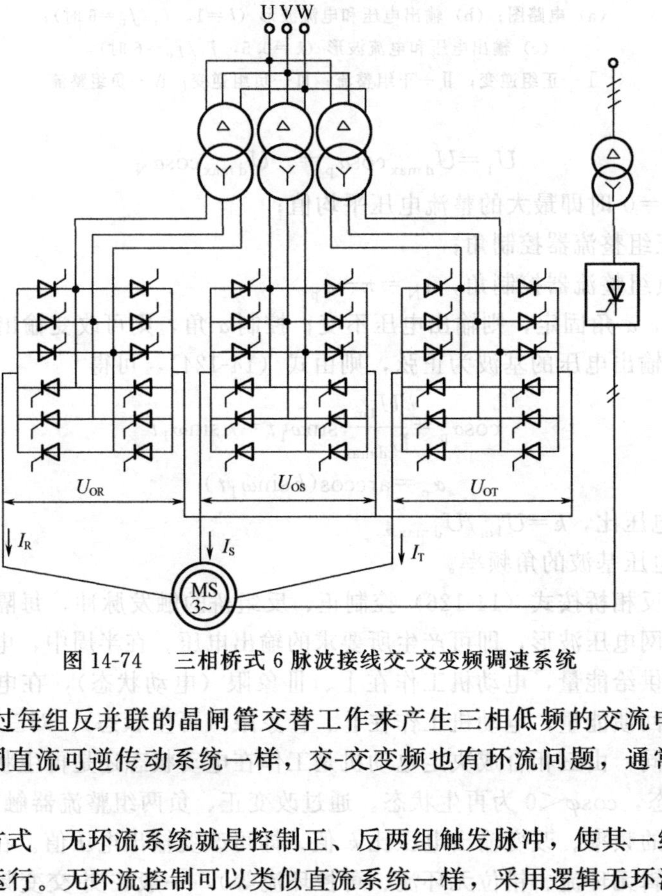

图 14-74　三相桥式 6 脉波接线交-交变频调速系统

交-交变频器通过每组反并联的晶闸管交替工作来产生三相低频的交流电压和交流电流供给负载。因此，如同直流可逆传动系统一样，交-交变频也有环流问题，通常处理环流的方式有以下两种。

a. 无环流工作方式　无环流系统就是控制正、反两组触发脉冲，使其一组工作，另一组封锁，以实现无环流运行。无环流控制可以类似直流系统一样，采用逻辑无环流或错位无环流控

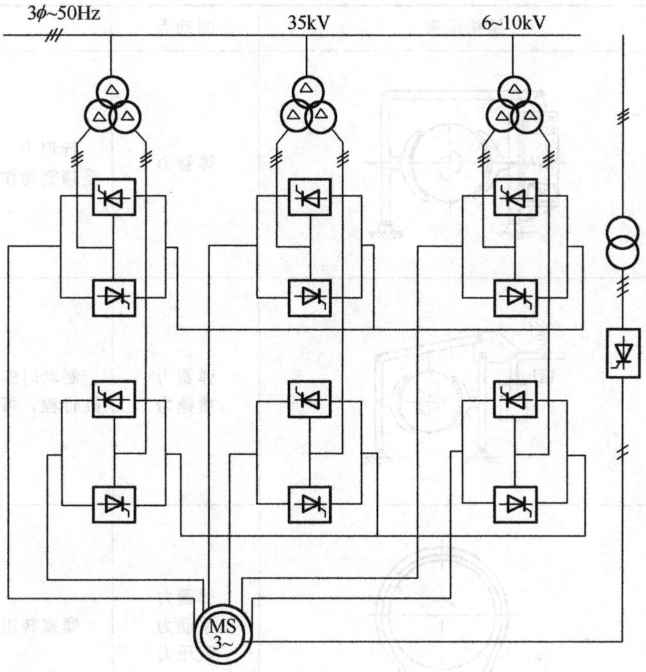

图 14-75 双三相桥式 12 脉波接线交-交变频器

制方式。

b. 可控环流工作方式 可控环流系统是在负载电流较小的时间内让正、反组整流器按有环流方式工作，并设置不太大的限制环流电抗器来限制环流，当负载电流增大到某一设定值时，封锁另一组脉冲。即在每一个周期内采用有环流和无环流方式交替工作。目前，这种控制方式很少采用。

14.5 交、直流电动机的电气制动方式及计算方法[62]

14.5.1 机械制动

电动机需要迅速且准确停车时，尤其是对于某些位能负载（如电梯、卷扬机、起重机的吊钩等），为防止停止时机械产生滑动，除采用电气制动方式外，还必须采用利用摩擦阻力的机械制动方式。表 14-26 列出了一般工作机械常用的几种机械制动方式。

选用方法是按不同的负载持续率 FC 值，用下式求出所需要的制动力矩（N·m），然后选用相应制动力矩的制动器。

$$T_b = 9550 P_N K / n_N \tag{14-127}$$

式中 P_N——电动机功率，kW；

n_N——电动机的额定转速，r/min；

K——安全系数，按轻型（或手动）、中型和重型，分别可取为 1.5、1.75、2。

14.5.2 能耗制动

能耗制动是将运转中的电动机与电源断开并改接为发电机，使电能在其绕组中消耗（必要时还可消耗在外接电阻中）的一种电制动方式。

表 14-26 几种机械制动器的制动方式

类别	结构示意	制动力	特点
电磁制动器	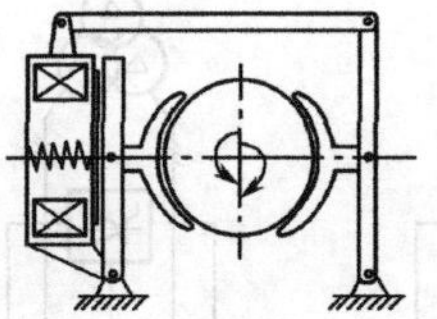	弹簧力	行程小，机械部分冲击小，能承受频繁动作
电动-液压制动器	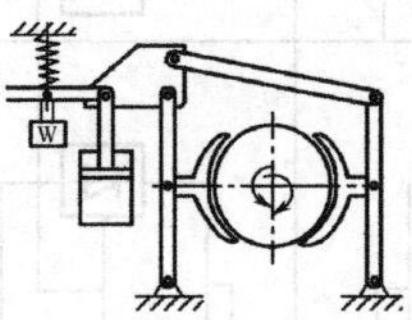	弹簧力 重锤力	制动时的冲击小，通过调节液压缸行程，可用于缓慢停机
带式制动器	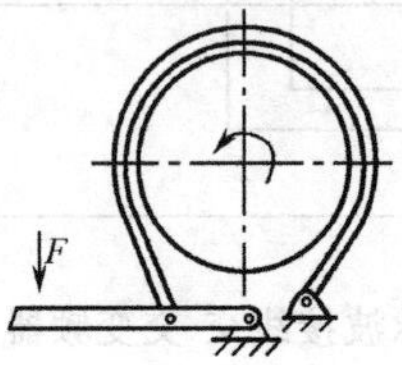	弹簧力 手动力 液压力	摩擦转矩大，用于紧急制动
固盘式制动器	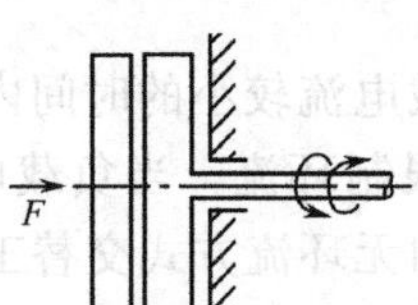	弹簧力 电磁力 液压力	能悬吊在小型的机器上

交流笼型和绕线转子式异步电动机采用能耗制动时，应在交流供电电源断开后，立即向定子绕组（可取任意两相绕组）通入直流励磁电流 I_f，以便产生制动转矩。制动转矩的大小取决于直流励磁电流 I_f 的大小及电动机的转速。当 $n \approx n_0$ 时，制动转矩最大；随着转速 n 的降低，其制动转矩急剧减小。当 $n=(0.1\sim0.2)n_0$ 时，制动转矩达到最小值。为获得较好的制动特性，励磁电流 I_f 通常取电动机定子空载电流 I_0 的 1～3 倍。绕线转子式异步电动机能耗制动时，应在转子回路中串接 $(0.3\sim0.4)R_{2N}$ 的电阻，可使平均制动转矩等于额定转矩（此时平均制动转矩值为最大）。制动时，励磁所用直流电源 U_b 可为 48V、10V 或 220V，为了减小在附加制动电阻 R_b 上的能量损耗，在供电条件允许的情况下，U_b 越小越好。在多电动机集中控制而又都采用能耗制动的情况下（如大型轧钢车间），可设置专用的直流 48V 能耗制动电源，这样更为经济。

同步电动机采用能耗制动时，可将其定子从电源上断开后，接到外接电阻或频敏变阻器上，并在转子中继续通入适当的励磁电流，电动机即转入能耗制动状态工作。此时电动机作为一台变速的发电机运转，将机械惯性能量消耗在外接电阻或频敏变阻器上。采用频敏变阻器制动，其制动性能比用电阻时更佳。

表 14-27 列举了各种电动机能耗制动的接线方式、制动特性及其适用范围。交流电动机能耗制动时的机械特性曲线，可由电动机资料查取。

表 14-27 各种电动机能耗制动性能

电动机类型	异步电动机	直流电动机	同步电动机	
			电阻	频敏变阻器
接线方式	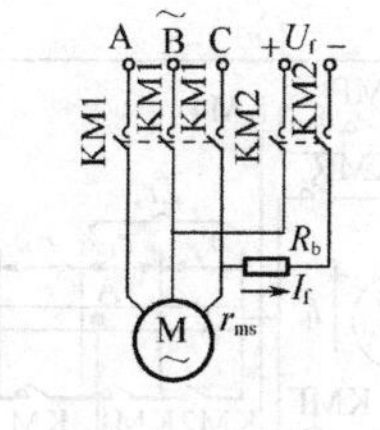	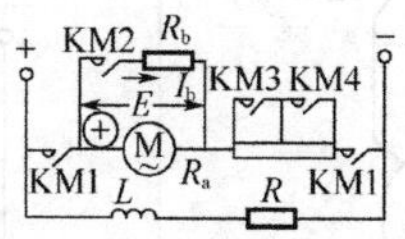	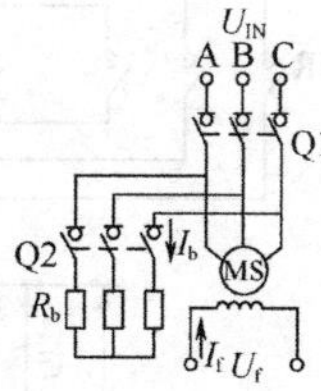	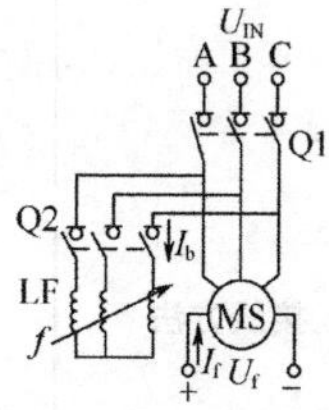
制动特性	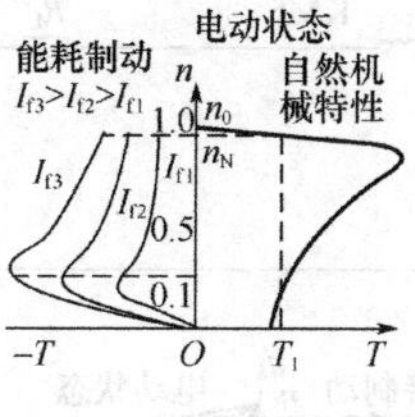	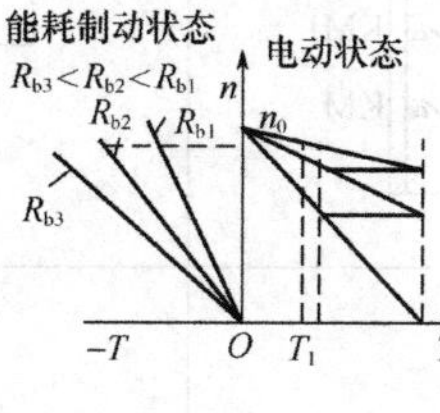	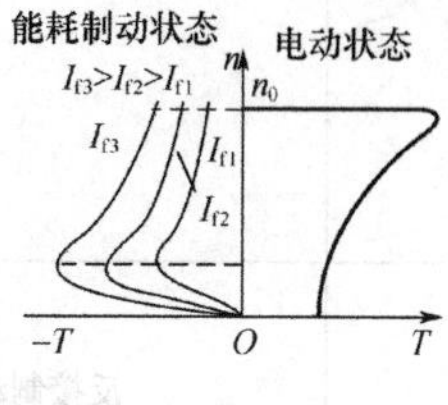	
参数	一般取 $I_f=(1\sim3)I_0$ I_f 越大。其制动转矩越大，制动电阻 $R_b=\dfrac{U_f}{I_f}-2r_{Ma}$	制动电阻 $R_b=\dfrac{E}{I_b}-R_a$ 一般取 $I_b=(1.5\sim2.0)I_N$	$Z_1=\dfrac{U_{1N}}{\sqrt{3}I_1}$ $R_b=K_1Z_1-r_{Ma}$ 一般取 $I_1=I_{1N}$ $I_f=1-2I_{fN}$	
特点	(1) 制动转矩较平滑，可方便地改变制动转矩 (2) 制动转矩随转速的降低而减小 (3) 可使生产机械可靠地停止 (4) 能量不能回馈到电网，其效率较低 (5) 串励直流电动机因其励磁电流随制动电流的减小而减小，低速时不能得到其所需要的制动转矩，不宜采用能耗制动			
适用场所	(1) 适用于经常启动、频繁逆转并要求迅速准确停车的机械，如轧钢车间升降台等 (2) 并励直流电动机一般采用能耗制动 (3) 同步电动机和大容量笼型异步电动机因反接制动冲击电流太大，功率因数低，亦多采用能耗制动 (4) 交流高压绕线转子异步电动机为防止集电环上的感应电压，亦多采用能耗制动 (5) 采用一套变流器供电的不可逆晶闸管供电系统，亦多采用能耗制动			

注：I_{1N}——定子额定电流（A）；I_f——励磁电流（A）；I_{fN}——转子额定励磁电流（A）；I_b——初始制动电流（A）；K_1——制动时阻抗与额定阻抗的比值；U_{1N}——定子额定电压（V）；E——制动时电枢反电动势（V）；R_b——制动电阻（Ω）；R_a——电枢电阻（Ω）；R_d——电动机定子绕组电阻（Ω）；U_f——直流励磁电压（V）；r_{Ma}——电动机定子绕组每相电阻（Ω）；I_0——定子空载电流（A）。

14.5.3 反接制动

反接制动是将三相交流异步电动机的电源相序反接或将直流电动机的电源极性反接而产生制动转矩的一种电制动方法。表 14-28 中列出了几种常用电动机采用反接制动时的接线方式、制动特性及其适用范围。

表 14-28　各种电动机反接制动性能

电动机类型	异步电动机	直流电动机
接线方法	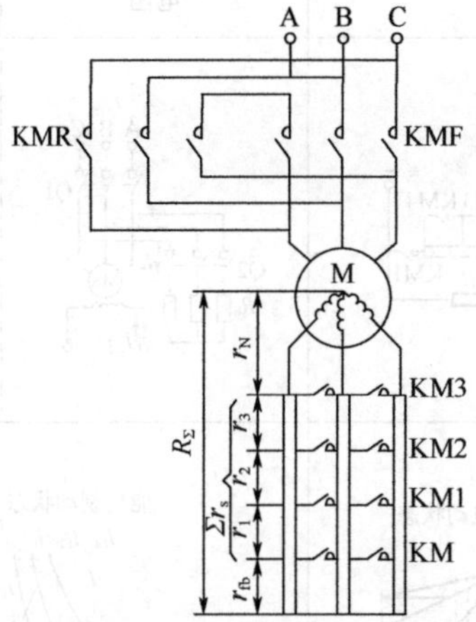	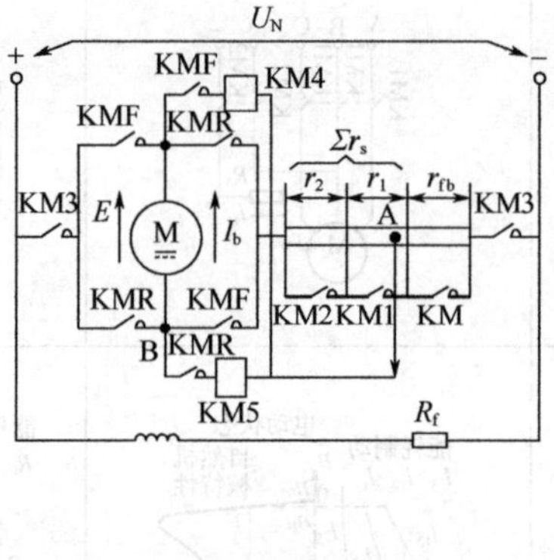
制动特性	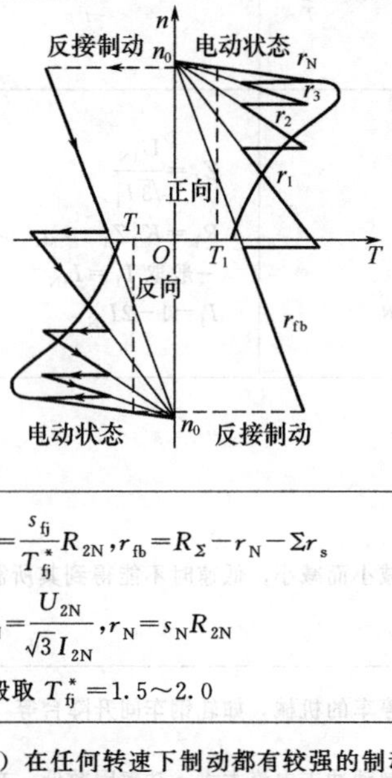	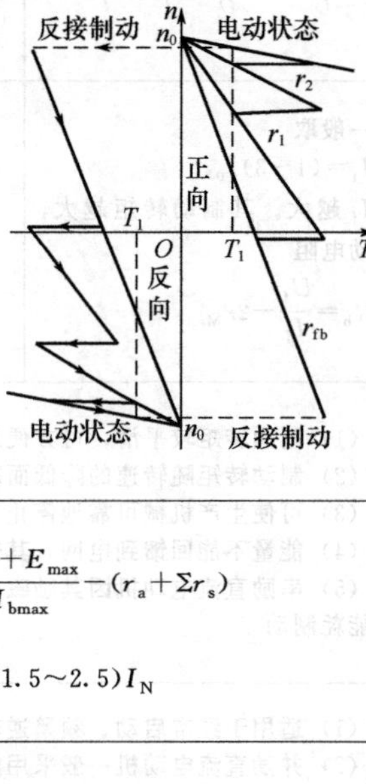
制动电阻(Ω)计算	$R_\Sigma=\frac{s_{fj}}{T_{fj}^*}R_{2N}$, $r_{fb}=R_\Sigma-r_N-\Sigma r_s$ $R_{2N}=\frac{U_{2N}}{\sqrt{3}I_{2N}}$, $r_N=s_N R_{2N}$ 一般取 $T_{fj}^*=1.5\sim2.0$	$r_{fb}=\frac{U_N+E_{max}}{I_{bmax}}-(r_a+\Sigma r_s)$ 一般取 $I_{bmax}=(1.5\sim2.5)I_N$
特　点	(1) 在任何转速下制动都有较强的制动效果 (2) 制动转矩较大且基本恒定 (3) 制动开始时，直流电动机电枢或交流电动机定子上相当于施加两倍额定电压，为防止初始制动电流过大，应串入较大阻值的电阻，能量损耗较大，不经济 (4) 绕线转子异步电动机采用频敏变阻器进行反接制动最为理想，这是因为反接开始时，$s_{fj}=2$，频敏变阻器阻抗增大一倍，可以较好地限制制动电流，并得到近似恒定的制动转矩 (5) 制动到零时应切断电源，否则有自动逆转的可能	
适用的场所	(1) 适用于需要正、反转的机械，如轧钢车间辊道及其他辅助机械 (2) 串励直流电动机多用反接制动 (3) 笼型电动机因转子不能接入外接电阻，为防止制动电流过大而烧毁电动机，只有小功率(10kW)以下电动机才能采用反接制动	

注：R_Σ——反接制动时，转子回路总电阻；r_{fb}——反接制动电阻；T_{fj}^*——反接制动转矩的标幺值，$T_{fj}^*=T_{fi}/T_N$；I_{bmax}——允许最大的反接制动电流；s_{fj}——反接制动开始时，电动机的转差率，一般取 $s=2$；E_{max}——电动机最大反电动势；Σr_s——启动电阻之和；r_a——电动机电枢电阻；s_N——额定转差率。

反接制动时，电动机转子电压很高，有较大的反接制动电流。为了限制反接电流，在转子中必须再串接反接制动电阻 r_{fb}。绕线转子异步电动机在反接制动时，转子接频敏变阻器比接电阻更好。因其阻抗可随频率的变化而变化，能自动地限制反接制动电流，因此它更适应于经常反接的系统，能获得平滑的正反向运转。

反接继电器 KA1、KA2 是保证当反接制动开始时，将反接电阻 r_{fb} 接入电路，而当制动到电动机转速接近于零时，将电阻 r_{fb} 短接。因此要正确地整定反接继电器的吸合电压及其线圈的连接点，如图 14-76 所示。继电器 KA2 的线圈连接在 A、B 两点上。当电动机反接制动开始时，KA2 断开，电阻 r_{fb} 接入，以限制反接制动电流。此时使电源电压 U_N 与电阻 r_x 上压降相等，则电动机的反电动势 E 大致上与 r_s 上的压降相等，所以继电器 KA2 线圈两端电压接近于零，KA2 不吸合。当电动机转速接近零时，$E=0$，KA2 线圈两端电压升高，使 KA2 吸合，KA2 触头将 r_{fb} 短接，反接制动完毕。

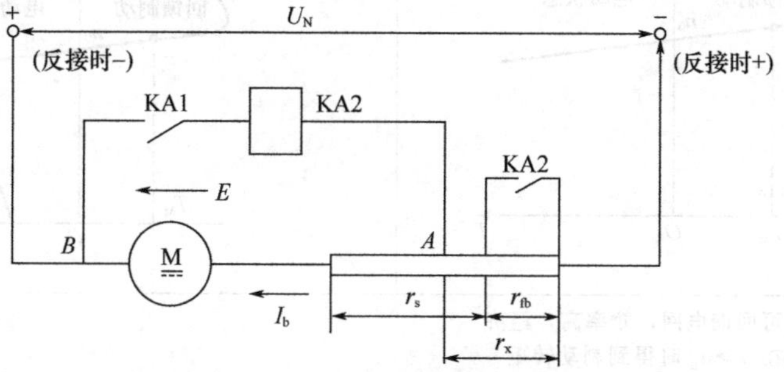

图 14-76　反接继电器整定简图

连接点 A 由下述关系决定，反接开始时，制动电流 $I_b=I_{bmax}$，$E=E_{max}\approx U_N$，所以有

$$I_{bmax}r_x=U_N, r_x=U_N/I_{bmax} \tag{14-128}$$

由于 $I_{bmax}=(U_N+E_{max})/E_\Sigma$，$R_\Sigma=r_s+r_{fb}$，所以

$$r_x=R_\Sigma\frac{U_N}{U_N+E_{max}}\approx R_\Sigma/2 \tag{14-129}$$

即继电器 KA2 连接点 A，应设在电阻 R_Σ 值的一半处，KA2 的吸合电压一般整定在 0.4～0.45U_N。

14.5.4　回馈制动

回馈制动是当三相交流异步电动机转速大于理想空载转速时，将电能返回电源系统的一种制动方式。当电动机被生产机械的位势负载或惯性拉着作为发电机运转时，将机械能变为电能，送回电网而得到制动转矩。此时，其转速 n 大于同步转速 n_0，其运行特性曲线在第Ⅱ象限，此时电动机工作状态如同一个与电网并网的异步发电机，同时从电网吸取无功功率作励磁之用。三相交流异步电动机的回馈制动常用于多速（变极对数）三相交流异步电动机由高速换接到低速过程中产生制动作用。表 14-29 列出了各类电动机采用回馈制动时的接线方式、制动特性及其使用场所。

14.5.5　低频制动

某些大功率交流传动机械（如卷扬机等），要求有较好的制动特性，同时也要求有一个很低的稳定爬行速度，以保证停车时的准确性及减小停车时的冲击。一般可采用低频制动，如图

表 14-29　回馈制动的性能

电动机类型	直流电动机	异步电动机
接线方式	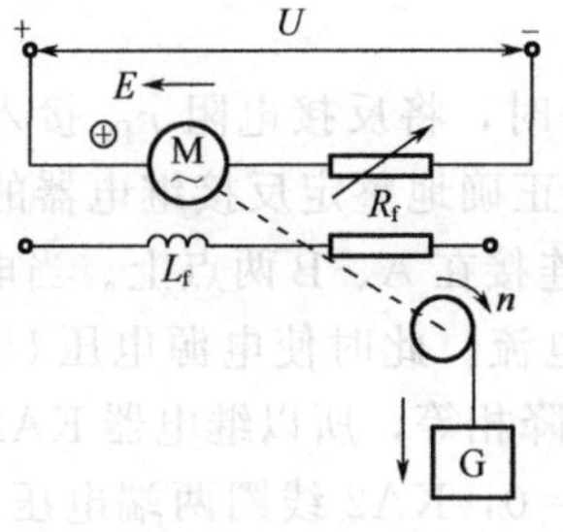	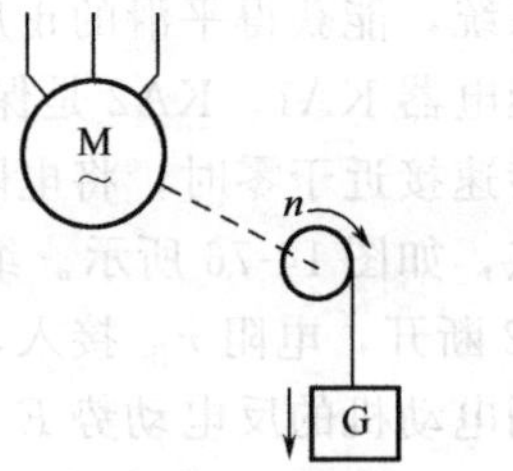
制动特性	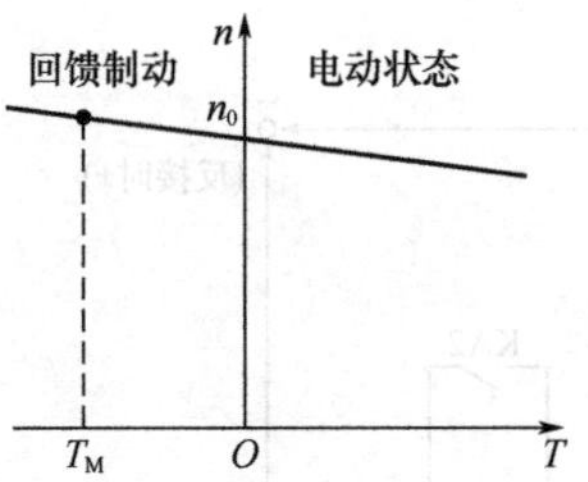	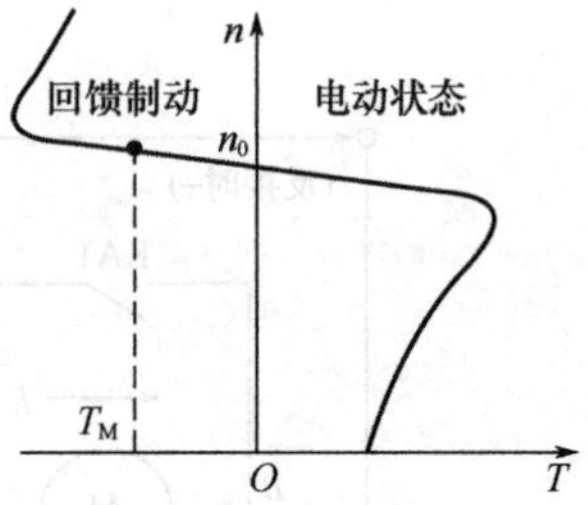
特　　点	(1) 能量可回馈电网，效率高，经济 (2) 只能在 $n>n_0$ 时得到制动转矩	
适用的场所	适用于位势负载场合，如高速时重物下放；获得稳定制动，如起重机下放负载等	

14-77 所示。其制动时的机械特性如图 14-78 所示。当需要从高速进行制动时，先将高压供电主电路接触器 KMF 和 KMR 断开，并将转子接触器 KM1～KM7 全部断开，转子外接电阻 r_1～r_7 全部接入。然后接通接触器 KM8，通过晶闸管交-交变频器 UF 从 380V 电源向电动机定子电路中通入一个 2～4Hz 的低频、低压电源，使绕线转子异步电动机转入到制动状态，其转速从高速 n_1 向低频供电时的空载同步转速 n_0 进行减速。此时的制动工作方式与能耗制动完全类似。

为了保证获得较恒定的制动转矩（制动转矩变化过大，容易引起卷扬机钢丝绳打滑），与启动过程一样，制动时转子电路中采用 7 级电阻逐级切换。全部电阻短接后，转速已减到很低速度时，绕线转子异步电动机便过渡到低频供电时的自然机械特性上，并在稳定的爬行速度下运转。当卷扬机达到停车位置时，切断低频电源（断开接触器 KM8），用机械制动器将其制动，使生产机械停在准确的位置上。由于此时转速已经很低，所以停车制动时几乎没有冲击，且停车位置准确。

低频供电电源可用低频发电机组或采用晶闸管交-交变频装置，其功率大约只为主电动机功率的 5%～10%。比如，一台主电动机为 1000kW 的卷扬机，其低频供电电源容量大约为 50～100kV·A。因易于实现闭环控制，故可以获得稳定的爬行速度。

14.6　电动机保护配置及计算方法[7,59]

3kV 及以上电动机保护详见本书第 9.2.5 节，在这一节主要讲述低压电动机保护的一般规定、短路和接地故障保护电器选择以及过载与断相保护电器的选择。

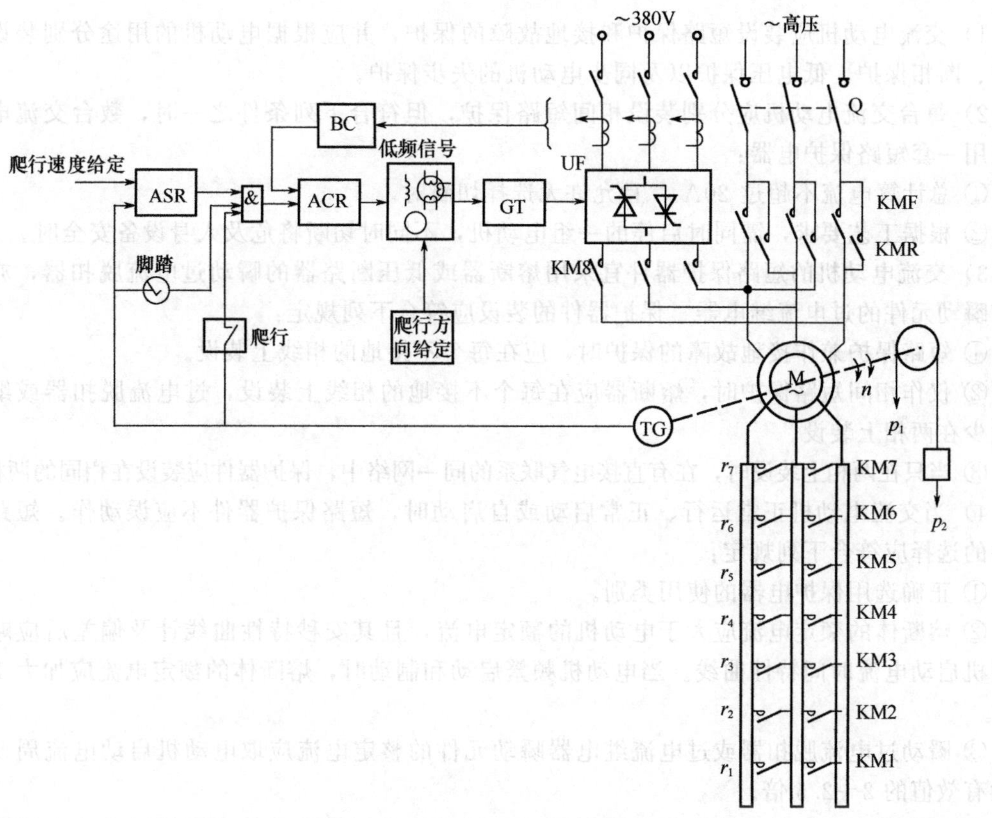

图 14-77 低频制动原理电路

UF—交-交型低频变频器；GT—触发器；ACR—电流调节器；BC—电流变换器

ASR—速度调节器；TG—测速发电机

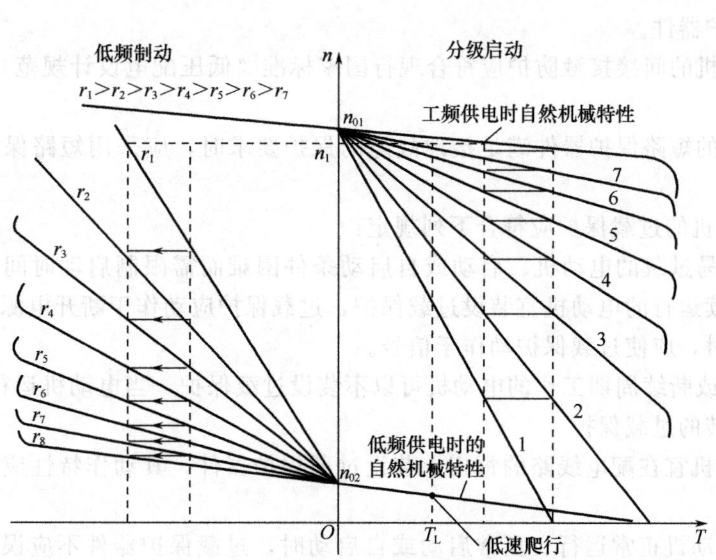

图 14-78 低频制动的机械特性

14.6.1 低压电动机保护的一般规定

1）交流电动机应装设短路保护和接地故障的保护，并应根据电动机的用途分别装设过载保护、断相保护、低电压保护以及同步电动机的失步保护。

2）每台交流电动机应分别装设相间短路保护，但符合下列条件之一时，数台交流电动机可共用一套短路保护电器：

① 总计算电流不超过 20A，且允许无选择切断时。

② 根据工艺要求，需同时启停的一组电动机，不同时切断将危及人身设备安全时。

3）交流电动机的短路保护器件宜采用熔断器或低压断路器的瞬动过电流脱扣器，亦可采用带瞬动元件的过电流继电器。保护器件的装设应符合下列规定：

① 短路保护兼作接地故障的保护时，应在每个不接地的相线上装设。

② 仅作相间短路保护时，熔断器应在每个不接地的相线上装设，过电流脱扣器或继电器应至少在两相上装设。

③ 当只在两相上装设时，在有直接电气联系的同一网络中，保护器件应装设在相同的两相上。

4）当交流电动机正常运行、正常启动或自启动时，短路保护器件不应误动作。短路保护器件的选择应符合下列规定：

① 正确选用保护电器的使用类别。

② 熔断体的额定电流应大于电动机的额定电流，且其安秒特性曲线计及偏差后应略高于电动机启动电流时间特性曲线。当电动机频繁启动和制动时，熔断体的额定电流应加大 1 级或 2 级。

③ 瞬动过电流脱扣器或过电流继电器瞬动元件的整定电流应取电动机启动电流周期分量最大有效值的 2～2.5 倍。

④ 当采用短延时过电流脱扣器作保护时，短延时脱扣器整定电流宜躲过启动电流周期分量最大有效值，延时不宜小于 0.1s。

5）交流电动机的接地故障的保护应符合下列规定：

① 每台电动机应分别装设接地故障的保护，但共用一套短路保护的数台电动机可共用一套接地故障的保护器件。

② 交流电动机的间接接触防护应符合现行国家标准《低压配电设计规范》GB 50054 的有关规定。

③ 当电动机的短路保护器件满足接地故障的保护要求时，应采用短路保护器件兼作接地故障的保护。

6）交流电动机的过载保护应符合下列规定：

① 运行中容易过载的电动机、启动或自启动条件困难而需限制启动时间的电动机，应装设过载保护。连续运行的电动机宜装设过载保护，过载保护应动作于断开电源。但断电比过载造成的损失更大时，应使过载保护动作于信号。

② 短时工作或断续周期工作的电动机可以不装设过载保护，当电动机运行中可能堵转时，应装设电动机堵转的过载保护。

7）交流电动机宜在配电线路的每相上装设过载保护器件，其动作特性应与电动机过载特性相匹配。

8）当交流电动机正常运行、正常启动或自启动时，过载保护器件不应误动作。过载保护器件的选择应符合下列规定：

① 热过载继电器或过载脱扣器整定电流应接近但不小于电动机的额定电流。

② 过载保护的动作时限应躲过电动机正常启动或自启动时间。热过载继电器整定电流应按下式确定：

$$I_{zd}=K_{k}K_{jx}\frac{I_{ed}}{nK_{h}} \tag{14-130}$$

式中 I_{zd}——热过载继电器整定电流，A；

I_{ed}——电动机的额定电流，A；

K_{k}——可靠系数，动作于断电时取 1.2，动作于信号时取 1.05；

K_{jx}——接线系数，接于相电流时取 1.0，接于相电流差时取$\sqrt{3}$；

K_{h}——热过载继电器返回系数，取 0.85；

n——电流互感器变比。

③ 可在启动过程的一定时限内短接或切除过载保护器件。

9）交流电动机的断相保护应符合下列规定：

① 连续运行的三相电动机，当采用熔断器保护时，应装设断相保护；当采用低压断路器保护时，宜装设断相保护。

② 断相保护器件宜采用断相保护热继电器，亦可采用温度保护或专用断相保护装置。

10）交流电动机采用低压断路器兼作电动机控制电器时，可不装设断相保护；短时工作或断续周期工作的电动机亦可不装设断相保护。

11）交流电动机的低电压保护应符合下列规定：

① 按工艺或安全条件不允许自启动的电动机应装设低电压保护。

② 为保证重要电动机自启动而需要切除的次要电动机应装设低电压保护。次要电动机宜装设瞬时动作的低电压保护。不允许自启动的重要电动机应装设短延时的低电压保护，其时限可取 0.5～1.5s。

③ 按工艺或安全条件在长时间断电后不允许自启动的电动机，应装设长延时的低电压保护，其时限按照工艺要求确定。

④ 低电压保护器件宜采用低压断路器的欠电压脱扣器、接触器或接触器式继电器的电磁线圈，亦可采用低电压继电器和时间继电器。当采用电磁线圈作低电压保护时，其控制回路宜由电动机主回路供电；当由其他电源供电，主回路失压时，应自动断开控制电源。

⑤ 对于需要自启动不装设低电压保护或装设延时低电压保护的重要电动机，当电源电压中断后在规定时限内恢复时，控制回路应有确保电动机自启动的措施。

12）同步电动机应装设失步保护。失步保护宜动作于断开电源，亦可动作于失步再整步装置。动作于断开电源时，失步保护可由装设在转子回路中或用定子回路的过载保护兼作失步保护。必要时，应在转子回路中加装失磁保护和强行励磁装置。

13）直流电动机应装设短路保护，并根据需要装设过载保护。他励、并励及复励电动机宜装设弱磁或失磁保护。串励电动机和机械有超速危险的电动机应装设超速保护。

14）电动机的保护可采用符合现行国家标准《低压开关设备和控制设备第 4-2 部分：接触器和电动机启动器交流半导体电动机控制器和启动器（含软启动器）》GB 14048.6 保护要求的综合保护器。

15）旋转电机励磁回路不宜装设过载保护。

14.6.2 短路和接地故障保护电器选择

（1）熔断器的选择

① 使用类别的选择：配电设计中最常用的 gG 和 aM 熔断器的熔断特性对比见表 14-30 和图 14-79。

表 14-30 gG 和 aM 熔断器的约定时间和约定电流

类别	额定电流 I_r	约定时间	约定不熔断电流 I_{nf}	约定熔断电流 I_f
gG	$I_r \leqslant 4$	1h	$1.5I_r$	$2.1I_r(1.6I_r)$
	$4<I_r<16$	1h	$1.5I_r$	$1.9I_r(1.6I_r)$
	$16\leqslant I_r\leqslant 63$	1h	$1.25I_r$	$1.6I_r$
	$63<I_r\leqslant 160$	2h	$1.25I_r$	$1.6I_r$
	$160<I_r\leqslant 400$	3h	$1.25I_r$	$1.6I_r$
	$I_r>400$	4h	$1.25I_r$	$1.6I_r$
aM	全部 I_r	60s	$4I_r$	$6.3I_r$

注：括号内数据用于螺栓连接熔断器。

aM 熔断器的分断范围在 $6.3I_r$ 至其额定分断电流之间，在低倍额定电流下不会导致误动作，容易躲过电动机的启动电流，但在高倍额定电流时比 gG 熔断器更“灵敏”，有利于与接触器和过载保护器协调配合。aM 熔断器的额定电流可与电动机额定电流相近而不需特意加大，对上级保护器件的选择也更有利。因此，电动机的短路和接地故障保护电器应优先选用 aM 熔断器。

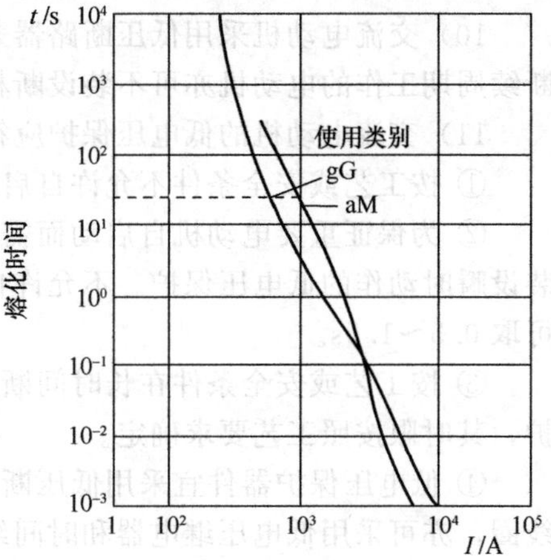

图 14-79 NH 型 200A 熔断器的熔化时间-电流特性曲线

② 额定电流的选择：除按规范要求直接查熔断器的安秒特性曲线外，还可采用下列方法选择熔断器。

a. aM 熔断器的熔断体额定电流可按下列两个条件选择：熔断体额定电流大于电动机的额定电流；电动机的启动电流不超过熔断体额定电流的 6.3 倍。综合上述两个条件，熔断体额定电流可按不小于电动机额定电流的 1.05～1.1 倍选择。

b. gG 熔断器的规格宜按熔断体允许通过的启动电流来选择。这种方法的优点是：可根据电动机的启动电流和启动负载直接选出熔断体规格，使用方便。

aM 和 gG 熔断器的熔断体允许通过的启动电流见表 14-31，该表适用于电动机轻载和一般负载启动。按电动机功率配置熔断器的参考表，见表 14-32。

（2）低压断路器的选择

1）断路器类型及附件的选择

① 电动机主回路应采用电动机保护用低压断路器，其瞬动过电流脱扣器的动作电流与长延时脱扣器动作电流之比（以下简称瞬动电流倍数）宜为 14 倍左右或 10～20 倍可调。

② 仅用作短路保护时，即在另装过载保护电器的常见情况下，宜采用只带瞬动脱扣器的低压断路器，或把长延时脱扣器作为后备过电流保护。

③ 兼作电动机过载保护时，即在没有其他过载保护电器的情况下，低压断路器应装有瞬动脱扣器和长延时脱扣器，且必须为电动机保护型。

表 14-31 熔断体允许通过的启动电流

熔断体额定电流/A	允许通过的启动电流/A		熔断体额定电流/A	允许通过的启动电流/A	
	aM 型熔断器	gG 型熔断器		aM 型熔断器	gG 型熔断器
2	12.6	5	63	396.9	240
4	25.2	10	80	504.0	340
6	37.8	14	100	630.0	400
8	50.4	22	125	787.7	570
10	63.0	32	160	1008	750
12	75.5	35	200	1260	1010
16	100.8	47	250	1575	1180
20	126.0	60	315	1985	1750
25	157.5	82	400	2520	2050
32	201.6	110	500	3150	2950
40	252.0	140	630	3969	3550
50	315.0	200			

注：1. aM 型熔断器数据引自奥地利“埃姆·斯恩特”（M·SCHNEIDER）公司的资料，其他公司的数据可能不同，但差异不大。

2. gG 型熔断器的允通启动电流是根据 GB 13539.6—2002 的图 4（a）（I）和图 4（b）（I）gG 型熔断体时间-电流带查出低限电流值，再参照我国的经验数据和欧洲熔断器协会的参考资料适当提高而得出，适用于刀形触头熔断器和圆筒帽形熔断器。

3. 本表按电动机轻载和一般负载启动编制。对于重载启动、频繁启动和制动的电动机，按表中数据查得的熔断体电流宜加大一级。

表 14-32 接电动机功率配置熔断器的参考规格

电动机额定功率/kW	电动机额定电流/A	电动机启动电流/A	熔断体额定电流/A	
			aM 熔断器	gG 熔断器
0.55	1.6	8	2	4
0.75	2.1	12	4	6
1.1	3	19	4	8
1.5	3.8	25	4 或 6	10
2.2	5.3	36	6	12
3	7.1	48	8	16
4	9.2	62	10	20
5.5	12	83	16	25
7.5	16	111	20	32
11	23	167	25	40 或 50
15	31	225	32	50 或 63
18.5	37	267	40	63 或 80
22	44	314	50	80

续表

电动机额定功率/kW	电动机额定电流/A	电动机启动电流/A	熔断体额定电流/A	
			aM 熔断器	gG 熔断器
30	58	417	63 或 80	100
37	70	508	80	125
45	85	617	100	160
55	104	752	125	200
75	141	1006	160	200
90	168	1185	200	250
110	204	1388	250	315
132	243	1663	315	315
160	290	1994	400	400
200	361	2474	400	500
250	449	3061	500	630
315	555	3844	630	630

注：1. 电动机额定电流取 4 极和 6 极的平均值；电动机启动电流取同功率中最高两项的平均值，均为 Y2 系列的数据，但对 Y 系列也基本适用。

2. aM 熔断器规格参考了法国“溯高美”（SOCOMEC）和奥地利“埃姆斯奈特”（MSchneider）公司的资料；gG 熔断器规格参考了欧洲熔断器协会的资料，但均按国产电动机数据予以调整。

④ 兼作低电压保护时，即不另装接触器或启动器的情况下，低压断路器应装有低电压脱扣器。

⑤ 低压断路器的电动操作机构、分励脱扣器、辅助触点及其他附件，应根据电动机的控制要求装设。

2）过电流脱扣器的整定电流

① 瞬动脱扣器的整定电流应为电动机启动电流的 2～2.5 倍，一般取 2.2 倍；

② 长延时脱扣器用作后备保护时，其整定电流 I_{set} 应按满足相应的瞬动脱扣整定电流为电动机启动电流 2.2 倍的条件确定

$$I_{set} \geqslant \frac{2.2 I_{st}}{K_{sd}} = \frac{2.2 K_{st}}{K_{sd}} I_r \tag{14-131}$$

式中 I_{st}——电动机的启动电流，A；

I_r——电动机的额定电流，A；

K_{sd}——断路器的瞬动电流倍数；

K_{st}——电动机的堵转电流倍数。

③ 长延时脱扣器用作电动机的过载保护时，其整定电流应接近但不小于电动机的额定电流，且在 7.2 倍整定电流下的动作时间应大于电动机的启动时间。此外，相应的瞬动脱扣器应满足①的要求，否则应另装过载保护电器，而不得随意加大长延时脱扣器的整定电流。

3）过电流脱扣器的额定电流和可调范围应根据整定电流选择；断路器的额定电流应不小于长延时脱扣器的额定电流。

4）电动机启动冲击电流在 1/4 周波（0.005s）即达到峰值，瞬动元件是否启动仅取决于电磁力的大小，与后续的断路器机械动作固有时间无关。因此，为防止断路器在电动机启动时

产生误动作，其瞬动过电流脱扣器的动作电流应躲过电动机启动电流峰值或至少高于第一半波的有效值。

14.6.3 过载与断相保护电器的选择

(1) 热继电器和过载脱扣器的选择

1) 类型和特性选择

① 三相电动机的热继电器宜采用断相保护型。

② 热继电器和过载脱扣器的整定电流应当可调，调整范围宜不小于其电流上限的 20%。

③ 热继电器和过载脱扣器在 7.2 倍整定电流下的动作时间应大于电动机的启动时间。为此，应根据电动机的机械负载特性选择过载保护器件的脱扣级别，详见表 14-33。

表 14-33 电动机用过载保护器件的脱扣级别和脱扣时间

脱扣级别	以整定电流倍数表示的试验电流				适用范围
	1.05[①]	1.2	1.5	7.2	
	冷态开始	热态	热态	冷态开始	
	脱扣时间 t				
10A	2h 内不脱扣	<2h	<2min	2s<t≤10s	轻载启动
10	2h 内不脱扣	<2h	<4min	4s<t≤10s	一般负载
20	2h 内不脱扣	<2h	<8min	6s<t≤20s	一般负载到重载
30	2h 内不脱扣	<2h	<12min	9s<t≤30s	重载启动

① 适用于有温度补偿的热继电器。电磁式和无温度补偿的热继电器为 1.0。

④ 热继电器的复位方式应根据防止电动机意外启动的原则而定：用按钮、自复式转换开关或类似的主令电器手动控制启停时，宜采用自动复位的热继电器。用自动接点以连续通电方式控制启停时，应采用手动复位的热继电器，但工艺有特殊要求者除外。

2) 整定电流的确定

① 一般情况下，热继电器和过载脱扣器的整定电流应接近但不小于电动机额定电流：对于有温度补偿的热继电器，整定电流应不小于电动机额定电流；对于电磁式和无温度补偿的热继电器，整定电流应不小于电动机额定电流的 1.05 倍。为了方便，设计中可按整定电流调节范围的上限不小于电动机额定电流 1.05 倍的条件选配元件的规格。在运行中，应根据实测数据对整定电流加以修正。

② 当电动机的启动时间太长而导致过载保护误动时，宜在启动过程中短接过载保护器件，也可以经速饱和电流互感器接入主回路。不能采取提高整定电流的做法，以免电动机运行过程中过载保护失灵。

③ 电动机频繁启动、制动和反向时，过载保护器件的整定电流只能适当加大。这将不能实现完全的过载保护，但一定程度的保护对防止转子受损仍然有效。

④ 当电动机的功率较大时，热继电器可接在电流互感器二次回路中，其整定电流应除以电流互感器的变比。

⑤ 当电动机采用星-三角接法启动时，热继电器的可能装设位置有三个（如图 14-80 所示），其整定电流也不同：

a. 通常，热继电器与电动机绕组串联（如图 14-80 所示的位置 1)，整定电流应为电动机额定电流乘以 0.58。这种配置能使电动机在星形启动时和三角形运行中都能受到保护。

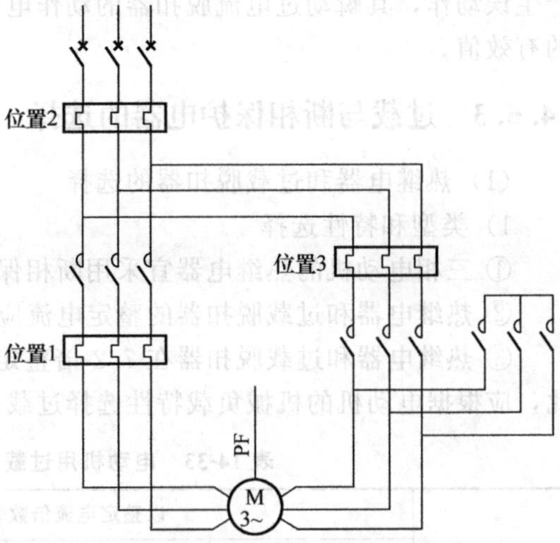

图 14-80　星-三角启动电路中热继电器的装设位置

b. 热继电器装在电源进线上（如图 14-80 所示的位置 2），整定电流应为电动机的额定电流。由于线电流为相电流的$\sqrt{3}$倍，在星形启动过程中，热继电器的动作时间将延长 4～6 倍，故不能提供完全的保护，但能提供启动失败的保护。

c. 热继电器装在三角形电路中（如图 14-80 所示的位置 3），整定电流应为电动机额定电流乘以 0.58。在星形启动过程中，没有电流流过热继电器，这相当于解除了保护，可用于启动困难的情况。

⑥ 装有单独补偿电容器的电动机：当电容器接在热继电器之前时对整定电流无影响。当电容器接在过载保护器件之后时，整定电流应计及电容电流之影响。补偿后的电动机电流可用相量分解合成法计算，也可近似地取电动机额定电流乘以 0.92～0.95。

⑦ 三相热继电器用于单相交流或直流电路时，其三个双金属片均应加热。为此，热继电器的三个极应串联使用。

(2) 过电流继电器的选择

① 过载保护用过电流继电器

a. 过载保护宜采用带瞬动元件的反时限过电流继电器，其反时限特性曲线应为电动机保护型，瞬动电流不宜小于反时限启动电流的 14 倍。

b. 过电流继电器的整定电流应按下式确定

$$I_{set}=K_{rel}K_{jx}\frac{I_r}{K_T n_{TA}} \tag{14-132}$$

式中 I_{set}——过电流继电器的整定电流，A；

I_r——电动机的额定电流，A；

K_{rel}——可靠系数，由动作电流误差决定，机电式继电器动作于断电时取 1.1～1.2，动作于信号时取 1.05；

K_{jx}——接线系数，接于相电流时取 1.0，接于相电流差时取$\sqrt{3}$；

K_T——继电器返回系数，按产品数据或取 0.85～0.9；

n_{TA}——电流互感器变比。

【注】过电流继电器的整定电流是动作电流，为防止误动作，应引入可靠系数。热过载继电器或脱扣器的整定电流是不动作电流，故不再乘以可靠系数。

② 堵转保护用过电流继电器及时间继电器

a. 堵转保护宜采用瞬动电流继电器和时间继电器组成的定时限过电流保护。

b. 电流继电器宜按不大于电动机堵转电流的 75% 整定。时间继电器宜按正常启动时间的 1.5 倍整定。

(3) 增安型电动机过载保护的特殊要求

① 为防止增安型电动机堵转时在爆炸危险环境中产生危险的高温，过载保护电器应在电动机堵转时间 t_e 内可靠动作。符合这项要求的过载保护也称为增安型电动机的堵转保护。

② 中小型增安型电动机的过载保护宜采用专用的热继电器。JRS3-63/F 型（原称 3AU59e 型）增安型电动机保护用热继电器经国家防爆电气产品质量监督检验测试中心验证，符合有关标准的要求。常用的 YA 系列增安型电动机的堵转时间和适用的 JRSJ-63/F 型热继电器的规格，可查阅相关技术手册。

③ 如增安型电动机制造厂配备或指明了专用的过载保护器时，设计中应予采用。

14.7 低压电动机控制电器的选择[7,59]

14.7.1 低压交流电动机控制回路的一般要求

(1) 电动机的控制回路应装设隔离电器和短路保护电器，但由电动机主回路供电且符合下列条件之一时，可不另装设：

① 主回路短路保护器件能有效保护控制回路的线路时。

② 控制器回路接线简单、线路很短且有可靠的机械防护时。

③ 控制回路断电会造成严重后果时。

(2) 控制回路的电源及接线方式应安全可靠、简单适用，并应符合下列规定：

① 当 TN 或 TT 系统中的控制回路发生接地故障时，控制回路的接线方式应能防止电动机意外启动或不能停车。

② 对可靠性要求较高的复杂控制回路可采用不间断电源（UPS）供电，亦可采用直流电源供电。直流电源供电的控制回路宜采用不接地系统，并应装设绝缘监视装置。

③ 额定电压不超过交流 50V 或直流 120V 的控制回路的接线和布线应能防止引入较高的电压和电位。

(3) 电动机的控制按钮或控制开关，宜装设在电动机附近便于操作和观察的地点。当需要在不能观察到电动机或机械的地点进行控制时，应在控制点装设指示电动机工作状态的灯光信号或相关仪表。

(4) 自动控制或联锁控制的电动机应有手动控制和解除自动控制或联锁控制的措施；远方控制的电动机应有就地控制和解除远方控制的措施；当突然启动可能危及周围人员人身安全时，应在机械旁装设启动预告信号和应急断电控制开关或自锁式停止按钮。

(5) 当反转会引起危险时，反接制动的电动机应采取防止制动终了时反转的措施。

(6) 电动机旋转方向的错误将危及人员和设备安全时，应采取防止电动机倒相造成旋转方向错误的措施。

14.7.2 低压交流电动机的主回路

(1) 低压交流电动机主回路宜由具有隔离功能、控制功能、短路保护功能、过载保护功能、附加保护功能的器件和布线系统等组成。

(2) 隔离电器的装设应符合下列规定：

① 每台电动机的主回路上应装设隔离电器，但符合下列条件之一时，可数台电动机共用一套隔离电器：

a. 共用一套短路保护电器的一组电动机。

b. 由同一配电箱供电且允许无选择地断开的一组电动机。

② 电动机及其控制电器宜共用一套隔离电器。

③ 符合隔离要求的短路保护电器可兼作隔离电器。

④ 隔离电器宜装设在控制电器附近或其他便于操作和维修的地点。无载开断的隔离电器应能防止误操作。

(3) 短路保护电器应与其负荷侧的控制电器和过载保护电器协调配合。短路保护电器的分断能力应符合现行国家标准《低压配电设计规范》GB 50054 的有关规定。

(4) 控制电器的装设应符合下列规定：

① 每台电动机应该分别装设控制电器，但当工艺需要时，一组电动机可以共用一套控制电器。

② 控制电器宜采用接触器、启动器或其他电动机专用的控制开关。启动次数少的电动机，其控制电器可采用低压断路器或与电动机类别相适应的隔离开关。电动机的控制电器不得采用开启式开关。

③ 控制电器应能接通和断开电动机堵转电流，其使用类别和操作频率应符合电动机的类型和机械的工作制。

④ 控制电器宜装设在便于操作和维修的地点。过载保护电器的装设宜靠近控制电器或为其组成部分。

(5) 导线或电缆的选择应符合下列规定：

① 电动机主回路导线或电缆的载流量不应小于电动机的额定电流。当电动机经常接近满载工作时，导线或电缆载流量宜有适当的裕量；当电动机为短时工作或断续工作时，其导线或电缆在短时负载下或断续负载下的载流量不应小于电动机的短时工作电流或额定负载持续率下的额定电流。

② 电动机主回路的导线或电缆应按机械强度和电压损失进行校验。对于向一级负荷配电的末端线路以及少数更换导线很困难的重要末端线路，尚应校验导线或电缆在短路条件下的热稳定。

③ 绕线式电动机转子回路导线或电缆载流量应符合下列规定：

a. 启动后电刷不短接时，其载流量不应小于转子额定电流。当电动机为断续工作时，应采用导线或电缆在断续负载下的载流量。

b. 启动后电刷短接，当机械的启动静阻转矩不超过电动机额定转矩的 50%时，不宜小于转子额定电流的 35%；当机械的启动静阻转矩超过电动机额定转矩的 50%时，不宜小于转子额定电流的 50%。

三相交流异步电动机的常用接线见图 14-81 和图 14-82。

14.7.3　启动控制电器的选择

(1) 定子回路启动控制电器的选择

① 启动控制电器应采用接触器、启动器或其他电动机专用控制开关。启动次数少的电动机可采用低压断路器兼作控制电器。符合控制和保护要求时，3kW 及以下的电动机可采用封闭式开关熔断器组合电器。

② 控制电器应能接通和断开电动机堵转电流，其使用类别及操作频率应符合电动机的类型和机械的工作制：

a. 绕线转子电动机应采用 AC- 2 类接触器；

b. 不频繁启动的笼型电动机应采用 AC-3 类接触器；

c. 密接通断、反接制动及反向的笼型电动机应采用 AC-4 类接触器。

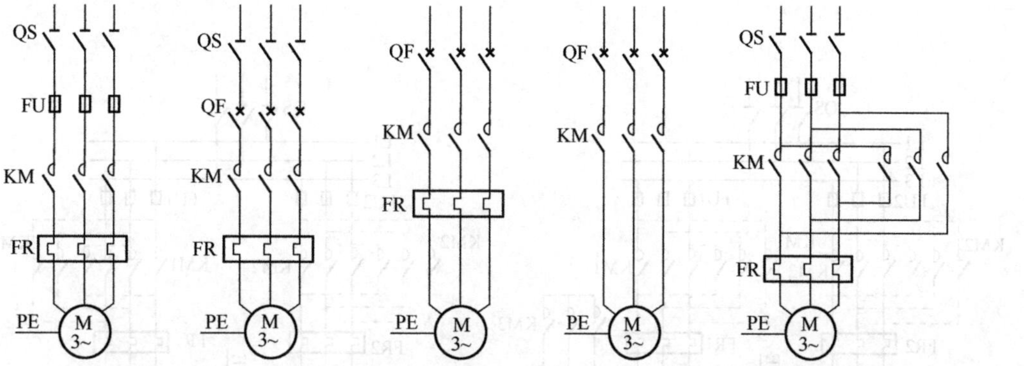

(a) 典型接线，短路和接地故障保护电器为熔断器；(b) 典型接线，短路和接地故障保护电器为断路器；
(c) 断路器兼作隔离电器；(d) 不装设过载保护或断路器兼作过载保护；(e) 双向（可逆）旋转的接线示例

图 14-81 笼型电动机主回路常用接线

QS—隔离器或隔离开关；FU—熔断器；KM—接触器；FR—热继电器；QF—低压断路器

③ 接触器在规定工作条件（包括使用类别、操作频率、工作电压）下的额定工作电流应不小于电动机的额定电流。接触器的规格也可按规定工作条件下控制的电动机功率来选择；制造厂通常给出 AC-3 条件下控制的电动机功率。用于连续工作制时，应尽量选用银或银基触头的接触器，如为铜触头，应按 8h 工作制额定值的 50%来选择。

④ 根据 GB/T 14048.1—2006《低压开关设备和控制设备 总则》，启动器是"启动和停止电动机所需的所有开关电器与适当的过载保护电器组合的电器"。因此，启动器的选择应同时符合接触器和过载保护电器的要求。

⑤ 开关熔断器组和熔断器式开关的额定电流，应按所需的熔断器额定电流选择，但不小于电动机额定电流的 1.5 倍。

有关定子回路启动控制电器选择的其他要求详见本书第 7.3.2 节。

(2) 转子回路启动控制电器的选择

绕线型异步电动机转子回路启动控制电器包括串入转子回路的频敏变阻器、电阻器及接入、切除上述设备时采用的接触器。

绕线型异步电动机启动时采用的频敏变阻器及电阻器的选择方法详见本书第 14.3 节。

采用转子串电阻调速时，电阻值的选择方法详见本书第 14.4 节。

反接制动时接入转子回路电阻器的选择方法详见本书第 14.5 节。

接入、切除频敏电阻器和电阻器的接触器的选择方法根据转子回路的电压、电流选择接触器的形式及额定工作电压、额定工作电流、额定通断能力和耐受过载电流能力等参数，具体可参考本书第 7.3.2 节。

(3) 启动控制电器及过载保护电器与短路保护电器的协调配合

1) 协调配合的基本要求　启动控制电器及过载保护电器（以下统称启动器）应与短路保护电器互相协调配合。根据 GB 14048.4—2010《低压开关设备和控制设备 机电式接触器和电动机启动器》，协调配合的要点如下。

① 过载保护电器 (OPLD) 与短路保护电器 (SCPD) 之间应有选择性：

a. 在 OLPD 与 SCPD 两条时间-电流特性曲线交点所对应的电流（大致相当于电动机堵转电流）以下，SCPD 不应动作，而 OLPD 应动作使启动器断开；启动器应无损坏。

b. 在两条曲线交点对应的电流以上，SCPD 应在 OLPD 动作之前动作：启动器应满足制造

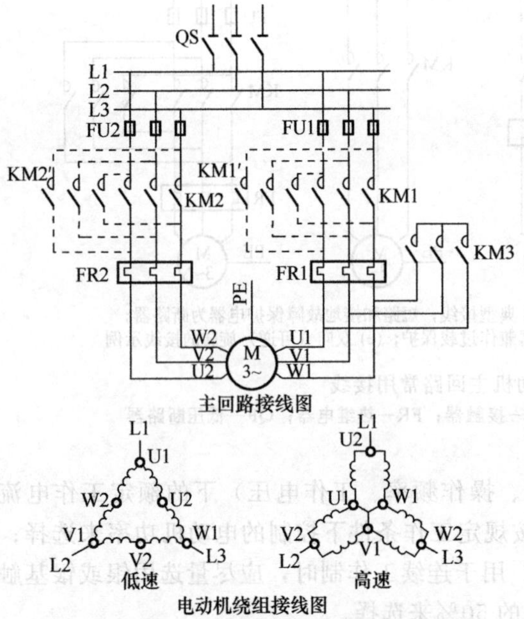

(a) 带1个抽头绕组、6个接线端子的4/2或8/4极电动机

KM1—低速接触器，电流为I_{r1}；KM2—高速接触器，电流为I_{r2}；KM3—星形接触器，电流为$0.5I_{r2}$

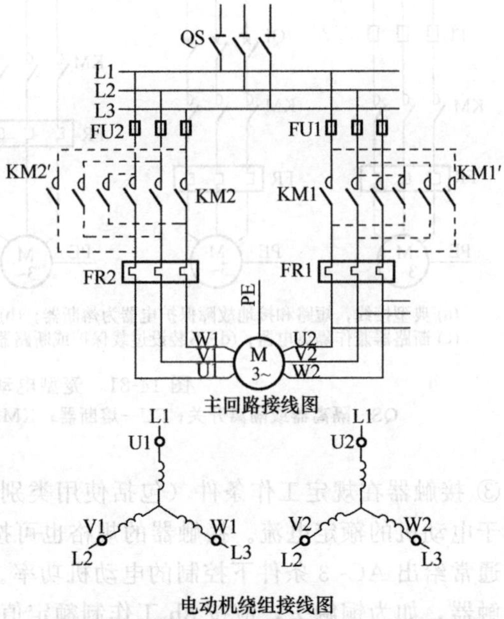

(b) 带2个独立绕组、6个接线端子的6/4或8/6极电动机

KM1—低速接触器，电流为I_{r1}；

KM2—高速接触器，电流为I_{r2}

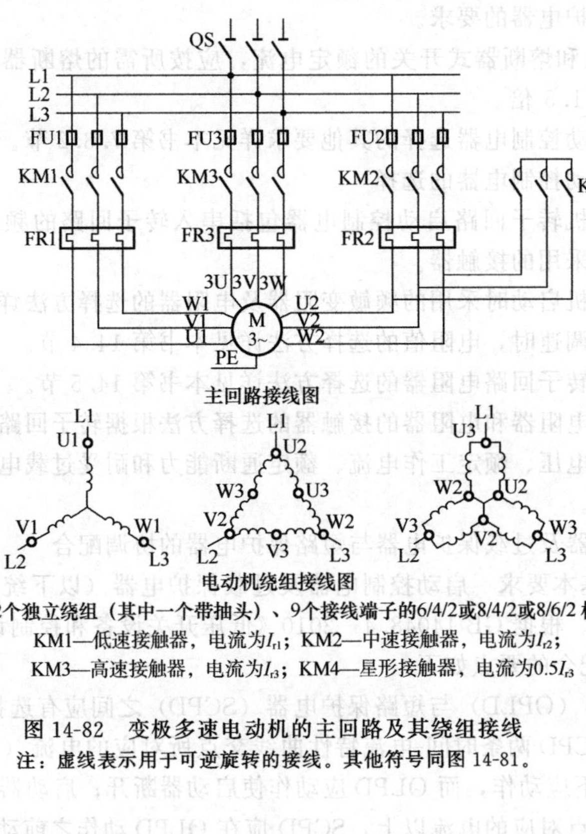

(c) 带2个独立绕组（其中一个带抽头）、9个接线端子的6/4/2或8/4/2或8/6/2 极电动机

KM1—低速接触器，电流为I_{r1}；KM2—中速接触器，电流为I_{r2}；

KM3—高速接触器，电流为I_{r3}；KM4—星形接触器，电流为$0.5I_{r3}$

图 14-82　变极多速电动机的主回路及其绕组接线

注：虚线表示用于可逆旋转的接线。其他符号同图 14-81。

厂规定的协调配合条件。

② 短路情况下的协调配合条件允许有两类：

a. 1 类配合　启动器在短路情况下可以损坏，但不应对周围人身和设备造成危害。

b. 2 类配合　启动器在短路情况下不应对人身和设备造成危害，且应能继续使用，但允许有容易分开的触头熔焊。

③ 上述各项要求，由启动器制造厂通过试验来验证。

④ 启动器供货商应成套供应或推荐适用的短路保护电器，以保证协调配合的要求。

2）协调配合类型的选择

① 一般情况下，1 类配合是可以接受的。短路的发生显然是电动机或其末端线路电气元件损坏所致，因而检查和更换元器件是难免的。

② 对连续运行要求很高的电动机或容易达到所需配合条件时，宜选用 2 类配合。

3）启动器与熔断器的协调配合　采用熔断器作短路保护，容易达到其协调配合的相关要求，包括 2 类配合。国内外多家启动器或接触器制造厂提供了适用的熔断器配套规格。表 14-34 列出了部分国产型号接触器与熔断器的协调配合规格。

表 14-34　部分国产接触器与熔断器的协调配合

熔断器型号、规格	接触器型号、规格(380V,AC-3 的额定工作电流)				
RL6、RT16-10	CJ45-6.3				
RT16-16	CJ45-9M、9、12		GC1-09		
RT16-20		CJ20-9	GC1-12	CK1-10	NC8-09
RT16-25			GC1-16		NC8-12
RT16-32		CJ20-16	GC1-25	CK1-16	
RT16-40	CJ45-16、25				
RT16-50	CJ45-32、40	CJ20-25	GC1-32	CK1-25	NC8-16、25
RT16-63			GC1-40、50		NC8-32
RT16-80		CJ20-40	GC1-63	CK1-40	NC8-40
RT16-100	CJ45-50、63		GC1-80		NC8-50
RT16-125	CJ45-75、95		GC1-95		NC8-63
RT16-160	CJ45-110、140	CJ20-63		CK1-63～80	NC8-80
RT16-200					NC8-100
RT16-250	CJ45-170、205	CJ20-100	GC1-100、125	CK1-100～125	
RT16-315	CJ45-250、300	CJ20-160	GC1-160～250	CK1-160～250	
RT16-400		CJ20-250			
RT16-500	CJ45-400、475	CJ20-400	GC1-350～500	CK1-315～500	
RT16-630		CJ20-630	GC1-630		
RT16-800			GC1-800		
协调配合条件	2 类配合	2 类配合			

4）启动器与低压断路器的协调配合　低压断路器在短路分断时间内的焦耳积分（I^2t）高于熔断器相应的 I^2t。

14.8 电动机调速系统性能指标[62]

任何一台需要转速控制的设备，其生产工艺对控制性能都有一定的要求。例如，精密机床要求加工精度达到几十微米至几微米；重型机床的进给机构需要在很宽的范围内调速，最高和最低相差近 300 倍；容量几千千瓦的初轧机轧辊电动机在不到 1s 的时间内就得完成从正转到反转的过程；高速造纸机的抄纸速度达 1000m/min，要求稳速误差小于 0.01%。所有这些要求，都可转化成电气传动控制系统的静态和动态指标，作为设计系统时的依据。

电气传动控制系统的动态性能指标主要是指在给定信号或扰动信号作用下，系统输出的动态响应中的各项指标。静态性能指标主要是指在控制信号和扰动信号作用结束后 3～4 倍动态调节时间后的系统输出的实际值各项性能指标。

这些性能指标用于评价或考核电气传动控制系统的品质。

如果没有特别规定，测量电气传动控制系统的性能指标可以在以下条件下进行：

① 基本速度（或额定功率）；

② 电动机额定电压；

③ 空载（一般应将电动机与负载机械的联轴器、齿轮箱等脱开，否则应相应降低系统的性能指标，并注意阶跃给定下机械实际承受的能力）。

将测量结果等效折算到额定条件下，作为系统的性能指标。

14.8.1 静态性能指标

（1）稳态调速精度

稳态调速精度是转速给定值 n^* 与实际值 n 之差 Δn 的相对值（%），其基值为电动机额定转速 n_N。在计算 Δn 时，要考虑三个导致转速变化的因素：

① 负载转矩变化（从空载至额定转矩 T_N）；

② 环境温度变化（±10℃）；

③ 供电电网电压变化（−5%～+10%）。

$$\text{稳态调速精度}=\frac{\Delta n}{n_N}\times 100\%=\frac{n^*-n}{n_N}\times 100\% \tag{14-133}$$

（2）静差率和调速范围

静差率又称为转速变化率，是指在某一设定的转速下，负载由空载（≤0.1T_N）到额定负载（T_N）变化时，空载转速 n_0 与额定负载下的转速 n 之差的相对值（%），其基值是 n（如图 14-83 所示）。

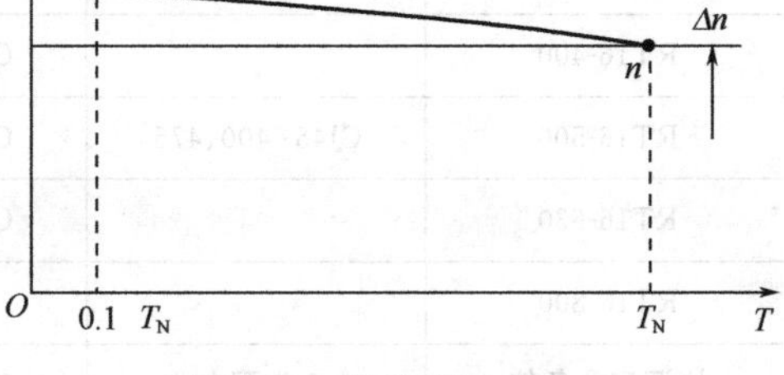

图 14-83　静差率示意图

静差率与调速系统机械特性的硬度有关，特性越硬，静差率越小；另外，静差率还与工作转速有关，转速越低，静差率越大。

调速范围又称为调速比，是指在符合规定的静差率条件下，电动机从最高转速 n_{max} 到最低转速 n_{min} 的转速变化倍数（如图 14-84 所示）。

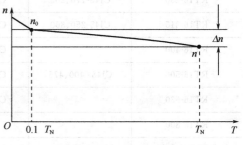

$$调速范围=n_{max}/n_{min} \tag{14-134}$$

调速范围和静差率两项指标不是相互孤立的，必须同时提出才有意义。

(3) 稳速精度

稳速精度是指在规定的电网质量和负载扰动条件下，按给定转速在规定的运行时间 T 内连续运行，每隔一定的时间间隔 t_s 测量一次转速平均值，取其中的转速最大值 n_{tmax} 和转速最小值 n_{tmin}，稳速精度值（%）按下式计算（如图 14-85 所示）：

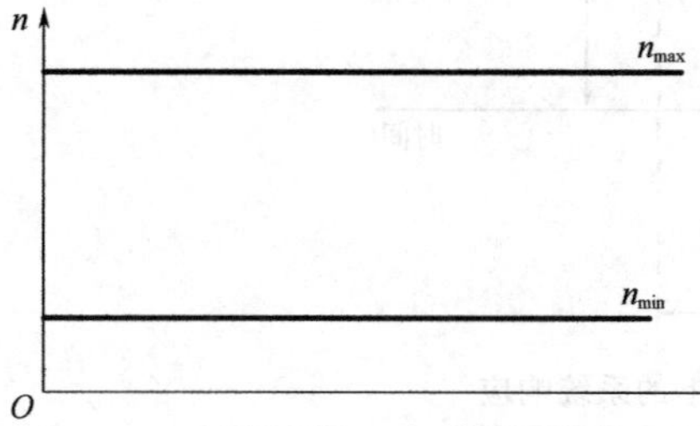

图 14-84 调速范围示意图

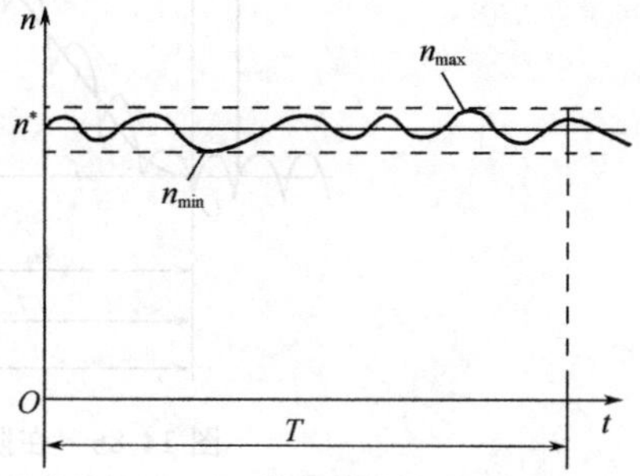

图 14-85 稳速精度示意图

$$稳速精度=\frac{n_{tmax}-n_{tmin}}{n_{tmax}+n_{tmin}}\times 100\% \tag{14-135}$$

(4) 转速分辨率

在数字控制调速系统中，转速设置值被量化后，严格说来调速是有级的。转速分辨率是指相邻两级转速设定之差 Δn^* 的相对值（%），其基值是最高转速设定值 n^*_{max}，即

$$转速分辨率=\frac{\Delta n^*}{n^*_{max}}\times 100\% \tag{14-136}$$

转速分辨率取决于数字控制器的位数。

14.8.2 动态性能指标

(1) 阶跃给定信号相应指标

在一般电气传动控制系统中，典型的响应特性是速度给定、电流给定（或转矩给定），在阶跃变化后，其实际速度、实际电流（或实际转矩）跟随初始给定条件变化的时间响应曲线，如图 14-86 所示。

由于系统输出时间响应曲线可能含有大量纹波，如果合同没有特别约定，时间响应曲线应为平均曲线。

此外，从给定信号发出到实际值开始响应可能存在传输延时（滞后）时间 t_0，在具体测量考核时，应予以注意。

① 响应时间 t_{an} 响应时间 t_{an}，又称起调时间，是指在规定的运行和使用条件下，施加规定的单位阶跃给定信号，系统实际值第一次达到给定值的时间。

② 动态响应偏差带 $\pm\delta\%$ 实际值与给定值相比较的正负偏差值范围，以实际值与给定值相比较的偏差值除以最大给定值的百分数表示，如果没有特别规定，该偏差带一般为 $\pm 2\%$ 左右。

③ 超调量 $\sigma\%$ 实际值超过给定值的最大数值除以最大给定值的绝对值，以百分数表示。

$$\sigma\%=\left|\frac{y(t_m)-y_1}{y_m}\right|\times 100\% \tag{14-137}$$

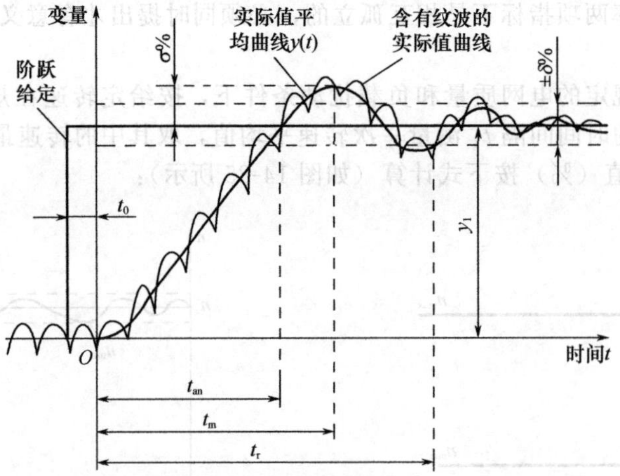

图 14-86　在阶跃给定控制信号下的系统响应

y_1—阶跃给定值；t_0—信号传输时间；t_m—实际值达到最大峰值的时间；t_{an}—响应时间；t_r—调节时间；$\pm\delta\%$—动态响应偏差带；$\sigma\%$—超调量

式中　$y(t_m)$——实际值超过给定值的最大数值；

y_1——给定值；

y_m——最大给定值。

④ 调节时间 t_r　实际值进入偏差带$\pm\delta\%$、且不会再超出该偏差带的时间。

⑤ 振荡次数 N　实际值在 t_r 调节时间内围绕给定值摆动的次数。

(2) 斜坡给定信号响应指标

斜坡给定信号的动态响应指标主要是实际值的跟踪误差 $\delta_t\%$，定义为给定值以商定的固定斜率变化至额定值，实际值在跟随给定值变化过程中的误差值与最大给定值的比值，以百分数表示，如图 14-87 所示。

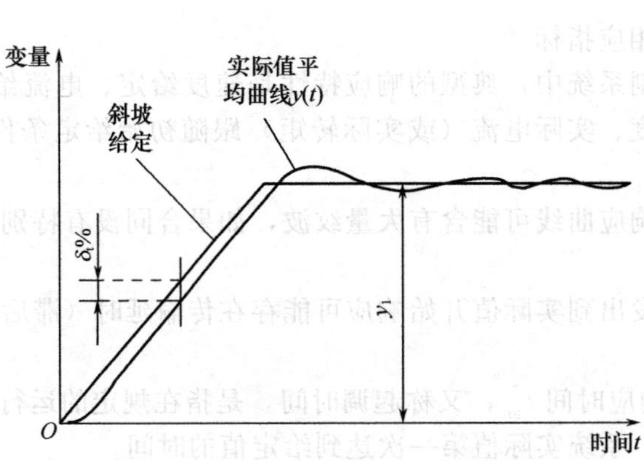

图 14-87　系统对斜坡给定的响应特性

y_1—稳态给定值；$\delta_t\%$—跟踪误差

(3) 阶跃扰动信号作用下的指标

这些指标是指在给定不变的情况下，在阶跃扰动作用下的控制系统性能指标，主要以动态波动量、回升时间、回复时间和动态偏差面积等指标衡量，如图 14-88 所示。

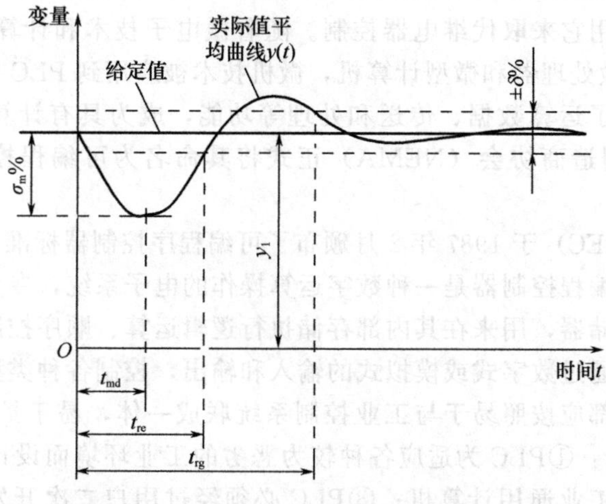

图 14-88 系统对阶跃扰动信号的动态响应

y_1—给定值；σ_m%—动态波动量；t_{md}—达到最大偏差的时间；t_{re}—动态恢复时间；t_{rg}—调节时间；±δ%—偏差带

速度控制系统中的负载转矩跃变以及电网电压快速波动等一般属于阶跃变化的扰动信号。一般在额定阶跃转矩扰动下考核各项指标。

① 动态波动量 $\sigma_m\%$ 在动态扰动下，实际值与给定值的最大偏差值与最大给定值之比，以百分数表示。

$$\sigma_m\% = \left|\frac{y(t_{md}) - y_1}{y_m}\right| \times 100\% \tag{14-138}$$

式中 $y(t_{md})$——实际值与给定值的最大偏差；

y_1——给定值；

y_m——最大给定值。

② 动态波动恢复时间 t_{re} 在动态扰动下，实际值从开始波动到第一次恢复到偏差带 ±δ% 的时间。

③ 动态调节时间 t_{rg} 实际值在动态扰动下，从开始波动到第一次恢复到偏差带 ±δ% 的时间。

④ 动态偏差面积 $A_m\%$ 动态波动量 $\sigma_m\%$ 与动态波动恢复时间 t_{re} 乘积的 1/2 作为动态偏差面积。

$$A_m\% = \left|\frac{\sigma\% \times t_{re}}{2}\right| \tag{14-139}$$

$A_m\%$ 是衡量电气传动控制系统最重要的动态性能指标之一。

14.9 PLC 的应用[106,107,108]

可编程控制器是一种专为工业环境下应用而设计的、以微处理芯片为核心的新型工业控制装置。在可编程控制器出现以前，继电器控制得到了广泛应用，使其在工业控制中占主导地位。但是，继电器控制系统是靠硬连线逻辑构成系统，接线复杂，对生产工艺变化的适应性差，并且体积大、可靠性低、查找故障困难。1969 年美国的数字公司（DEC）研制出了世界上第一台可编程控制器，并在通用公司汽车生产线上首次应用成功。当时人们把它称为可编程逻辑控制器（Programmable Logic Controller），简称 PLC。初期的 PLC 仅具备逻辑控制、定时、计数等功能，只是用它来取代继电器控制。随着微电子技术和计算机技术的发展，20 世纪 70 年代中期出现了微处理器和微型计算机，微机技术被应用到 PLC 中，使其不仅具有逻辑控制功能，而且还增加了运算数据、传送和处理等功能，成为具有计算机功能的工业控制装置。1980 年美国电气制造商协会（NEMA）正式将其命名为可编程控制器（Programmable Controller）。

国际电工委员会（IEC）于 1987 年 2 月颁布了可编程序控制器标准的第三稿，对可编程控制器作了如下定义：可编程控制器是一种数字运算操作的电子系统，专为工业环境下的应用而设计，它采用可编程存储器，用来在其内部存储执行逻辑运算、顺序控制、定时、计数和算术运算等操作的命令，并通过数字式或模拟式的输入和输出，控制各种类型的生产机械或生产过程。其有关的外围设备都应按照易于与工业控制系统联成一体，易于扩充功能的原则而设计。由 PLC 的定义可以看出：①PLC 为适应各种较为恶劣的工业环境而设计；②PLC 具有与计算机相似的结构，是一种工业通用计算机；③PLC 必须经过用户二次开发编程方可使用。我国从 1974 年开始研制可编程控制器，1977 年应用于工业。如今，可编程控制器已经大量应用于各种电气设备中。

14.9.1 PLC 的系统组成

PLC 是一种以微处理器为核心的专用于工业控制的特殊计算机，其硬件配置与一般微型微计算机类似，如图 14-89 所示。虽然 PLC 的具体结构多种多样，但其基本结构相同，即主要由中央处理单元（CPU）、存储单元、输入单元、输出单元、电源及编程器等构成。

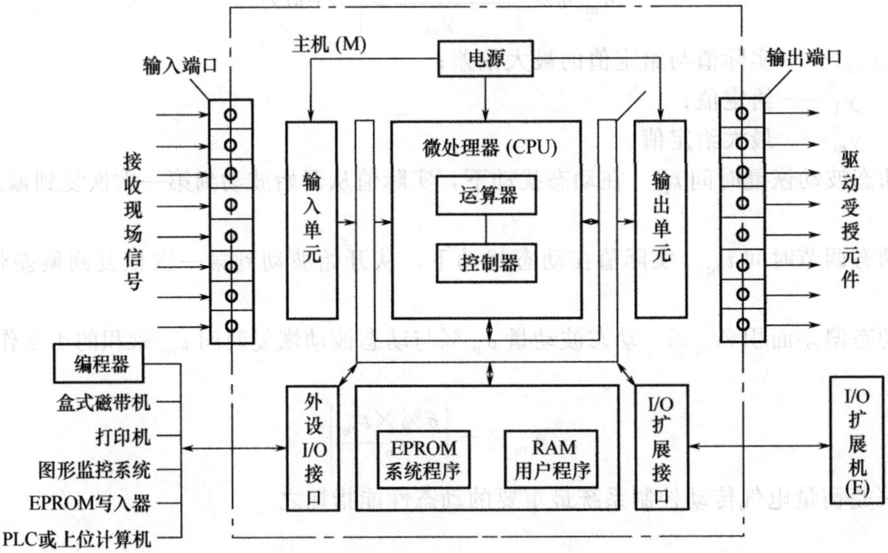

图 14-89　PLC 的配置结构图

（1）中央处理单元

中央处理单元（CPU）是 PLC 的核心组成部分，是系统的控制中枢，起着总指挥的作用。其主要功能是接收并储存从编程器输入的用户程序和数据；按存放的先后次序取出指令并进行执行；检查电源、存储器、输入输出设备以及警戒定时器的状态等。

PLC 常用的 CPU 主要采用通用微处理器、单片机和双极型位片式微处理器三种。通用微处理器常用的是 8 位处理器和 16 位处理器，如 8085、8086、M6809 等。单片机常用的是 8031、8051 等。双极型位片式微处理器常用的有 AM2900、AM2901、AM2903 等。

在小型 PLC 中，大多采用 8 位微处理器和单片机；在中型 PLC 中，大多采用 16 位微处理器和单片机；在大型 PLC 中，大多采用单片机和双极型位片式微处理器。微处理器的位数越高，运算速度越快，指令功能越强。

(2) 存储器

PLC 的存储器是一些具有记忆功能的电子器件，主要用于存放系统程序、用户程序和工作数据等信息。存放系统软件的存储器称为系统程序存储器，存放应用软件的存储器称为用户程序存储器，存放工作数据的存储器称为数据存储器。

① PLC 常用的存储器类型

a. RAM (Random Access Memory)。RAM 是一种读/写存储器，又称为随机存储器。它读写方便，存储速度快，由锂电池支持的 RAM 可以满足各种需要。PLC 中的 RAM 一般用作用户程序存储器和数据存储器。

b. ROM (Read Only Memory)。ROM 称为只读存储器，其内容一般不能修改，掉电后不会丢失。在 PLC 中一般用于存储系统程序。

c. EPROM (Erasble Programmable Read Only Memory)。EPROM 是一种可擦除的只读存储器。在紫外线连续照射约 20min 后，即能将存储器内的所有内容清除。若加高电平 (12.5V 或 24V) 可以写入程序。在断电的情况下，存储器的内容保持不变。这类存储器可以用来存储系统程序和用户程序。

d. E^2PROM (Electrical Erasble Programmable Read Only Memory)。E^2PROM 是一种可电擦除的只读存储器，使用编程器就可以对存储的内容进行修改。它兼有 RAM 和 EPROM 的优点。但要对其某单元写入时，必须首先擦除该存储单元的内容，且执行读/写操作的总次数有限，约 1 万次。

② PLC 存储空间的分配　PLC 的存储空间一般可分为三个区域：系统程序存储区、系统 RAM 存储区 (包括输入/输出映像区和系统软设备)、用户程序存储区。

a. 系统程序存储区　一般采用 ROM 或 EPROM 存储器。该存储区用于存放系统程序。包括监控程序、功能子程序、管理程序、命令解释程序、系统诊断程序等。这些程序和硬件决定了 PLC 的各项性能。

b. 系统 RAM 存储区　包括 I/O 映像区以及逻辑线圈、数据寄存器、计数器、定时器等设备的存储器区。

c. 用户程序存储区　可用于存放用户自行编制的各种用户程序。该区一般采用 EPROM 或 E^2PROM 存储器，或者采用加备用电池的 RAM。不同类型的 PLC，其存储容量各不相同。中小容量 PLC 一般不超过 8KB，大型 PLC 的存储容量高达几百 KB。

(3) 输入/输出 (I/O) 单元

输入/输出信号分为数字量 (包括开关量) 和模拟量。相应的输入/输出模块包括：数字量输入模块、数字量输出模块、模拟量输入模块、模拟量输出模块。

下面以开关量为例介绍 I/O 单元。I/O 单元是 PLC 与现场的 I/O 设备或其他外设之间的连接部件。PLC 通过输入单元把工业设备或生产过程的状态、信息读入主机，通过用户程序的运算与操作，把结果通过输出单元输出给执行机构。输入单元对输入信号进行滤波、隔离、电平转换等，把输入信号安全可靠地传送到 PLC 内部，输出单元把用户程序的运算结果输出到 PLC 外部。输出单元具有隔离 PLC 内部电路和外部执行元件的作用，还具有功率放大的作用。

① 输入单元　PLC的输入单元通常有三种类型：直流12～24V输入，交流100～120V或200～240V输入，交直流12～24V输入。如图14-90所示为两种典型的PLC输入电路。外部输入开关通过输入端子与PLC相连接。

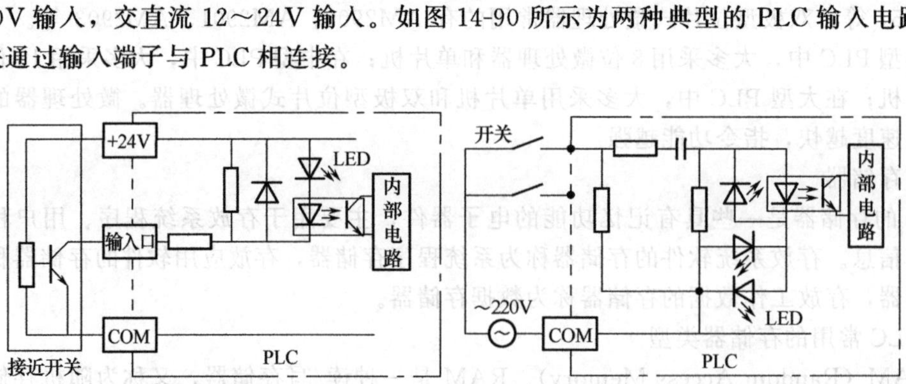

(a) 直流24V输入电路　　(b) 交流输入电路

图14-90　PLC的输入电路

输入电路的一次电路和二次电路间有光电隔离器件，将现场与PLC内部在电气上隔离。电路上设有RC滤波器，用于消除输入触点的抖动和输入线引入的外部噪声的干扰。当输入开关闭合时，一次电路中流过电流，输入指示灯亮，光电隔离器中的发光二极管发光，光耦合三极管从截止状态变为饱和导通状态，从而使PLC的输入数据发生改变。

② 输出单元　PLC的输出通常有以下三种形式（如图14-91所示）：

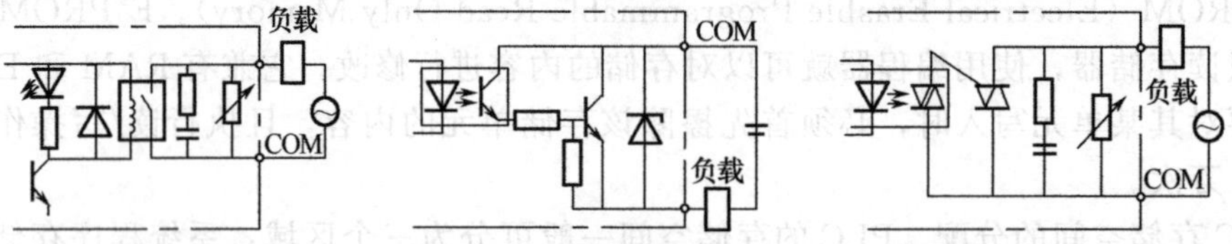

(a) 继电器输出型　　(b) 晶体管输出型　　(c) 双向晶闸管输出型

图14-91　PLC的输出电路

a. 继电器输出型　PLC输出时，通过内部驱动电路接通或断开输出继电器的线圈，使继电器的触点闭合或断开，用继电器触点控制外电路的通断。

b. 晶体管输出型　通过光电隔离器件使开关晶体管导通或截止，以控制外电路的接通或断开。

c. 双向晶闸管输出型　采用的是光耦合双向晶闸管。

每种输出电路都有隔离措施。继电器输出型利用继电器的触点和线圈将PLC的内部电路与外部负载电路进行电气隔离（机械绝缘）；晶体管输出型是在PLC的内部电路与输出晶体管之间实现光电隔离；双向晶闸管输出型是在PLC内部电路与双向晶闸管之间采用光触发晶闸管进行隔离。

输出电路的负载电源由外部提供。电源电压的大小应根据输出器件类型与负载要求确定。允许流过的输出电流一般为0.5～2A，其额定值与负载性质有关。PLC的外部负载通常有接触器、电磁阀、信号灯、执行器等，但不可以直接带电动机。

（4）电源

PLC的工作电源一般为单相交流电源或直流电源。要求额定电压为AC100～240V，额定频率为50～60Hz，电压允许范围为AC85～264V，允许瞬间停电时间为10ms以下；用直流供电的PLC机种，要求输入信号电压为DC24V，输入信号电流为7mA。PLC都包括一个稳压电源用于对 CPU 和 I/O 单元供电，有的 PLC 的电源与 CPU 合为一体，有的 PLC 特别是大中型 PLC，则备有专用的电源模块。另外，有的 PLC 电源部分还提供 DC24V 稳压输出，用于对外部传感器供电。

（5）编程器

PLC 是靠顺序地执行其内部存储的程序来完成某一工作的，程序的输入装置称为编程器。编程器主要由键盘、显示器和通信接口等设备组成，编程器的主要任务是输入程序、调试程序和监控程序的执行。

（6）智能接口模块

随着 PLC 应用范围的扩大，各 PLC 生产厂家在提高主机性能的同时，还开发了各种专门用途的智能接口模块，以满足各种工业控制的要求。这些模块包括：高速计数模块、定位控制模块、PID 模块、网络模块、中断控制模块、温度传感器输入模块和语言输出模块等。智能接口模块是一个独立的计算机系统。从模块组成结构上看，它有自己的 CPU、系统程序、存储器以及接口电路等。它与 PLC 的 CPU 通过系统总线相连接，进行数据交换，并在 CPU 模块的协调下独立地进行工作。

14.9.2 PLC 的软件与汇编语言

（1）PLC 的软件

PLC 系统由软件系统和硬件系统共同构成。PLC 软件系统分为系统程序和用户程序两大类。系统程序含系统的管理程序、用户指令的解释程序，另外还包括一些供系统调用的专用标准程序模块等。系统管理程序完成机内运行相关时间分配、存储空间分配及系统自检等工作。用户指令的解释程序完成用户指令变换到机器码的工作。系统程序在用户使用 PLC 之前就已经装入机内，并永久保存，在各种控制工作中不需要作调整。用户程序是用户为达到某种控制目的，采用 PLC 厂家提供的编程语言编写的程序，是一定控制功能的表述。同一台 PLC 用于不同的控制目的时就需要编制不同的用户程序。用户程序存入 PLC 后，如需改变控制目的，还可以多次改写。

（2）PLC 的编程语言

根据系统配置和控制要求编制用户程序，是 PLC 应用于工业控制的一个重要环节。为使广大电气工程技术人员很快掌握 PLC 的编程方法，通常 PLC 不采用微型计算机的编程语言，PLC 的系统软件为用户创立了一套易学易懂、应用简便的编程语言，它是 PLC 能够迅速推广应用的一个重要因素。由于 PLC 诞生至今时间不长，发展迅速，因此其硬件、软件尚无统一标准，不同生产厂商、不同机型 PLC 产品采用的编程语言只能适应自己的相关产品，国际电工委员会 1994 年规定的（IEC 1131）PLC 编程语言有以下五种。

① 梯形图编程语言（Ladder Diagram）。这是目前 PLC 使用最广、最受电气技术人员欢迎的一种编程语言。因为，梯形图不但与传统继电器控制电路图相似，设计思路也与继电器控制图基本一致，还很容易由电气控制线路转化而来。由于梯形图是 PLC 用户程序的一种图形表达式，如图 14-92（a）所示，因此梯形图设计又称为 PLC 程序设计或编程。

② 指令表编程语言（Instraction List）。它与汇编语言相似，但比编程语言更简单。它采用助记符指令（又称语句），并以程序执行顺序逐句编写成指令表。指令表可直接键入简易编程器，其功能与梯形图完全相同。由于简易编程器既没有大屏幕显示梯形图，也没有梯形图编程功能，所以小型 PLC 采用指令表编程语言更为方便、实用。如图 14-92（b）所示是图 14-92（a）梯形图程序的指令表。指令表与梯形图有严格的一一对应关系。由于不同型号 PLC 的助

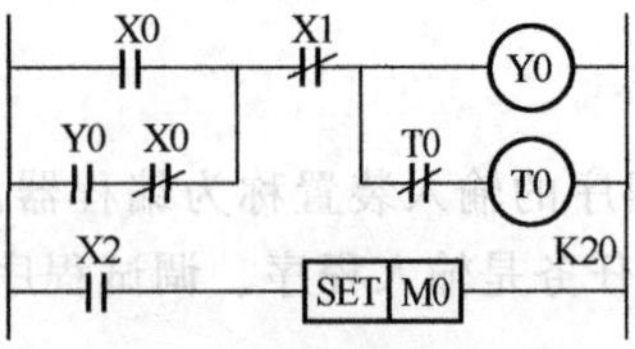

(a) 梯形图程序

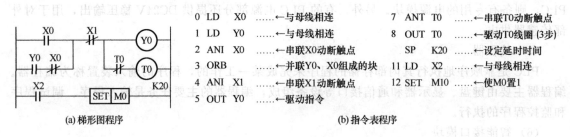

0 LD	X0	……←与母线相连	
1 LD	Y0	……←与母线相连	
2 ANI	X0	……←串联X0动断触点	
3 ORB		……←并联Y0、X0组成的块	
4 ANI	X1	……←串联X1动断触点	
5 OUT	Y0	……←驱动指令	
7 ANT	T0	……←串联T0动断触点	
8 OUT	T0	……←驱动T0线圈 (3步)	
SP	K20	……←设定延时时间	
11 LD	X2	……←与母线相连	
12 SET	M10	……←使M0置1	

(b) 指令表程序

图 14-92　PLC 的编程语言

记符、指令格式和参数表示方法各不相同，因此它们的指令表也不相同。

③ 顺序功能图编程语言（Sequential Function Chart）。简称为 SFC 编程语言，又称为功能表图或状态转移图。它是将一个完整的控制过程分为若干个阶段（状态），各阶段具有不同动作，阶段间有一定的转换条件，条件满足就实现状态转移，上一状态动作结束，下一状态动作开始，用这种方式表达一个完整控制过程。

举例：组合机床动力头进给运动如下所示：

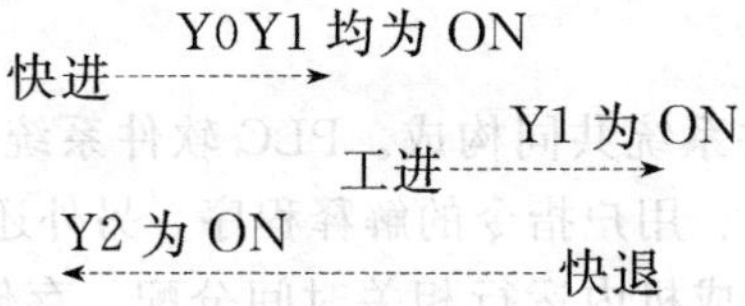

可用顺序功能图来实现，如图 14-93 所示。当按启动按钮 X0 则由线圈 Y0、Y1 完成动力头快进，碰到限位开关 X1 后变为由线圈 Y1 完成工作进给，碰到 X2 后，由线圈 Y2 得电完成快速退回原位。

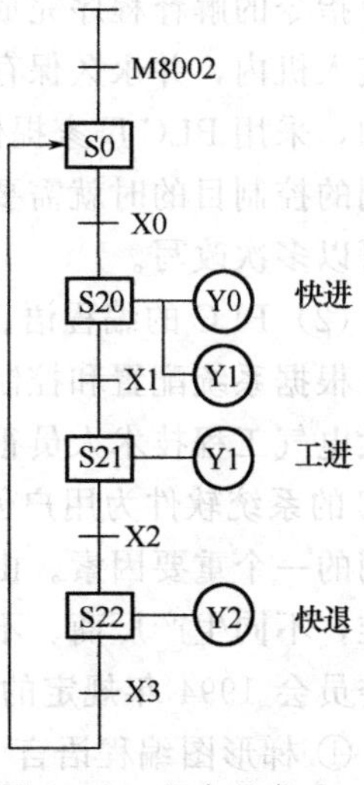

图 14-93　组合机床动力头状态转移图

④ 逻辑图编程语言（Logic Chart）。逻辑图编程语言也是一种图形编程语言，采用逻辑电路规定的"与"、"或"、"非"等逻辑图符号，依控制顺序组合而成，如图 14-94 所示的就是用此语言编制的一段 PLC 程序。

⑤ 高级编程语言。随着软件技术的发展，为增强 PLC 的运算功能和数据处理能力并方便用户使用，许多大、中型 PLC 已采用类似 BASIC、FORTAN、C 等高级语言的 PLC 专用编程语言，实现程序的自动编译。

目前各种类型的 PLC 一般都能同时使用两种以上的语言，且大多数都能同时使用梯形图编程语言和指令表编程语言。虽然不同的厂家梯形图编程语言和指令表编程语言的使用方式有差异，但其编程原理和基本方法是相同的。

(3) PLC 梯形图的特点

① PLC 的梯形图是按"从上到下"的原则按行绘制的，两侧的竖线类似电器控制图的电源线，通常称为母线（Bus Bar）；梯形图的每一行是按"从左到右"的原则绘制，左侧为输入接点逻辑程序，最右侧为输出元件线圈。

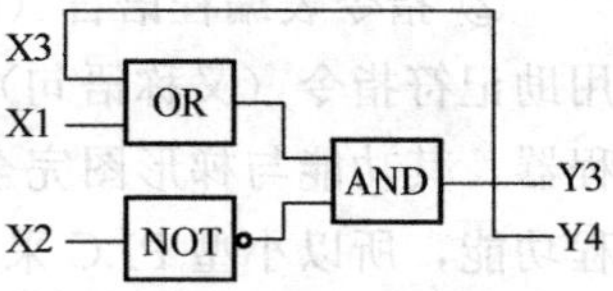

图 14-94　逻辑符号图编程方式

② 继电器控制电路左右母线为电源线，中间各支路都加有电压，当支路接通时有电流流过支路上的触点与线圈。而梯形图的左右母线是一种界限线，并未加电压，梯形图中的支路（逻辑行）接通时，并没有电流流动，有时称“电流”流过，只是一种假想电流，是为了分析方便而说的。且假想电流在图中只能从左向右作单方向的流动。层次改变（接通的顺序）也只能先上后下，与程序编写时的步序号是一致的。

③ 梯形图中的输入接点如 X0、X1、X2 等，输出线圈如 Y0、Y1、Y2 等不是物理接点和线圈，而是输入、输出存储器中输入、输出点的状态，也不是解算时现场开关的实际状态；输出线圈只对应输出映像区的相应位，该位的状态必须通过 I/O 模块上对应的输出单元才能驱动现场执行机构。

④ 梯形图中使用的各种 PLC 内部器件，如辅助继电器、定时器、计数器等各种软继电器，它不是真正的电气器件，但具有相应的功能，因此按电气控制系统中相应器件的名称称呼。梯形图中每个软继电器相应于 PLC 存储器中的一位，相应位为“1”，表示继电器线圈通电，或动合接点闭合，或动断接点断开；相应位为“0”，表示继电器线圈断电，或动合接点断开，或动断接点闭合。

⑤ 梯形图中的继电器，其动合、动断触点的数目是无限的（也不会磨损），在梯形图设计过程中需要多少就使用多少，给设计带来很大方便。对于外部输入信号，只要接入单触点到 PLC 即可。

⑥ 电器控制电路中各支路是同时加上电压并行工作的。而 PLC 是采用不断循环、顺序扫描的方式工作，梯形图中各元件是按扫描顺序依次执行的，是一种串行处理方式。由于扫描时间很短（一般不过几十毫秒），所以梯形图的控制效果与电器控制电路的控制效果基本相同。在设计梯形图时，对这种并行处理与串行处理的差别有时应予注意，特别是那些在程序执行阶段还要随时对输入、输出状态存储器进行刷新操作的 PLC，不要因为对串行处理这一特点考虑不够而引起误操作。

14.9.3 PLC 的工作原理

PLC 控制任务的完成是在其硬件的支持下，通过执行反映控制要求的用户程序来实现的，这一点与计算机的工作原理一致。但个人计算机与 PLC 的工作方式有所不同。计算机一般采用等待命令工作方式，如常见的键盘扫描或 I/O 扫描方式，当键盘按下或 I/O 口有信号时产生中断转入相应子程序。而 PLC 确定了工作任务，装入了专用程序成为一种专用机，它采用循环扫描的工作方式，系统工作任务管理及用户程序的执行都通过循环扫描的方式来完成，也称为巡回扫描的工作机制。

(1) 巡回扫描机制

PLC 的巡回扫描，即是对整个程序巡回执行的工作方式，就是说用户程序的执行不是从头到尾只执行一次，而是执行一次以后，又返回去执行第二次、第三次……直到停机。因此，PLC 可以被看成是在系统软件支持下的一种扫描设备，PLC 开机后，一直在周而复始地循环扫描并执行由系统软件规定好的任务。如图 14-95 所示是小型 PLC 的 CPU 工作流程图。

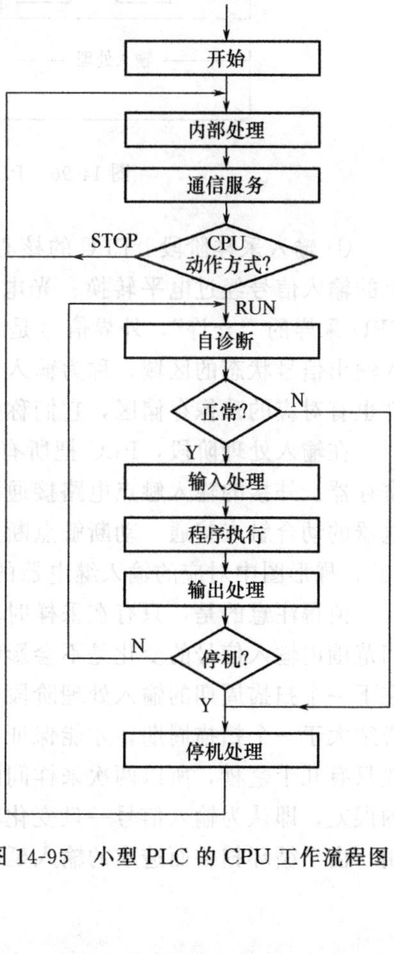

图 14-95 小型 PLC 的 CPU 工作流程图

由图 14-95 可知，PLC 的工作过程可以分为四个扫描阶段：

① 一般内部处理扫描阶段。包括硬件初始化、I/O 模块配置检查、停电保持范围设定和其他初始化处理等工作。

② 通信服务与自诊断阶段。在此阶段 PLC 的 CPU 完成一些与编程器或其他外设的通信，完成数据的接收和发送任务、响应编程器键入的命令、更新编程器显示内容、更新时钟和特殊寄存器内容等工作。PLC 具有很强的自诊断功能，如电源检测、内部硬件是否正常、程序语法是否有误等，一旦出错或异常 CPU 能根据错误类型和程序内容产生提示信息，甚至停止扫描或强制为 STOP 状态。

③ 执行用户程序扫描阶段。此阶段包括输入采样、程序执行、输出处理三阶段。

④ 数据输入/输出扫描阶段。此阶段将输入现场信号扫描到输入映像寄存器；将输出映像寄存器中的结果去驱动生产现场。

(2) I/O映像区

在正常情况下，一个用户程序扫描周期由三个阶段组成，如图 14-96 所示。

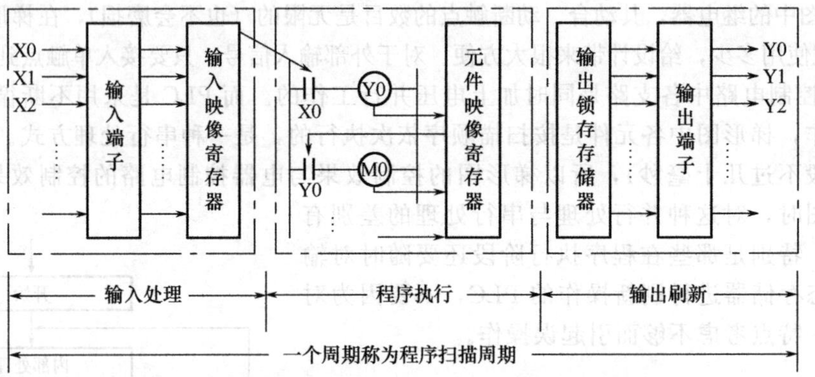

图 14-96　PLC 用户程序扫描和 I/O 操作的工作过程图

① 输入采样阶段　PLC 的核心模块 CPU 不能直接与外部接线端子联系。送到 PLC 端子上的输入信号经过电平转换、光电隔离、滤波处理等一系列电路进入缓冲器等待采样，没有 CPU 采样的“允许”，外界信号是不能进入内存的。在 PLC 的存储器中，有一个专门存放输入输出信号状态的区域，称为输入映像寄存器和输出映像寄存器，PLC 梯形图中别的编程元件也有对应的映像存储区，它们称为元件映像寄存器。

在输入处理阶段，PLC 把所有外部输入电路的接通/断开（ON/OFF）状态读入输入映像寄存器。外接的输入触点电路接通时，对应的输入映像寄存器为“1”，梯形图中对应的输入继电器的动合触点接通，动断触点断开。外接的输入触点电路断开时，对应的输入映像寄存器为“0”，梯形图中对应的输入继电器的动合触点断开，动断触点接通。

值得注意的是，只有在采样时刻，输入映像寄存器中的内容才与输入信号一致，而其他时间范围内输入信号的变化是不会影响输入映像寄存器中的内容的，输入信号变化了的状态只能在下一个扫描周期的输入处理阶段被读入。因此，如果输入是脉冲信号，则该脉冲信号的宽度必须大于一个扫描周期，才能保证在任何情况下，该输入均能被读入。由于 PLC 扫描周期一般只有几十毫秒，所以两次采样间隔很短，对一般开关量来说，可以认为没有因间断采样引起的误差，即认为输入信号一旦变化，就能立即进入输入映像寄存器内。但对于实时性很强的应用，由于循环扫描而造成的输入延迟就必须考虑。

② 程序执行阶段 PLC 用户程序由若干条指令组成，指令在存储器中按步序号顺序排列。在没有跳转指令时，CPU 从第一条指令开始，逐条顺序地执行用户程序，直到用户程序结束之处。在执行指令时，从输入映像寄存器或元件映像寄存器中将有关编程元件的“0”/“1”状态读出来，并根据指令要求执行相应的逻辑运算，将运算结果写入对应的元件映像寄存器中。因此，各编程元件的映像寄存器（输入映像寄存器除外）的内容随着程序的执行而变化。

③ 输出处理阶段 在输出处理阶段，CPU 将输出映像寄存器的“0”/“1”状态传送到输出锁存器。当梯形图中某一输出继电器的线圈“通电”时，对应的输出映像寄存器为“1”状态。信号经输出模块隔离和功率放大后，继电器型输出模块中对应的硬件继电器的线圈通电，其动合触点闭合，使外部负载通电工作。

若梯形图中输出继电器的线圈“断电”，对应的输出映像寄存器为“0”状态，在输出处理阶段后，继电器型输出模块中对应的硬件继电器的线圈断电，其动合触点断开，外部负载断电，停止工作。当某一编程元件对应的映像寄存器为“1”状态时，称该编程元件状态为 ON，映像寄存器为“0”状态时，称该编程元件状态为 OFF。

以上方式称为成批输入/输出方式（或称为刷新方式）。

上述输入映像区、输出映像区集中在一起就是一般所称的 I/O 映像区，映像区的大小随系统输入、输出信号的多少，即输入、输出点数而定。

I/O 映像区的设置，使计算机执行用户程序所需信号状态及执行结果都与 I/O 映像区发生联系，只有计算机扫描执行到输入输出服务过程时，CPU 才从实际的输入点读入有关信号状态，存放于输入映像区，并将暂时存放在输出映像区内的运行结果传送至实际输出点。

由此可见，I/O 映像区的建立，使 PLC 系统变成数字采样控制系统，虽然不像硬件逻辑系统那样随时反映工作状态变化对系统的控制作用，但在采样时基本符合其实际工作状态，只要采样周期 T 足够小，即采样频率足够高，就可以认为这样的采样控制系统有足够的精度，可以满足实时控制的要求。

(3) 工作方式、工作状态与扫描周期

在 PLC 程序中，梯形图中的各软继电器处于周期巡回扫描中，它们的动作取决于程序的扫描顺序，这种工作方式称为串行工作方式。而继电器控制系统中，当各继电器都处于被制约状态，应吸合的继电器同时吸合，应释放的继电器同时释放，这种工作方式就称为并行工作方式。

PLC 的工作状态有停止（STOP）和运行（RUN）两种状态。当通过方式选择开关选择 STOP 状态时，PLC 只进行内部处理和通信服务等内容，可对 PLC 进行联机或者离线编程。当向 CPU 发出信号，使其进入 RUN 状态，就采用周期巡回扫描方式执行用户程序。

PLC 在运行工作状态时，执行一次如图 14-95 所示的扫描操作所需要的时间称为扫描周期，一般值为几十至一百毫秒。在如图 14-97 所示的程序中，PLC 采用巡回扫描工作方式，在图 14-97 (a) 中，要使 M3 线圈为“ON”状态，只需要一个扫描周期时间即可完成对 M3 的刷新。而在图 14-97 (b) 中要使 M3 线圈为“ON”状态，就需要四个扫描周期（即 4 次循环）的才能完成对 M3 的刷新。各线圈的状态见表 14-35。

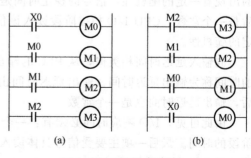

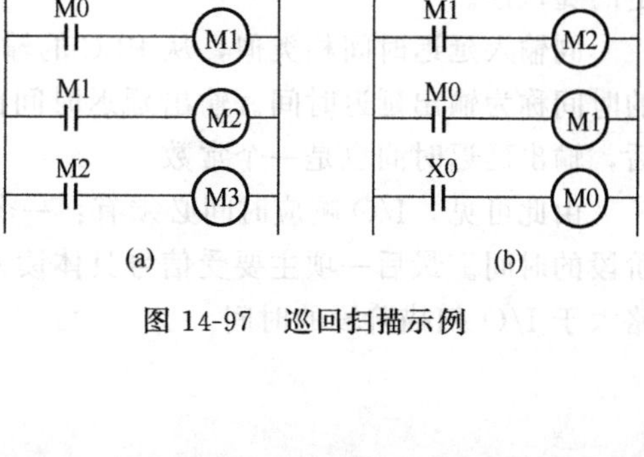

图 14-97 巡回扫描示例

表 14-35　各线圈巡回扫描状态表

图(a)		图(b)				
元 件	状 态	元 件	状 态			
	第一次		第一次扫描状态	第二次…	第三次…	第四次…
X0	ON	线圈 M3	OFF	OFF	OFF	ON
线圈 M0	ON	线圈 M2	OFF	OFF	ON	ON
线圈 M1	ON	线圈 M1	OFF	ON	ON	ON
线圈 M2	ON	线圈 M0	ON	ON	ON	ON
线圈 M3	ON	X0	ON	ON	ON	ON

（4）I/O 响应时间

在 PLC 控制系统中，输入信号发生变化，必将引起有关输出信号的变化，这之间是有一定的时间延迟的。如图 14-97（b）所示中输入 X0 为 ON 后，经过 4 个扫描周期 M3 才为 ON。把从 PLC 系统的某一输入信号变化到系统有关输出端信号发生改变所需的时间定义为 I/O 响应时间。

由 PLC 的巡回扫描过程可知，外界信号必须在前一个扫描周期的 I/O 扫描阶段之前准备好，并由 PLC 读入到输入映像区，在计算机内经历一个扫描周期的时间，在本扫描周期的 I/O 扫描阶段输出给外设，这是系统必须有的扫描时间，如图 14-98 所示。

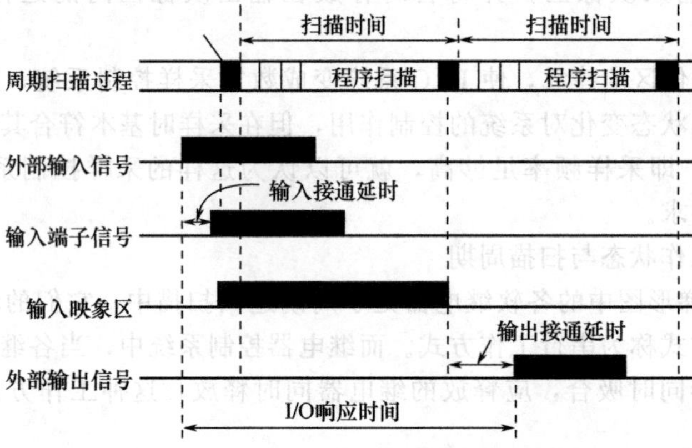

图 14-98　PLC 的 I/O 响应时间

从 PLC 的输入信号开始变化、信号稳定到 CPU 读入的时间称为输入延迟时间。输入信号的出现有一定的随机性，信号的稳定时间是输入端硬件参数设定的，在计算机输入模块选定之后是一个常数，CPU I/O 扫描阶段读入该信号的时间则是随机的，因此输入延迟时间具有一定的随机性。

同输入延迟时间相类似，从 PLC 的输出数据由输出映像区送到外设，到数据在外设稳定的时间称为输出延迟时间。输出延迟时间由 PLC 的外部接口的相关参数而定，当系统确定之后，输出延迟时间也是一个常数。

由此可见，I/O 响应时间必须有：一个扫描周期、一个输出延迟时间和大约一个 I/O 扫描阶段的时间。最后一项主要受信号具体读入时机的影响，信号读入的时机不同，可能略小于或略大于 I/O 扫描阶段的时间。

14.9.4 PLC的网络通信技术

通常把具有一定的编码、格式和长度要求的数字信息称为数据信息。数据通信就是把数据信息以适当方式通过传送线路从一台机器传送到另一台或几台机器，从而高效率地完成相互间的数据传送、信息交换和通信处理。这里的机器主要指计算机、PLC、变频器或具有数字通信功能的其他数字设备。数据通信的任务是把地理位置不同的计算机和 PLC 及其他数字设备连接起来，高效率地完成数据传送、信息交换和通信处理。

(1) 并行通信和串行通信

① 并行通信　并行数据通信是以字节或字为单位的数据传输方式，除了 8 根或16 根数据线和一根公共线外，还需要通信双方联络用的控制线。并行通信的传输速度快，但是传输线根数多，成本高，一般用于近距离的数据传输，例如打印机与计算机之间的数据传输。

② 串行通信　串行数据通信是以二进制的位为单位的数据传输方式，每次只传送一位，除了公共线外，在一个数据传输方向上只需要一根数据线，这根线既作为数据线又作为通信联络的控制线，数据信号和联络信号在这根线上按位进行传送。串行通信需要的信号线少，最少的只需要两根线（双绞线），适合于距离较远的场合。计算机和 PLC 都有通用的串行通信接口(例如 RS-232 和 RS-485)，在工业控制中一般使用串行通信。

(2) 异步通信与同步通信

在串行通信中，接收方和发送方的传送速率应相同，但是实际的发送速率与接收速率之间总是有一些微小的差别，如果不采取措施，在连续传送大量信息时，将会因积累误差而造成错位，使接收方收到错误信息。为了解决这一问题，需要使发送过程和接收过程保持同步，这是数据通信中十分重要的问题。如果同步不好，就会导致误码增多，严重时可能使整个系统不能正常工作。目前解决同步技术问题的方法有两种，即异步通信和同步通信。

① 异步通信　异步通信亦称起止式通信，它是通过起止位来实现收发同步的目的，其信息格式如图 14-99 所示。发送的字符由一个起始位、7～8 个数据位、1 个奇偶校验位（可以没有）、1 位或 2 位停止位组成。在通信开始之前，通信的双方需要对所采用的信息格式和数据的传输速率作相同的约定。接收方检测到停止位和起始位之间的下降沿后，将其作为接收起始点，在每一位的中点接收信息。由于一个字符中包含的位数不多，即使发送方和接收方的收发频率略有不同，也不会因两台机器之间的时钟周期的积累误差而导致收发错位。异步通信传送附加的非有效信息较多，传输效率较低。

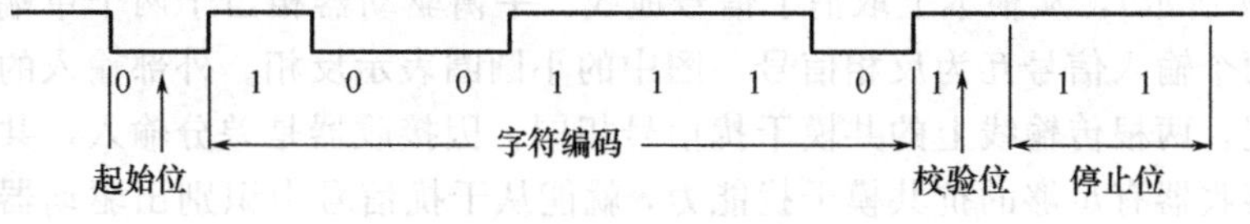

图 14-99　异步通信信息格式

② 同步通信　同步通信是以字节为单位（一个字节由 8 位二进制数组成），每次传送 1～2 个同步字符、若干个数据字节和校验字符。同步字符起联络作用，用它通知接收方开始接收数据。在同步通信中，发送方和接收方要保持完全同步，这意味着发送方和接收方应使用同一个时钟脉冲。可以通过调制解调方式在数据流中提取同步信号，使接收方得到与发送方完全相同的接收时钟信号。由于同步通信方式不需要在每个数据字符中加起始位、停止位和奇偶检验位，只需要在数据块（往往很长）之前加一、两个同步字符，所以传输效率高，但是对硬件的要求较高，一般用于高速通信。

数据传输速率是指单位时间内传输的信息量，它是衡量系统传输能力的主要指标。在串行通信中，传输速率（又称波特率）的单位是波特，即每秒传送的二进制位数，其符号为 bit/s 或 bps。常用的标准波特率为 300bit/s、600bit/s、1200bit/s、2400bit/s、4800bit/s、9600bit/s 等（成倍增加）。不同的串行通信网络的传输速率差别极大，有的只有数百 bit/s，高速串行通信网络的传输速率可达 1Gbit/s。

（3）单工与双工通信方式

单工通信方式只能沿单一方向发送或接收数据。双工通信方式的信息可以沿两个方向传送，每一个站既可以发送数据，也可以接收数据。双工通信方式又分为全双工和半双工两种不同的通信方式。

单工通信方式只能沿单一的方向发送或接收数据，不能反向。

全双工通信方式如图 14-100 所示，全双工方式数据的发送和接收分别使用两根或两组不同的数据线，通信的双方都能在同一时刻接收和发送信息。

半双工通信方式如图 14-101 所示，半双工方式用同一组线（例如双绞线）接收和发送数据，通信的某一方在同一时刻只能发送数据或接收数据。

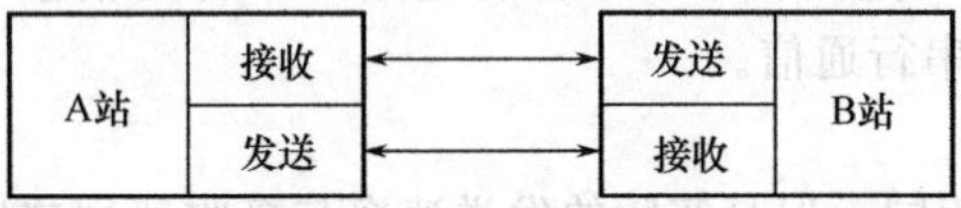

图 14-100　全双工通信方式

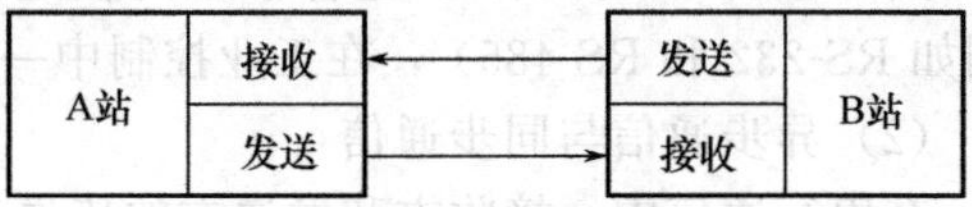

图 14-101　半双工通信方式

（4）串行通信的接口标准

① RS-232C　RS-232C 是美国 EIA（电子工业联合会）于 1969 年公布的串行通信接口协议，至今仍在计算机和可编程控制器等数字设备中广泛使用。RS-232C 采用负逻辑，用 −5～−15V 表示逻辑状态“1”，用 +5～ +15V 表示逻辑状态“0”。RS-232C 的最大通信距离为 15m，最高传输速率为 20 Kbit/s，只能进行一对一的通信。RS-232C 可使用 9 针或 25 针的 D 型连接器，PLC 一般使用 9 针的连接器，距离较近时只需要 3 根线（如图 14-102 所示），其中 GND 为信号地。RS-232C 使用单端驱动、单端接收的电路（如图 14-103 所示），容易受到公共地线上电位差和外部引入的干扰信号的影响。

② RS-422A　美国的 EIA（电子工业联合会）于 1977 年制定了串行通信标准 RS-499，对 RS-232C 的电气特性作了改进，RS-422 是 RS-499 的子集。RS-422 采用平衡驱动差分接收电路（如图 14-104 所示），从根本上取消了信号地线。平衡驱动器相当于两个单端驱动器，其输入信号相同，两个输入信号互为反相信号，图中的小圆圈表示反相。外部输入的干扰信号主要以共模方式出现，两根传输线上的共模干扰信号相同，因接收器是差分输入，共模信号可以互相抵消。只要接收器有足够的抗共模干扰能力，就能从干扰信号中识别出驱动器输出的有用信号，从而克服外部干扰的影响。

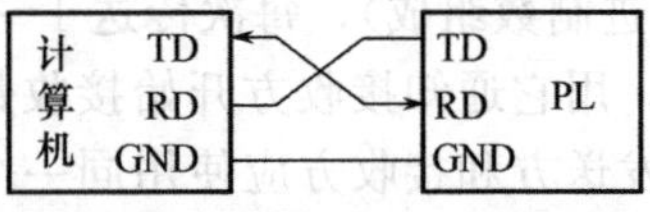

图 14-102　RS-232C 信号连接

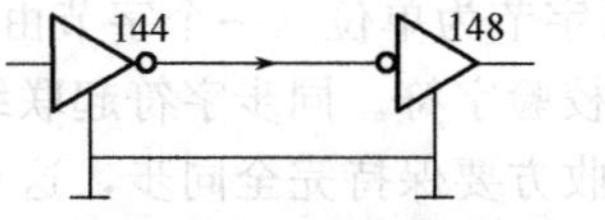

图 14-103　单端驱动单端接收

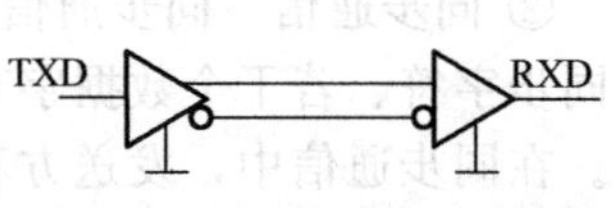

图 14-104　平衡驱动差分接收

RS-422A 在最大传输速率（10Mbit/s）时，允许的最大通信距离为 12m。传输速率为 100 Kbit/s 时，最大通信距离为 1200m。一台驱动器可以连接 10 台接收器。

③ RS-485　在实际工业控制中，要求以最少的信号线完成通信任务，在目前 PLC 组成的网络控制系统中广泛使用 RS-485 串行接口总线。RS-485 是 RS-422A 的变形，RS-422A 采用的是全双工通信方式，两对平衡差分信号线分别用于发送和接收。RS-485 通常采用的是半双工通信方式，只是一对平衡差分信号线，不能同时发送和接收。

如图 14-105 所示，使用 RS-485 通信接口和双绞线可以组成串行通信网络，构成分布式系统，系统中最多可以有 32 个网站，新的接口器件已允许连接 128 个网站。

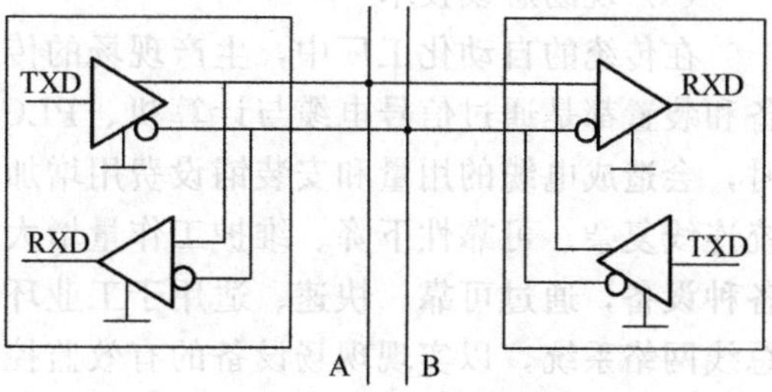

图 14-105　RS-485 网络

RS-485 的特点是通信速率较高（速率可达 10Mbit/s 以上），具有较强的抗干扰能力，输出阻抗低，并且无接地回路，传输距离较远，适于远距离数据传输。

(5) 网络参考模型

网络协议对计算机网络来说是非常重要的。不同的厂家有不同的网络产品，所使用的协议也不一样，如果没有一套通用的计算机网络通信标准，要实现不同厂家生产的智能设备之间的通信，将会付出昂贵的代价。

国际标准化组织 ISO 于 1981 年提出了一个网络体系结构——七层参考模型，称为开放系统互连模型 OSI（Open System Interconnection/Reference Model），作为通信网络国际标准化的参考模型。OSI 参考模型将整个网络通信功能划分为 7 个层次，如图 14-106 所示。

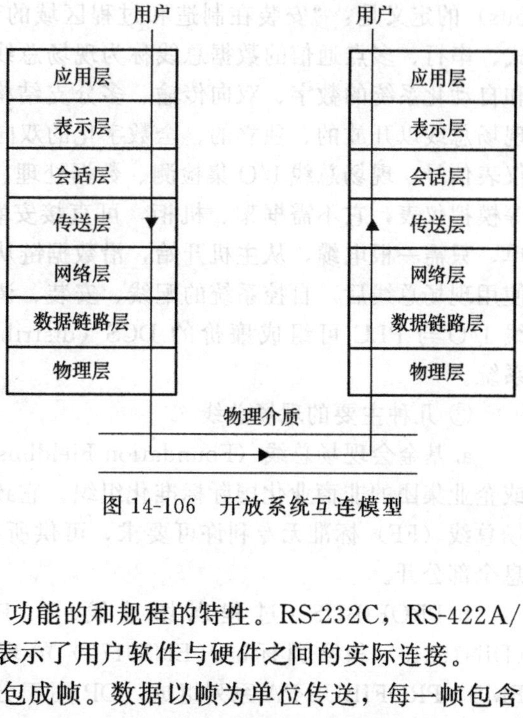

图 14-106　开放系统互连模型

① 物理层（PH）　物理层的下面是物理介质（媒体），例如双绞线、同轴电缆等。物理层为建立、维护和释放数据链路实体之间的二进制比特传输的物理连接提供机械的、电气的、功能的和规程的特性。RS-232C，RS-422A/RS-485 等就是物理层标准的例子。因此，这一层表示了用户软件与硬件之间的实际连接。

② 数据链路层（DL）　它把物理层的数据打包成帧。数据以帧为单位传送，每一帧包含一定数量的数据和必要的控制信息，例如同步信息、地址信息、差错控制和流量控制信息。数据链路层负责在两个相邻节点间的链路上，实现差错控制、数据成帧、同步控制等。

③ 网络层（N）　这一层定义网络操作系统通信用协议，为信息确定地址，把逻辑地址和名字翻译成物理地址。网络层的主要功能是报文包的分段、报文包阻塞的处理和通信子网中路径的选择。

④ 传输层（T）　这一层负责错误的确认和恢复，以确保信息的可靠传递。传输层的信息传送单位是报文（Message），其主要功能是流量控制、差错控制、连接支持，传输层向上一层提供一个可靠的端到端（end-to-end）的数据传输服务。

⑤ 会话层（S）　会话层的功能是支持通信管理和实现最终用户应用进程之间的同步，允许在不同机器上的两个应用建立、使用和结束会话，按正确的顺序收发数据，进行各种对话。

⑥ 表示层（P）　表示层包含了处理网络应用程序数据格式的协议，它把应用层信息内容

的形式进行变换，例如数据加密/解密、信息压缩/解压，把应用层提供的信息变成能够共同理解的形式。

⑦ 应用层（A） 应用层作为 OSI 的最高层，为最终用户的应用服务提供信息交换，负责整个网络应用程序一起很好地工作，为应用接口提供操作标准。

（6）现场总线技术

在传统的自动化工厂中，生产现场的传感器、调节器、变送器、执行器、变频器等数字设备和装置都是通过信号电缆与计算机、PLC 相连的。当这些装置和设备相距较远、分布较广时，会造成电缆的用量和安装铺设费用增加，从而使整个项目的投资成本增高，此外还存在系统连线复杂、可靠性下降、维护工作量增大、系统扩展困难等问题。因此如何将分散在现场的各种设备，通过可靠、快速、适用于工业环境的、低廉的通信与总线连接起来，构成一种现场总线网络系统，以实现现场设备的有效监控就是人们迫切需要解决的问题。现场总线就是在这种背景下产生的。

① 现场总线的概念 国际电工委员会 IEC 和现场总线基金会（FF）对现场总线（Fieldbus）的定义是："安装在制造和过程区域的现场装置与控制室内的自动控制装置之间的数字式、串行、多点通信的数据总线称为现场总线"。也就是说现场总线是一种连接智能现场设备和自动化系统的数字、双向传输、多分支结构的通信网络。它是当前工业自动化的热点之一。现场总线以开放的、独立的、全数字化的双向多变量通信代替 0～10mA 或 4～20mA 现场电动仪表信号。现场总线 I/O 集检测、数据处理、通信为一体，可以代替变送器、调节器、记录仪等模拟仪表，它不需框架、机柜，可直接安装在现场导轨槽上。现场总线 I/O 的接线极为简单，只需一根电缆，从主机开始，沿数据链从一个现场总线 I/O 连接到下一个现场总线 I/O。使用现场总线后，自控系统的配线、安装、调试和维护等方面的费用可节约 2/3 左右，现场总线 I/O 与 PLC 可组成廉价的 DCS（distributed control systems，DCS，分布式控制系统）系统。

② 几种主要的现场总线

a. 基金会现场总线（Foundation Fieldbus） 现场总线基金会（FF）是不依附于某个公司或企业集团的非商业化国际标准化组织，它致力于建立国际上统一的现场总线协议。基金会现场总线（FF）标准无专利许可要求，可供所有的生产厂家使用，其总线标准、产品检验等信息全部公开。

b. PROFIBUS（过程现场总线） PROFIBUS（Process Field Bus）是德国标准（DIN19245）和欧洲标准（EN50170）的现场总线标准。由 PROFIBUS-DP、PROFIBUS-FMS、PROFIBUS-PA 系列组成。DP 用于分散外设间高速数据传输，适用于加工自动化领域。FMS 适用于纺织、楼宇自动化、可编程控制器、低压开关等。PA 用于过程自动化的总线类型，服从 IEC 1158-2 标准。PROFIBUS 支持主-从系统、纯主站系统、多主多从混合系统等几种传输方式。PROFIBUS 的传输速率为 9.6Kbit/s 至 12Mbit/s，最大传输距离在 9.6Kbit/s 下为 1200m，在 12Mbit/s 下为 200m，可采用中继器延长至 10km，传输介质为双绞线或者光缆，最多可挂接 127 个站点。

c. LonWorks（局域操作网络） LonWorks（Local Operating Network）采用符合 ISO/OSI 模型全部 7 层标准的 LonTalk 通信协议，它被封装在称之为 Neuron（神经元）的芯片中。该芯片有 3 个 8 位的 CPU，第一个是介质访问控制处理器，第二个为网络处理器，第三个是应用处理器，它执行用户程序及其调用操作系统服务。Neuron 芯片还固化了 34 种 I/O 控制对象，目前已有几家公司推出了 LonWorks 产品。

d. CAN（控制器局域网络） 在现场总线领域中，在 IEC 61158 和 IEC 62026 标准之前，

CAN（Controller Area Network）总线是唯一被批准为国际标准的现场总线。CAN 总线的总线规范已被国际标准化组织（ISO）制定为国际标准 ISO 11898 和 ISO 11519。CAN 总线得到了主要计算机芯片商的支持。它们纷纷推出带有 CAN 接口的微处理器（MCU）芯片。带有 CAN 的 MCU 芯片总量已超过 1 亿片，因此在接口芯片技术方面 CAN 已经遥遥领先于其他所有现场总线。一些主要的 PLC 厂家将现场总线作为 PLC 控制系统中的底层网络，例如 S7-200 系列 PLC 配备相应的通信模块后可接入 PROFIBUS 网络和 AS-i（actuator sensor interface，传感器/执行器接口）网络。PLC 与现场总线相结合，可以组成价格便宜、功能强大的分布式控制系统。

14.9.5 PLC 的分类与主要技术指标

（1）PLC 的分类

目前 PLC 的种类很多，规格性能不一。对 PLC 的分类，通常可根据其结构形式、容量或功能进行。

① 按结构形式的分类　按照硬件的结构形式，PLC 可分为以下三种。

a. 整体式 PLC：这种结构的 PLC 将电源、CPU、输入/输出部件等集成在一起，装在一个箱体内，通常称为主机。整体式结构的 PLC 具有结构紧凑、体积小、重量轻、价格较低等特点，但主机的 I/O 点数固定，使用不太灵活。小型的 PLC 通常使用这种结构，适用于简单的控制场合。

b. 模块式 PLC：也称积木式结构，即把 PLC 的各组成部分以模块的形式分开，如电源模块、CPU、输入模块、输出模块等，把这些模块插在底板上，组装在一个机架内。这种结构的 PLC 组装灵活、装配方便、便于扩展，但结构较复杂，价格较高。大型的 PLC 通常采用这种结构，适用于比较复杂的控制场合。

c. 叠装式 PLC：这是一种新的结构形式，它吸收了整体式和模块式 PLC 的优点，如日本三菱公司的 FX2 系列，它的基本单元、扩展单元和扩展模块等高等宽，但是各自的长度不同。它们不用基板，仅用扁平电缆，紧密拼装后组成一个整齐的长方体，输入、输出点数的配置也相当的灵活。

② 按容量的分类　PLC 的容量主要指其输入输出点数。按容量大小，可将 PLC 分为以下三种。

a. 小型 PLC：I/O 点数一般在 256 点以下；

b. 中型 PLC：I/O 点数一般在 256～1024 点之间；

c. 大型 PLC：I/O 点数在 1024 点以上。

③ 按功能的分类　按 PLC 功能上的强弱，可分为以下三种。

a. 低档机：具有逻辑运算、计时、计数等功能，有的具备一定的算术运算、数据处理和传送等功能，可实现逻辑、顺序、计时计数等控制功能。

b. 中档机：除具有低档机的功能外，还具有较强的模拟量输入输出、算术运算、数据传送等功能，可完成既有开关量又有模拟量的控制任务。

c. 高档机：除具有中档机的功能外，还具有带符号运算、矩阵运算等功能，使其运算能力更强大，还具有模拟量调节、联网通信等功能，能进行智能控制、远程控制、大规模控制，可构成分布式控制系统，实现工厂自动化管理。

（2）PLC 的主要技术指标

PLC 的主要技术指标包括以下几种。

① 用户存储器容量　PLC 的存储器由系统程序存储器、用户程序存储器和数据存储器三

部分组成。PLC 的存储容量一般指用户程序存储器和数据存储器容量之和，表征系统提供给用户的可用资源，是系统性能的一项重要技术指标。通常用 K 字、K 字节（KB）或 K 位来表示，其中 1K＝1024，也有的 PLC 直接用所能存放的程序量表示。在一些 PLC 中存放的程序的地址单位为“步”，每一步占用两个字节，一条基本指令一般为一步。功能复杂的基本指令及功能指令往往有若干步。小型 PLC 用户存储器容量多为几 KB，而大型 PLC 可达到几 MB。

② 输入输出点数　输入输出的点数是指外部输入输出端子的数量，决定了 PLC 可控制的输入开关信号和输出开关信号的总体数量。它是描述 PLC 大小的一个重要参数。

③ 扫描速度　扫描速度与扫描周期成反比。通常是指 PLC 扫描 1KB 用户程序所需的时间，一般以 ms/KB 为单位。其中 CPU 的类型、机器字长等因素直接影响 PLC 的运算精度和运行速度。

④ 编程指令的种类和功能　某种程序上用户程序所完成的控制功能受限于 PLC 指令的种类和功能。PLC 指令的种类和功能越多，用户编程就越方便简单。

⑤ 内部寄存器的配置和容量　用户编制 PLC 程序时，需要大量使用 PLC 内部的寄存器存放变量、中间结果、定时计数及各种标志位等数据信息，因此内部寄存器的数量直接关系到用户程序的编制。

⑥ PLC 的扩展能力　在进行 PLC 选型时，其扩展性是一个非常重要的因素。可扩展性包括存储容量的扩展、输入输出点数的扩展、模块的扩展、通信联网功能的扩展等。

另外，PLC 的电源、编程语言和编程器、通信接口类型等也是不可忽视的指标。

第15章 建筑智能化

15.1 火灾自动报警系统及消防联动控制[1,15]

15.1.1 建筑分类和耐火等级

① 民用建筑应根据其使用性质、火灾危险性、疏散和扑救难度等进行分类，并应符合表15-1的规定。

表15-1 建筑分类

名称	高层民用建筑及其裙房		单层或多层民用建筑
	一类	二类	
居宅建筑	建筑高度大于54m的住宅建筑	建筑高度大于27m，但不大于54m的住宅建筑	建筑高度不大于27m的住宅建筑
公共建筑	(1) 建筑高度大于50m的公共建筑 (2) 建筑高度24m以上任一楼层建筑面积大于1000m²的商店、展览、电信、邮政、财贸金融建筑和综合建筑 (3) 医院建筑、重要公共建筑 (4) 省级及以上的广播电视和防灾指挥调度建筑、网局级和省级电力调度 (5) 藏书超过100万册的图书馆、书库	除一类外的非住宅高层民用建筑	(1) 建筑高度大于24m的单层公共建筑 (2) 建筑高度不大于24m的其他民用建筑

注：1. 表中未列入的建筑，其类别应根据本表类比确定。宿舍、公寓等非住宅类居住建筑的防火设计，除另有规定外，应符合有关公共建筑的要求。

2. 裙房与高层建筑主体之间未采用防火墙分隔时，裙房的防火设计应按高层建筑考虑；与高层建筑主体之间已采用防火墙分隔时，裙房的防火设计可按单、多层民用建筑考虑。

② 民用建筑的耐火等级应分为一～四级。除另有规定者外，不同耐火等级建筑物相应构件的燃烧性能和耐火极限不应低于表15-2的规定。

③ 民用建筑的耐火等级应根据建筑的火灾危险性和重要性等确定，并应符合下列规定：

a. 地下、半地下建筑（室），一类高层建筑及其裙房的耐火等级不应低于一级；

b. 单层或多层重要公共建筑，二类高层建筑及其裙房的耐火等级不应低于二级。

④ 建筑高度大于100m的民用建筑的楼板，其耐火极限不应低于2.00h。一、二级耐火等级的建筑的上人平屋顶，其屋面板的耐火极限分别不应低于1.50h和1.00h。

⑤ 一、二级耐火等级建筑的屋面板应采用不燃烧材料，但其屋面防水层可采用可燃材料。

⑥ 二级耐火等级建筑中采用难燃烧体的房间隔墙，其耐火极限不应低于0.75h；当房间的建筑面积不大于100m² 时，该房间的隔墙可采用耐火极限不低于0.50h的难燃烧体或耐火极限不低于0.30h的不燃烧体。二级耐火等级多层住宅建筑中采用预应力钢筋混凝土的楼板，其耐火极限不应低于0.75h。

表 15-2　建筑物构件的燃烧性能和耐火极限　　单位：h

<table>
<tr><th colspan="2" rowspan="2">构件名称</th><th colspan="4">耐火等级</th></tr>
<tr><th>一级</th><th>二级</th><th>三级</th><th>四级</th></tr>
<tr><td rowspan="6">墙</td><td>防火墙</td><td>不燃烧体
3.00</td><td>不燃烧体
3.00</td><td>不燃烧体
3.00</td><td>不燃烧体
3.00</td></tr>
<tr><td>承重墙</td><td>不燃烧体
3.00</td><td>不燃烧体
2.50</td><td>不燃烧体
2.00</td><td>难燃烧体
0.50</td></tr>
<tr><td>非承重外墙</td><td>不燃烧体
1.00</td><td>不燃烧体
1.00</td><td>不燃烧体
0.50</td><td>燃烧体</td></tr>
<tr><td>楼梯间、前室的墙
电梯井的墙
住宅建筑单元之间的墙和分户墙</td><td>不燃烧体
2.00</td><td>不燃烧体
2.00</td><td>不燃烧体
1.50</td><td>难燃烧体
0.50</td></tr>
<tr><td>疏散走道两侧的隔墙</td><td>不燃烧体
1.00</td><td>不燃烧体
1.00</td><td>不燃烧体
0.50</td><td>难燃烧体
0.25</td></tr>
<tr><td>房间隔墙</td><td>不燃烧体
0.75</td><td>不燃烧体
0.50</td><td>难燃烧体
0.50</td><td>难燃烧体
0.25</td></tr>
<tr><td colspan="2">柱</td><td>不燃烧体
3.00</td><td>不燃烧体
2.50</td><td>不燃烧体
2.00</td><td>难燃烧体
0.50</td></tr>
<tr><td colspan="2">梁</td><td>不燃烧体
2.00</td><td>不燃烧体
1.50</td><td>不燃烧体
1.00</td><td>难燃烧体
0.50</td></tr>
<tr><td colspan="2">楼板</td><td>不燃烧体
1.50</td><td>不燃烧体
1.00</td><td>不燃烧体
0.50</td><td>燃烧体</td></tr>
<tr><td colspan="2">屋顶承重构件</td><td>不燃烧体
1.50</td><td>不燃烧体
1.00</td><td>燃烧体
0.50</td><td>燃烧体</td></tr>
<tr><td colspan="2">疏散楼梯</td><td>不燃烧体
1.50</td><td>不燃烧体
1.00</td><td>不燃烧体
0.50</td><td>燃烧体</td></tr>
<tr><td colspan="2">吊顶（包括吊顶搁栅）</td><td>不燃烧体
0.25</td><td>难燃烧体
0.25</td><td>难燃烧体
0.15</td><td>燃烧体</td></tr>
</table>

注：1. 耐火等级低于四级的原有建筑，其耐火等级可按四级确定；除另有规定者外，以木柱承重且以不燃烧材料作为墙体的建筑，其耐火等级应按四级确定。

2. 住宅建筑构件的耐火极限和燃烧性能可按现行国家标准《住宅建筑规范》GB 50368 的规定执行。

⑦ 二级耐火等级建筑中采用不燃烧体的吊顶，其耐火极限不限。三级耐火等级的医疗建筑、中小学校建筑、老年人建筑及托儿所、幼儿园的儿童用房和儿童游乐厅等儿童活动场所的吊顶，应采用不燃烧体或耐火极限不低于 0.25h 的难燃烧体。二、三级耐火等级建筑中门厅、走道的吊顶应采用不燃烧体。

⑧ 一、二级耐火等级建筑中预制钢筋混凝土构件的节点外露部位，应采取防火保护措施，且该节点的耐火极限不应低于相应构件的规定。

15.1.2　系统保护对象分级及火灾探测器设置部位

（1）系统保护对象分级

火灾自动报警系统的保护对象应根据其使用性质、火灾危险性、疏散和扑救难度等分为特级、一级、二级和三级，并宜符合表 15-3 的规定。

表 15-3　火灾自动报警系统保护对象分级

等级	保护对象	
特级	建筑高度超过 100m 的高层建筑	
一级	居住建筑	十九层及以上的居住建筑
	建筑高度不超过 100m 的高层公共建筑	一类建筑
	建筑高度不超过 24m 的公共建筑及建筑高度超过 24m 的单层公共建筑	（1）200 床及以上的病房楼，每层建筑面积 $1000m^2$ 及以上的门诊楼、疗养院、老年人建筑、儿童活动场所； （2）任一层建筑面积超过 $3000m^2$ 或总建筑面积大于 $6000m^2$ 的商店、展览建筑、旅馆、财贸金融建筑、办公楼、教学楼、实验楼； （3）图书、文物珍藏库（馆），藏书超过 100 万册的图书馆、书库，重要的档案库（馆）； （4）超过 3000 座位的体育馆； （5）重要的科研楼； （6）省级及以上（含计划单列市）广播电视建筑、邮政楼、电信楼、电力调度楼、防灾指挥调度楼； （7）设有大中型电子信息系统机房、记录介质库，特殊贵重或火灾危险性大的机器、仪表、仪器设备室、贵重物品库房的建筑； （8）重点文物保护场所； （9）大型及以上影剧院、会堂、礼堂； （10）特大型、大型铁路旅客车站、航站楼、一级和二级汽车客运站、港口客运站
	工业建筑	（1）甲、乙类厂房； （2）甲、乙类库房； （3）占地面积或总建筑面积超过 $1000m^2$ 的丙类库房，占地面积超过 $500m^2$ 或总建筑面积超过 $1000m^2$ 的卷烟库房； （4）总建筑面积超过 $1000m^2$ 的地下丙、丁类厂房及库房； （5）任一层建筑面积大于 $1500m^2$ 或总面积大于 $3000m^2$ 的制鞋、制衣、玩具厂房、一 级地下公共建筑
	地下公共建筑	（1）城市轨道交通地下车站和区间隧道、长度超过 1000m 的城市地下通道（隧道）； （2）地下或半地下影剧院、礼堂； （3）建筑面积超过 $1000m^2$ 的地下或半地下商场、医院、旅馆、展厅及其他公共场所； （4）重要的实验室，图书、资料、档案库

续表

等级	保护对象	
特级	建筑高度超过100m的高层建筑	
二级	居住建筑	十层至十八层的居住建筑
	建筑高度不超过100m的高层公共建筑	二类建筑
	建筑高度不超过24m的公共建筑	(1) 任一层建筑面积超过2000m² 但不超过3000m² 或总面积不超过6000m² 的商店、展览建筑、旅馆、财贸金融建筑、办公楼、教学楼、实验楼； (2) 市、县级广播电视建筑、邮政楼、电信楼、电力调度楼、防灾指挥调度楼； (3) 中型及以下影剧院； (4) 设置在地上四层及以上的歌舞娱乐放映游艺场所； (5) 图书馆、书库、档案库（馆）； (6) 中型铁路旅客车站，三级和四级汽车客运站、港口客运站、城市轨道交通地面和地上高架车站； (7) 200床以下的病房楼，每层建筑面积1000m² 以下的门诊楼、疗养院、老年人建筑、儿童活动场所
	工业建筑	(1) 丙类厂房； (2) 建筑面积大于50m² 但不超过1000m² 的丙类库房； (3) 总建筑面积大于50m² 但不超过1000m² 的地下丙、丁类厂房及库房
	地下公共建筑	(1) 长度超过500m的城市地下通道（隧道）； (2) 建筑面积超过500m² 但不超过1000m² 的地下或半地下商店、医院、旅馆、展厅及其他公共场所； (3) 地下或半地下歌舞娱乐放映游艺场所
三级	居住建筑	十层以下的居住建筑
	建筑高度不超过24m的公共建筑	一级和二级保护以外的公共建筑

注：1. 一类建筑、二类建筑的划分以及工业厂房、仓库的火灾危险性分类，应符合现行国家标准《建筑设计防火规范》GB 50016的规定。
2. 本表未列出的建筑的等级可按同类建筑的类比原则确定。

(2) 火灾探测器设置部位

火灾探测器的设置部位应与保护对象的等级相适应。火灾探测器设置应符合国家现行有关标准、规范的规定，具体部位可按下述方法确定。

① 特级保护对象　特级保护对象火灾探测器的设置部位应符合现行国家标准《建筑设计防火规范》GB 50016的有关规定。

② 一级保护对象

• 财贸金融楼的办公室、营业厅、票证库；
• 电信楼、邮政楼的重要机房和重要房间；
• 商业楼、商住楼的营业厅、展览楼的展览厅；
• 高级旅馆的客房和公共活动用房；
• 电力调度楼、防灾指挥调度楼等的微波机房、计算机房、控制机房、动力机房；
• 广播电视楼的演播室、播音室、录音室、节目播出技术用房、道具布景房；
• 图书馆的书库、阅览室、办公室；

·档案楼的档案库、阅览室、办公室；

·办公楼的办公室、会议室、档案室；

·医院病房楼的病房、贵重医疗设备室、病历档案室、药品库；

·科研楼的资料室、贵重设备室、可燃物较多的和火灾危险性较大的实验室；

·教学楼的电化教室、理化演示和实验室、贵重设备和仪器室；

·高级住宅（公寓）的卧房、书房、起居室（前厅）、厨房；

·甲、乙类生产厂房及其控制室；

·甲、乙、丙类物品库房；

·设在地下室的丙、丁类生产车间；

·设在地下室的丙、丁类物品库房；

·地下铁道的地铁站厅、行人通道；

·体育馆、影剧院、会堂、礼堂的舞台、化妆室、道具室、放映室、观众厅、休息厅及其附设的一切娱乐场所；

·高级办公室、会议室、陈列室、展览室、商场营业厅；

·消防电梯、防烟楼梯的前室及合用前室、除普通住宅外的走道、门厅；

·可燃物品库房、空调机房、配电室（间）、变压器室、自备发电机房，电梯机房；

·净高超过 2.6m 且可燃物较多的技术夹层；

·敷设有可延燃绝缘层和外护层电缆的电缆竖井，电缆夹层、电缆隧道、电缆配线桥架；

·贵重设备间和火灾危险性较大的房间；

·电子计算机的主机房、控制室、纸库、光或磁记录材料库；

·经常有人停留或可燃物较多的地下室；

·餐厅、娱乐场所、卡拉 OK 厅（房）、歌舞厅、多功能表演厅、电子游戏机房等；

·高层汽车库，Ⅰ类汽车库，Ⅰ、Ⅱ类地下汽车库，机械立体汽车库，复式汽车库，采用升降梯作汽车疏散出口的汽车库（敞开车库可不设）；

·污衣道前室、垃圾道前室、净高超过 0.8m 的具有可燃物的闷顶、商业用或公共厨房；

·以可燃气为燃料的商业和企、事业单位的公共厨房及燃气表房；

·需要设置火灾探测器的其他场所。

③ 二级保护对象

· 财贸金融楼的办公室、营业厅、票证库；

· 广播、电视、电信楼的演播室，播音室、录音室、节目播出技术用房，微波机房、通信机房；

· 指挥、调度楼的微波机房、通信机房；

· 图书馆、档案楼的书库，档案室；

· 影剧院的舞台、布景道具房；

· 高级住宅（公寓）的卧房、书房、起居室（前厅）、厨房；

·丙类生产厂房、丙类物品库房；

·设在地下室的丙、丁类生产车间，丙、丁类物品库房；

·高层汽车库，Ⅰ类汽车库，Ⅰ、Ⅱ类地下汽车库，机械立体汽车库，复式汽车库，采用升降梯作汽车疏散出口的汽车库（敞开车库可不设）；

·长度超过 500m 的城市地下车道、隧道；

·商业餐厅，面积大于 $500m^2$ 的营业厅、观众厅、展览厅等公共活动用房，高级办公室，旅馆的客房；

• 消防电梯、防烟楼梯的前室及合用前室，除普通住宅外的走道、门厅，商业用厨房；
• 净高超过 0.8m 的具有可燃物的闷顶，可燃物较多的技术夹层；
• 敷设有可延燃绝缘层和外护层电缆的电缆竖井、电缆夹层、电缆隧道、电缆配线桥架；
• 以可燃气为燃料的商业和企、事业单位的公共厨房及燃气表房；
• 歌舞厅、卡拉 OK 厅（房）、夜总会；
• 经常有人停留或可燃物较多的地下室；
• 电子计算机房的主机房、控制室、纸库、光或磁记录材料库、重要机房、贵重仪器房和设备房、空调机房、配电房、变压器房、自备发电机房、电梯机房、面积大于 $50m^2$ 的可燃物品库房；
• 性质重要或有贵重物品的房间和需要设置火灾探测器的其他场所。

④ 三级保护对象
• 住宅（公寓）的卧房、书房、起居室、厨房；
• 经常有人停留或可燃物较多的场所。

15.1.3 系统构成与选择

(1) 系统构成

① 火灾自动报警系统一般由火灾探测报警系统、消防联动控制系统、可燃气体探测报警系统和电气火灾监控系统等构成。

② 各类系统之间的系统兼容性应满足国家有关标准的要求。

(2) 火灾探测报警系统

① 火灾探测报警系统由火灾报警控制器、火灾探测器、手动火灾报警按钮、火灾显示盘、消防控制室图形显示装置、火灾声和（或）光警报器等全部或部分设备组成，完成火灾探测报警功能。

② 火灾探测报警系统应设有自动和手动两种触发装置。

③ 任一台火灾报警控制器（含联动型控制器）的容量即所连接的火灾探测器和控制模块或信号模块的地址总数不应超过 3200 点，每一总线回路连接设备的地址码总数，宜留有一定的余量，且不超过 200 点。

④ 火灾探测报警系统形式的选择应符合下列规定：

a. 区域报警系统，宜用于二级和三级保护对象。

b. 集中报警系统，宜用于一级和二级保护对象。

c. 控制中心报警系统，宜用于特级和一级保护对象。

⑤ 家用火灾报警系统适用于住宅、公寓等居住场所。其中 A 类和 B 类家用火灾报警系统宜用于有物业管理的住宅，C 类家用火灾报警系统宜用于没有物业管理的单元住宅，D 类家用火灾报警系统可用于别墅式住宅。

(3) 消防联动控制系统

① 消防联动控制系统由消防联动控制器、模块、消防电气控制装置、消防电动装置等消防设备组成，完成消防联动控制功能；并能接收和显示消防应急广播系统、消防应急照明和疏散指示系统、防烟排烟系统、防火门及卷帘系统、消火栓系统、各类灭火系统、消防通信系统、电梯等消防系统或设备的动态信息。

② 消防控制设备的控制方式应根据建筑的形式、工程规模、管理体制及功能要求综合确定，大型建筑或建筑群宜采用分散与集中相结合控制方式。

③ 消防联动控制器控制的各类模块地址总数不应超过 1600 点，每一总线回路连接设备的

地址码总数，宜留有一定的余量，且不超过 100 点。

(4) 可燃气体探测报警系统

① 可燃气体探测报警系统应由可燃气体报警控制器和可燃气体探测器构成。

② 可燃气体报警控制器的报警信息应能传输到消防控制室图形显示装置，并独立显示。

(5) 电气火灾监控系统

① 电气火灾监控系统应由电气火灾监控设备和电气火灾监控探测器构成。

② 电气火灾监控设备的报警信息应能传输到消防控制室图形显示装置，并独立显示。

15.1.4 消防控制室的设计

(1) 一般规定

① 消防控制室应至少由火灾报警控制器、消防联动控制器、消防控制室图形显示装置或其组合设备组成；应能监控消防系统及相关设备（设施），显示相应设备（设施）的动态信息和消防管理信息，向远程监控中心传输火灾报警及其他相应信息。

② 消防系统及其相关设备（设施）应包括火灾探测报警、消防联动控制、消火栓、自动灭火、防烟排烟、通风空调、防火门及防火卷帘、消防应急照明和疏散指示、消防应急广播、消防设备电源、消防电话、电梯、可燃气体探测报警、电气火灾监控等全部或部分系统或设备（设施）。

③ 建筑或建筑群具有两个及以上消防控制室时，应符合下列要求。

a. 上一级的消防控制室应能显示下一级的消防控制室的各类系统的相关状态。

b. 上一级的消防控制室可对下一级的消防控制室进行控制。

c. 下一级的消防控制室应能将所控制的各类系统相关状态和信息传输到上一级的消防控制室。

d. 相同级别的消防控制室之间可以互相传输、显示状态信息，不应互相控制。

④ 消防控制室应设有用于火灾报警的外线电话。

⑤ 消防控制室应有相应的竣工图纸、各分系统控制逻辑关系说明、设备使用说明书、系统操作规程、应急预案、值班制度、维护保养制度及值班记录等。

(2) 消防控制室的控制和显示要求

① 消防控制室应能显示建（构）筑物的总平面布局图、建筑消防设施平面布置图、建筑消防系统图及安全出口布置图、重点部位位置图等，并应符合下列要求。

a. 消防控制室应能用同一界面显示周边消防车道、消防登高车操作场地、消防水源位置以及相邻建筑间距、楼层、使用性质等情况。

b. 消防控制室应能显示火灾自动报警和联动控制系统及其控制的各类消防设备（设施）的名称、物理位置和各消防设备（设施）的动态信息。

② 显示应至少采用中文标注和中文界面，界面不小于 17″（1″＝1in＝25.4mm）。

③ 当有火灾报警信号、监管报警信号、反馈信号、屏蔽信号、故障信号输入时，消防控制室应有相应状态的专用总指示，显示相应部位对应总平面布局图中的建筑位置、建筑平面图，在建筑平面图上指示相应部位的物理位置、记录时间和部位等信息。火灾报警信号专用总指示不受消防控制室设备复位操作以外的任何操作的影响。

④ 消防控制室在火灾报警信号、反馈信号输入 10s 内显示相应状态信息，其他信号输入 100s 内显示相应状态信息。

⑤ 消防控制室对火灾探测报警系统的控制和显示应满足下列要求。

a. 显示保护区域内火灾报警控制器、火灾探测器、火灾显示盘、手动火灾报警按钮的工作状态，包括火灾报警状态、屏蔽状态、故障状态及正常监视状态等相关信息。

b. 显示消防水箱（池）水位、管网压力等监管报警信息。

c. 控制火灾声和/或光警报器的工作状态。

d. 显示可燃气体探测报警系统、电气火灾监控系统的报警信号及相关的联动反馈信息。

⑥ 消防控制室应能显示保护区域内消防联动控制器、模块、消防电气控制装置、消防电动装置等设备的动态信息（包括正常工作、联动控制、屏蔽及故障状态）。

⑦ 消防控制室应能显示并查询保护区域内消防电话、电梯、传输设备、消防应急广播系统、自动喷水灭火系统、消火栓系统、气体灭火系统、水喷雾灭火系统、泡沫和干粉灭火系统、防烟排烟系统、防火门及卷帘系统、消防应急照明和疏散指示系统等消防设备或系统的动态信息。

⑧ 消防控制室应能控制保护区域内的气体灭火控制器、消防电气控制装置、消防设备应急电源、消防应急广播、消防电话、传输设备、消防电动装置等消防设备的控制输出，并显示反馈信号。

⑨ 消防控制室应能控制保护区域内消防电气控制装置、消防电动装置所控制的电气设备、电动门窗等，并显示反馈信号。

⑩ 消防控制室对自动喷水灭火系统的控制和显示应满足下列要求。

a. 显示喷淋消防泵电源的工作状态。

b. 显示系统的喷淋消防泵的启、停状态和故障状态，显示水流指示器、信号阀、报警阀、压力开关等设备的正常工作状态、动作状态等信息。

c. 自动和手动控制喷淋消防泵的启、停，并能接收和显示喷淋消防泵的反馈信号。

⑪ 消防控制室对消火栓系统的控制和显示应满足下列要求。

a. 显示消防水泵电源的工作状态。

b. 显示系统的消防水泵的启、停状态和故障状态，并能显示消火栓按钮的工作状态、物理位置、消防水箱（池）水位、管网压力报警等信息。

c. 自动和手动控制消防水泵的启、停，并能接收和显示消防水泵的反馈信号。

⑫ 消防控制室对气体灭火系统的控制和显示应满足下列要求。

a. 显示系统的手动、自动工作状态及故障状态。

b. 显示系统的阀驱动装置的正常状态和动作状态，并能显示防护区域中的防火门窗、防火阀、通风空调等设备的正常工作状态和动作状态。

c. 自动和手动控制系统的启动和停止，并显示延时状态信号、压力反馈信号和停止信号，显示喷洒各阶段的动作状态。

⑬ 消防控制室对水喷雾系统的控制和显示应满足下列要求。

a. 采用泵启动方式的水喷雾系统应符合第⑩条的要求。

b. 采用压力容器启动方式的水喷雾系统应符合第⑫条的要求。

⑭ 消防控制室对泡沫灭火系统的控制和显示应满足下列要求。

a. 显示消防水泵、泡沫液泵电源的工作状态。

b. 显示系统的手动、自动工作状态及故障状态。

c. 显示消防水泵、泡沫液泵、管网电磁阀的正常工作状态和动作状态。

d. 自动和手动控制消防水泵、泡沫液泵，手动控制停泵，并接收和显示动作反馈信号。

⑮ 消防控制室对干粉灭火系统的控制和显示应满足下列要求。

a. 显示系统的手动、自动工作状态及故障状态。

b. 显示系统的阀驱动装置的正常状态和动作状态，并能显示防护区域中的防火门窗、防火阀、通风空调等设备的正常工作状态和动作状态。

c. 显示干粉气瓶组的压力报警信号。

d. 自动和手动控制系统的启动和停止，并显示延时状态信号、压力反馈信号和停止信号，显示喷洒各阶段的动作状态。

⑯ 消防控制室对防烟排烟系统的控制和显示应满足下列要求。

a. 显示防烟排烟风机电源的工作状态。

b. 显示系统的手动、自动工作状态及系统内的防烟排烟风机、排烟防火阀、常闭送风口、常闭排烟口的动作状态。

c. 控制系统的启、停及系统内的防烟排烟风机、常闭送风口、常闭排烟口和消防电动装置所控制的电动防火阀、电动排烟防火阀、电控挡烟垂壁的开与关，并显示其反馈信号。

d. 停止相关部位正常通风的空调，并接收和显示通风系统内防火阀关闭的反馈信号。

⑰ 消防控制室对防火门及卷帘系统的控制和显示应满足下列要求。

a. 显示防火卷帘控制器、防火门监控器的工作状态和故障状态等动态信息。

b. 显示防火卷帘和用于公共疏散的各类防火门工作状态的动态信息。

c. 关闭防火卷帘和常开防火门，并能接收和显示其反馈信号。

⑱ 消防控制室对电梯的控制和显示应满足下列要求。

a. 控制所有电梯全部回降于首层开门停用，其中消防电梯开门待用，并能在发生火灾时显示电梯所在楼层。

b. 显示所有电梯的故障状态和停用状态。

⑲ 消防控制室对消防电话的控制和显示应满足下列要求。

a. 与各消防电话分机通话，并具有插入通话功能。

b. 接收来自消防电话插孔的呼叫，并能通话。

c. 有消防电话通话录音功能。

d. 显示消防电话的故障状态。

⑳ 消防控制室对消防应急广播系统的控制和显示应满足下列要求。

a. 显示处于应急广播状态的广播分区、预设广播信息。

b. 分别通过手动和按照预设控制逻辑自动控制选择广播分区、启动或停止应急广播，并在扬声器进行应急广播时自动对广播内容进行录音。

c. 显示应急广播的故障状态。

㉑ 消防控制室对消防应急照明和疏散指示标志系统的控制和显示应满足下列要求。

a. 手动控制自带电源型消防应急照明和疏散指示系统的主电工作状态和应急工作状态。

b. 分别通过手动和自动控制集中电源型消防应急照明和疏散指示系统和集中控制型消防应急照明和疏散指示系统从主电工作状态切换到应急工作状态。

c. 显示消防应急照明和疏散指示系统的故障状态和应急工作状态。

㉒ 消防控制室应能显示系统内各消防设备的供电电源（包括交流和直流电源）和备用电源工作状态。

（3）消防控制室的信息记录要求

① 应具有各类消防系统及设备（设施）在火灾发生时和日常检查时的动态信息记录，记录应包括火灾报警的时间和部位、设备动作的时间和部位、复位操作的时间等信息，存储记录容量不应少于 10000 条，记录备份后方可被覆盖。日常检查的内容应符合国家相关标准要求。

② 应具有产品维护保养的内容和时间、系统程序的进入和退出时间、操作人员姓名或代码等内容的记录，存储记录容量不应少于 10000 条，记录备份后方可被覆盖。

③ 应具有保护区域中监控对象系统内各个消防设备（设施）的制造商、产品有效期的历

史记录功能，存储记录容量不应少于 1000 条，记录备份后方可被覆盖。

④ 应具有接受远程查询历史记录的功能。

⑤ 应具有记录打印或刻录存盘功能，对历史记录应打印存档或刻录存盘归档。

(4) 消防控制室的信息传输要求

① 消防控制室在接收到系统的火灾报警信号后 10s 内将报警信息按规定的通信协议格式传送给监控中心。

② 消防控制室在接收到建筑消防设施运行状态信息后 100s 内将相应信息按规定的通信协议格式传送给监控中心。

③ 消防控制室应能接收监控中心的查询指令并能按规定的通信协议格式按表 15-4 规定的内容将相应信息传送到监控中心。

表 15-4　消防控制室信息传输通信协议格式

设施名称		内　容
火灾探测报警系统		火灾报警信息、可燃气体探测报警信息、电气火灾监控报警信息、屏蔽信息、故障信息
消防联动控制系统	消防联动控制器	动作状态、屏蔽信息、故障信息
	消火栓系统	消防水泵电源的工作状态，消防水泵的启、停状态和故障状态，消防水箱（池）水位、管网压力报警信息
	自动喷水灭火系统、水喷雾灭火系统（泵启动方式）	喷淋消防泵电源工作状态、启停状态、故障状态，水流指示器、信号阀、报警阀、压力开关的正常状态、动作状态
	气体灭火系统、水喷雾灭火系统（压力容器启动方式）	系统的手动、自动工作状态及故障状态，阀驱动装置的正常状态和动作状态，防护区域中的防火门窗、防火阀、通风空调等设备的正常工作状态和动作状态，系统的启动和停止信息、延时状态信号、压力反馈信号，喷洒各阶段的动作状态
	泡沫灭火系统	消防水泵、泡沫液泵电源的工作状态，系统的手动、自动工作状态及故障状态，消防水泵、泡沫液泵、管网电磁阀的正常工作状态和动作状态
	干粉灭火系统	系统的手动、自动工作状态及故障状态，阀驱动装置的正常状态和动作状态，延时状态信号、压力反馈信号，喷洒各阶段的动作状态
	防烟排烟系统	系统的手动、自动工作状态，防烟排烟风机、排烟防火阀、常闭送风口、常闭排烟口、电动防火阀、电控挡烟垂壁的动作状态
	防火门及卷帘系统	防火卷帘控制器、防火门监控器的工作状态和故障状态，防火卷帘和用于公共疏散的各类防火门的工作状态等动态信息
	消防电梯	消防电梯的停用和故障状态
	消防应急广播	消防应急广播的启动、停止和故障状态
	消防应急照明和疏散指示系统	消防应急照明和疏散指示系统的故障状态和应急工作状态信息
	消防电源	系统内各消防设备的供电电源（包括交流和直流电源）和备用电源工作状态信息

④ 消防控制室应有专用的信息传输指示灯，在处理和传输信息时，该指示灯应闪亮，在得到监控中心的正确接收确认后，该指示灯应常亮并保持直至该状态复位。当信息传送失败时应有明确声、光指示。

15.1.5　探测报警系统设计

(1) 火灾探测报警系统设计

① 区域报警系统的设计，应符合下列要求。

a. 区域报警系统至少应由一台火灾报警控制器、一台图形显示装置及相应的火灾声和/或光警报器、手动火灾报警按钮、火灾探测器等设备组成，系统中的火灾报警控制器不应超过两台。

b. 火灾报警控制器和消防控制室图形显示装置应设置在有人值班的房间或场所。

c. 系统中可设置消防联动控制设备。

d. 当用一台火灾报警控制器警戒多个楼层时，应在每个楼层的楼梯口或消防电梯前室等明显部位，设置识别着火楼层的灯光显示装置。

② 集中报警系统的设计，应符合下列规定。

a. 集中火灾报警系统至少由一台集中火灾报警控制器和两台区域火灾报警控制器（或由一台火灾报警控制器和两台以上的区域显示器）、一台图形显示装置、一台消防联动控制器及相应的火灾声和/或光警报器、手动火灾报警按钮、火灾探测器、消防专用电话等设备组成。

b. 集中火灾报警控制器和火灾报警控制器，应能显示火灾报警部位信号和控制信号，亦可进行联动控制。

c. 集中火灾报警控制器和火灾报警控制器，应该设置在有专人值班的消防控制室或值班室内。

③ 控制中心报警系统的设计，应符合下列要求。

a. 控制中心报警系统至少应由一台集中火灾报警控制器和两台区域火灾报警控制器（或由一台火灾报警控制器和两台以上的区域显示器）、一台图形显示装置、一台消防联动控制器及相应的火灾声和/或光警报器、火灾应急广播、手动火灾报警按钮、火灾探测器、消防专用电话、电气火灾监控系统等设备组成。

b. 系统应能集中显示火灾报警部位信号和联动控制状态信号。

c. 控制中心报警系统可以设分控制室，但分控制室的系统组成应符合 15.1.3（2）中①、②的要求，且控制中心应能显示分控制室的所有信息。

④ 家用火灾报警系统的设计应符合下列要求。

a. A类系统应首先符合选定的区域火灾报警系统、集中火灾报警系统或控制中心火灾报警系统要求，并应在每户设置火灾声警报装置和手动火灾报警开关，发生火灾时，消防控制室应能及时通知发生火灾的住户及相邻住户（住户内设置家用火灾探测器时可以设置声光报警器）。

b. B类家用火灾报警系统中应至少由一台家用火灾报警集中监控器、一台家用火灾报警控制器、家用火灾探测器、家用手动报警开关等设备组成。在集中监控器上应能显示发生火灾的住户。

c. C类家用火灾报警系统应至少由一台家用火灾报警控制器、家用火灾探测器和手动报警开关组成，在发生火灾时，其户外应有相应的声光警报指示。

d. D类家用火灾报警系统一般由家用火灾探测器组成，当发生火灾时，应发出火灾报警声信号。

（2）可燃气体探测报警系统的设计

① 可燃气体探测报警系统应至少由可燃气体控制器、可燃气体探测器和火灾声警报器组成。

② 可燃气体探测器不应接入火灾报警控制器的探测器回路，居住场所使用的独立式可燃气体探测器可接入火灾报警控制器，但在火灾报警控制器上的显示应与其他显示有区别。

③ 可燃气体探测报警系统保护区域内有联动和警报要求时，可以由可燃气体控制器本身实现，也可以由消防联动控制器实现。

（3）电气火灾监控系统的设计

① 电气火灾监控系统应至少由电气火灾监控设备、电气火灾监控探测器组成。

② 非独立式电气火灾监控探测器不应直接接入火灾报警控制器的探测器回路，总数不超过 8 个的探测器可接入火灾报警控制器，但其显示应与其他显示有区别。

③ 电气火灾监控系统系统保护区域内有联动和警报要求时，可以由电气火灾监控设备本身实现，也可以由消防联动控制器实现。

(4) 火灾警报装置的设计

① 火灾自动报警系统均应设置火灾声警报装置，并在发生火灾时发出警报。

② 在环境噪声大于 60dB (A) 的场所设置火灾警报装置时，其声警报器的声压级应高于背景噪声 15dB (A)。

③ 火灾声警报器单次发出火灾警报时间宜在 8～20s 之间，在设有火灾应急广播的火灾自动报警系统中，火灾声警报应与火灾应急广播交替播放，并应设置播放同步控制装置。

(5) 消防专用电话的设计

① 消防专用电话网络应为独立的消防通信系统。

② 消防控制室应设置消防专用电话总机，且宜选择共电式电话总机或对讲通信电话设备。

③ 电话分机或电话塞孔的设置，应符合下列要求。

a. 消防水泵房、备用发电机房、配变电室、计算机网络机房、主要通风和空调机房、防排烟机房、灭火控制系统操作装置处或控制室、企业消防站、消防值班室、总调度室、消防电梯机房及其他与消防联动控制有关的且经常有人值班的机房应设置消防专用电话分机。

b. 设有手动火灾报警按钮或消火栓按钮等处宜设置电话塞孔。当电话塞孔安装在墙壁上时，其底边距地面高度宜为 1.3～1.5m。

c. 特级保护对象的各避难层应每隔 20m 设置一个消防专用电话分机或电话塞孔。

④ 消防控制室、消防值班室或企业消防站等处，应设置可直接报警的外线电话。

15.1.6 消防联动控制系统设计

(1) 一般规定

① 各类受控消防设备或系统的控制和显示功能的设计应满足 15.1.4 消防控制室设计相关要求的规定。

② 消防联动控制器应能按设定的控制逻辑发出联动控制信号，控制各相关的受控设备，并接受相关设备动作后的反馈信号。

③ 消防联动控制器的电压控制输出应采用直流 24V。

④ 各受控设备接口的特性参数应与消防联动控制器发出的联动控制信号的特性参数相匹配。

⑤ 消防水泵、防烟和排烟风机的控制设备除采用自动控制方式外，还应在消防控制室设置手动直接控制装置实现手动控制。

(2) 自动喷水灭火系统的联动控制设计

① 湿式系统的联动控制设计，应符合下列规定。

a. 自动控制方式，应由湿式报警阀压力开关的动作信号作为系统的联动触发信号，由消防联动控制器联动控制喷淋消防泵的启动。

b. 手动控制方式，应将喷淋消防泵控制箱的启动、停止触点直接引至设置在消防控制室内的消防联动控制器的手动控制盘，实现喷淋消防泵的直接手动启动、停止。

c. 喷淋消防泵控制箱接触器辅助接点的动作信号或干管水流开关动作信号作为系统的联动反馈信号，应传至消防控制室，并在消防联动控制器上显示。

② 干式系统的联动控制设计，应符合下列规定。

a. 自动控制方式，应由干式报警阀压力开关的动作信号作为系统的联动触发信号，由消防联动控制器联动控制喷淋消防泵的启动。

b. 系统的直接手动控制和联动反馈信号的设计，应符合第①条第 b.、c. 款的要求。

③ 预作用系统的联动控制设计，应符合下列规定。

a. 自动控制方式，应由同一报警区域内两个及以上独立的火灾探测器或一个火灾探测器及一个手动报警按钮的报警信号，作为雨淋阀开启的联动触发信号，由消防联动控制器联动控制雨淋阀的开启，雨淋阀的动作信号应反馈给消防控制室，并在消防控制室联动控制器上显示；雨淋阀（或其后面的湿式报警阀的压力开关）的动作信号作为喷淋消防泵启动的联动触发信号，由消防联动控制器联动控制喷淋消防泵的启动。

b. 手动控制方式，应将喷淋消防泵控制箱和雨淋阀的启动、停止触点直接引至设置在消防控制室内的消防联动控制器的手动控制盘，实现喷淋消防泵和雨淋阀的直接手动启动、停止。

c. 喷淋消防泵控制箱接触器辅助接点的动作信号或干管水流开关动作信号作为喷淋消防泵的联动反馈信号应传至消防控制室，并在消防联动控制器上显示。

④ 雨淋系统、水喷雾系统及泡沫系统的联动控制设计，应符合下列规定。

a. 自动控制方式，应由同一防护区域内两个及以上独立的火灾探测器或一个火灾探测器和一个手动报警按钮等设备的报警信号作为雨淋阀开启的联动触发信号，由消防联动控制器联动控制该防护区域的雨淋阀、雨淋消防泵或泡沫消防泵的启动，且雨淋阀的开启不应先于雨淋消防泵的启动。

b. 手动控制方式，应将选择阀和雨淋消防泵或泡沫消防泵控制箱的启动、停止触点直接引至设置在消防控制室内的消防联动控制器的手动控制盘，实现选择阀和雨淋泵或泡沫泵控制箱的直接手动启动、停止，且雨淋阀的开启不应先于雨淋消防泵的启动。

c. 雨淋消防泵或泡沫消防泵控制箱接触器辅助接点的动作信号作为系统的联动反馈信号应传至消防控制室，并在消防联动控制器上显示。

⑤ 自动控制的水幕系统的联动控制设计，应符合下列规定。

a. 自动控制方式，当自动控制的水幕系统用于防火卷帘的保护时应由防火卷帘到底信号和本探测区域内的火灾报警信号作为水幕电磁阀的联动触发信号，由消防联动控制器联动控制水幕电磁阀的启动；水幕电磁阀的动作信号作为水幕消防泵启动的联动触发信号，由消防联动控制器联动控制水幕消防泵的启动；仅用水幕作为防火分隔时，应用该探测区内两只感温火灾探测器的火灾报警信号作为水幕消防泵启动的触发信号。

b. 手动控制方式，应将水幕电磁阀和水幕泵控制箱的启动、停止触点直接引至设置在消防控制室内的消防联动控制器的手动控制盘，实现水幕电磁阀和水幕消防泵的直接手动启动、停止。

c. 水幕消防泵控制箱接触器辅助接点的动作信号作为系统的联动反馈信号，应传至消防控制室，并在消防联动控制器上显示。

(3) 消火栓系统的联动控制设计

① 自动控制方式，应由消火栓按钮的动作信号作为系统的联动触发信号，由消防联动控制器联动控制消火栓消防泵的启动。

② 手动控制方式，应将消火栓消防泵控制箱的启动、停止触点直接引至设置在消防控制室内的消防联动控制器的手动控制盘，实现消火栓消防泵的直接手动启动、停止。

③ 消火栓干管水流开关的动作信号或消火栓消防泵控制箱接触器辅助接点的动作信号作为系统的联动反馈信号，应传至消防控制室，并在消防联动控制器上显示。

④ 在未设置火灾自动报警系统的保护对象中，消火栓按钮的动作信号应直接联动启动消

火栓消防泵。消火栓消防泵启动的联动反馈信号应在动作的消火栓按钮上显示。

（4）气体（泡沫）灭火系统的联动控制设计

① 气体（泡沫）灭火系统应由专用的气体（泡沫）灭火控制器控制。

② 具有气体（泡沫）灭火功能的火灾报警控制器联动控制设计，其自动控制方式应符合下列规定。

a. 应由同一防护区域内相邻的两个及以上独立的火灾探测器或一个火灾探测器及一个手动报警按钮的报警信号，作为系统的联动触发信号，探测器的组合宜采用感烟火灾探测器和感温火灾探测器。

b. 具有气体（泡沫）灭火功能的火灾报警控制器在接收到满足联动逻辑关系的首个触发信号（任一防护区域内设置的感烟火灾探测器、其他类型探测器或手动报警按钮的首次报警信号）后，应启动设置在该防护区内的火灾声、光警报器；在接收到第二个触发信号（同一防护区域内与首次报警的火灾探测器或手动报警按钮相邻的感温火灾探测器或手动报警按钮的报警信号）后，应发出联动控制信号。

c. 联动控制信号内容包括：关闭防护区域的防、排风风机及送、排风阀门；停止通风和空气调节系统及关闭设置在该防护区域的电动防火阀；联动控制防护区域开口封闭装置的启动，包括关闭防护区域的门、窗；启动气体（泡沫）灭火装置，根据人员安全撤离防护区的需要，气体（泡沫）灭火控制器可设定不大于30s的延迟喷射时间；对于平时无人工作的防护区，可设置为无延迟的喷射；启动气体（泡沫）灭火装置，同时启动设置在防护区的入口处的灭火剂喷放指示灯；组合分配系统应首先开启相应防护区域的选择阀或启动瓶，然后启动气体（泡沫）灭火装置。

③ 具有气体（泡沫）灭火系统联动控制设计的手动控制方式应符合下列规定。

a. 在防护区疏散出口的门外应设置气体（泡沫）灭火装置的手动启动和停止按钮，手动启动按钮按下时，火灾报警控制器应执行第②条第 c. 款规定的联动操作；手动停止按钮按下时，气体（泡沫）灭火控制器应停止正在执行的联动操作。

b. 火灾报警控制器上应设置对应于不同防护区的手动启动和停止按钮，手动启动按钮按下时，火灾报警控制器应执行第②条第 c. 款规定的联动操作；当手动停止按钮按下时，气体（泡沫）灭火控制器应停止正在执行的联动操作。

④ 由气体（泡沫）灭火控制器（不自带火灾探测器）控制的气体（泡沫）灭火系统的联动控制设计，采用自动控制方式时应符合下列规定。

a. 系统联动触发信号应由设置在该防护区内的火灾探测器发出火灾报警信号后，由火灾报警控制器或消防联动控制器发出，系统联动触发信号的组成应满足第②条的要求。

b. 当气体（泡沫）灭火控制器需接收火灾报警控制器的火灾报警信号才能完成灭火控制时，应能设定满足第②条要求的联动逻辑，且在逻辑关系满足时执行第②条要求的联动操作。

c. 当气体（泡沫）灭火控制器需要接收消防联动控制器的触发信号才能完成灭火控制时，消防联动控制器应能设定满足第②条要求的联动逻辑，并分两步将联动信息发给气体（泡沫）灭火控制器，气体（泡沫）灭火控制器按第②条的要求执行相应的联动操作。

⑤ 气体（泡沫）灭火控制器应将气体（泡沫）灭火装置启动及气体喷放各阶段的联动控制及反馈信号传至消防控制室，并在联动控制器上显示。系统反馈信号主要包括：

a. 自带的火灾探测器的气体（泡沫）灭火系统火灾探测器的报警信号；

b. 选择阀动作的反馈信号；

c. 压力开关的反馈信号。

⑥ 在防护区域内设有手动与自动控制的转换装置的系统，其手动或自动控制方式的工作状态应在设置在防护区内、外的手动、自动控制状态显示装置上显示，并将该状态信号应传至消防控制室，并在消防联动控制器上显示。

(5) 防烟排烟系统的联动控制设计

① 防烟系统的联动控制应符合下列规定。

a. 应由加压送风口所在防火分区内设置的感烟探测器的报警信号作为送风口开启的联动触发信号，并根据加压送风系统的设计要求，由消防联动控制器联动控制火灾层和相关层前室送风口的开启。

b. 同一防火分区内两个独立的火灾探测器或一个火灾探测器和一个手动报警按钮的报警信号作为加压送风机启动的联动触发信号，由消防联动控制器联动控制加压送风机启动。

c. 应由电动挡烟垂壁附近的感烟探测器的报警信号作为电动挡烟垂壁降落的联动触发信号，由消防联动控制器联动控制电动挡烟垂壁的降落。

② 排烟系统的自动控制方式应符合下列规定。

a. 应由同一防烟分区内两个及以上独立的火灾探测器或一个火灾探测器及一个手动报警按钮等设备的报警信号，作为排烟口或排烟阀的开启的联动触发信号，由消防联动控制器联动控制排烟口或排烟阀的开启同时停止该防烟分区的空气调节系统。

b. 排烟口或排烟阀开启的动作信号作为排烟风机启动的联动触发信号，由消防联动控制器联动控制排烟风机的启动。

③ 防排烟系统的手动控制方式，应将防烟、排烟风机的启动、停止触点直接引至设置在消防控制室内的消防联动控制器的手动控制盘上，以实现防烟、排烟风机的直接手动启动与停止。

④ 排烟口或排烟阀开启和关闭的反馈信号以及防烟、排烟风机启动和停止的反馈信号、电动防火阀关闭的反馈信号作为系统的联动反馈信号，应传至消防控制室，并在消防联动控制器上显示。

⑤ 排烟风机房入口处的排烟防火阀在280℃自熔关闭后直接联动控制风机停止，排烟防火阀及风机的动作信号应传至消防控制室，并在消防联动控制器上显示。

(6) 防火门及卷帘系统的联动控制设计

① 防火门系统的联动控制设计，应符合下列规定。

a. 疏散通道上设置的电动防火门，应由设置在防火门任一侧的火灾探测器的报警信号作为系统的联动触发信号，联动控制防火门的关闭。

b. 防火门开启及关闭的工作状态信号应传至消防控制室。

② 防火卷帘的升降应由防火卷帘控制器控制。

③ 防火卷帘控制器自带火灾探测器的防火卷帘系统的联动控制应符合下列规定。

a. 疏散通道上设置的防火卷帘，其自动控制方式，应由设置在防火卷帘两侧中任一组感烟和感温火灾探测器的报警信号，作为系统的联动触发信号，联动控制防火卷帘的下降。

b. 感烟火灾探测器的报警信号联动控制防火卷帘下降至距地（楼）面1.8m处停止。

c. 感温火灾探测器的报警信号联动控制防火卷帘下降到底。

d. 疏散通道上设置的防火卷帘，其手动控制方式，应由在防火卷帘两侧设置的手动控制按钮，实现手动控制防火卷帘的升降。

e. 仅用作防火分隔的防火卷帘，其自动控制方式应由设置在防火卷帘任一侧的火灾探测器的报警信号，作为系统的联动触发信号，由防火卷帘控制器联动控制防火卷帘的下降。防火卷帘任一侧的火灾探测器的报警信号，联动控制防火卷帘一次下降到底。

f. 防火卷帘的动作信号作为系统的联动反馈信号应传至消防控制室，并在消防联动控制器上显示。

g. 具有控制防火卷帘功能的火灾报警控制器应将其所带的感烟、感温火灾探测器的报警信号传至消防控制室。

④ 疏散通道上设置的防火卷帘，其自动控制方式的设计应符合下列要求。

a. 系统的联动触发信号应由火灾自动报警器或消防联动控制器发出，系统的联动触发信号的组成应满足第③条要求。

b. 火灾自动报警器通过系统组网等方式向防火卷帘控制器发送报警信息时，防火卷帘控制器应能设定满足第③条要求的联动逻辑，并在逻辑关系满足时执行第③条要求的联动操作。

c. 防火卷帘控制器接收消防联动控制器发出的联动控制信息时，消防联动控制器应能设定满足第③条要求的联动逻辑，分两步将联动信息发给防火卷帘控制器，防火卷帘控制器按第③条要求执行相应的联动操作。

d. 疏散通道上设置的防火卷帘，其手动控制方式的设计应符合第③条要求。

⑤ 仅用作防火分隔的防火卷帘，其自动控制方式的设计应符合下列要求。

a. 系统的联动触发信号应由设置在该报警区域内的火灾自动报警器或消防联动控制器发出，系统的联动触发信号的组成应满足第③条要求。

b. 火灾自动报警器通过系统组网等方式向防火卷帘控制器发送报警信息时，防火卷帘控制器应能设定满足第③条要求的联动逻辑，并在逻辑关系满足时执行第③条要求的联动操作。

c. 防火卷帘控制器接收消防联动控制器发出的联动控制信息时，消防联动控制器应能设定满足第③条要求的联动逻辑，将联动信息发给防火卷帘控制器，防火卷帘控制器按第③条要求执行相应的联动操作。

d. 防火卷帘的动作信号作为系统的联动反馈信号应传至消防控制室，并在消防联动控制器上显示。

(7) 电梯的联动控制设计

① 消防电梯及客梯追降的联动控制信号应由消防联动控制器发出。当系统确认发生火灾后，消防联动控制系统应发出联动控制信号强制所有电梯停于首层或电梯转换层。除消防电梯外，其他电梯的电源应切断。电梯停于首层或电梯转换层开门后的反馈信号作为电梯电源切断的触发信号。

② 消防控制室应显示消防电梯及客梯运行状态，并接收和显示其停于首层或转换层的反馈信号。

(8) 火灾警报和应急广播系统的联动控制设计

① 应急广播系统的联动控制信号应由消防联动控制器发出。当确认火灾后，应急广播系统首先向全楼或建筑（高、中、低）分区的火灾区域发出火灾警报，然后向着火层和相邻层进行应急广播，再依次向其他非火灾区域广播；3min 内应能完成对全楼的应急广播。

② 火灾应急广播的单次语音播放时间宜在 10～30s 之间，并应与火灾声警报器分时交替工作，可连续广播两次。

③ 消防控制室应显示处于应急广播状态的广播分区和预设广播信息。

④ 消防控制室应手动或按照预设控制逻辑自动控制选择广播分区，启动或停止应急广播系统。并在传声器进行应急广播时，自动对广播内容进行录音。

(9) 消防应急照明和疏散指示标志系统的联动控制设计

① 消防应急照明和疏散指示标志系统联动控制的设计，应符合下列要求。

a. 集中控制型消防应急照明系统的联动应由消防联动控制器联动应急照明控制器实现。

b. 集中电源型消防应急照明系统的联动应由消防联动控制器联动应急照明集中电源和应急照明分配电装置实现。

c. 独立控制型消防应急照明系统的联动，应由消防联动控制器联动消防应急照明配电箱实现。

d. 对消防应急照明系统工作状态的联动控制应保证消防应急照明系统在发生火灾时点亮所有消防应急灯具。

② 应急照明系统应急启动的联动控制信号应由消防联动控制器发出。当确认火灾后，由发生火灾的报警区域开始，顺序启动全楼疏散通道的应急照明系统。启动全楼消防应急照明系统投入应急状态的启动时间不应大于 5s。

③ 消防联动控制器应在自动喷水系统动作前，联动切断本防火分区的正常照明电源和非安全电压输出的集中电源型消防应急照明系统的电源输出。

④ 消防控制室应能显示消防应急照明系统的主电工作状态。

⑤ 消防控制室应分别手动和自动控制消防应急照明系统从主电工作状态转入应急工作状态。

(10) 相关联动控制设计

① 火灾报警后，应执行以下操作。

a. 自动打开涉及疏散的电动栅杆。

b. 宜开启相关层安全技术防范系统的摄像机监视火灾现场。

② 火灾确认后，应执行以下操作。

a. 自动打开疏散通道上由门禁系统控制的门；应自动开启门厅的电动旋转门和打开庭院的电动大门。

b. 应在消防控制室自动或手动切除相关区域的非消防电源。

15.1.7 报警区域与探测区域的划分

(1) 报警区域的划分

报警区域应根据防火分区或楼层划分。一个报警区域宜由一个或同层相邻几个防火分区组成。

(2) 探测区域的划分

① 探测区域的划分应符合下列规定。

a. 探测区域应按独立房（套）间划分。一个探测区域的面积不宜超过 $500m^2$；从主要入口能看清其内部，且面积不超过 $1000m^2$ 的房间，也可划为一个探测区域。

b. 红外光束线型感烟火灾探测器的探测区域长度不宜超过 100m，缆式感温火灾探测器的探测区域的长度不宜超过 200m；空气管差温火灾探测器的探测区域长度宜在 20～100m 之间。

② 符合下列条件之一的二级保护对象，可将几个房间划为一个探测区域：

a. 相邻房间不超过 5 间，总面积不超过 $400m^2$，并在门口设有灯光显示装置；

b. 相邻房间不超过 10 间，总面积不超过 $1000m^2$，在每个房间门口均能看清其内部，并在门口设有灯光显示装置。

③ 下列场所应分别单独划分探测区域：

a. 敞开或封闭楼梯间；

b. 防烟楼梯间前室、消防电梯前室、消防电梯与防烟楼梯间合用的前室；

c. 走道、坡道、管道井、电缆隧道；

d. 建筑物闷顶、夹层。

15.1.8 火灾探测器的选择

（1）一般规定

火灾探测器的选择，应符合下列要求。

① 对火灾初期有阴燃阶段，产生大量的烟和少量的热，很少或没有火焰辐射的场所，应选择感烟探测器。

② 对火灾发展迅速，可产生大量热、烟和火焰辐射的场所，可选择感温探测器、感烟探测器、火焰探测器或其组合。

③ 对火灾发展迅速，有强烈火焰辐射和少量烟、热的场所，应选择火焰探测器。

④ 对火灾初期可能产生一氧化碳气体且需要早期探测的场所，宜选择一氧化碳火灾探测器。

⑤ 对使用、生产或聚集可燃气体或可燃液体蒸气的场所，应选择可燃气体探测器。

⑥ 对火灾形成特征不可预料的场所，可根据模拟试验的结果选择探测器。

⑦ 对设有联动装置、自动灭火系统以及用单一探测器不应有效确认火灾的场合，宜采用同类型或不同类型的探测器组合。

⑧ 对需要早期发现火灾的特殊场所，可以选择高灵敏度的吸气式感烟火灾探测器，且应将该探测器的灵敏度设置为高灵敏度状态；也可根据现场实际分析早期可探测的火灾参数而选择相应的探测器。

（2）点型火灾探测器的选择

① 对不同高度的房间，火灾探测器的选择，应符合下列要求：

房间高度大于 12m 时，不宜选择感烟探测器；房间高度大于 8m 时，不宜选择感温探测器；房间高度大于 6m 时，不宜选择 A2、B、C、D、E、F、G 类感温探测器。如表 15-5 所示。

表 15-5 对不同高度的房间点型火灾探测器的选择

房间高度 h/m	感温探测器	感烟探测器		火焰探测器
		A1	A2、B、C、D、E、F、G	
$12<h\leqslant 20$	不适合	不适合	不适合	适合
$8<h\leqslant 12$	适合	不适合	不适合	适合
$6<h\leqslant 8$	适合	适合	不适合	适合
$h\leqslant 6$	适合	适合	适合	适合

② 下列场所宜选择感烟探测器：

a. 饭店、旅馆、教学楼、办公楼的厅堂、卧室、办公室等；

b. 计算机房、通信机房、电影或电视放映室等；

c. 楼梯、走道、电梯机房等；

d. 书库、档案库等；

e. 有电气火灾危险的场所。

③ 符合下列条件之一的场所，不宜选择离子感烟探测器：

a. 相对湿度经常大于 95%；

b. 气流速度大于 5m/s；

c. 有大量粉尘、水雾滞留；

d. 可能产生腐蚀性气体；

e. 在正常情况下有烟滞留；

f. 产生醇类、醚类、酮类等有机物质。

④ 符合下列条件之一的场所，不宜选择光电感烟探测器：

a. 有大量粉尘、水雾滞留；

b. 可能产生蒸气和油雾；

c. 在正常情况下有烟滞留。

⑤ 符合下列条件之一的场所，宜选择感温探测器：

a. 相对湿度经常大于95%；

b. 无烟火灾；

c. 有大量粉尘；

d. 在正常情况下有烟和蒸气滞留；

e. 厨房、锅炉房、发电机房、烘干车间等；

f. 吸烟室等；

g. 其他不宜安装感烟探测器的厅堂和公共场所。

⑥ 应根据使用场所的典型应用温度和最高应用温度，选择感温探测器。

⑦ 可能产生阴燃火或发生火灾不及时报警将造成重大损失的场所，不宜选择感温探测器；温度在0℃以下的场所，不宜选择感温探测器；温度变化较大的场所，不宜选择R型探测器。

⑧ 符合下列条件之一的场所，宜选择火焰探测器：

a. 火灾时有强烈的火焰辐射；

b. 液体燃烧火灾等无阴燃阶段的火灾；

c. 需要对火焰作出快速反应。

⑨ 符合下列条件之一的场所，不宜选择火焰探测器：

a. 可能发生无焰火灾；

b. 在火焰出现前有浓烟扩散；

c. 探测器的镜头易被污染；

d. 探测器的“视线”易被遮挡；

e. 探测区域内的可燃物是金属和无机物时，不宜选择红外火焰探测器；

f. 探测器易受阳光、白炽灯等光源直接或间接照射场所，不宜选择单波段红外火焰探测器；

g. 探测区域内正常情况下有高温黑体的场所，不宜选择单波段红外火焰探测器，但日光盲的红外火焰探测器除外；

h. 正常情况下有阳光、明火作业及易受X射线、弧光和闪电等影响，不宜选择紫外火焰探测器；

i. 探测器视线易被油雾、烟雾、水雾和冰遮挡的场所。

⑩ 符合下列条件之一的场所，可选择图像式火灾探测器：

a. 火灾初期有阴燃阶段，产生大量的烟和少量的热，很少或没有火焰辐射的场所可选择图像式感烟火灾探测器；

b. 火灾发展迅速，有强烈的火焰辐射和少量的烟、热的场所，可选择图像式火焰探测器。

⑪ 下列场所宜选择可燃气体探测器：

a. 使用可燃气体的场所；

b. 煤气站和煤气表房以及存储液化石油气罐的场所；

c. 其他散发可燃气体和可燃蒸气的场所。

⑫ 在火灾初期产生一氧化碳的下列场所可采用一氧化碳火灾探测器：

a. 点型感烟、感温和火焰探测器不适宜的场所；

b. 烟不容易对流、顶棚下方有热屏障的场所；

c. 在房顶上无法安装其他点型探测器的场所；

d. 需要多信号复合报警的场所。

⑬ 污物较多且必须安装感烟火灾探测器的场所，应选择间断吸气的点型吸气式感烟火灾探测器。

(3) 线型火灾探测器的选择

① 无遮挡的大空间或有特殊要求的房间，宜选择红外光束感烟探测器。

② 符合下列之一的场所，不宜选择红外光束感烟探测器：

a. 有大量粉尘、水雾滞留；

b. 可能产生蒸气和油雾；

c. 在正常情况下有烟滞留；

d. 探测器固定的建筑结构由于振动等会产生较大位移的场所。

③ 下列场所或部位，宜选择线型感温火灾探测器：

a. 公路隧道、铁路隧道等；

b. 不易安装点型探测器的夹层、闷顶；

c. 其他环境恶劣不适合点型探测器安装的危险场所。

④ 下列场所或部位，宜选择缆式线型感温火灾探测器：

a. 电缆隧道、电缆竖井、电缆夹层、电缆桥架；

b. 配电装置、开关设备、变压器等；

c. 各种皮带输送装置。

⑤ 下列场所或部位，宜选择空气管式或线型光纤感温火灾探测器。

a. 存在强电磁干扰的场所；

b. 除液化石油气外的石油储罐等；

c. 需要设置线型感温火灾探测器的易燃易爆场所；

d. 需要监测环境温度的电缆隧道、地下空间等场所宜设置具有实时温度监测功能的线型光纤感温火灾探测器。

⑥ 要求对直径小于 10cm 的小火焰或局部过热处进行快速响应的电缆类火灾场不宜选择线型光纤感温火灾探测器。

⑦ 线型定温探测器的选择，应保证其不动作温度高于设置场所的最高环境温度。

(4) 通过管路采样的吸气式感烟火灾探测器的选择

下列场所宜采用吸气式感烟火灾探测器：

① 具有高空气流量的场所；

② 点型感烟、感温探测器不适宜的大空间或有特殊要求的场所；

③ 低温场所；

④ 需要进行隐蔽探测的场所；

⑤ 需要进行火灾早期探测的关键场所；

⑥ 人员不宜进入的场所。

15.1.9 布线与系统供电

15.1.9.1 布线

(1) 一般规定

① 火灾自动报警系统的传输线路和 50V 以下供电的控制线路，应采用电压等级不低于交流 300/500V 的铜芯绝缘导线或铜芯电缆。采用交流 220/380V 的供电和控制线路应采用电压等级不低于交流 450/750V 的铜芯绝缘导线或铜芯电缆。

② 火灾自动报警系统传输线路的线芯截面选择，除应满足自动报警装置技术条件的要求外，还应满足机械强度的要求。铜芯绝缘导线、铜芯电缆线芯的最小截面面积不应小于表 15-6 的规定。

表 15-6 铜芯绝缘导线和铜芯电缆的线芯最小截面面积

序 号	类 别	线芯的最小截面面积/mm^2
1	穿管敷设的绝缘导线	1.00
2	线槽内敷设的绝缘导线	0.75
3	多芯电缆	0.50

(2) 屋内布线

① 火灾自动报警系统的传输线路应采用穿金属管、难燃型刚性塑料管或封闭式线槽保护方式布线。

② 火灾自动报警系统的电源线、消防联动的控制线应采用耐火类铜芯绝缘导线或铜芯电缆，通信、警报和应急广播线宜采用耐火类铜芯绝缘导线或铜芯电缆，当线路采用暗敷设时，宜采用金属管或难燃型刚性塑料管保护，并应敷设在不燃烧体的结构层内，且保护层厚度不宜小于 30mm。当采用明敷设时，应采用金属管或金属线槽保护，并应在金属管或金属线槽上采取防火保护措施。

③ 在线槽内成束敷设的导线或电缆，应采用绝缘和护套经阻燃处理的导线或电缆，当采用经阻燃处理的电缆时，可不穿金属管保护，但应敷设在电缆竖井或吊顶内有防火保护措施的封闭式线槽内。

④ 火灾自动报警系统用的电缆竖井，宜与电力、照明用的低压配电线路电缆竖井分别设置。如受条件限制必须合用时，两种电缆应分别布置在竖井的两侧。

⑤ 不同电压等级的线缆不应穿入同一根保护管内，当合用同一线槽时，线槽内应有隔板分隔。

⑥ 水平敷设的火灾自动报警系统的传输线路当采用穿管布线时，不同防火分区的线路不应穿入同一根管内，但探测器报警线路采用总线制布设时不受此限。

⑦ 从接线盒、线槽等处引到探测器底座盒、控制设备盒、扬声器箱的线路均应加金属保护管保护。

⑧ 火灾探测器的传输线路，宜选择不同颜色的绝缘导线或电缆。正极“+”线应为红色，负极“—”线应为蓝色。同一工程中相同用途导线的颜色应一致，接线端子应有标号。

15.1.9.2 系统供电

(1) 一般规定

① 火灾自动报警系统应设有交流（AC）电源和蓄电池备用电源。

② 火灾自动报警系统的 AC 电源应采用消防电源，直流备用电源可采用火灾报警控制器自带的蓄电池电源或集中设置的蓄电池电源。当直流备用电源采用集中设置的蓄电池应急控制

电源时，火灾报警控制器应采用单独的供电回路，并应保证在系统处于最大负载状态下不影响报警控制器的正常工作。

③ 消防控制室图形显示装置、消防通信设备等的电源，宜由交流不停电系统（UPS）或蓄电池型应急控制电源供电。

④ 蓄电池备用电源容量应保证火灾自动报警系统在 AC 电源中断后，工作 3h。

⑤ 火灾自动报警系统主电源的保护开关不应采用脱扣型剩余电流保护器，可采用只报警的剩余电流式电气火灾监控探测器进行监控。

⑥ 火灾自动报警系统的直流备用电源应采用火灾报警控制器自带的蓄电池电源或集中设置的蓄电池应急电源供电。

⑦ 集中设置的蓄电池备用电源输出功率应大于火灾自动报警及联动系统全负荷功率的120%，蓄电池组额定初装容量应保证火灾自动报警及联动系统在火灾状态同时工作负荷率下连续工作 3h。

（2）消防设备供电

① 消防控制室、消防水泵、消防电梯、防烟排烟设施、火灾自动报警系统、自动灭火系统、疏散应急照明和电动的防火门、窗、卷帘、阀门等消防用电，应按现行的国家标准《供配电系统设计规范》GB 50052 的规定进行设计。

② 消防控制室、消防水泵、消防电梯、防烟排烟风机等应由两路电源供电，并在最末一级配电箱处设置自动切换装置。消防设备与为其配电的配电箱距离不宜超过 30m。

（3）消防设备应急电源（FEPS）设计要求

① 消防设备应急电源（FEPS）可作为火灾自动报警系统的备用电源，为系统或系统内的设备及相关设施（场所）供电，但为消防设备供电的 FEPS 不能同时为应急照明供电。

② 为单相供电额定功率大于 30kW、三相供电额定功率大于 120kW 的消防设备供电的 FEPS 不应同时为其他负载供电。

③ FEPS 为单相供电额定功率小于 30kW、三相供电额定功率小于 120kW 的消防设备供电时，应采用以下方式。

a. 交流输出的 FEPS，一台 FEPS 可为一台设备或多台互投使用的消防设备供电。

b. 直流输出、现场逆变的 FEPS，可以树干式或放射式配带多逆变/变频分机方式为一台设备或多台互投使用的消防设备供电。

c. 有电梯负荷时，按最不利的全负荷同时启动冲击下的情况，FEPS 逆变母线电压不应低于额定电压的 80%；无电梯负荷时，FEPS 的母线电压不应低于额定电压的 75%。

④ FEPS 的蓄电池容量应保证负荷稳定工作后，应急工作时间的要求（各类消防用电设备在火灾发生期间，最少持续供电时间见表 15-7）。

表 15-7　各类消防用电设备在火灾发生期间最少持续供电时间

自动喷水系统	＞60min	防、排烟设备	＞180min
水喷雾和泡沫灭火系统	＞30min	火灾应急广播	≥20min
CO_2 灭火和干粉灭火系统	＞30min	消防电梯	＞180min

⑤ FEPS 的额定逆变功率应不小于最大的单台电动机及设备或成组电动机及设备可能同时启动的功率，对于直流输出、现场逆变的 FEPS，应考虑逆变母线压降。

（4）线路敷设

① 消防用电设备应采用专用的供电回路，其配电设备应设有明显标志。其配电线路和控

制回路宜按防火分区划分。

② 消防用电设备的配电线路应满足火灾时连续供电的需要，其敷设应符合下列规定。

a. 暗敷设时，应穿管并应敷设在不燃烧体结构内且保护层厚度不应小于 30mm；明敷设时，应穿有防火保护的金属管或有防火保护的封闭式金属线槽。

b. 当采用阻燃或耐火电缆时，敷设在电缆井、电缆沟内可不采取防火保护措施。

c. 当采用矿物绝缘类不燃性电缆时，可直接敷设。

d. 宜与其他配电线路分开敷设；当敷设在同一井沟内时，宜分别布置在井沟的两侧。

（5）系统接地

① 火灾自动报警系统接地装置的接地电阻值应符合下列要求。

a. 采用共用接地装置时，接地装置的接地电阻值必须按接入设备中要求的最小值确定。

b. 采用专用接地装置时，接地电阻值不应大于 4Ω。

② 在消防控制室应设等电位连接网络。电气和电子设备的金属外壳、机柜、机架、金属管、槽、浪涌保护器接地端等均应以最短的距离与等电位连接网络的接地端子连接。

③ 由消防控制室接地板引至各消防电子设备的专用接地线应选用铜芯绝缘导线，其线芯截面面积不应小于 $4mm^2$。

15.1.10 相关设备与装置的设置

（1）火灾报警控制器的设置

① 区域报警系统火灾报警控制器的设置，应符合下列要求。

a. 区域火灾报警控制器或火灾报警控制器应设置在有人值班的房间或场所。

b. 区域火灾报警控制器或火灾报警控制器安装在墙上时，其底边距地面高度宜为 1.3～1.5m，其靠近门轴的侧面距墙不应小于 0.5m，正面操作距离不应小于 1.2m。

② 集中报警系统火灾报警控制器的设置，应符合下列要求。

a. 系统中应设置一台集中火灾报警控制器和两台及以上区域火灾报警控制器，或设置一台火灾报警控制器和两台及以上区域显示器。

b. 集中火灾报警控制器或火灾报警控制器，应设置在有专人值班的消防控制室内。

③ 集中火灾报警控制器或火灾报警控制器、消防联动控制设备等在消防控制室内的布置，应符合下列要求。

a. 设备面盘前的操作距离：单列布置时不应小于 1.5m；双列布置时不应小于 2m。

b. 在值班人员经常工作的一面，设备面盘至墙的距离不应小于 3m。

c. 设备面盘后的维修距离不宜小于 1m。

d. 设备面盘的排列长度大于 4m 时，其两端应设置宽度不小于 1m 的通道。

e. 集中火灾报警控制器或火灾报警控制器安装在墙上时，其底边距地面高度宜为 1.3～1.5m，其靠近门轴的侧面距墙不应小于 0.5m，正面操作距离不应小于 1.2m。

④ 控制中心报警系统火灾报警控制器的设置，应符合下列要求。

a. 系统中至少应设置一台集中火灾报警控制器、一台专用消防联动控制设备和两台及以上区域火灾报警控制器；或至少设置一台火灾报警控制器、一台消防联动控制设备和两台及以上区域显示器。

b. 系统中设置的集中火灾报警控制器或火灾报警控制器和消防联动控制设备在消防控制室内的布置，应符合第③条的规定。

（2）火灾探测器的设置

① 点型火灾探测器的设置应符合下列要求。

a. 探测区域的每个房间至少应设置一只火灾探测器。

b. 感烟探测器、动作温度小于 85℃ 的感温探测器的保护面积和保护半径，应按表 15-8 确定；动作温度大于 85℃ 的感温探测器的保护面积和保护半径应根据生产企业设计说明书确定，但不应超过表 15-8 规定。

表 15-8　点型感烟探测器、点型感温探测器的保护面积和保护半径

火灾探测器的种类	地面面积 S/m^2	房间高度 h/m	一只探测器的保护面积 A 和保护半径 R					
			屋顶坡度 θ					
			$\theta\leqslant15°$		$15°<\theta\leqslant30°$		$\theta>30°$	
			A/m^2	R/m	A/m^2	R/m	A/m^2	R/m
感烟探测器	$S\leqslant80$	$h\leqslant12$	80	6.7	80	7.2	80	8.0
	$S>80$	$6<h\leqslant12$	80	6.7	100	8.0	120	9.9
		$h\leqslant6$	60	5.8	80	7.2	100	9.0
感温探测器	$S\leqslant30$	$h\leqslant8$	30	4.4	30	4.9	30	5.5
	$S>30$	$h\leqslant8$	20	3.6	30	4.9	40	6.3

c. 建筑高度不超过 14m 的封闭探测空间，且火灾初期会产生大量的烟时，可选择点型感烟火灾探测器。

d. 感烟探测器、感温探测器的安装间距，应根据探测器的保护面积 A 和保护半径 R 确定，并不应超过图 15-1 探测器安装间距极限曲线 $D_1\sim D_{11}$（含 D'_9）所规定的范围。

e. 一个探测区域内所需设置的探测器数量，不应小于下式的计算值：

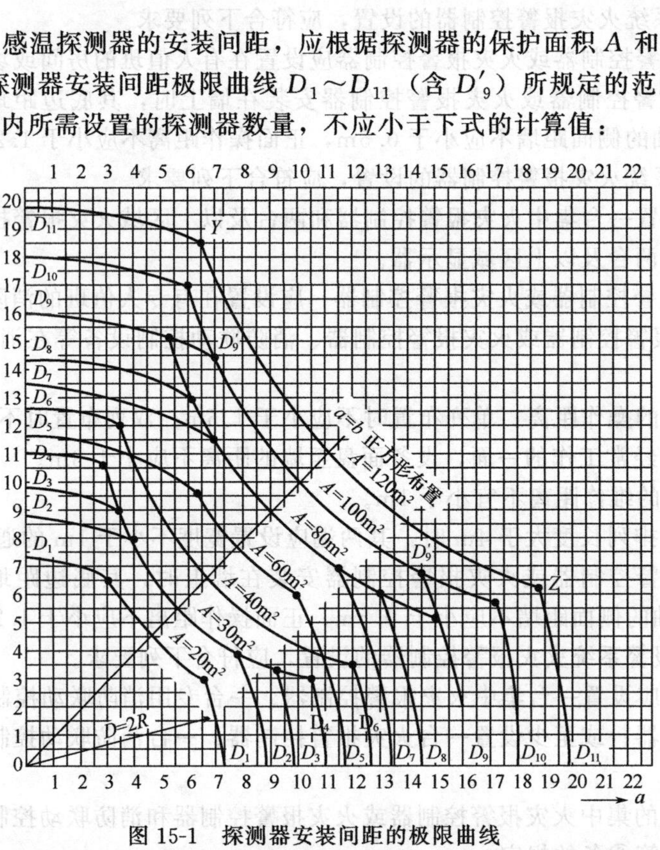

图 15-1　探测器安装间距的极限曲线

注：A—探测器的保护面积，m^2；a，b—探测器的安装间距，m；$D_1\sim D_{11}$（含 D'_9）—在不同保护面积和保护半径下确定探测器安装间距 a、b 的极限曲线；Y，Z—极限曲线的端点（在 Y 和 Z 两点间的曲线范围内，保护面积可得到充分利用）

$$N=S/KA \tag{15-1}$$

式中 N——探测器数量（只），N 应取整数；

S——该探测区域面积，m^2；

A——探测器的保护面积，m^2；

K——修正系数，特级保护对象宜取 0.7～0.8，一级保护对象宜取 0.8～0.9，二级保护对象宜取 0.9～1.0。

② 在有梁的顶棚上设置感烟探测器、感温探测器时，应符合下列规定。

a. 当梁突出顶棚的高度小于 200mm 时，可不计梁对探测器保护面积的影响。

b. 当梁突出顶棚的高度为 200～600mm 时，应按图 15-2 和表 15-9 确定梁对探测器保护面积的影响和一只探测器能够保护的梁间区域的个数。

c. 当梁突出顶棚的高度超过 600mm 时，被梁隔断的每个梁间区域至少应设置一只探测器。

d. 当被梁隔断的区域面积超过一只探测器的保护面积时，被隔断的区域应按第①条第 e. 款规定计算探测器的设置数量。

e. 当梁间净距小于 1m 时，可不计梁对探测器保护面积的影响。

③ 在宽度小于 3m 的内走道顶棚上设置探测器时，宜居中布置。感温探测器的安装间距不应超过 10m；感烟探测器的安装间距不应超过 15m；探测器至端墙的距离，不应大于探测器安装间距的一半。

④ 探测器至墙壁、梁边的水平距离，不应小于 0.5m。

⑤ 探测器周围 0.5m 内，不应有遮挡物。

⑥ 房间被书架、设备或隔断等分隔，其顶部至顶棚或梁的距离小于房间净高的 5%时，每个被隔开的部分至少应安装一只探测器。

⑦ 探测器至空调送风口边的水平距离不应小于 1.5m，并宜接近回风口安装。探测器至多孔送风顶棚孔口的水平距离不应小于 0.5m。

⑧ 当屋顶有热屏障时，感烟探测器下表面至顶棚或屋顶的距离，应符合表 15-10 所示的有关规定。

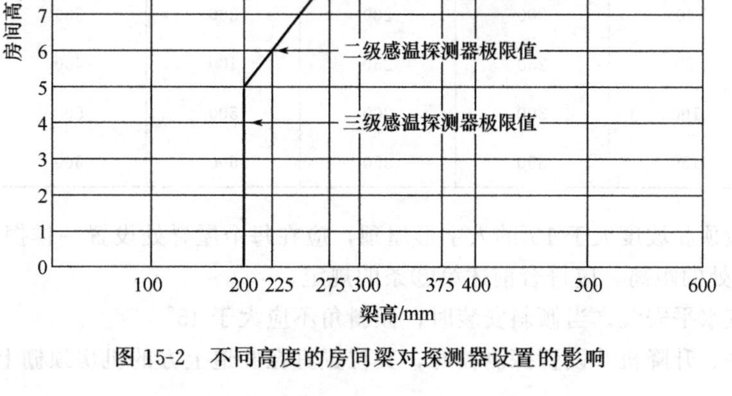

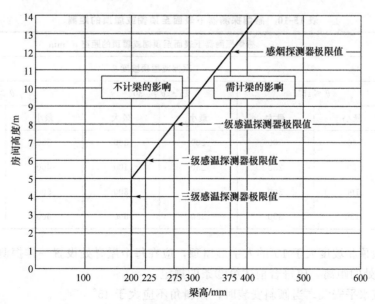

图 15-2 不同高度的房间梁对探测器设置的影响

表 15-9　按梁间区域面积确定一只探测器保护的梁间区域的个数

探测器的保护面积 A/m^2		梁隔断的梁间区域面积 Q/m^2	一只探测器保护的梁间区域的个数
感温探测器	20	$Q>12$	1
		$8<Q\leqslant 12$	2
		$6<Q\leqslant 8$	3
		$4<Q\leqslant 6$	4
		$Q\leqslant 4$	5
	30	$Q>18$	1
		$12<Q\leqslant 18$	2
		$9<Q\leqslant 12$	3
		$6<Q\leqslant 9$	4
		$Q\leqslant 6$	5
感烟探测器	60	$Q>36$	1
		$24<Q\leqslant 36$	2
		$18<Q\leqslant 24$	3
		$12<Q\leqslant 18$	4
		$Q\leqslant 12$	5
	80	$Q>48$	1
		$32<Q\leqslant 48$	2
		$24<Q\leqslant 32$	3
		$16<Q\leqslant 24$	4
		$Q\leqslant 16$	5

表 15-10　感烟探测器下表面至顶棚或屋顶的距离

探测器的安装高度 h/m	感烟探测器下表面至顶棚或屋顶的距离 d/mm					
	顶棚或屋顶坡度 θ					
	$\theta\leqslant 15°$		$15°<\theta\leqslant 30°$		$\theta>30°$	
	最小	最大	最小	最大	最小	最大
$h\leqslant 6$	30	200	200	300	300	500
$6<h\leqslant 8$	70	250	250	400	400	600
$8<h\leqslant 10$	100	300	300	500	500	700
$10<h\leqslant 12$	150	350	350	600	600	800

⑨ 锯齿形屋顶和坡度大于15°的人字形屋顶，应在每个屋脊处设置一排探测器，探测器下表面至屋顶最高处的距离，应符合前述第⑧条的规定。

⑩ 探测器宜水平安装。当倾斜安装时，倾斜角不应大于45°。

⑪ 在电梯井、升降机井设置探测器时，其位置宜在井道上方的机房顶棚上。

⑫ 一氧化碳火灾探测器可设置在任何气体可以扩散到的部位。

⑬ 火焰探测器和图像型火灾探测器的设置应符合下列规定。

a. 探测器的安装高度应与探测器的灵敏度等级相适应。

b. 探测器对保护对象进行空间保护时，应考虑探测器的探测视角及最大探测距离，避免出现探测死角。

c. 探测器的探测区内不应存在固定或流动的遮挡物。

d. 应避免光源直接照射在探测器的探测窗口。

e. 单波段的火焰探测器不应设置在平时有光源照射的场所。

f. 在探测器保护的建筑高度为超过 12m 的高大空间时，应选用 2 级以上灵敏度的火灾探测器；并应尽量降低探测器设置高度。

⑭ 线型光束感烟火灾探测器的设置应符合下列规定。

a. 探测器的光束轴线至顶棚的垂直距离宜为 0.3～1.0m，距地高度不宜超过 20m。

b. 相邻两组探测器的水平距离不应大于 14m，探测器至侧墙水平距离不应大于 7m，且不应小于 0.5m，探测器的发射器和接收器之间的距离不宜超过 100m。

c. 在探测器保护的建筑高度为超过 12m 的高大空间时，探测器应设置在开窗或通风空调对流层下面 1m 处，并采用多组探测器组成保护层的探测方式；在有关窗和通风空调停止工作的建筑中，可以在建筑顶部（不宜超过 25m）增设线型光束感烟火灾探测器，探测器的保护面积可按常规计算，并宜与下层探测器交错布置。

d. 探测器宜设置在混凝土结构上；在钢结构建筑中，可设置在钢架上，但应考虑位移影响，选择发射光范围大于钢结构位移的探测器。

e. 探测器的设置应保证其接收端避开日光和人工光源照射。

f. 选择反射式探测器时，应保证在反射板与探测器间任何部位进行模拟试验时，探测器均能正确响应。

⑮ 缆式线型感温火灾探测器的设置应符合下列规定。

a. 探测器在电缆桥架或支架上设置时，宜采用接触式布置；在各种皮带输送装置上设置时，宜设置在装置的过热点附近。

b. 设置在顶棚下方的空气管式线型差温探测器，至顶棚的距离宜为 0.1m。相邻管路之间的水平距离不宜大于 5m；管路至墙壁的距离宜为 1～1.5m。

c. 光栅光纤感温火灾探测器每个光栅的保护面积和保护半径应符合点型感温火灾探测器的保护面积和保护半径要求；保护油罐时，两个相邻光栅间距离不宜大于 3m，且一只光纤感温火灾探测器只能保护一个油罐。

d. 设置线型感温火灾探测器的场所有联动要求时，可采用具有多级报警功能的同一只线型感温火灾探测器的 2 级报警信号作为联动触发信号。

⑯ 通过管路采样的吸气式感烟火灾探测器的设置应符合下列规定。

a. 非高灵敏度型吸气式感烟火灾探测器的采样管网安装高度不应超过 16m，高灵敏度吸气式感烟火灾探测器的采样管网安装高度可以超过 16m。

b. 吸气式感烟火灾探测器的每个采样孔的保护面积、保护半径应符合点型感烟火灾探测器的保护面积、保护半径的要求。

c. 一台探测器的采样管总长不宜超过 200m，单管长度不宜超过 100m。采样孔总数不宜超过 100 个，单管上的采样孔数量不宜超过 25 个。

d. 当采样管道采用毛细管布置方式时，毛细管长度不宜超过 4m。

e. 当采样管道布置形式为垂直采样时，每 2℃温差间隔或 3m 间隔（取最小者）应设置一个采样孔。

f. 灵敏度可调的高灵敏度管路吸气式感烟火灾探测器必须设置为高灵敏度。

g. 吸气管路和采样孔应有明显的火灾探测器标识。

h. 有过梁、空间支架的建筑中，采样管路应固定在过梁、空间支架上。

i. 探测器保护的建筑高度大于 16m 的场所时，探测器的采样管应采用水平布管和下垂布管结合的布管方式，采样管采用垂直安装时，每 2℃温差或间隔 3m 间隔（取最小者）应设置一个采样孔，并保证至少有两个采样孔低于 16m，并宜有 2 个采样孔设置在开窗或通风空调对流层下面 1m 处。

⑰ 本节未涉及的其他火灾探测器的设置应按照厂家提供的设计手册或使用说明书进行设置，必要时可通过模拟保护对象火灾场景等方式对探测器的设置情况进行验证。

(3) 手动火灾报警按钮的设置

① 每个防火分区应至少设置一个手动火灾报警按钮。从一个防火分区内的任何位置到最邻近的一个手动火灾报警按钮的距离不应大于 30m。手动火灾报警按钮宜设置在公共活动场所的出入口处。

② 手动火灾报警按钮应设置在明显的和便于操作部位。当安装在墙上时，其底边距地高度宜为 1.3~1.5m，且应有明显的标志。

(4) 区域显示器的设置

① 宾馆、饭店等场所宜在每个报警区域设置一台区域显示器（火灾显示盘）。当一个报警区域包括多个楼层时，可在每楼层设置一台仅显示本楼层的区域显示器（火灾显示盘）。

② 火灾显示盘应设置在明显的和便于操作部位。当安装在墙上时，其底边距地高度宜为 1.3～1.5m。

(5) 火灾声和（或）光报警器的设置

① 每个防火分区的安全出口处应设置火灾声光警报器，其位置宜设在各楼层走道靠近楼梯出口处。

② 具有多个报警区域的保护对象，宜选用带有语音提示的火灾声警报器，语音应同步。

③ 同一建筑设置多个火灾声警报器时，应能同时启动和停止所有火灾声警报器工作。

(6) 火灾应急广播的设置

① 控制中心报警系统应设置火灾应急广播，集中报警系统宜设置火灾应急广播。

② 火灾应急广播扬声器的设置，应符合下列要求。

a. 民用建筑内扬声器应设置在走道和大厅等公共场所。每个扬声器的额定功率不应小于 3W，其数量应能保证从一个防火分区内的任何部位到最近一个扬声器的距离不大于 25m。走道内最后一个扬声器至走道末端的距离不应大于 12.5m。

b. 在环境噪声大于 60dB 的场所设置的扬声器，在其播放范围内最远点的播放声压级应高于背景噪声 15dB。

c. 客房设置专用扬声器时，其功率不宜小于 1.0W。

③ 同时设有火灾应急广播和火灾声警报装置的场所，应采用交替工作方式，声警报器单次工作时间宜为 8～20s，火灾应急广播工作时间宜为 10～30s ，可采取 1 次声警报器工作，2 次火灾应急广播工作的交替工作方式。

(7) 消防专用电话的设置

① 下列部位应设置消防专用电话分机。

a. 消防水泵房、备用发电机房、配变电室、计算机机房、主要通风和空调机房、排烟机房、消防电梯机房及其他与消防联动控制有关的且经常有人值班的机房。

b. 灭火控制系统操作装置处或控制室。

c. 企业消防站、总调度室。

② 设有手动火灾报警按钮或消火栓按钮等处宜设置电话塞孔。电话塞孔在墙上安装时，其底边距地面高度宜为 1.3～1.5m。

③ 特级保护对象的各避难层应每隔 20m 设置 1 个消防专用电话分机或电话塞孔。

(8) 水泵控制箱（柜）的设置

水泵控制箱（柜）的设置，应符合下列要求。

① 水泵控制箱（柜）（消火栓，自动喷洒，稳压）应设在独立的控制间内或泵房的配电室内，水泵控制箱（柜）安装场所内不应有无关的管道通过。

② 控制箱落地安装时，底部宜抬高，室内宜高出地面 50mm 以上，室外应高出地面 200mm 以上。底座周围应采取封闭措施，并应能防止鼠、蛇类等小动物进入箱内。

③ 成排布置且长度超过 6m 时，箱（柜）后的通道应设两个出口，并宜布置在通道的两端。

④ 控制箱（柜）的屏前和屏后的通道最小宽度应符合 GB 50054—2011《低压配电设计规范》中的规定。

⑤ 控制箱在墙上安装时，其底边距地面高度宜为 1.2m。

(9) 防烟排烟系统控制箱（柜）的设置

防烟排烟系统控制箱（柜）的设置，应符合下列要求。

① 防烟排烟系统控制箱（柜）应设置防烟排烟风机房或控制设备附近。控制箱落地安装时，底部宜抬高，室内宜高出地面 50mm 以上，室外应高出地面 200mm 以上。底座周围应采取封闭措施，并应能防止鼠、蛇类等小动物进入箱内。

② 控制箱（柜）的屏前和屏后的通道最小宽度应符合 GB 50054—2011《低压配电设计规范》中的规定。

③ 控制箱在墙上安装时，其底边距地面高度宜为 1.2m。

(10) 气体（泡沫）灭火控制器的设置

① 气体（泡沫）灭火控制器应设置在保护区域外部出入口或消防控制室内。

② 气体（泡沫）灭火控制器的安装设置应符合火灾报警控制器的安装设置要求。

③ 表示气体释放的火灾光警报器（气体释放灯）应设置在保护区域门口上方。

(11) 防火卷帘控制器的设置

① 防火卷帘控制器应设置在防火卷帘附近的墙面上。

② 防火卷帘控制器的底边距地面高度宜为 1.2m。

(12) 模块的设置

① 每个报警区域内的模块宜相对集中设置在本报警区域内金属模块箱中。

② 模块不应控制其他报警区域的设备。

③ 未集中设置的模块附近应有明显的标识。

(13) 消防电动装置的设置要求

① 消防电动装置的工作状态应有相应的控制装置控制，其状态信息应在相应的控制装置上显示。

② 具有手动控制功能的消防电动装置的设置应保证手动操作机构有可操作性。

（14）消防控制室图形显示装置的设置

① 消防控制室图形显示装置应设置在消防控制室内。

② 消防控制室图形显示装置与火灾报警控制器和消防联动控制器、电气火灾监控设备、可燃气体报警控制器的控制设备连接线，应采用专线连接。

③ 消防控制室图形显示装置的设置应保证有足够的操作和检修间距。

（15）火灾报警传输设备（或用户信息传输装置）的设置

① 火灾报警传输设备（或用户信息传输装置）应设置在消防控制室内；没有消防控制室时，应设置在火灾报警控制器附近的明显部位。

② 火灾报警传输设备（或用户信息传输装置）与火灾报警控制器、消防联动控制器等设备应采用专线连接。

③ 火灾报警传输设备（或用户信息传输装置）的设置应保证有足够的操作空间和检修间距。

④ 火灾报警传输设备（或用户信息传输装置）的手动报警装置应设置在易操作的明显部位。

（16）防火门监控器的设置

① 防火门监控器应设置在消防控制室内，在没有消防控制室的情况下，应设置在有人值班的场所。

② 防火门监控器的设置应保证有足够的操作和检修间距。

（17）消防设备电源的设置

① 消防设备宜由近距离的消防设备电源供电。

② 消防设备电源的工作状态应传给消防控制室。

15.1.11 相关系统的设置

15.1.11.1 电气火灾监控系统的设置

（1）一般规定

① 应根据建筑物性质、发生电气火灾危险性、保护对象等级设置电气火灾监控系统。

② 电气火灾监控系统应由下列部分或全部监控装置组成：

a. 电气火灾监控设备；

b. 剩余电流式电气火灾监控探测器；

c. 测温式电气火灾监控探测器；

d. 线型感温火灾探测器。

③ 应根据工程规模和需要检测电气火灾部位，确定采用独立式探测器或非独立式探测器。

④ 应根据电气敷设和用电设备具体情况，确定电气火灾监控探测器形式与安装位置。

⑤ 在无消防控制室且电气火灾监控探测器设置数量不超过 8 个时，可采用独立式电气火灾监控探测器。

⑥ 电气火灾监控系统的设置不应影响供电系统的正常工作。

（2）剩余电流式电气火灾监控探测器的设置

① 剩余电流式电气火灾监控探测器的设置应以低压配电系统末端探测为基本原则，宜设置在配电柜进线或出线端。在供电末端负载和漏电流很小，且其上一级的负载条件和正常泄漏电流仍符合设置剩余电流式电气火灾探测器时，可以在其上一级供电处设置。

② 剩余电流式电气火灾监控探测器应安装在 TN-C-S 系统或局部 TT 系统的场所。

③ 剩余电流式电气火灾监控探测器报警值必须与探测电气线路相适宜，探测器报警的泄

漏电流不应小于被保护电气线路和设备的正常运行时泄漏电流最大值的 2 倍。

④ 剩余电流式电气火灾监控探测器额定电流、额定电压等指标应满足被保护线路要求。

⑤ 剩余电流式电气火灾监控探测器应用于报警，不宜自动切断保护对象的供电电源。

⑥ 下列电气设备可不安装剩余电流式电气火灾监控探测器：

a. 使用安全电压供电的电气设备；

b. 一般环境条件下使用的具有加强绝缘（双重绝缘）的电气设备；

c. 使用隔离变压器且二次侧为不接地系统供电的电气设备；

d. 具有非导电条件场所的电气设备。

⑦ 选择剩余电流式电气火灾监控探测器时，应考虑供电系统固有的剩余电流，并选择参数合适的探测器，尽量使每只探测器充分发挥作用，减少构成监控系统的探测器数量。

⑧ 剩余电流式电气火灾监控探测器设置部位参见表 15-11。

表 15-11　剩余电流式电气火灾监控探测器设置部位

系统保护对象分级		剩余电流式电气火灾监控探测器设置部位		
		正常照明	正常动力	应急照明
特级		●	●	●
一级	十九层及十九层以上的居住建筑	●	○	●
	一类建筑	●	●	●
	建筑高度不超过 24m 的公共建筑及建筑高度超过 24m 的单层公共建筑	●	●	●
	工业建筑	●	●	●
	地下公共建筑	●	●	●
二级	十层至十八层的居住建筑	●每栋（或单元）居住建筑的总电源进线处		
	二类建筑	●	○	●
	建筑高度不超过 24m 的公共建筑	●	○	●
	工业建筑	●	●	●
	地下公共建筑	●	○	●
三级	十层以下的居住建筑	○每栋（或单元）居住建筑的总电源进线处		

注：●表示应设置；○表示宜设置。

(3) 测温式电气火灾监控探测器设置

① 测温式电气火灾监控探测器的设置应以探测电气系统异常时发热为基本原则，宜设置在电缆接头、电缆本体、开关触点等发热部位。

② 当探测对象为低压供电系统时，宜采用接触式布置的测温式电气火灾监控探测器。在被探测对象为绝缘体时，宜将探测器的温度传感器直接设置在被探测对象的表面，采用接触式布置。

③ 探测对象为配电柜内部温度变化时，可采用非接触式布置，但宜靠近发热部件设置。

④ 用线型感温火灾探测器保护电缆时，可将该线型感温火灾探测器接入电气火灾监控器。

⑤ 测温式电气火灾监控探测器设置部位参见表 15-12。

(4) 电气火灾监控设备的设置

① 电气火灾监控设备应设置在消防控制室内或有人值班的场所；在有消防控制室且将电

表 15-12　测温式电气火灾监控探测器设置部位

<table>
<tr><td colspan="2" rowspan="2">系统保护对象分级</td><td colspan="4">测温式电气火灾监控探测器设置部位</td></tr>
<tr><td>树干式配电回路出线端</td><td>放射式配电回路出线端或进线端</td><td>有可能产生过热型故障的配电设备</td><td>电缆接头分支头及接线处</td></tr>
<tr><td colspan="2">特级</td><td>●</td><td>●</td><td>●</td><td>○</td></tr>
<tr><td rowspan="5">一级</td><td>十九层及十九层以上的居住建筑</td><td>●</td><td>●</td><td>●</td><td>○</td></tr>
<tr><td>一类建筑</td><td>●</td><td>●</td><td>●</td><td>○</td></tr>
<tr><td>建筑高度不超过 24m 的公共建筑及建筑高度超过 24m 的单层公共建筑</td><td>●</td><td>●</td><td>●</td><td>○</td></tr>
<tr><td>工业建筑</td><td>●</td><td>●</td><td>●</td><td>○</td></tr>
<tr><td>地下公共建筑</td><td>●</td><td>●</td><td>●</td><td>○</td></tr>
<tr><td rowspan="5">二级</td><td>十层至十八层的居住建筑</td><td colspan="4">○每栋（或单元）居住建筑的总电源进线处</td></tr>
<tr><td>二类建筑</td><td>○</td><td>○</td><td>○</td><td>○</td></tr>
<tr><td>建筑高度不超过 24m 的公共建筑</td><td>○</td><td>○</td><td>○</td><td>○</td></tr>
<tr><td>工业建筑</td><td>○</td><td>○</td><td>○</td><td>○</td></tr>
<tr><td>地下公共建筑</td><td>○</td><td>○</td><td>○</td><td>○</td></tr>
</table>

注：●表示应设置；○表示宜设置。

气火灾监控设备的报警信息和故障信息传输给消防控制室时，电气火灾监控设备可以设置在保护区域附近。

② 电气火灾监控设备的报警信息和故障信息可以接入设置在消防控制室的消防控制室图形显示装置集中显示；但该类信息的显示应与火灾报警信息和可燃气体报警信息显示有明显区别。

③ 电气火灾监控设备的安装设置应参照火灾报警控制器的设置要求。

④ 保护区域内有联动要求时，可以由电气火灾监控设备本身控制输出控制，也可由消防联动控制器控制输出控制。

（5）独立式电气火灾监控探测器的设置

① 在设置有火灾自动报警系统的建筑中，独立式电气火灾监控探测器的报警信息可以接入火灾报警控制器或消防控制室图形显示装置显示，但其报警信息显示应与火灾报警信息显示有明显区别。

② 在未设置火灾自动报警系统的建筑中，独立式电气火灾监控探测器应配接火灾声光警报器使用，在探测器发出报警信号时，应自动启动火灾声光警报器。

15.1.11.2　家用火灾报警系统的设置

（1）家用火灾探测器的设置

① 在家庭室内设置火灾探测器宜使用家用火灾探测器，在设置非家用火灾探测器时，应在户内设置火灾声警报器，且宜采用语音提示、声压级宜为逐渐增加方式。

② 每间卧室、起居室内应至少设置一只感烟火灾探测器。

③ 厨房内应设置可燃气体探测器，并应符合下述要求。

a. 使用天然气的用户应选择甲烷探测器，使用液化气的用户应选择丙烷探测器，使用煤制气的用户应选择一氧化碳探测器。

b. 宜选择使用红外传感器或电化学传感器的家用可燃气体报警器。

c. 连接燃气灶具的软管及接头在橱柜内部时，探测器宜设置在橱柜内部。

d. 甲烷探测器应设置在厨房顶部，丙烷探测器和一氧化碳探测器可设置在厨房顶部，也可设置在其他部位。

e. 可燃气体探测器不宜设置在灶具正上方。

f. 探测器联动的关断阀宜为用户可自行复位的关断阀，且宜有胶管脱落自动保护功能。

④ 同时设置有火灾自动报警系统和家用火灾报警系统的建筑，在住户内宜设置家用火灾报警系统，公共场所应设置火灾探测器，家用火灾报警控制器应接入火灾报警控制器或消防控制室图形显示装置集中显示火灾报警信息。

(2) 家用火灾报警控制器的设置

① 家用火灾报警控制器应独立设置在每户内，且应设置在明显的和便于操作部位。当安装在墙上时，其底边距地高度宜为 1.2m。

② 具有可视对讲功能的家用火灾报警控制器宜设置在门口附近。

(3) 手动报警开关的设置

① 每户内至少设置一个手动报警开关或手动报警按钮。

② 手动报警开关应设置在明显的和便于操作部位。

③ 手动报警开关在卧室内，宜设置在床头附近。

(4) 控制中心监控设备的设置

① 控制中心监控设备应设置在有人值班的场所。

② 控制中心监控设备应配备可工作 8h 的备用电源。

(5) 二级以上保护对象中家庭户内火灾报警装置的设置

在二级以上保护对象中的家庭户内设置火灾报警装置时，应满足下述要求。

① 可设置火灾探测器，也可设置家用火灾探测器，探测器可以直接由火灾报警控制器控制，也可由家用火灾报警控制器控制，家用火灾报警控制器应与火灾报警控制器相连接。

② 建筑的公共部位应设置由火灾报警控制器控制的火灾探测器。

(6) B 类家用火灾报警系统的设置

① 设置在家庭户内的家用火灾报警控制器应连接到控制中心监控设备。

② 具有对讲装置的住宅，在住户发生火灾报警时宜点亮对讲门上对应住户的指示灯，并宜发出声音提示。

(7) C 类家用火灾报警系统的设置

① 应在建筑的公共部位设置火灾声和/或光警报器，当住户发生火灾时警报器应被启动。

② 具有对讲装置的住宅，在住户发生火灾报警时宜点亮对讲门上对应住户的指示灯，并宜发出声音提示。

(8) D 类家用火灾报警系统的设置

① 有多个起居室的住户，宜采用互连型独立式火灾探测报警器。

② 宜选择电池供电时间不少于 3 年的独立式火灾探测报警器

15.1.11.3 可燃气体探测报警系统的设置

(1) 一般规定

① 在生产、使用可燃气体的场所和/或有可燃气体产生的场所，应设置可燃气体探测报警系统。

② 可燃气体探测器应符合国家标准《可燃气体探测器》GB 15322 的要求；可燃气体报警控制器应符合国家标准《可燃气体报警控制器》GB 16808 的要求。

③ 可燃气体探测报警系统应具有独立的系统形式，接入火灾报警系统时，应由可燃气体报警控制器接入；石化行业的可燃气体探测报警系统可按本行业规范进行设置，但其报警信号应能接入消防控制室。

（2）可燃气体探测器的设置

① 探测气体密度小于空气密度的可燃气体探测器应设置在被保护空间的上方，探测气体密度大于空气密度的可燃气体探测器应设置在被保护空间的底部，探测气体密度与空气密度相当时，可燃气体探测器可设置在被保护空间的中间部位或顶部。

② 可燃气体探测器宜设置在可能产生可燃气体部位附近。

③ 可燃气体探测器的保护半径不宜大于5m。

④ 线型可燃气体探测器的保护区域长度不宜大于60m。

⑤ 可燃气体探测器不应接入火灾报警控制器。

（3）可燃气体报警控制器的设置

① 可燃气体报警控制器应设置有人值班的场所；在有消防控制室且将可燃气体报警控制器的报警和故障信息传输给消防控制室时，可燃气体报警控制器可设置在保护区域附近。

② 可燃气体报警控制器的报警信息和故障信息应传给消防控制室。

③ 可燃气体报警控制器的报警信息和故障信息可以接入设置在消防控制室的集中火灾报警控制器集中显示，也接入消防控制室图形显示装置集中显示；但该类信息的显示应与火灾报警信息显示有明显区别。

④ 可燃气体报警控制器的安装设置应参照火灾报警控制器的设置要求。

⑤ 可燃气体报警控制器发出报警信号时，应启动保护区域的火灾声和/或光警报器。

⑥ 保护区域内有联动要求时，可以由可燃气体报警控制器本身控制输出控制，也可由消防联动控制器控制输出控制。

15.2 建筑设备监控系统[26]

楼宇设备监控系统又称建筑设备自动化系统（building automation system，BAS），它是智能楼宇中应用计算机进行监控管理的重要设施。智能楼宇中有大量的电气设备、空调暖通设备、给排水设备、电梯设备等，这些机电设备分散在各个机房、各个楼层，要对其实施监视、测量、控制和管理是一件十分复杂的事情。BAS利用计算机技术、网络通信技术、自动控制技术对上述相关机电设备进行智能化管理，以达到舒适、安全、可靠、经济与节能的目的，为用户提供良好的工作和生活环境，并使系统中的各设备处于最佳运行状态。

15.2.1 一般规定

① 建筑设备监控系统（BAS）可对下列子系统进行设备运行和建筑节能的监测与控制：

a. 冷冻水及冷却水系统；

b. 热交换系统；

c. 采暖通风及空气调节系统；

d. 给水与排水系统

e. 供配电系统；

f. 公共照明系统；

g. 电梯和自动扶梯系统。

② 建筑设备监控系统设计应符合下列规定：

a. 建筑设备监控系统应支持开放式系统技术，宜建立分布式控制网络；

b. 应选择先进、成熟和实用的技术和设备，符合技术发展的方向，并容易扩展、维护和升级；

c. 选择的第三方子系统或产品应具备开放性和互操作性；

d. 应从硬件和软件两方面充分确定系统的可集成性；

e. 应采取必要的防范措施，确保系统和信息的安全性；

f. 应根据建筑的功能、重要性等确定采取冗余、容错等技术。

③ 设计建筑设备监控系统时，应根据监控功能需求设置监控点。监控系统的服务功能应与管理模式相适应。

④ 建筑设备监控系统规模，可按实时数据库的硬件点和软件点点数区分，宜符合表 15-13 的规定。

表 15-13　建筑设备监控系统规模

系统规模	实时数据库点数
小型系统	999 及以下
中型系统	1000～2999
大型系统	3000 及以上

⑤ 建筑设备监控系统，应具备系统自诊断和故障报警功能。

⑥ 当工程有智能建筑集成要求，且上级主管部门允许时，BAS 应提供与火灾自动报警系统（FAS）及安全防范系统（SAS）的通信接口，构成建筑设备管理系统（BMS）。

15. 2. 2　系统网络结构

建筑设备监控系统（BAS），宜采用分布式系统和多层次的网络结构。并应根据系统的规模、功能要求及选用产品的特点，采用单层、两层或三层的网络结构，但不同网络结构均应满足分布式系统集中监视操作和分散采集控制的原则。

大型系统宜采用由管理、控制、现场设备三个网络层构成的三层网络结构，其网络结构应符合图 15-3 的规定。中型系统宜采用两层或三层的网络结构，其中两层网络结构宜由管理层

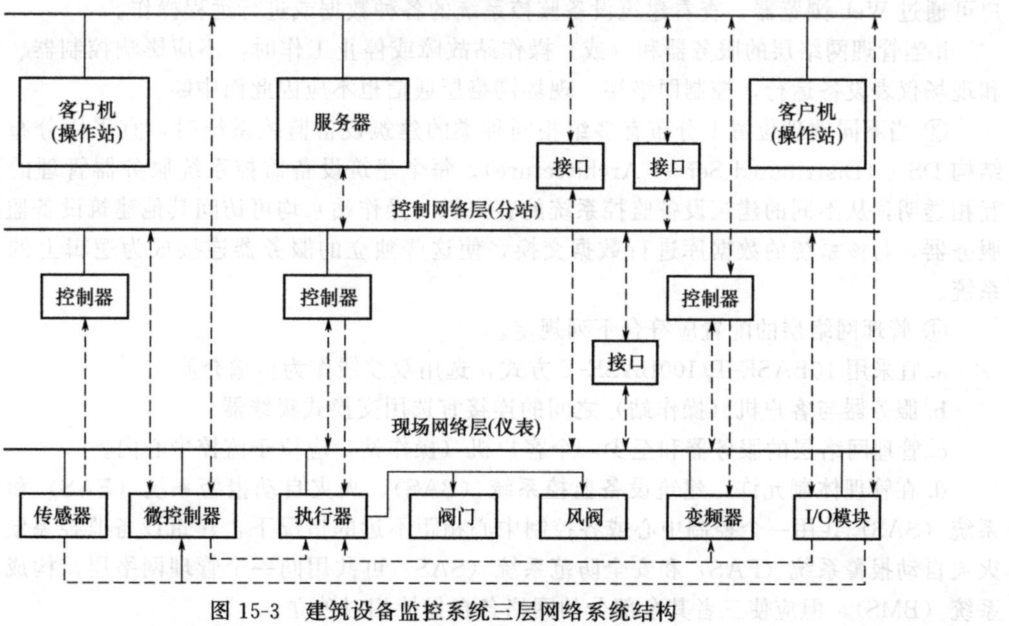

图 15-3　建筑设备监控系统三层网络系统结构

和现场设备层构成。小型系统宜采用以现场设备层为骨干构成的单层网络结构或两层网络结构。各网络层应符合下列规定。

① 管理网络层应完成系统集中监控和各种系统的集成。

② 控制网络层应完成建筑设备的自动控制。

③ 现场设备网络层应完成末端设备控制和现场仪表设备的信息采集和处理。

用于网络互联的通信接口设备，应根据各层不同情况，以 ISO/OSI 开放式系统互联模型为参照体系，合理选择中继器、网桥、路由器、网关等互联通信接口设备。

(1) 管理网络层（中央管理工作站）

① 管理网络层应具有下列功能：

a. 监控系统的运行参数；

b. 检测可控的子系统对控制命令的响应情况；

c. 显示和记录各种测量数据、运行状态、故障报警等信息；

d. 数据报表和打印。

② 管理网络层设计应符合下列规定。

a. 服务器与工作站之间宜采用客户机/服务器（Client/Server）或浏览器/服务器（Browser/Server）的体系结构。当需要远程监控时，客户机/服务器的体系结构应支持 Web 服务器。

b. 应采用符合 IEEE802.3 的以太网。

c. 宜采用 TCP/IP 通信协议。

d. 服务器应为客户机（操作站）提供数据库的访问，并宜采集控制器、微控制器、传感器、执行器、阀门、风阀、变频器数据，采集过程历史数据，提供服务器配置数据，存储用户定义数据的应用信息结构，生成报警和事件记录、趋势图、报表，提供系统状态信息。

e. 实时数据库的监控点数（包括软件点），应留有余量，不宜少于 10%。

f. 客户机（操作站）软件根据需要可安装在多台 PC 机上，宜建立多台客户机（操作站）并行工作的局域网系统。

g. 客户机（操作站）软件可以和服务器安装在一台 PC 机上。

h. 管理网络层应具有与互联网（Internet）联网能力，提供互联网用户通信接口技术，用户可通过 Web 浏览器，查看建筑设备监控系统的各种数据或进行远程操作。

i. 当管理网络层的服务器和（或）操作站故障或停止工作时，不应影响控制器、微控制器和现场仪表设备运行，控制网络层、现场网络层通信也不应因此而中断。

③ 当不同地理位置上分布有多组相同种类的建筑设备监控系统时，宜采用分布式服务器结构 DSA（Distributed Server Architecture）。每个建筑设备监控系统服务器管理的数据库应互相透明，从不同的建筑设备监控系统的客户机（操作站）均可访问其他建筑设备监控系统的服务器，与该系统的数据库进行数据交换，使这些独立的服务器连接成为逻辑上的一个整体系统。

④ 管理网络层的配置应符合下列规定。

a. 宜采用 10BASE-T/100BASE-T 方式，选用双绞线作为传输介质。

b. 服务器与客户机（操作站）之间的连接宜选用交换式集线器。

c. 管理网络层的服务器和至少一个客户机（操作站）应位于监控中心内。

d. 在管理体制允许，建筑设备监控系统（BAS）、火灾自动报警系统（FAS）和安全防范系统（SAS）共用一个控制中心或各控制中心相距不远的情况下，建筑设备监控系统（BAS）、火灾自动报警系统（FAS）和安全防范系统（SAS）可共用同一个管理网络层，构成建筑管理系统（BMS），但应使三者其余部分的网络各自保持相对独立。

（2）控制网络层（分站）

① 控制网络层应完成对主控项目的开环控制和闭环控制、监控点逻辑开关表控制和监控点时间表控制。

② 控制网络层应由通信总线和控制器组成。通信总线通信协议宜采用 TCP/IP、BACnet、LonTalk、MeterBus 和 ModBus 等国际标准。

③ 控制网络层控制器（分站）宜采用直接数字控制器（DDC）、可编程逻辑控制器（PLC）或兼有 DDC、PLC 特性的混合型控制器 HC（Hybrid Controller）。

④ 在民用建筑中，除有特殊要求外，应选用 DDC 控制器。

⑤ 控制器（分站）的技术要求，应符合下列规定。

a. CPU 不宜低于 16 位；RAM 不宜低于 128KB；EPROM 和（或）Flash-EPROM 不宜低于 512KB；RAM 数据应有 72h 断电保护。

b. 操作系统软件、应用程序软件应存储在 EPROM 或 Flash-EPROM 中。

c. 硬件和软件宜采用模块化结构。

d. 可提供使用现场总线技术的分布式智能输入、输出模块，构成开放式系统；分布式智能输入、输出模块应安装在现场网络层上。

e. 应提供至少一个 RS-232 通信接口与计算机在现场连接；应提供与控制网络层通信总线的通信接口，便于控制器与通信总线连接和与其他控制器通信；宜提供与现场网络层通信总线的通信接口，便于控制器与现场网络通信总线连接并与现场设备通信。

f. 控制器（分站）宜提供数字量和模拟量输入输出以及高速计数脉冲输入，并应满足控制任务优先级别管理和实时性要求。

g. 控制器（分站）规模以监控点（硬件点）数量区分，每台不宜超过 256 点。

h. 控制器（分站）宜通过图形化编程工程软件进行配置和选择控制应用。

i. 控制器宜选用挂墙的箱式结构或小型落地柜式结构；分布式智能输入、输出模块宜采用可直接安装在建筑设备的控制柜中的导轨式模块结构。

j. 应提供控制器典型配置时的平均无故障工作时间（MTBF）；每个控制器（分站）在管理网络层故障时应能继续独立工作。

⑥ 每台控制器（分站）的监控点数（硬件点），应留有余量，不宜小于 10%。

⑦ 控制网络层的配置应符合下列规定。

a. 宜采用总线拓扑结构，也可采用环形、星形拓扑结构；用双绞线作为传输介质。

b. 控制网络层可包括并行工作的多条通信总线，每条通信总线可通过网络通信接口与管理网络层（中央管理工作站）连接，也可通过管理网络层服务器的 RS-232 通信接口或内置通信网卡直接与服务器连接。

c. 当控制器（分站）采用以太网通信接口而与管理网络层处于同一通信级别时，可采用交换式集线器连接，与中央管理工作站进行通信。

d. 控制器（分站）之间通信，应为对等式（peer to peer）直接数据通信。

e. 控制器（分站）可与现场网络层的智能现场仪表和分布式智能输入、输出模块进行通信。

f. 当控制器（分站）采用分布式智能输入、输出模块时，可以用软件配置的方法，把各个输入、输出点分配到不同的控制器（分站）中进行监控。

（3）现场网络层

① 中型及以上系统的现场网络层，宜由通信总线连接微控制器、分布式智能输入输出模块和传感器、电量变送器、照度变送器、执行器、阀门、风阀、变频器等智能现场仪表组成。

也可使用常规现场仪表和一对一连线。

② 现场网络层宜采用 TCP/IP、BACnet、LonTalk、MeterBus 和 ModBus 等国际标准通信总线。

③ 微控制器应具有对末端设备进行控制的功能，并能独立于控制器（分站）和中央管理工作站完成控制操作。

④ 微控制器按专业功能可分为下列几类。

a. 空调系统的变风量箱微控制器、风机盘管微控制器、吊顶空调微控制器、热泵微控制器等。

b. 给水排水系统的给水泵微控制器、中水泵微控制器、排水泵微控制器等。

c. 变配电微控制器、照明微控制器等。

⑤ 微控制器宜直接安装在被控设备的控制柜（箱）里，成为控制设备的一部分。

⑥ 作为控制器的组成部分的分布式智能输入输出模块，应通过通信总线与控制器计算机模块连接。

⑦ 智能现场仪表应通过通信总线与控制器、微控制器进行通信。

⑧ 控制器、微控制器和分布式智能输入输出模块，应与常规现场仪表进行一对一的配线连接。

⑨ 现场网络层的配置应符合下列规定。

a. 微控制器、分布式智能输入输出模块、智能现场仪表之间，应为对等式直接数据通信。

b. 现场网络层可包括并行工作的多条通信总线，每条通信总线可视为一个现场网络。

c. 每个现场网络可通过网络通信接口与管理网络层（中央管理工作站）连接，也可通过网络管理层服务器 RS-232 通信接口或内置通信网卡直接与服务器连接。

d. 当微控制器和（或）分布式智能输入输出模块，采用以太网通信接口而与管理网络层处于同一通信级别时，可采用交换式集线器连接，与中央管理工作站进行通信。

e. 智能现场仪表可通过网络通信接口与控制网络层控制器（分站）进行通信。

f. 智能现场仪表宜采用分布式连接，用软件配置的方法，可把各种现场设备信息分配到不同的控制器、微控制器中进行处理。

（4）建筑设备监控系统的软件

① 建筑设备监控系统的三个网络层，应具有下列不同的软件：

a. 管理网络层的客户机和服务器软件；

b. 控制网络层的控制器软件；

c. 现场网络层的微控制器软件。

② 管理网络层（中央管理工作站）应配置服务器软件、客户机软件、用户工具软件和可选择的其他软件，并应符合下列规定。

a. 管理网络层软件应符合下列要求：

• 应支持客户机和服务器体系结构；

• 应支持互联网连接；

• 应支持开放系统；

• 应支持建筑管理系统（BMS）的集成。

b. 服务器软件应符合下列要求：

• 宜采用 Windows2003 以上操作系统；

• 应采用 TCP/IP 通信协议；

• 应采用 Internet Explorer6.0 SP1 以上浏览器软件；

• 实时数据库冗余配置时应为两套；

• 关系数据库冗余配置时应为两套；

• 不同种类的控制器、微控制器应有不同种类的通信接口软件；

• 应具有监控点时间表程序、事件存档程序、报警管理程序、历史数据采集程序、趋势图程序、标准报告生成程序及全局时间表程序；

• 宜有不少于 100 幅标准画面。

c. 客户机软件应符合下列要求：

• 应采用 Windows XP SP1 以上操作系统；

• 应采用 TCP/IP 通信协议；

• 应采用 Internet Explorer6.0 SP1 以上浏览器软件；

• 应有操作站软件；

• 应采用 Web 网页技术；

• 应有系统密码保护和操作员操作级别设置软件。

d. 用户工具软件应符合下列要求：

• 应有建立建筑设备监控系统网络和组建数据库软件；

• 应有生成操作站显示图形软件。

e. 工程应用软件应符合下列要求：

• 应有控制器自动配置软件；

• 应有建筑设备监控系统调试软件。

f. 当监控系统需要时，可选择下列软件：

• DSA 分布式服务器系统软件；

• 开放式系统接口软件；

• 火灾自动报警系统接口软件；

• 安全防范系统接口软件；

• 企业资源管理系统接口软件（包括物业管理系统接口软件）。

③ 控制网络层（控制器）软件应符合下列规定。

a. 控制网络层软件应符合下列要求：

• 控制器应接受传感器或控制网络、现场网络变化的输入参数（状态或数值），通过执行预定的控制算法，把结果输出到执行器、变频器或控制网络、管理网络；

• 控制器应设定和调整受控设备的相关参数；

• 控制器与控制器之间应进行对等式通信，实现数据共享；

• 控制器应通过网络上传中央管理工作站所要求的数据；

• 控制器应独立完成对所辖设备的全部控制，无须中央管理工作站的协助；

• 控制器应具有处理优先级别设置功能；

• 控制器应能通过网络下载或现场编程输入更新的程序或改变配置参数。

b. 控制器操作系统软件应符合下列要求：

• 应能控制控制器硬件；

• 应为操作员提供控制环境与接口；

• 应执行操作员命令或程序指令；

• 应提供输入输出、内存和存储器、文件和目录管理，包括历史数据存储；

• 应提供对网络资源访问；

• 应使控制网络层、现场网络层节点之间能够通信；

• 应响应管理网络层、控制网络层上的应用程序或操作员的请求；

• 可以采用计算机操作系统开发控制器操作平台；

• 可以嵌入 Web 服务器，支持因特网连接，实现浏览器直接访问控制器。

c. 控制器编程软件应符合下列要求：

• 应有数据点描述软件，具有数值、状态、限定值、默认值设置，用户可调用和修改数据点内的信息；

• 应有时间程序软件，可在任何时间对任何数据点赋予设定值或相应状态，包括每日程序、每周程序、每年程序、特殊日列表程序、今日功能程序等；

• 应有事件触发程序软件；

• 应有报警处理程序软件，导致报警信息生成的事件主要包括超出限定值、维护工作到期、累加器读数、数据点状态改变；

• 应有利用图形化或文本格式编程工具，或使用预先编好的应用程序样板，创建任何功能的控制程序应用程序软件和专用节能管理软件；

• 应有趋势图软件；

• 应有控制器密码保护和操作员级别设置软件。

d. 应提供独立运行的控制器仿真调试软件，检查控制器模块、监控点配置是否正确，检验控制策略、开关逻辑表、时间程序表等各项内容设计是否满足控制要求。

④ 现场网络层软件应符合下列规定。

a. 现场层网络通信协议，宜符合由国家或国际行业协会制定的某种可互操作性规范，以实现设备互操作。

b. 现场网络层嵌入式系统设备功能，宜符合由国家或国际行业协会制定的行业规范文件的功能规定并符合下列要求。

• 微控制器功能宜符合某种末端设备控制器行业规范功能文件的规定，成为该类末端设备的专用控制器，并可以与符合同一行业规范功能文件的第三方厂商生产的微控制器实现互操作。

• 分布式智能输入输出模块宜符合某种分布式智能输入输出模块（数字输入模块 DI、数字输出模块 DO、模拟输入模块 AI、模拟输出模块 AO）行业规范功能文件的规定，成为该类模块的规范化的分布式智能输入输出模块；并可以与符合同一行业规范功能文件的第三方厂商生产的同类分布式智能输入输出模块实现互换。

• 智能仪表宜符合温度、湿度、流量、压力、物位、成分、电量、热能、照度、执行器、变频器等仪表的行业规范功能文件的规定，成为该类仪表的规范化智能仪表，并可以与任何符合同一行业规范仪表功能文件的第三方厂商生产的智能仪表实现互换。

c. 每种嵌入式系统均应安装该种嵌入式系统设备的专用软件，用于完成该种专用功能。

d. 嵌入式系统的操作系统软件应具有系统内核小、内存空间需求少、实时性强的特点。

e. 嵌入式系统设备编程软件，应符合国家或国际行业协会行业标准中的《应用层可互操作性准则》的规定，并宜使用已成为计算机编程标准的《面向对象编程》方法进行编程。

(5) 现场仪表的选择

① 传感器的选择应符合下列规定。

a. 传感器的精度和量程，应满足系统控制及参数测量的要求。

b. 温度传感器量程应为测点温度的 1.2～1.5 倍，管道内温度传感器热响应时间不应大于 25s，当在室内或室外安装时，热响应时间不应大于 150s。

c. 仅用于一般温度测量的温度传感器，宜采用分度号为 Pt1000 的 B 级精度（二线制）；当参数参与自动控制和经济核算时，宜采用分度号为 Pt100 的 A 级精度（三线制）。

d. 湿度传感器应安装在附近没有热源、水滴且空气流通，能反映被测房间或风道空气状态的位置，其响应时间不应大于150s。

e. 压力（压差）传感器的工作压力（压差），应大于测点可能出现的最大压力（压差）的 1.5 倍，量程应为测点压力（压差）的 1.2～1.3 倍。

f. 流量传感器量程应为系统最大流量的 1.2～1.3 倍，且应耐受管道介质最大压力，并具有瞬态输出；流量传感器的安装部位，应满足上游 10*D*（管径）、下游 5*D* 的直管段要求，当采用电磁流量计、涡轮流量计时，其精度宜为 1.5%。

g. 液位传感器宜使正常液位处于仪表满量程的 50%。

h. 成分传感器的量程应按检测气体、浓度进行选择，一氧化碳气体宜按 $0\sim300\times10^{-6}$ 或 $0\sim500\times10^{-6}$；二氧化碳气体宜按 $0\sim2000\times10^{-6}$ 或 $0\sim10000\times10^{-6}$。

i. 风量传感器宜采用皮托管风量测量装置，其测量的风速范围不宜小于 2～16m/s，测量精度不应小于 5%。

j. 智能传感器应有以太网或现场总线通信接口。

② 调节阀和风阀的选择应符合下列规定。

a. 水管道的两通阀宜选择等百分比流量特性。

b. 蒸汽两通阀，当压力损失比大于或等于 0.6 时，宜选用线性流量特性；小于 0.6 时，宜选用等百分比流量特性。

c. 合流三通阀应具有合流后总流量不变的流量特性，其 A-AB 口宜采用等百分比流量特性，B-AB 口宜采用线性流量特性；分流三通阀应具有分流后总流量不变的流量特性，其 AB-A 口宜采用等百分比流量特性，AB-B 口宜采用线性流量特性。

d. 调节阀的口径应通过计算阀门流通能力确定。

e. 空调系统宜选择多叶对开型风阀，风阀面积由风管尺寸决定，并应根据风阀面积选择执行器，执行器扭矩应能可靠关闭风阀；风阀面积过大时，可选多台执行器并联工作。

③ 执行器宜选用电动执行器，其输出的力或扭矩应使阀门或风阀在最大流体流通压力时可靠开启和闭合。

④ 水泵、风机变频器输出频率范围应为1～55Hz，变频器过载能力不应小于 120%额定电流，变频器外接给定控制信号应包括电压信号和电流信号，电压信号为直流 0～10V，电流信号为直流 4～20mA。

15.2.3 冷冻水及冷却水系统

(1) 压缩式制冷系统的监控应符合的规定

① 冷水机的电机、压缩机、蒸发器、冷凝器等内部设备的自动控制和安全保护均由机组自带的控制系统监控，宜由供应商提供数据总线通信接口，直接与建筑设备监控系统交换数据。冷冻水及冷却水系统的外部水路的参数监测与控制，应由建筑设备监控系统控制器（分站）完成。

② 建筑设备监控系统应具有下列控制功能：

a. 制冷系统启、停的顺序控制；

b. 冷冻水供水压差恒定闭环控制；

c. 备用泵投切、冷却塔风机启停和冷水机低流量保护的开关量控制；

d. 根据冷量需求确定冷水机运行台数的节能控制；

e. 宜对冷水机组出水温度进行优化设定；

f. 冷却水最低水温控制；

g. 冷却塔风机台数控制或风机调速控制。

中小型工程冷冻水宜采用一次泵系统，系统较大、阻力较高且各环路负荷特性或阻力相差悬殊时，宜采用二次泵系统；二次泵宜选用变频调速控制。

③ 冷冻水及冷却水系统参数监测应符合下列要求。

a. 冷冻水供水、回水温度的测量应设置自动显示、超限报警、历史数据记录、打印及趋势图。

b. 冷冻水供水流量测量应设置瞬时值显示、流量积算、超限报警、历史数据记录、打印及趋势图。

c. 应根据冷冻水供回水温差及流量瞬时值计算冷量和累计冷量消耗。

d. 当系统有冷冻水过滤器时，应设置堵塞报警。

e. 进、出冷水机的冷却水水温测量应设置自动显示、极限值报警、历史数据记录、打印。

f. 冷却塔风机联动控制，应根据设定的冷却水温度上、下限启停风机。

g. 闭式空调水系统宜设高位膨胀水箱或气体定压罐定压；膨胀水箱内水位开关的高低水位或气体定压罐内高低压力越限时，应报警、并具备历史数据记录和打印功能。

h. 系统内的水泵、风机、冷水机组应设置运行时间记录。

(2) 溴化锂吸收式制冷系统的监控应符合的规定

① 冷水机组的高压发生器、低压发生器、溶液泵、蒸发器、吸收器（冷凝器）、直燃型的燃烧器等内部设备宜由机组自带的控制器进行监控，并宜由供应商提供数据总线通信接口，直接与建筑设备监控系统交换数据。冷冻水及冷却水系统的外部水路的参数监测与控制及各设备顺序控制，应由建筑设备监控系统控制器完成。

② 建筑设备监控系统的控制功能及工艺参数的监测应符合本节第 (1) 条第②、③款的规定。

③ 溴化锂吸收式制冷系统不宜提供低温冷冻水，冷冻水出口温度应大于 3℃。同时应设置冷却水温度低于 24℃时的防溴化锂结晶报警及联锁控制。

(3) 冰蓄冷系统的监控应符合的规定

① 宜选用 PLC 可编程控制器或 HC 混合型控制器（PLC＋DDC）。

② 应选用可流通乙二醇水溶液的蝶阀和调节阀，阀门工作温度应满足工艺要求。

③ 蓄冰槽进出口乙二醇溶液温度应设置自动显示、极限报警、历史数据记录、打印及趋势图。

④ 蓄冰槽液位测量应设置自动显示、极限报警、历史数据记录、打印及趋势图。宜选用超声波液位变送器，精度 1.5%。

⑤ 冰蓄冷系统交换器二次冷冻水及冷却水系统的监控与压缩式制冷系统相同，除符合本节第 (1) 条第③款的规定外，尚应增加下列控制。

a. 换热器二次冷媒侧应设置防冻开关保护控制。

b. 控制器（分站）应有主机蓄冷、主机供冷、融冰供冷、主机和蓄冷设备同时供冷运行模式参数设置；同时应具有主机优先、融冰优先、固定比例供冷运行模式的自动切换，并应根据数据库的负荷预测数据进行综合优化控制。

(4) 水源热泵系统的监控应符合的规定

① 水源热泵机组均由设备本身自带的控制盘监控，宜由供应商提供数据通信总线接口。建筑设备监控系统应完成风机、冷却塔、水泵启停和循环水温度控制。

② 水源热泵机组控制应符合下列要求：

a. 小型机组由回风或室内温度直接控制压缩机启停；
b. 大、中型机组宜采用多台压缩机分级控制方式；
c. 压缩机宜采用变频调速控制。
③ 循环水温度控制应符合下列要求：
a. 当循环水温度 $T_x \geqslant 30℃$时，应自动切换为夏季工况，冷却水系统供电准备投入工作；
b. 当循环水温度 $20℃ < T_x < 30℃$时为过渡季节，冷却水系统及辅助热源系统自动切除；
c. 当循环水温度 $T_x \leqslant 20℃$时，自动切换为冬季工况，辅助热源系统投入工作。
④ 循环水温度可直接控制封闭式冷却塔运行台数和冷却塔风机的转速。
⑤ 循环水泵可采用变速控制，控制循环水温度在设定值范围。
⑥ 循环水泵温度低于 7℃应报警，低于 4℃热泵应停止工作。
⑦ 冷却塔宜设防冻保护。
⑧ 循环水泵系统宜设置水流开关以及监测系统运行状态。循环水泵进出口宜设置压差开关，当检测到系统水流量减小时，应自动投入备用水泵，如果水流量不能恢复，热泵应停止工作。

15.2.4 热交换系统

(1) 热交换系统的监控应符合的规定
① 热交换系统应设置启、停顺序控制。
② 自动调节系统应根据二次供水温度设定值控制一次侧温度调节阀开度，使二次侧热水温度保持在设定范围。
③ 热交换系统宜设置二次供回水恒定压差控制；根据设在二次供回水管道上的差压变送器测量值，调节旁通阀开度或调节热水泵变频器的频率以改变水泵转速，保持供回水压差在设定值范围。
(2) 热交换系统的参数监测应符合的规定
① 汽-水交换器应监测蒸汽温度、二次供回水温度、供回水压力，并应监测热水循环泵运行状态；当温度、压力超限及热水循环泵故障时报警。
② 水-水交换器应监测一次供回水温度、压力，二次供回水温度、压力，并应监测热水循环泵运行状态；当温度、压力超限及热水循环泵故障时报警。
③ 二次水流量测量宜设置瞬时值显示、流量积算、历史数据记录、打印。
④ 当需要经济核算的时候，应根据二次供回水温差及流量瞬时值，计算热量和累计热量消耗。

15.2.5 采暖通风及空气调节系统

(1) 新风机组的监控应符合的规定
① 新风机与新风阀应设联锁控制；
② 新风机启、停控制应设置自动控制和手动控制；
③ 当发生火灾时，应接受消防联动控制信号联锁停机；
④ 在寒冷地区，新风机组应设置防冻开关报警和联锁控制；
⑤ 新风机组应设置送风温度自动调节系统；
⑥ 新风机组宜设置送风湿度自动调节系统；
⑦ 新风机组可设置由室内 CO_2 浓度控制送风量的自动调节系统。
(2) 新风机组的参数监测应符合的规定

① 新风机组应设置送风温度、湿度显示；

② 应设置新风过滤器两侧压差监测、压差超限报警；

③ 应设置机组启停状态及阀门状态显示；

④ 宜设置室外温、湿度监测。

（3）空调机组的监控应符合的规定

① 空调机组应设置风机、新风阀、回风阀联锁控制。

② 空调机组启停，应设置自动控制和手动控制。

③ 当发生火灾时，应接受消防联动控制信号联锁停机。

④ 在寒冷地区，空调机组应设置防冻开关报警和联锁控制。

⑤ 在定风量空调系统中，应根据回风或室内温度设定值，比例、积分连续调节冷水阀或热水阀开度，保持回风或室内温度不变。

⑥ 在定风量空调系统中，应根据回风或室内湿度设定值，开关量控制或连续调节加湿除湿过程，保持回风或室内湿度不变。

⑦ 在定风量系统中，宜设置根据回风或室内 CO_2 浓度控制新风量的自动调节系统。

⑧ 当采用单回路调节不能满足系统控制要求时，宜采用串级调节系统。

⑨ 在变风量空调机组中，送风量的控制宜采用定静压法、变静压法或总风量法，并应符合下列要求：

a. 当采用定静压法时，应根据送风静压设定值控制变速风机转速；

b. 当采用变静压法时，为使送风管道静压值处于最小状态，宜使变风量箱风阀均处于85%～99%的开度；

c. 当采用总风量法时，应以所有变风量末端装置实时风量之和，控制风机转速以改变送风量。

（4）空调机组的参数监测应符合的规定

① 空调机组应设置送、回风温度显示和趋势图；当有湿度控制要求时，应设置送、回风湿度显示。

② 空气过滤器应设置两侧压差的监测、超限报警。

③ 当有二氧化碳浓度控制要求时，应设置 CO_2 浓度监测，并显示其瞬时值。

（5）风机盘管是与新风机组配套使用的空调末端设备，其监控应符合的规定

① 风机盘管宜由开关式温度控制器自动控制电动水阀通断，手动三速开关控制风机高、中、低三种风速转换。

② 风机启停应与电动水阀联锁，两管制冬夏均运行的风机盘管宜设手动控制冬夏季切换开关。

③ 控制要求高的场所，宜由专用的风机盘管微控制器控制；微控制器应提供四管制的热水阀、冷冻水阀连续调节和风机三速控制，冬夏季自动切换两管制系统。

④ 微控制器应提供以太网或现场总线通信接口，构成开放式现场网络层。

（6）变风量空调系统末端装置（箱）的选择，应符合的规定

① 当选用压力有关型变风量箱时，采用室内温度传感器、微控制器及电动风阀构成单回路闭环调节系统，其控制器宜选择一体化微控制器，温度控制器与风阀电动执行器制成一体，可直接安装在变风量箱上。

② 当选用压力无关型变风量箱时，采用室内温度作为主调节参数，变风量箱风阀入口风量或风阀开度作为副调节参数，构成串级调节系统，其控制器宜选择一体化微控制器，串级控制器与风阀电动执行器制成一体，可直接安装在变风量箱上。

15.2.6 生活给水、中水与排水系统

(1) 生活给水系统的监控应符合的规定

① 当建筑物顶部设有生活水箱时，应设置液位计测量水箱液位，其高、低Ⅰ值宜用作控制给水泵，高、低Ⅱ值用于报警。

② 当建筑物采用变频调速给水系统时，应设置压力变送器测量给水管压力，用于调节给水泵转速以稳定供水压力。

③ 应设置给水泵运行状态显示、故障报警。

④ 当生活给水泵故障时，备用泵应自动投入运行。

⑤ 宜设置主、备用泵自动轮换工作方式。

⑥ 给水系统控制器宜有手动、自动工况转换。

(2) 中水系统的监控应符合的规定

① 中水箱应设置液位计测量水箱液位，其上限信号用于停中水泵，下限信号用于启动中水泵。

② 主泵故障时，备用泵应自动投入运行。

③ 宜设置主、备用泵自动轮换工作方式。

④ 中水系统控制器宜有手动、自动工况转换。

(3) 排水系统的监控应符合的规定

① 当建筑物内设有污水池时，应设置液位计测量水池水位，其上限信号用于启动排污泵，下限信号用于停泵。

② 应设置污水泵运行状态显示、故障报警。

③ 当污水泵故障时，备用泵应能自动投入。

④ 排水系统的控制器应设置手动、自动工况转换。

15.2.7 供配电系统

(1) 建筑设备监控系统应对供配电系统进行监测的电气参数

① 10 (6) kV 进线断路器、馈线断路器和联络断路器，应设置分、合闸状态显示及故障跳闸报警。

② 10 (6) kV 进线回路及配出回路，应设置有功功率、无功功率、功率因数、频率显示及历史数据记录。

③ 10 (6) kV 进出线回路宜设置电流、电压显示及趋势图和历史数据记录。

④ 0.4kV 进线开关及重要的配出开关应设置分、合闸状态显示及故障跳闸报警。

⑤ 0.4kV 进出线回路宜设置电流、电压显示、趋势图及历史数据记录。

⑥ 宜设置 0.4kV 零序电流显示及历史数据记录。

⑦ 宜设置功率因数补偿电流显示及历史数据记录。

⑧ 当有经济核算要求时，应设置用电量累计。

⑨ 宜设置变压器线圈温度显示、超温报警、运行时间累计及强制风冷风机运行状态显示。

(2) 柴油发电机组宜设置的监测功能

① 柴油发电机工作状态显示及故障报警；

② 日用油箱油位显示及超高、超低报警；

③ 蓄电池组电压显示及充电器故障报警。

15.2.8 公共照明系统

公共照明系统的监控应符合下列规定。

① 室内照明系统宜采用分布式控制器，当采用第三方专用控制系统时，该系统应有与建筑设备监控系统网络连接的通信接口。

② 室内照明系统的控制器应有自动控制和手动控制等功能；正常工作时，宜采用自动控制，检修或故障时，宜采用手动控制。

③ 室内照明宜按分区时间表程序开关控制，室外照明可按时间表程序开关控制，也可采用室外照度传感器进行控制，室外照度传感器应考虑设备防雨防尘的防护等级。

④ 照明控制箱应由分布式控制器与配电箱两部分组成，可选择一体的，也可选择分体的；控制器与其配用的照度传感器宜选用现场总线连接方式。

照明系统节能设计应符合本节上述第③款及15.2.10节第⑤、⑥条的规定。

15.2.9 电梯和自动扶梯系统

① 电梯和自动扶梯运行参数的监测宜符合下列规定：

a. 宜设置电梯、自动扶梯运行状态显示及故障报警；

b. 当监控电梯群组运行时，电梯群宜分组、分时段控制；

c. 宜对每台电梯的运行时间进行累计。

② 建筑设备监控系统与火灾信号应设有联锁控制。当系统接收火灾信号后，应将全部客梯迫降至首层。

15.2.10 建筑设备监控系统节能设计

① 建筑设备监控系统节能设计，应在保证分布式系统实现分散控制、集中管理的前提下，利用先进的控制技术和信息集成的优势，最大限度地节省能源。

② 当冷冻水、冷却水、采暖通风及空气调节等系统的负荷变化较大或调节阀（风门）阻力损失较大时，各系统的水泵和风机宜采用变频调速控制。

③ 冷冻水及冷却水系统的监控宜采用下列节能措施。

a. 当根据冷量控制冷冻水泵、冷却水泵、冷却塔运行台数时，水泵及冷却塔风机宜采用调速控制。

b. 根据制冷机组对冷却水温度的要求，监控系统应按与制冷机适配的冷却水温度自动调节冷却塔风机转速。

④ 空调系统的监控宜采用下列节能措施。

a. 在不影响舒适度的情况下，温度设定值宜根据昼夜、作息时间、室外温度等条件自动再设定。

b. 根据室内外空气焓值条件，自动调节新风量的节能运行。

c. 空调设备的最佳启、停时间控制。

d. 在建筑物预冷或预热期间，按照预先设定的自动控制程序停止新风供应。

⑤ 建筑物内照明系统的监控宜采用下列节能措施。

a. 工作时段设置与工作状态自动转换。

b. 工作分区设置与工作状态自动转换。

c. 在人员活动有规律的场所，采用时间控制和分区控制两种组合控制方式。

d. 在可利用自然光的场所，采用光电传感器的调光控制方式。

⑥ 室外照明系统的监控宜采用下列节能措施。

a. 道路照明、庭院照明宜采用分区、分时段时间表程序开关控制和光电传感器控制两种组合控制方式。

b. 建筑物的景观照明宜采用分时段时间表程序开关控制方式。

⑦ 给水排水系统宜按预置程序在用电低谷时将水箱灌满，污水池排空。

⑧ 在保证供配电系统安全运行情况下，宜根据用电负荷的大小控制变压器运行台数。

15.2.11 监控表

为建筑设备监控系统编制的监控表，应符合下列规定。

① 编制监控表应在各工种设备选择之后，根据控制系统结构图，由建筑设备监控系统的设计人与各工种设计人共同编制，同时核定对监控点实施监控的可行性。

② 编制的监控点一览表宜符合下列要求：

a. 为划分分站、确定分站I/O模块选型提供依据；

b. 为确定系统硬件和应用软件设置提供依据；

c. 为规划通信信道提供依据；

d. 为系统能以简洁的键盘操作命令进行访问和调用具有标准格式的显示报告与记录文件创造前提。

15.3 安全防范系统

15.3.1 安全防范系统的概念及总体要求[53]

(1) 安全防范系统构成

安全防范系统一般由安全管理系统和若干个相关子系统组成。安全防范系统的结构模式按其规模大小、复杂程度可有多种构建模式。按照系统集成度的高低，安全防范系统可分为集成式、组合式以及分散式三种类型。各相关子系统的基本配置，包括前端、传输、信息处理/控制/管理、显示/记录四大单元。不同（功能）的子系统，其各单元的具体内容也有所不同。现阶段比较常用的子系统主要包括：入侵报警系统、视频安防监控系统、出入口控制系统（门禁系统）、电子巡查系统（巡查系统）、停车库（场）管理系统以及以防爆安全检查系统为代表的特殊子系统等。

(2) 安全防范工程设计应遵循的原则

① 系统的防护级别与被防护对象的风险等级相适应。

② 技防、物防、人防相结合，探测、延迟、反应相协调。

③ 满足防护的纵深性、均衡性、抗易损性要求。

④ 满足系统的安全性、电磁兼容性要求。

⑤ 满足系统的可靠性、维修性与维护保障性要求。

⑥ 满足系统的先进性、兼容性、可扩展性要求。

⑦ 满足系统的经济性、适用性要求。

(3) 高风险对象的风险等级与防护级别

① 防护对象风险等级划分应遵循的原则

a. 根据被防护对象自身的价值、数量及其周围的环境等因素，判定被防护对象受到威胁或承受风险的程度。

b. 防护对象的选择可以是单位、部位（建筑物内外的某个空间）和具体的实物目标。不同类型的防护对象，其风险等级的划分可采用不同的判定模式。

c. 防护对象的风险等级按由大到小分为三级：一级风险、二级风险和三级风险。

② 安全防范系统的防护级别应与防护对象的风险等级相适应。防护级别共分为三级，按其防护能力由高到低定为一级防护、二级防护和三级防护。

③ 高风险对象的安全防范工程设计适用于文物保护单位和博物馆、银行营业场所、民用机场、铁路车站和重要物资储存库五类特殊对象的风险等级及其所需的防护级别。

④ 高风险对象的风险等级与防护级别的确定应符合下列规定。

a. 文物保护单位、博物馆风险等级和防护级别的划分按照《文物系统博物馆风险等级和防护级别的规定》GA27 执行。

b. 银行营业场所风险等级和防护级别的划分按照《银行营业场所风险等级和防护级别的规定》GA38 执行。

c. 重要物资储存库风险等级和防护级别的划分根据国家的法律、法规和公安部与相关行政主管部门共同制定的规章，并按本小节第①条的原则进行确定。

d. 民用机场风险等级和防护级别遵照中华人民共和国民用航空总局和公安部的有关管理规章，根据国内各民用机场的性质、规模、功能进行确定，并符合表 15-14 的规定。

表 15-14　民用机场风险等级与防护级别

风险等级	机场	防护级别
一级	国家规定的中国对外开放一类口岸的国际机场及安防要求特殊的机场	一级
二级	除定为一级风险以外的其他省会城市国际机场	二级或二级以上
三级	其他机场	三级或三级以上

e. 铁路车站的风险等级和防护级别遵照中华人民共和国交通运输部和公安部的有关管理规章，根据国内各铁路车站的性质、规模、功能进行确定，并符合表 15-15 的规定。

表 15-15　铁路车站风险等级与防护级别

风险等级	铁路车站	防护级别
一级	特大型旅客车站：有客货运特等站及安防要求特殊的车站	一级
二级	大型旅客车站：有客货运一等站、特等编组站、特等货运站	二级
三级	中型旅客车站（最高聚集人数不少于 600 人）：有客货运二等站、一等编组站、一等货运站	三级

注：表中铁路车站以外的其他车站防护级别可为三级。

15.3.2　入侵报警系统[26,87]

在智能建筑（群）及智能社区，如何有效防范不法分子的入侵、盗窃、破坏等行为，是工程设计者较为关心的问题。显然，仅靠人力来保卫居民生命财产的安全是不够的，需要物理防范、人员防范和技术防范相结合，借助以现代化高科技的电子技术、传感技术、精密机械技术和计算机技术为基础的防盗器材设备，构成一个快速反应系统，从而达到防入侵、防盗窃和防破坏的目的。下面就智能建筑中入侵报警系统的系统组成及功能、入侵报警探测器及其选择、入侵报警系统设计等进行讨论。

15.3.2.1 入侵报警系统的组成及功能

对于智能建筑而言，一个有效的、智能的入侵报警系统，应由下列四个部分组成：入侵报警探测器、报警信号的传输、监控中心和报警验证。

（1）入侵报警探测器

为了适应智能建筑（群）不同场所、不同环境和不同地点的探测要求，在入侵报警系统的前端，需要探测的现场安装一定数量的相关类型探测器，负责监视保护区域现场的任何入侵活动。用来探测入侵者移动或其他动作的电子或机械部件组成的装置，通常由传感器把压力、振动、声响、电磁场等物理量，转换成易于处理的电量（电压、电流、电阻）。信号处理器是把电压或电流进行放大，使其成为一种合适的信号。

（2）报警信号的传输

报警信号的传输是指将探测器所感受到的入侵信息，传输到系统监控中心的过程；其传输方式的选择，应考虑以下三点要求。

① 必须能快速准确无误地传输探测信号。

② 要根据警戒区域的分布、传输距离、环境条件、系统性能要求及信息容量来选择。

③ 应优先选择有线传输，特别是专线传输，只有在系统布线产生困难时，方可采用无线传输方式。

（3）监控中心

监控中心的功能是负责监视从各种保护区域送来的探测信息，并经终端设备处理后，以声、光形式报警，并同时在报警显示屏上显示，如有必要还可将报警内容打印输出。

入侵报警控制器是监控中心的主要设备，它能直接或间接地接收来自现场探测器发出的报警信号，控制器接到报警信号后发出声光报警，并能指示入侵发生的部位。

选择控制器时，应能满足以下条件。

① 当入侵者使线路开路或短路时，控制器应具有防破坏功能，仍可进行报警。

② 在开机或交接班时，控制器能对系统进行检测，具有自检功能。

③ 具备备用电源，系统在交流电停电后，仍能连续工作24h。

④ 具备打印记录功能和报警信号外送功能。

⑤ 控制器工作稳定可靠，避免出现误报和漏报。

⑥ 能对声音、图像、录像、灯光等进行自动联动功能。

（4）报警验证

在比较复杂的报警系统中，还要求对报警信号进行复核，以检验报警信号的准确性。例如，声音复核装置是用于探听入侵者在防范区域内走动、进行盗窃和破坏活动时，发生声音的验证装置。

入侵报警系统的组成结构如图 15-4 所示。

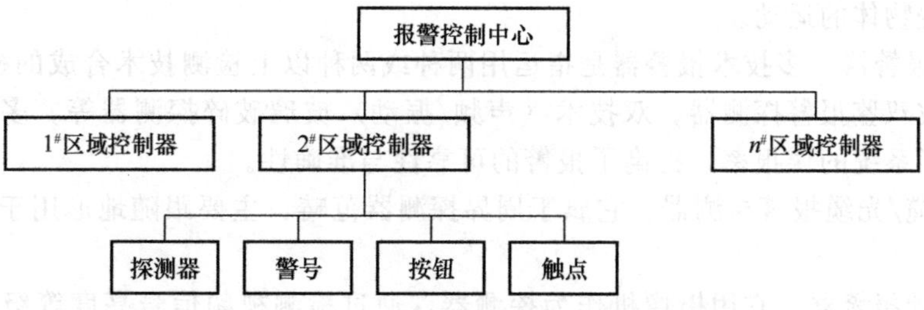

图 15-4　入侵报警系统的组成结构

由图 15-4 可以看出，入侵报警系统是按三层结构工作，即最底层是探测和执行设备，负责探测非法入侵活动，有异常情况时发出声光报警，同时向区域控制器发送信息。第二层区域控制器，负责下层设备的管理，同时向控制中心传送自己所负责区域内的报警情况。一个区域控制器和一些探测器、声光报警设备，就可组成一个简单的入侵报警系统。

通常区域报警控制器具有下列功能。

① 布防与撤防　在系统正常工作时，工作人员频繁出入探测器所在区域，报警控制器即使接到探测器发来的报警信号也不能发出报警，这时就需要“撤防”；而在下班时，则需要“布防”，如果在“布防”期间，有探测器的报警信号进来，就需要报警。报警控制器的这一功能通常是利用计算机的键盘来设定的。

② 布防后的延时　如布防时，操作人员正好在探测区内，那么布防不能马上生效，这就需要报警控制器能够延时，等操作人员离开后再生效。这是区域报警控制器所必须具备的功能之一。

③ 防破坏　如果出现报警线路或设备遭到破坏，区域报警控制器应仍能正常工作。常见的破坏一般是线路短路或断路，简单的处理方法是：在区域报警控制器连接探测器的线路上加上一定的电流，如遇断路，则线路上的电流为零。如有短路，则电流大大超过正常值，这两种情况中任何一种发生，都会引起控制器报警，从而达到防止破坏的目的。

④ 计算机联网　作为智能安防自动化系统来说，系统应该具有计算机通信联网功能。只有这样，才能方便地把本区域的报警信号顺利地送到控制中心，经过计算机进行数据分析处理，进而提高系统的安防准确性和系统的自动化程度。

15.3.2.2 常用入侵探测器及其选择

智能建筑中的安防探测器随着科技的发展，其产品不断推陈出新，且产品可靠性与灵敏度也不断提高。如何根据具体环境需要，恰当地选用探测器，以发挥各种探测器的功效，是建立入侵报警系统首要考虑的问题。

按照探测器的探测原理或应用传感器的不同可分为以下几类。

① 红外入侵探测器　分主动式和被动式两种。主动式红外入侵探器属于线控型，一般成对设置，多用于周界防范上。被动式红外入侵探测器可作为直线型，也能作为空间探测器，一般多用于室内空间的立体防范。其隐蔽性优于主动式红外入侵探测器。

② 振动入侵探测器　它能探测出人的走动，门、窗移动或被撬之响动，可用在背景噪声较大的场所。常用的振动传感器有机械式、电动式和压电晶体式。电动式又比压电式传感器灵敏度高，探测范围大，主要用于室外掩埋式周界报警系统。

③ 超声波探测器　它是利用多普勒效应，当被测目标侵入，并在防范区域空间移动时，移动人体反射的超声波将引起探测器报警。

④ 微波报警器　微波是一种频率很高的无线电波，由于其波长很短，与一般物体的几何尺寸相当，所以微波很容易被物体所反射，利用这一原理，根据入射波和反射波的频率漂移，可以探测出入侵物体的运动。

⑤ 多技术报警器　多技术报警器是指运用两种或两种以上检测技术合成的探测报警装置。比如红外加微波双鉴报警探测器、双技术（声频/振动）玻璃破碎探测器等。多技术报警器的使用大大降低了系统的误报率，提高了报警的可靠性与准确性。

⑥ 感应电缆/光缆报警探测器　它属于周界探测器范畴，主要跟随地形用于围墙、栅栏等周界报警。

⑦ 视频移动报警器　它用摄像机作为探测器，通过检测视频信号亮度等级的变化来触发报警。就像人类的眼睛一样，视频图像移动跟踪器能在对比图像的改变后作出反应，事先用摄

像机拍摄下一幅监控目标图像作为标准，并与随后的一组摄像机图像进行分析对比，即使图像亮度在测量循环中只改变0.01%，系统仍可判断出来。对于金融系统和文博场馆内要害部位的安全防范，是一种既方便又可靠的报警装置。

⑧ 玻璃破碎报警器　它利用压电式微音器，装于面对玻璃之位置。由于只对10～15kHz高频的玻璃破碎声音进行有效的检测，因此不会因玻璃本身的振动而引起反应。这种感知器普遍应用于玻璃门窗的防护。

⑨ 音频探测器　也称声入侵探测器。它是常用的空间防范探测器。通常将探测说话、行走等声响的装置叫作声控探测器；将探测物体被破坏时发出固有声响的装置叫作声发射探测器。选用声探测报警器，对环境要求较高（十分安静），应尽可能将其靠近保护目标，降低探测器的灵敏度，与其他探测手段结合使用。

⑩ 手动及脚踏报警按钮（开关）　属于紧急报警源。由于是人为操作，使用方便、灵活，是报警装置中最常见的一种。常用于银行、收银处等处人工报警。

⑪ 开关入侵探测器　一般由开关传感器（如微动开关、磁簧开关、干簧继电器、压力垫金属丝等）与相关电路组成常开或常闭式报警装置。在大型安防系统中，开关常用作第一道防线，和多个其他感知器配合，形成较为周密的监测网。

⑫ 接近式感测器　根据感测方式，可分为电磁式、电容式及光电式三种。所感测的距离通常在几厘米以内，甚至不到1cm。接近式感测器大多用于定点检测，如检测门把是否被人触动等。

⑬ 无线传输报警器　防范区域分散或不易架设传输线的地方，无线传输报警器有其独特的作用。由于目前用任何形式的传感器所组成的探测器都能组成无线探测器，这就给用户带来了很大的方便。于是无线红外、无线振动等无线传输报警器应运而生。

按照探测器的警戒范围不同可分为以下几类。

① 点型探测器　点型探测器是指警戒范围仅是一点的报警器，如门、窗、柜台、保险柜等这些警戒的范围仅是某一特定部位，当这些警戒部位的状态被破坏，即能发出入侵信号。点型探测器主要是指开关入侵探测器。该产品常由微动开关或干簧继电器组成探测器；干簧继电器由干簧管和磁铁组成，干簧管外壳由玻璃制成，容易破碎，一般将它安装在固定不动的门框或窗框上，磁铁则可安装在活动的门扇和窗扇上。开关传感器的触点容量很小，过载能力很差，耐压低，需要控制电路对探测器的输出信号进行处理，完成驱动报警器报警。

② 线型探测器　线型探测器是指警戒范围是一条线的报警器；当这条警戒线上的警戒状态被破坏时，发出报警信号。常见的线型探测器有主动红外防盗探测器、激光防盗探测器等。该产品的探测器在工作时，其发射机发射出一串红外光或激光，经反射或直接射到接收器上，如果中间任意处被遮断，报警器即发出报警信号。

众所周知，人们生活的空间充满了电磁场，平时所熟悉的光波、无线电波都是不同波长的电磁波，其波长划分如表15-16所示。红外防盗探测器和激光防盗探测器所使用的光源都属于红外线波段，为不可见光源，具有良好的隐蔽性。

表15-16　电磁波的波长划分

名　称	波长范围/μm	频率/MHz
无线电波	$>1\times10^3$	$<3\times10^5$
红外光	$0.78\sim1\times10^3$	$3\times10^5\sim3.84\times10^8$
可见光	$0.39\sim0.78$	$3.84\times10^8\sim7.7\times10^8$
紫外线	$0.01\sim0.39$	$7.7\times10^8\sim3\times10^{10}$
X射线	$10^2\sim10^5$	$3\times10^{10}\sim3\times10^{13}$

主动红外防盗探测器发射机光源通常采用红外发光二极管，具有体积小、重量轻、寿命长和功耗低等特点，同时光源经过脉冲调制发出，这样既大大降低了功耗，又增强了系统抗杂散光的能力。使用主动红外防盗探测器需要注意以下四个问题。

a. 最短遮光时间的确定。遮光时间选择太短，则会引起诸如飞鸟、小动物穿过带来的噪声干扰，产生误报。遮光时间选择太长，则可能发生漏报。通常以10m/s的速度通过镜头的遮光时间，来确定最短时间。

b. 滤光片的使用。由于环境背景辐射昼夜强度变化大，可达100dB，这就使接收机的光电传感器工作环境相差太大。通常采用截止滤光片，滤出背景光中的极大部分（主要滤出可见光的能量），使接收机的光电传感器在各种户外光照条件下的使用条件基本相似。

c. 双光路的选择。采用双光路探测，可大大提高抗噪声干扰和防误报能力。

d. 有效探测距离的确定。室外大雾等情况会引起红外线光的散射，大大缩短有效探测距离。通常红外探测器实测距离为：无雾时有效距离为70km；浅雾时有效距离为25km；轻雾时有效距离为15km；中雾时有效距离为0.6km；重雾时有效距离为0.3km。

激光探测器采用激光作光源，通常激光具有方向性好、亮度高、单色性和相干性好等特点，所以激光探测器适用于远距离的线控报警装置。因其能量集中，可以在光路上加反射镜反射激光，围成光墙。激光探测器采用半导体激光器的波长在红外线波段，处于不可见光范围，便于隐蔽，不易被犯罪分子发现。它采用脉冲调制，抗干扰能力强，稳定性好，通过采用双光路系统，可以大幅度提高系统的可靠性。

此外，还有一类地埋线缆电场探测器，主要用于非线型防护报警，它不受地理表面形状的限制，不影响地面美观，同时不易被人发现，抗干扰性强。

③ 面型探测器　面型探测器警戒范围为一个面，当警戒面上出现危急情况时，发出报警信号。常用作面型探测器的有：振动式或感应式报警探测器和电磁感应探测器，振动式报警探测器常安装在玻璃上或墙面上或要求保护的铁丝网上，当入侵者破坏玻璃或凿击墙面或触及铁丝网时，振动传感器会立即发出报警信息；电磁感应探测器有平行电场畸变探测器和带孔同轴电场探测器，当被探测的目标侵入防范区域时，引起传感器线路周围电磁场分布发生变化，进而导致电磁场感应探测器发出报警信号。

④ 空间探测器　空间探测器用于警戒一个空间范围，当警戒空间出现入侵危害时，发出报警信号。常用的空间探测器有：声入侵探测器和微波入侵探测器两种。在声入侵探测器中，常见的有声发射探测器、次声发射探测器和超声发射探测器。在声发射探测器中玻璃破碎声发射探测器主要用来探测频率在10～15kHz的玻璃破碎所发出的声音。次声发射探测器通常只用在室内空间防范，超声发射探测器利用多普勒效应，检测移动人体反射的超声波，利用超声波的变化进行报警。微波是一种频率很高的无线电波，波长在1～1000mm之间，很容易被物体反射，微波入侵探测器就是利用入射波和反射波的频率漂移，探测入侵物体。

15.3.2.3　入侵报警系统设计

(1) 建筑物入侵报警系统的设防应符合的规定

① 周界宜设置入侵报警探测器，形成的警戒线应连续无间断；一层及顶层宜设置入侵报警探测器。

② 重要通道及主要出入口应设置入侵报警探测器。

③ 重要部位宜设置入侵报警探测器，集中收款处、财务出纳室、重要物品库房应设置入侵报警探测器；财务出纳室应设置紧急报警装置。

(2) 入侵报警系统设计应符合的规定

① 入侵报警系统宜由前端探测设备、传输部件、控制设备、显示记录设备四个主要部分组成。

② 应根据总体纵深防护和局部纵深防护的原则，分别或综合设置建筑物（群）的周界防护、区域防护、空间防护、重点实物目标防护系统。

③ 系统应自成网络独立运行，宜与视频安防监控系统、出入口控制系统等联动，宜具有网络接口、扩展接口。

④ 根据需要，系统除应具有本地报警功能外，还应具有异地报警的相应接口。

⑤ 系统前端设备应根据安防管理需要、安装环境要求，选择不同探测原理、不同防护范围的入侵探测设备，构成点、线、面、空间或其组合的综合防护系统。

(3) 入侵探测器的设置与选择应符合的规定

① 入侵探测器盲区边缘与防护目标间的距离不应小于5m。

② 入侵探测器的设置宜远离影响其工作的电磁辐射、热辐射、光辐射、噪声、气象方面等不利环境，当不能满足要求时，应采取防护措施。

③ 被动红外探测器的防护区内，不应有影响探测的障碍物。

④ 入侵探测器的灵敏度应满足设防要求，并应可进行调节。

⑤ 复合入侵探测器，应被视为一种探测原理的探测装置。

⑥ 采用室外双束或四束主动红外探测器时，探测器最远警戒距离不应大于其最大射束距离的2/3。

⑦ 门磁、窗磁开关应安装在普通门、窗的内上侧；无框门、卷帘门可安装在门下侧。

⑧ 紧急报警按钮的设置应隐蔽、安全并便于操作，并应具有防误触发、触发报警自锁以及人工复位等功能。

(4) 系统的信号传输应符合的规定

① 传输方式的选择应根据系统规模、系统功能、现场环境和管理方式综合确定；宜采用专用有线传输方式。

② 控制信号电缆应采用铜芯，芯线截面积在满足技术要求的前提下，不应小于$0.50mm^2$；穿导管敷设的电缆，芯线截面积不应小于$0.75mm^2$。

③ 电源线所采用的铜芯绝缘电线、电缆芯线的截面积不应小于$1.0mm^2$，耐压不应低于300/500V。

④ 信号传输线缆应敷设在接地良好的金属导管或金属线槽内。

(5) 控制、显示记录设备应符合的要求

① 系统应显示和记录发生的入侵事件、时间和地点；重要部位报警时，系统应对报警现场进行声音或图像复核。

② 系统宜按时间、区域、部位任意编程设防和撤防。

③ 在探测器防护区内发生入侵事件时，系统不应产生漏报警，平时宜避免误报警。

④ 系统应具有自检功能及设备防拆报警和故障报警功能。

⑤ 现场报警控制器宜安装在具有安全防护的弱电间内，应配备可靠电源。

(6) 无线报警系统应符合的规定

① 安全技术防范系统工程中，当不宜采用有线传输方式或需以多种手段进行报警时，可采用无线传输方式。

② 无线报警的发射装置，应具有防拆报警功能和防止人为破坏的实体保护壳体。

③ 以无线报警组网方式为主的安防系统，应有自检和对使用信道监视及报警功能。

15.3.3 视频安防监控系统[26,87]

(1) 视频安防监视系统的特点

视频安防监视系统，即闭路电视（CCTV，Closed Circuit Television）监视系统是智能建筑实施现代化管理、监测和控制的重要手段之一。它可以通过摄像机及其辅助设备（如镜头、云台等）直接观看被保护对象现场的实际发生情况，并可以把所拍摄的图像用录像或多媒体技术等记录下来。视频安防监视系统获取的信息量大，一目了然，判断事件正确是系统报警复核、动态监控、过程控制和信息记录的有效方法。其主要特点如下。

① 实时性强：监控电视设备可及时摄取现场景物图像，并能立即传送到控制室。

② 灵敏度高：当采用微光电视设备时，可以在阴暗的夜间或星光条件下，拍摄到清晰的画面。

③ 可将非可见光信息转换为可见图像：采用非可见光电视设备摄取由红外线/紫外线和X射线等非可见信息，并将其转换成为可见光图像，这种转换技术对一些特殊情况的安防工作具有非常重要的意义。

④ 便于隐蔽和遥控：监控用电视摄像机可以做到轻便小巧，便于隐蔽和安装，并能实现远距离监视及进行录像。

⑤ 与云台配合使用可扩大监视范围：在一定空间范围内，安装多部摄像机，组成多层次、立体化监视，使监视范围不出现死角。

⑥ 可实现联动报警：当视频安防监视系统与入侵报警系统实施联动控制时，一旦入侵报警系统判断有非法侵入或紧急事件发生时，视频安防监视系统的摄像系统就进入紧急状态，并实施定格录像，入侵报警中心立即报警警示。

(2) 视频安防监控系统的组成

视频安防监视系统由下列四部分组成。

① 前端摄像设备：摄像机及其辅助设备（如镜头、云台等）。

② 传输部件：线缆、同轴电缆和光缆等。

③ 控制设备：视频切换器、多画面分割处理器和矩阵切换控制器等。

④ 显示记录设备：监视器和录像机等。

系统的规模往往是用摄像机的数量来衡量的，一般在智能建筑的安防自动化工程设计中，视频安防监视系统的摄像机在10～100台之间的，视为中等规模系统；超过100台，视为大规模系统；低于10台，称为小规模系统。图15-5给出了视频安防监控系统框图。

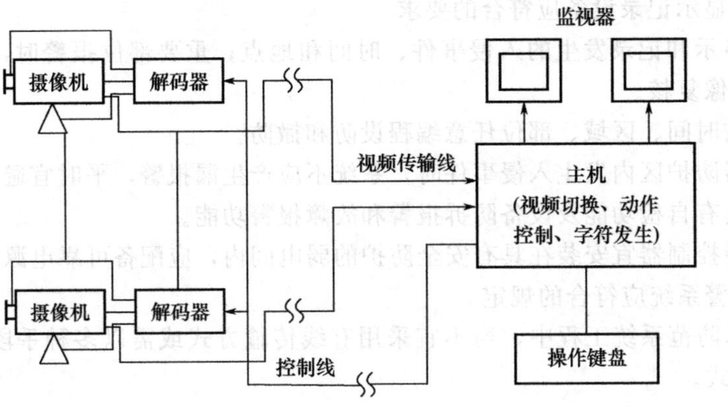

图15-5 视频安防监控系统框图

(3) 摄像机选型要点

在实际工程中，如果监视目标照度不高，而对监视图像清晰度要求较高时，宜选用黑白摄像机；对有景物色彩及细部要求的监视场合，宜选用彩色摄像机。在确定选用黑白摄像机还是选用彩色摄像机之后，主要应考虑摄像机的以下技术指标。

① 清晰度（分辨率）。清晰度是表示摄像机分辨图像细节的能力，通常用电视线（TVL）来表示。视频安防监控系统使用的摄像机应选用CCD（Charge-Coupled Device）摄像机。彩色摄像机的水平清晰度应在330TVL以上，黑白摄像机的水平清晰度应在420TVL以上。

② 灵敏度（照度）。在镜头光圈大小一定的情况下，摄像机获取规定信号电平所需要的最低靶面照度，称为摄像机的灵敏度。如果被摄物体照度再降低，监视器屏幕上将是一幅很难分辨层次的灰暗图像。监视场所的最低环境照度，应高于摄像机要求最低照度（灵敏度）的10倍。设置在室外或环境照度较低的彩色摄像机，其灵敏度不应大于1.0lx（F1.4），或选用在低照度时能自动转换为黑白图像的彩色摄像机。被监视场所照度低于所采用摄像机要求的最低照度时，应在摄像机防护罩上或附近加装辅助照明设施。室外安装的摄像机，宜加装对大雾透射力强的灯具。

③ 信噪比。即摄像机的图像信号与噪声电压的比值，往往用S/N表示。摄像机信噪比的典型值在45～55dB之间。信噪比越高越好。视频安防监控系统使用的摄像机信噪比不应低于46dB。

④ 宜优先选用定焦距、定方向固定安装的摄像机，必要时可采用变焦镜头摄像机。

(4) 摄像机的布置原则

① 摄像机应安装在监视目标附近，且不易受外界损伤的地方。摄像机镜头应避免强光直射，宜顺光源方向对准监视目标。当必须逆光安装时，应选用带背景光处理的摄像机，并应采取措施降低监视区域的明暗对比度。

② 摄像机的安装位置不应影响现场设备运行和人员正常活动。摄像机安装距地高度，在室内宜为2.2～5m，在室外宜为3.5～10m。

③ 摄像机需要隐蔽安装时，可设置在顶棚或墙壁内。电梯轿厢内设置摄像机，应安装在电梯厢门左或右侧上角。

④ 应根据摄像机所安装的环境、监视要求配置适当的云台、防护罩。安装在室外的摄像机，必须加装适当功能的防护罩。

(5) 摄像机镜头的分类

镜头是安装在摄像机前端的成像装置，其种类繁多，分类方式有好几种，从控制方式上大致可分为以下几种。

① 手动光圈定焦镜头。这种镜头的焦距是不可变的，可变的只有光圈的大小。适合于监视固定目标，且光照度变化很小的场合。

② 自动光圈定焦镜头。当进入摄像机镜头的光通量变化时，CCD成像面上产生的电荷也相应变化，使视频信号电平发生变化，从而产生一个控制信号，驱动镜头内的微型电动机转动，达到自动调光的目的。适合于摄取焦距相对固定，照度变化较大的目标。

③ 自动光圈电动变焦镜头。这是最常用的一种镜头，由于其光圈是自动的，所以适合光照度经常变化的场所。又由于其焦距是电动可变的，因而可对所监视场所的视角及目标进行变焦距摄取图像。这种镜头非常适合远距离观察和摄取目标。

④ 自动光圈、自动聚焦、电动变焦镜头。这种镜头除具有自动光圈及电动变焦功能外，还有自动聚焦功能。自动聚焦是由测焦系统与电动变焦反馈控制系统构成的。还有一种镜头与此差不多，习惯叫作电动三可变镜头，不同的只是光圈的调整由自动控制方式改为遥控方式。毫无疑问，这种镜头功能更为强大，造价也较高。

(6) 摄像机镜头的选配

① 镜头的焦距应根据视场大小和镜头与监视目标的距离确定，可按下式计算：

$$F = A \cdot L / H \qquad (15\text{-}2)$$

式中　F——焦距，mm；

A——像场高，mm；

L——物距，mm；

H——视场高，mm。

监视视野狭长的区域，可选择视角在40°以内的长焦（望远）镜头；监视目标视距小而视角较大时，可选择视角在55°以上的广角镜头；景深大、视角范围广且被监视目标为移动时，宜选择变焦距镜头；有隐蔽要求或特殊功能要求时，可选择针孔镜头或棱镜头。

② 在光照度变化范围相差100倍以上的场所，应选择自动或电动光圈镜头。

③ 当有遥控要求时，可选择具有聚焦、光圈、变焦遥控功能的镜头。

④ 镜头接口应与摄像机的工业接口一致。

⑤ 镜头规格应与摄像机CCD靶面规格一致。

(7) 视频安防监视系统的设计

图15-6给出了智能社区用射频输出的视频安防监视系统。

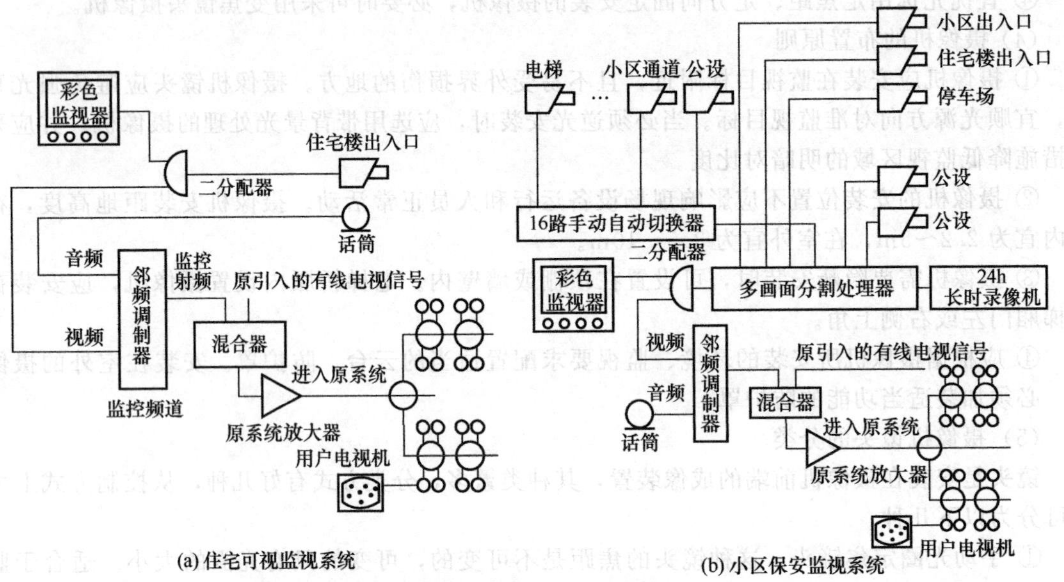

图15-6　智能社区用射频输出的视频安防监视系统

1）视频安防监控系统设计的一般要求

① 系统设计应满足监控区域有效覆盖、合理布局、图像清晰、控制有效的基本要求。

② 视频安防监控系统图像质量的主观评价，可采用五级损伤制评定，图像等级应符合表15-17的规定；系统在正常工作条件下，监视图像质量不应低于4级，回放图像质量不应低于3级；在允许的最恶劣工作条件下或应急照明情况下，监视图像质量不应低于3级。

③ 视频安防监控系统的制式应与通用的电视制式一致；选用设备、部件的视频输入和输出阻抗以及电缆的特性阻抗均应为75Ω，音频设备的输入、输出阻抗宜为高阻抗。

④ 沿警戒线设置的视频安防监控系统，宜对沿警戒线5m宽的警戒范围实现无盲区监控。

⑤ 系统应自成网络独立运行，并宜与入侵报警系统、出入口控制系统、火灾自动报警系统及摄像机辅助照明装置联动；当与入侵报警系统联动时，系统应对报警现场进行声音或图像复核。

表 15-17　五级损伤制评定图像等级

图像等级	图像质量损伤主观评价
5	不觉察损伤或干扰
4	稍有觉察损伤或干扰，但不令人讨厌
3	有明显损伤或干扰，令人感到讨厌
2	损伤或干扰较严重，令人相当讨厌
1	损伤或干扰极严重，不能观看

2）建筑物视频安防监控系统的设防要求

① 重要建筑物周界宜设置监控摄像机。

② 地面层出入口、电梯轿厢宜设置监控摄像机；停车库（场）出入口和停车库（场）内宜设置监控摄像机。

③ 重要通道应设置监控摄像机，各楼层的通道宜设置监控摄像机；电梯厅和自动扶梯口，宜预留视频监控系统管线和接口。

④ 集中收款处、重要物品库房、重要设备机房应设置监控摄像。

⑤ 通用型建筑物摄像机的设置部位应符合表 15-18 的规定。

表 15-18　摄像机的设置部位

建设项目部位	饭店	商场	办公楼	商住楼	住宅	会议展览	文化中心	医院	体育场馆	学校
主要出入口	★	★	★	★	☆	★	★	★	★	☆
主要通道	★	★	★	★	△	★	★	★	★	☆
大堂	★	☆	☆	☆	☆	☆	☆	☆	☆	△
总服务台	★	☆	△	△	—	☆	☆	△	☆	—
电梯厅	△	☆	☆	△	—	☆	☆	☆	☆	△
电梯轿厢	★	★	☆	△	△	★	☆	☆	☆	△
财务、收银	★	★	★	—	—	★	☆	★	☆	☆
卸货处	☆	★	—	—	—	★	—	☆	—	—
多功能厅	☆	△	△	△	—	☆	☆	△	△	△
重要机房或其出入口	★	★	★	☆	☆	★	★	★	★	☆
避难层	★	—	★	★	—	—	—	—	—	—
贵重物品处	★	★	☆	—	—	☆	☆	☆	☆	—
检票、检查处	—	—	—	—	—	☆	☆	—	★	△
停车库（场）	★	★	★	☆	△	☆	☆	☆	☆	△
室外广场	☆	☆	☆	△	—	☆	☆	△	☆	☆

注：★应设置摄像机的部位；☆宜设置摄像机的部位；△可设置或预埋管线部位。

3）系统信号传输要求

① 传输方式的选择应根据系统规模、系统功能、现场环境和管理方式综合考虑。宜采用专用有线传输方式，必要时可采用无线传输方式。

② 采用专用有线传输方式时，传输介质宜选用同轴电缆。当长距离传输或在强电磁干扰

环境下传输时，应采用光缆。电梯轿厢的视频电缆应选用电梯专用视频电缆，电梯专用视频电缆的屏蔽性能较好。

③ 控制信号电缆应采用铜芯，其芯线截面积在满足技术要求的前提下，不应小于 $0.50mm^2$。穿导管敷设的电缆的芯线截面积不应小于 $0.75mm^2$。

④ 电源线所采用的铜芯绝缘电线、电缆芯线的截面积不应小于 $1.0mm^2$，耐压不应低于300/500V。

⑤ 信号传输线缆宜敷设在接地良好的金属导管或金属线槽内。

4）系统主控设备应具有的控制功能

① 对摄像机等前端设备的控制。

② 图像显示任意编程及手动、自动切换。

③ 图像显示应具有摄像机位置编码、时间、日期等信息。

④ 对图像记录设备的控制。

⑤ 支持必要的联动控制；当报警发生时，应对报警现场的图像或声音进行复核，并自动切换到指定的监视器上显示和自动实时录像。

⑥ 具有视频报警功能的监控设备，应具备多路报警显示和画面定格功能，并任意设定视频警戒区域。

⑦ 视频安防监控系统，宜具有多级主机（主控、分控）功能。

5）显示设备的选择

① 显示设备可采用专业监视器、电视接收机、大屏幕投影、背投或电视墙；一个视频安防监控系统至少应配置一台显示设备。

② 宜采用12～25in（1in＝25.4mm）黑白或彩色监视器，最佳视距宜在5～8倍显示屏尺寸之间。

③ 宜选用比摄像机清晰度高一挡（100TVL）的监视器。

④ 显示设备的配置数量，应满足现场摄像机数量和管理使用的要求，合理确定视频输入、输出的配比关系。

⑤ 电梯轿厢内摄像机视频信号，宜与电梯运行楼层字符叠加，实时显示电梯运行信息。

⑥ 当多个连续监视点有长时间录像要求时，宜选用多画面处理器（分割器）或数字硬盘录像设备。当一路视频信号需要送到多个图像显示或记录设备上时，宜选用视频分配器。

6）记录设备的配备与功能要求

① 录像设备输入、输出信号，视、音频指标均应与整个系统的技术指标相适应；一个视频安防监控系统，至少应配备一台录像设备。

② 录像设备应具有自动录像功能和报警联动实时录像功能，并可显示日期、时间及摄像机位置编码。

③ 当具有长时间记录、即时分析等功能要求时，宜选用数字硬盘录像设备；小规模视频安防监控系统可直接以其作为控制主机。

④ 数字硬盘录像设备应选用技术成熟、性能稳定可靠的产品，并应具有同步记录与回放、宕机（死机）自动恢复等功能；对于重要场所，每路记录速度不宜小于25帧/s；对于其他场所，每路记录速度不应小于6帧/s。

⑤ 数字硬盘录像机硬盘容量可根据录像质量要求、信号压缩方式及保存时间确定。

⑥ 与入侵报警系统联动的监控系统，宜单独配备相应的图像记录设备。

7）前端摄像机、解码器等设备，宜由控制中心专线集中供电 当前端摄像设备距控制中心较远时，可就地供电。就地供电时，当控制系统采用电源同步方式，应是与主控设备为同相位的可靠。

8）根据需要选用全数字视频安防监控系统时 应满足图像的原始完整性和实时性的要求，并应符合当地安全技术防范管理的要求。

15.3.4 出入口控制系统[26,88]

（1）出入口控制系统的功能、分类及其组成

出入口控制系统具有很高的自动化程度，它可以实现人员出入自动控制，故又称为门禁系统。出入口控制系统集微机自动识别技术和现代安全管措施为一体，实现重要部门出入口安全防范管理，例如银行、图书馆、机房、军械库、机要室等。通常，大楼一楼大门和重要房间都安装电子门禁，确保大楼人员出入安全、方便。该系统的主要功能包括：

① 人员进出管理；

② 区域分配管理；

③ 时段区别管理；

④ 实时监控；

⑤ 出入记录查询；

⑥ 异常报警。

门禁系统的识别方式可分为以下三类。

① 密码识别 通过检验输入的密码是否正确来识别进出权限。

② 卡片识别 通过读卡或读卡加密码方式来识别是否拥有进出权限。卡片又分为磁卡、条码和感应卡。

③ 生物智能识别 通过检验人员面部特征或指纹等方式来识别是否拥有进出权限。

出入口控制系统宜由前端识读装置与执行机构、传输部件、处理与控制设备、显示记录设备四个主要部分组成。

（2）出入口控制系统的特点

出入口控制就是对建筑物内外正常的出入通道进行管理。该系统可以控制人员出入，还能控制人员在楼内及相关区域的行动。过去，此项任务通常是由保安人员、门锁和围墙来完成。但是，人总有疏忽的时候，钥匙会丢失、被盗和复制。如果智能大厦采用电子出入口控制系统，就可以解决上述问题。在大楼的入口处、金库门、档案室门、电梯等处可以安装出入口控制装置，例如磁卡识别器或者密码键盘等。用户要想出入，必须拿出自己的磁卡或输入正确的密码，或两者兼备。只有持有有效卡片或密码的人才允许通过。因此，出入口控制系统具有以下特点。

① 每个用户持有一个独立的卡或密码，这些卡和密码可随时从系统中取消。卡片一旦丢失即可使其失效，而不必像使用机械锁那样重新给锁配钥匙，或者更换所有人的钥匙。同样，离开一个单位的人持有的磁卡或密码也可以轻而易举地被取消。

② 可以用程序预先设置任何一个人进入的优先权，一部分人可以进入某个部门的一些门，而另一些人只可以进入另一组门。这样不但能够控制谁可以去什么地方，还可以设置一个人在一周里有几天、一天里有多少次可以使用磁卡或密码，从而在部门内控制一个人进入的次数和活动范围。

③ 系统管理主机宜对系统中的有关信息自动记录、打印、存储，为管理人员提供系统运转的详细信息，以备事后分析判断，并有防篡改和防销毁等措施。

④ 使用这样的系统，只需很少的人就可在控制中心控制整个大楼内外所有的出入口，节省了人力，提高了效率，也提高了保安效果。

采用出入口控制为防止罪犯从正常的通道侵入提供了保证。

(3) 出入口控制系统的结构

目前，先进的出入口控制系统是通过计算机网络来进行管理，其结构如图 15-7 所示。从图 15-7 可以看出，出入口控制系统一般由三个层次的设备组成。第一层是与人直接打交道的设备（读卡机、电子门锁、出入口按钮、报警传感器、门传感器、报警喇叭等），用来接收人输入的信息。第二层是智能控制器，它将第一层发来的信息与存储的信息相比较，作出判断后，再给第一层反馈相关信息。第三层是一个局域网络，可以管理整个大厦的出入口，它管理着所有的智能控制器，对智能控制器所产生的信息进行分析、处理和管理。

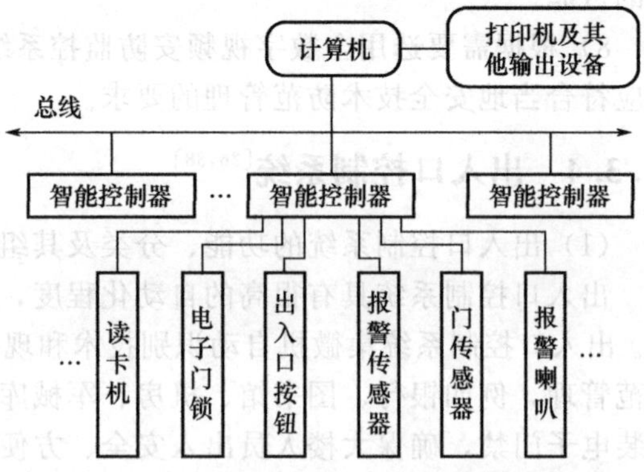

图 15-7 计算机管理的出入口控制系统基本结构

① 现代的出入口控制装置是机械、电子、光学等的一体化系统，其主要功能如下。

a. 对已授权的人员，凭有效卡片、代码或特征，允许其进入；对未授权的人员将拒绝其入内。

b. 可以对某时间段内人员的出入状况、某人的出入情况、在场人员名单等资料进行实时统计、查询和打印输出。

② 出入口控制主要目的是对重要的通行口、出门口通道、电梯进行出入监视和控制。目前一般采用以下三种方式。

a. 在办公室门、通道门和营业大厅门等通行门上安装门磁开关。在上班时间，被监视门的开和关无须向管理中心报警和记录；在下班时间，被监视门的开和关，需向管理中心报警并记录。

b. 在楼梯间、通道门、防火门等既要监视又需要控制的门上，除安装门磁开关外，还要装电动门锁。上班时间，楼梯间、通道门处于开启状态；在下班时间，它们自动处于闭锁状态。当发生报警时，联动相应楼层的防火安全门立即自动开启。

c. 在银行金库、财务室、配电室、计算机室、控制点等要害部门的出入门上，除安装门磁开关、电动门锁外，还安装人员出入识别装置（例如，安装智能型读卡机），以便对这些通道门进行监视、控制和身份识别。下班时间持卡人进入上述房间，管理中心将记录进入者的姓名、时间等资料，从而确保上述房间的高度安全性。

(4) 出入口控制系统设计

① 出入口控制系统应根据安全技术防范管理的需要，在建筑物、建筑群出入口、通道门、重要房间门等处设置，并应符合下列规定。

a. 主要出入口宜设置出入口控制装置，出入口控制系统中宜有非法进入报警装置。

b. 重要通道宜设置出入口控制装置，系统应具有非法进入报警功能。

c. 设置在安全疏散口的出入口控制装置，应与火灾自动报警系统联动；在紧急情况下应自动释放出入口控制系统，安全疏散门在出入口控制系统释放后应能随时开启。

d. 重要工作室应设置出入口控制装置。在集中收款处、重要物品库房等处宜设置出入口控制装置。

② 系统的受控制方式、识别技术及设备装置，应根据实际控制需要、管理方式及投资等情况确定。

③ 系统前端识读装置与执行机构，应保证操作的有效性和可靠性，宜具有防尾随、防返传措施。

④ 不同的出入口，应设定不同的出入权限。系统应对设防区域的位置、通行对象及通行时间等进行实时控制和多级程序控制。

⑤ 现场控制器宜安装在读卡机附近房间内、弱电间等隐蔽处。读卡机应安装在出入口旁，安装高度距地不宜高于 1.5m。

⑥ 当系统管理主机发生故障、检修或通信线路故障时，各出入口现场控制器应脱机正常工作。现场控制器应具有备用电源，当正常供电电源失电时，应可靠工作 24h，并保证信息数据记忆不丢失。

⑦ 系统宜独立组网运行，并宜具有与入侵报警系统、火灾自动报警系统、视频安防监控系统、电子巡查系统等集成或联动的功能。

⑧ 系统应具有对强行开门、长时间门不关、通信中断、设备故障等非正常情况的实时报警功能。

⑨ 系统宜具有纳入“一卡通”管理的功能。

⑩ 根据需要可在重要出入口处设置 X 射线安检设备、金属探测门、爆炸物检测仪等防爆安检系统。

15.3.5 电子巡查系统[26,89]

电子巡查系统是一个人防和技防相结合的系统。它通过预先编制的巡逻软件，对保安人员巡逻的运动状态（是否准时、遵守顺序等）进行记录、监督，并对意外情况及时报警。

15.3.5.1 系统组成

电子巡查系统可分离线式和在线式（或联网式）两种。

(1) 离线式巡查系统

离线式电子巡查系统通常有接触式和非接触式两类。

① 接触式　在现场安装巡查信息钮，采用巡查棒作巡查器，如图 15-8 所示。巡查员携巡查棒按预先编制的巡查班次、时间间隔、路线，巡视各巡查点，读取各巡查点信息，返回管理中心后，将巡查棒采集到的数据下载至电脑中，进行整理分析，可显示巡查人员正常、早到、迟到、是否有漏检的情况。

② 非接触式　在现场安装非接触式磁卡，采用便携式 IC 卡读卡器作为巡查器。巡查员持便携式 IC 卡读卡器，按预先编制的巡查班次、时间间隔、路线，读取各巡查点信息，返回管理中心后，将读卡器采集到的数据下载至电脑中，进行整理分析，可显示巡查人员正常、早到、迟到、是否有漏检的情况。

现场巡查点安装的巡查钮、IC 卡等应埋入非金属物内，周围无电磁干扰，安装应隐蔽安全，不易遭到破坏。在离线式电子巡查系统的管理中心还配有管理计算机和巡查软件。

(2) 在线式电子巡查系统

在线式电子巡查系统的结构如图 15-9 所示。在线式一般多以共用入侵报警系统设备方式实现，可由入侵报警系统中的警报接收与控制主机编程确定巡查路线。每条路线上有数量不等的巡查点。巡查点可以是门锁或读卡机，视作为一个防区。巡查人员在走到巡查点处，通过按钮、刷卡、开锁等手段，将以无声报警表示该防区巡查信号，从而将巡查人员到达每个巡查点时间、巡查点动作等信息记录到系统中，从而在中央控制室，通过查阅巡查记录就可以对巡查质量进行考核。

在线式电子巡查系统与离线式巡查系统的比较见表 15-19。

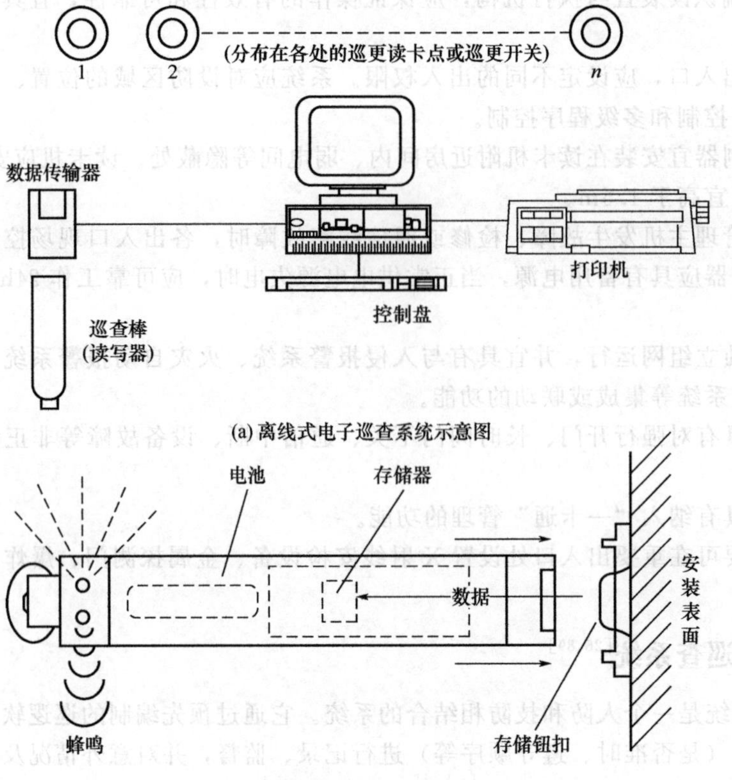

(a) 离线式电子巡查系统示意图

(b) 巡查棒和信息钮扣

图 15-8　离线式电子巡查系统

表 15-19　在线式和离线式巡查系统的比较

比较项目	离线式电子巡查系统	在线式电子巡查系统	比较项目	离线式电子巡查系统	在线式电子巡查系统
系统结构	简单	较复杂	投　资	较低	较高
施　工	简单	较复杂	对巡查过程中意外事故的反应功能	无	可及时反应
系统扩充	方便	较困难	对巡查员的监督功能	有	极强
维　护	一般无需维修	不需经常维修	对巡查员的保护功能	无	有

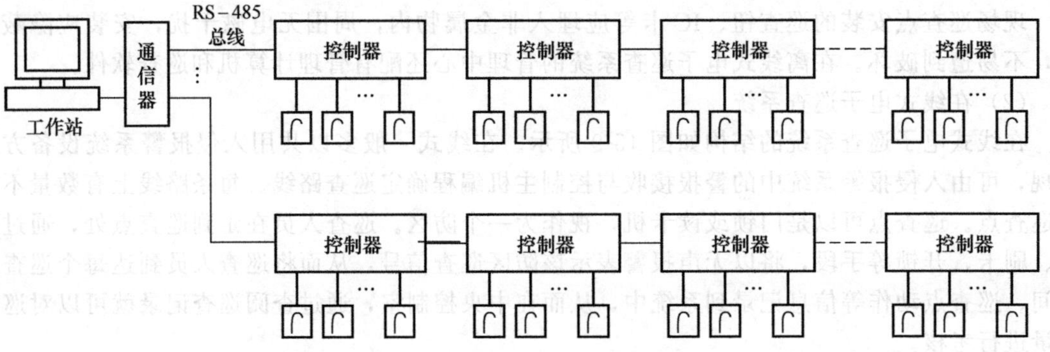

图 15-9　在线式电子巡查系统

15.3.5.2 系统设计要求

① 电子巡查系统应根据建筑物使用性质、功能特点及安全技术防范管理要求设置。对巡查实时性要求高的建筑物，宜采用在线式电子巡查系统。其他建筑物可采用离线式电子巡查系统。

② 巡查站点应设置在建筑物出入口、楼梯前室、电梯前室、停车（场）、重点防范部位附近、主要通道及其他需要设置的地方。巡查站点设置的数量应根据现场情况确定。

③ 巡查站点识读器的安装位置宜隐蔽，安装高度距地宜为 1.3～1.5m。

④ 在线式电子巡查系统，应具有在巡查过程发生意外情况及时报警的功能。

⑤ 在线式电子巡查系统宜独立设置，可作为出入口控制系统或入侵报警系统的内置功能模块而与其联合设置，配合识读器或钥匙开关，达到实时巡查的目的。

⑥ 独立设置的在线式电子巡查系统，应与安全管理系统联网，并接受安全管理系统的管理与控制。

⑦ 离线式电子巡查系统应采用信息识读器或其他方式，对巡查行动、状态进行监督和记录。巡查人员应配备可靠的通信工具或紧急报警装置。

⑧ 巡查管理主机应利用软件，实现对巡查路线的设置、更改等管理，并对未巡查、未按规定路线巡查、未按时巡查等情况进行记录、报警。

15.3.6 停车库（场）管理系统[26,87]

随着时代的进步和科技的发展，城市汽车的数量与日俱增。车辆的存放和管理给城市建设者提出了一个新的课题。对于现代社会来说，有必要对每一幢智能建筑，每一片智能化小区，都配备现代化的停车场，并对该停车场实施自动化、智能化的管理。

所谓“对停车场实施自动化、智能化的管理”，是指对进出停车场的车辆及车辆的停放，用高科技的手段和相应的设备，建立“停车场自动化管理系统”，将整个停车场完全置于计算机的管理和控制之下，实现自动化、智能化的操作。

一个现代化的停车场，除了要规划设计好车辆存放位置和优化车辆出入运行轨道和方向外，需要建立计算机监视与控制中心以及相应的车辆放行管理设备。具体地说，车辆放行管理设备包括电子显示屏、感应式读卡控制器、感应式 IC 卡、自动道闸、车辆监测线圈（地感线圈）等。计算机监视与控制中心包括主控计算机和含有电子地图的管理软件，IC 卡读写器、票据打印机和普通打印机等，当然一套运用自如，对停车场实施自动化、智能化的管理的计算机软件系统是必不可少的。该系统可通过智能楼宇的网络与外界通信联络。

使用该停车场的用户均具有由停车场管理者发放的记录持卡人信息和车辆信息的感应式 IC 卡作为出入停车场的“通行证”。停车场一般都会与智能楼宇的监控系统和整个楼宇安全防范系统联网使用。

下面介绍以具有蓝牙技术为背景的智能停车场管理系统——蓝牙智能停车管理系统。该系统采用目前国际上最先进的蓝牙无线识别技术，通过计算机网络和高度自动化设备，并结合客户在停车管理方面的特定需求，来进行专门定制开发。这种系统可以同时为车辆使用者和物业管理者提供方便、高效的服务，防止人为因素给停车场管理带来破坏和干扰，控制费用流失，提高运营效率，确保车辆安全，从而提高整个停车场的管理水平和使用效率。

蓝牙智能停车管理系统的适用范围是：各种住宅小区、大型企事业单位、酒店、写字楼的停车场及大门出入处等。

(1) 系统的组成

蓝牙智能停车管理系统是由三个子系统：管理中心子系统、门禁工作站子系统、蓝牙车载卡子系统组成。其中管理中心子系统包括了主机和数据库系统，门禁工作站子系统包括了读写器、道闸、车辆检测器等。门禁工作站的读写器，时刻查询有效范围内的所有蓝牙车载卡，并通过网络将查询信息传送给信息中心的服务器，同时启动读写器上的自动计费程序进行收费。蓝牙车载卡是目前国际最先进的智能卡，代表着一种崭新的信息处理手段，具有防水、防磁、抗静电、无磨损、信息储存量大、使用寿命长等特点，可根据顾客的需求分别定制。蓝牙车载卡安装在车辆内或由车主携带，其中记录了车辆的车牌号、通行证号、车主记录、车辆型号等信息。该系统具有高安防性能、绿色环保（低功耗，无污染）、不停车识别、人性化服务的突出优点，随着人们对这种新型的、先进的蓝牙技术不断深入了解，蓝牙智能停车管理系统必将在停车场应用领域发挥巨大作用。其系统组成如图 15-10 所示。

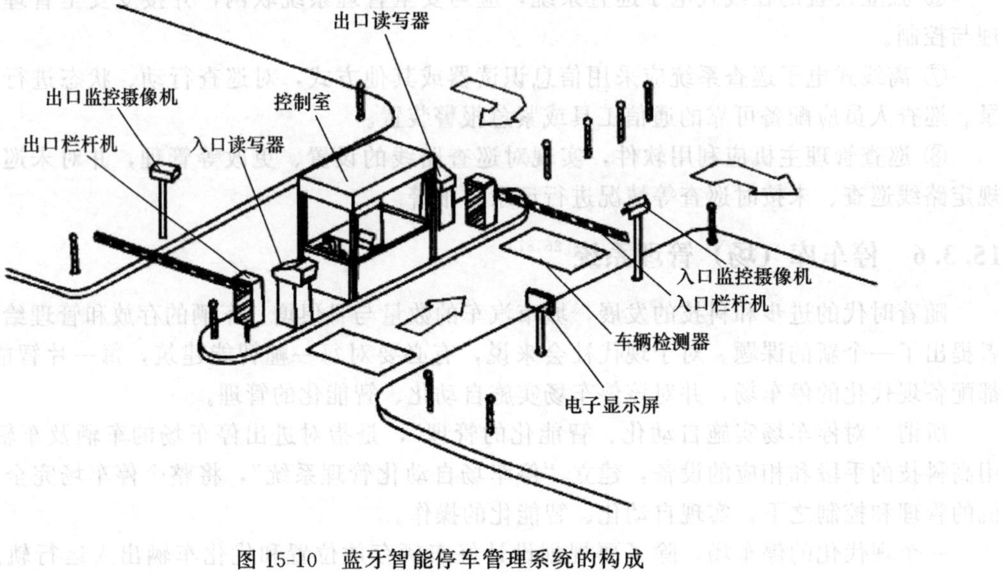

图 15-10　蓝牙智能停车管理系统的构成

(2) 系统特点

蓝牙智能停车管理系统具有如下一些特点。

① 20m 左右的识别范围。

② 无线全向识别。

③ 蓝牙读写器支持双网卡热备份，从容应变突发网络故障。

④ 自动导航，引导停车。

⑤ 蓝牙卡既可遥控栏杆机，又可遥控车位锁。

⑥ 系统集管理、结算功能于一体。

⑦ 蓝牙车载卡携带的数据量大。该卡可以存储的数据量，比磁卡和智能 IC 卡约大 200 倍以上，并且还可携带车辆和车主的详细验证信息。

⑧ 系统具有逻辑判断功能。月租卡在第一次带车进场后，系统便认定该卡已入场，同时不再允许其再入场，除非该卡经读卡出场后才能再进场。

⑨ 系统具有防止汽车被盗功能。系统防止车辆被盗的方式有两种：a. 校验车牌，即校验蓝牙无线卡编入的车牌与实际用车的车牌是否一致，若不一致系统会作保安处理，此项工作在出入口处完成；b. 蓝牙无线卡挂失，若车主的蓝牙车载卡丢失或被盗，应立即与车场联系，予以作废，防止有人用被盗的蓝牙车载卡偷盗该卡所用的车。

⑩ 蓝牙车载卡不会像磁卡那样易磨损，性能不稳定，使用成本高。试验证明，质量好的磁卡最多使用次数大约为2000次，而蓝牙车载卡的使用次数在理论上是没有限制的，从寿命上看蓝牙车载卡为磁卡的数百倍，而价格只是磁卡的几十倍。

⑪ 系统具备临时车收费方式。临时车采用在出口处收费的方式，这样的方式符合目前大多数人的消费习惯，且方便管理。

⑫ 系统的读卡机盘面的LED中文显示屏，能显示出用户希望知道的信息；同时还另加有语音提示，使用户一目了然。

(3) 系统可附加更多的可选配套系统

① 摄像机复合系统　摄像机复合系统一般由两台摄像机、一个双路视频捕捉卡及管理软件组成。当车辆驶入时，如果认证不通过（如余额不足等），入口摄像机拍摄一张进入车辆的照片，并将该车辆卡号及进入时间与图像同时存入计算机硬盘，计算机屏幕会自动显示出该车照片及进入时间和退出时间，将认证结果无线发送给车载蓝牙卡通知车主并同时传送给服务器。

② 车位显示系统　车位显示系统由车位探测器、供电器、控制器、LED金属模拟图板组成。车位探测器使用停车场专用车位超声波探测器，探测器安装在车位上方，当有车辆进入时探测器发出有车信号，控制器将金属模拟图板上该车位的LED发光二极管发出的绿色变为红色，车主可根据门岗传送的空余车位信息，了解车位并选择停车位。

③ 车辆引导系统　车辆引导系统由条型LED显示屏、灯光引导指示牌组成。每个灯光引导指示牌由两组灯光组成，一组显示有车位，一组显示请直行。灯光引导指示牌受车位控制，当每组车位停满时，控制器会发出信号熄灭灯光引导指示牌的有车位指示灯，进入地下停车场的驾驶员会根据灯光引导指示牌的有车位指示灯寻找车位。条型LED显示屏安装在停车场入口处的金属模拟图板上方，中文滚动显示时间、停车方式及注意事项。

(4) 系统设计要求

① 有车辆进出控制及收费管理要求的停车库（场）宜设置停车库（场）管理系统。

② 系统应根据安全技术防范管理的需要及用户的实际需求，合理配置下列功能：

a. 入口处车位信息显示、出口收费显示；

b. 自动控制出入挡车器；

c. 车辆出入识别与控制；

d. 自动计费与收费管理；

e. 出入口及场内通道行车指示；

f. 泊位显示与调度控制；

g. 保安对讲、报警；

h. 视频安防监控；

i. 车牌和车型自动识别、认定；

j. 多个出入口的联网与综合管理；

k. 分层（区）的车辆统计与车位显示；

l. 500辆及以上的停车库（场）分层（区）的车辆查询服务。

其中a.～d.款为基本配置，其他为可选款配置。

③ 出、验票机或读卡器的选配应根据停车库（场）的使用性质确定，短期或临时用户宜采用出、验票机管理方式；长期或固定用户宜采用读卡管理方式。当功能暂不明确或兼有的项目宜采用综合管理方式。

④ 停车库（场）的入口区应设置出票读卡机，出口区应设置验票读卡机。停车库（场）

的收费管理室宜设置在出口区。

⑤ 读卡器宜与出票（卡）机和验票（卡）机合放在一起，安装在车辆出入口安全岛上，距栅栏门（挡车器）距离不宜小于2.2m，距地面高度宜为1.2～1.4m。

⑥ 停车库（场）内所设置的视频安防监控系统或入侵报警系统，除在收费管理室控制外，还应在安防控制中心（机房）进行集中管理、联网监控。摄像机宜安装在车辆行驶的正前方偏左的位置，摄像机距地面高度宜为2.0～2.5m，距读卡器的距离宜为3～5m。

⑦ 有快速进出停车库（场）要求时，宜采用远距离感应读卡装置。有一卡通要求时应与一卡通系统联网设计。

⑧ 停车库（场）管理系统应具备先进、灵活、高效等特点，可利用免费卡、计次卡、储值卡等实行全自动管理，亦可利用临时卡实行人工收费管理。

⑨ 车辆检测地感线圈宜为防水密封感应线圈，其他线路不得与地感线圈相交，并应与其保持不少于0.5m的距离。

⑩ 自动收费管理系统可根据停车数量及出入口设置等情况，采用出口处收费或库（场）内收费两种模式。并应具有对人工干预、手动开闸等违规行为的记录和报警功能。

⑪ 停车库（场）管理系统宜独立运行，亦可与安全管理系统联网。

15.3.7　访客对讲系统[88]

（1）访客对讲系统的组成

访客（可视）对讲系统是安装在现代住宅、商住楼及需要安防场所入口的一套电子装置，其配合高级防盗门，为住户、业主提供选呼（可视）对讲、遥控开锁及简单报警等服务，达到方便户内人员了解来访者，免除来访者徒劳攀楼之懊丧，并对外部人员来访，或非授权时间中内、外人员的进入进行控制和管理。

访客（可视）对讲系统一般包括门口主机、室内机（用户分机）、电磁锁、供电电源及管理主机（极简单除外）。访客（可视）对讲系统工作过程如下：在小区出入口保安室内安装管理主机，各单元门口安装防盗门及对讲主机，住户室内安装用户分机。当来访者进入小区时，保安人员通过管理主机与住户通话，确定来访者身份后，开启小区门禁系统，来访者方可进入小区。来访者在单元门口再通过（可视）对讲主机呼叫住户，住户同意后开启单元电控门锁，来访者方可进入住户单元楼内。

（2）访客对讲系统的分类

访客（可视）对讲设备从简单到复杂、从独立分散到整体联网基本上分以下三种。

① 单户型　单户型访客对讲系统结构如图15-11所示，也称一对一（可视）对讲系统，特别适合单体别墅用户使用。其特点是在别墅内客厅、厨房、浴厕室等多处均安装有对讲分机，以达到方便主客对讲和开门功能。

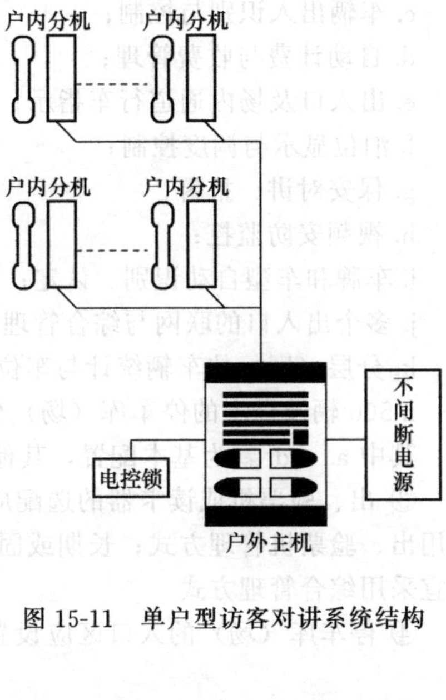

图15-11　单户型访客对讲系统结构

② 单元及大楼型　是目前使用最多的一种形式。由住宅单元或大楼入口处电控门锁、（可视）对讲开门主机及各户室内机组成，如图15-12所示。系统多以总线制数位编解码方式运行。特别是数位式超薄型CRT可视对讲系列，由于其具有以号码锁定来传讯开门、户数容量大、私密性好、安装容易、配线简单等特点，已成为对讲产品的主流。

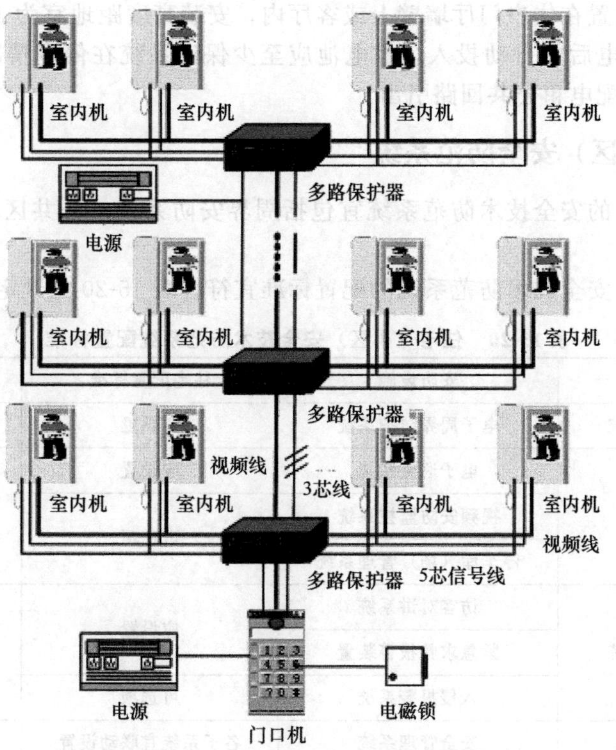

图 15-12　单元及大楼型访客对讲系统结构

③ 小区联网型（如图 15-13 所示）　在单元型基础上使各单元（幢楼）与小区物业管理部门之间联网，具有专门的管理主机，系统可多达成百上千户。高档产品还具有火灾报警、入侵报警、紧急报警和紧急广播功能；室内机、单元门口主机、管理中心主机均采用独立通话回路，住户之间可短时通话，不干扰、不占线，私密性好。

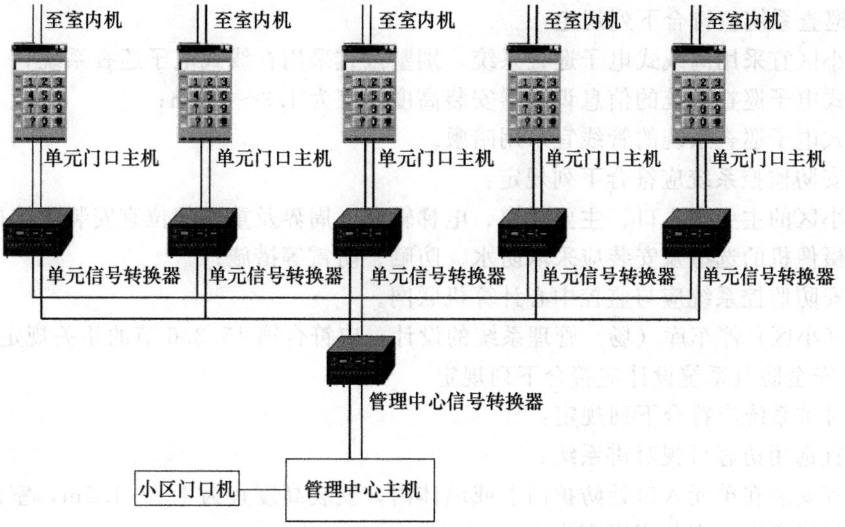

图 15-13　小区联网型访客对讲系统结构

（3）访客对讲系统的设计要点

大楼门口主机宜安装在门口防盗门框架上或采用墙内嵌入式安装，门口机中心距地宜为

1.5m，室内分机宜设置在住户门厅墙壁上或客厅内，安装高度距地宜为 1.4m。系统应自带备用电源装置，市电停电后能自动投入，蓄电池应至少保证系统在停电情况下连续工作 24h 以上。系统的供电应由配电箱公共回路引出。

15.3.8 住宅（小区）安全防范系统[26,53]

① 住宅（小区）的安全技术防范系统宜包括周界安防系统、公共区域安防系统、家庭安防系统及监控中心。

② 住宅（小区）安全技术防范系统的配置标准宜符合表 15-20 的规定。

表 15-20 住宅（小区）安全技术防范系统配置标准

序号	系统名称	安防设施	住宅配置标准	别墅配置标准
1	周界安防系统	电子周界防护系统	宜设置	应设置
2	公共区域安防系统	电子巡查系统	应设置	应设置
		视频安防监控系统	可选项	
		停车库（场）管理系统		
3	家庭安防系统	访客对讲系统	应设置	应设置
		紧急求救报警装置		
		入侵报警系统	可选项	
4	监控中心	安全管理系统	各子系统宜联动设置	各子系统应联动设置
		可靠通信工具	必须设置	必须设置

③ 周界安防系统设计应符合下列规定：

a. 电子周界安防系统应预留联网接口；

b. 别墅区周界宜设视频安防监控系统。

④ 公共区域的安防系统设计应符合下列规定。

a. 电子巡查系统应符合下列规定：

• 住宅小区宜采用离线式电子巡查系统，别墅区宜采用在线式电子巡查系统；

• 离线式电子巡查系统的信息识读器安装高度，宜为 1.3～1.5m；

• 在线式电子巡查系统的管线宜采用暗敷。

b. 视频安防监控系统应符合下列规定：

• 住宅小区的主要出入口、主要通道、电梯轿厢、周界及重要部位宜安装监控摄像机；

• 室外摄像机的选型及安装应采取防水、防晒、防雷等措施；

• 视频安防监控系统应与监控中心计算机联网。

c. 住宅（小区）停车库（场）管理系统的设计，应符合第 15.3.6 节的相关规定。

⑤ 家庭安全防范系统设计应符合下列规定。

a. 访客对讲系统应符合下列规定：

• 别墅宜选用访客可视对讲系统；

• 主机宜安装在单元入口处防护门上或墙体内，安装高度宜为 1.3～1.5m，室内分机宜安装在过厅或起居室内，安装高度宜为 1.3～1.5m；

• 访客对讲系统应与监控中心主机联网。

b. 紧急求助报警装置应符合下列规定：

• 宜在起居室、卧室或书房不少于一处，安装紧急求助报警装置；

• 紧急求助信号应同时报至监控中心。

c. 入侵报警系统应符合下列规定：

• 可在住户室内、户门、阳台及外窗等处，选择性地安装入侵报警探测装置；

• 入侵报警系统应预留联网接口。

⑥ 监控中心设计应符合下列规定。

a. 监控中心应设置为禁区，应有保证自身安全的防护措施以及进行内外联络的通信手段，并应设置紧急报警装置和留有向上一级接处警中心报警的通信接口。

b. 监控中心应对小区内的周界安防系统、公共区域安防系统、家庭安防系统等进行监控和管理。

c. 监控中心可与住宅小区管理中心合用。

15.4 计算机网络系统[26]

本节主要讲述民用建筑物及建筑群中通过硬件和软件，实现建筑物及建筑群的网络数据通信及办公自动化系统等应用的计算机网络系统设计。系统设计和配置应标准化，并应具有可靠性、安全性和可扩展性；系统设计前应进行用户调查和需求分析，以满足用户需求；系统的配置应遵循实用性和适用的原则，并宜适度超前。

15.4.1 网络设计原则

① 计算机网络系统应在进行用户调查和需求分析基础上，进行网络逻辑设计和物理设计。

② 用户调查宜包括用户的业务性质与网络的应用类型及数据流量需求、用户规模及前景、环境要求和投资概算等内容。

③ 网络需求分析应包括功能需求和性能需求两方面。

网络功能需求分析用以确定网络体系结构，内容宜包括网络拓扑结构与传输介质、网络设备的配置、网络互联和广域网接入。

网络性能需求分析用以确定整个网络的可靠性、安全性和可扩展性，内容宜包括网络的传输速率、网络互联和广域网接入效率及网络冗余程度和网络可管理程度等。

④ 网络逻辑设计应包括确定网络类型、网络管理与安全性策略、网络互联和广域网接口等；网络物理设计应包含网络体系结构和网络拓扑结构的确定、网络介质的选择和网络设备的配置等。

⑤ 局域网宜采用基于服务器/客户端的网络，当网络中用户少于 10 个节点时可采用对等网络。

⑥ 网络体系结构的选择应符合下列规定。

a. 网络体系结构宜采用基于铜缆的快速以太网（100Base-T）；基于光缆的千兆位以太网（1000Base-SX、1000Base-LX）；基于铜缆的千兆位以太网（1000Base-T、1000Base-TX）和基于光缆的万兆位以太网（10GBase-X）。

b. 在需要传输大量视频和多媒体信号的主干网段，宜采用千兆位（1000Mbit/s）或万兆位（10Gbit/s）以太网，也可采用异步传输模式 ATM（Asynchronous Transfer Mode）。

⑦ 网络中使用的服务器应至少能够处理文件、程序及数据储存；响应网络服务请求；网络应用策略控制；网络管理及运行网络后台应用等一项任务。

⑧ 服务器（如 CPU、内存和硬盘等）的配置应能满足其处理数据的需要，并具有高稳定性和可扩展能力。

⑨ 服务器宜集中设置。当网络应用有业务分类管理需要时，可分布设置服务器。

15.4.2 网络拓扑结构与传输介质的选择

① 网络的结构应根据用户需求、用户投资控制、网络技术的成熟性及可发展性确定。

② 局域网宜采用星形拓扑结构。在有高可靠性要求的网段应采用双链路或网状结构冗余链路。

③ 网络介质的选择应根据网络的体系结构、数据流量、安全级别、覆盖距离和经济性等方面综合确定，并符合下列规定：

a. 对数据安全性和抗干扰性要求不高时，可采用非屏蔽对绞电缆；

b. 对数据安全性和抗干扰性要求较高时，宜采用屏蔽对绞电缆或光缆；

c. 在长距离传输的网络中应采用光缆。

④ 在下列场所宜采用无线网络：

a. 用户经常移动的区域或流动用户多的公共区域；

b. 建筑布局中无法预计变化的场所；

c. 被障碍物隔离的区域或建筑物；

d. 布线困难的环境。

⑤ 无线局域网设备应符合 IEEE 802［IEEE 802 规范定义了网卡如何访问传输介质（如光缆、双绞线、无线等），以及如何在传输介质上传输数据的方法，还定义了传输信息的网络设备之间连接建立、维护和拆除的途径。遵循 IEEE 802 标准的产品包括网卡、桥接器、路由器以及其他一些用来建立局域网络的组件］的相关标准。

⑥ 无线局域网宜采用基于无线接入点（AP：Access Point，它是用于无线网络的无线交换机，也是无线网络的核心）的网络结构。

⑦ 在布线困难的环境宜通过无线网桥连接同一网络的两个网段。

15.4.3 网络连接部件的配置

① 网络连接部件应包括网络适配器（网卡）、交换机（集线器）和路由器。

② 网卡的选择必须与计算机接口类型相匹配，并与网络体系结构相适应。

③ 网络交换机的类型必须与网络的体系结构相适应，在满足端口要求的前提下，可按下列规定配置：

a. 小型网络可采用独立式网络交换机；

b. 大、中型网络宜采用堆叠式或模块化网络交换机。

④ 当具有下列情况时，应采用路由器或第三层交换机（第三层是对应于 OSI/RM 开放体系模型的第三层—网络层来定义的，也就是说这类交换机可以工作在网络层，它比第二层交换机更加高档，功能更加强）：

a. 局域网与广域网的连接；

b. 两个局域网的广域网相连；

c. 局域网互联；

d. 有多个子网的局域网中需要提供较高安全性和遏制广播风暴［一个数据帧或包被传输到本地网段（由广播域定义）上的每个节点就是广播；由于网络拓扑的设计和连接问题，或其他原因导致广播在网段内大量复制，传播数据帧，并占用大量网络带宽，导致正常业务不能运行，甚至彻底瘫痪，这就是“广播风暴”］时。

⑤ 当局域网与广域网相连时，可采用支持多协议的路由器。

⑥ 在中大型规模的局域网中宜采用可管理式网络交换机。交换机的设置，应根据网络中数据的流量模式和处理的任务确定，并应符合下列规定。

a. 接入层交换机应采用支持 VLAN（Virtual Local Area Network：“虚拟局域网”）划分等功能的独立式或可堆叠式交换机，宜采用第二层交换机［第二层交换机是对应于 OSI/RM 的第二协议层来定义的，因为它只能工作在 OSI/RM 开放体系模型的第二层——数据链路层。第二层交换机依赖于链路层中的信息（如 MAC 地址）完成不同端口数据间的线速交换，主要功能包括物理编址、错误校验、帧序列以及数据流控制。这是最原始的交换技术产品，目前桌面型交换机一般是属于这类型，因为桌面型的交换机一般来说所承担的工作复杂性不是很强，又处于网络的最基层，所以也就只需要提供最基本的数据链接功能即可。目前第二层交换机应用最为普遍（主要是价格便宜，功能符合中、小企业实际应用需求），一般应用于中、小型企业网络的桌面层次］。

b. 汇接层交换机应采用具有链路聚合、VLAN 路由、组播控制［Broadcast/Multicast Control，广播/组播控制，是 L2 层（数据链路层）协议的一个子层协议。它只存在于用户层面（user plane），被置于无线链路控制协议（Radio Link Control）之上，类似于 802.11 协议中 LLC 层］等功能和高速上连端口的交换机，可采用第二层或第三层交换机。

c. 核心层交换机应该采用高速、高带宽、支持不同网络协议和容错结构的机箱式交换机，并应具有较大的背板带宽（交换机的背板带宽，是交换机接口处理器或接口卡和数据总线间所能吞吐的最大数据量。背板带宽标志着交换机总的数据交换能力，单位为 Gbps，也叫交换带宽，一般的交换机的背板带宽从几 Gbps 到上百 Gbps 不等。一台交换机的背板带宽越高，所能处理数据的能力就越强，但同时设计成本也会越高）。

⑦ 各层交换机链路设计应符合下列规定。

a. 汇接层与接入层交换机之间可采用单链路或冗余链路连接。

b. 在容错网络结构中，汇接层交换机之间、汇接层与接入层交换机之间应采用冗余链路连接，并应生成树协议阻断冗余链路，防止环路的产生。

c. 在紧缩核心网络中，每台接入层交换机与汇接层交换机之间，宜采用冗余链路连接。

d. 在多核心网络中，每台汇接层交换机与每台核心层交换机之间，宜采用冗余链路连接。核心层交换机之间不得链接，避免桥接环路。

15.4.4　操作系统软件与网络安全

① 网络中所有客户端，宜采用能支持相同网络通信协议的计算机操作系统。

② 服务器操作系统应支持网络中所有的客户端的网络协议，特别是 TCP/IP 协议。网络操作系统应符合下列规定。

a. 用于办公和商务工作的计算机局域网中，宜采用微软视窗（Windows）操作系统。

b. 在需要高稳定性、需要支持关键任务应用程序运行的网络服务器端，宜采用 Unix 或 Linux 类服务器操作系统或专用服务器操作系统。

③ 网络管理应具有下列基本功能。

a. 网络设备的系统固件管理：对网络设备的系统软件进行管理，如升级、卸载等。

b. 文件管理：对数据、文件和程序的存储进行有序管理和备份。

c. 配置管理：对网络设备进行有关的参数配置、设置网络策略等；动态监控、动态显示网络中各节点及每一设备端口的工作状态。

d. 故障管理：对网络设备和线路发生的故障，网络管理系统具有预设报警功能并能采取相关措施。

e. 安全控制：通过身份、密码、权限等验证，实现基本的安全性控制。

f. 性能管理：通过分析工具统计和分析网络流量、数据包类型及错误包比例等信息，进而提供网络的运行状态、发展状态、预期调整措施的分析结果。

g. 网络优化：分析和优化网络性能。

④ 网络安全应具有机密性、完整性、可用性、可控性及网络审计等基本要求。

⑤ 网络安全性设计应具有非授权访问、信息泄露或丢失、破坏数据完整性、拒绝服务攻击和传播病毒等防范措施。

⑥ 网络的安全性可采取下列防范措施。

a. 采取传导防护、辐射防护、电磁兼容环境防护等物理安全策略。

b. 采用容错计算机、安全操作系统、安全数据库、病毒防范等系统安全措施。

c. 设置包过滤防火墙、代理防火墙、双宿主机防火墙（Dual Homed Gateway，任何拥有多个接口卡的系统都被称为多宿的，双宿主机网关是用一台装有两块网卡的主机作防火墙。两块网卡各自与受保护网和外部网相连。主机上运行着防火墙软件，可以转发应用程序，提供服务等。双宿主机网关优于屏蔽路由器的地方是：堡垒主机的系统软件可用于维护系统日志、硬件拷贝日志或远程日志。这对于日后的检查很有用。但这不能帮助网络管理者确认内网中哪些主机可能已被黑客入侵。其致命弱点是：一旦入侵者侵入堡垒主机并使其只具有路由功能，则任何网上用户均可以随便访问内网）等类型的防火墙。

d. 采取入网访问控制、网络权限控制、属性安全控制、网络服务器安全控制、网络监测和锁定控制、网络端口和节点控制等网络访问控制。

e. 数据加密。

f. 采取报文保密、报文完整性及互相证明等安全协议。

g. 采取消息确认、身份确认、数字签名、数字凭证等信息确认措施。

⑦ 网络安全性策略应根据网络安全性需求，并按其安全性级别采取相应的防范措施。

15.4.5　广域网连接

① 广域网连接是指通过公共通信网络，将多个局域网或局域网与互联网之间的相互连接。

② 局域网在下列情况时，应设置广域网连接：

a. 当内部用户有互联网访问需求；

b. 当用户外出需访问局域网；

c. 在分布较广的区域中拥有多个需网络连接的局域网；

d. 当用户需与物理距离遥远的另一个局域网共享信息。

③ 局域网的广域网连接应根据带宽、可靠性和使用价格等因素综合考虑确定，可采用下列方式。

a. 公用电话交换网。

b. 综合业务数字网（窄带 N-ISDN 和宽带 B-ISDN）。

N-ISDN（Narrowband Integrated Services Digital Network）——“窄带综合业务数字网”，它是以电话线为基础发展起来的，可以在一条普通电话线上提供语音、数据、图像等综合性业务，为社会提供经济、高速、多功能、覆盖范围广、接入简单的通信手段。它的最大的优点，就是能把多种类型的电信业务，如电话、传真、可视电话、会议电视等综合在一个网内实现。凡加入这个网的用户，都可实现只用一对电话线连接不同的终端，进行不同类型的高速、高质的业务通信。

B-ISDN（Broadband Integrated Services Digital Network）——“宽带综合业务数字网”，它是在 ISDN 的基础上发展起来的，可以支持各种不同类型、不同速率的业务，不但包括连续型业务，还应包括突发型宽带业务，其业务分布范围极为广泛，包括速率不大于 64Kbit/s 的窄带业务（如语音、传真），宽带分配型业务（广播电视、高清晰度电视），宽带交互型通信业务（可视电话、会议电视），宽带突发型业务（高速数据）等。B-ISDN 的主要特征是以同步转移模式（STM）和异步转移模式（ATM）兼容方式，在同一网路中支持范围广泛的声音、图像和数据的应用。ATM 不仅能把话音、数据、图像等各种业务都综合到一个网内，它还具有实现带宽动态分配和多媒体通信的优点。

c. 帧中继（FR：Frame Relay，一种用于统计复用分组交换数据通信的接口协议，分组长度可变，传输速度为 2.408Mbit/s 或更高，没有流量控制也没有纠错）。

d. 各类铜缆接入设备（xDSL：xDSL 是各种类型 DSL——Digital Subscribe Line 数字用户线路的总称，包括 ADSL、RADSL、VDSL、SDSL、IDSL 和 HDSL 等）。

e. 数字数据网（DDN：Digital Data Network）或专线。

f. 以太网。

15.4.6 网络应用

① 网络应用应包括单位内部办公自动化系统、单位内部业务、对外业务、互联网接入以及网络增值服务等几种类型。计算机网络系统的设计，宜符合网络应用的需求。

② 当网络有多种应用需求时，宜构建适应各种应用需求的共用网络，设置相应的服务器，并应采取安全性措施保护内部应用网络的安全。

③ 当内部网络数据有高度安全性要求时，应采取物理隔离措施隔离内部、外部网络，并应符合安全部门的有关规定。

④ 在子网多而分散，主干和广域网数据流量大的计算机网络中，宜采用网络分段和子网数据驻留的方式控制流经主干上的数据流，提高主干的传输速率。

⑤ 服务器应根据其执行的任务而合理配置。在执行办公自动化系统任务的网络中宜设置文件和打印服务器、邮件服务器、Web 服务器、代理服务器及目录服务器。

⑥ 当公共建筑物中或建筑物的公共区域符合 15.4.2 节第④条规定时，宜采用无线局域网。

⑦ 计算机网络系统设计，其网络结构、网络连接部件的配置及传输介质的选择应符合 15.4.2 节和 15.4.3 节的要求。

15.5 通信网络系统[26]

通信网络系统包括数字程控用户电话交换机系统、调度交换机系统、会议电视系统、无线通信系统、VSAT 卫星通信系统和多媒体现代教育系统等；通信网络系统应为建筑物或建筑群的拥有者（管理者）及使用者提供便利、快捷、有效的信息服务；通信网络系统应对来自建筑物或建筑群内、外的信息，进行接收、存储、处理、交换、传输，并提供决策支持的能力。建筑物或建筑群中有线或无线接入网系统的设计，应符合国家现行标准《接入网工程设计规范》YD/T5097 的有关规定。

15.5.1 数字程控用户电话交换机系统

(1) 应用功能

数字程控用户电话交换机系统的应用功能：具有宽带综合业务数据的传输功能，对每一用户同时进行话音、数据、图像的多媒体通信；实现办公室信息自动化的功能，对各个不同的用户终端设备提供码式、码速和协议转换。

(2) 系统构成

建筑中数字程控用户交换机是以完成建筑物内用户与用户之间，以及完成用户通过用户交换机中继线与外部公用电话交换网上各个用户之间的通信。

数字程控用户交换机实质上是一部由计算机软件控制的数字通信的交换机。交换机除采用软件的高级语言、先进的全分散控制方式、高可靠性电路模块化设计外，还应针对建筑办公信息自动化的要求，具有组成数据通信能力强大的综合业务数据网，向用户提供语音业务和非语音业务的综合信息服务，并构成一个交换多种业务的综合信息交换系统。数字用户交换机一般性系统结构如图 15-14 所示。

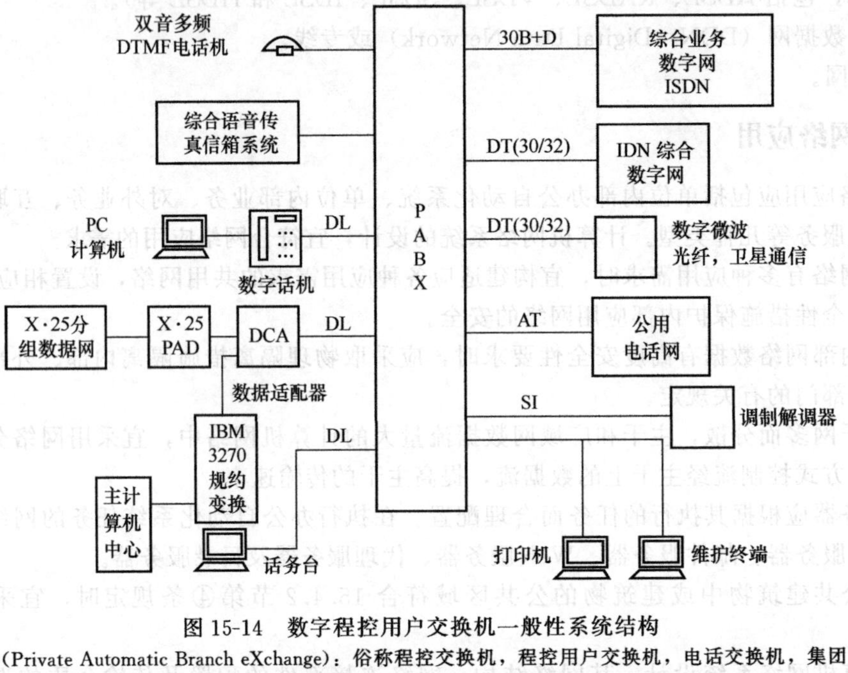

图 15-14 数字程控用户交换机一般性系统结构

PABX（Private Automatic Branch eXchange）：俗称程控交换机，程控用户交换机，电话交换机，集团电话等
AT—模拟中继；DL—数字用户；DT—数字中继；SI—RS-232C 串行接口；
DTMF—双音多频；PAD—X25 分组拆装

(3) 系统的中继入网方式

数字用户交换机中继入网方式通常可采用全自动接入方式、半自动接入方式、混合接入方式。选用哪一种，要根据用户交换机容量大小与公用电话网进行话务密切的程度、业务类型以及当地电话局接口端局的设备制式和当地电话局提供中继线为何种方式来确定。

① 全自动直拨中继方式

a. DOD_1＋DID 中继方式，如图 15-15 所示。

当程控数字用户交换机的呼出话务量≥40Er1 时或交换机容量≥200 门时，宜采用直拨呼出中继方式，即 DOD_1（DOD_1，Direct Outward Dialling-one）方式，1 为只听一次拨号音之意。当呼入话务量≥40Er1 时，宜采用直拨呼入中继方式，即 DID（DID，Direct Inward Dialling）方式。采用这种中继接入方式的用户单位相当于当地电话局中的一个电话支局，其各个分机用户的电话号码要纳入当地电话网的编号中。

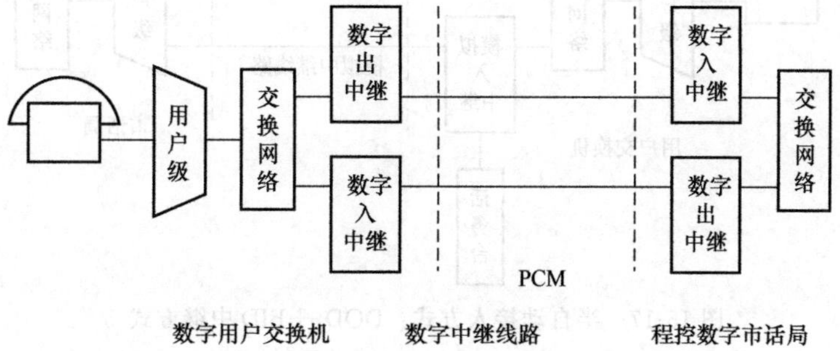

图 15-15　全自动接入方式：DOD_1＋DID 中继方式

b. DOD_2＋DID 中继方式，如图 15-16 所示。

当程控用户交换机的呼出话务量＜40Er1 时，宜采用直拨呼出听二次拨号音中继方式，即 DOD_2（DOD_2，Direct Outward Dialling-two）方式，2 为含有听二次拨号音之意。呼出的中继方式是接到电话局的用户电路而不是选组级上，所以出局呼叫要听二次拨号音（用户交换机通过设定在机内可以消除从电话局送来的二次拨号音）。呼入时仍采用 DID 方式。这种中继方式出局呼叫公用电话网时要加拨一个字冠，一般用“9”、“2”或“0”。

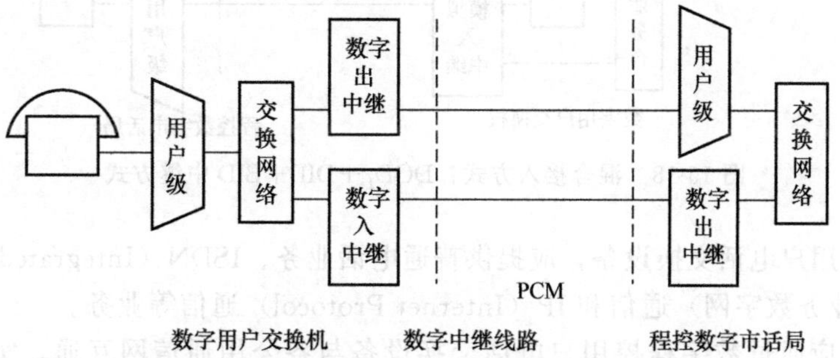

图 15-16　全自动接入方式：DOD_2＋DID 中继方式

② 半自动中继方式：DOD_2＋BID 中继方式（如图 15-17 所示）　当程控数字用户交换机的呼出话务量＜40Er1 时，采用 DOD_2 方式；当呼入话务量＜40Er1 时，宜采用半自动中继方式，即 BID（BID，Board Inward Dialling）方式。中继方式的特点是，呼出时接入电话局的用户级，听二次拨音（现用户交换机在机内可消除从电话局送来的二次拨号音），直接加拨字冠号进入公用电话网。呼入时经电话局的用户级接入到用户交换机的话务台上，由话务员转接至各分机（现用户交换机在机内可送出附加拨音号或语音提示以及附加电脑话务员来实现外线直接拨打被叫分机号码）。

③ 混合中继方式：DOD_1＋DID＋BID 中继方式（如图 15-18 所示）　数字用户交换采用数字中继电路以全自动直拨方式（DOD_1＋DID）为主，同时辅以半自动接入方式（BID），增加呼入的灵活性和可靠性。

（4）系统设计要求

① 数字程控用户电话交换设备应根据使用需求，设置在行政机关、金融、商场、宾馆、医院、学校等建筑物内。

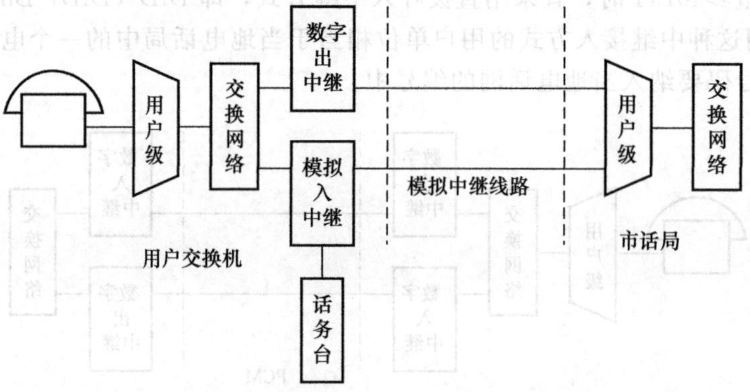

图 15-17　半自动接入方式：DOD_2＋BID 中继方式

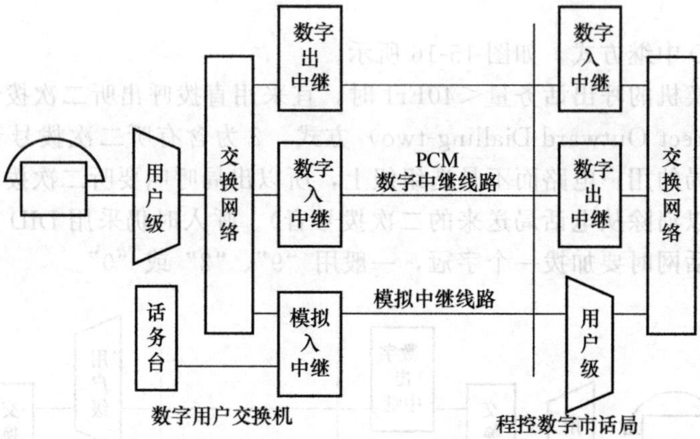

图 15-18　混合接入方式：DOD_1＋DID＋BID 中继方式

② 数字程控用户电话交换设备，应提供普通电话业务、ISDN（Integrated Services Digital Network：综合业务数字网）通信和 IP（Internet Protocol）通信等业务。

③ 用户终端应通过数字程控用户电话交换设备与各公用通信网互通，实现语音、数据、图像、多媒体通信业务的需求。

④ 数字程控用户交换机系统应符合下列要求。

a. 用户交换机系统应配置交换机、话务台、用户终端、终端适配器等配套设备以及应用软件。

b. 用户交换机应根据工程的需求，以模拟或数字中继方式，通过用户信令、中继随路信令或公共信道信令方式与公用电话网相连。

c. 数字程控用户交换机的用户侧和中继侧应具有下列基本接口，并符合下列规定。

• 用户侧接口应符合下列规定：

——用于连接模拟终端的二线模拟 Z 接口；

——用于连接数字终端的接口（专用数字终端、V24 等）；

——用于连接 IP 终端的接口（H. 323 语音终端、SIP 等）。

• 中继侧接口应符合下列规定：

——用于接入公用 PSTN（Public Switched Telephone Network）端局的数字 A 接口或 B 接口（速率为 2048Kbit/s 或 8448Kbit/s）；

——用于接入公用 PSTN 端局的二线模拟 C_2 接口；

——用于接入公用 PSTN 端局的四线模拟 C_1 接口；

——用于接入公用 PSTN 端局的网络 H. 323 或 SIP（Session Initiation Protocol）接口。

⑤ ISDN 用户交换机（ISPBX）系统应符合下列要求。

a. ISDN 用户交换机应是公用综合业务数字网（N-ISDN）中的第二类网络终端（NT2 型）设备。

b. ISDN 用户交换机应具有基本的使用功能。

c. ISDN 用户交换机的用户侧和中继侧应根据工程的实际需求配置下列基本接口，并符合下列规定。

• 用户侧接口应符合下列规定：

——用于连接数字话机及 ISDN 标准终端的 S 接口（2B+D 接口）；

——用于连接 ISDN 标准终端的 S 接口（30B+D 接口）；

——用于连接网络终端 1（NT1）的 U 接口（2B+D 和 30B+D 接口）；

——用于连接模拟终端的 Z 接口；

——用于连接 IP 终端的接口（H. 323 语音终端、SIP 等）。

• 中继侧接口应符合下列规定：

——用于接入公用 N-ISDN 端局的 T（2B+D）接口；

——用于接入公用 N-ISDN 端局的 T（30B+D）接口；

——用于接入公用 PSTN 端局（数字程控电话交换端局）的 E1 数字 A 接口（速率为 2048Kbit/s）；

——用于接入公用 PSTN 端局的网络 H. 323 或 SIP 接口。

⑥ 支持 VOIP（Voice Over Internet Protocol：通过 IP 数据包发送实现的语音业务）业务的 ISDN 用户交换机系统应符合下列要求。

a. 应具有 ISDN 用户交换机基本的和补充业务功能。

b. 应以 IP 网关方式与 IP 局域网或公用 IP 网络相连。

c. 应按工程的实际需求，在用户侧和中继侧配置下列基本接口，并符合下列规定。

• 用户侧接口应符合下列规定：

——用于连接 ISDN 用户交换机具有的基本用户侧接口；

——用于连接符合 H. 323 标准的 VOIP 终端接口；

——用于连接符合 SIP 标准的 VOIP 终端接口。

• 中继侧接口应符合下列规定：

——用于接入公用 ISDN 端局的 T 接口；

——用于接入公用 PSTN 端局的 E1 数字 A 接口；

——用于接入 H. 323 标准的公用 IP 网络的接口（H. 323 接入网关）；

——用于接入 SIP 标准的公用 IP 网络的接口（SIF 接入网关）。

⑦ 数字程控用户交换机的选用，应符合下列规定。

a. 用户交换机容量宜按下列要求确定。

• 用户交换机除应满足近期容量的需求外，尚应考虑中远期发展扩容以及新业务功能的应用。

• 用户交换机的实装内线分机的容量，不宜超过交换机容量的 80%。

• 用户交换机应根据话务基础数据，核算交换机内处理机的忙时呼叫处理能力（BHCA：Busy Hour Call Attempts）。

b. 用户交换机中继类型及数量宜按下列要求确定。

• 用户交换机中继线，宜采用单向（出入分设）、双向（出入合设）和单向及双向混合的三种中继方式接入公用网。

• 用户交换机中继线可按下列规定配置：

——当用户交换机容量小于 50 门时，宜采用 2～5 条双向出入中继线方式；

——当用户交换机容量为 50～500 门，中继线大于 5 条时，宜采用单向出入或部分单向出入、部分双向出入中继线方式；

——当用户交换机容量大于 500 门时，可按实际话务量计算出入中继线，宜采用单向出入中继线方式。

• 中继线数量的配置，应根据用户交换机实际容量大小和出入局话务量大小等因素，可按用户交换机容量的 10%～15%确定。

c. 系统对当地电信业务经营者中继入网的方式，应符合下列要求。

• 数字程控用户交换机中继入网的方式，应根据用户交换机的呼入、呼出话务量和本地电信业务经营者所具备的入网条件，以及建筑物（群）拥有者（管理者）所提的要求确定。

• 数字程控用户交换机进入公用电话网，可采用下列几种中继方式：

——全自动直拨中继方式（DOD_1＋DID 和 DOD_2＋DID 中继方式）；

——半自动单向中继方式（DOD_1＋BID 和 DOD_2＋BID 中继方式）；

——半自动双向中继方式（DOD_2＋BID 中继方式）；

——混合中继方式（DOD_2＋BID＋DID 和 DOD_1＋BID＋DID 中继方式）；

——ISPBX（Integrated Services Private Branch Exchange：ISDN 用户交换机）中的 ISDN 终端，对外交换采用全自动的直拨方式（DDI）。

⑧ 程控用户交换机机房的选址、设计与布置，应符合下列规定。

a. 机房宜设置在建筑群内用户中心通信管线进出方便的位置。可设置在建筑物首层及以上各层，但不应设置在建筑物最高层。当建筑物有地下多层时，机房可设置在地下一层。

b. 当建筑物为投资方自用时，机房宜与建筑物内计算机主机房统筹考虑设置。

c. 程控用户交换机机房的布置，应根据交换机的机架、机箱、配线架，以及配套设备配置情况、现场条件和管理要求决定。在交换机及配套设备尚未选型时，机房的使用面积宜符合表 15-21 的规定。

d. 程控用户交换机机房内设备布置应符合以近期为主、中远期扩充发展相结合的规定。

e. 话务台的布置应使话务员就地或通过话务员室观察窗正视或侧视交换机机柜的正面。

f. 总配线架或配线机柜室应靠近交换机室，以方便交换机中继线和用户线的进出。

g. 当交换机容量小于或等于 1000 门时，总配线架或配线机柜可与交换机机柜毗邻安装。

h. 机房的毗邻处可设置多家电信业务经营者的光、电传输设备以及宽带接入等设备的电信机房。

表 15-21 程控用户交换机机房的使用面积

交换机容量数/门	交换机机房使用面积/m^2	交换机容量数/门	交换机机房使用面积/m^2
≤500	≥30	2001～3000	≥45
501～1000	≥35	3001～4000	≥55
1001～2000	≥40	4001～5000	≥70

注：1. 表中机房使用面积应包括话务台或话务员室、配线架（柜）、电源设备和蓄电池的使用面积。

2. 表中机房的使用面积，不包括机房的备品备件维修室、值班室及卫生间。

⑨ 程控用户交换机房的供电应符合下列要求。

a. 机房电源的负荷等级与配置以及供电电源质量，应符合有关规定。

b. 当机房内通信设备有交流不间断和无瞬变供电要求时，应采用不间断电源（UPS）供电，其蓄电池组可设一组。

c. 通信设备的直流供电系统，应由整流配电设备和蓄电池组组成，可采用分散或集中供电方式供电；当直流供电设备安装在机房内时，宜采用开关型整流器（高频开关电源）、阀控式密封铅酸蓄电池。

d. 通信设备的直流供电电源应采用在线充电方式，并以全浮充制运行。

e. 通信设备使用直流基础电源电压为－48V，其电压变动范围和杂音电压应符合表 15-22 的规定。

f. 当机房的交流电源不可靠或交换机对电源有特殊要求时，应增加蓄电池放电小时数。

g. 交换机设备的蓄电池的总容量应按下式计算：

$$Q \geqslant KIT/\eta \left[1+\alpha\ (t-25)\right] \tag{15-3}$$

式中　Q——蓄电池容量，A·h；

K——安全系数，取 1.25；

I——负荷电流，A；

T——放电小时数（见表 15-23），h；

η——放电容量系数，见表 15-23；

α——电池温度系数（$℃^{-1}$），当放电小时率≥10 时，取 $\alpha=0.006$，当 10＞放电小时率≥1 时，取 $\alpha=0.008$，当放电小时率＜1 时，取 $\alpha=0.01$；

t——实际电池所在地最低环境温度数值，所在地有采暖设备时，按 15°C 考虑，无采暖设备时，按 5°C 考虑；

h. 机房内蓄电池组电池放电小时数，应按机房供电电源负荷等级确定。

表 15-22　基础电源电压变动范围和杂音电压要求

标准电压/V	电信设备受电端子上电压变动范围/V	电源杂音电压							
		衡重杂音电压		峰-峰值杂音电压		宽频杂音电压（有效值）		离散频率杂音（有效值）	
		频段/kHz	指标/mV	频段/kHz	指标/mV	频段/kHz	指标/mV	频段/kHz	指标/mV
－48	－40～－57	300～3400	≤2	0～300	＜400	3.4～150	≤100	3.4～150	≤5
								150～200	≤3
						150～30000	≤3	200～500	≤2
								500～30000	≤1

表 15-23　蓄电池放电容量系数（η）

电池放电小时数/h		0.5		1		2	3	4	6	8	10	≥20
放电终止电压/V		1.70	1.75	1.75	1.80	1.80	1.80	1.80	1.80	1.80	1.80	≥1.85
放电容量系数	铅酸电池	0.35	0.30	0.50	0.40	0.61	0.75	0.79	0.88	0.94	1.00	1.00
	阀控电池	0.45	0.40	0.55	0.45	0.61	0.75	0.79	0.88	0.94	1.00	1.00

15.5.2 数字程控调度交换机系统

① 数字程控调度交换机容量小于或等于60门时，宜采用具有调度软件功能模块的数字程控用户交换机。

② 数字程控调度交换机容量大于60门时，宜设置专用的数字程控调度交换机设备。

③ 数字程控调度交换机应符合下列规定。

a. 数字程控调度交换机系统应由调度交换机、调度台、调度分机或终端等配套设备及其应用软件构成。

b. 数字程控调度交换机除应具有调度业务的功能外，尚应同时保留数字程控用户交换机的基本功能。

c. 数字程控调度交换机容量大于128门时，宜采用热备份结构，并应具备组网与远端维护功能。

d. 数字程控调度交换机的基本功能应符合下列要求：

· 应调度呼叫用户或用户呼叫调度无链路阻塞；

· 应对公用网、专用网及分机用户电话进行调度和控制复原；

· 应对每个用户进行等级设置；

· 可设置多个中继局向，接至公用网或专用网；

· 应能实时同步录音；

· 应能与无线通信设备联网；

· 应能与计算机网络联网；

· 应有统一的实时时钟管理。

e. 调度话务台的基本功能应符合下列要求：

· 控制支配权，调度台话机具有最高优先权；

· 调度通话应优先，任何用户在摘机、通话或拨号状态，调度均可直呼用户、中继，用户、中继可直呼或热线呼叫调度台；

· 应能实现监听、强插、强拆正在进行内部通话的调度专线电话分机；

· 应能将普通电话分机改为调度专线电话分机；

· 应具有“功能键”和“用户键”两大类操作键，供调度员使用；

· 应具有单呼、组呼、电话会议功能；

· 应能对调度员的姓名、工号、操作权限口令、操作时间进行核对与记录。

④ 数字程控调度交换机的用户侧和中继侧应根据工程的实际需求，配置下列基本接口，并符合下列规定。

a. 用户侧接口应符合下列规定：

· 用于连接模拟终端的二线模拟Z接口；

· 用于连接数字话机及调度台的2B+D接口；

· 用于连接符合H.323标准的VOIP终端接口；

· 用于连接符合SIP标准的VOIP终端接口。

b. 中继侧接口应符合下列规定：

· 用于接入公用N-ISDN端局的2B+D的接口；

· 用于接入公用N-ISDN端局的30B+D的接口；

· 用于接入公用PSTN端局的E1数字A接口（速率为2048Kbit/s）；

· 用于接入公用PSTN端局的二线模拟C接口；

· 用于接入符合 H. 323 标准的公用计算机网络的接口（H. 323 接入网关）；

· 用于接入符合 SIP 标准的公用计算机网络的接口（SIP 接入网关）。

⑤ 数字程控调度交换机进入公用网或专网的方式应符合下列规定。

a. 当采用数字中继方式入网时，调度交换机配置的数字中继，宜采用 30B＋DPRA 或 E1（2048Kbit/s）PCM 接口接至本地电话网的汇接局或端局交换机上，其信令采用 ISDN "Q" 信令系统或 7 号信令系统，并应具备兼容中国 1 号信令系统的能力。

b. 当采用二线环路中继方式入网时，其信令应采用用户信令系统。

⑥ 数字程控调度交换机的设备用房、供电及接地要求，应符合 15. 5. 1 第（4）条第⑧款和第⑨款的规定。

15. 5. 3　会议电视系统

（1）概述

会议电视系统（Videoconferencing System）不但是一种以视觉为主的图像通信，而且是一种交互式的多媒体通信。它利用现有的图像通信技术、计算机通信技术及微电子技术，进行本地区或远程地区点与点之间或一点与多点之间双向视频、双工音频、数据等信息交互式的实时通信。

会议电视系统是现代通信系统中迅速发展的一种新型通信手段。它之所以能够实用化是由于超大规模集成电路集成度的不断提高，图像压缩技术的不断发展以及相应国际标准 H. 320、H. 323、H. 324、SIP 的建立和完善、公用网的数字化，使图像处理、传输逐步进入了实用化和商用化的阶段。会议电视系统具有节省时间和金钱的优点，对智能建筑内用户的高效率的会议办公有着重大的意义。

会议电视的目的是把相隔两地或多个地点的会议室的电视设备连接在一起，使各方与会人员有如身临现场一起开会的感觉，进行面对面的对话，共同讨论与会人员相关的问题或研究大家所关心的实形物体、图片、图表和工程图纸，系统还能根据各处与会人员的要求，向与会方提供文件传真、静止图文等辅助服务项目，广泛地用于智能建筑楼办公室内的各类行政会议、科研会议、技术教学、商务谈判等多种事务中。

会议电视系统应根据使用者的实际需求确定，可采用下列系统。

① 大中型会议电视系统：作为一种开放的业务在各城市、县镇设立电视会议室，租给用户使用。

② 小型会议电视系统：作为本行业或总公司下属单位组成会议电视业务网，当本公司单位需使用时，只要将房间系统设备移动出来即可使用。

③ 桌面型会议电视系统（桌面型 Desktop）。在建筑物内，用户可以随时利用桌面个人电脑终端（PC 机型）的会议电视设备，进行点与点及多点之间的交互式多媒体通信。

我国制定的会议电视标准按照国际统一标准，即 ITU-T（前 CCITT）H 系列等相应的国际建议性标准，确定了会议电视设备中视频编码、解码器的具体规定，图像传输速率为 P×64Kbit/s（P：1，2，3，4…30）的标准。

（2）会议电视系统的构成

会议电视系统一般由会议电视终端 VCT（Video Conference Terminal）、数字传输网络[通常图采用 DDN（Digital Data Network，数字数据网，即平时所说的专线上网方式）或 IS-DN 网]、多点控制单元 MCU（Multipoint Control Unit）等部分所构成，如图 15-19 所示。

（3）系统设计要求

① 会议电视系统的支持传输速率应符合下列规定。

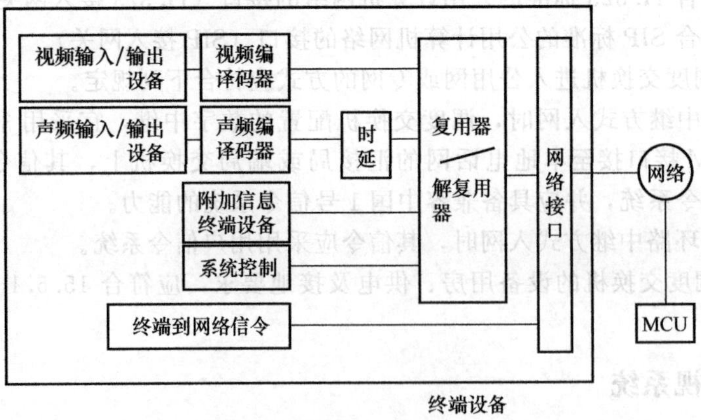

图 15-19　会议电视系统的构成

a. H.320 标准协议的大中型视频会议系统，应支持传输速率 64Kbit/s～2Mbit/s。

b. H.320 和 H.323 小型会议视频系统，应支持传输速率 128Kbit/s。

c. H.323 标准协议的桌面型视频会议系统，应支持传输速率不小于 64Kbit/s。

d. H.324 标准协议的可视电话系统，应支持小于 64Kbit/s 的传输速率。

e. SIP 标准协议的会议视频系统应符合支持传输速率小于 128Kbit/s。

② 当采用多点控制单元（MCU）设备组网时，会议电视系统的功能应符合下列要求。

a. 网内任意会场点均可具备主会场的功能。

b. 分会场画面应显示于主会场的屏幕。

c. 各会场的主摄像机和全场景摄像机，宜采用广播级彩色摄像机，辅助摄像机可采用专业级固定彩色摄像机。

d. 主会场应远程遥控各分会场的全部受控摄像机，调整画面的内容和清晰度。

e. 全部会场画面应由主会场进行控制。

f. 主席控制方式，可控制主会场发言模式与分会场发言模式的转换。

g. 应在会议监视器画面上，观察对方送来幻灯、文件、电子白板的静止图像。

h. 应在会议监视器画面上，叠加上会场名称、会议状态、控制动作名称的文字说明。

i. 同一个 MCU 设备应支持召开不同传输速率的电视会议。

j. MCU 设备软件应运行在各种嵌入式操作系统上。

k. 在多个 MCU 的会议电视网中，应确认一个主 MCU，其他均为从 MCU。

l. 会议电视网内应实现时钟同步管理、计费管理、主持人管理等功能。

③ 当采用桌面型会议电视时，会议电视系统的功能应符合下列规定。

a. 应在显示器窗口上，收看到对方会议的活动图像，能对窗口尺寸和位置进行调整。

b. 应设置审视送出图像的自监窗口。

c. 应设置专门用于观察对方送来的幻灯、文件、电子白板的静止图像显示窗口。

d. 应进行网上交谈。

④ 会议电视系统的组网应符合下列规定。

a. 网络设计应安全可靠，宜采用电缆、光缆、数字微波、卫星等不同传输通道，并宜设置备用信道，以保证通信畅通可靠。

b. 采用 MCU 组成的点对点或点对多点的组网，应考虑主备用信道与会议电视终端设备的倒换便利。

c. 采用 MCU 组网时，应支持多级联的组网方式。

⑤ 采用宽带互联网时，宜采用标准的 TCP/IP 以太网通信接口方式组网。

⑥ 会议电视系统用房设计应符合下列规定。

a. 会议电视室宜按矩形房间设计，使用面积应按参加会议的总人数确定，每个人占用面积不应小于 3.0m^2。

b. 大型会议电视室布置时，应以会议电视室为中心，在相邻房间可设置与系统设备相关的控制室和传输设备室，各用房面积不宜小于 15m^2。

c. 大型会议电视室与控制室之间的墙上宜设置观察窗，观察窗不宜小于宽 1.2m、高 0.8m，窗口下沿距室内地面 0.9m。

d. 当会议电视设备采用可移动组合式彩色视频显示器机柜时，可不设置专用的控制室和传输设备室。

e. 大、中型会议电视室桌椅布置，宜面向投影机幕布作马蹄形布置，小型会议电视室宜面向彩色视频显示器作 U 形布置；前后排之间的间距不宜小于 1.2m。

f. 会场前排与会人员观看投影机幕布或彩色视频显示器的最小视距，宜按视频画面对角线的规格尺寸 2～3 倍计算；最远视距宜按视频画面对角线的规格尺寸 8～9 倍计算。

⑦ 会议电视系统用房的设备设置应符合下列规定。

a. 会场彩色摄像机宜设置在会场正前方或左右两侧，能使参会人员都被纳入摄录视角范围内；会场全景彩色摄像机宜设置在房间后面的墙角上，以便摄像机能获得全场景或局部放大的特写镜头。

b. 会场的文本摄像机、白板摄像机、音视频设备，均应安放在会议室内合适位置。

c. 室内投影机幕布或彩色视频显示器位置的设置，应使全场参会人员处在良好的视距和视角范围内。

d. 大、中型会议电视室内应设置两台及以上高清晰度、高亮度大屏幕彩色投影机，投影屏幕上视频画面对角线的尺寸不宜小于 254cm。

e. 小型会议电视室内应设置两台及以上高清晰度彩色视频显示器，显示屏幕画面对角线的尺寸不宜小于 74cm。

f. 话筒和扬声器的布置宜使话筒置于各扬声器的指向辐射外，并加设回声抑制器。

⑧ 会议电视系统供电应符合下列规定。

a. 系统电源的负荷等级与配置以及供电电源质量应符合有关标准规定。

b. 系统中设备需要有交流不间断和无瞬变要求的供电时，应采用不间断电源（UPS）供电。

c. 音视频设备应采用同相电源集中供电。

15.5.4 无线通信系统

（1）无线通信系统的设计应符合的规定

① 建筑物与建筑群中无线通信系统，应采用固定无线接入技术，系统的配置应根据工程的实际需求确定。

② 接入系统的设备宜按控制器、基站和用户终接设备等配置，其系统的控制器宜与基站设备设置在同一建筑物内。

③ 无线接入系统应支持电话、传真、低速数据或高速数据、图像等综合业务通信。

④ 无线接入系统中的控制器设备应根据用户需求，接入 PSTN 电话交换网、ISDN 交换网、ATM（Asynchronous Transfer Mode：异步传输模式）网和以太网等网络。

⑤ 无线接入系统中业务节点的接口，可采用 PSTN 的 V_5 或 V_{B5} 接口、N-ISDN BRA 或 PRA 的 V、V_5 或 V_{B5} 接口、B-ISDN SDH 或 ATM 的 V_{B5} 接口，以及 100BASE-TX（或 T_2、T_4）和 1000BASE-T 等接口方式。

⑥ 用户设备应根据需求，采用单用户终接设备或多用户终接设备。

⑦ 无线接入系统的工作频段和技术要求应符合现行国家通信行业标准《接入网工程设计规范》YD/T5097 的有关规定。

（2）移动通信信号室内覆盖系统应符合的规定

① 建筑物与建筑群中的移动通信信号室内覆盖系统，应满足室内移动通信用户，利用蜂窝室内分布系统实现语音及数据通信业务。

② 移动通信信号室内覆盖系统所采用的专用频段，应符合国家有关部门的规定。

③ 移动通信系统信号源的引入方式，宜采用基站直接耦合信号方式或采用空间无线耦合信号方式。

④ 基站直接耦合信号方式，宜用于大型公共建筑、宾馆、办公楼、体育场馆等人流量大、话务量不低于 8.2Erl 的场所；空间无线耦合方式宜用于基站不易设置、建筑面积小于 $10000m^2$ 且话务量低于 8.2Erl 的普通公共建筑场所。

⑤ 基站直接耦合信号方式的引入信源设备，宜设置在建筑物首层或地下一层的弱电（电信）进线间内或设置在通信专用机房内，机房净高不宜小于 2.8m，使用面积不宜小于 $6m^2$。

⑥ 空间无线耦合信号方式的引入信源设备中室外天线，宜设置在建筑物顶部无遮挡的场所，直放站设备宜设置在建筑物的弱电或电信间或通信专用机房内。

⑦ 无源或有源的室内分布系统设备，应按建筑物或建筑群的规模进行配置，其传输线缆宜选用射频电缆或光缆。

⑧ 系统宜采用合路的方式，将多家移动通信业务经营者的频段信号纳入系统中。

⑨ 室内覆盖系统的信号源输出功率不宜高于＋43dBm；基站接收端收到系统的上行噪声电平应小于－120dBm。

⑩ 系统的信号场强应均匀分布到室内各个楼层及电梯轿厢中；无线覆盖的接通率应满足在覆盖区域内 95％的位置，并满足在 99％的时间内移动用户能接入网络。

⑪ 系统室内无线信号覆盖的边缘场强不应小于－75dBm。在高层部位靠近窗边时，室内信号宜高于室外无线信号 8～10dBm；在首层室外 10m 处部位，其室内信号辐射到室外的信号强度应低于－85dBm。

⑫ 室内无线信号覆盖网语音信道（TCH：Traffic Channel）的呼损率适宜小于或等于 2％，独立专用控制信道（SDCCH：Stand-Alone Dedicated Control Channel）呼损率宜小于或等于 0.1％。

⑬ 同频干扰保护比不开跳频时，不应小于 12dBm，开跳频时，不应小于 9dBm；邻频干扰保护比 200kHz 时不应小于－6dBm，400kHz 时不应小于－38dBm。

⑭ 建筑物内预测话务量的计算与基站载频数的配置应符合有关移动通信标准。

⑮ 系统的布线器件应采用分布式无源宽带器件，宜符合多家电信业务经营者在 800～2500MHz 频段中信号的接入；为减少噪声引入，系统应合理采用有源干线放大器。

⑯ 室内空间环境中视距可见路径无线信号的损耗，可采用电磁波自由空间传播损耗计算模式。

⑰ 系统中电梯井道内天线外，其他所有 GSM（全球移动通信系统，global system for mobile communications）网天线口输出电平不宜大于 10dBm；CDMA（码分多址，Code Division Multiple Access）网天线口输出电平不宜大于 7dBm；所有室内天线的天线口输出电平，应符

合室内天线发射功率小于15dBm/每载波的国家环境电磁波卫生标准。

⑱ 系统中功分器、耦合器宜安装在系统的金属分接箱内或线槽内。

⑲ 系统中垂直主干布线部分宜采用直径7/8in（1in=25.4mm）、50Ω阻燃馈线电缆，水平布线部分宜采用直径1/2in、50Ω阻燃馈线电缆。

⑳ 当安置吸顶天线时，天线应水平固定在顶部楼板或吊平顶板下；当安置壁挂式天线时，天线应垂直固定在墙、柱的侧壁上，安装高度距地宜高于2.6m。

㉑ 当室内吊平顶板采用石膏板或木质板时，宜将天线固定在吊平顶板内，并可在天线附近吊平顶板上留有天线检修口。

㉒ 电梯井道内宜采用“八木天线”（由一个有源半波振子，一个或若干个无源反射器和一个或若干个无源引向器组成的线形端射天线）或板状天线，天线主瓣方向宜垂直朝下或水平朝向电梯并贴井壁安装。

㉓ 当射频电缆、光缆垂直敷设或水平敷设时，应符合有关移动通信的设计要求。

㉔ 当同一建筑群内采用两套或两套以上宏蜂窝基站进行覆盖时，其相邻小区间应做好邻区关系和信号无缝越区切换。

㉕ 系统基站设备机房的主电源不应低于本建筑物的最高供电等级；通信用的设备当有不间断和无瞬变供电要求时，电源宜采用不间断电源（UPS）供电方式。

(3) VSAT（Very Small Aperture Terminal）

VSAT是一种天线口径很小的卫星通信地球站，又称微型地球站或小型地球站。其特点是天线直径很小，一般为0.3～2.4m，设备结构紧凑、固态化、智能化、价格便宜、安装方便、对使用环境要求不高，且不受地面网络的限制，组网灵活。卫星通信系统采用的信号与接口方式，应符合以下要求。

① 点对点或点对多点的VSAT卫星通信系统，宜用于专用业务网。

② VSAT通信网络宜按通信卫星转发器、地面主站和地面端站设置。

③ VSAT通信系统工作频率的使用，应符合以下要求：工作频率在C频段时，上行频率应为5.850～6.425GHz，下行频率应为3.625～4.200GHz；工作频率在Ku频段时，上行频率应为14.000～14.500GHz，下行频率应为12.250～12.750GHz。

④ VSAT通信网络的结构和业务性质，应符合下列要求：

a. VSAT通信网络的拓扑结构宜分为星形网、网状网和混合网三种类型；

b. VSAT通信网络宜按业务性质分为数据网、语音网和综合业务网。

⑤ VSAT网络应根据用户的业务类型、业务量、通信质量以及响应时间等要求进行设计，应具有较好的灵活性和适应能力和符合网络的扩展性，并满足现有业务量和新业务增加的需求。

⑥ VSAT网络接口应具有支持多种网络接口和通信协议的能力，并能根据用户具体要求进行协议转换、操作和维护。

⑦ VSAT系统地面端站站址应符合下列规定。

a. 端站站址选择时，应避开天线近场区四周的建筑物、广告牌、各种高塔和地形地物对电波的阻挡和反射引起的干扰，并应对附近现有雷达或潜在的雷达干扰进行评估，其干扰电平应满足端站的要求。

b. 端站站址应避免与附近其他电气设备之间的干扰。

c. 天线到前端机房接收机端口的同轴线缆长度，应满足产品要求，但不宜大于20m。

d. 当系统采用Ku频段时，其端站站址处的接收天线口径不宜大于1.2m。

e. 端站站址应提供坚固的天线安装基础，以防地震、飓风等灾害的侵袭。

⑧ VSAT 系统地面端站机房主电源不应低于本建筑物的最高供电等级；通信设备电源应采用不间断电源（UPS）供电。

⑨ VSAT 卫星通信系统地面端站和地面主站的设置，应符合国家现行通信行业标准《国内卫星通信小型地球站 VSAT 通信系统工程设计暂行规定》YD5028 的有关规定。

15.5.5 多媒体现代教学系统

（1）模拟化语言教学系统应符合的规定

① 模拟化语言教学系统应包括教师授课设备和学生学习设备，并配置系统操作软件。

a. 教师授课设备宜包括教师电脑、教师语音编辑教学软件、多媒体集中控制器、音频主控制箱、音频分配器、VGA（Video Graphics Array，是 IBM 在 1987 年随 PS/2 机一起推出的一种视频传输标准，具有分辨率高、显示速率快、颜色丰富等优点，在彩色显示器领域得到了广泛的应用）视频分配器、教师对讲式耳机、DVD 影碟机、录像机、实物投影仪、带云台变焦 CCD 彩色摄像机、监视器、主控制台与集中供电设备。

b. 学生学习设备宜包括跟读机、学生视频选择器、学生对讲式耳机、学生终端桌。

② 模拟化语言教学系统，教师授课设备和学生学习设备，其功能应符合有关教学仪器设备的标准要求。

③ 模拟化语言教学系统宜采用星形或环形组网方式。

④ 语言教室平面设计和设备布置应符合下列要求。

a. 语言教室的使用面积，应按标准的二座席学生终端桌规格和教师主控制台座席规格进行建筑平面设置；每套二座席学生终端桌平均占用面积不宜小于 $3m^2$，教师主控制台占用面积不宜小于 $6m^2$。

b. 语言教室内线缆，应采用地板电缆线槽或活动地板下金属电缆线槽中暗敷设方式。

c. 当需设置话筒和扬声器箱时，应避免话筒播音时的啸叫；扬声器箱箱体安装距地高度不宜低于 2.4m。

d. 当语言教室设置带云台变焦摄像机进行教学观测和评估时，摄像机宜安装在学生背后的后墙上，高度不宜小于 2.4m。

e. 语音教室宜设置由教师控制台控制的电动窗帘。

f. 教师主控制台边距教师后背墙净距不宜小于 2.0m，前排学生终端桌边距主控制台净距不宜小于 1.2m。

g. 学生终端桌宜按面向教师主控台水平三纵或四纵列排列，纵列之间的走道净距不宜小于 0.8m；横列之间净距不宜小于 1.4m。

（2）数字化语言教学系统应符合的规定

① 数字化语言教学系统应包括教师授课设备和学生学习设备，并配置系统操作软件。

a. 教师授课设备宜包括教师授课电脑、服务器、教师语言教学专用主录放机、实时数字音频编码器、音频节目源设备、网络交换机、主控制台等设备。

b. 学生学习设备宜包括 LCD（Liquid Crystal Display，液晶显示器）机或台式（Cathode Ray Tube，是一种使用阴极射线管的显示器）电脑等设备以及系统操作软件。

② 数字化语言教学系统教师授课设备和学生学习设备，其功能应符合有关各仪器设备的标准要求。

③ 数字化语言教学系统的组网方式应符合下列要求。

a. 应采用标准的 TCP/IP（TCP：Transmission Control Protocol 传输控制协议）以太网组网方式，线路带宽应支持 100Mbit/s 和（或）1000Mbit/s 及以上的应用。

b. 数字化语言教室中的网络应与校园网互通。

④ 教学系统用房平面和设备布置设计，应符合本节第（1）条的相关规定。

（3）多媒体交互式数字化语言教学系统应符合的规定

① 交互式数字化语言教学系统，宜包括教师授课电脑、网络音视频编码及网络音频点播服务器、教师语言教学专用主录放机、实时数字音频编码器、音视频节目源设备、网络交换机、主控制台、学生学习的电脑终端等设备及系统操作软件。

② 交互式数字化语言教学系统教师授课设备和学生机设备，其功能应符合各有关仪器设备的标准要求。

③ 交互式数字化语言教学系统的组网方式应符合下列要求。

a. 应采用标准的 TCP/IP 以太网组网方式，线路带宽应支持 100Mbit/s 和（或）1000Mbit/s 及以上的应用。

b. 交互式语言教室中网络设备应与校园网互通及留有与 Internet 连接端口。

④ 交互式语言教室平面设计和设备的布置应符合下列要求：

教室的使用面积应按标准的二座席学生终端桌规格位置和教师主控制台座席规格位置进行建筑平面设置；每套二座席学生终端桌平均占用面积不宜小于 $4.5m^2$，教师主控制台占用面积不宜小于 $6m^2$。

（4）多媒体双向 CATV（cable television 有线电视）教学网络系统应符合的规定

① 双向 CATV 教学网络系统应包括控制中心机房的系统主控设备和各教室分控教学设备，并配置系统操作控制软件。

a. 控制中心机房 CATV 教学系统宜包括主控计算机、主控制器、音视频节目源设备、AV 矩阵切换控制器（AV 系列音视频矩阵切换器是对 VIDEO 或 AUDIO 信号进行切换和分配的切换设备，它可以同时将多路 VIDEO 和 AUDIO 输入信号分别切换到任何一个或多个输出通道。该设备具有断电现场保护功能，能保存设备关机前的工作状态，具备与计算机联机使用的 RS-232 通信接口，并提供通信协议和演示程序，方便联机使用）、调制器、混合器、话筒、电视监视器幕墙、卫星接收机、多媒体播出电脑等设备及操作控制软件。

b. 教室分控设备宜包括教室智能控制器、多功能组合遥控器、彩色电视机、话筒等。

② 控制中心机房 CATV 和教室分控教学系统所采用的设备，其功能应符合各有关仪器设备的行业标准要求。

③ 多媒体双向 CATV 教学网络系统组网方式应符合下列要求：

a. 系统宜采用总线分配型组网方式；

b. 系统组网主干线缆宜采用铝管型屏蔽或编织型四屏蔽同轴电缆，传输距离遥远时宜采用光缆；

c. 系统组网的分支线缆应采用编织型四屏蔽同轴电缆；

d. 系统组网中用户放大器应采用双向用户放大器。

④ 各教室彩色电视机规格不宜小于 74cm，电视机机架安装底部离地不宜低于 2.1m。

⑤ 各教室扬声器组合音箱安装底部离地不宜低于 2.4m。

⑥ 教学系统用房平面设计和设备的布置设计应符合本节第（1）条的相关规定。

（5）多媒体集中控制与教室分控教学网络系统应符合的规定

① 教学网络系统应包括电教集中控制中心机房的系统主控设备和各多媒体教学分控教学设备。

a. 校园电教集中控制中心机房主控设备宜包括中央控制计算机、服务器、共享音视频节目源设备、音视频中央切换器、主控制台、UPS、教学监控显示器、监控视频矩阵、监控音视频信号录像机、嵌入式数码硬盘录像机、监控键盘等设备及操作控制软件和网络集中控制软件。

b. 多媒体教室分控设备宜包括分控计算机、音视频节目源设备、音视频切换器、合并式中央控制器、高亮度大屏幕投影机、实物投影仪、笔记本电脑、显示器、多路调音台、功率放大器、回声抑制器、音箱、无线话筒接收机、话筒（包括无线话筒）、录音机、一体化半球形彩色摄像机、教师电子讲台等设备及分控操作软件。

② 电教集中控制中心机房主控和各教室分控教学系统所采用的设备，其功能应符合各有关仪器设备的标准要求。

③ 系统的组网方式应符合下列要求：

a. 系统宜采用标准的星形组网方式；

b. 系统采用计算机网络线缆和专用音频线、视频线、控制线、电源线缆应安全可靠，不同物理链路的路由应保证畅通。

④ 教学系统用房平面设计和设备的布置设计应符合本节第（1）条的相关规定。

(6) IP 远程教学网络系统应符合的规定

① IP 远程教学网络系统宜分别按实时和非实时的应用方式，设置专门的远程教学业务系统设备、承载网络设备以及操作控制软件等。

② IP 远程教学网络系统设计应符合下列要求：

a. 应在 IP 网络上构建系统的教学平台；

b. 宜建立一个虚拟的教学环境，向远程各教学点的学生提供授课、答疑、讨论、作业、虚拟实验、考试等教学内容；

c. 应根据教学业务需要，配置不同模式的网络系统和硬件设备。

③ IP 远程教学网络系统功能应符合下列要求：

a. 应完成主要的教学活动；

b. 应能对教学过程作全方位的控制管理与监督；

c. 应能提供系统运营的手段、计费、认证与安全。

④ IP 远程教学网络系统中，各业务应用模式的系统设置，应符合下列规定。

a. 实时教学视频会议教学业务模式的系统设置应符合下列要求。

——主播教室教师授课设备宜按电子白板、实物投影仪、大屏幕投影机、多点控制单元 MCU、编解码器、遥控器、笔记本电脑、摄像机、摄像机切换器、网络接口及操作控制软件等配置。

——远程教学点设备宜按视音频会议教学设备、计算机网络设备、摄像机、网络接口及操作控制软件等配置。

——系统的设置应符合实时远程教学授课和实时双向课堂交流要求。

——主播教室的电子白板应与互联网相连。

——授课教师应将电子白板上授课内容以 JPEG（Joint Photographic Experts Group，联合图像专家组的缩写，是一种支持 8 位和 24 位色彩的压缩位图格式，适合在网络上传输，是非常流行的图形文件格式）或 MPEG（Moving Pictures Experts Group/Motion Pictures Experts Group，动态图像专家组。MPEG 标准主要有 MPEG-1、MPEG-2、MPEG-4、MPEG-7 及 MPEG-21 等）格式，上传至 Web 服务器指定目录上。

——远程教学点宜设置在多媒体教室内。

b. 按需点播流媒体教学业务模式的系统设置，应符合下列要求。

——系统宜按流媒体服务器、流媒体制作工具、流媒体管理工具、网络交换设备编解码器、远程终端设备、网络接口和操作管理软件等配置。

——系统的设置宜将教师授课的视音频录像、电子白板、教案、课件、图片等多媒体教学课源实时同步制作、存储、播放。

——系统宜将已有教学录像带、VCD、DVD片源资料制作成流媒体教学课件。

——系统宜对网上远程教学终端设备提供实时直播与点播的视音频课件。

——系统应提供互联网教学平台。

——系统的VOD（Video On Demand，即视频点播技术的简称，也称为交互式电视点播系统）服务器应支持多种压缩编码格式的视音频课件。

c.基于Web的网上教学业务模式的系统设置应符合下列要求。

——系统宜按Web服务器、远程学习电脑、网络接口、操作软件等配置。

——Web的网上教学系统应以Web教学课件为学习者主要的资源。

——Web教学课件应为以文本、图片、动画、音频媒体编码的电子教学课件。

——系统远程网络教学平台应提供课程大纲、学习参考进度、难点分析、各类模拟试题、在线测试、全文资源检索、书签以及自动答题、作业系统的辅助教学。

——Web的网上教学应满足学习者非实时自由选择时间和地点，通过电脑上网连接至Web服务器上。

⑤ IP远程教学网络系统的组网方式宜符合下列要求：

a.远程教学系统应根据教学业务和实际情况组网，并满足教学业务对网络带宽的需求；

b.系统的组网宜满足有多种拓扑结构、提供多种网络承载和用户接入方式；

c.系统选择的网络连接方式和协议，应能与公用网、教育专网等多种网络实现互联。

⑥ 教学系统用房平面设计和设备的布置设计应符合本节第（1）条的相关规定。

(7) 多媒体现代教学系统，供电、防雷、接地及电磁兼容，应符合的规定

① 多媒体现代教学系统的主电源，不应低于本建筑物的最高供电等级。

② 多媒体现代教学系统电源，宜采用不间断电源（UPS）设备。

③ 系统防雷、接地及电磁兼容，应符合有关规范的规定。

15.6 有线电视和卫星电视接收系统[26]

有线电视系统的设计应符合质量优良、技术先进、经济合理、安全适用的原则，并应与城镇建设规划和本地有线电视网的发展相适应。系统设计的接收信号场强，宜取自实际测量数据；当获取实测数据确有困难时，可采用理论计算的方法计算场强值。在新建和扩建小区的组网设计中，宜以自设前端或子分前端、光纤同轴电缆混合网（HFC）方式组网，或光纤直接入户（FTTH）。网络宜具备宽带、双向、高速及三网（电信网、有线电视网和计算机互联网）融合功能。系统设计除应符合本节相关设计要求外，尚应符合现行国家标准《有线电视系统工程技术规范》GB 50200、《声音和电视信号的电缆分配系统》GB/T 6510及现行行业标准《有线广播电视系统技术规范》GY/T 106的规定。

光纤同轴电缆混合网（HFC：Hybrid Fiber-Coaxial)，是一种经济实用的综合数字服务宽带网接入技术。通常由光纤干线、同轴电缆支线和用户配线网络三部分组成，从有线电视台出来的节目信号先变成光信号在干线上传输；到用户区域后把光信号转换成电信号，经分配器分配后通过同轴电缆送到用户。它与早期CATV同轴电缆网络的不同之处主要在于，在干线上用光纤传输光信号，在前端需完成电-光转换，进入用户区后要完成光-电转换。

光纤直接入户（FTTH：Fiber To The Home），是指将光网络单元安装在住家用户或企业用户处，是光接入系列中除 FTTD（光纤到桌面）外最靠近用户的光接入网应用类型。FTTH 的显著技术特点是不但提供更大的带宽，而且增强了网络对数据格式、速率、波长和协议的透明性，放宽了对环境条件和供电等要求，简化了维护和安装。

光纤到桌面（FTTD：Fiber To The Desk），就是使用光纤替代传统铜线，将光纤延伸至用户电脑终端，全程实现真正意义上的“全光网络”。

15.6.1 有线电视系统设计原则

① 有线电视系统规模宜按用户终端数量分为下列四类：

A 类：10000 户以上。

B 类：2001～10000 户。

C 类：301～2000 户。

D 类：300 户以下。

② 建筑物与建筑群的 HFC，宜由自设分前端或子分前端、二级光纤链路网、同轴电缆分配网及用户终端四部分组成，典型的网络拓扑结构宜符合图 15-20 的规定。

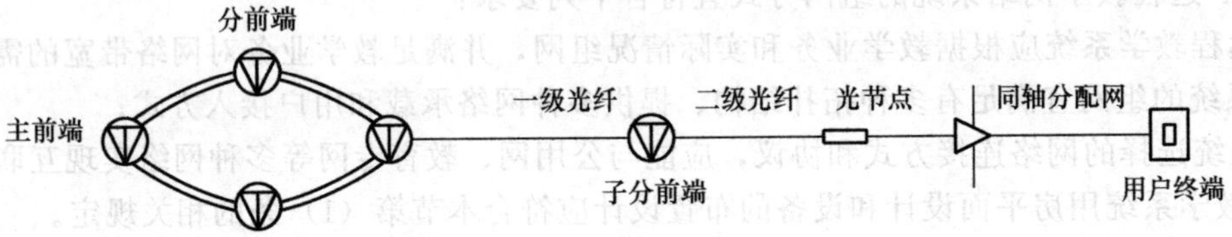

图 15-20 HFC 典型网络拓扑结构

③ 系统设计时应明确下列主要条件和技术要求。

a. 系统规模、用户分布及功能需求；

b. 接入的有线电视网或自设前端的各类信号源和自办节目的数量、类别；

c. 城镇的有线电视系统，应采用双向传输及三网融合技术方案；

d. 接收天线设置点的实际测量场强值或理论计算的信号场强值，以及有线电视网络信号接口参数；

e. 接收天线设置点建筑物周围的地形、地貌以及干扰源、气象和大气污染状况等。

④ 系统应满足下列性能指标。

a. 载噪比（C/N）应大于或等于 44dB。

b. 交扰调制比（CM）应大于或等于 47dB（550MHz 系统），可按下式计算：

$$CM=47+10\lg(N_0/N) \tag{15-4}$$

式中 N_0——系统设计满频道数；

N——系统实际传输频道数。

c. 载波互调比（IM）应大于或等于 58dB。

d. 载波复合二次差拍比（C/CSO）应大于或等于 55dB。

e. 载波复合三次差拍比（C/CTB）应大于或等于 55dB。

⑤ 有线电视系统频段的划分应采用低分割方式，各种业务信息以及上行和下行频段划分应符合表 15-24 的规定。

表 15-24　双向传输系统频段划分

频率范围/MHz	调制方式	现行名称	用途	
			模拟为主兼传数字	全数字信号
5～65	QPSK、m-QAM	低端上行	上行数字业务	
65～87	—	低端隔离带	在低端隔离上下行通带	
87～108	FM	调频广播	调频广播	数字图像、声音、数据及网管、控制
108～111	FSK	系统业务	网管、控制	
111～550	AM-VSB	模拟电视	模拟电视	
550～862	m-QAM	数字业务	数字图像、声音、数据	
862～900	—	高端隔离带	在高端隔离上下行通带	
900～1000	m-QAM	高端上行	预留	

⑥ 有线电视系统的信号传输方式应根据有线电视网络的现状和发展、系统的规模和覆盖区域进行设计，当全部采用邻频传输时，应符合下列要求。

a. 在城市中设计有线电视系统时，其信号源应从城市有线电视网接入，可根据需要设置自设分前端。A 类、B 类及 C 类系统传输上限频率宜采用 862MHz 系统，D 类系统可根据需要和有线电视网发展规划选择上限频率。

b. 传输频道数与上限频率应符合下列对应关系：

• 550MHz 系统，可用频道数 60；

• 750MHz 系统，除 60 个模拟频道外，550～750MHz 带宽可传送 25 个数字频道；

• 862MHz 系统，除 60 个模拟频道外，550～862MHz 带宽可传送 39 个数字频道。

c. 城市有线电视系统及 HFC 网络，应按双向传输方式设计。

d. 主干线及部分支干线应使用光纤传输，宜采用星形拓扑结构。分配网络可使用同轴电缆，采用星形为主、星树形结合的拓扑结构。

⑦ 当小型城镇不具备有线电视网，采用自设接收天线及前端设备系统时，C 类及以下的小系统或干线长度不超过 1.5km 的系统，可保持原接收频道的直播。B 类及以上比较大的系统、干线长度超过 1.5km 的系统或传输频道超过 20 套节目的系统，宜采用 550MHz 及以上传输方式。

⑧ 当采用自设接收天线及前端设备系统时，有线电视频道配置宜符合下列规定：

a. 基本保持原接收频道的直播；

b. 强场强广播电视频道转换为其他频道播出；

c. 配置受环境电磁场干扰小的频道。

⑨ 系统输出口的模拟电视信号输出电平，宜取 (69±6)dBμV。系统相邻频道输出电平差不应大于 2dB，任意频道间的电平差不宜大于 12dB。

⑩ 系统数字信号电平应低于模拟电视信号电平，64-QAM 应低于 10dB，256-QAM 应低于 6dB。

15.6.2　接收天线

① 接收天线应具有良好电气性能，其力学性能应适应当地气象和大气污染的要求。

② 接收天线的选择应符合下列规定。

a. 当接收 VHF（Very High Frequency，甚高频）段信号时，应采用频道天线，其频带宽度为 8MHz。

b. 当接收 UHF（Ultra High Frequency，特高频）段信号时，应采用频段天线，其带宽应满足系统的设计要求。接收天线各频道信号的技术参数应满足系统前端对输入信号的质量要求。

c. 接收天线的最小输出电平可按式（15-5）计算，当不满足式（15-5）要求时，应采用高增益天线或加装低噪声天线放大器：

$$S_{min} \geqslant (C/N)_h + F_h + 2.4 \quad (15\text{-}5)$$

式中 S_{min}——接收天线的最小输出电平，dB；

F_h——前端的噪声系数，dB；

$(C/N)_h$——天线输出端的载噪比，dB；

2.4——PAL-D 制式的热噪声电平，dBμV。

PAL、NTSC 和 SECAM 是全球现行的三种模拟技术彩色电视的制式。所谓制式，就是电视台和电视机共同实行的一种处理视频和音频信号的技术标准，只有技术标准一样，才能够实现电视机的信号正常接收。

彩色电视机的图像显示是由红、绿、蓝三基色信号混合而成，三种颜色信号不同的亮度构成了缤纷的彩色画面。而如何处理三基色信号，并实现广播和接收，需要一定的技术标准，这就形成了彩色电视的制式。目前，全球范围内存在有三种模拟技术的彩色电视制式，即 NTSC 制（又称 N 制或美国制式）、PAL 制（又称帕尔制或前西德制式、英国制式）、SECAM 制（又称塞康制或法国制式）。制式的区分主要在于其帧频（场频）、分解率、信号带宽、载频、色彩空间的转换关系不同。

d. 当某频道的接收信号场强大于或等于 100dBμV/m 时，应加装频道转换器或解调器、调制器。

e. 接收信号的场强较弱或环境反射波复杂，使用普通天线无法保证前端对输入信号的质量要求时，可采用高增益天线、抗重影天线、组合天线（阵）等特殊形式的天线。

③ 当采用宽频带组合天线时，天线输出端或天线放大器输出端应设置分频器或接收电视频道的带通滤波器。

④ 接收天线的设置应符合下列规定。

a. 宜避开或远离干扰源，接收地点场强宜大于 54dBμV/m，天线至前端的馈线应采用聚乙烯外护套、铝管或四屏蔽外导体的同轴电缆，其长度不宜大于 30m。

b. 天线与发射台之间，不应有遮挡物和可能的信号反射，并宜远离电气化铁路及高压电力线等。天线与机动车道的距离不宜小于 20m。

c. 天线宜架设在较高处，天线与铁塔平台、承载建筑物顶面等导电平面的垂直距离不应小于天线的工作波长。

d. 天线位置宜设在有线电视系统的中心部位。

⑤ 独立塔式接收天线的最佳高度，可由下式计算确定：

$$h_j = (\lambda d) / (4h_i) \quad (15\text{-}6)$$

式中 h_j——天线安装的最佳绝对高度，m；

λ——该天线接收频道中心频率的波长，m；

d——天线杆塔至电视发射塔之间的距离，m；

h_i——电视发射塔的绝对高度，m。

15.6.3 自设前端

① 自设前端设备应根据节目源的种类、传输方式及功能需求设置，并应与当地有线电视网相协调。

② 自设前端设施应设在用户区域的中心部位，宜靠近信号源。

③ 在有线电视网覆盖范围外或不接收有线电视网的建筑区域，可自设开路接收天线、卫星接收天线及前端设备。

④ 自设前端系统的载噪比应满足现行行业标准《有线电视系统工程技术规范》GY/T 106规定的相应基本模式的指标分配要求。

⑤ 自设前端输入电平应能满足前端系统的载噪比要求，自设前端输入的最小电平可按公式（15-5）计算。

⑥ 自设前端系统不宜采用带放大器的混合器。当采用插入损耗小的分配式多路混合器时，其空闲端必须终接 75Ω 负载电阻。

⑦ 自设前端的上、下行信号均应采用四屏蔽电缆和冷压连接器连接。

⑧ 当民用建筑只接收当地有线电视网节目信号时，应符合下列规定：

a. 系统接收设备宜在分配网络的中心部位，应设在建筑物首层或地下一层；

b. 每 2000 个用户宜设置一个子分前端；

c. 每 500 个用户宜设置一个光节点，并应留有光节点光电转换设备间，用电量可按 2kW 计算。

⑨ 自设前端输出的系统传输信号电平应符合下列规定：

a. 直接馈送给电缆时，应采用低位频段低电平、高位频段高电平的电平倾斜方式；

b. 通过光链路馈送给电缆时，下行光发射机的高频输入必须采用电平平坦方式。

⑩ 前端放大器应满足工作频带、增益、噪声系数、非线性失真等指标要求，放大器的类型宜根据其在系统中所处的位置确定。

⑪ 当单频道接收天线及前端专用频道需设置放大器时，应采用单频道放大器。前端各频道的信号电平应基本一致，邻近频道的信号电平差不应大于 2dB，应采用低增益（18～22dB）、高线性宽带放大器。

15.6.4 传输与分配网络

① 当有线电视系统规模小（C、D 类）、传输距离不超过 1.5km 时，宜采用同轴电缆传输方式。

② 当系统规模比较大、传输距离比较远时，宜采用光纤同轴电缆混合网（HFC）的传输方式，也可根据需要采用光纤到最后一台放大器（FTTLA，Fiber-To-The-Last Amplifier）或光纤到户（FTTH）的方式。

③ 综合有线电视信息网及 HFC 网络设计，应符合下列规定。

a. 系统应采用双向传输网络。

b. 双向传输系统中，所有设备器件均应具有双向传输功能。

c. 双向传输分配网络宜采用星形分配、集中分支方式。

d. 电缆分配网络的下行通道和上行通道，均宜采用单位增益法，用户分配网络的拓扑结构宜简单、对称，以利于上行电平的均等、均衡。

e. 各类设备、器件、连接器、电缆均应具有良好的屏蔽性能，屏蔽系数应大于或等于 100dB。室外设备 5/8in-24 连接器系列宜选用直通型，室内设备 F 连接器应选用冷压型。同轴电缆应采用高屏蔽系数的产品，室外敷设应采用铝管外导体电缆，室内敷设应采用四屏蔽外导体电缆。

f. 每一台双向分配放大器，必须内配上行宽带放大器。双向干线放大器，当线路的实际损耗较大时，宜内配上行宽带放大器。

g. HFC 网络内任何有源设备的输出信号总功率不应超过 20dBm。

h. 一个光节点覆盖的用户数宜在500以内，以有利于提高上行户均速率，减少干扰和噪声。

④ 光纤同轴电缆混合网的技术指标分配系数，可按同轴电缆的指标分配，并保证光链路噪声失真平衡的基本指标。

⑤ 光纤同轴电缆混合网，由下行光发射机、光分路器、光纤（距离远时增设中继站）、光节点（含下行光接收机、上行光发射机）、上行光接收机及电缆分配网络组成，其系统宜符合图15-21的规定。

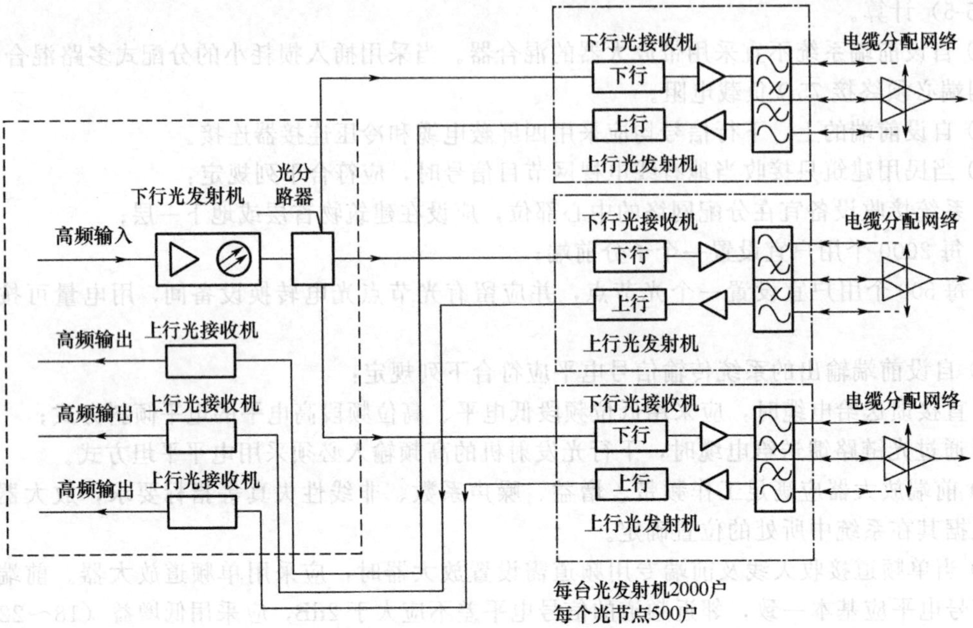

图15-21　光纤到节点的典型系统

⑥ 光纤同轴电缆混合网的拓扑结构宜采用“环-星-星树”形，即一级光纤链路采用环形或双环形结构，二级光纤链路宜采用星形结构，电缆分配网络采用星树形结构。

⑦ 有线电视系统一（二）级AM（调幅，Amplitude Modulation）光纤链路，应满足下列指标要求：

a. 载噪比C/N应大于或等于50（48）dB；

b. 载波复合二次差拍比C/CSO应大于或等于60（58）dB；

c. 载波复合三次差拍比C/CTB应大于或等于65（63）dB。

⑧ 光纤及光设备的选择应符合下列要求：

a. 光纤有线电视网络应采用G-652单模光纤；

b. 当光节点较少且传输距离不大于30km时，宜采用1310nm波长；

c. 在远距离传输系统中，宜采用1550nm波长；

d. 在满足光传输链路技术指标的前提下，宜选择光输出功率较小的光发射机，同一前端的光发射机输出功率宜一致，以便备机；

e. 一台下行光发射机通过光分路器可带2000户及其相应的光节点。

⑨ HFC网络光纤传输部分，其上、下行信号宜采用空分复用（SDM：Space Division Multiplexing，利用空间分割构成不同信道的一种复用方法。例如在光纤接入网中使用不同的光纤分别传输不同种类或上下行业务）方式。同轴电缆传输部分，其上、下行信号宜采用频分复用（FDM：Frequency Division Multiplexing，就是将用于传输信道的总带宽划分成若干个子频带/子信道，每一个子信道传输1路信号）方式。

⑩ HFC网络上、下行传输通道主要技术参数，应符合下列要求：

a. 下行传输通道主要技术参数应符合下列要求：

· 系统输出口电平应为60～80dBμV；

· 载噪比应大于或等于43dB（$B=5.75$MHz）；

· 载波互调比应大于或等于57dB（对电视频道的单频干扰）或54dB（电视频道内单频互调干扰）；

· 载波复合三次差拍比应大于或等于54dB；

· 载波复合二次互调比应大于或等于54dB；

· 交扰调制比应大于或等于47+10lg（N_0/N）dB；

· 载波交流声比应小于或等于3%；

· 回波值应小于或等于7%；

· 系统输出口相互隔离度应大于或等于30dB（VHF）或22dB（其他）。

b. 上行传输通道主要技术参数应符合下列要求：

· 频率范围应为5～65MHz（基本信道）；

· 标称上行端口输入电平应为100dBμV（设计标称值）；

· 上行传输路由增益差应小于或等于10dB（任意端口上行）；

· 上行最大过载电平应大于或等于112dBμV；

· 上行通道频率响应应小于或等于2.5dB（每2MHz）；

· 载波/汇集噪声比应大于或等于22dB（Ra波段）或26dB（Rb、Rc波段）；

· 上行通道传输延时应小于或等于800μs；

· 回波值应小于或等于10%；

· 上行通道群延时应小于或等于30ns（任意3.2MHz范围内）；

· 信号交流声调制比应小于或等于7%。

⑪ 干线放大器在常温时的输入电平和输出电平的设计值，应根据干线长度、选用的干线电缆特性、干线放大器特性和数量等因素，在满足输入电平最低限值及输出电平最高限值前提下，留有一定的余量后确定。

对于设有自动电平调节（ALC：Automatic Level Control）电路的干线系统：

$$S'_{ia}=S_{ia}+(2\sim4) \quad (15\text{-}7)$$

$$S'_{oa}=S_{oa}-(2\sim4) \quad (15\text{-}8)$$

对于未设ALC电路的干线系统：

$$S'_{ia}=S_{ia}+(5\sim8) \quad (15\text{-}9)$$

$$S'_{oa}=S_{oa}-(5\sim8) \quad (15\text{-}10)$$

式中 S_{ia}——干线放大器输入最低电平限值，dBμV；

S'_{ia}——干线放大器输入电平的设计值，dBμV；

S_{oa}——干线放大器输出最高电平限值，dBμV；

S'_{oa}——干线放大器输出电平的设计值，dBμV。

⑫ 为保证干线传输部分的性能指标，宜采用下列措施：

a. 同一传输干线的干线放大器，宜设置在其设计增益等于或略大于（2dB内）前端传输损耗的位置；

b. 宜采用低噪声、低温漂、适中增益的干线放大器；

c. 宜采用具有良好带通特性、较高非线性指标的干线放大器；

d. 宜采用低损耗、屏蔽性和稳定性较好的电缆；

e. 宜采用桥接放大器或定向耦合器向用户群提供分配点；

f. 宜减少干线传输损耗，在线路中少插入或不插入分支器、分配器等，如插入分支器，分支损耗不宜大于12dB，以平衡上行电平；

g. 干线放大器与分配放大器宜分开设置，其要求：干线放大器应低增益、中等电平输出、只级联、不带户；分配放大器应高增益、较高电平输出、末级单台、只带户。

⑬ 为处理光节点以下电缆分配网络的噪声和非线性失真关系，宜采取下列措施：

a. 干线放大器噪声失真平衡；

b. 分配放大器在非线性失真语序的前提下，宜提高输出电平。

⑭ 当系统有分支信号放大要求时，可选用桥接放大器。当只放大和补偿线路损耗时，可选用延长放大器，延长放大器的级联不应超过两级。

⑮ 电缆干线系统的放大器，宜采用输出交流60V的供电器通过电缆芯线供电，其间的分支分配器应采用电流通过型。

⑯ 电缆传输网应按下列程序进行设计：

a. 按系统规模及干线长度选择电缆；

b. 以系统最长干线计算电长度（传输线的物理长度与传输波长的比值），确定干线系统 *C/N*、*CM*、*C/CTB*、*C/CSO* 指标的分配系数；

c. 按干线的电长度确定干线放大器的增益及级联数；

d. 按系统规模、增益、放大器供电方式，选择放大器的型号，计算确定干线放大器实用的最低输入电平和最高输出电平；

e. 设计计算干线放大器供电线路，确定供电器的配置；

f. 验算传输系统指标。

⑰ 用户分配系统的设计应符合下列要求。

a. 应将正向传输信号合理地分配给各用户终端，上行信号工作稳定。

b. 用户分配系统宜采用分配-分支、分支-分配、集中分支分配等方式。

c. 应采用下列均等、均衡的分配原则：宜采用星形分配方式，减少串接分支器；应选择合理的分配方案，使每户信号功率相似；宜选择不同规格的电缆及其长度，保证系统的均衡。

d. 不得将分配线路的终端直接作为用户终端。

e. 分配设备的空闲端口和分支器的输出终端，均应终接75Ω负载电阻。

f. 系统输出口宜选用双向传输用户终端盒。

15.6.5 卫星电视接收系统

① 卫星电视接收系统宜由抛物面天线、馈源、高频头、功率分配器和卫星接收机等组成。设置卫星电视接收系统时，应得到国家有关部门的批准。

② 用于卫星电视接收系统的接收站天线，其主要电性能要求宜符合表15-25的规定。

表 15-25　C频段、Ku频段天线主要电性能要求

技术参数	C频段要求	Ku频段要求	天线直径、仰角
接收频段	3.7～4.2GHz	10.9～12.8GHz	C频段≥ϕ3m
天线增益	40dB	46dB	C频段≥ϕ3m
天线效率	55%	58%	C、Ku≥ϕ3m
噪声温度	≤48K	≤55K	仰角20°时
驻波系数	≤1.3	≤1.35	C频段≥ϕ3m

③ C 频段、Ku 频段高频头的主要技术参数，宜符合表 15-26 的规定。

表 15-26 C 频段、Ku 频段高频头主要技术参数

技术参数	C 频段要求	Ku 频段要求	备注
工作频段	3.7～4.2GHz	11.7～12.2GHz	可扩展
输出频率范围	950～2150MHz		—
功率增益	≥60dB	≥50dB	—
振幅/频率特性	≤3.5dB	±3dB	带宽 500MHz
噪声温度	≤18K	<20K	−25～25℃
镜像干扰抑制比	≥50dB	≥40dB	—
输出口回波损耗	≥10dB	≥10dB	—

④ 卫星电视接收机应选用高灵敏、低噪声的产品设备。

⑤ 卫星电视接收站站址的选择，应符合下列规定：

a. 宜选择在周围无微波站和雷达站等干扰源处，并应避开同频干扰；

b. 应远离高压线和飞机主航道；

c. 应考虑风沙、尘埃及腐蚀性气体等环境污染因素；

d. 卫星信号接收方向应保证无遮挡。

⑥ 卫星电视接收天线应根据所接收卫星采用的转发器，选用 C 频段或 Ku 频段抛物面天线。天线增益应满足卫星电视接收机对输入信号质量的要求。

⑦ 当天线的直径小于 4.5m 时，宜采用前馈式抛物面天线。当天线的直径大于或等于 4.5m，且对其效率及信噪比均有较高要求时，宜采用后馈式抛物面天线。当天线直径小于或等于 1.5m 时，特别是 Ku 频段电视接收天线宜采用偏馈式抛物面天线。

⑧ 天线直径大于或等于 5m 时，宜采用电动跟踪天线。

⑨ 在建筑物上架设天线，应将天线的基础做法、各类荷载等情况提供给结构专业设计人员，确定具体的安装位置及基础形式。

⑩ 天线的机械强度应满足其不同的工作环境要求。沿海地区宜选用玻璃钢结构天线，风力较大地区宜选用网状天线。

⑪ 卫星电视接收站宜与前端合建在一起。室内单元与馈源之间的距离不宜超过 30m，信号衰减不应超过 12dB。信号线保护导管截面积不应小于馈线截面积的 4 倍。

15.6.6 线路敷设

① 有线电视系统的信号传输线缆，应采用特性阻抗为 75Ω 的同轴电缆。当选择光纤作为传输介质时，应符合广播电视短程光缆传输的相关规定。重要线路应考虑备用路由。

② 室内线路的敷设应符合下列规定：

a. 新建或有内装饰的改建工程，采用暗导管敷设方式，在已建建筑物内，可采用明敷方式；

b. 在强场强区，应穿钢导管并宜沿背对电视发射台方向的墙面敷设。

15.6.7 供电、防雷与接地

① 有线电视系统应采用单相 220V、50Hz 交流电源供电，电源配电箱内，宜根据需要安装浪涌保护器。

② 自设前端供电宜采用UPS电源，其标称功率不应小于使用功率的1.5倍。

③ 当干线系统中有源器件采用集中供电时，宜由供电器向光节点和宽带放大器供电。用户分配系统不应采用电缆芯线供电。

④ 电缆进入建筑物时，应符合下列要求：

a. 架空电缆引入时，在入户处加装避雷器，并将电缆金属外护层及自承钢索接到电气设备的接地网上；

b. 光缆或同轴电缆直接埋地引入时，入户端应将光缆的加强钢芯或同轴电缆金属外皮与接地网相连。

⑤ 天线竖杆（架）上应装设避雷针。如果另装独立的避雷针，其与天线最接近的振子或竖杆边缘的间距必须大于3m，并应保护全部天线振子。

⑥ 沿天线竖杆（架）引下的同轴电缆，应采用四屏蔽电缆或铝管电缆。电缆的外导体应与竖杆（或防雷引下线）和建筑物的避雷带有良好的电气连接。

⑦ 若天线放大器设置在竖杆上，电缆线必须穿金属导管敷设，其金属导管应与竖杆（架）有良好的电气连接。

⑧ 进入前端的天线馈线，应采取防雷电波侵入及过电压保护措施。

15.7 广播音响系统[26,88]

广播音响系统又称电声系统，应用范围极为广泛，是剧场、影院、宾馆、舞厅、体育广场、工矿企业、机关学校等各种场合所必备的设备。

15.7.1 公共广播系统的传输方式

当前，智能广播厂商纷纷推出不同功能和技术水平的智能广播产品，但从传输方式上基本上可以划分为定压广播、调频广播和网络广播三大类。

(1) 定压传输方式

定压广播是最早的公共广播，基本工作原理是将音频信号直接放大，基于功率信号方式进行传输，为降低信号在线路中的传输损耗，一般采用升压变压器将4～16Ω匹配阻抗变换到100V定压方式进行传输，到终端（音箱）后通过变压器降压转换到4～16Ω的匹配阻抗上推动喇叭放音，传输距离从几十米到几百米。定压广播广泛应用在车站、码头、学校、商业与民用建筑的背景音乐中，并有不少厂家在此基础上开发出可与消防系统联动的紧急广播。

定压广播的主要优势在于技术成熟、结构简单、性能稳定、维护容易、终端便宜，但不足也比较明显，主要体现在以下两个方面。

① 定压传输受线间变压器带宽、喇叭尺寸、电缆线径等因素影响，系统严格按照功率匹配与阻抗匹配的原则配置，可扩容性差，频响范围在200Hz～12kHz，信号失真度较大（≤10%），无法实现立体声传输，声音质量一般。

② 节目容量小，不能实现寻址控制。一条线缆只能传输一套节目，无法满足同时广播和分区广播，无法实现点对点寻址广播。

目前，市场上定压广播控制主机的存储空间已经能够达到1000M的容量，并且具备定时选曲播放、定时选台播放和定时电源供电控制功能。

(2) 调频智能广播

调频广播采用频率调制的办法，将音频信号搭载到高频载波上进行音频信号的传输，用高频载波的频率变化描述音频信号变化。不同的载波频率可以同时搭载不同的音频节目，我国将 87～108MHz 划分为调频广播频段。现阶段我国城市广播、有线电视网络中闭路广播都采用 FM 调频广播的方式。

调频智能广播分为无线调频传输和闭路调频传输两种，无线调频传输是通过调频发射机将调频信号发射到空间，在终端使用调频接收设备（收音机或调频音箱）进行接收。无线调频传输需占用空间频率资源，并需通过无线电管理部门批准，且容易受到外界干扰，可靠性相对较差。闭路调频传输采用与有线电视共缆传输的方式。调频广播与定压广播相比具有较大的优势，主要体现在以下几方面。

① 调频广播具有频响宽、高音丰富、抗干扰能力强、失真小等优点，可进行立体声传输。调频广播的音频范围为 30Hz～7kHz，失真度≤0.7%。

② 技术成熟，节目容量大。闭路调频广播基于有线电视的频率分割、频分复用的方式进行传输的。有线电视技术经历了几十年的发展历史，技术比较成熟，配套器材价格十分低廉。我国在有线电视频率划分上，把 87～108MHz 这一频段划分为调频广播频段，专门用于调频广播的传输。在这一频段内可以同时传输 60 多套调频广播节目，能够满足多分区同时分组广播的需要。

③ 兼容性、扩展性强。调频广播可以与有线电视信号在同轴网络中共缆传输，节目容量大、可扩展性好，需要增加节目时，只需要增加调频调制器即可，无须在布线结构上做任何变动。但由于调频广播是基于弱信号方式传输，接收设备必须是有源设备，即每个音箱及终端必须具有功率放大和外接电源部分。

④ 智能化程度高。调频广播的节目源基本 MP3、WAV 等数字格式，各公司开发有配套的智能广播多路播出与控制软件，采用一台主控计算机可同时播出多套音频节目，控制软件不仅能够按照年、月、日等多种模式设定播放列表自动定时、定点播放广播曲目，还具有设备控制、音量调节、输入/输出选择和紧急广播等功能。

(3) 数字网络广播

定压广播、调频广播都是直接对模拟音频信号进行处理、放大、录制、传输或调制，而数字网络广播是将连续的模拟音频信号经过模数转换（用于前端采集信号）和数模转换（用于终端还原信号），再使用专用软件或专用芯片对音频信号进行压缩、传输、解压、解码。网络音频广播的基本工作原理是，由一台 IP 网络广播控制主机、一套广播软件或服务器控制软件将音频文件以 IP 流的方式通过以太网，利用 TCP/IP 协议发送给远端网络终端，每台终端都包含一个固定的 IP 地址及网络模块、一个专业数字音频解码装置和功放控制单元。

数字网络广播从节目的制作到传输全部实现了数字化、网络化，具有信噪比高、音质好等特点，容易实现智能广播的节目定时、终端寻址、分组分区等功能，支持交互方式广播和远程 AOD（音频点播）。但是，这种广播方式必须采用“PC 机＋专用软件”（专用解压芯片），每只终端必须拥有独立的 IP 地址，技术含量较高，价格较贵。

15.7.2　广播音响系统的分类

在民用建筑工程中广播音响系统可以归纳为以下三种类型。

(1) 公共广播系统

公共广播系统包括背景音乐和紧急广播功能，平时播放背景音乐和其他节目；当出现紧急情况时，强切转换为报警广播，这种系统广播用的传声器（话筒）与向公共广播的扬声器一般不处在同一个房间内，故有无声反馈的问题，且以定压式传输方式为其典型系统。

① 面向公众区的公共广播系统　面向公众区的公共广播系统主要用于语言广播，这种系

统平时通常为背景音乐广播，当出现紧急情况可切换成紧急广播。公共广播系统的特点是服务区域面积大、空间宽旷，声音传播以直达声为主。如果扬声器布局不合理，因声波多次反射而形成超过 50ms 以上的延迟的话，会引起双重声或多重声，甚至会出现回声，影响声音的清晰度和声像的定位。

② 面向宾馆客房的广播音响系统　这种系统由客房音响广播和紧急广播组成正常情况时向客户提供音乐广播，包含收音机的调幅（AM）和调频（FM）广播和宾馆自播的背景音乐等多个可供自由选择的波段，每个广播均由床头柜扬声器播放。在紧急广播时，客房广播强行中断，只有紧急广播的内容强行切换到床头扬声器，使所有客人均能听到紧急广播。

(2) 厅堂扩音系统

厅堂扩声系统使用专业音响设备，并要求有大功率的扬声器系统和功率，由于演讲或演出用的传声器与扩声用的扬声器同处于一个厅堂内，故存在声反馈的问题，所以厅堂扩声系统一般采用低阻值直接传输方式。

① 面向体育馆、剧场、礼堂为代表的厅堂扩声系统　这种扩声系统是应用最广泛的系统，它是一种专业性较强的厅堂扩声系统。室内扩声系统往往有综合性多用途的要求，不仅可供会场语言扩声使用，还可作文艺演出。对音质的要求很高，受建筑声学条件的影响较大。对于大型现场演出的音响系统，要用大功率的扬声器系统和功率放大器，在系统的配置和器材选用方面有一定的要求。

② 面向歌舞厅、宴会厅、卡拉 OK 厅的音响系统　这种系统应用于综合性的多用途群众娱乐场所。由于人流多、杂声或噪声较大，故要求音响设备要有足够的功率，较高档次的还要求有很好的重放效果，所以也应配置专业音响器材，在设计时要注意供电线路与各种灯具的调光器分开。对于歌舞厅、卡拉 OK 厅，还要配置相应的视频图像系统。

(3) 会议系统

会议系统一般也设置的有公共广播提供的背景音乐和紧急广播两用的系统，因有其特殊性，常在会议室和报告厅单独设置会议广播系统。对要求较高的国际会议厅，还需另行设计同声传译系统、会议表决系统以及大屏幕投影电视。会议系统广泛应用于会议中心、大学学术报告厅、宾馆、集团公司等场所。相关内容详见 15.5.3 会议电视系统。

15.7.3　广播音响系统的组成

广播音响系统通常由节目源设备、信号放大与处理设备、传输线路和扬声器系统四部分组成。现简述如下。

(1) 节目源设备

常用的节目源设备有 FM/AM 调谐器、电唱机、激光唱机和录音卡座等，同时还包括传声器（话筒）、电视伴音（包括影碟机、录像机和卫星电视的伴音）、电子乐器等。

(2) 信号放大与处理设备

信号放大与处理，首先是指电压放大和功率放大，其次是信号的选择处理，即通过选择开关选择所需要的节目源信号。

(3) 传输线路

对于厅堂扩声系统，由于功率放大器与扬声器的距离不远，通常采用低阻大电流的直接馈送方式。对于公共广播系统，由于服务区域广、传输距离长，为了减少传输线路引起的损耗，往往采用高压传输方式。

(4) 扬声器系统

扬声器是“能将电信号转换成声信号并辐射到空气中去的电声换能器”，通常称之为喇叭。由于使用场合、研究角度不同，对扬声器的分类方法也有多种。可按辐射方式、组合方式、换能方式、振膜方式、用途或工作原理对其进行分类。扬声器按用途分可分为：

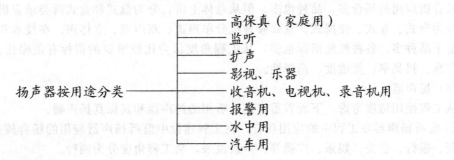

扬声器按用途分类
- 高保真（家庭用）
- 监听
- 扩声
- 影视、乐器
- 收音机、电视机、录音机用
- 报警用
- 水中用
- 汽车用

15.7.4 广播音响设备

在广播音响系统中使用的设备主要有 10 种类型，现简要介绍如下。

(1) 调谐器

调谐器的性能直接影响音响设备的质量，在工程中选用时要考虑以下 8 点。

① 灵敏度　以功率为参考点，灵敏度的数值越低，效果越好。

② 50dB 静噪　能够达到噪声被接收的信号强度至少要比噪声大 50dB。50dB 静噪的信号强度越低，性能越好。

③ 信噪比　信噪比是以 S/N 表示的，S/N 比值越高越好，立体声大于 65dB。

④ 捕获率　捕获率有时也称为选择性，它是在指定频率电台影响下的工作能力，捕获率的数值越低越好。

⑤ 频率响应　频率响应适当频率调制范围是在 30Hz～15kHz 范围内进行的，频率响应的数值越低越好。

⑥ 立体声分离度　立体声分离度表示调谐器立体声解码器能够把左声道和右声道进行隔离的程度，其值越大越好。

⑦ 静噪阀　是指静噪电路保证在调谐时将两个电台之间的杂音抑制掉。

⑧ 其他性能　如低频抑制、中频抑制、假响应等。

(2) 前置放大器

前置放大器的任务是把各种弱信号进行放大，一般考虑的因素有音量控制、音调控制、响度控制和带宽控制等。

(3) 传声器

传声器也称为送话器、微音器、麦克风或话筒，它属于换能器，将声音转换成信号。传声器考虑的因素有以下几方面。

① 频响　频响就是频率响应、影响性能的参数有频率范围、额定频响、瞬态特性。

② 灵敏度　灵敏度是表征传声器声-电转换能力的重要参数，其特性有：开路灵敏度 S_o，有载灵敏度 S_e，声场灵敏度 S_i，电压灵敏度 S_v。

③ 阻抗　传声器阻抗分为输出阻抗和负载阻抗。输出阻抗为内阻，其值越小越好；负载阻抗即输入阻抗，其值越大越好。

④ 方向性　方向性也称指向性，表现为单向性、全向性和双向性。

⑤ 信噪比。

(4) 电唱机

电唱机是利用机械方法进行声音信号记录。它由电唱盘、音臂、拾音头、唱针和附件组成。目前这类产品在工程中使用较少。

（5）录音机

录音机应用的场合多，品种也多，但从总体上讲，分为盘式和盒式两类录音机。盘式录音机又分为台式、立式、便携式。盒式录音机分单声道、双声道、立体声。在技术和性能指标方面，由于品种多，各种性能指标也多，从工程角度认为比较重要的指标有信噪比、频率响应、谐波失真、抖晃率、灵敏度、选择性。

（6）扬声器

从工程使用角度考虑，下面着重讲述监听用的扬声器和高保真扬声器。

① 监听扬声器在工程中的应用场合　在工程建设中监听扬声器应用的场合较多，如监狱、看守所、银行、公安、娱乐、广播等。一般说来，从工程角度分为两种。

a. 监听节目声音质量的扬声器，它是一种高质量、高标准、高档次的高保真扬声器。

b. 监听（复核）动静的扬声器，它是一种声音清晰度高的扬声器。

② 监听扬声器的性能要求　无论是监听节目还是监听复核使用的扬声器，在性能要求上要具有以下几点。

a. 最大输出声压级　在监听节目和监听复核时，一般要重放声与原声的声压级一致，否则在节目方面就得不到高低音的平衡或各音乐声的平衡感。要求在1m处监听扬声器有110dB的声压级；监听复核扬声器在1m处应有80dB以上的声压级。

b. 耐输入能力　要求有大的输出声压级，就要加大输入功率和提高扬声器灵敏度，扬声器的灵敏度提高必然会影响失真。因此，灵敏度不能过高。监听用的扬声器必须有很高的可靠性。耐输入功率的实际数值应为额定输入功率的2倍。

c. 失真率要小。

d. 输出声压频率尽可能平直。

③ 高保真扬声器的主要要求　高保真是指“用于评价高质量放声系统，如实重现原有声源特性的术语，它力求准确而如实记录或重放节目的原有特性并在主观上不引起可分辨的畸变感觉”。

a. 阻抗曲线：在20Hz～20kHz频率范围内，阻抗模值的最低值不应小于额定阻抗的80%。

b. 频率特性：在50Hz～12kHz频率范围内频率响应曲线不均匀度应符合相关规范的要求，若频率范围超过50Hz～12kHz仍可用，+4～−80dB为允许偏差范围。

c. 有效频率范围：有效频率范围最低要求为50Hz～12.5kHz。

d. 指向性响应：指向性是指水平、垂直指向性。在250Hz～8kHz频率范围内，偏差在4dB以内。

e. 幅度/频响差：它是在250Hz～8kHz频率范围内立体声左、右扬声器平均声压不大于2dB。

f. 总谐波失真：在250Hz～1kHz频率范围内，失真小于或等于2%；在1～2kHz频率范围内，相对于对数频率坐标以小于或等于2%线性下降；在2～6.3kHz频率范围内失真小于等于1%。

④ 监听扬声器与高保真扬声器的区别　监听扬声器与高保真扬声器的不同之处在于以下几方面。

a. 监听扬声器要没有个性，如实地反映音乐的好坏，高保真扬声器具有个性，有修饰与美化的作用，目的是为了欣赏。

b. 监听扬声器要求有适当的声像分解能力，高保真扬声器更注重。

c. 监听扬声器对可靠性要求高，高保真扬声器对造型、外观更为重视。

d. 监听扬声器要求同一型号有很好的一致性，高保真扬声器着重左右的一致性。

（7）激光唱机

激光唱机也称为CD（Compact Disc）唱机，它是光电结合的产物。

它的特性主要表现在两个方面。

① 电声指标高。具体表现为以下几点。

a. 信噪比高：一般在90dB～130dB。

b. 动态范围大，适应大型音乐活动。

c. 分离度好。

d. 失真度小。

e. 频率范围宽。

f. 抖晃率小。

② 操作方面。具有面板按键和遥控操作的功能。

（8）耳机

耳机也称为听筒，是音频电信号转换成声波的一种设备。它的种类很多，按换能原理分有电磁式、电动式、电压式、静电式；按传导方式区分，有全导式和骨导式；按使用方式分有头戴式、插入式、耳挂式；按性能分有密闭式、半开放式、全开放式；按结构来分有高阻耳机、低阻耳机。

从应用角度考虑的是耳机的主要性能。一般情况下要考虑6点：①频率响应；②灵敏度；③额定阻抗；④功率；⑤工作电压；⑥互调失真。

（9）调音台

调音台是播控中心的重要设备，用以传送、处理和分配音频信号、监听输出通道等作用。

① 分类

a. 按节目种类可分为：音乐台和语音台。

b. 按使用场合可分为：携带式和固定式。

c. 按输出方式可分为：单声道、双声道、立体声、四声道和多声道。

d. 按信号处理方式可分为：模拟式和数字式。

② 功能　调音台的功能主要考虑以下5点：

a. 电平及阻抗分配，设计时输出阻抗应为负载阻抗的1/5；

b. 信号放大与频率均衡；

c. 动态处理；

d. 信号分配与混合；

e. 提供特殊效果。

③ 应用场合　由于场所、对象不同，对调音台的功能要求和规模也不一样，实际应用中使用的产品有：同期对白台；后期配音台；外景调音台；外出调音台；音乐台；转录台；混录台等。对于上述的产品规格和用途用见表15-27。

（10）功率放大器

向负载提供信号功率的放大器称为功率放大器，功率放大器正常工作时，信号电压和电流都比较大。其内部一般由三部分组成：

① 接收前置放大器送来的输入信号的输入级；

② 产生输出电流的功率放大级；

③ 驱动该功率放大级的驱动级。

表 15-27　调音台的名称、规格和用途

名称	工作场所	形式	路数	声道	用途
同期对白台	摄影棚	可移动	2～4	1～2	同期对白效果录音
后期配音台	对白效果棚	半固定	4～5	1、2、4	配音
外景调音台	外景同期现场	便携式	2～4	1～2	外景对白效果录音
外出调音台	剧场或排演厂	便携式	6～12	2	外出录制音乐
音乐台	音乐录音棚	固定式	12～36	2～24	音乐录音
转录台	转录室	半固定	4～6	1～4	转录混合
混录台	混录棚	固定式	6～24	2～4	混合录音

15.7.5　公共广播系统及其设计

15.7.5.1　公共广播系统的分类

公共广播系统简称 PA 系统（Public Address）。特点是：服务区域大，传输距离远，信息内容以语言为主兼用音乐；传声器与扬声器不在同一房间，故没有声反馈问题。为了减少传输线功率损耗，通常采用 70V 或 100V 的定电压传输，或用调频方式进行多路广播传输。公共广播系统通常按用途和按传输方式进行分类。

(1) 按用途分类

① 业务性广播系统　业务性广播系统是以业务宣传、时事、新闻、通知等类的广播，可用于办公楼、大专院校、车站等场合。

② 服务性广播系统　服务性广播系统是以欣赏音乐或背景音乐为主，时事新闻为辅的广播。这种系统用于大型公共活动场所和旅馆等场合。

③ 消防广播系统　这种系统是用于火灾事故和突发性事故的紧急广播。

(2) 按传输方式分类

公共广播系统按传输方式可分为音频传输方式和调频射频载波传输方式。

① 音频传输方式　音频传输方式常见的有定压式和终端带功放的有源方式。

② 调频射频传输方式　调频射频传输方式是将音频信号经过调制器转换成被调制的高频载波，经同轴电缆传送至各个用户终端，并在终端经解调还原成声音信号。

调频射频传输方式和音频传输方式的比较如表 15-28 所示。

表 15-28　音频传输方式和调频射频传输方式比较

比较项目 ＼ 传输方式	定电压音频传输	调频射频传输
系统设备	简单	复杂
收听端设备	扬声器	调频接收机＋功放＋扬声器
传输线路	一对双芯电线	低损耗同轴电缆，可与 CATV 兼用网络
多节目传输性能	一个节目源需用一副传输线	多个节目源可共用一根同轴电线
传输距离	受频响特性变坏及线路损耗限制	可以远距离传输
音频信号质量	较好	受多波段 FM 接收机频源的影响
使用情况	广泛使用	特殊情况下使用

15.7.5.2 公共广播系统的功能与技术要求

公共广播系统可以播放背景音乐、进行业务宣传和寻呼广播以及火灾事故的紧急广播。这种通用性极强的广播系统具备以下各项功能与技术要求。

(1) 播放背景音乐

背景音乐（BGM：Back Ground Music）的主要作用是掩盖噪声并创造一种轻松愉快的气氛。背景音乐是单声道音乐，这是因为立体声要求能分辨出声源方位，并具有纵深感，而背景音乐是指不专心听意识不到声音从何处来。背景音乐服务区的平均声压级要求不高，在 60～70dB 左右，但声场要求均匀。频响为 100～6000Hz 左右。

背景音乐系统设计时要注意以下几点。

① 背景音乐系统的音质设计　以背景音乐系统的音质作为设计目标，其设计指标如下：室内声压级要均匀，平均声压级最大为 60～70dB；频带为 100～6000Hz，重放特性比较平直，频带处希望急剧下降；噪声较好的房间，需把 200～300Hz 以下的低音提升 3～6dB，这比立体声音乐的指标要低（立体声音乐的频响约为 40～15000Hz，平均声级约为 80～85dB）。

② 节目源及其设备的选择　背景音乐的节目源设备包括磁带、唱片和广播三方面的放音设备。

磁带是节目源设备之一。与普通音响使用的录音机不同，在选择背景音乐使用的磁带录音机或放音机时，要求具有能长期而连续重放的功能。

利用唱片重放设备或激光唱片唱机来播放背景音响，随着 CD 技术和软件的发展，激光唱片在背景音乐方面的应用日渐普及。

在无线电广播节目中，调幅接收机所接收的信号因在广播时缺少 5kHz 以上的高音信号，噪声干扰显著，音质欠佳，故作背景音乐的信号源不合适。调频接收机所接收的信号在技术性能上可以满足要求，其节目内容多样，但不一定是理想的节目源。

③ 功率放大器与扬声器的配接　在公共广播中，由于所需功率大、传输距离长，广泛采用定压式功放。定压式功放的特点是，当负载电阻改变时，输出电压的变化很小，输出电压较稳定。由于机内采用了深度负反馈，从而改善了频响特性。定压式功放多为大功率机。定压式功放的输出多采用 70V、100V、120V 或 240V 高压输出，而扬声器的工作电压要低得多，因此在其间必须利用变压器来变换阻抗和电压进行配接，这种变压器称为线路匹配变压器，或称为线间变压器。

定压式功放与扬声器配接方式有直接配接和用线间变压器配接两种。直接配接时，扬声器不能接在功放输出电压比扬声器工作电压高的两端，例如 10W、8Ω 的扬声器需 9V，就不能接在功放 20V 的输出上，否则扬声器过载。

若扬声器与功放距离较远或无适当输出电压供直接配接时，就需用线间变压器配接。这种配接方式的要求为：选用变压器的功率要能满足输给扬声器的要求；线间变压器初级接功放（或线路）上时，一般要使两者相等。其电压要求和功率计算与直接配接方式相同。

(2) 火灾事故时的紧急广播

火灾事故的紧急广播系统应具备以下功能。

① 优先广播权功能　发生火灾时，消防广播信号具有最高级的优先广播权，即利用消防广播信号可自动中断背景音乐和寻呼找人等广播。

② 选区广播功能　当发生火灾报警时，仅向火灾区及其相邻的区域进行紧急广播，即向 $n\pm1$ 层选区广播。选区广播功能应有自动选区和人工选区两种，确保可靠执行指令。

③ 强制切换功能　播放背景音乐时，各扬声器负载的输入状态各不相同，有的处于小音量状态；有的处于关断状态；在紧急广播时，各扬声器的输入状态都将转为最大全音量状态，

即通过遥控指令进行音量强制切换。

④ 广播分控台功能　消防值班室必须备有紧急广播分控台，其功能是遥控公共广播系统的开机、关机，分控台话筒具有优先广播权，分控台具有强切权和选区广播权等。

（3）扬声器负载的计算

定电压传输的公共广播系统，各扬声器负载都采用并联连接，如图 15-22 所示。

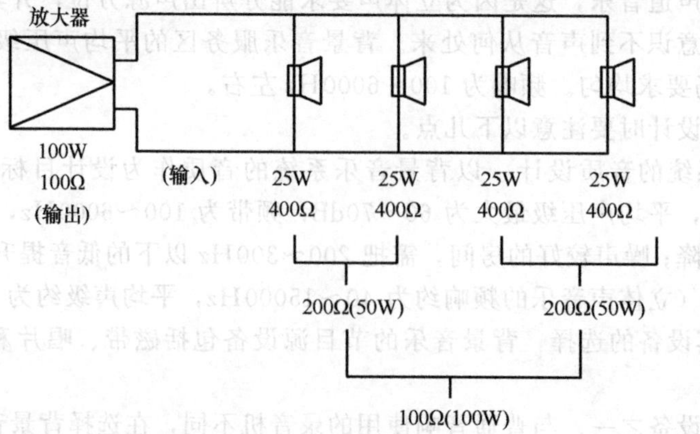

图 15-22　定电压系统的阻抗匹配

功放输出端的输出电压、输出功率和输出阻抗三者之间的关系如下：

$$P=u^2/Z \tag{15-11}$$

式中　P——输出功率，W；

u——输出电压，V；

Z——输出阻抗，Ω。

15.7.5.3　公共广播系统的工程设计

（1）系统工程设计的内容

① 确定系统方式　公共广播系统是业务性系统、服务性系统还消防广播系统，系统拟采用的传输方式是系统工程设计时首要考虑的问题。

② 系统音质的要求　声音的传播将遵循室内声学的规律，公共广播系统的音质设计要从声学特性和音质评价两方面考虑。声学特性最低限度要达到：最大噪声声压级≥85dB（250～4000Hz 内平均声压级）；传输频率特性：250～4000Hz 内以其平均声压级为 0dB，允差为＋4～－10dB；传音失真率以设计使用功率，在≤4000Hz 的传输频率特性范围内≤15%。公共广播系统的音质好坏与室内环境噪声有关，该噪声级越低越好，一般控制在 50～55dB 以下。

③ 分区广播设计　对于智能大厦、宾馆、饭店等建筑物来说，公共广播系统应分区设计。每一分区配置一台独立的功率放大器；在扬声器与功率放大器匹配的情况下，若干个分区可共用一台功率放大器，并在功率放大器和各分区扬声器之间安装扬声器分区选择器，以便选择和控制这些分区扬声器的接通或断开；由于功率放大器最大输出功率为 240W 或 300W，因此一个分区扬声器的总功率不应超过 240W；分区一般以楼层为单位，在大厦中不应串楼层，或几个楼层串接在一个分区；扬声器间隔应为 20～30m 为宜；扬声器应选 3W 以上的功率。

④ 广播控制室设计　依据国家标准，广播控制室设计时要考虑以下因素。

a. 广播控制室设置原则。当消防值班室与广播控制室合用时，要符合消防安全的有关规定；旅馆类建筑，服务性广播应与电视播放合并设置控制室；车站、码头类建筑，广播控制室应设置在调度室附近。

b. 广播控制室内设备放置要求。功放设备立柜的前面净距不应小于1.5m；功放设备立柜的侧面与墙、柜背与墙的净距不应小于0.8m；立柜之间距离不应小于1m；单用电子管的功放设备单列布置时，立柜之间距离不应小于0.5m。

c. 有线广播交流电源的配置。仅有一路交流电源供电的工程，要由照明配电箱专路供电；功放设备容量在250W以上时，广播控制室应配置电源配电箱；具有二路交流电源供电的工程，要采用二回路电源在广播控制室互投供电；交流电源电压偏移值一般应≤±10%。当电压偏移不能满足设备的限制要求时，应设UPS电源。

d. 广播控制室的工作接地与保护接地。广播控制室应设置保护接地与工作接地，其原则为：单独设置专用接地装置，接地电阻≤4Ω；系统接地网，接地电阻≤1Ω。

⑤ 系统的布线要求　室内广播线路的布线：旅馆类的服务性广播线路；采用藕芯双绞线电缆；其他广播线路采用实铜芯绞合线，广播线路需穿管或线槽敷设。室外广播线路的敷设：在室外布线时遇到的情况较为复杂，限于篇幅这里就不再叙述，读者可参阅相关专业书籍。

(2) 系统工程设计步骤

① 系统的具体要求　根据广播音响系统的基本功能、规模布局，明确该系统的具体要求一般要考虑以下几点：确定广播服务区域；确定广播节目源的种类；确定客房广播的节目；确定报警广播要求及应急电源等措施，是否需要紧急广播功能，在交流电源停电时是否需要保证紧急广播的供电设施；确定广播控制室的位置和布局。

② 系统工程设计　系统设计内容主要有以下几点：对广播区域进行分区，确定扬声器的数量、型号、所需电功率；确定功率放大器的型号和数量；选定节目源设备及相关的前级放大器或信号切换放大装置；设计系统图，考虑信号流的安排，做好信号流的切换、优先权安排等信号切换，并配齐监听器、电源开关盒、接线箱、直流电源等；选择安装设备的机架及控制台，设计或选择有关的安装附件；确定控制中心室的位置，估算各种设备所需电源的容量（功率）；确定管线的走向、型号、接线盒和接线箱，并考虑照明、空调、动力、土建和结构是否妥当，最后在建筑平面图上绘制管线图；根据系统所需的设备及工程实施中所需的材料列出设备、材料清单和工程预算表；系统接地。

③ 编制设计文件　设计文件主要包括：系统工程说明文件；系统方框图；管线布置图；控制中心室设备布局图；设备材料清单及工程预算表。

15.7.6 厅堂扩声音响系统及其设计

15.7.6.1 厅堂扩声系统的分类

厅堂扩声系统的种类很多，可以按照工作环境、声源性质、工作原理、扬声器布置方式等进行分类。

① 按工作环境可分为室外扩声系统和室内扩声系统两类。

a. 室外扩声系统　室外扩声系统的特点是反射声小，有回声干扰，扩声区域大，条件复杂，干扰声强，音质受气候条件影响等。

b. 室内扩声系统　室内扩声系统的特点是对音质要求高，有混响干扰，扩声质量受建筑声学条件影响较大。

② 按声源性质可将扩声系统分为以下三类：

a. 语言扩声系统；

b. 音乐扩声系统；

c. 语言和音乐兼用的扩声系统。

③ 按工作原理可将扩声系统分为以下三类：

a. 单通道系统；

b. 双通道立体声系统；

c. 多通道扩声系统。

④ 按扬声器布置方式可将扩声系统分为以下三类：

a. 集中布置方式；

b. 分散布置方式；

c. 混合布置方式。

15.7.6.2 厅堂扩声系统的技术指标

(1) 最大声压级

最大声压级是扩声系统在厅堂听众席所产生的最高稳态准峰值声压级。而准峰值声压级是对于非简谐波形的声音用与它具有相同峰值的稳态简谐信号声压的有效值表示的声压级。

(2) 传输频率特性

当扩声系统达到最高可用增益时，厅堂内各听众席处稳态声压的平均值相对于扩声系统传声器处声压或扩声设备输入端电压的幅频响应。

(3) 传声增益

传声增益是指当扩声系统达到最高可用增益时，厅堂内各听众席处稳态声压级平均值与扩声系统传声器处声压级的差值。

(4) 声场不均匀度

声场不均匀度是厅堂内有扩声时，各听众席得到稳态声压级的差值。

对于厅堂扩声系统的技术指标规范，应依据《民用建筑电气设计规范》(JGJ/T16—2008)的技术标准，该标准给出了扩声系统的声学特性指标，如表 15-29 所示。

15.7.6.3 扬声器的布置方式

扬声器的布置是电声系统设计的关键，它与建筑物处理的关系也较密切，室内扬声器的布置要求有：①观众席上的声场分布均匀；②多数观众席上的声源方向感觉良好，即声像一致性好；③有良好的声反馈抑制能力，避免产生回声干扰。

扬声器的布置方式可分为集中布置方式、分散式和混合式三类。各种布置方式的特点和设计注意事项见表 15-30。

(1) 集中式布置方式

在观众席的上方或左右两侧设置指向性较强的扬声器组合，使扬声器组合中的各扬声器的主轴线分别指向观众区的中部和后部。这是剧场、礼堂及体育馆等常采用的布置方式。其优点是声能集中，直达声强，清晰度高，观众的方向感好，声像较一致。

(2) 分散布置方式

分散布置方式适用于面积很大、天花板很低的厅。这种方式可使声场分布非常均匀，观众听到的是距离自己最近扬声器发出的声音，所以方向感不佳。如果设置延时器，将附近的扬声器的发声推迟到一次声源的直达声到达之后，方向感可得到明显改善。

扬声器分散式布置覆盖区域的计算图，如图 15-23 所示。

扬声器之间的距离计算公式：

$$D=2(H-1.5)\tan\alpha \quad (m) \qquad (15\text{-}12)$$

式中 H——天花板的高度；

α——扬声器的覆盖角。

表 15-29 扩声系统声学特性指标

扩声系统类别分级 / 声学特性	音乐扩声系统一级	音乐扩声系统二级	语言和音乐兼用扩声系统一级	语言和音乐兼用扩声系统二级	语言扩声系统一级	语言和音乐兼用扩声系统三级	语言扩声系统二级
最大声压级（空场稳态准峰值声压级）/dB	0.1～6.3kHz 范围内平均声压级≥103dB	0.125～4.000kHz 范围内平均声压级≥98dB		0.25～4.00kHz 范围内平均声压级≥93dB		0.25～4.00kHz 范围内平均声压级≥85dB	
传输频率特性	0.05～10.000 kHz，以 0.10～6.30kHz 平均声压级为 0dB，则允许偏差为＋4～－12dB，且在 0.10～6.30kHz 内允许偏差为±4dB	0.063～8.000kHz，以 0.125～4.000kHz 的平均声压级为 0 dB，则允许偏差为＋4～－12dB，且在 0.125～4.000kHz 内允许偏差为±4dB		0.1～6.3kHz，以 0.25～4.00kHz 的平均声压级为 0dB，则允许偏差为＋4～－10dB，且在 0.25～4.00kHz 内允许偏差为＋4～－6dB		以 0.25～4.00kHz 平均声压级为 0dB，则允许偏差为＋4～－10dB	
传声增益/dB	0.1～6.3kHz 时的平均值≥－4dB（戏剧演出），≥－8dB（音乐演出）	0.125～4.000m 时的平均值≥－8dB		0.25～4.00kHz 时的平均值≥－12dB		0.25～4.00kHz 时的平均值≥－14dB	
声场不均匀度/dB	0.1kHz 时小于或等于 10 dB，1.0～6.3kHz 时小于或等于 8dB	1.0～4.0kHz 时小于或等于 8dB		1.0～4.0kHz 时小于或等于 10dB	1.0～4.0kHz 时小于或等于 8dB	1.0～4.0kHz 时小于或等于 10dB	

表 15-30 扬声器各种布置方式的特点和设计考虑

布置方式	扬声器的指向性	优缺点	适用场合	设计注意事项
集中布置	较宽	(1) 声音清晰度好 (2) 声音方向感好，自然 (3) 有引起啸叫的可能性	(1) 设置舞台并要求视听效果一致者 (2) 受建筑物体型限制，不宜分散	应使听众区的直达声较均匀，并尽量减少声反馈
分散布置	较尖锐	(1) 易使声压分布均匀 (2) 容易防止啸叫 (3) 声音清晰度容易变坏 (4) 声音从旁边或后面传来，有不自然感觉	(1) 大厅净高较低、纵向距离长或大厅可被分隔几部分使用 (2) 厅内混响时间长，不宜集中布置者	应控制靠近讲台第一排扬声器功率，尽量减少声反馈；防止听众区产生双重声，必要时采取延时措施
混合布置	主扬声器较宽；辅助扬声器较尖锐	(1) 大部分座位声音清晰 (2) 声压分布较均匀，没有低声级的地方 (3) 有的座位同时听到主、辅扬声器两方向来的声音	(1) 跳台过深或设楼座的剧院等 (2) 对大型或纵向距离长的大厅堂 (3) 各方向均有观众的视听大厅	应解决控制声程差和限制声级的问题；必要时应采取加延时措施，避免双重声现象

扬声器的覆盖区面积 S_1 的计算公式：

$$S_1=\pi D^2/4=0.785[2(H-1.5)\tan\alpha]^2 \quad (\mathrm{m}^2) \qquad (15\text{-}13)$$

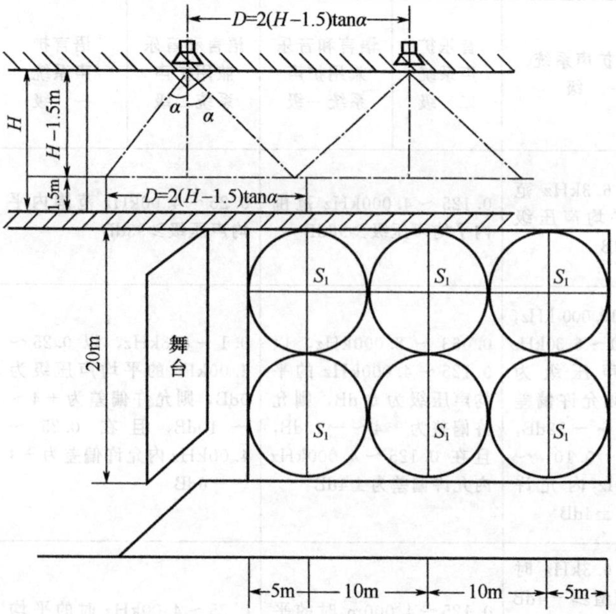

图 15-23　天花板扬声器的覆盖区计算

（3）混合式布置方式

采用混合式布置方式有以下几种情况。

① 在集中式供声剧场中，扬声器在舞台上部，靠近舞台的观众感到声音来自头顶，方向感较差。此时，需在台口前或舞台两侧布置若干只小功率扬声器，以改善声像定位。

② 在较大型剧场中，前面的扬声器不能使大厅后部有足够的音量。后排观众区收听不到直达声，影响音质效果。此时，需在适当位置补装一些辅助扬声器。这些辅助扬声器还需适当加些延迟量，以便与主扬声器传播来的声音同时到达这部分观众区。

③ 在电影院，为了增加环绕声效果，需在后排和两侧面后部位置增加若干数量的环绕声扬声器。采取以主扬声器供声为主，结合辅助扬声器的混合布置方式。

15.7.6.4　厅堂扩声系统的设计

（1）厅堂扩声系统的技术要求

扩声系统的性能指标决定厅堂电声设备的质量，依据建设部厅堂扩声系统的技术标准要求要考虑以下几点。

① 室内空场稳态最大声压级　对语言扩声系统约在 85～95dB；对音乐扩声系统约在 90～100dB。

② 信噪比　在室内最小声压级的位置上，信噪比应大于 30dB。

③ 最大供声距离　通常为临界距离 R 的 3 倍。

④ 传声增益　一般要求−8～−12dB。

⑤ 传输频率响应　125～4000Hz，允差为 6～10dB；100～8000Hz，允差为 10～14dB。

⑥ 声场不均匀度　一般在±3dB 范围内。

为了保证扩声系统的稳定性，在保证所需响度的条件下需要抑制声反馈。抑制声反馈的主要方法有：合理布置传声器和扬声器；使用指向性传声器；使用频率均衡器；音场没有明显的缺陷。

（2）设计思想

要使音响效果好，在房间设计上就应该考虑长、宽、高的比值。房间越大，下限频率越低，这就要求声学房间要有足够大的容积。在一般情况下，矩形房间长、宽、高之比为 1.618：1：0.618；或者为$\sqrt{2}$：$\sqrt[3]{3}$：1。

（3）设计要点

设计时要考虑以下几点：

① 提高吸声率；

② 减少驻波共振；

③ 避免声聚焦；

④ 增加扩散性；

⑤ 扩声形式；

⑥ 扩声的响度；

⑦ 与厅堂相适应的扩声设备。

（4）建筑物物理因素的考虑

音场需要一个好的物理环境，具体表现为以下几方面。

① 墙体　墙体应取用厚而重的结构，以提高隔音、隔声、隔气的效果。有条件的采用双层墙。

② 吊顶与地板的铺设　为了减少地板、天花板传入的固体声，吊顶天花板应使用吸声效果较好的材料。

③ 空调管道应进行消声处理。

④ 门窗　门窗是减噪的关键部位。一般木门的隔音声量为 14～18dB，应增厚木板门的厚度提高隔音量，门应与专门厂家订购。一般设二道门。窗可由三层玻璃组成。采用的平板玻璃越厚越好，周围密封。

（5）设备的配置

① 功放设备的配置　功放设备单元划分应满足负载的分组要求；厅堂扩声系统的功放一般采用低阻直接输出。当传输距离较远时，则采用定压输出；厅堂扩声系统为确保扩声质量，要有充分的功率储备。通常要求功放的功率余量，在语言扩音时为 5 倍以上，在音乐扩声时为 10 倍以上。

② 传声器的配置　传声器的配置要满足语言或音乐扩声要求，并选用有利抑制声反馈的传声器；当传声器电缆超过 10m 时，选用平衡式、低阻抗型传声器；如室内声场不均匀，传声器要尽量避免设在声级高的部位，其位置要远离晶闸管干扰源及其辐射范围。

③ 调音台的配置　根据扩声要求和演出规模，确定使用音源的数量和种类，以便选择相应输入、输出路数的调音台。例如 CD 唱机、调谐器、录入机等节目源设备要占用 2 路调音台输入；话筒输入需要选用 8～24 路的调音台。

④ 馈线的选择　在要求音质较高的场合，可使用专用的扬声器馈线。扩声系统设备之间的馈线最好采用平衡方式电缆连接，这样可以减少外部引入的噪声，提高抗干扰能力。扬声器的馈线与通常的配电馈线不同，馈线宜采用聚氯乙烯绝缘双芯绞合的多股铜芯导线穿管敷设。功率放大器至扬声器馈线的选取应使这段线上的功率损失控制在 0.5dB 范围内，因而芯线路径的选取与扬声器的阻抗有关。

⑤ 扩声控制室的设置　扩声控制室简称音控室，是除扬声器系统外全部扩声设备安装和调音师操作的工作室。扩声控制室的设置要根据工作实际情况具体确定，对于大型扩声系统，音控室内包括调音台、周边器材、录音、视频监视和通信装备等，功放机安装在附近的专门房

间，采用计算机控制和测量全部功放设备。扩声控制室面积一般要大于 $15m^2$，室内作适当的吸声处理。当控制室设在观众厅后面时，观众用的玻璃窗宜为 1.5～2m，窗底边应比最后一排地面高 1.7m 以上，以免被观众遮挡视线。

扩声控制室应设置保护接地和工作接地。单独设置专用接地装置时，接地电阻不大于 4Ω。广播设备的电路工作接地点，传声器输出屏蔽线接地，功放输出变压器接地端等均应接至该接地装置并构成系统一点接地。

扩声控制室的交流电源的供电级别应与建筑物供电级别相适应。对扩声设备的功放机框采用单相三线制放射式供电，以防止因三相相位差而影响功放工作。当调音台（前级、信号处理机框）功放设备的交流电源的电压波动超过设备规定时，应加装自动稳压装置（交流稳压电源或 UPS 电源设备）。

15.7.7　同声传译系统

同声传译系统是用于不同国家、不同民族语言的会场，它的作用是将发言者的语言（音）同时翻译成各种语言（音），通过传输介质供会场参加者使用。在会展中心、高档饭店、宾馆等场合使用。根据传输方式的不同，可将同声传译系统分为有线同声传译系统和无线同声传译系统两大类。

15.7.7.1　有线同声传译系统

有线同声传译系统是通过有线传输介质向各位与会者的固定席位提供不同语言（音）的信号。其结构如图 15-24 所示。

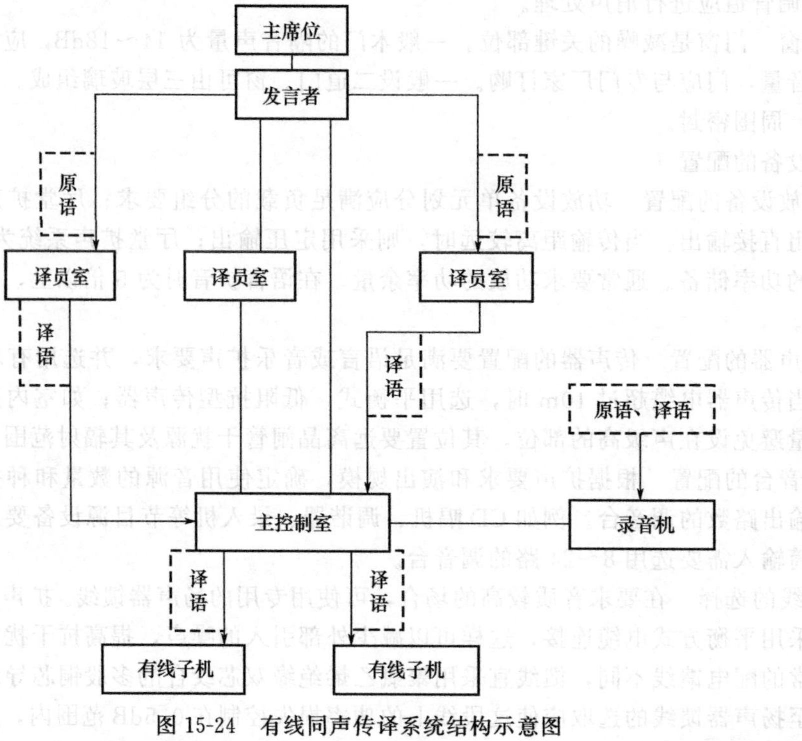

图 15-24　有线同声传译系统结构示意图

(1) 主要设备

从图 15-24 中可以看出，有线同声传译系统的主要设备如下。

① 主席位（发言者）：话筒、主席台、主席机。

② 译员室：译员话筒、译员座位、译员机。译员室要求隔音效果要好。

③ 主控制器：同声传译主机控制单元。

④ 传输线缆：细同轴电缆。

⑤ 有线子机：代表机。

(2) 产品选择

当你选择产品时，首先应向产品供应商索要产品技术白皮书、技术特性指标、一般系统的构成图。根据这些技术资料，进行综合比较，选择合适的性能/价格比。

(3) 工程设计中注意的要点

主席台要美观、大方、庄重。译员室设计时应符合下列要求。

① 国际 ISO2603 标准译员室的大小规格如图 15-25 所示。译员室内能够并排容纳 2～3 人，为减少房间声共振，房间三边的尺寸不宜相同。

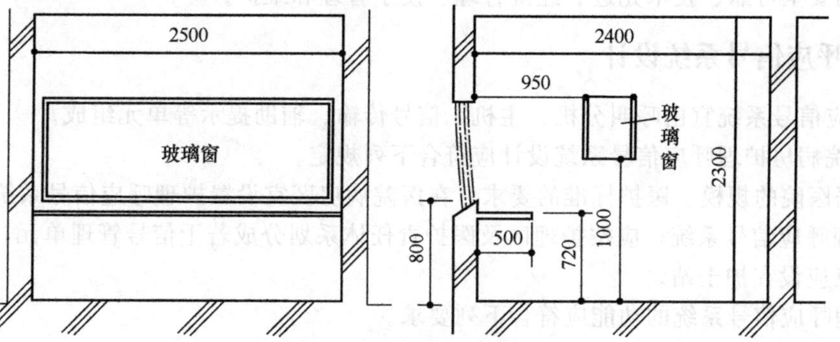

图 15-25　译员室规格

② 译员室位置应设置在会议厅或舞台、主席台两侧之一，这样译员可从观察窗清楚地看到主席台发言席和观众区的主要部分，以便译员能看清发言人的口型、节奏变化、手势以及发言者使用投影设备显示的内容，使其传译更生动、形象。

③ 译员室应作隔声和消声（空调管道的噪声）处理。观察窗应采用中间有空气层的双层玻璃隔声窗和隔声门。室内的噪声应不大于 NR20。

④ 译员室内应有空调，有条件时，室内和走廊铺上地毯。

⑤ 译员室与机房间应设有译员工作指示灯和对外联络的信号设施。

⑥ 多个译员室应并排设置，相互之间设有玻璃透明窗，以便相互联络。

15.7.7.2　无线同声传译系统

无线同声传译系统是无线信道将语言传送给与会者的。系统结构类似于有线同声传译系统，只需在主控制器外端增加一台发射机。发射机有三类：射频传输、音频传输和红外线传输。由于射频传输和音频传输有许多缺点，因此，现在许多高档的会议场所的同声传译系统大多采用红外线传输的同声传译系统。

无线同声传译系统工程设计时，考虑的主要设备如下。

① 主席位：话筒、主席台、主席机。

② 译员室：译员话筒、译员座位、译员机。

③ 主控制台：同声传输主机控制单元。

④ 无线发送机。

⑤ 无线接收机。

其工程施工比有线同声传输系统容易得多，但在施工时要注意如下三点。

① 红外辐射波长为900nm。

② 无线同声传译系统工作时，不应使用荧光灯，避免产生干扰形成的背景噪声。

③ 严格遵守无线发射机安装的有关技术要求。

如有不清楚的地方，可与有关商家或供货商索要技术白皮书、操作、安装、使用说明书和其他有关技术资料。

15.8 呼叫信号及信息显示系统[26]

本节适用于医院及公共建筑内，呼应信号及信息显示系统的设计。呼应信号，仅指以找人为目的的声光提示及应答装置。信息显示，仅指在公共场所以信息传播为目的的大型计时记分及动态文字、图形、图像显示装置。呼应信号及信息显示系统的设计，应在满足使用功能的前提下，做到安全可靠、技术先进、经济合理、便于管理和维护。

15.8.1 呼应信号系统设计

① 呼应信号系统宜由呼叫分机、主机、信号传输、辅助提示等单元组成。

② 医院病房护理呼应信号系统设计应符合下列规定。

a. 根据医院的规模、医护标准的要求，在医院病房区宜设置护理呼应信号系统。

b. 护理呼应信号系统，应按护理区及医护责任体系划分成若干信号管理单元，各管理单元的呼叫主机应设在护士站。

c. 护理呼应信号系统的功能应符合下列要求。

• 应随时接收患者呼叫，准确显示呼叫患者床位号或房间号。

• 当患者呼叫时，护士站应有明显的声、光提示，病房门口应有光提示，走廊宜设置提示显示屏。

• 应允许多路同时呼叫，对呼叫者逐一记忆、显示，检索可查。

• 特护患者应有优先呼叫权。

• 病房卫生间或公共卫生间厕位的呼叫，应在主机处有紧急呼叫提示。

• 对医护人员未作临床处置的患者呼叫，其提示信号应持续保留。

• 具有医护人员与患者双向通话功能的系统，宜限定最长通话时间，对通话的内容宜录音、回放。

• 对危险禁区病房或隔离病房宜具备现场图像显示功能，并可在护士站对各分机呼叫复位、清除。

• 宜具有护理信息自动记录。

• 宜具备故障自检功能。

③ 医院候诊呼应信号系统设计应符合下列规定。

a. 医院门诊区的候诊室、检验室、放射科、药房、出入院手续办理处等，宜设置候诊呼应信号。

b. 具有计算机医疗管理网络的医院，候诊呼应信号系统宜与其联网，实现挂号、候诊、就诊一体化管理和信息统计及数据分析。

c. 候诊呼应信号系统的功能应符合下列要求：

• 就诊排队应以初诊、复诊、指定医生就诊等分类录入，自动排序；

• 随时接受医生呼叫，应准确显示候诊者诊号及就诊诊室号；

• 当多路同时呼叫时，宜逐一记忆、记录，并按录入排序，分类自动分诊；

• 呼叫方式的选取，应保证有效提示和医疗环境的肃静；

• 诊室分机与分诊台主机可双向通话；分诊台可对候诊厅语音提示，音量可调；

• 有特殊医疗工艺要求科室的候诊，宜具备图像显示功能。

④ 大型医院、中心医院宜设置医护人员寻叫呼应信号。寻叫呼应信号的设计应符合下列要求：

a. 简单明了地显示被寻者代号及寻叫者地址；

b. 固定寻叫显示装置应设在门诊区、病房区、后勤区等场所的易见处；

c. 寻叫呼应信号的控制台宜设在电话站、广播站内，由值班人员统一管理。

⑤ 大型医院、宾馆、博展馆、会展中心、体育场馆、演出中心及水、陆、空交通枢纽港站等公共建筑，可根据指挥调度及服务需要，设置无线呼应系统。系统的组成及功能，应视具体业务要求确定。

⑥ 无线呼应系统的发射功率、通信频率及呼叫覆盖区域等设计指标，应向当地无线通信管理机构申报，经审批后方可实施设计。

⑦ 老年人公寓和公共建筑内专供残疾人使用的设施处，宜设呼应信号。其呼应信号的系统组成及功能，应视具体要求确定或按本节第②条护理呼应信号系统的有关规定设计。

⑧ 营业量较大的电信、邮政及银行营业厅、仓库货场提货处等场所，宜设呼应信号。其呼应信号的系统组成及功能，应视具体业务要求确定或按本节第③条候诊呼应信号的有关规定设计。

15.8.2 信息显示系统设计

信息显示系统 IDS（Information Displayed System）就是将视频、图片、字幕、时钟、天气预报等信息，在指定的时间、指定的地点（指定的设备/显示屏），按照事先编辑制作好的画面表现形式，准确、高效地通过 TCP/IP 网络平台发布由终端播放机进行播放，通过终端显示屏来显示出来的信息管理系统。

① 信息显示系统宜由显示（LED/LCD/PDP/TV）、驱动、信号传输、计算机控制、输入输出及记录等单元组成。

② 信息显示装置的屏面显示设计，应根据使用要求，在衡量各类显示器件及显示方案的光电技术指标、环境条件等因素的基础上确定。

③ 信息显示装置的屏面规格应根据显示装置的文字及画面功能确定，并符合下列要求。

a. 应兼顾有效视距内最小可鉴别细节识别无误和最近视距像素点识认模糊原则，确定基本像素间距。

b. 应满足满屏最大文字容量要求，且最小文字规格由最远视距确定。

c. 宜满足图像级别对像素数的规定。

d. 应兼顾文字显示和画面显示的要求，确定显示屏面尺寸；当文字显示和画面显示对显示屏面尺寸要求矛盾时，应首先满足文字显示要求。多功能显示屏的长高比宜为 16∶9 或 4∶3。

④ 当显示屏以小显示幅面完成大篇幅文字显示时，应采用文字单行左移或多行上移的显示方式。

⑤ 设计宜对已确定的显示方案提出下列部分或全部技术要求。

a. 光学性能宜提出分辨率、亮度、对比度、白场色温、闪烁、视角、组字、均匀性等要求。

b. 电性能宜提出最大换帧频率、刷新频率、灰度等级、信噪比、像素失控率、伴音功率、耗电指标等要求。

c. 环境条件宜提出照度（主动光方案指照度上限，而被动光方案是指照度下限）、温度、相对湿度、气体腐蚀性等要求。

d. 机械结构应提出外壳防护等级、模组拼接的平整度、像素中心距精度、水平错位精度、垂直错位精度等要求。

e. 平均无故障时间等。

⑥ 体育场馆信息显示装置的类型，应根据比赛级别及使用功能要求确定，并应符合下列各项要求。

a. 大型国际重要比赛的主体育场馆，应设置全彩色视频屏和计时记分矩阵屏（双屏）或全彩色多功能矩阵显示屏（单屏）。

b. 国内重要比赛的体育场馆，宜设置计时记分多功能矩阵显示屏或全彩屏。

c. 球类比赛的体育馆，宜在两侧设置同步显示屏。

d. 一般比赛的体育场馆，宜设置条块式计时记分显示屏。

⑦ 体育用信息显示装置的成绩公布格式及内容，应依照比赛规则确定。体育公告宜包括国名、队名、姓名、运动员号码、比赛项目、道次、名次、成绩、记录成绩等内容。公告每幅显示容量，宜为八个名次（道次），最低不应少于三个。不同级别的体育场馆，可根据使用要求确定显示装置的显示内容及显示容量。

⑧ 体育用显示装置必须具有计时显示功能。计时显示可分为下列四种：

a. 径赛实时计时显示；

b. 游泳比赛实时计时显示；

c. 球类专项比赛计时显示；

d. 自然时钟计时显示。

⑨ 实时计时数字钟显示的精确度应符合下列要求：

a. 径赛实时计时数字显示钟，应为六位数字精确到0.01s；

b. 游泳比赛实时计时数字显示钟，应为七位数字精确到0.001s；

c. 各球类比赛计时钟的钟形及计时精确度，应符合裁判规则。

⑩ 计时钟在显示屏面上的位置，应按裁判规则设置，宜设在屏面左侧。

⑪ 体育场馆显示装置的安装位置，应符合裁判规则。其安装高度，底边距地不宜低于2m。

⑫ 体育场田赛场地和体操比赛场地，可按单项比赛设置移动式小型记分显示装置，并设置与计算机信息网络联网的接口和设备工作电源接线点，设置数量按使用要求确定。

⑬ 大型体育场馆设置的信息显示装置，应接入体育信息计算机网络体系。当不具备接入条件时，应预留接口。

⑭ 大型体育场、游泳馆的信息显示装置，应设置实时计时外部设备接口，供电子发令枪系统、游泳触板系统等计时设备接口。

⑮ 对大型媒体使用的信息显示装置，应设置图文、动画、视频播放等接口，并宜设置现场实况转播、慢镜解析、回放、插播等节目编辑、制作的多通道输入、输出接口及有专业要求的数字、模拟设备的接口。

⑯ 民用水、陆、空交通枢纽港站，应设置营运班次动态显示屏和旅客引导显示屏。

⑰ 金融、证券、期货营业厅，应设置动态交易信息显示屏。

⑱ 对具有信息发布、公共传媒、广告宣传等需求的场所，宜设置全彩色动态矩阵显示屏或伪彩色动态矩阵显示屏。

⑲ 重要场所使用的信息显示装置，其计算机应按容错运行配置。

⑳ 信息显示装置的屏面及防尘、防腐蚀外罩均需做无反光处理。

15.8.3 信息显示装置的控制

① 各类信息显示装置宜实行计算机控制。

② 信息显示装置应具有可靠的清屏功能。

③ 室外设置的主动光信息显示装置，应具有昼场、夜场亮度调节功能。

④ 民用水、陆、空交通枢纽港站及证券交易厅等场所的动态信息显示屏，根据其发布信息的查询特点，可采用列表方式以一页或数页显示信息内容。当采用数页翻屏显示信息内容时，应保证每页所发布的信息有足够的停留时间且循环周期不致过长。

⑤ 体育场馆信息显示装置成绩发布控制程序，应符合比赛裁判规则。显示装置的计算机控制网络，应以计权控制方式与有关裁判席接通。

⑥ 显示装置的比赛时钟，应在 0～59min 内任意预置。

⑦ 大型重要媒体显示装置的屏幕构造腔或屏后附属用房内，应设置工作人员值班室，并应保证值班室与主控室、主席台的通信联络畅通。意外情况下，屏内可手动关机。

15.8.4 时钟系统

① 下列民用建筑中宜设置时钟系统。

a. 中型及以上铁路旅客站、大型汽车客运站、内河及沿海客运码头、国内及国际航空港等。

b. 国家重要科研基地及其他有准确、统一计时要求的工程。

② 当建设单位要求设置塔钟时，塔钟应结合城市规划及环境空间设计。在涉外或旅游饭店中，宜设置世界钟系统。

③ 母钟站应该选择两台母钟（一台主机、一台备用机），配置分路输出控制盘，控制盘上每路输出均应有一面分路显示子钟。母钟宜为电视信号标准时钟或全球定位报时卫星（GPS）标准时钟。当设置石英钟作为显示子钟时，对于有准确、统一计时要求的工程，应配置母钟同步校正信号装置。

④ 母钟站站址宜与电话机房、广播电视机房及计算机机房等其他通信机房合并设置。

⑤ 母钟站内的设备应安装在机房的侧光或者背光面，并远离散热器、热力管道等散热设备。母钟控制屏分路子钟最下排钟面中心距地不应小于 1.5m，母钟的正面与其他设备的净距离不应小于 1.5m。

⑥ 时钟系统线路可与通信线路合并，不宜独立组网。时钟线对应相对集中并加标志。

⑦ 子钟网络宜按负荷能力划分为若干分路，每分路宜合理划分为若干支路，每个支路单面子钟数不宜超过十面。远距离的子钟，可采用并接线对或加大线径的方法来减小线路电压降。一般不设电钟转送站。

⑧ 子钟的指针式或数字式显示形式及安装地点，应根据使用需求加以确定，并应与建筑环境装饰相协调。子钟的安装高度，室内不应低于 2m，室外不应低于 3.5m。指针式时钟视距可按表 15-31 选定。

15.8.5 设备选择、线路敷设及机房

① 呼应信号设备应根据其灵敏度、可靠性、显示和对讲量指标以及操作程式、外观、维护繁易等择优选用，不宜片面强调功能齐全。

② 医院及老年人、残疾人使用场所的呼应信号装置应使用交流 50V 以下安全特低电压。

表 15-31 指针式时钟视距

子钟钟面直径/cm	最佳视距/m		可辨视距/m	
	室内	室外	室内	室外
8～12	3	—	6	—
15	4	—	8	—
20	5	—	10	—
25	6	—	12	—
30	10	—	20	—
40	15	15	30	30
50	25	25	50	50
60	—	40	—	80
70	—	60	—	100
80	—	100	—	150
100	—	140	—	180

③ 在保证设计指标的前提下，信息显示装置应选择低能耗显示装置。

④ 大型重要比赛中与信息显示装置配接的专用计时设备，应选用经国际体育组织、国家体育主管部门和裁判规则认可的设备。

⑤ 信息显示装置的屏体构造，应便于显示器件的维护和更换。

⑥ 信息显示装置的配电柜（箱）、驱动柜（箱）及其他设备，应贴近屏体安装，尽量缩短线路敷设长度。

⑦ 呼应信号系统的布线，应采用穿金属导管（槽）保护，不宜明敷设。

⑧ 信息显示系统的控制、数据电缆，应采取穿金属导管（槽）保护，而且应该使金属导管（槽）可靠接地。

⑨ 信息显示装置的控制室与设备机房设置，应符合下列规定。

a. 信息显示装置的控制室、设备机房，应贴近或邻近显示屏设置。

b. 民用水、陆、空交通枢纽港站的信息显示装置的控制室，宜与运行调度室合设或相邻设置。

c. 金融、证券、期货、电信营业厅等场所的信息显示装置的控制室，宜与信息处理中心或相关业务室合设或相邻设置。

d. 大型体育场馆的信息显示装置的主控室，宜与计算机信息处理中心合设，且宜靠近主席台；当显示装置主控室与计算机信息处理中心分设时，其位置宜直视显示屏，或通过间接方式监视显示屏工作状态。

15.8.6 供电、防雷及接地

① 信息显示装置，当用电负荷不大于 8kW 时，可采用单相交流电源供电；当用电负荷大于 8kW 时，可采用三相交流电源供电，并宜做到三相负荷平衡。供电、防雷的接地应满足所选用设备的要求。

② 重要场所或重大比赛期间使用的信息显示装置，应对其计算机系统配备 UPS（交流不间断电源）。UPS 后备时间不应少于 30min。

③ 母钟站需设 UPS 供电，其电源及接地系统不宜单设，宜与其他电信机房统一设置。

④ 时钟系统每分路的最大负荷电流不应大于 0.5A。

⑤ 母钟站直流 24V 供电回路中，自蓄电池经直流配电盘、控制屏至配线架出线端，电压损失不应超过 0.8V。

⑥ 信息显示装置的供电电源，宜采用 TN-S 或 TN-C-S 接地形式。

⑦ 信息显示系统当采用单独接地时，其接地电阻不应大于 4Ω。当采用建筑物共用接地网时，应符合第 12 章的有关规定。

⑧ 体育馆内同步显示屏必须共用同一个接地网，不得分设。

⑨ 室外信息显示装置的防雷，应符合第 11 章的有关规定。

15.9 建筑物内综合布线系统[24,26,90]

随着城市建设及信息通信事业的发展，现代化商住楼、办公楼、综合楼及园区等各类民用建筑及工业建筑对信息的要求已成为城市建设的发展趋势。在过去设计大楼内的语音及数据业务线路时，常使用各种不同的传输线、配线插座以及连接器件等。例如，用户电话交换机通常使用对绞电话线，而局域网络（LAN）则可能使用对绞线或同轴电缆，这些不同的设备使用不同的传输线来构成各自的网络；同时，连接这些不同布线的插头、插座及配线架均无法互相兼容，相互之间达不到共用的目的。

综合布线系统（Premises Distribution System，PDS）就是为了配合现代化城镇信息通信网向数字化方向发展，规范建筑与建筑群的语音、数据、图像及多媒体业务综合网建设，将所有语音、数据、图像及多媒体业务的设备的布线网络组合在一套标准的布线系统上，并将各种设备终端插头插入标准的插座内。在综合布线系统中，当终端设备位置需要变动时，只需做一些简单的跳线工作即可完成，而不需要再布放新的电缆以及安装新的插座。

综合布线系统使用一套由共用配件所组成的配线系统，将各个制造厂家的各类设备综合在一起同时工作，均可相兼容。其开放的结构可以作为各种不同工业产品标准的基准，使得配线系统将具有更大的适用性、灵活性，而且可以利用最低的成本在最小的干扰下对设于工作地点的终端设备重新安排与规划。大楼智能化建设中的建筑设备、监控、出入口控制等系统的设备在提供满足 TCP/IP 协议接口时，也可使用综合布线系统作为信息的传输介质，为大楼的集中监测、控制与管理打下了良好的基础。综合布线系统以一套单一的配线系统，综合通信网络、信息网络及控制网络，可以使相互间的信号实现互联互通。在城市数字化建设中，综合布线系统有着极其广阔的使用前景。

15.9.1 系统构成

综合布线系统工程宜按下列八个部分进行设计。

(1) 工作区（work area）

一个独立的需设置终端设备（TE：Terminal Equipment）的区域宜划分为一个工作区。工作区应由配线子系统的信息插座模块（TO：Telecommunications Outlet）延伸到终端设备处的连接缆线及适配器组成。

(2) 配线子系统

配线子系统应由工作区的信息插座模块、信息插座模块至电信间配线设备（FD：Floor

Distributor）的配线电缆和光缆、电信间的配线设备及设备缆线和跳线等组成。

（3）干线子系统

干线子系统应由设备间至电信间的干线电缆和光缆，安装在设备间的建筑物配线设备（BD：Building Distributor）及设备缆线和跳线组成。

（4）建筑群子系统（campus subsystem）

建筑群子系统应由连接多个建筑物间的主干电缆和光缆、建筑群配线设备（CD：Campus Distributor）及设备缆线和跳线组成。

（5）设备间

设备间是在每幢建筑物的适当地点进行网络管理和信息交换的场地。对于综合布线系统工程设计，设备间主要安装建筑物配线设备。电话交换机、计算机主机设备及入口设施也可与配线设备安装在一起。

（6）电信间（telecommunications room）

放置电信设备、电缆和光缆终端配线设备并进行缆线交接的专用空间。

（7）进线间

进线间是建筑物外部通信和信息管线的入口部位，并可作为入口设施和建筑群配线设备的安装场地。进线间一般提供给多家电信业务经营者使用，通常设于地下一层。进线间主要作为室外电缆和光缆引入楼内的成端与分支及光缆的盘长空间位置。对于光缆至大楼（FTTB）、光缆至用户（FTTH）、光缆至桌面（FTTO）的应用及容量日益增多，进线间显得尤为重要。由于许多的商用建筑物地下一层环境条件已大大改善，也可以安装配线架设备及通信设施。在不具备设置单独进线间或入楼电缆和光缆数量及入口设施容量较小时，建筑物也可以在入口处采用挖地沟或使用较小的空间完成缆线的成端与盘长，入口设施则可安装在设备间，但宜单独地设置场地，以便功能分区。

（8）管理

管理应对工作区、电信间、设备间、进线间的配线设备、缆线、信息插座模块等设施按一定的模式进行标识和记录。

综合布线系统构成可分为基本构成、布线子系统构成和布线系统引入部分构成。如图15-26所示为综合布线系统基本构成，如图15-27所示为布线子系统构成，如图15-28所示为布线系统引入部分构成。

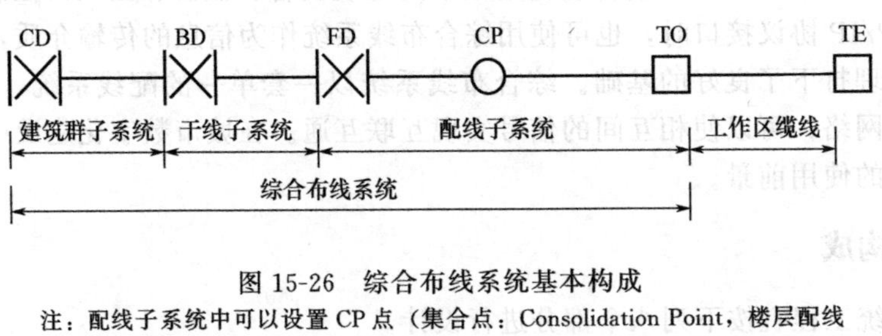

图 15-26　综合布线系统基本构成

注：配线子系统中可以设置 CP 点（集合点：Consolidation Point，楼层配线设备与工作区信息点之间水平缆线路由中的连接点），也可不设置集合点

设计综合布线系统应采用开放式星形拓扑结构，该结构下的每个分支子系统都是相对独立的单元，对每个分支单元系统改动都不影响其他子系统。只要改变结点连接就可以使网络在星形、总线、环形等各种类型间进行相互转换。综合布线配线设备的典型设置与功能组合如图15-29所示。

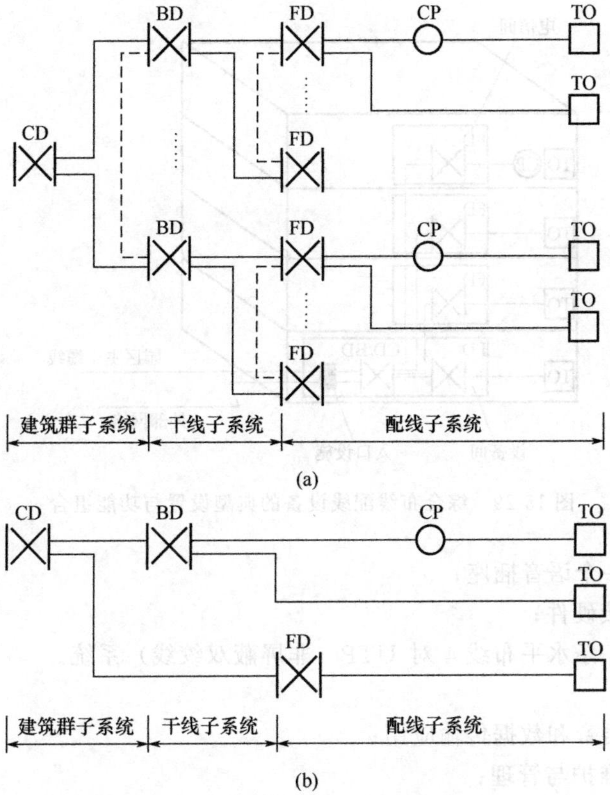

图 15-27 综合布线子系统的构成

注：图中的虚线表示 BD 与 BD 之间，FD 与 FD 之间可以设置主干缆线。
建筑物 FD 可以经过主干缆线直接连至 CD，TO 也可以经过水平缆线直接连至 BD

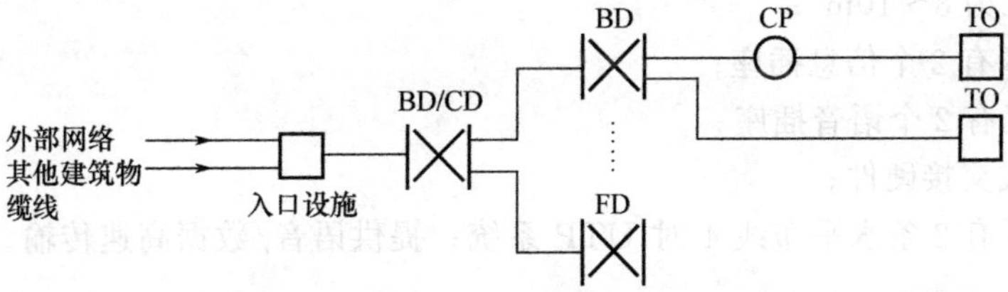

图 15-28 综合布线系统引入部分构成

注：对设置了设备间的建筑物，设备间所在楼层的 FD 可与设备中的 BD/CD 及入口设施安装在同一场地

15.9.2 系统分级与组成

(1) 综合布线系统的设计等级

对于建筑物的综合布线系统，一般定为三种不同的布线系统等级。

① 基本型综合布线系统 基本型综合布线系统方案是一个经济、有效的布线方案。它支持语音或综合型语音/数据方案，并能够全面过渡到数据的异步传输或综合型布线系统。

其基本配置如下：

a. 每个工作区为 8～10m^2；

b. 每个工作区有一个信息插座；

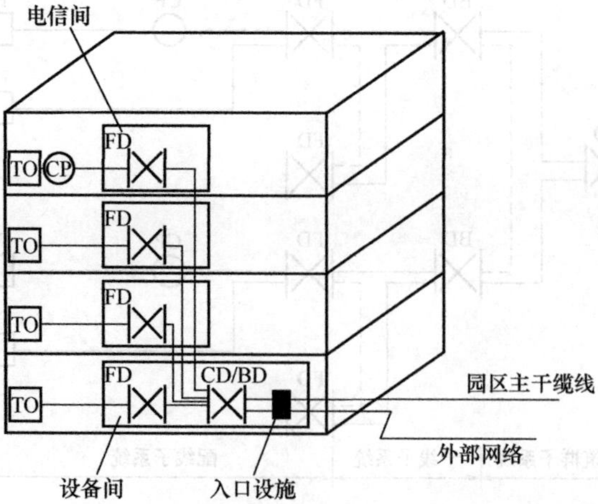

图 15-29　综合布线配线设备的典型设置与功能组合

c. 每个工作区有一个语音插座；

d. 采用夹接式交接硬件；

e. 每个工作区有 1 条水平布线 4 对 UTP（非屏蔽双绞线）系统。

其特性如下：

a. 能够支持所有语音和数据传输应用；

b. 便于维护人员维护与管理；

c. 能够支持众多厂家的产品设备和特殊信息的传输。

② 增强型综合布线系统　增强型综合布线系统不仅支持语音和数据的应用，还支持图像、影像、影视、视频会议等。它具有为增加功能提供发展的余地，能够利用接线板进行管理。

其基本配置如下：

a. 每个工作区为 8～10m^2；

b. 每个工作区有 2 个信息插座；

c. 每个工作区有 2 个语音插座；

d. 采用夹接式交接硬件；

e. 每个工作区有 2 条水平布线 4 对 UTP 系统；提供语音/数据高速传输。

其特点如下：

a. 每个工作区有 2 个信息插座，灵活方便、功能齐全；

b. 任何一个插座都可提供语音和高速数据传输；

c. 便于管理与维护；

d. 能为众多厂商提供服务环境的布线方案。

③ 综合型综合布线系统　综合型综合布线系统是将双绞线和光缆纳入建筑物布线的系统。

其基本配置如下：

a. 每个工作区为 8～10m^2；

b. 在建筑、建筑群的干线或配线子系统（水平布线子系统）中配置 62.5μm 的光缆；

c. 在每个工作区的电缆内配有两条以上的 4 对双绞线。

其特点如下：

a. 每个工作区有 2 个以上的信息插座，不仅灵活方便而且功能齐全；

b. 任何一个信息插座都可以供语音和高速数据传输；

c. 有一个很好环境，为客户提供服务。

（2）综合布线铜缆系统的分级与类别（见表 15-32）

表 15-32 铜缆布线系统的分级与类别

系统分级	支持带宽/Hz	支持应用器件	
		电缆	连接硬件
A	100k	—	—
B	1M	—	—
C	16M	3 类	3 类
D	100M	5/5e 类	5/5e 类
E	250M	6 类	6 类
F	600M	7 类	7 类

注：1. 3 类、5/5e 类（超 5 类）、6 类、7 类布线系统应能支持向下兼容的应用。

2. 在《商业建筑电信布线标准》TIA/EIA 568 A 中对于 D 级布线系统，支持应用的器件为 5 类，但在 TIA/EIA 568 B. 2-1 中仅提出 5e 类（超 5 类）与 6 类的布线系统，并确定 6 类布线支持带宽为 250MHz。在 TIA/EIA 568 B. 2-10 标准中又规定了 6A 类（增强 6 类）布线系统支持的传输带宽为 500MHz。目前，3 类与 5 类的布线系统只应用于语音主干布线的大对数电缆及相关配线设备。

（3）综合布线系统光纤线缆的分级

光纤信道分为 OF-300（A 级）、OF-500（B 级）和 OF-2000（C 级）三个等级，各等级光纤信道应支持的应用长度不应小于 300m、500m 及 2000m。

（4）综合布线系统信道

综合布线系统铜线缆的信道应由最长 90m 水平缆线、最长 10m 的跳线和设备缆线及最多 4 个连接器件组成。永久链路则由 90m 水平缆线及 3 个连接器件组成。连接方式如图 15-30 所示。F 级的永久链路仅包括 90m 水平缆线和 2 个连接器件（不包括 CP 连接器件）。

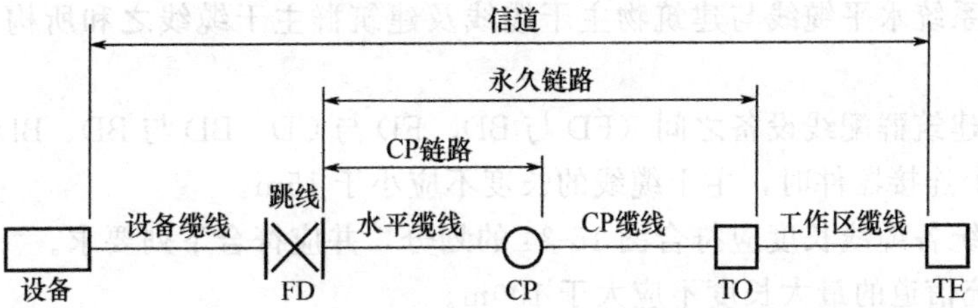

图 15-30 综合布线系统信道、永久链路、CP 链路构成

（5）光纤信道构成方式

光纤信道构成方式应符合以下要求。

① 水平光缆和主干光缆至楼层电信间的光纤配线设备应经光跳线连接构成（如图 15-31 所示）。

② 水平光缆和主干光缆在楼层电信间应经端接（熔接或机械连接）构成（如图 15-32 所示）。

③ 水平光缆经过电信间直接连至大楼设备间光配线设备构成（如图 15-33 所示，FD 安装于电信间，只作为光缆路径的场合）。

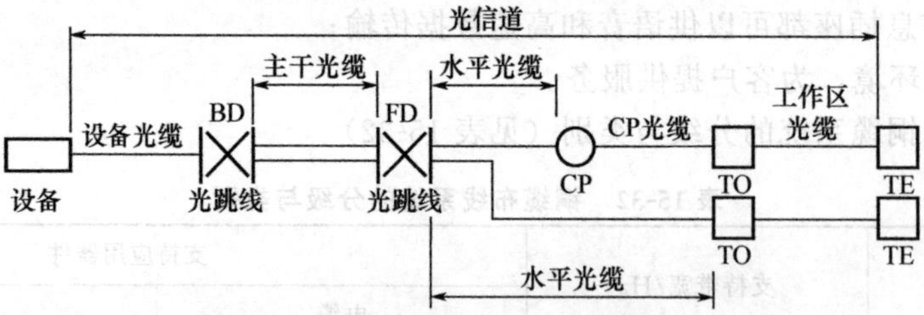

图 15-31　光缆经电信间 FD 光跳线连接

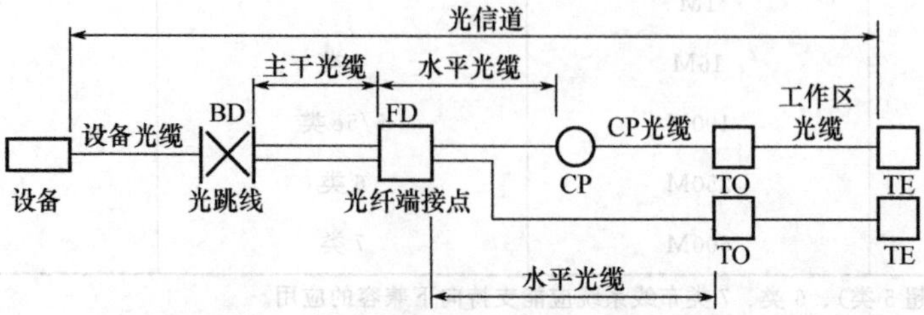

图 15-32　光缆在电信间 FD 做连接

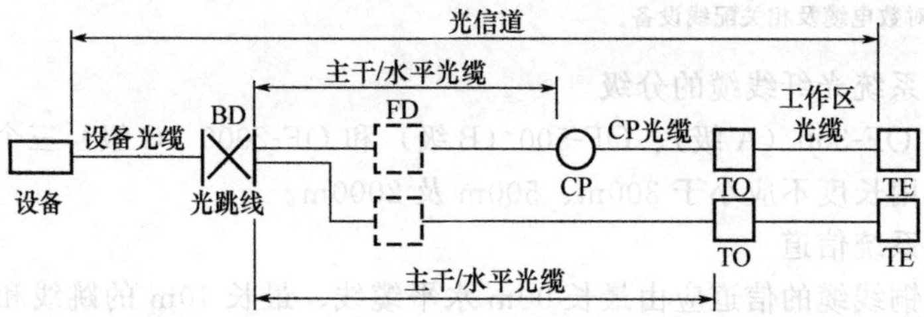

图 15-33　光缆经电信间 FD 直接连接至设备间 BD

（6）缆线长度划分

① 综合布线系统水平缆线与建筑物主干缆线及建筑群主干缆线之和所构成信道的总长度不应大于 2000m。

② 建筑物或建筑群配线设备之间（FD 与 BD、FD 与 CD、BD 与 BD、BD 与 CD 之间）组成的信道出现 4 个连接器件时，主干缆线的长度不应小于 15m。

③ 配线子系统各缆线长度应符合图 15-34 的划分，并应符合下列要求。

a. 配线子系统信道的最大长度不应大于 100m。

b. 工作区设备缆线、电信间配线设备的跳线和设备缆线之和不应大于 10m，当大于 10m 时，水平缆线长度（90m）应适当减少。

c. 楼层配线设备（FD）跳线、设备缆线及工作区设备缆线各自的长度不应大于 5m。

④ 配线子系统各缆线长度的限值可按表 15-33 选用。

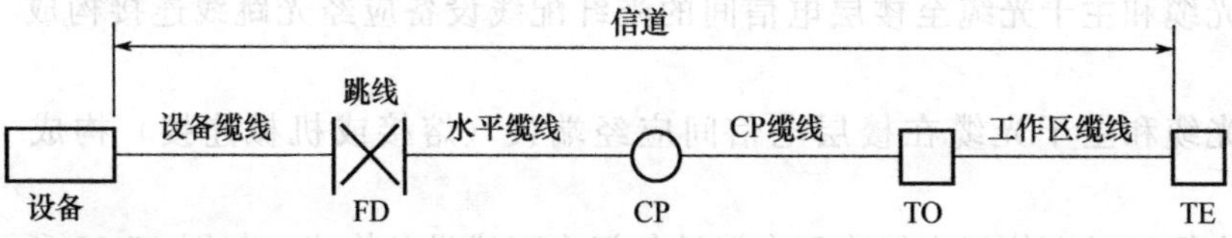

图 15-34　配线子系统各缆线长度的划分

表 15-33　各缆线长度限值

电缆总长度/m	水平布线电缆 H/m	工作区电缆 W/m	电信间跳线和设备电缆 D/m
100	90	5	5
99	85	9	5
98	80	13	5
97	25	17	5
97	70	22	5

(7) 系统应用

综合布线系统工程设计应按照近期和远期的通信业务，计算机网络拓扑结构等需要，选用合适的布线器件与设施。选用产品的各项指标应高于系统指标才能保证系统指标，得以满足和具有发展的余地，同时也应考虑工程造价及工程要求，对系统产品选用应恰如其分。

① 同一布线信道及链路的缆线和连接器件应保持系统等级与阻抗的一致性。

对于综合布线系统，电缆和接插件之间的连接应考虑阻抗匹配和平衡与非平衡的转换适配。在工程（D 级至 F 级）中特性阻抗应符合 100Ω 标准。在系统设计时，应保证布线信道和链路在支持相应等级应用中的传输性能，如果选用 6 类布线产品，则缆线、连接硬件、跳线等都应达到 6 类，才能保证系统为 6 类。如果采用屏蔽布线系统，则所有部件都应选用带屏蔽的硬件。

② 综合布线系统工程的产品类别及链路、信道等级确定应综合考虑建筑物的功能、应用网络、业务终端类型、业务的需求及发展、性能价格、现场安装条件等因素，应符合表 15-34 要求。

③ 综合布线系统光纤信道应采用标称波长为 850nm 和 1300nm 的多模光纤及标称波长为 1310nm 和 1550nm 的单模光纤。

表 15-34　布线系统等级与类别的选用

业务种类	配线子系统		干线子系统		建筑群子系统	
	等级	类别	等级	类别	等级	类别
语音	D/E	5e/6	C	3（大对数）	C	3（室外大对数）
数据	D/E/F	5e/6/7	D/E/F	5e/6/7（4 对）	—	
数据	光纤（多模或单模）	62.5μm 多模/50μm 多模/＜10μm 单模	光纤	62.5μm 多模/50μm 多模/＜10μm 单模	光纤	62.5μm 多模/50μm 多模/＜10μm 单模
其他应用	可采用 5e/6 类 4 对对绞电缆和 62.5μm 多模/50μm 多模/＜10μm 多模、单模光缆					

注：1. 其他应用指数字监控摄像头、楼宇自控现场控制器（DDC）、门禁系统等采用网络端口传送数字信息时的应用。
2. 在其他应用一栏应根据系统对网络的构成、传输缆线的规格、传输距离等要求选用相应等级的综合布线产品。

④ 单模和多模光缆的选用应符合网络的构成方式、业务的互通互连方式及光纤在网络中的应用传输距离。楼内宜采用多模光缆，建筑物之间宜采用多模或单模光缆，需直接与电信业务经营者相连时宜采用单模光缆。

⑤ 为保证传输质量，配线设备连接的跳线宜选用产业化制造的电、光各类跳线，在电话

应用时宜选用双芯对绞电缆。

⑥ 工作区信息点为电端口时，应采用8位模块通用插座（RJ45），光端口宜采用SFF小型光纤连接器件及适配器。

⑦ FD、BD、CD配线设备应采用8位模块通用插座或卡接式配线模块（多对、25对及回线型卡接模块）和光纤连接器件及光纤适配器（单工或双工的ST、SC或SFF光纤连接器件及适配器）。

⑧ CP集合点安装的连接器件应选用卡接式配线模块或8位模块通用插座或各类光纤连接器件和适配器。

15.9.3 系统设计

（1）标准规范

PDS设计应主要遵循下列标准规范：

① GB 50311—2007《综合布线系统工程设计规范》；

② GB 50312—2007《综合布线系统工程验收规范》；

③ 国际标准化组织、国际电工委员会标准ISO/IEC11801：1995《信息技术——用户大楼用户布线系统》；

④ GB/T 8401—1987 光纤传输特性和光学特性测试方法；

⑤ GBJ 79—1985《工业企业通信接地设计规范》；

⑥ ANSI/TIA/EIA-586-A：1995《商用楼通信布线标准》；

⑦ ANSI/TIA/EIA-586-A-1：1997《4对100Ω布线传输延迟及延迟偏离技术要求》；

⑧ ANSI/TIA/EIA-586-A-2：1998《商用楼通信布线标准补充文件》；

⑨ ANSI/TIA/EIA-586-A-3：1998《捆绑和混合线缆的技术要求》；

⑩ ANSI/TIA/EIA-586-A-4：1999《非屏蔽双绞布线系统的模块化快接跳线近端串扰测量方法和要求》；

⑪ ANSI/TIA/EIA-586-A-5：1999《4对100Ω超五楼布线传输补充指南》；

⑫ ANSI/TIA/EIA-589-A：1998《商用楼通信路由和空间标准》；

⑬ ANSI/TIA/EIA-606：1993《商用楼通信设施管理标准》；

⑭ ANSI/TIA/EIA-607：1994《商用楼通信接地和汇联要求》；

⑮ ANSI/TIA/EIA TSB-67：1995《非屏蔽双绞线电缆布线系统现场测试传输性能规范》。

（2）设计原则

PDS是高科技的复杂系统，投资大，使用期限长。“百年大计，质量为重”，一定要科学设计，精心施工，及时维护，才能确保系统达到预期目的。设计时必须考虑以下几点。

① 精确理解系统需求和长远计划。PDS使用期一般较长，考虑应尽量周到。

② 考虑未来应用对PDS的需求，如若有抗干扰要求，则需采用屏蔽线缆。

③ 传输介质和接插件在接口和电气特性等方面需保持一致，不宜采用多个生产厂家的产品混合使用的方式。

④ 考虑采用最符合国际标准、性价比更优越、工艺标准更高的产品。

⑤ 布线产品一般保用期需在15年以上。

⑥ 水平布线等隐蔽工程尽量一步到位。

⑦ 选择实力强大、经验丰富、管理规范、售后服务良好的系统集成商。

⑧ PDS思想应介入前期建筑结构设计中，PDS实施应介入建筑施工中。

（3）设计步骤

PDS的设计一般应按下述步骤进行（其流程图如图15-35所示）：

① 分析用户需求；

② 获取建筑物图纸；

③ 系统结构设计；

④ 布线路由设计；

⑤ 可行性论证；

⑥ 绘制PDS施工图；

⑦ 编制PDS用料清单。

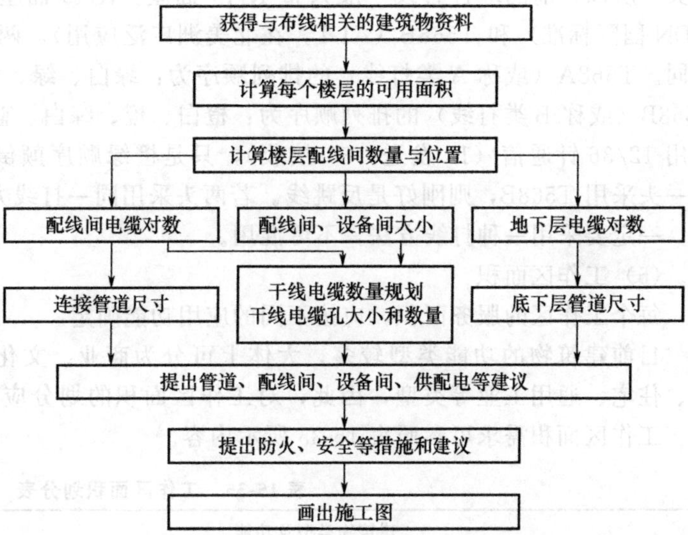

图 15-35 PDS的设计步骤

15.9.4 工作区子系统

工作区子系统是指从终端设备出线到信息插座的整个区域，即将一个独立的需要设置终端的区域划分为一个工作区。工作区域可支持电话机、数据终端、计算机、电视机、监视器以及传感器等终端设备。或者将其简单地归结为插座、适配器、桌面跳线等的总称。

（1）信息插座类型

PDS的信息插座大致可分为嵌入式安装插座、表面安装插座、多介质信息插座三类。其中，嵌入式和表面安装插座是用来连接三类和五类双绞线的，多介质信息插座是用来连接双绞线光纤，即用以解决用户对“光纤到桌面”的需求。应根据用途及综合布线的设计等级和客户需要，确定信息插座的类别。一般新建筑物通常采用嵌入式信息插座，现有建筑物则采用表面安装的信息插座。

（2）信息插座数量

信息插座数量的确定应按如下几点考虑。

① 根据建筑物的结构、用途和设计等级确定每个工作区的数量密度。

② 根据用户需求确定每区的数量。

③ 根据楼宇的平面图计算实际可用的空间。所以

信息点总数量（精确估算）＝$\sum$每工作区点数

或者信息点总数量（平均估算）＝总面积÷每区面积×信息点系数

这里每区面积一般为10m^2，信息点系数取1～5。

（3）适配器的选用

工作区适配器的选用宜符合下列规定。

① 设备的连接插座应与连接电缆的插头匹配，不同的插座与插头间应加装适配器。

② 在连接使用信号的数模转换，光、电转换，数据传输速率转换等相应的装置时，应采用适配器。

③ 对于网络规程的兼容，采用协议转换适配器。

④ 各种不同的终端设备或适配器均安装在工作区的适当位置，并应考虑现场的电源与系统接地。

（4）RJ45铜缆跳线

传统语音通信采用RJ11插头，而网络数据通信采用RJ45插头。由于RJ45插座兼容RJ11

插头，所以目前的综合布线一般只布 RJ45 插座。RJ45 插座有两个国际标准：T568A（符合 ISDN 国际标准）和 T568B（ALT，在北美洲广泛应用），两者外观一样，只是线的排列次序不同。T568A（或称 A 类打线）的排列顺序为：绿白、绿、橙白、蓝、蓝白、橙、棕白、棕。T568B（或称 B 类打线）的排列顺序为：橙白、橙、绿白、蓝、蓝白、绿、棕白、棕。它们都使用 12/36 针通信（12 发送，36 接收），只是橙绿顺序颠倒，所以若跳线一头采用 T568A，另一头采用 T568B，则刚好是反跳线。若两头采用同一打线方法，即为普通跳线。在整个工程中，一定要采用一种打线方法，不可混用。

(5) 工作区面积

每个工作区的服务面积，应按不同的应用功能确定。

目前建筑物的功能类型较多，大体上可分为商业、文化、媒体、体育、医院、学校、交通、住宅、通用工业等类型，因此，对工作区面积的划分应根据应用场合作具体的分析后确定，工作区面积需求可参照表 15-35 所示内容。

表 15-35 工作区面积划分表

建筑物类型及功能	工作区面积/m^2
网管中心、呼叫中心、信息中心等终端设备较为密集的场地	3～5
办公区	5～10
会议、会展	10～60
商场、生产机房、娱乐场所	20～60
体育场馆、候机室、公共设施区	20～100
工业生产区	60～200

注：1. 对于应用场合，如终端设备的安装位置和数量无法确定时或使用场地为大客户租用并考虑自设置计算机网络时，工作区面积可按区域（租用场地）面积确定。

2. 对于 IDC 机房（为数据通信托管业务机房或数据中心机房）可按生产机房每个配线架的设置区域考虑工作区面积。对于此类项目，涉及数据通信设备的安装工程，应单独考虑实施方案。

(6) 安装工艺要求

① 工作区信息插座的安装宜符合下列规定。

a. 安装在地面上的接线盒应防水和抗压。

b. 安装在墙面或柱子上的信息插座底盒、多用户信息插座盒及集合点配线箱体的底部离地面的高度宜为 300mm。

② 工作区的电源应符合下列规定。

a. 每 1 个工作区至少应配置 1 个 220V 交流电源插座。

b. 工作区的电源插座应选用带保护接地的单相电源插座，保护接地与零线应严格分开。

15.9.5 配线子系统

配线子系统（也称水平子系统）包括楼层配线间至工作区信息插座间的所有布线。这是 PDS 中布线量最大、最复杂的子系统，实现了信息延伸到每个房间的每个角落。其一般采用星形结构，沿楼层地板、墙脚、墙角或吊顶走线。

(1) 线缆类型

配线子系统的线缆选择，必须根据建筑物信息的类型、容量、带宽和传输速率等因素来确定，常见的有以下三种类型。

① 四对 100Ω 非屏蔽双绞线电缆（UTP，Unshielded Twisted Paired）：有三类、五类、

超五类、六类等，其技术参数是四对双绞线，分蓝、绿、橙、棕四色，符合美国 24AWG 线规，直径为 5.1mm 左右，有尼龙拉绳，铜导线直径在 0.4～1mm 之间，反方向扭绞，扭距 3.81～14cm，以提高抗干扰性、减小特性阻抗、衰减和近端串扰等性能参数。

② 四对 100 Ω 屏蔽双绞线电缆：分 FTP（铝铂屏蔽，Foiled Twisted Pair）、STP（独立双层屏蔽，Shielded Twisted Pair）、SFTP（铝铂或金属网双层，Screened Fully shielded Twisted Pair）三种，技术指标基本与 UTP（非屏蔽双绞线，Unshielded Twisted Paired）相同，只是中间有漏电线，四对双绞线间有螺旋状绝缘橡胶，包皮与线之间有铝铂或金属网屏蔽，提高了抗干扰和串扰能力，更主要的是保密性好，可防自身辐射，直径为 6.1mm 左右。

③ 62.5/125μm 多模光纤（Multi Mode Fiber）：这里 62.5 和 125 分别指光纤的内外径，具有光耦合效率高，光纤对准要求不太严格，微弯曲损耗不太灵敏等优点。分下列三种。

a. 长波 LX：波长为 1300nm，衰减 1dB/km，带宽 500MHz · km，传输距离小于 2000m。

b. 短波 SX：波长为 850nm，衰减 3.75dB/km，带宽 160MHz · km，传输距离小于 550m。

c. 8.3/125μm 单模光纤（Single Mode Fiber）：波长一般为 1310nm，带宽比多模高 1～2 个数量级（几万 MHz · km），传输距离达几十千米以上，价高，很少用于水平布线。

④ 其他类型的还有 50Ω 或 75Ω 的同轴电缆、50/125μm 的多模光纤、10/125μm 的单模光纤等。

（2）布线设计

① 插座类型和数量

a. 根据建筑物结构和用户需求确定传输介质和信息插座的类型。

b. 根据楼层平面图计算可用空间、信息插座类型、数量。

c. 确定信息插座安装位置及安装方式。

② 路由确定 根据建筑物结构、用途，将配线子系统设计方案贯穿于建筑物的结构之中，这是最理想的。但大多数情况是新建筑物的图样已经设计完成，只能根据建筑物平面图来设计配线子系统的走线方案。有的建筑物有天花板，水平走线可在天花板（吊顶）内进行。对于没有天花板的建筑物，配线子系统采用地板下或隔墙内的管道布线方法。走线原则是隐蔽、安全、美观、整洁、安装和维护方便、节省材料。

③ 线缆类型和数量 确定导线的类型应遵循下述原则。

a. 比较经济的方案是光纤、双绞线混合的布线方案。

b. 对于 10Mbit/s 以下低速数据和话音传输及控制信号传输，采用三类或五类双绞线。

c. 对于 100Mbit/s 的高速数据传输，多采用五类双绞线。

d. 对于 100Mbit/s 以上的宽带的数据和复合信号的传输，采用光纤或六类以上的双绞线。

e. 对于特殊环境，还需采用阻燃等特种电缆。

确定导线的长度应遵循下述原则。

a. 确定布线方法和线缆走向。

b. 确定管理间或楼层配线间所管理的区域。

c. 确定离配线间最远、最近的信息插座的距离。

d. 双绞线水平布线长度一般不大于 90m。加上桌面跳线 6m，配线跳线 3m，应小于 100m。若超过 100m，需采用其他介质或通过有源设备中继。

e. 多模短波光纤布线长度必须小于 550m，超过 2km 必须采用单模光纤。

f. 无论铜缆还是光缆，传输距离与传输速率成反比。

g. 平均电缆长度＝（最远＋最近两条电缆路由总长）÷2

总电缆长度＝［平均电缆长度＋备用部分（平均长度的 10%）＋端接容差（一般设为 6m）］×信息总点数

h. 鉴于双绞线一般按箱订购，每箱 305m（1000ft，每圈约 1m），而且网络线不容许接续，即每箱零头要浪费，所以

每箱布线根数＝（305÷平均电缆长度），并取整，则

所需的总箱数＝（总点数÷每箱布线根数），并向上取整

i. 也可采用 500m 或 1000m 的配盘，光纤皆为盘型。

（3）布线方法

水平布线由于量大、分散，需根据建筑物特点，从路由最短、价格最低、施工方便、布线规范等方面综合考虑。常见的有以下几种布线方法。

① 直接埋管法。在土建施工同时预埋金属管道或 PVC 管（只能用于墙内），超过 30m 或在转弯等位置设分线盒或分线箱，当线较多时，可采用排管铺设。其优点是设计简单、隐蔽；缺点是穿线难度大，金属管易划破双绞线包皮，接口焊接不当易造成堵塞，排管会提高施工难度和造价等。所以一般用于新建或新装修的建筑且点数较少的情形。

② 先走吊顶内线槽，再走支管到信息插座。这种方法适合布线数量很多的情形，吊顶内线槽（桥架）相当于总线，用钢筋支架吊装。其优点是工程量少，维护方便。

③ 地面线槽法。这种方法在地面开槽或在地面固定线槽，每隔一定间距设过线盒或出线盒，通过支管到信息插座。适用于大开间办公区或需要隔断的场合。

④ 墙壁走线槽法。这种方法一般用于旧建筑改造，用大的线槽作总线，小线槽引入到信息插座。因为是明线布线，施工、维护方便，造价节省。但要注意整洁美观，另外，屏风隔断内也可有走线槽。

布线管道有金属管道和 PVC 两类。金属管道比较好的有双面镀锌管，直径 25mm，一般走线 7 根，桥架 100mm×100mm 的可走 100 根线左右。PVC 管一般用于隐蔽走线，走明线大多采用线槽。

（4）布线要点

布线要点可归纳为如下几点。

① 双绞线的非扭绞长度，三类小于 13mm，五类小于 25mm，最大暴露双绞线长度小于 50mm。

② 采用专用的剥线和打线工具，不能剥伤绝缘层或割伤铜线。

③ 使用打线工具时，一定要保持用力方向与工作面的垂直，用力要短、快，不要用柔力，以免影响打线质量。

④ 双绞线在弯折时不要出现尖角，一定要圆滑过渡，并保持走线的一致与美观。UTP 的弯曲半径要大于线外径 4 倍；STP 应大于线外径 6 倍；干线双绞线的弯曲半径要大于线外径 10 倍；光缆要大于其线外径 20 倍。

⑤ 布线时施加到每根双绞线的拉力不要超过 100N（10kg），布线后线缆不要存在应力。线缆捆绑时，不要将线缆捆变形，否则使线缆内部双绞线的相对位置改变，将影响线缆的传输性能。

⑥ 一般工作区出线盒留线 20cm 左右，配线间留线长度为能走线到机柜的最远端的距离，光缆留线 3～6m。

⑦ 必须保证光纤连接器的清洁，每个端接器的衰减小于 1dB。

（5）系统配置设计

① 根据工程提出的近期和远期终端设备的设置要求，用户性质、网络构成及实际需要确

定建筑物各层需要安装信息插座模块的数量及其位置，配线应留有扩展余地。

② 配线子系统缆线应采用非屏蔽或屏蔽4对对绞电缆，在需要时也可采用室内多模或单模光缆。

③ 电信间FD与电话交换配线及计算机网络设备之间的连接方式应符合以下要求。

a. 电话交换配线的连接方式应符合图15-36要求。

b. 计算机网络设备连接方式　经跳线连接应符合图15-37的要求；经设备缆线连接方式应符合图15-38的要求。

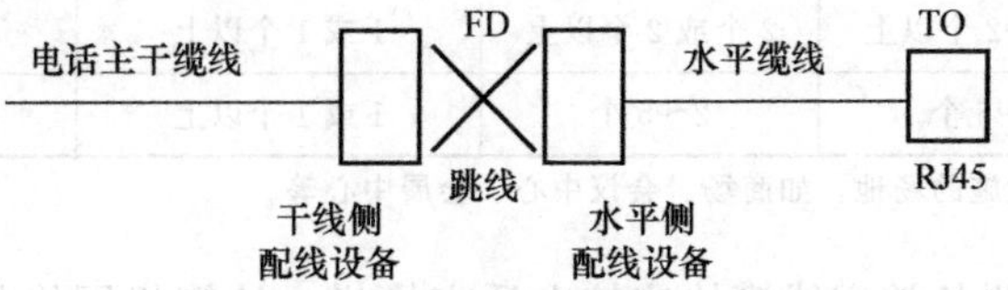

图15-36　电话交换配线的连接方式

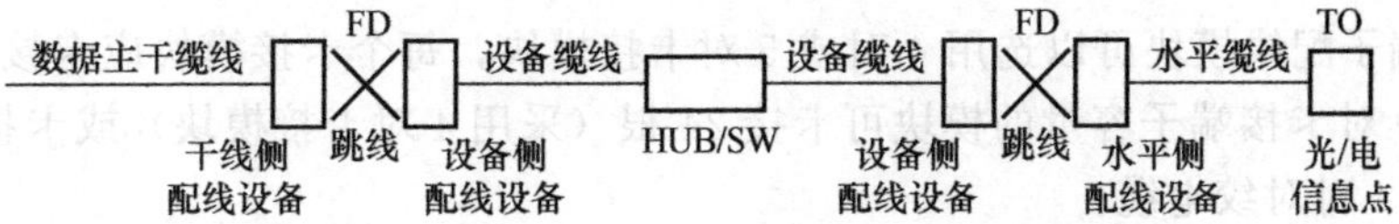

图15-37　计算机网络设备连接方式（经跳线连接）

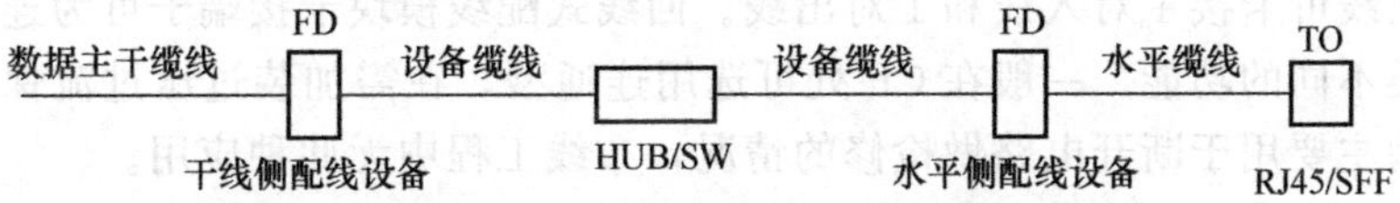

图15-38　计算机网络设备连接方式（经设备缆线连接）

④ 每个工作区信息插座模块（电、光）数量不宜少于2个，并满足各种业务需求。每个工作区信息点数量的确定范围比较大，从现有的工程情况分析，从设置1个至10个信息点的现象都存在，并预留了电缆和光缆备份的信息插座模块。因为建筑物用户性质不一样，功能要求和实际需求不一样，信息点数量不能仅按办公楼的模式确定，尤其是对于专用建筑（如电信、金融、体育场馆、博物馆等建筑）及计算机网络存在内、外网等多个网络时，更应加强需求分析，作出合理的配置。每个工作区信息点数量可按用户的性质、网络构成和需求来确定。表15-36作了一些分类，可提供设计者参考。

⑤ 底盒数量应以插座盒面板设置的开口数确定，每一个底盒支持安装的信息点数量不宜大于2个。

⑥ 光纤信息插座模块安装的底盒大小应充分考虑到水平光缆（2芯或4芯）终接处的光缆盘留空间和满足光缆对弯曲半径的要求。

⑦ 工作区的信息插座模块应支持不同的终端设备接入，每个8位模块通用插座应连接1根4对对绞电缆；对每个双工或2个单工光纤连接器件及适配器连接1根2芯光缆。1根4对对绞电缆应全部固定终接在1个8位模块通用插座上。不允许将1根4对对绞电缆终接在2个或2个以上8位模块通用插座。

⑧ 从电信间至每一个工作区水平光缆宜按2芯光缆配置。光纤至工作区域满足用户群或大客户使用时，光纤芯数至少应有2芯备份，按4芯水平光缆配置。

⑨ 连接至电信间的每一根水平电缆/光缆应终接于相应的配线模块，配线模块与缆线容量相适应。

表 15-36 信息点数量配置

建筑物功能区	信息点数量（每一工作区）			备注
	电话	数据	光纤（双工端口）	
办公区（一般）	1个	1个	—	—
办公区（重要）	1个	2个	1个	对数据信息有较大的需求
出租或大客户区域	2个或2个以上	2个或2个以上	1或1个以上	指整个区域的配置量
办公区（政务工程）	2～5个	2～5个	1或1个以上	涉及内、外网络时

注：大客户区域也可以为公共设施的场地，如商场、会议中心、会展中心等。

⑩ 电信间FD主干侧各类配线模块应按电话交换机、计算机网络的构成及主干电缆/光缆的所需容量要求及模块类型和规格的选用进行配置。

根据现有产品情况配线模块可按以下原则选择。

a. 多线对端子配线模块可以选用4对或5对卡接模块，每个卡接模块应卡接1根4对对绞电缆。一般100对卡接端子容量的模块可卡接24根（采用4对卡接模块）或卡接20根（采用5对卡接模块）4对对绞电缆。

b. 25对端子配线模块可卡接1根25对大对数电缆或6根4对对绞电缆。

c. 回线式配线模块（8回线或10回线）可卡接2根4对对绞电缆或8/10回线。回线式配线模块的每一回线可卡接1对入线和1对出线。回线式配线模块卡接端子可为连通型、断开型和可插入型三类不同的功能。一般在CP处可选用连通型，在需加装过压过流保护器时采用断开型，可插入型主要用于断开电路做检修的情况，布线工程中无此种应用。

d. RJ45配线模块（由24或48个8位模块通用插座组成）每1个RJ45插座应可卡接1根4对对绞电缆。

e. 光纤连接器件每个单工端口应支持1芯光纤的连接，双工端口则支持2芯光纤的连接。

⑪ 电信间FD采用的设备缆线和各类跳线宜按计算机网络设备的使用端口容量和电话交换机的实装容量、业务的实际需求或信息点总数的比例进行配置，比例范围为25%～50%。

各配线设备跳线可按以下原则选择与配置。

a. 电话跳线宜按每根1对或2对对绞电缆容量配置，跳线两端连接插头采用IDC或RJ45型。

b. 数据跳线宜按每根4对对绞电缆配置，跳线两端连接插头采用IDC或RJ45型。

c. 光纤跳线宜按每根1芯或2芯光纤配置，光跳线连接器件采用ST、SC或SFF型。

15.9.6 干线子系统

干线子系统一般在大楼的弱电井内（建筑上一般把方孔称为井，圆孔称为孔），位于大楼的中部，它将每层楼的通信间与本大楼的设备间连接起来，构成综合布线结构的最高层——星型结构。星位在各楼层配线间，中心位在设备间。干线子系统也称垂直子系统、主干子系统、骨干电缆系统等。

干线子系统负责把大楼中心的控制信息传递到各个楼层，同时会聚各楼层信息到控制中心，一般还包括外界的信号接入与传出。干线子系统也有采用总线结构或环型结构的。

(1) 传输介质

干线子系统常用的传输介质如下。

① 四对 100Ω 双绞线电缆（UTP，STP）。

② 大对数 100Ω 双绞线电缆（UTP，STP）。每 25 对为一束，共 N 束合股并增加强度而成，分为三类、五类两种。使用中还应注意一个原则——不同功能分开，也就是不同功能的线对不能在同一条电缆的同一束中，以避免相互干扰，但可在同一根电缆的不同束中。

③ 62.5/125μm 多模光纤。一般是 4 芯、6 芯、12 芯组合构成的光缆。

④ 8.3/125μm 单模光纤。这种光纤用得不多。

⑤ 同轴电缆。这种电缆早期较常见。

(2) 拓扑结构

干线子系统常见的有下列几种拓扑结构。

① 星型结构：主配线架为中心节点，各楼层配线架为星节点，每条链路从中心节点到星节点都与其他链路相对独立。可以集中控制访问策略，目前最常见。其优点有维护管理容易，重新配置灵活，故障隔离和检查容易；缺点是施工量大，完全依赖中心节点。

② 总线型结构：所有楼层配线架都通过硬件接口连接到一个公共干线上（总线），如消防报警系统。它仅仅是一个无源的传输介质，楼层配线间内的设备负责处理地址识别和进行信息处理。本结构布线量少，扩充方便，但故障诊断与隔离困难。

③ 环型结构：各楼层配线间的有源设备相接成环，各节点无主次之分，分单环和双环两种。信息以分组信息发送，适宜于分布式访问控制。电缆总长度短，常见于光纤，但访问控制协议复杂，节点故障可能引发系统故障。

④ 树型结构：即多层的星型结构。

【注】 物理的拓扑结构和应用的逻辑拓扑结构可以不一致。

(3) 设计建议

① 在确定干线子系统所需要的电缆总对数之前，必须确定电缆中话音和数据信号的共享原则。

② 干线子系统所需要的电缆总对数和光纤总芯数，应满足工程的实际需求，并留有适当的备份容量。主干缆线宜设置电缆与光缆，并互相作为备份路由。

对于话音，主干线和水平配线（馈线/配线）的推荐比例为 1∶2；对于数据，推荐比例为 1∶1。对于主干电缆（话音和数据系统），为将来扩容考虑，通常应有 20%的余量。

③ 确定每层楼的干线电缆要求，根据不同需要和经济性（价格），选择干线电缆的类别。要注意不同线缆的长度限制：双绞线＜100m；1000Base-SX 多模短波＜500m，100Base-SX＜2km；1000Base-SX 单模光纤＜3km。

④ 干线子系统主干缆线应选择较短的安全的路由。主干电缆宜采用点对点终接，也可采用分支递减终接。

点对点端接是最简单、最直接的配线方法，电信间的每根干线电缆直接从设备间延伸到指定的楼层电信间。但由于干线中各根电缆长度不同，粗细不同，因而设计难度大。其优点是在干线中可采用较小、较轻、较灵活的电缆，不必使用昂贵的接线盒，故障范围可控；其缺点是干线缆数目较多。

分支递减终接是用 1 根大对数干线电缆来支持若干个电信间的通信容量，经过电缆接头保护箱分出若干根小电缆，它们分别延伸到相应的电信间，并终接于目的地的配线设备。其优点是干线中的主馈电缆数目较少，可节省时间，成本低于点对点接合方式。

⑤ 如果电话交换机和计算机主机设置在建筑物内不同的设备间，宜采用不同的主干缆线来分别满足语音和数据的需要。

⑥ 在同一层若干电信间之间宜设置干线路由。

⑦ 主干电缆和光缆所需的容量要求及配置应符合以下规定。

a. 对语音业务，大对数主干电缆对数应按每一个电话 8 位模块通用插座配置 1 对线，并在总需求线对的基础上至少预留约 10%的备用线对。

b. 对于数据业务应以集线器（HUB，作为网络中枢连接各类节点，以形成星状结构的一种网络设备）或交换机（SW，switch）群（按 4 个 HUB 或 SW 组成 1 群）；或以每个 HUB 或 SW 设备设置 1 个主干端口配置。每 1 群网络设备或每 4 个网络设备宜考虑 1 个备份端口。主干端口为电端口时，应按 4 对线容量，为光端口时则按 2 芯光纤容量配置。

c. 当工作区至电信间的水平光缆延伸至设备间的光配线设备（BD/CD）时，主干光缆的容量应包括所延伸的水平光缆光纤的容量在内。

⑧ 注意防火、阻燃、强绝缘、防屏蔽、防鼠咬，合理接地，加强防护强度，紧固防振。根据我国国情和标准规范要求，一般常采用通用型电缆，外加金属线槽敷设。特殊场合可采用增强型电缆敷设。

⑨ 尽量选购单一规格的大对数电缆，一方面可批量采购，另一方面可减少浪费。

(4) 布线方法

大型建筑中都有开放型的弱电井和弱电间。选择干线电缆路由的原则应是最短、最安全、最经济。垂直干线通道有两种方法可供选择：电缆孔法和电缆井法。水平干线有管道法和托架法两种。

① 电缆孔法：垂直固定在墙上的一根或一排大口径圆管，大多是直径 10cm 以上的钢管，垂直电缆走线其中，常见于楼层配线间上下对齐时的情形。

② 电缆井法：即弱电井，与强电井一样是高层建筑中必备的，是一个每层有小门的独立小房间，房内楼板上的方孔从低层到顶层对直，垂直电缆走线其中，并捆扎于钢绳上，固定在墙上；也可以放置垂直桥架，走线缆于桥架内。

③ 管道法：楼层水平方向上预埋金属管道或设置开放式管道，对水平干线提供密封、机械保护、防火等功能。这种布线方法不太灵活，造价也高，常见于大型厂房、机场或宽阔的平面型建筑物。干线电缆穿入金属管道的填充率一般为 30%～50%。

④ 托架法：也叫托盘、水平桥架，可以是梯子型金属架或密封有盖的方槽。常安装于吊顶内、天花板上，适用于线缆数量较大、变动较多的情形。该方法安装维护方便，但托架和支撑件较贵，占空大，防火难，不美观。

各种布线方法的比较如表 15-37 所示。

表 15-37　各种布线方法的比较

方　法	优　点	缺　点
电缆孔	防水、防火、经济、易于安装	穿线空间小，不如电缆井法灵活
电缆井	灵活，占用空间小	难以防火，安装费用高，可能损坏楼板的结构完整性
金属管道	防火，美观，提供机械保护	灵活性差，成本高，需要周密筹划
托架法	电缆容易安装，不必把电缆穿过管道	电缆外露，成本高，可能影响美观，难以防火

15.9.7　管理子系统

管理子系统（电信间）分布在建筑物每层的电信间内，由电信间的配线设备（双绞线跳线架、光纤跳线架、机柜）以及输入/输出设备等组成，主要完成垂直子系统与水平子系统的转接。其交连方式取决于工作区设备的需要和数据网络的拓扑结构。通过电信间的中转，可以方便地管理复杂的网络，提供灵活的配置能力以及故障检测与隔离。

(1) 电信间的选择

电信间主要为楼层安装配线设备和楼层计算机网络设备（HUB 或 SW）的场地，并可考虑在该场地设置缆线竖井、等电位接地体、电源插座、UPS 配电箱等设施。在场地面积满足的情况下，也可设置建筑物诸如安防、消防、建筑设备监控系统、无线信号覆盖等系统的布缆线槽和功能模块的安装。如果综合布线系统与弱电系统设备合设于同一场地，从建筑的角度出发，称为弱电间。

电信间的选择应遵循下述几条原则。

① 电信间的数量应按所服务的楼层范围及工作区面积来确定。如果该层信息点数量不大于 400 个，水平缆线长度在 90m 范围以内，宜设置一个电信间；当超出这一范围时宜设两个或多个电信间；每层的信息点数量数较少，且水平缆线长度不大于 90m 的情况下，宜几个楼层合设一个电信间。

② 电信间的使用面积不应小于 $5m^2$，也可根据工程中配线设备和网络设备的容量进行调整。一般情况下，综合布线系统的配线设备和计算机网络设备采用 19″（1″=1in=25.4mm）标准机柜安装。机柜尺寸通常为 600mm（宽）×900mm（深）×2000mm（高），共有 42U 的安装空间。机柜内可安装光纤连接盘、RJ45（24 口）配线模块、多线对卡接模块（100 对）、理线架、计算机 HUB/SW 设备等。如按建筑物每层电话和数据信息点各为 200 个考虑配置上述设备，大约需要有 2 个 19″（42U）的机柜空间，以此测算电信间面积至少应为 $5m^2$（2.5m×2.0m）。对于涉及布线系统设置内、外网或专用网时，19″机柜应分别设置，并在保持一定间距的情况下预测电信间的面积。

③ 电信间应与强电间分开设置，电信间内或其紧邻处应设置缆线竖井。位置一般位于楼层中间，远离电磁、振动等干扰源。

④ 电信间应采用外开丙级防火门，门宽大于 0.7m。电信间内温度应为 10～35℃，相对湿度宜为 20%～80%。如果安装信息网络设备时，应符合相应的设计要求。

（2）配线设备的选择

① 配线柜：有墙柜，立地机柜分全高（2m）、半高，外沿宽度为 60～80cm，深度为 60～90cm，内支撑架宽为标准的 19in，还有敞开式配线机架及特殊的定制配线柜等。

② 配线架：有标准的 19in RJ45 配线架，110 系列夹接式（110A，不方便经常进行修改、移位或重组）和插接式（110P，方便经常进行修改、移位或重组）模块，LGX 光纤配线架，600B 混合配线架，电话接线排桩等。

③ 空板、理线器、过线槽、紧固件、扎线带、标签带/条等。

④ 打线工具、压接工具、熔接工具、标签打印工具等。

⑤ 电源：支持机柜风扇以及有源网络通信设备。

一般根据本层信息点数量与分类使用不同的配线设备，并确定数量。如采用 24 口 RJ45 配线架，则每 200 点设一个全高机柜；若大楼内需配 100 对模拟电话容量，采用 110 配线架需要 200 对，100 对连接电信，100 对连接桌面，通过跳线灵活完成电话配号。配线设备的数量必须考虑一定的冗余量。布线时，同类信息点应尽量放在一起，不同功能的配线分开放置。另外，110 连接块一般能支持 200 次以上的重复卡线。

（3）综合布线标记

布线标记/标签可以标示端接区域、物理位置、编号、信息点性质、容量规格等，使维护人员在现场维护时能一目了然。常见标记如下所述。

① 综合布线使用三种标记：电缆标记、区域标记、接插件标记，其中接插件标记最常用，分为不干胶标记条和插入式标记条。

② 综合布线的每条线缆、光缆、配线设备、端接点、安装通道和安装空间都应给定唯一的标识，标识中可包括名称、颜色、编号、字符串或其他组合。

③ 配线设备、缆线、信息插座均应设置不易脱落和磨损的标识，并应有详细的书面记录和图纸资料。

④ 电缆和光缆的两端应采用不易脱落和磨损的不干胶标记条标明相同的编号。

⑤ 所有标记必须记录准确、更新及时，编排便于查阅。

每个信息点标记应提供以下信息：楼幢号、楼层号、工作区号、房间号、房内信息序号和信息类型号。它们可用数字或英文字母表示，为方便阅读，一般以字母开头，数字和字母间隔表示，或者用“-”或“·”分隔。如A15C11-07I表示A号楼15层C区11号房间的第7号点，是个国际互联网点。房内信息序号一般是进门按顺时针计数的信息端口顺序号。但是，对RJ45配线架上贴的标签，其宽度一般只能支持6、7个字母数字，所以应根据实际布线环境灵活运用。如只有一幢办公楼，每间信息点数量不超过10个，可采用“房间号＋信息类型＋序号”的方式，1507T5表示1507号房间的第5个信息点是电话。机柜上的每个信息口也可标记，如机柜号＋配线架号＋端口序号。例如A07-11表示A机柜上从上往下数第7个配线架，从左向右第11个端口。配线架上的每根短跳线至少应该提供序号。

(4) 管理交接方案

有下述三种交接方案可供选择。

① 单点管理单交连：常用于语音终端，管理规模小的环境下。如图15-39 (a) 所示。

② 单点管理双交接：当建筑物的规模不大，管理规模适中时，采用这种方式。如图15-39 (b) 所示。

③ 双点管理双交接：当建筑物单层面积大，管理规模大时，多采用二级交接间，即双点管理双交换方式。如图15-39 (c) 所示。

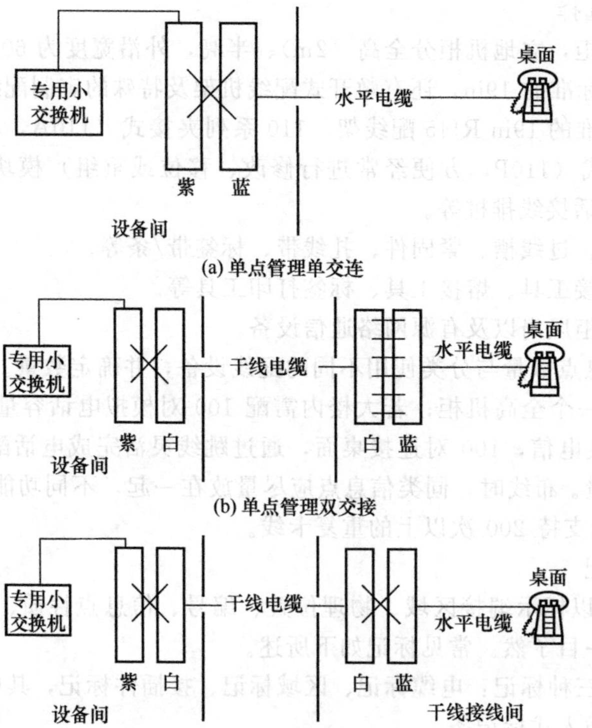

图15-39　管理交接方案

(5) 配线间管理文档

配线间的管理文档一般应包括下列内容。

① 配线间平面图，包括配线间位置与尺寸，电缆井、管道、桥架的位置，线缆进出走向，配线柜位置与功能，网络通信设备的位置，配线间内各设备的互联方式。

② 线缆、模块、配线架的数量清单、位置、标签、对应连接点一览表。

③ 配线转接对应表。

④ 配线修改记录表。

(6) 智能布线管理系统

在综合布线过程和运用中，大量的资料和工作状态信息需要保存和记录，包括设备和线缆的位置、走向、作用、使用部门、网络拓扑结构、传输信息状况等，以及设备的配置状况、硬件编号、色标和链路的功能、特征参数、链路运行状况等。

为了便于管理和监控，各综合布线厂商推出了各类智能化布线产品，它们大都能实时监控布线系统的运行状况，所有的跳线改变都能反映到管理工作站上，并提供最新的配置拓扑图，指导网络管理员规划和实施连接线路的改变。

15.9.8 设备间子系统

设备间由综合布线系统的建筑物进户线及其他设备、电话、数据、计算机等各种主机设备和保安设备等构成。一般位于建筑物中间偏下的楼层。

(1) 设计原则

① 设备间位置应根据设备的数量、规模、网络构成等因素，综合考虑确定。

② 每幢建筑物内应至少设置 1 个设备间，如果电话交换机与计算机网络设备分别安装在不同的场地或根据安全需要，也可设置 2 个或 2 个以上设备间，以满足不同业务的设备安装需要。

设备间是大楼的电话交换机设备和计算机网络设备，以及建筑物配线设备（BD）安装的地点，也是进行网络管理的场所。对综合布线工程设计而言，设备间主要安装总配线设备。当信息通信设施与配线设备分别设置时考虑到设备电缆有长度限制的要求，安装总配线架的设备间与安装电话交换机及计算机主机的设备间之间的距离不宜太远。

如果一个设备间以 $10m^2$ 计，大约能安装 5 个 19″的机柜。在机柜中安装电话大对数电缆多对卡接式模块，数据主干缆线配线设备模块，大约能支持总量为 6000 个信息点所需（其中电话和数据信息点各占 50％）的建筑物配线设备安装空间。

③ 建筑物综合布线系统与外部配线网连接时，应遵循相应的接口标准要求。

④ 设备间的设计应符合下列规定。

a. 设备间宜处于干线子系统的中间位置，并考虑主干缆线的传输距离与数量。

b. 设备间宜尽可能靠近建筑物线缆竖井位置，有利于主干缆线的引入。

c. 设备间的位置宜便于设备接地。

d. 设备间应尽量远离高低压变配电、电机、X 射线、无线电发射等有干扰源存在的场地。

e. 设备间室温度应为 10～35℃，相对湿度应为 20％～80％，并应有良好的通风。

f. 设备间尽量靠近服务电梯，以便装运笨重设备。

g. 设备间尽量避免设在建筑物的高层或地下室以及用水设备的下层。

h. 设备间尽量远离有害气体源以及存放腐蚀、易燃、易爆物的场所。

⑤ 在地震区的区域内，设备安装应按规定进行抗震加固。

⑥ 设备安装宜符合下列规定。

a. 机架或机柜前面的净空不应小于 800mm，后面的净空不应小于 600mm。

b. 壁挂式配线设备底部离地面的高度不宜小于 300mm。

⑦ 设备间应提供不少于两个 220V 带保护接地的单相电源插座，但不能将其作为设备供电电源。

⑧ 设备间如安装电信设备或其他信息网络设备，供电应符合相应设计要求。

设备间子系统的硬件大致与管理子系统的硬件相同，基本上由光纤、铜线电缆、跳线架、引线架和跳线构成，只不过是规模比管理子系统大得多。设备间要增加防雷、防过压及过流的保护设备。这些防护设备是同电信局进户线、程控交换机主机及计算机主机配合设计安装的，有时需要综合布线系统配合设计。

设备间的所有进线终端设备，宜采用色标表示：绿色表示网络接口的进线侧，即电话局线路；紫色表示网络接口的设备侧，即中继/辅助场总机中继线；黄色表示交换机的用户引出线；白色表示干线电缆和建筑群电缆；蓝色表示设备间至工作站或用户终端的线路；橙色表示来自多路复用器的线路。

设备间根据规模和功能需要，可以划分在多个独立房间。

（2）面积测算

面积测算一般应注意下列事项。

① 根据设备间的数量、规模、最佳网络中心等因素来综合考虑设备间的位置和大小。

② 中间应留出一定的空间，以便容纳未来的交连硬件。

③ 有充裕的管理维护空间，甚至包括维修用房，值班休息用房。

④ 设备间梁下净高不应小于 2.5m，采用外开双扇门，门宽不应小于 1.5m。

⑤ 楼板荷重依设备而定，A 级：大于等于 $500kgf/m^2$（$1kgf/m^2=9.80665Pa$），B 级：大于等于 $300kgf/m^2$。若达不到上述要求，应加固。

⑥ 设备间内应有足够的设备安装空间，其使用面积不应小于 $10m^2$，该面积不包括程控用户交换机、计算机网络设备等设施所需的面积在内。可按以下两种方式估算：

$S=(5\sim7)\sum$每设备占地面积

或 $S=(4.5\sim5.5m^2)\times$设备总数

（3）环境控制

① 温、湿度：根据综合布线系统有关的设备和器件对温、湿度的要求，可将温、湿度分为 A、B、C 三级，设备间可按某一级执行，也可按某些级综合执行（见表 15-38）。

表 15-38 设备间温、湿度要求

项目 \ 指标 \ 级别	A级 夏季	A级 冬季	B级	C级
温度/℃	22±4	18±4	12～30	8～35
相对湿度/%	40～65		35～70	20～80
温度变化率/（℃/h）	＜5 且不凝露		＜10 且不凝露	＜15 且不凝露

过高的室温会使元器件失效率急剧增加，寿命下降；过低的室温又会使磁介质发脆，容易断裂；温度的波动会产生“电噪声”，使微电子设备不能正常运行；相对湿度过低，容易产生静电，过高会使微电子内部焊点和插座的接触电阻增大。

设备间热量的产生有：设备发热量；设备间外围传热量；室内人员发热量；照明发热量；新风发热量等。把以上总发热量乘以系数 1.1 作为空调选择依据，而且空调选择依据还有南方及沿海地区需有去湿功能，北方和内地需有加湿功能等。

② 设备间应防止有害气体（如氯、碳水化合物、硫化氢、氮氧化物、二氧化碳等）侵入，并应有良好的防尘措施（尘埃以及微生物的作用会导致线路短路或被腐蚀），尘埃含量限值宜符合表 15-39 的规定。

表 15-39　尘埃限值

尘埃颗粒的最大直径/μm	0.5	1	3	5
灰尘颗粒的最大浓度/（粒子数/m³）	1.4×10^7	7×10^5	2.4×10^5	1.3×10^5

注：灰尘粒子应是不导电的，非铁磁性和非腐蚀性的。

③ 噪声：一般要小于 70dB，如果长时间在 70dB 以上噪声的环境下工作，不仅影响人的身心健康和工作效率，还可能造成人为的操作事故。若设备噪声太大，应与网管人员办公区分隔。

④ 照明：距地面 0.8m 处，照度应不低于 200lx。应设置应急照明设施。

(4) 安全保障

① 设备间的安全　设备间的安全分为 A、B、C 三个类别，具体见表 15-40。

表 15-40　设备间的安全要求

安全项目	C类	B类	A类	安全项目	C类	B类	A类
场地选择	×	√	√	防　水	×	√	★
防　　火	√	√	√	防静电	×	√	★
内部装修	×	√	★	防雷击	×	√	★
供配电系统	√	√	★	防鼠害	×	√	★
空调系统	√	√	★	电磁波防护	×	√	√
火灾报警及消防设施	√	√	★				

注：×号为不作要求；√号为要求或加强；★号为严格要求。

② 结构防火

a. A 类：建筑物的耐火等级必须符合 GB 50045—1995《高层民用建筑设计防火规范》中规定的一级耐火等级。

b. B 类：建筑物的耐火等级必须符合 GB 50045—1995《高层民用建筑设计防火规范》中规定的二级耐火等级。

c. 与 A、B 类安全设备间相关的其余工作房间及辅助房间，建筑物的耐火等级不应低于 GB50016－2006《建筑设计防火规范》中规定的二级耐火等级。

d. C 类：建筑物的耐火等级应符合 GB 50016—2006《建筑设计防火规范》中规定的二级。与 C 类设备间相关的其余基本工作房间及辅助房间，建筑物的耐火等级不应低于 GB 50016—2006《建筑设计防火规范》中规定的三级耐火等级。

③ 内部装修　设备间装饰材料应符合 GB 50016—2006《建筑设计防火规范》中规定的难燃材料或非燃材料，应能够防潮、吸声、不起尘和抗静电等。

a. 地面：为了方便敷设电缆线和电源线，设备间的地面最好采用抗静电活动地板。具体要求应符合 GB 6650—86《计算机机房用活动地板技术条件》标准。带有走线口的活动地板称为异形地板。其走线口应做到光滑，防止损伤电线、电缆等设备。设备间地面所需异形地板的块数是根据设备间所需引线的数量来确定。设备间地面切忌铺地毯。其原因是容易产生静电和容易积灰。放置活动地板的设备间的建筑地面应平整、光洁、防潮和防尘。

b. 墙面：应选择不易产生尘埃，也不易吸附尘埃的材料。目前大多数是在平滑的墙壁涂阻燃漆，或在平滑的墙壁覆盖耐火的胶合板。

c. 顶棚：为了吸声及布置照明灯具，设备顶棚一般在建筑物梁下加一层吊顶。吊顶材料应满足防火要求。目前，我国大多数采用铝合金或轻钢作龙骨，安装吸声铝合金板、难燃铝塑板和喷塑石英板等。

d. 隔断：根据设备间放置的设备及工作需要，可用玻璃将设备间隔成若干个房间。隔断可以选用防火的铝合金或轻钢作龙骨，安装 10mm 厚玻璃，或者从地板面至 1.2m 处安装难燃双塑板，1.2m 以上需安装 10mm 厚的玻璃。

④ 火灾报警及灭火设施

a. A、B 类设备间应设置火灾报警装置。在机房内、工作房间、活动地板下、吊顶的上方、主要空调管道中及易燃物附近部位应设置感烟和感温探测器。

b. A 类设备间内应设置卤代烷 1211、1301 或 CO_2 自动灭火系统，并备有手提式卤代烷 1211、1301 或 CO_2 灭火器。

c. B 类设备间必须设置 CO_2 自动灭火系统和手提式 CO_2 灭火器。在条件许可情况下，应设置卤代烷 1211、1301 自动消防系统，并备有手提式卤代烷 1211 和 1301 灭火器。

d. C 类设备间必须设置手提式 CO_2 灭火器，或备置手提式卤代烷 1211 或 1301 灭火器。

e. A、B、C 类设备间，除纸介质等易燃介质外，禁止使用水、干粉或泡沫等易产生二次破坏的灭火剂。

f. 为了在发生火灾或意外事故时网管人员迅速疏散，需有直通室外的安全出口。

(5) 供配电系统

① 设备间供电电源　设备间供电电源应满足下列要求。

a. 频率：50 Hz。

b. 电压：380 V 或 220 V。

c. 相数：三相五线制、三相四线制或单相三线制。

设备间内供电容量：将设备间内每台设备用电量的标称值相加后，再乘以系数 1.732。

② 供电系统

a. 直接供电：把市电直接送到配电柜，经配电柜分配到各用电设备。其优点是供电线路简单、设备少、投资低、运行费用少及维护方便等；缺点是对电网供电质量要求较高，易受周边负载变化的影响。

b. 不间断电源 UPS：具有稳压、稳频、抗干扰、防浪涌和不间断供电等功能。UPS 供电质量高，但价格较贵，维护成本高，而且占空间。

c. 其他供电设备：双回路供电，柴油发电机组及普通交流稳压器等。

③ 电源布线

a. 从总配电房到设备间使用的电缆，除应符合国家标准《电气装置安装工程施工及验收规范》中配线工程中的规定外，载流量应减少 50%。设备间内设备用的配电柜应设置在设备间内，并采取防触电措施。设备间设备的电力供应（不包括空调），应单独从本大楼的配电房引线，以保证其他用电设备对设备间设备影响最小。

b. 设备间电源插头均应镀铅锡处理，冷压连接。

c. 设备间内的各种电力电缆应为耐燃铜芯屏蔽的电缆。各电力电缆如空调设备、电源设备等的供电电缆不得与双绞线走线平行。它们交叉时，应尽量以接近于垂直的角度交叉，并采取防阻燃措施。

d. 在三相平衡线性供电负载时，要求中性线负载能力大于相线，接地良好。

e. 提供详细的配电柜闸刀、空气开关与对应控电区域的关系。

④ 插座

a. 新建建筑可预埋管道和接线盒，旧建筑可贴墙走明线或从架空地板下走管道。

b. 插座数量按 20～40 个/100m^2，并与信息点数量相匹配。

c. 插座离地一般大于 40cm，离信息插座大于 30cm。

d. 每个电源插座的线径和容量，应按设备间的设备用电容量来定，插座必须接地线。

e. 单相电源的三孔插座与三相电压（L＋N＋PE）的对应关系：正视其右空为相/火线；左空为中性/零线；上空为接地线。一定要严格遵循接线规范。

⑤ 接地

a. 机柜接地应用线直径大于 2.059mm 的 12 AWG 线缆。

b. 配线架接地应用线直径大于 2.593mm 的 12 AWG 线缆。

c. 屏蔽电缆接地应用线直径大于 4.118mm 的 6 AWG 线缆。

d. 接地干线一定要大于支线。

e. 接地电阻一定要在 4Ω 以下。

15.9.9 建筑群子系统

建筑群子系统是在多幢建筑物间建立数据通信连线。此布线系统可以是架空电缆、直埋电缆、地下管道电缆或者是这三者敷设方式的任意组合，当然，也可以用无线通信手段。其最大特点是室外环境恶劣，距离长，施工量大。因此，要特别加强防护，同时传输介质一般采用光缆和大对数电缆。

外线接入建筑物一定要接入独立的配线架，并且固定好，对于铜缆要进行电气保护，以保护接入设备不受过流过压的损坏；对于光缆不必进行电气保护。建筑群间线缆与室内线缆的差别只是在外层保护上，以适应户外使用，在技术指标上没有差别。

（1）布线方法

① 架空布线法：由电线杆支撑的电缆于建筑物之间悬空。电缆可采用自支撑电缆，也可把户外电缆缚在钢丝绳上。采用这种布线要服从电信电缆架空敷设的有关规定。

② 巷道布线法：利用建筑物的地下巷道来敷设电缆，不但造价低，而且可利用原有的安全设施。为了防止热气或热水泄漏而损坏电缆，电缆的安装位置应与热水管保持足够的距离。另外，电缆还应安置在巷道内尽可能高的地方，以免被水淹没而损坏。常见于城市内利用电力、电信和有线电视等其他管网布设光缆。

③ 直埋布线法：除了穿过基础墙的那部分电缆之外，电缆的其余部分都没有管道保护。基础墙的电缆孔应尽量往外延伸，达到没有人动土的地方，以免以后有人在墙边挖土时损坏电缆。直埋电缆通常应埋在距地面 60cm 以下的地方，如果在同一土沟埋入了通信电缆和电力电缆，应设立明显的共用标志。

④ 管道内布线法：由管道和入孔组成地下系统，用来对网络内的各个建筑物进行互连，由于管道是由耐腐蚀材料做成的，对电缆提供了最好的机械保护，使电缆受损的维修停用的机会减少到最小程度。埋设的管道起码要低于地面 45cm 或者应符合本地有关法规规定的深度。在电源入孔和通信入孔共用的情况下（入孔里有电力电缆），通信电缆不要在入孔里进行端接。通信管道与电力管道必须至少要用 8cm 的混凝土或 30cm 的压实土层隔开。安装时至少应埋设一个备用管道并放一根拉线，供以后扩充使用。

（2）建筑群电缆设计步骤

① 确定建筑群现场的特点，确定建筑物的电缆出入口/起止点；

② 确定电缆系统的一般参数，选择所需电缆的类别和规格；

③ 了解沿途土壤类型，明显障碍物的位置和地下公用设施等，确定布线方案，是否需要相关审批；

④ 确定主电缆路由和另选电缆路由，提供设计方案图；

⑤ 确定每种选择方案的劳务成本，材料清单和成本，工期，选择最经济、最实用的设计方案；

⑥ 确保有一定的冗余链路。

15.9.10 进线间子系统

（1） 系统配置设计

① 建筑群主干电缆和光缆、公用网和专用网电缆、光缆及天线馈线等室外缆线进入建筑物时，应在进线间成端转换成室内电缆、光缆，并在缆线的终端处可由多家电信业务经营者设置入口设施，入口设施中的配线设备应按引入的电、光缆容量配置。

② 电信业务经营者在进线间设置安装的入口配线设备应与BD或CD之间敷设相应的连接电缆、光缆，实现路由互通。缆线类型与容量应与配线设备相一致。

③ 在进线间缆线入口处的管孔数量应满足建筑物之间、外部接入业务及多家电信业务经营者缆线接入的需求，并应留有 2～4 孔的余量。

（2） 安装工艺要求

① 进线间应设置管道入口。

② 进线间应满足缆线的敷设路由、成端位置及数量、光缆的盘长空间和缆线的弯曲半径、充气维护设备、配线设备安装所需要的场地空间和面积。

③ 进线间的大小应按进线间的进局管道最终容量及入口设施的最终容量设计。同时应考虑满足多家电信业务经营者安装入口设施等设备的面积。

④ 进线间宜靠近外墙和在地下设置，以便于缆线引入。其设计应符合下列规定。

a. 进线间应防止渗水，宜设有抽排水装置。

b. 进线间应与布线系统垂直竖井沟通。

c. 进线间应采用相应防火级别的防火门，门向外开，宽度不小于 1000mm。

d. 进线间应设置防有害气体措施和通风装置，排风量按每小时不小于 5 次容积计算。

⑤ 与进线间无关的管道不宜通过。

⑥ 进线间入口管道口所有布放缆线和空闲的管孔应采取防火材料封堵，并做好相应的防水处理。

⑦ 进线间如安装配线设备和信息通信设施时，应符合设备安装设计要求。

一个建筑物宜设置 1 个进线间，一般位于地下层，外线宜从两个不同的路由引入，有利于与外部管道沟通。进线间与建筑物红外线范围内的人孔或手孔，采用管道或通道的方式互连。进线间因涉及因素较多，难以统一提出具体所需面积，可根据建筑物实际情况，并参照通信行业和国家的现行标准要求进行设计。

15.9.11 系统指标

① 综合布线系统产品技术指标在工程安装设计中应考虑力学性能指标（如缆线结构、直径、材料、承受拉力、弯曲半径等）。

综合布线系统的力学性能指标以生产厂家提供的产品资料为依据，它将对布线工程的安装设计，尤其是管线设计产生较大的影响，应引起重视。

② 相应等级的布线系统信道及永久链路、CP 链路的具体指标项目，应包括下列内容：

a. 3 类、5 类布线系统应考虑指标项目为衰减、近端串音（NEXT）。

b. 5e类、6类、7类布线系统应考虑的指标项目有：插入损耗（IL）、近端串音、衰减串音比（ACR）、等电平远端串音（ELFEXT）、近端串音功率和（PS NEXT）、衰减串音比功率和（PS ACR）、等电平远端串音功率和（PS ELFEXT）、回波损耗（RL）、时延、时延偏差等。

c. 屏蔽的布线系统还应考虑非平衡衰减、传输阻抗、耦合衰减及屏蔽衰减。

③ 综合布线系统工程设计中，系统信道的各项指标值应符合以下要求。

a. 回波损耗（RL）只在布线系统中的 C、D、E、F 级采用，在布线的两端均应符合回波损耗值的要求，布线系统信道的最小回波损耗值应符合表 15-41 的规定。

表 15-41 信道回波损耗值

频率/MHz	最小回波损耗/dB			
	C 级	D 级	E 级	F 级
1	15.0	17.0	19.0	19.0
16	15.0	17.0	18.0	18.0
100	—	10.0	12.0	12.0
250	—	—	8.0	8.0
600	—	—	—	8.0

b. 布线系统信道的插入损耗（IL）值应符合表 15-42 的规定。

表 15-42 信道插入损耗值

频率/MHz	最大插入损耗/dB					
	A 级	B 级	C 级	D 级	E 级	F 级
0.1	16.0	5.5	—	—	—	—
1	—	5.8	4.2	4.0	4.0	4.0
16	—	—	14.4	9.1	8.3	8.1
100	—	—	—	24.0	21.7	20.8
250	—	—	—	—	35.9	33.8
600	—	—	—	—	—	54.6

c. 线对与线对之间的近端串音（NEXT）在布线的两端均应符合 NEXT 值的要求，布线系统信道的近端串音值应符合表 15-43 的规定。

表 15-43 信道近端串音值

频率/MHz	最小近端串音/dB					
	A 级	B 级	C 级	D 级	E 级	F 级
0.1	27.0	40.0	—	—	—	—
1	—	25.0	39.1	60.0	65.0	65.0
16	—	—	19.4	43.6	53.2	65.0
100	—	—	—	30.1	39.9	62.9
250	—	—	—	—	33.1	56.9
600	—	—	—	—	—	51.2

d. 近端串音功率和（PS NEXT）只应用于布线系统的 D、E、F 级，在布线的两端均应符合 PS NEXT 值要求，布线系统信道的 PS NEXT 值应符合表 15-44 的规定。

表 15-44 信道近端串音功率和值

频率/MHz	最小近端串音功率和/dB		
	D级	E级	F级
1	57.0	62.0	62.0
16	40.6	50.6	62.0
100	27.1	37.1	59.9
250	—	30.2	53.9
600	—	—	48.2

e. 线对与线对之间的衰减串音比（ACR）只应用于布线系统的 D、E、F 级，ACR 值是 NEXT 与插入损耗分贝值之间的差值，在布线的两端均应符合 ACR 值要求。布线系统信道的 ACR 值应符合表 15-45 的规定。

表 15-45 信道衰减串音比值

频率/MHz	最小衰减串音比/dB		
	D级	E级	F级
1	56.0	61.0	61.0
16	34.5	44.9	56.9
100	6.1	18.2	42.1
250	—	−2.8	23.1
600	—	—	−3.4

f. ACR 功率和（PS ACR）为表表 15-44 近端串音功率和值与表 15-42 插入损耗值之间的差值。布线系统信道的 PS ACR 值应符合表 15-46 规定。

表 15-46 信道 ACR 功率和值

频率/MHz	最小 ACR 功率和/dB		
	D级	E级	F级
1	53.0	58.0	58.0
16	31.5	42.3	53.9
100	3.1	15.4	39.1
250	—	−5.8	20.1
600	—	—	−6.4

g. 线对与线对之间等电平远端串音（ELFEXT）对于布线系统信道的数值应符合表 15-47 的规定。

表 15-47 信道等电平远端串音值

频率/MHz	最小等电平远端串音/dB		
	D级	E级	F级
1	57.4	63.3	65.0
16	33.3	39.2	57.5
100	17.4	23.3	44.4
250	—	15.3	37.8
600	—	—	31.3

h. 等电平远端串音功率和（PS ELFEXT）对于布线系统信道的数值应符合表 15-48 的规定。

表 15-48　信道等电平远端串音功率和值

频率/MHz	最小等电平远端串音功率和/dB		
	D 级	E 级	F 级
1	54.4	60.3	62.0
16	30.3	36.2	54.5
100	14.4	20.3	41.4
250	—	12.3	34.8
600	—	—	28.3

i. 布线系统信道的直流环路电阻应符合表 15-49 的规定。

表 15-49　信道直流环路电阻

最大直流环路电阻/Ω					
A 级	B 级	C 级	D 级	E 级	F 级
560	170	40	25	25	25

j. 布线系统信道的传播时延应符合表 15-50 的规定。

表 15-50　信道传播时延

频率/MHz	最大传播时延/μs					
	A 级	B 级	C 级	D 级	E 级	F 级
0.1	20.000	5.000	—	—	—	—
1	—	5.000	0.580	0.580	0.580	0.580
16	—	—	0.553	0.553	0.553	0.553
100	—	—	—	0.548	0.548	0.548
250	—	—	—	—	0.546	0.546
600	—	—	—	—	—	0.545

k. 布线系统信道的传播时延偏差应符合表 15-51 的规定。

表 15-51　信道传播时延偏差

等级	频率/MHz	最大时延偏差/μs
A	$f=0.1$	—
B	$0.1\leqslant f\leqslant 1$	—
C	$1\leqslant f\leqslant 16$	0.050①
D	$1\leqslant f\leqslant 100$	0.050①
E	$1\leqslant f\leqslant 250$	0.050①
F	$1\leqslant f<600$	0.030②

① 0.050 为 0.045＋4×0.00125 计算结果。

② 0.030 为 0.025＋4×0.00125 计算结果。

l. 一个信道的非平衡衰减［纵向对差分转换损耗（LCL）或横向转换损耗（TCL）］应符合表 15-52 的规定。在布线的两端均应符合不平衡衰减的要求。

表 15-52　信道非平衡衰减

等级	频率/MHz	最大不平衡衰减/dB
A	f=0.1	30
B	f=0.1 和 1	在 0.1MHz 时为 45；1MHz 时为 20
C	1≤f≤16	30～5lg(f)f. f. s.
D	1≤f≤100	40～10lg(f)f. f. s.
E	1≤f≤250	40～10lg(f)f. f. s.
F	1≤f≤600	40～10lg(f)f. f. s.

注：f. f. s——for further study，进一步研究。

④ 对于信道的电缆导体的指标要求应符合以下规定。

a. 在信道每一线对中两导体间的不平衡直流电阻对各等级布线系统不应超过 3%。

b. 在各种温度条件下，布线系统 D、E、F 级信道线对每一导体最小的传送直流电流应为 0.175A。

c. 在各种温度条件下，布线系统 D、E、F 级信道的任何导体之间应支持 72V 直流工作电压，每一线对的输入功率应为 10W。

⑤ 综合布线系统工程设计中，永久链路各项指标应符合表 15-53～表 15-63 的规定。

a. 布线系统永久链路的最小回波损耗值应符合表 15-53 的规定。

表 15-53　永久链路最小回波损耗值

频率/MHz	最小回波损耗/dB			
	C 级	D 级	E 级	F 级
1	15.0	19.0	21.0	21.0
16	15.0	19.0	20.0	20.0
100	—	12.0	14.0	14.0
250	—	—	10.0	10.0
600	—	—	—	10.0

b. 布线系统永久链路的最大插入损耗值应符合表 15-54 的规定。

表 15-54　永久链路最大插入损耗值

频率/MHz	最大插入损耗/dB					
	A 级	B 级	C 级	D 级	E 级	F 级
0.1	16.0	5.5				
1	—	5.8	4.0	4.0	4.0	4.0
16	—	—	12.2	7.7	7.1	6.9
100	—	—	—	20.4	18.5	17.7
250	—	—	—	—	30.7	28.8
600	—	—	—	—	—	46.6

c. 布线系统永久链路的最小近端串音值应符合表 15-55 的规定。

表 15-55 永久链路最小近端串音值

频率/MHz	最小 NEXT/dB					
	A 级	B 级	C 级	D 级	E 级	F 级
0.1	27.0	40.0	—	—	—	—
1	—	25.0	40.1	60.0	65.0	65.0
16	—	—	21.1	45.2	54.6	65.0
100	—	—	—	32.3	41.8	65.0
250	—	—	—	—	35.3	60.4
600	—	—	—	—	—	54.7

d. 布线系统永久链路的最小近端串音功率和值应符合表 15-56 的规定。

表 15-56 永久链路最小近端串音功率和值

频率/MHz	最小 PS NEXT/dB		
	D 级	E 级	F 级
1	57.0	62.0	62.0
16	42.2	52.2	62.0
100	29.3	39.3	62.0
250	—	32.7	57.4
600	—	—	51.7

e. 布线系统永久链路的最小 ACR 值应符合表 15-57 的规定。

表 15-57 永久链路最小 ACR 值

频率/MHz	最小 ACR/dB		
	D 级	E 级	F 级
1	56.0	61.0	61.0
16	37.5	47.5	58.1
100	11.9	23.3	47.3
250	—	4.7	31.6
600	—	—	8.1

f. 布线系统永久链路的最小 PS ACR 值应符合表 15-58 的规定。

表 15-58 永久链路最小 PS ACR 值

频率/MHz	最小 PS ACR/dB		
	D 级	E 级	F 级
1	53.0	58.0	58.0
16	34.5	45.1	55.1
100	8.9	20.8	44.3
250	—	2.0	28.6
600	—	—	5.1

g. 布线系统永久链路的最小等电平远端串音值应符合表 15-59 的规定。

表 15-59　永久链路最小等电平远端串音值

频率/MHz	最小 ELFEXT/dB		
	D 级	E 级	F 级
1	58.6	64.2	65.0
16	34.5	40.1	59.3
100	18.6	24.2	46.0
250	—	16.2	39.2
600	—	—	32.6

h. 布线系统永久链路的最小 PS ELFEXT 值应符合表 15-60 规定。

表 15-60　永久链路最小 PS ELFEXT 值

频率/MHz	最小 PS ELFEXT/dB		
	D 级	E 级	F 级
1	55.6	61.2	62.0
16	31.5	37.1	56.3
100	15.6	21.2	43.0
250	—	13.2	36.2
600	—	—	29.6

i. 布线系统永久链路的最大直流环路电阻应符合表 15-61 的规定。

表 15-61　永久链路最大直流环路电阻　　单位：Ω

A 级	B 级	C 级	D 级	E 级	F 级
530	140	34	21	21	21

j. 布线系统永久链路的最大传播时延应符合表 15-62 的规定。

表 15-62　永久链路最大传播时延值

频率/MHz	最大传播时延/μs					
	A 级	B 级	C 级	D 级	E 级	F 级
0.1	19.400	4.400	—	—	—	—
1	—	4.400	0.521	0.521	0.521	0.521
16	—	—	0.496	0.496	0.496	0.496
100	—	—	—	0.491	0.491	0.491
250	—	—	—	—	0.490	0.490
600	—	—	—	—	—	0.489

k. 布线系统永久链路的最大传播时延偏差应符合表 15-63 的规定。

表 15-63 永久链路传播时延偏差

等级	频率/MHz	最大时延偏差/μs	等级	频率/MHz	最大时延偏差/μs
A	$f=0.1$	—	D	$1 \leqslant f \leqslant 100$	0.044①
B	$0.1 \leqslant f \leqslant 1$	—	E	$1 \leqslant f \leqslant 250$	0.044①
C	$1 \leqslant f \leqslant 16$	0.044①	F	$1 \leqslant f \leqslant 600$	0.026②

① 0.044 为 0.9×0.045+3×0.00125 计算结果。
② 0.026 为 0.9×0.025+3×0.00125 计算结果。

⑥ 各等级的光纤信道衰减值应符合表 15-64 的规定。

表 15-64 信道衰减值 单位：dB

信道	多模		单模	
	850nm	1300nm	1310nm	1550nm
OF-300	2.55	1.95	1.80	1.80
OF-500	3.25	2.25	2.00	2.00
OF-2000	8.50	4.50	3.50	3.50

⑦ 光缆标称的波长，每千米的最大衰减值应符合表 15-65 的规定。

表 15-65 最大光缆衰减值 单位：dB/km

项目	OM1、OM2 及 OM3 多模		OS1 单模	
波长	850nm	1300nm	1310nm	1550nm
衰减	3.5	1.5	1.0	1.0

⑧ 多模光纤的最小模式带宽应符合表 15-66 的规定。

表 15-66 多模光纤模式带宽

光纤类型	光纤直径/μm	最小模式带宽/MHz·km		
		过量发射带宽		有效光发射带宽
		波长		
		850nm	1300nm	850nm
OM1	50 或 62.5	200	500	—
OM2	50 或 62.5	500	500	—
OM3	50	1500	500	2000

15.9.12 电气防护及接地

① 综合布线电缆与附近可能产生高电平电磁干扰的电动机、电力变压器、射频应用设备等电气设备之间应保持必要的间距，并应符合下列规定。

a. 综合布线电缆与电力电缆的间距应符合表 15-67 的规定。

表 15-67　综合布线电缆与电力电缆的间距

类别	与综合布线接近状况	最小间距/mm
380V 电力电缆<2kV · A	与缆线平行敷设	130
	有一方在接地的金属线槽或钢管中	70
	双方都在接地的金属线槽或钢管中①	10①
380V 电力电缆 2～5kV · A	与缆线平行敷设	300
	有一方在接地的金属线槽或钢管中	150
	双方都在接地的金属线槽或钢管中②	80
380V 电力电缆>5kV · A	与缆线平行敷设	600
	有一方在接地的金属线槽或钢管中	300
	双方都在接地的金属线槽或钢管中②	150

① 当 380V 电力电缆<2kV · A，双方都在接地的线槽中，且平行长度≤10m 时，最小间距可为 10mm。
② 双方都在接地的线槽中，系指两个不同的线槽，也可在同一线槽中用金属板隔开。

b. 综合布线系统缆线与配电箱、变电室、电梯机房、空调机房之间的最小净距宜符合表 15-68 的规定。

表 15-68　综合布线缆线与电气设备的最小净距

名称	最小净距/m	名称	最小净距/m
配电箱	1	电梯机房	2
变电室	2	空调机房	2

c. 墙上敷设的综合布线缆线及管线与其他管线的间距应符合表 15-69 的规定。当墙壁电缆敷设高度超过 6000mm 时，与避雷引下线的交叉间距应按下式计算：

$$S \geqslant 0.05L \tag{15-14}$$

式中　S——交叉间距，mm；

L——交叉处避雷引下线距地面的高度，mm。

表 15-69　综合布线缆线及管线与其他管线的间距

其他管线	平行净距/mm	垂直交叉净距/mm
避雷引下线	1000	300
保护地线	50	20
给水管	150	20
压缩空气管	150	20
热力管（不包封）	500	500
热力管（包封）	300	300
煤气管	300	20

随着各种类型的电子信息系统在建筑物内的大量设置，各种干扰源将会影响到综合布线电缆的传输质量与安全。表 15-70 列出了 CISPR（International Special Committee on Radio Interference，国际无线电干扰特别委员会）推荐的射频应用设备（又称为 ISM 设备），我国目前常用的 ISM 设备大致有 15 种。

表 15-70 CISPR 推荐设备及我国常见 ISM 设备一览表

序号	CISPR 推荐设备	我国常见 ISM 设备
1	塑料缝焊机	介质加热设备，如热合机等
2	微波加热器	微波炉
3	超声波焊接与洗涤设备	超声波焊接与洗涤设备
4	非金属干燥器	计算机及数控设备
5	木材胶合干燥器	电子仪器，如信号发生器
6	塑料预热器	超声波探测仪器
7	微波烹饪设备	高频感应加热设备，如高频熔炼炉等
8	医用射频设备	射频溅射设备、医用射频设备
9	超声波医疗器械	超声波医疗器械，如超声波诊断仪等
10	电灼器械、透热疗设备	透热疗设备，如超短波理疗机等
11	电火花设备	电火花设备
12	射频引弧弧焊机	射频引弧弧焊机
13	火花透热疗法设备	高频手术刀
14	摄谱仪	摄谱仪用等离子电源
15	塑料表面腐蚀设备	高频电火花真空检漏仪

② 综合布线系统应根据环境条件选用相应的缆线和配线设备，或采取防护措施，并应符合下列规定。

a. 当综合布线区域内存在的电磁干扰场强低于 3V/m 时，宜采用非屏蔽电缆和非屏蔽配线设备。

b. 当综合布线区域内存在的电磁干扰场强高于 3V/m 时，或用户对电磁兼容性有较高要求时，可采用屏蔽布线系统和光缆布线系统。

c. 当综合布线路由上存在干扰源，且不能满足最小净距要求时，宜采用金属管线进行屏蔽，或采用屏蔽布线系统及光缆布线系统。

当建筑物在建或已建成但尚未投入使用时，为确定综合布线系统的选型，应测定建筑物周围环境的干扰场强度。对系统与其他干扰源之间的距离是否符合规范要求进行摸底，根据取得的数据和资料，用规定的指标要求进行衡量，选择合适器件和采取相应措施。

光缆布线具有最佳的防电磁干扰性能，既能防电磁泄漏，也不受外界电磁干扰影响，在电磁干扰较严重的情况下，是较理想的防电磁干扰布线系统。本着技术先进、经济合理、安全适用的设计原则，在满足电气防护各项指标的前提下，应首选屏蔽缆线和屏蔽配线设备或采用必要的屏蔽措施进行布线，当光缆和光电转换设备价格适中，也可采用光缆布线。总之应根据工程的具体情况，合理配置。

如果局部地段与电力线等平行敷设，或接近电动机、电力变压器等干扰源，且不能满足最小净距要求时，可采用钢管或金属线槽等局部措施加以屏蔽处理。

③ 在电信间、设备间及进线间应设置楼层或局部等电位接地端子板。

④ 综合布线系统应采用共用接地的接地系统，如单独设置接地体时，接地电阻不应大于 4Ω。如接地系统中存在两个不同的接地体时，其接地电位差不应大于 1V r. m. s。

⑤ 楼层安装的各个配线柜（架、箱）应采用适当截面的绝缘铜导线单独布线至就近的等

电位接地装置，也可采用竖井内等电位接地铜排引到建筑物共用接地装置，铜导线的截面应符合设计要求。综合布线系统接地导线截面积可参考表 15-71 确定。

表 15-71　接地导线选择表

名称	楼层配线设备至大楼总接地体的距离	
	30m	100m
信息点的数量/个	75	＞75，450
选用绝缘铜导线的截面积/mm^2	6～16	16～50

⑥ 缆线在雷电防护区交界处，屏蔽电缆屏蔽层的两端应做等电位连接并接地。对于屏蔽布线系统的接地做法，一般在配线设备（FD、BD、CD）的安装机柜（机架）内设有接地端子，接地端子与屏蔽模块的屏蔽罩相连通，机柜（机架）接地端子则经过接地导体连至大楼等电位接地体。为了保证全程屏蔽效果，终端设备的屏蔽金属罩可通过相应的方式与 TN-S 系统的 PE 线接地，但不属于综合布线系统接地的设计范围。

⑦ 综合布线的电缆采用金属线槽或钢管敷设时，线槽或钢管应保持连续的电气连接，并应有不少于两点的良好接地。

⑧ 当缆线从建筑物外面进入建筑物时，电缆和光缆的金属护套或金属件应在入口处就近与等电位接地端子板连接。

⑨ 当电缆从建筑物外面进入建筑物时，应选用适配的信号线路浪涌保护器，信号线路浪涌保护器应符合设计要求。

参 考 文 献

[1] GB 50016—2006《建筑设计防火规范》(2012 报批稿)(GB50045—1995 高层民用建筑防火设计规范).
[2] GB 50034—2004《建筑照明设计标准》.
[3] GB 50038—2005《人民防空地下室设计规范》.
[4] GB 50052—2009《供配电系统设计规范》.
[5] GB 50053—1994《10kV 及以下变电所设计规范》.
[6] GB 50054—2011《低压配电设计规范》.
[7] GB 50055—2011《通用用电设备配电设计规范》.
[8] GB 50057—2010《建筑物防雷设计规范》.
[9] GB 50058—1992《爆炸和火灾危险环境电力装置设计规范》.
[10] GB 50059—2011《35kV～110kV 变电站设计规范》.
[11] GB 50060—2008《3kV～110kV 高压配电装置设计规范》.
[12] GB 50062—2008《电力装置的继电保护和自动装置设计规范》.
[13] GB 50063—2008《电力装置的电气测量仪表装置设计规范》.
[14] GB 50096—2011《住宅设计规范》.
[15] GB 50116—2013《火灾自动报警系统设计规范》.
[16] GB 50160—2008《石油化工企业设计防火规范》.
[17] GB 50174—2008《电子计算机机房设计规范》.
[18] GB 50200—1994《有线电视系统工程技术规范》.
[19] GB 50217—2007《电力工程电缆设计规范》.
[20] GB 50227—2008《并联电容器装置设计规范》.
[21] GB 50229—2006《火力发电厂与变电站设计防火规范》.
[22] GB 50260—1996《电力设施抗震设计规范》.
[23] GB 50293—1999《城市电力规划规范》.
[24] GB/T 50311—2007《综合布线系统工程设计规范》.
[25] GB/T 50314—2006《智能建筑设计标准》.
[26] JGJ/T 16—2008《民用建筑电气设计规范》.
[27] GB 311.1—1997《高压输变电设备的绝缘配合》.
[28] DL/T 620—1997《交流电气装置的过电压保护和绝缘配合》.
[29] DL/T 621—1997《交流电气装置的接地》.
[30] DL/T 5222—2005《导体和电器选择设计技术规定》.
[31] GB 9089.1—2008《户外严酷条件下的电气设施 第 1 部分：范围和定义》.
[32] GB 9089.2—2008《户外严酷条件下的电气设施 第 2 部分：一般防护要求》.
[33] GB 12325—2008《电能质量 供电电压允许偏差》.
[34] GB 12326—2008《电能质量 电压波动和闪变》.
[35] GB/T 14549—1993《电能质量 公用电网谐波》.
[36] GB/T 15543—2008《电能质量 三相电压允许不平衡度》.
[37] GB/T 17045—2008《电击防护 装置和设备的通用部分》.
[38] GB/T 13869—2008《用电安全导则》.
[39] GB/T 13870.1—2008《电流对人和家畜的效应》(第 1 部分：通用部分).
[40] GB/T 13870.2 —1997《电流通过人体的效应》(第 2 部分：特殊情况).
[41] GB 14050—2008《系统接地的型式及安全技术要求》.
[42] GB 12158—2006《防止静电事故通用导则》.
[43] GB 16895.21—2004《建筑物电气装置》(第 4-41 部分：安全防护 电击防护).
[44] GB 16895.2—2005《建筑物电气装置》(第 4-42 部分：安全防护 热效应保护).
[45] GB 16895.3—2004《建筑物电气装置》(第 5 部分：电气设备的选择和安装 第 54 章：接地配置、保护导体和保护连接导体).
[46] GB 16895.4—1997《建筑物电气装置》(第 5 部分：电气设备的选择和安装 第 53 章：开关设备和控制设备).
[47] GB 16895.5—2000《建筑物的电气装置》(第 4 部分：安全防护第 43 章：过电流保护).
[48] GB 16895.6—2000《建筑物电气装置》(第 5 部分：电气设备的选择和安装 第 52 章：布线系统).
[49] GB 16895.8—2010《低压电气装置》(第 7-706 部分：特殊装置或场所的要求 活动受限制的可导电场所).

[50] GB/T 16895.9—2000《建筑物电气装置》(第 7 部分：特殊装置或场所的要求 第 707 节：数据处理设备用电气装置的接地要求).
[51] GB/T 16895.10—2010《低压电气装置 第 4-44 部分：安全防护 电压骚扰和电磁骚扰防护》.
[52] GB/T 18379—2001《建筑物电气装置的电压区段》.
[53] GB 50348—2004《安全防范工程技术规范》.
[54] DL/T 5044—2004《电力工程直流系统设计技术规程》.
[55] GB 50061—2010《66kV 及以下架空电力线路设计规范》.
[56] GB 50115—2009《工业电视系统工程设计规范》.
[57] 能源部西北电力设计院编. 电力工程电气设计手册（电气一次部分). 北京：中国电力出版社，1989.
[58] 能源部西北电力设计院编. 电力工程电气设计手册（电气二次部分). 北京：中国电力出版社，1991.
[59] 中国航空工业规划设计研究院组编. 工业和民用配电设计手册. 第 3 版. 北京：中国电力出版社，2005.
[60]《钢铁企业电力设计手册》编委会编. 钢铁企业电力设计手册（上）（下). 北京：冶金工业出版社，1996.
[61] 北京照明学会照明设计专业委员会编. 照明设计手册. 第 2 版. 北京：中国电力出版社，2006.
[62] 天津电气传动设计研究所编著. 电气传动自动化技术手册. 第 3 版. 北京：机械工业出版社，2011.
[63] 程浩忠，艾芊，张志刚、朱子述编著. 电能质量. 北京：清华大学出版社，2006.
[64] 防止电气误操作装置管理规定（试行). 国家安全生产监督管理总局和国家煤炭安全监察局能源安保（1990）1110 号文件.
[65] 刘介才编. 工厂供电. 第 5 版. 北京：机械工业出版社，2009.
[66] JBJ6—1996《机械工厂电力设计规范》.
[67] 徐玉琦编著. 工厂与高层建筑供电. 北京：机械工业出版社，2004.
[68] 翁双安主编. 供电工程. 第 2 版. 北京：机械工业出版社，2012.
[69] 江文、许慧中主编. 供配电技术. 北京：机械工业出版社，2005.
[70] 马誌溪主编. 建筑电气工程. 第 2 版. 北京：化学工业出版社，2011.
[71] 陈兆海主编. 应急通信系统. 北京：电子工业出版社，2012.
[72] 杨贵恒，常思浩，张寿珍，钟进编著. 柴油发电机组实用技术技能. 北京：化学工业出版社，2013.
[73] 杨贵恒，贺明智，袁春，陈于平编著. 柴油发电机组技术手册. 北京：化学工业出版社，2009.
[74] 杨贵恒，贺明智，金钊编著. 发电机组维修技术. 北京：化学工业出版社，2007.
[75] 袁春，张寿珍主编. 柴油发电机组. 北京：人民邮电出版社，2003.
[76] 杨贵恒，刘扬、张颖超、钱希森、蒲红梅编著. 现代开关电源技术及其应用. 北京：中国电力出版社，2013.
[77] 杨贵恒，王秋虹，曹均灿，钱希森编著. 现代电源技术手册，北京：化学工业出版社，2013.
[78] 杨贵恒，龙江涛，龚伟，李龙，赵志旺编著. 常用电源元器件及其应用. 北京：中国电力出版社，2012.
[79] 杨贵恒，张瑞伟，钱希森编著. 直流稳定电源. 北京：化学工业出版社，2010.
[80] 强生泽，杨贵恒，李龙，钱希森编著. 现代通信电源系统原理与设计. 北京：中国电力出版社，2009.
[81] 张颖超，杨贵恒，常思浩，徐国家编著. UPS 原理与维修. 北京：化学工业出版社，2011.
[82] 武文彦主编. 军事通信网电源系统及维护. 北京：电子工业出版社，2009.
[83] 戴瑜兴，黄铁兵，梁志超主编. 民用建筑电气设计手册. 第 2 版. 北京：中国建筑工业出版社，2007.
[84] 唐海主编. 建筑电气设计与施工. 北京：中国建筑工业出版社，2000.
[85] 上海市电气工程设计研究会编著. 实用电气工程设计手册. 上海：上海科学技术文献出版社，2011.
[86] 白忠敏，刘百震，於崇干编著. 电力工程直流系统设计手册. 第 2 版. 北京：中国电力出版社，2009.
[87] 马飞虹编著. 建筑智能化系统工程设计与监理. 北京：机械工业出版社，2003.
[88] 黎连业，黎恒浩，王华编著. 建筑弱电工程设计施工手册. 北京：中国电力出版社，2010.
[89] 梁华，梁晨编著. 智能建筑弱电工程设计与安装. 北京：中国建筑工业出版社，2011.
[90] 盛啸涛，姜延昭编著. 楼宇自动化. 西安：西安电子科技大学出版社，2004.
[91] GB/T 17742—2008《中国地震烈度表》.
[92] GB 17740—1999《地震震级的规定》.
[93] GB/T 11022—2011《高压开关设备和控制设备共用技术要求》.
[94] GB/T 14092.1—2009《机械产品环境条件湿热》.
[95] HG/T 20666—1999《化工企业腐蚀环境电力设计规程》.
[96] GB/T 14048.1—2006/ IEC60947—1：2001《低压开关设备和控制设备 总则》.
[97] GB/T 20645—2006《特殊环境条件高原用低压电器技术条件》.
[98] GB 13539.1—2008/IEC2069—1：2006《低压熔断器 第 1 部分：基本要求》.
[99] GB/T 13539.2—2008/IEC60269—2006《低压熔断器 第 2 部分：专职人员使用的熔断器的补充要求》.

[100] GB/T 14048. 2—2008《低压开关设备和控制设备 低压断路器》.
[101] GB 14048.3—2008/IEC60947—3：2005《低压开关设备和控制设备 第 3 部分：开关、隔离器、隔离开关及熔断器组合电器》.
[102] GB 14048.4—2010/ IEC60947-4-1：2009《低压开关设备和控制设备 机电式接触器和电动机起动器》.
[103] GB/T 12666—2005《阻燃和耐火电线电缆通则》.
[104] GB/T 50065—2011《交流电气装置的接地设计规范》.
[105] 全国勘察设计注册工程师电气专业委员会复习资料编写组编.注册电气工程师职业资格考试专业考试复习指导书（第 3 册 供配电专业）.北京：中国电力出版社，2004.
[106] 张鹤鸣，刘耀元主编.可编程控制器原理及应用教程.北京：北京大学出版社，2007.
[107] 罗光伟主编.可编程控制器教程.成都：电子科技大学出版社，2007.
[108] 王永华主编.现代电气控制及 PLC 应用技术.第 2 版.北京：北京航空航天大学出版社，2008.
[109] 王兆安，黄俊主编.电力电子技术.第 5 版.北京：机械工业出版社，2009.
[110] 漆逢吉主编.通信电源.第 3 版.北京：北京邮电大学出版社，2012.